Springer-Lehrbuch

Gerhard Emig · Elias Klemm

Technische Chemie

Einführung in die Chemische Reaktionstechnik

Fünfte, aktualisierte und ergänzte Auflage

Mit 176 Abbildungen,
47 Tabellen und 35 Rechenbeispielen

 Springer

Professor Dr. Gerhard Emig
Universität Erlangen-Nürnberg
Lehrstuhl für Chemische Reaktionstechnik
Egerlandstraße 3
91058 Erlangen
e-mail: emig@tc.uni-erlangen.de

Professor Dr.-Ing. Elias Klemm
Technische Universität Chemnitz
Fakultät für Naturwissenschaften
Institut für Chemie
09107 Chemnitz
e-mail: elias.klemm@chemie.tu-chemnitz.de

Die 1. Auflage erschien 1975, die 2. Auflage 1982 in der Reihe
HOCHSCHULTEXT, die 3. Auflage 1989 und die 4. Auflage 1995
als SPRINGER-LEHRBUCH

ISBN 3-540-23452-7 Springer Berlin Heidelberg New York

Bibliografische Information der Deutschen Bibliothek
Die Deutsche Bibliothek verzeichnet diese Publikation in der Deutschen Nationalbibliografie;
detaillierte bibliografische Daten sind im Internet über http://dnb.ddb.de abrufbar.

Springer ist ein Unternehmen von Springer Science+Business Media

springer.de

© Springer-Verlag Berlin Heidelberg 1975, 2005
Printed in Germany

Einbandgestaltung: Design & Production, Heidelberg
Herstellung: Reinhold Schöberl, Würzburg
Satz: Fotosatz-Service Köhler GmbH, Würzburg
Gedruckt auf säurefreiem Papier   68/3020 – 5 4 3 2 1 0

Vorwort zur fünften Auflage

Die letzte Auflage dieses Lehrbuches ist vor nunmehr 10 Jahren erschienen. Besonders durch die seit der Wende hinzugekommenen Hochschulen in den neuen Bundesländern haben die Technische Chemie im allgemeinen und die Chemische Reaktionstechnik im besonderen inzwischen ihren festen Platz in den Lehrplänen der deutschen wissenschaftlichen Hochschulen.

Die Autoren dieses Buches sind sich daher mit dem Springer-Verlag einig, daß für dieses Gebiet auch weiterhin deutschsprachige Lehrbücher für Hochschulen und die industrielle Praxis verfügbar sein sollten. Darüber hinaus haben wir erfreulicherweise durch vielfältige Rückmeldungen von Lesern erfahren dürfen, daß sich die Art, wie in diesem Buch das nicht ganz einfache Lehrgebiet der Chemischen Reaktionstechnik vermittelt wird, nach wie vor großer Zustimmung erfreut. Auch die in der letzten Auflage angesprochenen Entwicklungstendenzen haben sich in Richtung der modellierenden Beschreibung und damit des vermehrten Computereinsatzes verstärkt. So wird auch das Anliegen dieses Lehrbuches im Hinblick auf quantitative Aussagen für die vielfältigen Probleme der Chemischen Reaktionstechnik, die sich nicht nur auf die chemische Industrie beschränken, bekräftigt.

Da inzwischen die beiden Autoren des ursprünglichen „Fitzer-Fritz" verstorben sind, ist mit Herrn Prof. Klemm von der TU Chemnitz ein weiterer Autor aus dem aktiven Hochschuldienst als Koautor aufgenommen worden. Mit ihm, der sich bei Prof. Emig an der Universität Erlangen-Nürnberg habilitierte, ist eine Weiterführung und stetige Ergänzung des Lehrinhalts im Sinne einer modernen Reaktionstechnik gewährleistet. Folgende Änderungen zeichnen die neue Auflage des Lehrbuches aus:

1. Ein zusätzliches Kapitel über Mikroreaktionstechnik und Mikroreaktoren (Kap. 16). Wir glauben, daß wir hier eine Darstellung dieses neuen und zukunftsträchtigen Gebietes gefunden haben, wie sie bisher noch in keinem anderen Lehrbuch zu finden ist. Vor allen Dingen war das Ziel, die Mikroreaktionstechnik in das Gebiet der klassischen Reaktionstechnik einzubinden.

2. Auch das Kapitel 1 mit den wirtschaftlichen Daten zu Industriefirmen und Produkten wurde mit aktuellen Zahlen und mit der Umstellung auf den Euro völlig neu abgefaßt.

3. Der mathematische Anhang wurde, speziell was die verfügbare kommerzielle Software anbelangt, auf den neuesten Stand gebracht.

Dem Springer-Verlag, vertreten durch Frau Simone Schlegel, möchten wir für die gute Zusammenarbeit und die gelungene und ansprechende Form dieses Lehrbuches danken.

Erlangen/Chemnitz, im März 2005   *Gerhard Emig*
                                                         Elias Klemm

Vorwort zur vierten Auflage

Seit der letzten Auflage des vorliegenden Lehrbuchs sind sechs Jahre vergangen. In dieser Zeit ist die Bedeutung der Technischen Chemie im allgemeinen und der Chemischen Reaktionstechnik im besonderen, in Aus- und Weiterbildung an den Hochschulen weiter gewachsen. Intelligente und innovative Lösungen in Produktion, Energieerzeugung und produktionsintegriertem Umweltschutz sowie schnelle Umsetzung von Laborergebnissen in den Produktionsmaßstab sind besonders gefragt und erfordern den zunehmenden Einsatz der modernen Methoden der Chemischen Reaktionstechnik. Gleichzeitig hat sich das Gebiet der Chemischen Reaktionstechnik weiterentwickelt; neue Entwicklungstendenzen, besonders im Bereich der Modellierung und damit der Computeranwendung sind zu erkennen. Dies ist auch der Grund, weshalb das Autorenteam um ein weiteres Mitglied aus dem aktiven Hochschuldienst ergänzt wurde.

Aus Leserumfragen ist uns bekannt, daß die inzwischen bewährte Form und der Charakter dieses klassischen Lehrbuchs beibehalten werden sollte. Gleichzeitig mußte bei dieser Neuauflage aber berücksichtigt werden, was die Leser bei Umfragen an konstruktiver Kritik beigesteuert haben und gleichzeitig auch neuen Entwicklungen entspricht.

Neu in das Lehrbuch aufgenommen wurden daher:

1) Ein Kapitel (Kap. 15) über Fluid-Fluid-Reaktionen. Dies trägt der großen Bedeutung dieser Reaktionsklasse in der chemischen Technik Rechnung.
2) Ein sehr stark ausgeweiteter mathematischer Anhang mit den wichtigsten numerischen Verfahren, zugeschnitten auf den Computereinsatz. Ein Abschnitt über kommerziell erhältliche Software für Workstation und PC soll dem Leser den Einstieg in die Anwendung erleichtern. Dieser Anhang weist auf die unbedingte Notwendigkeit dieses Werkzeugs in der heutigen Ausbildung hin.
3) Ein umfangreicher Abschnitt über die Stöchiometrie chemischer Reaktionen mit illustrativen Beispielen (Abschnitt 4.1.2). Diese Ausweitung soll die hier notwendigen Begriffe und Methoden klären, die heute bei der Anwendung von Reaktorauslegungssoftware vorausgesetzt werden.
4) Ein Abschnitt über Wirbelschichtreaktoren (13.3.2), in den die neueren Untersuchungen zur Modellierung blasenbildender Wirbelschichten des neuen Koautors eingeflossen sind.
5) Das Symbolverzeichnis, um einmal die einheitliche Nomenklatur zu verdeutlichen und zum anderen die Benutzung von Formeln, Abbildungen und Tabellen zu erleichtern.

Angepaßt an neuere Erkenntnisse und Daten wurden:

1) Alle Tabellen und Abbildungen mit betriebswirtschaftlichen Daten.
2) Der Abschnitt (4.4) über Grundlagen zur Berechnung des Stoffübergangs und des Stoffdurchgangs.
3) Die Abschnitte über Festbettreaktoren (13.3.1) und optimale adiabatische Reaktionsführung (13.3.1.4).
4) Das Kapitel über Reaktionstechnik der Polyreaktionen (16)

In einigen Fällen, wie beispielsweise bei der Verweilzeitverteilung, wurden die verwendeten Symbole an die international übliche Nomenklatur angepaßt. Generell wurden viele kleine Details in Text und Abbildungen in vielen Kapiteln verbessert, die hoffentlich die Akzeptanz des Buches beim Leser weiter erhöhen.

Es war zunächst noch beabsichtigt worden, jeweils ein Kapitel über „Reaktionstechnik im Umweltbereich" unter Einbeziehung sicherheitstechnischer Aspekte und eine Kapitel über „Neue Konzepte in der Reaktionstechnik" einzufügen. Beide Kapitel sind in Vorbereitung und sollen der nächsten Auflage vorbehalten bleiben.

Allen, die auf vielfältige Art zu dieser vierten Auflage beigetragen haben, danken wir bestens. Namentlich erwähnen wollen wir Herrn Dipl.-Ing. H. Seiler, Lehrsuhl für Technische Chemie I, Universität Erlangen-Nürnberg, der wesentliche Beiträge zu den neuen Abschnitten geliefert hat. Herrn Dr. H. Mahnke, BASF, und Herrn Dr. H. J. Mohr, Hoechst AG, danken wir für Hinweise und die Bereitstellung neuerer wirtschaflicher Daten. Dem Springer-Verlag, vertreten durch Frau Dr. M. Hertel, gilt unser besonderer Dank für die gute Zusammenarbeit und die gelungene und ansprechende Form dieses Lehrbuchs. Leider konnte sich der unten erstgenannte Autor aus gesundheitlichen Gründen nicht mehr an der Vorbereitung dieser Neuauflage beteiligen.

Karlsruhe/Erlangen, im August 1995   E. Fitzer, W. Fritz, G. Emig

Vorwort zur ersten Auflage

Die Lehrinhalte der „Technischen Chemie" basieren auf der klassischen physikalischen Chemie, der chemischen Technologie und der Verfahrenstechnik. Die „Chemische Reaktionstechnik" – die Wissenschaft von der technischen Reaktionsführung – kann als Kernstück der modernen „Technischen Chemie" bezeichnet werden.

In diesem Lehrfach treffen sich die Studiengänge der Chemiker, der Chemie-Ingenieure und eines Teils der Wirtschafts-Ingenieure. Es soll die Studenten dieser verschiedenen Studienrichtungen zusammenführen und ihnen nicht nur das notwendige Grundwissen, sondern auch gemeinsame Denkweise und Fachsprache vermitteln. Dadurch werden die Studierenden auf ihre spätere Berufsarbeit vorbereitet, die sich zunehmend in einem Team aus Naturwissenschaftlern, Ingenieuren und Betriebswissenschaftlern vollzieht. Der überwiegende Anteil aller an deutschen Universitäten ausgebildeten Chemiker und praktisch alle Chemie-Ingenieure üben ihren Beruf in der Industrie selbst oder in mit dem industriellen Geschehen verknüpften Berufszweigen aus. Was die Chemiker betrifft, so hat die Statistik des Fonds der Chemischen Industrie (1973/74) das Mißverhältnis zwischen beruflich ausgeübter Tätigkeit und dem Schwerpunkt der wissenschaftlichen Ausbildung an den Universitäten in der Bundesrepublik besonders deutlich gemacht. In Tabelle 1 sind die Anteile aller in der Industrie arbeitenden promovierten Chemiker in den einzelnen chemischen Fachgebieten, in denen sie zur Zeit tätig sind, angegeben und

Tabelle 1

Fachgebiet	Arbeitsgebiete der 1972 in der chemischen Industrie tätigen promovierten Chemiker in %	Fachgebiete der Dissertation der 1972 promovierten Chemiker in %
Technische Chemie	14,8	4,9
Polymer-Chemie	8,0	9,3
Organ. Chemie	34,6	52,5
Anorgan. Chemie	6,8	11,1
Analyt. Chemie	2,5	1,8
Phys. Chemie	2,5	7,4
Biochemie	5,5	6,8
Sonstige	25,3	6,2

der Verteilung der 1972 promovierten Chemiker auf die Fachgebiete ihrer Dissertation gegenübergestellt.

In diesem Mißverhältnis spiegelt sich die unzureichende Anzahl von Lehrstühlen und Dozenten für das Fachgebiet „Technische Chemie" und der im Vergleich dazu viel stärkere Ausbau der Fächer der Grundlagenchemie wider. Diese Vernachlässigung der „Technischen Chemie" beim Ausbau der Universitäten ist Ausdruck einer Geisteshaltung in der ersten Phase des Wiederaufbaus nach dem Zusammenbruch. Das Universitätsstudium sollte den jungen Akademiker zur reinen Wissenschaft führen mit dem Ziel der Vermehrung und Vertiefung unserer Erkenntnisse über die naturwissenschaftlichen Zusammenhänge. Dabei hat man aber die Vorbereitung auf das Berufsleben vernachlässigt.

Keine moderne Industriegesellschaft kann jedoch auf die Anwendung der naturwissenschaftlichen Erkenntnisse mit wissenschaftlichen Methoden verzichten. Viele Universitäts-Absolventen waren und sind auch heute noch gezwungen, sich mit dem für sie so wichtigen Fachgebiet der „Technischen Chemie" im Eigenstudium vertraut zu machen. Helfend greifen seit Jahren auch technisch-wissenschaftliche Vereine, wie die „DECHEMA", mit Ausbildungskursen in „Technischer Chemie" ein.

Andererseits fehlt es an einer Selbstdarstellung der „Technischen Chemie" in Form eines modernen Lehrbuches. Seit dem 1958 erschienenen Lehrbuch von Brötz über „Chemische Reaktionstechnik" ist im Schrifttum der Bundesrepublik außer einer Übersetzung von Denbigh/Turner „Chemical Reactor Theory" (1971) und von Handbuchkapiteln über „Chemische Reaktionstechnik" (Winnacker-Küchler, 2. Aufl., Bd. 1, 1958; Ullmanns Encyklopädie der technischen Chemie, 4. Aufl., Bd. 1, 1972) keine geschlossene Lehrbuchdarstellung über „Technische Chemie" erschienen. Diese Lücke soll durch das vorliegende Lehrbuch geschlossen werden, das als grundlegende Einführung in das Gebiet der Technischen Chemie geschrieben wurde. Es ist aus Vorlesungen der Autoren seit 1962 an der Universität Karlsruhe entstanden und auf die Vorkenntnisse der Studenten der Chemie und des Chemieingenieurwesens nach der Diplom-Vorprüfung abgestimmt. Es könnte, wie die Autoren hoffen, auch vielen Chemikern und Ingenieuren, die bereits im Beruf stehen, eine Hilfe beim weiterbildenden Selbststudium bieten. Es sollte auch für andere Berufsgruppen, die am chemisch-technischen Geschehen interessiert oder in der chemischen Industrie tätig sind, wie Betriebswirten, Kaufleuten, Juristen sowie Verwaltungsbeamten verständlich und für diese von Nutzen sein.

Bei einem kurzgefaßten einführenden Lehrbuch kommt es hauptsächlich auf die didaktisch richtige Auswahl des Stoffes und eine Darstellung aus moderner Sicht an. Dabei soll dem Leser der Weg zu weiterführender Literatur erleichtert werden. Auf anderen Fachgebieten der Chemie können Autoren auf eine Fülle vorangegangener Lehrbücher zurückgreifen. Die Stoffabgrenzung sowie die anzuwendende Art der Darstellung ist weitgehend festgelegt, und es bedarf nur weniger Korrekturen in Richtung einer Modernisierung.

Im Falle der „Technischen Chemie" kann bezüglich der Stoffabgrenzung auf kein vorangegangenes Lehrbuch zurückgegriffen werden; es besteht jedoch hinsichtlich der Stoffabgrenzung eine einheitliche Meinung unter den Universitätslehrern der Bundesrepublik, der im vorliegenden Lehrbuch Rechnung getragen wurde. Was die

Darstellung des Lehrstoffes anbelangt, wurde versucht, so weit wie möglich die in der in- und ausländischen Literatur verwendete beizubehalten.

Es war jedoch eine Abänderung und Vereinheitlichung der Begriffsbestimmungen sowie der verwendeten Symbole unerläßlich. Durch Übernahme einiger Rechenbeispiele aus früheren Lehrbüchern soll dem Leser jedoch der Vergleich anhand dieser numerischen Berechnungen erleichtert werden. Soweit möglich, wurden festgelegte internationale Symbole verwendet. Als Leitfaden galt in jedem Fall die in der Chemie übliche Nomenklatur. Wir benutzen in diesem Werk auch konsequent die Einheiten, die heute in der chemischen Technik noch üblich sind. Die Durchsetzung der SI-Einheiten in der chemisch-technischen Praxis dürfte – realistisch gesehen – noch viele Jahre dauern. Ihre Benutzung würde im gegenwärtigen Zeitpunkt für die Studierenden der Universitäten wohl vorteilhaft sein, für den Praktiker aber mehr Verwirrung stiften, als Nutzen bringen. Um die Übergangzeit zu erleichtern, findet der Leser auf der dritten Umschlagseite dieses Buches eine Umrechnungstabelle.

Das Lehrbuch ist am Institut für Chemische Technik der Universität Karlsruhe entstanden. Damit wird auch die Tradition des bekannten Lehrbuches von F. A. Henglein (Grundriß der Chemischen Technik), welches 16 Auflagen erreicht hat, durch den Nachfolger auf Henglein's ehemaligem Lehrstuhl, zusammen mit einem seiner Schüler, indirekt forgesetzt. Henglein kommt das Verdienst zu, als erster erkannt zu haben, daß ein Lehrbuch der Chemischen Technik nicht nach Produktsparten gegliedert sein sollte. Die allgemeine Behandlung des Lehrstoffes, losgelöst von den individuellen chemischen Prozessen, hat Henglein jedoch nur in bezug auf die Grundoperationen, d. h. den verfahrenstechnischen Teil, konsequent durchgeführt, während sich zu seiner Zeit die Chemische Reaktionstechnik erst im Anfangsstadium befand und daher in seinem Lehrbuch noch keine Berücksichtigung gefunden hat.

Analysiert man den Anteil der einzelnen Produktsparten der chemischen Industrie, so fällt der überragende Anteil an Polymerprodukten und seine steigende Tendenz auf. Auch aus der vorne wiedergegebenen Tabelle über die praktisch ausgeübten Tätigkeitssparten der Chemiker in der Industrie erkennt man die Bedeutung dieses Spezialgebietes der Chemie. Die Autoren haben sich deshalb entschlossen, ein eigenes Kapitel über die Anwendung der Chemischen Reaktionstechnik auf Polymerreaktionen, das einzige auf eine Produktsparte bezogene Kapitel, in das Lehrbuch aufzunehmen. Sie sind Herrn Prof. Dr. Heinz Gerrens besonders dankbar, daß er sich bereit erklärt hat, dieses Kapitel zu verfassen. Er hat diese Aufgabe trotz seiner beruflichen Belastung als Abteilungsdirektor der BASF übernommen, weil er die große technische Bedeutung dieses Gebietes kennt und sich aufgrund seiner Lehrerfahrung am Institut für Chemische Technik der Universität Karlsruhe zwanglos an die Darstellung im vorliegenden Lehrbuch anpassen konnte.

Die Anwendung der Chemischen Reaktionstechnik ist jedoch nicht auf Polymerreaktionen beschränkt. Die Produktionsverfahren für die anorganischen Grundchemikalien sind bekanntlich bei der Entwicklung der Chemischen Reaktionstechnik Pate gestanden. Die petrochemischen, aber auch die klassischen organischen Syntheseverfahren sind heute ohne wissenschaftliche Reaktionstechnik nicht mehr vorstellbar. Ebenso beruhen die Fortschritte in der Metallurgie auf einer Verbesserung und zum Teil sogar auf einer Revolutionierung der technischen Reaktionsführung. Endlich hat sich die Reaktionstechnik auch bei der Durchführung biochemischer Synthesen durchgesetzt.

Die Autoren danken allen Kollegen und Mitarbeitern am Institut für ihre Unterstützung bei der Abfassung des Lehrbuches; stellvertretend für alle seien Herr Dipl.-Chem. D. Kehr und Frau Dipl.-Chem G. Kruse persönlich genannt.

Der Springer-Verlag hat sich bemüht, ein preiswertes Lehrbuch für Studierende herauszubringen. Deshalb mußten einige Wünsche hinsichtlich der Ausstattung zurückgestellt werden.

Karlsruhe, im Oktober 1974   E. Fitzer, W. Fritz

Inhaltsverzeichnis

1. Grundlagen der „Technischen Chemie"

Die chemische Technik befaßt sich mit der Anwendung chemischer Reaktionen zur Herstellung verkäuflicher Produkte im technischen Maßstab. Bis in die Mitte des 20. Jahrhunderts wurden neue Produktionsverfahren empirisch in mehreren Stufen entwickelt; dabei orientierte man sich überwiegend an der überlieferten Erfahrung mit ähnlichen Prozessen. Heute beruhen Planung und Durchführung der Produktion sowie die Anwendung der Produkte steigend auf wissenschaftlicher Grundlage.

1.1 „Technische Chemie" als Lehrfach und als wissenschaftliche Disziplin

Die klassische Lehre des chemisch-technischen Produktionsgeschehens ist seit einem Jahrhundert die beschreibende chemische Technologie. Sie behandelt die Herstellung und Verwendung chemischer Produkte, eingeteilt nach stofflichen Produktsparten. Es gibt darüber eine umfassende Literatur in Form von Lehr- und Handbüchern und Lexika, z.B. [1–4]. Mit dem Wechsel von der Empirie zur Vorausberechnung von Verfahren mit Hilfe wissenschaftlicher Methoden verlagerte sich der Schwerpunkt der Lehre von der deskriptiven chemischen Technologie auf die moderne *„Technische Chemie"*.

Die Technische Chemie hat als wissenschaftliche Disziplin und als Lehrfach die Aufgabe, die gundlegenden Zusammenhänge und Gesetzmäßigkeiten der verschiedenen chemisch-technischen Produktionsprozesse mit Hilfe wissenschaftlicher Methoden zu erforschen und aufzuzeigen. Die Technische Chemie als Lehrfach ist daher an vielen Universitäten der Bundesrepublik Deutschland Bestandteil der Ausbildung sowohl von Chemikern als auch von Chemie-Ingenieuren. Im Gegensatz zu den übrigen westlichen Industrieländern mit ihrem auf einer Chemie-Grundausbildung basierenden „Chemical-Engineering"-Studium wird in der BRD der technische Chemiker überwiegend im Rahmen des Chemiestudiums ausgebildet und trifft erst auf dem Gebiet der Technischen Chemie mit den Studierenden der Verfahrestechnik oder des Chemie-Ingenieurwesens zusammen.

In der deutschen chemischen Industrie werden viele Schlüsselpositionen von Chemikern, die mit den Lehrinhalten der Technischen Chemie vertraut sind, eingenommen. Im übrigen westlichen Ausland dagegen arbeitet der Chemiker aus-

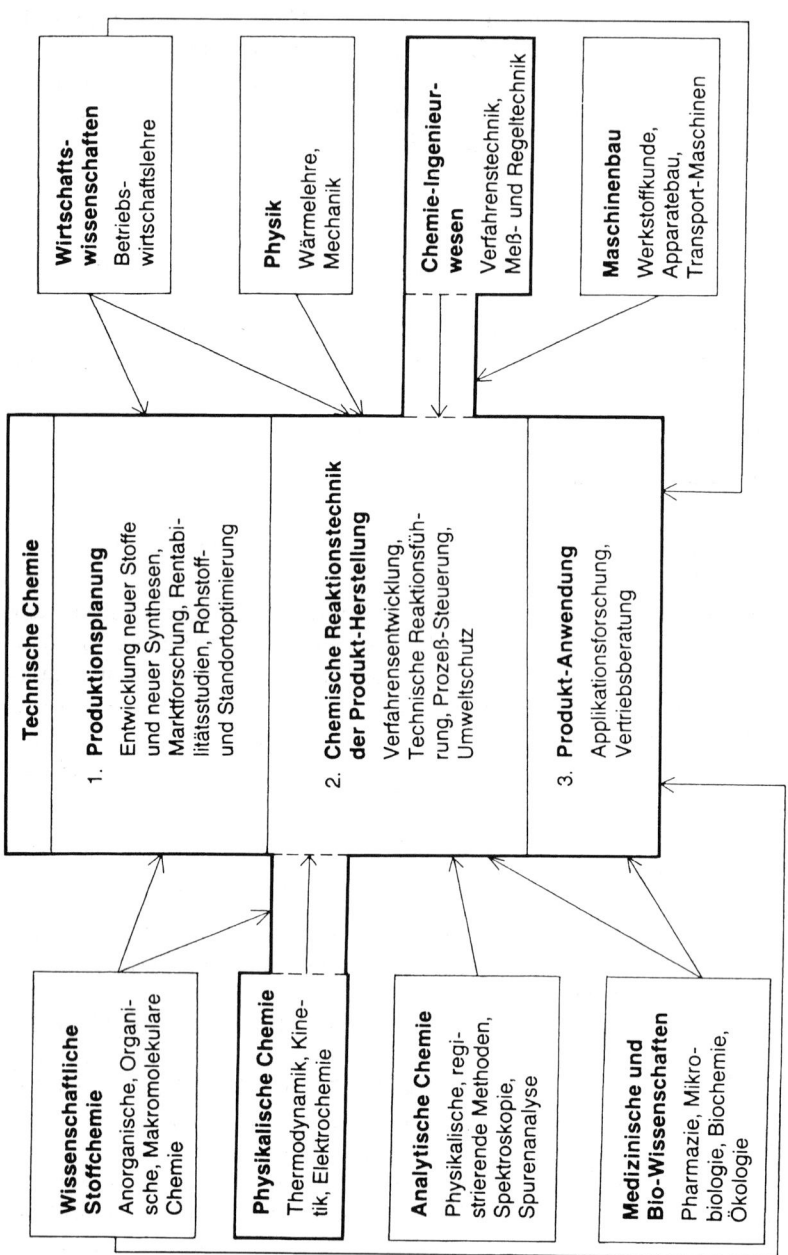

Schema 1-1. Zusammenhang der Technischen Chemie mit anderen wissenschaftlichen Disziplinen

schließlich im Laboratorium, und die industrielle Produktion sowie die Entwicklung neuer Verfahren werden von „Chemical-Engineers" geleitet.

Ein wesentliches und zugleich zentrales Teilgebiet der Technischen Chemie ist die „*Chemische Reaktionstechnik*". Sie befaßt sich mit der Entwicklung neuer und mit der Verbesserung bereits laufender chemischer Verfahren sowie mit deren Durchführung im technischen Maßstab unter Berücksichtigung wirtschaftlicher Gesichtspunkte.

Schema 1-1 zeigt die zentrale Stellung der Chemischen Reaktionstechnik innerhalb der Technischen Chemie. Die Teilgebiete der vorgelagerten Produktionsplanung und der sich an die Reaktionstechnik der Produktherstellung anschließenden Produktanwendung sind direkt mit der Chemischen Reaktionstechnik verknüpft, da sich das Produktionsverfahren am Rohstoff, am Standort und am aufnehmenden Markt orientieren muß. Die Technische Chemie baut auf anderen wissenschaftlichen Disziplinen auf, vor allem auf der Chemie, der Physik, den Ingenieur- und Wirtschaftswissenschaften.

1.2 Die wirtschaftlichen Grundlagen der chemischen Produktion

Wie jede Produktion unterliegt auch die der chemischen Technik der Forderung nach Wirtschaftlichkeit. Die Veredelung der eingesetzten Rohstoffe muß so durchgeführt werden, daß die Verkaufserlöse die Summe des Aufwands für die eingesetzten Mittel übersteigen. In sämtlichen derzeitigen Wirtschaftssystemen erfolgt die Beurteilung der Güte eines Produktionsprozesses mittels wirtschaftlicher Kriterien, die am Gewinn orientiert sind. Bezogen auf die interne Kosten- und Leistungsrechnung ergibt sich:

Gewinn = Leistungen – Kosten.

Leistungen und Kosten, bzw. spezieller, Erlöse und Herstellkosten, sowie deren Beeinflußbarkeit durch die Arbeit des Chemikers und Ingenieurs werden in den folgenden Abschnitten behandelt.

Die daraus resultierende Wertschöpfung in der Marktwirtschaft ist in Abbildung 1-1 angedeutet. Als Richtwert sei angegeben, daß die Summe der an die öffentliche Hand fließenden Steuern bei etwa 65 % des Gewinns liegt. Der Rest wird in der Hauptsache als Rücklage und als Vergütung für die Eigenkapitalgeber (z. B. Dividende bei Aktiengesellschaften) verwendet.

Eigenkapitalgeber können sein: die öffentliche Hand, eine Interessengruppe, wie die Gewerkschaft, andere Unternehmen (Banken usw.) oder private Haushalte. In der BRD sind die Aktiengesellschaften der Großchemie sogenannte „Publikumsgesellschaften", d. h., die Aktien sind in der Bevölkerung weit gestreut.

Die Vergütung an den Eigenkapitalgeber muß einen Anreiz dafür bieten, Kapital für chemische Produktionen, die immer risikobehaftet sind, zur Verfügung zu stellen. Die Rendite sollte also höher sein als der normale Zinssatz auf dem Kapitalmarkt. Die Rücklage verbleibt im Produktionsbetrieb und kann wieder zur Eigenfinanzierung neuer Investitionen verwendet werden.

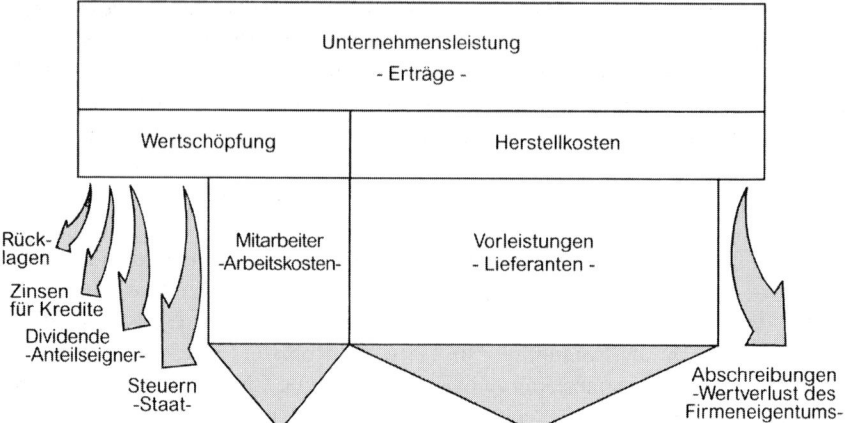

Abb. 1-1. Zur Wirtschaftlichkeit eines Produktionsbetriebes

Tabelle 1/1. Investitionstätigkeit der chemischen Industrie (BRD) [5, 6]

	1992	1994	1996	1998	2000	2002
Inlandsinvestitionen der gesamten chemischen Industrie						
(Mrd. €)	6,5	5,6	6,4	6,9	6,8	6,5
(in % des Umsatzes)	6,1	5,1	5,8	5,9	5,0	4,9
Investitionen in 1000, bezogen auf die zugehörige Beschäftigungszahl						
(Investitionsintensität)	9,9	9,7	12,3	14,3	14,5	14,0
Zum Vergleich:						
BASF-Gruppe (Welt)						
Umsatz (Mrd. €)	21,4	22,3	24,9	27,6	36,0	32,2
Investitionen (Mrd. €)	2,1	1,4	1,9	2,9	3,6	2,7
(in % des Umsatzes)	9,8	6,3	7,6	10,5	10,0	8,4
Forschung und Entwicklung						
(Mrd. €)	1,1	1,0	1,2	1,3	1,5	1,1
(in % des Umsatzes)	4,9	4,4	4,7	4,7	4,2	3,5
BASF AG (Werk Ludwigshafen)						
Umsatz (Mrd. €)	9,5	9,9	10,5	10,8	13,1	12,9
Investitionen (Mrd. €)	0,6	0,3	0,5	0,6	0,6	0,6
(in % des Umsatzes)	6,3	3,0	4,8	5,6	4,6	4,7
Forschung und Entwicklung						
(Mrd. €)	0,7	0,7	0,7	0,8	0,8	0,8
(in % des Umsatzes)	7,4	6,7	6,8	7,4	6,2	6,0

Über die Investitionstätigkeit der chemischen Industrie in der Bundesrepublik in den Jahren 1992 bis 2002 gibt Tabelle 1/1 Aufschluß [5, 6]. Daraus ist zu ersehen, daß die Investitionen der gesamten chemischen Industrie im Inland seit 1992 stagnieren. Durch einen Rückgang der Beschäftigtenzahlen nimmt die Investitionstätigkeit nur scheinbar zu. Die Tabelle enthält weiter als Beispiel einige Bilanzwerte der BASF [6]. Man sieht, daß die Investitionen der BASF AG (Werk Ludwigshafen) in den letzten Jahren ca. 5 % des Umsatzes betrugen, in der BASF-Gruppe sogar bis zu 10,5 % (1998).

Die Aufwendungen für Forschung und Entwicklung betragen in der deutschen chemischen Industrie etwa 4,5 % [7]. Daraus erkennt man die ständige Erneuerung des Produkt-Spektrums sowie der Produktionsverfahren. In der metallschaffenden Industrie liegen die Aufwendungen für Forschung und Entwicklung nur bei 1 % des Umsatzes, in der elektrotechnischen Industrie unter 2 %, dagegen in der pharmazeutischen Industrie bei 15 %.

Der Gewinn als einzige Zielgröße und dessen isolierte Maximierung durch ein einzelnes Unternehmen ist bereits auf Grenzen gestoßen. Künftige Großaufgaben (z. B. Gesunderhaltung, Ernährung und Bekleidung der Menschheit, Schutz der Umwelt usw.), zu denen die chemische Industrie einen großen Beitrag wird leisten müssen, können nur durch gemeinsame überregionale bzw. übernationale Planung und Zusammenarbeit bewältigt werden. Gleichzeitig mit der eigentlichen Technologie-Planung (technological planning) muß daher eine Technologie-Folgeabschätzung (technological assessment) in Angriff genommen werden.

1.2.1 Der Erlös

Der Erlös für die abgesetzte Produktmenge ist entscheidend für die Wirtschaftlichkeit eines Verfahrens. Der Verkaufserlös ergibt sich aus der in der Zeiteinheit (z. B. 1 Jahr) abgesetzten Produktmenge:

Erlös = verkaufte Produktmenge × Produktpreis.

Der Produktpreis wird über den Wettbewerb weitgehend vom Markt bestimmt. Preisspielräume können vor allem bei neuen und qualitativ hochwertigen Produkten gegeben sein (daher die Notwendigkeit intensiver Forschung und Entwicklung); außerdem spielt die mit der vorhandenen Anlagenkapazität tatsächlich mögliche Produktionsleistung (Produktmenge in der Zeiteinheit) eine wesentliche Rolle, die wiederum mit der Frage der rechtzeitigen und zweckmäßigen Investitionen gekoppelt ist.

1.2.2 Die Herstellkosten

Aus der Notwendigkeit, die Wirtschaftlichkeit einer Produktion zu beurteilen, ergibt sich die Frage nach der Entstehung der Herstellkosten. Die Herstellkosten werden zweckmäßig auf ein Jahr bezogen.

Tabelle 1/2. Kostenarten bei der Herstellung eines chemischen Produktes

a) **Beschäftigungsfixe Kosten** (von Produktionsleistung unabhängig)	b) **Beschäftigungsvariable Kosten** (etwa proportional der Produktionsleistung)
1. Abschreibung für Anlage oder Anlagenmiete (leasing)	1. Rohstoffkosten
2. Kalkulatorische Zinsen für investiertes Kapital, Versicherungskosten für Anlage	2. Energiekosten
3. Vermögensabhängige Steuern in Abhängigkeit von der Höhe des Betriebsvermögens	3. Löhne für zusätzliche Arbeitskräfte
4. Gehälter und Löhne des Stammpersonals der Produktionsstätte	4. Sonstige Betriebskosten (z. B. Wasser)
	5. Vertriebskosten, z. B. Transportkosten
	6. Umweltschutzkosten (sog. „pollution control costs") soweit nicht in Investitionen enthalten

Die wesentlichen *Kostenarten*, welche bei der Produktion anfallen, sind: Rohstoffkosten, Energiekosten, Lohnkosten, Kapitaldienst für Investitionen und Vertriebskosten.

Den technischen Chemiker interessiert vor allem das *Kostenverhalten* bei unterschiedlicher Beschäftigung. Hierfür verwendet die Betriebswirtschaftslehre die Begriffe der *beschäftigungsfixen* und der *beschäftigungsvariablen Kosten*. In Tabelle 1/2 wurde versucht, die einzelnen Kostenarten nach diesen Kriterien zu unterteilen. Bei den beschäftigungsfixen Kosten, die von der Produktionsleistung unabhängig sind, handelt es sich hauptsächlich um Investitionskosten sowie die Lohn- und Gehaltskosten für das hochqualifizierte Stammpersonal. Aus arbeitstechnischen und sozialen Gründen ist eine kurzfristige, von der Beschäftigungslage abhängige Verschiebung des Personalstandes in der chemischen Industrie kaum möglich. Bei den beschäftigungsvariablen Kosten handelt es sich um Kosten für Rohstoffe, Energien, zusätzliche Arbeitskräfte und Transport. Abweichend von der klassischen Betrachtung der Herstellkosten gewinnen die Kosten für den Umweltschutz (pollution control costs) steigende Bedeutung; sie wirken sich nicht nur in erhöhten Investitionen aus, sondern belasten auch als variabler Kostenanteil erheblich die Herstellkosten.

Die Anteile der einzelnen Kostenarten an den Gesamtkosten schwanken bei den verschiedenen Produkten in weiten Grenzen. *Rohstoffintensive* Produkte (z. B. Naturstoff-Derivate, Nichteisenmetallverbindungen u. ä.) können einen Anteil der Rohstoffkosten von über 90 % bedingen. Bei *energieintensiven* Produkten (z. B. elektrochemischen Produkten oder Produkten der Hochdrucksynthese) können die Energiekosten bis auf 40 % der Herstellkosten ansteigen. *Arbeitsintensive* Prozesse werden in der chemischen Industrie immer seltener.

Die moderne Entwicklung von kontinuierlich arbeitenden Großanlagen hat einen steigenden Kostenanteil für die Investition bei fallendem Anteil für die Arbeitskraft zur Folge. Die Schaffung eines Arbeitsplatzes in einer petrochemischen

Großsynthese erfordert z. B. eine Investition von 150 000 bis 500 000 € (*investitionsintensive* Produktion). Die Investition wird anteilmäßig auf die voraussichtliche Lebensdauer der Anlage als Abschreibung aufgeteilt.

Um einen Eindruck von dem durch die Investition bedingten Kostenanteil zu geben, sei die in der Betriebswirtschaftslehre sonst nicht übliche Summe aus Abschreibung und kalkulatorischen Zinsen angegeben. Es ergeben sich bei 7,5%iger Verzinsung der Investition die folgenden jährlichen Kosten in % der investierten Summe: 23,25% bei 5jähriger, 13,25% bei 10jähriger und 8,25% bei 20jähriger Abschreibung.

Als Richtwert kann für chemische Produkte mit folgenden Anteilen an den Herstellkosten gerechnet werden:

Abschreibung und kalkulatorischen Zinsen	15 bis 30% (20%)
Energiekosten	10 bis 40% (15%)
Rohstoffkosten	30 bis 90% (45%)
Gehälter und Löhne	5 bis 25% (20%)

Die in Klammern angegebenen Mittelwerte enthalten eine subjektive und anfechtbare, geschätzte Gewichtung über das Gesamtgebiet der chemischen Industrie. Sie sollen einen ungefähren Eindruck von der Kostensituation in diesem Industriezweig geben.

1.3 Chemische Industriezweige

Nicht nur die „chemische Industrie" befaßt sich mit der unter Stoffumsatz verlaufenden Herstellung verkäuflicher Produkte, sondern auch eine Vielzahl anderer Industriezweige, so die metallschaffende Industrie, die Glas-, Keramik- und Zementindustrie, die Erdölindustrie, die Zellstoff- und Papierindustrie, die Kautschukindustrie, die pharmazeutische Industrie, große Teile der Nahrungsmittelindustrie u. a. Obwohl die einzelnen Industrieländer unterschiedliche Einteilungen anwenden, kann man grob unterscheiden zwischen

Chemischer Industrie (Industrie chimique) und
Chemischer Prozeßindustrie (Industrie parachimique).

Die Tabelle 1/3 zeigt unter den 30 größten Industrieunternehmen der Erde keinen einzigen Chemie-Konzern, während von den 30 Unternehmen ein Drittel der chemischen Prozeßindustrie (Mineralöl) zuzuzählen ist.

In Tabelle 1/4 sind die 30 größten Chemiekonzerne der Erde zusammengestellt. Die deutschen Chemieunternehmen BASF, Bayer und Degussa gehören zu den 10 größten Chemiekonzernen der Welt.

Die chemische Produktion wird jedoch nicht nur von der Großindustrie bestritten. In der Bundesrepublik werden ca. 50% des Jahresumsatzes der chemischen Industrie (2002 132,495 Mrd. €) von den drei Großunternehmen (BASF, Bayer, Degussa) aufgebracht. Der Anteil kleinerer und mittlerer Unternehmen

Tabelle 1/3. Die 30 größten Industrieunternehmen der Erde

Reihenfolge		Unternehmen	Branche	Land	Umsatz	Gewinn nach Steuern
2003	2002					
					(in Mio. Dollar)	
1	1	Exxon Mobil Corp.	Mineralöl	USA	242 365	21 510
2	3	Royal Dutch/Shell Group	Mineralöl	NL	235 598	9 735
3	4	BP PLC	Mineralöl	GB	232 571	10 267
4	2	General Motors Corp.	Auto	USA	185 524	3 822
5	6	DaimlerChrysler AG	Auto	BRD	170 457	557
6	5	Ford Motor Co	Auto	USA	164 196	495
7	8	Toyota Motor Corp.	Auto	Japan	149 321	8 786
8	7	General Electric Co.	Elektrotechnik	USA	132 797	15 002
9	9	TOTAL SA	Mineralöl	Frankr.	130 067	8 731
10	10	ChevronTexaco Corp.	Mineralöl	USA	119 703	7 230
11	11	Volkswagen AG	Auto	BRD	115 358	1 361
12	23	ConocoPhillips	Mineralöl	USA	104 013	4 735
13	12	Siemens AG	Elektrotechnik	BRD	93 059	3 039
14	13	IBM Corp.	Computer	USA	89 131	7 583
15	14	Altria Group Inc.	Tabak	USA	81 832	9 204
16	16	Hitachi Ltd.	Elektrotechnik	Japan	76 192	259
17	20	Honda Motor Co. Ltd.	Auto	Japan	74 143	3 968
18	24	Hewlett-Packard Co.	Computer	USA	73 061	2 539
19	17	Nestlé SA	Lebensmittel	Schweiz	69 722	4 954
20	19	Sony Corp.	Elektrotechnik	Japan	69 512	1 074
21	22	Matsushita El. Ind. Ltd.	Elektrotechnik	Japan	68 843	(181)*
22	25	Peugeot SA	Auto	Frankr.	67 867	2 100
23	15	Verizon Comm. Inc.	Medien	USA	67 752	3 077
24	29	ENI SpA	Mineralöl	Italien	56 126	6 941
25	28	Nissan Motor Co. Ltd.	Auto	Japan	63 513	4 606
26	18	Fiat SpA	Auto	Italien	62 575	(2 361)*
27	43	E.ON AG	Mischkonzern	BRD	59 180	5 776
28	32	France Telecom	Elektrotechnik	Frankr.	57 322	3 985
29	31	RWE AG	Mineralöl	BRD	54 530	1 184
30	38	China Petr.& Chem. Corp.	Mineralöl	China	53 531	2 608

Quelle: Frankfurter Allgemeine Zeitung, 6. Juli 2004, Nr. 154
* Zahlen in Klammern bedeuten Verlust

(KMU) mit weniger als 500 Beschäftigten liegt dagegen bei 90%. Die mittelständischen Chemieunternehmen bilden somit einen wichtigen Eckpfeiler der chemischen Industrie in der BRD [5].

Die chemische Industrie ist eine typische Wachstumsindustrie. Ihr Produktionsindex (s. Abb. 1–2) ist in den letzten Jahren nur vom Produktionsindex der Elektrotechnik übertroffen worden.

Die Weltchemieproduktion betrug 2002 1737,8 Mrd. US-$ [9]. Wie Tabelle 1/5 zeigt, konzentriert sich die Chemieproduktion auf hochindustrialisierte Länder. Allerdings ist in den letzten 10 Jahren in der BRD, Japan, Italien und Großbritannien ein rückläufiger Trend und in der USA und Frankreich eine Stagnation

Tabelle 1/4. Die 30 größten Chemiekonzerne der Erde [8]

Reihenfolge 2003	Unternehmen	Land	Umsatz	Gewinn
			Mio. Dollar	
1	Dow Chemical	USA	32 632	2082
2	BASF	BRD	30 769	1727
3	E.I. Du Pont de Nemours	USA	30 249	nv
4	Bayer	BRD	21 568	(1533)*
5	Total	Frankreich	20 197	631
6	ExxonMobil Corp.	USA	20 190	1432
7	BP	U.K.	16 075	568
8	Royal Dutch/Shell	U.K./NL	15 186	(209)*
9	Mitsubishi Chemical	Japan	13 216	648
10	Degussa	BRD	12 930	745
11	Akzo Nobel	NL	10 750	741
12	SABIC	Saudi Arabien	10 314	3016
13	China Petr. & Chemical	China	9 744	261
14	ICI	U.K.	9 558	644
15	Mitsui Chemicals	Japan	9 395	465
16	Formosa Plastics Group	Taiwan	8 499	1410
17	Dainippon Ink & Chemicals	Japan	8 405	378
18	General Electric	USA	8 371	803
19	Air Liquid	Frankreich	8 360	1421
20	Sumitomo Chemical	Japan	8 043	300
21	Toray Industries	Japan	7 393	391
22	Shin-Etsu-Chemical	Japan	7 104	1083
23	Chevron Phillips	USA	7 018	76
24	Huntsmann Corp.	Japan	6 990	69
25	DSM	NL	6 846	333
26	PPG Industries	USA	6 606	939
27	Equistar Chemicals	USA	6 545	(62)*
28	Reliance Industries	Indien	6 541	723
29	Clariant	Schweiz	6 330	454
30	Rhodia	Frankreich	6 170	(180)*

* Zahlen in Klammern bedeuten Verlust; nv = Daten nicht verfügbar.

Tabelle 1/5. Entwicklung des Welt-Chemieumsatzes und Anteil wichtiger Länder (%) [9]

Jahr	Mrd. $	BRD (%)	USA (%)	Japan (%)	China (%)	Korea (%)	Italien (%)	Frankr. (%)	U.K. (%)
1992	1334,1	10,5	24,2	14,3	2,9	2,2	4,9	5,2	3,6
1993	1323,1	9,1	25,3	15,8	3,5	2,5	4,7	4,9	3,5
1994	1401,5	9,3	25,3	15,8	3,1	2,5	4,7	5,1	3,6
1995	1583,1	9,3	24,4	15,7	3,2	2,5	4,0	5,4	3,4
1996	1575,4	8,9	25,0	13,7	3,6	2,7	4,3	5,3	3,4
1997	1589,6	8,4	26,3	12,7	4,0	3,0	4,0	4,9	3,3
1998	1557,9	8,4	26,9	11,4	4,3	2,9	4,0	4,9	3,3
1999	1610,0	8,1	26,8	12,5	4,6	3,0	3,8	4,8	3,3
2000	1688,0	7,4	27,1	13,1	4,9	3,1	3,4	4,5	2,9
2001	1688,1	7,1	27,7	11,4	5,4	3,2	3,4	4,5	3,0
2002	1737,8	7,2	26,3	10,4	5,6	3,4	3,5	4,6	2,9

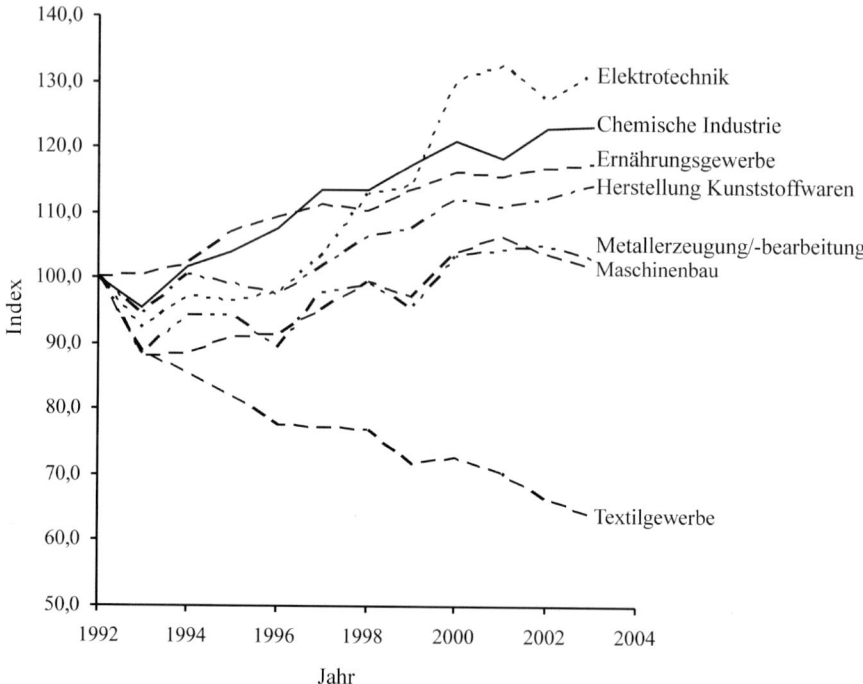

Abb. 1-2. Produktionsindizes verschiedener Industriezweige in der BRD, arbeitstäglich (prozentuale Veränderungen des mengenmäßigen Produktionsumfanges, 1992 = 100) [5]

des prozentualen Welt-Chemieumsatzes zu erkennen. Korea und insbesondere China zeigen in diesem Zeitraum dagegen fast eine Verdoppelung ihres Welt-Chemieumsatzes.

Die chemische Produktion ist energieintensiv. In der BRD ist die chemische Industrie mit 23% am Stromverbrauch des verarbeitenden Gewerbes beteiligt (2002).

Der Erzeugerpreisindex der Chemieproduktion lag die letzten Jahre unterhalb des Index der gewerblichen Erzeugnisse insgesamt (Abb. 1-3).

1.4 Die Produkte der chemischen Industrie

Tabelle 1/6 zeigt typische Produktklassen und deren mengenmäßige Jahresproduktion in der Bundesrepublik Deutschland zwischen 1998 und 2003. Die Jahresproduktion der anorganischen und organischen Grundchemikalien liegt bei etwa 1–5 Mio. t/Jahr. Eine leichte Ausweitung der Produktion von Grundchemikalien in der BRD in den letzten 5 Jahren ist erkennbar.

Die Kunststoffproduktion teilt sich auf wenige Polymere auf (Polyolefine, PVC, Styrolharze). Die Entwicklung ist weniger auf neue Monomere ausgerich-

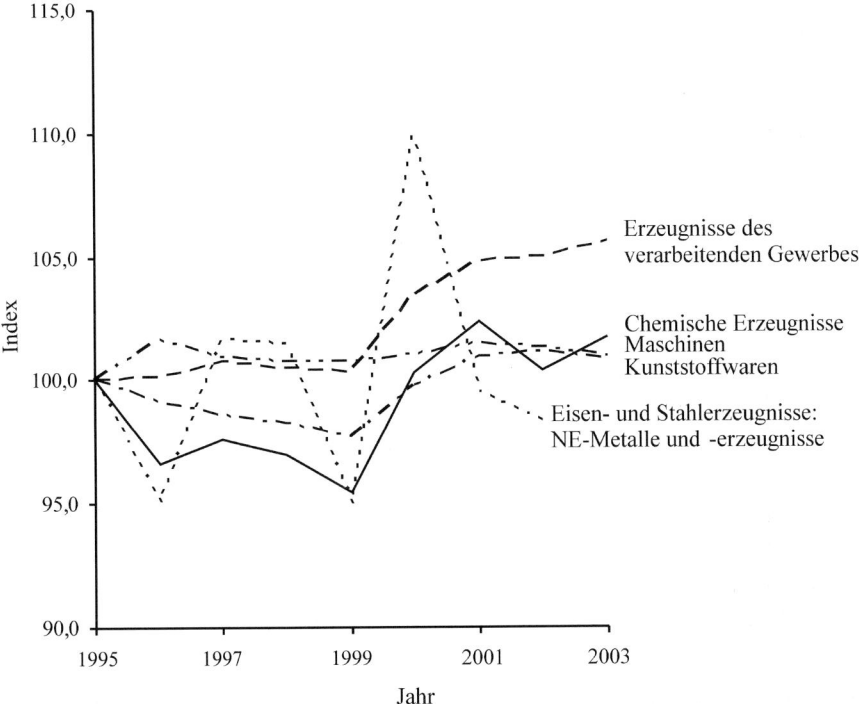

Abb. 1-3. Erzeugerpreisindizes ausgewählter Industriezweige in der BRD, (1992 = 100) [5]

tet, als vielmehr auf bessere Polymerprodukte bzw. Misch- oder Copolymere, z. B. schlagfestes Polystyrol.

Der Kunststoffverbrauch ist ein Maß für die Fertigungstechnik und die Konsumgüterindustrie, der Stahl- und Eisenverbrauch ein Maß für die Schwerindustrie eines Landes. Der Schwefelsäureverbrauch kennzeichnet den Umfang der chemischen Grundstoffindustrie, während der Chlorverbrauch ein Zeichen für eine verfeinerte chemische Industrie darstellt. Durch den hohen Bedarf an Kunststoffen sowie an Elastomeren, synthetischen Fasern, Emulsionen und Suspensionen wird das Produktspektrum der chemischen Industrie bis zu 30 % des wertmäßigen Umsatzes in Richtung der Polymerprodukte verschoben. Farbstoffe – die klassischen chemischen Produkte aus der Gründerzeit der chemischen Industrie vor 120 Jahren – nehmen kaum noch 10 bis 20 % des wertmäßigen Umsatzes chemischer Großunternehmen ein.

Das Produktspektrum unterliegt einem ständigen Wandel, was den großen Forschungsaufwand der chemischen Industrie erklärt. Früher rechnete man mit einer mittleren Lebenszeit für ein Produkt von nur 5 bis 10 Jahren. Heute verschiebt sich die Produktänderung mehr in Richtung einer Modifizierung der Qualität innerhalb der gleichen Produktklasse. Die chemische Prozeßindustrie ist in ihrem Produktspektrum weniger mannigfaltig und wesentlich stabiler.

Tabelle 1/6. Massenprodukte der chemischen Industrie in der Bundesrepublik (Angaben in Mio. t/Jahr) [6]

	1998	1999	2000	2001	2002	2003
Anorganische Grundchemikalien						
Chlor	3,43	3,45	3,54	3,14	3,72	3,77
Salzsäure, Chlorwasserstoff (ber. auf 100% HCl)	1,48	1,51	1,64	1,49	2,00	1,87
Schwefelsäure und Oleum (ber. auf SO_2)	3,06	3,18	3,20	3,17	3,33	3,64
Natriumhydroxid (Ätznatron und Natronlauge, ber. auf NaOH)	2,73	2,84	3,00	3,43	3,79	3,82
Organische Grundchemikalien						
Ethylen (Ethen)	4,27	4,89	5,12	5,01	4,67	5,24
Propylen (Propen)	3,08	3,42	3,61	3,46	3,46	3,65
Buten und seine Isomere, Buta 1,3-dien	1,85	2,19	2,59	2,29	2,23	2,28
Methanol	1,60	1,53	1,89	1,92	1,84	2,01
Benzol	2,35	2,28	2,77	2,60	2,11	2,17
Toluol	0,74	0,64	0,65	0,63	0,65	0,61
Xylole	0,72	0,62	0,59	0,58	0,57	0,58
Vinylchlorid	1,86	1,95	2,00	2,12	2,19	2,12
Ethylendichlorid	2,53	2,81	2,90	2,60	3,19	3,18
Ethylenoxid	0,84	0,79	0,92	0,86	0,72	0,79
Propylenoxid	0,71	0,71	0,76	0,73	0,78	0,86
Propylenglykol	0,24	0,26	0,29	0,31	0,30	0,33
Chemische Erzeugnisse vorwiegend zur Weiterverarbeitung						
Ammoniak, wasserfrei (ber. auf N)	2,49	2,41	2,56	2,52	2,56	2,80
Synthetischer Kautschuk und Mischungen	0,62	0,72	0,85	0,83	1,04	1,01
Anstrichstoffe und Verdünnungen	2,26	2,30	2,38	2,24	2,25	2,27
Druckfarben	0,40	0,43	0,46	0,46	0,45	0,49
Klebstoffe	0,47	0,52	0,53	0,53	0,62	0,63
Polyvinylchlorid (auch mit anderen Stoffen gemischt) in Primärformen	1,27	1,37	1,41	1,50	1,63	1,63
Polystyrol in Primärformen	0,65	0,69	0,77	0,70	0,74	0,74
Polypropylen in Primärformen	0,88	1,25	1,34	1,30	1,75	1,66
Polyamide in Primärformen	0,92	1,07	1,02	0,95	1,13	1,16
Polyurethane in Primärformen	0,76	0,73	0,77	0,77	0,83	0,85
Chemische Erzeugnisse vorwiegend zum Konsum						
Org. grenzflächenaktive Stoffe (ohne Seifen) und grenzfl. Zubereitungen	1,04	1,42	1,29	1,23	1,42	1,47
Waschmittel einschl. Geschirrspülmittel	0,84	0,84	0,78	0,86	1,02	1,01
Seifen in jeder Form	0,12	0,13	0,14	0,15	0,14	0,16
Fußbodenpflege- und -reinigungsmittel	0,12	0,10	0,15	0,11	0,11	0,11

Typisch für alle Chemieunternehmen ist der Drang zum Endprodukt, das vom Produktionsbetrieb ohne Einschaltung zusätzlicher Weiterverarbeitungsbetriebe direkt and den Verbraucher angegeben wird. Der Anteil derartiger Spezialerzeugnisse liegt heute bereits bei 25% des wertmäßigen Produktionsumfangs.

2. Die Aufgaben der Chemischen Reaktionstechnik

Die Aufgaben der *Chemischen Reaktionstechnik* wurden bereits in Abschnitt 1.1 umrissen. In einem Herstellungsprozeß bildet jener Schritt, in welchem die Umsetzung der Ausgangsstoffe zum Endprodukt stattfindet, das Kernstück. Der Chemischen Reaktionstechnik fällt die Aufgabe zu, unter *gegebenen Voraussetzungen* (s. u.) diesen Schritt so auszuführen und zu betreiben, daß ein Produkt bestimmter Qualität mit minimalen Gesamtkosten hergestellt werden kann. Die Chemische Reaktionstechnik hat demnach festzulegen:

a) die Betriebsweise (diskontinuierlich, kontinuierlich),
b) die Art und Größe des Reaktors,
c) die optimalen Betriebsbedingungen, d. h. Temperatur, Konzentration, Druck, Reaktionszeit, Reinheit und Zustand der Ausgangsstoffe, Katalysatoren.

Die Werkstoffauswahl und die konstruktive Auslegung muß dann zusammen mit Werkstoffwissenschaftlern und Apparatebauern erfolgen.

Es ist ein Vorzug der chemischen Produktion, daß ein und dasselbe Produkt in vielen Fällen nicht nur aus verschiedenen Rohstoffen, sondern auch nach verschiedenen Verfahren hergestellt werden kann. Zu den oben erwähnten, *gegebenen Voraussetzungen* gehören daher die verfügbaren Rohstoffe (Art, Menge, Reinheit und Preis) sowie die Art des chemischen Verfahrens, die Preise für Energien, das Niveau der Löhne und Gehälter sowie das investierte Kapital.

Ein Herstellungsprozeß setzt sich aus hintereinander geschalteten Prozeßstufen zusammen, wobei nur in einigen Stufen, oft sogar nur in einer einzigen, chemische Umsetzungen durchgeführt werden (s. Abb. 2–1). In dem als Beispiel angenommenen Fall findet nur in Stufe 2 eine chemische Reaktion statt. Man wird wohl mit der Optimierung bei dieser Stufe beginnen, die in der Regel eine modellmäßige Beschreibung der Vorgänge in dieser Stufe voraussetzt. Es ist aus dem Schema aber leicht zu erkennen, daß sowohl die vorbereitende physikalische Verfahrensstufe 1, als auch die nachgeschalteten physikalischen Trennstufen 3 und 4 Einfluß auf die chemische Prozeßstufe haben bzw. von dieser beeinflußt werden. Zusätzlich gibt es auch für diese physikalischen Prozeßstufen Teil-Optimierprobleme (vgl. 3.2).

Endlich werden die Herstellkosten für ein Produkt nicht nur vom Rohstoff, von der Verfahrenswahl und von den gewählten Reaktionsbedingungen bestimmt, sondern auch von einer Reihe weiterer Faktoren, so vom Standort der Produktionsstätte, der Anlagengröße und der Kapazitätsauslastung. Damit wird das Problem der Optimierung des gesamten Herstellungsprozesses sehr vielschichtig. Letzten Endes kann die Entscheidung, welche Rohstoffe, welches Verfahren, welche Betriebsform,

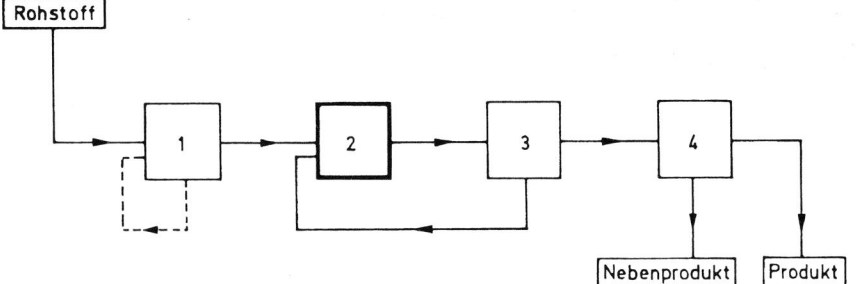

Abb. 2-1. Schematische Darstellung der Einzelstufen in einem Prozeß der chemischen Technik;
1 vorbereitende physikalische Prozeßstufe, z. B. Lösen, Mahlen, Sichten usw. mit Kreislaufführung,
2 chemische Prozeßstufe mit unvollständigem Umsatz,
3 Trennstufe zur Abtrennung der nicht umgesetzten Reaktionspartner zwecks Rückführung in die chemische Prozeßstufe,
4 Abtrennung des gewünschten Produkts von unerwünschten (wertlosen) Nebenprodukten

welche Reaktorart und -größe, welche Werkstoffe und Betriebsbedingungen optimal sind, erst aufgrund einer Kalkulation gefällt werden. Dazu muß die Chemische Reaktionstechnik für die chemische Prozeßstufe, die Verfahrenstechnik für die physikalischen Prozeßstufen die technischen Unterlagen liefern.

In den folgenden Abschnitten sollen die Einflüsse der wichtigsten Variablen auf den Erlös und die Herstellkosten diskutiert werden.

2.1 Den Erlös beeinflussende Faktoren

Eine wichtige Variable ist die zu erwartende Absatzmenge in Abhängigkeit von der Preisgestaltung, worüber die Marktforschung Informationen zu liefern hat. Aus der zu erwartenden Absatzmenge ergibt sich die zu erstellende Produktionskapazität. Die Herstellkosten hängen insbesondere ab vom gewählten Verfahren, von der Produktionskapazität und deren Auslastung sowie von den festgelegten optimalen Betriebsbedingungen.

In der Marktwirtschaft wird im Regelfall die absetzbare Produktmenge vom Preis des Produkts, aber auch von den Preisen anderer Produkte mit ähnlichen Verwendungszwecken abhängen. Somit wird der Gewinn vorwiegend von marktabhängigen Einflußgrößen (Preise, Absatzmengen usw.), aber auch von betriebsbezogenen Faktoren (Gesamtkosten und deren Abhängigkeiten) bestimmt. Daher kann auch bei reaktionstechnisch durchoptimierten Produktionsverfahren der Fall eintreten, daß sie bei veränderter Marktsituation keinen Gewinn mehr abwerfen. Stehen zur Herstellung eines Produkts, welches nur unsicher abzusetzen ist, bei gleichen Kosten mehrere Verfahren zur Verfügung, so ist daher stets jenes zu wählen, welches u. U. auch anderweitig einsetzbar ist. Demgegenüber können bei einigermaßen stabilen Absatzverhältnissen auch sehr spezielle und darum billigere Produktionsanlagen (Einstranganlagen, single train plants oder low cost plants) verwendet werden.

Im folgenden wollen wir einige Einflußgrößen auf die Kosten getrennt besprechen: die Anlagengröße bzw. den Produktionsumfang, die Auslastung der Anlage, den Standort für die Produktionsstätte sowie die Wahl des Rohstoffs und des Verfahrens.

2.2 Der Produktionsumfang (production scale) als Kostenfaktor

2.2.1 Einfluß der Anlagengröße auf die Kosten

In Großanlagen kann man bei gleicher Auslastung billiger produzieren als in Kleinanlagen, wie in Abb. 2–2 am Beispiel der *Herstellung von Ethylen* gezeigt ist.

Die Investitionen nehmen bei einer Anlagenvergrößerung, d. h. zunehmendem Produktionsumfang, in der Regel nicht linear mit der Kapazität zu, sondern entsprechend einer empirischen Beziehung:

$$\text{Investition}_{Gr} = \text{Investition}_{Kl} \cdot \left(\frac{\text{Kapazität}_{Gr}}{\text{Kapazität}_{Kl}} \right)^{\varkappa},$$

wobei $0 < \varkappa \leq 1$ ist. (Die Indizes „Gr" und „Kl" bedeuten Großanlage bzw. Kleinanlage.) Der Exponent $\varkappa$ wird als Degressionsexponent bezeichnet, welcher um den Wert 0,6 schwankt. Kleine Zahlenwerte von $\varkappa$ bedeuten eine hohe Kapitaleinsparung bei der Erstellung von Großanlagen (z. B. Einstranganlagen) im Vergleich zu einer entsprechenden Anzahl parallel geschalteter Anlagen kleinerer Kapazität.

Die Größendegression wirkt sich besonders bei kapitalintensiver Produktion bei gleichzeitig kleinem Degressionsexponenten aus. Eine Kapazitätsvergrößerung

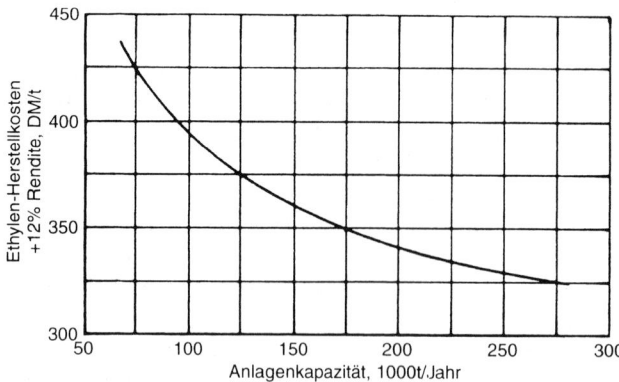

Abb. 2-2. Herstellkosten einschl. 12% Rendite für Ethylen in Abhängigkeit von der Anlagenkapazität [1]

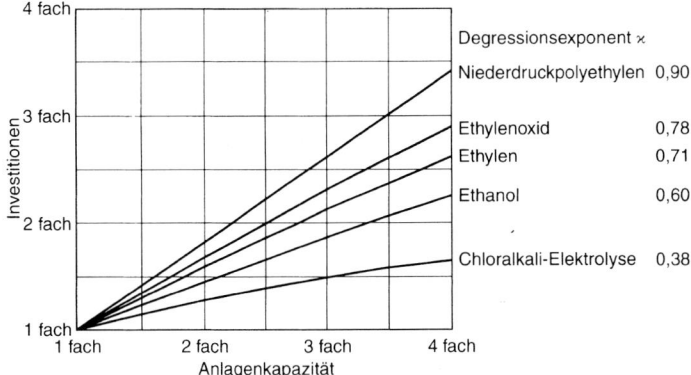

Abb. 2-3. Abhängigkeit der Investitionen einiger Chemieanlagen von der Anlagenkapazität

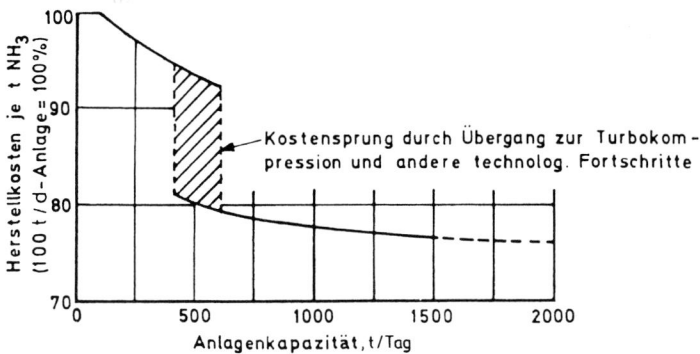

Abb. 2-4. Abhängigkeit der Herstellkosten von Ammoniak von der Anlagenkapazität [1]. Die Herstellkosten umfassen: Rohstoff, Energien, Katalysator und Chemikalien, Abschreibung und Löhne, Reparaturen

durch Erstellung von identischen Parallelanlagen bringt einen nur geringfügigen vom Wert 1 abweichenden Degressionsexponenten. In Abb. 2–3 sind für einige Produkte die Abhängigkeit der Investitionen von der Anlagenkapazität dargestellt und die entsprechenden Degressionsexponenten aufgeführt.

Schließlich gibt es chemische Produktionsprozesse, bei welchen die Herstellkosten mit der Kapazitätsvergrößerung sprungartig sinken; dies ist in Abb. 2–4 für die Ammoniaksynthese veranschaulicht. In diesem Beispiel ist der Kostensprung vor allem durch den Übergang von Kolbenkompressoren auf Turbokompressoren begründet. Diese modernen Verdichter sind erst ab einem bestimmten Mindestgasdurchsatz wirtschaftlich. Das erfordert aber auch die Beschränkung auf ein einzelnes mehrstufiges Verdichtungsaggregat, wie es bei Einstranganlagen mit Tageskapazitäten von 1500 t NH$_3$ mit nur einem Großkompressor und einem Hochdruckreaktor verwirklicht ist (single train plant).

Als weitere Beispiele von modernen Reaktor-Größteinheiten seien genannt: Hochöfen für 7000 t/d Roheisen und Chloralkali-Elektrolyse-Anlagen für 1000 t/d Chlor.

Je größer der Anteil der fixen Kosten an den Gesamtkosten ist, desto mehr nimmt die Wahrscheinlichkeit ab, daß die Kosten je produzierte Mengeneinheit zunehmen.

Bei zeitlich zunehmendem Absatz ergibt sich das Problem der optimalen Anpassung des Produktionsumfangs an den steigenden Absatz. Je kleiner die Degressionsexponenten sind, umso eher wird man zur Installation von Großanlagen neigen und eine vorübergehend geringere Auslastung in Kauf nehmen; liegt der Degressionsexponent dagegen bei einem Wert von 1, so wird man sich in kleinen Schritten dem Absatzwachstum anpassen.

2.2.2 Einfluß der Kapazitätsauslastung auf die Kosten

Die Kapazitäten einer Anlage sollten, abgesehen von Inspektions- und Reparaturzeiten, ständig genutzt sein. Zeitlich nicht ausgelastete Kapazitäten erhöhen die spezifischen Produktionskosten (DM pro Mengeneinheit). Nach Tabelle 1/1 setzen sich die Herstellkosten in einer Anlage aus beschäftigungsfixen und beschäftigungsvariablen Kosten zusammen. Abb. 2–5 zeigt schematisch für eine Änderung der Auslastung durch Variation der Betriebsbedingungen (nicht zeitliche Auslastung!), daß die fixen Kosten von der Kapazitätsauslastung unabhängig sind; die variablen Kosten dagegen hängen von der tatsächlich produzierten Menge, d. h. der Auslastung der installierten Kapazität, ab. Im Bereich zwischen 70 und 100% Kapazitätsauslastung sind die Gesamtkosten etwa linear von der Auslastung abhängig; bei wesentlich geringerer Auslastung nehmen die Kosten je produzierter Mengeneinheit zu.

Ob die Kosten je produzierter Mengeneinheit bei der Erzwingung einer Überproduktion (z. B. durch verschärfte Betriebsbedingungen, etwa erhöhte Temperatur usw.) weiter abnehmen oder oberhalb einer bestimmten Auslastung zunehmen, hängt vom jeweiligen Prozeß ab. Diese Frage kann daher nicht allgemeingültig beantwortet werden.

Der Erlös wird häufig eine lineare Funktion der Produktmenge, also der Kapazitätsauslastung, sein. Die Differenz aus Erlös und Gesamtkosten ergibt den Gewinn. Aus Abb. 2–5 ist zu ersehen, daß links des Punktes B (Umschlagpunkt, break even point) die Produktion mit Verlust arbeitet, aber immerhin noch die variablen Kosten und einen Teil der fixen Kosten erwirtschaftet. Erst bei einer Kapazitätsauslastung, welche geringer ist, als dem Abszissenwert des Punktes S (Abschaltpunkt, shut down point) entspricht, wird der Verlust bei einer Abschaltung der Anlage geringer als bei weiterem Betrieb. Bei modernen petrochemischen Anlagen liegt der Punkt B bei einer Kapazitätsauslastung von 75%.

Bedenkt man die enormen Investitionen für Anlagengrößen von mehr als 100000 t/a, so ist leicht einzusehen, welches unternehmerische Risiko mit Investitionen in der chemischen Großindustrie verbunden ist, da moderne Anlagen bei zurückgehender Auslastung sehr schnell in die Verlustzone kommen.

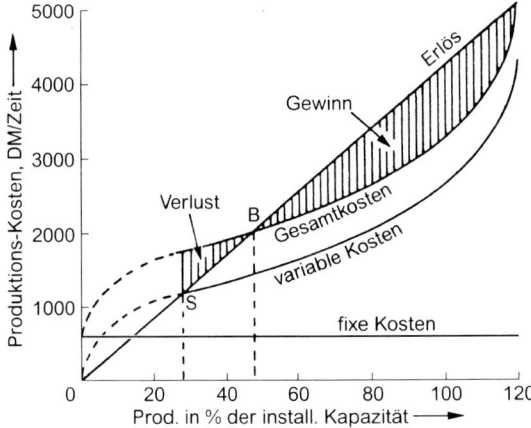

Abb. 2-5. Produktionskosten (DM/Zeit) als Funktion der Auslastung der vorhandenen Kapazität

Tabelle 2/1. Effektivkapazitäten, Produktion und Verbrauch wichtiger Petrochemikalien in Westeuropa 1991 [6]

	Effektivkapazität (Mio t/a)	Produktion (Mio t/a)	Freie Kapazität (%)	Verbrauch (Mio t/a)
Ethylen	17,280	14,799	14,4	14,854
Propylen	11,440	9,135	20,1	9,288
Butadien	2,329	1,813	22,2	1,440
Benzol	7,512	5,377	28,4	5,787
Toluol	3,018	2,350	22,1	2,417
o-Xylol	0,801	0,583	27,2	0,627
p-Xylol	1,407	0,981	30,3	1,143

Wegen der optimalen Größen von petrochemischen Anlagen muß die Kapazitätserweiterung auf diesem wichtigen Gebiet der chemischen Technik in großen Stufen erfolgen. Dadurch müssen notwendigerweise entweder Lieferschwierigkeiten oder Überkapazitäten in Kauf genommen werden. Zur Veranschaulichung dieser Verhältnisse ist in Tabelle 2/1 die Situation hinsichtlich der Überkapazitäten für einige petrochemische Primärprodukte im Jahr 1991 zusammengestellt.

Ethylen ist ein Primärprodukt. Die Hauptmenge wird für nur wenige Produktgruppen weiterverwendet, s. Tabelle 2/2. Der Forschungs- und Entwicklungschemiker kann daraus erkennen, was es für langfristige Investitionsplanungen bedeuten würde, wenn z. B. das Polyethylen durch neue Polymere ersetzt würde.

Tabelle 2/2. Aufteilung des Ethylenverbrauchs in der BRD (16 Bundesländer) nach Folgeprodukten 1992 (in % des Gesamtverbrauchs)

Polyethylen	47,06
Dichlorethan/Vinylchlorid	14,71
Ethylenoxid	15,00
Ethylbenzol/Styrol	7,85
Acetaldehyd/Ethylalkohol	7,46
Sonstige Derivate	7,92
Derivate insgesamt	100,00

2.3 Die Standortfrage

Zur Bestimmung optimaler Standorte für industrielle Produktionsstätten sind u. a. folgende Gesichtspunkte wichtig:

a) Transportwege für Rohstoffe und Produkte,
b) billige Energieversorgung (Strom, Kohle, Erdgas),
c) ausreichende Wasserversorgung und Lösbarkeit von Umweltproblemen,
d) Verfügbarkeit von Arbeitskräften im Einzugsgebiet,
e) Produktionsverbund innerhalb des Werkes.

Für die chemische Großindustrie in der Bundesrepublik hatte bis vor 30 Jahren der interne Produktionsverbund Vorrang; dies führte zu einer Ballung von Produktionsstätten mit angeschlossenen Forschungs- und Entwicklungszentren an wenigen Stellen, z. B. in Ludwigshafen, Höchst, Griesheim, Leverkusen oder Uerdingen. Die Standortwahl aufgrund verfügbarer Energie, wie sie noch vor 70 Jahren für die elektrochemische Industrie (z. B. am Oberrhein) ausschlaggebend war, ist durch die Verbundnetze für Strom und Erdgas weniger bedeutungsvoll geworden. Ausschlaggebend für die Standortwahl bleibt das Transportproblem für Rohstoffe und Produkte, d. h. die Lage an Wasserwegen (z. B. das neue Chemiezentrum Europort im Rotterdamer Hafen), und an Rohstoff- und Produktleitungen [3]. Dem Mangel an Kühlwasser begegnet man in zunehmendem Maß durch die in der Regel billigere Luftkühlung.

Die Zunahme der Produktmengen und die damit verbundenen Transportprobleme haben dazu geführt, daß in steigendem Maß Produktionsstätten aus den historisch gewachsenen Ballungszentren in verkehrsgünstigere Gebiete ausgelagert werden, die außerdem auch geringere Umweltschutzprobleme aufwerfen. Beispiele hierfür sind die chemischen Produktionsstätten in den Mündungsgebieten von Rhein, Maas und Schelde. Für die chemische Grundstoffindustrie ist eine weitere Verlagerung aus den hochindustrialisierten Ländern in die Entwicklungsländer mit ihrem hohen Rohstoff-, Energie- und Arbeitskräftepotential zu erwarten.

Beispiel 2.1: Bestimmung der optimalen Kapazität einer Düngemittelfabrik als Funktion der Transportkosten [4].

Von einer Produktionsstätte soll ein kreisförmig darum liegendes Gebiet bis zu einer Entfernung R [km] mit dem durchschnittlichen jährlichen Düngemittelbedarf v pro Flächeneinheit [t/a · (km)^2] versorgt werden. Die notwendige Produktionsleistung $\dot{m}_P$ beträgt dann:

$$\dot{m}_P = R^2 \pi v \quad [t/a].\tag{a}$$

Die Transportkosten K_{Tr} [DM/a] ergeben sich aus dem Produkt der in einem kreisringförmigen Flächenelement jährlich verbrauchten Produktmenge $d\dot{m}_P$, dem Transportweg R zu diesem Flächenelement und den spezifischen Transportkosten k_{Tr} [DM/t · km]:

$$dK_{Tr} = k_{Tr} R \, d\dot{m}_P = \frac{k_{Tr}}{\sqrt{\pi v}} \sqrt{\dot{m}_P} \, d\dot{m}_P.\tag{b}$$

Nach Integration zwischen den Grenzen $\dot{m}_P = 0$ und $\dot{m}_P = \dot{m}_P$ erhält man die gesamten Transportkosten K_{Tr} für die jährliche Produktionsmenge $\dot{m}_P$:

$$K_{Tr} = 0{,}376 \frac{k_{Tr}}{\sqrt{v}} \dot{m}_P^{1,5} \quad [DM/a],\tag{c}$$

bzw. unter Berücksichtigung von Gl. (a) als Funktion des Versorgungsradius

$$K_{Tr} = \frac{2}{3} \pi k_{Tr} v R^3 \quad [DM/a].\tag{d}$$

Die Gesamtkosten K_{ges} für die Jahresproduktion $\dot{m}_P$ setzen sich zusammen aus den fixen Herstellkosten K_f, den variablen Herstellkosten K_v und den Transportkosten K_{Tr}.

Die fixen Kosten K_f sind eine Funktion der spezifischen Investition I_0 [DM/t] und hängen über den Kapitalbedarfs-Exponenten a mit der Jahreskapazität zusammen:

$$K_f = k_f I_0 \dot{m}_P^a \quad (k_f = \text{Proportionalitätsfaktor}).\tag{e}$$

Die variablen Kosten K_v sind proportional der Produktionsleistung mit k_v als Proportionalitätsfaktor:

$$K_v = k_v \dot{m}_P.\tag{f}$$

Bezogen auf ein Jahr betragen die spezifischen Gesamtkosten k_{ges}, d.h. die Kosten je Tonne Produkt und Jahr:

$$k_{ges} = \frac{K_{ges}}{\dot{m}_P} = k_v + k_f I_0 \dot{m}_P^{(a-1)} + 0{,}376 \frac{k_{Tr}}{\sqrt{v}} \dot{m}_P^{0,5} \quad [DM/t \cdot a].\tag{g}$$

Im schematischen Bild 2–6 ist gezeigt, daß die Gesamtkosten als Funktion der Kapazität $\dot{m}_P$ ein Minimum aufweisen (Kurve c), aus dessen Lage sich die wirtschaftlich optimale Anlagengröße ergibt:

$$\log(\dot{m}_P)_{opt} = \frac{\log\left(\dfrac{0{,}188 \, k_{Tr}}{k_f I_0 (1-a) \sqrt{v}}\right)}{a - 1{,}5}.\tag{h}$$

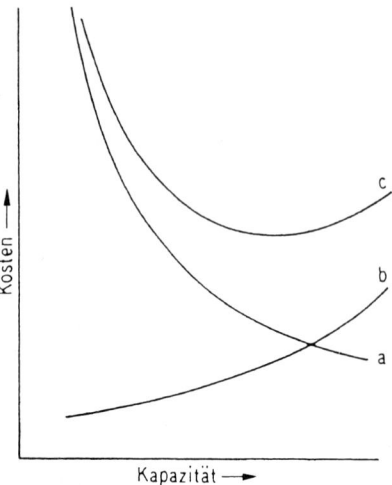

Abb. 2-6. Kosten in Abhängigkeit von der Anlagenkapazität; a Herstellkosten, b Transportkosten, c Gesamtkosten

Für den optimalen Versorgungsradius R_{opt} erhält man:

$$R_{opt} = \sqrt{\frac{(\dot{m}_P)_{opt}}{v \, \pi}} \quad [km]. \tag{i}$$

2.4 Gesichtspunkte zur Rohstoffwahl

Der ständige Wandel der chemischen Technik und der dadurch bedingte hohe Forschungs- und Entwicklungsaufwand wird nicht nur durch das sich ändernde Produktspektrum verursacht, sondern mindestens im gleichen Umfang auch durch die laufenden Verschiebungen in der Rohstoffbasis. Die Rohstoffe für organisch-chemische Produkte sind hauptsächlich die Neben- oder Abfallprodukte der Energieversorgung, früher auf der Basis von Kohle, heute auf der Basis von Erdöl. Die petrochemischen Rohstoffe werden ihre Bedeutung auch behalten bei einer Abkehr vom Erdöl als hauptsächlicher Quelle für Primärenergie. Der Einfluß petrochemischer Rohstoffe wirkt sich sogar auf die anorganischen Massenprodukte wie Ammoniak und Schwefelsäure aus.

Synthesegas für die NH$_3$-Synthese wird heute vorwiegend durch Oxidation von Kohlenwasserstoffen (Steam-Reforming oder partielle Oxidation) und nicht mehr durch Kohlevergasung über die Wassergasreaktion erzeugt. Neben den geringeren Rohstoffkosten bietet sich als zusätzlicher verfahrenstechnischer Vorteil ein chemisch erzeugbarer Gasdruck bis zu 40 bar, selten 80 bar; dadurch wird bei der Ammoniak-Hochdrucksynthese eine Verringerung der Kompressionskosten ermöglicht.

Das Wechselspiel zwischen Rohstoffbasis, Reaktions- und Verfahrenstechnik, sowie den Umweltproblemen soll am Beispiel der Schwefelsäureproduktion gezeigt werden.

2.4.1 Rohstoffe für die Schwefelsäureproduktion

Schwefeldioxid kann man durch Oxidation von elementarem Schwefel oder von anorganischen Sulfiden sowie durch Reduktion von Sulfaten mit Kohlenstoff erzeugen. Der Prozeß der *Schwefelverbrennung* ist verfahrenstechnisch sehr einfach. Die Reaktionswärme kann direkt zur Dampferzeugung verwendet werden, und die Reinigung des Verbrennungsproduktes vor der Oxidation zu SO_3 benötigt keine kostspieligen Elektrofilter.

Die verfahrenstechnisch aufwendigere Verwendung *pyritischer Erze* als Schwefelquelle ist nur noch rentabel durch die Weiterverarbeitung des Abbrands (Fe_2O_3 + Nichteisenmetalloxide) auf Nichteisenmetalle und Eisen. Der Rohstoffwert des Pyrits setzt sich nur zu 30% aus dessen Schwefelgehalt, zu weiteren 30% aus dessen Eisengehalt und zu 40% aus dem Gehalt an Nichteisenmetallen zusammen. Es war bereits ein großer Fortschritt, als für die Oxidation anstelle der nur Abwärme produzierenden Etagen- oder Drehrohrröstofen ein Fließbettreaktor eingesetzt werden konnte; bei diesem wird wegen des besseren Wärmeübergangs und der höheren Rösttemperaturen die Reaktionswärme zur Dampferzeugung ausgenützt.

Die Reaktoren mit weniger intensivem Reaktionsablauf (Etagenofen, Drehrohrofen) gestatten allerdings die Mitverwendung von Eisensulfat-Abfall aus der Eisenmetallurgie (Eisenbeizerei, verbraucht ca. 10% der Schwefelsäure-Weltproduktion) und aus der TiO_2-Produktion (Ilmenit-Aufschluß).

Die apparativ aufwendigste SO_2-Gewinnung ist diejenige aus *Sulfatschwefel* ($CaSO_4$). Sie wird unter Kohlenstoffzugabe in einem Zementdrehrohrofen bei 1400°C durchgeführt und ist nur deshalb kostendeckend, weil sie gleichzeitig Portlandzement mitproduziert. Derartige gekoppelte Produktionen verschiedener Produkte sind inflexibel und deshalb nicht sehr beliebt. Das Verfahren eröffnet jedoch die Möglichkeit, Gipsschlamm aus der Superphosphatproduktion, welche etwa 30% der Schwefelsäure-Weltproduktion aufnimmt, als Rohstoff zu verwenden; durch einen solchen direkten Schwefelkreislauf wird der Zwangsanfall der weltweit lästigen Sulfatschlämme vermieden.

Alle drei Rohstoffquellen werden auf der ganzen Erde für die Schwefelsäureproduktion eingesetzt. Die Wirtschaftlichkeit hängt nicht nur von den örtlichen Bedingungen ab, sondern ist einer ständigen zeitlichen Auf- und Abbewegung unterworfen. Die Wirtschaftlichkeit der Pyritverfahren wird hauptsächlich vom Preis der Nichteisenmetalle bestimmt.

Elementarschwefel ist heute eindeutig der bevorzugte Rohstoff für die Schwefelsäureproduktion. Er kommt in steigendem Maß als Nebenprodukt aus der Erdgas- und Benzinreinigung auf den Markt. Trotzdem lieferte im Jahr 1970 wegen der enormen Steigerung der Weltmarktpreise für Elementarschwefel das aufwendige Gips(Anhydrit)-Schwefelsäureverfahren die billigste Schwefelsäure.

Das Beispiel der Rohstoffe für die Schwefelsäureproduktion zeigt, daß sich bei der Wahl der Rohstoffe und der Herstellungsverfahren nicht nur Kostengesichtspunkte, welche kurzfristigen Änderungen unterworfen sind, sondern auch Gesichtspunkte der stofflichen Kreislaufführung und der sinnvollen Abfallverwertung durchsetzen sollten.

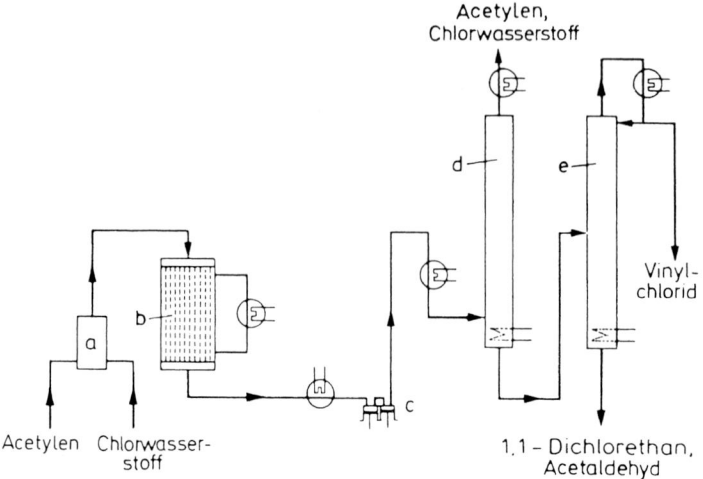

Abb. 2-7. Herstellung von Vinylchlorid aus Acetylen [6]; a Gasmischer, b Syntheseofen mit Umlaufkühlung, c Rohgasverdichter, d Entgasungskolonne, e Vinylchlorid-Kolonne

2.4.2 Ethylen verdrängt Acetylen als Rohstoff

Eine neue Ära für die chemische Industrie begann in der ersten Hälfte des 20. Jahrhunderts mit den Großsynthesen von organischen Zwischenprodukten und den Polymersynthesen auf der Basis von Acetylen. Die Monomeren Vinylchlorid, Vinylacetat und Acrylnitril wurden durch Addition der entsprechenden Säuren an Acetylen gewonnen. Acetylen war ferner der Rohstoff für Acrylsäure und Acrylsäureester, für chlorierte Kohlenwasserstoffe (Trichlorethylen und Tetrachlorethan), für Acetaldehyd und Essigsäure, für Aceton u. v. a. Endlich war Acetylen der Rohstoff für Butandiol-1,4, aus welchem in Deutschland vor dem 2. Weltkrieg Butadien und daraus Synthesekautschuk gewonnen wurde.

    Acetylen selbst wurde aus Calciumcarbid hergestellt, dieses wiederum elektrothermisch aus Kalk und Koks. Ethylen stand damals nur als Hydrierungsprodukt von Acetylen zur Verfügung.

    Die *Verfahren der Ethylenchemie* sind meist unspezifischer und apparativ aufwendiger als die der Acetylenchemie. Das Verfahren zur Herstellung von Vinylchlorid z. B. ist bei Verwendung von Acetylen als Rohstoff einstufig, verwendet billiges HCl und liefert keine Nebenprodukte:

$$\text{HC}\equiv\text{CH} + \text{HCl} \xrightarrow[150-200\,°C]{1\,\text{bar}} \text{CH}_2=\text{CHCl} \quad (\Delta H_R = -96{,}3\,\text{kJ/mol}).$$

Wird Ethylen als Rohstoff eingesetzt, so muß das Verfahren zweistufig durchgeführt werden, wobei Dichlorethan als Zwischenprodukt entsteht; es wird außerdem wertvolles Chlor benötigt und es fällt auf 1 mol Cl_2 1 mol HCl als Nebenprodukt an, welches wiederum auf Chlor aufgearbeitet werden muß:

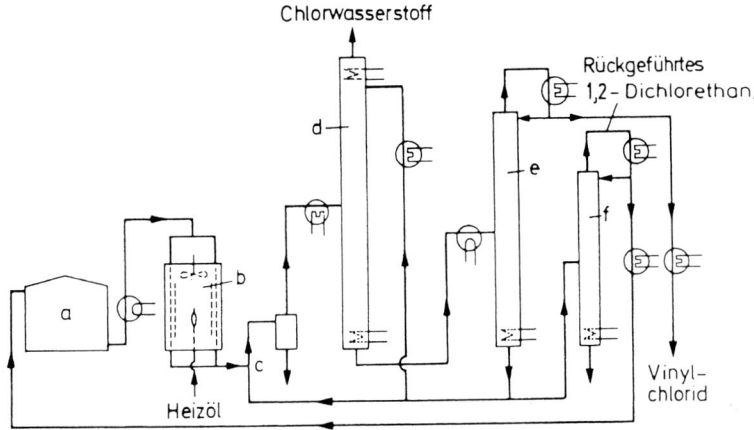

Abb. 2-8. Herstellung von Vinylchlorid aus Dichlorethan [6]; a Behälter für Dichlorethan, b Pyrolyseofen, c Vorrichtung zum Einspritzen von kaltem Dichlorethan, d Chlorwasserstoff-Kolonne, e Vinylchlorid-Kolonne, f Dichlorethan-Kolonne

$$CH_2 = CH_2 + Cl_2 \rightarrow CH_2Cl-CH_2Cl$$

$$CH_2Cl-CH_2Cl \rightarrow CH_2=CHCl + HCl \quad (\Delta H_R = +63 \text{ bis } 80 \text{ kJ/mol})$$

In den Verfahrensfließbildern von Abb. 2-7 und 2-8 ist die Vinylchloridherstellung aus Acetylen nur mit der 2. Stufe des Ethylenverfahrens, der Dichlorethanpyrolyse, verglichen. Trotz des größeren apparativen Aufwands haben sich die Ethylenverfahren in allen Ländern, wenn auch zögernd, durchgesetzt. Die moderne Reaktionstechnik hat gezeigt, daß die Probleme der unspezifischen petrochemischen Reaktionen durch optimale Reaktionsführung und ausgeklügelte Verfahrenstechnik lösbar sind. Ein Beispiel hierfür ist das *Oxichlorierungs-Verfahren,* welches eine Chlorierung des Ethans zu Dichlorethan mit Hilfe von HCl und Sauerstoff ohne Einsatz von Chlor und ohne Zwangsanfall von HCl ermöglicht.

2.4.3 Veränderte Rohstoffbasis
für einige Weichmacher- und Polymerprodukte

Aus der unübersehbaren Fülle sollen nur einige wenige typische Beispiele veränderter Rohstoffbasen herangezogen werden, nämlich die Phthalsäureanhydrid-Herstellung aus Naphthalin oder o-Xylol, die Melaminsynthese aus Calciumcyanamid oder Harnstoff sowie die Herstellung von ε-Caprolactam aus Cyclohexan an Stelle von Phenol. Bei allen drei Beispielen handelt es sich um die Herstellung von Zwischenprodukten für Weichmacher- bzw. Polymersynthesen.

Phthalsäureanhydrid ist ein Massenprodukt, von dem über eine Million Jahrestonnen in der Welt hergestellt wird. Es wird als Weichmacherkomponente sowie für Alkydharze der Lackindustrie und zur Herstellung von ungesättigten Polyesterharzen in der Kunststoffindustrie eingesetzt. Die Synthese beruht auf der katalytischen Oxidation von Aromaten wie Naphthalin oder o-Xylol:

$$\text{Naphthalin} + 4,5\,O_2 \longrightarrow \text{Phthalsäureanhydrid} + 2\,CO_2 + 2\,H_2O \quad (\Delta H_R = -1792\ \text{kJ/mol})$$

$$\text{o-Xylol} + 3\,O_2 \longrightarrow \text{Phthalsäureanhydrid} + 3\,H_2O \quad (\Delta H_R = -1285\ \text{kJ/mol})$$

Der steigende Bedarf an Phthalsäureanhydrid war die Ursache für die enorme Preissteigerung des Kohlewertstoffs Naphthalin, der früher als billiger Abfallstoff angesehen wurde. In den letzten 40 Jahren schwankte der Naphthalin-Preis zwischen 0,04 DM/kg und 1,80 DM/kg. In dem petrochemischen Produkt o-Xylol ist dem Naphthalin ein gefährlicher Konkurrent erwachsen. Dessen Abtrennung aus dem Xylol-Isomerengemisch erfolgt auch im Interesse der p-Xylolgewinnung als Rohstoff für Terephthalsäure. Obwohl noch Anlagen zur Naphthalinoxiation existieren, aber außer Betrieb sind, hat die chemische Industrie neue Investitionen für Anlagen zur Oxidation von o-Xylol getätigt. Nur vereinzelt werden die außer Betrieb gesetzten Anlagen zur Naphthalinoxidation von der Kohlewertstoff-Industrie zum Verbrauch ihres sonst nicht absetzbaren Naphthalins gemietet.

Melamin (Triaminotriazin) wird mit Formaldehyd zur Herstellung von Kondensationsharzen in weitem Umfang verwendet. Die früher einzige Quelle für Melamin war Kalkstickstoff, aus welchem durch Hydrolyse und Dimerisierung Dicyandiamid und daraus durch Umlagerung im Autoklaven Melamin hergestellt wurde:

$$6\,CaCN_2 \xrightarrow{+12\,H_2O} 3\,H_2N-C-N-CN \longrightarrow 2\ \text{Melamin}$$
$$+6\,Ca(OH)_2$$

Konkurrenz ist diesem Verfahren im Harnstoffverfahren erwachsen [7]. Harnstoff wird aus Ammoniak und Kohlendioxid, also aus billigeren Rohstoffen als Calciumcarbid, hergestellt. Die Synthese des Melamins wird dabei in zwei Stufen aufgeteilt; zunächst wird Harnstoff kontinuierlich in einem Fließbettreaktor in ein gasförmiges Gemisch aus Isocyansäure und Ammoniak zerlegt:

$$(NH_2)_2CO \longrightarrow HNCO + NH_3.$$

Dieses Gasgemisch wird über einen festen Katalysator geleitet, an dem sich die Isocyansäure weitgehend zu Melamin umsetzt:

$$6\,HNCO \longrightarrow C_3H_6N_6 + 3\,CO_2.$$

Auch hier vereinigt sich die Verwendung billiger Rohstoffe mit modernster Reaktions- und Verfahrenstechnik zu einem erfolgreichen neuen Herstellungsverfahren.

Die Herstellung von ε-*Caprolactam,* dem Monomeren für Nylon-6, soll als letztes Beispiel diskutiert werden. ε-Caprolactam wird aus einem Cyclohexanol-Cyclohexanon-Gemisch durch Oximierung und Beckmann'sche Umlagerung hergestellt:

Das Problem der Cyclohexanon-Zwischenproduktion hat in den letzten Jahren eine typisch petrochemische Lösung gefunden. Während man früher von Phenol oder Nitrobenzol ausging und in einer spezifischen Hydrierungsreaktion das Cyclohexanol herstellte, geht man heute von Cyclohexan aus, welches wieder zum Großteil durch Hydrierung von Benzol gewonnen wird; dieses wird in einer sehr unspezifischen Reaktion mit Luft bis zu einem Umsatz von nur etwa 7% oxidiert. Der Rest an unverbrauchtem Cyclohexan und die Nebenprodukte müssen abdestilliert werden. Trotz dieser umständlich erscheinenden Verfahrensweise ist nur dieses Cyclohexan-Oxidationsverfahren wirtschaftlich, und zwar sowohl für die Herstellung des Massenprodukts ε-Caprolactam als auch für die vom gleichen Zwischenprodukt ausgehende Adipinsäure, welche durch Polykondensation mit Hexamethylendiamin zu Nylon-6,6 weiterverarbeitet wird.

2.5 Chemische Reaktionstechnik entscheidet die Verfahrenswahl

Aus einem gegebenen Rohstoff kann ein Produkt oft auf verschiedenen Wegen hergestellt werden. Ein Beispiel aus der Frühzeit der chemischen Industrie ist das frühere Nebeneinanderbestehen des Bleikammer- und des Kontaktverfahrens zur Schwefelsäureerzeugung. Heute ist die Entscheidung eindeutig zugunsten der heterogen katalysierten SO_2-Oxidation an Vanadin-Katalysatoren gefallen.

Ähnliche Verschiebungen von Reaktionen in flüssiger Phase zur heterogenen Gaskatalyse finden sich in vielen modernen Beispielen. Die Technische Chemie hat sich von der klassischen präparativen Laboratoriumschemie entfernt, die auch heute noch Umsetzungen in flüssiger Phase bevorzugt. Physikalisch-chemische Betrachtungen des Ablaufs heterogener Reaktionen haben der modernen Chemischen Reaktionstechnik Pate gestanden. Der Stand der Chemischen Reaktionstechnik ermöglicht es, Produktionsverfahren nicht nach der Einfachheit und Eindeutigkeit des chemischen Reaktionsablaufs, sondern nach übergeordneteren Gesichtspunkten auszuwählen. Ein Kriterium hierfür ist die maximale Rentabilität des Verfahrens. Einige Beispiele sollen diese Situation erläutern.

2.5.1 Alternativverfahren für die Herstellung von Ethylenoxid

Ethylenoxid ist ein Massenprodukt. Die Weltproduktion stieg von $500\,000\,t/a$ im Jahr 1955 auf 9,6 Millionen t/a im Jahr 1992. Dem ursprünglichen naßchemischen Verfahren zur Herstellung von Ethylenoxid über Ethylenchlorhydrin als Zwischenprodukt steht das neue Verfahren der Direktoxidation von Ethylen mit Luft bzw. reinem Sauerstoff an einem Festbett-Silberkatalysator zur Seite.

Chlorhydrin-Verfahren

1. Stufe: $C_2H_4 + Cl_2 + H_2O \rightarrow ClCH_2 - CH_2OH + HCl$

2. Stufe: $ClCH_2 - CH_2OH + 1/2\,Ca(OH)_2 \longrightarrow \underset{\diagdown O \diagup}{CH_2 - CH_2} + 1/2\,CaCl_2 + H_2O$

Direktoxidation am Ag-Katalysator

$$C_2H_4 + 1/2\,O_2 \xrightarrow{\;300\,°C\;} \underset{\diagdown O \diagup}{CH_2 - CH_2}$$

Noch im Jahr 1962 verteilte sich die Weltproduktion an Ethylenoxid von 2,2 Millionen t/a zu je 50% auf beide Verfahren. Im Jahr 1966 wurden bereits 90% des Ethylenoxids nach dem katalytischen Verfahren in der Gasphase erzeugt. Entscheidend für diese Entwicklung waren der Wegfall des enormen Chlorbedarfs, die Vermeidung des Anfalls von HCl, welcher eine Aufarbeitung auf Chlor erfordert, und des Anfalls von umwelt-belästigendem $CaCl_2$.

Chemisch gesehen wäre der Reaktionsweg über das Ethylenchlorhydrin vorzuziehen, da hierbei sowohl die Reaktion mit dem Ethylen spezifisch verläuft, als auch die Verseifung des Ethylenchlorhydrins eindeutig zum Ethylenoxid als Produkt führt. Die Oxidation am Festbettkatalysator dagegen verläuft (wie alle petrochemischen Oxidationen mit Luft) unspezifisch; sie führt zu einer Reihe von Nebenprodukten und auch teilweise zur Totaloxidation. Das in zwei Stufen ablaufende Chlorhydrinverfahren erfordert auch weniger Aufarbeitungsstufen als das einstufige Verfahren der Direktoxidation mit einer Reihe komplizierter Trennoperationen. Entscheidend für die erfolgreiche Beherrschung und damit die Einführung der Direktoxidation wurde die Optimierung der Oxidationsstufe. Sie wird in 12 m hohen Reaktoren mit über tausend parallel geschalteten Katalysatorrohren von nur 20 mm Durchmesser durchgeführt. Das Temperaturlängsgefälle im Rohrbündelreaktor wird durch den hydrostatischen Druck der siedenden Kühlflüssigkeit eingestellt. Bei den anschließenden Trennoperationen über Druckwasserwäsche und Rektifikation stellt der Wärmehaushalt einen entscheidenden Kostenfaktor des Gesamtverfahrens dar.

Eine weitere reaktionstechnische Verbesserung wurde durch Verwendung von reinem Sauerstoff an Stelle von Luft als Oxidationsmittel erzielt (höhere Ausbeute, Wegfall von Nachreaktionsstufen, bessere Wärmeleitfähigkeit der Reaktionsgase).

Dieses Beispiel einer Verfahrensänderung zur Vermeidung des Zwangsanfalles eines lästigen Nebenprodukts erinnert an den Übergang vom Le Blanc-Verfahren auf das Ammoniak-Soda-Verfahren vor 120 Jahren.

2.5.2 Kreislaufführung von Zwischenproduktbildnern

Die Bildung von Zwischenprodukten mit Hilfe von Zusatzstoffen ist von Vorteil, wenn eine Kreislaufführung des Zusatzstoffes gelingt. Als petrochemisches Beispiel sei die Oxidation von *Cyclohexan zu Cyclohexanol* in Gegenwart von Borsäure zitiert. Bei dem in Abschnitt 2.4.3 erwähnten Verfahren der Oxidation von Cyclohexan in Gegenwart von Kobalt-Katalysatoren in flüssiger Phase wird die Gewinnung des Cyclohexanols und des Cyclohexanons dadurch erschwert, daß diese Verbindungen keine stabilen Endprodukte sind, sondern reaktionsfreudige Zwischenprodukte einer Reaktionskette, welche leichter als Cyclohexan oxidiert werden. Daher muß die Reaktion bereits bei einem Umsatz des Cyclohexans von 5 bis 10% abgebrochen werden, um eine Weiteroxidation der gewünschten Produkte zu Säuren zu vermeiden. Es müssen deshalb große Energiemengen aufgebracht werden, um 90 bis 95% des nicht verbrauchten Cyclohexans pro Durchsatz von den Oxidationsprodukten abzudestillieren.

Eine Alternativlösung stellt das Oxidationsverfahren in Gegenwart von *Borsäure* dar (Baschkirow-Oxidation). Bei der Oxidation in Gegenwart von Borsäure steigt das Verhältnis von Cyclohexanol zu Cyclohexanon im anfallenden Oxidat auf 9:1. Die Borsäure greift bereits vor der Alkoholbildung in den Reaktionsmechanismus ein, indem der Borsäureester des Alkohols direkt durch nukleophile Addition des ersten Oxidationsprodukts, des Hydroperoxids, an die Borsäure entsteht. Bei der Oxidation des Cyclohexans wird feinverteilte Borsäure verwendet. Der Wassergehalt im Reaktor muß niedrig gehalten werden, um eine Rückspaltung des gebildeten Esters zu vermeiden. Das Verfahren arbeitet daher bei niedrigen Drücken, wobei das Wasser azeotrop mit Cyclohexan herausdestilliert wird. Nach der Oxidation werden die Borsäureester hydrolysiert und die Borsäure durch Extraktions- und Fällungsverfahren zurückgewonnen.

Der Vorteil dieses Verfahrens besteht darin, daß man mit Umsätzen des Cyclohexans zwischen 10 und 15% arbeiten kann, da eine oxidative Schädigung des

Cyclohexanols gar nicht oder nur bedingt eintreten kann. Diesem Vorteil steht allerdings der Nachteil höherer Verdampfungskosten und höherer Investitionen wegen der komplizierteren Anlage mit der Kreislaufführung der Borsäure gegenüber. Auch in diesem Fall war die technische Realisierung des Verfahrens nur durch eine ausgefeilte Reaktions- und Verfahrenstechnik möglich.

Chemisch viel einfacher und daher auch leichter zu überblicken ist die Zwischenstufe der Amalgambildung bei der *Chloralkali-Elektrolyse*. Bekanntlich führt die Elektrolyse einer wäßrigen Kochsalzlösung kathodisch nicht zu Natrium, sondern zur Abscheidung von Wasserstoff. Das anodisch gebildete Chlor muß deshalb durch ein Diaphragma vom alkalischen Katholyten getrennt werden, um eine Hypochlorit- oder Chloratbildung zu vermeiden. Die Alternativlösung zu diesem Diaphragma-Verfahren ist das Amalgam-Verfahren, welches als Kathode Quecksilber verwendet; dieses bindet das kathodisch abgeschiedene Alkalimetall als Amalgam. Die flüssige Konsistenz des Kathodenmaterials ermöglicht die laufende Abführung des an der Kathode gebildeten Reaktionsproduktes (Natrium-Amalgam). Das Natrium-Amalgam wird in einem getrennten Reaktor an Graphit durch Wasser unter Wasserstoffentwicklung zu der gewünschten Natronlauge zersetzt; das von Natrium befreite Quecksilber wird der Elektrolysezelle wieder als Kathodenmaterial zugeführt. Das ohne Zwischenstufe arbeitende Diaphragma-Verfahren gestattet die Verwendung verdünnter wäßriger Natriumchloridlösungen, das Amalgam-Verfahren dagegen erfordert konzentrierte Lösungen und daher eine laufende Nachsättigung mit festem NaCl. Dafür erhält man beim Amalgam-Verfahren konzentrierte NaOH-Lösungen, beim Diaphragma-Verfahren nur verdünnte. Die Eindampfkosten sind letzten Endes die gleichen. Beim Amalgam-Verfahren muß man den Rohstoff, die Kochsalzlösung, eindampfen, beim Diaphragma-Verfahren das Produkt. Eindeutig ist das Amalgam-Verfahren durch die Reinheit (Chlor-Freiheit) des Produkts überlegen. Andererseits bringt das Diaphragma-Verfahren die Unabhängigkeit vom teuren Quecksilber, welches laufend, wenn auch nur sehr geringe Verluste erleidet. Die Elektrolysespannung ist beim Diaphragma-Verfahren mit 3,6 bis 3,8 V geringer als beim Quecksilber-Verfahren mit 4,0 bis 4,3 V. Das Amalgam-Verfahren gestattet jedoch eine Elektrolyse bei viel höheren Stromdichten, was eine vielfache Ausnutzung installierter Kapazitäten bedeutet (vgl. 3.3). Dies ist vor allem entscheidend für die fast ausschließliche Verwendung des Amalgam-Verfahrens in Europa. In den USA verwendet man dagegen zu 82% das Diaphragma-Verfahren. Daraus ist zu ersehen, daß, je nach den örtlichen Verhältnissen, verschiedene Verfahren nebeneinander wirtschaftlich bestehen können.

2.5.3 Art der Energiezuführung als Verfahrenskriterium

Ein Vergleich der petrochemischen Acetylen-Erzeugungsverfahren ist gut geeignet, um die Bedeutung der Wärmezu- und abführung als ein Schlüsselproblem der modernen Technischen Chemie aufzuzeigen.

Acetylen wird heute überwiegend auf petrochemischer Basis hergestellt. Das technologische Prinzip aller petrochemischen Verfahren zur Herstellung von Acetylen besteht in der Zuführung großer Wärmemengen zu dem zu spaltenden Rohstoff.

Bei Temperaturen bis etwa 900 °C erhält man bei der Spaltung von Ethan und höheren Kohlenwasserstoffen vorwiegend Olefine. Oberhalb 1300 °C tritt bevorzugt Acetylenbildung ein; zwischen 900 und 1300 °C entstehen sowohl Ethylen als auch Acetylen.

Über Kohlenstoff als Bodenkörper steht Acetylen mit Wasserstoff, Paraffinen, Olefinen und Aromaten im Gleichgewicht. Die freien Bildungsenthalpien gestatten die Berechnung der Simultangleichgewichte (vgl. 4.2.5.2). Will man Acetylen aus gesättigten Kohlenwasserstoffen erzeugen, so muß man das metastabile Hochtemperaturgleichgewicht einstellen und durch rasches Kühlen des Reaktandengemischs auf Raumtemperatur einfrieren, ohne daß Totalzerfall der Kohlenwasserstoffe in Kohlenstoff und Wasserstoff in größerem Umfang eintritt. Der Zerfall erfolgt im Vergleich zur Acetylenbildung langsam, weshalb bei kurzen Verweilzeiten gute Acetylenausbeuten erzielt werden können.

Eine Energiezuführung durch indirekte Wärmeübertragung kommt bei den für die Acetylenherstellung erforderlichen hohen Temperaturen nicht mehr in Frage. Bei der Direktübertragung kann die Energie entweder als elektrische oder als thermische Energie zugeführt werden. Die bisher durchgeführten Verfahren zur Herstellung von Acetylen unterscheiden sich durch die Art der Energiezuführung, die Reaktionstemperatur, die Verweilzeit der Reaktanden im Reaktionsraum und damit auch durch die Zusammensetzung des Produkts.

Das *Hülser Lichtbogenverfahren* arbeitet mit den höchsten Temperaturen. Das Kohlenwasserstoffgemisch wird durch einen Lichtbogen geblasen, wobei die Verweilzeiten sehr kurz sind (bei 1/1000 s). Die Produkte sind daher reich an Acetylen und Ruß, aber frei von Ethylen. Die durch den Lichtbogen eng umgrenzte Hochtemperaturzone erübrigt ein rasches Kühlen durch Einspritzen verdampfender Flüssigkeiten.

Das *Diffusionsflammenverfahren* (Sachsse/Bartholomé, BASF) beruht auf einer partiellen Verbrennung der Kohlenwasserstoffe in einer Diffusionsflamme. Dabei werden die Kohlenwasserstoffe und Sauerstoff getrennt einer Flammenzone, d. h. der brennenden Grenzfläche zwischen O_2 und Kohlenwasserstoff, zugeführt. Die Diffusionsflamme vermeidet eine Vorzündung oder ein Rückschlagen der Flamme; sie ermöglicht es außerdem, die Temperatur und das Kohlenwasserstoff/Sauerstoff-Verhältnis in weiten Grenzen zu variieren. Die Temperaturen sind hoch genug (etwa 1500 °C), um eine Mitbildung von Ethylen zu vermeiden, was aber andererseits zur Rußbildung führt. Die Flammenreaktion erfordert ein Abschrecken durch Wasser. Ebenso wie beim Lichtbogenverfahren ist die Aufarbeitung der olefinfreien Produkte einfach; der Ruß fällt aber als Rußschlamm in Wasser an (95% Wassergehalt). Erst in neuester Zeit ist durch Hydrophobierung des Rußes eine verfahrenstechnisch einfache Abtrennung dieses Nebenprodukts gelungen.

Beim *Hochtemperatur-Pyrolyseverfahren* der Farbwerke Hoechst (HTP-Verfahren)[1]) wurde durch Verbrennung von Restgasen aus dem Verfahren mit Sauerstoff ein gasförmiger Wärmeträger von etwa 2500 °C erzeugt. In diesen wurde der in einer

---

[1]) Die Acetylenherstellung nach dem HTP-Verfahren wurde 1975, diejenige nach dem Wulff-Verfahren 1976 aus wirtschaftlichen Gründen eingestellt.

zweiten Stufe vorgewärmte Rohstoff eingedüst und bei einer sich einstellenden Misch- und Spalt-Endtemperatur von 1250 bis 1500°C und einer Verweilzeit von 0,002 bis 0,003 s nahezu adiabatisch gespalten. Zur Abschreckung der Spaltprodukte auf 200 bis 300°C („Quenchen") wurde prozeßeigenes Spaltöl verwendet. Die Ausbeute aus Naphtha betrug 50 bis 55% Massenanteile $C_2H_2 + C_2H_4$. Die Produktverteilung konnte über die Spalt-Endtemperatur zwischen etwa 3:7 (C_2H_2:C_2H_4) und 1:1 gesteuert werden. Rußbildung trat praktisch nicht auf. Allerdings war bei diesem Verfahren die Aufarbeitung des Produktgemisches kompliziert. Sie erforderte viele Absorptions- und Rektifikationsstufen.

Das *Wulff-Verfahren*[1]) arbeitete mit festen Wärmeträgern, und zwar mit einer Wärmespeicherung nach dem Regenerativofensystem. Es war energetisch am günstigsten, da es die Abwärme, welche beim Abtrennen der festen Nebenprodukte der Spaltung in den Keramikrohren entsteht, bei der nachfolgenden Spaltung ausnützte. Infolge der Materialschwierigkeiten bei diesem Regenerativwärmeaustausch war die Spalttemperatur jedoch nach oben begrenzt. Apparativ war dieses Verfahren wohl am schwierigsten zu beherrschen. Für den Wulff-Prozeß wurden folgende Vorteile angegeben: Variabilität des Produktverhältnisses Acetylen zu Ethylen in weiten Grenzen mit Hilfe der Spalttemperatur; Wegfall einer Sauerstoffanlage; Flexibilität in bezug auf den Rohstoff; es konnten Kohlenwasserstoffe von Ethan bis Gasöl verarbeitet werden. Man konnte die Anlage ohne Änderungen von einem auf einen anderen Rohstoff umstellen.

Für die Jahre 1968/1969 liegen Zahlen über die C_2H_2-Produktion der BRD nach diesen vier Verfahren vor. Danach entfielen auf das Hülser Lichtbogenverfahren 120000 t/a, auf das Sachsse/Bartholomé-Verfahren 60000 t/a, auf das HTP-Verfahren 35000 t/a und auf das Wulff-Verfahren 70000 t/a. Das Lichtbogenverfahren kommt für neue Anlagen nicht in Frage, allein schon wegen des hohen elektrischen Energiebedarfs (1 kg Acetylen erfordert 6,5 kWh). Verfahren mit simultaner Ethylenproduktion als Kostenträger dürften sich nach der neuen Preisentwicklung bei der spezifischen Ethylenproduktion immer schwerer durchsetzen.

---

[1]) s. S. 31.

3. Wirtschaftlich optimale Prozeßführung

Die Optimierung eines chemischen Produktionsprozesses unter gegebenen Standort-, Rohstoff- und Verfahrensvoraussetzungen ist ein Aufgabengebiet von technischen Chemikern, Ingenieuren und Stellen der Kostenrechnung, meist unter Zuhilfenahme eines Rechenzentrums.

Die Optimierung der technischen Prozeßführung ist nicht nur wichtig bei der Entscheidung über die Betriebsbedingungen eines in Entwicklung begriffenen Verfahrens und damit für entsprechende Neuanlagen, sondern sie ist eine *ständige* Aufgabe. Immer wieder gilt es, laufende Prozesse zur Anpassung an veränderte Marktsituationen und zur Verbesserung der Produktivität zu optimieren.

3.1 Allgemeines zur Optimierung eines chemischen Prozesses

Optimierungsziel für einen chemischen Prozeß wird meist das Auffinden der preisgünstigsten Herstellungsbedingungen des Produktes sein. In Abschnitt 3.2 wird eine Reihe von Beispielen für ein derartiges *„wirtschaftliches Optimum"* gegeben. Daneben kann die Optimierung des Prozesses aber auch dem Ziel eines *„technologischen Optimums"* gelten, z. B. der maximalen Ausbeute in Zeiten von Rohstoffverknappungen.

Optimierungsprobleme treten immer dann auf, wenn entgegengesetzt wirkende Einflußgrößen abgeglichen werden sollen. Unter *Optimierung* versteht man allgemein das Auffinden des sogenannten Optimums, d. h. eines ausgezeichneten und besonders vorteilhaften Zustandes eines Systems. Es ist nur dann sinnvoll, eine Optimierung vorzunehmen, wenn für eine bestimmte Aufgabe mehrere Lösungen existieren, zwischen denen eine Auswahl möglich ist, und wenn jede dieser Lösungen absolut oder relativ bewertet werden kann.

In den einzelnen Verfahrensstufen eines chemischen Prozesses sind die wichtigsten Einflußgrößen zur Lösung der Optimieraufgabe die sogenannten *„quantitativen Prozeßvariablen"*. Hierzu gehören vor allem Konzentration, Druck und Temperatur. Sie lassen sich derart einstellen, daß die Zielgröße eines Prozesses, etwa die Herstellkosten eines Produktes oder der Gewinn, ein Extremum annimmt. Die Aufgabe eines Optimierungsverfahrens ist also das Auffinden der günstigsten Betriebsbedingungen für das Extremum der Zielgröße.

Daneben sind die *„qualitativen Prozeßvariablen"* bei der Optimierung zu berücksichtigen. Bei ihnen handelt es sich um Einflüsse auf das Reaktionsgeschehen, die nicht systematisch variiert werden können. Beispiele sind der Verteilungsgrad bei Reaktionen in Suspensionen oder der Einfluß durch die individuelle Charakteristik eines Reaktortyps auf den Reaktionsablauf und damit auf Umsatz, Selektivität und auch Qualität der Produkte.

Der Variation der Prozeßvariablen sind Grenzen gesetzt, teils durch das physikalische und chemische Verhalten des Reaktionsmediums (wie Erstarrung, Verdampfung, Explosionsgrenze), teils durch die begrenzten technischen Realisierungsmöglichkeiten. Hier ist an erster Stelle das Werkstoffproblem zu nennen. Aber auch verfahrenstechnische Operationen wie Mischen, Zerkleinern, Stoff- und Wärmetransport im Reaktor u.a. begrenzen die Variationsmöglichkeiten der Variablen. Fragen der technischen Realisierbarkeit von als optimal befundenen Reaktionsbedingungen werden in Abschnitt 3.5 behandelt.

Letztes Optimierungsziel ist die Optimierung des Gesamtprozesses (vgl. 3.2). Der Optimierung des Gesamtprozesses liegen die Optimierungsergebnisse der Einzelstufen zugrunde; sie erfordert demnach die modellmäßige Erfassung der einzelnen Prozeßstufen. Naturwissenschaftliche Grundlagen für die Optimierung der Einzelstufe sind die Kenntnis der Gleichgewichtszustände (sowohl Phasengleichgewichte als auch chemische Gleichgewichte), Informationen über die Geschwindigkeit der Stoff-, Energie- und Impulstransportvorgänge sowie möglichst umfassende Angaben zur chemischen Kinetik.

Die *chemische Kinetik* befaßt sich mit der Geschwindigkeit eines Reaktionsablaufes ohne Berücksichtigung von physikalischen Transportvorgängen (wie Wärme- oder Stofftransport). Bei heterogenen Reaktionen und schnellen homogenen Reaktionen kann aber die Umsetzungsgeschwindigkeit durch die Geschwindigkeit solcher Transportvorgänge entscheidend beeinflußt werden. Dieser Tatsache tragen die Begriffe *Mikrokinetik* und *Makrokinetik* Rechnung. Unter Mikrokinetik versteht man die Beschreibung des Geschwindigkeitsablaufes der chemischen Reaktion ohne den Einfluß von Transportvorgängen, während die Makrokinetik den Geschwindigkeitsablauf einer chemischen Umsetzung unter dem zusätzlichen Einfluß von Transportvorgängen erfaßt.

Reaktionstechnische Berechnungen und Optimierungen werden in allen Fällen, in welchen Informationen über die Mikrokinetik vorliegen, auf dieser Basis unter Berücksichtigung physikalischer Transportvorgänge ausgeführt (vgl. Kapitel 5 u.ff.).

Dieser direkte Weg ist jedoch besonders bei organischen Synthesen und bei der heterogenen Gaskatalyse nicht anwendbar, da wegen der komplizierten Kinetik eine exakte mathematische Behandlung auf Basis physikalisch-chemischer Zusammenhänge nicht möglich ist. In solchen Fällen sind Untersuchungsverfahren heranzuziehen, die auf einer statistischen Versuchsplanung und -auswertung beruhen und die es ermöglichen, den vermuteten simultanen Einfluß verschiedener Faktoren (Temperatur, Konzentration u.a.) auf eine abhängige Größe (etwa Umsatz oder Ausbeute) zu ermitteln, ohne die chemischen und physikalischen Vorgänge im einzelnen zu kennen. Die Optimierung der technischen Reaktionsbedingungen erfolgt entweder aufgrund einer vereinfachten kinetischen Studie im Laboratorium oder im Betrieb in einer bereits vorhandenen Anlage unter komplexen Reaktionsbedingungen. Die Ergebnisse der komplexen Versuche werden über regressionsanalytische Methoden zum benötigten mathematischen Modell verarbeitet (vgl. 4.4.4).

Vom mathematischen Modell gelangt man zu den optimalen Reaktionsbedingungen durch Extremwertbildung der Zielgröße, wofür Optimiermethoden zur Verfügung stehen. Die Behandlung der einzelnen Optimiermethoden würde im Rahmen dieses Buches zu weit führen. Es sei auf die diesbezügliche deutschsprachige Literatur verwiesen [1, 2]; dort finden sich weiterführende Hinweise auf internationale Literatur.

In den Abschnitten 3.3 und 3.4 werden die Auswirkungen einiger *Parameter-Optimierungen* gezeigt, das sind Fälle, bei welchen der optimale Wert der Zielgröße nur von frei wählbaren Variablen (Parametern) abhängt.

Im Abschnitt 3.4.4 wird als Beispiel einer *Funktionen-Optimierung* der optimale Temperaturverlauf in einem Reaktor diskutiert. Die Auswahl der Optimiermethode wird davon abhängen, ob es sich um eine Parameter- oder eine Funktionen-Optimierung handelt.

Über den Optimierungs-Überlegungen dürfen aber (vor allem vom Chemiker) logische Entscheidungen zur Abänderung der Voraussetzungen oder Randbedingungen nicht vergessen werden. Dies gilt besonders, wenn für die Optimierung nur vereinfachte naturwissenschaftliche Grundlageninformationen vorliegen.

3.2 Gesichtspunkte zur Optimierung eines chemischen Gesamtprozesses

Die Aufgabe der Optimierung eines chemischen Gesamtprozesses wird meist darin bestehen, innerhalb einer bestimmten Frist eine bereits bekannte chemische Umsetzung in einer nach dem gegenwärtigen Stand der Technik zu errichtenden und wirtschaftlich optimal zu betreibenden Anlage durchzuführen. Das Optimum einer einzelnen Prozeßstufe, etwa der chemischen, ist jedoch nicht mit dem Optimum des Gesamtprozesses identisch, da bei der getrennten Optimierung der einzelnen Prozeßstufen die Randbedingungen zweier benachbarter Stufen nicht übereinstimmen.

Bei der organisatorischen Abwicklung der Optimierung unterscheidet man die ältere *„konsekutive Arbeitsweise"* und die moderne *„iterierende Arbeitsweise"*. Bei der konsekutiven Arbeitsweise nehmen die einzelnen Sachbearbeiter (Forschungschemiker, technische Chemiker, Ingenieure, Investitionsplanungsabteilung) erst nacheinander, d. h. nach Abschluß der vorangehenden Entwicklungsphase, ihre Tätigkeit auf. Häufig werden aus Zeitmangel nur einige nach dem vorliegenden Versuchsmaterial als günstig erachtete Fallstudien in Planung und Betriebskostenrechnung vollständig durchgeführt. Aufgrund eines Vergleichs dieser Ergebnisse, d. h. eines Kostenvergleichs, folgt dann die Entscheidung über die anscheinend günstigsten Betriebsbedingungen. Wie Abb. 3-1a zeigt, sind beim Beginn einer neuen Stufe die Ergebnisse der vorausgehenden Stufe bereits festgelegt; die Ergebnisse der jeweils folgenden Stufe, etwa die abschließende Kostenrechnung, können daher nicht mehr rückwirkend die Auswahl der Betriebsbedingungen beeinflussen. Der abschließende

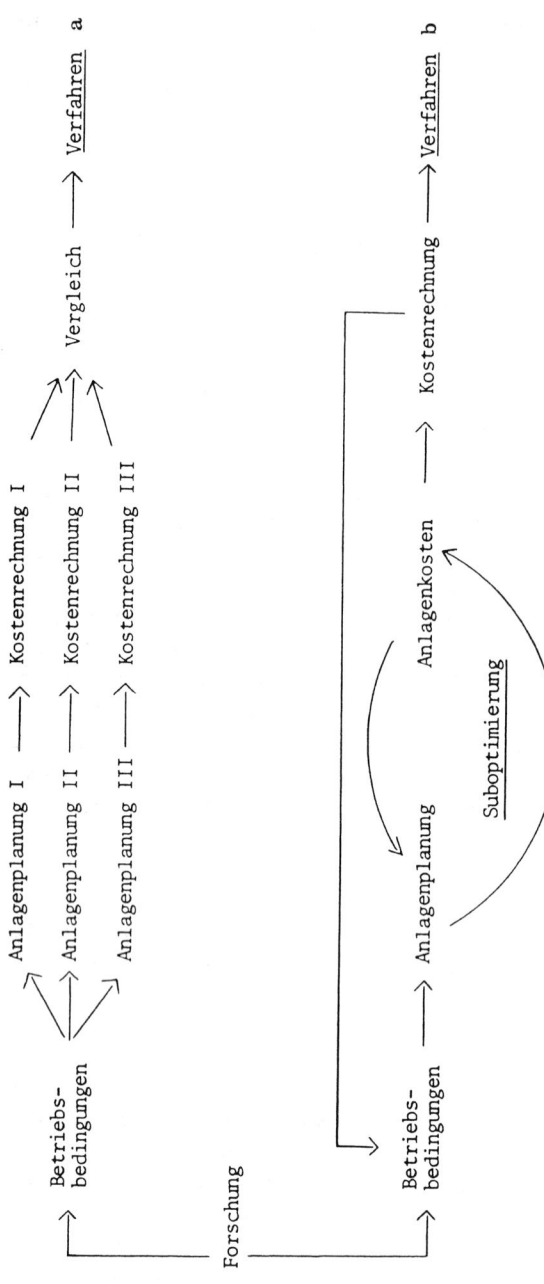

Abb. 3-1. Arbeitsfolge bei der Entwicklung eines chemischen Prozesses [3]; **a)** konsekutive Arbeitsweise, **b)** iterierende Arbeitsweise

Kostenvergleich kann deshalb stets nur die beste Lösung der *untersuchten* Betriebsbedingungen liefern.

Die moderne iterierende oder zirkulierende Arbeitsweise zur Entwicklung und Optimierung eines chemischen Prozesses ist in Abb. 3-1b angedeutet. Sie basiert von Anfang an auf einer engen Zusammenarbeit von Forschungs-, Entwicklungs- und technischen Chemikern, Verfahrens- und Chemieingenieuren und der Investitionsplanungsabteilung [3]. Bereits nach orientierenden Versuchen im Entwicklungslaboratorium oder im Technikum folgt eine erste Anlagenplanung und Kalkulation, die eine rechnerische Überprüfung der wesentlichen Kostenabhängigkeiten (Rohstofffreiheit, gewählte Konzentrationen, Temperatur, Druck, Kreislaufführung u. a.) gestattet. Die weitere Versuchsarbeit im Laboratorium wird sich an diesen Ergebnissen orientieren, d. h. die in Abb. 3-1b gezeigte große Schleife wird wiederholt durchlaufen, so lange, bis die sich ergebenden Kosten nicht mehr wesentlich erniedrigt werden können und damit das Optimum praktisch erreicht ist. Innerhalb der großen Optimierungsschleife treten *„Suboptimierungen"* auf, die sich auf die große Anzahl von reaktions- und verfahrenstechnischen Entscheidungen innerhalb der Einzelstufen beziehen. Hierzu gehören die im folgenden zu behandelnden Fragen hinsichtlich Reaktorwahl und Stufenzahl, Trennmethoden und -bedingungen, Heiz- und Kühltechnik, Werkstoffauswahl und viele andere.

In der modernen chemischen Technik verbietet sich die konsekutive Arbeitsweise wegen der meist nur beschränkt zur Verfügung stehenden Zeit häufig von selbst. Deshalb sollten jedem Chemiker und jedem an der chemischen Industrie interessierten Ingenieur und Wirtschaftswissenschaftler so früh wie möglich die Gedankengänge der Technischen Chemie und vor allem der Reaktionstechnik nahegebracht werden, um ihn so auf eine vorbehaltlose Teamarbeit von Chemikern, Ingenieuren sowie Stellen der Kostenrechnung und eines Rechenzentrums vorzubereiten.

3.3 Minimierung der Gesamtkosten einer einzelnen Verfahrensstufe bei unterschiedlicher Abhängigkeit einzelner Kostenarten von einer Prozeßvariablen

Ein Minimum der Gesamtkosten (= Summe der Einzelkosten) als Funktion einer Prozeßvariablen kommt dadurch zustande, daß meistens einige Kostenarten mit dieser Variablen zunehmen, andere dagegen abnehmen. Als einfaches Beispiel ist in Abb. 3-2 für eine kontinuierlich betriebene Rektifiziersäule das Auffinden des wirtschaftlich optimalen Rücklaufverhältnisses (Verhältnis von Flüssigkeitsrücklaufmenge zu Erzeugnismenge) gezeigt. Ein hohes Rücklaufverhältnis bringt Einsparungen bei der Bodenzahl, bedeutet aber einen erhöhten Aufwand zur Wiederverdampfung (sowohl Investitionen für Verdampfer als auch Heizkosten) sowie erhöhte Kondensationskosten (sowohl Investitionen für Kondensator als auch Kühlkosten). Um die Trennaufgabe erfüllen zu können, muß bei einer Verringerung des Rücklaufverhältnisses die Zahl der theoretischen Böden und damit die Höhe der Kolonne vergrößert werden; allerdings wird diese dadurch bei gleicher Erzeugnis-

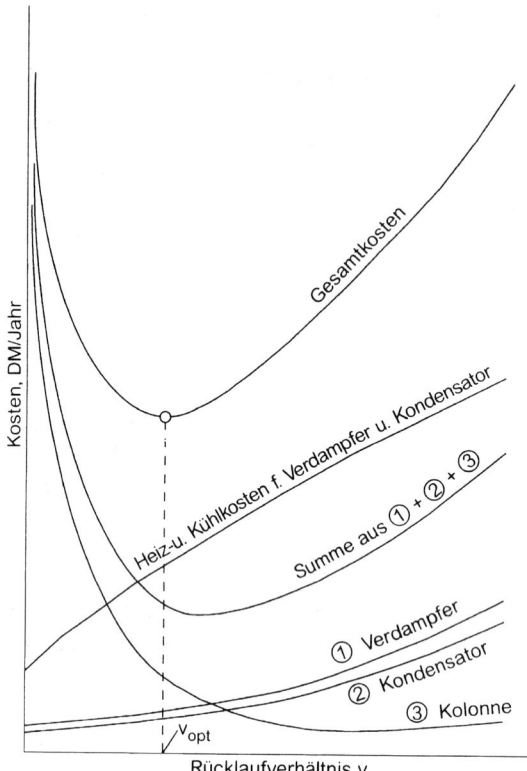

Abb. 3-2. Bestimmung des optimalen Rücklaufverhältnisses für die Apparategruppe Rektifiziersäule/Verdampfer/Kondensator

menge pro Zeiteinheit schlanker, und der Verdampfer sowie der Kondensator werden kleiner.

Im ersten Schritt wird man die *Kosten der Einzelteile* der Apparatur als Funktion des Rücklaufverhältnisses ermitteln (Kurven 1, 2 und 3) und hieraus eine Summenkurve bilden, welche die pro Jahr anfallenden Abschreibungen und kalkulatorischen Zinsen angibt.

Zu diesen Kosten sind die *Betriebskosten,* das sind Heiz- und Kühlkosten für die Verdampfung bzw. Kondensation zu addieren. Daraus ergibt sich ein Minimum der Gesamtkosten, welches das wirtschaftlich optimale Rücklaufverhältnis bestimmt.

Als weiteres Beispiel sei die Optimierung der Stromdichte als Prozeßvariable für eine elektrochemische Reaktion, nämlich die *Chloralkali-Elektrolyse* nach dem Amalgamverfahren, gezeigt [4]. Bei einer elektrochemischen Reaktion kann die Reaktionsgeschwindigkeit in einem gegebenen Reaktor (vorgegebene Größe der Elektrodenfläche) durch die elektrische Stromstärke in weiten Grenzen variiert werden. Dabei ist die Produktionsleistung des Reaktors (= Elektrolysezelle) nach dem Faradayschen Gesetz allein von der Stromstärke I abhängig. Bei der Planung einer Elektrolyseanlage muß daher entschieden werden, ob es wirtschaftlicher ist, die geforderte Produktionsleistung der Anlage mit einer kleineren Zellenanzahl bei höheren Stromdichten oder mit einer größeren Zellenanzahl bei kleineren Stromdichten zu erreichen.

Sind der Zellentyp und die Elektrodenfläche je Zelle festgelegt, so wird die optimale Strombelastung berechnet, die ihrerseits wieder die Anzahl der benötigten Zellen für die geforderte Produktionsleistung festlegt. Quecksilberzellen für die Chloralkali-Elektrolyse erfordern eine hohe Investition (z. B. 420 DM pro t Chlor und Jahr bei Anlagen mit einer Kapazität von 450 t/d, 680 DM pro t Chlor und Jahr bei Anlagen mit einer Kapazität von 50 t/d). Moderne Zellen werden mit 160 bis 350 kA belastet und produzieren etwa 1800 bis 3900 t Chlor im Jahr. Die Gesamtkapazität eines Produktionsbetriebes wird durch Parallel- und Serienschaltung einer größeren Zellenanzahl erreicht.

Bei einer geforderten Produktionsleistung nehmen die spezifischen Stromkosten mit steigender Stromdichte zu, andererseits nehmen die investitionsabhängigen Kosten (Aufwendungen für Verzinsung und Tilgung bzw. Abschreibungen des investierten Kapitals) sowie die Reparatur- und Bedienungskosten ab. Das wirtschaftliche Optimum der Stromstärke (I_{opt}) liegt offensichtlich dort, wo die Summe der Stromkosten $f_1(I)$ und der übrigen Kosten $f_2(I)$ in Abhängigkeit von der Stromstärke I ein Minimum erreicht.

Die Stromkosten $f_1(I)$ errechnen sich aus dem Produkt von Zellenspannung ($V_P + I\,R_i$), der Stromstärke I, der Zeit t, dem Strompreis P_S (DM je kWh) und der Zellenanzahl z (der innere Widerstand der Zelle R_i sowie die Zersetzungsspannung V_P können praktisch als konstant angenommen werden):

$$f_1(I) = (V_P + I\,R_i)\,I\,t\,P_S\,z. \tag{3-1}$$

Unter der Voraussetzung, daß eine gleiche Menge Chlor unter allen Bedingungen produziert werden soll, ist $I \cdot z =$ konst. und damit

$$z = \frac{\text{konst.}}{I}. \tag{3-2}$$

Setzt man Gl. (3-2) in Gl. (3-1) ein, so folgt:

$$f_1(I) = \text{konst.}\,(V_P + I\,R_i)\,t\,P_S. \tag{3-3}$$

Es resultiert somit eine lineare Abhängigkeit der Stromkosten von der Stromstärke.

Die investitionsabhängigen Kosten, Bedienungs- und Reparaturkosten für die gesamte Anlage ergeben sich aus dem Produkt aus der Zellenanzahl z und den Kosten K_z, die je Zelle in der Zeit t aufgebracht werden müssen:

$$f_2(I) = K_z\,z = K_z \cdot \frac{\text{konst.}}{I}. \tag{3-4}$$

f_2 ist also umgekehrt proportional der Stromstärke. Die Gesamtkosten ($f_1 + f_2$) werden minimal, wenn

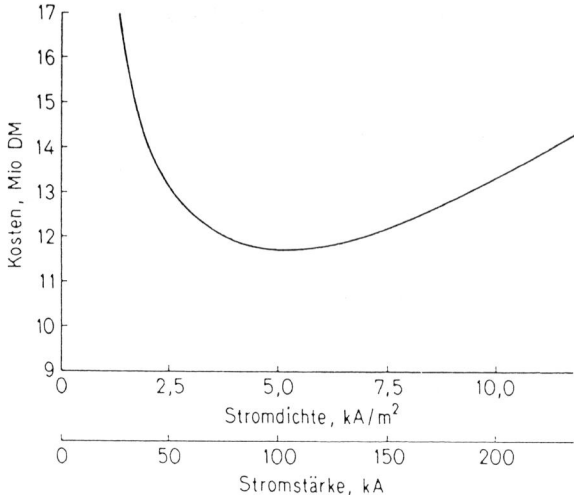

Abb. 3-3. Kosten $f_1(I) + f_2(I)$ in Mio DM in Abhängigkeit von der Strombelastung bei einer Anlage mit 51 20-m²-Hg-Zellen [4]

$$\frac{df_1(I)}{dI} + \frac{df_2(I)}{dI} = 0 \quad \text{ist.} \tag{3-5}$$

Aus dieser Bedingung erhält man für die optimale Stromstärke:

$$I_{opt} = \sqrt{\frac{K_z}{R_i \cdot t \cdot P_S}}. \tag{3-6}$$

Nach dem Stand vom Jahr 1967 betragen für eine 20-m²-Zelle die Investitionen einschließlich allen Zubehörs 260 000 DM; für die Quecksilberfüllung (2 t) sind 80 000 DM erforderlich, für Reparaturen je Zelle und Jahr ungefähr 3% der Zelleninvestition, d. h. 8000 DM/(Jahr · Zelle). Bei $7^{1}/_2$%iger Verzinsung und einer Nutzungsdauer von 10 Jahren betragen die investitionsabhängigen Kosten, sowie Bedienungs- und Reparaturkosten K_z 57 000 DM/(Jahr · Zelle).

Der Zellenwiderstand ab Gleichrichter beträgt $11 \cdot 10^{-6}$ Ω, die Zahl der Betriebsstunden im Jahr 8750. Bei einem Strompreis von 5 Pfennig/kWh ergibt sich somit für die 20-m²-Zelle eine optimale Stromstärke I_{opt} von 108 000 A und damit eine optimale Stromdichte von 5400 A/m².

Abb. 3-3 gibt die Abhängigkeit der Gesamtkosten von der Stromdichte wieder. Die Kurve für die Gesamtkosten als Funktion der Stromdichte verläuft asymmetrisch; daraus ergibt sich, daß eine Überschreitung der optimalen Stromdichte weniger ungünstig ist als eine Unterschreitung. Tatsächlich werden heute in der Bundesrepublik die meisten Elektrolysezellen mit Stromdichten bis zu 12,5 kA/m² gefahren.

3.4 Einfluß der Variablen in der chemischen Prozeßstufe auf die Kosten

Wie bereits in Abschnitt 3.2 erwähnt wurde, müssen bei der Optimierung einer Produktionsanlage Suboptimierungen durchgeführt werden. Zu diesen zählen im einfachsten Fall logische Entscheidungen, etwa die Beantwortung der Frage, welche Art von Kühlmittel verwendet werden soll. Es kann sich bei solchen Suboptimierungen aber auch um umfangreiche Optimierungsaufgaben handeln, wie die Wahl des Reaktors für die betreffende Umsetzung und dessen günstigste Auslegung. Die Lösung derartiger Suboptimierprobleme stellt eine Hauptaufgabe der Chemischen Reaktionstechnik dar.

Die wichtigsten Variablen in der chemischen Prozeßstufe sind:

a) der Umsatz,
b) die Konzentrationen der Reaktionskomponenten,
c) die Temperatur bzw. der Temperaturverlauf im Reaktor,
d) der Durchsatz.

Es kommen jene Variablen hinzu, durch welche die Konzentrationen bzw. der Konzentrationsverlauf in der chemischen Prozeßstufe beeinflußt werden können:

e) der Gesamtdruck bei Gasreaktionen oder der Zusatz von Inertstoffen in verschiedenen Aggregatzuständen,
f) das Mengenverhältnis der Reaktionspartner,
g) die Rückvermischung der Reaktionsmasse im Reaktor (Grenzfälle: keine bzw. vollständige Rückvermischung) und die Zahl der aufeinanderfolgenden Reaktionsstufen, aus welchen die chemische Prozeßstufe besteht,
h) Zugeben oder Abziehen einer oder mehrerer Reaktionskomponenten an verschiedenen Stellen der chemischen Prozeßstufe und die Führung der Stoffströme in mehrphasigen Reaktionssystemen.

Bevor die Auswirkungen einiger Prozeßvariablen auf die Herstellkosten diskutiert werden, sollen im folgenden Abschnitt die reaktionstechnischen Begriffe definiert werden.

3.4.1 Reaktionstechnische Grundbegriffe

Den nachstehenden Definitionen der reaktionstechnischen Grundbegriffe liegt die Bezeichnungsweise in der neueren Literatur zugrunde. Soweit möglich, wurden international festgelegte Symbole verwendet. Als Leitfaden galt in jedem Fall die in der Chemie übliche Nomenklatur.

Wir benutzen in diesem Werk auch konsequent SI-Einheiten, die heute in der chemischen Technik allgemein üblich sind.

Als *Reaktoren* bezeichnet man Apparate, in denen chemische Reaktionen zur Herstellung bestimmter Produkte durchgeführt werden. Das Stoffgemisch, in welchem die chemische Reaktion innerhalb des Reaktors abläuft, wird in seiner

Tabelle 3/1. Zusammensetzung der Reaktionsmasse

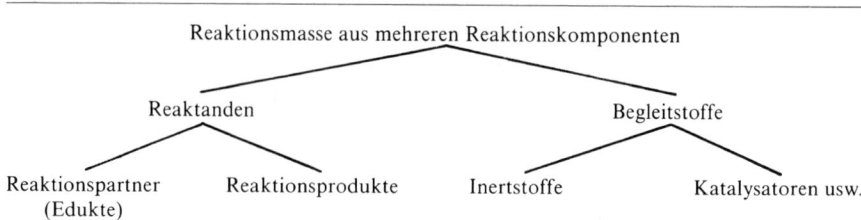

Reaktionsmasse aus mehreren Reaktionskomponenten

Reaktanden   Begleitstoffe

Reaktionspartner   Reaktionsprodukte   Inertstoffe   Katalysatoren usw.
(Edukte)

Gesamtheit *Reaktionsmasse* oder *Reaktionsgemisch* genannt. Die Reaktionsmasse besteht aus den *Reaktionskomponenten,* welche man in *Reaktanden* und *Begleitstoffe* einteilen kann. Die Reaktanden werden unterschieden in *Reaktionspartner (Edukte),* die bei der Reaktion verbracht, und in *Reaktionsprodukte* (häufig auch kurz nur als *Produkte* bezeichnet), die dabei gebildet werden. Als Begleitstoffe können in der Reaktionsmasse *Inertstoffe* (Lösungs- und Verdünnungsmittel, Trägergas) sowie *Katalysatoren, Regler* und *Puffersubstanzen* enthalten sein. Eine Übersicht über die Zusammensetzung der Reaktionsmasse gibt Tabelle 3/1.

Als *homogene Reaktionssysteme* werden solche Systeme bezeichnet, in denen alle Reaktionskomponenten in einer einzigen (festen, flüssigen oder gasförmigen) Phase vorliegen. Ein homogenes System ist *isotrop,* wenn dieses in allen Teilen die gleichen Eigenschaften aufweist. Liegen die Reaktionskomponenten in zwei oder mehr Phasen vor, so spricht man von einem *heterogenen Reaktionssystem.*

Das von der Reaktionsmasse eingenommene Volumen, d. h. der Teil des Reaktors, in welchem die Reaktion tatsächlich abläuft, wird als *Reaktionsraum* oder *Reaktionsvolumen* V_R bezeichnet; bei Gasreaktionen ist das Reaktionsvolumen mit dem Reaktorvolumen identisch.

Die mengenmäßige Zusammensetzung der Reaktionsmasse wird beschrieben durch die Anteile der verschiedenen Reaktionskomponenten, wobei je nach Zweckmäßigkeit verschiedene Definitionen eingeführt wurden; die wichtigsten sind in Tabelle 3/2 zusammengestellt.

Da sich während einer chemischen Reaktion die Zusammensetzung des Reaktionsgemisches ändert, ist es notwendig, die Anteile bzw. Konzentrationen der Reaktionskomponenten in verschiedenen Reaktionszuständen zu kennzeichnen. Wie wir in Abschnitt 3.5.1 sehen werden, können Reaktoren

diskontinuierlich (Satzbetrieb),
kontinuierlich (Fließbetrieb) oder
halbkontinuierlich (Teilfließbetrieb)

betrieben werden.

Beim absatzweisen Betrieb und beim Teilfließbetrieb sollen die Anteile bzw. Konzentrationen der verschiedenen Reaktionskomponenten, wie sie zu Beginn der Reaktion (zur Zeit t = 0) vorliegen, mit einem hochgestellten Index „0" (also x_i^0, c_i^0, w_i^0 usw.), zu einem beliebigen Zeitpunkt während der Reaktion ohne Index, am Ende der Reaktion mit einem hochgestellten Index „aus" (also x_i^{aus}, c_i^{aus}, w_i^{aus} usw.)

Tabelle 3/2. Kennzeichnung der mengenmäßigen Zusammensetzung der Reaktionsmasse

	-anteil	-konzentration
Stoffmengen-(Mol-)	$x_i = n_i / \sum\limits_i n_i$ [–] (x_i = Molenbruch der Reaktionskomponente i)	$c_i = n_i / V_R$ [mol/m^3] (c_i = (Stoffmengen-)Konzentration der Reaktionskomponente i)
Massen-	$w_i = m_i / \sum\limits_i m_i$ [–] (w_i = Massenbruch der Reaktionskomponente i)	$\varrho_i = m_i / V_R$ [kg/m^3] (ϱ_i = Partialdichte der Reaktionskomponente i)
Druck-	$p_i = x_i\, p$ [bar] (p_i = Partialdruck der Reaktionskomponente i)	

bezeichnet werden. Ändert sich im Verlauf der Reaktion auch das Reaktionsvolumen, so wird das Volumen zu Beginn der Reaktion mit V_R^0, zu einem beliebigen Zeitpunkt während der Reaktion mit V_R und am Ende der Reaktion mit V_R^{aus} bezeichnet.

In Tabelle 3/2 bedeuten: $n_i = m_i / M_i$ die in der Reaktionsmasse enthaltene Stoffmenge des Stoffes i mit der Masse m_i und der molaren Masse M_i, $p = \sum\limits_i p_i$ den Gesamtdruck, $\sum\limits_i m_i$ die Gesamtmasse des Reaktionsgemisches ($m_{ges} = m_R$), V_R das Volumen des Reaktionsgemisches.

Unter dem *Zulaufstrom* (feed) versteht man beim Fließbetrieb und beim Teilfließbetrieb die in der Zeiteinheit dem Reaktor zugeführte Stoffmenge, wobei diese die gesamte Reaktionsmasse oder nur einen Reaktanden umfassen kann. Demnach wird der Zulaufstrom angegeben als

zugeführter gesamter Volumenstrom: $\dot{V}^{ein}$ [m^3/s],

zugeführter Massenstrom: $\dot{m}_i^{ein}$ bzw. $\sum\limits_i \dot{m}_i^{ein} = \dot{m}_{ges}^{ein}$ [kg/s] oder

zugeführter Stoffmengenstrom: $\dot{n}_i^{ein}$ bzw. $\sum\limits_i \dot{n}_i^{ein} = \dot{n}_{ges}^{ein}$ [mol/s].

Häufig wird der Zulaufstrom auch als *Durchsatz* bezeichnet. Unter dem *Austragstrom* versteht man analog die in der Zeiteinheit aus dem Reaktor abgeführte Stoffmenge, wobei diese wiederum die gesamte Reaktionsmasse oder nur einen Reaktanden umfassen kann. Der Austragstrom wird je nach Zweckmäßigkeit angegeben als

abgeführter gesamter Volumenstrom: $\dot{V}^{aus}$ [m^3/s], abgeführter Massenstrom: $\dot{m}_i^{aus}$ bzw. $\sum_i \dot{m}_i^{aus} = \dot{m}_{ges}^{aus}$ [kg/s]   oder

abgeführter Stoffmengenstrom: $\dot{n}_i^{aus}$ bzw. $\sum_i \dot{n}_i^{aus} = \dot{n}_{ges}^{aus}$ [mol/s].

Beim kontinuierlichen Betrieb oder Teilfließbetrieb werden die Anteile bzw. Konzentrationen der verschiedenen Reaktionskomponenten *im Zulaufstrom* durch einen hochgestellten Index „ein" (x_i^{ein}, c_i^{ein}, w_i^{ein} usw.), diejenigen *im Reaktor* ohne Index und die Anteile bzw. Konzentrationen *im Austragstrom* durch einen hochgestellten Index „aus" (x_i^{aus}, c_i^{aus}, w_i^{aus} usw.) bezeichnet.

Ganz entsprechend werden auch die Symbole für die Eigenschaften und Zustandsgrößen der Reaktionsmasse mit Indizes versehen.

Unter der *Reaktionszeit* t versteht man im Satzbetrieb die Zeit, während der sich die Reaktionsmasse im Reaktor befindet. Als *Reaktorbetriebszeit* wird im Satzbetrieb die Zeit bezeichnet, welche insgesamt zur Durchführung der Reaktion erforderlich ist; die Reaktorbetriebszeit setzt sich demnach aus der Reaktionszeit t und der sogenannten *Totzeit* t_{tot} zusammen, d. h. der Zeit, welche zum Füllen, Aufheizen, Abkühlen, Entleeren usw. des Reaktors benötigt wird.

Im Fließbetrieb können verschiedene Volumenelemente unterschiedliche *Aufenthalts-* oder *Verweilzeiten* im Reaktor haben. Als *mittlere Verweilzeit* τ wird im Fließbetrieb die mittlere Zeit bezeichnet, während der sich die Reaktionsmasse im Reaktor befindet.

Der *Umsatz* U_i im Satzbetrieb ist die während einer bestimmten Zeit oder während der gesamten Reaktionszeit umgesetzte Menge eines Reaktionspartners i, ausgedrückt in Bruchteilen (oder Prozenten) der zum Zeitpunkt $t = 0$ eingesetzten Menge dieses Reaktionspartners. Üblicherweise bezieht man den Umsatz auf den die Reaktion stöchiometrisch begrenzenden Reaktionspartner k (Leit- oder Bezugskomponente):

$$U_k = \frac{n_k^0 - n_k}{n_k^0} = \frac{c_k^0 V_R^0 - c_k V_R}{c_k^0 V_R^0} = \frac{m_k^0 - m_k}{m_k^0}. \tag{3-7}$$

In den Gln. (3-7) sind n_k^0, c_k^0, bzw. m_k^0 die Stoffmenge, Konzentration bzw. Masse des zum Zeitpunkt $t = 0$ eingesetzten Reaktionspartners k. Die Zeichen n_k, c_k bzw. m_k kennzeichnen die Stoffmenge, Konzentration bzw. Masse des Reaktionspartners k zu einem Zeitpunkt t während der Reaktion; fällt dieser Zeitpunkt mit dem Ende bzw. Abbruch der Reaktion zusammen, so sind diese Größen mit dem hochgestellten Index „aus" zu versehen. Entsprechendes gilt für das Reaktionsvolumen V_R.

Der durch die Gln. (3-7) gegebenen Definition des Umsatzes im Satzbetrieb analog ist die bei Fließbetrieb bevorzugt angewandte:

$$U_k = \frac{\dot{n}_k^{ein} - \dot{n}_k}{\dot{n}_k^{ein}} = \frac{c_k^{ein} \dot{V}^{ein} - c_k \dot{V}}{c_k^{ein} \dot{V}^{ein}} = \frac{\dot{m}_k^{ein} - \dot{m}_k}{\dot{m}_k^{ein}}. \tag{3-8}$$

h den Gln. (3-8) sind $\dot{n}_k^{ein}$ und $\dot{m}_k^{ein}$ der Stoffmengen- bzw. Massenstrom des Reaktionspartners k; $\dot{V}^{ein}$ ist der Volumenstrom der Reaktionsmasse am Eintritt in den Reaktor; die Konzentration des Reaktionspartners k im Zulaufstrom ist c_k^{ein}. Die in der Gleichung auftretenden Größen ohne hochgestellten Index gelten für eine Stelle innerhalb des Reaktors bzw. – mit hochgestelltem Index „aus" versehen – für den Austragstrom.

Die *Ausbeute* A_P ist die gebildete Menge eines Reaktionsprodukts P, welche immer auf die eingesetzte Menge des die Reaktion stöchiometrisch begrenzenden Reaktionspartners k bezogen wird:

$$A_P = \frac{n_P - n_P^0}{n_k^0} \cdot \frac{|v_k|}{v_P} \qquad \text{Satzbetrieb} \qquad (3\text{-}9)$$

$$A_P = \frac{\dot{n}_P - \dot{n}_P^{ein}}{\dot{n}_k^{ein}} \cdot \frac{|v_k|}{v_P} \qquad \text{Fließbetrieb.} \qquad (3\text{-}10)$$

v_k und v_P sind die stöchiometrischen Zahlen des die Reaktion stöchiometrisch begrenzenden Reaktionspartners k und des Reaktionsprodukts P in der Reaktionsgleichung (s. 4.1). Läuft nur eine einzige stöchiometrisch unabhängige Reaktion ab und erfolgt keine Rückführung nicht umgesetzter Reaktionspartner (s. Abb. 3-4), so sind die Zahlenwerte für Umsatz und Ausbeute identisch.

Jede chemische Reaktion strebt einem Gleichgewichtszustand zu, durch den der erreichbare Umsatz eines Reaktionspartners thermodynamisch nach oben begrenzt wird. Dieser Umsatz bis zum Gleichgewichtszustand wird als *Gleichgewichtsumsatz* $U_{k,Gl}$ bezeichnet:

$$U_{k,Gl} = \frac{n_k^0 - n_{k,Gl}}{n_k^0} \qquad \text{Satzbetrieb} \qquad (3\text{-}11)$$

bzw.

$$U_{k,Gl} = \frac{\dot{n}_k^{ein} - \dot{n}_{k,Gl}}{\dot{n}_k^{ein}} \qquad \text{Fließbetrieb.} \qquad (3\text{-}12)$$

Analog gilt für die Ausbeute:

$$A_{P,Gl} = \frac{n_{P,Gl} - n_P^0}{n_k^0} \cdot \frac{|v_k|}{v_P} \qquad \text{Satzbetrieb} \qquad (3\text{-}13)$$

$$A_{P,Gl} = \frac{\dot{n}_{P,Gl} - \dot{n}_P^{ein}}{\dot{n}_k^{ein}} \cdot \frac{|v_k|}{v_P} \qquad \text{Fließbetrieb.} \qquad (3\text{-}14)$$

Gelegentlich wird in der Literatur das Verhältnis von tatsächlichem Umsatz zum Gleichgewichtsumsatz bzw. von tatsächlicher Ausbeute zur Gleichgewichtsausbeute angeführt und als relativer Umsatz bzw. relative Ausbeute bezeichnet:

$$U_{k,rel} = \frac{U_k}{U_{k,Gl}}, \tag{3-15}$$

$$A_{P,rel} = \frac{A_P}{A_{P,Gl}}. \tag{3-16}$$

Für zusammengesetzte Reaktionen wie Parallel- und Folgereaktionen (s. 4.4.2), bei denen mehrere Produkte gebildet werden, wovon eines oder einige gewünschte Produkte, andere dagegen unerwünschte Nebenprodukte sind, spielt die *Selektivität* der Reaktion eine Rolle. Die Selektivität S_P ist das Verhältnis zwischen der gebildeten Stoffmenge eines gewünschten Produkts P und der umgesetzten Stoffmenge eines Reaktionspartners k; die stöchiometrischen Verhältnisse derjenigen Reaktion, welche zum Produkt P führt, werden durch den Quotienten der stöchiometrischen Zahlen (s. 4.1) $|v_k|/v_P$ dieser Reaktanden in der Reaktionsgleichung berücksichtigt. Demnach gilt für den Satzbetrieb:

$$S_P = \frac{n_P - n_P^0}{n_k^0 - n_k} \cdot \frac{|v_k|}{v_P} \tag{3-17}$$

und für den Fließbetrieb:

$$S_P = \frac{\dot{n}_P - \dot{n}_P^{ein}}{\dot{n}_k^{ein} - \dot{n}_k} \cdot \frac{|v_k|}{v_P}. \tag{3-18}$$

Erfolgt nur eine stöchiometrisch unabhängige Reaktion, so ist die Selektivität $S_P = 1$.

Durch Kombination der Definitionsgleichungen für die Ausbeute, die Selektivität und den Umsatz [Gln. (3-9), (3-17) und (3-7) bzw. (3-10), (3-18) und (3-8)] ergibt sich

$$A_P = S_P U_k. \tag{3-19}$$

Enthält im Satzbetrieb die Reaktionsmasse zu Beginn der Reaktion bzw. im Fließbetrieb der Zulaufstrom kein Reaktionsprodukt P, d. h. $n_P^0 = 0$ bzw. $\dot{n}_P^{ein} = 0$, so erhält man aus den Gln. (3-17) und (3-18):

$$n_P = S_P (n_k^0 - n_k) \frac{v_P}{|v_k|} \qquad \text{Satzbetrieb}, \tag{3-20}$$

bzw.

$$\dot{n}_P = S_P (\dot{n}_k^{ein} - \dot{n}_k) \frac{v_P}{|v_k|} \qquad \text{Fließbetrieb}. \tag{3-21}$$

Mit den Definitionen für den Umsatz, Gln. (3-7) bzw. (3-8), folgt daraus für die bis zum Ende oder Abbruch der Reaktion gebildete Menge von P im Satzbetrieb:

$$n_P^{aus} = n_k^0 \, S_P \, U_k \, \frac{v_P}{|v_k|} = n_k^0 \, A_P \, \frac{v_P}{|v_k|}, \tag{3-22}$$

bzw. für den Austragstrom von P im Fließbetrieb:

$$\dot{n}_P^{aus} = \dot{n}_k^{ein} \, S_P \, U_k \, \frac{v_P}{|v_k|} = \dot{n}_k^{ein} \, A_P \, \frac{v_P}{|v_k|}. \tag{3-23}$$

Unter der *Produktionsleistung* versteht man die in der Zeiteinheit erzeugte Menge eines gewünschten Produkts P in Stoffmengen- oder Masseneinheiten $\dot{n}_P^{aus}$ bzw. $\dot{m}_P^{aus}$ ($= \dot{n}_P^{aus} M_P$; $M_P =$ molare Masse von P). Die Produktionsleistung $\dot{n}_P^{aus}$ ergibt sich für den Fließbetrieb aus Gl. (3-23) und für den Satzbetrieb aus Gl. (3-22), indem man durch die Betriebszeit (s. 6.2) des Reaktors dividiert.

Als *Reaktorkapazität* wird die Produktionsleistung pro Volumeneinheit des Reaktionsraums bezeichnet ($\dot{n}_P^{aus}/V_R$).

Unter *Reaktorbelastung,* auch Volumenleistung genannt, versteht man den einem Reaktor zugeführten Volumenstrom $\dot{V}_n^{ein}$[1]), bezogen auf die Volumeneinheit des Reaktionsvolumens oder die Masseneinheit des Katalysators. Dieses Verhältnis wird – insbesondere in der angelsächsischen Literatur – als space velocity, S.V. (= *Raumgeschwindigkeit*) bezeichnet:

$$S.V. = \frac{\dot{V}_n^{ein}{}^{[1]})}{V_R} \quad bzw. \quad \frac{\dot{V}_n^{ein}{}^{[1]})}{m_s} \quad (m_s = \text{Masse des Katalysators}). \tag{3-24}$$

Werden in einem Reaktionsapparat die Reaktionspartner nicht vollständig umgesetzt, in einer anschließenden Trennstufe von den gebildeten Reaktionsprodukten abgetrennt, und die Reaktionspartner wieder in den Reaktor zurückgeführt, so spricht man von einer *Rück-* oder *Kreislaufführung* (Abb. 3-4).

Findet nur *eine* stöchiometrisch unabhängige Reaktion statt (Selektivität $S_P = 1$), so ist die in der Praxis in erster Linie interessierende Ausbeute eindeutig mit dem Umsatz verknüpft. Als Kreislauffaktor Φ_{Kr} eines Reaktionspartners k (= Bezugskomponente, welche die Reaktion stöchiometrisch begrenzt) bezeichnet man das Verhältnis der zurückgeführten Menge ($\dot{n}_{k,Kr}^{ein}$) zur frisch eingesetzten ($\dot{n}_{k,Fr}^{ein}$):

$$\Phi_{Kr} = \frac{\dot{n}_{k,Kr}^{ein}}{\dot{n}_{k,Fr}^{ein}} = \frac{\dot{n}_k^{aus}}{\dot{n}_{k,Fr}^{ein}}. \tag{3-25}$$

Die insgesamt dem Reaktor zugeführte Menge von k ist (s. Abb. 3-4):

$$\dot{n}_{k,ges}^{ein} = \dot{n}_{k,Fr}^{ein} + \dot{n}_{k,Kr}^{ein} = \dot{n}_{k,Fr}^{ein} (1 + \Phi_{Kr}). \tag{3-26}$$

Aus Gl. (3-10) folgt für den vorliegenden Fall ($\dot{n}_P = \dot{n}_P^{aus}$, $\dot{n}_P^{ein} = 0$, $\dot{n}_k^{ein} = \dot{n}_{k,Fr}^{ein}$):

---

[1]) Der Volumenstrom $\dot{V}_n^{ein}$ ist hier für den Normzustand (Index „n") anzugeben, d. h. bei der Normtemperatur $\vartheta_n = 0\,°C$ und dem Normdruck $p_n = 1,01325$ bar.

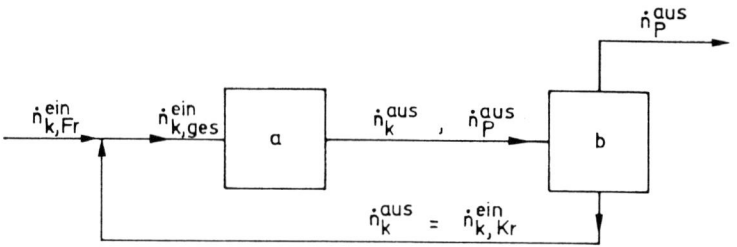

Abb. 3-4. Schema einer Rückführung nicht umgesetzter Reaktionspartner; a Reaktor, b Trennstufe

$$A_P = \frac{\dot{n}_P^{aus}}{\dot{n}_{k,Fr}^{ein}} \frac{|v_k|}{v_P}. \tag{3-27}$$

Ebenso erhält man aus Gl. (3-23) mit $S_P = 1$:

$$\dot{n}_P^{aus} = \dot{n}_{k,ges}^{ein} U_k \frac{v_P}{|v_k|}. \tag{3-28}$$

Durch Kombination der Gln. (3-26) bis (3-28) ergibt sich für den Zusammenhang zwischen Ausbeute, Umsatz und Kreislauffaktor:

$$A_P = (1 + \Phi_{Kr}) U_k. \tag{3-29}$$

Erfolgt keine Rückführung der nicht umgesetzten Reaktionspartner in den Reaktor ($\Phi_{Kr} = 0$), so ist bei nur einer stöchiometrisch unabhängigen Reaktion die Ausbeute A_P numerisch gleich dem Umsatz U_k. Bei vollständiger Rückführung der nicht umgesetzten Reaktionspartner ist die Ausbeute natürlich gleich 1, und zwischen Kreislauffaktor und dem Umsatz besteht nach Gl. (3-29) die Beziehung

$$\Phi_{Kr} = \frac{1}{U_k} - 1. \tag{3-30}$$

Ist z. B. der Umsatz $U_k = 0,2$, so muß zum Erreichen einer vollständigen Ausbeute $\Phi_{Kr} = 4$ sein; d. h. die zurückgeführte Menge ist 4mal so groß wie die frisch eingesetzte.

3.4.2 Der Umsatz als Prozeßvariable bei der Kostenminimierung

Die Reaktionsgeschwindigkeit wird immer kleiner, je mehr sich die Reaktion dem vollständigen Umsatz des die Reaktion stöchiometrisch begrenzenden Reaktionspartners bzw. dem Gleichgewichtsumsatz nähert. Man kann eine chemische Umsetzung in der Regel nicht bis zum vollständigen Umsatz bzw. Gleichgewichtsumsatz durchführen, da hierfür ein unendlich großes Reaktorvolumen bzw. eine

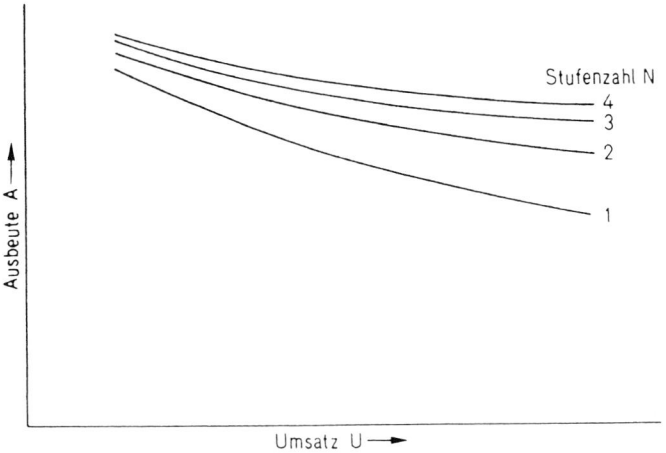

Abb. 3-5. Abhängigkeit der Ausbeute vom Umsatz und von der Stufenzahl bei der Oxidation von Cyclohexan [5]

unendlich lange Reaktionszeit erforderlich wäre. Schließlich kann, wenn die Reaktionspartner nach mehreren Reaktionen umgesetzt werden, von denen eine oder mehrere zu unerwünschten Nebenprodukten führen, mit fortschreitendem Umsatz die anteilmäßige Bildung der unerwünschten Nebenprodukte zunehmen und sich dadurch die Ausbeute am gewünschten Reaktionsprodukt verringern. Es ist daher auch bei irreversiblen Reaktionen in vielen Fällen notwendig, die gebildeten erwünschten Produkte von den nicht umgesetzten Reaktionspartnern und Inertstoffen sowie von etwa gebildeten Nebenprodukten abzutrennen. Sind bei der Planung einer neuen Anlage die Produktionsleistung und die Betriebsbedingungen des Reaktors (Temperatur, Druck, Anfangskonzentrationen usw.) festgelegt, so kann eine der drei Größen Umsatz, Reaktorvolumen und Durchsatz frei gewählt werden.

Der Einfluß des *Umsatzes* auf die Herstellkosten soll am technischen Beispiel der *Oxidation von Cyclohexan* mittels Luft zu einem Gemisch von Cyclohexanol und Cyclohexanon [5] gezeigt werden (s. a. 2.4.3 und 2.5.2). Bei dieser Oxidationsreaktion, die in Gegenwart von Kobalt-Katalysatoren unter inniger Vermischung der flüssigen Phase mit Luft durchgeführt wird, wird außer den gewünschten Produkten Cyclohexanol und Cyclohexanon eine Vielfalt von Säuren als unerwünschte Nebenprodukte gebildet. Daher muß die Reaktion bereits bei einem Umsatz des Cyclohexans von 5 bis 10 % abgebrochen werden. Die Anlage besteht aus einer oder mehreren Oxidationsstufen, wobei nach jeder dieser Oxidationsstufen die Hauptmenge der Säuren vor dem Eintritt in die nachfolgende Stufe in einer Waschstrecke ausgewaschen wird. Außerdem werden nach der letzten Oxidationsstufe in einer Laugewäsche die nicht herausgewaschenen Säuren neutralisiert, vorhandene Ester verseift und bei der Oxidation gebildete Peroxide zersetzt. Schließlich wird nach der letzten Stufe das nicht umgesetzte Cyclohexan von den Reaktionsprodukten durch Rektifikation abgetrennt und wieder in die erste Stufe zurückgeführt. Der Umsatz und die Stufenzahl beeinflussen die Ausbeute an den gewünschten Produkten am

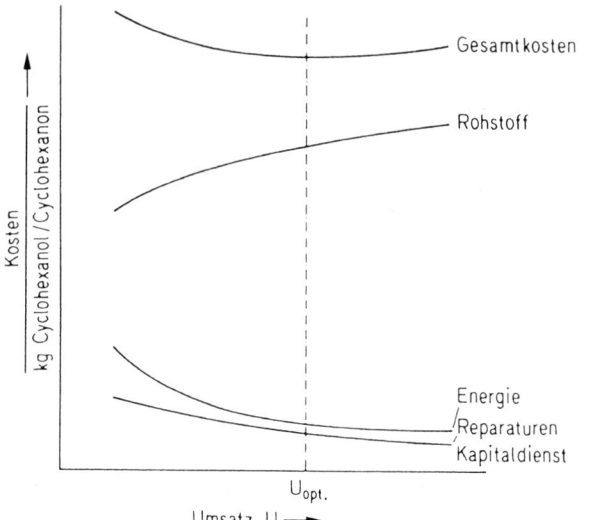

Abb. 3-6. Ermittlung des optimalen Umsatzes bei der Oxidation von Cyclohexan [5]

stärksten. Der Zusammenhang zwischen diesen drei Größen bei konstanter Oxidationstemperatur, konstantem Druck und Durchsatz ist in Abb. 3-5 wiedergegeben; mit zunehmendem Umsatz und Verringerung der Stufenzahl nimmt die Ausbeute ab.

Die Herstellkosten setzen sich aus Rohstoff-, Energie-, Reparatur- und Kapitalkosten zusammen. Die Abhängigkeit der einzelnen Kostenarten vom Umsatz ist in Abb. 3-6 schematisch dargestellt. Daraus ist zu ersehen, daß mit zunehmendem Umsatz infolge der abnehmenden Ausbeute die Rohstoffkosten ansteigen; andererseits nehmen die Energie-, Reparatur- und Kapitalkosten wegen der geringeren Kreislauf-Cyclohexan-Menge mit steigendem Umsatz ab. Die Summenkurve für die gesamten Herstellkosten pro kg Cyclohexanol-Cyclohexanon-Gemisch weist ein relativ flaches Minimum auf; dies gibt den optimalen Umsatz wieder, wenn die anderen Einflußgrößen konstant gehalten werden.

3.4.3 Variation der Prozeßführung mittels der Anzahl der aufeinanderfolgenden Reaktionsstufen

Es ist oft von Vorteil, die chemische Prozeßstufe in mehrere aufeinanderfolgende Reaktionsstufen aufzuteilen, wobei die Konzentrationsverhältnisse in den einzelnen Stufen verschieden sind, häufig auch die Temperatur bzw. der Temperaturverlauf.

Eine derartige Unterteilung haben wir bereits bei der Oxidation von Cyclohexan kennengelernt. Zweck der Unterteilung ist hier das Auswaschen unerwünschter, sehr reaktiver Nebenprodukte nach jeder Oxidationsstufe.

Als weiteres Beispiel für eine Unterteilung der chemischen Prozeßstufe und den Einfluß der Stufenanzahl auf die Reaktorkosten sei die Glycerin-Synthese durch Oxidation von Allylalkohol mit H_2O_2 in wäßriger Lösung angeführt [3]. Diese Reaktion wird durch die stark saure Perwolframsäure katalysiert. Näherungsweise gelten folgende Bruttogleichungen:

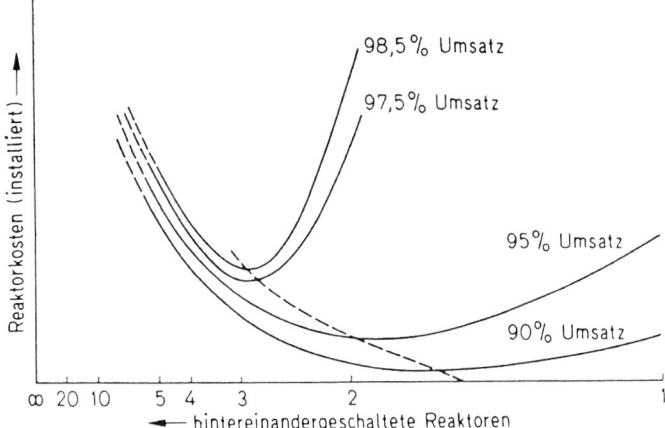

Abb. 3-7. Reaktorkosten (installiert) von Rührkesselkaskaden in Abhängigkeit von der Kesselzahl und vom H_2O_2-Umsatz [3]

$$CH_2{=}CH{-}CH_2OH + H_2O_2 \xrightarrow{\ H_2WO_5\ } CH_2{-}CH{-}CH_2OH + H_2O,$$

$$CH_2{-}CH{-}CH_2OH + H_2O \xrightarrow{\ H^+\ } CH_2OH{-}CHOH{-}CH_2OH.$$

Diese Reaktionen verlaufen jedoch nicht eindeutig [3]; es werden vielmehr durch Parallel- und Folgereaktionen beträchtliche Mengen verschiedener Nebenprodukte gebildet, z. B. Acrolein durch Oxidation des Allylalkohols:

$$CH_2 = CH{-}CH_2OH + H_2O_2 \rightarrow CH_2 = CH{-}CHO + 2\,H_2O.$$

Technisch arbeitet man daher in mehreren hintereinandergeschalteten, kontinuierlich betriebenen Rührkesseln (= Rührkesselkaskade), wobei hinter jedem Kessel das gebildete Acrolein durch Vakuumverdampfung entfernt wird. Abb. 3-7 zeigt für eine einzige Kombination von Reaktionsbedingungen (Temperatur, H_2O_2-Konzentration, Allylalkohol-Konzentration, Katalysator-Konzentration, pH-Wert der Lösung) die Apparatekosten in Abhängigkeit von der Zahl der Rührkessel der Kaskade und vom gewählten H_2O_2-Umsatz. Die gestrichelte Linie gibt die optimale Kaskade als Funktion des H_2O_2-Umsatzes wieder.

Eine chemische Prozeßstufe wird auch dann aufgeteilt, wenn in den Stufen verschiedene Temperaturen bzw. Temperaturverläufe eingestellt werden sollen, so bei reversiblen exothermen Reaktionen. Wir werden dies am Beispiel der *Oxidation von SO₂ zu SO₃* an einem Vanadin-Katalysator im nächsten Abschnitt sehen. Die Unterteilung in mehrere Reaktionsstufen hat den Zweck, eine wirtschaftlich optimale Reaktionsführung zu erreichen. Die Oxidation von SO_2 zu SO_3 nach dem

Kontaktverfahren geschieht in Mehrstufen-Kontaktöfen (Abschnittsreaktoren, vgl. die Abschnitte 3.5.5.3 mit Abb. 3-34 und 13.3.1.1), wobei nach dem klassischen Verfahren Umsätze des SO_2 von 97 bis 98 % erreicht werden.

Früher wurde das nach der Absorption des Reaktionsprodukts SO_3 in den Restgasen verbleibende SO_2 mit diesen in die Atmosphäre abgelassen. Die Notwendigkeit der Luftreinhaltung gebietet es jedoch, die emittierten SO_2-Mengen auf ein Mindestmaß zu beschränken. Der SO_2-Umsatz kann durch Verminderung des Partialdrucks von gebildetem SO_3 erhöht werden. Daher wird nach dem sogenannten *Doppelkontaktverfahren* (Farbenfabr. Bayer) vor der letzten Reaktionsstufe das bis dahin gebildete SO_3 aus den Röstgasen mittels 96%iger H_2SO_4 absorbiert. Dadurch läßt sich aus Kiesröstgasen (SO_2-Gehalt: 9 bis 9,5 %) das SO_2 zu 99,7 % und mehr umsetzen, d. h. die SO_2-Menge in den Restgasen wesentlich vermindern [6]. Wird eine Anlage auf der Basis dieses Verfahrens neu errichtet, so sind die Anlagen- und Betriebskosten bei Verarbeitung von Kiesröstgasen mit 9,5 % SO_2 etwa gleich groß wie bei einer Anlage ohne Zwischenabsorption. Das Doppelkontaktverfahren ist hinsichtlich der Verringerung von SO_2-Emissionen aus der chemischen Industrie einer der bedeutendsten Fortschritte der letzten dreißig Jahre.

3.4.4 Die Reaktionstemperatur als Prozeßvariable bei der Optimierung der Reaktionsführung

Die Reaktionstemperatur ist stets eine der wichtigsten Variablen. Durch entsprechende Wahl der Temperatur kann man möglichst hohe Reaktionsgeschwindigkeiten und damit kleine Reaktorvolumina bzw. einen geringen Katalysatorbedarf erreichen.

In der Geschwindigkeitsgleichung für die jeweilige Reaktion (s. 4.5.1) kommt der Temperatureinfluß in der Geschwindigkeitskonstanten k zum Ausdruck, für welche nach Arrhenius gilt [Gl. (4-144)]:

$$k = k_0 e^{-E/RT}$$

(k_0 = Frequenzfaktor, E = Aktivierungsenergie, R = Gaskonstante, T = thermodynamische Temperatur).

Für eine einfache (irreversible) homogene Reaktion zwischen zwei Reaktionspartnern A und B mit einer Geschwindigkeitsgleichung

$$r = k\, c_A\, c_B$$

ist die Reaktionsgeschwindigkeit r bei konstanter Zusammensetzung (d. h. U = konst.) proportional $e^{-E/RT}$ (Abb. 3-8, Kurve 1).

Man erreicht daher in diesem Fall die höchste Reaktionsgeschwindigkeit und demnach die größte Reaktorkapazität (Produktionsleistung pro Volumeneinheit des Reaktors) mit der höchsten Reaktionstemperatur, welche technisch und wirtschaftlich möglich ist. Bei dieser Temperatur ist für eine festgelegte Produktionsleistung,

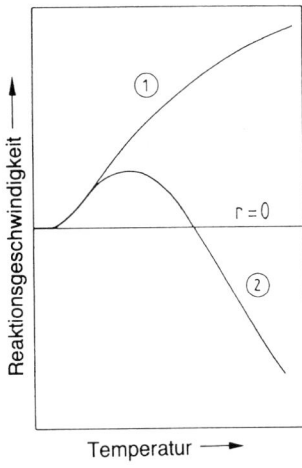

Abb. 3-8. Temperaturabhängigkeit der chemischen Reaktionsgeschwindigkeit bei konstanter Zusammensetzung der Reaktionsmasse; Kurve 1 für einfache irreversible, Kurve 2 für exotherme reversible Reaktionen

einen bestimmten Umsatz und Durchsatz das erforderliche Reaktorvolumen am kleinsten.

Allerdings können bei großen Wärmeeffekten einer Reaktion die zur Einhaltung der Reaktionstemperatur benötigten Heiz- bzw. Kühlvorrichtungen eine größere Rolle für die Wahl der Reaktionstemperatur spielen als das Reaktorvolumen (vgl. 3.5.4).

Es können aber auch die Selektivität einer zusammengesetzten Reaktion oder die Gleichgewichtslage einer reversiblen Reaktion durch eine Temperaturerhöhung entscheidend verändert werden. Das wiederum mag dem günstigen Einfluß auf die Reaktionsgeschwindigkeit zuwiderlaufen. Es ergeben sich damit interessante Optimieraufgaben.

Betrachten wir als Parameteroptimierung die Suche nach der optimalen Reaktionstemperatur einer reversiblen exothermen Reaktion. Die gesuchte optimale Temperatur muß dann für die gesamte Reaktionszeit bzw. die gesamte Verweilzeit der Reaktionsmasse im Fließreaktor gelten oder mit anderen Worten: die Reaktion muß unter isothermen Bedingungen ablaufen.

Bekannt sei die Gleichgewichtslage für ein bestimmtes Reaktionsgemisch als Funktion der Temperatur (thermodynamische Information) sowie der bei einer bestimmten Reaktorbelastung $S.V._1$ (d. h. einem gegebenen Durchsatz bei bekanntem Reaktionsvolumen) erzielbare relative Umsatz (kinetische Information), ebenfalls als Funktion der Temperatur. In Abb. 3-9 erkennt man die gegenläufige Temperaturabhängigkeit.

Laut Definition ist der effektive Umsatz bei gegebener Reaktorbelastung gleich dem Produkt aus Gleichgewichtsumsatz und relativem Umsatz bei derselben Reaktorbelastung [Gl. (3-15)]. Die gegenläufige Temperaturabhängigkeit beider Faktoren bedingt einen Kurvenverlauf für den effektiven Umsatz mit einem Maximum bei der gesuchten optimalen Temperatur.

In Abb. 3-9 sind zusätzlich die Verhältnisse für eine geringere Reaktorbelastung $S.V._2$ (= größere Verweilzeit) eingetragen. Dadurch ändert sich nur die kinetische

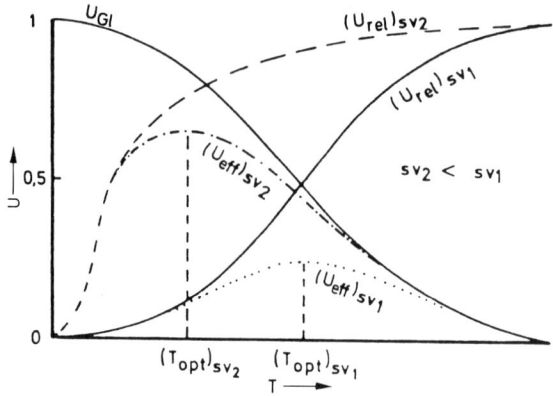

Abb. 3-9. Temperaturoptimierung für eine exotherme Gleichgewichtsreaktion bei isothermer Reaktionsführung

Information und die zur Erreichung eines großen Umsatzes optimale Temperatur wird zu niedrigeren Werten verschoben. Aber auch hierbei wird der Gleichgewichtsumsatz nicht erreicht.

Die technisch wichtigere Optimieraufgabe ist jedoch die Suche nach dem optimalen *Temperaturverlauf im Reaktor*. Es ist nämlich vorteilhafter, die Reaktion wegen des gegenläufigen Temperatureinflusses auf die thermodynamischen und kinetischen Verhältnisse nicht isotherm durchzuführen, sondern bei möglichst hoher Temperatur zu beginnen, um den günstigen Einfluß auf die Kinetik auszunützen, und erst gegen Ende auf die thermodynamisch günstigere Temperatur herunterzukühlen. Diese Optimieraufgabe ist eine Funktionen-Optimierung.

Hierzu drückt man die Reaktionsgeschwindigkeit r einer reversiblen Reaktion durch die Differenz der Geschwindigkeiten von Hin- und Rückreaktion aus (s. 4.5.2). Sind z. B. für die Umsetzung

$$A + B \rightleftharpoons C + D$$

Hin- und Rückreaktion einfache bimolekulare Reaktionen, so ist

$$r = (k_0)_1 \, e^{-E_1/RT} c_A \, c_B - (k_0)_2 \, e^{-E_2/RT} c_C \, c_D.$$

Ist $E_2 > E_1$ (exotherme Reaktion), so weist die Reaktionsgeschwindigkeit bei konstanter Zusammensetzung der Reaktionsmasse als Funktion der Temperatur ein Maximum auf (Abb. 3-8, Kurve 2). Die Reaktionsgeschwindigkeit ist Null für die Temperatur, bei welcher sich die Reaktionsmischung im Gleichgewicht befindet. Aus dem Schnittpunkt der Kurve mit der Abszissenachse läßt sich daher die zu dieser Gleichgewichtszusammensetzung gehörende Gleichgewichtstemperatur ablesen.

Zu den exothermen reversiblen Reaktionen gehören viele technisch wichtige Umsetzungen, so die Ammoniak- und Methanol-Synthese, die Oxidation von SO_2 zu SO_3 (Schwefelsäureherstellung) und die CO-Konvertierung ($CO + H_2O \rightleftharpoons CO_2 + H_2$).

Für die Oxidation von SO_2 zu SO_3 an einem technischen Vanadin-Katalysator ist die effektive Reaktionsgeschwindigkeit für verschiedene SO_2-Umsätze in Abb. 3-10

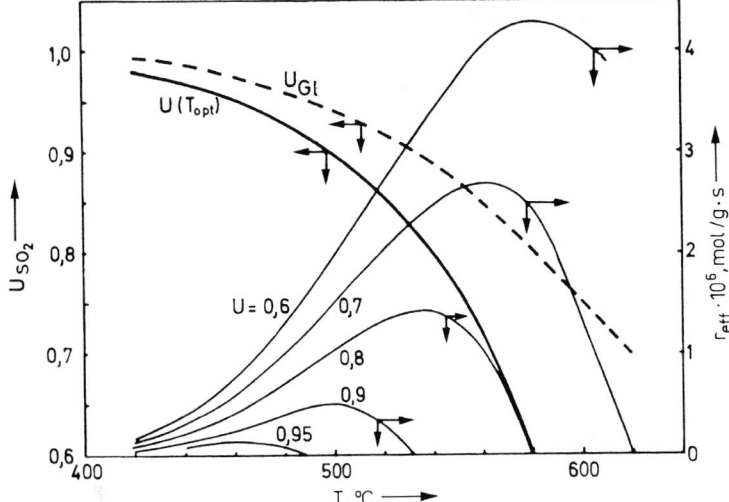

Abb. 3-10. Effektive Reaktionsgeschwindigkeit r_{eff} bei der Oxidation von SO_2 zu SO_3 an einem Vanadin-Katalysator als Funktion der Temperatur für verschiedene SO_2-Umsätze; Gleichgewichtsumsatz U_{Gl} von SO_2 als Funktion der Temperatur sowie Zusammenhang zwischen optimaler Temperatur T_{opt} ($\partial r/\partial T = 0$) und Umsatz $U(T_{opt})$ [7]

dargestellt (Anfangszusammensetzung des Pyritröstgases in Volumenanteilen: 7,0% SO_2, 10,9% O_2, 82,1% N_2). Aus den Schnittpunkten der einzelnen Kurven mit der Abszissenachse ergibt sich die zu dem jeweiligen Gleichgewichtsumsatz U_{Gl} des SO_2 gehörende Gleichgewichtstemperatur. Der Verlauf des so erhaltenen Gleichgewichtsumsatzes mit der Temperatur ist ebenfalls in Abb. 3-10 aufgetragen. Man sieht, daß bei dieser exothermen Gleichgewichtsreaktion eine Temperaturerniedrigung das Gleichgewicht zugunsten höherer SO_2-Umsätze und damit zugunsten höherer SO_3-Ausbeuten verschiebt. Diese Aussage gilt allgemein für exotherme Gleichgewichtsreaktionen. Aus Abb. 3-10 geht aber auch hervor, daß sich das Maximum der Reaktionsgeschwindigkeit mit zunehmendem SO_2-Umsatz in Richtung niedrigerer Temperaturen verschiebt. Daraus ergibt sich die bereits durch qualitative Überlegungen abgeleitete Forderung, die Reaktion bei möglichst hoher Temperatur zu beginnen und die Temperatur entsprechend dem Reaktionsfortschritt abzusenken.

Bei gegebener Eintrittszusammensetzung des Reaktionsgemisches, festgelegtem Durchsatz und Endumsatz ist das Reaktorvolumen offensichtlich dann am kleinsten, wenn an jeder Stelle des Reaktors die dem jeweiligen Umsatz entsprechende maximale Reaktionsgeschwindigkeit ($\partial r/\partial T = 0$), d.h. die zu diesem Maximum gehörende „optimale Temperatur" T_{opt}, vorliegt. Den Zusammenhang zwischen dem Umsatz und der entsprechenden optimalen Temperatur erhält man, wenn man aus der für einen bestimmten Umsatz geltenden Kurve der effektiven Reaktionsgeschwindigkeit die zum Maximum gehörende optimale Temperatur abliest und dann $U = f(T_{opt})$ aufträgt. Den Umsatz wiederum kann man als Funktion der Ortskoordinate des Rohrreaktors ausdrücken; so ergibt sich schließlich der hinsichtlich der effektiven Reaktionsgeschwindigkeit optimale Temperaturverlauf der Reaktionsmasse längs des Rohrs mit einer möglichst hohen Temperatur am Reaktoreintritt und einer Temperaturabnahme längs des Rohrs (s. o.).

Mit entsprechendem technischen Aufwand wäre es möglich, diesen optimalen Temperaturverlauf im Strömungsrohr zu realisieren. Wie jedoch später gezeigt wird, gelten für die technische Realisierung zusätzliche Optimierungsgesichtspunkte (s. 3.5.5.3).

Auch für andere zusammengesetzte Reaktionen, z. B. *Folgereaktionen* (s. 4.5.2), läßt sich ein optimaler Temperaturverlauf der Reaktionsmasse längs des Rohrreaktors angeben. Ist für eine Folgereaktion

$$A \xrightarrow{\ 1\ } B \xrightarrow{\ 2\ } C$$

bei festgelegter Verweilzeit der Reaktionsmasse im Reaktor die Aktivierungsenergie der Reaktion 2 größer als die der Reaktion 1, so erzielt man die höchste Ausbeute an Zwischenprodukt B, wenn am Reaktoreintritt die Temperatur am höchsten ist und dann entlang des Rohres bis zu dessen Ende abfällt. Dies ist nach dem bei einer exothermen reversiblen Reaktion Gesagten ohne weiteres einleuchtend: An die Stelle der Rückreaktion tritt hier die Folgereaktion, durch welche ein gebildetes Reaktionsprodukt verbraucht wird. Die maximal erreichbare Ausbeute an B wird umso größer, je längere Verweilzeiten man wählt. Berechnet man den optimalen Temperaturverlauf längs des Rohrs, d. h. den Temperaturverlauf, bei welchem die höchste Ausbeute an B erreicht wird, so ergibt sich, daß die (mittlere) Temperatur des so optimierten Reaktors mit steigender Verweilzeit abnimmt [8]. Wird auf minimale Kosten optimiert, so müssen dabei die mit zunehmender Verweilzeit steigenden Kosten für den Reaktor berücksichtigt werden. Es resultiert daraus ein *wirtschaftliches Optimum* für die Ausbeute.

3.4.5 Der Gesamtdruck als Prozeßvariable zur Kostenminimierung

Von den zahlreichen Hochdruckreaktionen der chemischen Industrie, z. B. der Ammoniaksynthese, der Kohlenoxidhydrierung, der Propylenhydroformylierung (Oxosynthese), der Ethylenpolymerisation u. a., ist wohl die *Ammoniaksynthese* die größte Gemeinschaftsleistung von Chemikern, Physikern und Ingenieuren. Die Ammoniaksynthese war nicht nur die erste technische Hochdrucksynthese, sie hat vielmehr auch als erster technischer Kreislaufprozeß die ganze Denkweise der Technischen Chemie gewandelt und das Zeitalter der modernen Chemischen Reaktionstechnik eingeleitet.

Wie bei allen Hochdruckreaktionen ist auch bei der Ammoniaksynthese der *Synthesedruck* eine der wesentlichsten Prozeßvariablen, da er sich auf nahezu sämtliche Apparate im Synthesekreislauf auswirkt; der Synthesedruck ist zudem unmittelbar mit den laufenden Energiekosten gekoppelt. Durch eine Druckerhöhung wird die Gleichgewichtsausbeute an NH_3 erhöht (Abb. 3-11). Bei den technisch

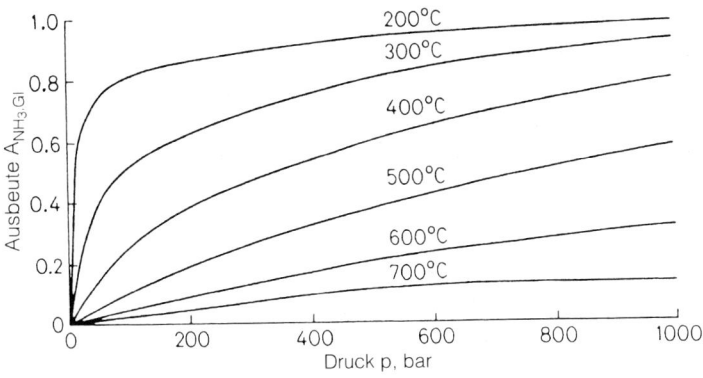

Abb. 3-11. Gleichgewichtsausbeute an NH$_3$ aus einem stöchiometrischen H$_2$/N$_2$-Gemisch bei verschiedenen Gesamtdrücken und Temperaturen [9]

angewandten Temperaturen um 500 °C und Drücken zwischen 200 und 300 bar kann man jedoch nur mit Gleichgewichtsausbeuten von 0,2 bis 0,25 rechnen.

Eine Erhöhung des Synthesedrucks bewirkt gleichzeitig eine Zunahme der Reaktionsgeschwindigkeit. Daher kann bei einem vorgegebenen Reaktorvolumen und festgelegter Produktionsleistung durch eine Druckerhöhung die im Kreislauf geführte Gasmenge vermindert werden; dies wirkt sich günstig auf die Dimensionen der Apparate und Rohstoffleitungen sowie auf den Druckverlust im Kreislauf aus. Der Hauptvorteil einer Druckerhöhung ist jedoch, daß aus dem Reaktionsgas mehr NH$_3$ durch Wasser- bzw. Luftkühlung auskondensiert werden kann. Bei der Endabscheidung durch Verdampfungskühlung mittels flüssigen Ammoniaks als Kühlmittel ist daher eine geringere Kühlmittelmenge und somit weniger Energie für die Wiederverflüssigung des Kühlmittels erforderlich. Schließlich können auch die Kühlaggregate kleiner sein. Ein niedriger NH$_3$-Gehalt im Kreislaufgas hat einen kleineren Reaktor, kleinere Gasmengen und ein günstigeres Temperaturniveau nach dem Reaktor zur Folge. Andererseits wirkt sich natürlich eine Druckerhöhung auf die Kosten für Energie und Apparate bei der Frischgasverdichtung aus.

Abbildung 3-12 zeigt, daß ein höherer Druck eine größere Energiemenge für die Frischgasverdichtung erfordert, dagegen eine geringere Energiemenge für die Rückverflüssigung des Kühlmittels und die Verdichtung des Kreislaufgases. Die benötigte Gesamtenergie durchläuft daher ein Minimum, welches bei 250 bar liegt.

Zur Ermittlung des wirtschaftlichen Gesamtoptimums müssen auch die Investitionen für den Kreislauf und die Kompression berücksichtigt werden. Dabei ergibt sich ein sehr flaches Kostenminimum, so daß im Bereich zwischen etwa 250 und 350 bar der Synthesedruck aufgrund anderer technischer Randbedingungen gewählt werden kann. Zum Beispiel wird man den höheren Druck wählen, wenn man bestrebt ist, die Gesamtapparatur bei gleicher Produktionsleistung zu verkleinern.

Dieses allgemeine Prinzip der Reaktorverkleinerung durch Druckerhöhung (Verdichtung der gasförmigen Reaktionsmasse) wird in Zukunft auch auf technische Reaktoren Anwendung finden müssen, die bisher grundsätzlich unter Normaldruck betrieben wurden. Ein gutes Beispiel bietet die klassische Kontaktschwefelsäure-

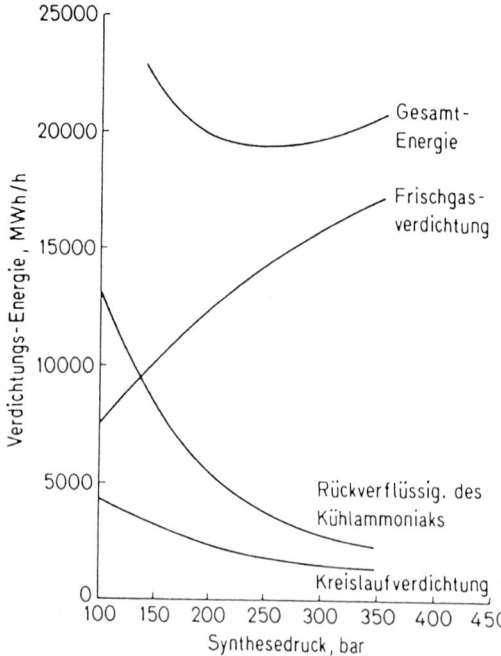

Abb. 3-12. Abhängigkeit der Verdichtungsenergie vom Synthesedruck (BASF-interne Studie) [10]

fabrik. In modernster Ausführung arbeiten diese Anlagen vollautomatisch nach dem Schwefelverbrennungsverfahren mit Zwischenabsorption. Die größte, 1972 in Betrieb genommene Anlage hat eine Jahreskapazität von 300000 t SO_3. Dieser Durchsatz bedingt Dimensionen für Rohrleitungen, Reaktoren und Absorber, welche ohne extrem aufwendige konstruktive Maßnahmen nicht weiter vergrößert werden können.

Für eine Kapazitätsausweitung liegt deshalb die Anwendung höherer Gasdrücke nahe, zumal erhöhter Druck das Reaktionsgleichgewicht auch bei dieser Reaktion in Richtung höherer Produktausbeute verschiebt.

3.4.6 Kostenbetrachtung bei variiertem Durchsatz

Unter dem Durchsatz (= Zulaufstrom) versteht man die in der Zeiteinheit dem Reaktor zugeführte Stoffmenge (s. 3.4.1). Sind die Produktionsleistung und die Betriebsbedingungen (Eintrittskonzentration, Temperatur, Druck usw.) eines Reaktors festgelegt, so können entweder der Durchsatz oder der Umsatz oder das Reaktorvolumen beliebig gewählt werden. Im folgenden sollen die Auswirkungen eines veränderten Durchsatzes auf die Kosten betrachtet werden (s. Abb. 3-13).

Wir können zwei gegenläufige Effekte unterscheiden, nämlich:

einen Kostenanteil, der mit steigendem Durchsatz sinkt und

einen solchen, der mit steigendem Durchsatz zunimmt.

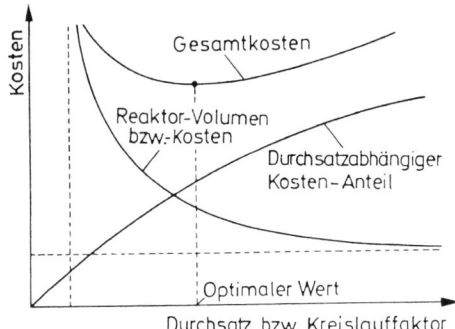

Abb. 3-13. Kosten als Funktion des Durchsatzes [11]

Der abnehmende Kostenanteil bezieht sich auf die Reaktorkosten. Bei einer festgelegten Produktionsleistung und einem großen Durchsatz sind die Verweilzeit der Reaktionsmasse im Reaktor und damit der Umsatz klein. Da bei einem kleinen Umsatz die Konzentrationen der Reaktionspartner noch relativ hoch sind, ist auch die Reaktionsgeschwindigkeit groß; daraus resultiert ein kleines Reaktorvolumen. Ein kleiner Durchsatz dagegen bedingt große Verweilzeit, hohen Umsatz, kleine Reaktionsgeschwindigkeit und demnach ein großes Reaktorvolumen.

Zur Erreichung eines vollständigen Umsatzes bzw. des Gleichgewichtsumsatzes würde ein unendlich großes Reaktorvolumen bei einem kleinstmöglichen Durchsatz erforderlich sein, wie es durch die senkrechte Asymptote in Abb. 3-13 angedeutet ist. Andererseits wird das Reaktorvolumen immer kleiner, je größer der Durchsatz ist; es erreicht schließlich eine untere Grenze, die durch das Verhältnis von Produktionsleistung zur Anfangsreaktionsgeschwindigkeit bestimmt wird, dargestellt durch die waagerechte Asymptote.

Die Kostenart, welche mit steigendem Durchsatz, d. h. kleinerem Umsatz, erhöht wird, setzt sich zusammen aus den Kosten für Rohstoffe, Energie, Wärmeaustauscher, Fördereinrichtungen und Trennanlagen. Diese Kosten sind in Abb. 3-13 als „durchsatzabhängiger Kosten-Anteil" zusammengefaßt. Die Summe beider Kostenanteile, d. h. die Gesamtkosten, weisen für einen bestimmten, den optimalen Durchsatz, welchem ein optimaler Umsatz entspricht, ein Minimum auf.

Als Beispiel für den *Durchsatz* als Prozeßvariable sei wiederum die Ammoniaksynthese herangezogen. Wie bereits erwähnt wurde (3.4.5), kann in einem Ammoniaksyntheseofen nur ein Bruchteil des Wasserstoffs und Stickstoffs zu Ammoniak umgesetzt werden. Daher muß das gebildete Ammoniak hinter dem Reaktor durch Kühlung aus dem Reaktionsgemisch abgeschieden und das restliche, nicht umgesetzte Gasgemisch zusammen mit frischem Synthesegas wieder in den Reaktor zurückgeführt werden. Infolge unvollkommener Abscheidung des flüssigen Ammoniaks enthält das zurückgeführte Gas noch Reste von Ammoniak und außerdem Inertgase aus den Rohstoffen (Methan und Argon), welche sich im Synthesekreislauf ansammeln.

In Abb. 3-14 sind die Ammoniakgehalte in Molenbrüchen am Reaktoraustritt als Funktion der Reaktorbelastung ($\dot{V}_n^{ein}/V_R$ in m^3/m^3h)[2] für verschiedene Ammo-

---

[2] Der Volumenstrom $\dot{V}_n^{ein}$ ist hier für den Normzustand (Index „n") anzugeben, d. h. bei der Normtemperatur $\vartheta_n = 0\,°C$ und dem Normdruck $p_n = 1{,}01325$ bar.

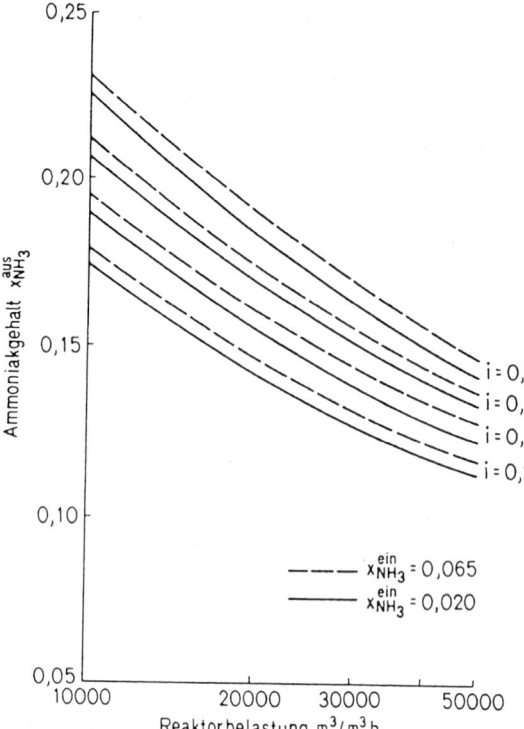

Abb. 3-14. Ammoniakgehalte nach der Katalysatorschicht (Molenbrüche) für Vollraumkonverter mit Kaltgassteuerung bei 324 bar Betriebsdruck und optimaler Temperatur [12] (i = Inertgasspiegel)

niak- und Inertgasgehalte am Reaktoreintritt bei einem Betriebsdruck von 324 bar und optimaler Temperatur aufgetragen. Die niederen NH_3-Anfangsgehalte ($x_{NH_3}^{ein} = 0,02$, ausgezogene Kurven) sind nur durch Kühlung des Austrittsgases mittels verdampfenden flüssigen Ammoniaks zu erreichen, die höheren NH_3-Anfangsgehalte ($x_{NH_3}^{ein} = 0,065$, gestrichelte Kurven) beziehen sich auf Wasserkühlung. Eine große Reaktorbelastung (hoher Durchsatz bei relativ kleinem Reaktorvolumen) führt zu einem geringen Umsatz (s. o.) und damit zu einer großen Kreislaufmenge. Entsprechend groß ist dann der Kühlaufwand und außerdem wird die Kondensation des Ammoniaks erschwert. Daraus ergibt sich, daß es allgemein nicht zweckmäßig ist, zur Einsparung von Hochdruck-Reaktorvolumen und Katalysatormenge mit besonders kleinen Reaktoren zu arbeiten. Bei den meisten Anlagen mit Betriebsdrücken von 300 bis 500 bar liegt die Raumbelastung zwischen 15000 und 30000 m^3/m^3h, s. Fußnote S. 59.

3.5 Technische Realisierung optimaler Reaktionsbedingungen

Hat man auf Grund kinetischer Vorstudien bestimmte Reaktionsbedingungen als optimal erkannt, so wirft die Durchführung einer entsprechenden Reaktion im Laboratoriumsmaßstab meist keine größeren Probleme auf, wenn es sich um chemische Umsetzungen in einem einphasigen System und um eine absatzweise Reaktionsführung handelt.

Anders liegen die Verhältnisse, wenn man zu einer kontinuierlichen Reaktionsführung übergeht. Die Schwierigkeiten steigen allgemein mit der Maßstabvergrößerung enorm an. Zusätzliche Probleme werfen heterogene Reaktionen auf. Die physikalisch-chemischen Grundlagen und die quantitativen Methoden der Chemischen Reaktionstechnik sollen deshalb erst nach einer qualitativen Einführung in die technischen Möglichkeiten der Stoffstromführung und Temperaturlenkung behandelt werden.

3.5.1 Technische Formen der Betriebsweise (diskontinuierlicher, kontinuierlicher und halbkontinuierlicher Betrieb)

Während in den Anfangszeiten der chemischen Industrie die chemischen Umsetzungen stets diskontinuierlich (absatzweise) ausgeführt wurden, geht die Tendenz der modernen chemischen Technik immer mehr dahin, die Reaktionsführung kontinuierlich zu gestalten. Daneben bleiben allerdings doch zahlreiche Prozesse, für welche eine kontinuierliche Betriebsweise unwirtschaftlich oder gar unmöglich ist.

Wir unterscheiden hinsichtlich der Betriebsweise:

1) die diskontinuierliche Reaktionsführung bzw. den Satz- oder Chargenbetrieb (engl.: batch process),
2) die kontinuierliche Reaktionsführung bzw. den Fließbetrieb (engl.: flow process),
3) die halbkontinuierliche Reaktionsführung bzw. den Teilfließbetrieb (engl.: semi-batch process).

3.5.1.1 Der Satz- oder Chargenbetrieb

Der Satz- oder Chargenbetrieb ist dadurch gekennzeichnet, daß zu Beginn die Reaktionspartner, Lösungsmittel, Katalysatoren usw. in den Reaktor gebracht und gemischt werden. Die Reaktionsmischung verbleibt während einer bestimmten Reaktionszeit im Reaktor; danach wird die gesamte Reaktionsmasse (Reaktionsprodukte, nicht umgesetzte Reaktionspartner und die weiteren Reaktionskomponenten) aus dem Reaktor entfernt. Da sich im Satzbetrieb während des Reaktionsablaufs die Konzentrationen bzw. Partialdrücke der Reaktionskomponenten, evtl. auch der Gesamtdruck und die Temperatur zeitlich ändern, bezeichnet man die Betriebsweise als „nicht stationär".

Die diskontinuierliche Betriebsweise ist auch in der modernen chemischen Technik unter folgenden Bedingungen gerechtfertigt bzw. erforderlich

– wenn von einem Produkt nur relativ geringe Mengen hergestellt werden. Dies ist z. B. der Fall bei hochwertigen Arzneimitteln und Farbstoffen. Eine kontinuierliche Betriebsweise ist bei solchen Produkten häufig nicht mehr wirtschaftlich, auch im Hinblick auf die vor- oder nachgeschalteten physikalischen Stufen

(Filtration, Trocknung, Destillation usw.); diese werden bei kleinen Produktionsmengen günstiger, wenn man sie diskontinuierlich ausführt. Die Investitionen sind bei diskontinuierlicher Betriebsweise im allgemeinen relativ niedrig, da sich die geforderten Betriebsbedingungen recht genau und mit einem wesentlich geringeren Aufwand an regeltechnischen Einrichtungen einhalten lassen als bei kontinuierlicher Betriebsweise,

– wenn verschiedene Produkte, z. B. verschiedene Farbstoffe, bzw. Produktvarianten (z. B. modifizierte Kunststoffe) in demselben Reaktor hergestellt werden sollen. Hier erweist sich der Satzbetrieb viel flexibler als der kontinuierliche Betrieb, welcher starr auf ein bestimmtes Produkt ausgerichtet ist,

– wenn extreme Förderprobleme für die Reaktionskomponenten vorliegen (z. B. zusammenbackende Feststoffe, zähe Teige oder Schlämme, welche Verstopfungen und Verkrustungen in Rohrleitungen und Dosierpumpen hervorrufen).

Als Nachteile des Satzbetriebes sind aufzuführen:

– die auftretenden Totzeiten beim Füllen, Entleeren, Aufheizen und Abkühlen,
– höhere Energiekosten infolge des Aufheizens und Abkühlens nach jeder Charge,
– größerer Personalaufwand bei der Überwachung, falls nicht moderne Prozeßrechner, die den Ablauf der diskontinuierlichen Verfahrensschritte automatisch steuern (z. B. PVC-Polymerisation), einsetzbar sind.

Als Reaktionsapparate für den Satzbetrieb dienen vor allem offene Bottiche, geschlossene Tanks, Kessel und Autoklaven, welche meist mit Rührvorrichtungen ausgestattet sind, ferner Tiegel, Wannen und Kammern.

Die meisten Satzreaktoren können als vergrößerte Laboratoriumsreaktoren angesehen werden, so die Reaktionswannen als vergrößerte Bechergläser oder Tiegel, die Rührkessel als vergrößerte Rührkolben, die absatzweise arbeitenden technischen Autoklaven als vergrößerte Laborautoklaven usw.

Im Satzbetrieb werden Reaktionen mit flüssigen und festen Reaktanden durchgeführt. Gasförmige Reaktanden setzt man in der chemischen Industrie wegen der großen Volumina nur im kontinuierlichen Betrieb bzw. im Teilfließbetrieb um.

3.5.1.2 Der Fließbetrieb

Der Fließbetrieb ist dadurch gekennzeichnet, daß die Reaktionspartner zusammen mit den anderen Reaktionskomponenten (Lösungsmittel, Trägergas usw.) kontinuierlich in den Reaktionsraum eingespeist werden. Ebenso kontinuierlich wird ein Endgemisch, welches die Reaktionsprodukte, nicht umgesetzte Reaktionspartner, Lösungsmittel usw. enthält, aus dem Reaktionsraum ausgetragen. Werden die Zulaufbedingungen (Zulaufstrom, Reaktandenkonzentrationen, Temperatur der Reaktionsmasse), der Austragstrom, die zeitliche Wärmeabführung usw. konstant gehalten, so neigt ein Fließsystem im allgemeinen dazu, einen zeitunabhängigen Zustand einzunehmen; man spricht dann von *stationärer Betriebsweise* (steady state operation). In wenigen, besonderen Fällen ist es jedoch möglich, daß die Reaktandenkonzentrationen und die Temperatur im System um einen Sollwert oszillieren (s. 8.5.2).

Der Fließbetrieb gestattet eine weitgehende Mechanisierung sowie die Anwendung automatischer Regel- und Kontrolleinrichtungen, erleichtert also eine Automatisierung und Rationalisierung mit allen ihren Vor- und Nachteilen.

Die Vorteile des Fließbetriebs gegenüber dem Satzbetrieb sind:

- gleichbleibende Produktqualität infolge Einhaltung stets gleicher Betriebsbedingungen,
- kleineres Reaktorvolumen (bei richtiger Auslegung des Fließbetriebs) für eine bestimmte Produktionsleistung, da die Totzeiten für das Füllen und Entleeren sowie Aufheizen und Abkühlen entfallen,
- Einsparung von Lohnkosten und hygienischere Arbeitsbedingungen.

Als Nachteile des Fließbetriebs sind im Vergleich zum Satzbetrieb anzuführen:

- geringere Flexibilität, da der Durchsatz nur in engen Grenzen variiert werden kann,
- höhere Investitionskosten für komplizierte Förder- und Dosiereinrichtungen, sowie Meß- und Regeleinrichtungen (z. B. können bei modernen petrochemischen Anlagen die Kosten für Meß- und Regeleinrichtungen bis zu 25% der Gesamtinvestition für die Produktionsanlage betragen),
- Forderung nach gleichbleibenden Rohstoffen, was deren chemische Zusammensetzung, aber auch deren physikalische Eigenschaften (wie Körnung und Porosität bei festen Reaktionspartnern) betrifft,
- gleichbleibender Verbrauch an elektrischer Energie, was sich bei Verfahren mit einem hohen Energieverbrauch wegen der höheren Stromtarife zu Spitzenverbrauchszeiten ungünstig auswirkt (eine elektrochemische Großanlage verbraucht etwa so viel elektrische Energie wie eine moderne Großstadt).

Wegen dieser Vor- bzw. Nachteile wird die kontinuierliche Reaktionsführung in erster Linie bei Prozessen mit großer Produktionsleistung in immer größer werdenden Einheiten angewendet. Man denke an die Einstranganlagen (single train plants) mit Kapazitäten für 300 000 t/a SO_3, 440 000 bis 550 000 t/a NH_3, Crackanlagen für 700 000 t/a Ethylen und 45 000 t/a Propylen u. a.

Charakteristische technische Ausführungsformen von Reaktionsapparaten für den Fließbetrieb sind das *Strömungsrohr* und der *Durchfluß-Rührkessel*. Diese sind sowohl für einphasige (homogene) Systeme als auch für mehrphasige (heterogene) Systeme mit genügend feinem Zerteilungsgrad (quasi-homogene Systeme) geeignet. Sehr schnell verlaufende, stark exotherme Gasreaktionen können in Flammenreaktoren durchgeführt werden. Für heterogene Reaktionen werden Reaktionstürme mit und ohne Einbauten, Drehrohröfen, Festbett-, Fließbett-, Wanderbett- und Flugstaubreaktoren verwendet (s. 3.5.4).

3.5.1.3 Der halbkontinuierliche Betrieb (Teilfließbetrieb)

Für viele technische Umsetzungen benutzt man Reaktoren, welche einerseits Merkmale des Satzbetriebes zeigen, in die andererseits jedoch einzelne Reaktanden während der Umsetzung eingespeist oder daraus ausgetragen werden. Eine solche

Betriebsweise wird als halbkontinuierlicher Betrieb oder Teilfließbetrieb bezeichnet.

Von einem Teilfließbetrieb im engeren Sinne spricht man dann, wenn an einer Umsetzung zwei Phasen verschiedener Dichte beteiligt sind, wobei die gesamte schwere Phase diskontinuierlich in den Reaktor eingefüllt wird, während die leichtere Phase kontinuierlich dem Reaktor zugeführt und auch wieder aus ihm abgeführt wird. Ein Beispiel ist die *Chlorierung flüssiger Kohlenwasserstoffe*, z. B. Benzol, unter kontinuierlicher Zuführung von Chlorgas und kontinuierlicher Abführung von HCl-Gas. Diese Reaktion wird deshalb im Teilfließbetrieb durchgeführt, weil einerseits infolge der langen Reaktionsdauer für die Benzolchlorierung der absatzweise Betrieb günstiger ist, andererseits die großen Volumina der benötigten bzw. entstehenden gasförmigen Reaktanden eine kontinuierliche Stoffstromführung erfordern.

Zur halbkontinuierlichen Betriebsweise zählt aber auch die allmähliche Einspeisung oder Entnahme eines Reaktanden zu bzw. von den übrigen im Reaktor befindlichen Reaktionskomponenten, um bei komplexen Reaktionen die Konzentration dieses Reaktanden niedrig zu halten und dadurch unerwünschte Nebenreaktionen zu unterdrücken (vgl. 9.2 und 9.3).

Bei Reaktionen mit sehr großer Wärmetönung kann man durch allmähliche Zugabe eines Reaktionspartners die Reaktionstemperatur innerhalb bestimmter Grenzen halten. Bei der Produktion von Azopigmenten wird lediglich die Kupplungskomponente kontinuierlich zugegeben, und bei Polymerisationsreaktionen werden z. T. das Monomere und/oder Initiatoren nachgespeist. Andererseits werden bei Gleichgewichtsreaktionen häufig ein oder mehrere Reaktionsprodukte aus der Reaktionsmasse abgezogen, um so die weitere Produktbildung zu erzwingen.

Für den Teilfließbetrieb ist es charakteristisch, daß während der ganzen Betriebszeit des Reaktors kein stationärer Zustand erreicht wird, so daß dieselben Verhältnisse vorliegen wie während des Anfahr- oder Umstellvorgangs beim kontinuierlichen Betrieb.

Im Teilfließbetrieb werden häufig Reaktionsapparate verwendet, deren Formen denjenigen im Satzbetrieb entsprechen, nämlich Rührkessel, Autoklaven und Kammern. Weitere allgemein bekannte großtechnische Beispiele für den Teilfließbetrieb sind das Verkoken von Kohle bei laufender Abführung der Destillationsprodukte und das Verblasen von Stahl bei kontinuierlicher Zuführung von Sauerstoff als Oxidationsmittel.

3.5.2 Die Reaktandenkonzentration im Reaktor bei einphasigen Reaktionen

Die Konzentration der Reaktanden ist eine der wichtigsten Variablen in der chemischen Prozeßstufe. Bei einphasigen Reaktionen sind die Reaktionskomponenten ineinander gelöst.

Beim *absatzweisen Betrieb* werden die Anfangskonzentrationen der Reaktionspartner eingestellt; während der Reaktionszeit ändern sich dann die Konzentrationen der verschiedenen Reaktionskomponenten nach dem Zeitgesetz der betreffenden Reaktion, entsprechend dem fortschreitenden Umsatz. Beim *Teilfließbetrieb* ist eine kontinuierliche Zudosierung bzw. Entnahme von Reaktanden während der Reaktion möglich, und so lassen sich optimale Konzentrationsverhältnisse realisieren. Beim *Fließbetrieb* hat man die Möglichkeit, die Reaktandenkonzentration im Reaktor nicht nur durch die Zulaufkonzentrationen, den Umsatz und den Durchsatz, sondern auch noch durch den Grad der Rückvermischung einzustellen. Im folgenden werden die idealisierten Grenzfälle der Reaktionsführung und die diesen entsprechenden Modellreaktoren betrachtet.

3.5.2.1 Grundtypen chemischer Reaktionsapparate

Aufgrund der Betriebsweise (Satz-, Fließ- und Teilfließbetrieb) und des Grades der Rückvermischung der Reaktionsmasse im Reaktionsraum ergeben sich für einphasige chemische Reaktionen drei idealisierte Grenzfälle der Reaktionsführung:

1) Der Satzbetrieb mit vollständiger (idealer) Durchmischung der Reaktionsmasse,
2) der Fließbetrieb ohne Durchmischung der Reaktionsmasse,
3) der Fließbetrieb mit vollständiger (idealer) Durchmischung der Reaktionsmasse.

Diesen drei Grenzfällen entsprechen drei idealisierte Modellreaktoren:

dem Fall 1 – der *diskontinuierlich betriebene Rührkessel* mit vollständiger Durchmischung der Reaktionsmasse (engl.: well mixed batch reactor oder ideal batch reactor),

dem Fall 2 – das *ideale Strömungsrohr,* kurz als *Idealrohr* bezeichnet (engl.: continuously operated ideal tubular reactor, ideal tubular flow reactor, plug flow reactor, slug flow reactor, piston flow reactor, unmixed flow reactor),

dem Fall 3 – der *kontinuierlich betriebene Rührkessel* mit vollständiger Durchmischung der Reaktionsmasse, kurz als *kontinuierlich betriebener Idealkessel* oder *kontinuierlicher Idealkessel* bezeichnet (engl.: continuously operated ideal tank reactor, ideal stirred tank reactor, backmix reactor, constant flow stirred tank reactor, mixed flow reactor).

Zunächst wollen wir die grundlegenden Merkmale dieser Modellreaktoren qualitativ für einphasige Reaktionen diskutieren (für die eingehendere quantitative Behandlung siehe Kapitel 6 bis 8). In Abb. 3-15 sind die Modellreaktoren schematisch dargestellt und durch den zeitlichen und örtlichen Konzentrationsverlauf eines Reaktionspartners A unter isothermen Bedingungen charakterisiert. Dabei sind für Fließreaktoren zeitlich konstante Betriebsbedingungen (Volumenstrom, Konzentrationen, Temperatur), d. h. stationäre Betriebsweise vorausgesetzt.

Beim *Satzreaktor* (Abb. 3-15, 1) mit vollständiger (idealer) Durchmischung der Reaktionsmasse bewirkt die Rührung, daß die Konzentration jeder einzelnen Reaktionskomponente, ebenso die Temperatur und die physikalischen Eigenschaften der Reaktionsmasse in einem bestimmten Augenblick an jeder Stelle des Reaktionsraums gleich sind („isotroper" Reaktor). Die Konzentrationen der einzelnen Reaktionskomponenten und die physikalischen Eigenschaften der Reaktionsmischung ändern sich zeitlich mit fortschreitendem Umsatz. Der Reaktionsverlauf wird durch die Reaktionsgeschwindigkeit bestimmt. Bei isothermer Reaktionsführung

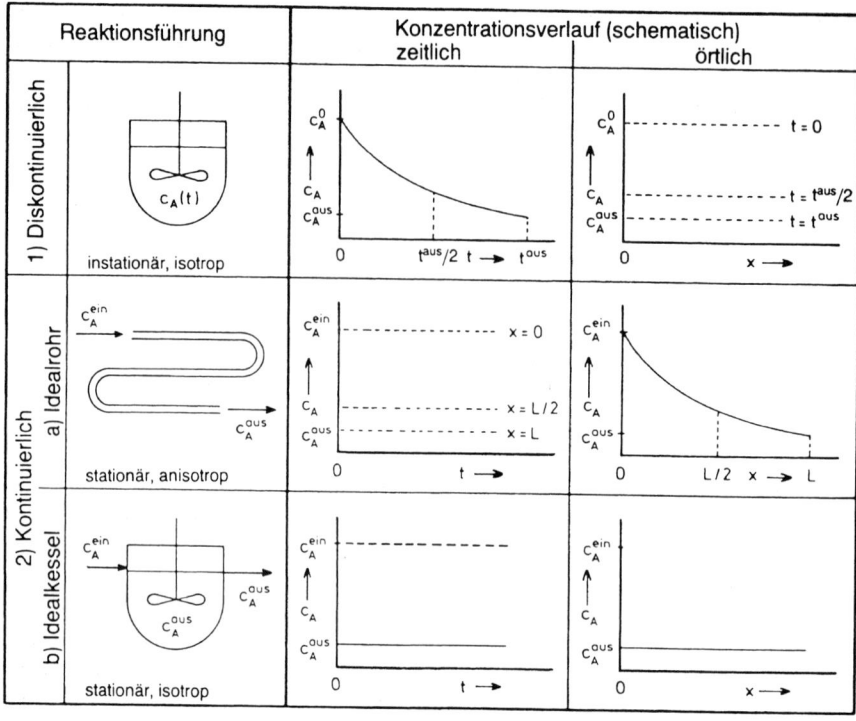

Abb. 3-15. Konzentrationsverlauf in den drei Grundtypen chemischer Reaktionsapparate; 1) absatzweise betriebener Rührkessel mit idealer Durchmischung, 2a) kontinuierlich betriebenes Strömungsrohr ohne axiale Durchmischung, 2b) kontinuierlich betriebener Rührkessel mit idealer Durchmischung

kann man die Reaktionsgeschwindigkeit aus der Steigung der Konzentrationskurve dc_A/dt bei verschiedenen Konzentrationen ablesen.

Beim *Strömungsrohr* (Abb. 3-15, 2a) wird der Reaktionsraum von einem Rohr gebildet, dessen Länge in der Regel sehr groß im Vergleich zu seinem Durchmesser ist. Das Anfangsgemisch (Reaktionspartner, Lösungsmittel usw.) tritt am einen Ende des Rohres ein, das Endgemisch (Reaktionsprodukte, nicht umgesetzte Reaktionspartner usw.) wird am anderen Ende des Rohres ausgetragen. Für das ideale Strömungsrohr wird angenommen, daß keine Vermischung zwischen den einzelnen Volumenelementen der Reaktionsmischung in Strömungsrichtung stattfindet und daß die Zusammensetzung der Reaktionsmischung an jeder Stelle des Rohres *über den Querschnitt* konstant ist. Man kann diese Bedingungen in erster Näherung durch die Annahme einer sogenannten Kolben- oder Pfropfenströmung beschreiben (plug flow oder piston flow), s. Abb. 3-22.

In einem derartigen Rohrreaktor ändert sich die Zusammensetzung der Reaktionsmasse vom Eintritt zum Austritt, d. h. *örtlich längs des Rohres,* entsprechend dem Umsatz. Diese Änderung der Konzentrationen längs des Rohres entspricht bei stationärer Betriebsweise genau der zeitlichen Änderung beim Satzreaktor, und der Kurvenverlauf ist damit ebenfalls durch die Reaktionsgeschwindigkeit bestimmt. Im stationären Betriebszustand ist die Zusammensetzung der Reaktionsmischung an jeder beliebigen Stelle des Rohres *zeitlich* konstant. Im Stadium des Anfahrens oder Abschaltens liegen andere Konzentrationsverhältnisse vor.

Beim *kontinuierlich betriebenen Rührkessel* (Abb. 3-15, 2b) mit vollständiger Durchmischung der Reaktionsmasse (kontinuierlicher Idealkessel) wird das Anfangsgemisch, welches die Reaktionspartner enthält, laufend eingespeist und das Endgemisch, welches die Reaktionsprodukte und nicht umgesetzte Reaktionspartner enthält, kontinuierlich abgezogen.

Das wichtigste Merkmal des kontinuierlichen Idealkessels ist die intensive (ideale) Durchmischung der Reaktionsmasse, welche durch entsprechende Rührvorrichtungen bewirkt wird. Die mathematische Behandlung des Idealkessels basiert auf der Annahme, daß der Zulaufstrom sich sofort vollständig mit der im Kessel befindlichen Reaktionsmasse vermischt. Der Austragsstrom aus dem Kessel hat daher dieselbe Zusammensetzung wie der Kesselinhalt; dasselbe gilt für die Temperatur und die physikalischen Eigenschaften der Reaktionsmasse. Hierin liegt der grundlegende Unterschied zwischen dem kontinuierlichen Idealkessel und dem Idealrohr, in welchem keine Rückvermischung zwischen den in den Reaktor eintretenden Reaktionspartnern und dem mehr oder weniger abreagierten Reaktionsgemisch stattfindet.

Bei der Darstellung des Konzentrationsverlaufes in Abb. 3-15, 2b ist stationäre Betriebsweise vorausgesetzt. Unter diesen Bedingungen sind die Zusammensetzung der Reaktionsmasse, deren Temperatur und ihre physikalischen Eigenschaften sowohl *örtlich* (d. h. an jeder Stelle des Reaktionsraums) als auch *zeitlich* konstant. Daher wird im kontinuierlichen Idealkessel ein Produkt stets und überall unter den gleichen Reaktionsbedingungen gebildet. Im Gegensatz dazu stehen Idealrohr und Satzreaktor, bei denen die Bildung des Produktes unter verschiedenen Konzentrationsbedingungen und oft auch bei verschiedener Temperatur erfolgt.

3.5.2.2 Reaktionsführung in kombinierten Reaktionsstufen

Neben den einstufigen Reaktionsführungsarten benutzt man in der chemischen Technik sehr oft Kombinationen von verschiedenen Reaktionsstufen. Die entsprechenden Reaktoren sind die *Reaktorkaskade* und der *Kreuzstromreaktor.* Eine weitere Kombination verschiedener Reaktoren, die *Reaktorbatterie,* wird wegen ihrer hauptsächlichen Anwendung bei den heterogenen Reaktionen in Abschnitt 3.5.3.1 besprochen.

Die *Kaskade* ist eine Serienschaltung von kontinuierlich betriebenen Idealkesseln. Abb. 3-16, 1 zeigt den Konzentrationsverlauf in der Kaskade bei einphasigen Reaktionen und stationärer Betriebsweise. Man erkennt, daß für jeden einzelnen Kessel die Charakteristik des kontinuierlichen Idealkessels als eines isotropen und stationären Reaktors gilt. Für die Gesamtheit der Kaskade ergibt sich ein treppenförmiger Konzentrationsverlauf der Reaktionsteilnehmer, der sich mit zunehmender Kesselzahl der Charaktcristik des idealen Strömungsrohres angleicht.

Die Kaskade wird angewendet, wenn man aus reaktionskinetischen Gründen die Strömungsrohrcharakteristik anstrebt, sie aber aus strömungstechnischen Gründen

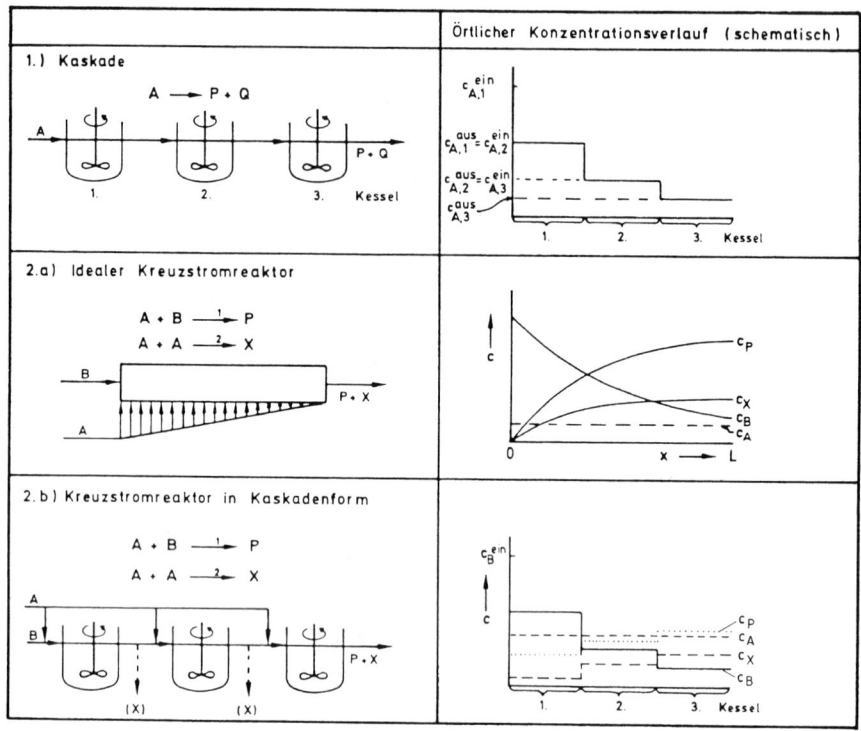

Abb. 3-16. Örtlicher Konzentrationsverlauf in Kaskade und Kreuzstromreaktorsystemen

nicht realisieren kann. Die Kaskade ist auch in jenen Fällen nützlich, wo man die Vorteile des kontinuierlichen Idealkessels in bezug auf seine isotropen Konzentrations- und Temperaturverhältnisse anstrebt, ohne das große Reaktionsvolumen des Einzelkessels bei hohen geforderten Gesamtumsätzen in Kauf nehmen zu wollen.

Der *Kreuzstromreaktor* ist ein Fließreaktor, bei welchem zusätzliche Stoffströme quer zum Reaktandenstrom ein- bzw. ausgeschleust werden. Auf diese Weise kann man individuelle Konzentrationsbedingungen in den einzelnen Reaktorabschnitten erreichen, evtl. Anreicherung einer Komponente oder Entfernung eines schädlichen Nebenprodukts. Die grundsätzliche Charakteristik des Fließreaktors bleibt jedoch erhalten. In Abb. 3-16, 2a ist der ideale Kreuzstromreaktor schematisch gezeigt. Der Unterschied zwischen einer klassischen Rührkesselkaskade und einem Kreuzstromreaktor in Kaskadenausführung (Abb. 3-16, 2b) kann am Beispiel der großtechnischen *Kautschuksynthese* dargestellt werden. Der synthetische Kautschuk BUNA S ist ein Copolymerisat aus Butadien und Styrol (vgl. Beispiel 8.4). Abb. 3-17 zeigt das Fließbild der klassischen Synthesekautschuk-Emulsionspolymerisation (BUNA S), die bei etwa 45°C arbeitet. Die „Kaltkautschuk“-Polymerisation verläuft dagegen bei +5°C. Sie liefert eine viel bessere Qualität des Polymerisats, ist aber in technisch verwertbarer Raum/Zeit-Ausbeute nur mit Hilfe der Redoxpolymerisation möglich. Bei ihr werden die die Polymerisation einleitenden Radikale durch reduktive

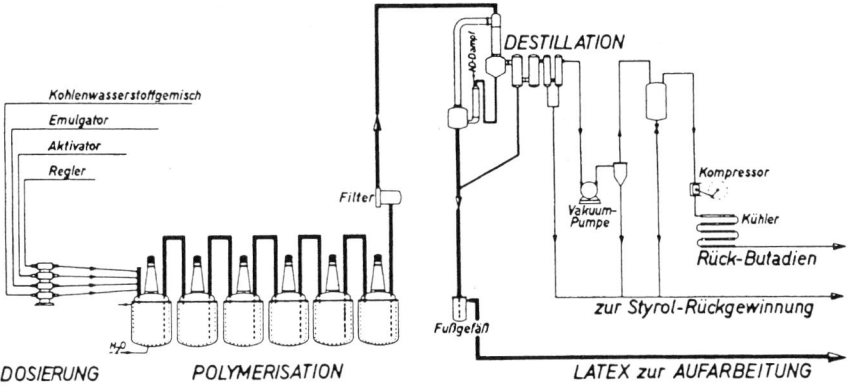

Abb. 3-17. Schema einer Warmkautschuk-Polymerisation [17]

Spaltung eines organischen Hydroperoxids mit Eisen(II)-Ionen gebildet. Dabei entstehende Eisen(III)-Ionen werden durch zugegebene Reduktionsmittel wieder reduziert.

$$R-O-O-R + Fe^{2+} \rightarrow (R-O)^* + (R-O)^- + Fe^{3+}$$

$$\text{Radikal} \qquad \text{Anion}$$

Die Redox-Bedingungen, die zur Bildung der kurzlebigen Radikale führen, müssen in jedem Kessel durch Zudosierung von Aktivatoren neu eingestellt werden, während die Hauptmasse der Reaktanden-Emulsion auch bei diesem Kreuzstromreaktor in Kaskadenform wie bei der Warmkautschuk-Polymerisation durch die in Serie geschalteten Rührkessel geschleust wird.

Ein weiteres technisches Beispiel für den Kreuzstromreaktor wurde bereits in Abschnitt 3.4.3 an Hand der Glycerin-Synthese (Oxidation von Allylalkohol mit Wasserstoffperoxid in Gegenwart von Perwolframsäure als Katalysator) erwähnt. Die dabei gebildeten störenden Nebenprodukte, z. B. Acrolein, werden in den einzelnen Kaskadenstufen kontinuierlich durch Vakuum-Destillation entfernt.

Auf die reaktionstechnischen Vorteile einer derartigen Kreuzstromanordnung wird bei Besprechung der Kinetik zusammengesetzter Reaktionen in Kapitel 9 näher eingegangen. Über die Anwendung des stofflichen Kreuzstromes bei mehrphasigen Reaktionssystemen siehe Abschnitt 3.5.4.

3.5.2.3 Der Konzentrationsverlauf im einphasigen Reaktionsmedium bei Teilfließbetrieb

Im Abschnitt 3.5.1.3 wurde die halbkontinuierliche Betriebsweise bereits allgemein beschrieben und auf die Vielfalt ihrer Ausführungsformen hingewiesen. Hier sollen die einphasigen Reaktionen betrachtet werden, bei denen ein Teil der Reaktionsmasse vor Reaktionsbeginn in den Reaktor eingefüllt wird und einzelne Komponenten

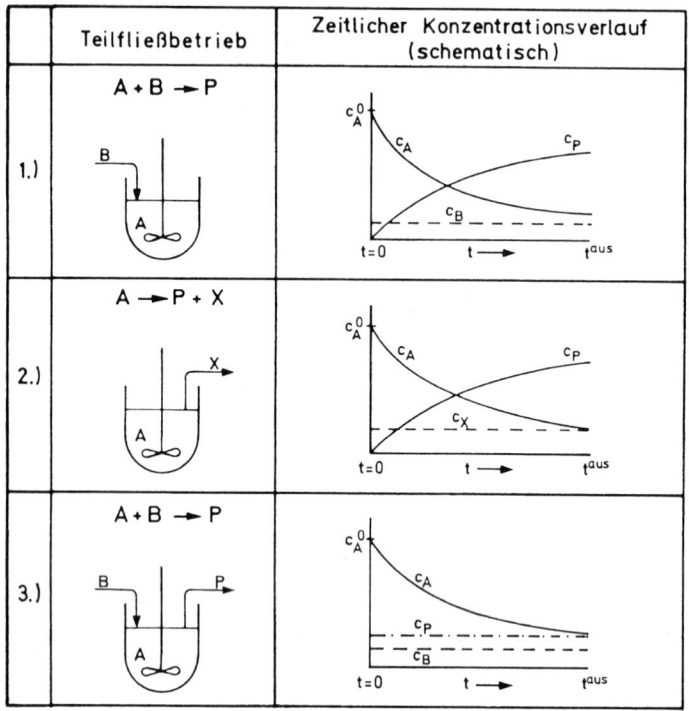

Abb. 3-18. Konzentrationsverlauf bei Teilfließbetrieb und einphasigen Reaktionen in Abhängigkeit von der Reaktionszeit

während der Reaktion zugeführt oder entnommen werden. Man kann sich drei typische Fälle vorstellen, die in Abb. 3-18 gezeigt sind:

1) Für die Reaktion A + B → P wird A diskontinuierlich vorgelegt. Der Reaktionspartner B wird während der gesamten Reaktionszeit kontinuierlich zudosiert. Das Produkt P wird mit der gesamten Reaktionsmasse bei der Kesselentleerung entnommen.

2) Für die Reaktion A → P + X wird wiederum A diskontinuierlich vorgelegt und das Produkt P erst nach der Reaktionszeit entnommen. Das Nebenprodukt X wird laufend aus dem Reaktionsraum ausgeschleust (z. B. bei einer Veresterung entstandenes Wasser).

3) Bei der Reaktion A + B → P wird die Überschußkomponente A diskontinuierlich vorgelegt, während der Reaktionspartner B sowie das gebildete Produkt P kontinuierlich zu- bzw. abgeführt werden.

Wie Abb. 3-18 zeigt, kann man so differenzierte Konzentrationsverhältnisse realisieren. Allerdings ist das Volumen der gesamten Reaktionsmasse bei dieser halbkontinuierlichen Betriebsweise nicht mehr konstant.

Bei der diskontinuierlichen Vorgabe einer Komponente A und dem kontinuierlichen Zulauf einer Komponente B (Abb. 3-18, 1) ergibt sich die Konzentrationscharakteristik des Satzreaktors sowohl für A wie für das Produkt P. Für die Komponente B, deren Konzentration auf sehr niedrigem Niveau gehalten werden kann, erhält man die Charakteristik des rückvermischten Fließreaktors. Ähnliches gilt, wenn der oder die Reaktionspartner diskontinuierlich vorgegeben werden und laufend ein Produkt X entnommen wird (Abb. 3-18, 2).

Auch für den dritten Fall, bei dem A vorgegeben, B laufend zugegeben und das Produkt P laufend entnommen werden, ergibt sich eine Kombination der Konzentrations-Charakteristik für isotrope Reaktoren in Satz- und in Fließbetrieb (Abb. 3-18, 3). Man erkennt die niedrigeren Konzentrationen von B und P. Dies kann z. B. von Bedeutung sein, wenn das erwünschte Produkt in einer Folgereaktion mit einem Partner zu einem unerwünschten Nebenprodukt weiterreagiert (s. Cyclohexanoxidation, Abschnitt 3.4.2).

Wie beim Satzreaktor und beim isotropen Fließreaktor (kontinuierlichen Idealkessel) wird sich in all den hier diskutierten Fällen des Teilfließbetriebes an jeder Stelle innerhalb des Reaktors die gleiche Konzentration einstellen.

3.5.3 Führung der Stoffströme in mehrphasigen Reaktionssystemen

Bei den bisher besprochenen einphasigen Reaktionen wurde die chemische Reaktionsgeschwindigkeit auf die Volumeneinheit der homogenen Mischphase bezogen und die Konzentration der Reaktanden in der gesamten Reaktionsmasse als wichtiger reaktionstechnischer Parameter betrachtet. Bei heterogenen Reaktionen dagegen wird die chemische Reaktionsgeschwindigkeit auf die Einheit der Phasengrenzfläche bezogen. Die Konzentrationen der Reaktionspartner am Reaktionsort, d. h. an der Grenzfläche zwischen den reagierenden Phasen (z. B. fluide und feste Phase), stellen sich durch das Wechselspiel zwischen Verbrauch infolge chemischer Umsetzung und Nachlieferung durch Stofftransportvorgänge ein. Als treibende Kraft für letztere wirkt das Konzentrationsgefälle zwischen der Hauptmasse der fluiden Phase und dem Reaktionsort. Die Konzentration in der Hauptmasse der fluiden Phase kann durch die Zulaufkonzentration und durch die *Stoffstromführung* variiert werden. Die Stoffstromführung beeinflußt aber auch die Verteilung der reagierenden Phasen ineinander und damit die Größe der für die Reaktion zur Verfügung stehenden Phasengrenzfläche.

Bei mehrphasigen Reaktionen im Fließreaktor kann man verschiedene Arten der Stoffstromführung unterscheiden, je nachdem, ob nur eine oder alle an der Umsetzung beteiligten Phasen bewegt werden und ob die Stoffstromführung im Gleich-, Gegen- oder Kreuzstrom erfolgt. Ebenso wie bei einphasigen Reaktionen muß man darüber hinaus unterscheiden, ob die Reaktion in einem einzigen Reaktor oder in einer Gruppe von Reaktoren abläuft.

3.5.3.1 Stoffstromführung in einem mehrphasigen Reaktionssystem mit nur einer strömenden Phase

Dem Teilfließbetrieb im engeren Sinn (vgl. 3.5.1.3) liegt eine Stoffstromführung in einem mehrphasigen Reaktionssystem mit nur einer strömenden Phase zugrunde. Dabei kann die strömende Phase etwa ein Gas und die nicht strömende Phase eine Flüssigkeit sein (z. B. Chlorierung flüssiger Kohlenwasserstoffe). Als ruhende Phase ist aber auch ein Feststoff möglich, über den oder durch den ein Reaktionspartner in gasförmiger oder flüssiger Phase strömt.

Im Falle von *zwei fluiden Phasen* (s. 3.5.1.3) sind die reaktionstechnischen Maßnahmen zur Variation der Stoffstromführung die Strömungsgeschwindigkeit und der Grad der Verteilung der strömenden in der nichtströmenden Phase. Die für die Geschwindigkeit des Reaktionsablaufs entscheidende Größe wird oft das Ausmaß der Phasengrenzfläche sein, aber auch der Grad der konvektiven Durchmischung der Reaktionskomponenten in den einzelnen fluiden Phasen.

Im Falle einer Reaktion zwischen einer *festen und einer fluiden Phase* ist die Phasengrenzfläche durch die Oberfläche des nichtströmenden Feststoffes vorgegeben. Die Stoffstromführung kann nur über die Strömungsgeschwindigkeit der fluiden Phase variiert werden. Die Auswirkung dieser verfahrenstechnischen Maßnahme auf die effektive Reaktionsgeschwindigkeit kann über die aus der Gas- und Hydrodynamik bekannten Grenzfilme erklärt werden (s. Kapitel 12).

Reaktoren, in welchen *Feststoffe* mit einem in der fluiden Phase enthaltenen Reaktionspartner umgesetzt werden, weisen die typischen Merkmale des Teilfließbetriebs auf, bei dem während der gesamten Betriebsdauer kein stationärer Zustand erreicht wird (siehe Beispiel 14.2 in Abschnitt 14.1.2). Der Feststoff kann jedoch auch ein Katalysator sein. Behält dieser Katalysator längere Zeit seine Aktivität (oft einige Jahre), so liegen praktisch stationäre Betriebszustände vor. Als technische Beispiele seien genannt: Die Hochdrucksynthesen für NH_3 und Methanol, das Schwefelsäure-Kontaktverfahren, die Vinylchlorid-Fabrikation aus Acetylen und HCl.

Bei anderen heterogenen Reaktionen mit einem Feststoffkatalysator, z. B. Dehydrierungs- und Crackreaktionen von Kohlenwasserstoffen, kann dagegen bereits innerhalb weniger Minuten eine Belegung der Katalysatoroberfläche mit Kohlenstoff eintreten. Sie führt zu einer zeitlich fortschreitenden Verminderung der Katalysatoraktivität, und daher wird sich während der gesamten Betriebsdauer kein stationärer Zustand einstellen. Dasselbe ist der Fall bei der daraufhin notwendigen Katalysator-Regenerierung durch Abbrennen des Kohlenstoffs. Praktisch liegt ein Teilfließbetrieb vor, bei welchem sich infolge der Belegung der Katalysatoroberfläche mit Kohlenstoff trotz kontinuierlicher Zuführung der fluiden Reaktionspartner Menge und Zusammensetzung des abgeführten Produktstroms ändern.

Um auch bei einem Teilfließbetrieb zwischen einer nicht strömenden schweren Phase und einer strömenden leichten Phase gleichmäßigere Produktströme zu erreichen, verwendet man eine Gruppe parallel geschalteter Reaktoren, die zeitlich versetzt beschickt, angefahren und entleert bzw. regeneriert werden. Eine derartige Gruppe von Reaktoren bezeichnet man als *Reaktorbatterie* und entsprechend die Betriebsweise als *Batteriebetrieb*.

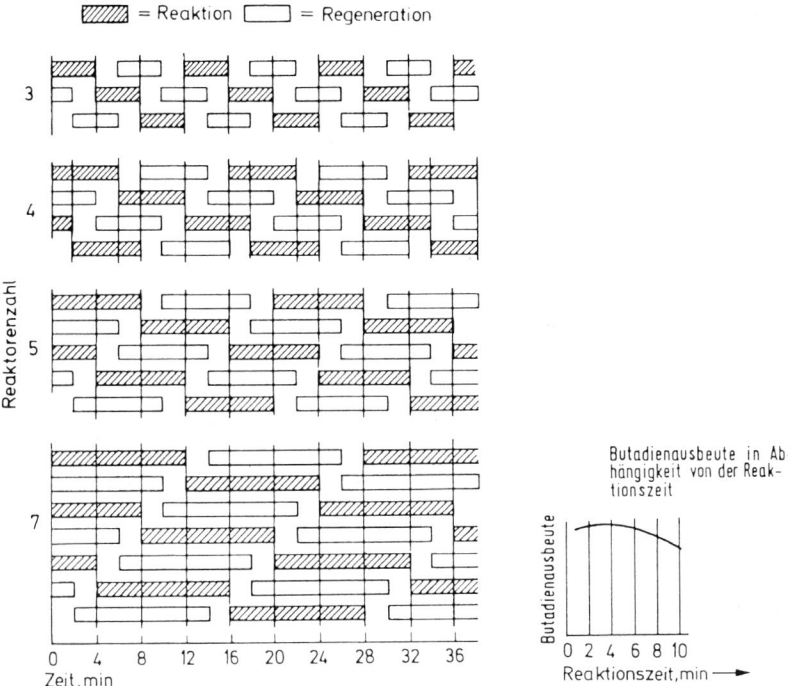

Abb. 3-19. Schaltzyklen bei der heterogen katalysierten Dehydrierung von Butan zu Butadien in einer Batterie aus 3 bis 7 Festbettreaktoren (konstante Spülzeit 2 + 2 min) [18]

Ein Beispiel für eine Reaktorbatterie mit festem Reaktionspartner und gasförmigem Produktstrom ist die Kokskammer-Batterie bei der Verkokung von Steinkohle. Die in den einzelnen Kammern erzeugten gasförmigen Produkte werden in eine Sammelleitung abgeführt und ergeben so einen kontinuierlichen Strom von Kohlewertstoffen. Bei genügender Kammeranzahl erzielt man auch einen annähernd konstanten Zulauf- und Austragstrom für die Feststoffe.

Ein weiteres Beispiel für die Anwendung einer Reaktorbatterie bietet das Houdry-Verfahren zur Dehydrierung von Butan zu Butadien an Aluminiumoxid-Katalysatoren. Diese Reaktion wurde bis vor kurzem technisch in großen Festbettreaktoren durchgeführt, wobei der Katalysator nach einer Reaktionszeit von wenigen Minuten durch Abbrennen der darauf abgelagerten Kohlenstoffschicht wieder regeneriert werden mußte. Um einen kontinuierlichen Butadien-Strom zu gewährleisten, wurden dann jeweils drei bis sieben Reaktoren in einer Batterie zusammengefaßt. Zwischen Reaktion und Regeneration bzw. Regeneration und Reaktion liegt jeweils eine Spülzeit von zwei Minuten. Die Schaltzyklen solcher Reaktorbatterien zeigt Abb. 3-19. Heute gewinnt man Butan und Butadien wirtschaftlich direkt aus den C_4-Schnitten der Rückstände aus den Ethylen-Krackern.

Wie in Abschnitt 3.5.1.3 erwähnt wurde, werden für den Teilfließbetrieb in der Regel Reaktionsapparate verwendet, die in ihrer Form den Apparaten beim Satzbetrieb entsprechen. So verwendet man für Umsetzungen zwischen einem flüssigen nichtströmenden Reaktionspartner und einem Gasstrom Rührkessel mit Gaszu- und ableitungen (s. Abb. 3-24, 1).

Für Umsetzungen zwischen einem nichtströmenden Feststoff und einer fluiden Phase wird man in der Regel den *Festbettreaktor* (fixed bed reactor) heranziehen, wie er in Abb. 3-24, 1 schematisch gezeigt ist. Die technischen Ausführungsformen von Festbettreaktoren werden in Abschnitt 13.3.1.1 beschrieben.

Ein feinteiliger fester Reaktionspartner oder Katalysator kann sich jedoch in innigem Gemenge mit einer strömenden fluiden Phase selbst wie eine Flüssigkeit verhalten. Diesen flüssigkeits-ähnlichen Zustand nennt man den Wirbelzustand oder ein *„Fließbett"* (fluidized bed) und den entsprechenden Reaktor einen *Wirbel- schichtreaktor* (Fließbettreaktor) (fluidized bed reactor, s. Abb. 3-24, 1). Einzel- heiten über diesen technisch sehr wichtigen Reaktortyp findet man in Abschnitt 13.3.2.

3.5.3.2 Stofflicher Gleich- und Gegenstrom bei kontinuierlich betriebenen Mehrphasenreaktoren

Mit Hilfe der Stoffstromführung der beiden, in getrennten Phasen vorliegenden Reaktionspartner kann die Konzentration am Reaktionsort, d. h. an der Phasen- grenzfläche, beeinflußt werden.

Betrachten wir zwei ineinander unlösliche Flüssigkeiten, eine wäßrige NaOH- Lösung und ein organisches Reaktionsgemisch, etwa das Produkt der Cyclohexan- oxidation, bestehend aus über 90% Cyclohexan, einem Gemisch aus Cyclohexanol und Cyclohexanon, sowie einer Vielzahl saurer Nebenprodukte aus dieser unspezifi- schen Oxidation (vgl. 3.4.2). Die organischen Säuren werden an der Phasengrenze neutralisiert und als Salz in die wäßrige Phase übertreten, also aus dem Reaktionsge- misch ausgewaschen. Werden die beiden flüssigen Phasen im *stofflichen Gleichstrom* geführt, so ist die Reaktionsgeschwindigkeit am Reaktoreintritt wegen der hohen Konzentration beider Partner sehr groß. Es kann zu einer stürmischen Phasengrenz- reaktion kommen, die eine unerwünschte Erhitzung, jedoch auch eine erwünschte konvektive Durchmischung hervorrufen kann. Aber auch wenn diese Durchmi- schung fehlt oder ungenügend ist, bleibt in der Einlaufzone des Reaktors die treibende Kraft für die Nachlieferung unverbrauchter Reaktionspartner aus dem Phaseninnern zur Phasengrenzfläche wegen des großen Konzentrationsgefälles am größten. Allerdings wird die effektive Reaktionsgeschwindigkeit wegen der rasch sinkenden Konzentration in beiden Phasen sehr schnell abnehmen (s. Abb. 3-20a) und kann bereits vor dem Erreichen des erstrebten Wascheffektes praktisch zum Stillstand kommen.

Beim *stofflichen Gegenstrom* wird am Reaktoreintritt der A-enthaltenden Phase die B-enthaltende zweite Phase austreten und umgekehrt. Die Konzentrationsver- hältnisse sind für ein Strömungsrohr schematisch in Abb. 3-20b gezeigt. Für das vorne erwähnte Beispiel ergibt sich am einen Reaktorende eine Reaktion zwischen der organischen Phase, welche die unerwünschten Carbonsäuren als Reaktand A in hoher Konzentration enthält, und einer wäßrigen Phase, die nur Restgehalte an NaOH als Reaktand B, aber bereits viel Neutralisationsprodukt X enthält. Am

Universitätsbibliothek Dortmund

A u s l e i h q u i t t u n g

Kundenname: Wesholowski Jens Franz
Benutzernummer: ********

Titel: Levenspiel, Octave, Chemical reaction
engineering
Mediennummer: 10961285
Fällig: 15.10.2015
Meldungen des Ausleihsystems:
Leihfristende : 15.10.2015
Unter Vorbehalt verlängert bis 12.11.2015
Insgesamt 1 autom. Verlängerungen offen

Titel: Emig, Gerhard, Technische Chemie
Mediennummer: 1234683X
Fällig: 15.10.2015
Meldungen des Ausleihsystems:
Leihfristende : 15.10.2015
Unter Vorbehalt verlängert bis 12.11.2015
Insgesamt 1 autom. Verlängerungen offen

Gesamtanzahl der Artikel: 2
17.09.2015   10:25

Beleg bitte aufbewahren!

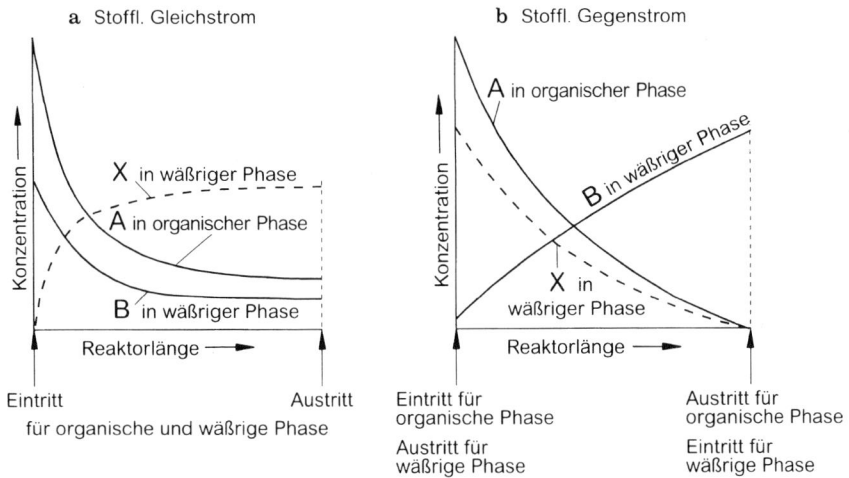

Abb. 3-20. Konzentrationsverlauf in zwei ineinander unlöslichen flüssigen Phasen im Strömungsrohr bei stofflichem Gleich- (a) und Gegenstrom (b) für die Reaktion: A (in organ. Phase) + B (in wäßr. Phase) → X (in wäßr. Phase)

anderen Reaktorende aber tritt die an Waschprodukt X freie, konzentrierte Waschflüssigkeit ein und ist damit in der Lage, durch ihre hohe Konzentration an Reaktand B und durch ihre hohe Lösefähigkeit für das Produkt X, die Reaktion bis zum völligen Verbrauch von A in der organischen Phase zu erzwingen. An keiner Stelle des Reaktors tritt allerdings die hohe effektive Anfangsreaktionsgeschwindigkeit wie im Falle der stofflichen Gleichstromführung auf.

Stofflicher Gleichstrom liegt immer vor, wenn das mehrphasige Reaktandengemisch dem Reaktor in Form eines stabilen Gemenges, z. B. einer *Suspension* oder *Emulsion* zugeführt wird. Ein wichtiges technisches Beispiel ist die kontinuierliche Emulsionspolymerisation (siehe Buna S-Synthese, Abschnitt 3.5.2.2 u. Abb. 3-17). Das Phasengemisch verhält sich annähernd wie eine einheitliche Phase.

Stofflicher Gegenstrom bringt besonders in Fällen einer stürmischen Reaktion zwischen den beiden Phasen den Vorteil einer Verdünnung im Anfangsstadium. Andererseits wird das Ausreagieren einer Komponente durch die hohe Anfangskonzentration des anderen Reaktionspartners beschleunigt.

Ein technisch wichtiges Beispiel für stofflichen Gegenstrom ist *der Röstprozeß sulfidischer Erze,* der im Abschnitt 2.4.1 erwähnt wurde. Es handelt sich um die Reaktion zwischen einem festen und einem gasförmigen Partner, die zu einem festen und einem gasförmigen Produkt führt. Das feste Produkt bedeckt den festen Partner (Abb. 3-21). Damit wird der Ablauf der heterogenen Gas/Fest-Reaktion erheblich behindert, weil der Transport der gasförmigen Reaktionskomponente durch das Produkt hindurch erschwert wird. Die Gegenstromführung von Pyrit und Luft mildert die stark exotherme, stürmische Verbrennungsreaktion noch unbedeckter Partikel, da die Sauerstoffkonzentration im SO$_2$-haltigen Gas am Reaktoraustritt erheblich herabgesetzt ist. So wird ein Schmelzen der Sulfidoberfläche und damit ein Zusammenbacken der Pyritkörner verhindert. Andererseits wird frisch eintretende

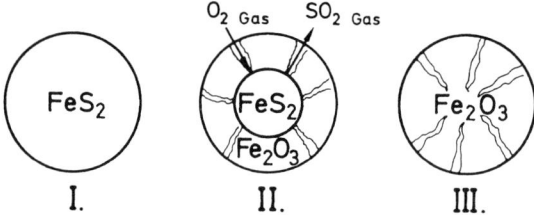

Abb. 3-21. Pyritpartikel in den verschiedenen Stadien des Röstprozesses: I zu Beginn, II das Pyritkorn ist durch Oxid bedeckt, III abgeröstetes Korn

Verbrennungsluft die bereits mit rissigem Oxid bedeckten Pyritpartikel schnell durchoxidieren.

Bezüglich technischer Reaktoren für heterogene Reaktionen zwischen Feststoffen und Gasen im Gleich- und Gegenstrom siehe Abb. 3-24. Der zunehmend angewendete Wirbelschichtreaktor kann außerdem auch im Kreuzstrom betrieben werden (Abb. 3-24, 4).

3.5.4 Technische Reaktoren

Technische Reaktoren für *einphasige Reaktionen* werden in ihrem Verhalten von den Grundtypen oft mehr oder weniger stark abweichen (s. 11.4 und 11.5). Beim Rohrreaktor können solche Abweichungen z. B. durch eine Vermischung in axialer Richtung hervorgerufen werden. Ebenso weicht das Verhalten des laminar durchströmten Rohres von dem des idealen Strömungsrohres ab (s. 11.3.3 und Bsp. 11.2).

Abbildung 3-22 zeigt die Geschwindigkeitsprofile im Rohr für verschiedene Strömungsbedingungen. Bei turbulenter Strömung kommt man der für das ideale Strömungsrohr gemachten Annahme einer Propfenströmung am nächsten.

In „isotropen" Reaktoren (Rührkesseln), in denen kein Konzentrationsunterschied zwischen den verschiedenen Stellen im Reaktor auftreten sollte, wird bei den technischen Reaktoren die Abweichung vom Idealverhalten durch die ungenügende Durchmischung oder aber durch eine zu hohe Viskosität der Reaktionsmasse verursacht.

Bei gasförmigen Reaktionspartnern kann man die *Rückvermischung* technisch recht einfach durch eine kammerartige Erweiterung der Rohrleitung, die zusätzlich mit Prallblechen versehen sein kann, erreichen. In Fällen von flüssigen Reaktionsgemischen hoher Viskosität dient an Stelle des Rührkessels der *Schlaufenreaktor* als Rückvermischungsreaktor (Abb. 3-23). Bei ihm wird die Reaktionsmasse in einem Rohrreaktorsystem durch schlaufenartige Teilrückführung rückvermischt. Benutzt wird ein Schlaufenreaktor z. B. bei der Beckmann'schen Umlagerung von Cyclohexanonoxim zu ε-Caprolactam. Das Flüssigkeitsgemisch von Oxim und Oleum hat eine Viskosität von etwa 3 Pa · s. Das entstehende ε-Caprolactam, welches geschmolzen vorliegt, soll die Reaktionsmasse verdünnen und gleichzeitig als Wärmeüberträger zum zwischengeschalteten Kühler dienen. Durch diese Rückvermischung kann bei sehr langen Verweilzeiten (zwischen 30 und 60 min) nicht nur ein sehr gleichmäßiges

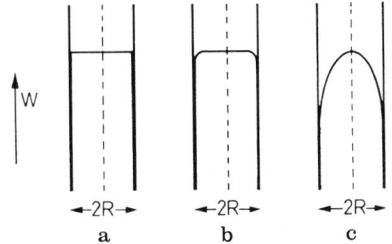

Abb. 3-22. Geschwindigkeitsprofile von Stoffströmen in glatten Rohren; **a)** Pfropfenströmung (idealisiert), **b)** turbulente Strömung, **c)** laminare Strömung

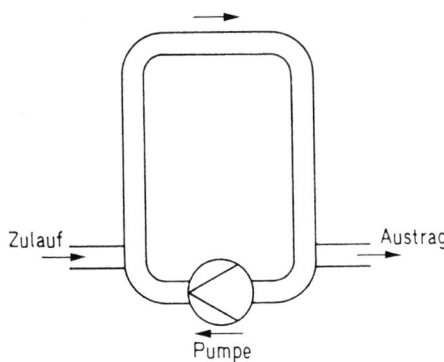

Abb. 3-23. Schlaufenreaktor als technischer Rückvermischungsreaktor für hochviskose flüssige Reaktionsmassen

Konzentrationsniveau, sondern auch, trotz stark exothermer Reaktion und hoher Viskosität, eine gleichmäßige Temperatur eingehalten werden.

Verschiedene technische Reaktoren für *mehrphasige Reaktionen* sind an typischen Beispielen schematisch in Abb. 3-24 zusammengestellt.

Bei *nur einer strömenden Phase,* also dem Teilfließbetrieb, finden wir den Satzreaktor für eine flüssige Phase mit durchströmendem Gas. Im einfachsten Fall kann die Durchmischung der flüssigen Phase ohne mechanischen Rührer allein durch das durchströmende Gas erfolgen (Prinzip der Gaswaschflasche). Beispiel für eine großtechnische Anwendung ist das Blasstahlverfahren. Für heterogene Reaktionen zwischen Feststoffen und strömenden fluiden Phasen ist der *„Festbettreaktor"* der Prototyp. Der *„Wirbelschichtreaktor",* ebenfalls für Reaktionen zwischen Feststoffen und fluiden Phasen konzipiert, ähnelt dem Reaktortyp für Umsetzungen zwischen Flüssigkeiten und Gasen ohne mechanische Rührvorrichtung. Wirbelschichtreaktoren finden in der chemischen Technik zunehmend Anwendung, besonders für Hochtemperaturreaktionen (vgl. 13.3.2).

Gleichstromführung (Abb. 3-24, 2) von zwei strömenden Phasen liegt in allen Fällen vor, bei welchen das Reaktandengemisch dem Reaktor als Emulsion, Suspension oder Aufschlämmung zugeführt wird. Dazu können Reaktortypen wie bei den einphasigen Reaktionen Anwendung finden, also sowohl das Strömungsrohr, als auch kontinuierliche Rührkessel und Kaskaden. Oft verwendet man bei zwei Phasen die leichtere Phase zum Transport der schwereren. Dadurch ergibt sich ein stofflicher Gleichstrom. Als Beispiel für Fest/Gas-Reaktoren ist der *Flugstaubreak-*

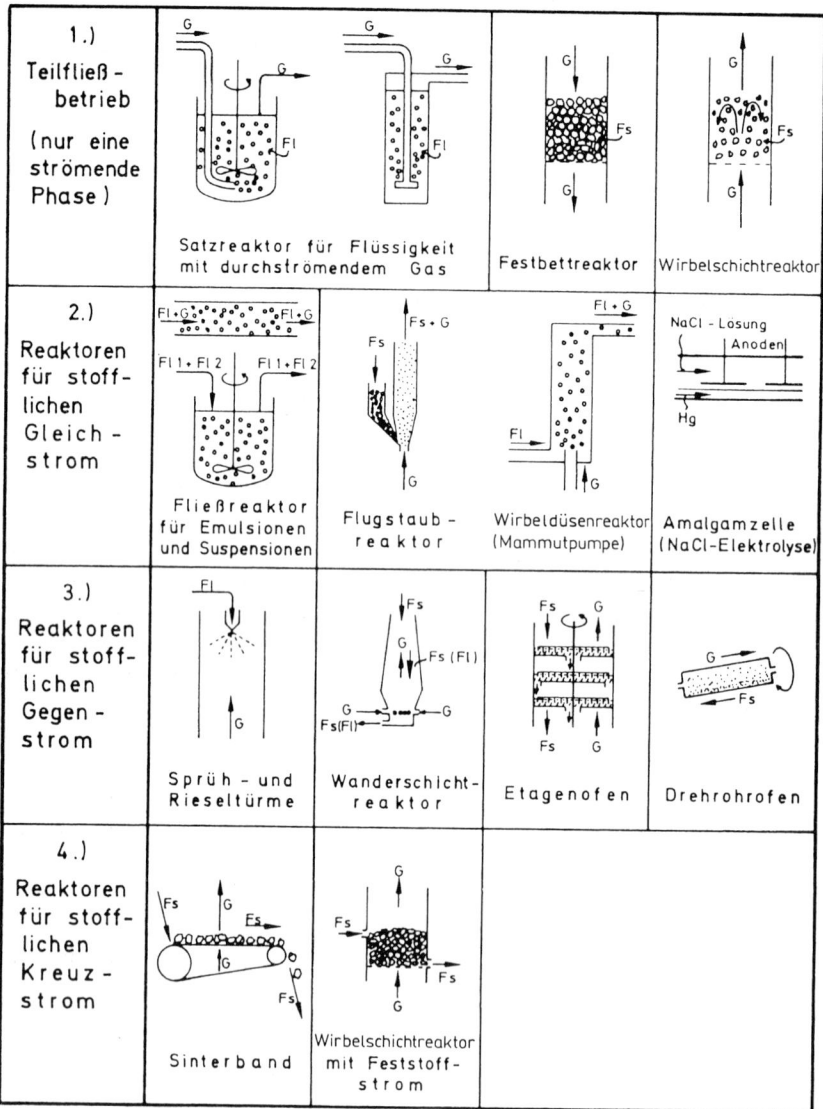

Fs = Feststoff, Fl = Flüssigkeit, G = Gas

Abb. 3-24. Technische Reaktoren zur Durchführung heterogener (mehrphasiger) Reaktionen

tor und für die Flüssig/Gas-Reaktoren der *Wirbeldüsenreaktor,* bei welchem die Flüssigphase nach dem Mammutpumpenprinzip bewegt wird, zu nennen. Ein großtechnisches Beispiel für letzteren ist der Druckreaktor bei der Oxosynthese.

Ein interessantes Beispiel für die Gleichstromführung zweier getrennter flüssiger Stoffe, ohne daß diese ineinander verteilt sind, ist die Chloralkali-Elektrolyse nach dem Amalgamverfahren (vgl. 3.3). Chemisch bzw. elektrochemisch betrachtet müßten die wäßrige Natriumchloridlösung und das als Kathode dienende Quecksilber im Gegenstrom geführt werden. Aus strömungstechnischen Gründen ist dies jedoch nicht möglich. Moderne Zellen sind etwa 1,5 ... 2 m breit und 15 m lang. Der Abstand zwischen Graphitanode und Quecksilberkathode beträgt nur wenige Millimeter, um elektrische Energie einzusparen und zu starke Elektrolyterwärmung bei den hohen Stromdichten zu vermeiden. Bei dieser Geometrie des Strömungsquerschnitts muß der Gleichstrom der Flüssigkeiten in Kauf genommen werden. Dies wiederum bedingt den Abbruch der elektrochemischen Reaktion bereits bei einem geringen Umsatz, sowohl was die Abreicherung der NaCl-Lösung als auch die Anreicherung des Quecksilbers mit Amalgam betrifft.

Für Reaktoren mit stofflichem *Gegenstrom* (Abb. 3-24, 3) gibt es viele technische Beispiele. Für Flüssig/Gas-Umsetzungen seien der *Rieselturm* und diesem ähnliche Ausführungsformen erwähnt. Für Gas/Fest-Reaktionen genießt der *Wanderschichtreaktor,* etwa als Hochofen in der Metallurgie, weiteste Verbreitung. Für Gas/Fest-Gegenstromführung sind ferner der *Etagenofen* bei der Pyritabröstung (s. 2.4.1) und der *Drehrohrofen* der Zementindustrie Beispiele allgemeiner technischer Anwendung.

Eine Übergangsform zwischen stofflicher Gleich- und Gegenstromführung ist die Kreuzstromführung (Abb. 3-24, 4). Eine Ausführungsform, bei welcher der stoffliche Kreuzstrom realisiert ist, ist das *Sinterband.* Der Feststoff, meist staubförmiges Erz, wird auf einem Kettenband horizontal bewegt und von einem Reaktionsgas quer zur Kettenbewegung durchströmt. Die Reaktionszone im Feststoff durchwandert die Feststoffschüttung in Richtung der Gasströmung. Gleichzeitig wird die Feststoffschüttung in Richtung der Kettenbewegung transportiert.

Es wurde bereits darauf hingewiesen, daß auch der *Wirbelschichtreaktor* als Kreuzstromreaktor betrieben werden kann. Hierbei wird der Feststoff z. B. kontinuierlich entlang der Fließbettachse eingeschleust und peripher abgezogen.

Auch bei heterogenen Reaktionen werden oft mehrere Reaktoren in Serie geschaltet, etwa zu einer Kaskade mit Rückvermischung in den einzelnen Stufen (s. 3.5.2.2). Bei der Serienschaltung von Festbettreaktoren, wie sie in den Abschnittsreaktoren realisiert ist (vgl. 13.3.1.1), sind es Einzelstufen, die als Strömungsrohre anzusprechen sind, auch wenn sie äußerlich von der Rohrform abweichen (z. B. bei der Katalysatorhorde).

Mit dem Vorstehenden sollte die Vielfalt der technischen Formen für Reaktoren nur angedeutet werden. Eine Charakterisierung hinsichtlich des Rückvermischungsgrades und damit eine Zuordnung zu einer der Grundtypen erfolgt zweckmäßig über das Verweilzeitspektrum (vgl. Kapitel 11).

3.5.5 Temperaturführung im Reaktor

Die Bedeutung der Temperatur für die optimale Reaktionsführung ist bereits in Abschnitt 3.4.4 an Beispielen erläutert worden. Bei Reaktionen, die ohne Wärmetönung ablaufen, den sog. thermoneutralen Reaktionen, wird man zur Aufrechterhaltung isothermer Reaktionsbedingungen nur vor dem Reaktionsbeginn bzw. vor dem

Eintritt in den Reaktor die Reaktanden aufheizen und dem Wärmeverlust durch Isolierung des Reaktors entgegentreten.

Dies gilt für alle Betriebsweisen, also für den Satzbetrieb ebenso wie für den Fließ- und Teilfließbetrieb. Aber thermoneutrale Reaktionen sind selten. Gewöhnlich wird die Reaktionstemperatur im Satzbetrieb, im Fließbetrieb ohne Rückvermischung und im Teilfließbetrieb zeitlichen bzw. örtlichen Änderungen unterliegen. Nur der stationäre Fließreaktor mit totaler Rückvermischung, der kontinuierliche Idealkessel, weist isotherme Betriebsbedingungen auf, weil die vorausgesetzte vollständige Durchmischung der Reaktionsmasse keine Temperaturunterschiede zuläßt. Unter bestimmten Umständen kann es allerdings auch hier zu erheblichen Temperaturschwankungen kommen (s. 8.5.2).

Zur Aufrechterhaltung einer bestimmten Reaktionstemperatur bzw. zur Einstellung eines gewünschten zeitlichen oder örtlichen Temperaturverlaufs müssen zusätzliche Maßnahmen getroffen werden. Man spricht von *Maßnahmen zur Temperaturlenkung* und von *Reaktoren mit gelenktem Temperaturverlauf.* Die Temperaturlenkung kann auf verschiedene Arten erfolgen:

1) durch direkte Heizung oder Kühlung während der Reaktion, also durch Zugabe von Reaktionskomponenten, deren Wärmekapazitäten oder Umwandlungswärmen zur Temperatursteuerung ausgenützt werden,

2) durch indirekten Wärmeaustausch im Reaktor, d. h. Wärmezu- bzw. -abführung durch Wärmeaustauschflächen (Heiz- bzw. Kühlspiralen, beheizte bzw. gekühlte Reaktormäntel oder Reaktionsrohre),

3) durch Zirkulation der ganzen oder eines Teils der Reaktionsmischung durch einen äußeren, vom Reaktionsapparat getrennten Wärmeaustauscher.

Beispiele für Maßnahmen nach 1) sind die Kaltgaszugabe bei der heterogenen Gaskatalyse (s. 3.5.5.3), das Heizen flüssiger Reaktionsmassen durch Einleiten von Dampf oder das Kühlen durch Zugabe von Eis. Auch die im Lichtbogen oder in einer Hilfsflamme ablaufenden Gasreaktionen, wie sie bei den petrochemischen Acetylensynthesen besprochen wurden (s. 2.5.3), gehören zu dieser Gruppe.

Die Maßnahmen nach 2) und 3) werden in den Abschnitten 3.5.5.2 und 3.5.5.3 behandelt.

Wird die Temperatur nicht durch Heizung oder Kühlung von außen gesteuert, sondern das Reaktionsgemisch nach Beginn der Reaktion thermisch sich selbst überlassen, so spricht man von *Reaktoren ohne Temperaturlenkung* oder von *adiabatischer Reaktionsführung* (s. 3.5.5.1).

Die Übergänge zwischen der Reaktionsführung ohne Temperaturlenkung und derjenigen mit Temperaturlenkung nach 1) und 3) sind gleitend. So ist beim Fließbetrieb die Kühlung durch Verdampfung einer Reaktionskomponente, die aus dem Reaktor abgeführt wird, keine zusätzliche Maßnahme und zählt damit zur adiabatischen Reaktionsführung. Das aus dem Laboratorium bekannte „Kochen am Rückfluß" mit Rückführung der von außen gekühlten Reaktionskomponenten in den Reaktor ist dagegen eindeutig eine Temperaturlenkungsmaßnahme, wie sie auch in der chemischen Technik häufig angewandt wird. Die Acetylen-Synthese in eigener Reaktionsflamme (vgl. 2.5.3) entspricht wiederum einer adiabatischen Reaktionsführung. Die Zirkulation der Reaktionsmasse zwischen

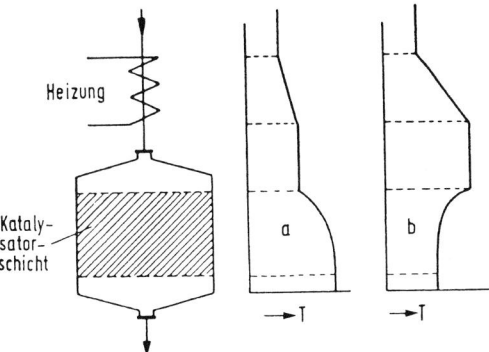

Abb. 3-25. Reaktor ohne Temperaturlenkung; rechts: Temperaturverlauf; a exotherm, b endotherm

einem Reaktor und Wärmeaustauschern außerhalb des Reaktors kommt der Vorheizung, wie sie auch bei adiabatischer Reaktionsführung Anwendung findet, nahe (s. Abb. 3-25).

3.5.5.1 Reaktoren mit ungelenktem Temperaturverlauf (Adiabatische Reaktionsführung)

Die meisten Maßnahmen zur Temperaturlenkung sind technisch aufwendig und verursachen Kosten. Deshalb wird man, falls irgend möglich, eine adiabatische Reaktionsführung anstreben. Der Begriff „adiabatisch" im physikalischen Sinn fordert die Belassung der Reaktionswärme im System. Man sieht leicht ein, daß dies beim Fließbetrieb nicht möglich ist, denn wenn man als System den Reaktor betrachtet, so ist der Wärmeinhalt der ausgetragenen Reaktionsmasse verschieden von jenem der zugeführten Masse. Dennoch wird in der Technik der Begriff der adiabatischen Reaktionsführung für einen ungelenkten Temperaturverlauf allgemein verwendet und darum soll er auch in den folgenden Kapiteln beibehalten werden.

Abbildung 3-25 zeigt schematisch den Temperaturverlauf in einem adiabatisch betriebenen Reaktor. Solche Reaktoren werden als „Katalysatorhorden" allgemein in der heterogenen Gaskatalyse angewendet (s. 13). Der körnige Katalysator wird dabei etwa 20 bis 50 cm hoch auf Siebplatten geschüttet. Das Reaktionsgas strömt durch derartige Katalysatorbetten meist von oben nach unten.

Die Wärmeverluste adiabatisch betriebener Reaktoren, z. B. durch Abstrahlung von den Reaktorwänden, tragen ebenfalls zur Temperaturbeeinflussung der Reaktionsmasse bei. Es gibt eine Reihe technischer Beispiele, bei welchen die Wärmeverluste bewußt zur Thermostatisierung exothermer Reaktionen ausgenützt werden. Da ist etwa der Etagenofen bei der Pyritröstung zu nennen, welcher ohne Temperaturlenkung oberhalb 600 °C betrieben wird. Die wirtschaftliche Optimierung muß ergeben, ob in solchen Fällen die Energieverluste (höhere Betriebskosten) durch Einsparung von Kühlelementen (niedrigere Investitionskosten) kompensiert werden können (s. 3.3).

Tabelle 3/3.

Teilreaktion	Reaktionsenthalpie [kJ/mol]	Umsatzanteil	Wärmeanteil an Ges. Reaktion
1)	$\Delta H_1 = +\ 83{,}74$	$U_1 = 0{,}2$	W.Verbr. $(-)\ 18{,}5\%$
2)	$\Delta H_2 = -159{,}10$	$U_2 = 0{,}4$	W.Liefer. $(+)\ 70{,}5\%$
3)	$\Delta H_3 = -669{,}89$	$U_3 = 0{,}04$	W.Liefer. $(+)\ 29{,}5\%$
4)	thermoneutral angenommen	$U_4 = 0{,}018$	W.Neutral –

Wärmeverluste im Reaktor = Summe $(-)\ 81{,}5\%$

Beispiel 3.1 Die technische *Formaldehyd-Synthese* wird durch Oxidation von Methanol mit Luftsauerstoff im Unterschuß an Feststoffkatalysatoren (metall. Silber) zwischen 600 und 650 °C durchgeführt. Die Reaktion kann durch folgende summarische Gleichung beschrieben werden:

$$3\,CH_3OH + O_2 \rightarrow 3\,CH_2O + 2\,H_2O + H_2.$$

Bei stöchiometrischem Zulauf und einem Umsatz U_{ges} von 0,64 ergibt sich aus der Gasanalyse (auf CH_3OH, CH_2O, H_2, H_2O und CO_2) am Reaktoraustritt vor der Formaldehyd-Absorption in Wasser eine Ausbeute A = 0,982. Das unverbrauchte Methanol wird im Kreislauf geführt (Kreislauffaktor $\Phi_{Kr} = 0{,}342$).

In Anbetracht der Nebenprodukte H_2, CO_2 und H_2O kann man die Reaktion als Summe von Teilreaktionen beschreiben, nämlich

zur Synthese beitragende Teilreaktionen:

1) $CH_3OH\ (\rightleftharpoons)\ CH_2O + H_2,$

2) $2\,CH_3OH + O_2 \rightarrow 2\,CH_2O + 2\,H_2O,$

unerwünschte Nebenreaktion:

3) $CH_3OH + 3/2\,O_2 \rightarrow CO_2 + 2\,H_2O.$

Die in Tabelle 3/3 angegebenen Teilumsätze wurden ebenfalls aus der Gasanalyse errechnet, wobei noch weitere Ausbeute-vermindernde aber aus den Nebenprodukten nicht erkennbare Nebenreaktionen oder sonstige CH_3OH-Verluste auftreten (Teilreaktion 4).

Die technische Reaktion läuft ohne Temperaturlenkung im Reaktor ab. Die sich einstellende Reaktionstemperatur ergibt sich aus den exo- und endothermen Teilreaktionen und den Wärmeverlusten im Reaktor, die bei stöchiometrischem Zulauf 81,5% betragen. Schwankungen der Temperatur werden durch Steuerung des Luftgehaltes im Eintrittsgas ausgeglichen. Zur entsprechenden Temperaturoptimierung kann ein Prozeßrechner dienen [13].

Will man Flüssigphasenreaktionen bei konstanter Temperatur durchführen, so bedient man sich sowohl bei Satz- als auch bei Fließbetrieb häufig der Siedekühlung. Bei den stark exothermen Polymerisationsreaktionen wird hierzu das Emulsions- oder Suspensionswasser oder ein Lösungsmittel verdampft. Die Rückkühlung des verdampften Stoffes erfolgt dann außerhalb des Reaktors.

Ein weiteres großtechnisches Beispiel für die einfache Thermostatisierung durch Umwandlungswärmen ist die „adiabatische HCl-Absorption" (s. Abb. 3-26). Jahr-

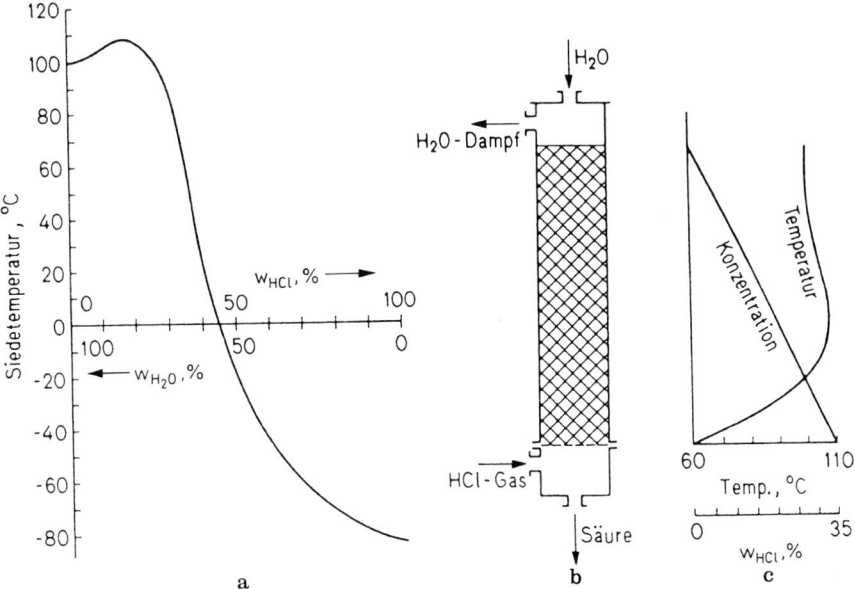

Abb. 3-26. Adiabatische HCl-Absorption zur technischen Herstellung von Salzsäure mit einem Massenanteil w_{HCl} von 30 bis 33%; **a)** Siedetemperaturen im 2-Stoffsystem H_2O/HCl, **b)** Adiabatisch betriebene Füllkörperkolonne mit stofflicher Gegenstromführung und Verdampfungskühlung, **c)** Temperatur- und Konzentrationsverlauf der wäßrigen Phase im Rohrreaktor

zehntelang war die Herstellung konzentrierter Salzsäure aus HCl-Gas ein technisch unvollkommen gelöstes Problem, weil es für den indirekten Wärmeaustausch keine gut wärmeleitenden Apparatewerkstoffe mit ausreichender Korrosionsbeständigkeit gegen diese aggressive Säure gab. Die Lösung des Problems besteht in der Gegenstromführung von HCl-Gas und Wasser in Füllkörperkolonnen. Die Absorptionswärme wird am Kolonnenkopf durch den Wärmeinhalt des austretenden Wasserdampfes abgeführt. Am Kolonnenboden tritt konzentrierte Salzsäure (Massenanteil $w_{HCl} = 30$ bis 33%) entgegen dem zuströmenden HCl-Gas aus. Das Temperaturlängsprofil stellt sich ohne zusätzliche Maßnahmen selbsttätig ein. Diese naheliegende technische Lösung hat sich erst so spät durchgesetzt, weil man keine Wärmebilanzierung durchgeführt hatte und der Meinung war, durch diese Gegenstromabsorption mit Verdampfungskühlung keine überazeotrope HCl-Lösung ($w_{HCl} > 20,4\%$) herstellen zu können.

3.5.5.2 Temperaturlenkung im Reaktor durch indirekten Wärmeaustausch

Die Temperaturlenkung durch Heizung bzw. Kühlung des Reaktors kann eine konstante Temperatur während der gesamten Reaktion (*isotherme Reaktionsführung*) oder aber einen örtlichen bzw. zeitlichen Temperaturverlauf im Reaktor zum Ziel haben (*polytrope Reaktionsführung*).

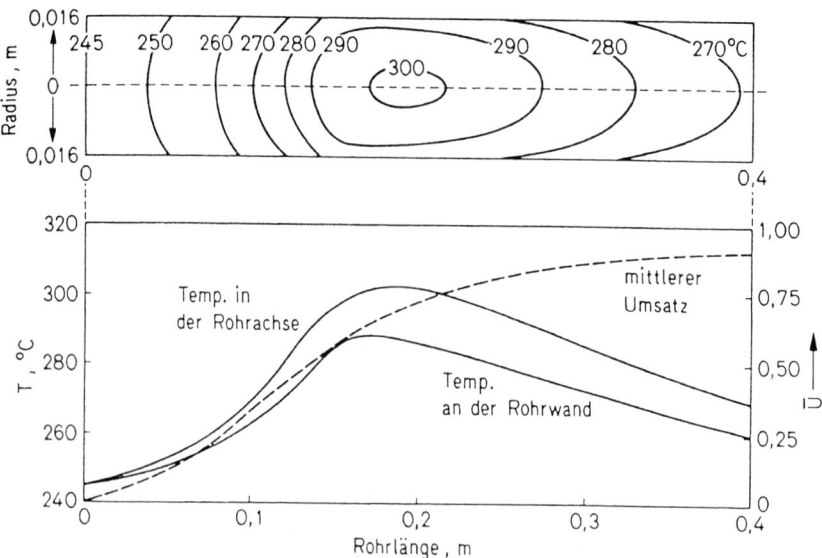

Abb. 3-27. Temperatur- und Umsatzverteilung in einem Labor-Strömungsrohr bei der heterogen katalysierten Gasphasenreaktion $C_6H_6 + HCl + 1/2\,O_2 \rightarrow C_6H_5Cl + H_2O$ [14]

Streng isotherme Reaktionsbedingungen lassen sich in technischen Reaktoren nur durch direkte Verdampfungskühlung, bei kontinuierlicher Betriebsweise auch durch vollständige Rückvermischung, erreichen. Dagegen ist es sonst wegen des großen technischen Aufwands meist unmöglich, isotherme Bedingungen allein durch indirekten Wärmeaustausch zu realisieren. In Abb. 3-27 ist am Beispiel einer exothermen, durch einen Feststoff katalysierten Gasreaktion gezeigt, welche Temperaturverteilung sich in einem stationär betriebenen Strömungsrohr einstellen kann, das durch die Mantelfläche mit einem Kühlmittel konstanter Temperatur gekühlt wird. Die Temperaturprofile längs der Rohrachse und längs der Rohrwand lassen die Korrelation zwischen Temperatur und über den Rohrquerschnitt gemitteltem Umsatz erkennen, während die Isothermen im Längsschnitt durch das Rohr deutlich den Einfluß der Wärmeleitung im Katalysator und die Überhitzung der Reaktionsmasse in Rohrmitte zeigen (vgl. 13.3.1.5).

Der *indirekte Wärmeaustausch* besteht in einem Wärmetransport zwischen der fluiden Reaktionsmasse und einem fluiden Wärmeträger durch eine Trennwand. Der Wärmeträger kann dabei als Wärmequelle oder Wärmesenke dienen.

Die *Geschwindigkeit* des Wärmeaustausches hängt vom Wärmeübergang zwischen den fluiden Phasen und der Trennwand, vom Wärmeleitvermögen der Wand und von der Temperaturdifferenz zwischen beiden fluiden Phasen als der treibenden Kraft für den Wärmetransport ab. Der Wärmeübergang ist am besten bei siedenden und bei rasch strömenden Flüssigkeiten sowie bei kondensierenden Dämpfen, am schlechtesten dagegen bei Gasen. Die Wärmeleitung ist am besten bei Metallen, am schlechtesten bei Keramik und Kunststoffen. Hohe Transportwiderstände für den Wärmedurchgang können durch Erhöhung der Temperaturdifferenz zwischen

Tabelle 3/4. Technisch verwendete flüssige Wärmeträger

Wärmeträger	Anwendungstemperatur in °C	
	drucklos	bei Überdruck
Kühlsolen mit Glykol	bis herab zu − 33	
Salzkühlsolen	bis herab zu − 55	
Wasser	bis hinauf zu + 100	+ 250
Mineralöle	bis hinauf zu + 200	+ 300
Diphenyl-Mischungen	bis hinauf zu + 250	+ 400
Silikonöle	bis hinauf zu + 400	
Salzschmelzen	bis hinauf zu + 500	

Tabelle 3/5. Dampfdrücke in bar von Wasser und Dowtherm A[a] bei verschiedenen Temperaturen

Temp. in °C	256	300	350	400
Wasser	45	90	165	überkritisch
Dowtherm A[a]	1	2,5	5,5	11,3

[a] Eutektisches Gemisch aus 26,5% Diphenyl und 73,5% Diphenyloxid (Massenanteile)

Reaktionsmasse und Wärmeträger und durch die Vergrößerung der Wärmeaustauschflächen kompensiert werden. Die Berechnung der in der Zeiteinheit austauschbaren Wärmemengen durch eine Trennwand wird in Abschnitt 4.3 erklärt.

Siede- und Kondensationsvorgänge in den fluiden Phasen sind für den indirekten Wärmeaustausch sowohl vom Blickpunkt der Wärmekapazität als auch dem des Wärmetransports vorteilhaft. Deshalb wird man, wenn immer möglich, den Wärmeaustausch zwischen siedenden Flüssigkeiten oder kondensierenden Dämpfen anstreben (z. B. Sattdampfheizung, Ammoniakverdampfer als Kühler u. a.).

In Tabelle 3/4 sind gebräuchliche fluide Wärmeträger zusammengestellt. Wegen des hohen Dampfdruckes wird man Wasser auch in Druckkreisläufen kaum oberhalb 250°C anwenden. Für den höheren Temperaturbereich bieten sich Diphenyl-Mischungen, meist eutektische Mischungen mit Diphenyloxid an, die unter verschiedenen Markenbezeichnungen (Diphyl, Dowtherm, Santowax u. a.) bekannt sind. Tabelle 3/5 gibt einen Vergleich der Dampfdrücke mit denen von Wasser. Salzschmelzen haben den Nachteil der Erstarrung weit oberhalb der Raumtemperatur (KNO_3/KNO_2-Gemisch bei + 142°C, KOH/NaOH-Gemisch bei + 183°C).

Technisch interessant als Kühlmittel ist Kerosin (Flugtreibstoff) in modernen Ethylenoxid-Anlagen geworden (vgl. 2.5.1), weil es eine starke Druckabhängigkeit der Siedetemperatur zeigt. Die 12 m hohen Rohrbündelreaktoren werden bei 260°C am oben liegenden Reaktoreintritt und bei 265°C am unten liegenden Reaktoraustritt betrieben. Der unter 2,53 bar stehende Wärmeträger stellt dieses Temperatur-

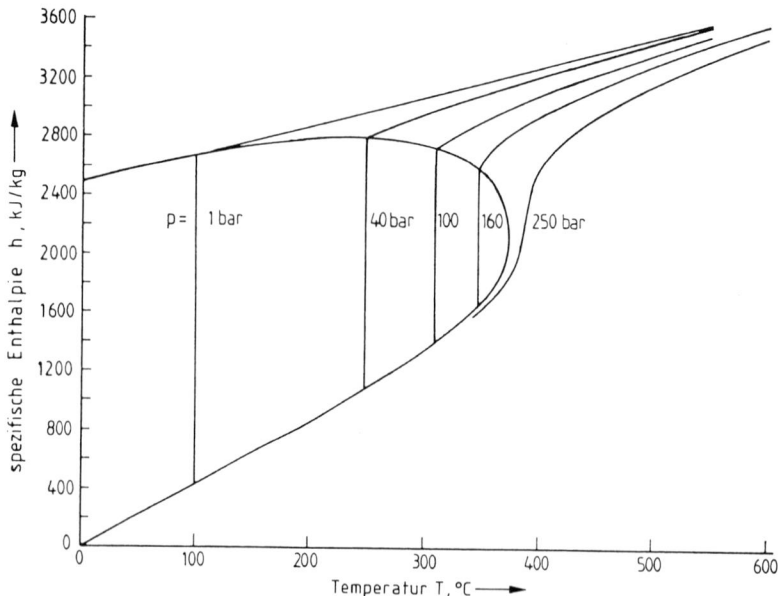

Abb. 3-28. Wärmeinhalt/Temperatur-Diagramm des Wasserdampfes

gefälle durch die Abhängigkeit der Siedetemperatur vom hydrostatischen Druck selbsttätig ein.

Wegen der besonderen Bedeutung der Beheizung mittels Dampf in der chemischen Technik sei das Wärmeinhalt/Temperatur-Diagramm für Wasserdampf in Abb. 3-28 wiedergegeben. In Chemiewerken mit eigener Dampfzentrale sind meist Rohrnetze für Heizdampf mit Hochdruck (20 bis 50 bar entspr. 220 bis 260 °C) und mit Niederdruck (2,5 bis 4 bar entspr. 125 bis 140 °C) installiert. 1 Tonne Dampf aus dem Hochdrucknetz kostet etwa 31 DM (16 bar), 38 DM (40 bar) bzw. 45 DM (100 bar). Niederdruckdampf ist billiger. Wollte man mit elektrischer Energie heizen, so müßte man mit Preisen in der Größenordnung von 0,04 bis 0,06 DM/kWh (entsprechend 3600 kJ) rechnen.

Bei der indirekten Heizung oder Kühlung hat man die Wahl der Stromführung von Reaktionsmasse und Wärmeträger zueinander. Die beiden extremen Möglichkeiten sind Gleich- und Gegenstromführung. Abb. 3-29 zeigt den Temperaturverlauf in der Reaktionsmasse und in einem Kühlmittel schematisch. Bezüglich einer genauen Berechnung sei auf Abschnitt 4.3 verwiesen.

Man erkennt bei Gleichstromführung hohe Temperaturunterschiede zwischen beiden fluiden Phasen am Reaktoreintritt, was eine hohe treibende Kraft für den Wärmeaustausch und damit rasche Kühlung am Reaktoranfang bedeutet. Am Reaktorende nähern sich die Temperaturen beider Phasen immer mehr einem gemeinsamen mittleren Wert. Die ständige Abnahme des Temperaturunterschieds zwischen beiden Phasen bewirkt, daß je Flächeneinheit der Trennwände immer weniger Wärme übertragen wird.

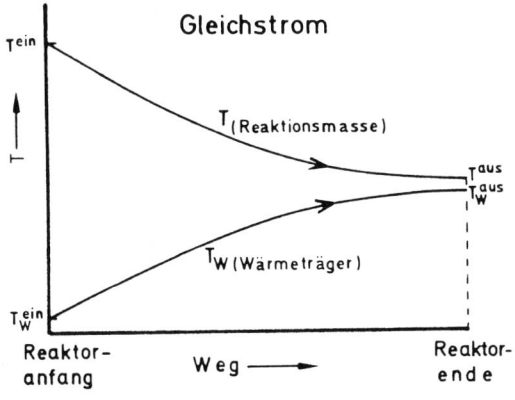

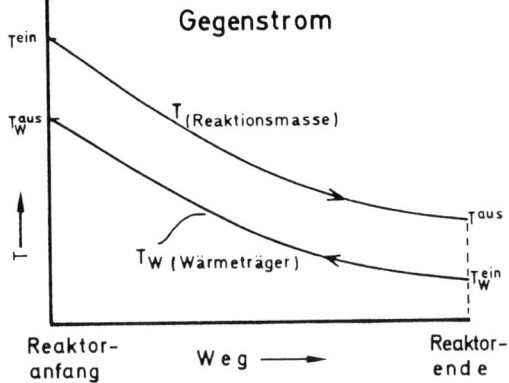

Abb. 3-29. Temperaturverlauf in Reaktionsmasse und Kühlmittel bei Gleich- und Gegenstromführung

Stoffliche Gegenstromführung zeigt dagegen etwa gleichbleibende Temperaturdifferenzen über die gesamte Austauschfläche. Dann wird aber auch an allen Stellen des Wärmeaustauschers ungefähr die gleiche Wärmemenge übertragen und die Temperaturen der beiden fluiden Phasen ändern sich etwa gleich stark.

Auch bei der Stoffstromführung des Wärmeträgers gibt es Übergangsformen, so etwa den Kreuzstrom. In einem technischen Rührkessel mit Kühl- bzw. Heizmantel, wie er in Abb. 6-1 gezeigt ist, wird man eine schwer definierbare Übergangsform sehen müssen.

Bei gegebenen Massenströmen und Eintrittstemperaturen der beiden Stoffe wird in einem Wärmeaustauscher die größtmögliche Wärmemenge Q_{max} übertragen, wenn die Wärmeaustauschfläche A_W unendlich groß ist. Das Verhältnis der tatsächlich ausgetauschten Wärmemenge Q zu Q_{max} bezeichnet man als den *thermischen Wirkungsgrad* η_{th} des Wärmeaustauschers.

Abbildung 3-30 zeigt die thermischen Wirkungsgrade für Gleichstrom, Gegenstrom und Kreuzstrom als Funktion der dimensionslosen Größe $k_W F_W /(\dot{m} c_p)$ unter der Voraussetzung, daß die Wasserwerte $\dot{m} c_p$ für beide Stoffe gleich sind ($k_W =$ Wärmedurchgangskoeffizient [W/(m² · K)], $F_W =$ Wärmeaustauschfläche [m²], $\dot{m} =$ Massenstrom [kg/s], $c_p =$ mittlere spezifische Wärmekapazität [J/(kg · K)].

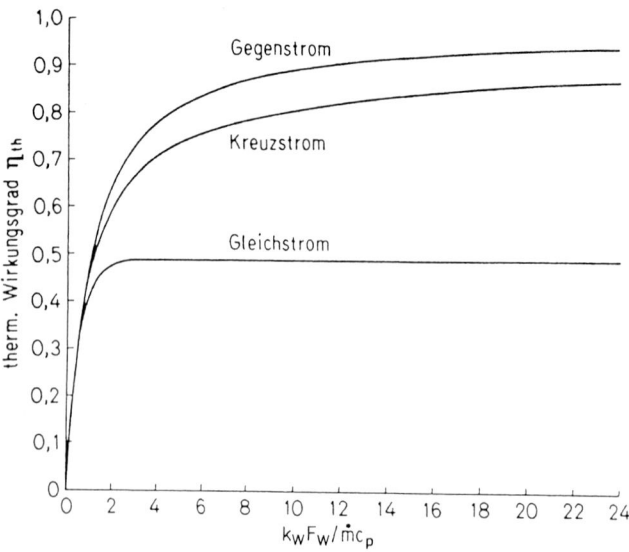

Abb. 3-30. Wärmeaustauscherwirkungsgrade [15]

Man erkennt einen maximal 100%igen Wirkungsgrad bei der Gegenstromführung und einen maximal 50%igen Wirkungsgrad bei der Gleichstromführung.

Ein technisch oft angewendeter Gegenstromwärmeaustausch ist die Kühlung des Reaktors durch die zuströmende Reaktionsmischung, wobei letztere auf Reaktions-Anfangstemperatur aufgeheizt wird. Dieser Fall wird ausführlich im Abschnitt 7.4.2 behandelt. Auf die Abb. 3-32 und 3-33 im folgenden Abschnitt sei ebenfalls hingewiesen.

Bei allen bisher behandelten Fällen erfolgt der Wärmeübergang vom Wärmeträger auf die Trennwand durch Konvektion. Liegen hohe Temperaturunterschiede zwischen Wärmequelle und -senke vor, so kann der Transport in erheblichem Maß auch durch *Strahlung* erfolgen, da die durch Strahlung übertragbare Wärmemenge der 4. Potenz der absoluten Temperatur proportional ist. Als Beispiel ist in Abb. 3-31 ein Strahlungs-Konvektions-Röhrenofen gezeigt, wie er bei allen Prozessen der Erdölverarbeitung und der Erhitzung petrochemischer Rohstoffe auf Reaktionstemperatur angewendet wird. Auch die Ethylen-Generatoren arbeiten nach diesem Prinzip. Der Ofen ist ein Rohrreaktor, in welchem das Reaktionsgemisch bei (1) eintritt, in der Vorwärmezone, der sogenannten Konvektionszone (2), langsam durch konvektiven Wärmeübergang von den abströmenden Flammengasen auf die Rohrwand aufgewärmt und im Strahlungsteil (3) rasch auf Maximaltemperatur erhitzt wird. Hier erfolgt der Wärmetransport von der hocherhitzten keramischen Strahlwand (4) auf das Reaktorrohr durch Strahlung. Die Reaktionsmasse tritt bei (5) aus dem Rohrreaktor aus und wird einer raschen Weiterverarbeitung, meist Trennung oder Kühlung, zugeführt. Von den Brennkammern (6) her wird die Strahlwand (4) aufgeheizt. Das Heizgas oder Heizöl tritt bei (7) in die Brennkammer ein.

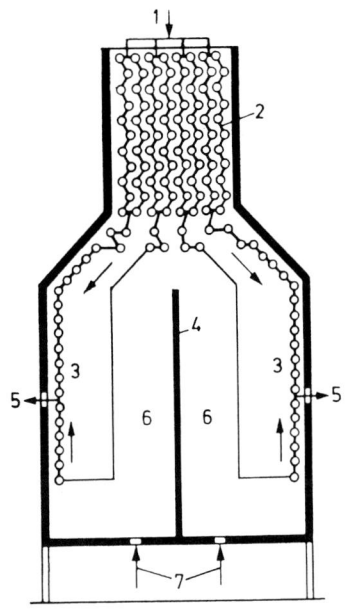

Abb. 3-31. Strahlungs-Konvektions-Röhrenofen der Erdölindustrie und Petrochemie;
1 Reaktoreintritt
2 Konvektionszone
3 Strahlungszone
4 Strahlwand
5 Reaktoraustritt
6 Brennkammer
7 Brennstoffeintritt

Die Spalttemperaturen liegen in derartigen Rohrreaktoren (z. B. für die Krackung auf Ethylen) zwischen 800 und 900°C. Man sieht hier, wie die moderne chemische Technik in das Gebiet der Hochtemperaturreaktionen vordringt. Indessen setzen die verfügbaren Werkstoffe der technischen Realisierungsmöglichkeit gewünschter optimaler Reaktionstemperaturen heute noch Grenzen. Für den indirekten Wärmeaustausch brauchbare metallische Behältermaterialien sind bis maximal 950°C anwendbar. Sie bestehen aus hochwarmfesten und oxidationsbeständigen (zunderfesten) Legierungen des Eisens und Nickels mit Chrom und Aluminium.

Besonders kritisch wird das Werkstoffproblem für Reaktoren, die bei hoher Temperatur und hohem Druck arbeiten. Ein aktuelles Beispiel sind die Röhrenspaltanlagen für Synthesegas aus Kohlenwasserstoffen und Wasserdampf, die mit Nickelkatalysatoren bei etwa 800°C arbeiten. Infolge beschränkter Warmfestigkeit des Rohrwerkstoffes muß man sich mit einem Reaktionsdruck von 30 bis 35 bar begnügen.

3.5.5.3 Möglichkeiten der Temperaturlenkung bei der heterogenen Gaskatalyse

Synthesereaktionen nach dem Prinzip der heterogenen Gaskatalyse gehören zu den häufigsten technischen Reaktionstypen. Meist handelt es sich um stark exotherme Reaktionen, wie die petrochemischen Oxidationen, die anorganischen Großsynthesen von SO_3 und NH_3, Kohlenwasserstoffchlorierungen und viele andere. Bei schwach endothermen Gaskatalysen, z. B. der Kohlenwasserstoff-Krackung, ist die Temperaturlenkung im allgemeinen leichter zu beherrschen.

Bei exothermen Prozessen, die nach dem Mechanismus von Folgereaktionen ablaufen, werden die mit Katalysatorkörnern gefüllten Reaktionsrohre (in einem Rohrbündelreaktor) meist durch siedende Wärmeträger gekühlt. Um die reaktionstechnischen Auswirkungen einer ungleichmäßigen Temperaturverteilung im Reaktionsrohr infolge der schlechten Wärmeleitfähigkeit der gasförmigen Reaktanden und der meist keramischen Katalysatorträger (s. Abb. 3-27) zu vermindern, wendet man hohe Strömungsgeschwindigkeiten in sehr dünnen, dafür aber langen Rohren (20 mm Durchmesser, bis zu 12 m Länge) an. Teils sind über tausend solcher Rohre in einem Reaktor parallel geschaltet. Die Verweilzeit der Gase beträgt nur wenige Sekunden. Derartige Reaktoren sind in den Abschnitten 2.5.1 und 3.5.5.2 bei der Ethylenoxid-Synthese, in Abb. 2-7 bei der Vinylchlorid-Herstellung aus Acetylen und in Abschnitt 2.4.3 im Zusammenhang mit der Phthalsäureanhydrid-Produktion erwähnt. Meist strebt man bei derartigen Reaktoren nur eine optimale mittlere Reaktionstemperatur an und nicht einen optimalen Temperaturverlauf.

Ganz anders liegen die Verhältnisse bei exothermen Gleichgewichtsreaktionen. In Abschnitt 3.4.4 wurde der gegenläufige Einfluß erhöhter Reaktionstemperatur einerseits auf die Gleichgewichtslage und andererseits auf die Reaktionsgeschwindigkeit diskutiert. Als Ergebnis der Optimierungsbetrachtung wurde ein optimaler Temperaturverlauf gefunden, der für jedes Umsatzstadium diejenige Temperatur angibt, bei der eine maximale Reaktionsgeschwindigkeit erreicht wird. Hier sollen nun die technischen Möglichkeiten zur Realisierung dieses optimalen Temperaturverlaufs besprochen werden.

Nach der Optimierungsbetrachtung sollte man bei höchstmöglicher Reaktionstemperatur starten, um die hohe Reaktionsgeschwindigkeit bei geringem Umsatz auszunützen. Dann muß man, entsprechend dem fortschreitenden Umsatz, die Reaktionstemperatur laufend senken, um vor Abbruch der Reaktion die günstige Gleichgewichtslage bei der tiefsten Temperatur auszunutzen (unter Inkaufnahme geringer Umsetzungsgeschwindigkeit).

Da die Reaktion exotherm abläuft, könnte man aus der Reaktionswärme der Umsetzung Wärme gewinnen und diese für die Vorwärmung der frischen Reaktionsgase ausnutzen. Man kann aber nicht die hohe Temperatur zu Reaktionsbeginn durch die bei niedrigerem Temperaturniveau anfallende Wärme erreichen. Hier setzt die wirtschaftliche Betrachtung ein, die es einfach verbietet, den von der reaktionskinetischen Optimierung geforderten optimalen Temperaturverlauf durch Einsatz von zusätzlicher Heizenergie zu realisieren. Die erste Entscheidung betrifft demnach die Starttemperatur, also die Minimaltemperatur, die notwendig ist, damit die katalytische Umsetzung überhaupt anspringt (Anspringtemperatur). In Abb. 3-32a ist die Gleichgewichtslage für die NH_3-Synthese bei stöchiometrischem Gaszulauf als Funktion der Temperatur gezeigt. Der optimale Temperaturverlauf für maximale Reaktionsgeschwindigkeit ist gestrichelt angedeutet. Die Starttemperatur liegt bei etwa 450°C.

Nunmehr muß die zweite Entscheidung getroffen werden, nämlich, ob man den Reaktor adiabatisch oder polytrop betreibt. Betrachten wir die stetige Kühlung, die einer polytropen Reaktionsführung entspricht (sie kann durch eine Gegenstromkühlung mit anströmendem frischen Reaktionsgas als Kühlmittel realisiert werden). In

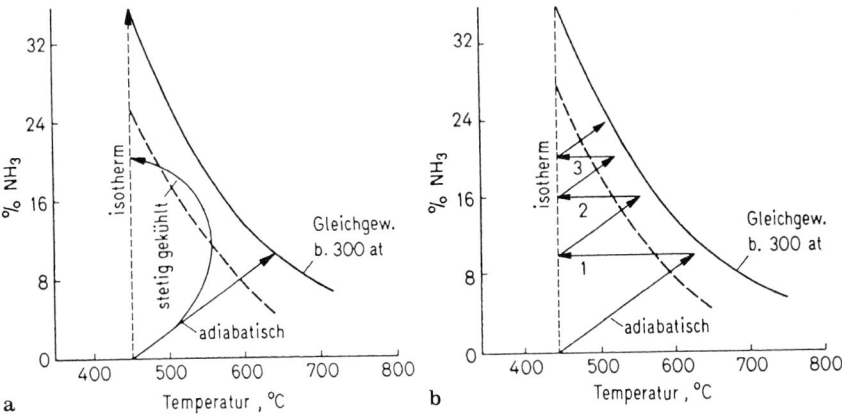

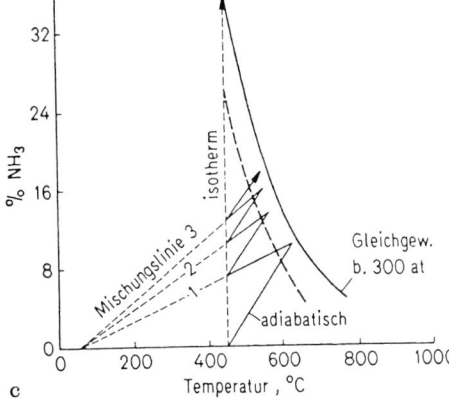

Abb. 3-32. Anpassung des Temperaturverlaufs im Festbettreaktor an die kinetische Optimumskurve (am Beispiel der NH_3-Synthese (300 bar) [16]);

a) stetige Temperaturlenkung und adiabatische Reaktionsführung,

b) stufenweise Temperaturlenkung im Abschnittsreaktor mit indirekter Zwischenkühlung,

c) stufenweise Kühlung durch Kaltgaszugabe im Abschnittsreaktor

Abb. 3-33 ist ein derartiger Gegenstrom-Rohrbündelreaktor gezeigt. Vor 65 Jahren, als man noch am Anfang der anorganischen Großsynthesen stand, hat man ausschließlich derartige Gegenstrom-Rohrbündelreaktoren verwendet. Der Temperaturverlauf ist für Gegenstromkühlung im Umsatz/Temperatur-Diagramm in Abb. 3-32a schematisch gezeigt. Wie man erkennt, gelingt es, sich einigermaßen einem als optimal berechneten Temperaturverlauf anzupassen.

Heute hat man diese Rohrbündelreaktoren mit Gegenstromkühlung für exotherme Gasreaktionen allgemein verlassen, vor allem wegen der hohen Strömungswiderstände und der kostspieligen Reaktorausführung. Man zieht es vor, die Reaktion adiabatisch in mehreren Teilabschnitten, bestehend aus Katalysatorhorden, ablaufen zu lassen. Abb. 3-32a veranschaulicht, wie die Reaktion bei adiabatischer Reaktionsführung sehr bald die Gleichgewichtslage erreicht, zum Stillstand kommt und bei einem sehr geringen Umsatz abgebrochen werden müßte, falls man das Reaktionsgemisch nicht abkühlt. Hier gibt es zwei Möglichkeiten:

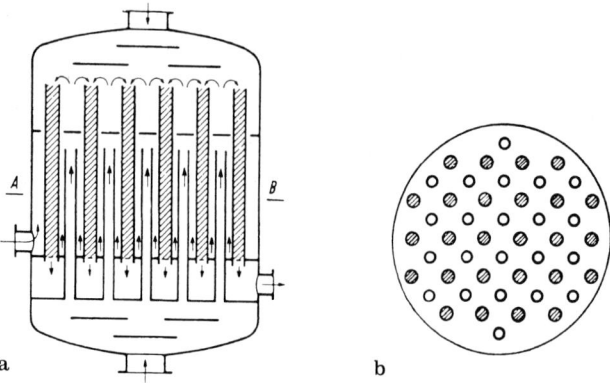

Abb. 3-33. Gegenstrom-Rohrbündelreaktor; **a)** Längsschnitt, **b)** Querschnitt, ⊘ Katalysatorrohre, ○ Rohre für Kaltgaszuführung

a) die Zwischenkühlung, d. h. Herausführen der Reaktionsgase aus dem Reaktor, Kühlung durch indirekten Wärmeaustausch und Rückführung in den Reaktor. Der Temperaturverlauf ist in Abb. 3-32b für einen Abschnittsreaktor mit mehreren Zwischenkühlstufen wiedergegeben.

b) Die zweite Möglichkeit besteht in der Zumischung von kaltem Reaktionsgas zur Reaktionsmasse nach der ersten adiabatischen Reaktionsstufe. Entsprechend der Mischungsregel erhält man einen Temperaturabfall, aber auch durch die Verdünnung mit frischem Reaktionsgas einen geringeren Umsatz. Bei mehreren hintereinandergeschalteten Kaltgaszugaben bewegt man sich im Umsatz/Temperatur-Diagramm wie in Abb. 3-32c angegeben.

In der Praxis wendet man auch eine Kombination der Zwischenkühlung und Kaltgaszugabe an. Im Abschnitt 13.3.1.1 wird am Beispiel der Ammoniaksynthese nochmals ausführlich auf die technischen Reaktor-Ausführungsformen eingegangen

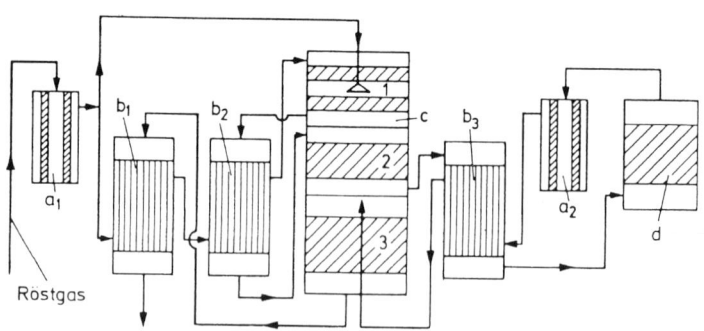

Abb. 3-34. Verfahrensfließbild für die H_2SO_4-Produktion nach dem Verfahren mit Zwischenabsorption (Doppelkontakt-Verfahren, vgl. 3.4.3) [6]; a_1, a_2 Säureabscheider, b_1, b_2, b_3 Wärmeaustauscher, c Reaktor mit den Kontaktschichten 1 bis 3, d Zwischenabsorber

(Abb. 13-2 bis 13-5). In Abb. 3-34 ist ein derartiger Mehrstufenreaktor (Abschnittsre-aktor) mit Katalysatorhorden für die Schwefelsäure-Fabrikation gezeigt. Auch hier sieht man aus dem Verfahrensfließbild mit Reaktor und Wärmeaustauschern die Kombination von Zwischen- und Kaltgaskühlung. Es wurde in Abschnitt 3.4.3 bereits erwähnt, daß nur die erfolgreiche Lösung der Wärmeaustauschprobleme eine kostengünstige Anwendung des umweltfreundlichen Doppelkontaktverfahrens mit Zwischenabsorption ermöglicht hat.

4. Physikalische und physikalisch-chemische Grundlagen der Chemischen Reaktionstechnik

Die vorangegangenen Kapitel versuchten, den Leser *qualitativ* in die Chemische Reaktionstechnik einzuführen. Die folgenden Kapitel sollen nun das Rüstzeug für eine *quantitative* Behandlung der Reaktionstechnik bringen. Es werden die Stoff- und Wärmebilanzen für Satz- und Fließreaktoren besprochen, die zu einem funktionalen Zusammenhang der Reaktionsparameter mit der Zielgröße führen.

Die mathematische Beschreibung des Reaktionsablaufs in einem Reaktor unter dem zusätzlichen Einfluß von Stoff- und Wärmetransportvorgängen (mathematisches makrokinetisches Modell) ist die Grundlage für reaktionstechnische Optimierungen. Zur wirtschaftlichen Optimierung benötigt man noch zusätzliche Informationen und außerdem Kenntnisse über wirtschaftswissenschaftliche Berechnungsmethoden.

Für die reaktionstechnischen Berechnungen werden Grundkenntnisse über den Stoff- und Wärmetransport, über die physikalisch-chemischen Grundlagen zur Berechnung von Reaktionsenthalpien und chemischen Gleichgewichten sowie Grundkenntnisse der chemischen Kinetik vorausgesetzt. Auf folgende Spezialliteratur kann hingewiesen werden [9, 10, 11, 14, 16].

Um dem Leser den Übergang zu erleichtern, wird zunächst eine Einführung in die Berechnungsweisen zur Stöchiometrie, zur chemischen Thermodynamik, zum Wärme- und Stofftransport und zur chemischen Kinetik gegeben. Ferner wird gezeigt, wie man bei fehlender naturwissenschaftlicher Information oder bei komplexem Ablauf einer chemischen Reaktion durch eine statistische Versuchsplanung und -auswertung zum gesuchten mathematischen Modell des Reaktionsvorganges gelangen kann. Diese Hinweise können jedoch fehlende Vorkenntnisse nicht ersetzen und sollen keinesfalls das Zurateziehen von Spezialliteratur verhindern.

4.1 Grundlagen der Veränderung von Reaktionssystemen bei Ablauf chemischer Reaktionen

4.1.1 Beziehung zwischen Zusammensetzung der Reaktionsmasse und Umsatz

Die Gleichung für eine einfache chemische Reaktion kann man allgemein schreiben:

$$|v_A|A + |v_B|B \rightarrow |v_C|C + |v_D|D. \tag{4-1}$$

Darin charakterisieren die Buchstaben A, B, C und D die Art der einzelnen Reaktanden; $|v_A|$, $|v_B|$, $|v_C|$ und $|v_D|$ sind die zugehörigen stöchiometrischen Zahlen, wobei die Absolutstriche bedeuten, daß die stöchiometrischen Zahlen nur mit ihrem *Betrag,* d. h. ohne Vorzeichen, einzusetzen sind.

Wie wir sehen werden, ist es zweckmäßig, die stöchiometrischen Zahlen mit Vorzeichen zu belegen. Die Reaktions*partner* A und B erhalten ein *negatives* Vorzeichen, die Reaktions*produkte* C und D ein *positives* Vorzeichen.

Wir nehmen zunächst an, daß eine Umsetzung mit nur einer stöchiometrisch unabhängigen Reaktion ablaufe, wie sie durch Gl. (4-1) beschrieben wird. Die in der gleichen Zeit umgesetzten Mengen zweier Reaktionspartner i und k verhalten sich dann wie deren stöchiometrische Zahlen:

$$\text{bei Satzbetrieb} \qquad \frac{v_i}{v_k} = \frac{n_i^0 - n_i}{n_k^0 - n_k}, \qquad\qquad (4\text{-}2)$$

$$\text{bei Fließbetrieb} \qquad \frac{v_i}{v_k} = \frac{\dot{n}_i^{\text{ein}} - \dot{n}_i}{\dot{n}_k^{\text{ein}} - \dot{n}_k}. \qquad\qquad (4\text{-}3)$$

Ist dagegen der Reaktand i ein Reaktions*partner* oder ein Reaktions*produkt* und k ein Reaktions*partner,* so gilt unter Beachtung der Vorzeichenregel für die stöchiometrischen Zahlen (d. h. $v_k < 0$):

$$\text{bei Satzbetrieb} \qquad \frac{v_i}{|v_k|} = \frac{n_i - n_i^0}{n_k^0 - n_k}, \qquad\qquad (4\text{-}4)$$

$$\text{bei Fließbetrieb} \qquad \frac{v_i}{|v_k|} = \frac{\dot{n}_i - \dot{n}_i^{\text{ein}}}{\dot{n}_k^{\text{ein}} - \dot{n}_k}. \qquad\qquad (4\text{-}5)$$

Bezieht man den Umsatz auf den Reaktionspartner k als *Leitkomponente,* so ergibt sich mit Hilfe der Gln. (3-7) und (3-8)

$$\text{bei Satzbetrieb:} \qquad n_i = n_i^0 + \frac{v_i}{|v_k|}\, n_k^0\, U_k \qquad\qquad (4\text{-}6)$$

$$\text{bzw.} \qquad c_i\, V_R = c_i^0\, V_R^0 + \frac{v_i}{|v_k|}\, c_k^0\, V_R^0\, U_k; \qquad\qquad (4\text{-}7)$$

$$\text{bei Fließbetrieb:} \qquad \dot{n}_i = \dot{n}_i^{\text{ein}} + \frac{v_i}{|v_k|}\, \dot{n}_k^{\text{ein}}\, U_k \qquad\qquad (4\text{-}8)$$

$$\text{bzw.} \qquad c_i\, \dot{V} = c_i^{\text{ein}}\, \dot{V}^{\text{ein}} + \frac{v_i}{|v_k|}\, c_k^{\text{ein}}\, \dot{V}^{\text{ein}}\, U_k. \qquad\qquad (4\text{-}9)$$

Sind beide Reaktanden i und k Reaktionspartner, d. h. $v_i < 0$, $v_k < 0$, so kann man z. B. Gl. (4-8) schreiben:

$$\dot{n}_i^{ein} U_i = \frac{|v_i|}{|v_k|} \dot{n}_k^{ein} U_k. \tag{4-10}$$

Liegen i und k im stöchiometrischen Verhältnis im Zulaufstrom vor, so ist

$$\frac{|v_i|}{|v_k|} = \frac{\dot{n}_i^{ein}}{\dot{n}_k^{ein}}; \tag{4-11}$$

damit folgt aus Gl. (4-10):

$$U_i = U_k. \tag{4-12}$$

Werden also die Reaktionspartner i und k im stöchiometrischen Verhältnis eingesetzt, so sind deren Umsätze gleich, vorausgesetzt, daß nur eine stöchiometrisch unabhängige Reaktion stattfindet.

Nach Gl. (4-6) bzw. (4-8) ist:

$$\text{bei Satzbetrieb} \quad \sum_i n_i = \sum_i n_i^0 + \frac{\sum_i v_i}{|v_k|} n_k^0 U_k, \tag{4-13}$$

$$\text{bei Fließbetrieb} \quad \sum_i \dot{n}_i = \sum_i \dot{n}_i^{ein} + \frac{\sum_i v_i}{|v_k|} \dot{n}_k^{ein} U_k. \tag{4-14}$$

Aus den Gln. (4-6) bzw. (4-8) erhält man nach Division durch die Gln. (4-13) bzw. (4-14) den Molenbruch des Reaktanden i:

$$\text{bei Satzbetrieb:} \quad x_i = \frac{n_i}{\sum_i n_i} = \frac{x_i^0 + \dfrac{v_i}{|v_k|} x_k^0 U_k}{1 + \dfrac{\sum_i v_i}{|v_k|} x_k^0 U_k} \tag{4-15}$$

bzw.

$$\text{bei Fließbetrieb:} \quad x_i = \frac{\dot{n}_i}{\sum_i \dot{n}_i} = \frac{x_i^{ein} + \dfrac{v_i}{|v_k|} x_k^{ein} U_k}{1 + \dfrac{\sum_i v_i}{|v_k|} x_k^{ein} U_k}. \tag{4-16}$$

Löst man die Gln. (4-15) bzw. (4-16) nach dem Umsatz auf, so folgt daraus:

bei Satzbetrieb $\quad U_k = \dfrac{x_i^0 - x_i}{\dfrac{x_k^0}{|v_k|} \left(x_i \sum\limits_i v_i - v_i\right)}$ $\qquad$ (4-17)

bzw.

bei Fließbetrieb $\quad U_k = \dfrac{x_i^{ein} - x_i}{\dfrac{x_k^{ein}}{|v_k|} \left(x_i \sum\limits_i v_i - v_i\right)} \, .$ $\qquad$ (4-18)

Während für jede einfache Reaktion selbstverständlich nur eine Reaktionsgleichung gilt, müssen für Parallelreaktionen so viele Reaktionsgleichungen aufgestellt werden, wie einfache Reaktionen simultan ablaufen. So können z. B. bei der Umsetzung von Kohlenmonoxid mit Wasserstoff folgende Reaktionen simultan stattfinden:

$$CO + 2\,H_2 \rightarrow CH_3OH$$

$$CO + 3\,H_2 \rightarrow CH_4 + H_2O.$$

Laufen 1, 2 bis j Reaktionen *parallel* ab, so müssen die Gln. (4-15) und (4-16) erweitert werden. Für Fließbetrieb erhält man:

$$x_i = \frac{x_i^{ein} + \dfrac{v_{i1}}{|v_{k1}|} x_k^{ein} U_{k1} + \dfrac{v_{i2}}{|v_{k2}|} x_k^{ein} U_{k2} + \dots \dfrac{v_{ij}}{|v_{kj}|} x_k^{ein} U_{kj}}{1 + \dfrac{\left(\sum\limits_i v_i\right)_1}{|v_{k1}|} x_k^{ein} U_{k1} + \dfrac{\left(\sum\limits_i v_i\right)_2}{|v_{k2}|} x_k^{ein} U_{k2} + \dots \dfrac{\left(\sum\limits_i v_i\right)_j}{|v_{kj}|} x_k^{ein} U_{kj}} \qquad (4\text{-}19)$$

(v_{ij}, v_{kj} = stöchiometrische Zahlen für die Reaktion mit der Nummer j; U_{kj} = Umsatz von k nach der Reaktion mit der Nummer j).

Die Beziehung für Satzbetrieb ist analog; in Gl. (4-19) sind dann x_i^{ein} und x_k^{ein} durch x_i^0 und x_k^0 zu ersetzen.

Die hier abgeleiteten Beziehungen zwischen Umsatz und Zusammensetzung werden wir in späteren Abschnitten sowohl zur Berechnung des thermodynamisch maximal möglichen Umsatzes als auch in der Kinetik und zur Reaktorberechnung heranziehen.

4.1.2 Stöchiometrie chemischer Reaktionen

In Abschnitt 4.1.1 wurde der Begriff der stöchiometrischen Koeffizienten sowohl für einfache als auch für komplexe Reaktionen (v_i bzw. v_{ij}) eingeführt und in den entsprechenden Gleichungen für den Reaktionsfortschritt benutzt. Dabei war für den Fall, daß mehrere Reaktionen parallel ablaufen, an der zugehörigen Gl. (4-19) zu erkennen, daß man hier schnell zu sehr komplexen Gleichungen kommt. Da aber heute Systeme mit sehr vielen simultan ablaufenden Reaktionen in der Reaktionstechnik immer bedeutender werden – man denke beispielsweise an Krackreaktionen oder Reaktionen im Bereich der Umwelttechnik – soll die systematische Behandlung der Stöchiometrie chemischer Reaktionen für einen beliebig komplexen Fall in diesem Abschnitt gesondert dargestellt werden.

4.1.2.1 Zielsetzung und Grundlagen

Unter der Stöchiometrie versteht man die Lehre von den Gesetzmäßigkeiten, denen die Änderung der Zusammensetzung eines Reaktionsgemisches während des Ablaufs einer chemischen Reaktion unterliegt.

Bei Vorliegen eines beliebigen Reaktionsgemisches haben wir es im allgemeinen Fall mit N Komponenten oder chemischen Spezies $A_1, \dots A_i, \dots A_N$ zu tun. Diese können nun nach einem – zunächst unbekannten – Reaktionsschema miteinander reagieren. Die Stöchiometrie kann dabei die folgenden, für die zuverlässige Beschreibung des reagierenden Systems wesentlichen Fragen beantworten:

1. Wie viele – und welche – der Komponenten müssen in ihren Veränderungen während eines Reaktionsablaufs mindestens bekannt sein? Dies sind die sogenannten *Schlüsselkomponenten*. Zur vollständigen Beschreibung eines Systems muß deren Stoffmengenänderung experimentell ermittelt werden. Die Stoffmengenänderungen aller anderen Spezies können dann daraus berechnet werden.

2. Wie viele – und welche – stöchiometrische Gleichungen benötigt man mindestens, um die Stoffmengenänderung aller Komponenten zu erklären. Diese stöchiometrischen Gleichungen bezeichnet man dann als *Schlüsselreaktionen*.

Die Grundlage der Stöchiometrie ist der Satz von der Erhaltung der Masse. Dies bedeutet, daß in einem geschlossenen System auch beim Ablauf einer chemischen Reaktion die Anzahl der Atome eines jeden Elementes konstant bleibt. Formelmäßig ausgedrückt bedeutet dies

$$\sum_{i=1}^{N} \beta_{hi} \cdot n_i = b_h, \quad h = 1, \dots, L. \tag{4-20}$$

Hierin bedeuten:

L   Anzahl der chemischen Elemente mit einem Laufindex $h = 1, \dots, L$,
N   Anzahl der Komponenten mit einem Laufindex $i = 1, \dots, N$,

β_{hi} Koeffizient von Element h in der Summenformel der Spezies A_i,

n_i Stoffmenge der Komponente A_i,

b_h Stoffmenge eines Elements h im gesamten Reaktionsgemisch.

Beispiel 4.1: Wir betrachten das Reaktionssystem

$$CO + 3H_2 = CH_4 + H_2O.$$

Hierbei ist $h = 1, 2, 3 \triangleq C, H, O$; $i = 1, 2, 3, 4 \triangleq CO, H_2, CH_4, H_2O$. Gl. (4-20) angewendet für Wasserstoff (h = 2) ergibt

$$0 \cdot n_1 + 2 \cdot n_2 + 4 \cdot n_3 + 2 \cdot n_4 = b_2 \triangleq b_H.$$

Nun ändern sich bei einer chemischen Reaktion die Stoffmengen n_i. Wir kommen von einer Stoffmenge bei Reaktionsbeginn n_i^0 zu einer Stoffmenge bei einem gewissen Reaktionsfortschritt n_i, so daß sich als Differenz ergibt

$$\Delta n_i = n_i - n_i^0. \tag{4-21}$$

Wie schon festgestellt, müssen aber dabei die Stoffmengen der einzelnen Elemente unverändert bleiben. Die Elementbilanz, Gl. (4-20), kann daher sowohl zu Beginn als auch am Ende einer Reaktion angewandt werden:

$$\sum_i \beta_{hi} n_i = \sum_i \beta_{hi} n_i^0 = b_h. \tag{4-22}$$

Daraus resultiert für die Differenz die Beziehung

$$\sum_i^N \beta_{hi} \Delta n_i = 0, \quad h = 1, \dots, L. \tag{4-23}$$

Aus dieser zentralen Gleichung folgen alle weiteren stöchiometrischen Zusammenhänge. Sie bildet die Basis sowohl zur Ermittlung der Schlüsselkomponenten als auch der Schlüsselreaktionen. Häufig wird diese Gleichung in Matrixschreibweise – der Schreibweise der linearen Algebra – dargestellt:

$$\mathbf{B} \cdot \mathbf{\Delta n} = \mathbf{0}, \tag{4-24}$$

wobei $\mathbf{B}$ die sog. *Element-Spezies-Matrix* ist.

Beispiel 4.2: Als Beispiel für eine Element-Spezies-Matrix **B** dient das einfache System der NH_3-Synthese mit dem Komponenten N_2, H_2, NH_3

	h	Elem.	$i \rightarrow$ Spez. $\rightarrow$	N		
				1 N_2	2 H_2	3 NH_3
L	1	N		**2**	**0**	**1**
	2	H		**0**	**2**	**3**

Die Elemente der Element-Spezies-Matrix **B** sind fett gedruckt.

4.1.2.2 Bestimmung der Schlüsselkomponenten

Üblicherweise sind bei einem zu untersuchenden Reaktionssystem die Summenformeln aller an den Umsetzungen beteiligten Komponenten A_i bekannt. Dann ergibt sich aus Gl. (4-24) ein homogenes (alle rechten Seiten sind Null) lineares Gleichungssystem mit N Unbekannten Δn_i und den bekannten Koeffizienten β_{hi}. Die das Gleichungssystem bestimmende Matrix **B** (Dimension $L \times N$) kann durch ihren Rang R_β charakterisiert werden. Dies ist eine spezifische Größe, die der Ordnung der größten nicht verschwindenden Determinante der Matrix entspricht [32].

Weil N im allgemeinen größer als L ist (vgl. Beispiel 4.2), gilt fast immer $R_\beta = L$, so daß das Gleichungssystem (4-24) unterbestimmt ist. Bei der Lösung dieses unterbestimmten Gleichungssystems gelten die Regeln der linearen Algebra [32]. Danach werden R_β „gebundene" Unbekannte als Funktion der restlichen $(N - R_\beta)$ „freien" Unbekannten ermittelt. Auf das vorliegende zu lösende Problem übertragen heißt dies, daß die freien Unbekannten die Stoffmengenänderungen der Schlüsselkomponenten sind. Sind diese bekannt, lassen sich die Stoffmengenänderungen der übrigen Komponenten (gebundene Unbekannte) eindeutig bestimmen. Dies ergibt sich ja schon aus der Definition der Schlüsselkomponenten. Die gesuchte Anzahl der Schlüsselkomponenten R ist somit

$$R = N - R_\beta. \tag{4-25}$$

Die praktische Bestimmung der Anzahl und Art der Schlüsselkomponenten wird in Abschnitt 4.1.2.4 in einem einzigen Beispiel für den Gesamtabschnitt 4.1.2 demonstriert.

Für die praktische Auswahl der Schlüsselkomponenten ist wichtig, daß natürlich wegen des unterbestimmten Gleichungssystems mehrere mögliche Sätze von Schlüsselkomponenten existieren. Man wird daher als Schlüsselkomponenten diejenigen Spezies auswählen, deren Bildung bzw. Stoffmengenänderung Δn_i sich möglichst bequem und genau messen läßt. Dies bedeutet, daß Komponenten mit möglichst großen Stoffmengenänderungen, die möglichst noch alle in derselben Größenordnung liegen, ausgewählt werden sollten. Dabei ist es allerdings wichtig, daß in den sich ergebenden Nichtschlüsselkomponenten mindestens R_β chemischen Elemente enthalten sind. Ist dies nicht der Fall, so ergibt sich ein Rangabfall in der Matrix **B**, wodurch sich für die Ermittlung der gebundenen Komponenten eine Bestimmungsgleichung zu wenig ergibt. Beispiel 4.3 soll dies verdeutlichen.

Beispiel 4.3: Zur Synthese des Aldehyds (B) wird der Alkohol (A) über einem Platinkatalysator dehydriert. Der dabei entstehende Wasserstoff wird durch Zugabe von Sauerstoff zu Wasser umgewandelt. Die Weiteroxidation des Aldehyds zur Carbonsäure (C) ist eine unerwünschte Folgereaktion. Parallel zur Dehydrierung kann die Dimerisierung des Alkohols (A) zum Ether (D) erfolgen.

Die Element(h)-Spezies(i)-Matrix für dieses Reaktionssystem lautet:

h \ i	(A)	(B)	(C)	(D)	H_2O	H_2	O_2
C	7	7	7	14	0	0	0
H	7	5	5	12	2	2	0
O	1	1	2	1	1	0	2
N	1	1	1	2	0	0	0
Cl	2	2	2	4	0	0	0

Wie man sofort sieht, ist der Rang der Matrix $R_\beta = 3$, da die letzten beiden Zeilen der Matrix linear abhängig von der ersten Zeile sind.

Die Anzahl der Komponenten N ist sieben, daraus ergibt sich nach Gl. (4-25) die Anzahl der Schlüsselkomponenten zu vier. Wählt man nun die Komponenten (A), (B), (C) und (D) als Schlüsselkomponenten, so ist die Anzahl der Elemente in den Nichtschlüsselkomponenten zwei und damit kleiner als der Rang der Matrix. Dies führt zu einem Rangabfall der Matrix und damit zu einer fehlenden Ermittlungsgleichung für die gebundenen Komponenten H_2O, H_2 und O_2. Das ausformulierte Gleichungssystem macht dies deutlich:

$$7\,\Delta\,n_A + 7\,\Delta\,n_B + 7\,\Delta\,n_C + 14\,\Delta\,n_D = 0$$
$$7\,\Delta\,n_A + 5\,\Delta\,n_B + 5\,\Delta\,n_C + 12\,\Delta\,n_D + 2\,\Delta\,n_{H_2O} + 2\,\Delta\,n_{H_2} = 0$$
$$1\,\Delta\,n_A + 1\,\Delta\,n_B + 2\,\Delta\,n_C + 1\,\Delta\,n_D + 1\,\Delta\,n_{H_2O} + 2\,\Delta\,n_{O_2} = 0$$

4.1.2.3 Bestimmung der Schlüsselreaktionen

Bei der Bestimmung der Schlüsselreaktionen kann man entweder eine unsystematische, aber leicht verständliche Vorgehensweise wählen, oder systematisch auf der Basis der Element-Spezies-Matrix **B** vorgehen. Erstere Methode soll für eine Erklärung des Vorgehens zuerst gebracht werden, letztere wird dann anschließend vorgestellt.

Schlüsselreaktionen aus einem vorgegebenen Satz von Reaktionsgleichungen

Bevor bei einem Reaktionssystem eine detaillierte kinetische Untersuchung erfolgt, muß ein Reaktionsschema, d.h. ein Satz von Reaktionsgleichungen, postuliert werden. Dies geschieht entweder auf der Basis allgemeiner Kenntnis chemischer Zusammenhänge, aus Literaturdaten oder auch auf Grund von ersten kinetischen Vorversuchen. Man muß dann natürlich davon ausgehen, daß dieser unsystematisch gewählte Satz von Gleichungen genügend Reaktionsgleichungen enthält, um daraus einen Satz Schlüsselreaktionen für eine ausreichende „Minimalbeschreibung" erhalten zu können. Meist wird diese Vorgehensweise dazu führen, daß zunächst mehr oder weniger linear abhängige Gleichungen in dem Schema enthalten sein werden. Wenn M Reaktionsgleichungen ausgewählt wurden, entsteht das Gleichungssystem

$$\sum_{i=1}^{N} \nu_{ij}A_i = 0; \quad j = 1, \dots, M. \tag{4-26}$$

Aus diesem System erhält man den gesuchten Satz der Schlüsselreaktionen durch Anwendung des Gaußschen Algorithmus auf das vorgegebene Reaktionsschema. Diese Vorgehensweise [vgl. A Mathematischer Anhang] führt zu einem Satz linear unabhängiger Reaktionen; das sind die Schlüsselreaktionen. Diese Methode soll nochmals im Abschnitt 4.1.2.4 an dem Demonstrationsbeispiel verdeutlicht werden.

Voraussetzung für den Erfolg dieser unsystematischen Methode ist allerdings, daß das vorgegebene Reaktionsschema auch einen vollständigen Satz aus $N - R_\beta$ Schlüsselreaktionen enthält. Dies ist bei Vorliegen sehr vieler Komponenten und intuitiver Formulierung keineswegs immer gewährleistet. Man kann leicht notwendige Schlüsselreaktionen übersehen. Eine dann erforderliche Vorgehensweise nach einem „trial and error"-Verfahren ist sehr mühsam. Daher ist die systematische, meist mit Hilfe eines Rechenprogramms durchzuführende, Vorgehensweise auf der Basis der Element-Spezies-Matrix **B** zuverlässiger und effizienter.

Schlüsselreaktionen auf der Basis der Element-Spezies-Matrix **B**

Aus der Element-Spezies-Matrix **B** lassen sich im Prinzip beliebig viele Sätze von Schlüsselreaktionen und damit Reaktionsgleichungen formulieren, wobei schon aus der Definition hervorgeht, daß die Anzahl der Schlüsselreaktionen gleich der Anzahl der Schlüsselkomponenten sein muß. Jeder dieser beliebig vielen Sätze ist für eine Bilanzierung des Systems gleich gut geeignet, nicht jedoch für seine kinetische Beschreibung.

Aus Gl. (4-26) erhält man für eine einzige Reaktion zwischen N Spezies:

$$\sum_{i=1}^{N} v_i A_i = 0. \tag{4-27}$$

Für jede dieser Reaktionen gilt wiederum Gl. (4-24), d. h. die Massenerhaltung. Daraus resultiert nun für einen Formelumsatz, d. h. $\Delta n_i = v_i$:

$$\sum_{i=1}^{N} \beta_{hi} v_i = 0; \quad h = 1, \ldots, L. \tag{4-28}$$

In strenger Parallelität zur Bestimmung der Schlüsselkomponenten in Abschnitt 4.1.2.2 liegt damit auch hier wieder ein homogenes unterbestimmtes Gleichungssystem vor, diesmal mit den stöchiometrischen Koeffizienten v_i der zu formulierenden Reaktionsgleichungen als Unbekannten. Da hier aber für die freien Unbekannten – im Gegensatz zum Fall der Schlüsselkomponenten – keine Zahlenwerte vorliegen, weil es keine gemessenen Werte für die stöchiometrischen Koeffizienten gibt, muß die sog. vollständige oder allgemeine Lösung des Gleichungssystems ermittelt werden. Dies besteht aus $R_v = N - R_\beta$. Sonderlösungen (vgl. [32], S. 64: Fundamentales Lösungssystem). Die aus den Sonderlösungen gebildete Matrix ist die gesuchte Matrix der stöchiometrischen Koeffizienten der Schlüsselreaktionen, die einen Rang R_v aufweist:

$$\begin{bmatrix} v_{11} & \cdots & v_{i1} & \cdots & v_{N1} \\ \vdots & & \vdots & & \vdots \\ v_{1j} & \cdots & v_{ij} & \cdots & v_{Nj} \\ \vdots & & \vdots & & \vdots \\ v_{1R_v} & \cdots & v_{iR_v} & \cdots & v_{NR_v} \end{bmatrix} = \{v_{ij}\}. \tag{4-29}$$

Man erhält die einzelnen Sonderlösungen, d. h die Zeilen der Matrix (4-29), indem man für R_v freie Unbekannte R_v beliebige, aber linear unabhängige Zahlenkombinationen vorgibt – gerade so viele sind überhaupt möglich – und dann die gebundenen Unbekannten errechnet, d. h. die zugehörigen Reaktionsgleichungen löst. Man erhält so die stöchiometrischen Koeffizienten von R_v linear unabhängigen Reaktionsgleichungen, die gerade ausreichen, um die Umsätze der $N - R_\beta = R_v$ Schlüsselkomponenten – und damit aller Komponenten – zu ermitteln. Die vollständige Lösung des Gleichungssystems (4-28) liefert somit die gesuchten Schlüsselreaktionen, deren wesentliches Merkmal die lineare Unabhängigkeit darstellt.

Noch nicht angesprochen wurde die Frage, nach welcher Methode man nun Zahlenwerte für die freien Unbekannten findet. Hier hat sich ein einfaches Vorgehensschema bewährt, das darüber hinaus meist zu sinnvollen Reaktionsgleichungen führt: Man setzt nacheinander die 1.,2., usw. der freien Unbekannten gleich 1 und die übrigen Null. Das bedeutet, daß in jeder Reaktionsgleichung nur eine der zu den freien Unbekannten gehörenden Komponenten auftritt, was sinnvoll ist.

Die hier nur abstrakt vorgestellte Vorgehensweise wird sicher in ihrer Systematik in dem anschließenden Beispiel 4.1.2.4 transparent. An diesem Beispiel sollte auch klar werden, daß diese Art von Rechnungen, die im Prinzip jeder kinetischen Untersuchung, aber auch jeder Reaktorberechnung vorausgehen sollten, für die Durchführung mittels Computer geradezu prädestiniert sind. Hierbei soll nochmals betont werden, daß als einzige Grundlage die Element-Spezies-Matrix **B** bekannt sein muß, was gleichzeitig erklärt, daß die gefundenen Schlüsselreaktionen für die Bilanzierung immer genügen, nicht jedoch für die kinetische Beschreibung.

4.1.2.4 Illustrationsbeispiel zur Stöchiometrie chemischer Reaktionen

Die katalytische Reinigung von Abgasen aus Otto-Motoren mittels eines sogenannten „Katalysators" (katalytischer Integralreaktor im Auspuff) beruht im wesentlichen auf der Oxidation von Kohlenmonoxid und Kohlenwasserstoffen sowie auf der Reduktion von Stickoxiden (hier als reines NO angenommen). Folgendes Reaktionsschema kann für diesen Prozeß aufgestellt werden[1]):

$$CO + \frac{1}{2} O_2 \quad \rightleftharpoons CO_2,$$

$$C_4H_{10} + \frac{13}{2} O_2 \quad \rightleftharpoons 4 CO_2 + 5 H_2O,$$

$$NO + CO \quad \rightleftharpoons \frac{1}{2} N_2 + CO_2,$$

$$NO + H_2 \quad \rightleftharpoons \frac{1}{2} N_2 + H_2O,$$

$$CO + H_2O \quad \rightleftharpoons CO_2 + H_2,$$

$$13 NO + C_4H_{10} \rightleftharpoons \frac{13}{2} N_2 + 5 H_2O + 4 CO_2,$$

$$H_2 + \frac{1}{2} O_2 \quad \rightleftharpoons H_2O,$$

$$NO + \frac{5}{2} H_2 \quad \rightleftharpoons NH_3 + H_2O,$$

$$C_4H_{10} + 6 H_2O \rightleftharpoons 2 CO + 2 CO_2 + 11 H_2.$$

---

[1]) Das Beispiel wurde nach einem Zitat von A. Löwe und U. Hoffmann [33] ausgearbeitet.

Die Element(h)-Spezies(i)-Matrix für dieses Problem stellt sich wie folgt dar:

h \\ i	N_2	H_2	O_2	CO	CO_2	C_4H_{10}	H_2O	NO	NH_3
N	2	0	0	0	0	0	0	1	1
H	0	2	0	0	0	10	2	0	3
O	0	0	2	1	2	0	1	1	0
C	0	0	0	1	1	4	0	0	0

Aus der Anzahl der Komponenten $N = 9$ und dem Rang der Matrix $R_\beta = 4$ ergibt sich die Anzahl der Schlüsselkomponenten R zu 5:

$$R = N - R_\beta = 5.$$

Bei der Auswahl der Schlüsselkomponenten muß beachtet werden, daß die vier Nichtschlüsselkomponenten mindestens R_β (also 4) Elemente enthalten, damit die zu den Nichtschlüsselkomponenten gehörenden Spaltenvektoren in der Element-Spezies-Matrix linear unabhängig sind. Dies ist genau der Fall, wenn die Komponenten O_2, N_2, H_2O, NO und H_2 als Schlüsselkomponenten angenommen werden.

Zur Ermittlung der Schlüsselreaktionen (SR) für dieses Reaktionssystem kann nun, wie im vorherigen Abschnitt dargestellt, nach zwei Methoden vorgegangen werden. Die Anzahl der Schlüsselreaktionen ist schon durch die Anzahl der Schlüsselkomponenten festgelegt und beträgt hier fünf.

1) Die Ermittlung mittels eines vorgegebenen Satzes von Reaktionsgleichungen (in diesem Fall die oben aufgeführten Reaktionsgleichungen) erfolgt durch Anwendung des Gaußschen Algorithmus auf die Matrix der stöchiometrischen Koeffizienten aus dem vorgegebenen Reaktionsschema. Diese Matrix lautet wie folgt:

$$
\begin{bmatrix}
-1 & 0 & 0 & 0 & 0 & -2 & 2 & 0 & 0 \\
-13 & 0 & 10 & 0 & 0 & 0 & 8 & 0 & -2 \\
0 & 1 & 0 & -2 & 0 & -2 & 2 & 0 & 0 \\
0 & 1 & 2 & -2 & -2 & 0 & 0 & 0 & 0 \\
0 & 0 & -1 & 0 & 1 & -1 & 1 & 0 & 0 \\
0 & 13 & 10 & -26 & 0 & 0 & 8 & 0 & -2 \\
-1 & 0 & 2 & 0 & -2 & 0 & 0 & 0 & 0 \\
0 & 0 & 2 & -2 & -5 & 0 & 0 & 2 & 0 \\
0 & 0 & -6 & 0 & 11 & 2 & 2 & 0 & -1
\end{bmatrix} = 0
$$

Die Ergebnismatrix nach der Gauß-Elimination sieht dann folgendermaßen aus:

$$
\begin{bmatrix}
-1 & 0 & 0 & 0 & 0 & -2 & 2 & 0 & 0 \\
0 & -1 & 0 & 2 & 0 & 2 & -2 & 0 & 0 \\
0 & 0 & -1 & 0 & 1 & -1 & 1 & 0 & 0 \\
0 & 0 & 0 & 2 & 3 & 2 & -2 & -2 & 0 \\
0 & 0 & 0 & 0 & 5 & 8 & -4 & 0 & -1 \\
0 & 0 & 0 & 0 & 0 & 0 & 0 & 0 & 0 \\
0 & 0 & 0 & 0 & 0 & 0 & 0 & 0 & 0 \\
0 & 0 & 0 & 0 & 0 & 0 & 0 & 0 & 0 \\
0 & 0 & 0 & 0 & 0 & 0 & 0 & 0 & 0
\end{bmatrix} = 0
$$

Der Rang dieser Matrix ist, wie erwartet, fünf, entsprechend der Anzahl der Schlüsselreaktionen. Diese lauten somit wie folgt:

$$O_2 + 2\,CO \qquad \rightleftharpoons 2\,CO_2 \qquad\qquad \text{1. SR,}$$

$$N_2 + 2\,CO_2 \qquad \rightleftharpoons 2\,NO + 2\,CO \qquad \text{2. SR,}$$

$$H_2O + CO \qquad \rightleftharpoons H_2 + CO_2 \qquad\quad \text{3. SR,}$$

$$2\,CO_2 + 2\,NH_3 \rightleftharpoons 3\,H_2 + 2\,CO + 2\,NO \quad \text{4. SR,}$$

$$4\,CO_2 + C_4H_{10} \rightleftharpoons 8\,CO + 5\,H_2 \qquad\quad \text{5. SR.}$$

2) Bei der Ermittlung der Schlüsselreaktionen auf Basis der Element-Spezies-Matrix sucht man die $R_v = N - R_\beta$ Sonderlösungen des Gleichungssystems und bilanziert dann für jede Sonderlösung über die einzelnen Elemente. Die Matrix der stöchiometrischen Koeffizienten für die Schlüsselreaktionen sieht für die Sonderlösungen wie folgt aus:

j \ i	CO	CO_2	NH_3	C_4H_{10}	O_2	N_2	H_2O	NO	H_2
1	v_{11}	v_{21}	v_{31}	v_{41}	1	0	0	0	0
2	v_{12}	v_{22}	v_{32}	v_{42}	0	1	0	0	0
3	v_{13}	v_{23}	v_{33}	v_{43}	0	0	1	0	0
4	v_{14}	v_{24}	v_{34}	v_{44}	0	0	0	1	0
5	v_{15}	v_{25}	v_{35}	v_{45}	0	0	0	0	1

Nichtschlüsselkomponenten   Schlüsselkomponenten

Beginnend bei der 1. Sonderlösung wird nun über die einzelnen Elemente gemäß Gl. (4-28) bilanziert. Für die erste Sonderlösung ergeben sich damit folgende Bilanzen:

N-Bilanz: $1 \cdot v_{31} = 0,$ (I)

H-Bilanz: $3 \cdot v_{31} + 10 \cdot v_{41} = 0,$ (II)

                    $\Rightarrow v_{41} = 0,$

O-Bilanz: $1 \cdot v_{11} + 2 \cdot v_{21} + 2 = 0,$ (III)

C-Bilanz: $1 \cdot v_{11} + 1 \cdot v_{21} + 4 \cdot v_{41} = 0,$ (IV)

(III–IV): $v_{11} + 2 \cdot v_{21} + 2 - v_{11} - v_{21} - 4v_{41} = 0$

                    $\Rightarrow v_{21} = -2$

                    $\Rightarrow v_{11} = -v_{21} = 2.$

Die Koeffizienten für die Komponenten aus der ersten Sonderlösung ergeben sich somit zu $v_{11} = 2$, $v_{21} = -2$, $v_{31} = 0$ und $v_{41} = 0$, wobei $v_{51} = v_{O_2} = 1$ ist. Die erste Schlüsselreaktion lautet somit:

$$2\,CO_2 \rightleftharpoons O_2 + 2\,CO.$$

Nach dieser Vorgehensweise werden auch für die übrigen Sonderlösungen die Elementbilanzen gelöst und man erhält den Satz aus fünf Schlüsselreaktionen zur vollständigen Beschreibung des Reaktionssystems:

$$2\,CO_2 \rightleftharpoons O_2 + 2\,CO \qquad \text{1. SR,}$$

$$24\,CO + 10\,NH_3 \rightleftharpoons 12\,CO_2 + 3\,C_4H_{10} + 5\,N_2 \qquad \text{2. SR,}$$

$$9\,CO_2 + C_4H_{10} \rightleftharpoons 13\,CO + 5\,H_2O \qquad \text{3. SR,}$$

$$14\,CO + 10\,NH_3 \rightleftharpoons 3\,C_4H_{10} + 2\,CO_2 + 10\,NO \qquad \text{4. SR,}$$

$$4\,CO_2 + C_4H_{10} \rightleftharpoons 8\,CO + 5\,H_2 \qquad \text{5. SR.}$$

Wie zu erwarten, stimmen diese Schlüsselreaktionen nicht mit den nach der ersten Methode gefundenen Gleichungen überein.

4.2 Thermodynamik chemischer Reaktionen

In diesem einführenden Abschnitt werden nur diejenigen thermodynamischen Funktionen behandelt, die für reaktionstechnische Berechnungen von Bedeutung sind. Zuerst wird auf die Reaktionsenthalpie als Grundlage für die Wärmebilanzierung chemischer Reaktoren eingegangen. Anschließend wird die freie Enthalpie und deren Temperaturabhängigkeit im Zusammenhang mit Gleichgewichtsberechnungen behandelt. Bei reversiblen Reaktionen steht die Gleichgewichtsberechnung am Anfang der Planung eines chemischen Produktionsverfahrens, da sie eine Auskunft darüber gibt, welcher Umsatz eines Reaktionspartners oder welche Ausbeute an einem Reaktionsprodukt bei bestimmten Reaktionsbedingungen maximal erwartet werden kann.

4.2.1 Reaktionsenthalpie

Die an einer chemischen Reaktion beteiligten Reaktionspartner und Reaktionsprodukte haben verschiedene Bindungsenergien. Als Folge davon sind alle chemischen Reaktionen entweder mit einer Aufnahme oder mit einer Abgabe von Energie verbunden, welche gewöhnlich als Wärmeenergie auftritt; man spricht daher von der *„Wärmetönung"* der Reaktion. Läuft eine Reaktion

$$|v_A|A + |v_B|B \rightarrow |v_C|C + |v_D|D \qquad (4-1)$$

bei konstantem Volumen und konstanter Temperatur vollständig in Richtung des Pfeils ab, so ist die dabei auftretende Wärmetönung W_V. Diese Wärmetönung W_V unterscheidet sich von der Wärmetönung W_p derselben Reaktion, wenn man diese bei der gleichen Temperatur unter einem konstanten Druck p ablaufen läßt, um die im letzteren Fall geleistete Volumenarbeit $p \Delta V$.

Nach Übereinkunft wird die Wärmetönung *negativ* gerechnet, *wenn das System Wärme aufnimmt, positiv, wenn das System Wärme abgibt.*

Praktische Bedeutung kommt vor allem der Wärmetönung bei konstantem Druck zu; deren negativer Wert wird als *Reaktionsenthalpie* ΔH_R bezeichnet.

Für die oben formulierte Reaktion ist die Reaktionsenthalpie definiert als diejenige Wärmemenge, welche vom System aufgenommen (endotherme Reaktion, ΔH_R positiv) oder abgegeben wird (exotherme Reaktion, ΔH_R negativ), wenn die Reaktion bei konstantem Druck vollständig in Richtung des Pfeils abläuft, und die gebildeten Produkte nach der Reaktion auf dieselbe Temperatur gebracht werden, welche die Reaktionspartner zu Beginn der Reaktion hatten.

Die Reaktionsenthalpie ΔH_R hängt nicht nur von der chemischen Natur der einzelnen Reaktanden ab, sondern auch von deren physikalischen Zuständen. In diesem Zusammenhang spielt der Begriff *Standardzustand* eine wichtige Rolle. Es gibt unendlich viele Standardzustände. Für kondensierte Stoffe wird als Standardzustand meistens der Zustand des reinen Stoffes beim Druck und bei der Temperatur des Systems, bei Gasen meistens der Zustand des idealen Gases bei einem Druck von 1,01325 bar (1 at) und bei der Temperatur des Systems angenommen. Die Standardzustände seien allgemein durch das Symbol $^\circ$ gekennzeichnet.

Hier soll zunächst nur ein Standardzustand benutzt werden, der auch in Tabellen am häufigsten verwendet wird, und zwar für kondensierte Stoffe der Zustand des reinen Stoffes beim Druck von 1,01325 bar und bei einer Temperatur von 25°C ($\triangleq 298,15$ K), für Gase der Zustand des idealen Gases bei 1,01325 bar und 25°C. Der so definierte Standardzustand soll im folgenden als Standardzustand schlechthin bezeichnet werden, im Bedarfsfall jedoch als *normaler* Standardzustand von anderen Standardzuständen unterschieden werden. Die Standard-Reaktionsenthalpie $\Delta H_{R,298}^\circ$ ist also diejenige Enthalpieänderung, welche auftritt, wenn die Reaktion unter einem Druck von 1,01325 bar vollständig in Richtung des Pfeiles verläuft und wenn die Reaktionspartner vor der Reaktion und die Reaktionsprodukte nach der Reaktion bei einer Temperatur von 25 °C ($\triangleq$ 298,15 K) vorliegen.

Der Aggregatzustand der einzelnen Reaktanden wird in der Reaktionsgleichung durch einen Buchstaben in Klammern angegeben: (g) bedeutet den gasförmigen, (l) den flüssigen und (s) den festen Aggregatzustand. In manchen Fällen kann noch eine weitere Kennzeichnung erforderlich sein, welche sich auf die kristalline Modifikation bezieht, z. B. S (rhombisch), S (monoklin), C (Graphit), C (Diamant).

Wie alle thermodynamischen Zustandsgrößen ist auch die Reaktionsenthalpie nur abhängig vom Anfangs- und Endzustand, also unabhängig davon, auf welchem Weg die Reaktion zu diesem Endzustand verläuft. Daraus folgt die Berechnung von Reaktionsenthalpien nach dem *Satz von Heß:* Wenn sich die Reaktionsgleichung für eine Reaktion durch Linearkombination der Reaktionsgleichungen zweier (oder mehrerer) anderer Reaktionen ausdrücken läßt, dann ergibt sich die Reaktionsenthalpie aus derselben Linearkombination der Reaktionsenthalpien dieser anderen Reaktionen. So kann man die Reaktionsenthalpie z. B. aus den Bildungs- oder Verbrennungsenthalpien der beteiligten Reaktanden berechnen, welche für viele Verbindungen tabelliert sind (s. u.).

4.2.1.1 Bildungsenthalpie

Bei Reaktionen, durch welche eine Verbindung V aus den Elementen A, B, ... gebildet wird,

$$|v_A| A + |v_B| B + ... \rightarrow |v_V| V, \tag{4-30}$$

verwendet man oft neben der Reaktionsenthalpie ΔH_R deren $|v_V|$-ten Teil und bezeichnet ihn als *molare Bildungsenthalpie* $\Delta \bar{H}_f$ der Verbindung V (Index „f" = formation). Die Bildungsenthalpie einer Verbindung ist also ein Sonderfall der Reaktionsenthalpie, wobei die Reaktionspartner die Elemente sind, aus welchen die Verbindung aufgebaut ist; die gebildete Verbindung ist das einzige Reaktionsprodukt. Auch Bildungsenthalpien werden immer auf einen Standardzustand bezogen (s. o.). Als molare Standard-Bildungsenthalpie $\Delta \bar{H}_{f,298}^{\circ}$ einer Verbindung wird die Reaktionsenthalpie bezeichnet, wenn 1 mol der Verbindung aus den Elementen gebildet wird, wobei die Reaktion bei einer Temperatur von 25 °C und einem Druck von 1,01325 bar beginnt und endet; sämtliche Reaktanden liegen dabei in den Aggregatzuständen vor, welche bei diesen Temperatur- und Druckbedingungen stabil sind. Die molaren Standard-Bildungsenthalpien $\Delta \bar{H}_{f,298}^{\circ}$ sind für zahlreiche Verbindungen tabelliert [1–7]. Für einige einfache Verbindungen sind die molaren Bildungsenthalpien $\Delta \bar{H}_{f,298}^{\circ}$ in Tabelle 4/1 aufgeführt.

Tabelle 4/1. Zahlenwerte thermodynamischer Funktionen einiger Elemente und Verbindungen bei 25 °C (298,15 K) und einem Druck von 1,01325 bar; gasförmige Stoffe im idealen Zustand [8]

Stoff und Zustand		$\Delta \bar{H}^\circ_{f,298}$ $\left[\dfrac{kJ}{mol}\right]$	$\bar{S}^\circ_{298}$ $\left[\dfrac{J}{mol \cdot K}\right]$	$\bar{C}^\circ_p$ $\left[\dfrac{J}{mol \cdot K}\right]$	$\log K_{a,f}$	$\Delta \bar{G}^\circ_{f,298}$ $\left[\dfrac{kJ}{mol}\right]$
H_2	g	0,00	130,67	28.85	0,000	0,00
H	g	218,09	114,68	20,81	−35,605	203,39
O_2	g	0,00	205,15	29,39	0,000	0,00
O	g	247,69	161,07	21,94	−40,310	230,23
OH	g	42,12	183,76	29,89	− 6,546	37,39
H_2O	g	−242,00	188,87	33,58	40,047	−228,77
H_2O	fl	−286,04	70,00	75,36	41,553	−237,35
Cl_2	g	0,00	223,11	33,95	0,000	0,00
Cl	g	121,46	165,21	21,86	−18,465	105,47
HCl	g	− 92,36	186,82	29,14	16,690	− 95,33
N_2	g	0,00	191,63	29,14	0,000	0,00
NH_3	g	− 46,22	192,63	35,67	2,914	− 16,66
N_2O	g	81,60	220,14	38,73	−18,149	103,67
NO	g	90,43	210,76	29,89	−15,187	86,75
NO_2	g	33,87	240,62	37,93	− 9,082	51,87
S	s (rhomb.)	0,00	31,90	22,61	0,000	0,00
H_2S	g	− 20,18	205,78	34,00	5,785	− 33,03
SO_2	g	−297,10	248,70	39,82	52,621	−300,57
SO_3	g	−395,44	256,40	50,66	64,884	−370,62
C	s (Graphit)	0,00	5,70	8,67	0,000	0,00
C	s (Diamant)	1,90	2,44	6,07	− 0,502	2,87
CO	g	−110,62	198,04	29,14	24,048	−137,37
CO_2	g	−393,77	213,78	37,14	69,091	−394,65
CH_4	g	− 74,90	186,31	35,76	8,898	− 50,83
C_2H_2	g	226,88	200,97	43,96	−36,649	209,34
C_2H_4	g	52,34	219,60	43,58	−11,934	68,16
C_2H_6	g	− 84,74	229,65	52,67	5,761	− 32,91
C_3H_6	g	20,43	267,12	63,93	−10,987	62,76
C_3H_8	g	−103,92	270,05	73,56	4,115	− 23,49
$n-1-C_4H_8$	g	− 0,13	305,80	85,70	−12,527	71,55
$n-C_4H_{10}$	g	−126,23	310,33	97,51	3,005	− 17,17
$i-C_4H_{10}$	g	−134,61	294,83	96,88	3,665	− 20,93
$n-1-C_6H_{12}$	g	− 41,70	384,77	132,43	−15,350	87,67
$n-C_6H_{14}$	g	−167,47	388,54	143,19	0,051	− 0,29
C_6H_6	g	82,98	269,21	81,73	−22,710	129,74
CH_3OH	g	−201,30	237,81	45,05	28,359	−161,99
HCHO	g	−115,97	218,80	35,38	19,280	−110,11
HCOOH	l	−409,47	129,04	99,10	60,620	−346,25
C_2H_5OH	g	−235,47	282,19	73,65	29,536	−168,73
CH_3CHO	g	−166,47	265,86	54,68	23,426	−133,81
CH_3COOH	l	−487,34	159,94	123,51	68,750	−392,72

4.2.1.2 Verbrennungsenthalpie

Die molare Verbrennungsenthalpie $\Delta \bar{H}_c$ (Index „c" = combustion) einer Substanz ist die Reaktionsenthalpie bei der Verbrennung von 1 mol dieser Substanz (Element oder Verbindung) mit molekularem Sauerstoff. Als molare Standard-Verbrennungsenthalpie $\Delta \bar{H}^{\circ}_{c,298}$ bei 25 °C (298,15 K) bezeichnet man die Reaktionsenthalpie bei der Verbrennung von 1 mol einer Substanz in ihrem Normalzustand bei 25 °C und bei einem Druck von 1,01325 bar, wobei die Verbrennung bei einer Temperatur von 25 °C beginnt und endet. Die mitgeteilten Daten für die Standard-Verbrennungsenthalpie gelten üblicherweise für Verbrennungsendprodukte, welche sich in ihrem Normalzustand bei einer Temperatur von 25 °C und einem Druck von 1,01325 bar befinden.

In der Technik wird die ausnützbare Verbrennungswärme eines Brennstoffes als „Heizwert" bezeichnet (s. Beispiel 4.5).

4.2.1.3 Berechnung der Reaktionsenthalpie

Nach dem Satz von Heß (s. o.) lautet die Gleichung für die Berechnung der Reaktionsenthalpie $\Delta H^{\circ}_{R,298}$ im normalen Standardzustand aus den molaren Bildungsenthalpien $(\Delta \bar{H}^{\circ}_{f,298})_i$ der einzelnen Reaktanden:

$$\Delta H^{\circ}_{R,298} = \sum_i v_i (\Delta \bar{H}^{\circ}_{f,298})_i \qquad (4\text{-}31)$$

$[(\bar{H}^{\circ}_{f,298})_i = $ molare Bildungsenthalpie des Reaktanden i im normalen Standardzustand].

Entsprechend folgt für die Reaktionsenthalpie $\Delta H^{\circ}_{R,T}$ bei einer Temperatur T:

$$\Delta H^{\circ}_{R,T} = \sum_i v_i (\Delta \bar{H}^{\circ}_{f,T})_i . \qquad (4\text{-}32)$$

Analog erhält man für die Reaktionsenthalpie im normalen Standardzustand aus den molaren Verbrennungsenthalpien $(\Delta \bar{H}^{\circ}_{c,298})_i$ der einzelnen Reaktanden:

$$\Delta H^{\circ}_{R,298} = \sum_i v_i (\Delta \bar{H}^{\circ}_{c,298})_i \qquad (4\text{-}33)$$

$[(\Delta \bar{H}^{\circ}_{c,298})_i = $ molare Verbrennungsenthalpie des Reaktanden i im normalen Standardzustand].

Für eine große Zahl von Verbindungen liegen die Werte der molaren Bildungsenthalpien $\Delta \bar{H}^{\circ}_{f,T}$ *für mehrere Temperaturen* tabelliert vor. Die Zahlenwerte von $\Delta \bar{H}^{\circ}_{f,T}$ für dazwischenliegende Temperaturen können durch Interpolation ermittelt werden. Sind dagegen die molaren Bildungsenthalpien nur für eine Temperatur T_0 bekannt, so kann man die für diese Temperatur berechnete Reaktionsenthalpie $\Delta H^{\circ}_{R,T_0}$ auf eine andere Temperatur T umrechnen nach der Beziehung

$$\Delta H^{\circ}_{R,T} = \Delta H^{\circ}_{R,T_0} + \int_{T_0}^{T} \Delta C^{\circ}_p(T)\, dT, \qquad (4\text{-}34)$$

wobei

$$\Delta C_p^\circ (T) = \sum_i v_i \bar{C}_{pOi}^\circ (T) \tag{4-35}$$

ist [$\bar{C}_{pOi}^\circ (T)$ = Molare Wärmekapazität der reinen Komponente i bei der Temperatur T und 1,01325 bar].

Mit der Erweiterung kalorimetrischer Messungen in das Gebiet sehr tiefer Temperaturen und mit der Entwicklung statistischer Methoden zur Berechnung thermodynamischer Eigenschaften von Gasmolekülen aus spektroskopischen Daten gewinnen die auf dieser Basis berechneten thermodynamischen Daten zunehmend an Bedeutung. So ist es möglich geworden, Zahlenwerte für die Differenz der physikalischen molaren Enthalpie $\bar{H}_f^\circ$ einer Substanz in ihrem Standardzustand bei einer Temperatur T gegenüber der molaren Enthalpie $\bar{H}_0^\circ$ im Standardzustand bei 0 K auszudrücken. Für eine große Zahl von Stoffen stehen nunmehr Werte für ($\bar{H}_T^\circ - \bar{H}_0^\circ$) entweder in Form von Tabellen oder Diagrammen als Funktion der Temperatur zur Verfügung (z. B. [1]). Im Zusammenhang damit werden nun auch die molaren Bildungsenthalpien $\Delta \bar{H}_{f,0}^\circ$ bei 0 K in bezug auf die Elemente bei 0 K tabelliert. Für einige Elemente und Verbindungen sind Werte für ($\bar{H}_T^\circ - \bar{H}_0^\circ$) und $\Delta \bar{H}_{f,0}^\circ$ in Tabelle 4/2 aufgeführt.

Die Standard-Bildungsenthalpie (bei einer Temperatur T) einer Verbindung aus ihren Elementen, welche sich alle bei jeder Temperatur in ihrem Standardzustand der Aktivität 1 (siehe Abschnitt 4.2.2.1) befinden, wird durch folgende Gleichung wiedergegeben:

$$(\Delta \bar{H}_{f,T}^\circ)_{\text{Verb}} = (\Delta \bar{H}_{f,0}^\circ)_{\text{Verb}} + (\bar{H}_T^\circ - \bar{H}_0^\circ)_{\text{Verb}} - \sum_{\text{El}} |v_{\text{El}}| (\bar{H}_T^\circ - \bar{H}_0^\circ)_{\text{El}}. \tag{4-36}$$

Tabelle 4/2. Physikalische Enthalpien und Bildungsenthalpien einiger Elemente und Verbindungen

T [K]	$(\bar{H}_T^\circ - \bar{H}_0^\circ)$ [kJ/mol]						
	H_2 (g)	O_2 (g)	N_2 (g)	C (Graphit)	H_2O (g)	CO (g)	CO_2 (g)
298	8,4732	8,6658	8,6762	1,0532	9,9131	8,6776	9,3705
400	11,4342	11,6912	11,6494	2,1051	13,3726	11,6544	13,3760
500	14,3586	14,7543	14,5910	3,4374	16,8540	14,6119	17,6809
600	17,2894	17,9162	17,5762	5,0166	20,4408	17,6248	22,2847
800	23,1840	24,5179	23,7333	8,7152	28,0080	23,8648	32,1948
1000	29,1644	31,3884	30,1554	12,8744	36,0400	30,3836	42,7975
1500	44,7745	49,3059	47,1166	24,3421	57,9788	47,5537	71,1924
$\Delta \bar{H}_{f,0}^\circ$ [kJ/mol]	0	0	0	0	−239,096	−113,889	−393,429

$\bar{H}_T^\circ$ = molare Enthalpie des Stoffes im Standardzustand bei der Temperatur T
$\bar{H}_0^\circ$ = molare Enthalpie des Stoffes im Standardzustand bei der Temperatur 0 K
$\Delta \bar{H}_{f,0}^\circ$ = molare Bildungsenthalpie des Stoffes im Standardzustand bei 0 K

Es bedeuten: $(\Delta \bar{H}_{f,T}^{\circ})_{Verb}$ bzw. $(\Delta \bar{H}_{f,0}^{\circ})_{Verb}$ die molaren Standard-Bildungsenthalpien der Verbindung bei der Temperatur T bzw. 0 K; $(\bar{H}_T^{\circ})_{Verb}$ bzw. $(\bar{H}_0^{\circ})_{Verb}$ die molaren Enthalpien der Verbindung im Standardzustand bei der Temperatur T bzw. 0 K; $(\bar{H}_T^{\circ})_{El}$ bzw. $(\bar{H}_0^{\circ})_{El}$ die molaren Enthalpien der Elemente im Standardzustand bei der Temperatur T bzw. 0 K; $|v|_{El}$ = stöchiometrische Zahlen der Elemente.

Die Standard-Reaktionsenthalpie einer Reaktion bei irgendeiner Temperatur T läßt sich dann schreiben:

$$\Delta H_{R,T}^{\circ} = \sum_i v_i [(\bar{H}_T^{\circ} - \bar{H}_0^{\circ}) + \Delta \bar{H}_{f,0}^{\circ}]_i \qquad (4\text{-}37)$$

v_i = stöchiometrische Zahl des Reaktanden i.

Der Einfluß des Drucks auf die Reaktionsenthalpie für gasförmige Systeme hängt von der Abweichung der Reaktanden vom Verhalten des idealen Gases ab. Wenn sich Reaktionspartner und -produkte wie ein ideales Gas verhalten, ist die Reaktionsenthalpie vom Druck unabhängig. Auf die Berechnung von Reaktionsenthalpien bei höheren Drücken wird in Abschnitt 4.2.7 eingegangen.

Beispiel 4.4: Es soll die Standard-Reaktionsenthalpie für folgende Reaktion bei 800 K berechnet werden:

$$CO(g) + H_2O(g) \rightarrow CO_2(g) + H_2(g).$$

Aus Tabelle 4/2 liest man ab:

	$(\bar{H}_T^{\circ} - \bar{H}_0^{\circ})$ [kJ/mol]	$\Delta \bar{H}_{f,0}^{\circ}$ [kJ/mol]	v_i
CO (g)	23,8648	− 113,889	− 1
H_2O (g)	28,0080	− 239,096	− 1
CO_2 (g)	32,1948	− 393,429	+ 1
H_2 (g)	23,1840	0	+ 1

Es ist dann

$$\Delta H_{R,800}^{\circ} = -1(23,865 - 113,889) - 1(28,008 - 239,096) + 1(32,195 - 393,429) +$$
$$+ 1(23,184) = -36,938 \text{ kJ/mol}.$$

Bei 298 K wäre die Reaktionsenthalpie $\Delta H_{R,298}^{\circ} = -41,190$ kJ/mol.

Beispiel 4.5: Der spezifische *Brennwert* H_o eines Brennstoffes ist gleich der auf die Masseneinheit bezogenen Verbrennungswärme aller im Brennstoff enthaltenen Elemente. Man kann den spezifischen Brennwert aus der Elementaranalyse berechnen, wenn man Annahmen über die Bindung des Kohlenstoffs an Wasserstoff, Sauerstoff und Schwefel im Brennstoff macht. Für feste Brennstoffe hat sich die Annahme von Dulong bewährt, wonach der gesamte Sauerstoff an Wasserstoff gebunden ist, und der restliche Wasserstoff als frei verfügbar angesehen wird:

$$H_o = 339,1 \, w_C + 1442,8 \left(w_H - \frac{w_O}{8} \right) + 104,7 \, w_S \, [\text{kJ/kg}]$$

(w_C, w_H, w_O, w_S = Massenanteile C, H, O, S)

Brennstoff	Elementaranalyse					H_o [kJ/kg]	
	C	H	O	S	N	berechnet	exp. best
Holzkohle	91,0	2,0	7,0	–	–	32481	33034
Braunkohlenkoks	90,96	2,76	4,58	1,30	0,4	34137	34122
Hüttenkoks	97,00	0,56	0,59	0,70	1,0	33668	33335

Da in Industrieöfen ein Abkühlen der Rauchgase unter den Taupunkt nicht stattfindet, und daher die Kondensationswärme des Wassers nicht frei wird, ergibt sich für die Praxis der spezifische *Heizwert* H_u:

$$H_u = H_o - 2512(9w_H + w_{H_2O}) \text{[kJ/kg]}$$

2512 = Verdampfungswärme des Wassers [kJ/kg], w_{H_2O} = Massenanteil der Feuchte im Brennstoff, w_H = Massenanteil an Wasserstoff.

4.2.2 Chemisches Gleichgewicht und Berechnung der Gleichgewichtskonstante

In Systemen, in welchen chemische Reaktionen möglich sind, können sich zwischen den Reaktanden *chemische Gleichgewichte* einstellen. Je nachdem, ob man das Gleichgewicht in einer einzigen Phase oder in einem aus mehreren Phasen bestehenden System betrachtet, unterscheidet man *homogene* und *heterogene Gleichgewichte*.

Wir nehmen nun an, daß in einer einzigen geschlossenen Mischphase eine Reaktion nach der Gleichung

$$|v_A|A + |v_B|B \rightleftharpoons |v_C|C + |v_D|D \tag{4-38}$$

ablaufen kann. Es sei dabei vorausgesetzt, daß die Reaktion umkehrbar (reversibel) ist; es soll also die Möglichkeit bestehen, daß die Reaktion in den beiden entgegengesetzten Richtungen gleichzeitig ablaufen kann. Das Gemisch der Stoffe A, B, C und D befindet sich dann im chemisch-thermischen Gleichgewichtszustand, wenn mit einem Umsatz von links nach rechts oder von rechts nach links keine Arbeitsleistung verbunden ist. Diese Bedingung für das Vorliegen eines Gleichgewichtszustands kann natürlich nur erfüllt sein, wenn die Arbeitsfähigkeit der Stoffe auf der linken Seite der Reaktionsgleichung gleich ist der Arbeitsfähigkeit der Stoffe auf der rechten Seite. Unter konstantem Gesamtdruck und bei konstanter Temperatur wird die Fähigkeit der einzelnen Stoffe, nutzbare Arbeit zu leisten, durch deren *partielle molare freie Enthalpie* $\bar{G}_i$ (= *chemisches Potential* μ_i) ausgedrückt. Das Kriterium für das Vorliegen eines Gleichgewichtszustands unter konstantem Druck und bei konstanter Temperatur in einer einzigen geschlossenen Mischphase ist somit, daß die Änderung der freien Enthalpie jeder in diesem System möglichen Reaktion null ist. Für die oben formulierte Reaktion lautet dann das *Gleichgewichtskriterium*:

$$\Delta G = v_A \bar{G}_A + v_B \bar{G}_B + v_C \bar{G}_C + v_D \bar{G}_D = \sum_i v_i \bar{G}_i = \sum_i v_i \mu_i = 0. \tag{4-39}$$

4.2.2.1 Freie Enthalpie und partielle molare freie Enthalpie

Die *freie Enthalpie* G ist folgendermaßen definiert:

$$G = H - TS \tag{4-40}$$

(H = Enthalpie, T = thermodynamische Temperatur, S = Entropie).

Für eine *reine Phase* oder eine *geschlossene Mischphase unter Ausschluß chemischer Reaktionen* ist das vollständige Differential der freien Enthalpie als charakteristische Funktion der zugehörigen charakteristischen Variablen p und T:

$$dG = Vdp - SdT \tag{4-41}$$

(V = Volumen der reinen Phase bzw. geschlossenen Mischphase, p = Gesamtdruck).

Die freie Enthalpie ist eine Zustandsfunktion; dG können wir daher als vollständiges Differential in seine Partialänderungen zerlegen, welche sich additiv zur Gesamtänderung zusammensetzen:

$$dG = \left(\frac{\partial G}{\partial p}\right)_T dp + \left(\frac{\partial G}{\partial T}\right)_p dT. \tag{4-42}$$

Beim Vergleich der Gln. (4-41) und (4-42) sieht man, daß gilt

$$\left(\frac{\partial G}{\partial p}\right)_T = V \tag{4-43}$$

und

$$\left(\frac{\partial G}{\partial T}\right)_p = -S. \tag{4-44}$$

Für ein *reines ideales Gas* folgt aus Gl. (4-43) unter Anwendung des idealen Gasgesetzes (V = n RT/p):

$$(dG)_{T,ideal} = (n\,RT\,d\ln p)_T. \tag{4-45}$$

Entsprechend gilt für die molare freie Enthalpie $\bar{G}\,(= G/n)$:

$$(d\bar{G})_{T,ideal} = (RT\,d\ln p)_T. \tag{4-46}$$

Eine *ideale Gasmischung* liegt dann vor, wenn die Moleküle in der Mischung dieselben Eigenschaften haben wie die Moleküle eines idealen Gases; d. h. das Volumen der Moleküle und die Kräfte, welche diese aufeinander ausüben, müssen vernachlässigbar klein sein. Man kann aber auch eine Definition der idealen Gasmischung mit Hilfe der partiellen molaren freien Enthalpie angeben, welche lautet: Eine Gasmischung ist ideal, wenn für die partielle molare freie Enthalpie (= chemisches Potential) jeder Komponente gilt:

$$(d\bar{G}_i)_{T,ideal} = (RT\, d\ln p_i)_T \tag{4-47}$$

(p_i = Partialdruck der Komponente i in der Gasmischung).

Für ein *reines reales Gas* pflegt man die Form der Gl. (4-46) für ideale Gase beizubehalten und an Stelle des Drucks einen fiktiven, *korrigierten Druck* (thermodynamischen Wirkdruck) einzuführen, welcher als *Fugazität* p* bezeichnet wird. Diese ist demnach so definiert, daß sie mit der molaren freien Enthalpie in derselben Beziehung steht wie der Druck des idealen Gases, also

$$(d\bar{G})_{T,real} = (RT\, d\ln p^*)_T, \tag{4-48}$$

wobei die Grenzbedingung gilt

$$\lim_{p \to 0} p^*/p = 1; \tag{4-49}$$

d. h. unter Bedingungen, unter denen sich das Gas ideal verhält, ist die Fugazität gleich dem Druck. Ohne diese Grenzbedingung wäre die Definition der Fugazität unvollständig.

Für die Komponente i einer *nicht idealen Gasmischung* wird die Fugazität p_i^* so gewählt, daß sie in Gl. (4-47) an Stelle des Partialdrucks p_i tritt:

$$(d\bar{G}_i)_{T,real} = (RT\, d\ln p_i^*)_T; \tag{4-50}$$

dabei gilt

$$\lim_{p \to 0} p_i^*/p_i = 1. \tag{4-51}$$

Die Integration der Gl. (4-50) bei konstanter Temperatur ergibt

$$(\bar{G}_i - \bar{G}_i^\circ)_{T,real} = \left(RT \ln \frac{p_i^*}{p_i^{*\circ}}\right)_T \tag{4-52}$$

($\bar{G}_{iT}^\circ$ = partielle molare freie Standard-Enthalpie des Stoffes i bei der Temperatur T; $p_i^{*\circ}$ = Fugazität des Stoffes i im Standardzustand, s. u.).

Das Verhältnis der Fugazität p_i^* der Komponente i in irgendeinem Zustand zu deren Fugazität $p_i^{*\circ}$ im Standardzustand wird als *Aktivität* a_i bezeichnet:

$$(a_i)_T = (p_i^*/p_i^{*\circ})_T. \tag{4-53}$$

Durch Einsetzen von Gl. (4-53) erhält man aus Gl. (4-52)

$$(\bar{G}_i - \bar{G}_i^\circ)_{T,real} = (RT \ln a_i)_T. \tag{4-54}$$

Für *Gase* wird als Standardzustand praktisch immer der Zustand der reinen gasförmigen Komponenten im idealen Gaszustand bei einem Druck von 1,01325 bar gewählt. Die Fugazität im Standardzustand ist dann $p_i^{*\circ} = p^\circ = 1,01325$ bar, und aus Gl. (4-53) folgt:

$$(a_i)_T = (p_i^* / p^\circ)_T = (p_i')_T. \tag{4-55}$$

Als Standardzustand *fester Komponenten* kann man die reine Komponente im festen Zustand unter einem Druck von 1,01325 bar wählen. Die Annahme der Aktivität 1 für reine feste Stoffe muß nicht unbedingt erfüllt sein. Die Aktivität eines Feststoffs kann wesentlich durch kleine Verunreinigungen, durch Abweichungen vom Idealgitter und durch die Kristallgröße beeinflußt werden.

Ausführlich wird auf Standardzustände in verschiedenen Lehrbüchern der physikalischen Chemie eingegangen, z. B. [9–11].

4.2.2.2 Die Gleichgewichtskonstante

Um die Gleichungen für das chemische Gleichgewicht abzuleiten, betrachten wir die allgemeine Reaktionsgleichung

$$|v_A| A + |v_B| B \rightleftharpoons |v_C| C + |v_D| D. \tag{4-38}$$

Den Ablauf der Reaktion stellen wir uns auf zwei verschiedenen Wegen vor:

1) Die Reaktion laufe vollständig und isotherm bei der Temperatur T in der Weise ab, daß jeder Reaktionspartner zu Beginn der Reaktion in seinem Standardzustand der Aktivität 1 vorliege ($a_A^\circ = a_B^\circ = 1$), jedes Reaktionsprodukt am Ende der Reaktion wieder in seinem Standardzustand der Aktivität 1 ($a_C^\circ = a_D^\circ = 1$). Bei einem derartigen Reaktionsablauf hängt die Änderung der freien Enthalpie nur von den partiellen molaren freien Enthalpien der Reaktanden im Standardzustand ($\bar{G}_A^\circ, \bar{G}_B^\circ, \bar{G}_C^\circ, \bar{G}_D^\circ$) ab; die entsprechende Änderung der freien Enthalpie ist somit:

$$\Delta G_T^\circ = (v_A \bar{G}_A^\circ + v_B \bar{G}_B^\circ + v_C \bar{G}_C^\circ + v_D \bar{G}_D^\circ)_T. \tag{4-56}$$

2) Man läßt dieselbe Reaktion isotherm bei der Temperatur T ablaufen, bis der Gleichgewichtszustand und damit die individuellen Gleichgewichtsaktivitäten a_A, a_B, a_C und a_D erreicht sind. Die Änderung der freien Enthalpie ist dann:

$$\Delta G_T = (v_A \bar{G}_A + v_B \bar{G}_B + v_C \bar{G}_C + v_D \bar{G}_D)_T. \tag{4-57}$$

Durch Subtraktion der Gl. (4-56) von Gl. (4-57) ergibt sich:

$$(\Delta G - \Delta G^\circ)_T = [v_A (\bar{G}_A - \bar{G}_A^\circ) + v_B (\bar{G}_B - \bar{G}_B^\circ) + \\ + v_C (\bar{G}_C - \bar{G}_C^\circ) + v_D (\bar{G}_D - \bar{G}_D^\circ)]_T. \tag{4-58}$$

Die rechte Seite dieser Gleichung kann man nach Gl. (4-54) durch die Aktivitäten ausdrücken; dann folgt:

$$(\Delta G - \Delta G^{\circ})_T = RT\,(\nu_A \ln a_A + \nu_B \ln a_B + \nu_C \ln a_C + \nu_D \ln a_D)_T \qquad (4\text{-}59)$$

oder

$$(\Delta G - \Delta G^{\circ})_T = RT \ln \left(\frac{a_C^{|\nu_C|}\, a_D^{|\nu_D|}}{a_A^{|\nu_A|}\, a_B^{|\nu_B|}} \right)_T. \qquad (4\text{-}60)$$

Im Gleichgewicht ist $\Delta G_T = 0$ (s. 4.2.2) und somit gilt:

$$-\frac{\Delta G_T^{\circ}}{RT} = \ln \left(\frac{a_C^{|\nu_C|}\, a_D^{|\nu_D|}}{a_A^{|\nu_A|}\, a_B^{|\nu_B|}} \right)_{T,\,Gl} = (\ln K_a)_T. \qquad (4\text{-}61)$$

K_a ist die *thermodynamische (wahre) Gleichgewichtskonstante* bei der Temperatur T. Im folgenden soll der Einfachheit halber der Index „T" weggelassen werden. Der Index „Gl" drückt aus, daß es sich um die Aktivitäten der Reaktanden im Gleichgewicht handelt.

Da nach Gl. (4-56) ΔG_T° nur von der Temperatur abhängt, ist auch K_a nur eine Funktion der Temperatur, hängt also z. B. nicht vom Gesamtdruck oder von der Zusammensetzung des Systems ab.

Für Gasgleichgewichte kann man nach Gl. (4-55) setzen:

$$a_i = \frac{p_i^*}{p^{\circ}} = p_i'. \qquad (4\text{-}55)$$

Das Verhältnis der Fugazität p_i^* zum Partialdruck p_i bezeichnet man als *Fugazitäts-Koeffizienten* f_i der Komponente i:

$$f_i = p_i^*/p_i. \qquad (4\text{-}62)$$

Die Fugazitäts-Koeffizienten f_i sind Funktionen des Drucks, der Temperatur und der Zusammensetzung der Mischphase (s. 4.2.4).

Unter Berücksichtigung der Gln. (4-55) bzw. (4-62) lautet der Klammerausdruck in Gl. (4-61):

$$K_a = \left(\frac{a_C^{|\nu_C|}\, a_D^{|\nu_D|}}{a_A^{|\nu_A|}\, a_B^{|\nu_B|}} \right)_{Gl} = \left(\frac{p_C^{*|\nu_C|}\, p_D^{*|\nu_D|}}{p_A^{*|\nu_A|}\, p_B^{*|\nu_B|}} \right)_{Gl} \cdot (p^{\circ})^{-\sum_i \nu_i} = \left(\frac{p_C'^{|\nu_C|}\, p_D'^{|\nu_D|}}{p_A'^{|\nu_A|}\, p_B'^{|\nu_B|}} \right)_{Gl} =$$

$$= \left(\frac{f_C^{|\nu_C|}\, f_D^{|\nu_D|}}{f_A^{|\nu_A|}\, f_B^{|\nu_B|}} \right)_{Gl} \left(\frac{p_C^{|\nu_C|}\, p_D^{|\nu_D|}}{p_A^{|\nu_A|}\, p_B^{|\nu_B|}} \right)_{Gl} \cdot (p^{\circ})^{-\sum_i \nu_i} = K_f K_p (p^{\circ})^{-\sum_i \nu_i} = K_f K_{p/p^{\circ}}. $$
$$(4\text{-}63)$$

Gleichung (4-63) ist der exakte thermodynamische Ausdruck für das 1867 von Guldberg und Waage auf Grund kinetischer Überlegungen aufgestellte *Massenwirkungsgesetz*. In Gl. (4-63) ist

$$K_f = \left(\frac{f_C^{|\nu_C|}\, f_D^{|\nu_D|}}{f_A^{|\nu_A|}\, f_B^{|\nu_B|}} \right)_{Gl} = \prod^i (f_i)_{Gl}^{\nu_i}, \qquad (4\text{-}64)$$

$$K_p = \left(\frac{p_C^{|\nu_C|}\, p_D^{|\nu_D|}}{p_A^{|\nu_A|}\, p_B^{|\nu_B|}}\right)_{Gl} = \overset{i}{\prod} (p_i)_{Gl}^{\nu_i} \quad \text{und} \tag{4-65a}$$

$$K_{p/p^\circ} = \left(\frac{p_C^{|\nu_C|}\, p_D^{|\nu_D|}}{p_A^{|\nu_A|}\, p_B^{|\nu_B|}}\right)_{Gl} (p^\circ)^{-\underset{i}{\sum}\nu_i} = \overset{i}{\prod} (p_i)_{Gl}^{\nu_i} \cdot (p^\circ)^{-\underset{i}{\sum}\nu_i}. \tag{4-65b}$$

Aus Gl. (4-63) kann man ersehen, daß für $K_f = 1$

$$K_a = K_p(p^\circ)^{-\underset{i}{\sum}\nu_i} = K_{p/p^\circ} \tag{4-66}$$

ist. Bei Gleichgewichten permanenter Gase können die f_i und damit K_f bis zu einem Gesamtdruck von etwa 10 bar praktisch gleich 1 gesetzt werden.

Substituiert man in Gl. (4-65) die Partialdrücke p_i nach

$$p_i = x_i p \quad (p = \underset{i}{\sum} p_i = \text{Gesamtdruck}), \tag{4-67}$$

so erhält man

$$K_p = \left(\frac{x_C^{|\nu_C|}\, x_D^{|\nu_D|}}{x_A^{|\nu_A|}\, x_B^{|\nu_B|}}\right)_{Gl} p^{\underset{i}{\sum}\nu_i} = K_x\, p^{\underset{i}{\sum}\nu_i}, \tag{4-68}$$

wobei

$$K_x = \left(\frac{x_C^{|\nu_C|}\, x_D^{|\nu_D|}}{x_A^{|\nu_A|}\, x_B^{|\nu_B|}}\right)_{Gl} = \overset{i}{\prod} (x_i)_{Gl}^{\nu_i} \tag{4-69}$$

ist.

Ebenso können in Gl. (4-65a) die Partialdrücke p_i durch die aus dem idealen Gasgesetz folgende Beziehung

$$p_i = c_i RT \tag{4-70}$$

ersetzt werden, wobei sich ergibt

$$K_p = \left(\frac{c_C^{|\nu_C|}\, c_D^{|\nu_D|}}{c_A^{|\nu_A|}\, c_B^{|\nu_B|}}\right)_{Gl} (RT)^{\underset{i}{\sum}\nu_i} = K_c (RT)^{\underset{i}{\sum}\nu_i}, \tag{4-71}$$

mit

$$K_c = \left(\frac{c_C^{|\nu_C|}\, c_D^{|\nu_D|}}{c_A^{|\nu_A|}\, c_B^{|\nu_B|}}\right)_{Gl} = \overset{i}{\prod} (c_i)_{Gl}^{\nu_i}. \tag{4-72}$$

Insgesamt besteht also folgender Zusammenhang zwischen den Gleichgewichtskonstanten:

$$K_a = K_f K_{p/p^\circ} = K_f K_p (p^\circ)^{-\underset{i}{\sum}\nu_i} = K_f K_x \left(\frac{p}{p^\circ}\right)^{\underset{i}{\sum}\nu_i} = K_f K_c \left(\frac{RT}{p^\circ}\right)^{\underset{i}{\sum}\nu_i}. \tag{4-73}$$

4.2.2.3 Berechnung der Gleichgewichtskonstante K_a

Die thermodynamische Berechnung der Gleichgewichtskonstante K_a basiert auf der durch Gl. (4-61) ausgedrückten Beziehung zwischen der Gleichgewichtskonstanten und der Änderung der freien Standard-Enthalpie ΔG_T°:

$$(\ln K_a)_T = -\frac{\Delta G_T^{\circ}}{RT}. \tag{4-61}$$

Die Berechnung der Gleichgewichtskonstante für eine bestimmte Temperatur nach Gl. (4-61) erfordert die Kenntnis des Zahlenwertes für die Änderung der freien Standard-Enthalpie während der Reaktion bei derselben Temperatur. Zur Ermittlung der Zahlenwerte für die Änderung der freien Standard-Enthalpie sind drei Methoden üblich:

1) Aus Tabellen oder Diagrammen der freien Standard-Bildungsenthalpien für verschiedene Temperaturen läßt sich die Änderung der freien Standard-Enthalpie ΔG_T° bzw. K_a nach Gl. (4-74) berechnen.
2) Aus den Standard-Reaktionsenthalpien und Tabellen oder Diagrammen der absoluten Entropien für verschiedene Temperaturen kann nach Gl. (4-77) ΔG_T° bzw. K_a berechnet werden.
3) Aus Tabellen der freien Enthalpiefunktion $(\bar{G}_T^{\circ} - \bar{H}_0^{\circ})/T$ für verschiedene Temperaturen und der Standard-Bildungsenthalpie bei 0 K erfolgt die Berechnung von ΔG_T° bzw. K_a nach Gl. (4-84).

Diese drei Methoden sollen im folgenden näher erläutert werden.

1) Berechnung aus den freien Standard-Bildungsenthalpien

Die Änderung der freien Standard-Enthalpie bei irgendeinem Vorgang wird allein durch den Anfangs- und Endzustand bestimmt und ist unabhängig vom Weg, auf welchem der Vorgang vom Anfangs- zum Endzustand verläuft. Änderungen der freien Standard-Enthalpie für eine chemische Reaktion können daher in derselben Weise berechnet werden wie Enthalpieänderungen (s. 4.2.1).

Läßt sich eine gegebene Reaktionsgleichung durch eine Linearkombination der Gleichungen anderer Reaktionen ausdrücken, z. B. die Reaktionsgleichung

$$CO\,(g) + H_2O\,(g) \rightleftharpoons CO_2\,(g) + H_2\,(g) \tag{I}$$

durch die Linearkombination von

$$CO\,(g) + 1/2\,O_2\,(g) \rightleftharpoons CO_2\,(g) \tag{II}$$

und

$$H_2O\,(g) \rightleftharpoons H_2\,(g) + 1/2\,O_2\,(g), \tag{III}$$

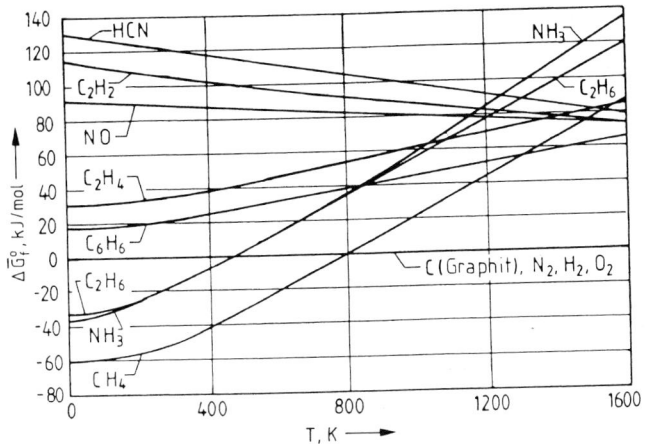

Abb. 4-1. Freie Standard-Bildungsenthalpien $\Delta \bar{G}_f^\circ$ einiger Verbindungen als Funktion der Temperatur; $\Delta \bar{G}_f^\circ$ ist bei den Kohlenwasserstoffen auf ein C-Atom bezogen

so ist die Änderung der freien Standard-Enthalpie $(\Delta G_I^\circ)_T$ für die Reaktion (I) gleich derselben Linearkombination der Änderungen der freien Standard-Enthalpien $(\Delta G_{II}^\circ)_T$ und $(\Delta G_{III}^\circ)_T$ für die Reaktionen (II) und (III), also

$$(\Delta G_I^\circ)_T = (\Delta G_{II}^\circ)_T + (\Delta G_{III}^\circ)_T. \qquad\qquad (IV)$$

Man wendet diese Methode häufig an zur Berechnung von ΔG_T° einer beliebigen Reaktion aus den Werten der molaren freien Standard-Bildungsenthalpien $\Delta \bar{G}_{f,T}^\circ$ der an der Reaktion beteiligten Verbindungen. $\Delta \bar{G}_{f,T}^\circ$ ist für zahlreiche Verbindungen als Funktion der Temperatur tabelliert [1–7] (Index „f" bedeutet „formation").

Damit können Gleichgewichtskonstanten nach der Gleichung

$$(\ln K_a)_T = \frac{-\Delta G_T^\circ}{RT} = -\frac{1}{RT} \sum_i v_i (\Delta \bar{G}_{f,T}^\circ)_i \qquad\qquad (4\text{-}74)$$

berechnet werden. In Tabelle 4/1 sind die freien Standard-Bildungsenthalpien für einige Verbindungen bei 25 °C aufgeführt.

Die freie Standard-Bildungsenthalpie $\Delta \bar{G}_{f,T}^\circ$ der Elemente ist laut Definition in einem einheitlich festgelegten Normzustand, z. B. Graphit für festen Kohlenstoff, H_2-Gas für Wasserstoff usw., gleich null. Die freien Standard-Bildungsenthalpien sind für einige Verbindungen als Funktion der Temperatur in Abb. 4-1 dargestellt.

Aus Gl. (4-74) folgt, daß

$$(\ln K_a)_T = \left[\sum_i v_i \ln (K_{a,f})_i \right]_T \qquad\qquad (4\text{-}75)$$

ist, wobei $[(K_{a,f})_i]_T$ die Gleichgewichtskonstante für die Bildung der Verbindung i aus den Elementen im Standardzustand bei der Temperatur T ist (Zahlenwerte für $K_{a,f}$ bei 25 °C s. Tabelle 4/1).

2) Berechnung aus den Standard-Reaktionsenthalpien und absoluten Entropien

Aufgrund der Definition der freien Enthalpie

$$G = H - TS \qquad\qquad (4\text{-}40)$$

ergibt sich für die Änderung der freien Enthalpie beim Standarddruck (1,01325 bar):

$$\Delta G_T^\circ = \Delta H_{R,T}^\circ - T \Delta S_T^\circ. \qquad\qquad (4\text{-}76)$$

Somit kann die Gleichgewichtskonstante K_a auch nach der aus den Gln. (4-61) und (4-76) folgenden Beziehung

$$(\ln K_a)_T = -\frac{\Delta G_T^\circ}{RT} = -\frac{1}{R}\left(\frac{\Delta H_{R,T}^\circ}{T} - \Delta S_T^\circ\right) = -\frac{1}{R}\left[\frac{\Delta H_{R,T}^\circ}{T} - \sum_i v_i (\bar{S}_T^\circ)_i\right]$$

$$(4\text{-}77)$$

berechnet werden.

In den Gln. (4-76) und (4-77) ist $\Delta H_{R,T}^\circ$ die Standard-Reaktionsenthalpie (s. Abschnitt 4.2.1) und $\Delta S_T^\circ = \sum_i v_i (\bar{S}_T^\circ)_i$ die Änderung der Standard-Entropie bei der Temperatur T. $(\bar{S}_T^\circ)_i$ ist die von der Temperatur abhängige molare Standard-Entropie eines Reaktanden i, welche auf einen Druck von 1,01325 bar und auf den idealen Gaszustand bezogen wird; sie ist für viele Verbindungen für verschiedene Temperaturen tabelliert [1–7]. Die molaren Standard-Entropien $\bar{S}_{298}^\circ$ einiger Elemente und Verbindungen bei 25 °C (= Normal-Entropien) sind in Tabelle 4/1 aufgeführt.

Ist für einen Reaktanden nur die Normal-Entropie $\bar{S}_{298}^\circ$ bekannt, so kann $\bar{S}_T^\circ$ für eine beliebige Temperatur T berechnet werden nach

$$\bar{S}_T^\circ = \bar{S}_{298}^\circ + \int_{298}^{T} \frac{\bar{C}_p^\circ}{T}\, dT \qquad\qquad (4\text{-}78)$$

($\bar{C}_p^\circ$ = molare Wärmekapazität beim Standarddruck p = 1,01325 bar in Abhängigkeit von der Temperatur).

Liegen für $\bar{C}_p^\circ$ Potenzgleichungen vor, z. B.

$$\bar{C}_p^\circ = a + bT + cT^m + dT^n, \qquad\qquad (4\text{-}79)$$

so können diese in Gl. (4-78) eingesetzt und danach das Integral ausgewertet werden. Ist für die molare Wärmekapazität nur ein Mittelwert $\bar{C}_p^\circ$ über einen bestimmten Temperaturbereich verfügbar, so kann man als Näherung die Beziehung

$$\bar{S}_T^\circ = \bar{S}_{298}^\circ + \bar{C}_p^\circ \ln\left(\frac{T}{298}\right) \qquad (4\text{-}80)$$

verwenden.

3) Berechnung mit Hilfe der freien Enthalpiefunktionen

In Abschnitt 4.2.1.3 wurde erwähnt, daß die Ausdehnung kalorimetrischer Messungen in den Bereich tiefer Temperaturen und die Entwicklung statistischer Methoden auf der Basis spektroskopischer Daten die Möglichkeit eröffnete, die Enthalpie vieler Substanzen bei einer Temperatur T gegenüber der Enthalpie bei 0 K auszudrücken. Dasselbe gilt für die freie Standard-Enthalpie. Für zahlreiche Verbindungen liegen molare Werte für $(\bar{G}_T^\circ - \bar{G}_0^\circ)/T$, die sogenannte *„freie Enthalpiefunktion"*, in Form von Tabellen oder Diagrammen als Funktion von T vor, ebenso Zahlenwerte für die molaren Standard-Bildungsenthalpien $\Delta\bar{H}_{f,0}^\circ$ bei 0 K gegenüber den Elementen bei 0 K.

Die molare freie Standard-Bildungsenthalpie einer Verbindung bei einer Temperatur T aus den Elementen bei derselben Temperatur wird durch eine Gleichung ähnlich Gl. (4-36) ausgedrückt:

$$\left(\frac{\Delta\bar{G}_{f,T}^\circ}{T}\right)_{Verb} = \left(\frac{\Delta\bar{G}_{f,0}^\circ}{T}\right)_{Verb} + \left(\frac{\bar{G}_T^\circ - \bar{G}_0^\circ}{T}\right)_{Verb} - \sum_{El}|v_{El}|\left(\frac{\bar{G}_T^\circ - \bar{G}_0^\circ}{T}\right)_{El}. \qquad (4\text{-}81)$$

Da am absoluten Nullpunkt

$$\bar{G}_0^\circ = \bar{H}_0^\circ \quad \text{und} \quad \Delta\bar{G}_{f,0}^\circ = \Delta\bar{H}_{f,0}^\circ \qquad (4\text{-}82)$$

ist, kann man Gl. (4-81) auch schreiben

$$\left(\frac{\Delta\bar{G}_{f,T}^\circ}{T}\right)_{Verb} = \left(\frac{\Delta\bar{H}_{f,0}^\circ}{T}\right)_{Verb} + \left(\frac{\bar{G}_T^\circ - \bar{H}_0^\circ}{T}\right)_{Verb} - \sum_{El}|v_{El}|\left(\frac{\bar{G}_T^\circ - \bar{H}_0^\circ}{T}\right)_{El}. \qquad (4\text{-}83)$$

In den Gln. (4-81) bis (4-83) bedeuten: $\Delta\bar{G}_{f,T}^\circ$, $\Delta\bar{G}_{f,0}^\circ$ = molare freie Standard-Bildungsenthalpien bei der Temperatur T bzw. 0 K, $\bar{G}_T^\circ$, $\bar{G}_0^\circ$ = molare freie Standard-Enthalpien bei der Temperatur T bzw. 0 K, $\Delta\bar{H}_{f,0}^\circ$ = molare Standard-Bildungsenthalpie bei 0 K, $\bar{H}_0^\circ$ = molare Standard-Enthalpie bei 0 K; Indizes: Verb, El = Verbindung bzw. Elemente.

Mit Hilfe der Gl. (4-83), welche für die Bildungsreaktion einer Verbindung aus ihren Elementen gilt, erhält man für die Änderung der freien Standard-Enthalpie und für die Gleichgewichtskonstante K_a einer beliebigen Reaktion bei der Temperatur T:

$$-(R \ln K_a)_T = \frac{\Delta G_T^\circ}{T} = \sum_i v_i\left[\frac{\bar{G}_T^\circ - \bar{H}_0^\circ}{T} + \frac{\Delta\bar{H}_{f,0}^\circ}{T}\right]_i. \qquad (4\text{-}84)$$

Die Änderung der freien Standard-Enthalpie für eine Reaktion läßt sich mit Hilfe der Gl. (4-84) aus Werten für $\Delta\bar{H}_{f,0}^\circ$ und Tabellen oder Diagrammen, welche

Tabelle 4/3. Freie Enthalpiefunktion − $(\bar{G}_T^\circ - \bar{H}_0^\circ)/T$ [J/mol·K] − verschiedener Gase für den idealen Gaszustand bei 1,01325 bar und für Graphit, sowie Bildungsenthalpien $\Delta \bar{H}_{f,0}^\circ$ [kJ/mol] bei 0 K

T [K]	H_2	O_2	N_2	C_{fest} (Graphit)	H_2O	NH_3	CO	CO_2
298	102,254	176,101	162,519	2,165	155,632	159,057	168,937	182,356
400	110,624	184,688	171,077	3,454	165,412	169,063	177,491	191,873
500	117,021	191,232	177,583	4,798	172,894	176,892	183,997	199,572
600	122,267	196,646	182,913	6,184	179,061	183,507	189,335	206,150
700	126,714	201,264	187,439	7,578	184,328	189,285	193,882	212,003
800	130,570	205,337	191,383	8,951	188,954	194,477	197,843	217,274
900	133,994	208,967	194,896	10,295	193,095	199,250	201,373	222,097
1000	137,067	212,258	198,061	11,602	196,855	203,604	204,567	226,544
1250	143,628	219,346	204,856	14,691	205,019	213,401	211,421	236,387
1500	149,008	225,283	210,529	17,505	211,944	222,026	217,144	244,848
1750	153,639	230,387	215,407	20,235	218,049	229,730	222,072	252,297
2000	157,713	234,892	219,715	22,927	223,491	236,805	226,414	258,954
2500	164,658	242,541	227,042	27,775	232,995	−	233,799	270,467
3000	170,482	248,981	233,150	32,008	241,118	−	239,962	280,976
3500	175,519	254,549	238,401	35,617	−	−	245,254	288,805
4000	179,982	259,406	243,014	38,782	−	−	249,902	−
4500	183,976	263,727	247,126	41,592	−	−	254,038	−
5000	187,606	267,733	250,831	44,154	−	−	257,765	−
$\Delta \bar{H}_{f,0}^\circ$	0	0	0	0	−226,52	−38,73	−113,89	−393,43

T [K]	CH_4	C_2H_2	C_2H_4	C_2H_6	C_6H_6
298	152,65	167,39	162,52	189,54	221,61
400	162,70	177,73	171,08	201,97	237,35
500	170,61	186,35	177,58	212,56	252,21
600	177,48	193,89	182,91	222,24	266,70
700	183,63	200,67	187,44	231,28	280,77
800	189,29	206,83	191,38	239,86	294,50
900	194,56	212,48	194,90	248,03	307,73
1000	199,50	217,76	198,06	255,86	320,58
1250	210,93	229,48	204,86	274,53	351,02
1500	221,23	239,61	210,53	290,82	378,70
$\Delta \bar{H}_{f,0}^\circ$	−66,93	227,43	60,80	69,15	100,48

$(\bar{G}_T^\circ - \bar{H}_0^\circ)/T$ als Funktion von T darstellen [1–7], rasch berechnen. Für einige Elemente und Verbindungen sind diese Zahlenwerte in Tabelle 4/3 aufgeführt.

Beispiel 4.6: Aus den Daten der Tabelle 4/3 sollen die Werte von $\Delta G_T^\circ/T$ und die Gleichgewichtskonstante K_a für die Reaktion

$$2\, CH_4\,(g) \rightleftharpoons C_2H_4\,(g) + 2\, H_2\,(g)$$

bei 1500 K berechnet werden.

Nach Tabelle 4/3 ist bei 1500 K:

	CH_4 (g)	C_2H_4 (g)	H_2 (g)
$(\bar{G}_T^\circ - \bar{H}_0^\circ)/T$ [J/(mol·K)]	−221,23	−267,70	−149,01
$\Delta \bar{H}_{f,0}^\circ$ [J/mol]	−66934	+60801	0
v_i	−2	+1	+ 2

Aus Gl. (4-84) erhält man

$$\frac{\Delta G^\circ}{1500} = -2\left[-221,23 - \frac{66934}{1500}\right] + 1\left[-267,70 + \frac{60801}{1500}\right] + 2\left[-149,01\right] = 6,519 \ \text{J/(mol·K)},$$

$$\log K_a = \frac{-6,519}{2,303 \cdot 8,3143} = -0,34046 \quad \text{und} \quad K_a = 0,4566.$$

4.2.3 Thermische Zustandsgleichung realer Gase

Das allgemeine Gesetz für ideale Gase ist ein Grenzgesetz, welches von realen Gasen streng niemals und angenähert nur bei hohen Temperaturen und kleinen Drücken befolgt wird. Für die folgenden Abschnitte benötigen wir eine Zustandsgleichung für reale Gase. Es gibt einige solcher Zustandsgleichungen, z. B. die von van der Waals, Dieterici, Berthelot und Redlich. Eine andere Möglichkeit, die einfache Zustandsgleichung für das ideale Gas

$$p \, \bar{V}_{ideal} = R \, T \tag{4-85}$$

dem Verhalten der realen Gase anzupassen, besteht darin, in diese einen dimensionslosen, von Druck und Temperatur abhängigen Faktor z einzuführen:

$$p \, \bar{V}_{real} = z \, R \, T. \tag{4-86}$$

In den Gln. (4-85) und (4-86) bedeuten $\bar{V}_{ideal}$ bzw. $\bar{V}_{real}$ die molaren Volumina des idealen bzw. realen Gases unter dem Druck p bei der Temperatur T. Der Faktor z wird meist als *Kompressibilitätsfaktor*, gelegentlich auch als *Realfaktor* bezeichnet:

$$z = \bar{V}_{real}/\bar{V}_{ideal}. \tag{4-87}$$

Aus der logarithmierten Gl. (4-85) für das ideale Gas erhält man

$$\log p = \log (R \, T) - \log \bar{V}_{ideal}. \tag{4-88}$$

Bei einer Auftragung von log p gegen log $\bar{V}_{ideal}$ ergeben sich Geraden als Isothermen für das ideale Gas (Abb. 4-2). Reale Gase weisen Abweichungen von den Idealiso-

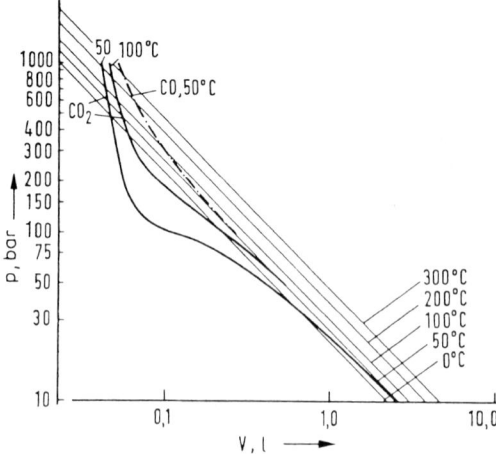

Abb. 4-2. Isothermen von Kohlenmonoxid (50°C) und Kohlendioxid (50 und 100°C)

thermen auf, wie am Beispiel einiger Isothermen für CO und CO_2 in Abb. 4-2 gezeigt ist. Bei gleichem Druck p ist die Abweichung der Isothermen des realen Gases von der Idealisotherme

$$\log \bar{V}_{real} - \log \bar{V}_{ideal} = \log z. \tag{4-89}$$

Man sieht, daß $\log z$ sowohl positiv ($z > 1$), als auch negativ ($z < 1$) sein kann. Der Wert von z läßt sich nach dem Theorem der übereinstimmenden Zustände am besten in Abhängigkeit vom reduzierten Druck

$$p_{red} = p/p_{krit} \quad (p_{krit} = \text{kritischer Druck})$$

für verschiedene reduzierte Temperaturen

$$T_{red} = T/T_{krit} \quad (T_{krit} = \text{kritische Temperatur})$$

darstellen, wie Abb. 4-3 zeigt. Die Kurven wurden aus dem Verhalten von Kohlenwasserstoffen mit molaren Massen > 40 abgeleitet. Weitere graphische Darstellungen und Tabellen finden sich in [16].

4.2.4 Berechnung der Fugazitäts-Koeffizienten

Sind an einer reversiblen Reaktion Gase beteiligt, deren Verhalten von dem des idealen Gases abweicht, so sind zur Berechnung von K_x sowie des Gleichgewichtsumsatzes und damit der Zusammensetzung der Reaktionsmischung im Gleichgewicht die Fugazitäts-Koeffizienten erforderlich (s. 4.2.2.2 bzw. 4.2.5).

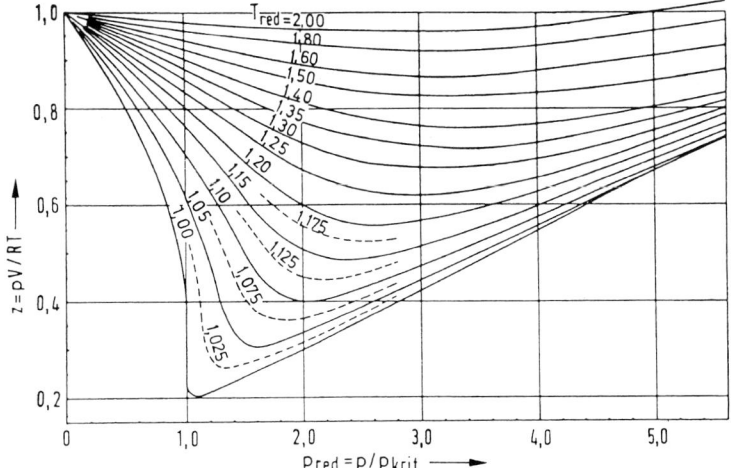

Abb. 4-3. Kompressibilitätsfaktor z als Funktion des reduzierten Drucks $p_{red} = p/p_{krit}$ für verschiedene reduzierte Temperaturen $T_{red} = T/T_{krit}$ [15]

Der Fugazitäts-Koeffizient

$$f_i = \frac{p_i^*}{p_i} \tag{4-62}$$

einer Komponente i in einer realen Gasmischung ist vom Druck, von der Temperatur und von der Zusammensetzung der Mischung abhängig.

Um f_i für eine reale Gasmischung bei bestimmten Werten von Temperatur, Zusammensetzung und Druck zu berechnen, muß man meist gewisse Annahmen über das Verhalten der Mischung machen. Die einfachste und häufigste Annahme ist die, daß sich die Mischung wie eine ideale Mischung verhält, d. h. daß beim Mischen der reinen komprimierten Gase keine weiteren Volumeneffekte auftreten. Mit dieser Annahme kann man als Näherung die Fugazitäts-Koeffizienten f der reinen Komponenten für Berechnungen verwenden. Zu diesen gelangt man in der nachfolgend beschriebenen Weise.

Für ein reines Gas folgt aus Gl. (4-43)

$$(dG)_T = (Vdp)_T \tag{4-90}$$

und entsprechend mit den molaren Größen $\bar{G} = G/n$ sowie $\bar{V} = V/n$:

$$(d\bar{G})_T = (\bar{V}dp)_T. \tag{4-91}$$

Setzt man in Gl. (4-91) für $\bar{V}$ die Beziehungen nach Gl. (4-85) bzw. (4-86) ein, so erhält man für das ideale Gas

$$(d\bar{G})_{T,ideal} = (\bar{V}_{ideal}\, dp)_T = (R\, T\, d\ln p)_T \qquad (4\text{-}92)$$

und für das reale Gas

$$(d\bar{G})_{T,real} = (\bar{V}_{real}\, dp)_T = (z\, R\, T\, d\ln p)_T. \qquad (4\text{-}93)$$

Durch Differenzbildung zwischen den Gln. (4-93) und (4-92) folgt:

$$(d\bar{G})_{real} - d\bar{G}_{ideal})_T = [(\bar{V}_{real} - \bar{V}_{ideal})\, dp]_T = [(z-1)\, R\, T\, d\ln p]_T. \qquad (4\text{-}94)$$

Andererseits gilt für das reale Gas

$$(d\bar{G})_{T,real} = (RT\, d\ln p^*)_T. \qquad (4\text{-}48)$$

Subtrahiert man von dieser Gleichung die Gl. (4-46), so folgt:

$$(d\bar{G}_{real} - d\bar{G}_{ideal})_T = [R\, T\, d\ln (p^*/p)]_T = (R\, T\, d\ln f)_T. \qquad (4\text{-}95)$$

Durch Gleichsetzen der Gln. (4-94) und (4-95) und Integration unter Berücksichtigung der Grenzbedingung Gl. (4-49) erhält man

$$(\ln f)_T = \frac{1}{R\, T} \int_0^p [(\bar{V}_{real} - \bar{V}_{ideal})\, dp]_T = \int_0^p [(z-1)\, d\ln p]_T. \qquad (4\text{-}96)$$

Die mit Hilfe dieser Beziehung aus den Kompressibilitätsfaktoren berechneten Fugazitäts-Koeffizienten reiner Gase kann man Diagrammen entnehmen, in welchen die Fugazitäts-Koeffizienten – ähnlich wie z – als Funktion des reduzierten

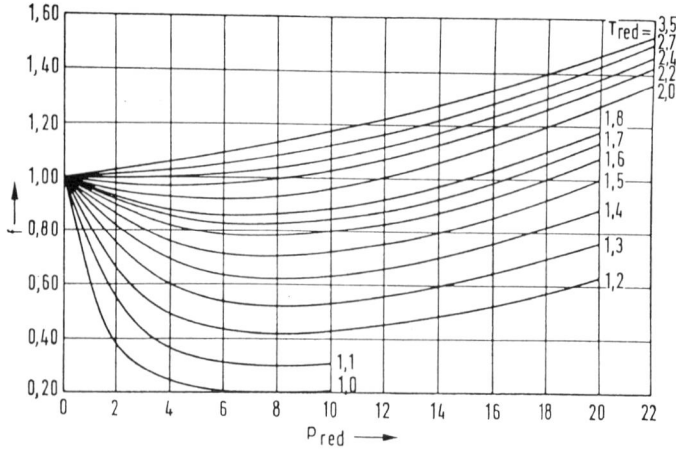

Abb. 4-4. Fugazitäts-Koeffizienten der Gase als Funktion des reduzierten Druckes p_{red} und der reduzierten Temperatur T_{red} bei mittleren Drücken und Temperaturen

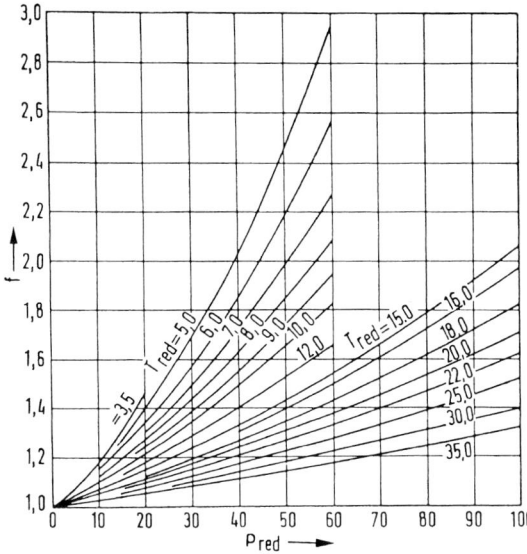

Abb. 4-5. Fugazitäts-Koeffizienten der Gase als Funktion des reduzierten Druckes p_{red} und der reduzierten Temperatur T_{red} bei hohen Drücken und Temperaturen

Drucks $p_{red} = p/p_{krit}$ für verschiedene reduzierte Temperaturen $T_{red} = T/T_{krit}$ dargestellt sind (Abb. 4-4 und 4-5). Ausnahmen machen H_2, He und Ne. Sollen die Fugazitäts-Koeffizienten von Wasserstoff, Helium und Neon aus den Abb. 4-4 und 4-5 abgelesen werden, so ist vorher sowohl zu p_{krit} als auch zu T_{krit} 8 zu addieren.

Beispiel 4.7: Es sollen die Fugazitäts-Koeffizienten von Stickstoff, Wasserstoff und Ammoniak für eine Temperatur von 400 °C (= 673,15 K) und Drücken von 50, 100 und 200 bar ermittelt werden. Die kritischen Daten sind für

	T_{krit} [K]	p_{krit} [bar]
Stickstoff	126	33,9
Wasserstoff	33,3	13,0
Ammoniak	405,6	113,0

Mit diesen Daten berechnet man T_{red} und p_{red} und liest dann aus Abb. 4-4 bzw. 4-5 die Fugazitäts-Koeffizienten ab; man erhält

Druck [bar]		50	100	200
Stickstoff	p_{red}	1,47	2,95	5,90
$T_{red} = 5,34$	f_{N_2}	1,00	1,02	1,08
Wasserstoff	p_{red}**	2,38	4,76	9,52
$T_{red}* = 16,30$	f_{H_2}	1,00	1,04	1,10
Ammoniak	p_{red}	0,44	0,88	1,77
$T_{red} = 1,66$	f_{NH_3}	0,98	0,95	0,90

$$* \; T_{red} = \frac{T}{T_{krit} + 8} \qquad ** \; p_{red} = \frac{p}{p_{krit} + 8}$$

4.2.5 Berechnung des Gleichgewichtsumsatzes

Im Gleichgewichtszustand ist der bei einer Reaktion unter gegebenen Versuchsbedingungen thermodynamisch maximal mögliche Umsatz $U_{k,Gl}$ eines Reaktionspartners k erreicht. Um diesen Gleichgewichtsumsatz für eine Gasreaktion zu berechnen, gehen wir von Gl. (4-73) aus. Durch Logarithmieren und Umformen dieser Gleichung erhält man unter Berücksichtigung der Gln. (4-64) und (4-69):

$$\log \left(\frac{x_C^{|v_C|} x_D^{|v_D|}}{x_A^{|v_A|} x_B^{|v_B|}} \right)_{Gl} = \log K_a - \log \left(\frac{f_C^{|v_C|} f_D^{|v_D|}}{f_A^{|v_A|} f_B^{|v_B|}} \right)_{Gl} - \left(\sum_i v_i \right) \log \left(\frac{p}{p^o} \right) \qquad (4\text{-}97)$$

oder

$$\sum_i (v_i \log x_i)_{Gl} = \log K_a - \sum_i (v_i \log f_i)_{Gl} - \left(\sum_i v_i \right) \log \left(\frac{p}{p^o} \right). \qquad (4\text{-}98)$$

Drückt man die Molenbrüche $(x_i)_{Gl}$ nach Gl. (4-16) durch die Molenbrüche des Anfangsgemisches x_i^{ein} und durch den Umsatz $U_{k,Gl}$ aus, so erhält man:

$$\sum_i v_i \log \left(\frac{x_i^{ein} + \dfrac{v_i}{|v_k|} x_k^{ein} U_{k,Gl}}{1 + \dfrac{\sum_i v_i}{|v_k|} x_k^{ein} U_{k,Gl}} \right) =$$

$$= \log K_a - \sum_i (v_i \log f_i)_{Gl} - \left(\sum_i v_i \right) \log \left(\frac{p}{p^o} \right). \qquad (4\text{-}99)$$

Wenn für eine chemische Reaktion Druck, Temperatur sowie Anfangszusammensetzung gegeben und sowohl Gleichgewichtskonstante als auch Fugazitäts-Koeffizienten bekannt sind, so kann mit Hilfe von Gl. (4-99) der Gleichgewichtsumsatz und damit die Zusammensetzung der Reaktionsmasse im Gleichgewichtszustand berechnet werden.

Da sich die Gl. (4-99) im allgemeinen nicht ohne weiteres nach $U_{k,Gl}$ auflösen läßt, beschreitet man folgenden Weg: Man berechnet für die gegebenen Versuchsbedingungen den auf der rechten Seite der Gl. (4-99) stehenden Ausdruck

$$\log K_a - \sum_i (v_i \log f_i)_{Gl} - \left(\sum_i v_i \right) \log \left(\frac{p}{p^o} \right). \qquad (a)$$

Dann wird der Summenausdruck auf der linken Seite

$$\sum_i v_i \log \left(\frac{x_i^{ein} + \dfrac{v_i}{|v_k|} x_k^{ein} U_{k,Gl}}{1 + \dfrac{\sum\limits_i v_i}{|v_k|} x_k^{ein} U_{k,Gl}} \right) \tag{b}$$

für verschiedene angenommene Werte von $U_{k,Gl}$ $(0, 0,1, 0,2 \dots 1,0)$ berechnet und als Funktion von $U_{k,Gl}$ aufgetragen. Zu demjenigen Ordinatenwert von (b), welcher gleich dem Wert von (a) ist, liest man auf der Abszisse den zugehörigen Wert von $U_{k,Gl}$ ab. Mit dem erhaltenen $U_{k,Gl}$ kann man dann die Molenbrüche der einzelnen Komponenten im Gleichgewichtszustand berechnen.

Beispiel 4.8: Ein Röstgas für die Herstellung von Schwefelsäure nach dem Kontaktverfahren habe folgende Zusammensetzung in Molenbrüchen: $SO_2 = 0,078$; $O_2 = 0,108$; $N_2 = 0,814$. Es soll der Gleichgewichtsumsatz von SO_2 nach der Gleichung

$$SO_2 + 1/2\,O_2 \rightleftharpoons SO_3$$

bei 500 °C und einem Druck von 1,01325 bar berechnet werden. Es ist bei 500 °C: $\log K_a = 1,93$, $K_a = 85$. Die Fugazitäts-Koeffizienten sind alle gleich 1 und damit $\sum\limits_i (v_i \log f_i)_{Gl} = 0$; außerdem ist $\log (p/p^o) = \log 1 = 0$. Mit $v_{SO_2} = -1$, $v_{O_2} = -0,5$, $v_{SO_3} = +1$, $\sum\limits_i v_i = -0,5$, $x_{SO_2}^{ein} = 0,078$, $x_{O_2}^{ein} = 0,108$ und $x_{SO_3}^{ein} = 0$ erhält man aus Gl. (4-99) den Ausdruck

$$\log K_a = -\log \frac{0,078 - 0,078\, U_{SO_2,Gl}}{1 - 0,039\, U_{SO_2,Gl}} - 0,5 \log \frac{0,108 - 0,039\, U_{SO_2,Gl}}{1 - 0,039\, U_{SO_2,Gl}} +$$
(a)
$$+ \log \frac{0,078\, U_{SO_2,Gl}}{1 - 0,039\, U_{SO_2,Gl}} = \frac{1}{2} \log \frac{U_{SO_2,Gl}^2 (1 - 0,039\, U_{SO_2,Gl})}{(1 - U_{SO_2,Gl})^2 (0,108 - 0,039\, U_{SO_2,Gl})} .$$
(b)

Der Ausdruck (b) hat folgende Werte:

$U_{SO_2,Gl}$	0,1	0,2	0,3	0,4	0,6	0,8	0,9	0,96
(b)	$-0,46382$	$-0,10419$	0,13765	0,33766	0,70726	1,15249	1,51512	1,94765

Aus der Auftragung von (b) gegen $U_{SO_2,Gl}$ (Abb. 4-6) liest man ab, daß einem Ordinatenwert von 1,93 ($= a$) ein Gleichgewichtsumsatz $U_{SO_2,Gl}$ von 0,9585 entspricht. Damit kann man nach Gl. (4-16) die Molenbrüche der einzelnen Komponenten im Gleichgewichtszustand berechnen:

$$x_{SO_2,Gl} = \frac{x_{SO_2}^{ein} + \dfrac{v_{SO_2}}{|v_{SO_2}|} x_{SO_2}^{ein} U_{SO_2,Gl}}{1 + \dfrac{\sum\limits_i v_i}{|v_{SO_2}|} x_{SO_2}^{ein} U_{SO_2,Gl}} = \frac{0,078 - \dfrac{1}{1} \cdot 0,078 \cdot 0,9585}{1 - \dfrac{0,5}{1} \cdot 0,078 \cdot 0,9585} = 0,003.$$

Analog erhält man für die anderen Reaktanden

$$x_{SO_3,Gl} = 0,078, \quad x_{O_2,Gl} = 0,073, \quad x_{N_2,Gl} = 0,846.$$

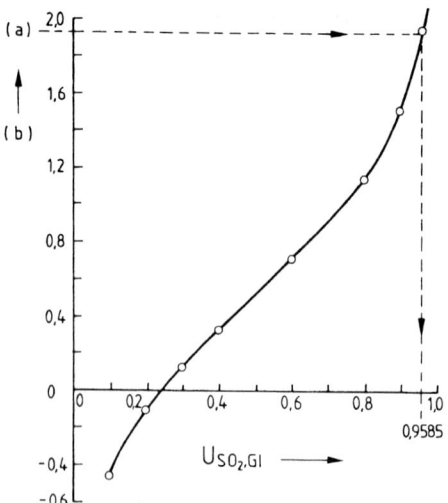

Abb. 4-6. Ermittlung des Gleichgewichtsumsatzes (Beispiel 4.8)

4.2.5.1 Einfluß des Druckes auf die Zusammensetzung der Reaktionsmischung im Gleichgewichtszustand

Die wahre Gleichgewichtskonstante K_a ist aufgrund ihrer Definition vom Druck unabhängig. Die Abhängigkeit der Zusammensetzung der Reaktionsmischung im Gleichgewichtszustand vom Druck kommt in Gl. (4-99) zum Ausdruck. Der Druckeinfluß macht sich einmal direkt in dem Glied $\left(\sum_i v_i\right) \log (p/p^\circ)$ geltend, sofern $\sum_i v_i \neq 0$, zum andern in der Druckabhängigkeit der Fugazitäts-Koeffizienten, also in dem Glied $\sum_i (v_i \log f_i)_{Gl}$.

Wie sich der Druck auf den Gleichgewichtsumsatz und auf die Zusammensetzung der Reaktionsmischung im Gleichgewichtszustand auswirken kann, sei am Beispiel der großtechnisch wichtigen Methanolsynthese gezeigt. Für die Reaktion

$$CO\,(g) + 2\,H_2\,(g) \rightleftharpoons CH_3OH\,(g)$$

ist bei 300 °C: $\Delta G^\circ = +39{,}900\,\text{kJ/mol}$ und demnach [Gl. (4-61)] $K_a = 2{,}316 \cdot 10^{-4}$. Nach Gl. (4-73) ist

$$K_a = K_x K_f \left(\frac{p}{p^\circ}\right)^{\sum_i v_i}$$

und somit für die genannte Reaktion $\left(\sum_i v_i = -2\right)$:

$$K_x = \frac{K_a}{K_f} \cdot \left(\frac{p}{p^\circ}\right)^2 . \tag{4-73a}$$

Tabelle 4/4. Einfluß des Druckes auf K_f, K_x, die Molenbrüche im Gleichgewichtszustand und $U_{CO,Gl}$ bei der Reaktion $CO + 2 H_2 \rightleftharpoons CH_3OH$, Temperatur 300°C; stöchiometrische Zusammensetzung des Synthesegases [17]. Berechnet mit Hilfe von Gl. (4-73a)

Druck [bar]	K_f	K_x	$x_{CO,Gl}$	$x_{H_2,Gl}$	$x_{CH_3OH,Gl}$	$U_{CO,Gl}$
10,13	0,96	0,0242	0,332	0,665	0,0036	0,009
25,33	0,90	0,161	0,326	0,652	0,0224	0,060
50,66	0,80	0,725	0,306	0,612	0,082	0,209
101,33	0,61	3,80	0,252	0,505	0,243	0,490
202,65	0,38	24,40	0,171	0,342	0,487	0,739
303,98	0,27	77,4	0,126	0,251	0,623	0,831

Aus Gl. (4-73a) geht hervor, daß durch eine Erhöhung des Drucks K_x vergrößert werden kann; außerdem wirkt sich die Erniedrigung von K_f mit steigendem Druck in einer Vergrößerung von K_x aus. In Tabelle 4/4 ist für eine stöchiometrische Zusammensetzung des Synthesegases der Druckeinfluß auf K_f, K_x, die Molenbrüche im Gleichgewichtszustand und $U_{CO,Gl}$ bei 300°C aufgeführt. Daraus geht hervor, daß sich in diesem Fall durch Druckerhöhung eine beträchtliche Steigerung des Gleichgewichtsumsatzes erreichen läßt.

4.2.5.2 Berechnung von Simultangleichgewichten

Häufig laufen zwischen den Komponenten eines Reaktionsgemisches mehrere stöchiometrisch unabhängige Reaktionen ab. Im Gleichgewichtszustand liegen dann so viele Gleichgewichte nebeneinander vor, wie unabhängige Reaktionen ablaufen; man spricht deshalb von Simultangleichgewichten. Die Mengenanteile aller Komponenten des Gleichgewichtsgemisches müssen dabei das Massenwirkungsgesetz für jede einzelne der unabhängigen Reaktionen erfüllen. Oft ist man genötigt, nebensächliche Reaktionen zu vernachlässigen, um die Rechnung nicht zu sehr zu komplizieren. Die Mengenanteile der im Simultangleichgewicht vorliegenden Komponenten drückt man zweckmäßig durch deren Anfangskonzentrationen und die Umsätze unter Berücksichtigung der stöchiometrischen Zahlen aus.

Die Berechnung eines Simultangleichgewichts soll am Beispiel der Methan-Pyrolyse gezeigt werden. Wird Methan, besonders in Gegenwart von Katalysatoren, welche die Wasserstoffabspaltung begünstigen, auf Temperaturen von 1000°C und darüber erhitzt, so erhält man nebeneinander Ethylen und Acetylen als Reaktionsprodukte:

$$2 CH_4 \rightleftharpoons C_2H_4 + 2 H_2, \tag{I}$$

$$2 CH_4 \rightleftharpoons C_2H_2 + 3 H_2. \tag{II}$$

In Wirklichkeit ist der Vorgang sehr viel verwickelter; außerdem tritt, wenn die Gase nicht sehr rasch abgeschreckt werden, als dritte Reaktion die vollständige Zersetzung der Kohlenwasserstoffe in Kohlenstoff (Ruß) und Wasserstoff ein; praktisch erfolgt immer eine mehr oder weniger starke Rußbildung. Diese unerwünschte Nebenreaktion werde im folgenden vernachlässigt; wir wollen nur berechnen, wieviel Ethylen und Acetylen maximal erhalten werden könnten, wenn es gelänge, die Rußbildung ganz zu unterdrücken. Der Gesamtdruck sei 1,01325 bar; die Gleichgewichtskonstanten bei 1300 K sind

für Reaktion I: $K_{aI} = K_{pI} = K_{xI} = 0,0302,$

für Reaktion II: $K_{aII} = K_{pII} = K_{xII} = 0,01023.$

Der Molenbruch jeder Komponente ist gegeben durch Gl. (4-19):

$$x_{i,\,Gl} = \frac{x_i^{ein} + \dfrac{\nu_{iI}}{|\nu_{kI}|}\, x_k^{ein}\,(U_{k,\,I})_{Gl} + \dfrac{\nu_{iII}}{|\nu_{kII}|}\, x_k^{ein}\,(U_{k,\,II})_{Gl}}{1 + \dfrac{\left(\sum\limits_i \nu_i\right)_I}{|\nu_{kI}|}\, x_k^{ein}\,(U_{k,\,I})_{Gl} + \dfrac{\left(\sum\limits_i \nu_i\right)_{II}}{|\nu_{kII}|}\, x_k^{ein}\,(U_{k,\,II})_{Gl}}$$

[x_k^{ein} = Molenbruch des Methans vor der Reaktion = 1; $(U_{k,\,I})_{Gl}$ bzw. $(U_{k,\,II})_{Gl}$ = Gleichgewichtsumsatz des Methans nach Reaktion (I) bzw. (II)].

Die Indizes „Gl" und „k" sind im folgenden der Einfachheit halber weggelassen. Man erhält nunmehr für die Molenbrüche im Gleichgewicht

$$x_{CH_4} = \frac{1 - U_I - U_{II}}{1 + 0,5\,U_I + U_{II}}, \qquad x_{C_2H_4} = \frac{0,5\,U_I}{1 + 0,5\,U_I + U_{II}},$$

$$x_{C_2H_2} = \frac{0,5\,U_{II}}{1 + 0,5\,U_I + U_{II}}, \qquad x_{H_2} = \frac{U_I + 1,5\,U_{II}}{1 + 0,5\,U_I + U_{II}};$$

und damit

$$K_{xI} = \frac{x_{C_2H_4} \cdot x_{H_2}^2}{x_{CH_4}^2} = \frac{0,5\,U_I\,(U_I + 1,5\,U_{II})^2}{(1 - U_I - U_{II})^2\,(1 + 0,5\,U_I + U_{II})}, \tag{A}$$

$$K_{xII} = \frac{x_{C_2H_2} \cdot x_{H_2}^3}{x_{CH_4}^2} = \frac{0,5\,U_{II}\,(U_I + 1,5\,U_{II})^3}{(1 - U_I - U_{II})^2\,(1 + 0,5\,U_I + U_{II})^2}. \tag{B}$$

Zur Berechnung von U_I und U_{II} stehen die beiden Gleichungen (A) und (B) zur Verfügung. Um anstelle von (B) einen einfacheren Ausdruck zu erhalten, dividiert man (A) durch (B):

$$\frac{K_{xI}}{K_{xII}} = \frac{U_I\,(1 + 0,5\,U_I + U_{II})}{U_{II}\,(U_I + 1,5\,U_{II})}. \tag{C}$$

Die Auswertung der Gln. (A) und (C) erfolgt zweckmäßigerweise graphisch. Zunächst werden aus jeder Gleichung diejenigen Wertepaare von U_I und U_{II} ermittelt, welche die Gleichung erfüllen. Man erhält so aus

Gl. (A)

U_I	0	0,1	0,2
U_{II}	1,0	0,26	0,135

und aus

Gl. (C)

U_I	0	0,1	0,2
U_{II}	0	0,134	0,183

Nun trägt man für beide Gleichungen U_I als Funktion von U_{II} auf. Der Schnittpunkt der beiden Kurven ist die gesuchte Lösung. Man erhält so für den Gleichgewichtsumsatz des Methans bei 1300 K: $(U_{CH_4,I})_{Gl} = 0,173$ und $(U_{CH_4,II})_{Gl} = 0,169$. Daraus resultiert folgende Zusammensetzung des Gleichgewichtsgemisches in Molenbrüchen:

$$x_{CH_4} = 0,5241, \quad x_{C_2H_4} = 0,0689, \quad x_{C_2H_2} = 0,0673 \quad \text{und} \quad x_{H_2} = 0,3397.$$

4.2.6 Heterogene Gleichgewichte

Wenn ein Reaktand in einer Reaktionsmischung als eine reine Flüssigkeit oder ein reiner Feststoff vorliegt, so kann man dessen Aktivität als 1 annehmen, vorausgesetzt, daß der Druck des Systems nicht stark von dem gewählten Standarddruck abweicht. Die Wirkung des Druckes auf die Aktivität der Flüssigkeit oder des Feststoffes kann man nach der Gleichung

$$\left[\frac{\partial \ln (p_i^*/p_i^{*\circ})}{\partial p} \right]_T = \frac{\bar{V}_i - \bar{V}_i^\circ}{RT} \tag{4-100}$$

berechnen ($\bar{V}_i$ = partielles Molvolumen, $\bar{V}_i^\circ$ = partielles Molvolumen der Komponente i im Standardzustand). Bei mäßigen Drücken ist der Einfluß vernachlässigbar.

Sind an einer Reaktion nach der Reaktionsgleichung (4-38) zusätzlich zu den gasförmigen Reaktanden noch ein flüssiger oder fester Reaktionspartner E (stöchiometrische Zahl v_E) und ein flüssiges oder festes Reaktionsprodukt F (stöchiometrische Zahl v_F) beteiligt, so hat man nach Gl. (4-63) anzusetzen:

$$K_a = \left(\frac{a_F^{|v_F|}}{a_E^{|v_E|}} \right)_{Gl} \left(\frac{x_C^{|v_C|} x_D^{|v_D|}}{x_A^{|v_A|} x_B^{|v_B|}} \right)_{Gl} \left(\frac{f_C^{|v_C|} f_D^{|v_D|}}{f_A^{|v_A|} f_B^{|v_B|}} \right)_{Gl} \cdot (p/p^\circ)^{(v_A + v_B + v_C + v_D)}. \tag{4-101}$$

Sofern der Standardzustand für Feststoffe und Flüssigkeiten auf p = 1,01325 bar oder niedrige Gleichgewichtsdampfdrücke bezogen ist, können die Aktivitäten reiner Feststoffe und reiner Flüssigkeiten bei allen mäßigen Drücken als 1 angenommen werden; die Gleichgewichtszusammensetzung der Gasphase ist in diesem Fall von der Anwesenheit des Feststoffs oder der Flüssigkeit unabhängig. Bei hohen Drücken dagegen werden auch die Aktivitäten reiner Feststoffe und Flüssigkeiten durch den Druck beeinflußt und damit auch die Gleichgewichtszusammensetzung der Gasphase durch die Anwesenheit des Feststoffs oder der Flüssigkeit.

Wenn feste oder flüssige Lösungen gebildet werden, sind selbst bei niedrigen Drücken die Aktivitäten der Komponenten in festen oder flüssigen Lösungen nicht mehr gleich 1; damit wird auch die Gleichgewichtszusammensetzung der Gasphase durch die Zusammensetzung der festen oder flüssigen Phase beeinflußt.

Beispiel 4.9: Eisenoxid, FeO, soll mit Hilfe einer Gasmischung der Zusammensetzung $x_{CO} = 0,2$ und $x_{N_2} = 0,8$ bei einer Temperatur von 1000 °C unter einem Druck von 1,01325 bar zu metallischem Eisen reduziert werden [18]. Unter der Annahme, daß das Gleichgewicht erreicht wird, ist die Menge an metallischem Eisen zu berechnen, welche durch 100 m^3 des Gasgemischs von 1000 °C und 1,01325 bar erzeugt werden. Die Fugazitäts-Koeffizienten werden gleich 1 angenommen. Die Reaktion verläuft nach der Gleichung

$$FeO\,(s) + CO\,(g) \rightleftarrows Fe\,(s) + CO_2\,(g).$$

Bei 1000 °C ist für diese Reaktion $K_a = 0,403$.

Da $K_f = 1$ und $p = p° = 1,01325$ bar, folgt aus den Gln. (4-73) bzw. (4-101):

$$K_a = K_x = \left(\frac{x_{CO_2}}{x_{CO}}\right)_{Gl}.$$

Nach Gl. (4-16) ist

$$x_{CO,Gl} = x_{CO}^{ein}\,(1 - U_{CO,Gl}); \quad x_{CO_2,Gl} = x_{CO}^{ein}\,U_{CO,Gl}$$

und somit

$$\frac{U_{CO,Gl}}{1 - U_{CO,Gl}} = K_x = K_a = 0,403.$$

Daraus ergibt sich:

$$U_{CO,Gl} = 0,287,$$

$$x_{CO_2,Gl} = x_{CO}^{ein}\,U_{CO,Gl} = 0,2 \cdot 0,287 = 0,0574.$$

Durch 1 mol Frischgasgemisch werden also im Gleichgewicht 0,0574 mol CO_2 und damit 0,0574 mol $\hat{=}$ 3,206 g Fe gebildet. 1 mol Frischgas entspricht $22,416 \cdot 10^{-3}$ m^3 bei 0 °C und 1,01325 bar. Durch 1 m^3 Frischgas im Normzustand werden 0,143 kg Fe gebildet, somit durch 100 m^3 Frischgas von 1000 °C (1,01325 bar):

$$100 \cdot 0,143 \cdot \frac{273,15}{1273,15} = 3,068 \text{ kg Fe.}$$

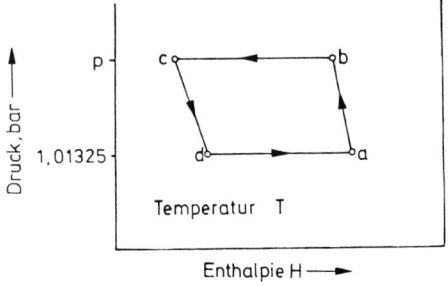

Abb. **4-7.** Einfluß des Druckes auf die Reaktionsenthalpie

4.2.7 Einfluß des Druckes auf die Reaktionsenthalpie

Für ideale Gase ist die Enthalpie und, wie wir nachher sehen werden, auch die Reaktionsenthalpie unabhängig vom Druck. Bei hohen Drücken, wie sie bei Hochdruckreaktionen angewandt werden, ist die Annahme eines idealen Gasverhaltens nicht mehr gerechtfertigt. Die Reaktionsenthalpie $\Delta H^p_{R,T}$ bei dem Druck p und der Temperatur T läßt sich aus der Standard-Reaktionsenthalpie $\Delta H^\circ_{R,T}$ bei der Temperatur T mit Hilfe von Abb. 4-7 ableiten. Punkt a gibt die Enthalpie der Reaktions*partner* bei der Temperatur T und 1,01325 bar an, Punkt b diejenige der Reaktionspartner bei der gleichen Temperatur und einem höheren Druck p. Entsprechend stellen die Punkte d bzw. c die Enthalpien der Reaktions*produkte* bei der Temperatur T und einem Druck von 1,01325 bar bzw. beim Druck p dar.

Da die Enthalpie nur vom Anfangs- und Endzustand abhängt, nicht aber vom durchlaufenen Weg, können wir uns einen isothermen Kreisprozeß bei der Temperatur T vorstellen, welcher etwa vom Zustand des Punktes a ausgehend in Richtung der Pfeile über die Zustände der Punkte b, c und d wieder zum Ausgangszustand a zurückführt:

I) Die Reaktions*partner* werden isotherm bei der Temperatur T von 1,01325 bar auf den Druck p komprimiert (a → b), Enthalpieänderung:

$$\sum_{\text{Partner}} |v_{\text{Partner}}| \, (\bar{H}^p_T - \bar{H}^\circ_T)_{\text{Partner}}.$$

II) Man läßt die Reaktion isotherm bei der Temperatur T und dem Druck p ablaufen (b → c), Reaktionsenthalpie $\Delta H^p_{R,T}$.

III) Die Reaktions*produkte* läßt man isotherm bei der Temperatur T vom Druck p auf den Druck 1,01325 bar expandieren (c → d), Enthalpieänderung:

$$\sum_{\text{Produkte}} |v_{\text{Produkt}}| \, (\bar{H}^\circ_T - \bar{H}^p_T)_{\text{Produkt}}.$$

IV) Die Reaktionsprodukte zersetzt man isotherm bei der Temperatur T und dem Druck 1,01325 bar (d → a), Reaktionsenthalpie $-\Delta H^\circ_{R,T}$.

Es gilt somit

$$0 = \sum_{\text{Partner}} |v_{\text{Partner}}| \, (\bar{H}^p_T - \bar{H}^\circ_T)_{\text{Partner}} + \Delta H^p_{R,T} +$$

$$+ \sum_{\text{Produkte}} |v_{\text{Produkt}}| \, (\bar{H}^\circ_T - \bar{H}^p_T)_{\text{Produkt}} - \Delta H^\circ_{R,T} \qquad (4\text{-}102)$$

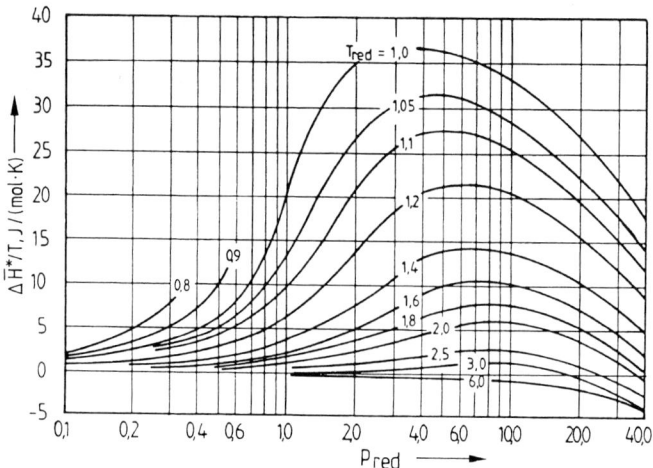

Abb. 4-8. $\Delta \bar{H}^*/T$ [J/mol · K)] in Abhängigkeit vom reduzierten Druck p_{red} für verschiedene reduzierte Temperaturen T_{red}

oder

$$\Delta H_{R,T}^p = \Delta H_{R,T}^\circ - \sum_i \nu_i (\bar{H}_T^\circ - \bar{H}_T^p)_i. \tag{4-103}$$

Da für ein ideales Gas die Enthalpie unabhängig vom Druck ist, sind für dieses die Klammerausdrücke in den Gln. (4-102) und (4-103) null; es ist demnach

$$(\Delta H_{R,T}^p)_{ideal} = (\Delta H_{R,T}^\circ)_{ideal}. \tag{4-104}$$

Auch auf die Enthalpie fester oder flüssiger Reaktanden ist der Druckeinfluß vernachlässigbar klein.

Bei höheren Drücken muß jedoch infolge der Abweichung vom idealen Gasverhalten der Klammerausdruck in Gl. (4-103) berücksichtigt werden. Die Berechnung der Differenz zwischen der Enthalpie $\bar{H}_T^\circ$ eines Gases beim Standarddruck 1,01325 bar und der Enthalpie $\bar{H}_T^p$ beim Druck p für eine Temperatur T kann nach folgender Beziehung erfolgen:

$$\frac{\bar{H}_T^\circ - \bar{H}_T^p}{T} = \frac{\Delta \bar{H}^*}{T} = R \left(\frac{\partial \ln f}{\partial \ln T_{red}} \right)_p. \tag{4-105}$$

In Gl. (4-105) bedeuten: f den Fugazitäts-Koeffizienten des Gases bei der Temperatur T und beim Druck p, $T_{red} = T/T_{krit}$ die reduzierte Temperatur. Die rechte Seite von Gl. (4-105) läßt sich ermitteln, wenn man aus Abb. 4-4 bzw. 4-5 jeweils für einen bestimmten Druck Wertepaare von f und T_{red} entnimmt und log f als Funktion von log T_{red} aufzeichnet; die Steigungen der erhaltenen Kurven bei den jeweiligen reduzierten Temperaturen ergeben, mit R multipliziert, $\Delta H^*/T$. Meist wird $\Delta H^*/T$ in Diagrammen als Funktion des reduzierten Drucks $p_{red} = p/p_{krit}$ für verschiedene reduzierte Temperaturen $T_{red} = T/T_{krit}$ (Abb. 4-8) in ähnlicher Weise wie die Kompressibilitätsfaktoren und die Fugazitäts-Koeffizienten in allgemeiner Form dargestellt. Auch tabellarische Darstellungen werden häufig verwendet (vgl. [16]).

Beispiel 4.10: Es soll die Enthalpie von 1 mol CO_2-Gas bei 100 bar und 100°C, bezogen auf den idealen Gaszustand bei 0 K, berechnet werden.
Aus Tabelle 4/2 erhält man durch lineare Interpolation:

$$(\bar{H}^{\circ}_{373,15} - \bar{H}^{\circ}_0) = 12317,6 \, \text{J/mol}$$

$$T_{krit} = 304,2 \, \text{K}, \qquad p_{krit} = 73,87 \, \text{bar},$$

$$T_{red} = 373,15/304,2 = 1,227; \qquad p_{red} = 100/73,87 = 1,354.$$

Für diese Werte liest man aus Abb. 4-8 ab:

$$\Delta \bar{H}^*/T = (\bar{H}^{\circ}_T - \bar{H}^p_T)/T = (\bar{H}^{\circ}_{373,15 \, K} - \bar{H}^{100 \, bar}_{373,15 \, K})/373,15 = 8,37 \, \text{J/(mol} \cdot \text{K)}.$$

Daraus ergibt sich:

$$\bar{H}^{100 \, bar}_{373,15 \, K} = \bar{H}^{\circ}_{373,15 \, K} - 8,37 \cdot 373,15 = \bar{H}^{\circ}_{373,15 \, K} - 3123,3 = \bar{H}^{\circ}_0 + 12317,6 - 3123,3 \, \text{J/mol} \qquad \text{und}$$

$$\bar{H}^{100 \, bar}_{373,15 \, K} - \bar{H}^{\circ}_0 = 9194,3 \, \text{J/mol}.$$

4.3 Grundlagen zur Berechnung des Wärmetransportes durch eine Trennwand

Die Bedeutung des Wärmetransports für die Chemische Reaktionstechnik wurde bereits in Abschnitt 3.5.5 hervorgehoben. Darin wurde auf die Möglichkeit der direkten Heizung und Kühlung sowie auf den indirekten Wärmeaustausch durch eine Wand eingegangen. Schließlich können chemische Umsetzungen an äußeren Feststoffoberflächen (Reaktionspartner oder Katalysatoren) sowie an den inneren Oberflächen poröser Feststoffe (Partikel) außer durch Stofftransport- auch durch Wärmetransportvorgänge beeinflußt werden (s. z. B. Abschnitte 12.2.1.1 und 12.2.2.2).

Beim direkten Wärmeaustausch zwischen zwei oder mehreren Stoffen läßt sich die Temperatur der Reaktionsmischung leicht nach der Mischungsregel berechnen. Bei der Verdampfungskühlung ist die Temperatur durch die Siedetemperatur des flüssigen Reaktionsgemisches gegeben.

Die Berechnung des Wärmeaustausches bei der Heizung bzw. Kühlung fluider Stoffe durch feste Wärmeträger (z. B. Wärmespeichermassen in Regeneratoren) ist komplizierter, weil es sich hierbei um instationäre Wärmetransportvorgänge handelt. Da die Anwendung fester Wärmeträger zur Temperaturlenkung in Reaktoren verhältnismäßig selten ist, sei hier nur auf die Spezialliteratur verwiesen [19].

Bei der häufig angewandten Temperaturlenkung im Reaktor durch *indirekten Wärmeaustausch* wird die Wärme durch eine Wand (Heiz- bzw. Kühlspiralen, beheizter bzw. gekühlter Reaktormantel oder Reaktionsrohre) hindurch von einem

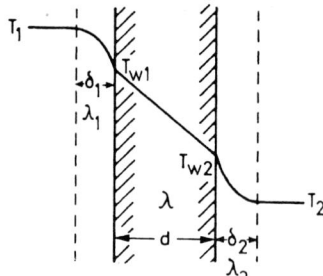

Abb. 4-9. Stationärer Wärmetransport durch eine ebene Wand

Medium auf das andere übertragen, wobei drei Transportprozesse hintereinander geschaltet sind, nämlich der („konvektive") *Wärmeübergang* vom wärmeren Medium auf die Wand, die *Wärmeleitung* in der Wand und der (konvektive) Wärmeübergang von der anderen Seite der Wand auf das kältere Medium. Den Gesamtvorgang nennt man *Wärmedurchgang*.

Ein Sonderfall des Wärmeübergangs ist derjenige durch *Strahlung*, z. B. die Kühlung der Reaktorwand durch Abstrahlung oder die Wärmezufuhr an die Behälterwand durch elektrisch erhitzte Strahler (Heizleiter). Diese Transportprozesse sollen im folgenden näher behandelt werden, wobei wir uns auf stationäre Transportvorgänge beschränken.

4.3.1 Wärmeleitung

Es sei eine ebene Wand der Dicke d betrachtet, wobei die eine (wärmere) Seite die Temperatur T_{w1}, die andere (kältere) Seite die Temperatur T_{w2} habe (Abb. 4-9). Dann fließt durch die Wand ein Wärmestrom $\dot{Q}$, welcher proportional der Fläche A_W der Wand, proportional der Temperaturdifferenz $T_{w1} - T_{w2}$ und umgekehrt proportional der Wanddicke d ist:

$$\dot{Q} = \lambda \, A_W \frac{T_{w1} - T_{w2}}{d} \quad [\text{W}] \tag{4-106}$$

Tabelle 4/5. Wärmeleitfähigkeitskoeffizient λ [W/(m K)] einiger Behältermaterialien und Isolierstoffe bei Raumtemperatur

Kupfer, sehr rein	395	Glas	1,2
Aluminium	198	Keramik	1,2
Graphit (impermeabel)	58 bis 128	Email	0,70
Gußeisen (3% C)	58	Organ. Kunststoffe	0,12
unlegierter Stahl	47	Glaswolle	0,06
austenitische Cr/Ni-Stähle,		Schaumpolyurethan ⎱	
z. B. 18/8	16	poröses Polystyrol ⎰	<0,02

Der in Gl. (4-106) auftretende Proportionalitätsfaktor λ [W/(m K)] ist der Wärmeleitfähigkeitskoeffizient des Wandmaterials.

In Tabelle 4/5 sind die λ-Werte einiger Behältermaterialien und Isolierstoffe zusammengestellt. Sie variieren zwischen vier Größenordnungen.

4.3.2 Wärmeübergang

Auf jeder Seite der Wand sollen sich strömende Medien befinden. Selbst wenn diese sehr gut durchmischt sind, werden sich an der Wand langsam strömende oder sogar ruhende Grenzschichten ausbilden. Es wird sich ein Temperaturverlauf einstellen, wie ihn Abb. 4-9 schematisch zeigt. Das wärmere Medium 1 habe die Temperatur T_1, das kältere Medium 2 die Temperatur T_2. Auf der Seite des Mediums 1 fällt die Temperatur von T_1 innerhalb der Grenzschicht der Dicke δ_1 auf die Wandtemperatur T_{w1} ab. Innerhalb dieser Grenzschicht erfolgt der Wärmetransport durch Leitung (Wärmeleitfähigkeitskoeffizient λ_1). Die Dicke der Grenzschicht wird mit zunehmender Strömungsgeschwindigkeit des Mediums abnehmen, mit steigender Viskosität jedoch zunehmen. Der Wärmestrom, welcher vom Medium 1 auf die Wand übergeht, ist dann:

$$\dot{Q} = \frac{\lambda_1}{\delta_1} A_W (T_1 - T_{w1}) \quad [W]. \tag{4-107}$$

Da die Dicke der Grenzschicht einer Messung nicht unmittelbar zugänglich ist, drückt man den Quotienten λ_1/δ_1 durch einen sogenannten Wärmeübergangskoeffizienten α_1 aus:

$$\alpha_1 = \lambda_1/\delta_1 \quad [W/(m^2 K)]. \tag{4-108}$$

Durch Einsetzen von Gl. (4-108) in (4-107) erhält man

$$\dot{Q} = \alpha_1 A_W (T_1 - T_{w1}) \quad [W]. \tag{4-107a}$$

Analog gilt für den Wärmeübergang auf der Seite des Mediums 2:

$$\dot{Q} = \alpha_2 A_W (T_{w2} - T_2) \quad [W]. \tag{4-107b}$$

Die Wärmeübergangskoeffizienten erhält man aus Gleichungen, in welchen die für den Wärmeübergang charakteristischen Einflußgrößen in Form dimensionsloser Kennzahlen zusammengefaßt sind.

So gilt für die *aufgezwungene Strömung*

$$Nu = C\, Re^m\, Pr^n\, (L/d)^p, \tag{4-109}$$

für die *freie Strömung* (Eigenkonvektion)

$$Nu = C\, Gr^m\, Pr^n. \tag{4-110}$$

Tabelle 4/6. Dimensionslose Wärmeübertragungsgleichungen. A. *Aufgezwungene Strömung:* $Nu = C \cdot Re^m \cdot Pr^n \, (L/d)^p$

Problem	Richtung d. Wärmestromes	allg. Verlauf d. Funktion	C	m	n	p	Gültigkeitsbereich d. Zahlenwerte Re	Pr	Abmessungsverhältnisse
Turbulente Strömung im Rohr (Gase, Flüssigk.)	Heizung	(Diagramm: Nu über Re, 10^3, 10^4)	0,032	0,8	0,37	−0,054	$1 \cdot 10^4$ bis $9 \cdot 10^4$	0,7 bis 370	L/d (L = Rohrlänge, d = Durchmesser) 200 bis 400
	Kühlung		0,032	0,8	0,30	−0,054	$1 \cdot 10^4$ bis $5 \cdot 10^5$	–	100 bis 400
Mittelwert			0,024	0,8	0,35	0			
laminare Strömg. Rohr (Flüssigkt.)	Heizung		15	0,23	0,23	−0,5	<2300	2,5 bis 4000	
	Kühlung		11,5	0,23	0,23	−0,5			
Strömung i. Mantelraum v. Röhrenkühlern	Heizung Kühlung		0,22 bis 0,25	0,6	0,33	0	–	–	
Gasströmung dch. Füllkörperschichten in Rohren	Heizung Kühlung	(Diagramm: Nu über Re, $10^2\,10^3\,10^4\,10^5$; 1 = Füllkörperschicht, 2 = leeres Rohr)	Nu ist im Übergangsgebiet u. bei ausgebildeter Turbulenz 7,5mal so groß wie im leeren Rohr. Kennzeichnende Abmessung ist der Rohrdurchmesser d_R Wärmeaustausch wesentlich besser als im leeren Rohr				>2300	~1	d_K/d_R 0,05 bis 0,35 Opt. bei 0,15 (d_K = Füllkörperdurchmess. d_R = Rohrdurchm.)
turb. Strömung laminare Strömung									
Rührgefäße (Flüssigkeit) $Re = \dfrac{Nb^2}{\nu}$; $Nu = \dfrac{\alpha D}{\lambda}$	Heizung		0,36	0,66	0,33	0	300 bis $7,5 \cdot 10^5$	2,2 bis 2500	b/D ca. 1/2 (b = Rührblattbreite, D = Gefäßdurchm.)
	Kühlung		N = Drehzahl pro s						

	Richtung d. Wärmestromes	allg. Verlauf der Funktion						
längs angeströmte Wände (Gase)								
laminar	Heizung	(Nu/Re-Diagramm: 1000–100–10; 10^4 10^5 Re)	0,664	0,5	0,33	0	$<1{,}5 \cdot 10^5$	~1
turbulent			0,0568	0,78	0,78	0	$>5 \cdot 10^5$	~1
turb. Strömung senkrecht zu Rohren und Drähten (Gase und Flüssigkeiten)	Heizung	(Nu/Re-Diagramm: 1000–100–10; 10^1 10^3 10^5 Re)	0,987	0,330	0,31	0	1 bis 4	bis 10^4 — $d = 0{,}02$ bis 150 mm (d = Rohrdurchm.)
			0,910	0,385			4 bis 40	
			0,681	0,466			40 bis $4 \cdot 10^3$	
			0,193	0,618			$4 \cdot 10^3$ bis $4 \cdot 10^4$	
			0,027	0,805			$4 \cdot 10^4$ bis $4 \cdot 10^5$	
Berieselung								
senkr. } laminar	Heizung		1	0,33	0,33		2 bis 2000	>10
Rohre } turbulent	Heizung		137 bis 189	0,5	0,15 / 0,953		500 bis 4000	<10
waagerechte Rohre	Kühlung	keine dimensionslosen Gleichungen bekannt						

B. Freie Strömung (Eigenkonvektion): $Nu = C \cdot Gr^m \cdot Pr^n$, meist $Nu = C \cdot (Gr \cdot Pr)^n$

Problem	Richtung d. Wärmestromes	allg. Verlauf der Funktion		C	n	Gültigkeitsbereich der Zahlenwerte $Gr \cdot Pr$
senkr. u. waager. Platten und Rohre	meist Heizung	(Nu/[Gr·Pr]-Diagramm: Nu 10/5/0; 10^{-2} 0 10^2 10^4 10^6 [Gr·Pr])				
turbulent				0,13	0,33	$>3{,}5 \cdot 10^2$
Wände laminar				0,55	0,25	10^3 bis $3{,}5 \cdot 10^7$
Rohre laminar				0,49	0,25	
Rohrregister waagerecht, sämtlich für Gase u. Flüssigkeiten			90% des Einzelrohrs	$Nu \rightarrow$ konst. = 0,435		$<10^{-3}$

Tabelle 4/7. Überschlägliche Wärmeübergangskoeffizienten

Strömungsform	α [W/(m^2 K)] Medium: Wasser	α [W/(m^2 K)] Medium: Luft
turbulente Strömung im Rohr:	1000...4000	30...50
turbulente Strömung, von außen quer angeströmtes Rohr:	2000...7000	50...80
laminare Strömung:	250...350	3...4
freie Konvektion:	250...700	3...8
siedendes Wasser:	1500...15000	–
kondensierender Wasserdampf im horizontalen Rohr:	4950...11500	–

In den Gln. (4-109) und (4-110) bedeuten

$\quad$ Nu $=$ Nusselt-Zahl $= \alpha d/\lambda$,

$\quad$ Re $=$ Reynolds-Zahl $= wd/v$,

$\quad$ Pr $=$ Prandtl-Zahl $= v/a = v \varrho c_p/\lambda$,

$\quad$ Gr $=$ Grashof-Zahl $= d^3 g \beta \Delta T/v^2$,

$\quad$ L/d $=$ Verhältnis geometrischer Abmessungen (s. Tabelle 4/6).

Darin sind: $\alpha =$ Wärmeübergangskoeffizient, $\lambda =$ Wärmeleitfähigkeitskoeffizient des strömenden Mediums, w $=$ Strömungsgeschwindigkeit, $v =$ kinematische Zähigkeit, $a = \lambda/(\varrho c_p) =$ Temperaturleitfähigkeitskoeffizient, $\varrho =$ Dichte des strömenden Mediums, $c_p =$ spez. Wärmekapazität bei konstantem Druck, g $=$ Erdbeschleunigung, $\beta =$ Koeffizient der thermischen Ausdehnung, $\Delta T =$ kennz. Temperaturdifferenz zwischen Wand und strömendem Medium, L bzw. d $=$ charakteristische Längen, z. B. bei Rohren die Länge (L) bzw. der Durchmesser (d), C $=$ Konstante.

Die Zahlenwerte für die Konstante sowie die Exponenten m, n und p sind der Tabelle 4/6 zu entnehmen. Stoffwerte, welche in die dimensionslosen Kenngrößen eingehen, sind im VDI-Wärmeatlas [19] tabelliert. Dort finden sich auch Nomogramme zur raschen Ermittlung von Nu nach Gl. (4-109) bzw. (4-110). Einige Näherungswerte der Wärmeübergangskoeffizienten sind in Tabelle 4/7 aufgeführt.

Beispiel 4.11: Es soll der Wärmeübergangskoeffizient α für Wasser berechnet werden, das in Rohren von 50 mm Durchmesser strömt und bei einem Durchsatz von 5,7 m^3/h von 30 auf 70 °C erwärmt werden soll. Das Heizmittel Abdampf hält die Rohrwand auf 100 °C.

Um Re zu berechnen, müssen die Geschwindigkeit w und die Zähigkeit v ermittelt werden. Der Volumenstrom ergibt eine Geschwindigkeit von

$$w = \frac{5,7}{3600 \cdot 0,05^2 \cdot \pi/4} = 0,82 \, \text{m/s}.$$

Die Zähigkeit des Wassers von 50 °C (mittlere Temperatur zwischen 30 und 70 °C) wird aus Tabellen entnommen

$$v = 5,68 \cdot 10^{-7} \, \text{m}^2/\text{s}$$

$$Re = \frac{w\,d}{v} = \frac{0,82 \cdot 0,05}{5,68 \cdot 10^{-7}} = 72183.$$

Aus der Reynolds-Zahl ist zu ersehen, daß die Strömung des Wassers im Rohr turbulent ist (Re > 2320).

Für den Wärmeübergang zwischen der Rohrinnenwand und turbulent strömenden Flüssigkeiten gilt folgende Gleichung (s. Tabelle 4/6 und Gl. (4-109)):

$$Nu = 0{,}024 \cdot Re^{0,8} \cdot Pr^{0,35} \, (L/d)^0.$$

Aus der oben berechneten Re-Zahl ergibt sich:

$$Re^{0,8} = 72\,183^{0,8} = 7704.$$

Weitere Stoffwerte:

Dichte des Wassers bei 50 °C $\varrho_{50} = 988 \ kg \ m^{-3}$

spezifische Wärmekapazität des Wassers $c_P = 4178 \ J/(kg \ K)$

Wärmeleitfähigkeitskoeffizient des Wassers bei 50 °C $\lambda_{50} = 0{,}640 \ W/(m \ K)$

$$Pr = \frac{\nu}{a} = \frac{\nu \varrho \, c_P}{\lambda} = \frac{5{,}68 \cdot 10^{-7} \cdot 988 \cdot 4178}{0{,}640} = 3{,}663$$

$Pr^{0,35} = 1{,}58.$

Nunmehr kann die Nusselt-Zahl und damit α berechnet werden:

$$Nu = 0{,}024 \cdot 7704 \cdot 1{,}58 = 292;$$

$$\alpha = \frac{Nu \, \lambda}{d} = \frac{292 \cdot 0{,}640}{0{,}05} = 3738 \ W/(m^2 \ K).$$

4.3.3 Wärmedurchgang

Löst man die Gln. (4-107a) und (4-107b) nach T_{w1} bzw. T_{w2} auf, so erhält man:

$$T_{w1} = T_1 - \frac{\dot{Q}}{\alpha_1 \, A_W}, \tag{4-111a}$$

$$T_{w2} = T_2 + \frac{\dot{Q}}{\alpha_2 \, A_W}. \tag{4-111b}$$

Ersetzt man in Gl. (4-106) T_{w1} und T_{w2} durch die Beziehungen nach Gl. (4-111a) bzw. (4-111b), so folgt als Gleichung für den Wärmedurchgang:

$$\dot{Q} = \frac{A_W}{\dfrac{1}{\alpha_1} + \dfrac{d}{\lambda} + \dfrac{1}{\alpha_2}} (T_1 - T_2) = k_W \, A_W (T_1 - T_2), \quad [W] \tag{4-112}$$

Tabelle 4/8. Wärmedurchgangskoeffizienten für ein Reaktionsgefäß mit Schutzauskleidungen

Innenwand d. Reaktionsgefäßes	k_W [W/(m^2 K)]
ungeschützt, 7 mm Wandstärke	1400
mit Kunstharzschicht 0,3 mm	870
emailliert	700
Guß mit Sinteremail	350
12 mm stark mit wärmeleitenden Steinen und Kitten ausgemauert	230
20 mm mit gewöhnl. keramischen Platten u. Säurekitt ausgemauert	85
4 mm stark gummiert	42

wobei

$$k_W = \frac{1}{\dfrac{1}{\alpha_1} + \dfrac{d}{\lambda} + \dfrac{1}{\alpha_2}} \quad [\text{W/(m}^2\,\text{K)}] \tag{4-113}$$

der Wärmedurchgangskoeffizient ist. Für Wände, welche aus mehreren Schichten bestehen, hat man in die Gln. (4-112) und (4-113) an Stelle von d/λ zu setzen: $\sum_j d_j/\lambda_j$.

Die bisherigen Ableitungen basieren auf der Voraussetzung, daß der Wärmetransport durch eine ebene Wand erfolgt. Ist die Wand jedoch gekrümmt, z. B. ein Rohr, dessen Innendurchmesser d_i, dessen Außendurchmesser d_a und dessen Länge L sei, so gilt für den Wärmedurchgang:

$$\dot{Q} = \frac{\pi L}{\dfrac{1}{\alpha_i d_i} + \dfrac{\ln(d_a/d_i)}{2\lambda} + \dfrac{1}{\alpha_a d_a}} (T_1 - T_2) \tag{4-114}$$

(α_i, α_a = Wärmeübergangskoeffizienten an der Innen- bzw. Außenwand des Rohres).

In Gl. (4-113) repräsentieren die einzelnen Summanden $1/\alpha_1$, d/λ, $1/\alpha_2$ im Nenner die Widerstände der drei Teilvorgänge des Wärmedurchgangs. Liegen die Zahlenwerte dieser Widerstände in verschiedenen Größenordnungen, so müssen Maßnahmen zur Verbesserung des Wärmeaustauschs dort eingreifen, wo der Widerstand unter normalen Bedingungen am größten ist, z. B. bei einem dampfbeheizten Lufterhitzer auf der Luftseite, etwa durch Vergrößerung der Wärmeaustauschfläche durch Rippen. Hier spielt es keine Rolle, ob auf der Dampfseite Film- oder Tropfenkondensation vorliegt, obwohl bei der Tropfenkondensation der Wärmeübergangskoeffizient α etwa zehnmal so groß ist wie bei der Filmkondensation (s. Beispiel 4.12). Das Material der Wärmeaustauschfläche spielt praktisch keine Rolle.

Ist dagegen bei einem Wärmeaustauscher bzw. einem Reaktionsapparat auf beiden Seiten der Wärmeaustauschfläche der Wärmeübergang besonders gut, wenn etwa auf der einen Seite ein Dampf kondensiert, auf der anderen Seite eine

Flüssigkeit verdampft, so liegen die Verhältnisse ganz anders. Hier wird der Wärmedurchgangskoeffizient k_W wesentlich durch das Material der Wand und deren Dicke bestimmt. Tabelle 4/8 gibt für ein Reaktionsgefäß mit verschiedenen Arten von Schutzauskleidungen Vergleichswerte für die Wärmedurchgangskoeffizienten (Druckbehälter von 100 l Inhalt, innen: siedendes Wasser, im Mantel: kondensierender Dampf 5 bar).

Beispiel 4.12: Bei einem dampfbeheizten Lufterhitzer aus Gußeisen ($\lambda = 58$ W/(m K), Wandstärke $d = 0{,}003$ m) sind die Wärmeübergangskoeffizienten auf der Luftseite $\alpha_1 = 17{,}4$ W/(m^{2}K), auf der Dampfseite $\alpha_2 = 6980$ (bzw. 69 800) W/(m^{2}K) bei Film- (bzw. Tropfen-) kondensation. Wie groß sind die Wärmedurchgangskoeffizienten k_W? Wie würde sich k_W ändern, wenn an Stelle von Gußeisen Kupfer, 18/8-Cr/Ni-Stahl oder Glas als Wandmaterial verwendet werden würde?

Lösung: Mit Hilfe von Gl. (4-113) erhält man bei Filmkondensation

$$k_W = \cfrac{1}{\cfrac{1}{\alpha_1} + \cfrac{d}{\lambda} + \cfrac{1}{\alpha_2}} = \cfrac{1}{\cfrac{1}{17{,}4} + \cfrac{0{,}003}{58} + \cfrac{1}{6980}} = 17{,}34 \text{ W/(m}^2\text{ K)},$$

bei Tropfenkondensation

$$k_W = \cfrac{1}{\cfrac{1}{17{,}4} + \cfrac{0{,}003}{58} + \cfrac{1}{69\,800}} = 17{,}38 \text{ W/(m}^2\text{ K)}.$$

Für Kupfer, Cr/Ni-Stahl und Glas ergibt sich:

	Cu	Cr/Ni-Stahl	Glas	
$\lambda =$	393	16	1,2	W/(m K)
Filmkondensation $k_W =$	17,35	17,30	16,63	W/(m^2 K)
Tropfenkondensation $k_W =$	17,39	17,34	16,67	W/(m^2 K)

Wegen des kleinen Wärmeübergangskoeffizienten auf der Luftseite spielt es für den Wärmedurchgang keine Rolle, ob Film- oder Tropfenkondensation vorliegt. Aus dem gleichen Grund hat auch die Art des Wandmaterials kaum einen Einfluß auf die Größe des Wärmedurchgangskoeffizienten.

4.3.4 Berechnung der mittleren Temperaturdifferenz

Nur wenn ein strömendes Medium kondensiert oder verdampft, bleibt dessen Temperatur längs der ganzen Wärmeaustauschfläche konstant. Ändert sich dagegen mit der aufgenommenen oder abgegebenen Wärmemenge die Temperatur eines Mediums oder beider Medien entlang der Wärmeaustauschfläche, so muß in den Gln. (4-112) und (4-114) anstelle der Temperaturdifferenz $T_1 - T_2$ eine mittlere

Temperaturdifferenz treten. Diese ist gegeben durch:

$$\Delta T_m = \frac{\Delta T^{ein} - \Delta T^{aus}}{\ln \dfrac{\Delta T^{ein}}{\Delta T^{aus}}} . \qquad (4\text{-}115)$$

In Gl. (4-115) bedeuten ΔT^{ein} die Differenz der Temperaturen beider Medien am Eintritt des einen Mediums (z. B. Medium 1) in den Wärmeaustauscher (Reaktor), ΔT^{aus} die Differenz der Temperaturen beider Medien am Austritt desselben Mediums 1 aus dem Wärmeaustauscher (Reaktor). Die Beziehung (4-115) gilt sowohl für Gleichstrom wie auch für Gegenstrom.

4.3.5 Wärmestrahlung

Ein Körper kann durch *Strahlung* die Wärmestromdichte $\dot{q}_s$ abgeben:

$$\dot{q}_s = C_s \, \varepsilon \left(\frac{T}{100 \, \text{K}} \right)^4 \quad [\text{W/m}^2] \qquad (4\text{-}116)$$

wobei $C_s = 5{,}768 \, \text{W/m}^2$ die Strahlungszahl des schwarzen Körpers, T die absolute Temperatur und ε das Emissionsverhältnis ist. Das Emissionsverhältnis ist definiert als das Verhältnis der Ausstrahlung eines beliebigen Körpers zu der des schwarzen Körpers; für letzteren ist $\varepsilon = 1$, für alle anderen Körper ist $\varepsilon < 1$.

Für den schwarzen Strahler ergibt sich somit z. B.:

$$(\dot{q}_s)_{0\,°C} \quad = \qquad 321 \, \text{W/m}^2,$$
$$(\dot{q}_s)_{1000\,°C} \quad = \quad 151546 \, \text{W/m}^2,$$
$$(\dot{q}_s)_{2000\,°C} \quad = \, 1540060 \, \text{W/m}^2.$$

Das Emissionsverhältnis kann je nach der Oberflächenbeschaffenheit der strahlenden Flächen um Größenordnungen variieren. Während ε bei rauhen Kohlenstoffoberflächen nahe beim Wert 1 liegt, ist ε bei oxidierten hitzebeständigen Stählen etwa 0,6, bei polierten Metalloberflächen $< 0{,}04$. Zum Schutz vor Wärmeverlusten durch Strahlung umgibt man Reaktionsgefäße und Leitungen nicht nur mit Wärmeisolierschichten, sondern zusätzlich mit reflektierenden Metallfolien.

Der durch Strahlung von einer Wand 1 auf eine Wand 2 übertragene Wärmestrom ist

$$\dot{Q}_{12} = C_{12} A_1 \left[\left(\frac{T_1}{100 \, \text{K}} \right)^4 - \left(\frac{T_2}{100 \, \text{K}} \right)^4 \right] \quad [\text{W}], \qquad (4\text{-}117)$$

sofern sich zwischen den beiden Wänden kein wärmeabsorbierender Stoff befindet. Die Strahlungsaustauschzahl C_{12} ist gleich dem Produkt aus C_s und dem mittleren Emissionsverhältnis ε_{12}. Dieses ist für zwei parallele, ebene und gleich große Flächen 1 und 2:

$$\varepsilon_{12} = \frac{1}{1/\varepsilon_1 + 1/\varepsilon_2 - 1} \tag{4-118a}$$

und für zwei konzentrische Rohre (A_1 innen, A_2 außen)

$$\varepsilon_{12} = \frac{1}{\dfrac{1}{\varepsilon_1} + \dfrac{A_1}{A_2}\left(\dfrac{1}{\varepsilon_2} - 1\right)}. \tag{4-118b}$$

Beispiel 4.13: Ein gerader Heizdraht von 1 m Länge und 4 mm Durchmesser wird durch Widerstandserhitzung auf 500°C erwärmt. Er befindet sich in einem sehr großen, abgeschlossenen Raum, dessen mittlere Temperatur und Wandtemperatur $T_W = 20$°C betragen. Es sollen die durch Strahlung und Konvektion abgegebenen Wärmeströme berechnet werden, wenn für die Strahlung $\varepsilon = 0{,}845$ und für den konvektiven Wärmeübergang $\alpha = 35$ W/(m K) ist.

Lösung: (Indizes D bzw. W = Draht bzw. Wand)

$$A_D = 0{,}01256 \text{ m}^2, \quad A_W \gg A_D, \quad A_D/A_W = 0.$$

Für die Strahlung ist:

$$\dot{Q}_{12} = A_D C_S \frac{1}{\dfrac{1}{\varepsilon_D} + \dfrac{A_D}{A_W}\left(\dfrac{1}{\varepsilon_W} - 1\right)} \left[\left(\frac{T_D}{100 \text{ K}}\right)^4 - \left(\frac{T_W}{100 \text{ K}}\right)^4\right] =$$

$$= 0{,}01256 \cdot 5{,}768 \cdot \frac{1}{1/0{,}845 + 0\,(1/\varepsilon_W - 1)} \cdot [(7{,}73)^4 - (2{,}93)^4] =$$

$$= 214 \text{ W}.$$

Für die Konvektion gilt:

$$\dot{Q}_{Konv} = A_D \alpha (T_D - T_W) = 0{,}01256 \cdot 35\,(500 - 20) = 211 \text{ W}.$$

Wie man sieht, beträgt der Anteil der Strahlungswärme bei 500°C bereits 50% des insgesamt übertragenen Wärmestroms. Bei Hochtemperaturreaktionen steigt der Strahlungsanteil gewaltig an. Oberhalb 1000°C erfolgt praktisch der gesamte Wärmetransport durch Strahlung.

4.4 Grundlagen zur Berechnung des Stoffübergangs und des Stoffdurchgangs

In mehrphasigen Reaktionssystemen können der *Stoffübergang* von einer fluiden Phase auf eine feste oder fluide Phasengrenzfläche sowie der *Stoffdurchgang* von einer fluiden Phase durch eine Phasengrenzfläche (Fluid/Fluid) hindurch in eine andere fluide Phase die Geschwindigkeit chemischer Umsetzungen mehr oder weniger stark beeinflussen. Ist die Geschwindigkeit des Stofftransports zum ıktionsort sehr groß gegenüber derjenigen der chemischen Reaktion, so wirkt sich die Stofftransportgeschwindigkeit nicht auf die Geschwindigkeit des Gesamtvorgangs aus; ist dagegen die Transportgeschwindigkeit sehr klein gegenüber der chemischen Reaktionsgeschwindigkeit, so ist der Stofftransport der *geschwindigkeitsbestimmende Schritt* für den Ablauf des Gesamtvorgangs.

4.4.1 Stoffübergang

In Flüssigkeiten und Gasen findet der Stofftransport *innerhalb der Phasen* im wesentlichen durch Konvektion statt, zumindest unter den Bedingungen technischer Prozesse, bei denen die Fluide strömen oder durch Rühren in Bewegung gehalten werden. Dadurch werden etwaige Konzentrationsunterschiede im Kern der fluiden Phasen im wesentlichen ausgeglichen, können also vernachlässigt werden. Eine Konzentrationsdifferenz tritt beim Stoffübergang, wie der Vorgang des Transports eines Stoffes aus einer fluiden Phase an eine Phasengrenzfläche bezeichnet wird, vorwiegend in einer an die Phasengrenzfläche, etwa an einem Feststoff, angrenzenden sog. *Grenzschicht (Grenzfilm)* auf (Abb. 4-10). In dieser Grenzschicht liegt also der wesentliche Widerstand für den Stofftransport. Ohne besondere Voraussetzungen über die Art und Dicke dieser Grenzschicht zu machen, kann man für den Stoffmengenstrom beim Stoffübergang, analog Gl. (4-107) für den Wärmeübergang, ansetzen

$$\dot{n}_i = \beta_i\, A\, (c_{i,\,F} - c_{i,\,P}).\tag{4-119}$$

Es bedeuten: $\dot{n}_i$ [mol/s] übergehender Stoffmengenstrom des Stoffes i, $A\,[m^2]$ Phasengrenzfläche, $c_{i,\,F}$ bzw. $c_{i,\,P}$ [mol/m³] Konzentrationen des Stoffes i in der Hauptmasse (im Kern) der fluiden Phase bzw. an der Phasengrenzfläche. Der Proportionalitätsfaktor β_i [m/s] ist der Stoffübergangskoeffizient des Stoffes i.

Für Gase kann man die Gl. (4-119) auch schreiben

$$\dot{n}_i = \frac{\beta_i\, A}{RT}\, (p_{i,\,F} - p_{i,\,P})\tag{4-120}$$

$p_{i,\,F}$ bzw. $p_{i,\,P}$ [Pa] sind die Partialdrücke des übergehenden Gases i in der Hauptmasse (im Kern) der Gasphase bzw. an der Phasengrenzfläche, $R = 8{,}3143$ J/(mol · K) die allgemeine Gaskonstante, T [K] die thermodynamische Temperatur. Für den stationären Stofftransport durch Diffusion gilt das 1. Ficksche Gesetz, s. a. Gln. (5-15), (5-16) und (12-138), welches in eindimensionaler Form (Transport in y-Richtung) lautet:

$$\dot{n}_i = -\, D_i\, A\, \frac{dc_i}{dy}\tag{4-121}$$

($D_i\,[m^2/s]$ Diffusionskoeffizient der Komponente i).

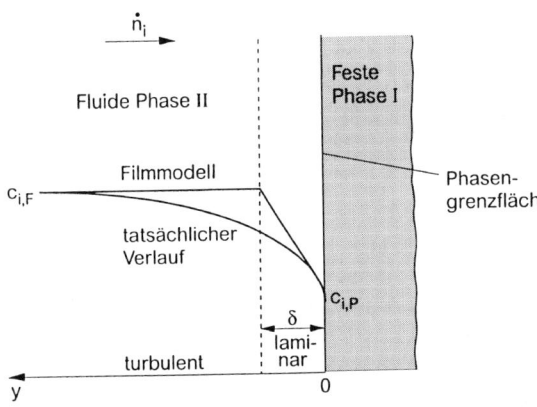

Abb. 4-10. Verlauf der Konzentration c_i an der Phasengrenzfläche zwischen einer fluiden (II) und einer festen (I) Phase nach dem Filmmodell und tatsächlich

Mit der bereits oben skizzierten Vorstellung des *Filmmodells* (s. Abb. 4-10) von Whitman [12, 13], daß der Kern (die Hauptmasse) der fluiden Phase turbulent vermischt ist und somit die gesamte Konzentrationsdifferenz als treibende Kraft für den Stoffübergang innerhalb einer an der Phasengrenzfläche ruhenden oder laminar entlang strömenden Grenzschicht vorliegt, in welcher der Stofftransport durch Diffusion stattfindet, folgt mit $-dc_i/dy = \Delta c_i/\delta = (c_{i,F} - c_{i,P})/\delta$ aus Gl. (4-121)

$$\dot{n}_i = A \frac{D_i}{\delta} \Delta c_i = A \frac{D_i}{\delta} (c_{i,F} - c_{i,P}). \qquad (4\text{-}122)$$

Durch Vergleich der Gln. (4-119) und (4-122) ergibt sich für den Stoffübergangskoeffizienten:

$$\beta_i = \frac{D_i}{\delta}. \qquad (4\text{-}123)$$

Die in Gl. (4-122) auftretende „Grenzschichtdicke" δ hat natürlich nur formalen Charakter, da zwischen laminarer Grenzschicht und turbulent vermischtem Phasenkern sicher keine scharfe Trennung besteht, sondern beide Bereiche kontinuierlich ineinander übergehen (s. Abb. 4-10), d. h. es liegt keine Unstetigkeit des Konzentrationsgradienten vor. Gl. (4-123) hat aber insofern grundsätzliche Bedeutung, als sie die Abhängigkeit von β_i vom Diffusionskoeffizienten D_i und damit von den stofflichen Eigenschaften der betreffenden Phase, ferner vom Strömungszustand des Systems aufzeigt, welcher die Grenzschichtdicke δ bestimmt. β_i hängt außerdem von der Geometrie des Systems ab.

Die Vorausberechnung von Stoffübergangskoeffizienten aus Stoffwerten und der Geometrie des jeweiligen Systems erfolgt meist mit Hilfe von dimensionslosen Kennzahlen (Ähnlichkeitskennzahlen), die aus den Bilanzgleichungen bzw. aus der Dimensionsanalyse abgeleitet sind. (Gelegentlich werden auch „Stoffübergangsquotienten" j_m herangezogen, s. Abschnitt 12.2.1.2, die aber auch mit den dimensionslosen Kennzahlen verknüpft sind).

Aus den Bilanzgleichungen bzw. aus der Dimensionsanalyse ergeben sich folgende Kennzahlen

$$Sh = (\beta\, l)/D = \text{Sherwood-Zahl}, \tag{4-124}$$

$$Re = (w\, l)/\nu = \text{Reynolds-Zahl}, \tag{4-125}$$

$$Sc = \nu/D \quad = \text{Schmidt-Zahl}, \tag{4-126}$$

$$\Gamma = l_1/l_2 \quad = \text{Verhältnis geometrischer Abmessungen.} \tag{4-127}$$

In den Gl. (4-124) bis (4-127) bedeuten: $\beta =$ Stoffübergangskoeffizient, $D =$ Diffusionskoeffizient im Fluid, w Strömungsgeschwindigkeit, ν kinematische Zähigkeit des Fluids. Als charakteristische Länge l_1 ist die für den Vorgang typische Länge einzusetzen: beim Stoffübergang auf Tropfen der Tropfendurchmesser, bei strömenden Flüssigkeitsschichten deren Schichtdicke, bei Füllkörpersäulen der Füllkörperdurchmesser usw.; als zusätzliche Länge l_2 können Apparateabmessungen, etwa Rohrdurchmesser oder Rohrlänge hinzukommen, allgemein l_1/l_2.

Die Sherwood-Zahl Sh, welche der Nusselt-Zahl beim Wärmeübergang entspricht, beschreibt das Verhältnis der effektiv übergehenden Stoffmenge zu der durch reine Diffusion transportierten.

Die Reynolds-Zahl Re charakterisiert das Verhältnis von Trägheitskräften zu Zähigkeitskräften. Die Schmidt-Zahl Sc beschreibt das Verhältnis der molekularen Ausgleichskoeffizienten für Impuls- und Stofftransport; sie entspricht der Prandtl-Zahl beim Wärmeübergang.

Die erwähnten dimensionslosen Kennzahlen lassen sich meist durch Kennzahlengleichungen folgender Form verknüpfen:

$$Sh = A \cdot Re^m \cdot Sc^n \cdot \Gamma^p. \tag{4-128}$$

Die Werte für die Konstanten A, m, n und p sind für einige Fälle in Tabelle 4/9 angegeben.

4.4.2 Stoffdurchgang

Als *Stoffdurchgang* wird der Stofftransport von einer fluiden Phase in eine zweite fluide Phase durch die zwischen den beiden Phasen ausgebildete Phasengrenzfläche bezeichnet.

Im Gegensatz zum Wärmedurchgang, dort sind die beiden fluiden Phasen durch eine Wand voneinander getrennt, berühren sich beim Stoffdurchgang die beiden fluiden Phasen unmittelbar. Während man beim Wärmedurchgang die Aufteilung der als treibende Kraft wirkenden Temperaturdifferenzen auf die beiden fluiden Phasen durch Messung der Temperatur in der Wand bestimmen kann, sind Konzentrationsmessungen an Phasengrenzflächen praktisch kaum möglich. Schließlich ändern sich die Konzentrationen an der Phasengrenzfläche sprunghaft.

Tabelle 4/9. Werte für die Konstanten A, m, n und p zur Berechnung von Stoffübergangskoeffizienten, entnommen aus [14]

	Charakt. Länge l_1	l_1, mm	**	A	m	n	p	Gültigkeitsbereich
Flüssigkeitstropfen	Tropfendurchmesser	0,6 bis 1,1	g	0,60	0,5	0,33	0	$80 < Re_g < 200$
Dünnschichtabsorber	l_1-Rohrdurchmesser		g	0,027	0,8	0,33	0	$100 < Re_g < 10000$
	l_2-Rohrlänge		l	471	0,32	0,17	−0,5	$Re_l < 100$
Raschigringe	Ringdurchmesser	15	g	0,054	0,75	0,5	0	$140 < Re_g < 460$
		15	g	0,035	0,75	0,5	0	$Re_g < 300$
		15	g	0,015	0,90	0,5	0	$300 < Re_g$
Füllkörperkoks	Korndurchmesser		g	0,066	0,80	0,33	0	
Raschigringe	Ringdurchmesser	9,5	l	0,38	0,54	0,50	0	
		12,5	l	0,41	0,65	0,50	0	
		25	l	0,65	0,78	0,50	0	
		38	l	1,1	0,78	0,50	0	
		50	l	1,5	0,78	0,50	0	
	Säulendurchmesser	100 bis 500	l	4,85	0,70	0,30	0	$300 < Re_l < 10^4$
Sattelkörper	Körperabmessung	12,5	l	0,33	0,72	0,50	0	
		25	l	0,65	0,72	0,50	0	
		38	l	1,1	0,72	0,50	0	
Strömendes Wasser auf Körner* in Fest-schicht u. Wirbelschicht	Korndurchmesser	2–16	l	$1{,}46 \times (1-\varepsilon)^{0{,}2}$	0,59	0,33	0	$10^2 < \dfrac{Re_l}{1-\varepsilon} < 10^4$

* statt Re^m ist $\left(\dfrac{Re}{1-\varepsilon}\right)^m$ zu setzen, wobei ε das relative Kornzwischenraumvolumen ist; ** Stoffübergang g = gasseitig, l = flüssigkeitsseitig.

Die meisten Modelle zur Beschreibung des Stoffdurchgangs nehmen an, daß in der Phasengrenzfläche selbst kein Widerstand für den Stofftransport vorliegt. Das ist jedoch sicher nicht immer der Fall. Vielmehr können zum Beispiel Hemmungen in der Phasengrenzfläche auftreten, wenn sich dort grenzflächenaktive Substanzen anreichern, oder Grenzflächenreaktionen stattfinden, aber auch, wenn der durch die Grenzfläche tretende Stoff in den beiden Phasen in verschiedener Form vorliegt. Auch können in der Phasengrenzfläche auftretende Eruptionen und Wirbel (Grenzflächenturbulenzen, Marangoni-Effekt) infolge örtlicher Grenzflächenspannungsoder Konzentrationsunterschiede den Stofftransport wesentlich beeinflussen.

Zweifilmtheorie

Die von Lewis und Whitman aufgestellte Zweifilmtheorie geht von der Vorstellung aus, daß

- der Widerstand für den Stoffdurchgang nur in den zwei an die Phasengrenze angrenzenden Grenzschichten liegt, wobei in diesen laminar strömenden Grenzfilmen der Stofftransport nur durch Molekulardiffusion erfolgt; die Phasengrenze selbst bietet keinen Widerstand für den Stofftransport;
- an der Phasengrenzfläche (thermodynamisches) Phasengleichgewicht vorliegt.

In den Hauptmassen der fluiden Phasen erfolgt der Stofftransport jeweils sehr schnell durch turbulente Konvektion, so daß man dort von einheitlichen Konzentrationen $c'_{i,F}$ (Phase I) bzw. $c''_{i,F}$ (Phase II) ausgehen kann (Abb. 4-11). Für den Stoffmengenstrom $\dot{n}_i$ des aus Phase II an die Phasengrenzfläche auf der Seite der Phase II transportierten Stoffes gilt entsprechend Gl. (4-119):

$$\dot{n}_i = \beta_{iII} A (c''_{i,F} - c''_{i,P}). \tag{4-129}$$

Der an der Phasengrenzfläche ankommende Stoff i wird in die Phase I weitertransportiert, d. h.

$$\dot{n}_i = \beta_{iI} A (c'_{i,P} - c'_{i,F}). \tag{4-130}$$

In den Gln. (4-129) und (4-130) bedeuten: $\dot{n}_i$ transportierter Stoffmengenstrom, β_{iI}, β_{iII} Stoffübergangskoeffizienten auf den Seiten der Phase I bzw. II, A Phasengrenzfläche, $c'_{i,F}$ und $c''_{i,F}$ Konzentrationen des Stoffes i in den Hauptmassen der Phase I bzw. II, $c'_{i,P}$, $c''_{i,P}$ Konzentrationen des Stoffes i an der Phasengrenzfläche auf den Seiten der Phasen I bzw. II.

Schließlich gilt wegen des an der Phasengrenzfläche vorausgesetzten Phasengleichgewichts:

$$c'_{i,P} = K c''_{i,P} \quad \text{(K Gleichgewichtskonstante).} \tag{4-131}$$

Da die Gleichgewichtskonzentrationen an der Phasengrenze unter Betriebsbedingungen nicht meßbar sind, eliminiert man sie dadurch, daß man die Gl. (4-129)

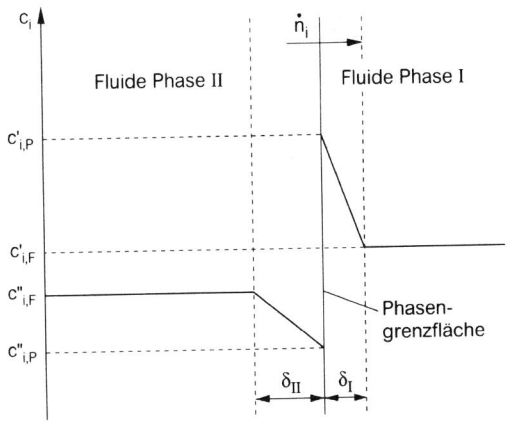

Abb. 4-11. Verlauf der Konzentration c_i an einer Phasengrenzfläche zwischen zwei fluiden Phasen I und II nach dem Zweifilmmodell

nach $c''_{i,P}$, die Gl. (4-130) nach $c'_{i,P}$ auflöst und in die Gl. (4-131) einsetzt. Dann erhält man

$$\frac{\dot{n}_i}{\beta_{iI}\,A} + c'_{i,F} = K c''_{i,F} - \frac{K\dot{n}_i}{\beta_{iII}\,A} \tag{4-132}$$

und daraus durch Auflösen nach $\dot{n}_i$:

$$\dot{n}_i = \frac{A}{\dfrac{1}{\beta_{iI}} + \dfrac{K}{\beta_{iII}}}\,(K c''_{i,F} - c'_{i,F}). \tag{4-133}$$

Analog zu Gl. (4-131) für das Phasengleichgewicht kann man eine fiktive Gleichgewichtskonzentration (eq = equilibrium) $c'_{i,F,eq}$ folgendermaßen definieren:

$$c'_{i,F,eq} = K c''_{i,F}. \tag{4-134}$$

Ersetzt man $K c''_{i,F}$ in Gl. (4-133) durch $c'_{i,F,eq}$, so erhält man

$$\dot{n}_i = \frac{A}{\dfrac{1}{\beta_{iI}} + \dfrac{K}{\beta_{iII}}}\,(c'_{i,F,eq} - c'_{i,F}) = k_I\,A\,(c'_{i,F,eq} - c'_{i,F}). \tag{4-135}$$

$$k_I = \frac{1}{\dfrac{1}{\beta_{iI}} + \dfrac{K}{\beta_{iII}}} \tag{4-136}$$

wird dann als der auf die Phase I bezogene Stoffdurchgangskoeffizient bezeichnet. Analog erhält man aus Gl. (4-133) mit

$$c'_{i,F} = K c''_{i,F,eq} \tag{4-137}$$

die Beziehung

$$\dot{n}_i = \cfrac{A}{\cfrac{1}{K\,\beta_{iI}} + \cfrac{1}{\beta_{iII}}}\,(c''_{i,F} - c''_{i,F,eq}) = k_{II}\,A\,(c''_{i,F} - c''_{i,F,eq}). \qquad (4\text{-}138)$$

$$k_{II} = \cfrac{1}{\cfrac{1}{K\,\beta_{iI}} + \cfrac{1}{\beta_{iII}}} \qquad (4\text{-}139)$$

ist dann der auf die Phase II bezogene Stoffdurchgangskoeffizient.

4.5 Reaktionskinetik als Grundlage reaktionstechnischer Berechnungen

Die chemische Thermodynamik gibt Auskunft darüber, welcher Umsatz eines Reaktionspartners oder welche Ausbeute an einem Reaktionsprodukt unter bestimmten Reaktionsbedingungen maximal erwartet werden kann. Die Thermodynamik liefert jedoch keine Angaben über die Geschwindigkeit, mit der eine chemische Reaktion als Funktion der Reaktionsbedingungen, d. h. Temperatur, Druck und Konzentrationen der Reaktanden, abläuft. Diese Aufgabe fällt der Reaktionskinetik zu.

Die *Mikrokinetik* befaßt sich mit dem zeitlichen Ablauf chemischer Reaktionen ohne den überlagerten Einfluß von physikalischen Stoff- und Wärmetransportvorgängen. Auch dann, wenn infolge mathematischer Schwierigkeiten bei der Lösung des Gesamtproblems für die chemische Reaktionsgeschwindigkeit oft vereinfachte Ansätze gemacht werden müssen, die nicht genau mit der ermittelten Mikrokinetik übereinstimmen, ist doch deren möglichst genaue Kenntnis erforderlich. Nur dann ist nämlich zu entscheiden, ob die vorgenommenen Vereinfachungen zulässig sind und inwieweit eine Extrapolation der durch Näherungen erhaltenen Ergebnisse auf andere Konzentrations- und Temperaturbedingungen möglich ist. Eine Ausdeutung der im Laboratorium durchgeführten Experimente hinsichtlich des Reaktionsmechanismus dagegen ist für die Chemische Reaktionstechnik meist ohne Interesse, so daß man sich mit einer sogenannten *Formalkinetik* begnügt. In allen Fällen, in welchen Informationen über die Mikrokinetik einer chemischen Reaktion vorliegen, wird man diese für die Reaktorberechnung heranziehen (s. Kapitel 5 bis 11).

Wir wollen uns in den folgenden Abschnitten nur mit der Mikrokinetik solcher Reaktionen befassen, welche in einer einzigen (flüssigen oder gasförmigen) Phase ablaufen, d. h. mit der Kinetik homogener Reaktionen. Die Kinetik heterogener Reaktionen wird in den Kapiteln 12 bis 14 behandelt.

4.5.1 Geschwindigkeitsgleichung, Reaktionsordnung und Temperaturabhängigkeit der Reaktionsgeschwindigkeit homogener Reaktionen

Unter der *Reaktionsgeschwindigkeit* r_i eines Reaktanden i versteht man die durch chemische Reaktion gebildete oder verbrauchte Stoffmenge (mol) des Reaktanden i in der Zeiteinheit und pro Volumeneinheit der Reaktionsmischung. r_i ist negativ, wenn der Reaktand i ein Reaktionspartner, positiv, wenn der Reaktand i ein Reaktionsprodukt ist.

Die auf die Volumeneinheit bezogene *Äquivalent-Reaktionsgeschwindigkeit* r dagegen hat stets einen positiven Zahlenwert; dieser ist unabhängig vom jeweils betrachteten Reaktanden, jedoch abhängig von der Formulierung der Gesamt-Reaktionsgleichung, also davon, ob man z. B.

$$N_2 + 3\,H_2 \rightleftharpoons 2\,NH_3$$

oder

$$1/2\,N_2 + 3/2\,H_2 \rightleftharpoons NH_3$$

schreibt. Multipliziert man die Äquivalent-Reaktionsgeschwindigkeit mit der stöchiometrischen Zahl v_i des Reaktanden i $(= A, B, C \ldots.)$, so ist

$$r\,v_i = r_i \qquad\qquad (4\text{-}140)$$

$(v_i < 0$ für Reaktionspartner, $v_i > 0$ für Reaktionsprodukte).

Für eine Reaktion

$$|v_A|A + |v_B|B \rightarrow |v_C|C + |v_D|D \qquad\qquad (4\text{-}141)$$

gilt somit:

$$r = \frac{r_A}{v_A} = \frac{r_B}{v_B} = \frac{r_C}{v_C} = \frac{r_D}{v_D}. \qquad\qquad (4\text{-}142)$$

Die Reaktionsgeschwindigkeit r ist bei homogenen Reaktionen eine Funktion der Temperatur und der Konzentrationen (bzw. der Aktivitäten) der Reaktionskomponenten (Reaktanden, Katalysatoren, Inhibitoren usw.). Prinzipiell können alle Reaktionskomponenten die Reaktionsgeschwindigkeit beeinflussen, so auch Inertstoffe (bei Gasreaktionen z. B. infolge der Auswirkung des Gesamtdrucks auf die Aktivierung bzw. Desaktivierung durch Stöße oder auf die Diffusion; bei Reaktionen in flüssiger Phase z. B. infolge der Auswirkung der Zähigkeit eines inerten Lösungsmittels auf die Diffusion oder der Dielektrizitätskonstante auf die Dissoziation). Häufig hängt die Reaktionsgeschwindigkeit jedoch lediglich von den Konzentrationen der Reaktionspartner ab, so bei allen einfachen und gleichfalls bei zahlreichen zusammengesetzten Reaktionen. Die Reaktionsgeschwindigkeit ist dann proportional dem Produkt aus bestimmten Potenzen der Konzentrationen der Reaktionspartner:

$$r = k \prod_i c_i^{n_i} . \qquad (4\text{-}143)$$

Eine derartige Gleichung wird als *Zeitgesetz* oder *Geschwindigkeitsgleichung* der betreffenden Reaktion, das auf der rechten Seite stehende Produkt als *Geschwindigkeitsausdruck* bezeichnet. Die Exponenten n_i geben die *Ordnung* der Reaktion in bezug auf die betreffende Reaktionskomponente i an: Die Reaktion ist in bezug auf die Reaktionskomponente A von der Ordnung n_A, in bezug auf B von der Ordnung n_B usw. Unter der Gesamtordnung n einer Reaktion versteht man die Summe aller Exponenten n_i im Geschwindigkeitsausdruck.

Der in der Gl. (4-143) auftretende Proportionalitätsfaktor k mit der Dimension [Konzentration]$^{1-n}$/[Zeit] wird als *Reaktionsgeschwindigkeitskonstante* oder kurz Geschwindigkeitskonstante bezeichnet.

Es ist naheliegend anzunehmen, daß die jeweilige Geschwindigkeitsgleichung den eigentlichen Reaktionsmechanismus irgendwie widerspiegelt und daß daher eine einfache Geschwindigkeitsgleichung einem einfachen Reaktionsmechanismus entsprechen wird. Diese Auffassung ist jedoch keineswegs immer richtig; vielmehr kann oft ein komplizierter Reaktionsmechanismus zu einer ganz einfachen Geschwindigkeitsgleichung führen. Umgekehrt wird aber bei einem sehr einfachen Reaktionsmechanismus auch die Geschwindigkeitsgleichung einfach sein. So kann eine einfache, d. h. nicht zusammengesetzte Reaktion nur von 1., 2. oder 3. Ordnung sein: Eine monomolekulare Reaktion ist stets 1. Ordnung, eine bimolekulare Reaktion stets 2. Ordnung, eine trimolekulare Reaktion stets 3. Ordnung. Andererseits muß nicht jede Reaktion 1. Ordnung monomolekular, jede Reaktion 2. Ordnung bimolekular und jede Reaktion 3. Ordnung trimolekular sein. Man hat zwischen der Molekularität und der Ordnung streng zu unterscheiden: Der Begriff Molekularität ist nur für einfache Reaktionen gültig und gibt die Zahl der an einem Elementarvorgang beteiligten Moleküle an. Der molekulare Vorgang nahezu aller chemischen Reaktionen entspricht nicht der stöchiometrischen Umsatzgleichung; diese resultiert vielmehr meist aus einer ganzen Reihe von Zwischenstufen. Auch bei einer derartigen, aus vielen Teilreaktionen zusammengesetzten Reaktion kann man eine Reaktionsordnung durch das Zeitgesetz definieren (*„Formalkinetik"*). Die Reaktionsordnung bei solchen zusammengesetzten Reaktionen kann auch >3 oder gebrochen, z. B. 1/2 oder 3/2 sein.

Ist die Reaktionsgeschwindigkeit unabhängig von den Konzentrationen sämtlicher Reaktionskomponenten, so liegt eine Reaktion *nullter* Ordnung vor. Treten in Gl. (4-143) auch Reaktions*produkte* in einer Ordnung >0 auf, dann spricht man von einer *autokatalytischen* Reaktion. Die bei heterogenen Reaktionen verwendete *effektive Reaktionsgeschwindigkeit* r_{eff} (s. Kapitel 12) hängt außer von der Temperatur und den Konzentrationen der Reaktionskomponenten von der in der Volumeneinheit vorhandenen Phasengrenzfläche, der Schüttdichte, Stückgröße, Porenstruktur und Reaktionsfähigkeit fester Reaktionspartner sowie von der Transportgeschwindigkeit der reagierenden Komponenten in Diffusionsgrenzschichten ab.

Die Änderung der Reaktionsgeschwindigkeit mit der Temperatur kommt in der Temperaturabhängigkeit der Geschwindigkeitskonstante k zum Ausdruck, für welche nach Arrhenius gilt:

$$k = k_0 \cdot e^{-E/RT}. \tag{4-144}$$

In Gl. (4-144) ist k_0 der (scheinbare) Frequenzfaktor (auch als Häufigkeitsfaktor, Häufigkeitszahl oder Aktionskonstante bezeichnet), E die Arrheniussche (oder scheinbare) Aktivierungsenergie, R die Gaskonstante und T die absolute Reaktionstemperatur.

Die Aktivierungsenergien für chemische Reaktionen liegen in der Größenordnung von 20 bis 420 kJ/mol; demnach kann sich eine Temperaturdifferenz von 10 K häufig in einem Faktor 2 bis 3 in der Reaktionsgeschwindigkeit ausdrücken.

In einem Satzreaktor mit vollständiger (idealer) Durchmischung der Reaktionsmasse, wie ihn technisch der diskontinuierlich betriebene, ideal durchmischte Rührkessel, im Laboratorium der Glaskolben mit Rührer darstellt, sind die Konzentrationen aller Reaktionskomponenten und ebenso die Temperatur an jedem Ort des Reaktionsvolumens gleich. Die unabhängige Variable ist daher die Zeit. Die Änderung der Stoffmenge eines Reaktanden i in der Zeit- und Volumeneinheit ist somit gleich der Reaktionsgeschwindigkeit:

$$r\,v_i = r_i = \frac{1}{V_R}\frac{dn_i}{dt}. \tag{4-145}$$

Nur wenn während der Reaktion das Reaktionsvolumen V_R konstant bleibt ($dV_R/dt = 0$), kann man schreiben:

$$r\,v_i = \frac{dc_i}{dt}. \tag{4-146}$$

Von dieser Beziehung rührt die häufig in der Physikalischen Chemie übliche „Definition" der Reaktionsgeschwindigkeit her. Bei Reaktorberechnungen kann diese Gewohnheit jedoch Verwirrung stiften, besonders bei kontinuierlicher Reaktionsführung und stationärem Betriebszustand, wo die Konzentrationen unabhängig von der Zeit sind (s. u.). Das Differential dc_i/dt ist nicht allgemein die Reaktionsgeschwindigkeit, sondern nur die zeitliche Änderung der Konzentration in einem Satzreaktor als Folge einer chemischen Reaktion, falls diese volumenbeständig abläuft.

Betrachten wir eine Reaktion in einem idealen Strömungsrohr, in welchem am einen Ende die Reaktionspartner und die übrigen Reaktionskomponenten (Lösungsmittel, Trägergas usw.) kontinuierlich zugeführt, am anderen Rohrende die Reaktionsprodukte, nicht umgesetzte Reaktionspartner usw. kontinuierlich ausgetragen werden. Hier ist die unabhängige Variable nicht die Zeit, sondern die Ortskoordinate z im Rohr bzw. das Reaktorvolumen. Die Zusammensetzung der Reaktionsmischung und die Reaktionsgeschwindigkeit ändern sich mit dieser Variablen, nicht mit der Zeit. Entsprechend muß die Reaktionsgeschwindigkeit für einen Punkt im Reaktor formuliert werden, d. h. es muß ein differentielles Volumenelement dV_R des Reaktors gewählt werden. Ist $\dot{n}_i$ der Stoffmengenstrom des Reaktanden i, so ist die Änderung $d\dot{n}_i$ des Stoffmengenstroms von i im Volumenelement dV_R gleich der Reaktionsgeschwindigkeit in diesem Volumenelement, d. h.:

$$r\,v_i = r_i = \frac{d\dot{n}_i}{dV_R} = \frac{d\dot{n}_i}{q\,dz} \quad (q = \text{Rohrquerschnitt}). \tag{4-147}$$

Der Rohrreaktor (Strömungsrohr) stellt in der chemischen Industrie den wichtigsten Reaktortyp dar; im Laboratorium wird das Strömungsrohr meist nur für Reaktionen gasförmiger Reaktanden verwendet.

Eine theoretische Vorausberechnung von Reaktionsgeschwindigkeiten führte bisher nur in einigen wenigen und besonders einfachen Fällen zu Ergebnissen, welche für die Praxis brauchbar sind. Auf die theoretische Behandlung chemischer Reaktionen wird deshalb hier nicht eingegangen, sondern nur auf die entsprechende Literatur verwiesen [21–26]. Bei der Anwendung der Reaktionskinetik in der Chemischen Reaktionstechnik werden nahezu ausschließlich experimentell bestimmte Geschwindigkeitskonstanten und Aktivierungsenergien verwendet.

Um das Zeitgesetz zu ermitteln, muß die Kinetik einer Reaktion im Laboratorium unter überschaubaren, d. h. in der Regel unter vereinfachten Bedingungen untersucht werden. Es ist wenig sinnvoll, im Laboratoriumsversuch die Reaktionsbedingungen den technischen Betriebsbedingungen möglichst weitgehend anzunähern, etwa im Laborreaktor die gleiche Strömungsgeschwindigkeit oder eine ähnliche Temperaturverteilung wie im technischen Reaktor einzuhalten. Dies würde nur zu unübersichtlichen Verhältnissen führen, und die Ergebnisse würden weder die Einflüsse der einzelnen Parameter erkennen lassen, noch für eine Übertragung auf den technischen Prozeß geeignet sein. Dagegen sollte im Laboratoriumsversuch wegen der starken Temperaturabhängigkeit der Reaktionsgeschwindigkeit auf eine möglichst exakte Einhaltung isothermer Reaktionsbedingungen geachtet werden.

Laboratoriumsversuche werden daher meist in einem isotherm betriebenen Satzreaktor (Kolben mit Rührer) durchgeführt, Reaktionen zwischen gasförmigen Reaktionspartnern in einem isotherm betriebenen Strömungsrohr. Auf die kinetische Auswertung von Versuchen in einem Labor-Strömungsrohr wird in Abschnitt 7.2.1 näher eingegangen. Hier sollen ausschließlich die Grundlagen für die Auswertung von Versuchen in einem isotherm betriebenen, ideal durchmischten Satzreaktor (= Rührkolben) besprochen werden. Dazu ist von der Gl. (4-145) auszugehen. Mit $n_i = c_i\,V_R$ ergibt sich:

$$r\,v_i = r_i = \frac{dc_i}{dt} + \frac{c_i}{V_R}\,\frac{dV_R}{dt}; \tag{4-148}$$

oder, da $V_R\,\varrho = V_R^0\,\varrho^0$ ist:

$$r\,v_i = r_i = \frac{dc_i}{dt} - \frac{c_i}{\varrho}\,\frac{d\varrho}{dt}. \tag{4-149}$$

Für volumenbeständige Reaktionen ($dV_R/dt = 0$ bzw. $d\varrho/dt = 0$) folgt daraus die schon oben aufgeführte Gl. (4-146). Diese Gleichung ist für viele Reaktionen in flüssiger Phase anwendbar, da hier meist die während der Reaktion stattfindende Volumenänderung zu vernachlässigen ist. Im folgenden wollen wir ebenfalls volumenbeständige Reaktionen voraussetzen.

Nehmen wir eine irreversible, volumenbeständige Reaktion

$$|v_A| A + |v_B| B \rightarrow |v_C| C + |v_D| D \qquad (4-150)$$

an, so können wir für die Reaktionsgeschwindigkeit ansetzen:

$$r = k \, c_A^{n_A} \cdot c_B^{n_B}. \qquad (4-151)$$

In vielen Fällen, z. B. wenn die Konzentration von B so groß ist, daß sie während der Reaktion als konstant angesehen werden darf, kann man $c_B^{n_B}$ in die Geschwindigkeitskonstante einbeziehen, wodurch sich die Gl. (4-151) vereinfacht zu

$$r = k \, c_A^{n_A} = k \, c_A^{n}. \qquad (4-152)$$

Für eine Reaktion 1. Ordnung ist

$$r = k \, c_A; \qquad (4-153)$$

damit ergibt sich durch Einsetzen in Gl. (4-146)

$$\frac{dc_A}{dt} = k \, v_A \, c_A = - k \, |v_A| \, c_A.$$

Wenn am Beginn der Reaktion $(t = 0) \, c_A = c_A^0$ ist, erhält man durch Integration

$$\ln \frac{c_A}{c_A^0} = - k \, |v_A| \, t. \qquad (4-154)$$

Für eine Reaktion n. Ordnung ist das Zeitgesetz:

$$r = k \, c_A^{n}; \qquad (4-155)$$

damit lautet die Gl. (4-146):

$$\frac{dc_A}{dt} = - k \, |v_A| \, c_A^{n} \qquad (4-156)$$

bzw.

$$\frac{dc_A}{c_A^{n}} = - k \, |v_A| \, dt. \qquad (4-157)$$

Aus Gl. (4-157) folgt durch Integration ($c_A = c_A^0$ zur Zeit $t = 0$):

$$\frac{c_A^{1-n} - (c_A^0)^{1-n}}{n-1} = k \, |v_A| \, t; \quad (n \neq 1). \tag{4-158}$$

In Tabelle 4/10 sind für einige einfache Zeitgesetze die Konzentrationen eines bestimmten Reaktionspartners A, bezogen auf dessen Anfangskonzentration, als Funktion der Zeit sowie die Ausdrücke für die Geschwindigkeitskonstante aufgeführt. Damit kann einerseits die Zusammensetzung der Reaktionsmischung zu einer Zeit t berechnet werden, wenn deren Anfangszusammensetzung, die Reaktionsordnung in bezug auf alle Reaktanden und der Wert der Geschwindigkeitskonstante bekannt sind; andererseits kann nach Tabelle 4/10 die Geschwindigkeitskonstante aus den Versuchsergebnissen berechnet werden (s. 4.5.3.1).

4.5.2 Kinetik zusammengesetzter (komplexer) Reaktionen

Bei zusammengesetzten (komplexen) Reaktionen laufen zwei oder mehr einfache Reaktionen gleichzeitig ab. Für zusammengesetzte Reaktionen gilt bei konstantem Reaktionsvolumen anstelle der Gl. (4-146) folgende Beziehung:

$$\frac{dc_i}{dt} = \sum_j r_j \, v_{ij}. \tag{4-159}$$

Auf der rechten Seite dieser Gleichung steht die Summe der mit den stöchiometrischen Zahlen v_{ij} multiplizierten Geschwindigkeitsausdrücke der einfachen Teilreaktionen mit den Nummern j ($= 1, 2, \ldots$), nach denen der betreffende Reaktand i gebildet oder verbraucht wird.

Von den zusammengesetzten Reaktionen sind die *reversiblen*, d. h. unvollständig verlaufenden Reaktionen, z. B. die Reaktion

$$|v_A| \, A + |v_B| \, B \rightleftharpoons |v_C| \, C + |v_D| \, D \tag{4-160}$$

verhältnismäßig einfach zu behandeln. Auf diese Reaktion wird in Abschnitt 6.3.1.1 ausführlich eingegangen. Für die reversible Reaktion

$$A \underset{k_2}{\overset{k_1}{\rightleftharpoons}} B \tag{4-161}$$

mit dem Geschwindigkeitsausdruck $r = k_1 c_A - k_2 c_B$ ist die integrierte Geschwindigkeitsgleichung in Tabelle 4/10 (Nr. 7) aufgeführt.

Auch die Behandlung von *Parallelreaktionen,* bei denen zwei oder mehr Reaktionen nebeneinander ablaufen, bereitet keine Schwierigkeiten. Als Beispiel wollen wir die Parallelreaktionen 1. Ordnung betrachten, durch welche aus demselben Reaktionspartner A zwei verschiedene Reaktionsprodukte B und C

Tabelle 4/10. Integration einiger einfacher Zeitgesetze

Reaktion	$r =$	$c_A/c_A^0 =$	$k =$
1) $\|\nu_A\| A + \dots \rightarrow \dots$	kc_A	$\exp(-k\|\nu_A\|t)$	$\ln(c_A^0/c_A)/\|\nu_A\|t$
2) $\|\nu_A\| A + \dots \rightarrow \dots$	$kc_A^n,\ n \neq 1$	$[1+(n-1)(c_A^0)^{n-1}k\|\nu_A\|t]^{1/(1-n)}$	$[(c_A)^{1-n}-(c_A^0)^{1-n}]/(n-1)\|\nu_A\|t$
3) $\|\nu_A\| A + \dots \rightarrow \dots$ (nullte Ordnung)	k	$1 - \dfrac{k\|\nu_A\|t}{c_A^0}$	$(c_A^0 - c_A)/\|\nu_A\|t$
4) $\|\nu_A\| A + \|\nu_B\| B + \dots \rightarrow \dots$	$kc_A c_B,\ c_A \neq c_B$	$\dfrac{(c_B^0\|\nu_A\| - c_A^0\|\nu_B\|)\exp[(c_A^0\|\nu_B\| - c_B^0\|\nu_A\|)kt]}{c_B^0\|\nu_A\| - c_A^0\|\nu_B\|\exp[(c_A^0\|\nu_B\| - c_B^0\|\nu_A\|)kt]}$	$\dfrac{1}{t(c_A^0\|\nu_B\| - c_B^0\|\nu_A\|)} \ln \dfrac{c_B^0\|\nu_A\|(c_A/c_A^0)}{c_B^0\|\nu_A\| - (c_A^0 - c_A)\|\nu_B\|}$
5) $\|\nu_A\| A + \|\nu_B\| B + \dots \rightarrow \dots$	$kc_A^2 c_B,\ c_A \neq c_B$	nicht explizit anzugeben	$\dfrac{1}{t(c_B^0\|\nu_A\| - c_A^0\|\nu_B\|)}\left[\dfrac{1}{c_A} - \dfrac{1}{c_A^0}\right] + \dfrac{\|\nu_B\|}{c_A^0\|\nu_B\| - c_B^0\|\nu_A\|} \ln \dfrac{c_B^0\|\nu_A\| - (c_A^0 - c_A)\|\nu_B\|}{c_B^0\|\nu_A\|(c_A/c_A^0)}$
6) $A + B + C + \dots \rightarrow \dots$	$kc_A c_B c_C$	nicht explizit anzugeben	$\dfrac{\ln\left[\left(\dfrac{c_A}{c_A^0}\right)^{c_B^0-c_C^0}\left(\dfrac{c_B}{c_B^0}\right)^{c_C^0-c_A^0}\left(\dfrac{c_C}{c_C^0}\right)^{c_A^0-c_B^0}\right]}{t(c_A^0 - c_B^0)(c_B^0 - c_C^0)(c_C^0 - c_A^0)}$
7) $A \underset{k_2}{\overset{k_1}{\rightleftharpoons}} B$	$k_1 c_A - k_2 c_B$ $= k_1\left(c_A - \dfrac{c_B}{K_c}\right)$	$1 - \dfrac{K_c c_A^0 - c_B^0}{c_A^0(1-K_c)}\left\{1 - \exp\left(-\dfrac{k_1 t(1+K_c)}{K_c}\right)\right\}$	$k_1 = \dfrac{K_c}{t(1+K_c)} \ln \dfrac{K_c c_A^0 - c_B^0}{c_A(1+K_c) - c_A^0 - c_B^0}$

gebildet werden:

$$A \xrightarrow{k_1} B, \quad A \xrightarrow{k_2} C. \tag{4-162}$$
$$\quad\text{(I)} \qquad\quad \text{(II)}$$

Nach Gl. (4-159) gilt für den Reaktionspartner A:

$$\frac{dc_A}{dt} = -(k_1 + k_2) c_A. \tag{4-163}$$

Die Integration dieser Gleichung führt mit $c_A = c_A^0$ zur Zeit $t = 0$ zu

$$c_A = c_A^0 e^{-(k_1 + k_2)t}. \tag{4-164}$$

Für das Reaktionsprodukt B erhält man nach Gl. (4-159):

$$\frac{dc_B}{dt} = k_1 c_A = k_1 c_A^0 e^{-(k_1 + k_2)t}; \tag{4-165}$$

durch Integration ergibt sich daraus mit $c_B = c_B^0$ für $t = 0$:

$$c_B = c_B^0 + \frac{k_1 c_A^0}{k_1 + k_2} [1 - e^{-(k_1 + k_2)t}]. \tag{4-166}$$

Ein entsprechendes Ergebnis erhält man für c_C.

Eine weitere Gruppe zusammengesetzter Reaktionen sind die *Folgereaktionen*. Als Beispiel sei die Folge zweier Reaktionen erster Ordnung angeführt:

$$A \xrightarrow{k_1} B \xrightarrow{k_2} C. \tag{4-167}$$

Hierfür lauten die drei simultanen Differentialgleichungen:

$$dc_A/dt = -k_1 c_A, \tag{4-168a}$$

$$dc_B/dt = k_1 c_A - k_2 c_B, \tag{4-168b}$$

$$dc_C/dt = k_2 c_B. \tag{4-168c}$$

Deren Integration ergibt, wenn $c_B^0 = c_C^0 = 0$ ist:

$$c_A = c_A^0 e^{-k_1 t}, \tag{4-169a}$$

$$c_B = \frac{k_1 c_A^0}{k_1 - k_2} (e^{-k_2 t} - e^{-k_1 t}), \tag{4-169b}$$

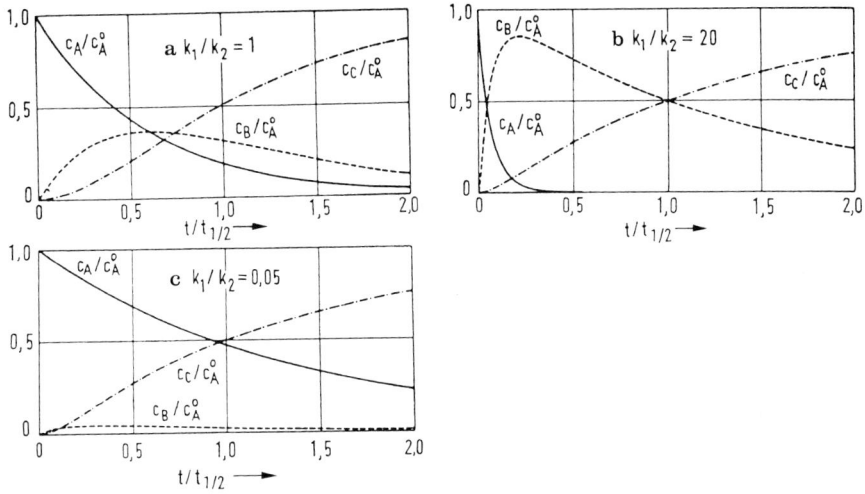

Abb. 4-12. Konzentrationen c_i/c_A^0 der Reaktanden i (= A, B, C) für die Reaktion Gl. (4-167) als Funktion von $t/t_{1/2}$; a) $k_1/k_2 = 1$, b) $k_1/k_2 = 20$, c) $k_1/k_2 = 0,05$ [27]

$$c_C = c_A^0 \left[1 + \frac{k_1}{k_2 - k_1} e^{-k_2 t} - \frac{k_2}{k_2 - k_1} e^{-k_1 t} \right]. \qquad (4\text{-}169c)$$

Der Konzentrationsverlauf für die Reaktanden A, B und C ist, bezogen auf c_A^0, in Abb. 4-12 als Funktion der dimensionslosen Reaktionszeit $t/t_{1/2}$ für verschiedene Verhältnisse k_1/k_2 der Geschwindigkeitskonstanten aufgetragen. Hier bedeutet $t_{1/2}$ diejenige Reaktionszeit, nach welcher der Quotient aus c_C und c_A^0 den Wert 0,5 erreicht. (Unterschied zur üblichen Definition der Halbwertszeit $t_{1/2}$ für $c_A = \dfrac{c_A^0}{2}$, s. 4.5.3.1).

Die Konzentration des Zwischenprodukts B weist ein Maximum auf, dessen Höhe vom Verhältnis k_1/k_2 abhängt; aus Gl. (4-168c) sieht man, daß dann, wenn c_B den Maximalwert erreicht, die Bildungsgeschwindigkeit von C, dc_C/dt, ebenfalls einen Maximalwert hat. Die Konzentration c_C hat demnach einen S-förmigen Verlauf, mit einer „Induktionsperiode" am Anfang der Reaktion; diese Induktionsperiode ist am ausgeprägtesten, wenn $k_1 = k_2$ ist.

4.5.3 Experimentelle Bestimmung des Zeitgesetzes

Eine wesentliche Aufgabe der Reaktionskinetik ist die experimentelle Ermittlung des Zeitgesetzes und des numerischen Wertes der Geschwindigkeitskonstante. Dazu muß die Zusammensetzung des Reaktionsgemisches bei konstanter Temperatur zu verschiedenen Zeiten und bei verschiedener Anfangszusammensetzung gemessen werden. Solche Messungen können diskontinuierlich durchgeführt werden, indem man dem Reaktionsgemisch von Zeit zu Zeit kleine Proben entnimmt und diese analysiert. Nachteile dieser Methode sind, daß dadurch Reaktionsgemisch verbraucht wird und daß zur Vorbereitung und Durchführung der Analyse eine relativ lange Zeit benötigt wird. Besser ist es, die Analyse kontinuierlich und ohne Eingriff in den Reaktionsablauf mit Hilfe physikalischer Methoden auszuführen. Dabei zieht man irgendeine physikalische Eigenschaft des Reaktionsgemisches heran, die mit dem Fortschreiten der Reaktion in direktem Zusammenhang steht und sich als Folge der Umsetzung in genügendem Maße ändert, z. B. der bei konstantem Volumen gemessene Druck bei einer nicht volumenbeständigen Gasreaktion, oder das Volumen bzw. die Dichte (bei konstantem Druck), der Brechungsindex, die optische Aktivität, die elektrische Leitfähigkeit, die Lichtabsorption, spektroskopische Eigenschaften usw.

4.5.3.1 Ermittlung der Reaktionsordnung und der Geschwindigkeitskonstante

Hängt die Reaktionsgeschwindigkeit nur von der Konzentration eines Reaktionspartners A in n. Ordnung ab, so erhält man durch Logarithmieren der Gl. (4-156):

$$\log\left(|dc_A/dt|\right) = \log\left(k\,|v_A|\right) + n \log c_A. \tag{4-170}$$

Trägt man die während des Reaktionsablaufs gemessene Konzentration von A als Funktion der Zeit t auf (Abb. 4-13), so ist für einen Kurvenpunkt (1) $(dc_A/dt)_1$ gleich der Steigung der Tangente in diesem Punkt (1). Der zu diesem Punkt gehörende Ordinatenwert ist $(c_A)_1$. Analoges gilt für weitere Kurvenpunkte.

Um die Reaktionsordnung und die Geschwindigkeitskonstante zuverlässig ermitteln zu können, wertet man die aus Abb. 4-13 entnommenen Werte graphisch aus, indem man $\log\left(|dc_A/dt|\right)$ als Funktion von $\log c_A$ aufzeichnet. Dabei erhält man nach Gl. (4-170) eine Gerade, deren Steigung gleich der Reaktionsordnung n und deren Ordinatenabschnitt gleich $\log\left(k\,|v_A|\right)$ ist.

Nach dieser sogenannten *Differentialmethode* können sowohl die Reaktionsordnung als auch die Geschwindigkeitskonstante für die beim Versuch gewählte Reaktionstemperatur aus den Meßwerten eines einzigen Versuchs ermittelt werden. Es empfiehlt sich jedoch, auch die Anfangs-Reaktionsgeschwindigkeit in weiteren Versuchen, welche mit verschiedenen Anfangskonzentrationen durchgeführt werden, zu bestimmen und auszuwerten. Dadurch ist eine größere Variation der Konzentration möglich, und außerdem sind häufig nur die Anfangskonzentrationen genau bekannt, insbesondere bei zusammengesetzten Reaktionen. Schließlich ist nur am Beginn der Reaktion ein Einfluß der gebildeten Reaktionsprodukte auf die Reaktionsgeschwindigkeit auszuschließen, was für reversible und autokatalytische Reaktionen besonders wichtig ist.

Ist die Reaktionsgeschwindigkeit von den Konzentrationen mehrerer Reaktionspartner abhängig, so bestimmt man die Ordnung für die einzelnen Reaktionspartner in der Weise, daß stets nur die Konzentration eines einzigen Reaktionspartners geändert wird, während man die Konzentrationen aller anderen Reaktionspartner konstant hält. Dies geschieht am besten dadurch, daß die Anfangs-Reaktionsgeschwindigkeiten gemessen werden. Da sich während des Reaktionsablaufs die

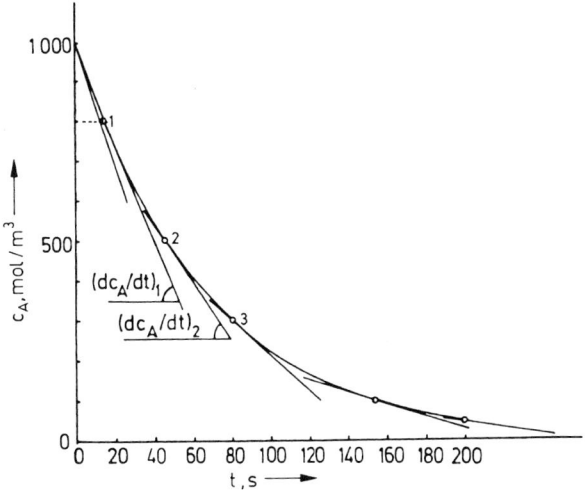

Abb. 4-13. Experimentell ermittelte Konzentration eines Reaktionspartners A als Funktion der Zeit

Konzentrationen aller Reaktionskomponenten ändern, kann man so vorgehen, daß alle Komponenten bis auf eine einzige in großem Überschuß vorgegeben werden; dann ändert sich im Verlauf der Reaktion praktisch nur die Konzentration der im Unterschuß vorhandenen Komponente, so daß die Reaktionsordnung in bezug auf diese Komponente bestimmt werden kann. Man darf dabei jedoch nicht außer acht lassen, daß bei stark unterschiedlichen Konzentrationsverhältnissen auch verschiedene Reaktionsmechanismen vorliegen können.

Eine andere Möglichkeit, um aus Meßwerten die Reaktionsordnung und die Geschwindigkeitskonstante zu ermitteln, ist die sogenannte *Integralmethode.* Diese Methode besteht darin, daß man für die zu untersuchende Reaktion eine Ordnung annimmt; dann werden in die integrierte Form des Zeitgesetzes für die angenommene Ordnung (Tabelle 4/10) die experimentell bestimmten, zusammengehörenden Wertepaare für die Konzentrationen und die Reaktionszeit eingesetzt und jeweils die Geschwindigkeitskonstanten berechnet. Stimmen die so berechneten Geschwindigkeitskonstanten unter Berücksichtigung der Streuung überein und zeigen eventuelle Abweichungen keinen Gang zu höheren oder tieferen Werten, so kann die angenommene Reaktionsordnung als zutreffend betrachtet werden.

Für die thermische *Zersetzung von Dioxan* bei 504°C sind in Tabelle 4/11 in den beiden linken Spalten die experimentell ermittelten Wertepaare für die Zeit und die Konzentration aufgeführt. Es wurden nun Reaktionen der Ordnung 1, 3/2 und 2 angenommen und entsprechend den Gln. 1 bzw. 2 in Tabelle 4/10 die Geschwindigkeitskonstanten berechnet. Dabei ergaben sich für die verschiedenen angenommenen Ordnungen die in Tabelle 4/11 aufgeführten Werte. Man sieht daraus, daß für die Ordnung 3/2 die k-Werte im Rahmen der Meßfehler übereinstimmen, wodurch die Ordnung 3/2 bestätigt ist.

Tabelle 4/11. Ermittlung der Reaktionsordnung und der Geschwindigkeitskonstante nach der Integralmethode für die thermische Zersetzung von Dioxan bei 504°C [28]

Zeit t [s]	Konzentration c [mol · l^{-1}]	Berechnete Geschwindigkeitskonstante k		
		1.Ordnung [s^{-1}]	3/2. Ordnung [s^{-1} · mol$^{-1/2}$ · l$^{1/2}$]	2. Ordnung [s^{-1} · mol^{-1} · l]
0	$8,46 \cdot 10^{-3}$	–	–	–
240	$7,20 \cdot 10^{-3}$	$6,71 \cdot 10^{-4}$	$7,60 \cdot 10^{-3}$	$8,62 \cdot 10^{-2}$
660	$5,55 \cdot 10^{-3}$	$6,20 \cdot 10^{-4}$	$7,80 \cdot 10^{-3}$	$9,83 \cdot 10^{-2}$
1200	$4,04 \cdot 10^{-3}$	$5,80 \cdot 10^{-4}$	$7,52 \cdot 10^{-3}$	$1,242 \cdot 10^{-1}$
1800	$3,05 \cdot 10^{-3}$	$4,68 \cdot 10^{-4}$	$7,90 \cdot 10^{-3}$	$1,337 \cdot 10^{-1}$
2400	$2,41 \cdot 10^{-3}$	$3,92 \cdot 10^{-4}$	$7,52 \cdot 10^{-3}$	$1,446 \cdot 10^{-1}$

Eine spezielle Anwendung der Integralmethode ist die sogenannte *Halbwertszeit-methode* zur Ermittlung der Reaktionsordnung und der Geschwindigkeitskonstante. Die Halbwertszeit $t_{1/2}$ ist diejenige Reaktionszeit, während der die Konzentration eines Reaktionspartners auf die Hälfte von dessen Anfangskonzentration abgefallen ist. Für Reaktionen mit nur einem Reaktionspartner erhält man die Halbwertszeit, wenn man in die integrierten Zeitgesetze für $c_A = c_A^0/2$ und für $t = t_{1/2}$ setzt, so aus Gl. (4-154) für die 1. Ordnung ($|v_A| = 1$):

$$t_{1/2} = \frac{\ln 2}{k} \tag{4-171}$$

und aus Gl. (4-158) für die n. Ordnung ($|v_A| = 1$):

$$t_{1/2} = \frac{2^{n-1} - 1}{k(n-1)} \cdot (c_A^0)^{1-n}. \tag{4-172}$$

Man kann die Halbwertszeitmethode anwenden, wenn in mindestens zwei Versuchen mit verschiedenen Anfangskonzentrationen die Halbwertszeiten gemessen wurden.

Sind die Halbwertszeiten bei allen Versuchen gleich, so liegt eine Reaktion 1. Ordnung vor; die Geschwindigkeitskonstante kann dann nach Gl. (4-171) berechnet werden. Für eine Reaktion n. Ordnung dagegen folgt aus Gl. (4-172), daß sich die Halbwertszeiten zweier Versuche wie die $(1-n)$-ten Potenzen der Anfangskonzentrationen verhalten:

$$\frac{(t_{1/2})_I}{(t_{1/2})_{II}} = \left(\frac{c_{A,I}^0}{c_{A,II}^0}\right)^{(1-n)}. \tag{4-173}$$

Die Reaktionsordnung ist dann

$$n = 1 - \frac{\log[(t_{1/2})_I/(t_{1/2})_{II}]}{\log(c_{A,I}^0/c_{A,II}^0)}. \tag{4-174}$$

Auch graphisch läßt sich die Reaktionsordnung ermitteln, wenn man Gl. (4-172) logarithmiert

$$\log t_{1/2} = \log \left[\frac{2^{n-1} - 1}{k(n-1)} \right] + (1-n) \log c_A^0 \tag{4-175}$$

und dann $\log t_{1/2}$ als Funktion von $\log c_A^0$ aufträgt. Man erhält eine Gerade, deren Steigung $(1-n)$ und deren Ordinatenabschnitt $\log \left[\dfrac{2^{n-1} - 1}{k(n-1)} \right]$ ist. Damit lassen sich n und k bestimmen.

Aus einem einzigen Versuch läßt sich die Reaktionsordnung ermitteln, wenn man außer der Halbwertszeit auch noch die *Viertelwertszeit* $t_{1/4}$, d. h. die Zeit bestimmt, in welcher die Konzentration auf ein Viertel ihres Anfangswertes $(c_A = c_A^0/4)$ abgefallen ist. Die Viertelwertszeit erhält man in gleicher Weise wie die Halbwertszeit aus den integrierten Zeitgesetzen. Für eine Reaktion 1. Ordnung ist

$$\frac{t_{1/4}}{t_{1/2}} = 2, \tag{4-176}$$

für eine Reaktion n. Ordnung

$$\frac{t_{1/4}}{t_{1/2}} = 1 + 2^{n-1}. \tag{4-177}$$

Bei Reaktionen mit mehreren Reaktionspartnern kann die Halbwertszeit und daraus die Reaktionsordnung für einen bestimmten Reaktionspartner in der Weise ermittelt werden, daß man alle Komponenten bis auf diejenige, deren Reaktionsordnung bestimmt werden soll, in großem Überschuß einsetzt; während der Reaktion ändert sich dann praktisch nur die Konzentration dieses einen Reaktionspartners.

4.5.3.2 Ermittlung des Frequenzfaktors und der Aktivierungsenergie

Zur Ermittlung des Frequenzfaktors und der Aktivierungsenergie müssen k-Werte in mehreren Versuchen bei verschiedenen Temperaturen nach einer der in Abschnitt 4.5.3.1 beschriebenen Methoden berechnet werden.

Logarithmiert man die Gleichung (4-144), so erhält man

$$\log k = \log k_0 - \frac{E}{2,303\,RT}. \tag{4-178}$$

Danach ergibt die Auftragung von $\log k$ als Funktion von $1/T$ eine Gerade mit der Steigung $-E/(2,303\,R)$ und dem Ordinatenabschnitt $\log k_0$. Es sei aber darauf hingewiesen, daß Extrapolationen auf Temperaturen, die wesentlich außerhalb des Temperaturbereichs liegen, in welchem die Reaktionsgeschwindigkeit gemessen wurde, sehr kritisch sind; es kann nämlich bei anderen Temperaturen ein anderer

Reaktionsmechanismus vorliegen und außerdem ist der Frequenzfaktor k_0 nicht wirklich von der Temperatur unabhängig.

Wesentliche Abweichungen von der Geraden nach der Arrhenius-Gleichung treten dann auf, wenn zwei konkurrierende Reaktionen stattfinden, welche verschiedene Aktivierungsenergien haben. Es ergeben sich dann zwei Gerade mit unterschiedlicher Steigung, welche in einer Krümmung ineinander übergehen (vgl. Abb. 6-3).

4.5.4 Statistische Versuchsplanung und -auswertung

In der Einleitung zu Abschnitt 4.5 wurde hervorgehoben, daß man in allen Fällen, in welchen Informationen über die Mikrokinetik einer chemischen Reaktion vorliegen, diese für die Reaktorberechnung und auch für die Reaktoroptimierung heranziehen wird. Um Aufschlüsse über die Zusammenhänge zwischen der Ausbeute an einem gewünschten Produkt und den Reaktionsbedingungen zu erhalten, wird man daher im allgemeinen die Kinetik der beteiligten Reaktionen untersuchen.

Dieser direkte Weg ist jedoch bei einer ganzen Anzahl technischer Umsetzungen, besonders bei vielen organischen Synthesen, nicht zu beschreiten, da deren komplizierte Kinetik einer mathematischen Behandlung auf der Basis physikalisch-chemischer Zusammenhänge nicht zugänglich ist. In solchen Fällen sind Untersuchungsverfahren heranzuziehen, welche auf einer statistischen Versuchsplanung und -auswertung beruhen, die es ermöglicht, den vermuteten Einfluß verschiedener Faktoren auf eine abhängige Größe, etwa die Ausbeute, zu ermitteln.

Häufig bewährt sich bei einer Prozeßentwicklung, unabhängig von der später einzuschlagenden Optimierungsstrategie, die statistische Versuchsplanung in Form der *faktoriellen Versuchsplanung* („Factorial Design") [29]. Diese vermittelt einen vorläufigen Überblick über den vermuteten Effekt zweier oder mehrerer Faktoren (Variablen), etwa Temperatur, Konzentrationen usw. auf die abhängige Größe y, z. B. die Ausbeute. Bei der Methode der faktoriellen Versuchsplanung werden für jeden Faktor zwei (oder auch drei) als Niveau bezeichnete Werte ausgewählt und die Versuche mit allen möglichen Kombinationen aus Faktor mal Niveau ausgeführt. Variiert man die Variablen jeweils zwischen zwei Niveaus, so sind bei n Faktoren (n-Faktoren-2-Niveau-Plan) in einer vollständigen faktoriellen Versuchsplanung 2^n Versuche auszuführen, bei drei Faktoren also $2^3 = 8$ Versuche. Zum Beispiel ergeben sich für drei Faktoren A, B und C mit den gewählten Niveaus a_1, a_2, b_1, b_2, c_1 und c_2 die in Tabelle 4/12 aufgeführten Kombinationen.

Aufgrund der Ergebnisse kann ein Gleichungssystem aufgestellt werden, welches den effektiven Reaktionsablauf in einer ganz bestimmten apparativen Anordnung als mathematisches Modell beschreibt und die Basis für die Reaktorberechnung und die Prozeßoptimierung bilden kann mit der Einschränkung, daß immer die gleiche apparative Anordnung beibehalten werden muß.

Der Kern des mathematischen Modells sind Beziehungen, welche den funktionalen Zusammenhang zwischen den unabhängigen Variablen v_i und den (der) abhängigen Variablen y_i angeben. Die Ermittlung von Gleichungen, welche mit den experimentellen Beobachtungen konsistent sind, ist eine Aufgabe der Ausgleichs-

Tabelle 4/12. Kombinationsmöglichkeiten in einem 3-Faktoren-2-Niveau-Versuchsplan

Faktor A		a_1				a_2			
Faktor B		b_1		b_2		b_1		b_2	
Faktor C	c_1	a_1 b_1 c_1		a_1 b_2 c_1		a_2 b_1 c_1		a_2 b_2 c_1	
	c_2	a_1 b_1 c_2		a_1 b_2 c_2		a_2 b_1 c_2		a_2 b_2 c_2	

rechnung. Diese wird heute als *Korrelations- und Regressionsrechnung* bezeichnet; sie ist ein Teil der allgemeinen Methoden der mathematischen Statistik; siehe [29, 30].

Es seien z. B. für einen bestimmten Prozeß die wichtigsten Variablen bzw. Einflußgrößen auf die Ausbeute A_p an einem gewünschten Produkt: der Gesamtdruck p, die Temperatur T, die mittlere Verweilzeit τ im Reaktor und der Umsatz U_k einer Leitkomponente k. Im allgemeinen soll die gesuchte Funktion $A_p = f(p, T, \tau, U_k)$ neben den linearen Gliedern auch die quadratischen und die Kopplungsglieder der einzelnen Variablen enthalten:

$$A_p = a_0 + a_1(p - \bar{p}) + a_2(T - \bar{T}) + a_3(\tau - \bar{\tau}) + a_4(U_k - \bar{U}_k) + a_5(p - \bar{p})^2 +$$
$$+ a_6(T - \bar{T})^2 + a_7(\tau - \bar{\tau})^2 + a_8(U_k - \bar{U}_k)^2 + a_9(p - \bar{p})(T - \bar{T}) +$$
$$+ a_{10}(p - \bar{p})(\tau - \bar{\tau}) + a_{11}(p - \bar{p})(U_k - \bar{U}_k) + a_{12}(T - \bar{T})(\tau - \bar{\tau}) +$$
$$+ a_{13}(T - \bar{T})(U_k - \bar{U}_k) + a_{14}(\tau - \bar{\tau})(U_k - \bar{U}_k). \tag{4-179}$$

$\bar{p}$, $\bar{T}$, $\bar{\tau}$ und $\bar{U}_k$ sind vorgegebene Mittelwerte der einzelnen Einflußgrößen im experimentell untersuchten Variationsbereich.

Die Aufgabe der Regressionsrechnung besteht nun darin, den für unser Beispiel gemachten Ansatz (4-179) durch Wahl der Koeffizienten a_1, a_2.....a_i an die experimentellen Beobachtungen anzupassen.

Die so erhaltenen Gleichungen bilden, wie schon erwähnt, die Basis für die Reaktorberechnung und die Prozeßoptimierung. Einige Beispiele hierfür aus der chemischen Industrie werden in [31] gegeben.

5. Allgemeine Stoff- und Wärmebilanzen für einphasige Reaktionssysteme

Prinzipiell lassen sich für ein chemisches Reaktionssystem der Konzentrationsverlauf der Reaktanden, der Temperatur- und der Druckverlauf sowie das Geschwindigkeitsfeld durch Integration der Differentialgleichungen für die Stoffbilanzen, die Energie- und die Impulsbilanz, welche dem Reaktionsgeschehen zugrunde liegen, berechnen. Die Stoff-, Energie- und Impulsbilanzen basieren auf den Sätzen von der Erhaltung der Masse, der Energie und des Impulses. Der Satz von der Erhaltung der Masse gilt nicht nur für die Gesamtmasse, sondern erstreckt sich auch auf die Masse jeder einzelnen Komponente, welche in der Reaktionsmischung vorliegt.

Für jedes Reaktionssystem lassen sich so viele Stoffbilanzen aufstellen, als Komponenten in der Reaktionsmischung vorhanden sind. Meistens genügt es jedoch, die gesamte Umsetzung durch die Konzentrationsänderung eines repräsentativen Reaktanden zu beschreiben, um ein ausreichend genaues Bild der Vorgänge im Reaktor zu gewinnen. Zu der Stoffbilanz (den Stoffbilanzen) kommt noch eine Energiebilanz bzw. als deren Sonderfall eine Wärmebilanz, sofern keine Umwandlung von Wärmeenergie in andere Energiearten oder umgekehrt stattfindet. Die Stoffbilanz(en) und die Wärmebilanz sind durch die in allen Gleichungen auftretende, für chemische Reaktionen charakteristische Reaktionsgeschwindigkeit miteinander gekoppelt.

In der Differentialgleichung für die Impulsbilanz tritt die Reaktionsgeschwindigkeit nicht explizit auf. Der Druckverlauf und die Geschwindigkeitsverteilung in einem kontinuierlich betriebenen Reaktor können deshalb nach den auch für andere Apparate gültigen Beziehungen berechnet werden. Implizit geht die chemische Reaktionsgeschwindigkeit selbstverständlich in die Gleichung für die Impulsbilanz ein, und zwar einerseits infolge der Änderung der Strömungsgeschwindigkeit der Reaktionsmischung bei nicht volumenbeständigen Reaktionen, andererseits infolge der durch die chemische Reaktion hervorgerufenen Temperaturänderungen. Diese Temperaturänderungen können bei sehr schnell ablaufenden und stark exothermen Reaktionen sehr erheblich sein. Die Impulsbilanz darf jedoch ohne größeren Fehler dann vernachlässigt werden, wenn keine wesentlichen Druckgradienten im Reaktionsraum auftreten, was bei den meisten technischen Reaktoren der Fall ist (Ausnahme bei Flammenreaktionen). Auf die Impulsbilanz soll daher nicht näher eingegangen werden.

Im folgenden sollen die Stoffbilanzen und die Wärmebilanz für ein Reaktionssystem, in welchem alle Reaktionskomponenten in einer einzigen (gasförmigen oder flüssigen) Phase vorliegen, in allgemeiner Form abgeleitet werden. Die Bilanzen für die wichtigsten Typen chemischer Reaktoren können dann in einfacher Weise aus diesen allgemeinen Gleichungen entwickelt werden.

5.1 Stoffbilanz

Die Stoffbilanz wollen wir für einen Reaktanden i aufstellen, wobei wir voraussetzen, daß dieser an mehreren Reaktionen beteiligt sein kann. In Worten läßt sich diese Stoffbilanz folgendermaßen ausdrücken:

$$
\begin{bmatrix} \textit{Zeitliche Änderung} \\ \text{der Masse von i} \\ \text{im Bilanzraum} \end{bmatrix} = \begin{bmatrix} \text{Durch \textit{Strömung}} \\ \text{dem Bilanzraum} \\ \textit{zugeführter} \\ \text{Massenstrom von i} \end{bmatrix} - \begin{bmatrix} \text{Durch \textit{Strömung} aus} \\ \text{dem Bilanzraum} \\ \textit{abgeführter} \text{ Massen-} \\ \text{strom von i} \end{bmatrix} +
$$

$$
+ \begin{bmatrix} \text{Durch \textit{Diffusion}} \\ \text{dem Bilanzraum} \\ \textit{zugeführter} \\ \text{Massenstrom von i} \end{bmatrix} - \begin{bmatrix} \text{Durch \textit{Diffusion}} \\ \text{aus dem Bilan-} \\ \text{raum \textit{abgeführter}} \\ \text{Massenstrom von i} \end{bmatrix} + \begin{bmatrix} \text{Durch chemische} \\ \textit{Reaktion(en)} \text{ im} \\ \text{Bilanzraum in der} \\ \text{Zeiteinheit \textit{gebildete}} \\ (\textit{verbrauchte}) \text{ Masse} \\ \text{von i} \end{bmatrix}
$$

$$(5\text{-}1)$$

Zur mathematischen Formulierung der Stoffbilanz eines Reaktanden i gehen wir von einem differentiellen Volumenelement als Bilanzraum aus, welches entsprechend Abb. 5-1 die Form eines Quaders mit dem konstanten Volumen $dV_R = dx\,dy\,dz$ hat und durch ein kartesisches Koordinatensystem beschrieben wird. Dieses Volumen-

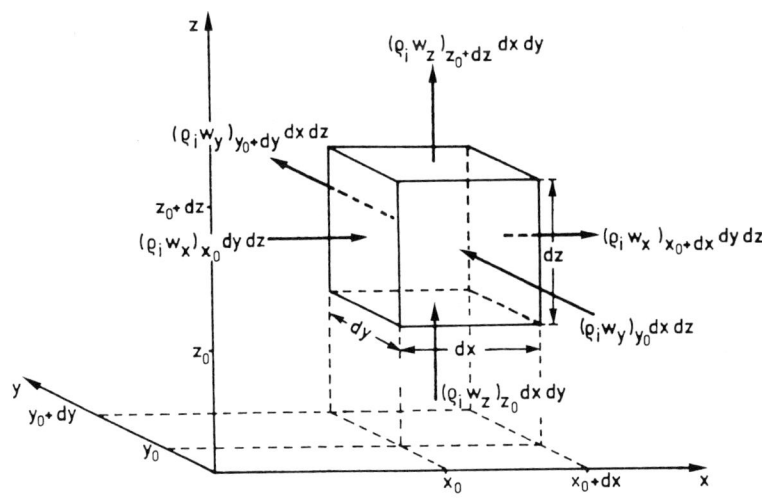

Abb. 5-1. Zur Ableitung der Stoffbilanz

element sei in einem flüssigen oder gasförmigen Reaktionsgemisch ortsfest verankert und kann von diesem allseitig ungehindert durchströmt werden.

Die Änderung der Masse des Reaktanden i im Volumenelement dV_R in der Zeiteinheit ist gleich der zeitlichen Änderung der Partialdichte ϱ_i des Stoffes i, multipliziert mit dem Volumenelement dV_R:

$$\begin{bmatrix} \text{Zeitliche Änderung} \\ \text{der Masse von i} \\ \text{im Volumenelement } dV_R \end{bmatrix} = \frac{\partial \varrho_i}{\partial t} \cdot dV_R. \qquad (5\text{-}2)$$

Die innerhalb des Volumenelements dV_R durch chemische Reaktionen gebildete (verbrauchte) Masse des Stoffes i in der Zeiteinheit ist:

$$\begin{bmatrix} \text{Durch chemische Reaktion(en) im Volumen-} \\ \text{element } dV_R \text{ in der Zeiteinheit gebildete} \\ \text{(verbrauchte) Masse von i} \end{bmatrix} = \left(\sum_j r_{ij} M_i \right) dV_R. \qquad (5\text{-}3)$$

In Gl. (5-3) ist $r_{ij} M_i$ die durch die Reaktion mit der Nummer j (j = 1, 2, ...) in der Zeit- und Volumeneinheit gebildete (verbrauchte) Masse des Stoffes i (M_i = molare Masse des Stoffes i).

Die mathematischen Beziehungen für die durch Strömung bzw. Diffusion dem Volumenelement dV_R in der Zeiteinheit zugeführte und die daraus abgeführte Masse des Stoffes i sollen in den beiden folgenden Abschnitten hergeleitet werden.

5.1.1 Stofftransport durch Strömung (konvektiver Stofftransport)

Das Volumenelement dV_R (Abb. 5-1) werde von einem flüssigen oder gasförmigen Reaktionsgemisch mit der Geschwindigkeit $\bar{w}$ (vektorielle Größe) allseitig ungehindert durchströmt. Die Komponenten des Geschwindigkeitsvektors $\bar{w}$ in den drei Koordinatenrichtungen sind w_x, w_y und w_z; die Partialdichte des Stoffes i im Reaktionsgemisch ist ϱ_i. Durch die linke Seite des Quaders (Abb. 5-1) tritt an der Stelle x_0 der Massenstrom $(\varrho_i w_x)_{x_0}$ dy dz des Stoffes i ein. Durch die rechte Seite des Quaders tritt an der Stelle $x_0 + dx$ der Massenstrom $(\varrho_i w_x)_{x_0 + dx}$ dy dz des Stoffes i aus dem Quader aus. Für ϱ_i und w_x sind jeweils die für die betreffende Stelle x_0 bzw. $x_0 + dx$ geltenden Werte einzusetzen, welche im allgemeinen Fall an den beiden Stellen verschieden sind. Den Massenstrom des Stoffes i an der Stelle $x_0 + dx$ kann man nach Taylor ausdrücken durch

$$(\varrho_i w_x)_{x_0 + dx} \, dy \, dz = \left[(\varrho_i w_x)_{x_0} + \frac{\partial (\varrho_i w_x)}{\partial x} \, dx \right] dy \, dz. \qquad (5\text{-}4)$$

Somit ist der Überschuß des dem Volumenelement in x-Richtung durch Strömung zugeführten Massenstromes über den in x-Richtung aus dem Volumenelement abgeführten Massenstrom von i (= effektiver Zufluß durch Strömung in x-Richtung):

$$[(\varrho_i\,w_x)_{x_0} - (\varrho_i\,w_x)_{x_0+dx}]\,dy\,dz = -\frac{\partial\,(\varrho_i\,w_x)}{\partial\,x}\,dx\,dy\,dz. \tag{5-5}$$

Entsprechende Beziehungen gelten für die beiden anderen Koordinatenrichtungen, so daß man insgesamt für den effektiven Zufluß des Stoffes i durch Strömung in das Volumenelement $dV_R = dx\,dy\,dz$ in der Zeiteinheit erhält:

$$\begin{bmatrix} \text{dem Volumenelement } dV_R \\ \text{durch Strömung zugeführter} \\ \text{Massenstrom von i} \end{bmatrix} - \begin{bmatrix} \text{aus dem Volumenelement } dV_R \\ \text{durch Strömung abgeführter} \\ \text{Massenstrom von i} \end{bmatrix} =$$

$$= -\left[\frac{\partial\,(\varrho_i w_x)}{\partial x} + \frac{\partial\,(\varrho_i w_y)}{\partial y} + \frac{\partial\,(\varrho_i w_z)}{\partial z}\right]\,dV_R. \tag{5-6}$$

Die in Gl. (5-6) auftretenden Produkte $(\varrho_i\,w_x)$, $(\varrho_i\,w_y)$ und $(\varrho_i\,w_z)$ sind die Komponenten des Vektors

$$(\bar{I}_i)_{Str} = (\varrho_i\,\vec{w}) \tag{5-7a}$$

der durch Strömung hervorgerufenen Massenstromdichte des Stoffes i in den drei Richtungen eines kartesischen Koordinatensystems; es ist also

$$(I_{i,x})_{Str} = \varrho_i\,w_x, \tag{5-7b}$$

$$(I_{i,y})_{Str} = \varrho_i\,w_y, \tag{5-7c}$$

$$(I_{i,z})_{Str} = \varrho_i\,w_z. \tag{5-7d}$$

5.1.2 Stofftransport durch Diffusion (konduktiver Stofftransport)

Die Beziehung für den Überschuß des dem quaderförmigen Volumenelement dV_R (Abb. 5-1) durch molekulare Diffusion zugeführten Massenstromes über den aus diesem Volumenelement durch Diffusion abgeführten Massenstrom eines Stoffes i läßt sich in analoger Weise wie im vorhergehenden Abschnitt ableiten.

Bezeichnen wir den Vektor der durch Diffusion hervorgerufenen Massenstromdichte des Stoffes i mit $(\bar{I}_i)_{Diff}$, so sind dessen Komponenten in den drei Richtungen eines kartesischen Koordinatensystems $(I_{i,x})_{Diff}$, $(I_{i,y})_{Diff}$ und $(I_{i,z})_{Diff}$. An der Stelle x_0 wird dem Quader in x-Richtung durch die Fläche $dy\,dz$ der Massenstrom $[(I_{i,x})_{x_0}]_{Diff}\,dy\,dz$ des Stoffes i durch Diffusion zugeführt. An der Stelle x_0+dx wird aus dem Quader durch die Fläche $dy\,dz$ der Massenstrom $[(I_{i,x})_{x_0+dx}]_{Diff}\,dy\,dz$ des Stoffes i durch Diffusion abgeführt; hierfür gilt nach Taylor

$$[(I_{i,x})_{x_0+dx}]_{Diff}\,dy\,dz = \left[(I_{i,x})_{x_0} + \frac{\partial I_{i,x}}{\partial x}\,dx\right]_{Diff}\,dy\,dz. \tag{5-8}$$

Der Überschuß des in x-Richtung dem Quader durch Diffusion zugeführten Massenstromes über den aus dem Quader durch Diffusion abgeführten Massenstrom von i (= effektiver Zufluß durch Diffusion in x-Richtung) ist also

$$[(I_{i,x})_{x_0} - (I_{i,x})_{x_0 + dx}]_{Diff} \, dy \, dz = -\left(\frac{\partial I_{i,x}}{\partial x}\right)_{Diff} dx \, dy \, dz. \qquad (5\text{-}9)$$

Mit den entsprechenden Beziehungen für die y- und z-Richtung erhält man insgesamt für den effektiven Zufluß des Stoffes i durch Diffusion in das Volumenelement $dV_R = dx \, dy \, dz$ in der Zeiteinheit:

$$\begin{bmatrix} \text{dem Volumenelement } dV_R \\ \text{durch Diffusion zugeführter} \\ \text{Massenstrom von i} \end{bmatrix} - \begin{bmatrix} \text{aus dem Volumenelement } dV_R \\ \text{durch Diffusion abgeführter} \\ \text{Massenstrom von i} \end{bmatrix} =$$

$$= -\left(\frac{\partial I_{i,x}}{\partial x} + \frac{\partial I_{i,y}}{\partial y} + \frac{\partial I_{i,z}}{\partial z}\right)_{Diff} dV_R. \qquad (5\text{-}10)$$

5.1.3 Differentialgleichung der Stoffbilanz für einphasige Reaktionssysteme

Setzt man die Gln. (5-2), (5-3), (5-6) und (5-10) in die Gl. (5-1) ein und dividiert durch dV_R, so erhält man

$$\frac{\partial \varrho_i}{\partial t} = -\left[\frac{\partial (\varrho_i w_x)}{\partial x} + \frac{\partial (\varrho_i w_y)}{\partial y} + \frac{\partial (\varrho_i w_z)}{\partial z}\right] -$$

$$- \left[\frac{\partial I_{i,x}}{\partial x} + \frac{\partial I_{i,y}}{\partial y} + \frac{\partial I_{i,z}}{\partial z}\right]_{Diff} + \sum_j r_{ij} M_i. \qquad (5\text{-}11)$$

Eine Summe partieller Differentialquotienten von der Form der in Gl. (5-11) in den eckigen Klammern stehenden Ausdrücke tritt häufig auf; daher hat man hierfür in der Vektorrechnung ein besonderes Zeichen, nämlich „div" (sprich „Divergenz" = Ergiebigkeit) eingeführt. Die Divergenz eines Vektors $\vec{a}$ ist in kartesischen Koordinaten definiert durch

$$\text{div } \vec{a} = \frac{\partial a_x}{\partial x} + \frac{\partial a_y}{\partial y} + \frac{\partial a_z}{\partial z}, \qquad (5\text{-}12)$$

d. h. durch die Summe der partiellen Ableitungen der Komponenten a_x, a_y und a_z des Vektors $\vec{a}$ in den drei Koordinatenrichtungen nach den zugehörigen Koordinaten. Hinter dem Divergenzzeichen folgt immer ein Vektor. Auch die Produkte $(\varrho_i w_x)$, $(\varrho_i w_y)$ und $(\varrho_i w_z)$ sind die Komponenten eines Vektors, nämlich des Vektors $(\varrho_i \vec{w})$ der durch Strömung hervorgerufenen Massenstromdichte der Komponente i [vgl. Gln. (5-7a) bis (5-7d)]. In vektorieller Schreibweise lautet daher die Gl. (5-11):

$$\frac{\partial \varrho_i}{\partial t} = - \operatorname{div}(\varrho_i \, \vec{w}) - \operatorname{div}(\vec{I}_i)_{\text{Diff}} + \sum_j r_{ij} M_i. \tag{5-13}$$

Unter Berücksichtigung von Gl. (5-7a) erhält Gl. (5-13) die Form:

$$\frac{\partial \varrho_i}{\partial t} = - \operatorname{div}(\vec{I}_i)_{\text{Str}} - \operatorname{div}(\vec{I}_i)_{\text{Diff}} + \sum_j r_{ij} M_i. \tag{5-14}$$

Für die Diffusion ist der Vektor der Massenstromdichte eines Stoffes i durch das 1. Ficksche Gesetz gegeben, welches in kartesischen Koordinaten lautet:

$$(\vec{I}_i)_{\text{Diff}} = - D_i \left(\vec{e}_1 \, \frac{\partial \varrho_i}{\partial x} + \vec{e}_2 \, \frac{\partial \varrho_i}{\partial y} + \vec{e}_3 \, \frac{\partial \varrho_i}{\partial z} \right). \tag{5-15}$$

In Gl. (5-15) sind $\vec{e}_1$, $\vec{e}_2$ und $\vec{e}_3$ Vektoren der Länge 1, welche in die Richtung von x, y und z fallen (Einheitsvektoren); D_i ist der molekulare Diffusionskoeffizient des Stoffes i in einem binären Gemisch, d. h. Gl. (5-15) ist nur für ein Zweistoffsystem streng gültig. Bei einem Mehrstoffsystem ergibt sich eine komplizierte Abhängigkeit der Massenstromdichte $(\vec{I}_i)_{\text{Diff}}$ von den Partialdichtegradienten aller vorhandenen Stoffe. Es werden in Gl. (5-15) auch die im allgemeinen geringfügigen Beiträge vernachlässigt, welche Temperatur- und Druckgradienten sowie eventuell vorhandene äußere Kräfte zum Diffusionsstrom liefern, vgl. [1, 2, 3].

Die auf der rechten Seite der Gl. (5-15) stehenden Glieder $- D_i (\partial \varrho_i / \partial x)$, $- D_i (\partial \varrho_i / \partial y)$ und $- D_i (\partial \varrho_i / \partial z)$ sind die Komponenten des Vektors $(\vec{I}_i)_{\text{Diff}}$ der durch Diffusion hervorgerufenen Massenstromdichte des Stoffes i in den Richtungen x, y und z:

$$(I_{i,x})_{\text{Diff}} = - D_i (\partial \varrho_i / \partial x), \tag{5-16a}$$

$$(I_{i,y})_{\text{Diff}} = - D_i (\partial \varrho_i / \partial y), \tag{5-16b}$$

$$(I_{i,z})_{\text{Diff}} = - D_i (\partial \varrho_i / \partial z). \tag{5-16c}$$

Der auf der rechten Seite der Gl. (5-15) stehende Klammerausdruck erhält eine einfachere Form, wenn man einen Vektor grad b (sprich „Gradient b") in kartesischen Koordinaten folgendermaßen definiert:

$$\operatorname{grad} b = \vec{e}_1 \, \frac{\partial b}{\partial x} + \vec{e}_2 \, \frac{\partial b}{\partial y} + \vec{e}_3 \, \frac{\partial b}{\partial z} \tag{5-17a}$$

(b = Skalar; $\vec{e}_1$, $\vec{e}_2$, $\vec{e}_3$ = Vektoren der Länge 1 in x-, y- und z-Richtung).

Die Komponenten des Vektors grad b in den drei Richtungen eines kartesischen Koordinatensystems sind:

$$(\operatorname{grad} b)_x = \frac{\partial b}{\partial x}, \tag{5-17b}$$

$$(\text{grad b})_y = \frac{\partial b}{\partial y},$$ (5-17c)

$$(\text{grad b})_z = \frac{\partial b}{\partial z}.$$ (5-17d)

Mit der Definition des Gradienten lautet das 1. Ficksche Gesetz:

$$(\vec{I}_i)_{\text{Diff}} = - D_i \, \text{grad} \, \varrho_i.$$ (5-18)

Diese Gleichung besagt, daß der Stoff i in eine Richtung diffundiert, welche dem Gradienten von ϱ_i entgegengesetzt ist.

Durch Einsetzen von Gl. (5-18) in Gl. (5-13) erhält man für die Stoffbilanz eines Stoffes i:

$$\frac{\partial \varrho_i}{\partial t} = - \text{div} \, (\varrho_i \, \vec{w}) + \text{div} \, (D_i \, \text{grad} \, \varrho_i) + \sum_j r_{ij} M_i.$$ (5-19)

Da

$$\varrho_i / M_i = c_i$$ (5-20)

ist, ergibt sich aus Gl. (5-19) nach Division durch die molare Masse M_i für die Stoffbilanz des Reaktanden i:

$$\frac{\partial c_i}{\partial t} = - \text{div} \, (c_i \, \vec{w}) + \text{div} \, (D_i \, \text{grad} \, c_i) + \sum_j r_{ij}.$$ (5-21)

Zur Berechnung der Konzentrations- und Temperaturverteilung in einem Reaktor werden üblicherweise einige *Vereinfachungen* eingeführt. Da sich bei turbulenter Strömung der Geschwindigkeitsvektor $\vec{w}$ in jedem Punkt dauernd ändert, wird in das Strömungsglied der Stoffbilanz der *zeitliche Mittelwert* der Strömungsgeschwindigkeit eingesetzt; dadurch wird jedoch im Strömungsglied die durch die Fluktuation der Geschwindigkeit hervorgerufene turbulente Vermischung vernachlässigt. Diese turbulente Vermischung wird aber andererseits dadurch berücksichtigt, daß man in das Diffusionsglied anstelle des molekularen Diffusionskoeffizienten D_i einen sogenannten effektiven Diffusions- oder Vermischungskoeffizienten D_{eff} einsetzt. Dieser ist dann keine reine Stoffgröße mehr; er hängt vielmehr von der Art der Strömung, der Turbulenz und von der Richtung der Konzentrationsgradienten zur Hauptströmungsrichtung ab. Die effektiven Diffusions- oder Vermischungskoeffizienten haben also verschiedene Werte, je nach der Richtung des Konzentrationsgefälles in bezug auf die Hauptströmungsrichtung. Die allgemeine Differentialgleichung der Stoffbilanz für einen Reaktanden i in einem einphasigen Reaktionssystem lautet dann:

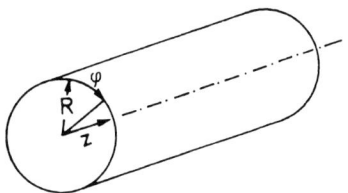

Abb. 5-2. Zylinderkoordinaten

$$\frac{\partial c_i}{\partial t} = -\,\mathrm{div}\,(c_i\,\vec{w}) + \mathrm{div}\,(D_{\mathrm{eff}}\,\mathrm{grad}\,c_i) + \sum_j r_{ij}. \qquad (5\text{-}22)$$

Die vektorielle Schreibweise der Stoffbilanz hat neben ihrer Kürze den Vorteil, daß die Formulierung nicht mehr an ein bestimmtes Koordinatensystem gebunden ist. Nur zur besseren Veranschaulichung wurde bei der Ableitung der Stoffbilanz ein kartesisches Koordinatensystem eingeführt. In kartesischen Koordinaten erhält man aus Gl. (5-22) unter Berücksichtigung der Gln. (5-12) und (5-17a) bis (5-17d):

$$\frac{\partial c_i}{\partial t} = -\left[\frac{\partial\,(c_i\,w_x)}{\partial x} + \frac{\partial\,(c_i\,w_y)}{\partial y} + \frac{\partial\,(c_i\,w_z)}{\partial z}\right] + \frac{\partial}{\partial x}\left(D_x\frac{\partial c_i}{\partial x}\right) +$$

$$+ \frac{\partial}{\partial y}\left(D_y\frac{\partial c_i}{\partial y}\right) + \frac{\partial}{\partial z}\left(D_z\frac{\partial c_i}{\partial z}\right) + \sum_j r_{ij} \qquad (5\text{-}23)$$

(D_x, D_y, D_z = effektive Diffusions- bzw. Vermischungskoeffizienten in Richtung von x, y und z).

Bei der Anwendung der Stoffbilanz ist es jedoch häufig zweckmäßig, entsprechend dem Problem, die Rechnungen in Zylinder- oder Kugelkoordinaten durchzuführen, weil dadurch meist eine erhebliche Vereinfachung in den Randbedingungen erreicht werden kann.

In Zylinderkoordinaten (Abb. 5-2) lautet die Stoffbilanz:

$$\frac{\partial c_i}{\partial t} = -\left[\frac{\partial\,(c_i\,w_R)}{\partial R} + \frac{1}{R}\frac{\partial\,(c_i\,w_\varphi)}{\partial \varphi} + \frac{\partial\,(c_i\,w_z)}{\partial z}\right] +$$

$$+ \frac{1}{R}\frac{\partial}{\partial R}\left(D_R\,R\,\frac{\partial c_i}{\partial R}\right) + \frac{1}{R^2}\frac{\partial}{\partial \varphi}\left(D_\varphi\frac{\partial c_i}{\partial \varphi}\right) + \frac{\partial}{\partial z}\left(D_z\frac{\partial c_i}{\partial z}\right) + \sum_j r_{ij}. $$

$$(5\text{-}24)$$

In Gl. (5-24) sind w_R, w_φ, w_z die Komponenten des zeitlichen Mittelwerts (s. o.) des Geschwindigkeitsvektors $\vec{w}$, und D_R, D_φ, D_z die effektiven Diffusions- bzw. Vermischungskoeffizienten in der Richtung von R, φ und z. Sind die Konzentrationen und die Geschwindigkeit symmetrisch um die z-Achse verteilt, was praktisch stets anzunehmen ist, so verschwinden in Gl. (5-24) die Ableitungen nach φ; sind außerdem D_R ($= D_{rad}$) und D_z ($= D_{ax}$) konstant, so vereinfacht sich die Stoffbilanz in Zylinderkoordinaten zu

$$\frac{\partial c_i}{\partial t} = -\left[\frac{\partial (c_i w_{rad})}{\partial R} + \frac{\partial (c_i w_{ax})}{\partial z}\right] + D_{rad}\left[\frac{\partial^2 c_i}{\partial R^2} + \frac{1}{R}\frac{\partial c_i}{\partial R}\right] +$$

$$+ D_{ax}\frac{\partial^2 c_i}{\partial z^2} + \sum_j r_{ij} \tag{5-25}$$

(w_{rad}, w_{ax} = Komponenten des zeitlichen Mittelwerts des Geschwindigkeitsvektors, D_{rad}, D_{ax} = effektive Diffusions- bzw. Vermischungskoeffizienten in radialer und axialer Richtung).

In Kugelkoordinaten lautet die Stoffbilanz unter der Voraussetzung der Kugelsymmetrie der Konzentrationen und der Geschwindigkeit, sowie mit $D_{rad} =$ konst.:

$$\frac{\partial c_i}{\partial t} = -\frac{\partial (c_i w_{rad})}{\partial R} + D_{rad}\left(\frac{\partial^2 c_i}{\partial R^2} + \frac{2}{R}\frac{\partial c_i}{\partial R}\right) + \sum_j r_{ij}. \tag{5-26}$$

5.2 Wärmebilanz

In den vorhergehenden Abschnitten haben wir die Stoffbilanz für einen Reaktanden i in einem differentiellen Volumenelement eines einphasigen Reaktionssystems aufgestellt. Alle Bilanzgleichungen können, sofern für die zu bilanzierende Menge ein Erhaltungssatz besteht, auf ein gemeinsames Erhaltungsprinzip zurückgeführt werden. Es spielt dabei keine Rolle, ob es sich bei der zu bilanzierenden Menge (= Transportgröße) um die Gesamtmasse, den Impuls, die Energie oder die Masse einer einzelnen Komponente eines Systems handelt. In den vorhergehenden Abschnitten war die zu bilanzierende Menge die Masse m_i einer Komponente i der Reaktionsmischung, also eine skalare Größe. Bei deren Bilanzierung erhielten wir die Stoffbilanz, z. B. in der Form der Gl. (5-13).

Bezeichnen wir nun eine allgemeine skalare extensive, d. h. mengenabhängige Größe (Transportgröße) mit Φ, so zeichnet sich diese, ebenso wie die Masse m_i, durch drei Eigenschaften aus: Sie kann in einem begrenzten Volumen gespeichert werden, läßt sich mit der Strömung (konvektiv) oder aufgrund molekularer Ausgleichsvorgänge (konduktiv) transportieren und schließlich kann sie sich innerhalb eines Volumens (oder an dessen Oberfläche) in eine andere Transportgröße umwandeln.

Für eine so definierte allgemeine Transportgröße lautet das Erhaltungsprinzip in Analogie zum speziellen Fall der Masse eines Stoffes i [Gl. (5-1)] für ein beliebiges Kontrollvolumen (Bilanzgebiet):

$$\begin{bmatrix} \text{Änderung in der} \\ \text{Zeiteinheit} \\ \text{(Speicherung)} \end{bmatrix} = \begin{bmatrix} \text{Zufluß-Abfluß} \\ \text{durch Strömung} \\ \text{in der Zeiteinheit} \\ \text{(konvekt. Transport)} \end{bmatrix} +$$

$$+ \begin{bmatrix} \text{Zufluß-Abfluß} \\ \text{durch Leitung} \\ \text{in der Zeiteinheit} \\ \text{(kondukt. Transport)} \end{bmatrix} + \begin{bmatrix} \text{Umwandlung} \\ \text{in der} \\ \text{Zeiteinheit} \end{bmatrix} \tag{5-27}$$

Die Dichte φ_V der Transportgröße Φ ist

$$\varphi_V = \Phi / V. \tag{5-28}$$

Der Index V kennzeichnet die Dichte als volumenbezogene Größe. Für den Transportstrom $\vec{\dot{\Phi}}$ gilt

$$\vec{\dot{\Phi}} = \vec{e} \, \frac{d\Phi}{dt} \quad (\vec{e} = \text{Einheitsvektor in Richtung des Stroms}) \tag{5-29}$$

und für die Transportstromdichte $\vec{\dot{\phi}}$

$$\vec{\dot{\phi}} = \frac{\vec{\dot{\Phi}}}{A} \quad (A = \text{vom Strom senkrecht durchströmte Fläche}). \tag{5-30}$$

Erfolgt eine Umwandlung der Transportgröße innerhalb des Volumens, so ist die volumenbezogene Umwandlungsgeschwindigkeit

$$(\dot{\phi}_V)_{\text{Umwandlung}} = \frac{(\dot{\Phi})_{\text{Umwandlung}}}{V}. \tag{5-31}$$

In der Stoffbilanz, Gl. (5-13), entspricht $\varrho_i = \varphi_V$, $(\vec{I}_i)_{\text{Diff}} = \vec{\dot{\phi}}$ und $\sum\limits_{j} r_{ij} M_i =$

$= (\dot{\phi}_V)_{\text{Umwandlung}}$, so daß die Bilanzgleichung für eine allgemeine skalare Transportgröße lautet:

$$\frac{\partial \varphi_V}{\partial t} = - \operatorname{div}(\varphi_V \vec{w}) - \operatorname{div} \vec{\dot{\phi}} + (\dot{\phi}_V)_{\text{Umwandlung}}. \tag{5-32}$$

Bei einer *Energiebilanz* müssen alle Energien (thermische, kinetische, chemische Energie usw.) miterfaßt werden. Man bilanziert jedoch i. a. nur eine Energieart, wobei die Änderung einer anderen Energieart als Quelle oder Senke für die betrachtete auftritt. Wir wollen hier voraussetzen, daß keine Umwandlung von thermischer Energie in andere Energiearten oder umgekehrt erfolgt, was für viele praktische Fälle angenommen werden kann. Damit reduziert sich die Energiebilanz auf eine *Wärmebilanz*. Die volumenbezogene Wärmeenergie, also die thermische

Energiedichte, ist

$$\varphi_V = \varrho \, c_p \, T \tag{5-33}$$

(ϱ = Dichte, c_p = mittlere spezifische Wärmekapazität bei konstantem Druck, T = thermodynamische Temperatur der Reaktionsmasse).

Für den Wärmetransport durch Leitung ist die *Wärmestromdichte* durch das 1. Fouriersche Gesetz gegeben

$$\vec{\phi} = -\lambda \, \mathrm{grad} \, T \tag{5-34}$$

(λ = Wärmeleitfähigkeitskoeffizient, T = thermodynamische Temperatur der Reaktionsmasse).

Diese Gleichung besagt, daß die Wärme in die Richtung geleitet wird, welche dem Gradienten der Temperatur entgegengesetzt ist.

Für die volumenbezogene Umwandlungsgeschwindigkeit ist die durch die Reaktion(en) gebildete (verbrauchte) Wärmemenge pro Zeit- und Volumeneinheit zu setzen, d. h.

$$(\dot{\phi}_V)_{\text{Umwandlung}} = \sum_j r_j (-\Delta H_{Rj}) \tag{5-35}$$

(r_j = Äquivalent-Reaktionsgeschwindigkeit, ΔH_{Rj} = molare Reaktionsenthalpie für die Reaktion mit der Nummer j).

Auch Phasenumwandlungen sind im Umwandlungsglied zu berücksichtigen.

Durch Einsetzen der Gln. (5-33) bis (5-35) in Gl. (5-32) erhält man für die Wärmebilanz in vektorieller Schreibweise

$$\frac{\partial (\varrho \, c_p \, T)}{\partial t} = -\mathrm{div} \, (\varrho \, c_p \, T \, \vec{w}) + \mathrm{div} \, (\lambda \, \mathrm{grad} \, T) + \sum_j r_j (-\Delta H_{Rj}). \tag{5-36}$$

Da sich bei turbulenter Strömung der Geschwindigkeitsvektor $\vec{w}$ in jedem Punkt fortlaufend ändert, setzt man gewöhnlich in das Strömungsglied der Wärmebilanz den *zeitlichen Mittelwert* der Strömungsgeschwindigkeit ein, wodurch jedoch im Strömungsglied die durch die Fluktuation der Geschwindigkeit hervorgerufene turbulente Vermischung vernachlässigt wird. Diese turbulente Vermischung wird aber andererseits dadurch berücksichtigt, daß in das Wärmeleitglied an Stelle des Wärmeleitfähigkeitskoeffizienten λ ein effektiver Wärmeleitfähigkeitskoeffizient λ_{eff} eingesetzt wird. Dieser ist dann keine reine Stoffgröße mehr; er hängt vielmehr von der Art der Strömung, der Turbulenz und von der Orientierung des Temperaturgradienten zur Hauptströmungsrichtung ab. Die effektiven Wärmeleitfähigkeitskoeffizienten haben demnach verschiedene Werte je nach der Richtung des Temperaturgefälles in bezug auf die Hauptströmungsrichtung. Die Wärmebilanz lautet dann:

$$\frac{\partial (\varrho \, c_p \, T)}{\partial t} = -\mathrm{div} \, (\varrho \, c_p \, T \, \vec{w}) + \mathrm{div} \, (\lambda_{\text{eff}} \, \mathrm{grad} \, T) + \sum_j r_j (-\Delta H_{Rj}). \tag{5-37}$$

Mit den Definitionen der Divergenz [Gl. (5-12)] und des Gradienten [Gln. (5-17a) bis (5-17d)] erhält man für die Wärmebilanz in kartesischen Koordinaten:

$$\frac{\partial\,(\varrho\,c_p\,T)}{\partial t} = -\left[\frac{\partial\,(\varrho\,c_p\,T\,w_x)}{\partial x} + \frac{\partial\,(\varrho\,c_p\,T\,w_y)}{\partial y} + \frac{\partial\,(\varrho\,c_p\,T\,w_z)}{\partial z}\right] +$$

$$+ \frac{\partial}{\partial x}\left(\lambda_x\frac{\partial T}{\partial x}\right) + \frac{\partial}{\partial y}\left(\lambda_y\frac{\partial T}{\partial y}\right) + \frac{\partial}{\partial z}\left(\lambda_z\frac{\partial T}{\partial z}\right) +$$

$$+ \sum_j r_j\,(-\Delta H_{Rj}) \qquad\qquad (5\text{-}38)$$

(λ_x, λ_y, λ_z = effektive Wärmeleitfähigkeitskoeffizienten in x-, y- und z-Richtung).

In Zylinderkoordinaten (Abb. 5-2) lautet die Wärmebilanz unter der Voraussetzung, daß alle Variablen symmetrisch um die Zylinderachse verteilt sind und mit $\lambda_R = \lambda_{rad}$ = konst., $\lambda_z = \lambda_{ax}$ = konst., $w_R = w_{rad}$ und $w_z = w_{ax}$:

$$\frac{\partial\,(\varrho\,c_p\,T)}{\partial t} = -\left[\frac{\partial\,(\varrho\,c_p\,T\,w_{rad})}{\partial R} + \frac{\partial\,(\varrho\,c_p\,T\,w_{ax})}{\partial z}\right] +$$

$$+ \lambda_{rad}\left[\frac{\partial^2 T}{\partial R^2} + \frac{1}{R}\frac{\partial T}{\partial R}\right] + \lambda_{ax}\frac{\partial^2 T}{\partial z^2} + \sum_j r_j\,(-\Delta H_{Rj}) \qquad (5\text{-}39)$$

(w_{rad}, w_{ax} = Komponenten des zeitlichen Mittelwertes des Geschwindigkeitsvektors, λ_{rad}, λ_{ax} = effektive Wärmeleitfähigkeitskoeffizienten in radialer bzw. axialer Richtung).

In Kugelkoordinaten lautet die Wärmebilanz bei kugelsymmetrischer Verteilung aller Variablen und mit λ_{rad} = konst.:

$$\frac{\partial\,(\varrho\,c_p\,T)}{\partial t} = -\frac{\partial\,(\varrho\,c_p\,T\,w_{rad})}{\partial R} + \lambda_{rad}\left[\frac{\partial^2 T}{\partial R^2} + \frac{2}{R}\frac{\partial T}{\partial R}\right] + \sum_j r_j\,(-\Delta H_{Rj}).$$

$$(5\text{-}40)$$

6. Der diskontinuierlich betriebene Rührkessel (Satzreaktor) mit vollständiger (idealer) Durchmischung der Reaktionsmasse

In einem absatzweise (diskontinuierlich) betriebenen Reaktor („Satzreaktor") wird die Reaktionsmasse stets entweder durch mechanisches oder pneumatisches Rühren durchmischt. Bei vollständiger (idealer) Durchmischung (engl.: „ideal batch reactor" oder „well-mixed batch reactor") ist die Gestalt des Reaktors für die rechnerische Behandlung ohne Bedeutung, wenn Wandeffekte auf die Reaktionsgeschwindigkeit vernachlässigt werden können; die in der Technik übliche Ausführungsform ist jedoch meist ein Kessel mit einer entsprechenden Rührvorrichtung (Abb. 6-1). Bei idealer Durchmischung wird dieser kurz als *Idealkessel* bezeichnet. Außerdem sind solche Rührkessel gewöhnlich mit Heiz- bzw. Kühlvorrichtungen, z. B. in Form eines Doppelmantels oder einer in die Reaktionsmischung eintauchenden Rohrspirale versehen.

Reaktionen in mehrphasigen Systemen können beim absatzweisen Betrieb formal wie Reaktionen in einphasigen Systemen behandelt werden, sofern eine möglichst gleichförmige und ausreichend feine Verteilung der beteiligten Phasen im Reaktionsraum gewährleistet ist. Anstelle der chemischen Reaktionsgeschwindigkeit für einphasige Systeme ist in diesem Fall in die Stoffbilanz die *„effektive Reaktionsgeschwindigkeit"* einzusetzen, welche ebenfalls auf die Volumeneinheit bezogen ist. Die effektive Reaktionsgeschwindigkeit berücksichtigt sowohl die Geschwindigkeit der an den Phasengrenzen ablaufenden chemischen Reaktion(en), als auch die Geschwindigkeit des Antransports der Reaktionspartner zum Reaktionsort (s. 12.1).

6.1 Stoff- und Wärmebilanz

Ist die Rührung in einem Satzreaktor so intensiv, daß eine vollständige (ideale) Durchmischung der Reaktionsmasse gewährleistet ist (diskontinuierlich betriebener Idealkessel), so geht der effektive Diffusions- bzw. Vermischungskoeffizient D_{eff} in der Stoffbilanz, Gl. (5-22), gegen unendlich. Als Folge der intensiven Rührung ist die *Konzentration* einer beliebigen Reaktionskomponente i an jeder Stelle des Reaktionsraums gleich groß, d. h.

$$\partial c_i / \partial x = \partial c_i / \partial y = \partial c_i / \partial z = 0. \tag{6-1}$$

Ebenso geht bei idealer Durchmischung der effektive Wärmeleitfähigkeitskoeffizient λ_{eff} in der Wärmebilanz, Gl. (5-37), gegen unendlich, und die *Temperatur* der

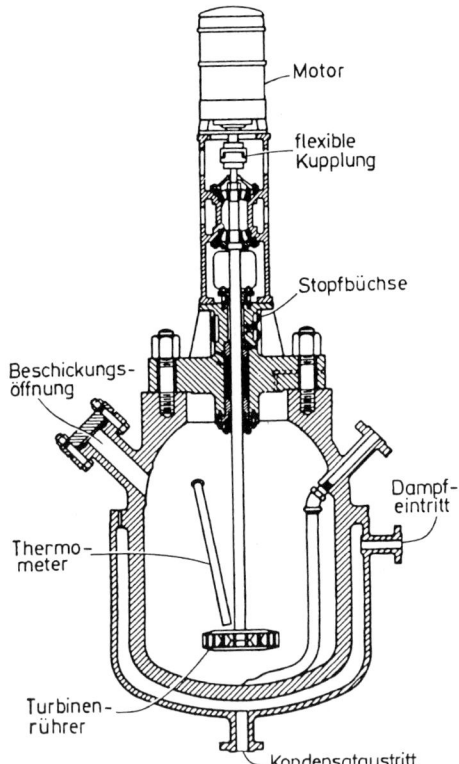

Motor

flexible
Kupplung

Stopfbüchse

Beschickungs-
öffnung

Dampf-
eintritt

Thermo-
meter

Turbinen-
rührer

Kondensataustritt

Abb. 6-1. Rührkessel für Satzbetrieb
mit Mischvorrichtung und Heiz- (Kühl-)
mantel

Reaktionsmasse ist räumlich konstant, d. h.

$$\partial T/\partial x = \partial T/\partial y = \partial T/\partial z = 0. \tag{6-2}$$

Einem absatzweise betriebenen Reaktor werden während des Reaktionsablaufs weder Reaktionspartner zugeführt, noch wird Reaktionsmasse aus dem Reaktor abgezogen. In der allgemeinen Stoffbilanz, Gl. (5-22), verschwindet daher der Term $-\mathrm{div}\,(c_i\,\vec{w})$, welcher dem Stofftransport durch Strömung Rechnung trägt:

$$\mathrm{div}\,(c_i\,\vec{w}) = 0. \tag{6-3}$$

Erfolgt in einem Satzreaktor eine ideale Durchmischung der Reaktionsmasse, so ist die durch Vermischung hervorgerufene Stoffstromdichte $-(D_{\mathrm{eff}}\,\mathrm{grad}\,c_i)$ an jeder Stelle gleich groß; die Divergenz dieser Stoffstromdichte ist somit gleich null:

$$\mathrm{div}\,(D_{\mathrm{eff}}\,\mathrm{grad}\,c_i) = 0. \tag{6-4}$$

Die für ein differentielles und konstantes Volumenelement abgeleitete allgemeine

Stoffbilanz für einen Reaktanden i [Gl. (5-22)] reduziert sich daher unter Berücksichtigung der Gln. (6-3) und (6-4) auf:

$$\frac{dc_i}{dt} = \sum_j r_{ij} = \sum_j r_j v_{ij}. \tag{6-5}$$

Da bei idealer Durchmischung der Reaktionsmasse in einem Satzreaktor die Reaktandenkonzentrationen und die Temperatur zu jedem beliebigen Zeitpunkt während des Reaktionsablaufs unabhängig von den Ortskoordinaten sind, ist auch die Reaktionsgeschwindigkeit an jeder Stelle des Reaktionsraums gleich groß. Bei der Integration der Gl. (6-5) über das gesamte, von der Reaktionsmischung eingenommene Volumen V_R bleibt daher die Gl. (6-5) als Stoffbilanz für den diskontinuierlich betriebenen Idealkessel erhalten. Diese gilt allerdings nur unter der bei der Ableitung der allgemeinen Stoffbilanz gemachten Voraussetzung, daß sich das Reaktionsvolumen nicht ändert ($dV_R/dt = 0$). Da $c_i = n_i/V_R$ ist, kann man statt Gl. (6-5) schreiben:

$$\frac{1}{V_R} \frac{dn_i}{dt} = \sum_j r_{ij} = \sum_j r_j v_{ij}. \tag{6-6}$$

Diese Gleichung für die *Stoffbilanz* eines Satzreaktors mit idealer Durchmischung der Reaktionsmasse gilt nun allgemein, d. h. auch dann, wenn sich V_R zeitlich mit fortschreitendem Umsatz ändert. Zwischen dem Volumen V_R der Reaktionsmasse und deren Dichte ϱ zu einem beliebigen Zeitpunkt t besteht nach dem Satz von der Erhaltung der Masse folgender Zusammenhang mit dem Volumen V_R^0 der Reaktionsmasse und deren Dichte ϱ^0 zum Zeitpunkt t = 0:

$$V_R \varrho = V_R^0 \varrho^0. \tag{6-7}$$

Findet nur eine stöchiometrisch unabhängige Reaktion statt $\left(\sum_j r_j v_{ij} = r\, v_i \right)$, so ist es zweckmäßig, in der Stoffbilanz, Gl. (6-6), die Stoffmenge n_i des Reaktanden i durch den Umsatz U_k einer Bezugskomponente k auszudrücken, da U_k ein direktes Maß für die Ausnutzung der Reaktionspartner, d. h. der Rohstoffe ist.[1] Aus Gl. (4-8) folgt:

$$dn_i = \frac{v_i}{|v_k|} n_k^0 dU_k. \tag{6-8}$$

Damit und unter Berücksichtigung von Gl. (6-7) ergibt sich aus Gl. (6-6) die Stoffbilanzgleichung in folgender Form:

[1] Dasselbe gilt auch noch für einige Parallelreaktionen, während bei komplizierter zusammengesetzten Reaktionen das System der Bilanzgleichungen integriert werden muß, so z. B. bei Folgereaktionen (s. 4.4.2).

$$\frac{dU_k}{dt} = \frac{V_R^0}{n_k^0} \frac{\varrho^0}{\varrho} \, r \, |v_k| = \frac{1}{c_k^0} \frac{\varrho^0}{\varrho} \, r \, |v_k|. \tag{6-9}$$

In dieser Gleichung sind im Geschwindigkeitsausdruck die Konzentrationen c_i als Funktion des Umsatzes U_k des Reaktionspartners k auszudrücken; aus den Gln. (4-8a) und (6-7) erhält man:

$$c_i = \frac{\varrho}{\varrho^0} \left(c_i^0 + \frac{v_i}{|v_k|} \, c_k^0 U_k \right). \tag{6-10}$$

Da die Reaktionsgeschwindigkeit eine Funktion sowohl der Konzentrationen (bzw. des Umsatzes) als auch der Temperatur ist, wird die Integration der Stoffbilanzgleichungen von der Art der Temperaturführung (isotherm, adiabatisch, polytrop) abhängen, mit anderen Worten davon, ob bei der Integration auch die Wärmebilanz zu berücksichtigen ist.

Für die Ableitung der *Wärmebilanz* eines Satzreaktors mit idealer Durchmischung der Reaktionsmasse aus der allgemeinen Wärmebilanz gelten analoge Überlegungen, wie wir sie bei der Ableitung der Stoffbilanz angestellt haben. In Analogie zu den Gln. (6-3) und (6-4) ist

$$\operatorname{div}(\varrho \, c_p \, T \, \vec{w}) = 0 \tag{6-11}$$

und

$$\operatorname{div}(\lambda_{\text{eff}} \operatorname{grad} T) = 0. \tag{6-12}$$

Es ist jedoch zu beachten, daß in der allgemeinen Wärmebilanz kein Term für den durch eine Wärmeaustauschfläche aus der Reaktionsmasse abgeführten bzw. der Reaktionsmasse zugeführten Wärmestrom auftritt; dieser wird im allgemeinen Fall in den Randbedingungen berücksichtigt. Da aber der Satzreaktor mit idealer Durchmischung ein System mit räumlich konstanten, d. h. konzentrierten Parametern darstellt, muß anstelle der Randbedingungen in dessen Wärmebilanz ein Term auftreten, welcher die Wärmeabführung bzw. -zuführung durch eine *Wärmeaustauschfläche* beschreibt. Die pro Volumeneinheit der Reaktionsmischung durch die Wärmeaustauschfläche A_W in der Zeiteinheit ab- bzw. zugeführte Wärmemenge ist nach Gl. (4-112):

$$\frac{\dot{Q}}{V_R} = k_W \frac{A_W}{V_R} \, (\bar{T}_W - T) \tag{6-13}$$

(k_W = Wärmedurchgangskoeffizient, A_W = Wärmeaustauschfläche, $\bar{T}_W$ = mittlere Temperatur des Wärmeträgers, T = Temperatur der Reaktionsmischung).

Aus der allgemeinen Wärmebilanz, Gl. (5-37), folgt dann unter Berücksichtigung der Gln. (6-11) bis (6-13) durch Integration über das gesamte, von der Reaktionsmasse eingenommene Volumen:

$$V_R \frac{d(\varrho\, c_p\, T)}{dt} = k_W\, A_W\, (\bar{T}_W - T) + V_R \sum_j r_j\, (-\Delta H_{Rj}). \tag{6-14}$$

Diese Gleichung gilt jedoch nur unter der der allgemeinen Wärmebilanz zugrundeliegenden Voraussetzung, daß sich das Bilanzvolumen nicht ändert ($dV_R/dt = 0$ bzw. $d\varrho/dt = 0$). Da $\varrho = m_R/V_R$ und $m_R = $ konst. ist, ergibt sich aus Gl. (6-14):

$$m_R \frac{d(c_p\, T)}{dt} = k_W\, A_W\, (\bar{T}_W - T) + V_R \sum_j r_j\, (-\Delta H_{Rj}). \tag{6-15}$$

Diese Wärmebilanz für einen Satzreaktor mit idealer Durchmischung der Reaktionsmasse gilt nun allgemein, auch wenn sich V_R zeitlich mit fortschreitendem Umsatz ändert.

6.2 Berechnung des Reaktionsvolumens eines diskontinuierlich betriebenen Idealkessels

Die Aufgabe der Reaktorberechnung besteht darin, das Reaktionsvolumen V_R für eine bestimmte geforderte mittlere Produktionsleistung $\dot{n}_P^{aus}$ eines Produkts P zu bestimmen. Die zum Füllen, Leeren, Aufheizen und Abkühlen des diskontinuierlichen Idealkessels erforderliche Zeit t_{tot} (Totzeit) ist mehr oder weniger stark vom Reaktionsvolumen abhängig. Für diese Totzeit sind angemessene Werte anzusetzen. Die Summe aus Reaktionszeit und Totzeit $t + t_{tot}$ ist die Betriebszeit des Reaktors für eine Charge.

Die Produktionsleistung $\dot{n}_P^{aus}$ erhält man aus Gl. (3-22), indem man durch die Betriebszeit dividiert ($n_P^0 = 0$):

$$\dot{n}_P^{aus} = n_k^0 \frac{S_P\, U_k}{(t + t_{tot})} \cdot \frac{v_P}{|v_k|} = c_k^0\, V_R^0 \frac{S_P\, U_k}{(t + t_{tot})} \cdot \frac{v_P}{|v_k|} = \frac{c_k^0\, V_R\, \varrho\, S_P\, U_k}{\varrho^0\, (t + t_{tot})} \cdot \frac{v_P}{|v_k|} \tag{6-16}$$

($S_P = $ Selektivität bei zusammengesetzten Reaktionen).

Daraus ergibt sich das *Reaktionsvolumen*:

$$V_R = \dot{n}_P^{aus} \frac{(|v_k|/v_P)}{c_k^0} \cdot \frac{\varrho^0}{\varrho} \cdot \frac{(t + t_{tot})}{S_P\, U_k}. \tag{6-17}$$

Für ϱ ist dabei die kleinste während der Reaktionszeit auftretende Dichte, für t, S_P und U_k sind zusammengehörende Wertetripel einzusetzen, welche sich durch Integration der Stoffbilanz(en) zusammen mit der Wärmebilanz (bzw. bei isothermer Temperaturführung durch Integration der Stoffbilanz(en) allein) ergeben (s. 6.3.1.4).

Findet nur eine stöchiometrisch unabhängige Reaktion statt, so ist $S_P = 1$; dann vereinfacht sich Gl. (6-17) zu

$$V_R = \dot{n}_P^{aus} \frac{(|v_k|/v_P)}{c_k^0} \cdot \frac{\varrho^0}{\varrho} \cdot \frac{(t + t_{tot})}{U_k}.$$ (6-18)

Beispiele für die Berechnung des Reaktionsvolumens eines diskontinuierlichen Idealkessels werden in den Abschnitten 6.3 und 6.3.1.1 gegeben.

6.3 Isotherme Reaktionsführung

Die isotherme Reaktionsführung setzt voraus, daß die gesamte bei der Reaktion gebildete oder verbrauchte Wärmemenge ab- bzw. zugeführt wird, daß die Temperatur also nicht nur räumlich (s. o.), sondern auch zeitlich konstant ist. Die Wärmebilanz wird nur zur Berechnung des erforderlichen Kühl- bzw. Heizbedarfs benötigt, wobei auch eventuelle Wärmeverluste zu berücksichtigen sind. Die Integration der Stoffbilanz, z. B. in der Form der Gl. (6-9), ergibt dann:

$$t = \frac{c_k^0}{\varrho^0} \int_0^{U_k} \varrho \frac{dU_k}{r\,|v_k|}.$$ (6-19)

Ist das Reaktionsvolumen nicht konstant, ϱ also eine Funktion des Umsatzes, so wird man das Integral meist graphisch lösen, indem man $c_k^0 \varrho/(\varrho^0 r\,|v_k|)$ in Abhängigkeit von U_k aufträgt (Abb. 6-2); die Reaktionszeit t ist dann gleich der Fläche unter der Kurve zwischen $U_k = 0$ und dem gewünschten Umsatz U_k.

Die Gl. (6-19) vereinfacht sich wesentlich, wenn sich das Reaktionsvolumen nicht ändert, d. h. $\varrho = \text{konst.} = \varrho^0$ ist. Für diesen Fall gilt:

$$t = c_k^0 \int_0^{U_k} \frac{dU_k}{r\,|v_k|}.$$ (6-20)

Entsprechend ergibt sich bei $V_R = \text{konst.}$ aus Gl. (6-5):

$$t = \int_{c_i^0}^{c_i} \frac{dc_i}{\sum_j r_j v_{ij}}.$$ (6-21)

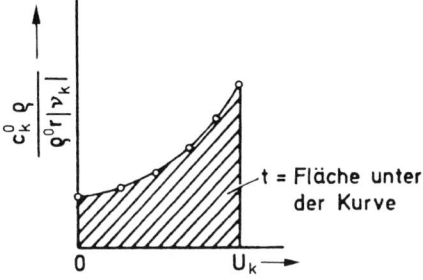

t = Fläche unter
der Kurve

Abb. 6-2. Graphische Integration der Gl. (6-19)

Tabelle 6/1. Reaktionszeit in Abhängigkeit vom Umsatz für einige Zeitgesetze bei isothermer Reaktionsführung und V_R = konst. (Gleichgewichtskonstante $K_c = k_1/k_2$)

Reaktion	r =	Reaktionszeit t =
1) $\|\nu_A\| A + \ldots \to \ldots$	$k c_A$	$\dfrac{-1}{k\|\nu_A\|}\ln(1-U_A)$
2) $\|\nu_A\| A + \ldots \to \ldots$	$k c_A^0,\ n\neq 1$	$\dfrac{(1-U_A)^{1-n}-1}{k\|\nu_A\|(c_A^0)^{n-1}(n-1)}$
3) $\|\nu_A\| A + \ldots \to \ldots$	k (Nullte Ordnung)	$\dfrac{c_A^0 U_A}{k\|\nu_A\|}$
4) $\|\nu_A\| A + \|\nu_B\| B + \ldots \to \ldots$	$k c_A c_B,\ c_A \neq c_B$	$\dfrac{1}{k(c_A^0\|\nu_B\|-c_B^0\|\nu_A\|)}\ln\dfrac{c_B^0\|\nu_A\|(1-U_A)}{c_B^0\|\nu_A\|-c_A^0\|\nu_B\|\,U_A}$
5) $\|\nu_A\| A + \|\nu_B\| B + \ldots \to \ldots$	$k c_A^2 c_B$	$\dfrac{1}{k(c_B^0\|\nu_A\|-c_A^0\|\nu_B\|)}\left(\dfrac{U_A}{c_A^0(1-U_A)}+\dfrac{\|\nu_B\|}{c_A^0\|\nu_B\|-c_B^0\|\nu_A\|}\ln\dfrac{c_B^0\|\nu_A\|-c_A^0\|\nu_B\|\,U_A}{c_B^0\|\nu_A\|(1-U_A)}\right)$
6) $A+B+C\ldots\to\ldots$	$k c_A c_B c_C$	$\dfrac{1}{k}\left[\dfrac{1}{(c_A^0-c_B^0)(c_A^0-c_C^0)}\ln\dfrac{1}{1-U_A}+\dfrac{1}{(c_B^0-c_A^0)(c_B^0-c_C^0)}\ln\dfrac{c_B^0}{c_B^0-c_A^0 U_A}\right.$ $\left.+\dfrac{1}{(c_C^0-c_A^0)(c_C^0-c_B^0)}\ln\dfrac{c_C^0}{c_C^0-c_A^0 U_A}\right]$
7) $A \underset{k_2}{\overset{k_1}{\rightleftharpoons}} P$	$k_1 c_A - k_2 c_P = k_1\left(c_A - \dfrac{c_P}{K_c}\right)$	$\dfrac{K_c}{k_1(1+K_c)}\ln\dfrac{K_c c_A^0 - c_P^0}{K_c c_A^0 - c_P^0 - (1+K_c)c_A^0 U_A}$

Hängt z. B. für eine volumenbeständige irreversible Reaktion $|v_A|\,A \rightarrow |v_P|\,P$ die Reaktionsgeschwindigkeit in erster Ordnung vom Reaktionspartner A ab, so ist in Gl. (6-20)

$$r\,|v_k| = r\,|v_A| = k\,|v_A|\,c_A = k\,|v_A|\,c_A^0\,(1 - U_A), \tag{6-22}$$

bzw. in Gl. (6-21)

$$\sum_j r_j\,v_{ij} = r\,v_A = -\,k\,|v_A|\,c_A. \tag{6-23}$$

Aus den Gln. (6-20) und (6-22) folgt:

$$t = \frac{1}{k\,|v_A|} \int_0^{U_A} \frac{dU_A}{1 - U_A} = -\frac{1}{k\,|v_A|}\,\ln(1 - U_A), \tag{6-24}$$

und aus den Gln. (6-21) und (6-23):

$$t = -\frac{1}{k\,|v_A|} \int_{c_A^0}^{c_A} \frac{dc_A}{c_A} = -\frac{1}{k\,|v_A|}\,\ln\frac{c_A}{c_A^0}. \tag{6-25}$$

Ist die Reaktionsgeschwindigkeit in n-ter Ordnung ($n \neq 1$) von einem Reaktionspartner A abhängig, d. h.

$$r\,|v_A| = k\,|v_A|\,c_A^n = k\,|v_A|\,(c_A^0)^n\,(1 - U_A)^n, \tag{6-26}$$

so ist die Reaktionszeit:

$$t = \frac{1}{k\,|v_A|\,(c_A^0)^{n-1}} \int_0^{U_A} \frac{dU_A}{(1 - U_A)^n} = \frac{(1 - U_A)^{1-n} - 1}{k\,|v_A|\,(c_A^0)^{n-1}\,(n - 1)}. \tag{6-27}$$

Für einige öfter auftretende Zeitgesetze ist die Reaktionszeit t in Abhängigkeit vom Umsatz U_A des Reaktionspartners A in Tabelle 6/1 aufgeführt.

Beispiel 6.1 [1]: Butylacetat soll in einem Satzreaktor bei 100 °C nach der Reaktionsgleichung

$$CH_3COOH + C_4H_9OH \rightarrow CH_3COOC_4H_9 + H_2O$$

| (A) | (B) | (C) | (D) |

unter Verwendung von Schwefelsäure als Katalysator (Massenanteil 0,032 %) hergestellt werden. Auf 1 mol CH_3COOH werden 4,97 mol C_4H_9OH eingesetzt. Die mittlere Dichte der Reaktionsmischung wird als konstant angenommen ($\varrho = \varrho^0 = 750\ kg/m^3$). Die molaren Massen M_i sind für den Ester 0,116, das Butanol 0,074 und die Essigsäure 0,060 kg/mol. Bei einem Überschuß von Butanol ist die Reaktion in zweiter Ordnung von der Konzentration der Essigsäure abhängig:

$$|r_A| = k\,c_A^2, \quad \text{wobei } k = 2,9 \cdot 10^{-7}\ m^3 mol^{-1} s^{-1} \text{ ist.}$$

Es sind zu berechnen:

a) die Reaktionszeit t, um einen Umsatz U_A der Essigsäure von 0,5 zu erreichen,
b) das Reaktionsvolumen V_R für eine Produktionsleistung von 100 kg/h = 862,1 mol/h = 0,2395 mol/s Butylacetat, wenn die Totzeit für das Füllen, Aufheizen, Abkühlen und Entleeren 1800 s beträgt.

Lösung: Berechnung der Anfangskonzentration der Essigsäure:

$$c_A^0 = \frac{n_A^0}{V_R^0}; \quad V_R^0 = \frac{\sum_i m_i^0}{\varrho^0} = \frac{\sum_i n_i^0 M_i}{\varrho^0},$$

$$c_A^0 = \frac{n_A^0 \cdot \varrho^0}{\sum_i n_i^0 M_i} = \frac{1 \cdot 750}{4,97 \cdot 0,074 + 1 \cdot 0,060} = 1753,2 \text{ mol/m}^3.$$

Die Reaktionszeit t für eine Reaktion zweiter Ordnung ist (vgl. Tab. 6/1, Nr. 2):

$$t = \frac{1}{k\,|\nu_A|\,c_A^0} \int_0^{U_A} \frac{dU_A}{(1-U_A)^2} = \frac{1}{k\,|\nu_A|\,c_A^0} \left[\frac{1}{1-U_A}\right]_0^{U_A} = \frac{1}{k\,|\nu_A|\,c_A^0}\left(\frac{U_A}{1-U_A}\right).$$

Einsetzen der Zahlenwerte in die Gleichung ergibt:

$$t = \frac{1}{(2,9 \cdot 10^{-7}) \cdot 1 \cdot 1753,2} \cdot \frac{0,5}{(1-0,5)} = 1967\,\text{s} = 32,78\,\text{min} = 0,546\,\text{h}.$$

Das Reaktionsvolumen $V_R = V_R^0$ berechnet man nach Gl. (6-18) ($\varrho = \varrho^0$):

$$V_R = \frac{0,2395}{1753,2} \cdot \frac{(1967+1800)}{0,5} = 1,029\,\text{m}^3.$$

Dieses Volumen entspricht dem Inhalt eines zylindrischen Kessels von 1 m Durchmesser bei einer Füllhöhe von 1,31 m.

Bei der isothermen Reaktionsführung ist die Temperatur der Reaktionsmasse nicht nur räumlich, sondern auch zeitlich konstant (dT/dt = 0); somit ergibt sich aus Gl. (6-15), wenn c_p = konst. = c_p^0 ist, für die Wärmebilanz:

$$k_W A_W (T - \bar{T}_W) = V_R \sum_j r_j (-\Delta H_{Rj}). \tag{6-28}$$

Die gesamte bei der Reaktion *gebildete oder verbrauchte Wärmemenge* muß also im Falle des indirekten Wärmeaustauschs durch eine Wärmeaustauschfläche ab- bzw. zugeführt werden. Da jedoch die Reaktionsgeschwindigkeit und entsprechend die gebildete oder verbrauchte Wärmemenge pro Zeiteinheit zu Beginn der Reaktion größer ist als im weiteren Verlauf, muß auch am Anfang mehr Wärme ab- bzw. zugeführt werden.

Betrachten wir eine exotherme Reaktion, bei der die Reaktionswärme durch Kühlung abgeführt werden muß, so unterscheidet sich bei der *indirekten Ver-*

dampfungskühlung die Austrittstemperatur T_W^{aus} des Wärmeträgers (Kühlmittels) nicht von dessen Eintrittstemperatur T_W^{ein}, wenn diese gleich der Siedetemperatur ist; es gilt dann

$$\bar{T}_W = T_W^{aus} = T_W^{ein}. \tag{6-29}$$

Bei der *konvektiven Kühlung* dagegen führt die Wärmeaufnahme des Kühlmittels zu einer Erhöhung der Kühlmittelaustrittstemperatur T_W^{aus}. In diesem Fall folgt aus Gl. (4-115):

$$\Delta T_m = T - \bar{T}_W = \frac{T_W^{aus} - T_W^{ein}}{\ln \dfrac{T - T_W^{ein}}{T - T_W^{aus}}} = \frac{T_W^{ein} - T_W^{aus}}{\ln \dfrac{T - T_W^{aus}}{T - T_W^{ein}}}. \tag{6-30}$$

Für

$$0,7 \le \frac{T - T_W^{ein}}{T - T_W^{aus}} \le 1,6$$

kann man als Näherung für $\bar{T}_W$ den arithmetischen Mittelwert setzen:

$$\bar{T}_W = \frac{T_W^{aus} + T_W^{ein}}{2}. \tag{6-31}$$

Aus einer Wärmebilanz für den Wärmeträger

$$\dot{V}_W \varrho_W c_W (T_W^{aus} - T_W^{ein}) = k_W A_W (T - \bar{T}_W) \tag{6-32}$$

($\dot{V}_W, \varrho_W, c_W$ = Volumenstrom, Dichte und spezifische Wärmekapazität des Wärmeträgers) erhält man durch Substitution von T_W^{aus} nach Gl. (6-31) für die mittlere Temperatur des Wärmeträgers

$$\bar{T}_W = \frac{k_W A_W T + 2 \dot{V}_W \varrho_W c_W T_W^{ein}}{k_W A_W + 2 \dot{V}_W \varrho_W c_W}. \tag{6-33}$$

Dieselbe Beziehung gilt auch bei *konvektiver Heizung*. Aus Gl. (6-28) ersieht man, daß bei isothermer Reaktionsführung (T = konst.) entsprechend dem zeitlichen Fortschreiten der Reaktion die mittlere Temperatur $\bar{T}_W$ des Wärmeträgers geändert werden muß; dies kann durch eine Änderung der Eintrittstemperatur T_W^{ein} des Wärmeträgers oder durch eine Änderung des Volumenstroms $\dot{V}_W$ geschehen, wofür eine entsprechende Regelung vorzusehen ist.

Regelungstechnisch einfacher ist die *direkte Kühlung* des Reaktors, z. B. durch Verdampfung eines Teils der Reaktionsmasse und dessen Kondensation in einem Rückflußkühler.

6.3.1 Isotherme Reaktionsführung bei zusammengesetzten Reaktionen

Zusammengesetzte (komplexe) Reaktionen wurden bereits eingehend in Abschnitt 4.5.2 behandelt. Unter zusammengesetzten Reaktionen verstehen wir solche, bei denen zwei oder mehr Reaktionen gleichzeitig bzw. hintereinander ablaufen, also reversible, Parallel- und Folgereaktionen, schließlich auch noch Kettenreaktionen.

6.3.1.1 Reversible Reaktionen

Reversible Reaktionen gehören zu den einfachsten zusammengesetzten Reaktionen. Es seien z. B. bei einer Reaktion

$$|v_A| A + |v_B| B \underset{k_2}{\overset{k_1}{\rightleftarrows}} |v_C| C + |v_D| D \tag{6-34}$$

Hin- und Rückreaktion bimolekulare Reaktionen und die Geschwindigkeitsgleichung sei gegeben durch

$$r = k_1 c_A c_B - k_2 c_C c_D = k_1 \left(c_A c_B - \frac{c_C c_D}{K_c} \right) \tag{6-35}$$

$(K_c = k_1/k_2 = \text{Gleichgewichtskonstante})$.

Ist das Volumen der Reaktionsmischung konstant, und nehmen wir den Reaktionspartner A als Bezugskomponente für den Umsatz an, so ergeben sich die Konzentrationen gemäß Gl. (6-10):

$$c_A = c_A^0 (1 - U_A), \qquad c_B = c_B^0 - \frac{|v_B|}{|v_A|} c_A^0 U_A,$$

$$c_C = c_C^0 + \frac{|v_C|}{|v_A|} c_A^0 U_A, \qquad c_D = c_D^0 + \frac{|v_D|}{|v_A|} c_A^0 U_A. \tag{6-36}$$

Somit erhält man durch Einsetzen in Gl. (6-20)

$$t = \frac{c_A^0}{k_1 |v_A|} \int_0^{U_A} \frac{dU_A}{c_A^0 (1 - U_A) \left(c_B^0 - \frac{|v_B|}{|v_A|} c_A^0 U_A \right) - \frac{1}{K_c} \left(c_C^0 + \frac{|v_C|}{|v_A|} c_A^0 U_A \right) \left(c_D^0 + \frac{|v_D|}{|v_A|} c_A^0 U_A \right)} \tag{6-37}$$

Durch Integration folgt:

$$t = \frac{c_A^0}{k_1 |v_A| \sqrt{b^2 - 4\,ad}} \ln \left[\frac{(2a U_A + b - \sqrt{b^2 - 4\,ad})(b + \sqrt{b^2 - 4\,ad})}{(2a U_A + b + \sqrt{b^2 - 4\,ad})(b - \sqrt{b^2 - 4\,ad})} \right]. \tag{6-38}$$

In Gl. (6-38) bedeuten

$$a = (c_A^0)^2 \left(\frac{|v_B|}{|v_A|} - \frac{1}{K_c} \frac{|v_C| \, |v_D|}{|v_A|^2} \right), \qquad (6\text{-}39)$$

$$b = -c_A^0 \left(c_B^0 + c_A^0 \frac{|v_B|}{|v_A|} + \frac{c_C^0}{K_c} \frac{|v_D|}{|v_A|} + \frac{c_D^0}{K_c} \frac{|v_C|}{|v_A|} \right), \qquad (6\text{-}40)$$

$$d = c_A^0 \, c_B^0 - \frac{c_C^0 \, c_D^0}{K_c}, \qquad (6\text{-}41)$$

$$K_c = k_1 / k_2. \qquad (6\text{-}42)$$

Für den Sonderfall $c_B^0 = c_A^0$, $c_C^0 = c_D^0 = 0$, $|v_A| = |v_B| = |v_C| = |v_D| = 1$ ist

$$t = \frac{\sqrt{K_c}}{2 \, k_1 c_A^0} \cdot \ln \left[\frac{\sqrt{K_c} + (1 - \sqrt{K_c}) \, U_A}{\sqrt{K_c} - (1 + \sqrt{K_c}) \, U_A} \right]. \qquad (6\text{-}43)$$

Beispiel 6.2 [2]: Es sollen im Satzbetrieb täglich 50 t (= 23,674 kmol/h) Ethylacetat aus Essigsäure und Ethylalkohol produziert werden:

$$CH_3COOH + C_2H_5OH \underset{2}{\overset{1}{\rightleftharpoons}} CH_3COOC_2H_5 + H_2O.$$

(A)   (B)   (C)   (D)

In Gegenwart von Wasser und HCl (als Katalysator) ist die Reaktionsgeschwindigkeit bei 100 °C gegeben durch

$$r = k_1 \, (c_A \, c_B - c_C \, c_D / K_c),$$

wobei $k_1 = 7,93 \cdot 10^{-6} \, m^3/kmol \cdot s$ und $K_c = 2,93$ ist. Die Anfangskonzentrationen in kmol/m³ sind: $c_A^0 = 3,91$, $c_B^0 = 10,20$, $c_C^0 = 0$, $c_D^0 = 17,56$. Der Umsatz U_A der Essigsäure soll 0,35 betragen. Die Totzeit sei 1 h, unabhängig von der Größe des Reaktors. Die Dichte der Reaktionsmasse ist konstant. Wie groß ist das erforderliche Reaktionsvolumen V_R?

Lösung: Die Reaktionszeit erhält man aus Gl. (6-38), worin

$$a = 3,91^2 \, (1 - 1/2,93) = 10,07,$$

$$b = -3,91 \, (10,20 + 3,91 + 17,56/2,93) = -78,60,$$

$$d = 3,91 \cdot 10,20 = 39,88 \quad \text{und}$$

$$\sqrt{b^2 - 4 \, ad} = 67,62 \quad \text{ist. Damit ergibt sich für}$$

$$t = \frac{3,91 \cdot 10^6 \cdot 2,303}{7,93 \cdot 67,62} \cdot \log \left[\frac{(2 \cdot 10,07 \cdot 0,35 - 78,60 - 67,62)(-78,60 + 67,62)}{(2 \cdot 10,07 \cdot 0,35 - 78,60 + 67,62)(-78,60 - 67,62)} \right] = 7123 \, s \approx 2 \, h.$$

Das Reaktionsvolumen folgt aus Gl. (6-18)

$$V_R = \frac{23{,}674\,(2+1)}{3{,}91 \cdot 0{,}35} = 51{,}9 \text{ m}^3.$$

6.3.1.2 Parallelreaktionen

Oft verläuft eine gewünschte Reaktion nicht eindeutig, indem parallel zu ihr eine oder mehrere *Nebenreaktionen* ablaufen, welche zu unbrauchbaren oder störenden und daher unerwünschten Nebenprodukten führen. So können z. B. Alkohole katalytisch zu Olefinen dehydratisiert und zu Aldehyden dehydriert werden.

Es seien im folgenden zwei Parallelreaktionen erster Ordnung angenommen, welche vom gleichen Reaktionspartner A zu verschiedenen Produkten P (gewünschtes Produkt) und X (unerwünschtes Nebenprodukt) führen:

$$A \xrightarrow{k_1} P \quad (r_P = k_1\,c_A)$$

$$A \xrightarrow{k_2} X \quad (r_X = k_2\,c_A). \tag{6-44}$$

Das Verhältnis der Bildungsgeschwindigkeiten der beiden Produkte P und X ist dann unter Berücksichtigung der Beziehung von Arrhenius [Gl. (4-144)]:

$$\frac{r_P}{r_X} = \frac{k_1}{k_2} = \frac{(k_0)_1}{(k_0)_2} \cdot e^{-(E_1 - E_2)/RT} \tag{6-45}$$

$(k_0)_1$ bzw. $(k_0)_2$ = Häufigkeitsfaktoren für die Reaktion 1 bzw. 2, E_1 bzw. E_2 = Aktivierungsenergien für die Reaktion 1 bzw. 2.

Es ist leicht einzusehen, daß Gl. (6-45) für alle Parallelreaktionen beliebiger Ordnung gilt, sofern die Ordnung in bezug auf jeden Reaktionspartner für alle Teilreaktionen gleich ist. Daraus ergibt sich, daß in einem solchen Fall eine gewünschte Teilreaktion gegenüber unerwünschten Nebenreaktionen nur dann begünstigt werden kann, wenn es möglich ist, die Geschwindigkeitskonstante der gewünschten Teilreaktion gegenüber den Geschwindigkeitskonstanten der Nebenreaktionen groß zu machen. Aus Gl. (6-45) kann man ersehen, daß dann, wenn $E_1 = E_2$ ist, das Verhältnis der Reaktionsgeschwindigkeiten unabhängig von der Temperatur ist; eine Verschiebung dieses Verhältnisses zugunsten der gewünschten Reaktion ist dann durch Temperaturänderung nicht möglich. Ist jedoch $E_1 \neq E_2$, so ist r_P/r_X eine Funktion der Temperatur. Wenn $(k_0)_1 > (k_0)_2$ und $E_1 > E_2$ bzw. $(k_0)_1 < (k_0)_2$ und $E_1 < E_2$ ist, so gibt es eine Temperatur T_R, bei welcher $k_1 = k_2 = k_R$ und somit $r_P = r_X$ ist. Diese Grenztemperatur erhält man aus Gl. (6-45)

$$T_R = \frac{E_1 - E_2}{R \cdot \ln \dfrac{(k_0)_1}{(k_0)_2}} . \tag{6-46}$$

Ist $(k_0)_1 > (k_0)_2$ und $E_1 > E_2$, so ist für $T > T_R$ das Verhältnis $r_P/r_X > 1$, für $T < T_R$ ist $r_P/r_X < 1$.

Haben die unerwünschten Nebenreaktionen eine andere Ordnung als die erwünschte Reaktion, so besteht die Möglichkeit, erstere durch geeignete Wahl der Konzentrationen *zurückzudrängen:* Reaktionen niedriger Ordnung werden bei niederen Konzentrationen gegenüber Reaktionen höherer Ordnung bevorzugt und umgekehrt.

6.3.1.3 Folgereaktionen (Stufenreaktionen)

Den einfachsten Fall einer Folgereaktion (Stufenreaktion), bei welcher ein Reaktionspartner A über ein Zwischenprodukt B zu einem Endprodukt C umgesetzt wird, haben wir bereits in Abschnitt 4.5.2 behandelt. Wenn während der Reaktion keine Volumenänderung eintritt und beide Stufen nach einer Reaktion erster Ordnung verlaufen, werden die Konzentrationen c_A, c_B und c_C in Abhängigkeit von der Zeit durch die Gl. (4-169a) bis (4-169c) beschrieben (vgl. Abb. 4-12).

Ist das Zwischenprodukt B das gewünschte Produkt, so interessiert die *Reaktionszeit* $t_{c_{B,max}}$, bei welcher die Konzentration von B einen Maximalwert erreicht hat. Diese erhält man dadurch, daß man Gl. (4-169b) nach t differenziert und die Ableitung gleich Null setzt. So ergibt sich

$$t_{c_{B,max}} = \frac{\ln (k_1/k_2)}{k_1 - k_2}, \quad (k_1 \neq k_2). \tag{6-47}$$

Setzt man diesen Wert in Gl. (4-169b) für t ein, dann folgt für die maximale Konzentration an Zwischenprodukt B:

$$c_{B,max} = c_A^0 \left(\frac{k_2}{k_1}\right)^{k_2/(k_1 - k_2)}. \tag{6-48}$$

Ist eine der beiden Reaktionsgeschwindigkeitskonstanten sehr groß gegenüber der anderen, so reduziert sich die Gl. (4-169c) zu

$$c_C = c_A^0 (1 - e^{-k_2 t}), \quad \text{wenn } k_1 \gg k_2, \tag{6-49}$$

$$c_C = c_A^0 (1 - e^{-k_1 t}), \quad \text{wenn } k_2 \gg k_1. \tag{6-50}$$

Das bedeutet, daß für die Bildungsgeschwindigkeit des Endproduktes der langsamste Vorgang bestimmend ist. Damit ist auch die Temperaturabhängigkeit der kleineren Reaktionsgeschwindigkeitskonstante für die Temperaturabhängigkeit der Gesamtreaktion ausschlaggebend. Wenn die beiden Reaktionsstufen verschiedene Aktivierungsenergien haben, dann kann in einem Temperaturbereich $k_1 \gg k_2$, in einem anderen $k_1 \ll k_2$ sein, wie Abb. 6-3 als Beispiel zeigt, in welchem $\log k_1$ und $\log k_2$ in Abhängigkeit von $1/T$ aufgetragen sind. Der Logarithmus der effektiv gemessenen Geschwindigkeitskonstante k (dick ausgezogene Kurve) ist dann in einem bestimm-

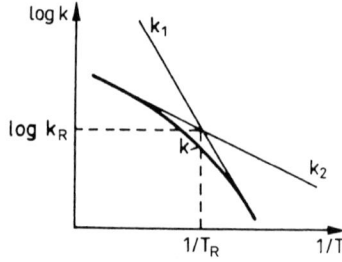

Abb 6-3. Verlauf des Logarithmus der gemessenen Geschwindigkeitskonstante k als Funktion von $1/T$ bei einer Folgereaktion

$$A \xrightarrow{k_1} B \xrightarrow{k_2} C$$

$[(k_0)_1 > (k_0)_2,\ E_1 > E_2]\ [3]$

ten Temperaturbereich in der Umgebung von $1/T_R$ nicht linear von $1/T$ abhängig. T_R ist dabei die Temperatur, bei welcher $k_1 = k_2 = k_R$ ist. Für Temperaturen $T > T_R$ nähert sich $\log k$ asymptotisch dem Wert $\log k_2$, für Temperaturen $T < T_R$ dem Wert $\log k_1$.

6.3.1.4 Ausbeute und Selektivität bei komplexen Reaktionen

Bei einer chemischen Umsetzung gilt es, aus den Reaktionspartnern die größtmögliche Menge des gewünschten Produkts zu erhalten. Da bei komplexen Reaktionen (Parallel- und Folgereaktionen) außer dem gewünschten Produkt auch unerwünschte Nebenprodukte entstehen, bedeutet diese Forderung, die Ausbeute an gewünschtem Produkt so hoch wie möglich anzuheben. Unter der *Ausbeute* A_P versteht man die gebildete Stoffmenge eines Reaktionsprodukts P, bezogen auf die eingesetzte Stoffmenge eines die Reaktion stöchiometrisch begrenzenden Reaktionspartners A (Schlüssel- oder Bezugskomponente) unter Berücksichtigung der stöchiometrischen Verhältnisse [vgl. Gl. (3-9)]:

$$A_P = \frac{n_P - n_P^0}{n_A^0} \cdot \frac{|v_A|}{v_P} = \frac{c_P V_R - c_P^0 V_R^0}{c_A^0 V_R^0} \cdot \frac{|v_A|}{v_P}. \tag{6-51}$$

Die *Selektivität* S_P ist definiert als das Verhältnis zwischen der gebildeten Stoffmenge des Produkts P und der umgesetzten Stoffmenge des die Reaktion stöchiometrisch begrenzenden Reaktionspartners A [vgl. Gl. (3-17)]:

$$S_P = \frac{n_P - n_P^0}{n_A^0 - n_A} \cdot \frac{|v_A|}{v_P} = \frac{c_P V_R - c_P^0 V_R^0}{c_A^0 V_R^0 - c_A V_R} \cdot \frac{|v_A|}{v_P}. \tag{6-52}$$

Aus der Definition des *Umsatzes*, Gl. (3-7), erhält man für den Reaktionspartner A:

$$U_A = \frac{n_A^0 - n_A}{n_A^0} = \frac{c_A^0 V_R^0 - c_A V_R}{c_A^0 V_R^0}. \tag{6-53}$$

Somit ergibt sich durch Kombination der Gln. (6-51) bis (6-53) folgende Beziehung zwischen Ausbeute, Selektivität und Umsatz:

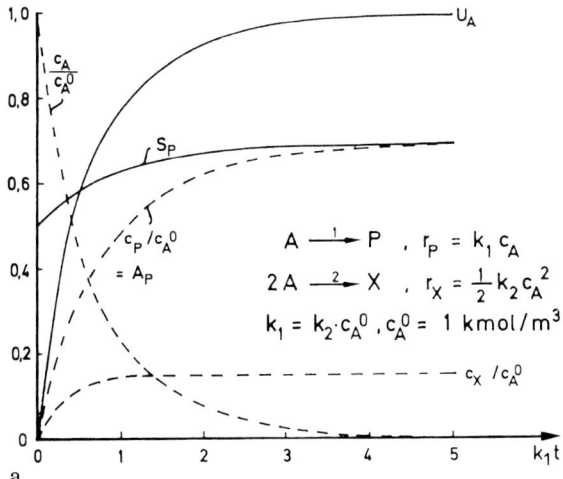

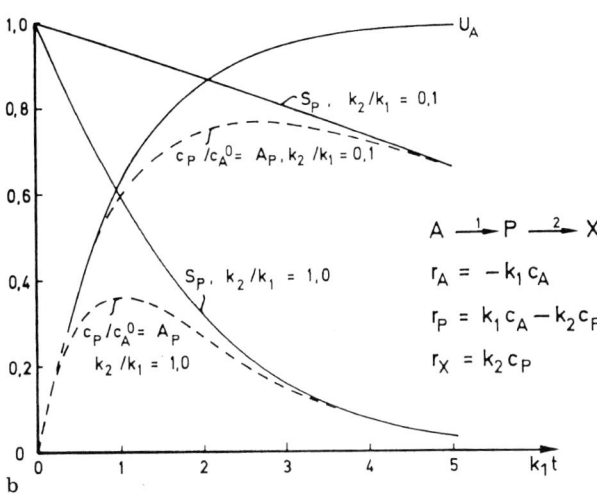

Abb. 6-4. Ausbeute A_P, Selektivität S_P und Umsatz U_A: **a)** bei einer Parallelreaktion, **b)** bei einer Folgereaktion

$$A_P = S_P U_A. \tag{6-54}$$

Die Ausbeute erreicht demnach ein Maximum, wenn das Produkt $S_P U_A$ den größtmöglichen Wert erreicht hat. Der Verlauf von A_P sowie S_P als Funktion der Reaktionszeit ist für Parallel- und Folgereaktionen verschieden, wie an zwei Beispielen gezeigt sei. Das gewünschte Produkt wollen wir mit P, das unerwünschte Nebenprodukt mit X bezeichnen; außerdem sei $V_R = $ konst. und $c_P^0 = 0$.

In Abb. 6-4a sind A_P, S_P und U_A in Abhängigkeit von der Reaktionszeit t bzw. $k_1 t$ für eine Parallelreaktion dargestellt, wobei die Reaktion 1, welche zum gewünschten Produkt P führt, in bezug auf den Reaktionspartner A von 1. Ordnung $(r_P = k_1 c_A)$, die unerwünschte Nebenreaktion 2 dagegen von 2. Ordnung $\left(r_X = \frac{1}{2} \cdot k_2 c_A^2 \right)$ ist; außerdem wurde $k_1 = k_2 c_A^0$ angenommen. Sobald Reaktionspartner A umgesetzt wird, werden sowohl P als auch X gebildet. Am Beginn der Reaktion ist die Selektivität $S_P = 0,5$; sie steigt mit fortschreitendem Umsatz U_A an und entsprechend auch die Ausbeute A_P. Bei vollständigem Umsatz ($U_A = 1$) ist die Ausbeute am größten und gleich der Selektivität.

Für eine Folgereaktion $A \xrightarrow{1} P \xrightarrow{2} X$, deren Stufen beide von 1. Ordnung sind, ist der Verlauf von A_P, S_P und U_A als Funktion von $k_1 t$ in Abb. 6-4b für zwei verschiedene Verhältnisse von k_2/k_1 (0,1 und 1,0) gezeigt. Zu Beginn der Reaktion ist die Selektivität $S_P = 1$; mit zunehmendem Umsatz U_A nimmt S_P ab; entsprechend durchläuft die Ausbeute A_P $(= c_P/c_A^0)$ ein Maximum, welches um so höher liegt, je kleiner das Verhältnis k_2/k_1 ist.

6.4 Nicht-isotherme Reaktionsführung

Die bisher behandelte isotherme Reaktionsführung im diskontinuierlich betriebenen Idealkessel (Satzreaktor) gestattet eine Berechnung des zeitlichen Reaktionsablaufs allein mit Hilfe der Stoffbilanz. Die technische Realisierung streng isothermer Bedingungen durch indirekten Wärmeaustausch ist jedoch schwierig. Oft verzichtet man auf eine Temperaturlenkung durch Heizung bzw. Kühlung des Reaktors (adiabatische Reaktionsführung) oder begnügt sich mit einfachen Maßnahmen zur Temperaturlenkung, die nur eine grobe Annäherung an isotherme Verhältnisse ermöglichen (polytrope Reaktionsführung). In beiden Fällen muß die Stoffbilanz simultan mit der Wärmebilanz gelöst werden.

6.4.1 Adiabatische Reaktionsführung

Bei der adiabatischen Reaktionsführung in einem Satzreaktor mit idealer Durchmischung der Reaktionsmasse verschwindet in der Gl. (6-15) auf der rechten Seite das Glied $k_W A_W (\bar{T}_W - T)$, welches die durch eine Wärmeaustauschfläche in der Zeiteinheit zu- bzw. abgeführte Wärmemenge ausdrückt. Werden die Reaktionspartner nur in einer stöchiometrisch unabhängigen Reaktion umgesetzt, ist also $\sum_j r_j(-\Delta H_{Rj}) = r(-\Delta H_R)$, so lautet die Wärmebilanz:

$$\frac{d(c_P T)}{dt} = \frac{V_R}{m_R} r(-\Delta H_R) = \frac{r(-\Delta H_R)}{\varrho}. \qquad (6-55)$$

Setzt man in Gl. (6-55) für r die aus der Stoffbilanz, Gl. (6-9), folgende Beziehung

$$r = \frac{c_k^0}{|v_k|} \frac{\varrho}{\varrho^0} \frac{dU_k}{dt} \text{ ein, so erhält man}$$

$$d(c_P T) = \frac{c_k^0(-\Delta H_R)}{\varrho^0 |v_k|} dU_k. \qquad (6-56)$$

Ist $c_P = \text{konst.} = c_P^0$ und vernachlässigt man die Temperaturabhängigkeit von ΔH_R, so ergibt die Integration von Gl. (6-56):

$$T = T^0 + \frac{c_k^0(-\Delta H_R)}{\varrho^0 c_p^0 |v_k|} U_k \qquad (6-57)$$

($T^0 =$ Temperatur der Reaktionsmasse beim Umsatz $U_k = 0$, d. h. zur Zeit $t = 0$).

Diese Gleichung, welche unabhängig von der Reaktionsordnung ist, zeigt, daß bei der adiabatischen Reaktionsführung in einem Satzreaktor mit idealer Durchmischung der Reaktionsmasse deren *Temperatur dem Umsatz proportional* ist. Die maximal erreichbare Temperatur T_{max} der Reaktionsmasse ist für eine irreversible exotherme Reaktion bei vollständigem Umsatz ($U_k = 1$):

$$T_{max} = T^0 + \frac{c_k^0(-\Delta H_R)}{\varrho^0 c_p^0 |v_k|} = T^0 + \Delta T_{ad}, \qquad (6-58)$$

wobei

$$\Delta T_{ad} = \frac{c_k^0(-\Delta H_R)}{\varrho^0 c_p^0 |v_k|} \qquad (6-59)$$

die maximal mögliche Temperaturänderung der Reaktionsmasse bei adiabatischer Reaktionsführung ist.

Für exotherme reversible Reaktionen kann man die maximal erreichbare Temperatur der Reaktionsmasse dadurch ermitteln, daß man nach Gl. (6-57) in einem Schaubild U_k als Funktion der Temperatur und ebenfalls den Gleichgewichtsumsatz $U_{k,Gl}$ in Abhängigkeit von der Temperatur aufträgt. Die Koordinaten des Schnittpunktes der beiden Kurven ergeben die maximal erreichbare Temperatur und den dieser Temperatur entsprechenden Gleichgewichtsumsatz (Abb. 6-5).

Die bei adiabatischer Reaktionsführung in einem ideal durchmischten Satzreaktor zur Erreichung eines bestimmten Umsatzes U_k *erforderliche Reaktionszeit* ergibt sich aus der Stoffbilanz, z. B. in der Form der Gl. (6-9), durch Integration

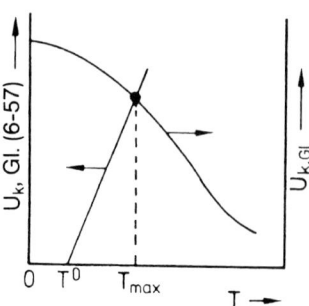

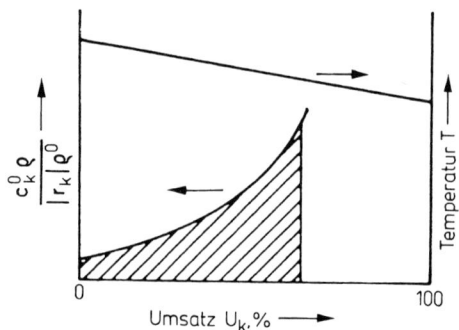

Abb. 6-5. Ermittlung von T_{max} bei exothermen reversiblen Reaktionen (adiabatische Reaktionsführung)

Abb. 6-6. Graphische Auswertung der Gl. (6-60)

$$t = \frac{c_k^0}{\varrho^0} \int\limits_0^{U_k} \varrho \, \frac{dU_k}{|r_k|} . \qquad (6\text{-}60)$$

Im Geschwindigkeitsausdruck ist nunmehr – im Gegensatz zur isothermen Reaktionsführung – die Reaktionstemperatur eine Funktion des Umsatzes gemäß Gl. (6-57). Die Integration kann man graphisch oder numerisch ausführen. Bei der graphischen Methode berechnet man zuerst nach Gl. (6-57) die Temperatur T der Reaktionsmasse als Funktion des Umsatzes U_k (vgl. Abb. 6-6). Für zusammengehörende Werte von T und U_k wird dann die Reaktionsgeschwindigkeitskonstante k(T) und die Reaktionsgeschwindigkeit $|r_k| = f(T, U_k)$, außerdem die Dichte $\varrho = f(T, U_k)$ der Reaktionsmasse berechnet. Schließlich trägt man

$$\frac{c_k^0}{|r_k|} \, \frac{\varrho}{\varrho^0}$$

in Abhängigkeit von U_k auf; die Reaktionszeit ist dann gleich der Fläche unter der Kurve zwischen $U_k = 0$ und dem gewünschten Umsatz U_k (Abb. 6-6). Das für eine bestimmte Produktionsleistung erforderliche Reaktionsvolumen wird nach Gl. (6-18) berechnet.

6.4.2 Polytrope Reaktionsführung

Erfolgt die Reaktionsführung weder isotherm noch adiabatisch (= isentrop, Entropie konstant), so spricht man von polytroper Reaktionsführung. Bei dieser Art der Reaktionsführung wird also nur *ein Teil* der Reaktionswärme nach außen abgegeben bzw. von außen zugeführt. Erfolgt die Wärmeab- bzw. -zuführung durch eine Wärmeaustauschfläche, so gilt die Wärmebilanz gemäß Gl. (6-15). Findet nur eine stöchiometrisch unabhängige Reaktion statt [$\sum\limits_j r_j (-\Delta H_{R_j}) = r (-\Delta H_R)$], so können wir diese Gleichung folgendermaßen schreiben:

$$\frac{d(c_p T)}{dt} = \frac{k_W A_W}{m_R}(\bar{T}_W - T) + \frac{r(-\Delta H_R)}{\varrho}. \tag{6-61}$$

Die Stoffbilanz drücken wir in der Form der Gl. (6-9) aus:

$$\frac{dU_k}{dt} = \frac{1}{c_k^0}\frac{\varrho^0}{\varrho} r |v_\varkappa|. \tag{6-9}$$

Setzt man in Gl. (6-61) für die Reaktionsgeschwindigkeit den aus Gl. (6-9) folgenden Ausdruck

$$r = \frac{c_k^0}{|v_k|}\frac{\varrho}{\varrho^0}\frac{dU_k}{dt} \tag{6-62}$$

ein, so lautet die Wärmebilanz:

$$\frac{d(c_p T)}{dt} = \frac{k_W A_W}{m_R}(\bar{T}_W - T) + \frac{c_k^0}{\varrho^0}\frac{(-\Delta H_R)}{|v_k|}\frac{dU_k}{dt}. \tag{6-63}$$

Diese Differentialgleichung für die Wärmebilanz muß simultan mit derjenigen für die Stoffbilanz [Gl. (6-9)] gelöst werden. Zur simultanen Lösung dieser beiden Gleichungen ist es notwendig, numerische Methoden, meist in Verbindung mit einem Iterationsverfahren, anzuwenden.

Um das Lösungsprinzip aufzuzeigen, nehmen wir der Einfachheit halber an, daß $\varrho = $ konst. $= \varrho^0$, $c_p = $ konst. $= c_p^0$ und $\bar{T}_W = $ konst. sei. Ferner sollen die Temperaturabhängigkeit der Reaktionsenthalpie vernachlässigt werden und eine Reaktion 1. Ordnung vorliegen:

$$r |v_k| = k c_k = k c_k^0 (1 - U_k) = k_0 e^{-E/RT} c_k^0 (1 - U_k). \tag{6-64}$$

Außerdem sollen der Wärmedurchgangskoeffizient k_W, die Größe der Wärmeaustauschfläche pro Volumeneinheit der Reaktionsmischung A_W/V_R, die mittlere Temperatur des Wärmeträgers $\bar{T}_W$, die Anfangstemperatur der Reaktionsmischung T^0 sowie die Anfangskonzentration c_k^0 festliegen.

Unter Berücksichtigung der gemachten Annahmen und der Gl. (6-64) lassen sich die Gln. (6-9) und (6-63) folgendermaßen schreiben, wenn man von der Differentialform zur Differenzenform übergeht:

$$\frac{\Delta U_k}{\Delta t} = k_0 e^{-E/R\bar{T}}(1 - \bar{U}_k) \tag{6-65}$$

und

$$\frac{\Delta T}{\Delta t} = \frac{k_W A_W}{m_R c_P^0}(\bar{T}_W - \bar{T}) + \frac{c_k^0}{\varrho^0 c_p^0} \cdot \frac{(-\Delta H_R)}{|v_k|} \cdot \frac{\Delta U_k}{\Delta t} . \tag{6-66}$$

Man geht nun von der Anfangstemperatur T^0 sowie dem Anfangsumsatz $\bar{U}_k = U_k^0 = 0$ aus und wählt ein kleines Temperaturintervall $\Delta T_1 = T_1 - T^0$, wobei T_1 die Temperatur am Ende dieses ersten Intervalls ist. Die mittlere Temperatur in dem ersten Intervall ist $\bar{T}_1 = T^0 + \Delta T_1/2$. Mit dieser Temperatur berechnet man den Wert für $k = k_0 \cdot e^{-E/R\bar{T}_1}$. Damit läßt sich nach Gl. (6-65) $(\Delta U_k/\Delta t)_1$ im ersten Intervall mit $\bar{U}_k = 0$ in erster Näherung berechnen. Diesen Wert für $(\Delta U_k/\Delta t)_1$ setzt man in Gl. (6-66) ein. Da ΔT_1 gewählt wurde und alle übrigen Größen bekannt sind, kann man nun Δt_1 für das erste Intervall in erster Näherung berechnen. Dieser Wert Δt_1 wird dann benutzt, um eine bessere Näherung für

$$(\Delta U_k)_1 = (U_k)_1 - U_k^0 = (U_k)_1$$

nach Gl. (6-65) zu ermitteln (mittlerer Umsatz im ersten Intervall: $\bar{U}_k = (U_k)_1/2$; $(U_k)_1$ = Umsatz am Ende des ersten Intervalls). Mit diesem Wert führt man den gleichen Rechenvorgang abermals durch und erhält eine zweite Näherung für Δt_1. Man wiederholt den Vorgang so lange, bis sich die Lösungen innerhalb gewünschter Grenzen nicht mehr unterscheiden. Dann geht man zur Berechnung des nächsten Intervalls über.

Auf die Durchrechnung eines Zahlenbeispiels soll an dieser Stelle verzichtet werden, da eine solche anhand der Berechnung des Umsatz- und Temperaturverlaufs in einem idealen Strömungsrohr in Abschnitt 7.3.2 (Beispiel 7.3) ausführlich behandelt wird, wobei der Rechenvorgang ganz analog durchgeführt wird.

Sehr elegant ist eine numerische Berechnung, wie sie oben im Prinzip beschrieben wurde, mit Hilfe eines Computers durchzuführen. Ein Beispiel mit dem entsprechenden Fortran-Programm ist in [4] aufgeführt.

6.5 Optimale Temperaturführung

Bei einfachen irreversiblen Reaktionen wird die größte Reaktionsgeschwindigkeit und damit das kleinste Reaktionsvolumen unter sonst gleichbleibenden Reaktionsbedingungen dann erreicht, wenn die Reaktion bei der höchsten Temperatur durchgeführt wird, welche wirtschaftlich und technisch möglich ist. Ebenso gilt dies für endotherme Gleichgewichtsreaktionen, indem eine höhere Reaktionstemperatur sowohl die Reaktionsgeschwindigkeit vergrößert als auch die Gleichgewichtslage zugunsten der Reaktionsprodukte verschiebt.

Besondere Bedeutung hat die Temperaturführung bei exothermen Gleichgewichtsreaktionen. Einerseits wird bei einer höheren Temperatur die Reaktionsgeschwindigkeit größer, andererseits die Ausbeute an Produkt infolge einer ungünstigeren Gleichgewichtslage geringer. In einem Satzreaktor gibt es daher eine *optimale Temperaturführung* im Verlauf einer reversiblen exothermen Reaktion.

Es soll eine Reaktion nach der Gleichung

$$|v_A|\,A + |v_B|\,B \rightleftharpoons |v_C|\,C + |v_D|\,D \qquad (6\text{-}67)$$

verlaufen und der entsprechende Geschwindigkeitsausdruck für die Bildung des Reaktionsprodukts C laute

$$r_C = k_1\,c_A{}^{|v_A|}\,c_B{}^{|v_B|} - k_2\,c_C{}^{|v_C|}\,c_D{}^{|v_D|}, \qquad (6\text{-}68)$$

mit $k_1 = (k_0)_1 \cdot e^{-E_1/RT}$ und $k_2 = (k_0)_2 \cdot e^{-E_2/RT}$, wobei $E_2 > E_1$ ist. Die Reaktion finde in flüssiger Phase statt, bei der man die Summe der Konzentrationen der Reaktionskomponenten als temperaturunabhängig betrachten kann. Drückt man die Konzentrationen der einzelnen Reaktanden durch den Umsatz U_A des Reaktionspartners A aus, so ist

$$r_C = (k_0)_1\,e^{-E_1/RT}\,(c_A^0)^{|v_A|}\,(1-U_A)^{|v_A|}\left(c_B^0 - \frac{|v_B|}{|v_A|}\,c_A^0\,U_A\right)^{|v_B|} -$$

$$- (k_0)_2\,e^{-E_2/RT}\left(\frac{|v_C|}{|v_A|}\right)^{|v_C|}\left(\frac{|v_D|}{|v_A|}\right)^{|v_D|}(c_A^0)^{(|v_C|+|v_D|)}U_A{}^{(|v_C|+|v_D|)}. \qquad (6\text{-}69)$$

Die Temperatur T_{opt}, bei der die Reaktionsgeschwindigkeit ein Maximum aufweist, ist durch die Bedingung gegeben

$$\frac{\partial\,r_C}{\partial\,T} = 0. \qquad (6\text{-}70)$$

Daraus folgt die optimale Reaktionstemperatur

$$T_{opt} = \cfrac{E_2 - E_1}{R \cdot \ln\left[\cfrac{(k_0)_2}{(k_0)_1}\,\cfrac{E_2}{E_1}\,\cfrac{\left(\dfrac{|v_C|}{|v_A|}\right)^{|v_C|}\left(\dfrac{|v_D|}{|v_A|}\right)^{|v_D|}(c_A^0)^{(|v_C|+|v_D|)}\,U_A{}^{(|v_C|+|v_D|)}}{(c_A^0)^{|v_A|}\,(1-U_A)^{|v_A|}\left(c_B^0 - \dfrac{|v_B|}{|v_A|}\,c_A^0\,U_A\right)^{|v_B|}}\right]}. \qquad (6\text{-}71)$$

Diese Beziehung vereinfacht sich wesentlich, wenn die Reaktionspartner im stöchiometrischen Verhältnis eingesetzt werden und wenn $|v_A| = |v_B| = |v_C| = |v_D| = 1$ ist. Es gilt dann:

$$T_{opt} = \cfrac{E_2 - E_1}{R \cdot \ln\left[\cfrac{(k_0)_2}{(k_0)_1}\,\cfrac{E_2}{E_1}\,\cfrac{U_A^2}{(1-U_A)^2}\right]}. \qquad (6\text{-}72)$$

Zur Berechnung eines Satzreaktors mit optimaler Temperaturführung ermittelt man für verschiedene Umsätze U_A ($= 0, 1; 0, 2 \ldots$) T_{opt} und trägt T_{opt} als Funktion von U_A auf. Mit zusammengehörenden Wertepaaren von T_{opt} und U_A wird die Reaktionsgeschwindigkeit $|r_A|$ berechnet. Der Quotient $c_A^0 / |r_A|$ wird dann in Abhängigkeit von U_A aufgetragen, wobei die Fläche unter der Kurve zwischen $U_A = 0$ und $U_A = U_A$ die zur Erreichung des Umsatzes U_A erforderliche Reaktionszeit t ist. Das Verfahren ist dem analog, welches bei der adiabatischen Temperaturführung beschrieben wurde. Für eine bestimmte Produktionsleistung läßt sich dann nach Gl. (6-18) das erforderliche Reaktionsvolumen V_R bestimmen.

6.6 Optimale Wahl des Umsatzes

Die Reaktionsgeschwindigkeit wird immer kleiner, je mehr sich die Reaktion dem vollständigen Umsatz (bei irreversiblen Reaktionen) bzw. dem Gleichgewichtsumsatz (bei reversiblen Reaktionen) nähert. Aus diesem Grund kann man eine Reaktion praktisch nicht bis zum vollständigen Umsatz bzw. Gleichgewichtsumsatz ablaufen lassen. Sind für einen Reaktor die Produktionsleistung und die Art der Temperaturführung festgelegt, ferner die Anfangskonzentrationen der Reaktionspartner gegeben, so sind in der Beziehung für die Produktionsleistung

$$\dot{n}_P^{aus} = \frac{\nu_P}{|\nu_k|} \frac{n_k^0 U_k}{(t + t_{tot})} = \frac{\nu_P}{|\nu_k|} \frac{c_k^0 V_R^0 U_k}{(t + t_{tot})} \qquad (6\text{-}16)$$

entweder der Umsatz oder die Reaktionszeit oder das Reaktionsvolumen beliebig wählbar.[2])

Die Integration der Stoffbilanz zusammen mit der Wärmebilanz wird stets zusammengehörende Wertepaare von U_k und t liefern. Man kann nun fragen, bis zu welchem Umsatz bzw. bis zu welcher Reaktionszeit die Reaktion durchzuführen ist, damit die Produktionsleistung ein Maximum erreicht.

Die Bedingung für die maximale Produktionsleistung lautet:

$$d\dot{n}_P^{aus}/dt = 0. \qquad (6\text{-}73)$$

Damit folgt aus Gl. (6-16):

$$\frac{dU_k}{dt} = \frac{U_k}{t + t_{tot}}. \qquad (6\text{-}74)$$

Der optimale Umsatz $U_{k, opt}$ und damit die optimale Reaktionszeit t_{opt} zur

---

[2]) Hier wurde nur eine stöchiometrisch unabhängige Reaktion ($S_P = 1$) angenommen. Ist bei komplexen Reaktionen $S_P < 1$, so muß in Gl. (6-16) und in den folgenden Gleichungen (6-73), (6-74) und (6-76) bis (6-78) die Ausbeute $A_P = S_P U_k$ an Stelle von U_k gesetzt werden.

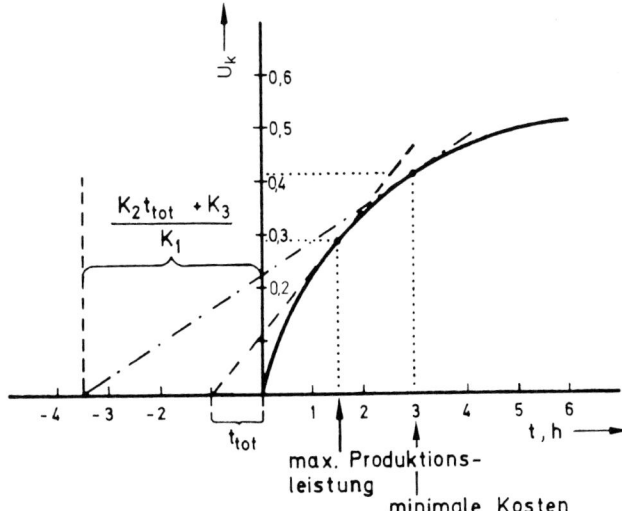

Abb. 6-7. Ermittlung des optimalen Umsatzes

Erreichung einer maximalen Produktionsleistung ist also gegeben durch die Koordinaten des Berührungspunktes der Tangente, welche man vom Punkt $-t_{tot}$ auf der Abszisse an die Kurve $U_k = f(t)$ zieht (Abb. 6-7).

Man kann aber auch die Frage stellen, bis zu welchem Umsatz bzw. bis zu welcher Reaktionszeit die Reaktion durchzuführen ist, damit die Produktionskosten pro mol des Produkts ein Minimum werden.

Sind K_1 die Kosten pro Zeiteinheit während der Produktionszeit t, K_2 die Kosten pro Zeiteinheit während der Totzeit t_{tot}, K_3 die zusätzlichen Kosten pro Charge (z. B. zusätzliche Arbeitskraft oder neue Katalysatorfüllung), so betragen die Gesamtkosten K

$$K = K_1 t + K_2 t_{tot} + K_3 \tag{6-75}$$

und die Kosten K^* pro mol Produkt

$$K^* = \frac{K}{n_P} = \frac{(K_1 t + K_2 t_{tot} + K_3)}{(v_P/|v_k|) c_k^0 V_R^0 U_k} . \tag{6-76}$$

K^* wird ein Minimum, wenn

$$dK^*/dt = 0 \tag{6-77}$$

ist. Damit ergibt sich

$$\frac{dU_k}{dt} = \frac{U_k}{t + (K_2 t_{tot} + K_3)/K_1} . \tag{6-78}$$

Der Umsatz U_k bzw. die Reaktionszeit t, bei welchen die Kosten pro mol Produkt ein Minimum werden, ergeben sich demnach aus den Koordinaten des Berührungspunktes der Tangente, welche man vom Punkt $-(K_2 t_{tot} + K_3)/K_1$ auf der Abszisse an die Kurve $U_k = f(t)$ zieht (Abb. 6-7). Aus Abb. (6-7) geht hervor, daß die Bedingungen $U_{k,opt}$ bzw. t_{opt} zur Erreichung einer maximalen Produktionsleistung nicht identisch sind mit denjenigen, welche zu minimalen Produktionskosten führen.

7. Kontinuierliche Reaktionsführung ohne Rückvermischung der Reaktionsmasse (Ideales Strömungsrohr)

Das Strömungsrohr, gelegentlich auch als Rohrreaktor bezeichnet, ist der industriell wichtigste Typ kontinuierlich betriebener chemischer Reaktoren, vor allem zur Durchführung von Reaktionen unter Beteiligung gasförmiger Reaktanden (vgl. 13.3). Unter einem Strömungsrohr verstehen wir einen Reaktor, bei welchem der Reaktionsraum von einem zylindrischen Rohr gebildet wird, dessen Länge sehr viel größer als der Durchmesser ist. Die Reaktionspartner, Lösungsmittel usw. treten auf der einen Seite des Rohres ein, während auf der anderen Seite ein Gemisch, welches aus den Reaktionsprodukten, nicht umgesetzten Reaktionspartnern und allen übrigen Komponenten besteht, das Rohr verläßt. Das lange Rohr, in welches keine Rührvorrichtungen eingebaut sind, verhindert weitgehend eine Durchmischung des strömenden Mediums im Rohr. Daraus ergibt sich, daß außer der Zusammensetzung der Reaktionsmischung auch deren Temperatur, deren physikalische Eigenschaften und die Strömungsgeschwindigkeit von Ort zu Ort unterschiedlich sein können; derartige Unterschiede sind sowohl in axialer als auch radialer Richtung möglich.

Im folgenden wollen wir uns mit dem sogenannten „idealen Strömungsrohr", welches auch kurz als „Idealrohr" bezeichnet wird, befassen. Das ideale Strömungsrohr stellt einen Reaktorgrenztyp dar, bei dem angenommen wird, daß sich die Reaktionsmasse in einer kolben- oder pfropfenartigen Strömung (piston flow oder plug flow) durch das Rohr bewegt, während die Reaktion erfolgt (s. 3.5.2.1).

Es hängt nun von den geometrischen Abmessungen des Reaktors und den Strömungsbedingungen ab, ob die für das ideale Strömungsrohr gemachten Voraussetzungen in der Praxis erfüllt sind; Abweichungen sind häufig, spielen jedoch nicht immer eine wesentliche Rolle (s. 11.3.3, 11.4.2, 11.5.2 und 11.5.3).

7.1 Stoff- und Wärmebilanz des idealen Strömungsrohrs

Die Differentialgleichungen für die Stoff- und Wärmebilanz eines Strömungsrohres werden zweckmäßig – entsprechend dem Problem – in Zylinderkoordinaten formuliert. Unter der praktisch stets zulässigen Voraussetzung, daß in jedem beliebigen Rohrquerschnitt alle Variablen symmetrisch um die Zylinderachse (z-Achse) verteilt sind, gelten für ein einphasiges System die durch die Gln. (5-25) und (5-39) beschriebenen Stoff- und Wärmebilanzen. Die Kolben- oder Pfropfenströmung als idealisierter Strömungszustand ist dadurch charakterisiert, daß

a) die Strömungsgeschwindigkeit nur eine axiale Komponente besitzt ($w_{rad} = 0$, $\partial\, w_{rad}/\partial\, R = 0$) und alle Variablen nur von der Ortskoordinate z abhängen, d. h. $\partial c_i/\partial\, R = 0$, $\partial\, \varrho/\partial\, R = 0$, $\partial\, c_p/\partial\, R = 0$, $\partial\, T/\partial\, R = 0$;

b) keine axiale Vermischung ($D_{ax} = 0$) und effektive Wärmeleitung ($\lambda_{ax} = 0$) erfolgt.

In der Gleichung für die *Stoffbilanz* (5-25) verschwinden wegen der Annahme a) die Ausdrücke

$$\partial\, (c_i\, w_{rad})/\partial\, R \quad \text{und} \quad D_{rad}\left[\frac{\partial^2 c_i}{\partial\, R^2} + \frac{1}{R}\, \frac{\partial\, c_i}{\partial\, R}\right],$$

außerdem wegen der Annahme b) das Glied

$$D_{ax}\, (\partial^2 c_i/\partial\, z^2).$$

Die Stoffbilanz für einen Reaktanden i eines einphasigen Reaktionsgemischs in einem Volumenelement der Länge dz eines idealen Strömungsrohrs lautet daher:

$$\frac{\partial\, c_i}{\partial\, t} = -\, \frac{\partial\, (c_i\, w_{ax})}{\partial\, z} + \sum_j r_j\, v_{ij}. \tag{7-1}$$

Die partiellen Differentialquotienten in Gl. (7-1) sind deshalb erforderlich, weil im *nicht stationären* Betriebszustand die Konzentration eines Reaktanden i eine Funktion sowohl der Zeit als auch der Ortskoordinate z ist. Wird der instationäre Betriebszustand durch eine unstetige Änderung einer oder mehrerer Variablen des Zulaufstroms hervorgerufen, so ist dieser Fall insofern trivial, als sich diese Unstetigkeit mit der Geschwindigkeit w_{ax} durch das Rohr bewegt. Nachdem die Unstetigkeit das Rohrende erreicht hat, befindet sich das Strömungsrohr in einem neuen stationären Betriebszustand.

Für das ideale Strömungsrohr im *stationären* Betriebszustand verschwindet in Gl. (7-1) die Ableitung nach der Zeit. Setzt man noch $w_{ax} = \dot{V}/q$ und $q \cdot dz = dV_R$ (q = Rohrquerschnitt), so erhält man für die Stoffbilanz eines Reaktanden i in einem Volumenelement dV_R eines idealen Strömungsrohrs:

$$d(c_i\, \dot{V}) = q\, dz \sum_j r_j\, v_{ij} = dV_R \sum_j r_j\, v_{ij}. \tag{7-2}$$

Nimmt der Reaktand i nur an einer stöchiometrisch unabhängigen Reaktion teil, d. h. ist

$$\sum_j r_j\, v_{ij} = r\, v_i,$$

so kann man $d(c_i\, \dot{V})$ durch die aus Gl. (4-9a) folgende Beziehung

$$d(c_i\, \dot{V}) = \frac{v_i}{|v_k|}\, c_k^{ein}\, \dot{V}^{ein}\, dU_k \tag{7-3}$$

ausdrücken. Man erhält somit aus Gl. (7-2):

$$dV_R = q\,dz = c_k^{ein}\,\dot{V}^{ein}\,\frac{dU_k}{r\,|v_k|}. \tag{7-4}$$

Im Geschwindigkeitsausdruck $r\,|v_k|$ der Gl. (7-4) sind die Konzentrationen c_i nach Gl. (4-9a) auszudrücken durch

$$c_i = \frac{\dot{V}^{ein}}{\dot{V}}\left(c_i^{ein} + \frac{v_i}{|v_k|}\,c_k^{ein}\,U_k\right) = \frac{\varrho}{\varrho^{ein}}\left(c_i^{ein} + \frac{v_i}{|v_k|}\,c_k^{ein}\,U_k\right). \tag{7-5}$$

Wir wollen nun die *Wärmebilanz* des idealen Strömungsrohres formulieren. Wegen der für das ideale Strömungsrohr getroffenen Annahme a) verschwinden in der allgemeinen Gleichung für die Wärmebilanz (5-39) die Glieder

$$\partial\,(\varrho\,c_p\,T\,w_{rad})/\partial\,R \quad \text{und} \quad \lambda_{rad}\left[\frac{\partial^2 T}{\partial R^2} + \frac{1}{R}\,\frac{\partial T}{\partial R}\right],$$

ebenso wegen der Annahme b) der Ausdruck

$$\lambda_{ax}\,\frac{\partial^2 T}{\partial z^2}.$$

In der allgemeinen Wärmebilanz tritt kein Term für die durch die Wand (= Wärmeaustauschfläche) ab- oder zugeführte Wärmemenge auf; diese wird z. B. bei einem nicht idealen Strömungsrohr, in welchem radiale Temperaturgradienten auftreten, durch die radiale Randbedingung berücksichtigt. Beim idealen Strömungsrohr, in welchem aufgrund der Definition (s. o.) alle radialen Gradienten wegfallen, muß die Wärmezu- bzw. -abführung durch die Wand als entsprechender Term in die Wärmebilanz eingeschlossen werden. Die einem differentiellen Volumenelement $dV_R (= q\,dz)$ durch die differentielle Wandfläche (= Wärmeaustauschfläche) dA_W in der Zeiteinheit zu- oder daraus abgeführte Wärmemenge $d\dot{Q}$ ist nach Gl. (4-112):

$$d\dot{Q} = k_W\,(T_W - T)\,dA_W \tag{7-6}$$

bzw.

$$\frac{d\dot{Q}}{dV_R} = k_W\,(T_W - T)\,\frac{dA_W}{q\,dz} = \frac{k_W}{q}\,(A_W)_L\,(T_W - T) \tag{7-7}$$

(k_W = Wärmedurchgangskoeffizient, T_W = Temperatur des Heiz- bzw. Kühlmediums, T = Temperatur der Reaktionsmischung, $(A_W)_L = dA_W/dz$ = Wärmeaustauschfläche pro Einheit der Rohrlänge).

Damit lautet die Wärmebilanz für den *nicht stationären* Betriebszustand eines idealen Strömungsrohrs:

$$\frac{\partial(\varrho\, c_p\, T)}{\partial t} = - \frac{\partial(\varrho\, c_p\, T\, w_{ax})}{\partial z} + \frac{k_W\,(A_W)_L}{q}\,(T_W - T) + \sum_j r_j(-\Delta H_{Rj}). \quad (7\text{-}8)$$

Liegt ein *stationärer* Betriebszustand vor, so verschwindet die partielle Ableitung nach der Zeit und es gilt:

$$0 = - \frac{d(\varrho\, c_p\, T\, w_{ax})}{dz} + \frac{k_W\,(A_W)_L}{q}\,(T_W - T) + \sum_j r_j(-\Delta H_{Rj}). \quad (7\text{-}9)$$

Multipliziert man das erste Glied auf der rechten Seite der Gleichung im Zähler und Nenner mit dem Rohrquerschnitt q, so erhält man, da $w_{ax}\, q = \dot{V}$, $w_{ax}\, q\, \varrho = \dot{V}\, \varrho = \dot{m}_R = $ konst. und $q\, dz = dV_R$ ist, für die Wärmebilanz:

$$\frac{\dot{m}_R}{q}\,\frac{d(c_p\, T)}{dz} = \dot{m}_R\,\frac{d(c_p\, T)}{dV_R} = \frac{k_W\,(A_W)_L}{q}\,(T_W - T) + \sum_j r_j(-\Delta H_{Rj}). \quad (7\text{-}10)$$

Schließlich läßt sich dann, wenn nur eine stöchiometrisch unabhängige Reaktion stattfindet

$$\left[\sum_j r_j(-\Delta H_{Rj}) = r(-\Delta H_R) \right]$$

die Reaktionsgeschwindigkeit durch die aus Gl. (7-4) folgende Beziehung

$$r = \frac{c_k^{ein}\,\dot{V}^{ein}}{|v_k|}\,\frac{dU_k}{dV_R} \quad (7\text{-}11)$$

ausdrücken, und man erhält:

$$\dot{m}_R\,\frac{d(c_p\, T)}{dV_R} = \frac{k_W\,(A_W)_L}{q}\,(T_W - T) + c_k^{ein}\,\dot{V}^{ein}\,\frac{(-\Delta H_R)}{|v_k|}\,\frac{dU_k}{dV_R}. \quad (7\text{-}12)$$

Unsere Aufgabe wird nun darin bestehen, das *Volumen eines idealen Strömungsrohres* (= Reaktionsvolumen V_R) zu berechnen, welches erforderlich ist, um eine geforderte Produktionsleistung $\dot{n}_P^{aus}$ zu erzielen.

Der Zusammenhang zwischen der Produktionsleistung, den Parametern des Zulaufstroms und der Ausbeute an Produkt P ist durch Gl. (3-23) gegeben. Andererseits ergibt sich aus der Integration der Stoffbilanz(en) zusammen mit der Wärmebilanz eine Beziehung zwischen der Ausbeute, den Parametern des Zulaufstroms und dem Reaktionsvolumen. Läuft nur *eine* stöchiometrisch unabhängige Reaktion ab, so ist die Ausbeute A_P an einem Reaktionsprodukt P eindeutig mit dem Umsatz U_k einer Leitkomponente k verknüpft [Selektivität $S_P = 1$, $A_P = U_k$, s. Gl. (3-19)].

Bei der Integration der Stoffbilanz zusammen mit der Wärmebilanz wird sowohl die Art der Reaktionsführung (isotherm, adiabatisch, polytrop) als auch die Art der

Reaktion (z. B. einfache, reversible, Parallel-, Folgereaktion usw.) die Ausführung der Integration und deren Ergebnis beeinflussen, wie die folgenden Abschnitte zeigen werden.

7.2 Isotherme Reaktionsführung

Vollständig isotherme Reaktionsbedingungen liegen in einem idealen Strömungsrohr nur selten vor. Betragen jedoch die Temperaturunterschiede in der Reaktionsmischung nur wenige Grade, so kann man den Reaktionsablauf hinreichend genau als isotherm betrachten. Dieser Fall tritt in erster Linie bei langsam ablaufenden Reaktionen und bei solchen mit geringer Wärmetönung auf. Im übrigen setzt die isotherme Reaktionsführung voraus, daß die gesamte durch die Reaktion gebildete oder verbrauchte Wärmemenge, welche in jedem Volumenelement des Strömungsrohres verschieden ist, nach außen abgeführt bzw. von außen zugeführt wird. Bei isothermer Reaktionsführung ist die Wärmebilanz nur zur Berechnung des notwendigen Kühl- bzw. Heizbedarfs erforderlich.

Das *Reaktionsvolumen* V_R (= Reaktorvolumen), welches zur Erzielung eines bestimmten Umsatzes bzw. einer bestimmten Reaktandenkonzentration im Austragstrom des Strömungsrohrs erforderlich ist, erhält man aus der Integration der Stoffbilanz allein. So ergibt sich, wenn nur eine stöchiometrisch unabhängige Reaktion stattfindet, und auch für bestimmte Parallelreaktionen, aus Gl. (7-4):

$$\frac{V_R}{\dot{V}^{ein}} = c_k^{ein} \int_0^{U_k} \frac{dU_k}{r\,|v_k|}. \tag{7-13}$$

Im Geschwindigkeitsausdruck dieser Gleichung sind die Konzentrationen c_i durch die Beziehung nach Gl. (7-5) zu ersetzen. Ist die Dichte der Reaktionsmischung eine Funktion des Umsatzes, so führt man die Integration am besten graphisch aus, indem man $c_k^{ein}/r\,|v_k|$ als Funktion von U_k aufträgt. Die Fläche unter der Kurve zwischen 0 und U_k ist dann gleich $V_R/\dot{V}^{ein}$.

Für volumenbeständige Reaktionen ($\dot{V}$ = konst.) kann in der Differentialgleichung für die Stoffbilanz, Gl. (7-2), $\dot{V}$ (= $\dot{V}^{ein}$) vor das Differentialzeichen gesetzt werden, und man erhält dann durch Integration:

$$\frac{V_R}{\dot{V}^{ein}} = \int_{c_i^{ein}}^{c_i} \frac{dc_i}{\sum\limits_j r_j v_{ij}}. \tag{7-14}$$

Vergleicht man diese Gleichung mit der für den ideal durchmischten, isotherm betriebenen Satzreaktor bei volumenbeständigen Reaktionen geltenden Gl. (6-21), so sieht man, daß auf der rechten Seite in beiden Fällen dasselbe Integral auftritt. Man kann daher für volumenkonstante Reaktionen zur Berechnung des isotherm betriebenen idealen Strömungsrohrs die für den Satzreaktor gültigen, in Tabelle 6/1 aufgeführten Beziehungen verwenden, wenn man anstelle der Reaktionszeit t das

Verhältnis $V_R/\dot{V}^{ein}$ setzt. Auch die Betrachtungen und Gleichungen des Abschnitts 6.3.1 für die isotherme Reaktionsführung in einem ideal durchmischten Satzreaktor bei zusammengesetzten Reaktionen können, wenn diese volumenbeständig sind, auf das ideale Strömungsrohr übertragen werden.

Das Verhältnis $V_R/\dot{V}^{ein}$ in den Gln. (7-13) und (7-14) hat die Dimension einer Zeit. Diese entspricht der tatsächlichen *Verweilzeit* τ der Reaktionsmasse im Strömungsrohr nur dann, wenn

a) die Temperatur und der Druck im ganzen Reaktor konstant sind,
b) $\dot{V}^{ein}$ bei der Temperatur und dem Druck der Reaktionsmasse im Reaktor bestimmt ist, und
c) die Reaktion volumenbeständig ist.

Das Verhältnis des Volumenstroms am Eintritt in den Reaktor zum Reaktionsvolumen wird öfter, insbesondere in der angelsächsischen Literatur, als *space velocity* = S.V. (Raumbelastung) bezeichnet:

$$S.V. = \dot{V}^{ein}/V_R.$$

Allerdings wird der Volumenstrom bei Eintrittsbedingungen manchmal auf Normalbedingungen umgerechnet, wodurch Verwirrung entstehen kann, wenn die benutzte Definition für S.V. nicht präzisiert ist.

Die tatsächliche Verweilzeit τ der Reaktionsmischung im Strömungsrohr ergibt sich aus der Beziehung

$$\tau = \int_0^{V_R} \frac{dV_R}{\dot{V}} = c_k^{ein}\,\dot{V}^{ein} \int_0^{U_k} \frac{dU_k}{\dot{V}\,r|\nu_k|} = \frac{c_k^{ein}}{\varrho_{ein}} \int_0^{U_k} \varrho\,\frac{dU_k}{r|\nu_k|}. \qquad (7\text{-}15)$$

Beispiel 7.1: Für die kontinuierliche Herstellung von Butylacetat soll analog zu Beispiel 6.1 (diskontinuierliche Herstellung) mit den dort angegebenen Daten berechnet werden:

a) der Zulaufstrom $\dot{V}^{ein}$ für eine Produktionsleistung von $100\,kg/h = 862,1\,mol/h$ Butylacetat, wenn der Umsatz $U_A = U_k$ der Essigsäure 0,5 beträgt;
b) das Reaktionsvolumen V_R (= Reaktorvolumen) eines idealen Strömungsrohrs.

Lösung: Aus Gl. (3-23) erhält man ($S_P = 1$):

$$\dot{V}^{ein} = \frac{|\nu_k|}{\nu_P}\,\frac{\dot{n}_P^{aus}}{c_k^{ein}\,U_k} = \frac{1 \cdot 862,1}{1 \cdot (1,8 \cdot 10^3) \cdot 0,5} = 0,958 \quad [m^3/h].$$

Setzt man an Stelle der Reaktionszeit $t = 0,53\,h$ im Satzbetrieb (Beispiel 6.1) nun $V_R/\dot{V}^{ein} = 0,53\,h$, so ergibt sich mit dem Zulaufstrom $\dot{V}^{ein} = 0,958\,m^3/h$ das Reaktorvolumen $V_R = 0,53 \cdot 0,958 = 0,508\,m^3$.

Verläuft eine Reaktion in einem Strömungsrohr unter *Volumenänderung,* so wirkt sich diese sowohl auf den Volumenstrom aus, als auch – neben der chemischen Reaktion selbst – auf die Konzentrationen der Reaktionskomponenten.

Ist die Volumenänderung nur gering und steht diese nicht unmittelbar mit der Änderung der Stoffmenge in Verbindung, z. B. bei Reaktionen in flüssiger Phase, so kann man das für einen bestimmten Umsatz erforderliche Volumen des Strömungsrohrs am einfachsten aus der im Satzbetrieb bestimmten Dichteänderung während der Reaktion berechnen. Voraussetzung dabei ist, daß die Reaktionsbedingungen (Temperatur und Anfangs- bzw. Eintrittskonzentration) im Strömungsrohr und im Satzbetrieb dieselben sind. Aus den beiden Gln. (6-9) und (7-4) folgt mit $c_k^0 = c_k^{ein}$:

$$\frac{dV_R}{\dot{V}^{ein}} = \frac{\varrho^0}{\varrho(t)}\, dt \qquad\qquad (7\text{-}16)$$

und nach Integration

$$\frac{V_R}{\dot{V}^{ein}} = \varrho^0 \int_0^t \frac{dt}{\varrho(t)}. \qquad\qquad (7\text{-}17)$$

ϱ^0 ist die Anfangsdichte, $\varrho(t)$ die mit der Reaktionszeit sich ändernde Dichte der Reaktionsmischung. Als obere Integrationsgrenze ist die Reaktionsdauer t einzusetzen, welche zur Erzielung des geforderten Umsatzes im Satzbetrieb erforderlich ist. Die Integration erfolgt am besten graphisch, indem man $\varrho^0/\varrho(t)$ als Funktion der Zeit aufträgt. Die Fläche unter der Kurve zwischen $t=0$ und $t=t$ ergibt dann unmittelbar $V_R/\dot{V}^{ein}$.

Bei Gasreaktionen steht die Änderung des Volumens in direktem Zusammenhang mit der Änderung der Stoffmenge. Ist für eine Reaktion in der Gasphase, z. B.

$$|v_A|\, A + \ldots \rightarrow |v_P|\, P + \ldots \qquad\qquad (7\text{-}18)$$

die Geschwindigkeitsgleichung

$$r = k\, c_A, \qquad\qquad (7\text{-}19)$$

so ersetzt man darin zweckmäßig die Konzentration des Reaktionspartners A durch die aus dem idealen Gasgesetz folgende Beziehung

$$c_A = x_A\, \frac{p}{RT} \qquad\qquad (7\text{-}20)$$

(p = Gesamtdruck, T = thermodynamische Temperatur, R = Gaskonstante).
Dabei gilt für x_A nach Gl. (4-16)

$$x_A = \frac{x_A^{ein}(1 - U_A)}{1 + \dfrac{\sum_i v_i}{|v_A|}\, x_A^{ein} U_A} \qquad \text{(Leitkomponente } k = A). \qquad\qquad (7\text{-}21)$$

Durch Einsetzen der Gln. (7-19) bis (7-21) in Gl. (7-13) erhält man bei isothermer Reaktionsführung

$$V_R = \frac{\dot{n}_A^{ein}}{k\,|v_A|\,x_A^{ein}} \left(\frac{RT}{p}\right) \int_0^{U_A} \frac{1 + \dfrac{\sum\limits_i v_i}{|v_A|}\,x_A^{ein}\,U_A}{(1 - U_A)}\,dU_A \tag{7-22}$$

und nach Integration

$$V_R = \frac{\dot{n}_A^{ein}}{k\,|v_A|\,x_A^{ein}} \left(\frac{RT}{p}\right) \left[\left(1 + \frac{\sum\limits_i v_i}{|v_A|}\,x_A^{ein}\right) \ln\frac{1}{1 - U_A} - \frac{\sum\limits_i v_i}{|v_A|}\,x_A^{ein}\,U_A\right]. \tag{7-23}$$

In analoger Weise ergibt sich für eine Reaktion

$$|v_A|\,A + \ldots \rightarrow |v_P|\,P + \ldots \tag{7-24}$$

mit dem Geschwindigkeitsausdruck

$$r = k\,c_A^2 \tag{7-25}$$

folgende Beziehung:

$$V_R = \frac{\dot{n}_A^{ein}}{k\,|v_A|\,x_A^{ein2}} \left(\frac{RT}{p}\right)^2 \left[\frac{U_A}{1 - U_A}\left(1 + \frac{\sum\limits_i v_i}{|v_A|}\,x_A^{ein}\right)^2 + \right.$$
$$\left. + \left(\frac{\sum\limits_i v_i}{|v_A|}\,x_A^{ein}\right)^2 U_A + 2\frac{\sum\limits_i v_i}{|v_A|}\,x_A^{ein}\left(1 + \frac{\sum\limits_i v_i}{|v_A|}\,x_A^{ein}\right)\cdot \ln(1 - U_A)\right]. \tag{7-26}$$

7.2.1 Auswertung von Ergebnissen in Labor-Strömungsrohren

Strömungsrohr-Reaktoren werden sowohl im Laboratoriumsmaßstab (z. B. für Gasreaktionen) als auch im großtechnischen Maßstab verwendet. Im einen Fall, um eine Gleichung für die Reaktionsgeschwindigkeit zu erhalten, im anderen Fall, um ein gewünschtes Produkt herzustellen.

Laborreaktor und großtechnischer Reaktor unterscheiden sich insofern, als es im Laborreaktor möglich ist, unter nahezu isothermen Bedingungen und bei nahezu konstanter Zusammensetzung, d. h. geringem Umsatz, zu arbeiten; im großtechnischen Reaktor kann es möglich sein, isotherme Bedingungen anzunähern, nicht jedoch eine fast konstante Zusammensetzung, da dies einer Produktion widersprechen würde.

Ist der Laborreaktor klein genug, so ist die Änderung der Zusammensetzung der Reaktionsmasse beim Durchströmen des Reaktors gering. Im allgemeinen können auch die Bedingungen für den Wärmeübergang so gestaltet werden, daß die Temperaturänderung ebenfalls gering ist. Da Zusammensetzung und Temperatur die Reaktionsgeschwindigkeit bestimmen, ist auch letztere im ganzen Reaktor nahezu konstant. Es wird also praktisch eine Reaktionsgeschwindigkeit $\bar{r}_i$ gemessen, welche der mittleren Zusammensetzung und Temperatur im Reaktor entspricht. Ein derartiger Reaktor wird als *Differentialreaktor* bezeichnet. Für diesen kann man nach Gl. (7-2) mit $\sum\limits_{j} r_j \nu_{ij} = r_i$ schreiben:

$$\bar{r}_i = \frac{\Delta (c_i \dot{V})}{\Delta V_R} = \frac{\Delta \dot{n}_i}{\Delta V_R} = \frac{\dot{n}_i^{aus} - \dot{n}_i^{ein}}{\Delta V_R} . \tag{7-27}$$

Beispiel 7.2 [1]: Die homogene Reaktion zwischen Schwefeldampf und Methan zu Schwefelkohlenstoff wurde in einem Rohrreaktor von 35,2 cm^3 Volumen untersucht. Bei 600 °C und 1,01325 bar wurden 0,6 g CS$_2$ pro Stunde (=0,0079 mol/h) erhalten. Der Stoffmengenstrom des Schwefeldampfes (angenommen als S$_2$) am Eintritt in den Reaktor betrug 0,238 mol/h, der Stoffmengenstrom des Methans 0,119 mol/h. Die Reaktionsgeschwindigkeit für die Reaktion

$$CH_4 + 2 S_2 \rightarrow CS_2 + 2 H_2S$$

kann durch das Zeitgesetz zweiter Ordnung

$$r = k \, p_{CH_4} p_{S_2} = k \, x_{CH_4} x_{S_2} p^2 = k \, x_{CH_4} x_{S_2} (1,01325)^2$$

ausgedrückt werden (p_i = Partialdrücke in bar, x_i = Molenbrüche). Es soll die Reaktionsgeschwindigkeitskonstante k berechnet werden

a)   unter Verwendung der Gl. (7-13), d. h. durch Integration der Stoffbilanz (Integralreaktor),
b)   unter der Annahme, daß der Laborreaktor als Differentialreaktor betrachtet werden kann, d. h. nach Gl. (7-27).

Lösung: a) Der Umsatz sei auf CH$_4$ bezogen. Dann lautet Gl. (7-13) mit $\dot{V}^{ein} c_k^{ein} = \dot{n}_k^{ein}$:

$$\frac{V_R}{\dot{n}_{CH_4}^{ein}} = \int\limits_{0}^{U_{CH_4}} \frac{dU_{CH_4}}{|r_{CH_4}|} . \tag{a}$$

Für die x_i folgt aus den Gln. (4-8) und (4-14), da $\sum\limits_{i} \nu_i = 0$ ist:

$$x_i = \frac{\dot{n}_i}{\sum\limits_{i} \dot{n}_i} = \frac{\dot{n}_i^{ein} + \dfrac{\nu_i}{|\nu_K|} \dot{n}_K^{ein} U_K}{\sum\limits_{i} \dot{n}_i^{ein}} .$$

Da $\nu_{CH_4} = -1$, $\nu_{S_2} = -2$, ist

$$x_{CH_4} = \frac{0,119 (1 - U_{CH_4})}{0,357} ;$$

$$x_{S_2} = \frac{0,238 - 2 \cdot 0,119 \, U_{CH_4}}{0,357} = \frac{0,238 (1 - U_{CH_4})}{0,357} .$$

Dann ist

$$|r_{CH_4}| = r \cdot |v_{CH_4}| = k \cdot \frac{0{,}119 \cdot 0{,}238 \cdot 1{,}0267\,(1 - U_{CH_4})^2}{0{,}357^2} = \frac{k}{4{,}383}\,(1 - U_{CH_4})^2.$$

Setzt man den Ausdruck für $|r_{CH_4}|$ in Gl. (a) ein, so erhält man:

$$\frac{V_R}{\dot{n}_{CH_4}^{ein}} = \frac{4{,}383}{k} \int_0^{U_{CH_4}} \frac{dU_{CH_4}}{(1 - U_{CH_4})^2} = \frac{4{,}383}{k}\,\frac{U_{CH_4}}{(1 - U_{CH_4})}. \tag{b}$$

Der Umsatz U_{CH_4} ergibt sich aus

$$\dot{n}_{CS_2} = \frac{v_{CS_2}}{|v_{CH_4}|}\,\dot{n}_{CH_4}^{ein}\,U_{CH_4} \quad \text{zu}$$

$$U_{CH_4} = \frac{\dot{n}_{CS_2}}{\dot{n}_{CH_4}^{ein}} = \frac{0{,}0079}{0{,}119} = 0{,}0665. \tag{c}$$

Somit ist nach Gl. (b)

$$k = \frac{4{,}383 \cdot \dot{n}_{CH_4}^{ein}\,U_{CH_4}}{V_R\,(1 - U_{CH_4})} = \frac{4{,}383 \cdot 0{,}119 \cdot 0{,}0665}{35{,}2 \cdot (1 - 0{,}0665)} = 1{,}056 \cdot 10^{-3} \left[\frac{mol}{cm^3 \cdot bar^2 \cdot h}\right].$$

b) Für einen Differentialreaktor gilt nach Gl. (7-27):

$$\bar{r}_{CH_4} = \frac{\dot{n}_{CH_4}^{aus} - \dot{n}_{CH_4}^{ein}}{\Delta V_R} = \frac{-\dot{n}_{CH_4}^{ein}\,U_{CH_4}}{\Delta V_R} = -\frac{0{,}119 \cdot 0{,}0665}{35{,}2} = -2{,}24 \cdot 10^{-4} \left[\frac{mol}{cm^3 \cdot h}\right]$$

$$|\bar{r}_{CH_4}| = k\,\bar{p}_{CH_4}\,\bar{p}_{S_2} = k\,\bar{x}_{CH_4}\,\bar{x}_{S_2} \cdot 1{,}0267 \ \ [mol/cm^3 \cdot h].$$

Die mittleren Stoffmengenströme sind

$$\bar{n}_{CS_2} = 0 + \frac{0{,}0079}{2} = 0{,}00395 \ \ [mol/h]$$

$$\bar{n}_{S_2} = 0{,}238 - \frac{2 \cdot 0{,}0079}{2} = 0{,}230 \ \ [mol/h]$$

$$\bar{n}_{CH_4} = 0{,}119 - \frac{0{,}0079}{2} = 0{,}115 \ \ [mol/h]$$

$$\bar{n}_{H_2S} = 0 + \frac{2 \cdot 0{,}0079}{2} = 0{,}0079 \ \ [mol/h] \quad \text{und}$$

$$\overline{\sum_i \dot{n}_i} = 0{,}357 \ \ [mol/h].$$

Daraus folgt

$$\bar{x}_{CH_4} = 0{,}322, \quad \bar{x}_{S_2} = 0{,}645 \quad \text{und}$$

$$k = \frac{|\bar{r}_{CH_4}|}{\bar{x}_{CH_4} \cdot \bar{x}_{S_2} \cdot 1{,}0267} = \frac{2{,}24 \cdot 10^{-4}}{0{,}322 \cdot 0{,}645 \cdot 1{,}0267} = 1{,}050 \cdot 10^{-3} \ \ [mol/(cm^3 \cdot bar^2 \cdot h)]$$

Dieses Ergebnis stimmt mit demjenigen aus a) annähernd überein und deshalb kann das Laborströmungsrohr als Differentialreaktor betrachtet werden.

Wollte man noch die Aktivierungsenergie für die Reaktion ermitteln, so müßten die Versuche und entsprechende Berechnungen für k bei verschiedenen Temperaturen durchgeführt werden. Mit Hilfe von Gl. (4-178) könnten dann der Frequenzfaktor und die Aktivierungsenergie berechnet werden.

7.3 Nicht-isotherme Reaktionsführung

Bei kontinuierlich betriebenen Reaktoren gelingt die Realisierung isothermer Reaktionsbedingungen einfach durch vollkommene Rückvermischung der Reaktionsmasse (kontinuierlicher Idealkessel, siehe Kapitel 8). Beim Strömungsrohr dagegen macht die Temperaturlenkung zur Einstellung streng isothermer Reaktionsbedingungen die gleichen Schwierigkeiten wie beim Satzreaktor (s. 6.4). Man arbeitet deshalb bevorzugt adiabatisch oder polytrop.

7.3.1 Adiabatische Reaktionsführung

Von einer adiabatischen Reaktionsführung im eigentlichen Sinn kann man nur beim Satzreaktor sprechen. Bei den kontinuierlich betriebenen Reaktoren haben ja die Zulauf- und Austragströme praktisch stets verschiedene Temperaturen und damit verschiedene Wärmeinhalte; dem Reaktor wird damit fortlaufend Wärme zugeführt bzw. es wird aus dem Reaktor Wärme abgeführt. Trotzdem spricht man beim Fließbetrieb noch von einer adiabatischen Reaktionsführung, so lange keine Wärmeübertragung zwischen der Reaktionsmasse und einem besonderen Wärmeträger stattfindet. Bei adiabatischer Reaktionsführung entfällt daher in den verschiedenen Formulierungen der Wärmebilanz, Gln. (7-8) bis (7-10) und (7-12), das Glied $k_W (A_W)_L (T_W - T)/q$. Nehmen wir an, daß nur eine stöchiometrisch unabhängige Reaktion stattfinde und daß die spezifische Wärmekapazität c_p unabhängig von der Zusammensetzung und der Temperatur der Reaktionsmasse sei ($c_p = c_p^{ein}$), so erhält man aus Gl. (7-12):

$$dT = \frac{c_k^{ein} \dot{V}^{ein}}{\dot{m}_R c_p^{ein}} \frac{(-\Delta H_R)}{|v_k|} dU_k. \tag{7-28}$$

Daraus folgt durch Integration (unter Vernachlässigung der Temperaturabhängigkeit von ΔH_R):

$$T = T^{ein} + \frac{c_k^{ein} \dot{V}^{ein}}{\dot{m}_R c_p^{ein}} \frac{(-\Delta H_R)}{|v_k|} U_k = T^{ein} + \Delta T_{ad} U_k; \tag{7-29}$$

dabei ist

$$\Delta T_{ad} = \frac{c_k^{ein} \dot{V}^{ein}}{\dot{m}_R c_p^{ein}} \frac{(-\Delta H_R)}{|v_k|} \tag{7-29a}$$

die maximale Temperaturänderung der Reaktionsmischung bei vollständigem Umsatz ($U_k = 1$) und adiabatischer Reaktionsführung.

Nach Gl. (7-29) ist die *Reaktionstemperatur* linear vom Umsatz abhängig. Die *Stoffbilanz* des idealen Strömungsrohrs ist nun unter Berücksichtigung von Gl. (7-29) zu integrieren, wobei das für einen bestimmten geforderten Umsatz U_k benötigte Reaktionsvolumen V_R (=Reaktorvolumen) erhalten wird. Die Auswertung ist vollständig analog derjenigen beim adiabatischen Satzreaktor (Abschnitt 6.4.1); sie erfolgt am besten graphisch.

Man zeichnet zuerst in einem Schaubild die Gerade $T = f(U_k)$ nach Gl. (7-29). Daraus kann man verschiedene, jeweils zusammengehörende Werte von T und U_k ablesen. Diese Werte werden zur Ermittlung von $r|v_k|$ in der Stoffbilanz, Gl. (7-13), benutzt, und zwar T zur Berechnung der Geschwindigkeitskonstante, der dazugehörende Umsatz U_k zur Berechnung der Konzentrationen nach Gl. (7-5). Nun trägt man $c_k^{ein} \dot{V}^{ein}/r|v_k|$ in Abhängigkeit von U_k auf. Das Reaktionsvolumen V_R, welches zur Erreichung eines bestimmten Umsatzes U_k benötigt wird, erhält man dann als Fläche zwischen der Kurve und der Abszissenachse zwischen den Abszissenwerten 0 und U_k.

Bei zusammengesetzten Reaktionen müssen die Stoff- und Wärmebilanzen simultan schrittweise gelöst werden. Die Methode ist dabei prinzipiell dieselbe, welche in Beispiel 7.3 für Parallelreaktionen bei polytroper Reaktionsführung erläutert wird; nur entfällt bei adiabatischer Reaktionsführung in der Wärmebilanz, Gl. (7-31), der Term $k_W (A_W)_L (T_W - T) dz$. Das Ergebnis (Umsatz- und Temperaturverlauf längs des Strömungsrohrs) einer solchen schrittweisen simultanen Lösung der Bilanzgleichungen ist in den Abb. 7-1 und 7-2 für zwei Parallelreaktionen dargestellt.

7.3.2 Polytrope Reaktionsführung

Erfolgt die Reaktionsführung polytrop, d. h. weder isotherm noch adiabatisch, so muß die simultane Lösung der Differentialgleichungen für die Stoff- und Wärmebilanzen schrittweise durchgeführt werden. Als Ergebnis erhält man den Konzentrations- und Temperaturverlauf der Reaktionsmasse als Funktion des Reaktorvolumens. Die simultane Lösung der Stoff- und Wärmebilanzen für ein nicht isothermes, gekühltes ideales Strömungsrohr wird in Beispiel 7.3 für den Fall zweier Parallelreaktionen erläutert.

Wird die Leitkomponente k nach mehreren Reaktionen umgesetzt, so ist eine Stoffbilanz für jede dieser Reaktionen anzusetzen. Man erhält so aus Gl. (7-4):

$$q \, dz = c_k^{ein} \dot{V}^{ein} \frac{dU_{kj}}{r_j |v_{kj}|} = \dot{n}_k^{ein} \frac{dU_{kj}}{r_j |v_{kj}|}, \qquad (7\text{-}30)$$

wobei U_{kj} den Umsatz von k, r_j die Äquivalent-Reaktionsgeschwindigkeit, v_{kj} die stöchiometrische Zahl von k für die Reaktion mit der Nummer j ($= 1, 2, \ldots$) bedeuten.

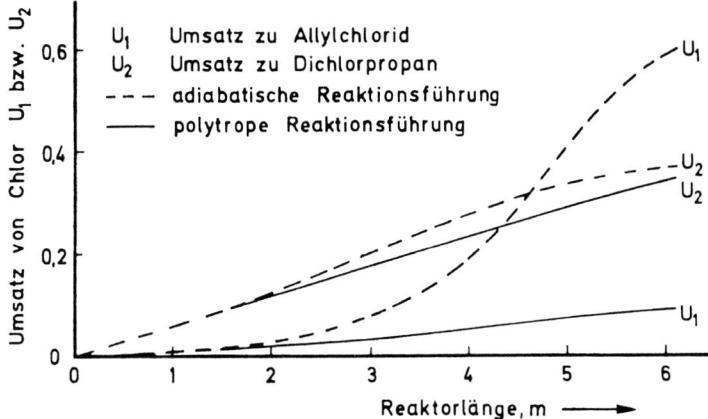

Abb. 7-1. Umsatzkurven für die Allylchlorid-Herstellung in einem idealen Strömungsrohr (Beispiel 7.3)

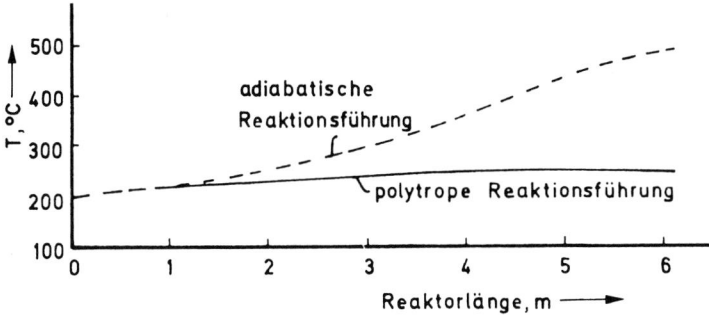

Abb. 7-2. Temperaturprofile für die Allylchlorid-Herstellung in einem idealen Strömungsrohr (Beispiel 7.3)

Ist die spezifische Wärmekapazität c_p der Reaktionsmasse konstant bzw. für jedes Volumenelement durch ihren Mittelwert gegeben, so folgt aus Gl. (7-10) für die Wärmebilanz:

$$\dot{m}_R \, c_p \, dT = k_W \, (A_W)_L \, (T_W - T) \, dz + q \left(\sum_j r_j (-\Delta H_{Rj}) \right) dz. \qquad (7-31)$$

Beispiel 7.3 [2]: Es soll ein Strömungsrohr für die *Herstellung von Allylchlorid* durch Chlorierung von Propylen berechnet werden. Im Zulauf soll das Stoffmengenverhältnis von Propylen zu Chlor 4:1 betragen. Propylen und Chlor werden getrennt auf 200 °C aufgeheizt und am Reaktoreintritt gemischt. Der Reaktor bestehe aus einem Rohr mit einem Innendurchmesser von 5,08 cm. Der Reaktor sei von einem Mantel mit siedendem Ethylenglykol als Kühlmedium umgeben, so daß die Temperatur der Innenwand konstant 200 °C beträgt. Bei der Chlorierung von Propylen laufen hauptsächlich drei Parallel- bzw. Folgereaktionen ab:

(1) Bildung von Allylchlorid

$$Cl_2 + C_3H_6 \rightarrow CH_2 = CH-CH_2Cl + HCl$$

(2) Bildung von 1,2-Dichlorpropan

$$Cl_2 + C_3H_6 \rightarrow CH_2Cl-CHCl-CH_3$$

(3) Weiterchlorierung von Allylchlorid zu 1,3-Dichlorpropen

$$Cl_2 + CH_2 = CH-CH_2Cl \rightarrow CHCl = CH-CH_2Cl + HCl.$$

Um die Rechnung zu vereinfachen, sollen nur die beiden ersten, parallel ablaufenden Reaktionen betrachtet werden.

Für einen Druck von 2,0265 bar ist der Umsatz von Chlor nach den Reaktionen (1) und (2) als Funktion der Reaktorlänge zu berechnen. Der Zulaufstrom von Propylen sei $8,576 \cdot 10^{-2}$ mol/s, von Cl_2 $2,144 \cdot 10^{-2}$ mol/s.

Weitere benötigte Daten:

Reaktionsgeschwindigkeiten:

$$\text{Reaktion 1: } r_1 = 8,936 \cdot 10^5 \, e^{-63266/RT} \, p_{C_3H_6} \cdot p_{Cl_2} \quad [\text{mol}/(s \cdot m^3)] \tag{a}$$

$$\text{Reaktion 2: } r_2 = 50,752 \, e^{-15956/RT} \, p_{C_3H_6} \cdot p_{Cl_2} \quad [\text{mol}/(s \cdot m^3)] \tag{b}$$

($p_{C_3H_6}$, p_{Cl_2} = Partialdrücke von Propylen bzw. Cl_2 [bar]; T = Temperatur [K])

Reaktionsenthalpien bei 82 °C:

Reaktion 1: $(-\Delta H_{R1}) = 111790$ J/mol
Reaktion 2: $(-\Delta H_{R2}) = 184220$ J/mol

Molare Wärmekapazitäten in $J/(mol \cdot K)$

Propylen (g)	105,9
Chlor (g)	36,0
Chlorwasserstoff (g)	30,1
Allylchlorid (g)	117,2
Dichlorpropan (g)	128,5

Wärmedurchgangskoeffizient k_W: 28,38 $W/(m^2 \cdot K)$

Lösung: Die Stoffbilanzen und die Wärmebilanz müssen durch ein numerisches Verfahren schrittweise gelöst werden. Da der Umsatz des Chlors nach jeder der beiden Reaktionen U_1 bzw. U_2 als Funktion der Reaktorlänge gesucht ist, muß für jede Reaktion die Stoffbilanz getrennt angeschrieben werden. (Der Index „Cl" ist der Einfachheit halber beim Umsatz weggelassen.)

Die Stoffbilanz des Chlors lautet nach Gl. (7-30) für die Reaktionen 1 und 2 in Differenzenform ($|\nu_{Cl1}| = |\nu_{Cl2}| = 1$):

$$\Delta U_1 = \bar{r}_1 \cdot \frac{q}{\dot{n}_{Cl}^{ein}} \cdot \Delta z, \tag{c}$$

$$\Delta U_2 = \bar{r}_2 \cdot \frac{q}{\dot{n}_{Cl}^{ein}} \cdot \Delta z, \tag{d}$$

wobei $\bar{r}_1$ und $\bar{r}_2$ die mittleren Reaktionsgeschwindigkeiten in Δz sind.
Die Energiebilanz, Gl. (7-31), lautet in Differenzenform

$$\sum_i (\dot{m}_i c_{pi}) \Delta T = \sum_i (\dot{n}_i c_{pi}) \Delta T = [\bar{r}_1(-\Delta H_{R1}) + \bar{r}_2(-\Delta H_{R2})] q \Delta z +$$
$$+ k_W (A_W)_L (T_W - T) \Delta z. \tag{e}$$

In die Gln. (c) und (d) sind die entsprechenden Geschwindigkeitsausdrücke, Gln. (a) und (b), einzusetzen, wobei die Partialdrücke $p_i = x_i p$ als Funktion der Umsätze auszudrücken sind. Für die Molenbrüche x_i gilt für die beiden Reaktionsgleichungen 1 und 2 nach Gl. (4-19):

$$x_{Cl} = \frac{x_{Cl}^{ein}(1 - U_1 - U_2)}{1 - x_{Cl}^{ein} U_2}; \tag{f}$$

$$x_{C_3H_6} = \frac{x_{C_3H_6}^{ein} - x_{Cl}^{ein}(U_1 + U_2)}{1 - x_{Cl}^{ein} U_2}; \tag{g}$$

$$x_{Allylchl.} = \frac{x_{Cl}^{ein} U_1}{1 - x_{Cl}^{ein} U_2}; \tag{h}$$

$$x_{HCl} = \frac{x_{Cl}^{ein} U_1}{1 - x_{Cl}^{ein} U_2}; \tag{i}$$

$$x_{Dichlorprop.} = \frac{x_{Cl}^{ein} U_2}{1 - x_{Cl}^{ein} U_2}. \tag{j}$$

Damit ist bei einem Gesamtdruck von 2,0265 bar ($x_{Cl}^{ein} = 0,2$; $x_{C_3H_6}^{ein} = 0,8$):

$$p_{Cl} = \frac{2,0265 \cdot 0,2(1 - U_1 - U_2)}{1 - 0,2 U_2} \text{ [bar]}, \tag{k}$$

$$p_{C_3H_6} = \frac{2,0265(0,8 - 0,2 U_1 - 0,2 U_2)}{1 - 0,2 U_2} \text{ [bar]} \tag{l}$$

und die Geschwindigkeitsgleichungen lauten

$$r_1 = 1,4679 \cdot 10^5 \cdot e^{-7609/T} \frac{(1 - U_1 - U_2)(4 - U_1 - U_2)}{(1 - 0,2 U_2)^2} \text{ [mol/(s·m}^3\text{)]}, \tag{m}$$

$$r_2 = 8,3369 \cdot e^{-1919/T} \frac{(1 - U_1 - U_2)(4 - U_1 - U_2)}{(1 - 0,2 U_2)^2} \text{ [mol/(s·m}^3\text{)]}. \tag{n}$$

Die stufenweise Lösung wird nun folgendermaßen durchgeführt:

1) Ausgehend von der Eintrittstemperatur T^{ein} wählt man ein kleines Temperaturintervall ΔT_1; die mittlere Temperatur in dem ersten Intervall ist $\bar{T}_1 = T_1^{ein} + \Delta T_1/2$. Je kleiner ΔT_1 gewählt wird, umso genauer wird die Lösung.
2) Eine erste Abschätzung der Reaktionsgeschwindigkeiten $(r_1)_1$ und $(r_2)_1$ im ersten Temperaturintervall erhält man aus den Gln. (m) und (n) mit $\bar{T}_1$ und den Zulaufkonzentrationen, d. h. den Zulaufumsätzen $U_1 = U_2 = 0$.
3) Mit den so erhaltenen Werten $(r_1)_1$ und $(r_2)_1$ und dem Eintrittswert für $\sum_i \dot{n}_i C_{pi}$ gelangt man mit Hilfe der Wärmebilanz, Gl. (e), zu einer ersten Abschätzung von Δz_1 für das erste Temperaturintervall.

4) Dieser Wert von Δz_1 sowie die ersten Näherungswerte $(r_1)_1$ und $(r_2)_1$ werden dazu benutzt, um nach den Gln. (c) und (d) erste Näherungswerte für die Umsätze $(\Delta U_1)_1$ und $(\Delta U_2)_1$ im ersten Intervall zu berechnen.

5) Mit $(\Delta U_1)_1$ und $(\Delta U_2)_1$ sowie $T_1^{aus} = T_1^{ein} + \Delta T_1$ kann man nach den Gln. (m) und (n) genauere Werte für $(r_1)_1^{aus}$ und $(r_2)_1^{aus}$ am Ende des ersten Intervalls erhalten. Andererseits berechnet man mit T_1^{ein} sowie $U_1 = U_2 = 0$ die Reaktionsgeschwindigkeiten $(r_1)_1^{ein}$ und $(r_2)_1^{ein}$ nach den Gln. (m) und (n). Durch arithmetische Mittelung der Reaktionsgeschwindigkeiten am Anfang und Ende des ersten Intervalls erhält man Mittelwerte $(\bar{r}_1)_1$ und $(\bar{r}_2)_1$ für das erste Intervall.

6) Die ersten Näherungswerte für $(\Delta U_1)_1$ und $(\Delta U_2)_1$ werden nun dazu benutzt, $\left(\sum\limits_{i} \dot{n}_i C_{pi} \right)_1^{aus}$ am Ende des ersten Intervalls zu berechnen. Durch arithmetische Mittelung mit dem Eintrittswert $\left(\sum\limits_{i} \dot{n}_i C_{pi} \right)_1^{ein}$ ergibt sich ein Mittelwert $\left(\overline{\sum\limits_{i} \dot{n}_i C_{pi}} \right)_1$ für das erste Intervall.

7) Mit dem Mittelwert $\left(\overline{\sum\limits_{i} \dot{n}_i C_{pi}} \right)_1$, ΔT_1 sowie $(\bar{r}_1)_1$ und $(\bar{r}_2)_1$ wird nach Gl. (e) ein genauerer Wert für Δz_1 erhalten; damit kann man nach den Gln. (c) und (d) bessere Werte für $(\Delta U_1)_1$ und $(\Delta U_2)_1$ berechnen.

Dieser Vorgang wird so lange wiederholt, bis der Unterschied zweier aufeinanderfolgender Näherungen innerhalb der geforderten Genauigkeitsgrenzen liegt. Dann wählt man das nächste Temperaturintervall und führt für dieses dieselben Rechenschritte durch. Der Rechenvorgang soll durch Ausführung der numerischen Berechnungen für die ersten beiden Temperaturintervalle gezeigt werden.

1) Wahl des ersten Temperaturintervalls $\Delta T_1 = 20$ K. Mittlere Temperatur $\bar{T}_1 = (273 + 200 + 10) = 483$ K;

2) Erste Abschätzung von $(r_1)_1$ und $(r_2)_1$ für das erste Temperaturintervall

$$(r_1)_1 = 1{,}4679 \cdot 10^5 \cdot e^{-7609/483} \cdot 4 = 8{,}4537 \cdot 10^{-2} \ \text{mol/(s} \cdot \text{m}^3),$$

$$(r_2)_1 = 8{,}3369 \cdot e^{-1919/483} \cdot 4 = 0{,}6274 \ \text{mol/(s} \cdot \text{m}^3);$$

3) Berechnung von Δz_1 aus Gl. (e).
    Da im ersten Intervall der Umsatz gering ist, nehmen wir $\sum\limits_{i} (\dot{n}_i C_{pi})^{ein}$ des Zulaufs:

$$\sum\limits_{i} (\dot{n}_i C_{pi})^{ein} = 2{,}144 \cdot 10^{-2} \cdot 36{,}0 + 8{,}76 \cdot 10^{-2} \cdot 105{,}9 = 9{,}854 \ \text{W/K},$$

$$q = \frac{(5{,}08 \cdot 10^{-2})^2 \cdot \pi}{4} = 2{,}0268 \cdot 10^{-3} \ \text{m}^2,$$

$$(A_W)_L = \frac{5{,}08 \cdot 10^{-2} \cdot \pi \cdot L}{L} = 0{,}1596 \ \frac{\text{m}^2}{\text{m}},$$

$$k_W = 28{,}38 \ \text{W/(m}^2 \cdot \text{K}).$$

Somit ist nach Gl. (e):

$$9{,}854 \cdot 20 = (8{,}4537 \cdot 10^{-2} \cdot 111790 + 0{,}6274 \cdot 184220) \cdot 2{,}0268 \cdot 10^{-3} \cdot \Delta z_1$$
$$+ 28{,}38 \cdot 0{,}1596 \, (200 - 210) \cdot \Delta z_1.$$

Daraus ergibt sich:

$\Delta z_1 = 0,947$ m.

4) Mit Hilfe der Gln. (c) und (d) sowie der Werte für $(r_1)_1$, $(r_2)_1$ aus 2) und Δz_1 aus 3) erhält man

$$(\Delta U_1)_1 = 8,4537 \cdot 10^{-2} \cdot \frac{2,0268 \cdot 10^{-3}}{2,144 \cdot 10^{-2}} \cdot 0,947 = 7,568 \cdot 10^{-3},$$

$$(\Delta U_2)_1 = 0,6274 \cdot \frac{2,0268 \cdot 10^{-3}}{2,144 \cdot 10^{-2}} \cdot 0,947 = 5,6167 \cdot 10^{-2}.$$

5) Am Ende des ersten Temperaturintervalls ist $T_1 = 493$ K und

$$(r_1)_1^{aus} = 1,4679 \cdot 10^5 \cdot e^{-15,43408} \cdot \frac{(1 - 0,00757 - 0,05617)(4 - 0,00757 - 0,05617)}{(1 - 0,2 \cdot 0,05617)^2} =$$

$$= 1,0966 \cdot 10^{-1} \text{ mol/(s} \cdot \text{m}^3),$$

$$(r_2)_1^{aus} = 8,3369 \cdot e^{-3,89249} \cdot \frac{(1 - 4,4385 \cdot 10^{-2})(4 - 4,4385 \cdot 10^{-2})}{(0,99218)^2} = 0,64093 \text{ mol/(s} \cdot \text{m}^3).$$

Am Beginn des ersten Temperaturintervalls ist $T_1 = 473$ K und

$$(r_1)_1^{ein} = 1,4679 \cdot 10^5 \cdot e^{-16,08668} \cdot 4 = 6,0590 \cdot 10^{-2} \text{ mol/(s} \cdot \text{m}^3),$$

$$(r_2)_1^{ein} = 8,3369 \cdot e^{-4,05708} \cdot 4 = 0,57690 \text{ mol/(s} \cdot \text{m}^3).$$

Daraus folgen die Mittelwerte:

$$(\bar{r}_1)_1 = \frac{6,059 + 10,966}{2} \cdot 10^{-2} = 8,5125 \cdot 10^{-2} \text{ mol/(s} \cdot \text{m}^3),$$

$$(\bar{r}_2)_1 = \frac{0,57690 + 0,64093}{2} = 0,60892 \text{ mol/(s} \cdot \text{m}^3).$$

6) Mit den Werten $(\Delta U_1)_1 = (U_1)_1$ und $(\Delta U_2)_1 = (U_2)_1$ aus 4) Berechnung des Stoffmengenstroms $(\dot{n}_i)_1^{aus}$ der einzelnen Reaktanden und $(\dot{n}_i C_{pi})_1^{aus}$ bzw. $\left(\sum_i \dot{n}_i C_{pi} \right)_1^{aus}$ am Ende des ersten Intervalls. Es ist für

			$(\dot{n}_i)_1^{aus}$ [mol/s]	$(\dot{n}_i C_{pi})_1^{aus}$ [W/K]
Allylchlorid, $(\dot{n}_{Cl})_1^{ein} U_1$	=		$1,623 \cdot 10^{-4}$	$19,017 \cdot 10^{-3}$
1,2-Dichlorpropan, $(\dot{n}_{Cl})_1^{ein} U_2$	=		$1,204 \cdot 10^{-3}$	$1,5474 \cdot 10^{-1}$
Chlor, $(\dot{n}_{Cl})_1^{ein}(1 - U_1 - U_2)$	=		$2,0074 \cdot 10^{-2}$	$7,2265 \cdot 10^{-1}$
Propylen, $(\dot{n}_{Cl})_1^{ein}(4 - U_1 - U_2)$	=		$8,4394 \cdot 10^{-2}$	$8,9373$
Chlorwasserstoff, $(\dot{n}_{Cl})_1^{ein} U_1$	=		$1,623 \cdot 10^{-4}$	$4,885 \cdot 10^{-3}$
$\left(\sum_i \dot{n}_i C_{pi} \right)_1^{aus} =$				$9,839$ W/K

Damit ergibt sich für

$$\left(\overline{\sum_i \dot{n}_i C_{pi}}\right)_1 = \left[\left(\sum_i \dot{n}_i C_{pi}\right)_1^{ein} + \left(\sum_i \dot{n}_i C_{pi}\right)_1^{aus}\right]\Big/ 2 = (9{,}854 + 9{,}839)/2 = 9{,}847 \text{ W/K}.$$

7) Mit den Mittelwerten $(\bar{r}_1)_1$ und $(\bar{r}_2)_1$ aus 5) und $\left(\overline{\sum_i \dot{n}_i C_{pi}}\right)_1$ aus 6) folgt aus Gl. (e)

$$9{,}847 \cdot 20 = (8{,}513 \cdot 10^{-2} \cdot 111790 + 0{,}60892 \cdot 184220) \cdot 2{,}0268 \cdot 10^{-3} \cdot \Delta z_1 +$$
$$+ 28{,}38 \, (200 - 210) \cdot 0{,}1596 \cdot \Delta z_1 = 201{,}35 \cdot \Delta z_1$$

und daraus:

$$\Delta z_1 = 0{,}978 \text{ m} \quad (\Delta V_R = V_{R1} = 1{,}981 \cdot 10^{-3} \text{ m}^3).$$

8) Mit diesem Wert für Δz_1 sowie $(\bar{r}_1)_1$ und $(\bar{r}_2)_1$ Berechnung einer weiteren Näherung für $(\Delta U_1)_1$ und $(\Delta U_2)_1$ nach den Gln. (c) und (d). Man erhält:

$$(\Delta U_1)_1 = (U_1)_1 = 8{,}5125 \cdot 10^{-2} \cdot \frac{2{,}0268 \cdot 10^{-3}}{2{,}144 \cdot 10^{-2}} \cdot 0{,}978 = 7{,}870 \cdot 10^{-3},$$

$$(\Delta U_2)_1 = (U_2)_1 = 0{,}60892 \cdot \frac{2{,}0268 \cdot 10^{-3}}{2{,}144 \cdot 10^{-2}} \cdot 0{,}978 = 5{,}630 \cdot 10^{-2}.$$

9) Aus den Gln. (m) und (n) ergibt sich bei Verwendung der neuen Näherungswerte für die Umsätze am Ende des ersten Intervalls

$$(r_1)_1^{aus} = 1{,}0960 \cdot 10^{-1} \text{ mol/(s} \cdot \text{m}^3), \quad (r_2)_1^{aus} = 0{,}64060 \text{ mol/(s} \cdot \text{m}^3).$$

Da sich diese Werte von denen der ersten Abschätzung praktisch kaum unterscheiden, ist keine weitere Wiederholung des Rechenvorgangs erforderlich.
Als nächstes Temperaturintervall wählen wir wieder $\Delta T_2 = 20$ K. Die Temperatur am Anfang dieses zweiten Intervalls ist $T_2^{ein} = T_1^{aus} = 493$ K, am Ende $T_2^{aus} = 513$ K; die mittlere Temperatur $\bar{T}_2$ beträgt 503 K.

10) Erste Abschätzung von $(r_1)_2$ und $(r_2)_2$:

$$(r_1)_2 = 1{,}4679 \cdot 10^5 \cdot e^{-15{,}12724} \cdot$$

$$\cdot \frac{(1 - 0{,}00787 - 0{,}05630)(4 - 0{,}00787 - 0{,}05630)}{(1 - 0{,}2 \cdot 0{,}05630)^2} = 1{,}4897 \cdot 10^{-1} \text{ mol/(s} \cdot \text{m}^3),$$

$$(r_2)_2 = 8{,}3369 \cdot e^{-3{,}81511} \cdot \frac{(1 - 0{,}06417)(4 - 0{,}06417)}{(1 - 0{,}01126)^2} = 0{,}69214 \text{ mol/(s} \cdot \text{m}^3).$$

11) Einsetzen dieser Werte und von $\left(\sum_i \dot{n}_i C_{pi}\right)_1^{aus}$ aus 6) in die Wärmebilanz, Gl. (e):

$$9{,}849 \cdot 20 = (1{,}4897 \cdot 10^{-1} \cdot 111790 + 0{,}69214 \cdot 184220) \cdot 2{,}0268 \cdot 10^{-3} \cdot \Delta z_2 +$$
$$+ 28{,}38 \, (200 - 230) \cdot 0{,}1596 \cdot \Delta z_2 = 156{,}30 \cdot \Delta z_2.$$

Daraus erhält man: $\Delta z_2 = 1{,}260$ m.

12) Berechnung von $(\Delta U_1)_2$ und $(\Delta U_2)_2$ mit den Werten aus 10) und 11) nach den Gln. (c) und (d):

$$(\Delta U_1)_2 = 1,8952 \cdot 10^{-2}, \quad (\Delta U_2)_2 = 8,8052 \cdot 10^{-2}.$$

Somit sind die Umsätze bis zum Ende des zweiten Intervalls nach der ersten Näherung

$$(U_1)_2 = 2,6822 \cdot 10^{-2}, \quad (U_2)_2 = 1,4435 \cdot 10^{-1}.$$

13) Die Reaktionsgeschwindigkeiten am Ende des zweiten Intervalls folgen aus den Gln. (m) und (n):

$$(r_1)_2^{aus} = 0,17867 \text{ mol/(s} \cdot \text{m}^3), \quad (r_2)_2^{aus} = 0,66588 \text{ mol/(s} \cdot \text{m}^3),$$

und damit die Mittelwerte

$$(\bar{r}_1)_2 = \frac{(r_1)_1^{aus} + (r_1)_2^{aus}}{2} = \frac{0,10966 + 0,17867}{2} = 0,14417 \text{ mol/(s} \cdot \text{m}^3),$$

$$(\bar{r}_2)_2 = \frac{(r_2)_1^{aus} + (r_2)_2^{aus}}{2} = \frac{0,64093 + 0,66588}{2} = 0,65341 \text{ mol/(s} \cdot \text{m}^3).$$

14) Mit den Werten $(U_1)_2$ und $(U_2)_2$ aus 12) Berechnung des Stoffmengenstroms $(\dot{n}_i)_2^{aus}$ der einzelnen Reaktanden und $\left(\sum_i \dot{n}_i C_{pi} \right)_2^{aus}$ in analoger Weise wie in 6). Man erhält $\left(\sum_i \dot{n}_i C_{pi} \right)_2^{aus} =$
$= 9,815$ W/K. Unter Verwendung der Mittelwerte $(\bar{r}_1)_2$ und $(\bar{r}_2)_2$ aus 13) läßt sich aus Gl. (e) ein verbesserter Wert für Δz_2 erhalten:

$$\Delta z_2 = 1,283 \text{ m}; \quad (\Delta V_R)_2 = 2,600 \cdot 10^{-3} \text{ m}^3, \quad (V_R)_2 = 4,581 \cdot 10^{-3} \text{ m}^3.$$

15) Mit dem verbesserten Wert für Δz_2 folgen aus den Gln. (c) und (d) genauere Näherungen für $(\Delta U_1)_2$ und $(\Delta U_2)_2$:

$$(\Delta U_1)_2 = 0,01868, \quad (\Delta U_2)_2 = 0,08464.$$

Somit erhält man:

$$(U_1)_2 = 0,02655, \quad (U_2)_2 = 0,14094.$$

16) Diese Werte für $(U_1)_2$ und $(U_2)_2$ werden verwendet, um $(r_1)_2^{aus}$ und $(r_2)_2^{aus}$ nach den Gln. (m) und (n) zu berechnen:

$$(r_1)_2^{aus} = 0,17939 \text{ mol/(s} \cdot \text{m}^3), \quad (r_2)_2^{aus} = 0,66854 \text{ mol/(s} \cdot \text{m}^3).$$

Da sich diese Werte nur geringfügig von denen der ersten Näherung unterscheiden, sei die Illustration des Rechengangs hier abgeschlossen. Für das nächste Intervall wählt man zweckmäßig ein kleineres Temperaturintervall, etwa $\Delta T = 10$ K, um eine befriedigende Genauigkeit zu erzielen.
Das Resultat der Fortsetzung des schrittweisen Berechnungsverfahrens ist in den Abb. 7-1 und 7-2 dargestellt.

Aus den Ergebnissen des Beispiels 7.3 können wir nun wichtige, *allgemeingültige Schlußfolgerungen* ziehen. Bei niedrigen Temperaturen ist die Reaktionsgeschwindigkeit der Reaktion 1 relativ kleiner als diejenige der Reaktion 2. Da die

Aktivierungsenergie der Reaktion 1 größer ist als die der Reaktion 2, steigt aber mit zunehmender Temperatur die Geschwindigkeit der Reaktion 1 stärker an als die der Reaktion 2. Andererseits setzt die zunehmende Wärmeabführung infolge der größer werdenden Temperaturdifferenz zwischen Reaktionsmasse und Wärmeträger (= Kühlmedium) dem Temperaturanstieg der Reaktionsmasse eine Grenze. Als Folge der Wärmeabführung erreicht die Temperatur der Reaktionsmasse ein Maximum (etwa 5,4 m nach dem Eintritt in den Reaktor), um dann wieder abzunehmen. Da die Maximaltemperatur relativ niedrig ist (etwa 260 °C), kann die Geschwindigkeit der Reaktion 1, der erwünschten Bildung von Allylchlorid, nicht die Oberhand über diejenige der Reaktion 2 gewinnen; das bedeutet, daß eine derartige polytrope Reaktionsführung für die Produktion von Allylchlorid nicht geeignet ist.

Bei einer adiabatischen Reaktionsführung dagegen würde die Temperatur der Reaktionsmasse wesentlich höher ansteigen und entsprechend die Bildung von Allylchlorid gegenüber derjenigen von Dichlorpropan begünstigt. Zum Vergleich wurden in den Abb. 7-1 und 7-2 die Kurven für die adiabatische Reaktionsführung mit eingezeichnet. Der Rechengang für adiabatische Reaktionsführung ist dem geschilderten vollkommen analog, nur daß in der Wärmebilanz der Term $k_W (A_W)_L (T_W - T) dz$ wegfällt. Jedoch selbst bei adiabatischer Reaktionsführung bilden sich erhebliche Mengen Dichlorpropan infolge der relativ niedrigen Temperatur der Reaktionsmischung nach dem Eintritt in das Strömungsrohr. Ein kontinuierlich bei etwa 450 °C betriebener Rückvermischungsreaktor würde höhere Ausbeuten an Allylchlorid liefern, wie Beispiel 8.5 zeigt.

7.4 Autotherme Betriebsweise von Rohrreaktoren

Läuft in einem Reaktor eine exotherme Reaktion ab, so ist man natürlich aus Gründen der Wirtschaftlichkeit bestrebt, die freiwerdende Reaktionswärme nutzbar zu machen, z. B. zum Vorheizen des Zulaufstroms, insbesondere dann, wenn eine Reaktion bei hoher Temperatur stattfindet und die Reaktionspartner bei einer viel niedrigeren Temperatur zur Verfügung stehen. Eine derartige Betriebsweise, bei welcher eine Rückführung der Reaktionswärme auf den Zulaufstrom stattfindet, nennt man *autotherm*, und zwar deshalb, weil keine Wärmezufuhr von außen notwendig ist, um die Temperatur des Zulaufstroms zu erhöhen und damit die Reaktionstemperatur aufrecht zu erhalten. Eine Folge dieser Wärmerückführung ist, daß ein autotherm arbeitender Reaktor meist „gezündet" werden muß, um eine stationäre Betriebsweise zu erreichen.

Wir wollen hier zwei Arten autotherm betriebener Rohrreaktoren behandeln, und zwar

a) ein adiabatisch betriebenes Strömungsrohr mit äußerem Wärmeaustausch zwischen Austrag- und Zulaufstrom und

b) einen Rohrbündelreaktor mit innerem Wärmeaustausch zwischen Reaktionsmischung und Zulaufstrom.

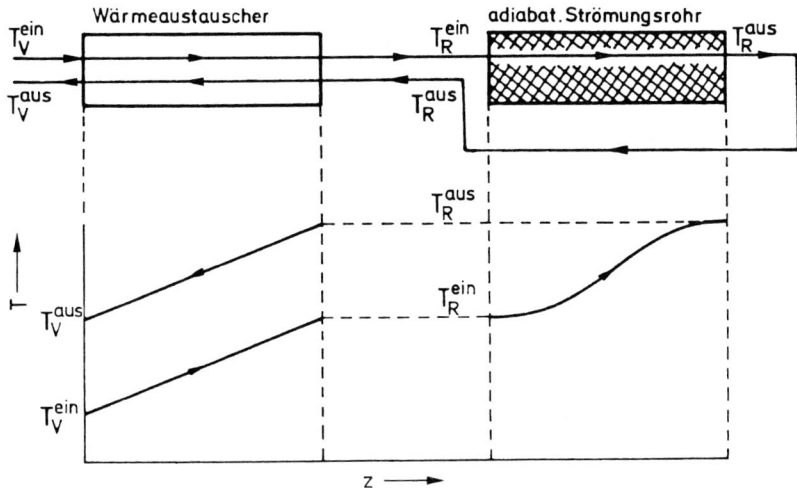

Abb. 7-3. Schema eines Rohrreaktors mit Vorheizung des Zulaufstroms durch den Austragstrom in einem äußeren Wärmeaustauscher [3]

7.4.1 Adiabatisch betriebenes Strömungsrohr mit äußerem Wärmeaustausch zwischen Austrag- und Zulaufstrom

Wir betrachten ein System, in welchem der Austragstrom des Strömungsrohrs innerhalb eines äußeren Wärmeaustauschers den Zulaufstrom vorheizt (Abb. 7-3).

Für die *Wärmebilanz* des adiabatisch betriebenen Strömungsrohrs gilt nach Gl. (7-29) mit den Bezeichnungen von Abb. 7-3:

$$T_R^{aus} - T_R^{ein} = \frac{c_k^{ein}\,\dot{V}^{ein}}{\dot{m}_R\,c_p^{ein}} \cdot \frac{(-\Delta H_R)}{|\nu_k|}\, U_k = \Delta T_{ad}\, U_k. \tag{7-32}$$

U_k erhält man aus dem Ausdruck für die Reaktionsgeschwindigkeit und den Betriebsbedingungen, wie in Abschnitt 7.3.1 erläutert wurde. Bei gegebener Zusammensetzung des Zulaufstroms und gegebenem Geschwindigkeitsausdruck hängt U_k von T_R^{ein} und dem Verhältnis $V_R/\dot{V}^{ein}$ ab.

Ist c_p unabhängig von der Temperatur und der Zusammensetzung des Reaktionsgemisches ($= c_p^{ein}$), so lautet die Wärmebilanz für den Wärmeaustauscher ($=$ Vorheizer; Wärmeaustauschfläche $A_{W,v}$):

$$\dot{m}_R\,c_p^{ein}\,(T_R^{ein} - T_V^{ein}) = k_W\,A_{W,v}\,(T_R^{aus} - T_R^{ein}). \tag{7-33}$$

Ersetzt man in dieser Gleichung $(T_R^{aus} - T_R^{ein})$ mit Hilfe von Gl. (7-32), so folgt:

$$T_R^{ein} - T_V^{ein} = \frac{k_W\,A_{W,v}}{\dot{m}_R\,c_p^{ein}}\,\Delta T_{ad}\, U_k. \tag{7-34}$$

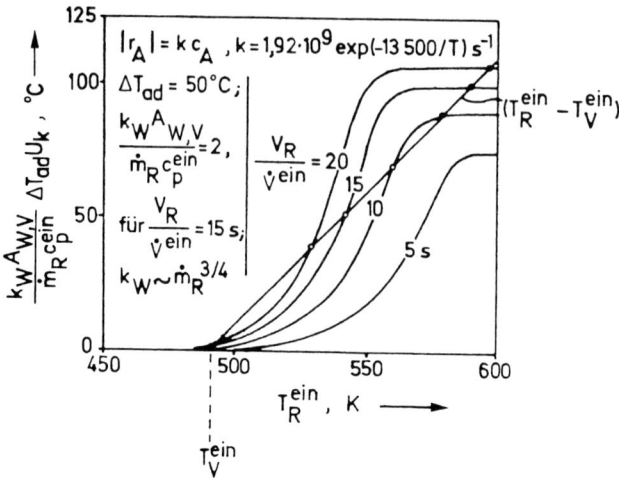

Abb. 7-4. Betriebspunkte eines adiabatisch betriebenen Strömungsrohrs mit äußerem Wärmeaustausch zwischen Austrag- und Zulaufstrom für verschiedene Werte von $V_R/\dot{V}^{ein}$ [4]

Daraus ersieht man, daß die Temperaturerhöhung des Zulaufstroms im Wärmeaustauscher gleich dem Temperaturanstieg im Strömungsrohr, multipliziert mit dem Faktor $k_W A_{W,V}/(\dot{m}_R c_p^{ein})$, ist. Der Ausdruck auf der linken Seite von Gl. (7-34) ist proportional der Wärmemenge, welche pro Masseneinheit des Zulaufstroms im Wärmeaustauscher aufgenommen wird; der Ausdruck auf der rechten Seite ist proportional der Wärmeerzeugung durch die chemische Reaktion. Trägt man beide Ausdrücke in Abhängigkeit von T_R^{ein} als primärer Variablen auf, so ist für die Schnittpunkte der beiden Kurven die Gleichung erfüllt. Die Schnittpunkte sind demnach *mögliche Betriebspunkte* für das System. In Abb. 7-4 sind die Kurven für eine Reaktion erster Ordnung bei verschiedenen Verhältnissen $V_R/\dot{V}^{ein}$ dargestellt. Dabei wurde angenommen, daß k_W proportional $\dot{m}_R^{3/4}$ ist. Alle der Berechnung zugrunde liegenden Parameter sind in Abb. 7-4 aufgeführt [4].

    Aus Abb. 7-4 geht hervor, daß eine stabile Betriebsweise des Reaktors bei hohem Umsatz nur oberhalb eines bestimmten Werts für $V_R/\dot{V}^{ein}$ möglich ist. In diesem Bereich ist das Temperaturniveau im Reaktor sehr empfindlich gegenüber einer Änderung des Durchsatzes. Wird der Massenstrom durch das System erhöht, so erlischt die Reaktion bei einem bestimmten Wert von $V_R/\dot{V}^{ein}$, in unserem Beispiel, wenn der Wert von $V_R/\dot{V}^{ein}$ unter 8,6 s sinkt.

7.4.2 Rohrbündelreaktor mit innerem Wärmeaustausch zwischen Reaktionsmischung und Zulaufstrom

In Abschnitt 3.5.5.3 (Abb. 3-32a und 3-33) wurde auf die stetige Temperaturlenkung in einem Rohrbündelreaktor durch Gegenstromkühlung mit frischem Reaktionsgas hingewiesen. Nunmehr soll der Rohrbündelreaktor mit einem Wärmeaustausch

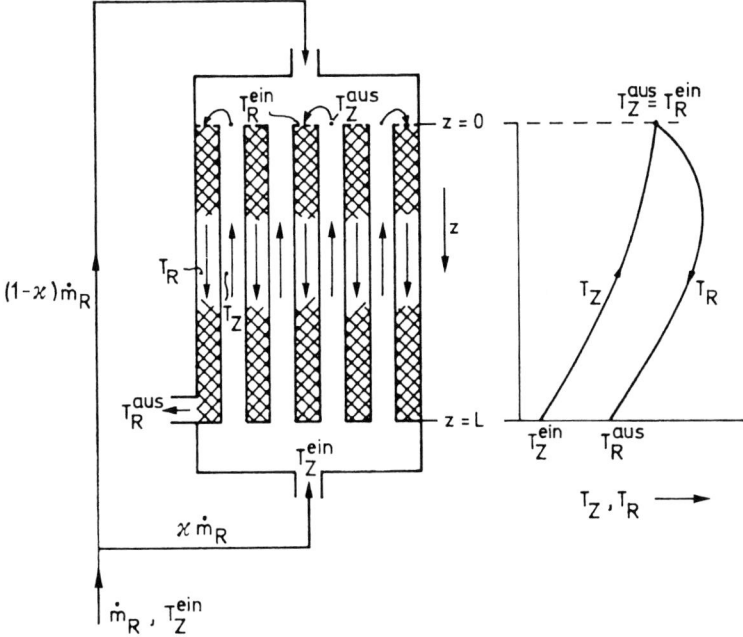

Abb. 7-5. Rohrbündelreaktor mit innerem Wärmeaustausch zwischen Reaktionsmischung und Zulaufstrom [6]

zwischen der Reaktionsmischung und dem Zulaufstrom (frisches Reaktionsgas) innerhalb des Reaktors quantitativ behandelt werden [5].

In Abb. 7-5 ist schematisch der autotherm betriebene Gegenstrom-Rohrbündelreaktor dargestellt; mit eingezeichnet sind der Temperaturverlauf der Reaktionsmischung und derjenige des Zulaufstroms innerhalb des Reaktors.

Für die *Vorheizzone,* in welcher keine Reaktion stattfindet (d. h. $dU_k = 0$), gilt nach Gl. (7-12) und Abb. 7-5:

$$\varkappa \, \dot{m}_R \, c_p^{ein} \, dT_Z = k_W \, (A_W)_L \, (T_Z - T_R) dz, \qquad (7\text{-}35)$$

für die *Reaktionszone:*

$$\dot{m}_R \, c_p^{ein} \, dT_R = k_W \, (A_W)_L \, (T_Z - T_R) \, dz + c_k^{ein} \, \dot{V}^{ein} \, \frac{(-\Delta H_R)}{|\nu_k|} \, dU_k. \qquad (7\text{-}36)$$

In diesen beiden Gleichungen wurde c_p als konstant ($= c_p^{ein}$) angenommen, außerdem, daß der Wärmedurchgangswiderstand zwischen den beiden strömenden Medien auf die Wandzone begrenzt ist; $\varkappa$ ist der Bruchteil des Zulaufstroms, welcher durch den inneren Wärmeaustauscher strömt, während der Bruchteil $(1 - \varkappa)$ direkt der Reaktionszone zugeführt wird. Die Randbedingungen lauten:

$$T_Z = T_Z^{ein} \qquad\qquad\qquad \text{bei } z = L \quad (a),$$

$$T_R = T_R^{ein} = (1 - \varkappa)\, T_Z^{ein} + \varkappa\, T_Z^{aus} \qquad \text{bei } z = 0 \quad (b), \qquad\qquad (7\text{-}37)$$

$$U_k = 0 \qquad\qquad\qquad \text{bei } z = 0 \quad (c).$$

Das System der oben formulierten Gleichungen kann bei gegebenem Geschwindig-keitsausdruck mit Hilfe eines Computers für verschiedene Werte der Parameter

$$\Delta T_{ad}, \quad k_W\,(A_W)_L / \dot{m}_R\, c_p^{ein} \quad \text{und} \quad \varkappa \quad (\text{s. u.})$$

gelöst werden [7].

Zur qualitativen Veranschaulichung des autothermen Verhaltens eines solchen Rohrbündelreaktors vereinfachen wir die Aufgabe, indem wir $\varkappa = 1$ annehmen (keine Zufuhr kalten Gases am Eintritt in die Reaktionszone). Wir erhalten dann durch Subtraktion der Gl. (7-35) von Gl. (7-36):

$$\dot{m}_R\, c_p^{ein}\, d(T_R - T_Z) = c_k^{ein}\, \dot{V}^{ein}\, \frac{(-\Delta H_R)}{|\nu_k|}\, dU_k, \qquad\qquad (7\text{-}38)$$

und daraus nach Integration unter Berücksichtigung der Randbedingungen (b) und (c):

$$T_R - T_Z = \frac{c_k^{ein}\, \dot{V}^{ein}\, (-\Delta H_R)}{\dot{m}_R\, c_p^{ein}\, |\nu_k|}\, U_k = \Delta T_{ad}\, U_k. \qquad\qquad (7\text{-}39)$$

Setzt man den Ausdruck für $(T_R - T_Z)$ nach dieser Gleichung in Gl. (7-35) ein, so resultiert daraus:

$$\frac{\dot{m}_R\, c_p^{ein}}{k_W\,(A_W)_L}\, dT_Z = -\,\Delta T_{ad}\, U_k\, dz. \qquad\qquad (7\text{-}40)$$

Nach Integration zwischen den Grenzen $z = 0$ und $z = L$ erhalten wir:

$$\frac{\dot{m}_R\, c_p^{ein}}{k_W\, A_W}\, (T_R^{ein} - T_Z^{ein}) = \frac{\Delta T_{ad}}{L} \int_0^L U_k\, dz = \Delta T_{ad}\, \bar{U}_k. \qquad\qquad (7\text{-}41)$$

In Gl. (7-41) ist $\bar{U}_k$ der über die ganze Reaktorlänge gemittelte Umsatz, während $\Delta T_{ad}\, \bar{U}_k$ die mittlere treibende Kraft für den Wärmeaustausch repräsentiert. Für ein vorgegebenes System hängt $\bar{U}_k$ von T_R^{ein} und $k_W\, A_W/(\dot{m}_R\, c_p^{ein})$ ab. Bei Gleichgewichts-reaktionen durchläuft $\bar{U}_k$ als Funktion von T_R^{ein} ein Maximum. Die gesamte Temperaturerhöhung des Zulaufstroms ist gleich der mittleren treibenden Kraft $\Delta T_{ad}\, \bar{U}_k$, multipliziert mit dem Faktor $k_W\, A_W/\dot{m}_R\, c_p^{ein}$.

Die beiden Seiten der Gl. (7-41) wurden in Abb. 7-6 als Funktion der Eintrittstemperatur T_R^{ein} der Reaktionsmasse in die Katalysatorrohre für drei Werte

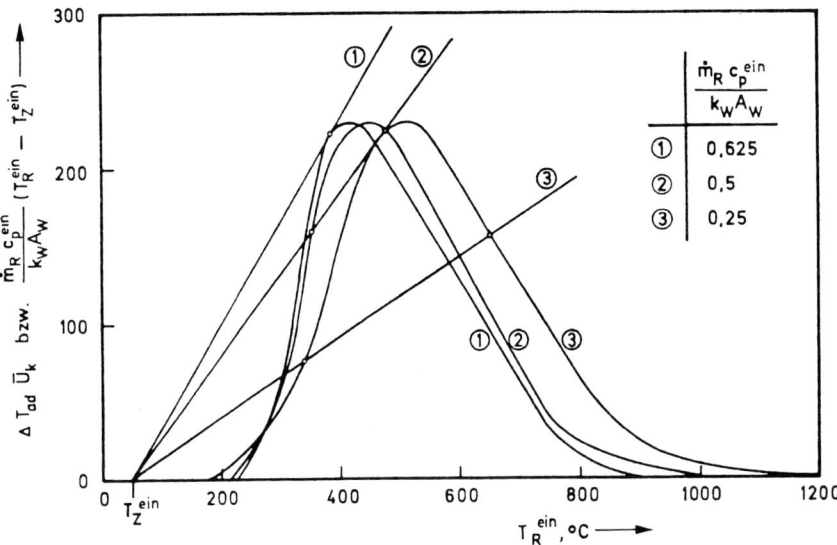

Abb. 7-6. Mögliche Betriebspunkte eines Rohrbündelreaktors mit innerem Wärmeaustausch zwischen Reaktionsmischung und Zulaufstrom (Exotherme reversible Reaktion) [5]

von $\dot{m}_R c_p^{ein}/(k_W A_W)$ aufgetragen [5]. Sowohl die Wärmeabführungsgeraden [linke Seite von Gl. (7-41)] als auch die Wärmebildungskurven [rechte Seite von Gl. (7-41)] hängen vom Wert des Parameters $\dot{m}_R c_p^{ein}/(k_W A_W)$ ab. Die Schnittpunkte zwischen zusammengehörenden Wärmeabführungsgeraden und Wärmebildungskurven sind *mögliche Betriebspunkte* des Systems. Ist bei einem gegebenen Durchsatz die Wärmeaustauschkapazität (d. h. $k_W A_W$) zu klein, so ist die Eintrittstemperatur T_R^{ein} zu gering und es erfolgt praktisch kein Umsatz. Für die Bedingungen der Kurven 1 in Abb. 7-6 erfolgt gerade noch ein stabiler Betrieb des Reaktors bei hohem Umsatz. Ist die Wärmeaustauschkapazität innerhalb des Reaktors zu groß (Verhältnisse der Kurven 3 in Abb. 7-6), so ist die Reaktionstemperatur zu hoch, wodurch die exotherme Gleichgewichtsreaktion ungünstig beeinflußt wird. Demzufolge ist es zweckmäßig, die Wärmeaustauschkapazität nicht viel größer zu wählen, als es notwendig ist, z. B. entsprechend den Verhältnissen der Kurven 2 in Abb. 7-6.

Der Parameter $\dot{m}_R c_p^{ein}/(k_W A_W)$ ist ziemlich unempfindlich gegenüber Änderungen des Durchsatzes (proportional $\dot{m}_R^{1/4}$), da der Wärmedurchgangskoeffizient k_W proportional $\dot{m}_R^{3/4}$ ist. In der Praxis wird man daher die Wärmeaustauschfläche A_W überdimensionieren, andererseits aber einen Teil $(1 - \varkappa)\dot{m}_R$ des kalten Zulaufstroms nicht dem inneren Wärmeaustauscher, sondern direkt dem Eintritt der Katalysatorrohre zuführen. In dem Maß, wie die Wärmeaustauschfläche im Verlauf der Betriebszeit infolge Verschmutzung kleiner oder der Katalysator inaktiver wird, erhöht man den Anteil $\varkappa$, und erhält so den hohen Umsatz aufrecht.

Abb. 7-7. Abweichungen vom Verhalten eines idealen Strömungsrohrs: **a)** infolge Wirbelbildung, **b)** infolge laminarer Strömung
(geringe radiale Durchmischung) [8]

a   b

7.5 Abweichung vom Verhalten eines idealen Strömungsrohrs

Abweichungen vom Verhalten eines idealen Strömungsrohrs werden hauptsächlich
durch zwei Effekte hervorgerufen:

a) durch eine teilweise Durchmischung in axialer Richtung,
b) durch eine unvollständige Durchmischung in radialer Richtung.

Die Abb. 7-7a und b erläutern diese beiden Effekte. Nach Abb. 7-7a werden infolge
der Anordnung der Zulauf- und Austragsöffnungen Wirbel erzeugt, welche eine
Mischung in Achsenrichtung hervorrufen. Abbildung 7-7b zeigt den Fall einer
laminaren Strömung, durch welche ein parabolisches Geschwindigkeitsprofil über
den Rohrquerschnitt ausgebildet wird, wobei das strömende Medium in Wandnähe
eine längere Verweilzeit hat als im Falle des idealen Strömungsrohrs, das strömende
Medium in der Nähe der Achse dagegen eine kürzere. Da der molekulare
Diffusionsvorgang relativ langsam erfolgt, findet nur eine geringe Mischung in
radialer Richtung statt. Einzelne herausgegriffene kleine Elemente des strömenden
Mediums mischen sich also nicht, sondern bewegen sich auf getrennten Wegen durch
den Reaktor; man spricht hier von einer *segregierten Strömung*. Alle erwähnten
Effekte haben eine Verminderung des Umsatzes zur Folge. In den Abschnitten 11.4.2
und 11.5.3 werden wir auf die Abweichungen vom Verhalten eines idealen
Strömungsrohrs und deren quantitative Erfassung, sowie auf die Auswirkung
solcher Abweichungen auf den Umsatz ausführlicher zurückkommen.

8. Kontinuierliche Reaktionsführung mit vollständiger Rückvermischung der Reaktionsmasse im Reaktor (Kontinuierlich betriebener Idealkessel und Kaskade)

Bei vollständiger („idealer") Rückvermischung der Reaktionsmasse gilt für den kontinuierlich betriebenen Reaktor hinsichtlich der Zusammensetzung des Reaktionsgemischs und dessen Temperatur als *Funktion des Ortes* dasselbe wie für den absatzweise betriebenen Reaktor (vgl. 6.1). Das heißt, die Konzentrationen aller Reaktionskomponenten, die physikalischen Eigenschaften der Reaktionsmischung sowie deren Temperatur und damit auch die Reaktionsgeschwindigkeit sind im ganzen Reaktionsvolumen räumlich konstant (*„isotroper"* Reaktor). Damit unterscheidet sich der kontinuierlich betriebene Reaktor mit vollständiger Rückvermischung der Reaktionsmasse vom kontinuierlich betriebenen Strömungsrohr.

Ist die Bedingung vollständiger Rückvermischung erfüllt und wird die Reaktionsgeschwindigkeit nicht durch Wandeffekte beeinflußt, so spielt auch beim kontinuierlich betriebenen Reaktor dessen geometrische Form für die rechnerische Behandlung keine Rolle; die technisch übliche Ausführungsform ist jedoch auch hier meist ein zylindrischer Kessel mit entsprechender Rührvorrichtung. Daher bezeichnet man den kontinuierlich betriebenen Reaktor, in welchem die Reaktionsmasse ideal durchmischt wird, häufig als *kontinuierlich betriebenen Idealkessel;* dieser ist meist mit Heiz- bzw. Kühlvorrichtungen ausgestattet (vgl. Abb. 8-1 und Abb. 6-1).

8.1 Stoffbilanz des kontinuierlich betriebenen Idealkessels

Infolge der vollständigen Rückvermischung verschwindet in der allgemeinen Stoffbilanz, Gl. (5-22), bei der Anwendung auf den kontinuierlich betriebenen Idealkessel, ebenso wie beim Satzreaktor mit idealer Durchmischung, das Glied $\mathrm{div}\,(D_{\mathrm{eff}}\,\mathrm{grad}\,c_i)$. Man erhält somit aus Gl. (5-22):

$$\frac{\partial c_i}{\partial t} = -\,\mathrm{div}\,(c_i\,\vec{w}) + \sum_j r_j\,\nu_{ij}. \tag{8-1}$$

Diese Differentialgleichung ist über das ganze von der Reaktionsmasse eingenommene (konstante) Volumen V_R zu integrieren. Berücksichtigt man, daß beim Idealkessel der Term

$$-\int\limits_{V_R} \mathrm{div}\,(c_i\,\vec{w})\,dV_R$$

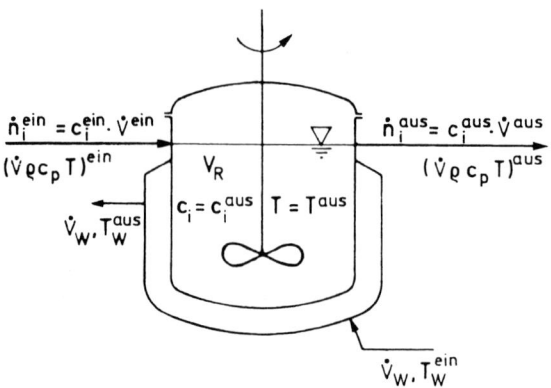

$\dot{n}_i^{ein} = c_i^{ein} \cdot \dot{V}^{ein}$
$(\dot{V} \varrho c_p T)^{ein}$

V_R

$\dot{V}_W, T_W^{aus}$

$c_i = c_i^{aus} \quad T = T^{aus}$

$\dot{n}_i^{aus} = c_i^{aus} \cdot \dot{V}^{aus}$
$(\dot{V} \varrho c_p T)^{aus}$

$\dot{V}_W, T_W^{ein}$

Abb. 8-1. Schematische Darstellung des kontinuierlich betriebenen Idealkessels

entsprechend Abb. 8-1 gleich der Differenz zwischen dem zufließenden und abfließenden Stoffmengenstrom des Reaktanden i ist, so folgt:

$$- \int_{V_R} \operatorname{div}(c_i \, \vec{w}) \, dV_R = c_i^{ein} \dot{V}^{ein} - c_i^{aus} \dot{V}^{aus} = \dot{n}_i^{ein} - \dot{n}_i^{aus}. \tag{8-2}$$

Da im kontinuierlich betriebenen Idealkessel die Konzentrationen und die Reaktionsgeschwindigkeit im ganzen Reaktionsvolumen räumlich konstant sind, erhält man durch Integration der Gl. (8-1) unter Betrachtung von Gl. (8-2) die Stoffbilanz für einen Reaktanden i:

$$V_R \frac{dc_i^{aus}}{dt} = c_i^{ein} \dot{V}^{ein} - c_i^{aus} \dot{V}^{aus} + V_R \sum_j r_j v_{ij}. \tag{8-3}$$

In Gl. (8-3) bedeuten $\dot{V}^{ein}$ bzw. $\dot{V}^{aus}$ die Volumenströme des Zulaufs bzw. Austrags, c_i^{ein} die Konzentration des Reaktanden i im Zulauf; die Konzentration c_i^{aus} im Austragstrom ist gleich derjenigen im Kessel, welche somit auch für die Reaktionsgeschwindigkeit bestimmend ist. r_j ist die Reaktionsgeschwindigkeit der Reaktion mit der Nummer j, v_{ij} die stöchiometrische Zahl des Stoffes i für diese Reaktion und t die Zeit.

Das Verhältnis des Reaktionsvolumens V_R zum Volumenstrom des Austrags $\dot{V}^{aus}$ ist gleich der mittleren Verweilzeit τ der Reaktionsmasse im Idealkessel:

$$\tau = V_R / \dot{V}^{aus}. \tag{8-4}$$

Unter Berücksichtigung von Gl. (8-4) kann man die Stoffbilanz in folgender Form schreiben:

$$\frac{dc_i^{aus}}{dt} = \frac{c_i^{ein}}{\tau} \frac{\dot{V}^{ein}}{\dot{V}^{aus}} - \frac{c_i^{aus}}{\tau} + \sum_j r_j v_{ij}, \tag{8-5}$$

oder, da $\dot{V}^{ein} \varrho^{ein} = \dot{V}^{aus} \varrho^{aus}$,

$$\frac{dc_i^{aus}}{dt} = \frac{c_i^{ein}}{\tau} \frac{\varrho^{aus}}{\varrho^{ein}} - \frac{c_i^{aus}}{\tau} + \sum_j r_j \nu_{ij} \tag{8-6}$$

(ϱ^{ein}, ϱ^{aus} = Dichte des Zulauf- bzw. Austragstroms).

Für jeden an einer der Teilreaktionen j (= 1, 2 ...) beteiligten Stoff ergibt sich eine Stoffbilanz. Dieses System von Differentialgleichungen für die Stoffbilanzen eines Idealkessels im *instationären* Betriebszustand ist, da die Reaktionsgeschwindigkeiten stark von der Temperatur abhängen, im allgemeinen Fall zusammen mit der entsprechenden Differentialgleichung für die Wärmebilanz zu lösen. Hierauf werden wir in Abschnitt 8.5.2 zurückkommen.

Hier sei zunächst vorausgesetzt, daß die Reaktionstemperatur nicht nur räumlich, sondern auch zeitlich konstant sei, der Reaktionsablauf also unter *isothermen Bedingungen* stattfinde. In diesem Fall genügen die Differentialgleichungen für die Stoffbilanzen allein, z. B. in Form der Gl. (8-6), um die zeitlichen Konzentrationsänderungen der einzelnen Stoffe zu beschreiben; so etwa während der Anlaufzeit des Reaktors oder beim Übergang von einem stationären Betriebszustand zu einem anderen, wenn eine plötzliche Änderung der Zulaufbedingungen (z. B. c_i^{ein}, $\dot{V}^{ein}$) erfolgt. Die Integration der simultanen Differentialgleichungen (8-6) ist bei volumenbeständigen Reaktionen ($\varrho^{aus} = \varrho^{ein}$) erster Ordnung stets elementar möglich (Beispiel 8.1), bei Reaktionen anderer Ordnung dagegen nur in Spezialfällen.

Nach einer bestimmten Zeit stellt sich im allgemeinen ein *stationärer* Betriebszustand ein. In den Stoffbilanzen verschwinden dann die Ableitungen nach der Zeit, und man erhält anstelle der Differentialgleichungen einfache algebraische Gleichungen, so aus Gl. (8-3):

$$0 = c_i^{ein} \dot{V}^{ein} - c_i^{aus} \dot{V}^{aus} + V_R \sum_j r_j \nu_{ij} \tag{8-7}$$

bzw.

$$0 = \dot{n}_i^{ein} - \dot{n}_i^{aus} + V_R \sum_j r_j \nu_{ij}. \tag{8-8}$$

Ebenso führt Gl. (8-6) für den stationären Betriebszustand zu

$$0 = \frac{c_i^{ein}}{\tau} \frac{\varrho^{aus}}{\varrho^{ein}} - \frac{c_i^{aus}}{\tau} + \sum_j r_j \nu_{ij}. \tag{8-9}$$

Beispiel 8.1: Eine volumenbeständige Reaktion erster Ordnung verlaufe nach der Gleichung

$$A \to B \quad (\nu_A = -1, \nu_B = 1, \varrho^{aus}/\varrho^{ein} = 1, \sum_j r_j \nu_{ij} = -k c_A).$$

Nach Gl. (8-9) folgt für den stationären Zustand (Index „s"):

$$0 = \frac{c_A^{ein}}{\tau} - \frac{c_{A,s}^{aus}}{\tau} - k\, c_{A,s}^{aus} \tag{8-10}$$

bzw.

$$\frac{c_{A,s}^{aus}}{c_A^{ein}} = 1/(1 + k\,\tau). \tag{8-11}$$

Für den instationären Betriebszustand gilt nach Gl. (8-6):

$$\frac{dc_A^{aus}}{dt} = \frac{c_A^{ein}}{\tau} - \frac{c_A^{aus}}{\tau} - k\, c_A^{aus}. \tag{8-12}$$

Diese Gleichung ist unter Berücksichtigung der Anfangsbedingung zu integrieren (s. Anhang A 2.1). Ist zur Zeit t = 0 die Konzentration des Reaktionspartners A im Kessel null ($c_A^{aus} = 0$), so ergibt die Integration von Gl. (8-12):

$$\frac{c_A^{aus}}{c_A^{ein}} = \frac{1}{1 + k\,\tau}\,(1 - e^{-(1 + k\,\tau)\,t/\tau}). \tag{8-13}$$

Subtrahiert man Gl. (8-13) von Gl. (8-11) und dividiert durch Gl. (8-11), dann erhält man

$$\frac{c_{A,s}^{aus} - c_A^{aus}}{c_{A,s}^{aus}} = e^{-(1 + k\,\tau)t/\tau}. \tag{8-14}$$

Aus Gl. (8-14) läßt sich die Zeit t berechnen, nach der sich die Konzentration im Kessel und damit im Austrag bis auf eine Differenz $c_{A,s}^{aus} - c_A^{aus}$ der Konzentration $c_{A,s}^{aus}$ angeglichen hat:

$$t = -\frac{\tau}{1 + k\,\tau}\,\ln\left(\frac{c_{A,s}^{aus} - c_A^{aus}}{c_{A,s}^{aus}}\right). \tag{8-15}$$

Findet nur eine stöchiometrisch unabhängige Reaktion statt[1]), so läßt sich die Stoffbilanz für einen kontinuierlich betriebenen Idealkessel im stationären Betriebszustand in einer anderen, häufig verwendeten Form angeben, wenn man in Gl. (8-8) mit Hilfe der Gl. (4-8) den Umsatz U_k einer Leit- oder Bezugskomponente k einführt. Nach Gl. (4-8) gilt:

$$\dot{n}_i^{aus} - \dot{n}_i^{ein} = \frac{\nu_i}{|\nu_K|}\,\dot{n}_K^{ein}\, U_K. \tag{8-16}$$

Damit erhält man durch Einsetzen in Gl. (8-8):

$$V_R = \frac{\dot{n}_k^{ein}\, U_K}{r\,|\nu_K|} = c_k^{ein}\, \dot{V}^{ein}\, \frac{U_k}{r\,|\nu_k|}. \tag{8-17}$$

---

[1]) Dies gilt auch noch für bestimmte Parallelreaktionen (s. Abschnitt 8.4, Beispiel 8.5).

Tabelle 8/1. Erforderliches Reaktionsvolumen V_R für einige Reaktionen im kontinuierlich betriebenen Idealkessel (K_c = Gleichgewichtskonstante)

Reaktion	$r =$	Reaktionsvolumen $V_R =$
1. $\lvert v_A \rvert A + \ldots \rightarrow \lvert v_P \rvert P + \ldots$	$k\, c_A$	$\dfrac{\dot{n}_P^{aus}}{v_P\, k\, c_A^{ein}\,(\varrho^{aus}/\varrho^{ein})\,(1-U_A)}$
2. $\lvert v_A \rvert A + \ldots \rightarrow \lvert v_P \rvert P + \ldots$	$k\, c_A^n$	$\dfrac{\dot{n}_P^{aus}}{v_P\, k\, (c_A^{ein})^n\,(\varrho^{aus}/\varrho^{ein})^n\,(1-U_A)^n}$
3. $\lvert v_A \rvert A + \lvert v_B \rvert B + \ldots \rightarrow \lvert v_P \rvert P + \ldots$	$k\, c_A\, c_B$	$\dfrac{\dot{n}_P^{aus}}{v_P\, k\, c_A^{ein}(\varrho^{aus}/\varrho^{ein})^2[c_B^{ein}-(\lvert v_B \rvert/\lvert v_A \rvert)c_A^{ein}U_A](1-U_A)}$
4. $A \underset{k_2}{\overset{k_1}{\rightleftharpoons}} P$	$k_1\left(c_A-\dfrac{c_P}{K_c}\right)$	$\dfrac{\dot{n}_P^{aus}\, K_C}{k\,(\varrho^{aus}/\varrho^{ein})\,[K_c\, c_A^{ein}\,(1-U_A)-c_P^{ein}-c_A^{ein}\, U_A]}$

Die *Reaktionsgeschwindigkeit* $r\,\lvert v_k \rvert$ wird außer von der Temperatur der Reaktionsmasse durch die konstanten Konzentrationen der Reaktanden im Kessel bestimmt, welche gleich denjenigen im Austragstrom sind. Diese Konzentrationen sind nach der aus Gl. (4-9) folgenden Beziehung

$$c_i^{aus} = \frac{\varrho^{aus}}{\varrho^{ein}}\left(c_i^{ein} + \frac{v_i}{\lvert v_k \rvert}\, c_k^{ein}\, U_k\right) \qquad (8\text{-}18)$$

durch die Zulaufkonzentrationen und den Umsatz U_k auszudrücken. Bei gegebenen Zulaufbedingungen und festgelegter Reaktionstemperatur läßt sich mit Hilfe der Gl. (8-17) unmittelbar das Reaktionsvolumen V_R angeben, welches zur Erreichung eines bestimmten Umsatzes U_k erforderlich ist.

Das für eine bestimmte Produktionsleistung $\dot{n}_P^{aus}$ eines gewünschten Produkts P benötigte Reaktionsvolumen V_R eines kontinuierlichen Idealkessels erhält man durch Kombination der Gln. (3-23) [$S_P = 1$] und (8-17):

$$V_R = \dot{n}_P^{aus}/(r\, v_P). \qquad (8\text{-}19)$$

Auch bei der Anwendung dieser Gleichung sind im Geschwindigkeitsausdruck die Konzentrationen c_i^{aus} aller Reaktanden durch die Konzentrationen c_i^{ein} im Zulaufstrom und den Umsatz U_k nach Gl. (8-18) auszudrücken.

Das für eine bestimmte Produktionsleistung $\dot{n}_P^{aus}$ erforderliche Reaktionsvolumen V_R eines Idealkessels ist in Tabelle 8/1 für einige Reaktionen aufgeführt.

Beispiel 8.2: Es sollen in einem kontinuierlich betriebenen Idealkessel 100 kg/h (= 0,2395 mol/s) Butylacetat durch Veresterung von Essigsäure mit Butylalkohol hergestellt werden. Alle Zulauf- und Reaktionsbedingungen sollen dieselben sein wie in Beispiel 6.1. Zu berechnen ist das für die angegebene Produktionsleistung benötigte Reaktionsvolumen und der Zulaufstrom der Reaktionsmischung.

Tabelle 8/2. Zusammenhang zwischen Umsatz und Reaktionsvolumen nach Gl. (8-17) für die Zulauf- und Reaktionsbedingungen des Beispiels 8.2

U_K	0,1	0,2	0,3	0,4	0,5	0,6	0,7	0,8	0,9
V_R [m³]	0,332	0,420	0,548	0,747	1,075	1,680	2,986	6,719	26,875

Lösung: Das Reaktionsvolumen wird nach Gl. 2 der Tabelle 8/1 berechnet ($n = 2$, $\varrho^{aus}/\varrho^{ein} = 1$, $v_P = 1$, $k = 2{,}9 \cdot 10^{-7}\, m^3\, mol^{-1}\, s^{-1}$):

$$V_R = \frac{0{,}2395}{2{,}9 \cdot 10^{-7}\, (1753{,}2)^2\, (1 - 0{,}5)^2} = 1{,}075\ m^3.$$

Dieses Reaktionsvolumen entspricht einem zylindrischen Kessel von 1 m Durchmesser, welcher bis zu einer Höhe von 1,37 m gefüllt ist.

Den Zulaufstrom $\dot{V}^{ein}$ berechnet man mit Hilfe von Gl. (3-23), wobei $S_P = 1$ ist:

$$\dot{V}^{ein} = \frac{\dot{n}_P^{aus}}{(v_P/|v_k|)\, c_k^{ein}\, U_k} = \frac{0{,}2395}{1753{,}2 \cdot 0{,}5} = 2{,}73 \cdot 10^{-4}\ m^3/s = 0{,}983\ m^3/h.$$

Sind das Reaktionsvolumen V_R, die Zulaufbedingungen (c_i^{ein}, c_k^{ein}, $\dot{V}^{ein}$, ϱ^{ein}), die Reaktionstemperatur und die Geschwindigkeitskonstante gegeben, sowie der Geschwindigkeitsausdruck und $\varrho^{aus} = f(T, U_k)$ bekannt, so kann man den *Umsatz* U_k einer Bezugskomponente k folgendermaßen ermitteln. Man berechnet für verschiedene angenommene Umsätze U_k ($= 0{,}1; 0{,}2 \ldots$) nach Gl. (8-18) die Konzentrationen c_i^{aus}, setzt diese in den Geschwindigkeitsausdruck der Gl. (8-17) ein und berechnet dann V_R nach Gl. (8-17). Die erhaltenen Werte von V_R trägt man als Funktion von U_k auf. Aus dieser Auftragung läßt sich für jeden Wert von V_R der in diesem Reaktionsvolumen bei den gegebenen Bedingungen erreichbare Umsatz ablesen. Für die Zulauf- und Reaktionsbedingungen des Beispiels 8.2 sind die zusammengehörenden Werte von V_R und U_k in Tabelle 8/2 aufgetragen.

Da die Konzentrationen der Reaktanden und die Reaktionstemperatur im kontinuierlich betriebenen Idealkessel gleich den Konzentrationen und der Temperatur der Reaktionsmasse am Austritt aus dem Reaktor sind, ist es oft zweckmäßiger, wenn man alle in der Stoffbilanz, Gl. (8-17), auftretenden Größen auf den *Reaktoraustritt* bezieht. Nach Gl. (3-8) ist:

$$c_k^{ein}\, \dot{V}^{ein} = \frac{c_k^{aus}\, \dot{V}^{aus}}{1 - U_k}. \tag{8-20}$$

Setzt man diese Beziehung in Gl. (8-17) ein, so erhält man für U_k:

$$U_k = \frac{\dfrac{V_R\, r\, |v_k|}{c_k^{aus}\, \dot{V}^{aus}}}{1 + \dfrac{V_R\, r\, |v_k|}{c_k^{aus}\, \dot{V}^{aus}}}. \tag{8-21}$$

Der Quotient $V_R r |v_k|/(c_k^{aus} \dot{V}^{aus})$ ist dimensionslos; er wird als *erste Damköhler-Zahl* (oder Damköhler-Zahl 1. Art) Da_I bezeichnet:

$$Da_I = \frac{V_R r |v_k|}{c_k^{aus} \dot{V}^{aus}}. \tag{8-22}$$

Damit kann man die Gl. (8-21) schreiben

$$U_k = 1 - \frac{c_k^{aus} \dot{V}^{aus}}{c_k^{ein} \dot{V}^{ein}} = \frac{Da_I}{1 + Da_I} = 1 - \frac{1}{1 + Da_I}. \tag{8-23}$$

Für eine einfache irreversible Reaktion, welche in erster Ordnung von der Bezugskomponente k abhängt $(r |v_k| = k c_k^{aus})$, ist

$$Da_I = V_R k/\dot{V}^{aus} = k \tau \tag{8-22a}$$

und somit nach Gl. (8-23)

$$U_k = \frac{k \tau}{1 + k \tau}. \tag{8-24}$$

8.2 Serienschaltung von kontinuierlich betriebenen Idealkesseln in einer Kaskade

Häufig wird eine Reaktion nicht in einem einzigen kontinuierlich betriebenen Idealkessel, sondern in mehreren hintereinander geschalteten, kontinuierlich betriebenen Rührkesseln, einer *Kaskade,* durchgeführt. In diesem Fall ist der Austragstrom eines Kessels der Zulaufstrom des nächsten Kessels. Die Reaktionsbedingungen in irgendeinem beliebigen Kessel der Kaskade werden dabei nicht von den Vorgängen in den folgenden Kesseln beeinflußt. Wir bezeichnen die einzelnen Kessel in Strömungsrichtung mit den Zahlen 1, 2... n... N und versehen die Zeichen für die Eigenschaften der Reaktionsmischung (Konzentrationen, Temperatur usw.), die Reaktionsvolumina sowie die Zulauf- und Austragströme mit entsprechenden tiefgestellten Indizes 1, 2... n... N (Abb. 8-2); N sei die gesamte Kesselzahl der Kaskade. Bei der rechnerischen Behandlung der Kaskade ist vorausgesetzt, daß in jedem Kessel vollständige Rückvermischung vorliegt. Im stationären Betriebszustand ergibt sich die Stoffbilanz eines Reaktanden i im n-ten Kessel einer Kaskade unmittelbar aus derjenigen eines einzelnen Idealkessels, Gl. (8-8):

$$0 = \dot{n}_{i,n}^{ein} - \dot{n}_{i,n}^{aus} + V_{R,n} \left(\sum_j r_j v_{ij} \right)_n. \tag{8-25}$$

Findet nur eine stöchiometrisch unabhängige Reaktion statt, d. h.

$$\left(\sum_j r_j v_{ij} \right)_n = r_n v_i,$$

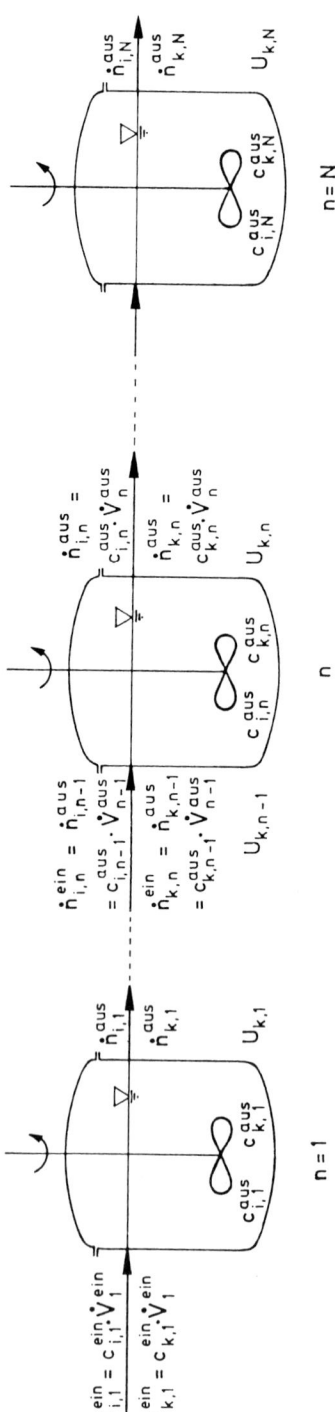

Abb. 8-2. Schematische Darstellung einer Kaskade von kontinuierlich betriebenen Idealkesseln

so lautet die Stoffbilanz für den Reaktanden i:

$$0 = \dot{n}_{i,n}^{ein} - \dot{n}_{i,n}^{aus} + V_{R,n}\, r_n\, \nu_i. \tag{8-26}$$

Der Zulaufstrom des n-ten Kessels ist gleich dem Austragstrom des (n-1)-ten Kessels; es gilt also

$$\dot{V}_n^{ein} = \dot{V}_{n-1}^{aus} \tag{8-27}$$

und

$$\dot{n}_{i,n}^{ein} = c_{i,n}^{ein}\, \dot{V}_n^{ein} = \dot{n}_{i,n-1}^{aus} = c_{i,n-1}^{aus}\, \dot{V}_{n-1}^{aus}. \tag{8-28}$$

Unter Berücksichtigung von Gl. (8-28) kann man Gl. (8-26) schreiben

$$0 = \dot{n}_{i,n-1}^{aus} - \dot{n}_{i,n}^{aus} + V_{R,n}\, r_n\, \nu_i. \tag{8-29}$$

Die Stoffmengenströme $\dot{n}_{i,n-1}^{aus}$ und $\dot{n}_{i,n}^{aus}$ lassen sich dann entsprechend Gl. (4-8) ausdrücken durch:

$$\dot{n}_{i,n-1}^{aus} = \dot{n}_{i,1}^{ein} + \frac{\nu_i}{|\nu_k|}\, \dot{n}_{k,1}^{ein}\, U_{k,n-1} \tag{8-30}$$

und

$$\dot{n}_{i,n}^{aus} = \dot{n}_{i,1}^{ein} + \frac{\nu_i}{|\nu_k|}\, \dot{n}_{k,1}^{ein}\, U_{k,n}. \tag{8-31}$$

In den Gln. (8-30) und (8-31) sind $U_{k,n-1}$ und $U_{k,n}$ die Umsätze der Leitkomponente k vom Eintritt in den ersten Kessel bis zum Austritt aus dem $(n-1)$-ten bzw. n-ten Kessel, d. h.:

$$U_{k,n-1} = \frac{c_{k,1}^{ein}\, \dot{V}_1^{ein} - c_{k,n-1}^{aus}\, \dot{V}_{n-1}^{aus}}{c_{k,1}^{ein}\, \dot{V}_1^{ein}} = \frac{\dot{n}_{k,1}^{ein} - \dot{n}_{k,n-1}^{aus}}{\dot{n}_{k,1}^{ein}}, \tag{8-32}$$

$$U_{k,n} = \frac{c_{k,1}^{ein}\, \dot{V}_1^{ein} - c_{k,n}^{aus}\, \dot{V}_n^{aus}}{c_{k,1}^{ein}\, \dot{V}_1^{ein}} = \frac{\dot{n}_{k,1}^{ein} - \dot{n}_{k,n}^{aus}}{\dot{n}_{k,1}^{ein}}. \tag{8-33}$$

Durch Einsetzen der beiden Gln. (8-30) und (8-31) in Gl. (8-29) erhält man:

$$U_{k,n} - U_{k,n-1} = \Delta U_{k,n} = \frac{V_{R,n}(r\,|\nu_k|)_n}{\dot{n}_{k,1}^{ein}} = \frac{V_{R,n}(r\,|\nu_k|)_n}{c_{k,1}^{ein}\, \dot{V}_1^{ein}} \tag{8-34}$$

oder

$$\frac{V_{R,n}}{\dot{V}_1^{ein}} = c_{k,1}^{ein}\, \frac{\Delta U_{k,n}}{(r\,|\nu_k|)_n}. \tag{8-35}$$

Im Geschwindigkeitsausdruck der Gln. (8-34) und (8-35) sind alle Konzentrationen der Reaktanden ($c_{i,n} = c_{i,n}^{aus}$) durch die aus Gl. (8-18) folgende Beziehung

$$c_{i,n}^{aus} = \frac{\varrho_n^{aus}}{\varrho_1^{ein}}\left(c_{i,1}^{ein} + \frac{v_i}{|v_k|}\,c_{k,1}^{ein}\,U_{k,n}\right) \tag{8-36}$$

zu ersetzen.

Ist die Reaktionstemperatur in allen Kesseln gleich, so kann man leicht zeigen, daß bei einer unendlichen Anzahl von Kesseln ($N = \infty$, Gesamtvolumen der Kaskade jedoch endlich) eine Kaskade mit einem bei der gleichen Temperatur isotherm betriebenen idealen Strömungsrohr identisch ist. Durch Summierung und Grenzwertbildung für $N \rightarrow \infty$ bzw. $\Delta U_k \rightarrow 0$ folgt aus Gl. (8-35):

$$\lim_{\Delta U_{k,n} \rightarrow 0}\left(c_{k,1}^{ein}\sum_{n=0}^{n=N}\frac{\Delta U_{k,n}}{(r\,|v_k|)_n}\right) = c_{k,1}^{ein}\int_0^{U_k}\frac{dU_k}{r\,|v_k|} =$$

$$= \lim_{N \rightarrow \infty}\left(\frac{1}{\dot{V}_1^{ein}}\sum_{n=0}^{n=N}V_{R,n}\right) = \frac{V_R}{\dot{V}_1^{ein}}. \tag{8-37}$$

V_R ist dabei das Gesamtvolumen der Kaskade. Man sieht, daß die Gl. (8-37) mit der Gl. (7-13) identisch ist. Je nach der Anzahl N der Kessel, auf welche das Gesamtvolumen V_R der Kaskade aufgeteilt ist, kann deren Verhalten demnach zwischen dem eines einzelnen Idealkessels (N = 1) und dem eines Strömungsrohrs ($N \rightarrow \infty$) variieren.

8.2.1 Algebraische Berechnungsmethoden für Kaskaden

Zur Berechnung von Kaskaden können nur in einigen wenigen Fällen geschlossene Formeln abgeleitet werden. Für die Stoffbilanz eines Reaktanden i folgt aus Gl. (8-25) unter Berücksichtigung von Gl. (8-28) im stationären Betriebszustand:

$$0 = c_{i,n-1}^{aus}\,\dot{V}_{n-1}^{aus} - c_{i,n}^{aus}\,\dot{V}_n^{aus} + V_{R,n}\left(\sum_j r_j\,v_{ij}\right)_n. \tag{8-38}$$

Da $\dot{V}_{n-1}^{aus}\,\varrho_{n-1}^{aus} = \dot{V}_n^{aus}\,\varrho_n^{aus}$ ist, erhält man daraus:

$$c_{i,n-1}^{aus} = \frac{\varrho_{n-1}^{aus}}{\varrho_n^{aus}}\left[c_{i,n}^{aus} - \frac{V_{R,n}}{\dot{V}_n^{aus}}\left(\sum_j r_j\,v_{ij}\right)_n\right]. \tag{8-39}$$

Für eine einfache Reaktion erster Ordnung, $\left(\sum_j r_j\,v_{ij}\right)_n = v_i\,k_n\,c_{i,n}^{aus}$ ergibt sich aus Gl. (8-39):

$$\frac{c_{i,n}^{aus}}{c_{i,n-1}^{aus}} \frac{\varrho_{n-1}^{aus}}{\varrho_n^{aus}} = \frac{1}{1 - \nu_i k_n \tau_n} \tag{8-40}$$

($\tau_n = V_{R,n}/\dot{V}_n^{aus}$ = mittlere Verweilzeit der Reaktionsmasse im n-ten Kessel).

Für den ersten Kessel einer Kaskade (n = 1, $c_{i,n-1}^{aus} = c_{i,1}^{ein}$) erhält man aus dieser Gleichung:

$$\frac{c_{i,1}^{aus}}{c_{i,1}^{ein}} \frac{\varrho_1^{ein}}{\varrho_1^{aus}} = \frac{1}{1 - \nu_i k_1 \tau_1}. \tag{8-41}$$

Ist die Reaktionstemperatur in allen Kesseln gleich und damit $k_1 = k_2 = = k_n = k_N = k$ (isotherme Kaskade), so gilt für den zweiten Kessel unter Berücksichtigung von Gl. (8-41)

$$\frac{c_{i,2}^{aus}}{c_{i,1}^{ein}} \frac{\varrho_1^{ein}}{\varrho_2^{aus}} = \frac{1}{(1 - \nu_i k \tau_1)(1 - \nu_i k \tau_2)}, \tag{8-42}$$

und für den N-ten Kessel

$$\frac{c_{i,N}^{aus}}{c_{i,1}^{ein}} \frac{\varrho_1^{ein}}{\varrho_N^{aus}} = \frac{1}{\displaystyle\prod_{n=1}^{n=N} (1 - \nu_i k \tau_n)}. \tag{8-43}$$

Sind die Verweilzeiten der Reaktionsmasse in allen Kesseln der Kaskade gleich, d. h. $\tau_1 = \dots \tau_n = \dots \tau_N = \tau$, dann erhält man schließlich:

$$\frac{c_{i,N}^{aus}}{c_{i,1}^{ein}} \frac{\varrho_1^{ein}}{\varrho_N^{aus}} = \frac{1}{(1 - \nu_i k \tau)^N}. \tag{8-44}$$

Ist der Reaktand i ein Reaktionspartner ($\nu_i = -|\nu_i|$), so ist dessen Umsatz vom Eintritt in den ersten Kessel bis zum Austritt aus dem N-ten Kessel:

$$U_{i,N} = 1 - \frac{\dot{n}_{i,N}^{aus}}{\dot{n}_{i,1}^{ein}} = 1 - \frac{c_{i,N}^{aus} \varrho_1^{ein}}{c_{i,1}^{ein} \varrho_N^{aus}}. \tag{8-45}$$

Somit kann man Gl. (8-44) schreiben:

$$1 - U_{i,N} = \frac{1}{(1 + |\nu_i| k \tau)^N}. \tag{8-46}$$

Aus dieser Beziehung kann man bei gegebener Geschwindigkeitskonstante, Verweilzeit und Kesselzahl den *in der Kaskade erreichbaren Umsatz* $U_{i,N}$ berechnen. Sind andererseits k und τ festgelegt sowie ein bestimmter Umsatz $U_{i,N}$ gefordert, so läßt sich die hierfür erforderliche Anzahl von Kesseln aus Gl. (8-46) durch Logarithmieren erhalten:

$$N = \frac{-\log(1 - U_{i,N})}{\log(1 + |v_i| k \tau)}.$$

(8-47)

Dieser Fall einer einfachen Reaktion erster Ordnung bei gleichen Temperaturen und Verweilzeiten in allen Kesseln ist eine der wenigen Ausnahmen, für welche eine Formel zur Berechnung einer Kaskade abgeleitet werden kann.

Mit Hilfe einer iterativen Methode ist es möglich, für eine beliebige Reaktionsordnung und eine beliebige Anzahl von Kesseln mit unterschiedlichen Reaktionsvolumina eine Kaskade zu berechnen. Nimmt der Reaktand i nur an einer stöchiometrisch unabhängigen Reaktion der Ordnung m teil $\left[\left(\sum_j r_j v_{ij}\right)_n = v_i k_n (c_{i,n}^{aus})^m\right]$, und ist die Reaktion volumenbeständig, so läßt sich Gl. (8-39) in folgender Weise schreiben:

$$\frac{c_{i,n}^{aus}}{c_{i,n-1}^{aus}} = 1 + v_i k_n \tau_n (c_{i,n}^{ein})^{m-1} \left(\frac{c_{i,n}^{aus}}{c_{i,n-1}^{aus}}\right)^m.$$

(8-48)

Führen wir die Bezeichnungen

$$R_n = 2 v_i k_n \tau_n (c_{i,n}^{ein})^{m-1} \quad \text{und}$$

(8-49)

$$S_n = \frac{c_{i,n}^{aus}}{c_{i,n-1}^{aus}}$$

(8-50)

ein, dann lautet die Gl. (8-48):

$$S_n - \frac{R_n}{2} \cdot (S_n)^m - 1 = 0 = f(S_n).$$

(8-51)

Die Wurzel, welche die Lösung dieser Gleichung, d. h. S_n, darstellt, muß zwischen 0 und 1 liegen [s. Gl. (8-50)]. Ist $(S_n)_0$ ein Näherungswert für die Wurzel der Gleichung $f(S_n) = 0$, so ist nach dem Newtonschen Näherungsverfahren eine bessere Näherung:

$$(S_n)_1 = (S_n)_0 - \frac{f(S_n)_0}{f'(S_n)_0}.$$

(8-52)

Die erste Ableitung der Gl. (8-51) lautet:

$$f'(S_n) = 1 - \frac{m R_n}{2} (S_n)^{m-1}.$$

(8-53)

Demnach gilt nach dem Newtonschen Näherungsverfahren:

$$(S_n)_{\alpha+1} = (S_n)_\alpha - \frac{(S_n)_\alpha - \dfrac{R_n}{2}(S_n)_\alpha^m - 1}{1 - \dfrac{m\,R_n}{2}(S_n)_\alpha^{m-1}}.$$

(8-54)

In Gl. (8-54) ist α die Nummer der Iteration, m die Reaktionsordnung. Als Anfangsnäherung kann man $(S_n)_0 = 1$ annehmen. Die Gl. (8-54) kann man für jeden Kessel mit beliebigem $k_n \tau_n$, beginnend beim ersten Kessel der Kaskade, lösen. Man erhält dabei $S_1, S_2 \ldots S_N$; nach Gl. (8-50) ist dann

$$\frac{c_{i,N}^{aus}}{c_{i,1}^{ein}} = S_1 \cdot S_2 \ldots S_N.$$

(8-55)

Die Anwendung des Verfahrens auf eine aus zwei Kesseln bestehende Kaskade wird in Beispiel 8.3 gezeigt.

Beispiel 8.3: In einer aus zwei Kesseln ($V_{R,1} = 1\,m^3$, $V_{R,2} = 1\,m^3$) bestehenden Kaskade wird eine Reaktion $A \to |v_P|\,P$ durchgeführt, wobei $v_i = v_A = -1$, $r_1 = 0{,}06635 \cdot c_{A,1}^{0,8}$ und $r_2 = 0{,}09950 \cdot c_{A,2}^{0,8}$ mol/($m^3 \cdot s$) (höhere Temperatur im Kessel 2) ist. Der Durchsatzstrom beträgt $\dot{V} = 0{,}5\,m^3/min$ ($= 8{,}3 \cdot 10^{-3}\,m^3/s$), die Konzentration c_A^{ein} im Zulaufstrom 1200 mol/m^3. Gesucht ist der Gesamtumsatz in der Kaskade.

Lösung: Für den ersten Kessel ist nach Gl. (8-49):

$$R_1 = 2\,(-1)\,0{,}06635\left(\frac{1}{8{,}3 \cdot 10^{-3}}\right)(1200)^{(0,8-1)} = -3{,}8722.$$

Nun wird mit Hilfe von Gl. (8-54) der Wert S_1 berechnet:

$$(S_1)_1 = 1 - \frac{1 + \dfrac{3{,}8722}{2} \cdot 1^{0,8} - 1}{1 + \dfrac{0{,}8 \cdot 3{,}8722}{2} \cdot 1^{-0,2}} = 0{,}2404.$$

Bei zwei weiteren Iterationen nach Gl. (8-54) erhält man $(S_1)_2 = 0{,}2864$ und $(S_1)_3 = 0{,}2869$. Aus dem letzten Wert ergibt sich für den Umsatz im ersten Kessel $U_{A,1} = 0{,}7131$. Die Konzentration im Austragstrom des ersten Kessels ist somit $1200 \cdot 0{,}2869 = 344{,}28$ mol/m^3 (= Konzentration im Zulaufstrom des zweiten Kessels).
Für den zweiten Kessel ist:

$$R_2 = 2\,(-1)\,(0{,}09950)\left(\frac{1}{8{,}3 \cdot 10^{-3}}\right)(344{,}28)^{-0,2} = -7{,}4541.$$

Damit erhält man aus Gl. (8-54):

$$(S_2)_1 = 1 - \frac{1 + \dfrac{7{,}4541}{2} \cdot 1^{0,8} - 1}{1 + \dfrac{0{,}8 \cdot 7{,}4541}{2} \cdot 1^{0,2}} = 0{,}06394.$$

Dieser Wert wird für eine weitere Iteration verwendet:

$$(S_2)_2 = 0{,}06394 - \frac{0{,}06394 + \dfrac{7{,}4541}{2}(0{,}06394)^{0{,}8} - 1}{1 + \dfrac{0{,}8 \cdot 7{,}4541}{2}(0{,}06394)^{-0{,}2}} = 0{,}14874.$$

Bei der dritten Iteration ergibt sich $(S_2)_3 = 0{,}15615$. Für die Konzentration im Austragstrom aus dem zweiten Kessel erhalten wir mit Hilfe von Gl. (8-55):

$$\frac{c_{A,2}^{aus}}{c_{A,1}^{ein}} = (S_1)_3 \cdot (S_2)_3 = 0{,}2869 \cdot 0{,}15615 = 0{,}04480$$

und damit für den Umsatz in der Kaskade:

$$U_{A,2} = 1 - c_{A,2}^{aus}/c_{A,1}^{ein} = 1 - 0{,}04480 = 0{,}95520.$$

8.2.2 Graphische Berechnungsmethoden für Kaskaden

Zuerst soll eine graphische Berechnungsmethode für Kaskaden behandelt werden, welche auch für kompliziertere Geschwindigkeitsausdrücke anwendbar ist, jedoch gleiche Temperaturen und Reaktionsvolumina in allen Kesseln sowie eine volumenbeständige Reaktion voraussetzt [1]. Die Methode basiert auf der *Stoffbilanz* in der Form der Gl. (8-34), welche wir nun schreiben:

$$U_{k,n-1} = U_{k,n} - \frac{V_{R,n}\, r_n\, |\nu_k|}{c_{k,1}^{ein}\, \dot{V}_1^{ein}}. \tag{8-56}$$

Im Geschwindigkeitsausdruck auf der rechten Seite dieser Gleichung sind die Konzentrationen aller Reaktanden nach Gl. (8-36) als Funktion von $U_{k,n}$ auszudrücken ($\varrho_n^{aus} = \varrho_1^{ein}$). Damit gibt die Gl. (8-56) den Umsatz $U_{k,n-1}$ als Funktion von $U_{k,n}$ wieder. Eine entsprechende Auftragung zeigt Abb. 8-3, Kurven 1a bis c. Zieht man noch die Hilfsgerade 2, für welche $U_{k,n-1} = U_{k,n}$ ist, so entspricht der waagrechte Abstand zwischen den Kurven und der Hilfsgerade der Differenz $U_{k,n} - U_{k,n-1}$. Durch ein Stufenzugverfahren, wie es in Abb. 8-3 dargestellt ist, kann man bei gegebenen Zulaufbedingungen ($c_{k,1}^{ein}$, $\dot{V}^{ein}$) sowie gegebenem k und $V_{R,n}$ die Zahl der Kessel ermitteln, welche erforderlich sind, um einen bestimmten Umsatz $U_{k,N}$ zu erzielen. Die Zahl der Kessel ergibt sich aus der Zahl der waagrechten Abschnitte zwischen Kurve und Hilfsgerade (vgl. Beispiel 8.4). Weitere Diagramme zur Berechnung von Kaskaden siehe [1, 3].

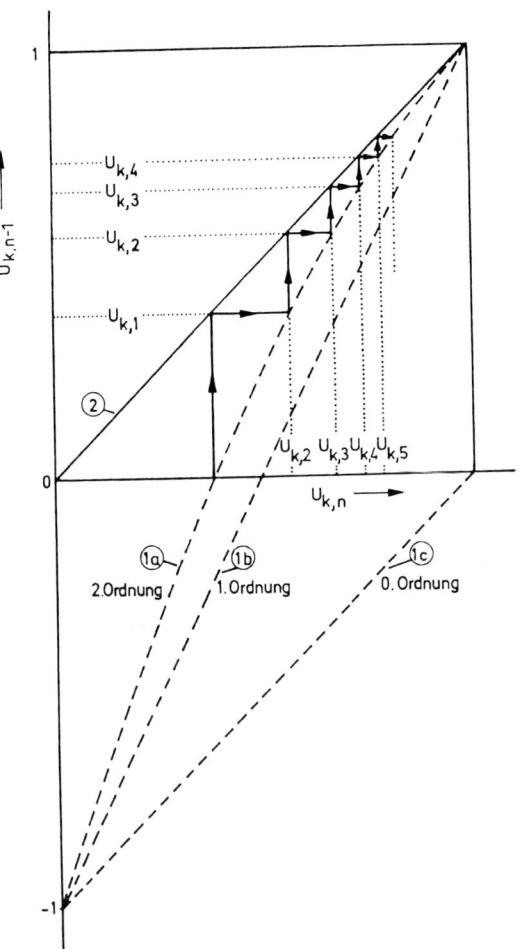

Abb. 8-3. Graphische Ermittlung des Umsatzes in einer Kaskade
von kontinuierlich betriebenen Idealkesseln mit gleich großen Reaktionsvolumina [1]
$[r_n = k\,(c_{k,n})^n; V_{R,n}\,k_n\,(c_{k,1}^{ein})^{n-1}/\dot{V}_1^{ein} = 1]$

Beispiel 8.4 [2]: In einer Kaskade von Idealkesseln ($V_{R,n} = 26,5\,m^3$) sollen Styrol (A) und Butadien (B) bei 5°C copolymerisiert werden. Die Reaktionsgleichung lautet:

$$A + 3,2\,B \rightarrow Polymer.$$

Die Reaktionsgeschwindigkeit ist gegeben durch den Ausdruck

$$r\,|\,v_A\,| = k\,c_A\,c_B,$$

wobei $k = 1 \cdot 10^{-8}\,m^3/(mol \cdot s)$ ist. Die Konzentrationen im Zulaufstrom sind: $c_{A,1}^{ein} = 795\,mol/m^3$ und $c_{B,1}^{ein} = 3550\,mol/m^3$. Der Zulaufstrom beträgt $6,29 \cdot 10^{-3}\,m^3/s$ und das Volumen der Reaktionsmischung ist konstant. Es soll die Gesamtzahl N der Kessel ermittelt werden, welche erforderlich sind, um einen Endumsatz $U_{A,N}$ des Styrols von 0,75 zu erzielen.

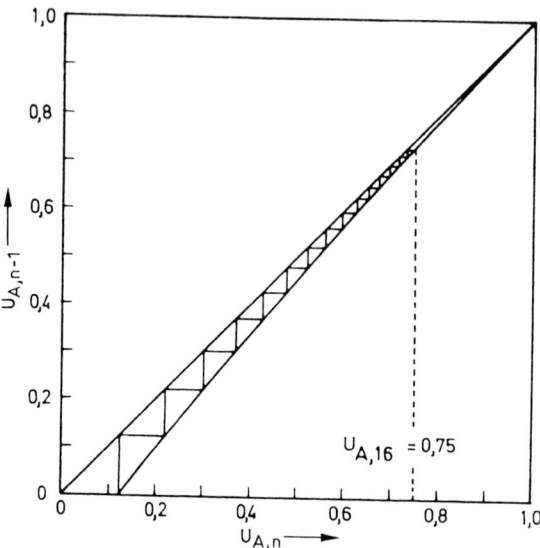

Abb. 8-4. Bestimmung der Kesselzahl einer Kaskade für eine Polymerisationsreaktion; Beispiel 8.4

Lösung: Wir gehen von Gl. (8-56) aus, in welcher die Konzentrationen nach Gl. (8-36) auszudrücken sind. Damit erhalten wir für die Stoffbilanz des Styrols:

$$U_{A,n-1} = U_{A,n} - \frac{k\, V_{R,n}\, c_{A,1}^{ein}}{c_{A,1}^{ein}\, \dot{V}_1^{ein}}\,(1 - U_{A,n})\left(c_{B,1}^{ein} - \frac{|v_B|}{|v_A|}\, c_{A,1}^{ein}\, U_{A,n}\right) =$$

$$= U_{A,n} - 4{,}213 \cdot 10^{-5}\,(1 - U_{A,n})(3550 - 3{,}2 \cdot 795\, U_{A,n})$$

oder

$$U_{A,n-1} = 1{,}257\, U_{A,n} - 0{,}107\, U_{A,n}^2 - 0{,}150.$$

Diese Beziehung ist in Abb. 8-4 aufgetragen, ebenso die Hilfsgerade $U_{A,n-1} = U_{A,n}$. Nach dem oben beschriebenen graphischen Verfahren ergibt sich, daß für den geforderten Wert $U_{A,N} = 0{,}75$ eine Kaskade von 16 kontinuierlich betriebenen Idealkesseln erforderlich ist. Man sieht aus Abb. 8-4, daß in den ersten 6 Kesseln etwa die Hälfte des Gesamtumsatzes stattfindet; demnach muß auch dort mehr Wärme abgeführt werden als in den letzten Kesseln (Reaktion exotherm!). Bei einer so großen Anzahl von Kesseln hat die Kaskade praktisch dasselbe Verhalten wie ein ideales Strömungsrohr mit derselben Verweilzeit. Technisch wird die Kaltpolymerisation von Butadien und Styrol in etwa 8 Kesseln unter Zudosierung zusätzlicher Polymerisations-Aktivatoren in die einzelnen Kessel durchgeführt (s. 3.5.2.2).

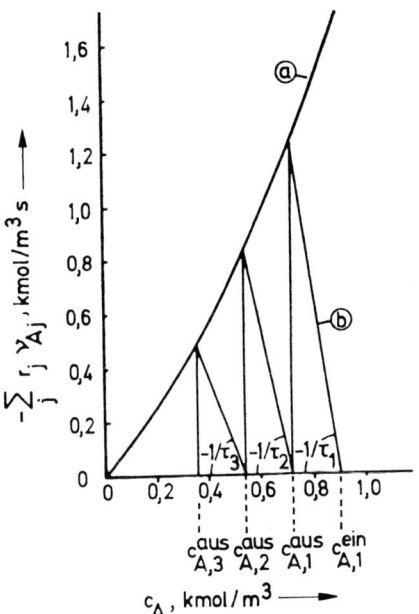

Abb. 8-5. Graphische Ermittlung des Umsatzes in einer Kaskade von kontinuierlich betriebenen Idealkesseln mit verschieden großen Reaktionsvolumina [4, 5]

Zur Berechnung isotherm und stationär betriebener Kaskaden ohne die Voraussetzung gleich großer Reaktionsvolumina in allen Kesseln kann ein anderes graphisches Verfahren herangezogen werden [4, 5]. Ist für eine volumenbeständige Reaktion ($\varrho = $ konst., $\dot{V} = $ konst.) die Reaktionsgeschwindigkeit als Funktion eines Reaktanden i, z. B. aus absatzweisen Versuchen gegeben, so wird aus Gl. (8-38):

$$\frac{-\left(\sum_j r_j v_{ij}\right)_n}{c_{i,n-1}^{aus} - c_{i,n}^{aus}} = \frac{\dot{V}}{V_{R,n}} = \frac{1}{\tau_n}. \tag{8-57}$$

Für eine Parallelreaktion

$$A \overset{1 \quad P}{\underset{2 \quad 1/2\,X}{\diagdown}} \quad \text{mit} \quad \sum_j r_j v_{ij} = \sum_j r_j v_{Aj} = -k_1 c_A - k_2 c_A^2$$

ist $-\sum_j r_j v_{Aj}$ in Abb. 8-5 (Kurve a) als Funktion von c_A aufgezeichnet
[$k_1 = 1\,s^{-1}$; $k_2 = 1\,m^3 \cdot s^{-1} \cdot kmol^{-1}$].

Für den ersten Kessel der Kaskade lautet Gl. (8-57) mit i = A:

$$\frac{-\left(\sum_j r_j \, v_{Aj}\right)_1}{c_{A,1}^{ein} - c_{A,1}^{aus}} = \frac{1}{\tau_1}.\tag{8-57a}$$

Zieht man durch den Punkt $(c_{A,1}^{ein},0)$ eine Gerade b mit der Steigung $-1/\tau_1$, so ergibt der Abszissenwert des Schnittpunktes dieser Geraden mit der Kurve a die Konzentration $c_{A,1}^{aus}$ im ersten Kessel und damit im Austragstrom aus diesem Kessel. Das Verfahren wird für den zweiten Kessel wiederholt, indem man durch den Punkt $(c_{A,1}^{aus},0)$ eine Gerade mit der Steigung $-1/\tau_2$ zieht, wodurch man $c_{A,2}^{aus}$ erhält usw.

8.3 Wärmebilanz des kontinuierlich betriebenen Idealkessels

Wie bereits in Abschnitt 3.5.2.1 ausgeführt wurde, ist im kontinuierlich betriebenen Idealkessel außer den Konzentrationen der Reaktanden und den physikalischen Eigenschaften der Reaktionsmasse auch die Temperatur der Reaktionsmischung und damit die Reaktionsgeschwindigkeit im ganzen Kessel räumlich konstant. Daher verschwindet in der Differentialgleichung der allgemeinen Wärmebilanz, Gl. (5-37), der Ausdruck $\text{div}\,(\lambda_{eff}\,\text{grad}\,T)$, welcher den Transportvorgang durch (effektive) Wärmeleitung beschreibt. Es ist noch zu beachten, daß in der allgemeinen Wärmebilanz kein Term für den durch eine Wärmeaustauschfläche aus der Reaktionsmasse abgeführten bzw. der Reaktionsmasse zugeführten Wärmestrom auftritt; diese Wärmeab- bzw. zuführung wird vielmehr im allgemeinen Fall in den Randbedingungen berücksichtigt. Da jedoch der Idealkessel ein System mit konzentrierten Parametern darstellt, muß statt der Randbedingungen in der Wärmebilanz ein Term auftreten, welcher die Wärmeabführung bzw. -zuführung durch eine Wärmeaustauschfläche beschreibt. Der pro Volumeneinheit der Reaktionsmischung ab- bzw. zugeführte Wärmestrom ist nach Gl. (4-112)

$$\frac{\dot{Q}}{V_R} = \frac{k_W \, A_W}{V_R} \, (\bar{T}_W - T)\tag{8-58}$$

(k_W = Wärmedurchgangskoeffizient, $\bar{T}_W$ = mittlere Temperatur des Kühl- bzw. Heizmediums, s. 6.3, T = Temperatur der Reaktionsmasse, A_W = Wärmeaustauschfläche, V_R = Volumen der Reaktionsmischung).

Somit lautet die Differentialgleichung der *Wärmebilanz:*

$$\frac{\partial \, (\varrho \, c_p T)}{\partial \, t} = -\text{div}\,(\varrho \, c_p \, T \, \vec{w}) + \frac{k_W \, A_W}{V_R} \, (\bar{T}_W - T) + \sum_j r_j \, (-\Delta \, H_{Rj}).\tag{8-59}$$

Berücksichtigt man, daß bei der Integration über das ganze von der Reaktionsmischung eingenommene (konstante) Volumen V_R der Term

$$- \int\limits_{V_R} \mathrm{div}\,(\varrho\,c_p\,T\,\vec{w})\,dV_R$$

entsprechend Abb. 8-1 gleich der Differenz zwischen der in der Zeiteinheit mit dem Stoffstrom zugeführten Wärmemenge $(\dot{V}\,\varrho\,c_p\,T)^{ein}$ und der mit dem Stoffstrom aus dem Reaktor abgeführten Wärmemenge $(\dot{V}\,\varrho\,c_p\,T)^{aus}$ ist, so erhält man die *Wärmebilanz* des kontinuierlich betriebenen Idealkessels $(T = T^{aus})$:

$$V_R\,\frac{d\,(\varrho\,c_p\,T)^{aus}}{dt} = (\dot{V}\,\varrho\,c_p\,T)^{ein} - (\dot{V}\,\varrho\,c_p\,T)^{aus} + k_W\,A_W\,(\bar{T}_W - T^{aus}) +$$

$$+ V_R \sum_j r_j\,(-\Delta H_{Rj}). \tag{8-60}$$

Bei stationärem Betrieb verschwindet die Ableitung nach der Zeit und es gilt:

$$0 = (\dot{V}\,\varrho\,c_p\,T)^{ein} - (\dot{V}\,\varrho\,c_p\,T)^{aus} + k_W\,A_W\,(\bar{T}_W - T^{aus}) + V_R \sum_j r_j\,(-\Delta H_{Rj}). \tag{8-61}$$

Für jede Teilreaktion mit der Nummer $j\,(= 1, 2 \ldots)$, nach der ein Reaktionspartner k (Leit- oder Bezugskomponente) umgesetzt werden kann, läßt sich die *Stoffbilanz* des kontinuierlich betriebenen Idealkessels, Gl. (8-17), schreiben[2]:

$$r_j\,|v_{kj}| = c_k^{ein}\,\dot{V}^{ein}\,\frac{U_{kj}}{V_R} = \dot{n}_k^{ein}\,\frac{U_{kj}}{V_R}. \tag{8-62}$$

Setzt man diese Gleichung in Gl. (8-61) ein, so erhält man die Wärmebilanz des kontinuierlich betriebenen Idealkessels bei stationärer Betriebsweise

$$(\dot{V}\,\varrho\,c_p\,T)^{aus} - (\dot{V}\,\varrho\,c_p\,T)^{ein} + k_W\,A_W\,(T^{aus} - \bar{T}_W) = \dot{n}_k^{ein} \sum_j U_{kj}\,\frac{(-\Delta H_{Rj})}{|v_{kj}|}. \tag{8-63}$$

Für den Fall, daß nur eine stöchiometrisch unabhängige Reaktion vorliegt, d. h. $\sum_j U_{kj}\,(-\Delta H_{Rj})/|v_{kj}| = U_k\,(-\Delta H_R)/|v_k|$ ist, lautet die Wärmebilanz:

$$(\dot{V}\,\varrho\,c_p\,T)^{aus} - (\dot{V}\,\varrho\,c_p\,T)^{ein} + k_W\,A_W\,(T^{aus} - \bar{T}_W) = \dot{n}_k^{ein}\,U_k\,\frac{(-\Delta H_R)}{|v_k|}. \tag{8-64}$$

Nach dem Satz von der Erhaltung der Masse ist $(\dot{V}\,\varrho)^{ein} = (\dot{V}\,\varrho)^{aus}$; ist außerdem die spezifische Wärmekapazität unabhängig von der Temperatur und von der Zusammensetzung der Reaktionsmischung, so vereinfacht sich die Wärmebilanz zu:

$$\dot{V}^{ein}\,\varrho^{ein}\,c_p^{ein}\,(T^{aus} - T^{ein}) + k_W\,A_W\,(T^{aus} - \bar{T}_W) = \dot{n}_k^{ein}\,U_k\,\frac{(-\Delta H_R)}{|v_k|}. \tag{8-65}$$

---

[2] Dies gilt auch noch für bestimmte Parallelreaktionen (s. Abschnitt 8.4, Beispiel 8.5).

Führt man anstelle von $\dot{n}_k^{ein}$ bzw. $\dot{V}^{ein} = \dot{n}_k^{ein}/c_k^{ein}$ die Produktionsleistung $\dot{n}_P^{aus}$ mit Hilfe von Gl. (3-23) ein, so ist, wenn nur eine stöchiometrisch unabhängige Reaktion stattfindet ($S_P = 1$):

$$\frac{\dot{n}_P^{aus}\,\varrho^{ein}\,c_p^{ein}}{c_k^{ein}\,U_k}\,\frac{|\nu_k|}{\nu_P}\,(T^{aus} - T^{ein}) + k_W\,A_W\,(T^{aus} - \bar{T}_W) = \dot{n}_P^{aus}\,\frac{(-\Delta H_R)}{\nu_P}. \qquad (8\text{-}66)$$

Sind die Konzentrationen im Zulaufstrom, der Umsatz U_k und die Produktionsleistung $\dot{n}_P^{aus}$ vorgegeben, so sind folgende Größen noch variabel: T^{aus}, T^{ein}, $\bar{T}_W$ und A_W. Da zwischen diesen vier Größen lediglich der durch Gl. (8-66) gegebene funktionelle Zusammenhang besteht, diese aber sonst unabhängig voneinander sind, können drei Größen frei gewählt werden. Legt man z. B. die Reaktionstemperatur (T^{aus}), die Zulauftemperatur (T^{ein}) und die Temperatur des Wärmeträgers ($\bar{T}_W$) fest, so kann die erforderliche Wärmeaustauschfläche A_W nach Gl. (8-66) berechnet werden. Andererseits kann man bei vorgegebener Wärmeaustauschfläche, Zulauftemperatur und Temperatur des Wärmeträgers die Reaktionstemperatur nach Gl. (8-66) berechnen. Wurde die Reaktionstemperatur auf diese Weise erhalten oder wurde sie primär vorgegeben, so ergibt sich das für den geforderten Umsatz benötigte Reaktionsvolumen aus der Stoffbilanz, Gl. (8-17), in welcher die Reaktionstemperatur im Geschwindigkeitsausdruck auftritt.

Gelegentlich ist eine simultane Lösung von Stoff- und Wärmebilanz erforderlich, z. B. dann, wenn das Reaktionsvolumen vorgegeben ist; in diesem Fall muß die Berechnung des Umsatzes und der Temperatur nach einer Iterations-Methode zur simultanen Lösung der Wärme- und Stoffbilanzgleichungen erfolgen.

8.4 Berechnung eines kontinuierlich betriebenen Idealkessels bei der Durchführung komplexer Reaktionen

In einem kontinuierlich betriebenen Idealkessel können bei komplexen Reaktionen sowohl bessere als auch schlechtere Ausbeuten an einem gewünschten Produkt erhalten werden als in einem idealen Strömungsrohr. Hier spielen die Reaktionsordnungen der Einzelreaktionen und das Verhältnis von deren Aktivierungsenergien eine wesentliche Rolle.

Für die einfache Folge zweier Reaktionen 1. Ordnung

$$A \xrightarrow{k_1} B \xrightarrow{k_2} C$$

erhält man, wenn $c_B^{ein} = 0$, $c_C^{ein} = 0$ und die Einzelreaktionen volumenbeständig sind, aus Gl. (8-9) im stationären Betriebszustand die Stoffbilanzen:

$$0 = \frac{c_A^{ein}}{\tau} - \frac{c_A^{aus}}{\tau} - k_1\,c_A^{aus}, \qquad (8\text{-}67)$$

$$0 = - \frac{c_B^{aus}}{\tau} + k_1 c_A^{aus} - k_2 c_B^{aus}, \qquad (8\text{-}68)$$

$$0 = - \frac{c_C^{aus}}{\tau} + k_2 c_B^{aus}. \qquad (8\text{-}69)$$

Daraus ergibt sich:

$$\frac{c_A^{aus}}{c_A^{ein}} = 1/(1 + k_1 \tau), \qquad (8\text{-}70)$$

$$\frac{c_B^{aus}}{c_A^{ein}} = \frac{k_1 \tau}{(1 + k_1 \tau)(1 + k_2 \tau)}, \qquad (8\text{-}71)$$

$$\frac{c_C^{aus}}{c_A^{ein}} = \frac{k_1 k_2 \tau^2}{(1 + k_1 \tau)(1 + k_2 \tau)}. \qquad (8\text{-}72)$$

Ist B das gewünschte Produkt, so ist c_B^{aus}/c_A^{ein} die Ausbeute an diesem Produkt. Bei einer bestimmten mittleren Verweilzeit erhält man eine größtmögliche Ausbeute an B; diese *optimale Verweilzeit* τ_{opt} folgt aus Gl. (8-71), indem man nach τ differenziert und $dc_B^{aus}/d\tau$ gleich null setzt:

$$\tau_{opt} = \left(\frac{V_R}{\dot{V}^{aus}} \right)_{opt} = \left(\frac{V_R}{\dot{V}^{ein}} \right)_{opt} = 1/\sqrt{k_1 \cdot k_2}. \qquad (8\text{-}73)$$

Die *größtmögliche Ausbeute* an B beträgt im kontinuierlichen Idealkessel:

$$\left(\frac{c_B^{aus}}{c_A^{ein}} \right)_{max} = \frac{1}{(1 + \sqrt{k_2/k_1})^2}. \qquad (8\text{-}74)$$

Aus Gl. (8-74) sieht man, daß die maximale Ausbeute $(c_B^{aus}/c_A^{ein})_{max}$ vom Verhältnis k_2/k_1, welches von den Häufigkeitsfaktoren, den Aktivierungsenergien und der Reaktionstemperatur nach der Beziehung von Arrhenius, Gl. (4-144), bestimmt wird, abhängt.

Die Berechnung eines kontinuierlich betriebenen Idealkessels, in welchem ein Reaktionspartner nach zwei parallel ablaufenden Reaktionen gleicher Ordnung umgesetzt wird, ist in Beispiel 8.5 gezeigt.

Beispiel 8.5 [6]: Es soll das Volumen eines kontinuierlich betriebenen Idealkessels zur *Herstellung von Allylchlorid durch Chlorierung* von Propylen in der Gasphase berechnet werden. Um die beiden Reaktortypen kontinuierlicher Idealkessel und ideales Strömungsrohr vergleichen zu können, sollen dieselben Daten wie in Beispiel 7.3 verwendet werden.

Die Reaktion soll ohne Wärmezu- oder abführung durch Wärmeaustauscher („adiabatisch") durchgeführt werden. Entsprechende Durchmischungsvorrichtungen sollen gleichförmige Temperatur, Zusammensetzung und Druck im ganzen Reaktor gewährleisten.

Lösung: Die Geschwindigkeiten jeder Reaktion (Allylchlorid- und 1,2-Dichlorpropan-Bildung) sind im ganzen Reaktionsraum konstant; sie müssen für die Temperatur und die Umsätze des Austrags aus dem Reaktor berechnet werden. Da die Reaktion ohne Wärmeaustausch durchgeführt werden soll, reduziert sich die Wärmebilanz, Gl. (8-63), zu

$$(\dot{V} \varrho c_p T)^{aus} - (\dot{V} \varrho c_p T)^{ein} = \dot{n}_k^{ein} \sum_j U_{kj} \frac{(-\Delta H_{Rj})}{|v_{kj}|}. \tag{a}$$

Bei einer einfachen Reaktion könnte man diese Wärmebilanzgleichung zur Berechnung von T^{aus} für eine Reihe beliebig gewählter Umsätze U_k verwenden. Aus jedem Wert von U_k könnte zusammen mit der entsprechenden Temperatur T^{aus} eine Reaktionsgeschwindigkeit $|r_k|$ berechnet werden. Durch Einsetzen von $|r_k|$ in die Stoffbilanz, Gl. (8-17), würde man die Reaktionsvolumina erhalten, welche zur Erzielung der gewählten Umsätze erforderlich sind. Im vorliegenden Fall müssen zwei Stoffbilanzen der Form von Gl. (8-17) befriedigt werden:

$$U_{k1} = |r_{k1}| \frac{V_R}{\dot{n}_k^{ein}} \quad \text{(für die Allylchlorid-Bildung)} \tag{b}$$

und

$$U_{k2} = |r_{k2}| \frac{V_R}{\dot{n}_k^{ein}} \quad \text{(für die 1,2-Dichlorpropan-Bildung)}. \tag{c}$$

Der Index k (= Leitkomponente Cl) sei der Einfachheit halber im folgenden weggelassen.
Die Geschwindigkeitsausdrücke erhält man, wenn man in den Gln. (m) und (n) von Beispiel 7.3 anstelle von T die Temperatur T^{aus} setzt

$$|r_1| = 1,4679 \cdot 10^5 \cdot e^{-7609/T^{aus}} \frac{(1 - U_1 - U_2)(4 - U_1 - U_2)}{(1 - 0,2 \cdot U_2)^2} \quad [\text{mol}/(\text{m}^3 \cdot \text{s})], \tag{d}$$

$$|r_2| = 8,3369 \cdot e^{-1919/T^{aus}} \frac{(1 - U_1 - U_2)(4 - U_1 - U_2)}{(1 - 0,2 \cdot U_2)^2} \quad [\text{mol}/(\text{m}^3 \cdot \text{s})]. \tag{e}$$

Das Problem besteht nun darin, die fünf Unbekannten U_1, U_2, T^{aus}, r_1 und r_2 für verschiedene Werte des Reaktionsvolumens V_R zu berechnen. Zweckmäßig wählt man zuerst einen Wert für T^{aus}. Dann läßt sich aus dem Verhältnis der Gln. (b) und (c) mit Hilfe der Gln. (d) und (e) das Verhältnis U_1/U_2 berechnen:

$$\frac{U_1}{U_2} = \frac{|r_1|}{|r_2|} = \frac{1,4679 \cdot 10^5 \cdot e^{-7609/T^{aus}}}{8,3369 \cdot e^{-1919/T^{aus}}}. \tag{f}$$

Der Rechnungsgang soll für eine Temperatur ϑ^{aus} von 450°C gezeigt werden. Für diese Temperatur ist nach Gl. (f)

$$U_1/U_2 = 6,7259. \tag{g}$$

Als erste Näherung nehmen wir an, daß das Produkt $\dot{V} \varrho c_P$ unabhängig von der Temperatur und der Zusammensetzung sei, also

$$(\dot{V} \varrho c_P)^{ein} = (\dot{V} \varrho c_P)^{aus} = \dot{V} \varrho c_P. \tag{h}$$

Damit lautet Gl. (a):

$$\dot{V}^{ein} \varrho^{ein} c_P^{ein} (T^{aus} - T^{ein}) = \dot{n}_k^{ein} [U_1(-\Delta H_{R1}) + U_2(-\Delta H_{R2})]. \tag{i}$$

Tabelle 8/3. Umsätze von Chlor und Reaktionstemperaturen als Funktion des Reaktionsvolumens bei der Chlorierung von Propylen (Beispiel 8.5)

Temp. im Reaktor (= Austrag) ϑ^{aus} [°C]	Umsatz v. Chlor nach		Reaktionsvol. V_R [m³]	Selektivität $S_P = U_1/(U_1 + U_2)$
	Reakt. 1 (Allyl-chlorid) $U_1 = A_P$	Reakt. 2 (1,2-Dichlor-propan) U_2		
260	0,0476	0,1170	$3,28 \cdot 10^{-3}$	0,289
300	0,1382	0,1612	$4,23 \cdot 10^{-3}$	0,462
350	0,3289	0,1730	$5,18 \cdot 10^{-3}$	0,655
400	0,5758	0,1536	$7,26 \cdot 10^{-3}$	0,789
425	0,7077	0,1395	$11,00 \cdot 10^{-3}$	0,835
450	0,8405	0,1250	$41,49 \cdot 10^{-3}$	0,871

Einsetzen der Werte aus Beispiel 7.3 ergibt zusammen mit Gl. (g):

$$9,854 \, (723 - 473) = 2,144 \cdot 10^{-2} \cdot U_2 \, [6,7259 \cdot 111790 + 184220] \, \text{J/s}.$$

Daraus erhält man $U_2 = 0,12277$ und weiter aus Gl. (g) $U_1 = 0,82576$.

Mit diesen Werten für U_1 und U_2 kann man $\dot{V} \varrho \, c_p = \sum_i \dot{n}_i \, C_{pi}$ für den Reaktoraustritt wie in Beispiel 7.3 berechnen.
Es ergibt sich $(\dot{V} \varrho \, c_p)^{aus} = 9,917 \, \text{J/s}$. Durch Einsetzen der Werte in Gl. (a) folgt:

$$9,917 \cdot 723 - 9,854 \cdot 473 = 2,144 \cdot 10^{-2} \cdot U_2 \, [6,7259 \cdot 111790 + 184220];$$

damit wird $U_2 = 0,12497$ und $U_1 = 0,84054$.
Durch Einsetzen dieser Werte in Gl. (d) oder in Gl. (e) erhält man z. B. für

$$|r_1| = 1,4679 \cdot 10^5 \cdot e^{-7609/723} \cdot \frac{(1 - 0,84054 - 0,12497)(4 - 0,84054 - 0,12497)}{(1 - 0,2 \cdot 0,12497)^2} =$$

$$= 0,43437 \, \text{mol/(m}^3 \cdot \text{s)}.$$

Mit den Werten für $\dot{n}_{Cl}^{ein}$, U_1 und r_1 kann man nun nach Gl. (b) das erforderliche Reaktionsvolumen berechnen:

$$V_R = \frac{\dot{n}_{Cl}^{ein} \, U_1}{|r_1|} = \frac{2,144 \cdot 10^{-2} \cdot 0,84054}{0,43437} = 4,149 \cdot 10^{-2} \, \text{m}^3.$$

Die entsprechenden Werte der Umsätze und des Reaktionsvolumens für andere Temperaturen sind in Tabelle 8/3 zusammengestellt.

Vergleichen wir diese Ergebnisse mit denen des Beispiels 7.3, so sehen wir, daß bei denselben Zulaufbedingungen in einem adiabatisch betriebenen Reaktor mit vollständiger Rückvermischung bei gleichem Reaktionsvolumen wesentlich höhere Ausbeuten an Allylchlorid erhalten werden als im idealen Strömungsrohr. Dies rührt daher, daß beim Rückvermischungsreaktor der Zulaufstrom infolge der

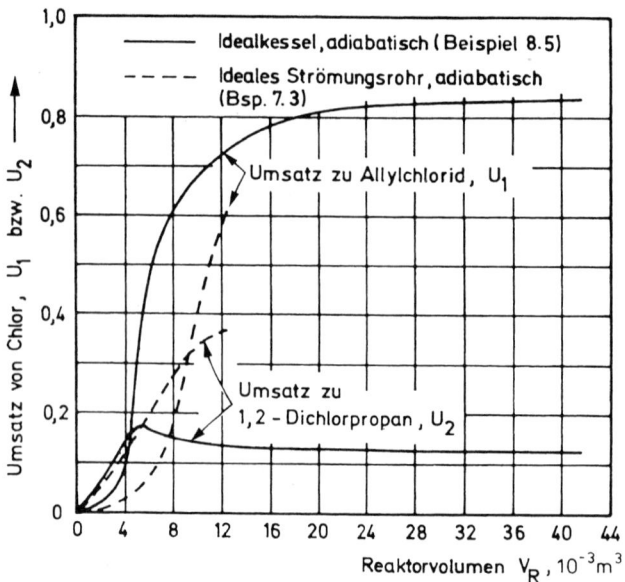

Abb. 8-6. Umsätze von Chlor als Funktion des Reaktionsvolumens bei der Chlorierung von Propylen in einem adiabatisch kontinuierlich betriebenen Idealkessel und in einem adiabatisch betriebenen idealen Strömungsrohr [6] (Beispiel 7.3 und 8.5)

Rückvermischung gleich auf eine höhere, für die Bildung von Allylchlorid günstige und im ganzen Reaktor konstante Reaktionstemperatur gebracht wird. Beim idealen Strömungsrohr dagegen erfolgt bei adiabatischer Reaktionsführung eine stetige Aufheizung, so daß in der Nähe des Zulaufs, wo die Temperatur noch relativ niedrig ist, eine beträchtliche Menge an 1,2-Dichlorpropan gebildet wird.

In Abb. 8-6 sind zum besseren Vergleich die Umsätze von Chlor nach beiden Parallelreaktionen als Funktion des Reaktionsvolumens sowohl für den adiabatisch kontinuierlich betriebenen Idealkessel als auch für das adiabatisch betriebene ideale Strömungsrohr (Beispiel 7.3) aufgetragen.

8.5 Stabilitätsverhalten von kontinuierlich betriebenen Idealkesseln

In Beispiel 8.5 wurden die Umsätze und die Reaktionsvolumina für zwei exotherme Parallelreaktionen durch simultane Lösung der Stoff- und Wärmebilanzen bei verschiedenen Reaktionstemperaturen berechnet. Allerdings kam dabei eine Besonderheit des Verhaltens eines kontinuierlichen Idealkessels nicht zum Ausdruck. Diese Besonderheit betrifft die statische und dynamische Stabilität; sie soll nun am Beispiel einer einfachen irreversiblen exothermen Reaktion erster Ordnung für den adiabatisch kontinuierlich betriebenen Idealkessel (s. 8.5.1) und für den kontinuierlichen Idealkessel mit Kühlung, d. h. Temperaturlenkung (s. 8.5.2) dargestellt werden.

8.5.1 Adiabatisch kontinuierlich betriebener Idealkessel

Die *Stoffbilanz* für einen Reaktionspartner k wollen wir in der Form der Gl. (8-23) schreiben. Für eine Reaktion erster Ordnung [$Da_I = k\,\tau$, Gl. (8-22a)] erhalten wir:

$$U_k = \frac{k\,\tau}{1 + k\,\tau} = \frac{\tau\,k_0\,e^{-E/RT^{aus}}}{1 + \tau\,k_0\,e^{-E/RT^{aus}}} \tag{8-75}$$

($\tau = V_R / \dot{V}^{aus}$ = mittlere Verweilzeit, k = Reaktionsgeschwindigkeitskonstante, k_0 = = Frequenzfaktor, E = Aktivierungsenergie, T^{aus} = Reaktionstemperatur).

Bei konstant gehaltenem τ steigt U_k bei niedrigen Temperaturen exponentiell mit der Temperatur an, da der Exponentialterm im Nenner von Gl. (8-75) klein ist und daher gegenüber 1 vernachlässigt werden kann. Bei hohen Temperaturen wird der Exponentialterm sehr viel größer als 1, d. h. U_k nähert sich asymptotisch dem Wert 1.

Wir betrachten zunächst den Fall, daß keine Wärmeübertragung zwischen der Reaktionsmasse und einem Wärmeträger stattfindet [$k_W\,A_W\,(T^{aus} - \bar{T}_W) = 0$]; im weiteren Sinn bezeichnet man diese Betriebsweise auch beim Fließbetrieb als *adiabatische* Reaktionsführung. Wir nehmen noch an, daß die spezifische Wärmekapazität unabhängig von der Temperatur und Zusammensetzung ist ($c_p^{aus} = c_p^{ein}$); dann ergibt sich die Wärmebilanz aus Gl. (8-65) unter Berücksichtigung von Gl. (8-75):

$$\underbrace{\dot{V}^{ein}\,\varrho^{ein}\,c_p^{ein}\,(T^{aus} - T^{ein})}_{\dot{Q}_{Str}} = \dot{n}_k^{ein}\,U_k\,\frac{(-\Delta H_R)}{|\nu_k|} =$$

$$= \underbrace{c_k^{ein}\,\dot{V}^{ein}\,\frac{(-\Delta H_R)}{|\nu_k|}\,\frac{\tau\,k_0\,e^{-E/RT^{aus}}}{1 + \tau\,k_0\,e^{-E/RT^{aus}}}}_{\dot{Q}_R}\cdot \tag{8-76}$$

Die linke Seite der Gleichung (8-76) stellt den Überschuß $\dot{Q}_{Str}$ der mit dem Stoffstrom in der Zeiteinheit abgeführten über die zugeführte Wärmemenge dar, die rechte Seite die durch chemische Reaktion in der Zeiteinheit gebildete Wärmemenge $\dot{Q}_R$.

$\dot{Q}_R$ ist in Abb. 8-7 für eine exotherme Reaktion als Funktion von T^{aus} aufgezeichnet (S-förmige Kurve = Wärmebildungskurve; $c_k^{ein} = 3\,kmol/m^3$, $\dot{V}^{ein} = = 6 \cdot 10^{-3}\,m^3/s$, $(-\Delta H_R)/|\nu_k| = 209{,}34\,kJ/mol$, $\tau = 300\,s$, $k_0 = 4{,}48 \cdot 10^6\,s^{-1}$, $E = 62{,}80\,kJ/mol$). $\dot{Q}_{Str}$ wird durch Geraden mit der Steigung ($\dot{V}^{ein}\,\varrho^{ein}\,c_p^{ein}$) dargestellt, welche die Abszisse bei der Temperatur $T = T^{ein}$ schneiden; diese Wärmeabführungsgeraden sind für verschiedene Zulauftemperaturen ebenfalls in Abb. 8-7 eingezeichnet [$\varrho^{ein} = 1280\,kg/m^3$, $c_P^{ein} = 4{,}1868\,kJ/(kg \cdot K)$, Steigung 32,155 kJ/ (s · K)]. Je nach der Eintrittstemperatur T^{ein} können sich die Geraden und die S-Kurve in einem, in zwei oder in drei Punkten schneiden, wobei die Abszissenwerte dieser Schnittpunkte diejenigen Temperaturen T^{aus} sind, für welche die Gl. (8-76) erfüllt ist.

Wenn an einem gewählten Betriebspunkt, z. B. A_1, A, C, C_1, die Wärmebildungskurve $\dot{Q}_R = f(T^{aus})$ flacher verläuft als die Wärmeabführungsgerade $\dot{Q}_{Str} = f(T^{aus})$, so wird bei einer kleinen Temperaturerhöhung des Reaktionsgemischs, wie sie infolge betrieblicher Schwankungen auftreten kann, mehr Wärme in der Zeiteinheit durch Strömung abgeführt, als durch die chemische Reaktion gebildet wird; die Reaktionsmischung kühlt sich also so lange ab, bis wieder der stationäre Betriebspunkt erreicht ist. Umgekehrt ist bei einer kleinen Temperaturerniedrigung die durch chemische Reaktion in der Zeiteinheit gebildete Wärmemenge größer als die durch Strömung abgeführte, so daß sich die Reaktionsmischung so lange erwärmt, bis wieder der stationäre Betriebspunkt erreicht ist. Bei den in Abb. 8-7 eingezeichneten Schnittpunkten A_1, A, C und C_1, handelt es sich also um *stabile Betriebspunkte*. Nach dem in der Einleitung des Abschnitts 7.4 gesagten ist die Betriebsweise des Reaktors autotherm.

Wenn jedoch in einem gewählten Betriebspunkt (z. B. Punkt B in Abb. 8-7) die Steigung der Wärmebildungskurve größer ist als diejenige der Wärmeabführungsgeraden, so wird bei einer Erhöhung der Temperatur der Reaktionsmischung infolge betrieblicher Schwankungen mehr Wärme in der Zeiteinheit gebildet, als abgeführt; die Reaktionsmischung wird sich dann so lange aufheizen, bis die Temperatur und der Umsatz erreicht sind, welche dem oberen stabilen Betriebspunkt C entsprechen. Bei einer Erniedrigung der Reaktionstemperatur dagegen kühlt sich das Reaktionsgemisch so lange ab, bis die Temperatur und der Umsatz erreicht sind, welche dem unteren stabilen Betriebspunkt A entsprechen. Der Betriebspunkt B ist demnach instabil.

Bei einem *adiabatisch* kontinuierlich betriebenen Rührkessel, in welchem eine exotherme Reaktion abläuft, sind demnach diejenigen stationären Betriebszustände stabil, bei denen die Wärmeabführungsgerade steiler verläuft als die Wärmebildungskurve, d. h. für welche gilt:

$$d\dot{Q}_{Str}/dT^{aus} > d\dot{Q}_R/dT^{aus}. \tag{8-77}$$

Tritt also nur ein Schnittpunkt zwischen Wärmebildungskurve und Wärmeabführungsgerade auf, so entspricht diesem beim adiabatisch betriebenen Rührkessel immer ein *stabiler Betriebszustand;* liegen dagegen drei Schnittpunkte vor, so ist der untere und der obere Betriebszustand stabil, der mittlere instabil.

In Abb. 8-7 stellen T_1^{ein} und T_2^{ein} Grenztemperaturen des Zulaufstroms dar; für alle Zulauftemperaturen $T^{ein} < T_1^{ein}$ und $T^{ein} > T_2^{ein}$ tritt nur ein Schnittpunkt zwischen Wärmebildungskurve und Wärmeabführungsgerade auf. Im einen Fall ergeben sich stabile Betriebszustände im unteren Temperaturbereich, entsprechend niederen Umsätzen, im anderen Fall stabile Betriebszustände im oberen Temperaturbereich, d. h. bei hohen Umsätzen.

Aus den bisherigen Betrachtungen läßt sich leicht ableiten, auf welche Weise ein *„Zünden" bzw. „Löschen" einer Reaktion* erreicht werden kann. Eine Reaktion ist gezündet, wenn diese in einem oberen, gelöscht, wenn diese in einem unteren Betriebszustand abläuft. Eine Zündung kann bewirkt werden:

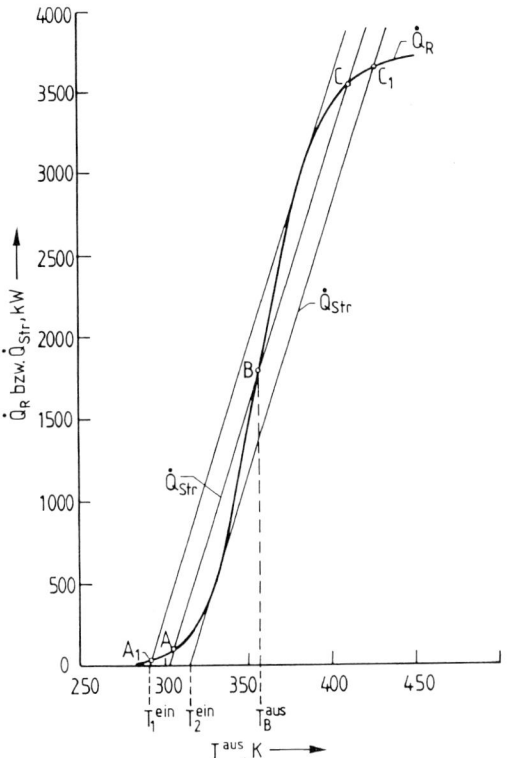

Abb. 8-7. Verlauf der Wärmebildungskurve $\dot{Q}_R$ (S-förmige Kurve) und der Wärmeabführungsgeraden $\dot{Q}_{Str}$ nach Gl. (8-76) als Funktion von T^{aus}

a) Durch Erhöhung der Zulauftemperatur T^{ein} über die Temperatur T_2^{ein} hinaus bei sonst gleichen Reaktionsbedingungen (Abb. 8-7). Nach erfolgter Zündung kann die Zulauftemperatur nach Bedarf wieder etwas gesenkt werden bei leichter Verringerung des Umsatzes. Sinkt jedoch die Zulauftemperatur unter T_1^{ein}, so erfolgt eine starke Abnahme des Umsatzes, bis ein stationärer Betriebszustand im unteren Temperaturbereich erreicht ist, was einer Löschung der Reaktion gleichkommt.

b) Durch Erhöhung der Zulaufkonzentration c_k^{ein} bei festgelegter Zulauftemperatur und festgelegtem Zulaufstrom, d. h. festgelegter Wärmeabführungsgeraden. Eine Erhöhung von c_k^{ein} bewirkt nach Gl. (8-76) eine Dehnung der Ordinatenwerte der Wärmebildungskurve. c_k^{ein} muß zur Zündung so hoch gewählt werden, daß die Wärmebildungskurve etwas über der Wärmeabführungsgeraden liegt.

c) Durch Erhöhung der mittleren Verweilzeit. Eine Erhöhung der mittleren Verweilzeit bewirkt eine Verschiebung der Wärmebildungskurve nach links (Abb. 8-8, Daten s. o.). Um bei festgelegter Wärmeabführungsgeraden und vorgegebener Zulaufkonzentration eine Reaktion zu zünden, muß die mittlere Verweilzeit so weit erhöht werden, daß die Wärmebildungskurve von der Wärmeabführungsgeraden nicht mehr berührt wird, im Beispiel der Abb. 8-8

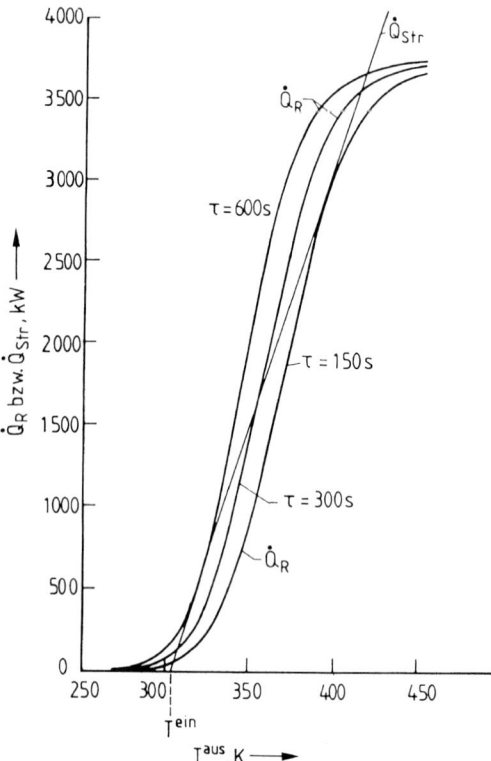

Abb. 8-8. Verlauf der Wärmebildungskurven $\dot{Q}_R$ bei verschiedenen mittleren Verweilzeiten τ und der Wärmeabführungsgeraden $\dot{Q}_{Str}$ nach Gl. (8-76) als Funktion von T^{aus}

über $\tau = 600\,s$. Nach gezündeter Reaktion kann die mittlere Verweilzeit wieder erniedrigt werden; sie muß jedoch über $\tau = 150\,s$ bleiben. Bei Unterschreitung dieses Grenzwertes erfolgt praktisch eine Löschung der Reaktion.

Finden in einem Idealkessel Reaktionen höherer Ordnung oder *komplexe Reaktionen* statt, so kann die Wärmebildungskurve mehrere Wendepunkte haben, wie Abb. 8-9 für zwei exotherme Parallelreaktionen schematisch zeigt. Entsprechend kann sich auch die Zahl der Schnittpunkte der Wärmeabführungsgeraden mit der Wärmebildungskurve erhöhen. Bei adiabatischer Reaktionsführung gilt für jeden dieser Schnittpunkte (= mögliche Betriebspunkte) hinsichtlich dessen Stabilität das durch die Beziehung (8-77) dargestellte Stabilitätskriterium.

Bei *exothermen reversiblen Reaktionen* weist die Wärmebildungskurve ein Maximum auf. Auch hier gibt das Steigungskriterium (8-77) Auskunft über die Stabilität bzw. Instabilität eines möglichen Betriebspunktes.

Für *endotherme Reaktionen* ist $\dot{Q}_R$ negativ, d. h. die S-förmige Wärmebildungskurve ist in diesem Fall gegenüber der für exotherme Reaktionen gültigen um die Abszissenachse nach unten geklappt (gespiegelt); die Steigung der Wärmeabführungsgeraden ist dagegen unverändert positiv. Man sieht leicht ein, daß bei endothermen Reaktionen nur ein Schnittpunkt zwischen der Wärmebildungskurve

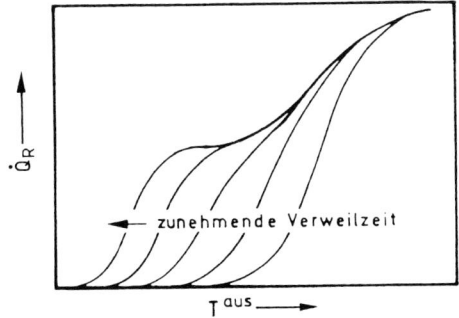

zunehmende Verweilzeit

T^{aus} ——→

Abb. 8-9. Schematischer Verlauf der Wärmebildungskurven $\dot{Q}_R$ als Funktion von T^{aus} für zwei exotherme Parallelreaktionen

und der Wärmeabführungsgeraden existiert, entsprechend einem stabilen Betriebszustand.

Zusammenfassend können wir sagen, daß bei einer exothermen Reaktion, welche in einem *adiabatisch* kontinuierlich betriebenen Idealkessel abläuft, stets diejenigen stationären Betriebszustände stabil sind, bei welchen die Wärmeabführungsgerade steiler verläuft als die Wärmebildungskurve, entsprechend dem Stabilitätskriterium (8-77). Ist dieses Kriterium nicht erfüllt, so kann eine sprunghafte Instabilität auftreten, wobei Reaktionstemperatur, Reaktionsgeschwindigkeit und Umsatz von niedrigen zu hohen Werten oder umgekehrt umschlagen.

8.5.2 Kontinuierlich betriebener Idealkessel mit Kühlung

Wir wollen nun die Verhältnisse für eine exotherme Reaktion in einem kontinuierlich betriebenen Idealkessel mit Kühlung betrachten. Findet nur eine stöchiometrisch unabhängige Reaktion statt und ist $c_p^{aus} = c_p^{ein} = $ konst., so ist die *Wärmebilanz* für diesen Fall durch Gl. (8-65) gegeben. Diese Gleichung lautet für eine Reaktion erster Ordnung, wenn man U_k aus Gl. (8-75) einsetzt:

$$\underbrace{\dot{V}^{ein} \varrho^{ein} c_p^{ein} (T^{aus} - T^{ein}) + k_W A_W (T^{aus} - \bar{T}_W)}_{\dot{Q}_A} =$$

$$= \underbrace{\dot{n}_k^{ein} \frac{(-\Delta H_R)}{|v_k|} \frac{\tau k_0 e^{-E/RT^{aus}}}{1 + \tau k_0 e^{-E/RT^{aus}}}}_{\dot{Q}_R} \cdot \qquad (8\text{-}78)$$

Die linke Seite dieser Gleichung stellt die durch Strömung und durch Wärmeaustausch in der Zeiteinheit abgeführte Wärmemenge $\dot{Q}_A$ dar, die rechte Seite die durch die chemische Reaktion in der Zeiteinheit gebildete Wärmemenge $\dot{Q}_R$. Stellt man die beiden Seiten der Gl. (8-78) für eine exotherme Reaktion als Funktion der Reaktionstemperatur T^{aus} graphisch in einem $\dot{Q}/T$-Diagramm dar, so erhält man für den abgeführten Wärmestrom $\dot{Q}_A$ eine Gerade (Wärmeabführungsgerade) mit der

Steigung ($\dot{V}^{ein}\,\varrho^{ein}\,c_P^{ein} + k_W\,A_W$) und dem Ordinatenabschnitt $- (\dot{V}^{ein}\,\varrho^{ein}\,c_P^{ein}\;T^{ein} +$ $k_W\,A_W\,\bar{T}_W$); für in der Zeiteinheit die gebildete Wärmemenge $\dot{Q}_R$ als Funktion von T^{aus} ergibt sich eine S-förmige Kurve (Wärmebildungskurve, s. 8.5.1).

Beim adiabatisch kontinuierlich betriebenen Rührkessel wurde aus der Betrachtung des Temperaturverhaltens stationärer Betriebszustände das Kriterium (8-77) für einen (statisch) stabilen Betriebspunkt abgeleitet. Bei einem Idealkessel mit Kühlung genügt dieses Kriterium allein aber noch nicht, um stets eine stabile Betriebsweise des Reaktors zu gewährleisten, wie wir aus der simultanen Lösung der Stoff- und Wärmebilanzgleichungen für den instationären Betriebszustand sehen werden.

Bei den folgenden Betrachtungen setzen wir eine einfache, volumenbeständige Reaktion erster Ordnung ($r = k\,c_i^{aus}$) und $c_P^{aus} = c_P^{ein} =$ konst. voraus. Für diesen Fall folgen die Stoff- und Wärmebilanzen bei instationärer Betriebsweise aus den Gln. (8-6) und (8-60):

$$\frac{dc_i^{aus}}{dt} = \frac{c_i^{ein} - c_i^{aus}}{\tau} - k\,c_i^{aus} \qquad (8\text{-}79)$$

($\tau = V_R/\dot{V}^{ein} =$ mittlere Verweilzeit; $i =$ Reaktionspartner, $v_i = -1$),

$$V_R\,\varrho^{ein}\,c_p^{ein}\,\frac{dT^{aus}}{dt} = \dot{V}^{ein}\,\varrho^{ein}\,c_p^{ein}\,(T^{ein} - T^{aus}) + k_W\,A_W\,(\bar{T}_W - T^{aus}) +$$
$$+ V_R\,(-\Delta H_R)\,k\,c_i^{aus}. \qquad (8\text{-}80)$$

Diese beiden Differentialgleichungen sind nicht unabhängig voneinander, sondern über die Reaktionsgeschwindigkeit

$$r = k\,c_i^{aus} = k_0\,e^{-E/RT^{aus}}\,c_i^{aus}$$

miteinander gekoppelt. Daher verhält sich der kontinuierlich betriebene Rührkessel mit Kühlung wie ein System aus einem Masse- und einem Energiespeicher, welche miteinander im Austausch stehen [7]. Dadurch kommt es, daß bei einer exothermen Reaktion z. B. auch an einem Betriebspunkt, welcher aufgrund des Steigungskriteriums (8-77) stabil sein sollte, bei einer plötzlichen Erhöhung der Reaktionstemperatur etwas über den stationären Wert T_s^{aus} hinaus, infolge der höheren Temperatur zunächst die Reaktionsgeschwindigkeit zunimmt, und deshalb die Temperatur noch etwas höher steigt (vgl. Abb. 8-10).

Durch die Erhöhung der Reaktionsgeschwindigkeit fällt infolge des rascheren Verbrauchs die Konzentration unter den stationären Wert $c_{i,s}^{aus}$, bevor durch die erhöhte Wärmeabführung infolge einer größeren Temperaturdifferenz zwischen Reaktionsmasse und Kühlmittel die Reaktionstemperatur auf ihren stationären Wert gefallen ist. Erreicht schließlich die Reaktionstemperatur ihren stationären Wert, so wird nun infolge der zu kleinen Reaktionsgeschwindigkeit eine zu geringe Wärmemenge durch die Reaktion gebildet; als Folge davon kühlt sich die Reaktionsmischung noch weiter ab. Da die Reaktionsgeschwindigkeit dadurch noch geringer wird, nimmt die Konzentration wieder zu; nachdem infolge verminderter Wärme-

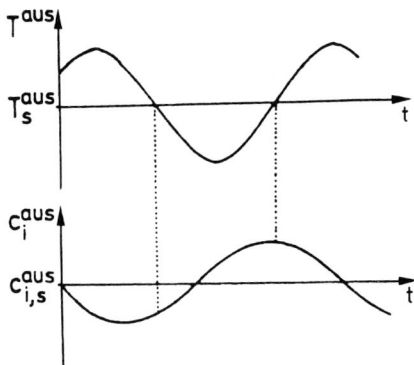

Abb. 8-10. Verlauf der Temperatur T^{aus} und der Konzentration c_i^{aus} eines kontinuierlich betriebenen Idealkessels in einem dynamisch instabilen Betriebspunkt [7]

abführung wieder die stationäre Reaktionstemperatur erreicht wurde, hat die Konzentration wieder einen zu hohen Wert. Deshalb steigt die Reaktionsgeschwindigkeit und entsprechend auch die Temperatur der Reaktionsmischung erneut über den stationären Wert, und das Wechselspiel beginnt von vorne.

Aus der simultanen Lösung der beiden Differentialgleichungen (8-79) und (8-80) erhält man alle Informationen, welche sowohl für den Betrieb als auch für die Regelung eines kontinuierlich betriebenen Rührkesselreaktors erforderlich sind, so

- Auskunft über die Stabilität bestimmter stationärer Betriebsbedingungen,
- die Übergangsfunktion, welche das Verhalten des Reaktors bei einer Änderung der Betriebsbedingungen beschreibt, bis ein neuer stationärer Zustand erreicht ist.

Eine geschlossene Lösung der Differentialgleichungen ist infolge der Nichtlinearität, welche durch die exponentielle Abhängigkeit der Reaktionsgeschwindigkeit von der Temperatur bedingt ist, nicht möglich. Es wurden jedoch Methoden beschrieben, welche es erlauben, Aussagen über das dynamische Verhalten eines kontinuierlichen Idealkessels zu machen, z. B. durch Simulation des Systems auf einem Analogrechner [7, 8]. Hier soll nur der Weg aufgezeigt werden, wie man durch Lösung der linearisierten Grundgleichungen zu einer *exakten Aussage über die Stabilität* eines Betriebspunktes kommt (vgl. z. B. [9]). In der Linearisierung ist begründet, daß durch dieses Verfahren das dynamische Verhalten des Reaktors nur für ganz geringe Abweichungen der Konzentration und der Temperatur von einem stationären Betriebszustand ausreichend genau beschrieben wird.

Die den Gln. (8-79) und (8-80) entsprechenden Gleichungen für den stationären Betriebszustand (Index „s") lauten:

$$0 = \frac{c_i^{ein} - c_{i,s}^{aus}}{\tau} - k_s c_{i,s}^{aus} \tag{8-81}$$

$$0 = \frac{T^{ein} - T_s^{aus}}{\tau} + \frac{k_W A_W}{V_R \varrho^{ein} c_p^{ein}} (\bar{T}_W - T_s^{aus}) + \frac{(-\Delta H_R) k_s c_{i,s}^{aus}}{\varrho^{ein} c_p^{ein}} \tag{8-82}$$

$(\tau = V_R/\dot{V}^{ein} = V_R/\dot{V}^{aus} = \text{mittlere Verweilzeit}).$

Subtrahiert man Gl. (8-81) von Gl. (8-79) und ebenso Gl. (8-82) von Gl. (8-80) und führt man die Abweichungen der Konzentration und Temperatur von den Werten des stationären Zustands ein

$$\Delta c_i = c_i^{aus} - c_{i,s}^{aus}, \tag{8-83}$$

$$\Delta T = T^{aus} - T_s^{aus}, \tag{8-84}$$

$$\Delta k = k - k_s, \tag{8-85}$$

so erhält man:

$$\frac{d\Delta c_i}{dt} = -\frac{\Delta c_i}{\tau} - (k\, c_i^{aus} - k_s\, c_{i,s}^{aus}) \tag{8-86}$$

und

$$\frac{d\Delta T}{dt} = -\frac{\Delta T}{\tau} - \frac{k_W\, A_W}{V_R\, \varrho^{ein}\, c_p^{ein}} \cdot \Delta T + \frac{(-\Delta H_R)}{\varrho^{ein}\, c_p^{ein}}\, (k\, c_i^{aus} - k_s\, c_{i,s}^{aus}). \tag{8-87}$$

Mit Hilfe der Gln. (8-83) und (8-85) ergibt sich für

$$k\, c_i^{aus} - k_s\, c_{i,s}^{aus} = (\Delta k + k_s)(\Delta c_i + c_{i,s}^{aus}) - k_s\, c_{i,s}^{aus} = \Delta k \cdot \Delta c_i + \Delta k\, c_{i,s}^{aus} + k_s\, \Delta c_i. \tag{8-88}$$

Für sehr kleine Abweichungen vom stationären Zustand kann man in dieser Gleichung $\Delta k \cdot \Delta c_i$ vernachlässigen und setzen

$$k = k_s + \left(\frac{dk}{dT}\right)_s \Delta T \quad \text{bzw.} \quad \Delta k = \left(\frac{dk}{dT}\right)_s \Delta T; \tag{8-89}$$

daraus folgt mit der Beziehung von Arrhenius [Gl. (4-144)]:

$$\Delta k = k_s\, \frac{E\, \Delta T}{R\, (T_s^{aus})^2}. \tag{8-90}$$

Unter Berücksichtigung der Gln. (8-88) und (8-90) erhält man aus den Gln. (8-86) und (8-87) die linearen Gleichungssysteme

$$\frac{d\Delta c_i}{dt} = a_{11}\, \Delta c_i + a_{12}\, \Delta T, \tag{8-91}$$

$$\frac{d\Delta T}{dt} = a_{21}\, \Delta c_i + a_{22}\, \Delta T; \tag{8-92}$$

darin bedeuten:

$$a_{11} = -\frac{1}{\tau} - k_s, \tag{8-93a}$$

$$a_{12} = -\frac{k_s\, c_{i,s}^{aus}\, E}{R\, (T_s^{aus})^2}, \tag{8-93b}$$

$$a_{21} = \frac{(-\Delta H_R)}{\varrho^{ein}\, c_p^{ein}}\, k_s, \tag{8-93c}$$

$$a_{22} = \frac{k_s\, c_{i,s}^{aus}\, E}{R\, (T_s^{aus})^2}\, \frac{(-\Delta H_R)}{\varrho^{ein}\, c_p^{ein}} - \frac{1}{\tau} - \frac{k_W\, A_W}{V_R\, \varrho^{ein}\, c_p^{ein}}. \tag{8-93d}$$

Indem man die beiden Gln. (8-91) und (8-92) jeweils einmal nach der Zeit differenziert und substituiert, gelangt man zu

$$\frac{d^2 \Delta c_i}{dt^2} - 2\alpha\, \frac{d\,\Delta c_i}{dt} + \beta\, \Delta c_i = 0 \tag{8-94}$$

und

$$\frac{d^2 \Delta T}{dt^2} - 2\alpha\, \frac{d\,\Delta T}{dt} + \beta\, \Delta T = 0. \tag{8-95}$$

In den Gln. (8-94) und (8-95) bedeuten:

$$2\,\alpha = a_{11} + a_{22} \tag{8-96a}$$

und

$$\beta = a_{11}\, a_{22} - a_{12}\, a_{21}. \tag{8-96b}$$

Aus dem Lösungsansatz $\Delta c_i \sim e^{\lambda t}$ bzw. $\Delta T \sim e^{\lambda t}$ erhält man die Wurzeln der charakteristischen Gleichung (s. Anhang A 2.1):

$$\lambda_{1,2} = \alpha \pm \sqrt{\alpha^2 - \beta}. \tag{8-97}$$

Die vollständigen Lösungen der Differentialgleichungen (8-94) und (8-95) lauten somit:

$$\Delta c_i(t) = C_1\, e^{\lambda_1 t} + C_2\, e^{\lambda_2 t} = C_1\, e^{(\alpha + \sqrt{\alpha^2 - \beta})t} + C_2\, e^{(\alpha - \sqrt{\alpha^2 - \beta})t} \tag{8-98}$$

und

$$\Delta T(t) = D_1\, e^{\lambda_1 t} + D_2\, e^{\lambda_2 t} = D_1\, e^{(\alpha + \sqrt{\alpha^2 - \beta})t} + D_2\, e^{(\alpha - \sqrt{\alpha^2 - \beta})t}. \tag{8-99}$$

C_1 und C_2 sowie D_1 und D_2 sind Integrationskonstanten, welche aus den Anfangs-werten von c_i^{aus} und T^{aus} sowie aus den Gln. (8-91) und (8-92) zu ermitteln sind. Durch Einführung von Gl. (8-98) in Gl. (8-91) erhält man

$$\Delta T(t) = \frac{C_1(\lambda_1 - a_{11})}{a_{12}} \, e^{\lambda_1 t} + \frac{C_2(\lambda_2 - a_{11})}{a_{12}} \, e^{\lambda_2 t}. \tag{8-100}$$

Aus dem Vergleich dieser Gleichung mit Gl. (8-99) ergibt sich folgender Zusammen-hang zwischen den Integrationskonstanten

$$D_1 = \frac{C_1(\lambda_1 - a_{11})}{a_{12}}, \tag{8-101a}$$

$$D_2 = \frac{C_2(\lambda_2 - a_{11})}{a_{12}}. \tag{8-101b}$$

Damit nun die Werte $\Delta c_i = c_i^{aus} - c_{i,s}^{aus}$ und $\Delta T = T^{aus} - T_s^{aus}$ abklingen, d. h. der Reaktor sich *stabil* verhält, ist es erforderlich, daß in den Gln. (8-98) und (8-99) sowohl

$$\beta > 0 \tag{8-102}$$

als auch

$$\alpha < 0 \tag{8-103}$$

ist.

Sind die Stabilitätsbedingungen (8-102) und (8-103) erfüllt, d. h. ist $\beta > 0$ und $\alpha < 0$, darüber hinaus aber $\beta > \alpha^2$, so treten *Schwingungen* auf nach

$$\Delta c_i(t) = e^{\alpha t}(C_1' \cos \omega t + C_2' \sin \omega t) \tag{8-104}$$

und

$$\Delta T(t) = e^{\alpha t}(D_1' \cos \omega t + D_2' \sin \omega t) \tag{8-105}$$

mit der Kreisfrequenz

$$\omega = 2 \pi \nu = \sqrt{\beta - \alpha^2} \quad (\nu = \text{Frequenz}). \tag{8-106}$$

Diese Schwingungen sind jedoch, da $\alpha < 0$ ist, gedämpft, und nach deren Abklingen befindet sich das System in einem stabilen Ruhepunkt (Bereich a, Abb. 8-11).

Ist $\beta > \alpha^2$ und damit die Stabilitätsbedingung $\beta > 0$ erfüllt, jedoch $\alpha > 0$, so wächst die Amplitude, und die Schwingung schaukelt sich auf; es liegt kein stabiler Ruhepunkt vor. Ist $\beta > \alpha^2$ und $\alpha = 0$, so treten ungedämpfte Schwingungen um den Ruhepunkt auf (vgl. Abb. 8-10).

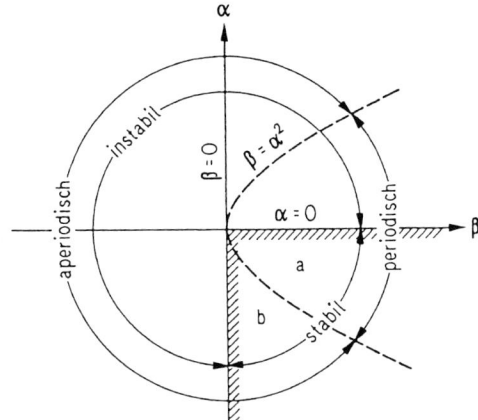

Abb. 8-11. Verhaltensbereiche eines kontinuierlich betriebenen Rührkesselreaktors in β-α-Koordinaten [10]

Damit sich ein Idealkessel stabil verhält, müssen demnach zwei Bedingungen erfüllt sein. Dabei zeigt es sich, daß die Bedingung $\beta > 0$ (8-102) mit dem bereits in Abschnitt 8.5.1 abgeleiteten Kriterium für die *statische Stabilität* [Steigungskriterium (8-77)] identisch ist.

Das zweite Stabilitätskriterium, (8-103), d. h. $\alpha < 0$, stellt die Bedingung für die sogenannte *oszillatorische Stabilität* (dynamische Stabilität) dar.

Das Stabilitätsverhalten eines kontinuierlich betriebenen Idealkessels in einem stationären Betriebspunkt kann man leicht aus der Lage dieses Betriebspunktes in einem Diagramm [10] mit den Koordinaten β und α ablesen (Abb. 8-11). Darin kommt die Lage der verschiedenen Verhaltensbereiche zum Ausdruck; der Bereich der Stabilität ($\beta > 0, \alpha < 0$) liegt im rechten unteren Quadranten, während der Bereich schwingungsfähiger Systeme ($\beta > \alpha^2$) innerhalb des gestrichelt eingezeichneten Parabelbogens liegt.

Für den bereits in Abschnitt 8.5.1 behandelten adiabatisch kontinuierlich betriebenen Idealkessel entfällt in Gl. (8-93d) das Glied $k_W\, A_W\, \Delta T / V_R\, \varrho^{ein}\, c_p^{ein}$. Aus den Gln. (8-93a) bis (8-93d) und den Gln. (8-96a) und (8-96b) kann man dann leicht ableiten, daß

$$\beta = -\frac{2\alpha}{\tau} - \frac{1}{\tau^2} \tag{8-107}$$

und damit

$$\alpha^2 - \beta = \alpha^2 + \frac{2\alpha}{\tau} + \frac{1}{\tau^2} = \left(\alpha + \frac{1}{\tau}\right)^2, \tag{8-108}$$

d. h.

$$\alpha^2 > \beta \tag{8-109}$$

ist. Daher sind in den Gln. (8-98) und (8-99) die Wurzelausdrücke stets reell und somit treten beim adiabatisch kontinuierlich betriebenen Idealkessel im linearen Bereich keine Schwingungen auf. Sofern die Bedingung für die statische Stabilität erfüllt, d. h. $\beta > 0$ ist, wird damit nach Gl. (8-107) gleichzeitig stets auch $\alpha < 0$ sein (Bereich b, Abb. 8-11). Daher genügt für den adiabatisch kontinuierlich betriebenen Rührkessel eine einzige Stabilitätsbedingung, nämlich die Beziehung (8-102), welche mit dem in Abschnitt 8.5.1 abgeleiteten Steigungskriterium (8-77) identisch ist.

Aus unseren Betrachtungen können wir folgenden *Schluß ziehen:* Wurden bei der Vorausberechnung eines Idealkessels Betriebsbedingungen gewählt, welche einem instabilen Betriebspunkt entsprechen, so kann beim praktischen Betrieb eines so berechneten Reaktors der Fall eintreten, daß es nur schwierig oder gar nicht möglich ist, die festgelegten Betriebsbedingungen einzustellen oder bei Schwankungen einer Betriebsvariablen durch eine entsprechende Regelung wieder zu erreichen. So können selbst geringe, im Betrieb unvermeidliche Störungen zu großen, häufig periodischen Temperatur- und Konzentrationsschwankungen Anlaß geben, welche z. B. die Einheitlichkeit eines Reaktionsprodukts beeinträchtigen. Es soll jedoch noch bemerkt werden, daß stabile Betriebspunkte in der chemischen Industrie nicht immer verwirklicht werden können, z. B. wenn die erforderlichen Verweilzeiten zu groß oder der erreichbare Umsatz zu niedrig oder unerwünscht hoch sein würden [11]. In einem solchen Fall ist es erforderlich, einen Reaktor auch in einem instabilen Betriebszustand zu betreiben und durch eine der Art der Instabilität entsprechende Regeleinrichtung für ein zuverlässiges Arbeiten des Reaktors an diesem Betriebspunkt zu sorgen (s. 16.4.2).

Beispiel 8.6: Das Dihydroperoxid von m-Diisopropylbenzol zerfällt in saurer Lösung in Resorcin und Aceton. In der folgenden Tabelle sind Versuchsparameter und -ergebnisse für diese Reaktion aufgeführt [10]:

$\dot{V}^{ein}$	τ	ϑ^{ein}	ϑ_W	$\dfrac{(-\Delta H_R) c_i^{ein}}{\varrho^{ein} c_p^{ein}} = \Delta T_{ad}$	$\dfrac{k_W A_W}{\varrho^{ein} c_p^{ein}}$	$\dfrac{c_i^{aus}}{c_i^{ein}}$
$0{,}174\ cm^3/s$	$747\ s$	$20{,}0\,°C$	$16{,}0\,°C$	$332\ K$	$1{,}493\ cm^3\,s$	$0{,}0742$

Der Geschwindigkeitsausdruck lautet:

$$r = 4{,}95 \cdot 10^8 \cdot e^{-7754/T}\, c_i \quad [mol/(cm^3 \cdot s)].$$

Es soll festgestellt werden, ob der Reaktor ($V_R = 130\ cm^3$) unter den angeführten Bedingungen in einem statisch und dynamisch stabilen Betriebspunkt arbeitet.

Lösung. Obwohl wir die statische Stabilität aus dem Kriterium (8-102), d. h. $\beta > 0$, unmittelbar rechnerisch erhalten könnten, sei zur besseren Veranschaulichung auch die graphische Lösung durchgeführt.
    Wir schreiben die Wärmebilanz, Gl. (8-78), für stationäre Betriebsbedingungen in folgender Weise:

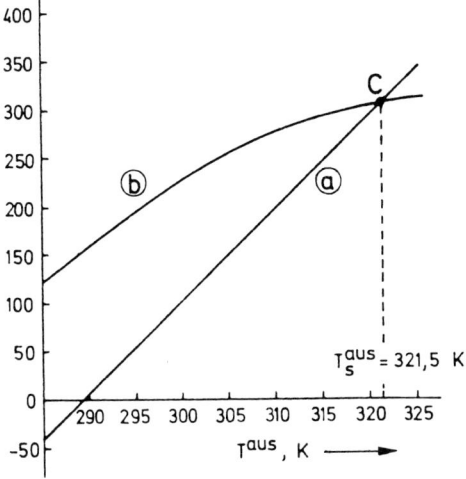

Abb. 8-12. Wärmeabführungsgerade (a) und Wärmebildungskurve (b) für das Beispiel 8.6

$$T^{aus}\left(1 + \frac{1}{\dot{V}^{ein}}\,\frac{k_W\,A_W}{\varrho^{ein}\,c_p^{ein}}\right) - \frac{1}{\dot{V}^{ein}}\,\frac{k_W\,A_W}{\varrho^{ein}\,c_p^{ein}}\,\bar{T}_W - T^{ein} = \Delta T_{ad}\,\frac{\tau\,k_0\,e^{-E/RT^{aus}}}{1 + \tau\,k_0\,e^{-E/RT^{aus}}}\,.$$

Einsetzen der Zahlenwerte in diese Gleichung ergibt:

$$T^{aus}\left(1 + \frac{1,493}{0,174}\right) - \frac{1,493}{0,174}\cdot 289 - 293 = 332 \cdot \frac{747\,(4,95\cdot 10^8)\,e^{-7754/T^{aus}}}{1 + 747\,(4,95\cdot 10^8)\,e^{-7754/T^{aus}}}$$

bzw.

$$\underbrace{T^{aus}\cdot 9,58 - 2772}_{a} = \underbrace{\frac{(1,228\cdot 10^{14})\,e^{-7754/T^{aus}}}{1 + (3,698\cdot 10^{11})\,e^{-7754/T^{aus}}}}_{b}\,.$$

Trägt man die linke Seite (a) dieser Gleichung als Funktion von T^{aus} auf, so erhält man die Wärmeabführungsgerade; die Auftragung der rechten Seite (b) dieser Gleichung ergibt die S-förmige Wärmebildungskurve (Abb. 8-12). Die beiden Kurven haben nur einen Schnittpunkt C, dessen Abszissenwert die Temperatur des Austragstroms T^{aus} (321,5 K = 48,5 °C) aus dem Reaktor ist. Der Reaktor arbeitet also in einem statisch stabilen Betriebspunkt.

Wir ziehen nun die Stabilitätskriterien (8-102) und (8-103) heran, um eine Auskunft über die statische und dynamische Stabilität zu erhalten. Hierzu sind die Werte für a_{11}, a_{12}, a_{21}, und a_{22} nach den Gln. (8-93a) bis (8-93d) zu berechnen und dann nach den Gln. (8-96a) und (8-96b) die Werte für α und β. Für die stationäre Temperatur T_s^{aus} ist $k_s = 1,669\cdot 10^{-2}\,\mathrm{s}^{-1}$ und $R\,(T_s^{aus})^2/E = 13,32$ K.

Mit den oben angegebenen Daten erhält man für

$$a_{11} = -\frac{1}{747} - k_s = -1,33\cdot 10^{-3} - 16,69\cdot 10^{-3} = -18,02\cdot 10^{-3}\,\mathrm{s}^{-1} \qquad (c)$$

$$\frac{a_{12}}{c_i^{ein}} = -\frac{k_s}{R\,(T_s^{aus})^2/E}\left(\frac{c_{i,s}^{aus}}{c_i^{ein}}\right) = -\frac{1,669\cdot 10^{-2}}{13,32}\cdot 7,42\cdot 10^{-2} = -9,3\cdot 10^{-5}\,\mathrm{K}^{-1}\mathrm{s}^{-1} \qquad (d)$$

$$a_{21}\, c_i^{ein} = \frac{(-\Delta H_R)\, c_i^{ein}}{\varrho^{ein}\, c_p^{ein}}\, k_s = \Delta T_{ad}\, k_s = 332\,(1,669 \cdot 10^{-2}) = 5,54\; K\, s^{-1} \qquad\qquad (e)$$

$$a_{22} = -\left(\frac{a_{12}}{c_i^{ein}}\right) \frac{(a_{21}\, c_i^{ein})}{k_s} - \frac{1}{\tau} - \frac{1}{V_R}\, \frac{k_W\, A_W}{\varrho^{ein}\, c_p^{ein}} =$$

$$= -(-9,3 \cdot 10^{-5})\, \frac{5,54}{1,669 \cdot 10^{-2}} - \frac{1}{747} - \frac{1,493}{130} = 18,02 \cdot 10^{-3}\, s^{-1}. \qquad (f)$$

Daraus ergibt sich für

$$2\alpha = a_{11} + a_{22} = -18,02 \cdot 10^{-3} + 18,02 \cdot 10^{-3} = 0 \qquad\qquad (g)$$

und

$$\beta = a_{11}\, a_{22} - a_{12}\, a_{21} = a_{11}\, a_{22} - \frac{a_{12}}{c_i^{ein}} \cdot (a_{21}\, c_i^{ein}) =$$

$$= (-1,802 \cdot 10^{-2}) \cdot (1,802 \cdot 10^{-2}) - (-9,3 \cdot 10^{-5}) \cdot 5,54 =$$

$$= 1,90 \cdot 10^{-4}\, s^{-2}. \qquad\qquad (h)$$

Aus Gl. (h) sehen wir, daß $\beta > 0$ ist, d. h. statische Stabilität vorliegt. Nach Gl. (g) ergibt sich für α ein Wert von 0; dies bedeutet (s. Abb. 8-11), daß ungedämpfte Schwingungen der Konzentrationen und der Temperatur um den stationären Ruhepunkt erfolgen müssen. Die Schwingungsdauer ergibt sich aus Gl. (8-106):

$$\frac{1}{\nu} = \frac{2\pi}{\omega} = \frac{2\pi}{\sqrt{\beta - \alpha^2}} = \frac{6,28}{10^{-2} \cdot \sqrt{1,90}} = 456\; s.$$

Tatsächlich wurden Temperaturschwingungen mit $1/\nu = 466\,s$ beobachtet. Die Rechnung steht also in sehr guter Übereinstimmung mit den experimentellen Beobachtungen.

8.6 Abweichungen technischer kontinuierlich betriebener Rührkessel vom Verhalten eines kontinuierlich betriebenen Idealkessels

Es erhebt sich die Frage, wie weit ein realer kontinuierlich betriebener Rührkessel dem Idealkessel nahekommt. Bei technischen Umsetzungen, welche sehr rasch verlaufen und welche daher nur eine relativ kurze Verweilzeit erfordern, wird selbst in einem isodimensionalen Kessel die Durchmischung nicht immer ausreichen, um die ganze Reaktionsmischung in bezug auf ihre Zusammensetzung, Temperatur und physikalischen Eigenschaften als homogen betrachten zu können.

Im praktischen Betrieb wird der Zulaufstrom nicht sofort über das ganze Reaktionsvolumen verteilt; für eine ausreichende Verteilung ist vielmehr eine gewisse Zeit erforderlich. Je kleiner die Durchmischungszeit im Verhältnis zur mittleren Verweilzeit ist, desto besser ist das Verhalten des kontinuierlich betriebenen Idealkessels angenähert. Für die meisten praktischen Belange ist bei einem Verhältnis 1:10 von Durchmischungs- und Verweilzeit der Idealkessel ausreichend angenähert.

Für gasförmige Reaktionsmischungen sind ausreichend durchmischte Reaktoren schwierig zu konstruieren. Umlenkwände und mechanische Rührer können verwendet werden, gewährleisten aber nicht eine vollständige Durchmischung. Kontinuierlich betriebene Reaktoren mit vollständiger Durchmischung sind daher im allgemeinen auf flüssige Reaktionsmischungen beschränkt. Besondere Schwierigkeiten treten bei Reaktionsmischungen hoher Viskosität auf. Auf dieses Problem wird in Kapitel 16 (Technische Polymerisation) näher eingegangen. Eine Rückvermischung kann auch in einem Schlaufenreaktor erreicht werden, bei dem ein Teil des Austragstroms aus einem Strömungsrohr dem Zulaufstrom beigemischt wird (s. 3.5.4 und Abb. 3-23).

9. Vergleichende Betrachtung von idealem Strömungsrohr, kontinuierlich betriebenem Idealkessel und Kaskade von kontinuierlich betriebenen Idealkesseln

Die Merkmale der kontinuierlich betriebenen Reaktortypen wurden bereits in Abschnitt 3.5.2 sowie in den Kapiteln 7 und 8 hervorgehoben. Bei allen diesen Reaktoren ist im stationären Betriebszustand die Zusammensetzung der Reaktionsmasse an jeder Stelle des Reaktionsraums *zeitlich* konstant. In einem idealen Strömungsrohr ändert sich die Zusammensetzung der Reaktionsmasse jedoch *örtlich* längs des Rohrs, während in einem kontinuierlich betriebenen Idealkessel die Zusammensetzung der Reaktionsmasse auch örtlich konstant und gleich der Zusammensetzung am Austritt aus dem Kessel ist. Demnach entsteht im Strömungsrohr – wie auch im diskontinuierlichen Betrieb – ein Produkt unter verschiedenen Konzentrationsbedingungen, im kontinuierlich betriebenen Idealkessel dagegen stets und an jedem Ort des Reaktionsraums bei der gleichen Zusammensetzung. Sofern die Qualität des Produkts von den Konzentrationsbedingungen bei dessen Bildung abhängt, wird man im kontinuierlich betriebenen Idealkessel ein gleichmäßigeres Produkt erhalten als im Idealrohr oder im Satzbetrieb. Bei Polyreaktionen dagegen hängt die Gleichmäßigkeit des Produkts bzw. die Verteilung der molaren Massen zusätzlich von der Lebensdauer der Kettenbildner ab (Kapitel 18). Bei den folgenden Betrachtungen werden diese Qualitätsgesichtspunkte für die Wahl des einen oder anderen Reaktortyps nicht berücksichtigt.

9.1 Kriterien für die Wahl des Reaktortyps bei einfachen und zusammengesetzten Reaktionen

Um beurteilen zu können, welcher der beiden Grenztypen kontinuierlich betriebener Reaktoren für die Herstellung eines bestimmten Produkts vorzuziehen ist, müssen wir unterscheiden, ob die Reaktionspartner nur in einer stöchiometrisch unabhängigen Reaktion umgesetzt werden, welche zum gewünschten Produkt führt, oder ob auch noch andere Reaktionen stattfinden, bei denen unerwünschte Nebenprodukte gebildet werden.

Findet nur *eine stöchiometrisch unabhängige Reaktion* statt, so wird die Reaktorkapazität (Produktionsleistung pro Einheit des Reaktionsvolumens) des Idealrohrs stets größer sein als die des kontinuierlich betriebenen Idealkessels[1]). Der

---

[1]) Dies gilt auch für Parallelreaktionen gleicher Ordnung.

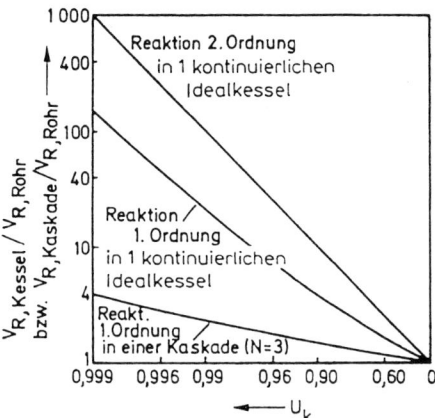

Abb. 9-1. Verhältnis zwischen den erforderlichen Reaktionsvolumina von kontinuierlich betriebenem Idealkessel bzw. Kaskade (N = 3) und dem Reaktionsvolumen eines Idealrohrs als Funktion von U_k für isotherme Reaktionen erster und zweiter Ordnung [1]

Grund dafür ist, daß bei gleicher Reaktionstemperatur die Konzentrationen der Reaktionspartner und damit die Reaktionsgeschwindigkeit in einem Strömungsrohr am Anfang des Rohres am größten, am Ende des Rohres am kleinsten sind. Im kontinuierlich betriebenen Idealkessel andererseits sind die Konzentrationen und daher auch die Reaktionsgeschwindigkeit immer und überall gleich, jedoch nur so groß wie am Austritt des Kessels. Die mittlere Reaktionsgeschwindigkeit ist daher im kontinuierlichen Idealkessel kleiner, so daß das für eine bestimmte Produktionsleistung erforderliche Reaktionsvolumen des Kessels größer ist als das des Strömungsrohrs. Wenn sehr hohe Umsätze erreicht werden müssen, z. B. bei Polykondensationen oder -additionen (vgl. Tab. 18/4 und Abb. 18-8) ist der kontinuierliche Idealkessel nicht geeignet.

Das für eine geforderte Produktionsleistung benötigte Reaktionsvolumen hängt sowohl beim kontinuierlichen Idealkessel als auch beim Idealrohr vom gewählten Umsatz und von der Reaktionsordnung ab, wobei die Unterschiede umso größer sind, je höher der Umsatz und je höher die Reaktionsordnung ist, wie Abb. 9-1 zeigt; darin ist das Verhältnis der erforderlichen Reaktionsvolumina von kontinuierlichem Idealkessel und Idealrohr für isotherme Reaktionen erster und zweiter Ordnung als Funktion des Umsatzes U_k aufgetragen.

Vom Gesichtspunkt der Reaktorkapazität aus betrachtet ist also bei nur einer stöchiometrisch unabhängigen Reaktion das Strömungsrohr immer günstiger als der kontinuierliche Idealkessel. Es kann jedoch aus anderen Gründen der kontinuierliche Idealkessel dem Idealrohr vorzuziehen sein, so – wie schon oben erwähnt –, wenn bei örtlich konstanten Konzentrationsverhältnissen ein besseres Produkt erzielt wird (z. B. eine enge Molmassenverteilung bei radikalischer Polymerisation oder ein chemisch einheitliches Copolymerisat). Zur Produktion großer Mengen bei relativ niedriger Reaktionsgeschwindigkeit werden lange Verweilzeiten erforderlich; in diesem Fall ist es technisch einfacher und damit wirtschaftlicher, einen kontinuierlich betriebenen Rührkessel oder eine Kaskade von kontinuierlichen Rührkesseln anstelle eines Strömungsrohrs zu verwenden. Schließlich ist die Konstanthaltung der Reaktionstemperatur in einem Kessel technisch einfacher zu bewerkstelligen als in einem Strömungsrohr.

Bei der Verwendung einer Rührkesselkaskade kann man die Frage stellen, wie groß die Reaktionsvolumina der einzelnen Kessel zu wählen sind, damit ein bestimmter Endumsatz mit einem minimalen Gesamt-Reaktionsvolumen erreicht wird. Eine derartige Frage scheint jedoch in den meisten praktischen Fällen unbedeutend zu sein, da die Verringerung des Gesamt-Reaktionsvolumens bei optimaler Aufteilung auf die einzelnen Kessel die höheren Investitions- und Unterhaltungskosten infolge der verschiedenen Kesselgröße oft nicht aufwiegt. Das Verhältnis der für einen Umsatz U_k erforderlichen Reaktionsvolumina einer Kaskade aus drei gleich großen kontinuierlichen Rührkesseln zu denen des Strömungsrohrs ist für eine isotherme Reaktion erster Ordnung in Abb. 9-1 aufgetragen.

Findet in einem Reaktor *mehr als eine stöchiometrisch unabhängige Reaktion* statt, so richtet sich besonders bei teuren Rohstoffen das wirtschaftliche Interesse darauf, dasjenige Reaktorsystem zu wählen, in welchem die *höchste Ausbeute* des gewünschten Produkts erhalten wird. Können die nicht umgesetzten Reaktionspartner nur schwierig vom Produkt getrennt werden, so wird man neben einer hohen Ausbeute an Produkt auch einen großen Endumsatz anstreben. Bei mehr als einer stöchiometrisch unabhängigen Reaktion werden die Verhältnisse meist so unübersichtlich, daß allgemeingültige Aussagen nicht getroffen werden können. Wir wollen uns daher auf die Behandlung einiger einfacher charakteristischer Fälle beschränken.

In Abschnitt 7.2 hatten wir festgestellt, daß unter isothermer Reaktionsführung bei komplexen Reaktionen, wenn diese volumenbeständig sind, für das Strömungsrohr dieselben Berechnungsgleichungen gelten wie für den Satzreaktor, wenn man anstelle der Reaktionszeit t im Satzbetrieb das Verhältnis $V_R/\dot{V}^{ein}$ setzt. $V_R/\dot{V}^{ein}$ ist dann, wenn $\dot{V}^{ein}$ unter denselben Temperatur- und Druckbedingungen gemessen wird, welche die Reaktionsmasse im Reaktor hat, identisch mit der Verweilzeit τ.

Zuerst betrachten wir eine einfache Folge zweier volumenbeständiger Reaktionen erster Ordnung unter isothermen Bedingungen:

$$A \xrightarrow{k_1} P \xrightarrow{k_2} X. \tag{9-1}$$

Ist P das gewünschte Produkt, so gilt entsprechend Gl. (6-47) für die *optimale mittlere Verweilzeit* τ_{opt}, bei der eine maximale Ausbeute an P erhalten wird, für das ideale Strömungsrohr

$$\tau_{opt} = \frac{\ln (k_1/k_2)}{k_1 - k_2} \qquad (k_1 \neq k_2) \tag{9-2}$$

und für den kontinuierlichen Idealkessel [vgl. Gl. (8-73)]

$$\tau_{opt} = 1/\sqrt{k_1 k_2}. \tag{9-3}$$

Die *maximale Ausbeute* an P ist entsprechend Gl. (6-48) für das Idealrohr

$$A_{P,\,max} = \left(\frac{c_P^{aus}}{c_A^{ein}}\right)_{max} = c_A^0 \left(\frac{k_2}{k_1}\right)^{k_2/(k_1 - k_2)} \qquad (k_1 \neq k_2) \tag{9-4}$$

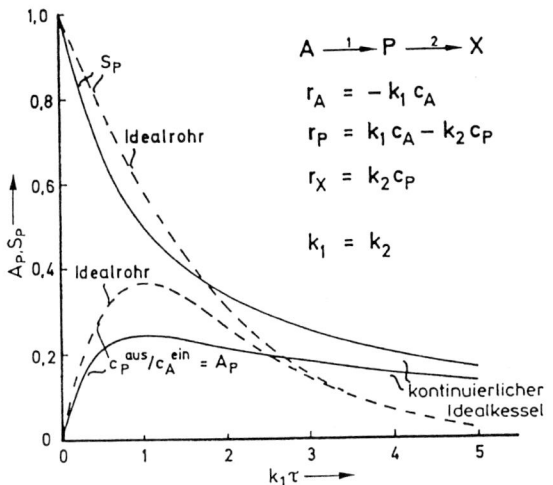

$$A \xrightarrow{\ 1\ } P \xrightarrow{\ 2\ } X$$

$$r_A = -k_1 c_A$$

$$r_P = k_1 c_A - k_2 c_P$$

$$r_X = k_2 c_P$$

$$k_1 = k_2$$

Abb. 9-2. Ausbeute A_P und Selektivität S_P für die Folgereaktion Gl. (9-1) als Funktion von $k_1 \tau$ in einem idealen Strömungsrohr und in einem kontinuierlich betriebenen Idealkessel

und für den kontinuierlichen Idealkessel [vgl. Gl. (8-74)]

$$A_{P,\,max} = \left(\frac{c_P^{aus}}{c_A^{ein}}\right)_{max} = 1/(1 + \sqrt{k_2/k_1})^2. \tag{9-5}$$

Bei volumenbeständigen Reaktionen und isothermer Reaktionsführung ist immer

$$(\tau_{opt})_{Rohr} < (\tau_{opt})_{kont.\ Kessel} \tag{9-6}$$

und

$$(A_{P,\,max})_{Rohr} > (A_{P,\,max})_{kont.\ Kessel}. \tag{9-7}$$

Für die Folgereaktion nach Gl. (9-1) mit $k_1 = k_2$ gibt Abb. 9-2 die Selektivität S_P und die Ausbeute A_P an Zwischenprodukt P in Abhängigkeit von $k_1 \tau$ wieder. Daraus und aus den vorstehenden Gleichungen können wir den Schluß ziehen, daß für die betrachtete Folgereaktion das Strömungsrohr (oder eine Kaskade mit entsprechend großer Kesselzahl) hinsichtlich der maximal möglichen Ausbeute günstiger ist als ein einzelner kontinuierlich betriebener Idealkessel.

Nun soll an einem einfachen Beispiel gezeigt werden, wie die Ausbeute an einem gewünschten Produkt P bei zwei *volumenbeständigen Parallelreaktionen* verschiedener Ordnung und isothermer Reaktionsführung von der Art des Reaktors abhängt. Ein Reaktionspartner A werde nach folgenden Reaktionen umgesetzt:

$$A \xrightarrow{\ 1\ } P; \quad r_P = k_1 c_A \tag{9-8}$$

$$2A \xrightarrow{\ 2\ } X; \quad r_X = \frac{k_2}{2} c_A^2. \tag{9-9}$$

Ist die Reaktionstemperatur festgelegt, so kann das Verhältnis der Reaktionsge-schwindigkeitskonstanten k_2/k_1 berechnet werden. Das für eine gegebene Konzen-tration c_A^{ein} im Zulaufstrom und eine festgelegte Produktionsleistung $\dot{n}_P^{aus}$ erforderli-che *Reaktionsvolumen* V_R ergibt sich aus Gl. (3-23) mit

$$\dot{n}_A^{ein} = c_A^{ein}\,\dot{V}^{ein} \quad \text{und} \quad V_R/\dot{V}^{ein} = V_R/\dot{V}^{aus} = \tau$$

zu

$$V_R = \frac{|\nu_A|}{\nu_P}\,\frac{\dot{n}_P^{aus}\,\tau}{c_A^{ein}\,A_P}. \tag{9-10}$$

In Gl. (9-10) sind τ und A_P variabel, jedoch nicht unabhängig voneinander. Die erste Aufgabe besteht darin, den Zusammenhang zwischen $A_P = U_A\,S_P$ und τ für den kontinuierlich betriebenen Idealkessel und das Idealrohr mit Hilfe der ent-sprechenden Stoffbilanzen zu ermitteln. Das Ergebnis ist in Abb. 9-3 für $k_1 = k_2\,c_A^{ein}$ ($c_A^{ein} = 1\ \text{kmol/m}^3$) dargestellt, und zwar sind A_P und S_P als Funktion von $k_1\,\tau$ aufgetragen. Man sieht, daß für die zwei Parallelreaktionen verschiedener Ordnung, Gln. (9-8) und (9-9), die Selektivität S_P im kontinuierlichen Kessel stets größer ist als im Rohr; sie erreicht mit zunehmender Verweilzeit im Rohr einen Grenzwert von etwa 0,7, im kontinuierlichen Kessel jedoch einen Grenzwert von 1,0. Entsprechend ist bei vollständigem Umsatz ($U_A = 1$) der Grenzwert der Ausbeute A_P im Rohr 0,7, im Kessel 1,0. Allerdings steigt die Ausbeute im Rohr mit länger werdender Verweilzeit wegen der größeren Reaktionsgeschwindigkeit zunächst stärker als die Ausbeute im Kessel; infolgedessen schneiden sich die beiden Ausbeutekurven (in unserem Beispiel bei einem Wert von $k_1\tau = 3,5$).

Die nächste Aufgabe ist es nun, für beide Reaktortypen und jeweils zusammen-gehörende Wertepaare A_P und τ das für eine festgelegte Produktionsleistung erforderliche Reaktionsvolumen V_R nach Gl. (9-10), die Investitions- und Betriebs-kosten für den Reaktor und die Aufarbeitungsanlage sowie die Rohstoffkosten zu berechnen. Daraus ergibt sich, für welche Verweilzeit und für welchen Reaktortyp die Gesamt-Produktionskosten ein Minimum erreichen.

Bei gleichen Konzentrationen c_A^{ein} im Zulaufstrom, gleicher Verweilzeit und Reaktionstemperatur sowie festgelegter Produktionsleistung folgt aus Gl. (9-10) für das Verhältnis der Reaktionsvolumina von Kessel und Rohr

$$\frac{V_{R,\,kont.\,Kessel}}{V_{R,\,Rohr}} = \frac{A_{P,\,Rohr}}{A_{P,\,kont.\,Kessel}}. \tag{9-11}$$

Dieses Verhältnis ist in Abb. 9-3 in Abhängigkeit von $k_1\tau$ aufgetragen. Werden die Reaktorkosten vorwiegend durch das benötigte Reaktionsvolumen und nicht vom Reaktortyp bestimmt, so ist für unser Beispiel bei Werten von $k_1\,\tau < 3,5$ das Rohr, bei Werten von $k_1\,\tau > 3,5$ der Kessel vorzuziehen.

Ist X das gewünschte Produkt, so wird das Rohr stets günstiger als der Kessel sein, da die höhere Konzentration von A im Rohr sowohl r_A als auch das Verhältnis r_X/r_P vergrößert.

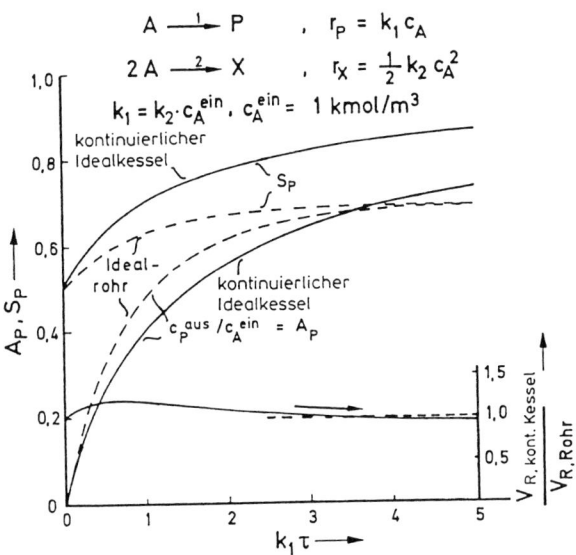

Abb. 9-3. Ausbeute A_P, Selektivität S_P und Verhältnis der Reaktionsvolumina von kontinuierlich betriebenem Idealkessel und Idealrohr für zwei isotherme Parallelreaktionen verschiedener Ordnung [Gln. (9-8) und (9-9)]

Der Fall einer irreversiblen konkurrierenden Folgereaktion 2. Ordnung

$$A + B \xrightarrow{k_1} C\ (+E)$$

$$A + C \xrightarrow{k_2} D\ (+F)$$

wird für den ideal durchmischten Satzreaktor bzw. das ideale Strömungsrohr in [2, 3], für den kontinuierlichen Idealkessel und die Kaskade von kontinuierlichen Idealkesseln in [4, 5] behandelt.

9.2 Der Reaktionsweg bei zusammengesetzten Reaktionen

Da man bei zusammengesetzten (komplexen) Reaktionen drei Arten von Reaktanden, nämlich Reaktionspartner sowie gewünschte und unerwünschte Reaktionsprodukte zu unterscheiden hat, ist es oft zweckmäßig, die jeweilige Zusammensetzung der Reaktionsmischung in einem *Dreiecksdiagramm* darzustellen. Dabei müssen die Anteile der einzelnen Reaktanden in der Reaktionsmischung in der Weise ausgedrückt werden, daß deren Summe stets konstant ist. Die Kurve, welche innerhalb des Dreiecksdiagramms die Zusammensetzung der Reaktionsmischung mit zunehmendem Umsatz angibt, wird als „Reaktionsweg" bezeichnet. Üblicherweise stellt die

linke untere Ecke des Dreiecksdiagramms 100% des reinen Reaktionspartners A,
die obere Ecke 100% des reinen gewünschten Reaktionsprodukts P und
die rechte untere Ecke 100% des reinen (unerwünschten) Nebenprodukts X
dar.

Je enger sich der Reaktionsweg der linken Dreieckseite AP nähert, desto höher
ist die Selektivität S_P. Weiterhin ist die Ausbeute A_P an gewünschtem Produkt umso
größer, je kleiner der Abstand zwischen einem Punkt des Reaktionswegs und der
oberen Ecke P ist.

Aus unseren früheren Betrachtungen folgt, daß der Verlauf des Reaktionswegs
bestimmt wird:

a) durch die Art der zusammengesetzten Reaktion,
b) durch das Verhältnis der Geschwindigkeitskonstanten der Teilreaktionen,
c) durch die Art des Reaktors (kontinuierlicher Idealkessel, Idealrohr, Satzreak-
    tor), in welchem die Reaktion durchgeführt wird,
d) durch die Betriebsbedingungen (Zusammensetzung des Zulaufstroms, Zufüh-
    rung oder Abzug von Reaktanden während der Reaktion usw.).

Im folgenden sollen in erster Linie die Einflüsse a) bis c) betrachtet werden, wobei wir
der Einfachheit halber annehmen, daß die Summe der Konzentrationen der
beteiligten Reaktanden konstant ist.

Der einfachste Fall von *Parallelreaktionen* ist derjenige, bei welchem zwei
Reaktionen stattfinden, die in bezug auf die Reaktionspartner von derselben
Ordnung sind. Bei konstanter Temperatur ist der Reaktionsweg eine Gerade, welche
in der linken unteren Ecke A beginnt und deren Steigung vom Verhältnis der Geschwindigkeitskonstanten k_1/k_2 der beiden Parallelreaktionen abhängt (Abb. 9-4).
In dem genannten Sonderfall (gleiche Ordnung der beiden Reaktionen) ist der
Reaktionsweg unabhängig von der Art des Reaktors. Wie bereits zum Ausdruck
kam, kann das Verhältnis der gebildeten Produkte P und X und damit die Ausbeute
A_P lediglich durch das Verhältnis der Geschwindigkeitskonstanten beeinflußt
werden, d. h. durch die Temperatur oder auch durch Katalysatoren, welche eine
selektive Änderung der Aktivierungsenergien bewirken.

Bei Parallelreaktionen, welche von verschiedener Ordnung in bezug auf die
Konzentrationen der Reaktionspartner sind, ist der Reaktionsweg eine Kurve, wie
Abb. 9-5 zeigt. Diesem Bild liegen die Reaktionen der Gln. (9-8) und (9-9) zugrunde.

Wir sehen daraus, daß für die angenommenen Reaktionen bei isothermer
Reaktionsführung in einem idealen Strömungsrohr bzw. im Satzbetrieb (diskontinuierlicher Idealkessel) mit steigendem Umsatz die unerwünschte Nebenreaktion
infolge der Abnahme von c_A zurückgedrängt wird (Krümmung des Reaktionswegs in
Richtung von P). In einem kontinuierlichen Idealkessel oder in einem idealen
Kreuzstromreaktor (s. Abb. 3-16 in 3.5.2.2, sowie 9.3) wird die Konzentration von A
absichtlich niedrig gehalten, so daß die erwünschte Reaktion, welche in bezug auf A
von 1. Ordnung ist, begünstigt wird. Mit einem extrem niedrigen Wert von c_A (hoher
Umsatz von A) kann man praktisch das reine Produkt P erhalten; allerdings wäre
dazu ein extrem großes Reaktorvolumen erforderlich.

Wäre andererseits die erwünschte Reaktion in bezug auf A von höherer Ordnung
als die unerwünschte Nebenreaktion (Reaktionsweg in Richtung der Ecke X

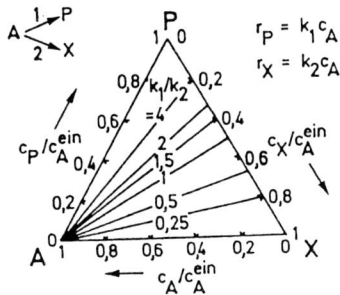

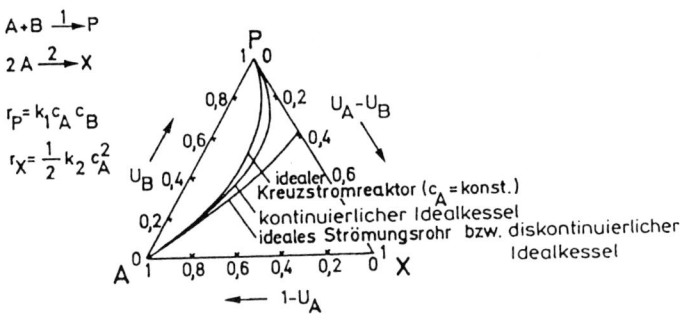

Abb. 9-4. Reaktionswege unter isothermen Bedingungen für zwei Parallelreaktionen 1. Ordnung

Abb. 9-5. Reaktionswege unter isothermen Bedingungen für zwei Parallelreaktionen verschiedener Ordnung in bezug auf die Reaktionspartner

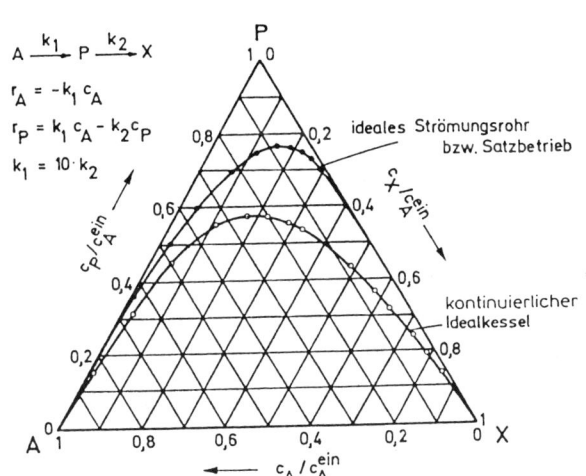

Abb. 9-6. Reaktionswege unter isothermen Bedingungen für eine Folgereaktion

gekrümmt), so müßte man die mittlere Konzentration von A im ganzen Reaktor möglichst groß halten; in diesem Fall empfiehlt sich die Durchführung der Reaktion in einem Strömungsrohr oder im diskontinuierlich betriebenen Idealkessel (Satzbetrieb).

Bei *Folgereaktionen,* z. B. A → P → X, endet der Reaktionsweg stets bei dem Endprodukt X. Die größtmögliche Ausbeute an P hängt, wie wir bereits festgestellt haben, vom Verhältnis der Geschwindigkeiten der Bildung und des Verbrauchs von P ab, außerdem von der Art des Reaktors. Die Reaktionswege bei einer Folgereaktion (beide Teilreaktionen 1. Ordnung, $k_1 = 10 \cdot k_2$) sind für das ideale Strömungsrohr (bzw. den Satzbetrieb) und den kontinuierlichen Idealkessel in Abb. 9-6 dargestellt.

Auf die Besonderheiten bei Polyreaktionen und deren Beeinflussung durch den Reaktortyp wird in Abschnitt 16.3 näher eingegangen.

9.3 Weitere Möglichkeiten der Stoffstromführung bei zusammengesetzten Reaktionen und kontinuierlicher Betriebsweise

In Abschnitt 9.1 wurden für komplexe Reaktionen lediglich kontinuierlich betriebener Idealkessel und Idealrohr miteinander verglichen. Bei den dort behandelten Parallelreaktionen [Gln. (9-8) und (9-9)] läßt sich bei derselben Gesamt-Verweilzeit eine höhere Ausbeute A_P als im Rohr bzw. kontinuierlichen Kessel dann erzielen, wenn das Reaktionsvolumen auf einen kontinuierlichen Kessel und ein sich daran anschließendes Rohr aufgeteilt wird [6]. Ein technisches Beispiel wird in Abschnitt 16.4.1 beschrieben (Substanzpolymerisation von Styrol). Eine andere Möglichkeit, wiederum bei der gleichen Gesamt-Verweilzeit, eine höhere Ausbeute A_P zu erhalten, besteht darin, einen Teil der Reaktionsmischung vom Austritt eines Rohres oder einer Kaskade wieder dem Zulaufstrom beizumischen [6]. Im folgenden wollen wir noch weitere Möglichkeiten der Stoffstromführung diskutieren, wobei wir zwei volumenbeständige Parallelreaktionen betrachten, welche isotherm in folgender Weise ablaufen:

$$A + B \xrightarrow{\ 1\ } P, \quad r_P = k_1 c_A c_B \tag{9-12}$$

$$2A \xrightarrow{\ 2\ } X, \quad r_X = \frac{k_2}{2} c_A^2 \tag{9-13}$$

P sei wieder das gewünschte Produkt, X das unerwünschte Nebenprodukt. Die Nebenreaktion wird umso mehr zurückgedrängt, je kleiner die Konzentration von A ist; d. h. die Ausbeute A_P wird umso größer sein, je größer das Verhältnis c_B/c_A im ganzen Reaktor ist. Aus dem in Abschnitt 9.1 gesagten kann man schließen, daß sich in einem kontinuierlichen Idealkessel infolge der niedrigeren Konzentrationen bei gleichem Umsatz U_A höhere Ausbeuten A_P erreichen lassen als in einem idealen Strömungsrohr; allerdings muß dann auch wegen der niedrigeren Reaktionsgeschwindigkeit im Kessel die Verweilzeit beträchtlich höher sein (vgl. Abb. 9-7e und f).

Noch höhere Ausbeuten als im Kessel lassen sich dann erzielen, wenn die Zugabe des Reaktionspartners A auf mehrere Stellen des Reaktionssystems verteilt wird [9].

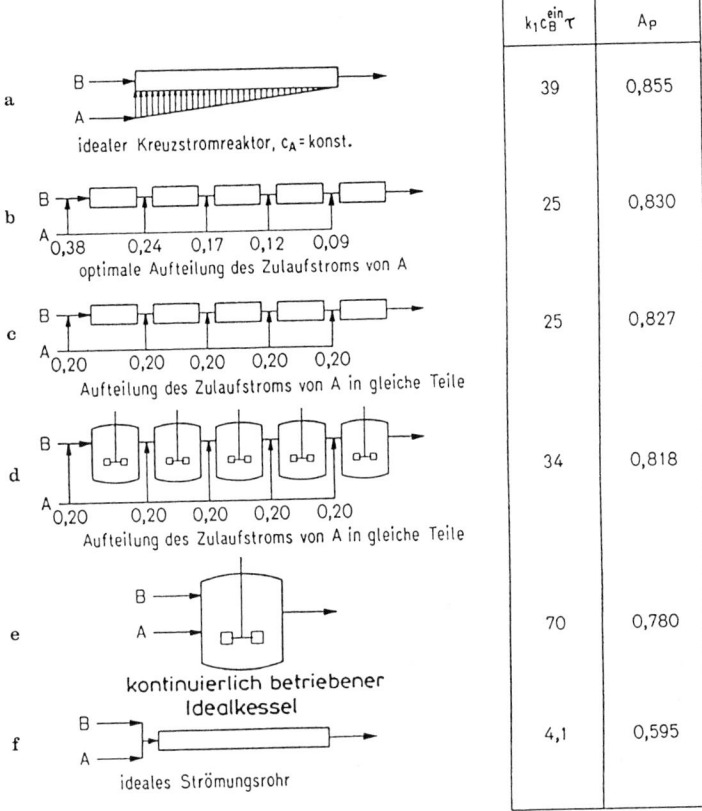

$k_1 c_B^{ein} \tau$	A_P
39	0,855
25	0,830
25	0,827
34	0,818
70	0,780
4,1	0,595

a   idealer Kreuzstromreaktor, c_A = konst.

b   0,38   0,24   0,17   0,12   0,09
    optimale Aufteilung des Zulaufstroms von A

c   0,20   0,20   0,20   0,20   0,20
    Aufteilung des Zulaufstroms von A in gleiche Teile

d   0,20   0,20   0,20   0,20   0,20
    Aufteilung des Zulaufstroms von A in gleiche Teile

e   kontinuierlich betriebener
    Idealkessel

f   ideales Strömungsrohr

Abb. 9-7. Dimensionslose Verweilzeit $k_1 c_B^{ein} \tau$ und Ausbeute A_P für verschiedene Reaktorsysteme; Reaktionen nach Gln. (9-12) und (9-13); isotherme Betriebsweise; $k_1 = k_2$; $\dot{n}_A^{ein} = \dot{n}_B^{ein}$; Endumsatz $U_A = 0,95$ für alle Systeme [8]

Die höchste Ausbeute an P ließe sich erreichen in einem sog. *idealen Kreuzstrom-reaktor* (s. 3.5.2.2); darunter versteht man ein ideales Strömungsrohr, bei welchem durch eine unendlich große Zahl von Zulaufstellen, die über die ganze Länge des Rohrs verteilt sind, der Reaktionspartner A derart zugegeben wird, daß c_A über die ganze Reaktorlänge konstant ist (Abb. 9-7a). Praktisch läßt sich diese Zugabe eines Reaktionspartners an unendlich vielen Stellen nicht verwirklichen. Realisierbar dagegen ist die Einspeisung eines Reaktionspartners an einer begrenzten Zahl von Zulaufstellen. Für eine angenommene Zahl von 5 Zulaufstellen wurde untersucht [10], wie der gesamte Zulaufstrom von A *optimal* auf diese Zulaufstellen *aufzuteilen* ist, damit die größtmögliche Ausbeute A_P erhalten wird; es zeigt sich jedoch, daß bei einer Zugabe von A an diesen Stellen in *gleichen Teilen* nur eine geringfügige Verringerung der Ausbeute erfolgt (Abb. 9-7b und c).

Dann ist in Abb. 9-7d noch eine *Kaskade von fünf Idealkesseln* mit einer Aufteilung des Zulaufstroms von A in fünf gleiche Teile dargestellt. Der Vergleich der verschiedenen Reaktorsysteme zeigt, daß in den Systemen a, b, c und d beim gleichen Umsatz $U_A = 0,95$ bessere Ausbeuten an P mit geringeren Verweilzeiten erhalten werden als in einem einzelnen kontinuierlichen Idealkessel (e).

In einem idealen Strömungsrohr (f) ist zwar für $U_A = 0,95$ die kleinste Verweilzeit erforderlich, andererseits ist aber auch die Ausbeute A_P am geringsten. Eine weitere Möglichkeit, die Konzentration c_A während der Reaktion niedrig bzw. konstant zu halten, besteht im Teilfließbetrieb, wobei B im Reaktor vorgegeben und A allmählich, entsprechend dem Fortschreiten der Reaktion, zugegeben wird.

10. Der halb-kontinuierlich betriebene ideal durchmischte Rührkessel (Teilfließbetrieb)

Viele technische Umsetzungen werden in Reaktoren ausgeführt, welche einerseits Merkmale des Satzbetriebs zeigen, bei denen jedoch andererseits einzelne Reaktanden während der Umsetzung ganz oder teilweise eingespeist oder ausgetragen werden. Häufig werden für diese Art der Reaktionsführung, welche als halb-kontinuierlicher Betrieb oder Teilfließbetrieb bezeichnet wird (vgl. 3.5.1.3), Rührkesselreaktoren verwendet. Deshalb werden wir die Bilanzierung auf diesen Reaktortyp beschränken.

Für den Teilfließbetrieb ist charakteristisch, daß während der ganzen Betriebszeit des Reaktors kein stationärer Zustand erreicht wird, so daß ähnliche Verhältnisse vorliegen wie während des Anfahr- oder Umstellvorgangs beim kontinuierlichen Betrieb. Für einen halbkontinuierlich betriebenen ideal durchmischten Kessel ist die Stoffbilanz analog derjenigen des kontinuierlichen Idealkessels bei instationärer Betriebsweise, Gl. (8-3); es ist jedoch zu berücksichtigen, daß das Reaktionsvolumen V_R beim Teilfließbetrieb infolge der Stoffzufuhr bzw. -entnahme im Gegensatz zum kontinuierlichen Idealkessel zeitlich nicht konstant bleibt. Infolgedessen lautet die *Stoffbilanz* einer Komponente i in einem halb-kontinuierlich betriebenen Rührkessel:

$$\frac{dn_i}{dt} = \frac{d(V_R c_i)}{dt} = c_i^{ein} \dot{V}^{ein} - c_i^{aus} \dot{V}^{aus} + V_R \sum_j r_{ij}. \text{[1]} \qquad (10\text{-}1)$$

Natürlich fallen für diejenigen Reaktionskomponenten, welche nicht im Zulauf- oder Austragstrom vorhanden sind, in Gl. (10-1) die entsprechenden Glieder $c_i^{ein} \dot{V}^{ein}$ bzw. $c_i^{aus} \dot{V}^{aus}$ weg. Eine Lösung des Gleichungssystems (10-1) kann nur in bestimmten Fällen in geschlossener Form durchgeführt werden [1]. Andererseits vereinfacht sich die Stoffbilanz im speziellen Fall häufig wesentlich.

Die zeitliche Änderung der gesamten Reaktionsmasse im Reaktor ist:

$$\frac{dm_R}{dt} = \frac{d(V_R \varrho)}{dt} = \varrho^{ein} \dot{V}^{ein} - \varrho^{aus} \dot{V}^{aus}. \qquad (10\text{-}2)$$

Für die *Wärmebilanz* ergibt sich analog zu Gl. (8-60), wiederum unter Berücksichtigung der Tatsache, daß V_R zeitlich nicht konstant ist:

---

[1] Wie wir in Beispiel 10.1 sehen werden, muß die Konzentration c_i^{aus} nicht unbedingt gleich der Konzentration c_i im Reaktor sein.

$$\frac{d(V_R \varrho c_p T)}{dt} = \frac{d(m_R c_p T)}{dt} = (\varrho c_p T \dot{V})^{ein} - (\varrho c_p T \dot{V})^{aus} +$$

$$+ k_W A_W (\bar{T}_W - T) + V_R \sum_j r_j (-\Delta H_{Rj}).$$ (10-3)

Beispiel 10.1 [2]: Ethylacetat soll wie in Beispiel 6.2 in einem Rührkesselreaktor hergestellt werden, jedoch nun in der Weise, daß ein Teil des Produkts abgezogen wird, um bei dieser Gleichgewichtsreaktion die Reaktionsgeschwindigkeit zu erhöhen. Bei der Reaktionstemperatur verdampft ein Teil der Reaktionsmasse, wobei dieser Dampf durch Rektifikation konzentriert wird. Das am Kopf der Säule abgezogene Produkt ist ein azeotropes Gemisch folgender Zusammensetzung in kmol/m^3: $c_A^{aus} = 0$, $c_B^{aus} = 1{,}86$, $c_C^{aus} = 9{,}58$, $c_D^{aus} = 5{,}1$. Der Flüssigkeitsinhalt der Rektifizierkolonne sei im Verhältnis zum Reaktionsvolumen vernachlässigbar klein. Die Dichte der Reaktionsmischung und des abgezogenen Produkts wird als gleich angenommen, $\varrho = \varrho^{aus} = 1020 \text{ kg/m}^3$. Mit dem Abziehen des Produkts wird erst begonnen, wenn die Konzentration des Esters c_C im Reaktor $0{,}232 \text{ kmol/m}^3$ beträgt; dann wird die Netto-Verdampfungsgeschwindigkeit so reguliert, daß die Konzentration des Esters konstant $0{,}232 \text{ kmol/m}^3$ bleibt. In welchem Ausmaß wird die Produktionsmenge im Teilfließbetrieb erhöht, wenn die Reaktionszeit 2 h beträgt wie im Satzbetrieb, Beispiel 6.2?

Lösung: Bis zum Erreichen des Wertes von $c_C = 0{,}232 \text{ kmol/m}^3$ haben wir reinen Satzbetrieb. Diesem Wert entspricht ein Umsatz von

$$U_A = \frac{|v_A|}{v_C} \frac{(c_C - c_C^0)}{c_A^0} = 0{,}0594.$$

Damit lassen sich die anderen Konzentrationen im Reaktor und nach Gl. (6-38) die Reaktionszeit bis zu diesem Umsatz berechnen; man erhält für die Konzentrationen (kmol/m^3): $c_A = c_A^0 - c_A^0 U_A = 3{,}68$, $c_B = c_B^0 - c_A^0 U_A = 9{,}97$, $c_C = c_B^0 U_A = 0{,}232$, $c_D = c_D^0 + c_B^0 U_A = 17{,}8$ und für die Reaktionszeit $t = 690$ s. Nach 690 s beginnt das Abziehen des Produkts, d. h. der Teilfließbetrieb. Es gelten nun nach den Gln. (10-1) und (10-2) folgende Stoffbilanzen

gesamte Massenbilanz: $\varrho \dfrac{dV_R}{dt} = -\varrho^{aus} \dot{V}^{aus} = -\varrho \dot{V}^{aus}$ (a)

Essigsäure: $\dfrac{d(V_R c_A)}{dt} = -V_R |r_A|$ (b)

Alkohol: $\dfrac{d(V_R c_B)}{dt} = -c_B^{aus} \dot{V}^{aus} - V_R |r_B|$ (c)

Ester: $c_C \dfrac{dV_R}{dt} = -c_C^{aus} \dot{V}^{aus} + V_R |r_C|$ (d)

Wasser: $\dfrac{d(V_R c_D)}{dt} = -c_D^{aus} \dot{V}^{aus} + V_R |r_D|$ (e)

Aus der Reaktionsgleichung folgt, daß $|r_A| = |r_B| = |r_C| = |r_D|$ ist; ϱ, c_C, c_B^{aus}, c_C^{aus} und c_D^{aus} sind konstant (s. o.). Aus den Gleichungen (a) und (d) erhält man

$$\frac{dV_R}{dt} = \frac{V_R |r_A|}{c_C - c_C^{aus}}.$$ (f)

Ebenso folgt durch Kombination der Gln. (b), (c) und (e) mit den Gln. (a) und (f)

$$\frac{dc_A}{dt} = -\,|r_A|\left[1 + \frac{c_A}{c_C - c_C^{aus}}\right] \tag{g}$$

$$\frac{dc_B}{dt} = -\,|r_A|\left[1 + \frac{c_B - c_B^{aus}}{c_C - c_C^{aus}}\right] \tag{h}$$

$$\frac{dc_D}{dt} = |r_A|\left[1 - \frac{c_D - c_D^{aus}}{c_C - c_C^{aus}}\right] \tag{i}$$

In den Gln. (f) bis (i) sind V_R, c_A, c_B, c_D und damit auch $|r_A|$ von der Zeit abhängig. Diese Gleichungen müssen schrittweise gelöst werden in ähnlicher Weise wie in Beispiel 7.3 ausführlich beschrieben wurde. Man schreibt zunächst die Gln. (f) bis (i) in Differenzenform an und wählt dann ein erstes Zeitintervall Δt_1, etwa 1310 s. Mit den Anfangskonzentrationen $c_A = (c_A)^0$, $c_B = (c_B)^0$, $c_C = (c_C)^0$ und $c_D = (c_D)^0$ berechnet man $(|r_A|)_1^0$ zu Beginn des ersten Zeitintervalls:[2])

$$(|r_A|)_1^0 = k_1\left[(c_A)_1^0 (c_B)_1^0 - \frac{(c_C)_1^0 (c_D)_1^0}{K_c}\right] =$$

$$= 7{,}93 \cdot 10^{-6}\left(3{,}68 \cdot 9{,}97 - \frac{0{,}232 \cdot 17{,}8}{2{,}93}\right) = 2{,}797 \cdot 10^{-4}\frac{kmol}{m^3}.$$

Mit diesem Wert $(|r_A|)_1^0$ erhält man eine erste Abschätzung für $(\Delta c_A)_1$, $(\Delta c_B)_1$, $(\Delta c_C)_1$ und $(\Delta V_R)_1$ im ersten Zeitintervall:

$$(\Delta c_A)_1 = -(|r_A|)_1^0\left[1 + \frac{(c_A)_1^0}{(c_C)_1^0 - c_C^{aus}}\right]\Delta t_1 =$$

$$= -2{,}797 \cdot 10^{-4}\left[1 + \frac{3{,}68}{0{,}232 - 9{,}58}\right]1310 = -0{,}22\ kmol/m^3$$

und auf dieselbe Weise $(\Delta c_B)_1 = -0{,}05$, $(\Delta c_D)_1 = +0{,}86\ kmol/m^3$, $(\Delta V_R)_1 = -2{,}04\ m^3$. Damit kann man $(c_A)_1^1$, $(c_B)_1^1$, $(c_D)_1^1$ und $(V_R)_1^1$ am Ende des ersten Zeitintervalls berechnen: $(c_A)_1^1 = 3{,}46$, $(c_B)_1^1 = 9{,}92$, $(c_D)_1^1 = 18{,}66\ kmol/m^3$, $(V_R)_1^1 = 49{,}96\ m^3$. Diese Werte und die Werte für den Beginn des ersten Intervalls werden nun benutzt, um Mittelwerte der rechten Seiten der Gleichungen (f) bis (i) für das erste Intervall zu bilden. Damit ergeben sich bessere Werte für $(\Delta c_A)_1$, $(\Delta c_B)_1$, $(\Delta c_D)_1$ und $(\Delta V_R)_1$: $(\Delta c_A)_1 = -0{,}219$, $(\Delta c_B)_1 = -0{,}048$, $(\Delta c_D)_1 = +0{,}851\ kmol/m^3$, $(\Delta V_R)_1 = -1{,}97\ m^3$ und weiter $(c_A)_1^1 = 3{,}46$, $(c_B)_1^1 = 9{,}92$, $(c_D)_1^1 = 18{,}65\ kmol/m^3$, $(V_R)_1^1 = 50{,}03\ m^3$. Da sich diese Werte nur geringfügig von denen bei der ersten Abschätzung unterscheiden, geht man zum nächsten Zeitintervall über. Das Ergebnis weiterer Rechenschritte ist in der folgenden Tabelle zusammengestellt.

t [s]	0	690	2000	4000	7200
c_A [kmol/m³]	3,91	3,68	3,46	3,17	2,68
c_B [kmol/m³]	10,20	9,97	9,92	9,83	9,76
c_C [kmol/m³]	0	0,232	0,232	0,232	0,232
c_D [kmol/m³]	17,6	17,8	18,65	19,9	21,6
V_R [m³]	52,0	52,0	50,0	47,2	44,2

---

[2]) Der untere Index bezeichnet die Nummer des Zeitintervalls, der obere den Anfang (0) bzw. das Ende (1) dieses Intervalls.

Der in einer Reaktionszeit von 2 h erreichte Umsatz ist:

$$U_A = \frac{c_A^0 \, V_R^0 - c_A \, V_R}{c_A^0 \, V_R^0} = \frac{3,91 \cdot 52,0 - 2,68 \cdot 44,2}{3,91 \cdot 52,0} = 0,417.$$

Daraus ergibt sich für die in 2 h produzierte Menge an Ethylacetat:

$$n_C = \frac{\nu_C}{|\nu_A|} \, n_A^0 \, U_A = \frac{\nu_C}{|\nu_A|} \, c_A^0 \, V_R^0 \, U_A = 3,91 \cdot 52,0 \cdot 0,417 = 84,78 \text{ kmol,}$$

während im Satzbetrieb bei gleicher Kesselgröße und in derselben Zeit nur 71,16 kmol Ester erhalten werden.

11. Verweilzeitverteilung und Vermischung in kontinuierlich betriebenen Reaktoren

Da die Idealtypen der kontinuierlich betriebenen Reaktoren zwei extremen Vermischungszuständen entsprechen, unterscheiden sie sich auch in ihrer *Verweilzeitverteilung*.

In diesem Kapitel soll nun untersucht werden, in welchem Ausmaß kontinuierlich betriebene *reale* Reaktoren von diesen idealen Reaktoren in ihrer Verweilzeitverteilung abweichen. Anschließend soll der Einfluß dieser Abweichungen auf den Umsatz behandelt werden.

Bei den folgenden Betrachtungen über die Verweilzeitverteilung setzen wir kontinuierlich durchströmte Behälter voraus, welche zwar die *Formen chemischer Reaktoren* haben, in welchen aber *keine chemischen Umsetzungen* stattfinden. Damit schließen wir auch alle weiteren, durch eine Reaktion möglicherweise hervorgerufenen Effekte, wie Temperatur-, Druck- und Volumenänderungen aus. Diese Behälter-Systeme werden im folgenden trotzdem als „Reaktoren" bezeichnet, um die Anwendung der Verweilzeitverteilungen auf chemische Reaktoren zu verdeutlichen.

11.1 Verweilzeit-Summenfunktion und Verweilzeitspektrum

Die mittlere Verweilzeit ($= V_R/\dot{V}$; nur unter obigen Voraussetzungen) eines strömenden Mediums in einem Reaktor sagt über die tatsächliche Aufenthaltszeit (Verweilzeit) bestimmter sehr kleiner Teile dieses Mediums, z. B. einzelner Moleküle oder dispergierter Teilchen, nur beim idealen Strömungsrohr etwas aus; denn nur in einem idealen Strömungsrohr bewegen sich alle Teile des strömenden Mediums mit der gleichen Geschwindigkeit durch das Rohr, so daß die tatsächliche Verweilzeit für alle Teilchen gleich und mit der mittleren Verweilzeit identisch ist. In allen anderen durchströmten Reaktoren ist die effektive Verweilzeit τ der einzelnen Teilchen nicht für alle Teilchen des Durchsatzstroms gleich groß. Vielmehr sind die effektiven Verweilzeiten der einzelnen Teilchen, welche gleichzeitig in den Reaktor eingespeist wurden, über ein mehr oder weniger breites Sprektrum von Verweilzeiten verteilt.

Als *Verweilzeit-Summenfunktion* F(t) eines kontinuierlich durchströmten Systems bezeichnet man den Volumenbruchteil des strömenden Mediums am Austritt aus dem Reaktor, welcher eine Verweilzeit im Reaktor hat, welche zwischen 0 und t liegt. Aufgrund dieser Definition der Verweilzeit-Summenfunktion ist F(t) die Wahrscheinlichkeit dafür, daß ein Volumenelement, welches zum Zeitpunkt

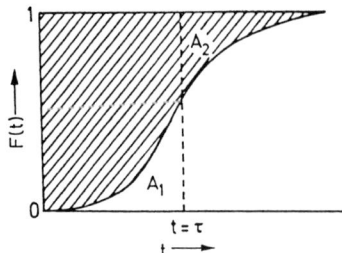

Abb. 11-1. Beispiel einer Verweilzeit-Summenkurve

t = 0 in den Reaktor eingespeist wurde, diesen innerhalb eines Zeitraums zwischen 0 und t wieder verlassen hat. Die Wahrscheinlichkeit dafür, daß dieses Volumenelement das System einen Augenblick später als t verlassen wird, ist gegeben durch [1 − F(t)].

Da kein Volumenelement des strömenden Mediums den Reaktor in der Zeit null durchströmen kann, gilt für t = 0:

$$F(0) = 0. \qquad (11\text{-}1)$$

Andererseits kann sich kein Volumenelement des strömenden Mediums unendlich lange Zeit im Reaktor aufhalten, so daß für t = ∞ gelten muß:

$$F(\infty) = 1. \qquad (11\text{-}2)$$

Aus der Definition der Verweilzeit-Summenfunktion F(t) folgt ferner, daß deren Differential dF(t) der Volumenbruchteil des Auslaufstroms aus dem Reaktor ist, welcher eine Verweilzeit zwischen t und t + dt hat.

Nach der üblichen Definition der Mittelwerte erhält man die mittlere Verweilzeit τ dadurch, daß man jeden Wert von t mit dem Volumenbruchteil dF(t) des Auslaufstroms multipliziert, welcher diese Verweilzeit t (genauer eine Verweilzeit zwischen t und t + dt) hat; dann werden diese Produkte über den ganzen möglichen Bereich summiert (integriert). Damit erhält man für die mittlere Verweilzeit

$$\tau = \int_0^1 t \, dF(t). \qquad (11\text{-}3)$$

Ein Beispiel für eine beliebige Verweilzeit-Summenfunktion ist in Abb. 11-1 dargestellt. Aus Gl. (11-3) folgt, daß die schraffierte Fläche gleich der mittleren Verweilzeit τ ist; das bedeutet, daß die beiden Flächen A_1 und A_2 gleich sein müssen.

Ein Maß für die Verteilung der aus dem Reaktor austretenden Volumenelemente des strömenden Mediums auf die verschiedenen Verweilzeiten t ist das sogenannte *Verweilzeitspektrum*. Dieses wird durch eine Funktion E(t) dargestellt, welche so definiert ist, daß E(t)dt der Bruchteil des Auslaufstroms ist, welcher eine Verweilzeit zwischen t und t + dt hat. E(t)dt ist also die Wahrscheinlichkeit dafür, daß ein Volumenelement, welches im Zeitpunkt t = 0 in das Reaktorsystem eingetreten ist, dieses im Zeitintervall zwischen t und t + dt wieder verläßt. Aufgrund der Definition von E(t) folgt, daß E(t)dt identisch ist mit dF(t):

$$dF(t) = E(t)dt. \qquad (11-4)$$

Man sieht aus Gl. (11-4), daß sich das Verweilzeitspektrum E(t) durch Differentiation von F(t) nach t ergibt.

Unter Berücksichtigung der Gl. (11-4) erhält man aus Gl. (11-3) für die mittlere Verweilzeit:

$$\tau = \int_0^\infty t\, E(t)dt. \qquad (11-5)$$

Für den kontinuierlich betriebenen Idealkessel, eine Kaskade von kontinuierlich betriebenen Idealkesseln und für das laminar durchströmte Rohr lassen sich die Verweilzeit-Summenfunktion F(t) und das Verweilzeitspektrum E(t) berechnen, wie wir in den Abschnitten 11.3.1 bis 11.3.3 sehen werden. Für das ideale Strömungsrohr kann man F(t) und E(t) ohne Rechnung angeben:

$$F(t) = 0, \quad \text{für } t < \tau; \quad F(t) = 1, \quad \text{für } t \geq \tau. \qquad (11-6)$$

$$\int_0^\infty E(t)dt = 1, \quad \text{für } t = \tau; \quad E(t) = 0, \quad \text{für } t \neq \tau. \qquad (11-7)$$

Der Verlauf von F(t) ist in Abb. 11-6 dargestellt.

11.2 Experimentelle Ermittlung der Verweilzeit-Summenkurve und des Verweilzeitspektrums

Die einzelnen Volumenelemente eines strömenden homogenen Mediums, die im gleichen Zeitpunkt dem Reaktor zugeführt wurden, welche aber verschiedene Verweilzeiten im Reaktor haben, sind untereinander vollständig gleichartig, lassen sich also nicht voneinander unterscheiden. Daher können das Verweilzeitspektrum und die Verweilzeit-Summenkurve nicht direkt bestimmt werden.

Zur experimentellen Ermittlung des Verweilzeitverhaltens eines Reaktors geht man daher so vor, daß man irgendeine Eigenschaft des strömenden Mediums unmittelbar vor dem Eintritt in den Reaktor als Funktion der Zeit ändert und die daraus resultierende Änderung unmittelbar nach dem Austritt aus dem Reaktor in Abhängigkeit von der Zeit verfolgt. Als meßbare Eigenschaft wird im allgemeinen die Konzentration einer *Markierungssubstanz,* z. B. eines radioaktiven Stoffes, eines Farbstoffes, einer Salzlösung oder einer Säure, verwendet; die Konzentration der Markierungssubstanz am Austritt kann durch Messung der Strahlung, der Lichtabsorption bzw. der elektrischen Leitfähigkeit verfolgt werden. Mit Hilfe der Markierungssubstanz werden gewissermaßen die dem Reaktor zugeführten Volumenele-

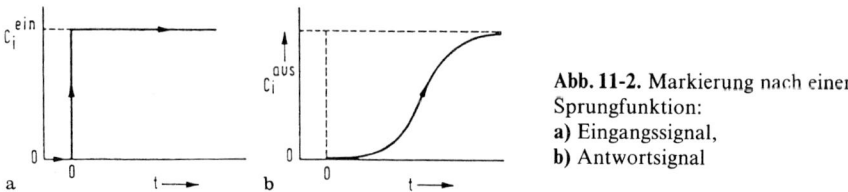

Abb. 11-2. Markierung nach einer Sprungfunktion:
a) Eingangssignal,
b) Antwortsignal

mente zu einem bestimmten Zeitpunkt markiert und anschließend wird deren weiteres Schicksal verfolgt, welches nur von den Strömungsverhältnissen im Reaktor abhängt.

Die Markierungssubstanz muß natürlich auch für alle anderen Substanzen, welche gleichzeitig mit ihr dem Reaktor zugeführt werden, repräsentativ sein; d. h. sie muß sich mit diesen gut mischen und sich strömungsmäßig genau gleich verhalten wie das übrige strömende Medium im Reaktor. Wesentlich ist auch, daß die Markierungssubstanz beim Durchströmen des Reaktors keine Veränderung erfährt, etwa durch chemische Reaktion, Adsorption an den Behälterwänden oder Absetzen. Außerdem muß die Konzentration der Markierungssubstanz auch bei starker Verdünnung exakt meßbar sein.

Die als Funktion der Zeit variierte Konzentration $c_i^{ein}(t)$ der Markierungssubstanz am Eintritt in den Reaktor bezeichnet man als *Eingangssignal*, die Konzentration $c_i^{aus}(t)$ am Austritt als *Ausgangssignal* oder als *Antwortsignal* des Systems auf das Eingangssignal. Das Eingangssignal $c_i^{ein}(t)$ kann man als Funktion der Zeit auf verschiedene Weise aufgeben; die drei häufigsten Arten der Aufgabe des Eingangssignals werden mathematisch durch eine Sprungfunktion, eine Nadelfunktion und durch eine Sinusfunktion beschrieben. Die Beziehungen zwischen den gemessenen Konzentrationen der Markierungssubstanz am Austritt aus dem Reaktor als Funktion der Zeit (Antwortsignal) und dem Verweilzeitverhalten wollen wir im folgenden für Eingangssignale nach einer Sprungfunkion und nach einer Nadelfunktion untersuchen. Für Eingangssignale nach einer Sinusfunktion ist dieser Zusammenhang komplexer, so daß für die Diskussion dieses Falls auf die entsprechende Literatur [1] verwiesen werden muß.

Eingangssignal nach einer Sprungfunktion. Ein Eingangssignal in Form einer Sprungfunktion bedeutet folgendes: In einem Zeitpunkt $t = 0$ springt die Konzentration einer Markierungssubstanz vom Wert null auf den Wert c_i^{ein} und behält diesen Wert für alle Zeiten $t > 0$ bei (Abb. 11-2a). Zu einem Zeitpunkt t ist dann in einem Bruchteil F(t) des strömenden Mediums am Austritt aus dem Reaktor, dessen Verweilzeit also kleiner als t ist, die Konzentration der Markierungssubstanz gleich c_i^{ein}; im Bruchteil $1 - F(t)$ dagegen, dessen Verweilzeit größer als t ist, ist die Konzentration der Markierungssubstanz null. Demnach ist zum Zeitpunkt t die Konzentration c_i^{aus} der Markierungssubstanz am Austritt aus dem Reaktor gegeben durch:

$$c_i^{aus} = F(t) \cdot c_i^{ein}. \tag{11-8}$$

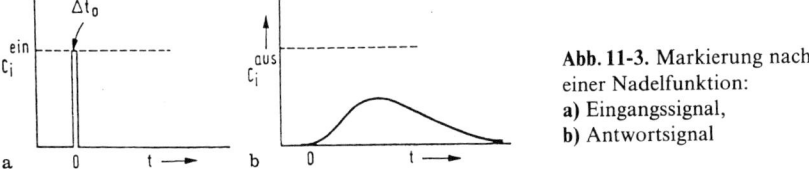

Abb. 11-3. Markierung nach einer Nadelfunktion:
a) Eingangssignal,
b) Antwortsignal

Ein Beispiel für das Antwortsignal c_i^{aus} auf ein Eingangssignal nach einer Sprungfunktion ist in Abb. 11-2b dargestellt.

Aus Gl. (11-8) ergibt sich

$$\frac{c_i^{aus}}{c_i^{ein}} = F(t). \tag{11-9}$$

Das relative Antwortsignal c_i^{aus}/c_i^{ein} auf ein Eingangssignal nach einer Sprungfunktion ist demnach identisch mit der Verweilzeit-Summenkurve $F(t)$.

Eingangssignal nach einer Nadelfunktion. Bei einem Eingangssignal nach einer Nadelfunktion wird zur Zeit $t = 0$ eine bestimmte Menge ($= n_i^{ein}$) einer Markierungssubstanz dem Zulaufstrom am Eintritt in den Reaktor in der kürzest möglichen Zeit, welche mit Δt_0 bezeichnet sei, zugeführt[1]) (Abb. 11-3a). Während dieser Zeit Δt_0 ist die Konzentration der Markierungssubstanz im Zulaufstrom gleich c_i^{ein}. Ist $\dot{V}$ der Volumenstrom des strömenden Mediums, so gilt die Beziehung:

$$n_i^{ein} = c_i^{ein}\,\dot{V}\,\Delta t_0. \tag{11-10}$$

Die Menge der Markierungssubstanz, welche im Zeitintervall zwischen t und $t + dt$ den Reaktor verläßt, ist

$$dn_i^{aus} = c_i^{aus}\,\dot{V}\,dt. \tag{11-11}$$

Andererseits folgt aus der Definition der Verweilzeit-Summenfunktion $F(t)$, daß für die Menge der Markierungssubstanz, welche den Reaktor zwischen t und $t + dt$ verläßt, gilt:

$$dF(t) = \frac{dn_i^{aus}}{n_i^{ein}}. \tag{11-12}$$

---

[1]) Mathematisch ist eine Nadelfunktion definiert durch

$$c_i^{ein} = \left\{ \begin{array}{ll} 0 & \text{für } t < 0 \\ c_i^{ein} & \text{für } 0 < t < \Delta t_0 \\ 0 & \text{für } t > \Delta t_0 \end{array} \right\} \quad \text{bei } z = 0$$

Aus den Gln. (11-11) und (11-12) erhält man:

$$dF(t) = \frac{c_i^{aus} \dot{V}}{n_i^{ein}} \, dt, \tag{11-13}$$

und daraus unter Berücksichtigung von Gl. (11-4)

$$E(t) = \frac{c_i^{aus} \dot{V}}{n_i^{ein}}. \tag{11-14}$$

Wenn $\dot{V}$ bekannt ist, kann man n_i^{ein} nach Gl. (11-10) berechnen. Da es jedoch Schwierigkeiten bereitet, Δt_0 und c_i^{ein} genau zu messen, bestimmt man n_i^{ein} besser aus der Fläche unter der Antwortkurve, d. h.

$$n_i^{ein} = \dot{V} \int_0^\infty c_i^{aus} \, dt. \tag{11-15}$$

Diese Bestimmungsmethode für n_i^{ein} ergibt sich aus der Tatsache, daß die gesamte Markierungssubstanz den Reaktor nach unendlich langer Zeit wieder verlassen hat. Mit Hilfe der Gl. (11-15) erhält man aus Gl. (11-14):

$$E(t) = \frac{c_i^{aus}}{\int_0^\infty c_i^{aus} \, dt}. \tag{11-16}$$

Mittels dieser Gleichung kann man das Verweilzeitspektrum E(t) aus dem Antwortsignal c_i^{aus} des Reaktors auf ein Eingangssignal nach einer Nadelfunktion berechnen (Abb. 11-3b).

Die Verweilzeit-Summenfunktion F(t) und das Verweilzeitspektrum E(t) besitzen beide dieselbe Aussagekraft, da jede der beiden Kurven in die andere übergeführt werden kann. Wie sich aus Gl (11-4) ersehen läßt, ist das Verweilzeitspektrum gleich der Ableitung der Verweilzeit-Summenfunktion nach t.

11.3 Verweilzeitverhalten des kontinuierlich betriebenen Idealkessels, einer Kaskade von kontinuierlich betriebenen Idealkesseln und des laminar durchströmten Rohres

Die Verweilzeit-Summenfunktion F(t) und das Verweilzeitspektrum E(t) kann man für ein ideales Strömungsrohr ohne Rechnung angeben, Gln. (11-6) und (11-7). Für den kontinuierlich betriebenen Idealkessel, eine aus kontinuierlich betriebenen Idealkesseln bestehende Kaskade und das laminar durchströmte Rohr lassen sich F(t) und E(t) berechnen, wie im folgenden gezeigt werden soll. Bei diesen Berechnungen halten wir die in Abschnitt 11.1 gemachten Voraussetzungen aufrecht, daß in dem kontinuierlich durchströmten Behälter keine chemischen Reaktionen sowie keine Temperatur-, Druck- und Volumenänderungen stattfinden; außerdem muß die Markierungssubstanz die in Abschnitt 11.2 geforderten Eigenschaften aufweisen.

11.3.1 Verweilzeitverhalten des kontinuierlich betriebenen Idealkessels

Wird die Konzentration einer Markierungssubstanz i im Zulaufstrom eines kontinuierlich betriebenen Idealkessels im Zeitpunkt $t = 0$ vom Wert null auf den Wert c_i^{ein} nach einer Sprungfunktion geändert, so lautet die Stoffbilanz für die Markierungssubstanz unter den gemachten Voraussetzungen

$$\left(\sum_j r_j v_{ij} = 0, \ \dot{V}^{aus} = \dot{V}^{ein} = \dot{V}, \ \tau = V_R / \dot{V} \right) \text{ nach Gl. (8-5) für } t > 0:$$

$$\frac{dc_i^{aus}}{dt} = \frac{c_i^{ein}}{\tau} - \frac{c_i^{aus}}{\tau} \tag{11-17}$$

bzw.

$$\frac{dc_i^{aus}}{c_i^{ein} - c_i^{aus}} = \frac{dt}{\tau}. \tag{11-18}$$

Mit der Anfangsbedingung $c_i^{aus} = 0$ für $t = 0$ ergibt sich durch Integration von Gl. (11-18) zwischen $t = 0$ und $t = t$:

$$\frac{c_i^{aus}}{c_i^{ein}} = F(t) = 1 - e^{-t/\tau}. \tag{11-19}$$

Die Verweilzeit-Summenkurve eines Idealkessels ist in Abb. 11-4 ($N = 1$) als Funktion von t/τ aufgetragen.

Aus Gl. (11-19) erhält man durch Differentiation nach t/τ das Verweilzeitspektrum als Funktion von t/τ:

$$E(t/\tau) = \frac{dF(t)}{d(t/\tau)} = e^{-t/\tau} \tag{11-20}$$

(siehe Abb. 11-5, $N = 1$).

11.3.2 Verweilzeitverhalten einer Kaskade von kontinuierlich betriebenen Idealkesseln

Zur Berechnung der Verweilzeit-Summenfunktion gehen wir von einer Kaskade aus, die aus N kontinuierlich betriebenen Idealkesseln besteht, welche alle dasselbe

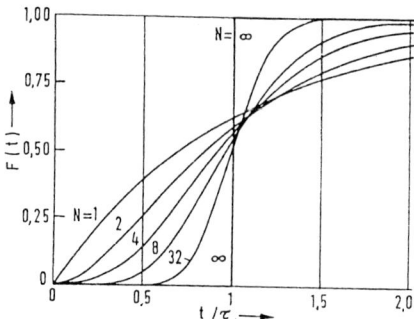

Abb. 11-4. Verweilzeit-Summenkurven
für Kaskaden aus N Kesseln ($\tau = N \tau_n$)

Volumen $V_{R,n}$ haben. Wir wollen nun die Konzentration $c_{i,N}^{aus}$ einer Markierungssubstanz i am Austritt aus dem letzten Kessel als Funktion der Zeit t berechnen, nachdem zum Zeitpunkt $t = 0$ die Konzentration dieser Markierungssubstanz im Zulauf zum ersten Kessel vom Wert 0 auf den Wert $c_{i,1}^{ein}$ nach einer Sprungfunktion geändert wurde. Die Stoffbilanz für die Markierungssubstanz i im n-ten Kessel ist derjenigen eines einzelnen kontinuierlich betriebenen Idealkessels, vgl. Gl (11-17), analog; für $t > 0$ gilt:

$$\frac{dc_{i,n}^{aus}}{dt} = \frac{c_{i,n}^{ein}}{\tau_n} - \frac{c_{i,n}^{aus}}{\tau_n} = \frac{c_{i,n-1}^{aus}}{\tau_n} - \frac{c_{i,n}^{aus}}{\tau_n}. \tag{11-21}$$

τ_n ist die mittlere Verweilzeit im n-ten Kessel. Da bei gleich großen Kesseln die mittlere Verweilzeit in allen Kesseln gleich ist, kann man anstelle von τ_n die mittlere Verweilzeit τ in der gesamten Kaskade einführen:

$$\tau = N \tau_n. \tag{11-22}$$

Somit kann man Gl. (11-21) auch schreiben:

$$\frac{dc_{i,n}^{aus}}{dt} + \frac{N}{\tau} c_{i,n}^{aus} = \frac{N}{\tau} c_{i,n-1}^{aus}. \tag{11-23}$$

Mit der Anfangsbedingung $c_{i,n}^{aus} = 0$ für $t = 0$ lautet die Lösung der Gl. (11-23) (vgl. Anhang A 2.1):

$$c_{i,n}^{aus} = e^{-Nt/\tau} \frac{N}{\tau} \int_0^t c_{i,n-1}^{aus} e^{Nt/\tau} dt. \tag{11-24}$$

Für den 1. Kessel ($n = 1$) folgt aus Gl. (11-24)

$$c_{i,1}^{aus} = e^{-Nt/\tau} c_{i,0}^{aus} (e^{Nt/\tau} - 1) = c_{i,1}^{ein} (1 - e^{-N/\tau}). \tag{11-25}$$

Für den 2. Kessel (n = 2) ergibt sich durch Einsetzen von Gl. (11-25) in Gl. (11-24)

$$c_{i,2}^{aus} = e^{-Nt/\tau} \frac{N}{\tau} c_{i,1}^{ein} \int_0^t (1 - e^{-Nt/\tau}) e^{Nt/\tau} \, dt = c_{i,1}^{ein} \left[1 - e^{-Nt/\tau} \left(1 + \frac{Nt}{\tau} \right) \right] \quad (11\text{-}26)$$

und weiter für den 3. Kessel

$$c_{i,3}^{aus} = c_{i,1}^{ein} \left\{ 1 - e^{-Nt/\tau} \left[1 + \frac{Nt}{\tau} + \frac{1}{2} \left(\frac{Nt}{\tau} \right)^2 \right] \right\}. \quad (11\text{-}27)$$

Für die gesamte Kaskade aus N Kesseln erhält man dann die Verweilzeit-Summenfunktion F(t):

$$\frac{c_{i,N}^{aus}}{c_{i,1}^{ein}} = F(t) = 1 - e^{-Nt/\tau} \left[1 + \frac{Nt}{\tau} + \frac{1}{2!} \left(\frac{Nt}{\tau} \right)^2 + \dots + \frac{1}{(N-1)!} \left(\frac{Nt}{\tau} \right)^{N-1} \right].$$

$$(11\text{-}28)$$

Diese Funktion ist 0 für t = 0 und gleich 1 für t → ∞. In Abb. 11-4 sind Verweilzeit-Summenkurven als Funktion von t/τ für Kaskaden mit einer verschiedenen Anzahl N gleich großer Idealkessel aufgezeichnet. Man sieht, daß sich mit zunehmender Anzahl der Kessel die F(t)-Kurven einer Kaskade der F(t)-Kurve für das ideale Strömungsrohr immer mehr annähern; diese wird für N → ∞ erreicht.
Das Verweilzeitspektrum erhält man als Funktion von t/τ, wenn man Gl. (11-28) nach t/τ differenziert:

$$E(t/\tau) = \frac{dF(t)}{d(t/\tau)} = \frac{N}{(N-1)!} e^{-Nt/\tau} \left(\frac{Nt}{\tau} \right)^{N-1}. \quad (11\text{-}29)$$

Diese Beziehung stellt eine *Poisson-Verteilung* dar. Für Kaskaden mit N = 4 bzw. 10 Kesseln ist das Verweilzeitspektrum als Funktion von t/τ in Abb. 11-5 dargestellt. Daraus ist zu ersehen, daß mit zunehmender Kesselzahl der Kaskade das Verweilzeitspektrum schmaler wird und sich das Maximum nach rechts in Richtung auf den Abszissenwert t/τ = 1 verschiebt.

11.3.3 Verweilzeitverhalten eines laminar durchströmten Rohres

Ein laminar durchströmtes Rohr ist ein ideales Beispiel für die *segregierte Strömung*, sofern die molekulare Diffusion vernachlässigbar, d. h. die Verweilzeit im Rohr klein ist gegenüber der Zeit, in welcher ein merklicher Diffusionseffekt auftritt. Bei einer segregierten Strömung mischen sich benachbarte Elemente des strömenden Mediums nicht, sondern strömen vollständig unabhängig voneinander auf getrennten Wegen (segregiert) durch das System. Da das Geschwindigkeitsprofil für laminare Rohrströmung bekannt und die Strömung segregiert ist, können wir E(t) und F(t) berechnen.

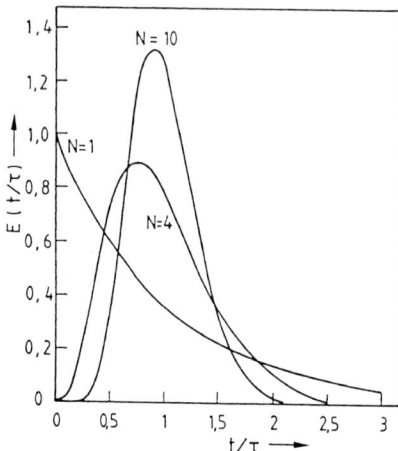

Abb. 11-5. Verweilzeitspektrum eines kontinuierlich betriebenen Idealkessels und von Kaskaden mit 4 bzw. 10 kontinuierlich betriebenen Idealkesseln

Die Strömungsgeschwindigkeit w(R) in einem Abstand R von der Rohrachse ist:

$$w(R) = \frac{2\dot{V}}{\pi R_0^2}\left[1 - \left(\frac{R}{R_0}\right)^2\right] \quad (\dot{V} = \text{Volumenstrom, } R_0 = \text{Rohrradius}). \quad (11\text{-}30)$$

Da w eine Funktion von R ist, hängt auch die *Verweilzeit* der Elemente des strömenden Mediums von der radialen Position ab. Wenn L die Rohrlänge ist, so ist die Verweilzeit im Abstand R von der Rohrachse ($R_0^2 \pi L = V_R$):

$$t(R) = \frac{L}{w(R)} = \frac{V_R/\dot{V}}{2[1 - (R/R_0)^2]} = \frac{\tau}{2[1 - (R/R_0)^2]}. \quad (11\text{-}31)$$

Nach der Definition der Verweilzeit-Summenfunktion F(t) ist dF(t) der Volumenbruchteil des strömenden Mediums am Austritt aus dem System, welcher eine Verweilzeit zwischen t und t + dt hat. Für unseren jetzt betrachteten Fall der laminaren Strömung in einem Rohr, bei dem die Verweilzeit der einzelnen Volumenelemente nur von deren radialer Strömungsposition abhängt, ist dann dF(R) der Bruchteil des Volumenstroms $\dot{V}$, welcher in einem kreisringförmigen Querschnitt zwischen R und R + dR aus dem Rohr austritt. Es gilt also:

$$dF(R) = \frac{w\, 2\pi R\, dR}{\dot{V}}. \quad (11\text{-}32)$$

Einen Zusammenhang zwischen Radius R und Verweilzeit t gibt die Gl. (11-31). Um nun R durch t ersetzen zu können, differenzieren wir zunächst die Gl. (11-31), lösen dann nach R dR auf und erhalten:

$$R\, dR = \frac{R_0^2 \tau}{4\, t^2}\, dt. \quad (11\text{-}33)$$

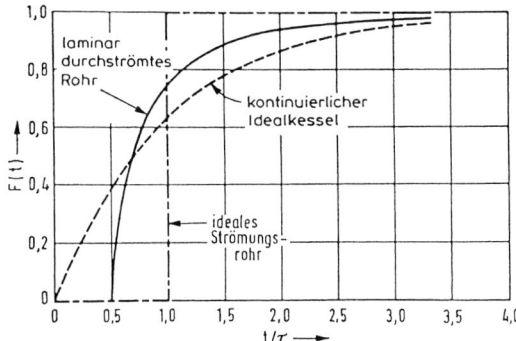

Abb. 11-6. Verweilzeit-Summenkurven für laminar durchströmtes Rohr, kontinuierlich betriebenen Idealkessel und ideales Strömungsrohr

Setzt man Gl. (11-33) in die Gl. (11-32) ein, so ergibt sich unter Berücksichtigung, daß $w = L/t$, $R_0^2 \pi L = V_R$ und $V_R/\dot{V} = \tau$ ist, folgende Beziehung für das *Verweilzeitspektrum:*

$$\frac{dF(t)}{dt} = E(t) = \frac{\tau^2}{2\,t^3}. \tag{11-34}$$

Dem Geschwindigkeitsmaximum in der Rohrachse ($R = 0$) entspricht nach Gl. (11-31) eine minimale Verweilzeit

$$t_{min} = t(0) = \tau/2. \tag{11-35}$$

Demnach gilt Gl. (11-34) nur für $t \geq \tau/2$. Durch Integration von Gl. (11-34) zwischen $t = \tau/2$ und $t = t$ folgt

$$F(t) = \frac{\tau^2}{2} \int_{t=\tau/2}^{t=t} \frac{dt}{t^3} = 1 - \frac{1}{4}\left(\frac{t}{\tau}\right)^{-2}. \tag{11-36}$$

Die Verweilzeit-Summenkurve $F(t)$ für das laminar durchströmte Rohr ist in Abb. 11-6 dargestellt; außerdem sind die $F(t)$-Kurven für das ideale Strömungsrohr und den kontinuierlich betriebenen Idealkessel nach den Gln. (11-6) und (11-19) eingezeichnet. Abbildung 11-6 zeigt, daß für t/τ zwischen etwa 0,6 und 1,5 die $F(t)$-Kurve für das laminar durchströmte Rohr der $F(t)$-Kurve des kontinuierlich betriebenen Idealkessels näher liegt als derjenigen des idealen Strömungsrohrs.

11.4 Verweilzeitverhalten realer Systeme

11.4.1 Verweilzeitverhalten realer, kontinuierlich betriebener Rührkessel

Es wird sich nun die Frage erheben, wodurch sich ein kontinuierlich durchströmter, realer Rührkessel von einem kontinuierlich betriebenen Idealkessel unterscheidet. Beim kontinuierlich betriebenen Idealkessel wird vorausgesetzt, daß der Zulaufstrom sofort mit dem gesamten Kesselinhalt vermischt wird. Diese Voraussetzung wird bei einem realen Rührkessel nicht streng erfüllt sein, da eine vollständige Vermischung eine gewisse Zeit erfordert. Als Folge davon wird das experimentell bestimmte Antwortsignal, welches aus einer Konzentrationsänderung einer Markierungssubstanz im Zulaufstrom nach einer Sprungfunktion resultiert, anfangs gegenüber dem Antwortsignal eines Idealkessels, Gl. (11-19), verzögert sein. Andererseits werden gleichzeitig Teile des Zulaufstroms, welche noch nicht mit dem Kesselinhalt vermischt wurden, unmittelbar in den Austragstrom gelangen. Dadurch werden unregelmäßige Schwankungen am Anfang des Antwortsignals hervorgerufen, welche quantitativ schwierig zu beschreiben sind. Es ist einleuchtend, daß die Anordnung der Zulauf- und Austragstutzen relativ zueinander und zur Rühreinrichtung diese unregelmäßigen Schwankungen sehr stark beeinflußt.

Aufgrund der Vorstellung, daß einerseits nur ein Bruchteil des gesamten Rührkesselinhalts ideal durchmischt wird, andererseits ein Teil des Durchsatzstroms ohne Vermischung mit dem Rührkesselinhalt zum Austrag gelangt, können auch für kontinuierliche Rührkessel und Rührkesselkaskaden mit unvollständiger Vermischung Beziehungen für die Verweilzeit abgeleitet werden [2, 3].

Das Verhalten eines kontinuierlichen Idealkessels wird von einem realen kontinuierlichen Rührkessel umso besser angenähert, je kleiner das Verhältnis zwischen der Zeit, welche zu einer vollständigen Vermischung benötigt wird, und der mittleren Verweilzeit des strömenden Mediums im Rührkessel ist. Eine genügende Annäherung eines realen Rührkessels an einen Idealkessel dürfte dann erreicht sein, wenn der Wert dieses Verhältnisses kleiner als 1:10 ist [4].

11.4.2 Verweilzeitverhalten realer Strömungsrohre

Wie in Abb. 11-6 gezeigt wurde, weist die Verweilzeit-Summenkurve eines idealen Strömungsrohrs die Form einer zeitlich verzögerten Sprungfunktion auf. Die $F(t)$-Kurve eines realen Strömungsrohrs dagegen ist nicht so scharf ausgeprägt; sie hat vielmehr, sofern nicht eine rein laminare Strömung vorliegt (vgl. 11.3.3), einen S-förmigen Verlauf (s. z. B. Abb. 11-8). Daraus läßt sich schließen, daß nicht alle Teilchen oder Volumenelemente dieselbe Verweilzeit haben können, und somit eine Verweilzeitverteilung vorliegen muß.

Zur Charakterisierung des Verweilzeitverhaltens realer Strömungsrohre wurden mehrere Modellvorstellungen entwickelt. Diese kommen zwar den tatsächlichen Vorgängen nur mehr oder weniger nahe; sie erlauben jedoch eine mathematische

Beschreibung des Gesamtvorgangs. Die beiden Modelle, welche am häufigsten verwendet werden, sind: das *Dispersionsmodell* und das *Kaskaden-* oder *Zellenmodell*. Nur diese sollen hier behandelt werden.

11.4.2.1 Dispersionsmodell

Das Dispersionsmodell geht davon aus, daß die Verweilzeitverteilung eines realen Strömungsrohrs näherungsweise als Folge einer Überlagerung der Kolben- oder Pfropfenströmung, die dem idealen Strömungsrohr zugrunde liegt, durch eine diffusionsartige axiale Vermischung betrachtet werden kann. Diese *axiale Vermischung* wird durch einen axialen Vermischungskoeffizienten D_{ax} charakterisiert, welcher dieselbe Dimension hat wie der molekulare Diffusionskoeffizient D_i, jedoch viel größer sein kann als dieser.

Zur axialen Vermischung können folgende Effekte beitragen:

a) die konvektive Vermischung in Strömungsrichtung, hervorgerufen durch Wirbelbildung und Turbulenz,
b) die unterschiedlichen Verweilzeiten von Teilchen, welche sich entlang verschiedener Stromlinien bewegen, verursacht durch eine ungleichförmige Verteilung der Strömungsgeschwindigkeit über den Rohrquerschnitt,
c) die molekulare Diffusion.

In den meisten praktischen Fällen tritt der Einfluß der molekularen Diffusion gegenüber den Effekten a) und b) in den Hintergrund. Die Effekte a) und b) unterscheiden sich insofern wesentlich voneinander, als der erstere eine „Rückvermischung", d. h. einen Stofftransport entgegen der Strömungsrichtung unter dem Einfluß eines Konzentrationsgradienten verursachen kann; eine Rückvermischung infolge des Effekts b) ist dagegen unmöglich.

Entsprechend dem oben gesagten gehen wir bei der mathematischen Behandlung des Dispersionsmodells davon aus, daß eine Kolbenströmung ($\partial w/\partial R = 0$, $\partial c_i/\partial R = 0$) vorliegt, an deren Front eine gewisse Rückvermischung oder Durchmischung stattfindet, wobei der axiale Vermischungskoeffizient D_{ax} unabhängig von der Lage im Strömungsrohr sei. Die Verweilzeit-Summenfunktion F(t) eines solchen Systems kann man ableiten durch Berechnung der Konzentration c_i^{aus} einer Markierungssubstanz (Antwortsignal) am Auslauf aus dem Strömungsrohr, wenn die Konzentration dieser Markierungssubstanz am Eintritt in das Strömungsrohr (z=0) im Zeitpunkt t=0 vom Wert 0 auf den Wert c_i^{ein} nach einer Sprungfunktion erhöht wird.

Die Konzentration c_i der Markierungssubstanz ist eine Funktion der Lage im Strömungsrohr und der Zeit. Aufgrund der oben umrissenen Modellvorstellung und der Voraussetzungen für die Ermittlung einer Verweilzeitverteilung mittels einer Markierungssubstanz (keine chemische Reaktion, d. h. $\sum_j r_j v_{ij} = 0$; keine Volumenänderung, d. h. $\partial w/\partial z = 0$) vereinfacht sich die *allgemeine Stoffbilanz*, Gl. (5-25), für die Markierungssubstanz i zu

$$\frac{\partial c_i}{\partial t} = D_{ax} \frac{\partial^2 c_i}{\partial z^2} - \bar{w} \frac{\partial c_i}{\partial z} \tag{11-37}$$

($\bar{w}$ = über den Rohrquerschnitt gemittelte Strömungsgeschwindigkeit).

Die Anfangs- und Randbedingungen sollen hier nicht näher diskutiert werden (s. [5-8]). Die Lösung der Gl. (11-37) mit der Anfangsbedingung

$$\left. \begin{aligned} c_i &= 0 && \text{bei } z > 0 \\ c_i &= c_i^{ein} && \text{bei } z < 0 \end{aligned} \right\} \quad \text{für } t = 0 \tag{11-38}$$

und den Randbedingungen

$$\left. \begin{aligned} c_i &= 0 && \text{bei } z = \infty \\ c_i &= c_i^{ein} && \text{bei } z = -\infty \end{aligned} \right\} \quad \text{für } t \geq 0 \tag{11-39}$$

stellt insbesondere dann, wenn D_{ax} klein ist, eine gute Näherung dar; diese lautet:

$$\frac{c_i^{aus}}{c_i^{ein}} = F(t) = \frac{1}{2}\left[1 - \text{erf}\left(\frac{1}{2}\sqrt{\frac{\bar{w}L}{D_{ax}}}\frac{1 - t/\tau}{\sqrt{t/\tau}}\right)\right] \,^{2)}. \tag{11-40}$$

In der Verweilzeit-Summenfunktion, Gl. (11-40), ist der dimensionslose Parameter $\bar{w}L/D_{ax}$ ein Maß für das Verhältnis zwischen konvektivem Stofftransport und axialer Vermischung. Dieser dimensionslose Parameter wird als *Bodenstein-Zahl* Bo bezeichnet:

$$Bo = \bar{w}L/D_{ax}. \tag{11-41}$$

Damit kann man Gl. (11-40) auch schreiben:

$$\frac{c_i^{aus}}{c_i^{ein}} = F(t) = \frac{1}{2}\left[1 - \text{erf}\left(\frac{\sqrt{Bo}}{2} \cdot \frac{1 - t/\tau}{\sqrt{t/\tau}}\right)\right]. \tag{11-42}$$

Als Gültigkeitsgrenze für diese Gleichung genügt in Anbetracht der üblichen Versuchsgenauigkeit meist ein Wert von Bo > 50 [6, 9]. Hinsichtlich der Lösung der Gl. (11-37) für verschiedene Grenzbedingungen sei auf [9] und die dort zitierte Originalliteratur verwiesen.

---

2) Die Fehlerfunktion ist definiert als

$$\text{erf}(y) = \frac{2}{\sqrt{\pi}}\int_0^y e^{-x^2}dx; \quad \text{erf}(\pm\infty) = \pm 1, \quad \text{erf}(0) = 0,$$

$$\text{erf}(-y) = -\text{erf}(y)$$

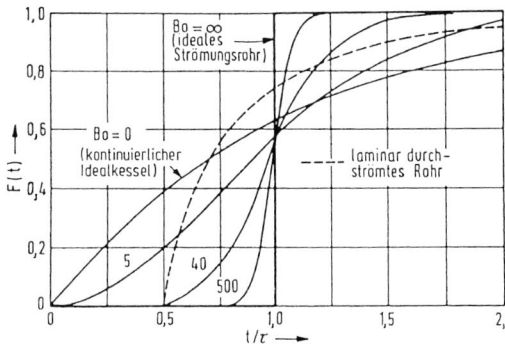

Abb. 11-7. Verweilzeit-Summenkurven F(t) nach dem Dispersionsmodell (Gl. (11-42)) [5]

Die F(t)-Kurve nach Gl. (11-42) ist in Abb. 11-7 als Funktion von t/τ für verschiedene Werte von Bo aufgezeichnet. Ist Bo $= \infty$, so liegt keine axiale Vermischung vor, d. h. das System erfüllt die Voraussetzungen des idealen Strömungsrohrs. Die F(t)-Kurve für Bo $= \infty$ ist mit derjenigen des idealen Strömungsrohrs (vgl. Abb. 11-6) identisch.

Das andere Extrem, Bo $= 0$, entspricht einem unendlich großen axialen Vermischungskoeffizienten, d. h. vollständiger Rückvermischung, welche für den kontinuierlich betriebenen Idealkessel charakteristisch ist. Die F(t)-Kurve in Abb. 11-7 für Bo $= 0$ ist derjenigen, welche durch Gl. (11-19) beschrieben wird und welche in Abb. 11-6 dargestellt ist, gleich. Die Kurven zwischen diesen beiden Grenzkurven gelten für Grade der axialen Vermischung, welche zwischen den Extremwerten Bo $= 0\,(D_{ax} = \infty)$ und Bo $= \infty\,(D_{ax} = 0)$ liegen.

Um die Strömung in einem realen Strömungsrohr zu charakterisieren, müssen wir aus der Schar der nach Gl. (11-40) bzw. (11-42) berechneten Kurven diejenige auswählen, welche die experimentell ermittelte Kurve am besten wiedergibt. Aus dem Zahlenwert der dieser ausgewählten berechneten Kurve entsprechenden Bodenstein-Zahl läßt sich das Verhalten des Systems als Reaktor abschätzen (s. 11.5.3); außerdem kann man aus Bo $= \bar{w}L/D_{ax}$, da $\bar{w}$ und L bekannt sind, D_{ax} berechnen.

Die Anwendung des Dispersionsmodells setzt voraus, daß in einem realen Reaktor der Durchmischungszustand, zu welchem sowohl eine axiale Vermischung als auch eine ungleichförmige Geschwindigkeitsverteilung beitragen können, durch einen bestimmten Bo-Wert charakterisiert werden kann, wie wir dies in Beispiel 11.1 sehen werden. In Abb. 11-7 ist auch die nach Gl. (11-36) berechnete F(t)-Kurve für ein rein laminar durchströmtes Rohr eingezeichnet. Es ist ganz offensichtlich, daß die Einführung eines axialen Vermischungskoeffizienten diesem Fall nicht Rechnung tragen kann. Da sich die Form der gestrichelten Kurve von derjenigen der anderen aus dem Dispersionsmodell berechneten Kurven wesentlich unterscheidet, kann die gestrichelte Kurve auch nicht annähernd durch Angabe eines bestimmten Bo-Wertes beschrieben werden.

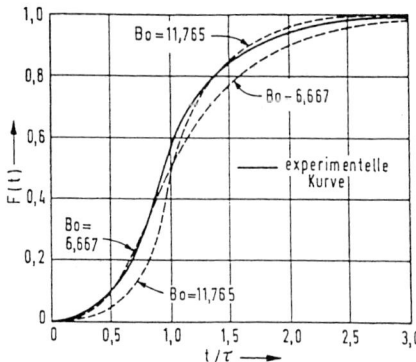

Abb. 11-8. Anpassung des Dispersionsmodells an eine experimentell ermittelte
F(t)-Kurve (Beipiel 11.1)

Beispiel 11.1 [11]: In einem Strömungsrohr wurde die Konzentration einer Markierungssubstanz im Zulauf zum Zeitpunkt t = 0 nach einer Sprungfunktion vom Wert 0 auf den Wert c_i^{ein} erhöht. Die Messung der Konzentration c_i^{aus} im Ablauf als Funktion der Zeit ergab folgende Werte:

t/τ	0	0,5	0,70	0,875	1,0	1,5	2,0	2,5	3,0
c_i^{aus}/c_i^{ein}	0	0,10	0,22	0,40	0,57	0,84	0,94	0,98	0,99

Die durch Auftragung dieser Werte sich ergebende experimentelle Kurve soll möglichst exakt mit Hilfe des Dispersionsmodells beschrieben und der Wert für Bo ermittelt werden.

Lösung: Abb. 11-8 zeigt die experimentelle Kurve, außerdem zwei mit Bo = 11,765 bzw. Bo = 6,667 berechnete Kurven, jeweils als Funktion von t/τ. Man sieht, daß die mit Bo = 11,765 berechnete Kurve bei höheren Werten von t/τ gut mit der experimentellen Kurve übereinstimmt; die mit Bo = 6,667 berechnete Kurve dagegen paßt sich der experimentellen Kurve bei niedrigen Werten von t/τ gut an. Für Umsatzberechnungen mit Hilfe des Dispersionsmodells (s. 11.5.3, Beispiel 11.3) werden wir einen Mittelwert für Bo von 9,216 annehmen.

Infolge der allgemeinen Anwendbarkeit des Formalismus, welcher dem Dispersionsmodell zugrunde liegt, sind die duch Integration der Differentialgleichung (11-37) gewonnenen Beziehungen, z. B. die Gl. (11-40) innerhalb der angegebenen Gültigkeitsgrenzen, zur Berechnung des Verweilzeitverhaltens eines realen Strömungsrohres am besten geeignet. Voraussetzung für die Berechnung ist natürlich, daß der axiale Vermischungskoeffizient als Funktion der Abmessungen des Strömungsrohrs und eventueller Einbauten, der Strömungsgeschwindigkeit und der Stoffeigenschaften des strömenden Mediums bekannt ist. Im folgenden Abschnitt wollen wir uns mit der Abhängigkeit des Vermischungskoeffizienten von diesen Parametern befassen.

11.4.2.1.1 Axiale Vermischungskoeffizienten in Strömungsrohren

Um den axialen Vermischungskoeffizienten D_{ax} zu den verschiedenen Strömungsparametern in Beziehung zu setzen, wird meist die *Péclet-Zahl* $Pé_{ax}$ verwendet. Diese ist eine dimensionslose Kenngröße, welche definiert ist durch:

$$Pé_{ax} = \bar{w}\,d/D_{ax}. \tag{11-43}$$

In Gl. (11-43) ist $\bar{w}$ die mittlere Strömungsgeschwindigkeit im freien Rohrquerschnitt und d eine charakteristische Längenabmessung, welche für den Mechanismus, durch welchen die axiale Vermischung hervorgerufen wird, signifikant ist, z. B. der Rohrdurchmesser oder der Durchmesser von Teilchen einer Schüttschicht.

Die Bodenstein-Zahl Bo, welche der charakteristische Parameter des Dispersionsmodells ist, steht mit der Pécletschen Kenngröße $Pé_{ax}$ in folgender Beziehung, wie sich durch Vergleich der Gln. (11-41) und (11-43) ergibt:

$$Bo = Pé_{ax}\left(\frac{L}{d}\right) \qquad (L = \text{Länge des Strömungsrohres}). \tag{11-44}$$

Im folgenden seien nur die Fälle einer einphasigen Strömung in leeren Rohren und in Rohren mit Schüttschichten behandelt.

Leere Strömungsrohre. Für eine einphasige Strömung in leeren geraden Strömungsrohren gilt im laminaren Strömungsbereich die Beziehung [12]:

$$Pé_{ax} = \frac{\bar{w}\,d_R}{D_{ax}} = \frac{192}{Re \cdot Sc} = \frac{192\,D_i}{\bar{w}\,d_R}. \tag{11-45}$$

In Gl. (11-45) ist d_R der Rohrdurchmesser, Re die *Reynolds-Zahl* $= \bar{w}\,d_R/\nu$, Sc die *Schmidt-Zahl* $= \nu/D_i$ (ν = kinematische Zähigkeit, D_i = molekularer Diffusionskoeffizient). Die Beziehung (11-45) ist nur gültig für $Pé_{ax}(L/d_R) > 200$. Wie man aus Abb. 11-9 ablesen kann, ist diese Bedingung praktisch nur für Gase ($Sc \approx 1$, $Pé_{ax} \approx 5$) bei einem Verhältnis $L/d_R > 40$ zu erfüllen.

Eine für den turbulenten Strömungsbereich theoretisch abgeleitete Beziehung

$$Pé_{ax} \approx 0{,}28/\sqrt{f} \tag{11-46}$$

stimmt mit den Meßwerten nur für $10^4 < Re < 10^6$ befriedigend überein. In Gl. (11-46) ist f der sog. *Fanning-friction-Faktor*; für diesen gilt bei glatten Rohren:

$$f = 1{,}2656\sqrt[4]{Re}. \tag{11-47}$$

Für den Übergangsbereich ($2300 < Re < 10^4$) gibt die empirisch abgeleitete Beziehung [14]

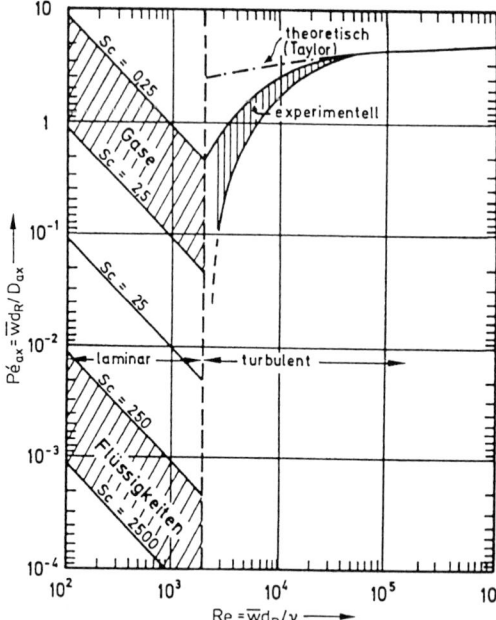

Abb. 11-9. Pé_{ax} als Funktion
von Re für einphasige Strömung
in leeren Rohren [15]

$$\text{Pé}_{ax} = 7{,}6 \cdot 10^{-8} \cdot f^{-3,6} \left(\frac{d_R}{L}\right)^{0,141} \tag{11-48}$$

eine gute Übereinstimmung mit den Meßwerten.

In Abb. 11-9 ist für einphasige Strömung in leeren Rohren Pé_{ax} als Funktion von Re dargestellt. Daraus kann man ersehen, daß Pé_{ax} für turbulente Strömung in leeren Rohren mit Re $> 10^4$ größer als 6 ist; für ein Verhältnis L/d_R von z. B. 50 ist dann Bo > 300, womit das ideale Strömungsrohr praktisch angenähert ist (s. Abb. 11-7).

Strömungsrohre mit Schüttschichten. Bei der Strömung von Gasen durch ein Bett von kugelförmigen Teilchen liegt für $20 < \text{Re}_P < 400$ ($\text{Re}_P = \bar{w}\, d_P/\nu$; $d_P = $ Teilchendurchmesser) $\text{Pé}_{ax} = \bar{w}\, d_P/D_{ax}$ zwischen 1,6 und 2,3 [16]. Damit ist Bo $\approx 2\, L/d_P$.

Bei der Strömung von Flüssigkeiten durch ein Festbett von kugelförmigen Teilchen ergaben sich aus den Meßwerten verschiedener Autoren [17, 18] Werte für Pé_{ax} zwischen etwa 0,6 und 1,5 ($5 < \text{Re}_P < 10^3$); dabei wurden die Effekte der nicht gleichförmigen Geschwindigkeitsverteilung in der Nähe der Rohrwand nicht eliminiert. Aus Messungen, bei denen diese Wandeffekte eliminiert wurden, hat Pé_{ax} für $1 < \text{Re}_P < 500$ Werte zwischen 1,5 und 1,8 [18].

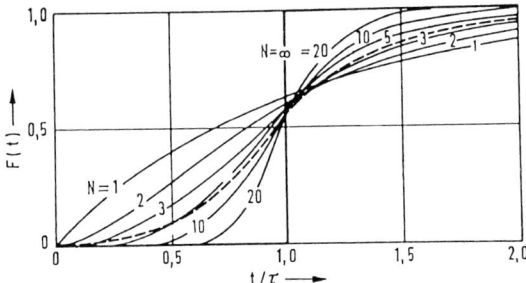

Abb. 11-10. Verweilzeit-Summenkurven F(t) für Kaskaden von gleich großen kontinuierlich betriebenen Idealkesseln (N = Anzahl der Kessel); − − − experimentell ermittelte F(t)-Kurve eines realen Strömungsrohrs nach Beispiel 11.1

11.4.2.2 Kaskaden- oder Zellenmodell

Vergleichen wir die aus experimentellen Ergebnissen gewonnene Verweilzeit-Summenkurve eines realen Strömungsrohrs (Abb. 11-8, ausgezogene Kurve) mit den F(t)-Kurven, welche für Kaskaden von kontinuierlich betriebenen Idealkesseln mit einer verschiedenen Anzahl von gleich großen Kesseln nach Gl. (11-2) berechnet wurden (Abb. 11-4), so sieht man, daß der allgemeine Kurvenverlauf ganz ähnlich ist. Diese Ähnlichkeit im Verlauf der Verweilzeit-Summenkurven von realem Strömungsrohr und Kaskaden legt es nahe, das reale Strömungsrohr hinsichtlich der darin ablaufenden Mischvorgänge als eine Kaskade mit einer bestimmten Anzahl von kontinuierlichen Idealkesseln aufzufassen (*Kaskaden-* oder *Zellenmodell*). Das Gesamtvolumen der Kaskade ist dabei mit dem des realen Strömungsrohrs identisch; ebenso entsprechen sich bei einem gegebenen Volumenstrom die mittleren Gesamtverweilzeiten. Wollen wir also ein reales System mit Hilfe des Kaskadenmodells beschreiben, so besteht unsere Aufgabe darin, die Kesselzahl N der Kaskade zu bestimmen, deren F(t)-Kurve am besten mit derjenigen übereinstimmt, welche experimentell für das betreffende reale Strömungsrohr ermittelt wurde. In Abb. 11-10 ist gestrichelt die F(t)-Kurve eines realen Strömungsrohrs mit den Werten aus Beispiel 11.1 eingezeichnet. Man sieht, daß diese Kurve recht gut durch die berechnete F(t)-Kurve einer aus 5 gleich großen kontinuierlichen Idealkesseln bestehenden Kaskade approximiert werden kann.

11.5 Umsatz in nicht idealen (realen) Reaktoren

11.5.1 Mikrovermischung und Makrovermischung (Segregation)

In den Abschnitten 11.3 und 11.4 haben wir uns mit dem Verweilzeitverhalten idealer und realer Reaktoren befaßt. Die Kenntnis des Verweilzeitverhaltens allein genügt jedoch im allgemeinen noch nicht, um den Umsatz in einem nicht idealen Reaktor zu berechnen. Vielmehr wird der Umsatz in einem nicht idealen Reaktor auch noch davon abhängen, ob und in welchem Ausmaß Vermischungseffekte im molekularen Bereich zu der experimentell beobachteten Verweilzeitverteilung beitragen.

Es ist grundsätzlich zu unterscheiden zwischen einer Vermischung im mikroskopischen, d. h. molekularen Bereich, wo individuelle Moleküle die Vermischung übernehmen, und einer Vermischung im makroskopischen Bereich, wo nicht individuelle Moleküle, sondern Molekülverbände oder Molekülaggregate am Vermischungsvorgang beteiligt sind.

Um uns diese beiden Vermischungsarten zu vergegenwärtigen, stellen wir uns vor, daß eine Flüssigkeit in zwei Formen vorliegen soll. Im einen Fall bestehe die Flüssigkeit aus individuellen Molekülen, welche sich als solche frei in der Flüssigkeit bewegen, mit anderen Molekülen der Flüssigkeit zusammenstoßen und sich mit diesen mischen können. Eine Vermischung der Flüssigkeit, welche auf diese Weise zustande kommt, wird als Mikrovermischung bezeichnet.

Im anderen Fall bestehe die Flüssigkeit aus einer großen Anzahl kleiner abgeschlossener Aggregate, wobei jedes Aggregat eine große Anzahl von Molekülen enthalte. Anschauungsmäßig können wir uns vorstellen, daß diese Molekülaggregate von einer chemisch inerten Hülle umgeben seien, deren einzige Aufgabe darin besteht, die Individualität jedes einzelnen Molekülaggregats zu erhalten. Die einzelnen Moleküle können sich hier also nur innerhalb eines solchen Molekülaggregats, nicht jedoch mit Molekülen eines anderen Aggregats mischen. Außerdem können sich die einzelnen, durch eine Hülle abgeschlossenen Molekülaggregate mischen. Einen derartigen Mischungsvorgang einer Flüssigkeit bezeichnet man als *Makrovermischung,* und wir sprechen hier von einer vollständigen *Segregation* der Einzelmoleküle.

Bei einer *Mikrovermischung* dagegen liegt keine Segregation vor. Eine Flüssigkeit, welche keinen dieser Extremzustände repräsentiert, bezeichnet man als teilweise segregierte Flüssigkeit, wobei der Segregationsgrad von den Eigenschaften der Flüssigkeit und von der Art des Systems abhängt, in welchem die Mischung stattfindet.

Der Umsatz in einem Reaktor kann vom Grad der Segregation abhängen. Die experimentelle Bestimmung des Segregationsgrades bereitet jedoch einige Schwierigkeiten. Wir wollen uns hier nicht mit der quantitativen Behandlung der teilweisen Segregation befassen, sondern nur untersuchen, wie sich die beiden Extremfälle der Mikro- und Makrovermischung auf die Reaktionsgeschwindigkeit und damit auf den Umsatz auswirken. Daraus werden wir Schlußfolgerungen ziehen können, welche Vermischungsform für eine bestimmte Reaktion günstig oder ungünstig ist und welche Vermischungsform demzufolge begünstigt und welche unterdrückt werden sollte.

Den Einfluß der Mikro- bzw. Makrodurchmischung auf den Umsatz kann man sich leicht klar machen.

Wir wollen zunächst auf die Verhältnisse in einem absatzweise betriebenen *Rührkesselreaktor* zurückgreifen. Liegt in einem solchen Reaktor eine Makrovermischung der Flüssigkeit, welche einen Reaktionspartner A enthält, vor, so verhält sich jedes einzelne Molekülaggregat wie ein kleiner Satzreaktor; der Umsatz und die Konzentration in allen Aggregaten sind in jedem Zeitpunkt dieselben, da in jedem

Molekülaggregat die Reaktion zum gleichen Zeitpunkt $t = 0$ begonnen hat. Man erhält somit den gleichen Umsatz wie bei einer Mikrovermischung; d. h. die Art der Vermischung hat keinen Einfluß auf den Umsatz oder die Produktverteilung. Dieselbe Feststellung gilt für ein ideales Strömungsrohr, in welchem sich auch bei einer Segregation alle Molekülaggregate mit der gleichen Geschwindigkeit durch das Rohr bewegen.

In allen anderen *kontinuierlich betriebenen Reaktoren*, in welchen nicht alle Teilchen dieselbe Verweilzeit haben, beeinflußt der Grad der Segregation den Umsatz; die einzige Ausnahme liegt, wie gleich gezeigt werden soll, bei einer Reaktion erster Ordnung vor. Wir wollen nun ein Volumenelement des strömenden Mediums ins Auge fassen. In dessen Nachbarschaft können sich Volumenelemente befinden, welche sich erst kürzere oder auch schon längere Zeit im System aufgehalten haben, in welchen demnach eine Reaktion schon weniger oder weiter fortgeschritten und die Konzentration eines Reaktionspartner A größer oder kleiner ist als in dem zuerst betrachteten Volumenelement.

Wir nehmen nun zwei gleich große Volumenelemente mit verschiedenen Konzentrationen c_A' und c_A'' des Reaktionspartners A an. Die Reaktion soll in bezug auf A von n-ter Ordnung sein. Findet zwischen den beiden Volumenelementen eine Mikrovermischung (Index „M") statt, so ist die mittlere Konzentration in beiden Volumenelementen $(\bar{c}_A)_M = (c_A' + c_A'')/2$ und die Reaktionsgeschwindigkeit nach der Vermischung:

$$r_M = k\,(\bar{c}_A)_M^n = k\,(c_A' + c_A'')^n/2^n. \qquad (11\text{-}49)$$

Bleiben die beiden Volumenelemente jedoch segregiert (Index „S"), so ist die Reaktionsgeschwindigkeit:

$$r_S = k\,[(c_A')^n + (c_A'')^n]/2. \qquad (11\text{-}50)$$

Das Verhältnis der Reaktionsgeschwindigkeiten r_S und r_M bei Segregation bzw. bei Mikrovermischung ist demnach:

$$\frac{r_S}{r_M} = \frac{[(c_A')^n + (c_A'')^n]/2}{(c_A' + c_A'')^n/2^n}. \qquad (11\text{-}51)$$

Aus Gl. (11-51) kann man entnehmen, daß für

$$n = 1: \quad r_S/r_M = 1 \qquad (11\text{-}52)$$

$$n > 1: \quad r_S/r_M > 1 \qquad (11\text{-}53)$$

$$n < 1: \quad r_S/r_M < 1. \qquad (11\text{-}54)$$

Die Gln. (11-52) bis (11-54) zeigen, daß es hinsichtlich der Reaktionsgeschwindigkeit und damit hinsichtlich des Umsatzes nur bei einer Reaktion erster Ordnung gleichgültig ist, ob die Volumenelemente mit verschiedenen Konzentrationen segregiert bleiben, oder ob eine Mikrovermischung stattfindet. Wenn die Reaktionsordnung größer als 1 ist, dann ist $r_S > r_M$, d. h. man wird bei einer bestimmten mittleren Verweilzeit den größeren Umsatz bei vollständiger Segregation erreichen. Andererseits wird dann, wenn die Reaktionsordnung kleiner als 1 ist, $r_S < r_M$ und damit der Umsatz in einem Reaktor mit Mikrovermischung größer sein.

In welchem Ausmaß sich die beiden extremen Vermischungsformen bei verschiedenen Reaktionsordnungen auf den Umsatz auswirken, wird am Beispiel des kontinuierlich betriebenen Rührkesselreaktors im nächsten Abschnitt gezeigt werden.

11.5.2 Berechnung des Umsatzes bei bekanntem Verweilzeitverhalten und bekanntem Segregationsgrad

Wir nehmen an, daß die Verweilzeit-Summenfunktion F(t) eines Reaktors und das Zeitgesetz für die Reaktionsgeschwindigkeit bekannt seien. Unter der Voraussetzung, daß vollkommene Segregation vorliegt, kann dann der Umsatz in diesem Reaktor vorausberechnet werden. Der Umsatz U_A eines Reaktionspartners A im Bruchteil dF(t) des Auslaufs, welcher ja eine Verweilzeit zwischen t und t + dt hat, ist gleich dem Umsatz in einem idealen Strömungsrohr mit einer Verweilzeit $t = \tau$ bzw. in einem Satzreaktor mit einer Reaktionszeit t. Werden nach dem Austritt aus dem Reaktor die verschiedenen segregierten Ströme, welche unterschiedliche Verweilzeiten haben, vereinigt, so resultiert ein *mittlerer Umsatz*, welcher gegeben ist durch:

$$\bar{U}_A = \int_{F=0}^{F=1} U_A(t) \cdot dF(t) = \int_{t=0}^{t=\infty} U_A(t) \cdot E(t) \cdot dt. \tag{11-55}$$

Eine graphische Lösungsmethode für Gl. (11-55) soll anhand von Abb. 11-11 erläutert werden [19, 20]. Die Kurve 1 repräsentiert die experimentell ermittelte Verweilzeit-Summenkurve F(t), Kurve 2 den berechneten oder experimentell bestimmten Umsatz U_A als Funktion der Zeit t in einem Satzreaktor bzw. der Verweilzeit τ in einem Strömungsrohr. Aus diesen beiden Kurven läßt sich auf die in Abb. 11-11 angegebene Weise eine Kurve 3 konstruieren, welche einen Zusammenhang zwischen $U_A(t)$ und F(t) vermittelt. Nach Gl. (11-55) entspricht die schraffierte Fläche dem mittleren Umsatz $\bar{U}_A$ in diesem Reaktor.

Es soll festgehalten werden, daß das beschriebene Verfahren entsprechend den Ausführungen in Abschnitt 11.5.1 nur dann streng zulässig ist, wenn eine vollständige Segregation vorliegt. Andererseits stellt für kleine Umsätze dieses Verfahren auch dann noch eine gute Näherung dar, wenn die experimentell ermittelte Verweilzeitverteilung durch eine Vermischung im molekularen Bereich hervorgerufen wird.

Wir wollen die Auswertung der Gl. (11-55) noch für den Fall erläutern, daß sowohl F(t) als auch $U_A(t)$ durch eine algebraische Funktion gegeben sind, und zwar am Beispiel eines kontinuierlich betriebenen Rührkessels, in welchem eine irreversible Reaktion erster Ordnung A → P stattfindet ($|r_A| = k c_A$) und vollkommene Segregation vorliege. Die F(t)-Kurve entspreche derjenigen des kontinuierlich betriebenen Idealkessels.

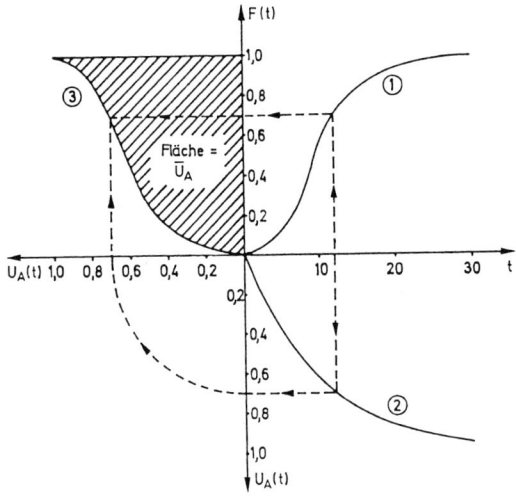

Abb. 11-11. Bestimmung des Umsatzes aus einer experimentell ermittelten Verweilzeit-Summenkurve F(t) und der experimentell oder rechnerisch bestimmten Umsatz/Zeit-Beziehung [19]

Nach Tabelle 4/10 bzw. 6/1, Gln. 1, gilt für den Umsatz in einem Satzreaktor als Funktion der Zeit ($|\nu_A| = 1$):

$$U_A(t) = 1 - \frac{c_A}{c_A^0} = 1 - e^{-kt}. \tag{11-56}$$

E(t) bzw. dF(t) sind durch Gl. (11-20) gegeben:

$$E(t) = \frac{1}{\tau} e^{-t/\tau} = \frac{dF(t)}{dt}. \tag{11-20}$$

Somit ist nach Gl. (11-55) der mittlere Umsatz bei vollständiger Segregation:

$$\bar{U}_A = \int\limits_0^\infty (1 - e^{-kt}) \frac{e^{-t/\tau}}{\tau} \, dt = \frac{k\tau}{1 + k\tau}. \tag{11-57}$$

Betrachten wir nunmehr den anderen Fall der *vollkommenen Mikrovermischung* in einem kontinuierlich betriebenen Idealkessel, so erhalten wir bei derselben Verweilzeit-Summenkurve und einer Reaktion erster Ordnung für den Umsatz U_A die durch Gl. (8-24) wiedergegebene Beziehung; diese ist identisch mit der Gl. (11-57). Dadurch wird die Schlußfolgerung aus der Gl. (11-52) bestätigt, wonach das Ausmaß der Mikrovermischung bei einer Reaktion erster Ordnung den Umsatz nicht beeinflußt.

Für Reaktionen der Ordnung $n = 0$, 1/2, 1 und 2 ($|r_A| = k c_A^n$) sind die Beziehungen für den mittleren Umsatz in einem kontinuierlich betriebenen Rührkessel bei vollständiger Segregation und bei Mikrovermischung in Tabelle 11/1 aufgeführt. Vorausgesetzt ist dabei, daß die F(t)-Kurve des Reaktors derjenigen des kontinuierlichen Idealkessels entspricht.

Tabelle 11/1. Beziehungen für den Umsatz U_A in einem kontinuierlich betriebenen Idealkessel bei vollständiger Segregation bzw. Mikrovermischung; $|r_A| = k\,c_A^n$

Ordnung n	Vollständige Segregation $\bar{U}_A =$	Mikrovermischung $U_A =$
0	$\dfrac{k\tau}{c_A^{ein}}(1 - e^{-c_A^{ein}/k\tau})$	$k\tau/c_A^{ein}$ für $\tau \le c_A^{ein}/k$ 1 für $\tau \ge c_A^{ein}/k$
0,5	$\dfrac{k\tau}{\sqrt{c_A^{ein}}}\left[1 - \dfrac{k\tau}{2\sqrt{c_A^{ein}}}\left(1 - e^{-2\sqrt{c_A^{ein}}/k\tau}\right)\right]^{a)}$	$\dfrac{(k\tau)^2}{2\,c_A^{ein}}\left(\sqrt{1 + \dfrac{4\,c_A^{ein}}{(k\tau)^2}} - 1\right)$
1	$k\tau/(1 + k\tau)$	$k\tau/(1 + k\tau)$
2	$1 + \dfrac{1}{k\tau\,c_A^{ein}}e^{1/k\tau c_A^{ein}}\,Ei\left(-\dfrac{1}{k\tau\,c_A^{ein}}\right)^{b)}$	$1 + \dfrac{1 - \sqrt{1 + 4\,k\tau\,c_A^{ein}}}{2\,k\tau\,c_A^{ein}}$

$^{a)}$ Integrationsgrenzen sind hier $\tau = 0$ und $\tau = \sqrt{4\,c_A^{ein}}/k$

$^{b)}$ Ei ist das Exponentialintegral (Eulersches Integral); dieses ist folgendermaßen definiert:

$$Ei(-x) = \int\limits_{x}^{\infty} \frac{e^{-z}}{z}\,dz, \text{ Werte hierfür sind tabelliert z. B. in [21].}$$

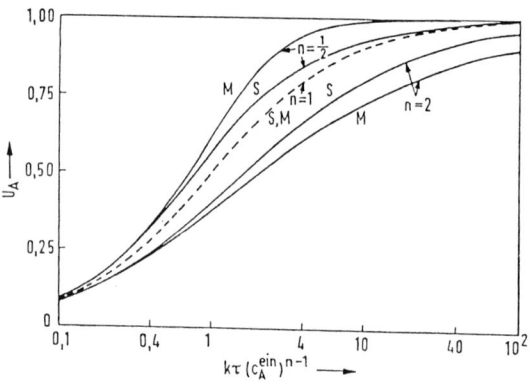

Abb. 11-12. Umsatz in einem kontinuierlich betriebenen Rührkessel, dessen $F(t)$-Kurve derjenigen des kontinuierlichen Idealkessels entspricht; n = Reaktionsordnung, S = vollständige Segregation, M = Mikrovermischung [22]

Zur besseren Veranschaulichung sind in Abb. 11-12 die Umsätze U_A für die einzelnen Fälle der Tabelle 11/1 als Funktion von $k\,\tau\,(c_A^{ein})^{n-1}$ aufgezeichnet. Daraus läßt sich entnehmen, wie stark sich die Umsätze bei einer von eins abweichenden Reaktionsordnung unterscheiden, je nachdem ob Mikrovermischung oder vollständige Segregation vorliegt. Nehmen wir eine Reaktion zweiter Ordnung und

$k \tau c_A^{ein} = 10$ (für diesen Wert etwa ist der Unterschied am größten) an, so ist bei vollständiger Segregation der Umsatz $U_A = 0,78$, bei Mikrovermischung dagegen $U_A = 0,72$.

Der Grad der Segregation kann bei *komplexen Reaktionen* auch die Ausbeute an erwünschtem Produkt beeinflussen. Wir wollen z. B. zwei Parallelreaktionen betrachten, bei denen das erwünschte Reaktionsprodukt nach einer Reaktion erster Ordnung aus einem Reaktionspartner A gebildet wird, ein unerwünschtes Nebenprodukt dagegen nach einer Reaktion zweiter Ordnung:

$$A \begin{array}{c} {}^{1}\nearrow P \\ {}_{2}\searrow X \end{array} \quad (r_P = k_1 c_A, \; r_X = k_2 c_A{}^2).$$

In einem kontinuierlich betriebenen Rührkessel ist bei gleicher Verweilzeit der Umsatz für eine Reaktion zweiter Ordnung bei Mikrovermischung geringer als bei vollständiger Segregation. Für die betrachteten Parallelreaktionen bedeutet das, daß die Bildung des erwünschten Produkts P bei Mikrovermischung begünstigt ist, da die Konzentration von A im ganzen Reaktionsvolumen niedrig ist. Bei unendlich langer Verweilzeit kann man sogar reines Produkt P erhalten.

Beispiel 11.2: Eine Reaktion $A \rightarrow P$ verlaufe nach erster Ordnung, wobei $k = 0,1\,s^{-1}$ und $\tau = 10\,s$ seien. Es soll der mittlere Umsatz $\bar{U}_A$ unter Annahme vollständiger Segregation berechnet werden:

a) für ein ideales Strömungsrohr nach Gl. (11-56), wobei $t = \tau$ ist,
b) für ein Rohr mit laminarer Strömung nach Gl. (11-55) unter Berücksichtigung der Gln. (11-56) und (11-34),
c) für ein reales Strömungsrohr nach Gl. (11-55) unter Berücksichtigung von Gl. (11-56) und mit Hilfe der experimentell ermittelten F(t)-Kurve aus Beispiel 11.1,
d) für einen kontinuierlich betriebenen Idealkessel nach Gl. (8-24) bzw. (11-57).

Lösung:

a) ideales Strömungsrohr

$$\bar{U}_A = 1 - e^{-k\tau} = 0,63$$

b) Strömungsrohr mit laminarer Strömung

$$\bar{U}_A = \int\limits_{\tau/2}^{\infty} (1 - e^{-k\tau}) \frac{\tau^2}{2\,t^3}\,dt$$

Die untere Integrationsgrenze ist hier nicht Null, sondern $\tau/2$, vgl. Abschnitt 11.3.3. Damit ist

$$\bar{U}_A = 50 \int\limits_{t=5}^{\infty} (1 - e^{-0,1\,t}) \frac{dt}{t^3} = 0,52$$

c) reales Strömungsrohr
Die Ermittlung von $\bar{U}_A$ nach der graphischen Methode ist in Abb. 11-11 gezeigt. Die schraffierte Fläche entspricht

$$\bar{U}_A = 0,61$$

d) kontinuierlich betriebener Idealkessel

$$\bar{U}_A = \frac{k\tau}{1 + k\tau} = 0{,}50$$

11.5.3 Berechnung des Umsatzes nach dem Dispersionsmodell

Im folgenden wollen wir das Dispersionsmodell anwenden, um den Umsatz in einem unter stationären Bedingungen betriebenen realen Strömungsrohrreaktor zu berechnen, in welchem der Kolbenströmung eine axiale Vermischung überlagert ist. Es sei dabei vorausgesetzt, daß der axiale Vermischungskoeffizient D_{ax} und die mittlere Strömungsgeschwindigkeit $\bar{w}$ über die ganze Länge des Strömungsrohrs konstant sind. Die Stoffbilanz für einen Reaktanden i lautet dann:

$$0 = -\bar{w}\frac{dc_i}{dz} + D_{ax}\frac{d^2c_i}{dz^2} + \sum_j r_j v_{ij}. \tag{11-58}$$

Für eine einfache Reaktion, bei welcher die Reaktionsgeschwindigkeit in 1. Ordnung von einem Reaktionspartner A abhängt ($i = A$, $v_A = -1$, $\sum_j r_j v_{ij} = -k c_A$), ergibt sich für die Stoffbilanz:

$$0 = -\bar{w}\frac{dc_A}{dz} + D_{ax}\frac{d^2c_A}{dz^2} - k c_A. \tag{11-59}$$

Findet keine axiale Vermischung in den Zulauf- und Austragsleitungen ($z < 0$ bzw. $z > L$) statt, so gelten folgende Randbedingungen. An der Stelle $z = 0$ muß die Kontinuität des Transports von A gewährleistet sein, d. h.

$$\bar{w}(c_A^{ein} - c_A) = -D_{ax}\frac{dc_A}{dz}, \quad \text{an der Stelle } z = 0. \tag{11-60}$$

Für einen endlichen Wert von D_{ax} bedeutet diese Bedingung eine diskontinuierliche Abnahme von c_A an der Stelle $z = 0$. Eine analoge Bedingung müßte auch für die Stelle $z = L$ (L = Länge des Strömungsrohrs) gelten:

$$\bar{w}(c_A^{aus} - c_A) = -D_{ax}\frac{dc_A}{dz}, \quad \text{an der Stelle } z = L. \tag{11-61}$$

Infolge der chemischen Reaktion nimmt c_A in z-Richtung ab, d. h. dc_A/dz ist negativ. Bei einem endlichen Wert von D_{ax} würde das bedeuten, daß bei Gültigkeit dieser Randbedingung c_A^{aus} am Reaktoraustritt höher wäre als c_A *im* Reaktor an der Stelle $z = L$, was physikalisch unmöglich ist. Diese Randbedingung war daher Gegenstand zahlreicher Veröffentlichungen (vgl. [6, 7, 8]). Die richtige Randbedingung muß lauten [6]:

$$\frac{dc_A}{dz} = 0, \quad \text{an der Stelle } z = L. \tag{11-62}$$

Machen wir nun die Gl. (11-59) dimensionslos, indem wir

$$c_A^* = c_A/c_A^{ein} \tag{11-63}$$

und

$$z^* = z/L \tag{11-64}$$

einführen, so erhalten die Stoffbilanz und die Randbedingungen folgende Form:

$$0 = -\frac{dc_A^*}{dz^*} + \frac{D_{ax}}{\bar{w} L} \frac{d^2 c_A^*}{dz^{*2}} - \frac{k L}{\bar{w}} c_A^*; \tag{11-65}$$

$$1 - c_A^* = -\frac{D_{ax}}{\bar{w} L} \frac{dc_A^*}{dz^*}, \quad \text{an der Stelle } z^* = 0; \tag{11-66}$$

$$\frac{dc_A^*}{dz^*} = 0, \quad \text{an der Stelle } z^* = 1. \tag{11-67}$$

Die in den Gln. (11-65) und (11-66) auftretenden Quotienten $\bar{w} L/D_{ax}$ und $k L/\bar{w}$ sind dimensionslose, für das System charakteristische Parameter. Der erste ist die uns schon bekannte *Bodenstein-Zahl* Bo [s. Gl. (11-41)], welche ein Maß für die Geschwindigkeit des Stofftransports durch Konvektion im Verhältnis zu der Geschwindigkeit der axialen Durchmischung ist. Der zweite Parameter $k L/\bar{w}$ ist die *Damköhler-Zahl 1. Art* für eine Reaktion 1. Ordnung [vgl. Gl. (8-22a)], welche ein Maß ist für das Verhältnis zwischen den Geschwindigkeiten der chemischen Reaktion und des konvektiven Stofftransports:

$$Da_I = k L/\bar{w} = k \tau. \tag{11-68}$$

Nach Einführung dieser dimensionslosen Kenngrößen erhält man für die Stoffbilanz und die Randbedingungen:

$$0 = -\frac{dc_A^*}{dz^*} + \frac{1}{Bo} \frac{d^2 c_A^*}{dz^{*2}} - Da_I c_A^*; \tag{11-69}$$

$$1 - c_A^* = -\frac{1}{Bo} \frac{dc_A^*}{dz^*}, \quad \text{an der Stelle } z^* = 0; \tag{11-70}$$

$$\frac{dc_A^*}{dz^*} = 0, \quad \text{an der Stelle } z^* = 1. \tag{11-71}$$

Die Lösung der Differentialgleichung lautet (vgl. Anhang A 2.1):

$$c_A^* = \frac{-2(1-\beta)\,e^{Bo(1-\beta)/2}\,e^{Bo(1+\beta)z^*/2} + 2(1+\beta)\,e^{Bo(1+\beta)/2}\,e^{Bo(1-\beta)z^*/2}}{(1+\beta)^2\,e^{Bo(1+\beta)/2} - (1-\beta)^2\,e^{Bo(1-\beta)/2}} \qquad (11\text{-}72)$$

wobei

$$\beta = \sqrt{1 + \frac{4\,Da_I}{Bo}} \qquad (11\text{-}73)$$

ist. Die Gl. (11-72) beschreibt den Konzentrationsverlauf in einem Strömungsrohr mit axialer Durchmischung für eine volumenbeständige irreversible Reaktion 1. Ordnung als Funktion von $z^* = z/L$. Für den Reaktoraustritt ($z^* = 1$) folgt daraus:

$$c_A^{*aus} = \frac{c_A^{aus}}{c_A^{ein}} = 1 - U_A = \frac{4\beta}{(1+\beta)^2\,e^{-Bo(1-\beta)/2} - (1-\beta)^2\,e^{-Bo(1+\beta)/2}} . \qquad (11\text{-}74)$$

Die Berechnung des Umsatzes soll im folgenden Beispiel gezeigt werden.

Beispiel 11.3 [23]: In Beispiel 11.1 hatten wir festgestellt, daß sich die dort aufgrund experimenteller Ergebnisse ermittelte F(t)-Kurve mit Hilfe des Dispersionsmodells recht gut beschreiben läßt, wenn man einen Mittelwert für Bo von 9,216 annimmt. Dieser Wert soll nun dazu benutzt werden, um den Umsatz für eine Reaktion 1. Ordnung zu berechnen, wenn $k = 0,1\ s^{-1}$ und $\tau = 10\ s$ beträgt.

Lösung: Nach Gl. (11-68) ist $Da_I = 1$; damit folgt nach Gl. (11-73):

$$\beta = \sqrt{1 + \frac{4 \cdot 1}{9,216}} = 1,1975.$$

Mit diesem Wert ergibt sich aus Gl. (11-74):

$$\frac{c_A^{aus}}{c_A^{ein}} = 1 - U_A = \frac{4 \cdot 1,1975}{4,829\,e^{0,9101} - 0,039\,e^{-10,1261}} = 0,399$$

und für den Umsatz $U_A = 0,601$.

In Abschnitt 11.4.2.2 wurde gezeigt (Abb. 11-10), daß die F(t)-Kurve des Beispiels 11.1 etwa mit der F(t)-Kurve einer Kaskade von 5 Kesseln übereinstimmt. Die mittlere Verweilzeit in *einem* Kessel ist dann $\tau = 2\ s$. Den Umsatz nach dem Kaskadenmodell erhält man aus Gl. (8-46):

$$U_{A,5} = 1 - \frac{1}{(1+k\,\tau)^5} = 1 - \frac{1}{(1+0,2)^5} = 1 - \frac{1}{2,488} = 0,598.$$

Bei der Ermittlung des mittleren Umsatzes $\bar{U}_A$ unter Zugrundelegung der experimentell ermittelten F(t)-Kurve nach der graphischen Methode (vgl. Beispiel 11.2) wurde ein Wert von 0,61 erhalten. Man sieht daraus, daß in diesem Fall die Ergebnisse, welche nach verschiedenen Methoden erhalten wurden, befriedigend übereinstimmen.

12. Grundlagen der chemischen Reaktionen in mehrphasigen Systemen

In den vorangegangenen Kapiteln haben wir uns mit der Kinetik chemischer Reaktionen in einphasigen Systemen und mit der Reaktorberechnung für derartige Systeme befaßt. In den folgenden Kapiteln sollen nun chemische Reaktionen in mehrphasigen Systemen und die Reaktoren für solche Systeme behandelt werden.

In mehrphasigen Reaktionssystemen, welche aus zwei (oder mehr) fluiden Phasen bestehen (s. Kapitel 15), kann die chemische Reaktion selbst in einer einzigen fluiden Phase stattfinden (homogene Reaktion), während die Reaktanden nicht alle in dieser Phase, sondern in anderen fluiden Phasen vorliegen.

Hierbei können wir unterscheiden:

a) Systeme, bei welchen zwar alle Reaktions*partner* in einer fluiden Phase enthalten sind, nicht jedoch alle Reaktions*produkte*. Ein Beispiel für diese ist ein System, in welchem eine homogene Reaktion in einer flüssigen Phase abläuft, aus welcher ein Reaktionsprodukt mit Hilfe einer zweiten flüssigen Phase durch Flüssig-Flüssig-Extraktion entfernt wird.

b) Systeme, bei welchen die Reaktions*partner* auf mehr als eine Phase verteilt sind. Hier ist anzuführen die Nitrierung organischer Flüssigkeiten durch HNO_3/H_2SO_4-Gemische, die Chlorierung von flüssigem Benzol und anderen Kohlenwasserstoffen durch gasförmiges Chlor und die Absorption von Gasen aus Gasgemischen mit Hilfe von Flüssigkeiten bei gleichzeitiger chemischer Reaktion.

Chemische Umsetzungen in mehrphasigen Systemen sind stets Kombinationen von *chemischen Reaktionen* und *physikalischen Transportvorgängen,* wie anhand der folgenden Beispiele gezeigt wird:

Soll etwa CO_2 aus einem *Synthesegas* mit Hilfe von Monoethanolamin ausgewaschen werden, so muß, damit eine Reaktion in der flüssigen Monoethanolamin-Phase erfolgen kann, das CO_2 aus der Gasphase in die flüssige Phase transportiert werden. Auch wenn die Reaktion in der flüssigen Phase sehr schnell erfolgt, kann dort in der Zeiteinheit nicht mehr CO_2 umgesetzt werden, als aus der Gasphase angeliefert wird; in diesem Fall wird die Geschwindigkeit der Umsetzung im wesentlichen durch die Geschwindigkeit des Stofftransports bestimmt. Läuft dagegen die chemische Reaktion in der flüssigen Phase sehr langsam ab, so wird nicht der Stofftransport, sondern die chemische Reaktion die Geschwindigkeit der Umsetzung begrenzen.

Größte technische Bedeutung haben diejenigen Systeme, in welchen die chemische Umsetzung an der Grenzfläche zwischen einer fluiden und einer festen Phase stattfindet; man spricht hier von einer *heterogenen Reaktion.* Hinsichtlich der

Verteilung der Reaktions*partner* auf diese beiden Phasen können wir zwei Arten heterogener Reaktionen unterscheiden. Im einen Fall liegen alle Reaktionspartner in einer fluiden Phase (flüssig oder gasförmig) vor, und die Reaktion findet an der Oberfläche eines festen Katalysators statt. Solche Reaktionen nennt man *heterogene Katalysen*, s. Kapitel 13 (Beispiele: Ammoniaksynthese, Methanolsynthese, Oxidation von Ammoniak zur Herstellung von Salpetersäure, SO_2-Oxidation zur Herstellung von Schwefelsäure, katalytisches Kracken von Kohlenwasserstoffen).

Im zweiten Fall sind die Reaktionspartner auf mehr als eine Phase verteilt, so bei Reaktionen zwischen festen Reaktionspartnern und Gasen (z. B. Rösten sulfidischer Erze, Herstellung von Kalkstickstoff, Verbrennung von Koks) oder bei Reaktionen zwischen festen Reaktionspartnern und Flüssigkeiten (z. B. Auflösen von Feststoffen in Säuren, Bauxitaufschluß mit Natronlauge), s. Kapitel 14. Im folgenden werden die beiden Fälle heterogener Reaktionen unter Beteiligung eines Feststoffs als *katalysierte* und als *nicht-katalysierte* Reaktionen unterschieden.

Im allgemeinen Fall einer heterogenen Reaktion an der Oberfläche eines porösen Katalysatorteilchens, an welchem die fluide Phase, in der die Reaktionspartner enthalten sind, vorbeiströmt, erfolgen hintereinander folgende Teilschritte:

1. Stoffübergang der Reaktionspartner von der Hauptströmung durch eine Grenzschicht an die äußere Oberfläche des Katalysatorkorns,
2. Transport der Reaktionspartner durch einen Diffusionsvorgang von der äußeren Oberfläche durch die Poren in das Katalysatorkorn,
3. Chemisorption eines oder mehrerer Reaktionspartner an der inneren Katalysatoroberfläche,
4. Chemische Reaktion der chemisorbierten Spezies miteinander oder mit Reaktionspartnern aus der fluiden Phase unter Bildung chemisorbierter Reaktionsprodukte,
5. Desorption der chemisorbierten Produkte,
6. Transport der Reaktionsprodukte durch einen Diffusionsvorgang von der inneren Oberfläche durch die Poren an die äußere Oberfläche des Katalysatorkorns,
7. Stoffübergang der Reaktionsprodukte von der Phasengrenzfläche in die Hauptströmung.

Unter stationären Bedingungen sind die Geschwindigkeiten der einzelnen Teilschritte gleich groß. Die Teilschritte 1, 2, 6 und 7 sind rein physikalische Vorgänge. Bei nicht porösen Katalysatorkörnern erfolgen Chemisorption, chemische Reaktion und Desorption nur an der äußeren Oberfläche. Die Teilschritte 2 und 6 entfallen. Die Geschwindigkeit der chemischen Umsetzung an der Katalysatoroberfläche wird von den Transportgeschwindigkeiten der Reaktionspartner zum Reaktionsort bzw. der Reaktionsprodukte vom Reaktionsort mehr oder weniger stark beeinflußt. Außerdem wird die Geschwindigkeit der Umsetzung von der Temperatur am Reaktionsort abhängen, welche ihrerseits von der Geschwindigkeit des Wärmetransports zwischen der Hauptmasse der fluiden Phase und dem Reaktionsort beeinflußt wird.

Für *nicht-katalysierte* heterogene Reaktionen zwischen einer festen und einer fluiden Phase sind die Verhältnisse ganz ähnlich; nur wird dabei der feste Reaktionspartner verbraucht, eventuell unter Bildung einer neuen festen Phase, während ein fester Katalysator im allgemeinen seine geometrische Form beibehält.

Wir haben also festgestellt, daß die Geschwindigkeit, mit der eine chemische Umsetzung in einem mehrphasigen System abläuft, im Prinzip stets durch das Zusammenwirken der Geschwindigkeiten von *chemischer Reaktion* und *physikalischen Transportvorgängen* bestimmt wird; als Grenzfall kann dabei der eine oder der andere Vorgang geschwindigkeitsbestimmend sein. Die Wechselwirkung zwischen chemischer Kinetik und der Geschwindigkeit physikalischer Transportvorgänge wurde systematisch besonders von Damköhler [1] und Frank-Kamenetzki [2] behandelt; letzterer unterschied zwischen der „Mikrokinetik" (d. h. chemischer Kinetik) und „Makrokinetik" (d. h. Geschwindigkeiten chemischer Umsetzungen unter Berücksichtigung des überlagerten Einflusses physikalischer Transportvorgänge).

Schließlich sind noch die nicht-katalysierten Reaktionen zwischen zwei oder mehreren Feststoffen zu erwähnen, welche eine große Rolle z. B. bei keramischen Brennprozessen, wie etwa der Zementherstellung, spielen [3]. In derartigen Systemen sind *Diffusionsvorgänge* von wesentlicher Bedeutung. Bei Fest/Fest-Systemen können allerdings für den Stofftransport mehrere Mechanismen verantwortlich sein, so z. B. Volumendiffusion im Feststoff oder Oberflächendiffusion entlang von Grenzflächen und Kristallgrenzen [4]. Die eigentliche chemische Kinetik von Fest/Fest-Reaktionen ist wegen dieser sich gegenseitig und mit dem chemischen Vorgang überlagernden Diffusionseffekte nur schwierig quantitativ zu erfassen.

Die Stoff- und Wärmebilanzen für mehrphasige Reaktionssysteme werden gewöhnlich in derselben Weise formuliert wie für einphasige Systeme (vgl. Kapitel 5); allerdings muß dann anstelle der eigentlichen *chemischen* Reaktionsgeschwindigkeit eine „effektive Reaktionsgeschwindigkeit" (= „Umsetzungsgeschwindigkeit") verwendet werden, welche die Wechselwirkung zwischen chemischer Reaktion und physikalischen Transportvorgängen berücksichtigt.

12.1 Effektive Reaktionsgeschwindigkeit

Für mehrphasige Reaktionssysteme kann man die Stoff- und Wärmebilanzen in der gleichen Weise formulieren wie für einphasige Reaktionssysteme, wenn man an Stelle der auf die Volumeneinheit bezogenen *chemischen Reaktionsgeschwindigkeit* eine *effektive Reaktionsgeschwindigkeit* einführt, die ebenfalls auf die Volumeneinheit bezogen werden muß. In den Differentialgleichungen der Stoff- und Wärmebilanzen für einphasige Reaktionssysteme (s. Kapitel 5) gilt die chemische Reaktionsgeschwindigkeit r für ein differentielles Volumenelement des Reaktionsraums. In einem mehrphasigen System enthält der Reaktionsraum jedoch Phasengrenzflächen in unregelmäßiger Verteilung, so z. B. in Festbetten die Oberflächen der geschütteten Feststoffteilchen oder in Blasensäulen die Grenzflächen der Gasblasen in einer Flüssigkeit. Daher kann man in mehrphasigen Reaktionssystemen nicht mehr differentiell kleine Volumenelemente wie in einer einphasigen Reaktionsmischung betrachten, sondern muß über ein größeres Volumenelement des Reaktionsraumes mitteln. Dieses Volumenelement muß z. B. bei einer Reaktion an der Grenzfläche zwischen einer fluiden Phase und einem festen Katalysator mindestens ein Katalysatorteilchen enthalten. Dadurch werden in der effektiven, auf die Volumeneinheit bezogenen Reaktionsgeschwindigkeit außer der chemischen Reaktion selbst auch die physikalischen Transportvorgänge erfaßt. Die über dieses größere Volumenelement gemittelte effektive Reaktionsgeschwindigkeit wird in den Differentialgleichungen der Stoff- und Wärmebilanzen wie eine effektive Reaktionsgeschwindigkeit in einem differentiellen Volumenelement (d. h. in einem Punkt) verwendet. Diese Näherung beruht auf der Behandlung von einer Schüttung aus diskreten Katalysatorteilchen als ein Kontinuum.

Bei der Formulierung der effektiven Reaktionsgeschwindigkeit werden deshalb Mittelwerte der Stoff- und Wärmetransportkoeffizienten benutzt. Eine Berücksichtigung der örtlichen Unterschiede ist heute noch nicht möglich.

Bezüglich der Definition des *Wärmeübergangskoeffizienten* α siehe Abschnitt 4.3.2.

Die *Stoffmengenstromdichte* J_i [mol/(m$^2 \cdot$ s)] für den Stoffübergang eines Stoffes i von der Hauptmasse einer fluiden Phase an eine Phasengrenzfläche ist proportional der Konzentrationsdifferenz $c_{i,F} - c_{i,S}$, wobei $c_{i,F}$ und $c_{i,S}$ die Konzentrationen von i in der Hauptmasse der fluiden Phase bzw. an der Phasengrenzfläche sind (s. 4.4.1):

$$J_i = \beta \, (c_{i,F} - c_{i,S}). \tag{12-1}$$

Der Proportionalitätsfaktor β wird als *Stoffübergangskoeffizient* bezeichnet; er hat die Dimension einer Geschwindigkeit (m/s); sein Zahlenwert hängt von der Geometrie des Systems sowie von den Strömungsbedingungen und den physikalischen Eigenschaften der betrachteten fluiden Phase ab (s. 4.4.1 u. 12.2.1.2). Für verschiedene Stoffe unterscheiden sich die Zahlenwerte für den Stoffübergangskoeffizienten geringfügig, doch soll im folgenden auf eine Unterscheidung durch einen entprechenden Index für den betreffenden Reaktanden verzichtet werden.

Die Berechnung der *effektiven Reaktionsgeschwindigkeit* soll anhand eines einfachen Beispiels gezeigt werden. Dazu betrachten wir die irreversible Reaktion eines gasförmigen Reaktionspartners A zu einem gasförmigen Reaktionsprodukt B an der äußeren Oberfläche eines festen und nicht porösen Katalysators:

$$A \, (g) \rightarrow B \, (g). \tag{12-2}$$

Der Reaktionspartner A ströme bei konstanter Temperatur durch eine Schüttung aus Katalysatorkörnern (Festbett).

Die einzelnen aufeinanderfolgenden Teilschritte bei einer derartigen heterogenen Katalyse wurden bereits im vorhergehenden Abschnitt aufgeführt. Da der Katalysator nicht porös ist, entfallen die Teilschritte 2 und 6 (Porendiffusion). Wir nehmen weiter an, daß die Teilschritte 3 bis 5 durch eine Geschwindigkeitsgleichung n. Ordnung wiedergegeben werden können, und daß die Reaktionsgeschwindigkeit von der Konzentration des gebildeten Produkts B nicht beeinflußt wird. Bei der Betrachtung des vorliegenden Beispiels reduziert sich damit die Gesamtzahl der Teilschritte von 7 auf 3:

1. Antransport des gasförmigen Reaktionspartners A aus der Hauptmasse der Gasphase an die Katalysatoroberfläche,
2. chemische Reaktion an der Katalysatoroberfläche,
3. Abtransport des gasförmigen Reaktionsprodukts B von der Katalysatoroberfläche in die Hauptmasse der Gasphase.

Für die Formulierung der effektiven Reaktionsgeschwindigkeit brauchen wir nur die Schritte 1 und 2 zu berücksichtigen. Der Teilschritt 3 entfällt, weil die Reaktionsgeschwindigkeit von der Konzentration des Produkts B nicht beeinflußt wird.

Für die Stoffmengenstromdichte zur Katalysatoroberfläche gilt nach Gl. (12-1):

$$J_A = \beta \, (c_{A,F} - c_{A,S}).\tag{12-3}$$

Wenn die Geschwindigkeiten verschiedener Teilvorgänge, in unserem Beispiel also die Geschwindigkeiten des Stoffübergangs und der chemischen Reaktion, in einer effektiven Reaktionsgeschwindigkeit zusammengefaßt werden sollen, so müssen diese Geschwindigkeiten auch in derselben Weise definiert werden. Das bedeutet, daß die chemische Reaktionsgeschwindigkeit auf die Einheit der äußeren geometrischen Oberfläche des Katalysatorteilchens zu beziehen ist. Wir bezeichnen die auf die Einheit der äußeren Oberfläche bezogene chemische (Äquivalent-) Reaktionsgeschwindigkeit mit r_S. Es ist dann für die angenommene Reaktion:

$$r_S = k_S \, c_{A,S}^n \tag{12-4}$$

(k_S = Geschwindigkeitskonstante, bezogen auf die Einheit der Oberfläche eines Katalysatorteilchens; $c_{A,S}$ = Konzentration von A an der äußeren Oberfläche; n = Reaktionsordnung).

Im stationären Zustand muß gelten:

$$J_A = r_S \, | \, v_A \, |.\tag{12-5}$$

Für eine Reaktion 1. Ordnung (n = 1) und $| v_A | = 1$ ergibt sich daraus durch Einsetzen der Gln. (12-3) und (12-4):

$$\beta \, (c_{A,F} - c_{A,S}) = k_S \, c_{A,S}.\tag{12-6}$$

Daraus erhält man für die nicht meßbare Konzentration $c_{A,S}$ an der Katalysatoroberfläche

$$c_{A,S} = \frac{\beta}{k_S + \beta} \, c_{A,F}.\tag{12-7}$$

Nach Gl. (12-7) wird im Falle $k_S \gg \beta$ (geschwindigkeitsbestimmender Vorgang: Stoffübergang) $c_{A,S} \ll c_{A,F}$, d. h. $c_{A,S} \approx 0$; im Falle $k_S \ll \beta$ (geschwindigkeitsbestimmender Vorgang: chemische Reaktion) ist $c_{A,S} \approx c_{A,F}$. In Abb. 12-1 ist der Konzentrationsverlauf von A in der Nähe der Katalysatoroberfläche für diese beiden

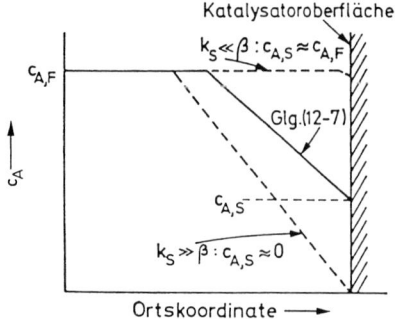

Katalysatoroberfläche

$k_S \ll \beta : c_{A,S} \approx c_{A,F}$

Glg.(12-7)

$c_{A,F}$

c_A

$c_{A,S}$

$k_S \gg \beta : c_{A,S} \approx 0$

Ortskoordinate →

Abb. 12-1. Konzentrationsverlauf an der Grenze zwischen einer fluiden und einer festen Phase

Grenzfälle und für einen weiteren Fall, bei welchem k_S und β in der gleichen Größenordnung liegen, dargestellt.

Für die auf die *Einheit der äußeren Oberfläche* des Katalysators bezogene effektive Reaktionsgeschwindigkeit $(r_{eff})_S$ als Funktion der Konzentration $c_{A,F}$ in der fluiden Phase erhält man durch Einsetzen von Gl. (12-7) in Gl. (12-4) bei einer Reaktion 1. Ordnung $(n = 1)$:

$$(r_{eff})_S = \frac{k_S \beta}{k_S + \beta} c_{A,F} = \frac{c_{A,F}}{\dfrac{1}{k_S} + \dfrac{1}{\beta}} = \frac{c_{A,F}}{W_R + W_D} . \tag{12-8}$$

Für die Kehrwerte der Koeffizienten kann man zur besseren Anschaulichkeit den Begriff der Widerstände für die chemische Reaktion bzw. den Stoffübergang $(1/k_S = W_R$ und $1/\beta = W_D)$ einführen. Der Gesamtwiderstand W ist hier gleich der Summe der Widerstände der aufeinanderfolgenden Teilvorgänge.

Ist dagegen die chemische Reaktion von 2. Ordnung $(n = 2)$ und $|v_A| = 1$, so erhält man aus den Gln. (12-3) bis (12-5):

$$c_{A,S} = \frac{-\beta + \sqrt{\beta^2 + 4 k_S \beta c_{A,F}}}{2 k_S} . \tag{12-9}$$

Durch Einsetzen dieser Beziehung in Gl. (12-4) folgt für die auf die Einheit der äußeren Oberfläche des Katalysators bezogene effektive Reaktionsgeschwindigkeit:

$$(r_{eff})_S = \beta \left(c_{A,F} + \frac{\beta}{2 k_S} - \sqrt{\frac{\beta^2}{4 k_S^2} + \frac{\beta}{k_S} c_{A,F}} \right) . \tag{12-10}$$

Daraus sieht man, daß bei hintereinander erfolgenden Teilvorgängen der Gesamtwiderstand nur dann gleich der Summe der Widerstände der Teilvorgänge ist, wenn diese lineare Funktionen der entsprechenden Systemvariablen sind.

Zwischen der auf die *Volumeneinheit des Reaktionsraumes* bezogenen effektiven Reaktionsgeschwindigkeit $(r_{eff})_{V_R}$ und der auf die Einheit der äußeren Oberfläche bezogenen $(r_{eff})_S$ besteht folgender Zusammenhang:

$$(r_{eff})_{V_R} = (r_{eff})_S \cdot (S/V_R) = (r_{eff})_S S_{V_R} \qquad (12\text{-}11)$$

(S_{V_R} = äußere Oberfläche der Katalysatorteilchen pro Volumeneinheit des Reaktionsraumes) bzw.

$$(r_{eff})_{V_R} = (r_{eff})_S \cdot S_{m_s} \cdot \varrho_{Schütt} \qquad (12\text{-}12)$$

(S_{m_s} = äußere Oberfläche der Katalysatorteilchen pro Masseneinheit des Katalysators, $\varrho_{Schütt} = m_s/V_R$ = Schüttdichte der Katalysatorteilchen, m_s = Masse der Katalysatorteilchen, welche im Reaktionsraum des Volumens V_R enthalten sind).

An Stelle von Gl. (12-12) kann man auch schreiben

$$(r_{eff})_{V_R} = (r_{eff})_S S_{m_s} \cdot \varrho_s \cdot (1-\varepsilon), \qquad (12\text{-}13)$$

wobei ϱ_s die scheinbare Dichte des Katalysators ist, und der *Leerraumanteil* (das *relative Kornzwischenraumvolumen*) ε definiert wird durch:

$$\varepsilon = \frac{V_F}{V_F + V_s} \qquad (12\text{-}14)$$

(V_F = Volumen der fluiden Phase, V_s = Volumen der festen Phase im Reaktionsraum).

Bei heterogen katalysierten Reaktionen wird die effektive Reaktionsgeschwindigkeit auch häufig auf die Masseneinheit des Katalysators bezogen und als $(r_{eff})_{m_s}$ bezeichnet. Es ist

$$(r_{eff})_{V_R} = (r_{eff})_{m_s} \cdot \varrho_{Schütt} = (r_{eff})_S S_{m_s} \cdot \varrho_{Schütt}. \qquad (12\text{-}15)$$

12.2 Heterogene Reaktionen an der Grenzfläche zwischen einer fluiden und einer festen Phase

Heterogene Reaktionen an der Grenzfläche zwischen einer fluiden und einer festen Phase werden allgemein eingeteilt in

a) katalysierte Reaktionen
b) nicht-katalysierte Reaktionen.

Bei den *katalysierten heterogenen Reaktionen* erfolgt die Umsetzung von fluiden oder in einer fluiden Phase gelösten Reaktionspartnern an der äußeren oder „inneren" Oberfläche eines festen Katalysators. Der Katalysator als feste Phase wird dabei in seiner Zusammensetzung, seiner Form und seinem Porengefüge nicht wesentlich verändert (über Alterung von Katalysatoren und Blockierung der Oberfläche siehe Abschnitt 13.1).

Bei den *nicht-katalysierten heterogenen Reaktionen* findet eine Umsetzung der fluiden oder in einer fluiden Phase gelösten Reaktionspartner mit einem Feststoff statt. Da dieser selbst Reaktionspartner ist, ändert sich dessen Form bzw. Größe sowie dessen Porengefüge und außerdem, wenn ein festes Reaktionsprodukt entsteht, auch dessen Zusammensetzung.

Die Reaktoren für Reaktionen an der Grenzfläche zwischen Feststoffen und einer fluiden Phase wurden im Abschnitt 3.5.4 beschrieben.

Wird ein in einem Behälter, z. B. in einem vertikalen zylindrischen Rohr befindlicher feinkörniger Feststoff von einem fluiden Medium von unten nach oben durchströmt, so zeigt dieser Feststoff je nach der Strömungsgeschwindigkeit des fluiden Mediums ein verschiedenes Verhalten. Bei kleinen Strömungsgeschwindigkeiten bleiben die Feststoffteilchen in Ruhe; sie bilden in diesem Zustand ein *Festbett*. Bei Strömungsgeschwindigkeiten des fluiden Mediums, welche oberhalb einer bestimmten Grenzgeschwindigkeit, der sog. Lockerungsgeschwindigkeit, jedoch unterhalb der freien Fallgeschwindigkeit der Teilchen liegen, befinden sich die Feststoffteilchen in lebhafter Bewegung und ständiger Durchmischung, ohne aus dem Behälter ausgetragen zu werden. In diesem Zustand sieht die Fluid-Feststoff-Mischung wie eine kochende Flüssigkeit aus, hat ähnliche physikalische Eigenschaften wie diese und besitzt eine mehr oder weniger definierte Oberfläche. Ein in diesem Zustand befindliches Schüttgut wird als *Fließbett, Wirbelbett* oder *Wirbelschicht* bezeichnet.

Während für heterogene Reaktionen in Festbetten zur Vermeidung eines zu hohen Druckverlustes z. B. bei katalysierten Reaktionen Teilchengrößen von einigen Millimetern bis einigen Zentimetern verwendet werden, können die Teilchengrößen in Fließbetten sehr viel kleiner sein (10 bis 200 μm), da in Fließbetten der Druckverlust wesentlich geringer ist. Dies ermöglicht eine starke Vergrößerung der anströmbaren Phasengrenzflächen (s. 13.3.2).

Da in mehrphasigen Reaktionssystemen physikalische Transportvorgänge die effektive Reaktionsgeschwindigkeit wesentlich beeinflussen oder sogar allein bestimmen können, spielen diese für die Berechnung von Reaktoren eine große Rolle. Es ist dabei zu unterscheiden zwischen äußeren und inneren Transportvorgängen.

12.2.1 Äußere Transportvorgänge bei heterogenen Reaktionen

Unter *äußeren Transportvorgängen* bei heterogenen Reaktionen versteht man solche Transportvorgänge, welche räumlich vollkommen von der chemischen Reaktion, die an der Oberfläche eines Feststoffs (Katalysator oder Reaktionspartner) stattfindet, getrennt sind.

Eine Voraussetzung dafür, daß überhaupt eine Reaktion vor sich gehen kann, ist zunächst der Transport der Reaktionspartner aus der Hauptmasse der fluiden Phase an die äußere Oberfläche des Katalysators bzw. festen Reaktionspartners. Die treibende Kraft für den äußeren Stofftransport eines Reaktionspartners ist die Differenz zwischen den Konzentrationen dieses Reaktionspartners in der Hauptmasse der fluiden Phase und an der äußeren Oberfläche des Feststoffs. Die Größe dieser Konzentrationsdifferenz hängt von der *Reaktionsgeschwindigkeitskonstanten* k_S und dem *Stoffübergangskoeffizienten* β ab, letzterer wiederum von den Strömungsverhältnissen und den Eigenschaften der fluiden Phase (vgl. 4.4.1 u. 12.2.1.2).

Für das in Abschnitt 12.1 diskutierte Beispiel der Umsetzung eines gasförmigen Reaktionspartners A an der äußeren Oberfläche eines festen Katalysators folgt bei einer Reaktion 1. Ordnung aus Gl. (12-7):

$$c_{A,F} - c_{A,S} = \frac{k_S}{k_S + \beta}\, c_{A,F}. \tag{12-16}$$

In welchem Maß die effektive Reaktionsgeschwindigkeit durch den äußeren Stofftransportvorgang beeinflußt wird, läßt sich für das genannte Beispiel bei einer Reaktion 1. Ordnung aus Gl. (12-8) ableiten. Für $k_S \gg \beta$ (geschwindigkeitsbestimmender Vorgang: Stofftransport) ist:

$$(r_{eff})_S = \beta\, c_{A,F}. \tag{12-17}$$

Andererseits ist für $k_S \ll \beta$ (geschwindigkeitsbestimmender Vorgang: chemische Reaktion):

$$(r_{eff})_S = k_S\, c_{A,S} \approx k_S\, c_{A,F}. \tag{12-18}$$

Da alle chemischen Reaktionen im Prinzip mit einer *Wärmetönung* verbunden sind, muß die durch die Reaktion an der Feststoffoberfläche gebildete Wärmemenge an die fluide Phase abgeführt bzw. aus der fluiden Phase die für die Reaktion benötigte Wärmemenge der Feststoffoberfläche zugeführt werden. Die treibende Kraft für diesen Wärmetransportvorgang ist die Temperaturdifferenz zwischen der Hauptmasse der fluiden Phase und der Feststoffoberfläche. Wie groß diese Temperaturdifferenz ist, hängt vom Wärmeübergangskoeffizienten α, der Reaktionsgeschwindigkeitskonstanten k_S, der Reaktionsenthalpie ΔH_R, dem Stoffübergangskoeffizienten β und schließlich von der Konzentration des Reaktionspartners in der Hauptmasse der fluiden Phase ab (s. 12.2.1.1).

Stets wird bei einer *endothermen Reaktion* die Temperatur an der Feststoffoberfläche niedriger sein als die Temperatur in der Hauptmasse der fluiden Phase; daher ist auch die effektive Reaktionsgeschwindigkeit kleiner als diejenige, welche der Temperatur der fluiden Phase entsprechen würde. In der gleichen Richtung wirkt sich auch der Stofftransportwiderstand aus.

Bei einer *exothermen Reaktion* dagegen ist die Temperatur an der Feststoffoberfläche immer höher als die Temperatur in der Hauptmasse der fluiden Phase. Deshalb kann die effektive Reaktionsgeschwindigkeit größer oder kleiner sein als die Reaktionsgeschwindigkeit, welche den Konzentrationen und der Temperatur in der Hauptmasse der fluiden Phase entsprechen würde.

Wir haben bereits festgestellt, daß die Kenntnis des Zusammenwirkens von chemischer Reaktion und physikalischen Transportvorgängen eine prinzipielle Voraussetzung zur Aufstellung einer Beziehung für die effektive Reaktionsgeschwindigkeit und damit zur Berechnung chemischer Reaktoren darstellt. Eine solche Information ist aber in gleicher Weise zur Deutung der effektiven Reaktionsgeschwindigkeiten, welche in Laborreaktoren direkt gemessen wurden, erforderlich. Wir nehmen als Beispiel wieder die irreversible Reaktion eines gasförmigen Reaktionspartners A nach Gl. (12-2) an, welche an der äußeren Oberfläche eines nicht porösen Katalysators stattfinde; die effektive Reaktionsgeschwindigkeit sei unter isothermen Bedingungen in einem Rohrreaktor, welcher die Katalysatorschüttung enthält, experimentell ermittelt worden.

Hängt die Geschwindigkeit der chemischen Reaktion in 2. Ordnung vom Reaktionspartner A ab, so ist die auf die Volumeneinheit des Reaktionsraumes bezogene *effektive Reaktionsgeschwindigkeit* nach den Gln. (12-10) und (12-11):

$$(r_{eff})_{V_R} = \frac{\beta^2 \, S_{V_R}}{4 \, k_S} \left(1 - \sqrt{1 + \frac{4 \, k_S}{\beta} \, c_{A,F}} \right)^2 . \qquad (12\text{-}19)$$

Für den Fall, daß $4 \, k_S \, c_{A,F}/\beta \ll 1$ ist, folgt daraus[1]):

$$(r_{eff})_{V_R} = S_{V_R} \, k_S \, c_{A,F}^2 . \qquad (12\text{-}20)$$

Die effektive Reaktionsgeschwindigkeit $(r_{eff})_{V_R}$ wird also nur durch die Geschwindigkeit der chemischen Reaktion bestimmt und hängt in 2. Ordnung von der Konzentration $c_{A,F}$ des Reaktionspartners A in der Hauptmasse der fluiden Phase ab.

Ist dagegen $4 \, k_S \, c_{A,F}/\beta \gg 1$, so ergibt sich aus Gl. (12-19):

$$(r_{eff})_{V_R} = S_{V_R} \, \beta \, c_{A,F} . \qquad (12\text{-}21)$$

In diesem Fall ist nur die Geschwindigkeit des Stoffübergangs zwischen der fluiden Phase und der Katalysatoroberfläche für die effektive Reaktionsgeschwindigkeit maßgebend, und diese hängt linear von $c_{A,F}$ ab. Wird also unter bestimmten Versuchsbedingungen die effektive Reaktionsgeschwindigkeit allein durch den Stoffübergang bestimmt und läßt man dessen Einfluß außer acht, so würde man bei einer Deutung der experimentell ermittelten effektiven Reaktionsgeschwindigkeit den falschen Schluß ziehen, daß die Reaktion von 1. Ordnung sei. Außerdem würde man dann bei einer Auswertung der experimentell ermittelten effektiven Reaktionsgeschwindigkeiten nicht den Zahlenwert der Reaktionsgeschwindigkeitskonstante k_S, sondern gemäß Gl. (12-21) den des Stoffübergangskoeffizienten β erhalten.

---

[1]) Ist $\psi \ll 1$, so ist $\sqrt{1 + 2\psi} \approx 1 + \psi$; d. h. für $2 \, k_S \, c_{A,F}/\beta \ll 1$ ist

$$\sqrt{1 + \frac{4 \, k_S}{\beta} \, c_{A,F}} \approx 1 + \frac{2 \, k_S}{\beta} \, c_{A,F},$$ womit sich durch Einsetzen in Gl. (12-19) die Gl. (12-20) ergibt.

12.2.1.1 Einfluß äußerer Transportvorgänge auf die Temperatureinstellung an der äußeren Oberfläche von Feststoffen

In die Ausdrücke für die effektive Reaktionsgeschwindigkeit $(r_{eff})_S$, z. B. nach den Gln. (12-8) oder (12-10), bzw. in die daraus ableitbaren Beziehungen für $(r_{eff})_{V_R}$ und $(r_{eff})_{m_s}$ ist für k_S nach der Beziehung von Arrhenius einzusetzen

$$k_S = (k_0)_S \cdot e^{-E/RT_S}, \qquad (12.22)$$

wobei $(k_0)_S$ der Frequenzfaktor, bezogen auf die Einheit der Oberfläche, E die Aktivierungsenergie der chemischen Reaktion und T_S die absolute Temperatur an der äußeren Oberfläche des Feststoffs (Katalysator oder Reaktionspartner) ist. Im folgenden soll nun das Zusammenwirken der Geschwindigkeiten von chemischer Reaktion sowie äußerem Stoff- und Wärmetransport auf die Temperatureinstellung an der äußeren Oberfläche von Feststoffen untersucht werden, vgl. [5].

Findet z. B. eine Reaktion gasförmiger Reaktionspartner an der Oberfläche eines nicht porösen Katalysators statt, etwa die *Oxidation von Ammoniak* mit einem Luftüberschuß zu nitrosen Gasen an einem Platinkatalysator (vgl. Beispiel 13.2), so müssen die Reaktionspartner zunächst durch eine Gasgrenzschicht zur Katalysatoroberfläche transportiert werden. Die Dicke δ dieser Gasgrenzschicht beeinflußt sowohl die Stoff- als auch die Wärmeübergangskoeffizienten ($\beta = D/\delta$, $\alpha = \lambda/\delta$). An der Katalysatoroberfläche findet dann die Reaktion unter Wärmeentwicklung oder Wärmeverbrauch statt. Den Überlegungen wollen wir wieder eine einseitig verlaufende, exotherme Reaktion

$$A\,(g) \rightarrow B\,(g) \qquad (12-23)$$

zugrunde legen, welche in 1. Ordnung vom Reaktionspartner A abhängt. Die effektive Reaktionsgeschwindigkeit $(r_{eff})_S$ ist dann durch Gl. (12.8) gegeben, welche unter Berücksichtigung von Gl. (12-22) lautet:

$$(r_{eff})_S = \frac{(k_0)_S\, e^{-E/RT_S} \cdot \beta}{(k_0)_S\, e^{-E/RT_S} + \beta} \cdot c_{A,F} \qquad (12-24)$$

($c_{A,F}$ = Konzentration von A in der fluiden Phase).

Im Gegensatz zur Reaktionsgeschwindigkeitskonstanten ist der Stoffübergangskoeffizient $\beta = D/\delta$ nur schwach von der Temperatur abhängig. Der Diffusionskoeffizient D für Gase ist zwar proportional $T^{1,5}$. Bei turbulenter Strömung ist jedoch die Grenzschichtdicke δ umgekehrt proportional etwa der 0,8-ten Potenz von Re ($= w\,d/v$) und damit proportional der 0,8-ten Potenz der kinematischen Zähigkeit v; diese wiederum wächst ungefähr mit der 1,5-ten Potenz der absoluten Temperatur, d. h. δ ist ungefähr proportional $T^{1,2}$. Damit ist β etwa proportional $T^{0,3}$, also nur schwach temperaturabhängig. Näherungsweise wurden oben und werden auch im folgenden temperaturunabhängige Stoffübergangskoeffizienten angenommen.

Die infolge der chemischen Reaktion in der Zeiteinheit und pro Volumeneinheit des Reaktionsraums an der Katalysatoroberfläche gebildete Wärmemenge ist:

$$(\dot{Q}_R)_{V_R} = (r_{eff})_S \, S_{V_R} \, (-\,\Delta H_R) = \frac{(k_0)_S \, e^{-E/RT_S} \cdot \beta}{(k_0)_S \, e^{-E/RT_S} + \beta} \cdot c_{A,F} \, S_{V_R} \, (-\,\Delta H_R) \quad (12\text{-}25)$$

(S_{V_R} = äußere Oberfläche des Katalysators pro Volumeneinheit des Reaktionsraumes).

Die von der Katalysatoroberfläche durch die Gasgrenzschicht auf die Hauptmasse der Gasphase in der Zeiteinheit und pro Volumeneinheit des Reaktionsraumes übergehende Wärmemenge [vgl. 4.3, Gl. (4-107a) bzw. (4-107b)] ist:

$$(\dot{Q}_\ddot{U})_{V_R} = \alpha \, S_{V_R} \, (T_S - T_F) \qquad\qquad\qquad (12\text{-}26)$$

(T_F = Temperatur in der Hauptmasse der fluiden Phase).

Im stationären Zustand muß

$$(\dot{Q}_\ddot{U})_{V_R} = (\dot{Q}_R)_{V_R} \qquad\qquad\qquad\qquad (12\text{-}27)$$

sein, woraus durch Einsetzen der Gln. (12-25) und (12-26) folgt:

$$\underbrace{\alpha \, (T_S - T_F)}_{(\dot{Q}_\ddot{U})_S} = \underbrace{\frac{(k_0)_S \, e^{-E/RT_S} \cdot \beta}{(k_0)_S \, e^{-E/RT_S} + \beta} \cdot c_{A,F} \, (-\,\Delta H_R)}_{(\dot{Q}_R)_S} \qquad (12\text{-}28)$$

[$(\dot{Q}_\ddot{U})_S$, $(\dot{Q}_R)_S$ = pro Einheit der Oberfläche und Zeiteinheit übergehende bzw. durch Reaktion gebildete Wärmemenge].

Für niedrige Oberflächentemperaturen T_S kann $\beta \gg (k_0)_S \, e^{-E/RT_S}$ sein; dann ist

$$\alpha \, (T_S - T_F) = (k_0)_S \, e^{-E/RT_S} (-\,\Delta H_R) \, c_{A,F.} \qquad\qquad (12\text{-}29)$$

Die Temperatur an der Oberfläche wird demnach nur durch die Geschwindigkeiten der chemischen Reaktion und des Wärmeübergangs beeinflußt.

Bei hohen Oberflächentemperaturen hingegen ist $\beta \ll (k_0)_S \, e^{-E/RT_S}$; es folgt dann aus Gl. (12-28):

$$\alpha \, (T_S - T_F) = \beta \, (-\Delta H_R) \, c_{A,F}; \qquad\qquad\qquad (12\text{-}30)$$

d. h. T_S hängt nicht von der Geschwindigkeit der chemischen Reaktion, sondern nur von den Geschwindigkeiten des Stoff- und Wärmeübergangs ab.

Am besten kann man die Verhältnisse überblicken, wenn man $(\dot{Q}_\ddot{U})_S$ und $(\dot{Q}_R)_S$ aus Gl. (12-28) als Funktion von T_S aufträgt (Abb. 12-2). Die linke Seite der Gl. (12-28) ergibt Geraden (Wärmeabführungsgeraden) mit der Steigung α, welche die Abszissenachse bei $T_S = T_F$ schneiden. In Abb. 12-2 sind Geraden für verschiedene

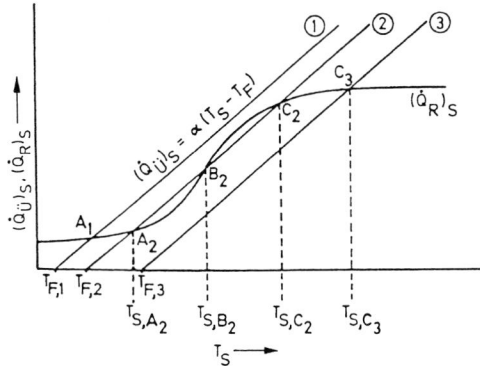

Abb. 12-2. Wärmebildungskurve $(\dot{Q}_R)_S$ und Wärmeabführungsgeraden $(\dot{Q}_Ü)_S$ bei exothermen Reaktionen an der äußeren Oberfläche von Feststoffen (Katalysatoren)

T_F eingezeichnet. Die rechte Seite der Gl. (12-28), welche $(\dot{Q}_R)_S$ darstellt, ergibt eine S-förmige Kurve (Wärmebildungskurve). Für die Schnittpunkte der Wärmeabführungsgeraden mit der Wärmebildungskurve ist die Gl. (12-28) erfüllt. Die Abszissenwerte T_S dieser Schnittpunkte sind daher mögliche Oberflächentemperaturen des Feststoffs (Katalysators).

Für eine niedrige Temperatur $T_{F,1}$ der Hauptmasse der Gasphase (Gerade 1) liegt der Schnittpunkt A_1 der Wärmeabführungsgeraden mit der Wärmebildungskurve im unteren Kurventeil und die Oberflächentemperatur liegt nur unwesentlich höher als die Temperatur in der Gasphase.

Ist bei einer höheren Temperatur $T_{F,2}$ der Hauptmasse der Gasphase, welcher die Wärmeabführungsgerade 2 entspricht, die Oberflächentemperatur anfangs kleiner als T_{S,A_2}, so wird diese auf T_{S,A_2} ansteigen, da unterhalb T_{S,A_2} die Wärmebildung in der Zeiteinheit größer ist als die Wärmeabführung; ist die Oberflächentemperatur jedoch anfangs etwas größer als T_{S,A_2}, so wird sie auf die Temperatur T_{S,A_2} absinken, da oberhalb von T_{S,A_2} die Wärmeabführung in der Zeiteinheit größer ist als die Wärmebildung. Die gleichen Überlegungen gelten für den Betriebspunkt C_2. Die Punkte A_2 und C_2 stellen somit (statisch) stabile Betriebspunkte dar. Das *Kriterium für einen (statisch) stabilen Betriebspunkt* ist demnach, daß in diesem Betriebspunkt die Steigung der Wärmeabführungsgeraden größer ist als die Steigung der Wärmebildungskurve, d. h.

$$d(\dot{Q}_Ü)_S/dT_S > d(\dot{Q}_R)_S/dT_S. \tag{12-31}$$

Aus Abb. 12-2 kann man ablesen, daß die Punkte A_1, A_2, C_2 und C_3 (statisch) stabile Betriebspunkte sind.

Wenn bei einer Temperatur $T_{F,2}$ der Gasphase anfangs die Oberflächentemperatur T_{S,B_2} ist, so bewirkt ein kleiner Temperaturabfall infolge betrieblicher Schwankungen, daß die Oberflächentemperatur bis auf T_{S,A_2} sinkt, da zwischen T_{S,B_2} und T_{S,A_2} die Wärmeabführung in der Zeiteinheit größer ist als die Wärmebildung. Erfolgt jedoch ein kleiner Temperaturanstieg, so ist die Wärmebildung in der Zeiteinheit größer als die Wärmeabführung, wodurch die Oberflächentemperatur bis auf T_{S,C_2} ansteigt. Bei der Oberflächentemperatur T_{S,B_2}, welche dem mittleren Schnittpunkt entspricht, kann demnach nicht stabil gearbeitet werden.

Für die Wärmeabführungsgerade 3 ist ein stabiler Betrieb bei einer hohen Oberflächentemperatur, entsprechend dem Schnittpunkt C_3 möglich (s. o.); die Temperatur an der Feststoffoberfläche ist dort sehr viel höher als die Temperatur der Hauptmasse der Gasphase. Die Wärmebildungskurve verläuft im Bereich dieses Schnittpunktes sehr flach und wird praktisch ausschließlich durch den Stoffübergangskoeffizienten bestimmt [Gl. (12-30)]. Frank-Kamenetzki [2] bezeichnet diesen Temperaturbereich als *diffusionskontrollierten Bereich*, den Temperaturbereich der Schnittpunkte A_1, und A_2, als den *reaktionskontrollierten Bereich*.

Damit bei festgelegter Gastemperatur, etwa $T_{F,2}$, eine Umsetzung mit befriedigender Geschwindigkeit, d. h. im oberen Temperaturbereich der Wärmebildungskurve verläuft (Betriebspunkt C_2), muß die Reaktion zuerst dadurch gezündet werden, daß die Katalysatoroberfläche über die Temperatur T_{S,B_2} hinaus erhitzt wird. Sinkt die Oberflächentemperatur unter T_{S,B_2}, so erlischt die Reaktion.

12.2.1.2 Beziehungen zur Berechnung von Stoff- und Wärmeübergangskoeffizienten

Durchströmt ein fluides Medium eine Schüttung von Feststoffteilchen (Festbett), so liegen um ein einzelnes Teilchen herum recht komplexe Strömungsverhältnisse vor. In unmittelbarer Nähe der Teilchenoberfläche ist die Strömungsgeschwindigkeit des fluiden Mediums sehr gering, so daß dort der Stoff- und Wärmetransport zwischen der fluiden Phase und der Teilchenoberfläche in erster Linie durch Diffusion bzw. Wärmeleitung erfolgt. Etwas weiter entfernt von der Teilchenoberfläche dagegen wird der Stoff- und Wärmetransport hauptsächlich durch Konvektion bewirkt.

Die mittleren Stoff- und Wärmeübergangskoeffizienten, welche für jedes Feststoffteilchen (unter denselben Bedingungen) im Festbett als gleich angenommen werden, korreliert man vorwiegend mittels dimensionsloser Kenngrößen, in welchen die Stoffeigenschaften, die geometrischen und die Strömungsverhältnisse zum Ausdruck kommen, s. auch Abschnitt 4.4.1.

Für den äußeren Stoffübergang zwischen einer fluiden Phase und einem Festbett aus kugelförmigen Teilchen kann man folgende Beziehung verwenden [6]:

$$\frac{\beta\, d_P}{D} = 1{,}9 \left(\frac{w\, d_P}{v}\right)^{0{,}5} \left(\frac{v}{D}\right)^{0{,}33} \tag{12-32}$$

(β = Stoffübergangskoeffizient, d_P = Teilchendurchmesser, D = molekularer Diffusionskoeffizient, w = Strömungsgeschwindigkeit im leer gedachten Reaktor, v = kinematische Zähigkeit). In Gl. (12-32) sind:

$$\beta\, d_P / D = Sh \quad \textit{(Sherwood-Zahl)}, \tag{12-33}$$

$$w\, d_P / v = Re_P \quad \textit{(Reynolds-Zahl)}, \tag{12-34}$$

$$v / D = Sc \quad \textit{(Schmidt-Zahl)}. \tag{12-35}$$

Bei einer anderen Darstellungsweise wird ein sog. *Stoffübergangsquotient* j_m graphisch als Funktion von Re_P aufgetragen [7], wobei

$$j_m = \frac{\beta}{w} \left(\frac{\nu}{D}\right)^{2/3} = St' \, (Sc)^{2/3} = f \, (Re_P) \quad \text{ist.} \tag{12-36}$$

Als Kenngröße wird hier die *Stanton-Zahl* St' für den Stoffübergang verwendet:

$$St' = \frac{\beta}{w} \left(= \frac{Sh}{Re_P \cdot Sc}\right). \tag{12-37}$$

Alle bis 1960 mitgeteilten Stoffübergangsdaten sind die Grundlage für die in Abb. 12-3 dargestellte Kurve $j_m = f(Re_P)$.

Für den Wärmeübergang besteht eine zu Gl. (12-36) analoge Beziehung (j_q = Wärmeübergangsquotient):

$$j_q = \left(\frac{\alpha}{w \, \varrho \, c_p}\right) \left(\frac{\nu}{a}\right)^{2/3} = St \cdot (Pr)^{2/3} = f \, (Re_P). \tag{12-38}$$

In Gl. (12-38) ist

$$\frac{\alpha}{w \, \varrho \, c_p} = St \left(= \frac{Nu}{Re_P \cdot Pr}\right) \tag{12-39}$$

(St = *Stanton-Zahl* für den Wärmeübergang, Nu = $\alpha \, d_P/\lambda$ = *Nusselt-Zahl*),

$$\frac{\nu}{a} = Pr \quad (Prandtl\text{-}Zahl) \tag{12-40}$$

(α = Wärmeübergangskoeffizient, a = $\lambda/(\varrho \, c_p)$ = Temperaturleitfähigkeitskoeffizient, λ = Wärmeleitfähigkeitskoeffizient, ϱ = Dichte, c_p = spezifische Wärmekapazität bei konstantem Druck des fluiden Mediums).

Der Wärmeübergangsquotient j_q ist in Abb. 12-3 als Funktion von Re_P dargestellt.

Das Verhältnis des Stoffübergangsquotienten zum Wärmeübergangsquotienten ist nach den Gln. (12-36) und (12-38):

$$\frac{j_m}{j_q} = \frac{\beta}{\alpha} \varrho \, c_p \left(\frac{Sc}{Pr}\right)^{2/3} = \frac{\beta}{\alpha} \varrho \, c_p \left(\frac{a}{D}\right)^{2/3} = \frac{\beta}{\alpha} \varrho \, c_p \, (Le)^{2/3} \tag{12-41}$$

(Le = *Lewis-Zahl*).

Aus Abb. 12-3 kann man ablesen, daß $j_m/j_q \approx 0{,}7$ ist. Somit gilt:

$$\frac{\beta}{\alpha} \approx \frac{0{,}7}{\varrho \, c_p} \, (Le)^{-2/3}. \tag{12-42}$$

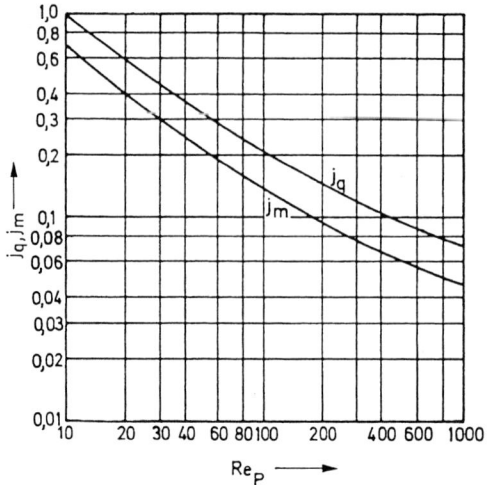

Abb. 12-3. Wärme- und Stoffübergangsquotienten j_q bzw. j_m als Funktion von Re_P für Festbetten [8]

Schließlich ist für viele Gase die Lewis-Zahl etwa gleich 1 und damit

$$\beta/\alpha \approx 0.7/(\varrho\, c_p). \tag{12-43}$$

Gegenüber Festbetten haben Fließbetten den großen Vorteil, daß die Temperatur im Bett sehr gleichförmig ist. Diese Gleichförmigkeit der Temperatur wird vor allem dadurch bewirkt, daß die in der Zeiteinheit und pro Volumeneinheit des Fließbetts zwischen der fluiden Phase und den Feststoffteilchen übergehende Wärmemenge sehr groß ist; dafür sind nicht etwa hohe Werte für die Wärmeübergangskoeffizienten verantwortlich, sondern vielmehr die infolge der kleinen Teilchendurchmesser (10-200 µm) sehr großen Teilchenoberflächen pro Volumeneinheit. Die Stoff- und Wärmeübergangskoeffizienten zwischen fluidem Medium und Feststoffteilchen in Fließbetten werden häufig, wie für Festbetten, durch die Stoff- und Wärmeübergangsquotienten j_m und j_q als Funktion von Re_P ausgedrückt [9]:

$$j_m \text{ bzw. } j_q = 1.77 \left(\frac{Re_P}{1-\varepsilon}\right)^{-0.44} \tag{12-44}$$

ε = relatives Kornzwischenraumvolumen, Definition s. Gl. (12-14).

12.2.2 Innere Transportvorgänge bei heterogenen Reaktionen

In Abschnitt 12.2.1 haben wir uns mit den äußeren Transportvorgängen bei heterogenen Reaktionen an der Grenzfläche zwischen einer fluiden und einer festen Phase befaßt. Diese äußeren Transportvorgänge sind räumlich vollkommen getrennt und unabhängig von der chemischen Reaktion, welche an der äußeren und inneren Oberfläche eines Feststoffs stattfindet.

Bei heterogenen Reaktionen, an welchen eine fluide Phase und ein *poröser Feststoff* beteiligt sind, erfolgen im Inneren des Feststoffs, z. B. in einer Pore, gleichzeitig sowohl die chemische Reaktion als auch Stoff- und Wärmetransportvorgänge; letztere bezeichnen wir als *innere Transportvorgänge*. Innerhalb eines porösen Feststoffs liegen daher Konzentrations- und Temperaturgradienten vor, so daß die chemische Reaktionsgeschwindigkeit innerhalb des Feststoffs eine Funktion der Ortskoordinaten ist.

Wir wollen nun das Zusammenwirken von chemischer Reaktion und inneren Transportvorgängen untersuchen, wobei unser Ziel darin besteht, die *mittlere Geschwindigkeit der Umsetzung* innerhalb eines Feststoffs in *Abhängigkeit von der Konzentration und Temperatur an der äußeren Oberfläche* zu berechnen. Da die chemische Reaktion und die physikalischen Transportvorgänge gleichzeitig erfolgen, müssen wir die Stoff- und Wärmebilanzen für ein differentielles Volumenelement innerhalb des porösen Feststoffs ansetzen. Durch simultane Lösung dieser Differentialgleichungen erhält man den Konzentrations- und Temperaturverlauf im Feststoff; daraus läßt sich schließlich die mittlere Geschwindigkeit, mit der die Umsetzung innerhalb des Feststoffs erfolgt, berechnen.

Das Zusammenwirken von Stofftransport und chemischer Reaktion innerhalb eines porösen Feststoffs hat als erster Damköhler [1] quantitativ behandelt. Weitere grundlegende theoretische Untersuchungen stammen insbesondere von Thiele [10], Wagner [5], Frank-Kamenetzki [2], Zeldowitsch [11] und Wheeler [12]. Schließlich konnten wesentliche Aussagen der Theorie vor allem von Wicke [13, 14] bestätigt werden.

12.2.2.1 Stofftransport und chemische Reaktion innerhalb poröser Feststoffe

Das Zusammenwirken von Stofftransport und chemischer Reaktion innerhalb eines porösen Feststoffs sei zunächst anhand eines einfachen Beispiels dargestellt.

Wir nehmen eine irreversible und volumenbeständige Reaktion A(g) → B(g) mit der Geschwindigkeitsgleichung

$$r_S = k_S c_A^n \qquad (12\text{-}45)$$

an, welche an der inneren Oberfläche eines porösen, plattenförmigen Katalysators der Dicke 2 L ablaufe. Wir machen dabei folgende Voraussetzungen (vgl. Abb. 12-4):

a)   der Stofftransport erfolgt nur eindimensional in z-Richtung; d. h. die durch stark ausgezogene Linien angedeuteten Flächen sind undurchlässig,

b)   die Temperatur im Inneren ist konstant und gleich der Temperatur T_S an der äußeren Oberfläche der Katalysatorplatte (isothermer Fall),

c)   die meist sehr komplizierten Diffusionsvorgänge (s. 12.2.3.1) im porösen Katalysator können durch einen effektiven Diffusionskoeffizienten D_e beschrieben werden, welcher unabhängig von der Ortskoordinate z ist.

Die Stoffbilanz für den Reaktionspartner A innerhalb des Katalysators erhält man unmittelbar aus der allgemeinen Stoffbilanz für einphasige Reaktionssysteme, Gl.

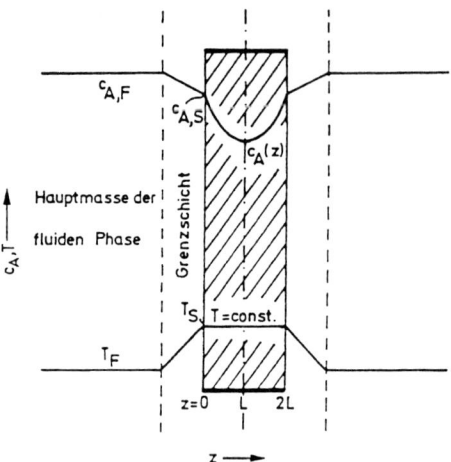

Abb. 12-4. Konzentrations- und Temperaturverlauf an und in einer porösen Katalysatorplatte

(5-23), wenn man darin $\partial c_i / \partial t = 0$ (stationärer Fall), $\partial (c_i w_x)/\partial x = \partial (c_i w_y)/\partial y = \partial (c_i w_z)/\partial z = 0$ (kein konvektiver Stofftransport), $\partial c_i/\partial x = \partial c_i/\partial y = 0$ (eindimensionales Problem) und $D_z = D_e$ setzt; die Stoffbilanz lautet dann:

$$0 = D_e \frac{d^2 c_A}{dz^2} + r_V v_A. \tag{12-46}$$

Es ist zu beachten, daß in der Stoffbilanz die Reaktionsgeschwindigkeit auf die Volumeneinheit bezogen ist (Index V). Zwischen r_V und r_S besteht folgende Beziehung:

$$r_V = r_S (S_{in})_{V_s}; \tag{12-47}$$

ebenso gilt:

$$k_V = k_S (S_{in})_{V_s}, \tag{12-48}$$

wobei $(S_{in})_{V_s}$ die innere Oberfläche pro Volumeneinheit des Katalysators ist.
Für eine Reaktion n. Ordnung ist dann $(v_A = -1)$:

$$0 = D_e \frac{d^2 c_A}{dz^2} - k_V c_A^n. \tag{12-49}$$

Zur Vereinfachung und Verallgemeinerung der Berechnung bringt man zweckmäßig diese Stoffbilanz in eine Form, welche nur dimensionslose Größen enthält. Dies kann dadurch geschehen, daß man folgende Beziehungen einführt:

$$z^* = z/L \tag{12-50}$$

und

$$c_A^* = c_A/c_{A,S}.$$ (12-51)

Damit erhält die Stoffbilanz folgende Form:

$$0 = \frac{d^2 c_A^*}{dz^{*2}} - \frac{k_V L^2 c_{A,S}^{n-1}}{D_e} c_A^{*n}.$$ (12-52)

Der in Gl. (12-52) auftretende Quotient $k_V L^2 c_{A,S}^{n-1}/D_e$ ist eine charakteristische dimensionslose Kenngröße, welche als *Damköhler-Zahl 2. Art* bezeichnet wird:

$$Da_{II} = \frac{k_V L^2 c_{A,S}^{n-1}}{D_e} = \frac{k_S (S_{in})_{V_s} L^2 c_{A,S}^{n-1}}{D_e}.$$ (12-53)

Da_{II} ist ein Maß für das Verhältnis zwischen der durch chemische Reaktion umgesetzten und der durch Diffusion antransportierten Stoffmenge von A.

Nach Einführung von Da_{II} in Gl. (12-52) lautet die Stoffbilanz:

$$0 = \frac{d^2 c_A^*}{dz^{*2}} - Da_{II} c_A^{*n}.$$ (12-54)

Zuerst wollen wir eine Reaktion 1. Ordnung betrachten ($n = 1$, $Da_{II} = k_V L^2/D_e$), wofür folgende Stoffbilanz gilt:

$$0 = \frac{d^2 c_A^*}{dz^{*2}} - Da_{II} c_A^*,$$ (12-55)

mit den Randbedingungen

a) $c_A^* = 1$ an der Stelle $z^* = 0$, (12-56)

b) $dc_A^*/dz^* = 0$ an der Stelle $z^* = 1$. (12-57)

Die zweite Randbedingung bedeutet, daß in der Mitte der Platte ($z = L$ bzw. $z^* = 1$) die Konzentration des Reaktionspartners ein Minimum ist.

Die allgemeine Lösung der Gl. (12-55), einer einfachen Differentialgleichung 2. Ordnung, lautet (vgl. Anhang A 2.1):

$$c_A^* = C_1 e^{\lambda z^*} + C_2 e^{-\lambda z^*},$$ (12-58)

worin C_1 und C_2 Integrationskonstanten sind, und

$$\lambda = \sqrt{Da_{II}} = L \sqrt{k_V/D_e}$$ (12-59)

ist. Die Integrationskonstanten sind aus den Randbedingungen zu bestimmen; aus der ersten erhält man

$$1 = C_1 + C_2 \qquad (12\text{-}60)$$

und aus der zweiten

$$0 = C_1 e^{\lambda} - C_2 e^{-\lambda}. \qquad (12\text{-}61)$$

Daraus ergibt sich:

$$C_1 = \frac{e^{-\sqrt{Da_{II}}}}{e^{\sqrt{Da_{II}}} + e^{-\sqrt{Da_{II}}}} \qquad (12\text{-}62)$$

und

$$C_2 = \frac{e^{\sqrt{Da_{II}}}}{e^{\sqrt{Da_{II}}} + e^{-\sqrt{Da_{II}}}}. \qquad (12\text{-}63)$$

Durch Einsetzen dieser Beziehungen in Gl. (12-58) erhält man für den Konzentrationsverlauf des Reaktionspartners A im plattenförmigen Katalysator bei einer Reaktion 1. Ordnung:

$$c_A^* = \frac{c_A}{c_{A,S}} = \frac{e^{\sqrt{Da_{II}}\,(1-z/L)} + e^{-\sqrt{Da_{II}}\,(1-z/L)}}{e^{\sqrt{Da_{II}}} + e^{-\sqrt{Da_{II}}}} =$$

$$= \frac{\cosh\left[\sqrt{Da_{II}}\,(1-z/L)\right]}{\cosh\sqrt{Da_{II}}}. \qquad (12\text{-}64)$$

Die *mittlere Geschwindigkeit* $\bar{r}_{V_s}$, mit der die Umsetzung im Innern der Katalysatorplatte abläuft, erhält man durch folgende Überlegung. Im stationären Zustand wird die gesamte Menge von A, welche in der Zeiteinheit an der Stelle $z = 0$ durch die linke Seite der Katalysatorplatte (Abb. 12-4) mit der äußeren Oberfläche S_{ex} eintritt, durch die chemische Reaktion in der linken Hälfte der Platte, also im Volumen $L\,S_{ex}$ verbraucht. Somit ist:

$$\bar{r}_{V_s} = \frac{(\dot{n}_{A,\,Diff})_{z=0}}{L\,S_{ex}} = -\frac{D_e\,S_{ex}}{L\,S_{ex}}\left(\frac{dc_A}{dz}\right)_{z=0} = -\frac{D_e}{L}\left(\frac{dc_A}{dz}\right)_{z=0}. \qquad (12\text{-}65)$$

Aus Gl. (12-64) ergibt sich durch Differentiation für die Stelle $z = 0$:

$$\left(\frac{dc_A}{dz}\right)_{z=0} = -\frac{c_{A,S}}{L}\sqrt{Da_{II}}\cdot\tanh\sqrt{Da_{II}}. \qquad (12\text{-}66)$$

Durch Einsetzen dieser Beziehung in Gl. (12-65) erhält man für die *mittlere Umsetzungsgeschwindigkeit im Inneren* der Katalysatorplatte:

$$\bar{r}_{V_s} = \frac{D_e\, c_{A,S}}{L^2}\, \sqrt{Da_{II}} \cdot \tanh \sqrt{Da_{II}}\,. \tag{12-67}$$

Einen einfachen Ausdruck für den Anteil der inneren Oberfläche des Katalysators, welcher für die Reaktion ausgenutzt wird, erhält man dadurch, daß man $\bar{r}_{V_s}$ durch die Reaktionsgeschwindigkeit $(r_{V_s})_{z=0}$ dividiert, welche vorliegen würde, wenn im Katalysatorinneren keine Transporthemmung, d. h. kein Konzentrationsgefälle vorhanden und damit die Konzentration gleich derjenigen an der äußeren Oberfläche wäre ($z=0$, $c_A = c_{A,S}$).

Das Verhältnis $\bar{r}_{V_s}/(r_{V_s})_{z=0}$ wird als *Katalysatornutzungsgrad* bzw. allgemeiner (d. h. auch für nicht katalysierte Reaktionen an der Grenzfläche zwischen einer fluiden und einer festen Phase) als *Porennutzungsgrad* η bezeichnet:

$$\eta = \frac{\bar{r}_{V_s}}{(r_{V_s})_{z=0}}\,. \tag{12-68}$$

Mit $(r_{V_s})_{z=0} = k_V\, c_{A,S}$ und Gl. (12-67) erhält man dann unter Berücksichtigung von Gl. (12-53):

$$\eta = \frac{D_e}{k_V\, L^2}\, \sqrt{Da_{II}} \cdot \tanh \sqrt{Da_{II}} = \frac{\tanh \sqrt{Da_{II}}}{\sqrt{Da_{II}}}\,. \tag{12-69}$$

Für kleine Werte von $\sqrt{Da_{II}}$ ($\leq 0{,}15$) ist $\tanh \sqrt{Da_{II}} \approx \sqrt{Da_{II}}$, d. h. $\eta \approx 1$. Dies bedeutet, daß für $\sqrt{Da_{II}} \leq 0{,}15$ die innere Oberfläche des Katalysators vollständig ausgenutzt wird.

Ist dagegen $\sqrt{Da_{II}} \geq 3$, so ist $\tanh \sqrt{Da_{II}} \approx 1$ und damit

$$\eta = 1/\sqrt{Da_{II}}, \tag{12-70}$$

d. h. $\eta \leq 0{,}333$. In diesem Fall ist nach Gl. (12-64) an der Stelle $z=L$ die Konzentration $c_A \leq c_{A,S}/10$; d. h. in der Mitte der Katalysatorplatte findet nur noch eine geringe Umsetzung statt.

Der Verlauf von η ist für die poröse Katalysatorplatte und eine volumenbeständige Reaktion 1. Ordnung in Abb. 12-5 (Kurve I) als Funktion von $\sqrt{Da_{II}}$ dargestellt.

Nun wollen wir die Verhältnisse unter sonst gleichen Voraussetzungen bei einer *irreversiblen Reaktion n. Ordnung* betrachten. Die Stoffbilanz ist durch Gl. (12-54) gegeben; deren Lösung ist jedoch recht komplex. Zur Berechnung der mittleren Reaktionsgeschwindigkeit in der Katalysatorplatte genügt jedoch eine einmalige Integration. Wir multiplizieren dazu beide Terme der Gl. (12-54) mit dc_A^*/dz^*:

$$\frac{d^2 c_A^*}{dz^{*2}} \frac{dc_A^*}{dz^*} = Da_{II}\, c_A^{*n}\, \frac{dc_A^*}{dz^*}\,. \tag{12-71}$$

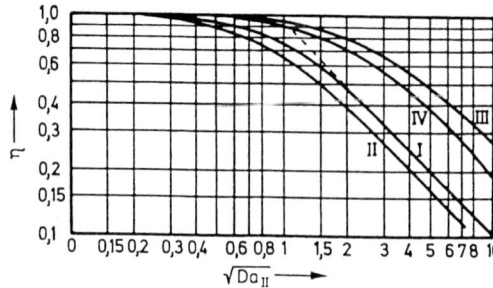

Abb. 12-5. Katalysator- bzw. Porennutzungsgrad η als Funktion von $\sqrt{Da_{II}}$. Kurve I: Platte, Reaktion 1. Ordnung; Kurve II: Platte, Reaktion 2. Ordnung; Kurve III: Kugel, Reaktion 1. Ordnung; Kurve IV: Zylinder, Reaktion 1. Ordnung

Die einmalige Integration ergibt dann:

$$\frac{1}{2}\left(\frac{dc_A^*}{dz^*}\right)^2 = Da_{II}\frac{c_A^{*(n+1)}}{(n+1)} + C \qquad (C = \text{Integrationskonstante}). \tag{12-72}$$

Die Randbedingungen an der Stelle $z^* = 1$ (Zentrum der Katalysatorplatte) sind:

a) $c_A^* = c_{A,Z}^*$ ($c_{A,Z}$ = Konzentration von A im Zentrum), $\hspace{3cm}$ (12-73)

b) $dc_A^*/dz^* = 0$. $\hspace{8cm}$ (12-74)

Mit diesen Randbedingungen erhält man für die Integrationskonstante

$$C = -Da_{II}\frac{c_{A,Z}^{*(n+1)}}{(n+1)}, \tag{12-75}$$

und damit durch Einsetzen in Gl. (12-72):

$$\frac{dc_A^*}{dz^*} = -\sqrt{\frac{2Da_{II}}{(n+1)}\left(c_A^{*(n+1)} - c_{A,Z}^{*(n+1)}\right)}. \tag{12-76}$$

Die mittlere Geschwindigkeit, mit welcher die Umsetzung im Inneren der Katalysatorplatte abläuft, ist nach Gl. (12-65)

$$\bar{r}_{V_s} = -\frac{D_e}{L}\left(\frac{dc_A}{dz}\right)_{z=0} = -\frac{D_e c_{A,S}}{L^2}\left(\frac{dc_A^*}{dz^*}\right)_{z^*=0}. \tag{12-77}$$

Durch Einsetzen von Gl. (12-76), mit $c_A^* = 1$ an der Stelle $z^* = 0$, in Gl. (12-77) erhält man dann:

$$\bar{r}_{V_s} = \frac{D_e c_{A,S}}{L^2}\sqrt{\frac{2Da_{II}}{(n+1)}\left(1 - c_{A,Z}^{*(n+1)}\right)}. \tag{12-78}$$

Bei schnellen Reaktionen in engen Poren ist die Konzentration des Reaktionspartners A in der Plattenmitte praktisch null ($c_{A,Z}^* = 0$ an der Stelle $z^* = 1$). In diesem Fall ist unter Berücksichtigung von Gl. (12-53):

$$\bar{r}_{V_s} = \sqrt{\frac{2\,k_V\,D_e\,c_{A,S}^{(n+1)}}{L^2\,(n+1)}} = \sqrt{\frac{2\,(k_0)_V\,D_e}{L^2\,(n+1)}}\; e^{-E/2\,RT}\, c_{A,S}^{(n+1)/2}\,. \tag{12-79}$$

Aus Gl. (12-79) sieht man, daß bei sehr schnell ablaufenden chemischen Reaktionen, bei welchen die Geschwindigkeit der Umsetzung durch die Geschwindigkeit des Stofftransports in den Poren bestimmt wird, die beobachtete „scheinbare" Aktivierungsenergie nur halb so groß ist wie die „wahre", d. h. diejenige der chemischen Reaktion; außerdem verhält sich eine Reaktion n. Ordnung wie eine Reaktion der Ordnung $(n+1)/2$, eine Reaktion 2. Ordnung also wie eine Reaktion der Ordnung 1,5.

Für volumenbeständige Reaktionen n. Ordnung $[(r_{V_s})_{z=0} = k_V\, c_{A,S}^n]$ ergibt sich durch Einsetzen von Gl. (12-78) in Gl. (12-68) unter Berücksichtigung von Gl. (12-53) der Katalysator- bzw. Porennutzungsgrad:

$$\eta = \frac{D_e}{k_V\,L^2\,c_{A,S}^{n-1}}\,\sqrt{\frac{2\,Da_{II}}{(n+1)}\,(1 - c_{A,Z}^{*(n+1)})} = \sqrt{\frac{2}{Da_{II}\,(n+1)}\,(1 - c_{A,Z}^{*(n+1)})}\,. \tag{12-80}$$

Für schnelle Reaktionen in engen Poren ist $c_{A,Z}^{*(n+1)} = 0$ (s. o.), so daß gilt:

$$\eta = \frac{1}{\sqrt{Da_{II}}}\,\sqrt{\frac{2}{n+1}}\,. \tag{12-81}$$

Der Verlauf von η als Funktion von $\sqrt{Da_{II}}$ ist für eine Reaktion 2. Ordnung in einem plattenförmigen porösen Feststoff (Katalysator) in Abb. 12-5 (Kurve II) dargestellt. Daraus sieht man, daß η bei einer Reaktion 2. Ordnung unter sonst gleichen Bedingungen kleiner ist als bei einer Reaktion 1. Ordnung. Allgemein gilt, daß bei gleichen Werten für $\sqrt{Da_{II}}$ für Reaktionsordnungen $n > 1$ der Porennutzungsgrad kleiner, für Reaktionsordnungen $n < 1$ dagegen größer ist als bei einer Reaktion 1. Ordnung. Dies ergibt sich auch aus der Gl. (12-81).

Bei *nicht volumenbeständigen Reaktionen* kommt zu dem bisher behandelten Stofftransport durch Diffusion noch eine *hydrodynamische Strömung* im porösen Körper hinzu. Die Richtung dieser Strömung ist bei einer Volumenverminderung in die Platte gerichtet, bei einer Volumenvermehrung aus der Platte heraus. Unter der Annahme, daß die Gesamtkonzentration $c_{ges} = \sum_i c_i$ von Reaktionspartnern und -produkten in der porösen Platte konstant ist, wurde dieses Problem gelöst [10, 13]. Für eine Reaktion 1. Ordnung und $\sqrt{Da_{II}} > 3$ ist der Ausdruck für den Porennutzungsgrad [13]:

$$\eta = \frac{\psi\,(\alpha_S)}{\sqrt{Da_{II}}}\,, \tag{12-82}$$

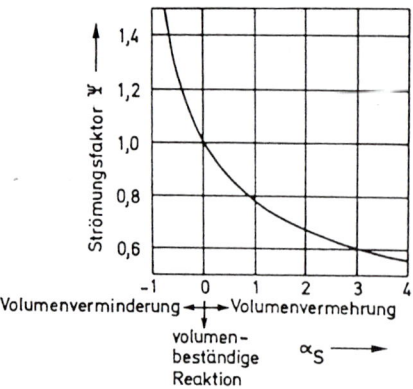

wobei

$$\psi(\alpha_S) = \frac{\sqrt{2}}{\alpha_S}\,\sqrt{\alpha_S - \ln(1 + \alpha_S)} \tag{12-83}$$

und

$$\alpha_S = \frac{\sum\limits_i \nu_i}{|\nu_A|}\,\frac{c_{A,S}}{c_{ges}} \tag{12-84}$$

ist.

In Abb. 12-6 ist der „Strömungsfaktor" ψ als Funktion von α_S aufgetragen. Bei Volumenvermehrung $\left(\sum\limits_i \nu_i > 0\right)$ ist $\alpha_S > 0$ und $\psi < 1$; d. h. η wird gegenüber einer volumenbeständigen Reaktion vermindert. Infolge der Volumenvermehrung findet gewissermaßen ein „Ausspülen" des Reaktionspartners A statt. Umgekehrt ist bei Volumenverminderung $\left(\sum\limits_i \nu_i < 0,\ \alpha_S < 0,\ \psi > 1\right)$ infolge eines „Ansaugens" des Reaktionspartners A der Porennutzungsgrad größer als bei einer volumenbeständigen Reaktion. Erfolgt eine Reaktion bei einem großen Überschuß von Inertgas, so ist, da $c_{A,S}/c_{ges} \approx 0$, $\psi \approx 1$, und man kann mit demselben η wie für volumenbeständige Reaktionen rechnen.

Alle bisherigen Betrachtungen dieses Abschnitts gelten nicht nur für eine flache Platte eines porösen Feststoffs (Katalysators), sondern in gleicher Weise auch für eine einzelne *zylinderförmige* und an ihrem *inneren Ende geschlossene Pore* der Länge L innerhalb eines Feststoffkorns. Technisch wesentlich interessanter als plattenförmige Feststoffe (Katalysatoren) sind natürlich kugelförmige oder zylindrische Feststoffteilchen.

Für *kugelförmige Teilchen* vom Radius R_S ergibt sich die Stoffbilanz für unsere angenommene volumenbeständige und irreversible Reaktion A(g) → B(g) unter den eingangs gemachten Voraussetzungen b) und c) unmittelbar aus der allgemeinen

Stoffbilanz für einphasige Reaktionssysteme in Kugelkoordinaten, Gl. (5-26). Mit $\partial c_i/\partial t = 0$ (stationäre Verhältnisse), $\partial(c_i w_{rad})/\partial R = 0$ (kein konvektiver Stoffstrom) und $r_V = k_V c_A$ sowie $D_{rad} = D_e$ lautet die Stoffbilanz für den Reaktionspartner A ($v_A = -1$):

$$D_e\left(\frac{d^2 c_A}{dR^2} + \frac{2}{R}\frac{dc_A}{dR}\right) - k_V c_A = 0, \tag{12-85}$$

mit den Randbedingungen

a) $c_A = c_{A,S}$ an der Stelle $R = R_S$, $\tag{12-86}$

b) $dc_A/dR = 0$ an der Stelle $R = 0$. $\tag{12-87}$

Durch Einführen der Beziehungen

$$c_A^* = c_A/c_{A,S} \tag{12-88}$$

und

$$R^* = R/R_S \tag{12-89}$$

machen wir die Gl. (12-85) dimensionslos und erhalten:

$$\frac{d^2 c_A^*}{dR^{*2}} + \frac{2}{R^*}\frac{dc_A^*}{dR^*} - Da_{II}\, c_A^* = 0, \tag{12-90}$$

wobei

$$Da_{II} = \frac{R_S^2\, k_V}{D_e} \tag{12-91}$$

die *Damköhler-Zahl 2. Art* für kugelförmige Teilchen vom Radius R_S und eine irreversible Reaktion 1. Ordnung ist.

Die Randbedingungen sind dann

a) $c_A^* = 1$ an der Stelle $R^* = 1$, $\tag{12-92}$

b) $dc_A^*/dR^* = 0$ an der Stelle $R^* = 0$. $\tag{12-93}$

Nach der Substitution $c_A^* = u/R^*$ folgt aus Gl. (12-90):

$$\frac{d^2 u}{dR^{*2}} - Da_{II}\, u = 0. \tag{12-94}$$

Die Lösung dieser Gleichung mit den angegebenen Randbedingungen kann nach konventionellen Methoden durchgeführt werden (s. Anhang A 2.1); sie lautet:

$$c_A = c_{A,S} \frac{R_S}{R} \frac{\sinh\left(\dfrac{R}{R_S}\sqrt{Da_{II}}\right)}{\sinh\sqrt{Da_{II}}}.$$ (12-95)

Der Katalysator- bzw. Porennutzungsgrad η ist:

$$\eta = \frac{3}{\sqrt{Da_{II}}}\left(\frac{1}{\tanh\sqrt{Da_{II}}} - \frac{1}{\sqrt{Da_{II}}}\right).$$ (12-96)

Ist $\sqrt{Da_{II}} \ll 1$, so gilt annähernd: $\tanh\sqrt{Da_{II}} \approx \sqrt{Da_{II}} - \dfrac{Da_{II}^{3/2}}{3}$; damit folgt aus Gl. (12-96):

$$\eta \approx 1.$$ (12-97)

Für $\sqrt{Da_{II}} \geq 3$ ist $\tanh\sqrt{Da_{II}} \geq 0{,}995$, so daß man mit guter Näherung schreiben kann:

$$\eta = \frac{3(\sqrt{Da_{II}} - 1)}{Da_{II}}.$$ (12-98a)

Ist $\sqrt{Da_{II}}$ sehr groß ($\gg 1$), so gilt:

$$\eta = 3/\sqrt{Da_{II}}.$$ (12-98b)

η ist für kugelförmige Teilchen und eine irreversible Reaktion 1. Ordnung in Abb. 12-5 (Kurve III) als Funktion von $\sqrt{Da_{II}}$ aufgetragen.

Betrachten wir nun unter isothermen Bedingungen eine volumenbeständige *Gleichgewichtsreaktion*

$$A(g) \underset{k_2}{\overset{k_1}{\rightleftarrows}} B(g),$$ (12-99)

welche an der inneren Oberfläche eines *kugelförmigen Katalysatorteilchens* stattfinde; die Geschwindigkeitsgleichung für diese Reaktion sei:

$$r_V = r_S(S_{in})_{V_s} = (k_1)_V c_A - (k_2)_V c_B = (S_{in})_{V_s}[(k_1)_S c_A - (k_2)_S c_B].$$ (12-100)

Anstelle von Gl. (12-100) kann man schreiben

$$r_V = k_V'(c_A - c_{A,Gl}) = k_S'(S_{in})_{V_s}(c_A - c_{A,Gl}),$$ (12-101)

wobei

$$k'_V = \frac{(k_1)_V (1 + K)}{K} = \frac{(k_1)_S (S_{in})_{V_s} (1 + K)}{K} \qquad (12\text{-}102)$$

$[(S_{in})_{V_s} =$ innere Oberfläche, bezogen auf die Einheit des *Katalysator*volumens (nicht Schüttvolumen!)] ist. Die Stoffbilanz für ein kugelförmiges Katalysatorteilchen lautet dann analog zu Gl. (12-85)

$$D_e \left(\frac{d^2 c_A}{dR^2} + \frac{2}{R} \frac{dc_A}{dR} \right) - k'_V (c_A - c_{A,Gl}) = 0. \qquad (12\text{-}103)$$

Setzt man

$$\Delta c_A = c_A - c_{A,Gl}, \qquad (12\text{-}104)$$

so erhält man für die Stoffbilanz:

$$D_e \left(\frac{d^2 \Delta c_A}{dR^2} + \frac{2}{R} \frac{d \Delta c_A}{dR} \right) - k'_V \Delta c_A = 0, \qquad (12\text{-}105)$$

und für die Randbedingungen

$$\Delta c_{A,S} = c_{A,S} - c_{A,Gl} \quad \text{an der Stelle } R = R_S, \qquad (12\text{-}106)$$

$$d \Delta c_A / dR = 0 \quad \text{an der Stelle } R = 0. \qquad (12\text{-}107)$$

Die Gl. (12-105) ist mit der Gl. (12-85) identisch, wenn man Δc_A durch c_A und k'_V durch k_V ersetzt. Demnach ist auch die Beziehung für den Katalysatornutzungsgrad η identisch mit Gl. (12-96), wobei aber jetzt k_V in dem Ausdruck für Da_{II} [(Gl. (12-91)] durch k'_V nach Gl. (12-102) zu ersetzen ist:

$$Da_{II} = \frac{R_S^2 (k_1)_V (1 + K)}{K D_e}. \qquad (12\text{-}108)$$

Daraus ergibt sich, daß in Abb. 12-5 die Kurven für Reaktionen 1. Ordnung sowohl bei irreversiblen als auch bei reversiblen Reaktionen gelten, wenn man k_V in den Definitionen für Da_{II} durch k'_V gemäß Gl. (12-102) ersetzt. Da $(1 + K)/K > 1$ ist, wird für reversible Reaktionen Da_{II} größer und damit η kleiner als für irreversible Reaktionen unter sonst gleichen Bedingungen.

Für *zylinderförmige Feststoffteilchen*, deren Radius R_S klein ist gegenüber der Länge, ist der Katalysator- bzw. Porennutzungsgrad bei einer volumenbeständigen und irreversiblen Reaktion 1. Ordnung:

$$\eta = \frac{2}{\sqrt{Da_{II}}} \frac{I_1(\sqrt{Da_{II}})}{I_0(\sqrt{Da_{II}})}. \qquad (12\text{-}109)$$

In Gl. (12-109) bedeuten: $I_0(\sqrt{Da_{II}})$ und $I_1(\sqrt{Da_{II}})$ die modifizierten *Bessel-Funktionen* 0. und 1. Ordnung (tabelliert z. B. in [15]). Da_{II} ist die Damköhler-Zahl 2. Art. Diese lautet für diesen Fall (R_S = Zylinderradius):

$$Da_{II} = \frac{R_S^2 k_V}{D_e}.$$

(12-110)

Ist $\sqrt{Da_{II}}$ sehr groß, so gilt folgende Näherung:

$$\eta = 2/\sqrt{Da_{II}}.$$

(12-111)

Für zylinderförmige Teilchen ist η nach Gl. (12-109) in Abb. 12-5 (Kurve IV) als Funktion von $\sqrt{Da_{II}}$ eingezeichnet.

Aus Abb. 12-5 geht hervor, daß bei Reaktionen 1. Ordnung der Porennutzungsgrad unter gleichen Bedingungen für kugelförmige Körner am größten, für einen plattenförmigen Feststoff (Katalysator) am geringsten ist; für zylindrische Teilchen ist η maximal um den Faktor 2 größer als bei plattenförmigem Feststoff. Vorausgesetzt bei diesem Vergleich ist, daß Kugeldurchmesser, Zylinderdurchmesser und Plattendicke gleich groß sind.

12.2.2.2 Stofftransport, Wärmetransport und chemische Reaktion innerhalb poröser Feststoffe

Infolge der Wärmetönungen bei chemischen Reaktionen können in porösen Feststoffen außer Konzentrationsgradienten auch *Temperaturgradienten* auftreten. Bei großen Reaktionsenthalpien ist es sogar möglich, daß die mittlere Geschwindigkeit der Umsetzung innerhalb des Feststoffs durch die Temperaturgradienten wesentlich stärker beeinflußt wird als durch die Konzentrationsgradienten. Selbst bei kleinen Reaktionsenthalpien können sich infolge niedriger effektiver Wärmeleitfähigkeitskoeffizienten des porösen Feststoffs die Temperaturen an der äußeren Oberfläche und im Inneren beträchtlich unterscheiden.

Den kombinierten Einfluß von Stofftransport, Wärmetransport und chemischer Reaktion auf die mittlere Geschwindigkeit der Umsetzung innerhalb eines porösen Feststoffs drücken wir wieder durch den Katalysator- bzw. Porennutzungsgrad η aus; dieser stellt ja gemäß Gl. (12-68) die mittlere Geschwindigkeit der Umsetzung innerhalb eines porösen Feststoffs dar, bezogen auf die Geschwindigkeit der Umsetzung, welche beobachtet würde, wenn im ganzen Feststoff dieselben Temperatur- und Konzentrationsbedingungen wie an der äußeren Feststoffoberfläche vorliegen würden.

Im folgenden soll der Einfluß dieser drei Vorgänge auf η für ein poröses kugelförmiges Katalysatorteilchen untersucht werden, in welchem die volumenbeständige irreversible Reaktion $A(g) \rightarrow B(g)$ mit der Geschwindigkeitsgleichung $r_V = k_V c_A$ stattfinde.

Vernachlässigt man den Temperatureinfluß auf den effektiven Diffusionskoeffizienten D_e, so gelten für die Stoffbilanz und deren Randbedingungen die Gln. (12-85) bis (12-87). Außer der Stoffbilanz haben wir nun auch die Wärmebilanz zu berücksichtigen. Diese läßt sich leicht aus der Gl. (5-40) ableiten; für den stationären Zustand $[\partial(\varrho c_P T)/\partial t = 0]$ erhält man mit $\partial(\varrho c_P T w_{rad})/\partial R = 0$ (kein konvektiver Wärmetransport) und $\lambda_{rad} = \lambda_e$ (effektiver Wärmeleitfähigkeitskoeffizient):

$$\lambda_e \left(\frac{d^2 T}{dR^2} + \frac{2}{R} \frac{dT}{dR} \right) + k_V c_A (-\Delta H_R) = 0. \tag{12-112}$$

Die Randbedingungen sind:

$$T = T_S \qquad \text{an der Stelle } R = R_S, \tag{12-113}$$

$$dT/dR = 0 \qquad \text{an der Stelle } R = 0. \tag{12-114}$$

Die simultane Lösung der Gln. (12-85) bis (12-87) mit den Gln. (12-112) bis (12-114) ergibt die Konzentrations- und Temperaturprofile innerhalb des Teilchens. Da die Stoff- und die Wärmebilanz über $k_V = (k_0)_V \cdot e^{-E/RT}$ gekoppelt sind, ist eine numerische Lösung notwendig. Man kann jedoch einen analytischen Zusammenhang zwischen der Konzentration c_A und der Temperatur T bekommen, wenn man aus den Gln. (12-85) und (12-112) $k_V c_A$ eliminiert. Dies führt zu der Gleichung

$$D_e \left(\frac{d^2 c_A}{dR^2} + \frac{2}{R} \frac{dc_A}{dR} \right) = -\frac{\lambda_e}{(-\Delta H_R)} \left(\frac{d^2 T}{dR^2} + \frac{2}{R} \frac{dT}{dR} \right) \tag{12-115}$$

oder

$$-\frac{D_e(-\Delta H_R)}{\lambda_e} \frac{d}{dR} \left(R^2 \frac{dc_A}{dR} \right) = \frac{d}{dR} \left(R^2 \frac{dT}{dR} \right). \tag{12-116}$$

Integriert man diese Gleichung einmal unter Verwendung der Randbedingungen (12-87) und (12-114) und dann nochmals mit den Randbedingungen (12-86) und (12-113), so erhält man:

$$T - T_S = \frac{D_e(-\Delta H_R)}{\lambda_e} (c_{A,S} - c_A). \tag{12-117}$$

Diese Gleichung gibt den gesuchten Zusammenhang zwischen der Temperatur T und der Konzentration c_A im Innern des Teilchens wieder; sie gilt für jeden beliebigen Geschwindigkeitsausdruck, ist also nicht auf Reaktionen 1. Ordnung beschränkt. Mit Hilfe dieser Gleichung läßt sich die maximal auftretende Temperatur innerhalb des Teilchens berechnen, wenn A auf dem Diffusionsweg zum Zentrum vollständig umgesetzt wird ($c_A = 0$):

$$T_{max} - T_S = \frac{D_e(-\Delta H_R)}{\lambda_e} c_{A,S}. \tag{12-118}$$

Ist z. B. $D_e = 1 \cdot 10^{-5}\,m^2/s$, $(-\Delta H_R) = 1,25 \cdot 10^5\,J/mol$, $c_{A,S} = 20\,mol/m^3$ und
$\lambda_e = 125 \ldots 1,25\,W/(m \cdot K)$, so ergibt sich für

$$T_{max} - T_S \approx 0,2 \ldots 20\,K.$$

In einigen Fällen wird man demnach die Temperaturgradienten im Korn vernachlässigen dürfen, in anderen dagegen nicht.

Das Konzentrationsprofil im Korn wurde durch numerische Lösung der Gln. (12-85) und (12-112) berechnet [16]. Der Porennutzungsgrad wird gewöhnlich als Funktion dreier dimensionsloser Parameter dargestellt:

a)   der Damköhler-Zahl 2. Art

$$\sqrt{Da_{II}} = R_S \sqrt{\frac{(k_0)_V\, e^{-E/RT_S}}{D_e}}, \tag{12-119}$$

b)   einem sog. Arrhenius-Parameter

$$\gamma = E/RT_S, \tag{12-120}$$

c)   einem Parameter für die relative maximale Temperaturerhöhung [vgl. Gl. (12-118)]

$$\beta = \frac{(-\Delta H_R)\,D_e\, c_{A,S}}{\lambda_e\, T_S} = \frac{T_{max} - T_S}{T_S}. \tag{12-121}$$

In Abb. 12-7 ist η für $\gamma = 20$ als Funktion von $\sqrt{Da_{II}}$ für verschiedene Werte von β dargestellt. Weitere Kurven für $\gamma = 10$, 30 und 40 finden sich in der Literatur [16].

Wie aus Abb. 12-7 zu ersehen ist, kann η bei exothermen Reaktionen ($\beta > 0$) unter Umständen wesentlich größer als 1 werden; dies rührt davon her, daß die durch die Temperaturerhöhung im Korninneren hervorgerufene Erhöhung der Reaktionsgeschwindigkeit größer ist als die durch die Konzentrationserniedrigung bewirkte Verminderung der Reaktionsgeschwindigkeit. Die Kurve für $\beta = 0$ entspricht isothermen Bedingungen ($\Delta H_R = 0$ oder $\lambda_e\, T_S \gg (-\Delta H_R)\, D_e\, c_{A,S}$) und ist identisch mit der Kurve III für ein kugelförmiges Korn in Abb. 12-5. Bei endothermen Reaktionen ($\beta < 0$) wirken sich Temperatur- und Konzentrationserniedrigung in gleicher Weise, nämlich erniedrigend, auf die Reaktionsgeschwindigkeit und damit auf η aus. Aus Abb. 12-7 geht weiter hervor, daß bei stark exothermen Reaktionen ($\beta > 0,3$) die Kurven nach links überhängen, und zwar umso mehr, je größer β ist. Daher können innerhalb eines bestimmten Bereichs ($\sqrt{Da_{II}} < 1$) für einen einzigen Wert von $\sqrt{Da_{II}}$ bis zu drei verschiedene η-Werte existieren.

Im stationären Zustand müssen die in der Zeiteinheit durch die chemische Reaktion gebildete und die durch Leitung im Feststoffkorn abtransportierte Wärmemenge gleich sein. Diese Bedingung ist offensichtlich bei verschiedenen Temperaturverläufen im Korninneren erfüllt. Für eine bestimmte Kurve in Abb. 12-7

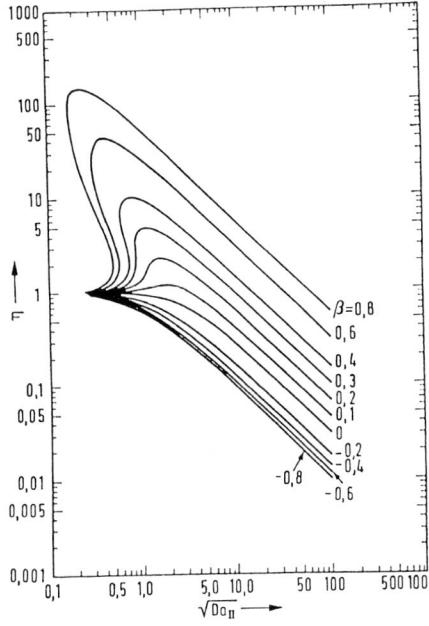

Abb. 12-7. Porennutzungsgrad η als Funktion von $\sqrt{Da_{II}}$ für eine Reaktion 1. Ordnung bei nicht isothermen Verhältnissen innerhalb kugelförmiger Teilchen ($\gamma = E/RT_S = 20$; $\beta = (-\Delta H_R)\, D_e\, c_{A,S}/\lambda_e\, T_S$) [16]

(d. h. für ein bestimmtes β) entspricht die Lösung mit dem höchsten η einem großen Temperaturgradienten; d. h. physikalische Transportvorgänge bestimmen die Geschwindigkeit der Umsetzung im Korn. Andererseits entspricht die Lösung mit dem niedrigsten η-Wert (nahe bei 1) einem flachen Temperaturprofil und die Geschwindigkeit der Umsetzung wird durch die chemische Reaktion bestimmt. Die dritte Lösung, welche einen mittleren Wert für η ergibt, ist einem metastabilen Zustand zuzuordnen, ähnlich den metastabilen Bedingungen, welche wir in Abschnitt 12.2.1.1 diskutiert haben (vgl. Abb. 12-2).

12.2.3 Zusammenwirken äußerer Transportvorgänge, innerer Transportvorgänge und chemischer Reaktionen

Effektive Reaktionsgeschwindigkeit für heterogene Reaktionen an der Grenzfläche zwischen einer fluiden Phase und einem porösen Feststoff

In diesem Kapitel wurden eingangs die sieben Teilschritte aufgeführt, welche bei einer Reaktion an der inneren und äußeren Oberfläche eines porösen Katalysatorteilchens, das von der fluiden Phase mit den Reaktionspartnern angeströmt wird, erfolgen. Bei nicht-katalysierten heterogenen Reaktionen an der Grenzfläche zwischen einer fluiden Phase und einem porösen Feststoff sind die Verhältnisse ganz ähnlich, allerdings mit dem Unterschied, daß der feste Reaktionspartner während der Reaktion verbraucht wird, eventuell unter Bildung einer neuen festen Phase.

In Abschnitt 12.1 haben wir die effektive Reaktionsgeschwindigkeit für eine Reaktion

$$A\,(g) \rightarrow B\,(g),\qquad\qquad\qquad\qquad (12\text{-}122)$$

welche an der Oberfläche eines festen Katalysators stattfindet, unter folgenden Voraussetzungen berechnet:

a) die Reaktion sei irreversibel,
b) der Katalysator sei nicht porös (dadurch entfielen die Teilschritte 2 und 6),
c) die Teilschritte 3 bis 5 (Chemisorption, Reaktion und Desorption) können durch eine Geschwindigkeitsgleichung n. Ordnung wiedergegeben werden.

Wenn wir nun im folgenden das Zusammenwirken von äußerem und innerem Stofftransport sowie chemischer Reaktion untersuchen wollen, müssen wir natürlich die Voraussetzung b) aufgeben; die Voraussetzungen a) und c) werden beibehalten, allerdings mit der Vereinfachung, daß die Reaktion 1. Ordnung sei ($r_S = k_S\, c_A$).

Die auf die Einheit der äußeren Oberfläche eines Katalysatorteilchens in der Zeiteinheit *übergehende Menge* des Reaktionspartners A ist nach Gl. (12-3):

$$J_A = \beta\,(c_{A,\,F} - c_{A,\,S}).\qquad\qquad\qquad\qquad (12\text{-}123)$$

Die an der äußeren und inneren Oberfläche eines Katalysatorteilchens in der Zeiteinheit durch chemische Reaktion *umgesetzte Menge* des Reaktionspartners A ist

$$(\dot{n}_A)_R = k_S\, S_{ex}\, c_{A,\,S} + k_S\, S_{in}\, \bar{c}_A\qquad\qquad (12\text{-}124)$$

(k_S = Reaktionsgeschwindigkeitskonstante, bezogen auf die Einheit der Oberfläche; S_{ex}, S_{in} = äußere bzw. innere Oberfläche eines Katalysatorteilchens; $c_{A,\,S}$ = Konzentration von A an der äußeren Oberfläche; $\bar{c}_A$ = mittlere Konzentration von A im Inneren des Katalysatorteilchens).

Die mittlere Konzentration von A im Katalysatorteilchen erhält man als Funktion von $c_{A,\,S}$ mit Hilfe des Porennutzungsgrades; aus Gl. (12-68) folgt:

$$\eta = \frac{k_{V_s}\,\bar{c}_A}{k_{V_s}\,c_{A,\,S}} = \frac{k_S\,\bar{c}_A}{k_S\,c_{A,\,S}} = \frac{\bar{c}_A}{c_{A,\,S}}.\qquad\qquad (12\text{-}125)$$

Unter Berücksichtigung dieser Gleichung erhält man aus Gl. (12-124) für die auf die Einheit der äußeren Oberfläche eines Katalysatorteilchens bezogene (Äquivalent-) Reaktionsgeschwindigkeit:

$$r_{S_{ex}} = \frac{(\dot{n}_A)_R}{S_{ex}} = k_S\, c_{A,\,S}\left(1 + \eta\,\frac{S_{in}}{S_{ex}}\right).\qquad\qquad (12\text{-}126)$$

Im stationären Zustand muß gelten:

$$J_A = r_{S_{ex}}.\qquad\qquad\qquad\qquad (12\text{-}127)$$

Setzt man in diese Gleichung die Gln. (12-123) und (12-126) ein, so folgt für die Konzentration von A an der äußeren Oberfläche:

$$c_{A,S} = \frac{\beta\, c_{A,F}}{\beta + k_S \left(1 + \eta\, \dfrac{S_{in}}{S_{ex}}\right)}. \qquad (12\text{-}128)$$

Zu der auf die *Einheit der äußeren Oberfläche* eines Katalysatorteilchens bezogenen *effektiven (Äquivalent-)Reaktionsgeschwindigkeit* $(r_{eff})_{S_{ex}}$ als Funktion von $c_{A,F}$ gelangt man, wenn man in Gl. (12-126) $c_{A,S}$ nach Gl. (12-128) ersetzt:

$$(r_{eff})_{S_{ex}} = \frac{(r_{eff})_{V_s}}{(S_{ex})_{V_s}} = \frac{(r_{eff})_{m_s}}{(S_{ex})_{m_s}} = \frac{c_{A,F}}{\dfrac{1}{\beta} + \dfrac{1}{k_S \left(1 + \eta\, \dfrac{S_{in}}{S_{ex}}\right)}} = (k_{eff})_{S_{ex}}\, c_{A,F} \qquad (12\text{-}129)$$

$[(r_{eff})_{V_s}, (r_{eff})_{m_s} =$ auf die Volumeneinheit bzw. Masseneinheit des Feststoffs (Katalysators) bezogene effektive Reaktionsgeschwindigkeiten; $(S_{ex})_{V_s}, (S_{ex})_{m_s} =$ äußere Oberflächen, bezogen auf die Volumeneinheit bzw. Masseneinheit des Feststoffs].

In Gl. (12-129) ist $(k_{eff})_{S_{ex}}$ die effektive Reaktionsgeschwindigkeitskonstante, bezogen auf die Einheit der äußeren Oberfläche des Feststoffs:

$$(k_{eff})_{S_{ex}} = \frac{1}{\dfrac{1}{\beta} + \dfrac{1}{k_S \left(1 + \eta\, \dfrac{S_{in}}{S_{ex}}\right)}} = \frac{(k_{eff})_{V_s}}{(S_{ex})_{V_s}} = \frac{(k_{eff})_{m_s}}{(S_{ex})_{m_s}} \qquad (12\text{-}130)$$

$[(k_{eff})_{V_s}$ und $(k_{eff})_{m_s}$ sind die auf die Volumeneinheit bzw. die Masseneinheit des Feststoffs bezogenen effektiven Reaktionsgeschwindigkeitskonstanten].

Für ein *kugelförmiges Katalysatorkorn* vom Radius R_S gilt:

$$(S_{ex})_{V_s} = \frac{S_{ex}}{V_s} = \frac{4\pi R_S^2}{4\pi R_S^3/3} = \frac{3}{R_S} \qquad (12\text{-}131)$$

und

$$(S_{ex})_{m_s} = \frac{S_{ex}}{m_s} = \frac{S_{ex}}{V_s\, \varrho_s} = \frac{3}{R_S\, \varrho_s} \qquad (12\text{-}132)$$

$(\varrho_s = m_s/V_s =$ scheinbare Dichte des Feststoffs).

Man kann daher für die auf die Masseneinheit des kugelförmigen Korns bezogene effektive Reaktionsgeschwindigkeit $(r_{eff})_{m_s}$ nach Gl. (12-129) schreiben:

$$(r_{eff})_{m_s} = \frac{3}{R_S\, \varrho_s} \cdot \frac{c_{A,F}}{\left[\dfrac{1}{\beta} + \dfrac{1}{k_S \left(1 + \eta\, \dfrac{R_S}{3}\, (S_{in})_{V_s}\right)}\right]} = (k_{eff})_{m_s}\, c_{A,F} \qquad (12\text{-}133)$$

$[(S_{in})_{V_s}$ = innere Oberfläche, bezogen auf die Volumeneinheit des Feststoffs (Katalysators)].

In Gl. (12-133) ist

$$(k_{eff})_{m_s} = \frac{3}{R_S \varrho_s} \cdot \frac{1}{\left[\dfrac{1}{\beta} + \dfrac{1}{k_S\left(1 + \eta\,\dfrac{R_S}{3}\,(S_{in})_{V_s}\right)}\right]} \cdot \qquad (12\text{-}134)$$

Zur Berechnung von k_S mit Hilfe der Beziehung von Arrhenius [Gl. (12-22)] ist stets die Temperatur T_S an der äußeren Kornoberfläche zu verwenden. Liegen im Korn Temperaturgradienten vor, so ist der Porennutzungsgrad η aus Abb. 12-7 zu entnehmen. Sind im Korn keine Temperaturgradienten vorhanden (isothermer Fall), so ist η für ein kugelförmiges Teilchen aus Gl. (12-96) bzw. für die Sonderfälle. $\sqrt{Da_{II}} \ll 1$, $\sqrt{Da_{II}} \geq 3$, $\sqrt{Da_{II}} \gg 1$ aus den Gln. (12-97) bis (12-98b) in die Gln. (12-133) bzw. (12-134) einzusetzen. Mit Gl. (12-96) folgt für ein kugelförmiges Teilchen aus Gl. (12-133):

$$(r_{eff})_{m_s} = \frac{3}{R_S \varrho_s} \frac{c_{A,F}}{\left\{\dfrac{1}{\beta} + \dfrac{1}{k_S\left[1 + \dfrac{R_S(S_{in})_{V_s}}{\sqrt{Da_{II}}}\left(\dfrac{1}{\tanh\sqrt{Da_{II}}} - \dfrac{1}{\sqrt{Da_{II}}}\right)\right]}\right\}} . \quad (12\text{-}135)$$

Einige einfachere Sonderformen dieser Gleichung für spezielle Fälle sind in Tabelle 12/1 aufgeführt; diese lasssen sich jedoch leichter aus der Gl. (12-133) ableiten.

Wenn $\sqrt{Da_{II}} \ll 1$ ist, so werden die Poren praktisch vollständig ausgenützt ($\eta \approx 1$) und die Konzentration innerhalb des Teilchens ist nahezu konstant [Gln. (12-136a) bis (12-136e)]. Wie groß aber die Konzentration innerhalb des Teilchens ist, hängt vom relativen Einfluß des Stoffübergangskoeffizienten β ab. Ist $\beta \gg k_S[3 + R_S(S_{in})_{V_s}]/3$, so wird $(r_{eff})_{m_s}$ nur durch die chemische Reaktion bestimmt [Gl. (12-136b)].

Ist $\sqrt{Da_{II}} \geq 3$, so findet die Reaktion im wesentlichen in der Nähe der äußeren Oberfläche statt, d.h. die Poren werden nur unvollständig ausgenützt [Gln. (12-136d) bis (12-136f)]. Ist $\sqrt{Da_{II}} \gg 1$ und $\beta \gg D_e \sqrt{Da_{II}}/R_S$, so ist $(r_{eff})_{m_s}$ proportional $\sqrt{k_S(S_{in})_{V_s} D_e}$ [Gl. (12-136e)]; ist dagegen $\beta \ll D_e \sqrt{Da_{II}}/R_S$, so ist $(r_{eff})_{m_s}$ proportional β.

Bei nicht porösen Teilchen [$(S_{in})_{V_s} = 0$, Gl. (12-136g)], können, wie bereits in den Abschnitten 12.1 und 12.2.1 diskutiert wurde, die beiden Grenzfälle auftreten, bei welchen $(r_{eff})_{m_s}$ entweder von der Geschwindigkeit der chemischen Reaktion bestimmt wird [$k_S \ll \beta$, Gl. (12-136h)], oder von der Geschwindigkeit des Stoffübergangs [$k_S \gg \beta$, Gl. (12-136i)]. Die Gleichungen für die effektive Reaktionsgeschwindigkeit sind in allen denjenigen Fällen identisch, in welchen $(r_{eff})_{m_s}$ durch den Stoffübergangskoeffizienten bestimmt wird [vgl. die Gln. (12-136c), (12-136f) und (12-136i)].

Die Temperaturabhängigkeit der effektiven Reaktionsgeschwindigkeit wird im wesentlichen durch den relativen Einfluß der physikalischen Transportvorgänge bestimmt; diese sind viel weniger von der Temperatur abhängig als die chemische Reaktion selbst. Man erkennt dies leicht, wenn man $\log(r_{eff})_{m_s}$ als Funktion von $1/T$ aufträgt; eine solche Auftragung ist in Abb. 12-8 für verschiedene Fälle dargestellt, wobei die Steigung der Kurven ein Maß für die *„Aktivierungsenergie"* der *effektiven Reaktionsgeschwindigkeit* ist. Die *Aktivierungsenergie der chemischen Reaktion* selbst kommt jedoch in der Steigung der Kurven nur dann zum Ausdruck, wenn die Temperaturen so niedrig sind (große Werte für $1/T$), daß Gl. (13-136b) gilt (Kurvenabschnitte b). Wird die Temperatur erhöht, so kann entweder der Stoffübergang unmittelbar für die effektive Reaktionsgeschwindigkeit bestimmend werden (Kurve 1, Abschnitt c, wenn $\beta\, R_S/D_e \ll \sqrt{Da_{II}}$ ist), oder aber auch erst dann, wenn ein Temperaturbereich durchschritten ist, für welchen die Gl. (12-136e) gilt (Kurve 2). In dem eben erwähnten Temperaturbereich (Kurve 2, Abschnitt e) beträgt die experimentell zu beobachtende Aktivierungsenergie für die effektive Reaktionsgeschwindigkeit ungefähr die Hälfte der Aktivierungsenergie der chemischen Reaktion, wie aus Gl. (13-136e) hervorgeht, wenn man darin k_S nach Gl. (12-22) substituiert:

$$(r_{eff})_{m_s} = \frac{3}{R_S\,\varrho_S}\sqrt{k_S\,(S_{in})_{V_s}\,D_e}\;c_{A,F} = \frac{3\,c_{A,F}}{R_S\,\varrho_S}\sqrt{(k_0)_S\,(S_{in})_{V_s}\,D_e}\cdot e^{-E/2\,R\,T_S}. \quad (12\text{-}137)$$

Ist bei porösen Feststoffen (Katalysatoren) deren innere Oberfläche relativ klein, so kann der Fall eintreten, daß bei einer Temperaturerhöhung (abnehmender Wert für $1/T$) anschließend an den Bereich mit der halben Aktivierungsenergie wieder ein Temperaturbereich mit der chemischen Aktivierungsenergie auftritt (Kurve 3, Abschnitt h). Die Ursache hierfür ist, daß die innere Oberfläche überhaupt nicht mehr wirksam ist, so daß die chemische Reaktion an der äußeren Oberfläche die effektive Reaktionsgeschwindigkeit bestimmt.

Aus diesen Überlegungen kann man ersehen, daß experimentell bestimmte Aktivierungsenergien sowohl katalysierter als auch nicht-katalysierter heterogener Reaktionen an der Grenzfläche zwischen einer fluiden und einer festen Phase häufig nicht der Aktivierungsenergie der eigentlichen chemischen Reaktion entsprechen. Daher kann auch die Extrapolation experimenteller Ergebnisse auf andere Temperaturen zu vollkommen falschen Aussagen führen. Dies kann aber auch der Fall sein, wenn man auf andere Korngrößen extrapoliert.

Es wurde erwähnt, daß unsere Betrachtungen auch für nicht-katalysierte heterogene Reaktionen gelten. So wurde für die Reaktion zwischen Sauerstoff und porösem Kohlenstoff ein der Kurve 2 in Abb. 12-8 analoger Kurvenverlauf gefunden [14, 17] ebenso für die Reaktion zwischen Sauerstoff und porösen Koksteilchen [17, 18].

Tabelle 12/1. Formen der Gl. (12-135) für spezielle Fälle

Langsame Reaktion in einem porösen Korn

$\sqrt{Da_{II}} \ll 1$, d. h. $\eta \approx 1$;

[Gl. (12-97)]

$$(r_{eff})_{m_s} = \frac{3}{R_S \, \varrho_S} \frac{c_{A,F}}{\left[\dfrac{1}{\beta} + \dfrac{3}{k_S \left[3 + R_S \left(S_{in}\right)\nu_s\right]}\right]} \qquad (12\text{-}136a)$$

Grenzfälle:

$\dfrac{1}{\beta} \ll \dfrac{3}{k_S \left[3 + R_S \left(S_{in}\right)\nu_s\right]}$;

$$(r_{eff})_{m_s} = \frac{k_S}{R_S \, \varrho_S} \left[3 + R_S \left(S_{in}\right)\nu_s\right] c_{A,F} \qquad (12\text{-}136b)$$

$\dfrac{1}{\beta} \gg \dfrac{3}{k_S \left[3 + R_S \left(S_{in}\right)\nu_s\right]}$;

$$(r_{eff})_{m_s} = \frac{3}{R_S \, \varrho_S} \, \beta \, c_{A,F} \qquad (12\text{-}136c)$$

Schnelle Reaktion in einem porösen Korn

$\sqrt{Da_{II}} \geq 3$, d. h. $\eta = \dfrac{3 \left(\sqrt{Da_{II}} - 1\right)}{Da_{II}}$;

[Gl. (12-98a)]

und $R_S \left(S_{in}\right)\nu_s \gg \dfrac{Da_{II}}{\sqrt{Da_{II}} - 1}$

$$(r_{eff})_{m_s} = \frac{3}{R_S \, \varrho_S} \frac{c_{A,F}}{\left[\dfrac{1}{\beta} + \dfrac{R_S}{D_e \left(\sqrt{Da_{II}} - 1\right)}\right]} \qquad (12\text{-}136d)$$

Grenzfälle:

$$\sqrt{Da_{II}} \gg 1, \quad \frac{1}{\beta} \ll \frac{R_S}{D_e \sqrt{Da_{II}}} ;$$

[Glg. (12-98b)]

$$(r_{eff})_{m_s} = \frac{3}{R_S \, \varrho_S} \sqrt{k_S \, (S_{in})_{v_s} \, D_e \, c_{A,F}} \qquad (12\text{-}136e)$$

$$\frac{1}{\beta} \gg \frac{R_S}{D_e \sqrt{Da_{II}}} ;$$

$$(r_{eff})_{m_s} = \frac{3}{R_S \, \varrho_S} \, \beta \, c_{A,F} \qquad (12\text{-}136f)$$

Reaktion an der äußeren Oberfläche eines nicht porösen Korns

$$(S_{in})_{v_s} = 0 ;$$

$$(r_{eff})_{m_s} = \frac{3}{R_S \, \varrho_S} \, \frac{c_{A,F}}{[1/\beta + 1/k_S]} \qquad (12\text{-}136g)$$

Grenzfälle:

$$1/\beta \ll 1/k_S ;$$

$$(r_{eff})_{m_s} = \frac{3}{R_S \, \varrho_S} \, k_S \, c_{A,F} \qquad (12\text{-}136h)$$

$$1/\beta \gg 1/k_S ;$$

$$(r_{eff})_{m_s} = \frac{3}{R_S \, \varrho_S} \, \beta \, c_{A,F} \qquad (12\text{-}136i)$$

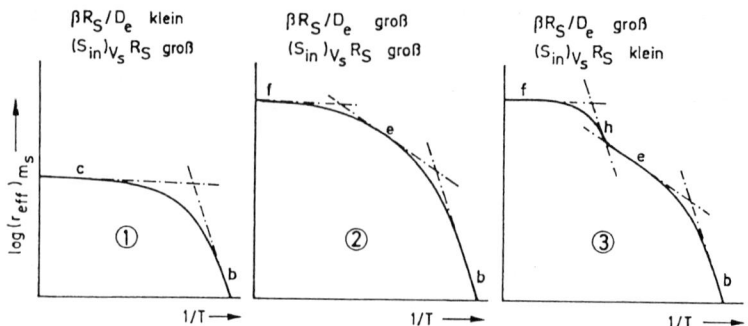

Abb. 12-8. Schematische Darstellung der effektiven Reaktionsgeschwindigkeit $(r_{eff})_{m_s}$ als Funktion der reziproken Temperatur

12.2.3.1 Diffusion in porösen Festkörpern

Die charakteristische Größe für den Einfluß von inneren Transportvorgängen bei heterogenen Reaktionen an der Grenzfläche zwischen einer fluiden Phase und einem porösen Feststoff ist die Damköhler-Zahl 2. Art, s. Gl. (12-53). Diese hängt im allgemeinen Fall außer von der Geschwindigkeitskonstanten k_v der chemischen Reaktion, der Konzentration $c_{A,S}$ des Reaktionspartners A an der äußeren Feststoffoberfläche und einer charakteristischen Länge auch vom effektiven Diffusionskoeffizienten D_e innerhalb des Porengefüges, wo reaktionsfähige oder katalysierende Oberfläche zur Verfügung steht, ab.

Ist die fluide Phase gasförmig, so liegt in den Poren normale *molekulare Diffusion* dann vor, wenn die mittlere freie Weglänge Λ der Gasmoleküle klein ist gegenüber dem Porendurchmesser d_{Pore}. Ist aber $d_{Pore} \ll \Lambda$, so erfolgt der Stofftransport in der Pore durch *Knudsen-Diffusion* (s. u.). Bei großen Druckgradienten entlang einer Pore kann der molekularen und Knudsen-Diffusion noch ein Transport durch die sog. *Poiseuille-Strömung überlagert sein. Schließlich kann in bestimmten Fällen auch die Oberflächendiffusion* adsorbierter Moleküle zum Stofftransport in der Pore beitragen.

Molekulare Diffusion

Liegt in einem ruhenden binären Fluidgemisch aus den Komponenten A und B z. B. in y-Richtung ein Konzentrationsgradient der Komponente A vor, so ist unter stationären Bedingungen die Diffusionsstromdichte J_A der Komponente A nach dem 1. Fickschen Gesetz (s. a. Abschnitt 4.4.1)

$$J_A = - D_{AB} \frac{dc_A}{dy} = - D_{AB} c_{ges} \frac{dx_A}{dy}. \tag{12-138}$$

D_{AB} ist der *binäre molekulare Diffusionskoeffizient* der Komponente A, die durch B hindurchdiffundiert. D_{AB} hängt von den molekularen Eigenschaften beider Komponenten, außerdem von der Temperatur und der Gesamtkonzentration bzw. dem Gesamtdruck ab.

Der Diffusionsstrom in die Poren eines Feststoffteilchens kann analog wie im freien Gasraum durch das 1. Ficksche Gesetz unter Anwendung eines *effektiven Diffusionskoeffizienten* beschrieben werden. Dieser trägt der Tatsache Rechnung, daß die Fläche der Porenöffnungen nur einen bestimmten Anteil ε_p der äußeren Gesamtfläche des porösen Feststoffteilchens ausmacht, und daß die Poren keine ideale Zylinderform haben, sondern unregelmäßige Gestalt, und daß sie außerdem noch labyrinthartig miteinander verbunden sind, was durch einen sog. *Labyrinthfaktor* $1/\tau$ (τ wird als *Tortuositätsfaktor* bezeichnet) berücksichtigt wird. Für den auf die Oberfläche des Feststoffteilchens bezogenen Diffusionsstrom einer Komponente A in einem binären Gasgemisch gilt dann

$$J_A = -\frac{D_{AB}\,\varepsilon_p}{\tau} \cdot \frac{dc_A}{dy} = -D_{AB,e} \cdot \frac{dc_A}{dy} . \tag{12-139}$$

$D_{AB,e}$ ist hierbei ein effektiver binärer *(molekularer) Diffusionskoeffizient*. Für ε_P nimmt man meist vereinfachend an, daß dessen Wert dem relativen Porenvolumen des Feststoffes entspricht ($0,2 < \varepsilon_P < 0,7$). Da das Porengefüge im allgemeinen sehr komplex ist, kann τ nicht a priori berechnet werden, sondern muß experimentell ermittelt werden. Zur Berechnung des effektiven Diffusionskoeffizienten wird für τ, sofern nicht experimentell bestimmt, gewöhnlich ein Wert von 3 oder 4 als Näherung verwendet [19].

Molekulare Gasdiffusionskoeffizienten

Für Gase können die binären Diffusionskoeffizienten D_{AB} nach der *Chapman-Enskog-Beziehung* [20] auf etwa 10% genau berechnet werden (bei mäßigen Temperaturen und Drücken). Sie lautet

$$D_{AB} = 0,0018583 \cdot \frac{T^{3/2}(1/M_A + 1/M_B)^{1/2}}{p_{ges}\,\sigma_{AB}^2\,\Omega_{AB}} \; [m^2 \cdot s^{-1}], \tag{12-140}$$

- $T\,[K]$ thermodynamische Temperatur,
- $M_A, M_B\,[kg \cdot kmol^{-1}]$ molare Massen der Komponenten A und B,
- $p_{ges}\,[atm]$ Gesamtdruck der Gasmischung,
- $\sigma_{AB}\,[10^{-10}\,m]$ Kraftkonstante der Funktion für das Lennard-Jones Potential,
- $\Omega_{AB}\,[-]$ Kollisionsintegral.

Das Kollisionsintegral Ω_{AB} hängt von der Kraftkonstante ε_{AB} ab ($k_B = 1,38062 \cdot 10^{-23}\,J \cdot K^{-1}$; Boltzmann-Konstante):

$$\Omega_{AB} = f(k_B\,T/\varepsilon_{AB}). \tag{12-141}$$

Dieser funktionale Zusammenhang ist in Tab. 12/3 wiedergegeben. Die Kraftkonstanten σ_{AB} und ε_{AB} können aus den Konstanten der Komponenten A und B

Tabelle 12/2. Lennard-Jones-Kraftkonstanten (Zusammenstellung aus [21])

Tabelle 12/3. Werte für das Kollisionsintegral Ω_{AB} in Abhängigkeit von $k_B T/\varepsilon_{AB}$ (aus [20])

Verbindung	$\dfrac{\varepsilon}{k_B}[K]$	σ $[10^{-10}\,m]$	$\dfrac{k_B T}{\varepsilon_{AB}}$	Ω_{AB}	$\dfrac{k_B T}{\varepsilon_{AB}}$	Ω_{AB}
Aceton	560,2	460,0	0,30	2,662	2,7	0,9770
Acetylen	231,8	403,3	0,35	2,476	2,8	0,9672
Ammoniak	558,3	290,0	0,40	2,318	2,9	0,9576
Argon	93,3	354,2	0,45	2,184	3,0	0,9490
Benzol	412,3	534,9	0,50	2,066	3,1	0,9406
Brom	507,9	429,6	0,55	1,966	3,2	0,9328
i-Butan	330,1	527,8	0,60	1,877	3,3	0,9256
Chlor	316	421,7	0,65	1,798	3,4	0,9186
Chloroform	340,2	538,9	0,70	1,729	3,5	0,9120
Chlorwasserstoff	344,7	333,9	0,75	1,667	3,6	0,9058
Cyan	348,6	436,1	0,80	1,612	3,7	0,8998
Cyanwasserstoff	569,1	363,0	0,85	1,562	3,8	0,8942
Cyclohexan	297,1	618,2	0,90	1,517	3,9	0,8888
Cyclopropan	248,9	480,7	0,95	1,476	4,0	0,8836
Ethan	215,7	444,3	1,00	1,439	4,1	0,8777
Ethanol	362,6	453,0	1,05	1,406	4,2	0,8740
Ethylen	224,7	416,3	1,10	1,375	4,3	0,8694
Fluor	112,6	335,7	1,15	1,346	4,4	0,8652
Helium	10,22	255,1	1,20	1,320	4,5	0,8610
n-Hexan	339,3	594,9	1,25	1,296	4,6	0,8568
Iod	474,2	516,0	1,30	1,273	4,7	0,8530
Iodwasserstoff	288,7	421,1	1,35	1,253	4,8	0,8492
Kohlendioxid	195,2	394,1	1,40	1,233	4,9	0,8456
Kohlendisulfid	467	448,3	1,45	1,215	5,0	0,8422
Kohlenmonoxid	91,7	369,0	1,50	1,198	6	0,8124
Kohlenoxidsulfid	336	413,0	1,55	1,182	7	0,7896
Krypton	178,9	365,5	1,60	1,167	8	0,7712
Luft	78,6	371,1	1,65	1,153	9	0,7556
Methan	148,6	375,8	1,70	1,140	10	0,7424
Methanol	481,8	362,6	1,75	1,128	20	0,6640
Methylenchlorid	356,3	489,8	1,80	1,116	30	0,6232
Methylchlorid	350	418,2	1,85	1,105	40	0,5960
Neon	32,8	282,0	1,90	1,094	50	0,5756
n-Pentan	341,1	578,4	1,95	1,084	60	0,5596
Propan	237,1	511,8	2,00	1,075	70	0,5464
n-Propanol	576,7	454,9	2,1	1,057	80	0,5352
Propen	298,9	467,8	2,2	1,041	90	0,5256
Quecksilber	750	296,9	2,3	1,026	100	0,5130
Sauerstoff	106,7	346,7	2,4	1,012	200	0,4644
Schwefeldioxid	335,4	411,2	2,5	0,9996	400	0,4170
Schwefelwasserstoff	301,1	362,3	2,6	0,9878		
Stickstoff	71,4	379,8				
Stickstoffdioxid	116,7	349,2				
Stickstoffmonoxid	232,4	382,8				
Tetrachlorkohlenstoff	322,7	594,7				
Wasser	809,1	264,1				
Wasserstoff	59,7	282,7				

Tabelle 12/4. Ausgewählte atomare Volumeninkremente in $cm^3 \cdot mol^{-1}$ für die Abschätzung des Molvolumens in $cm^3 \cdot mol^{-1}$ bei Siedetemperatur unter 1 bar (aus einer Zusammenstellung in [21])

Kohlenstoff		14,8
Wasserstoff		3,7
Sauerstoff	allgemein $(-O-)$	7,4
	Carbonyl-Verbindungen, Säuren	12,0
	in Methylestern	9,1
	in höheren Estern und Ethern	11,0
	verbunden mit S, P, N	8,3
Stickstoff	doppelt gebunden	15,6
	in primären Aminen	10,5
	in sekundären Aminen	12,0
Brom		27,0
Chlor	endständig	21,6
	nicht-endständig	24,6
Fluor		8,7
Iod		37,0
Schwefel		25,6
Ringe	dreigliedrig	− 6,0
	viergliedrig	− 8,5
	fünfgliedrig	−11,5
	sechsgliedrig	−15,0
	Naphthalin	−30,0
	Anthracen	−47,5

Beispiele
Ethanol: $2 \cdot 14,8 + 7,4 + 6 \cdot 3,7 = 59,2 \, cm^3 \cdot mol^{-1}$ ($62,4 \, cm^3 \cdot mol^{-1}$)*
Benzol: $6 \cdot 14,8 + 6 \cdot 3,7 - 15,0 = 96,0 \, cm^3 \cdot mol^{-1}$ ($96,0 \, cm^3 \cdot mol^{-1}$)*
Pyridin: $5 \cdot 14,8 + 5 \cdot 3,7 + 15,6 - 15,0 = 93,1 \, cm^3 \cdot mol^{-1}$ ($89,3 \, cm^3 \cdot mol^{-1}$)*

* aus experimentellen Daten ermittelt

berechnet werden:

$$\varepsilon_{AB} = \sqrt{\varepsilon_A \varepsilon_B}, \tag{12-142}$$

$$\sigma_{AB} = 0,5 \, (\sigma_A + \sigma_B). \tag{12-143}$$

Die Kraftkonstanten sind für viele Gase in der Literatur angegeben; einige sind in Tabelle 12/2 zusammengefaßt. Falls für eine Komponente keine Daten verfügbar sind, können diese mittels folgender empirischer Beziehungen abgeschätzt werden:

$$\frac{k_B T}{\varepsilon} = 1,30 \, \frac{T}{T_{krit}}, \tag{12-144}$$

$$\sigma = 1,18 \, V_{Kp}^{1/3} \tag{12-145}$$

(T_{krit} [K] kritische Temperatur, V_{Kp} [$cm^3 \cdot mol^{-1}$] molares Volumen bei der Kondensationstemperatur unter Normaldruck). Das molare Volumen läßt sich gegebenenfalls aus den in Tab. 12/4 aufgeführten Inkrementen additiv errechnen.

Molekulare Flüssigkeitsdiffusionskoeffizienten

Diffusionskoeffizienten in Flüssigkeiten lassen sich bisher im allgemeinen nicht theoretisch vorausberechnen. Sie müssen daher in der Regel experimentell ermittelt werden. Nur für verdünnte Lösungen kann man mit Hilfe einer empirischen Beziehung von Wilke und Chang [22] den Diffusionskoeffizienten für die gelöste Komponente abschätzen:

$$D_{AB} = 7,4 \cdot 10^{-10} \frac{T(X \cdot M_B)^{0,5}}{\eta (V_{Kp})^{0,6}} \; [cm^2 \cdot s^{-1}] \tag{12-146}$$

$[M_B [kg\,kmol^{-1}]$ molare Masse des Lösungsmittels, $\eta\,[g\,cm^{-1}\,s^{-1}]$ dynamische Zähigkeit der Lösung, X Assoziationsparameter (2,6 für H_2O; 1,9 für CH_3OH; 1,5 für C_2H_5OH; 1 für C_6H_6)].

Knudsen-Diffusion

Bei kleinen Gasdrücken und/oder kleinen Porendurchmessern können die diffundierenden Gasmoleküle sehr viel häufiger auf die Porenwand auftreffen, als daß sie mit anderen Molekülen zusammenstoßen. Der entsprechende Stofftransportvorgang wird als *Knudsen-Diffusion* bezeichnet. Diese tritt dann auf, wenn der Porendurchmesser d_{Pore} kleiner ist als die mittlere freie Weglänge Λ. Diese Bedingungen für die Knudsen-Diffusion, d. h. Porendurchmesser und Druck, sind annähernd

d_{Pore}	[nm]	< 1000	< 100	< 10	< 2
p	[bar]	0,1	1	10	50

Aus der kinetischen Gastheorie ergibt sich unter Zugrundelegung des idealen Gasgesetzes für den *Knudsen-Diffusionskoeffizienten* $(D_K)_i$ in einer einzelnen zylindrischen Pore:

$$(D_K)_i = 4850 \, d_{Pore} \sqrt{\frac{T}{M_i}} \; [cm^2 \cdot s^{-1}]. \tag{12-147}$$

Der Porendurchmesser d_{Pore} ist in cm einzusetzen, T in K und M_i in $kg \cdot kmol^{-1}$. Erfolgt die Knudsen-Diffusion nicht in einer Einzelpore, sondern in einem porösen Feststoff, so müssen wie in Gl. (12-139) wieder das relative Porenvolumen ε_p und der Tortuositätsfaktor τ_K eingeführt werden, womit aus Gl. (12-147) der effektive Knudsen-Diffusionskoeffizient $(D_K)_{i,e}$ folgt:

$$(D_K)_{i,e} = 4850 \frac{\varepsilon_p \, d_{Pore}}{\tau_K} \sqrt{\frac{T}{M_i}} \; . \tag{12-148}$$

Meist wird für molekulare und Knudsen-Diffusion der gleiche Wert für den Tortuositätsfaktor zugrunde gelegt, was jedoch streng genommen nicht zulässig ist.

Die vorstehenden Ausführungen wurden auf Gase beschränkt, weil in Flüssigkeiten die freien Weglängen der Molekülbewegungen stets beträchtlich kleiner sind als die praktisch vorliegenden Porendurchmesser.

Diffusiver Stofftransport im Übergangsbereich zwischen molekularer und Knudsen-Diffusion

Sowohl bei der heterogenen Gaskatalyse als auch bei Gas/Feststoff-Reaktionen können in einem porösen Feststoff aufgrund der Gaskonzentration (des Gasdruckes) und des Porendurchmessers solche Verhältnisse vorliegen, daß sich das System im Übergangsbereich zwischen molekularer und Knudsen-Diffusion befindet. Dies ist dann der Fall, wenn die mittlere freie Weglänge der diffundierenden Moleküle in der Größenordnung des Porendurchmessers liegt. Ist J_A die Stoffmengenstromdichte $[mol/(m^2 \cdot s)]$ des Stoffes A in einer binären Gasmischung (Komponenten A und B), so gilt nach [23] und [24]:

$$J_A = - \frac{p}{RT} D_e \frac{dx_A}{dy} \,.$$ (12-149)

In Gl. (12-149) ist x_A der Molenbruch von A, y die Ortskoordinate in Diffusionsrichtung und D_e ein zusammengesetzter effektiver Diffusionskoeffizient, für den gilt:

$$D_e = \frac{1}{\dfrac{(1 - \varkappa \, x_A)}{D_{AB,e}} + \dfrac{1}{(D_K)_{A,e}}}$$ (12-150)

$[D_{AB,e}$ = effektiver binärer molekularer Diffusionskoeffizient, $(D_K)_{A,e}$ = effektiver Knudsen-Diffusionskoeffizient].
$\varkappa$ ergibt sich aus dem Verhältnis der Stoffmengenstromdichten J_A und J_B:

$$\varkappa = 1 + \frac{J_B}{J_A} \,.$$ (12-151)

Findet eine volumenbeständige Reaktion $A \rightarrow B$ in einer Pore statt, so ist im stationären Zustand $J_B = - J_A$ und damit $\varkappa = 0$. Bei einer nicht volumenbeständigen Reaktion unter konstantem Druck und Diffusion der Komponenten A und B eines binären Gemischs in entgegengesetzter Richtung gilt:

$$\frac{J_B}{J_A} = - \sqrt{\frac{M_A}{M_B}} \qquad (M_A, M_B = \text{molare Massen von A und B}).$$ (12-152)

Infolge der unregelmäßigen Anordnung, der Verwindungen und der Verbindungen der Poren untereinander ist es nur in seltenen Fällen möglich, die effektiven Diffusionskoeffizienten D_e in einem porösen Feststoff aus den Werten für $D_{AB,e}$ bzw. $(D_K)_{A,e}$ zu berechnen. Es ist daher angebracht, effektive Diffusionskoeffizienten

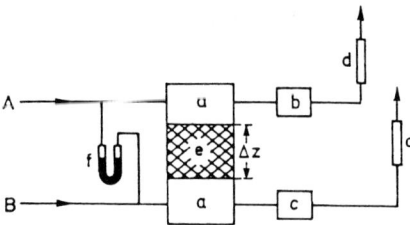

Abb. 12-9. Apparatur zur Messung von Diffusionsgeschwindigkeiten in porösen Feststoffen bei konstantem Druck; a Mischkammern, b Analysator zur Bestimmung der Konzentration von B im Strom von A, c Analysator zur Bestimmung der Konzentration von A im Strom von B, d Strömungsmesser, e Katalysatorprobe, f Druckausgleich

experimentell zu ermitteln. Da Reaktoren für Gas/Fest-Reaktionen gewöhnlich unter stationären Bedingungen und bei nahezu konstantem Druck betrieben werden, erfolgen auch die Messungen zur Ermittlung von D_e unter solchen Bedingungen. Eine hierfür geeignete Apparatur ist schematisch in Abb. 12-9 wiedergegeben [19].

Der effektive Diffusionskoeffizient D_e wird durch die Gl. (12-149) definiert. Ist D_e von der Zusammensetzung des Gasgemisches unabhängig, so ergibt sich durch Integration dieser Gleichung:

$$D_e = - J_A \frac{\Delta y}{(x_{A,2} - x_{A,1})} \cdot \frac{RT}{p} \qquad (12\text{-}153)$$

($\Delta y = y_2 - y_1 =$ Dicke der Katalysatorprobe).

Bei der in Abb. 12-9 dargestellten Meßanordnung werden die Stoffmengenanteile in den Analysatoren b und c gemessen, J_A aus den Stoffmengenanteilen und dem gemessenen Volumenstrom berechnet.

13. Heterogen katalysierte Gasreaktionen

Bei einer großen Anzahl chemischer Reaktionen kann die Geschwindigkeit des Reaktionsablaufs durch die Anwesenheit von Stoffen beeinflußt werden, welche weder Reaktionspartner noch Reaktionsprodukte sind. Derartige Stoffe, *Katalysatoren* genannt, können eine Reaktion beschleunigen („positive Katalysatoren") oder auch verzögern („negative Katalysatoren"). *Katalytisch beschleunigte Reaktionen* haben in der chemischen Industrie seit Beginn dieses Jahrhunderts zunehmend Bedeutung erlangt, und künftige Möglichkeiten der Reaktionsführung, welche sich durch Verwendung neuer Katalysatoren ergeben mögen, lassen sich noch nicht absehen. Nach einer Schätzung werden gegenwärtig bereits 70% aller industriellen chemischen Prozesse, von den modernen Prozessen sogar 90%, mit Hilfe von Katalysatoren durchgeführt. Obwohl eine enorm große Anzahl von Einzeltatsachen über katalysierte Reaktionen bekannt ist, sind die grundlegenden Zusammenhänge zwischen der Reaktionsgeschwindigkeit und den Katalysator- sowie Substrateigenschaften immer noch nicht ausreichend geklärt. In den folgenden Abschnitten sollen *heterogen katalysierte Reaktionen* behandelt werden.

Die größte technische Bedeutung haben heterogen katalysierte Reaktionen von Gasen bzw. Dämpfen, so z. B. zur Herstellung von Ammoniak, Schwefelsäure, Salpetersäure, Methanol, Phthalsäureanhydrid, ferner zur Umwandlung von Kohlenwasserstoffen: Krack- und Reformingprozesse, Dehydrierungsprozesse (z. B. Butadien und Buten aus Butan), zur Isomerisierung, Entschwefelung usw.

Im Rahmen dieses Buches wird nur auf die grundlegenden Gesichtspunkte der heterogen katalysierten *Gasreaktionen* eingegangen; für ein weitergehendes Studium wird auf die entsprechende Spezialliteratur verwiesen [1 bis 3].

13.1 Allgemeines über feste Katalysatoren

Die meisten Katalysatoren sind Metalle, Metalloxide, -chloride und -sulfide. Metalle, welche zu Wertigkeitsänderungen neigen, wie Cu, Fe, Co, Ni, Cr, V, Mo und Mn, eignen sich u. a. zur Beschleunigung von Oxidationsreaktionen. Edelmetalle, wie Ag, Pt und Pd, werden häufig für Hydrierungsreaktionen verwendet. Als oxidische Katalysatoren sind in erster Linie MgO, Al_2O_3, V_2O_5, Cr_2O_3, MnO, Fe_2O_3, CoO, NiO, CuO und ZnO zu nennen, bei denen oft Abweichungen von der stöchiometrischen Zusammensetzung auftreten.

Nichtmetallische Katalysatoren werden meist als einkomponentige Stoffe verwendet; sie enthalten höchstens zur Erhöhung der mechanischen Festigkeit geringe

Mengen von Bindemittel (z. B. Bimsmehl), daneben *beschleunigende* oder *selektivitätserhöhende* Zusätze (*Promotoren*).

Metallische Katalysatoren dagegen werden meist auf einer Trägersubstanz (Aluminiumoxide, Aluminiumsilicate, Kieselsäuren, Bentonite, Kaolin, Kohlenstoff) in feiner Verteilung niedergeschlagen; auch bei Metall/Träger-Katalysatoren werden oft Promotoren zugesetzt. In seltenen Fällen werden Metalle auch ohne Träger verwendet, z. B. Pt in Form feiner Drahtnetze bei der NH_3-Oxidation. Der Träger hat einerseits die Aufgabe, eine große Metalloberfläche je Masseneinheit des Metalls zu gewährleisten, andererseits ist die Tendenz der Metalle zum Zusammensintern geringer, wenn sie auf einen Träger aufgebracht sind. Trägersubstanzen können katalytisch inaktiv sein, aber auch die Wirkung eines *Promotors* auf das Metall ausüben. In anderen Fällen können sowohl das Metall als auch der Träger katalytisch wirksam sein, so der Pt/Al_2O_3-Katalysator, welcher bei petrochemischen Reaktionen verwendet wird.

Die *Katalysatoraktivität* nimmt häufig während des Betriebes ab; dieser sog. *Alterungsvorgang,* welcher bei Metall- und Metall/Träger-Katalysatoren auf eine allmähliche Umkristallisation oder Sinterung des Metalls zurückzuführen ist, drückt sich in einer Verringerung der Oberfläche der aktiven Komponente aus. Auch kann eine langsam fortschreitende Blockierung der Katalysatoroberfläche, z. B. durch Kohlenstoff oder hochsiedende Flüssigkeiten (z. B. Polymere) aus Nebenreaktionen, auftreten. Eine Verminderung der Katalysatoraktivität wird aber auch durch *Katalysatorgifte* – bekannt sind PH_3, AsH_3, H_2S, CO, COS, SO_2, Thiophen, Halogene und Hg – hervorgerufen; diese können schon in geringen Konzentrationen allmählich zu irreversiblen Veränderungen der Katalysatoroberfläche führen.

Da heterogen katalysierte Reaktionen an der Phasengrenze zwischen dem fluiden Reaktandengemisch und dem festen Katalysator stattfinden, wird man die Phasengrenzfläche, d. h. die Oberfläche des Katalysators, groß wählen. Daher wendet man den festen Katalysator in feiner Verteilung an, so in flüssigen Reaktandengemischen in Form von Pulveraufschlämmungen, in gasförmigen Reaktandengemischen als Schüttungen poröser Formkörper (Kugeln, Stränge oder Stifte) oder Körper von regelloser Form. Die Abmessungen solcher Körper liegen zwischen einigen Millimetern und einigen Zentimetern. In Fließbettreaktoren mit bewegtem Katalysator werden auch kleinere Körner eingesetzt.

Bei einer *Katalysatorschüttung* hat man zu unterscheiden zwischen dem Porenvolumen innerhalb eines einzelnen Katalysatorkorns und dem freien Volumen zwischen den Körnern (Zwischenkornvolumen). Das Zwischenkornvolumen ist eine unregelmäßige Anordnung verhältnismäßig großer, miteinander verbundener Hohlräume, deren Form von der Gestalt, Größe und Anordnung der Katalysatorkörner abhängt. Für ein durch die Katalysatorschüttung strömendes Medium ist der Strömungswiderstand umso geringer, je größer das Zwischenkornvolumen ist.

Das *Porenvolumen* innerhalb des Katalysatorkorns setzt sich aus relativ engen, in ihrer Weite häufig unterschiedlichen Hohlräumen und Kanälen zusammen, welche oft stark gewunden und verästelt sind und z. T. untereinander Querverbindungen aufweisen. Die *Porendurchmesser* technischer Katalysatoren liegen zwischen einigen Hundertstel bis einigen Hundert Mikrometer. Die Porenwände bilden die innere

Oberfläche des Katalysatorkorns; diese ist meist wesentlich größer als die äußere Oberfläche des Korns.

Die *spezifische Oberfläche* technischer Katalysatoren beträgt einige Zehntel bis einige Hundert Quadratmeter pro Gramm. Die spezifische Oberfläche wird meist mit Hilfe der *BET-Methode*[1]) durch Adsorption eines inerten Gases (z. B. Ar oder N_2) bei tiefer Temperatur bestimmt. Es sei jedoch festgehalten, daß die so bestimmte Oberfläche von der katalytisch wirksamen Fläche abweichen kann. Die Adsorption erfaßt die gesamte zugängliche innere Oberfläche, die jedoch meist nur zum Teil ausnützbar ist (s. 12.2.2.1, Porennutzungsgrad). Außerdem sind nur die sog. *„aktiven Zentren"* für die Chemisorption eines Reaktionspartners geeignet. Feste Katalysatoren haben meist kristalline Struktur, und als aktive Zentren können die Ecken und Kanten der Kristallite, die Berührungsstellen der Kristallite sowie die Fehlordnungsstellen im Kristallgitter wirken (s. z. B. [1, 2]). Schließlich kann, wenn der Katalysator auf einen Träger aufgebracht ist, nur ein Teil der Trägeroberfläche von katalytisch aktiven Atomen bedeckt sein.

13.2 Reaktionsmechanismen heterogen katalysierter Gasreaktionen

Bei unseren bisherigen Betrachtungen über heterogene Reaktionen haben wir als Beispiele mehrfach heterogen katalysierte Reaktionen herangezogen. Dabei wurde aber stets die vereinfachende Voraussetzung gemacht, daß die Teilschritte 3 bis 5 des Gesamtvorgangs (siehe Einleitung des Kapitels 12), nämlich

- Chemisorption eines oder mehrerer Reaktionspartner an der Katalysatoroberfläche,
- Reaktion der chemisorbierten Spezies miteinander oder mit Reaktionspartnern aus dem Reaktionsgemisch,
- Desorption der chemisorbierten Produkte von der Katalysatoroberfäche

durch eine einfache Geschwindigkeitsgleichung n. Ordnung in bezug auf einen Reaktionspartner A wiedergegeben werden können. Die Abhängigkeit der Geschwindigkeit einer Reaktion von den Konzentrationen bzw. Partialdrücken der Reaktanden ergibt sich aus dem Reaktionsmechanismus. Zur Ableitung von Beziehungen für die Reaktionsgeschwindigkeit sind daher Annahmen über den Reaktionsmechanismus erforderlich.

Jede heterogen katalysierte Reaktion wird durch die Chemisorption eines oder mehrerer Reaktionspartner eingeleitet, welche dadurch in einen reaktionsfähigeren Zustand übergehen. Im Gegensatz zur physikalischen Adsorption (Physisorption) wird die Chemisorption unter Mitwirkung von Elektronen bewirkt. Dabei kann es zu einem Elektronenübergang zwischen dem Katalysator und der chemisorbierenden Spezies kommen. In dem durch die Chemisorption hervorgerufenen reaktionsfähigeren Zustand spielt sich nun die eigentliche Oberflächenreaktion ab.

---

[1]) Nach den Autoren Brunauer, Emmet und Teller (1937/1938) benannte Methode zur Ermittlung der Oberfläche feinteiliger oder poröser Stoffe aufgrund der physikalischen Adsorption inerter Gase.

Nehmen wir als Beispiel eine Reaktion

$$A(g) + B(g) \rightarrow C(g) \tag{13-1}$$

an, so kann diese prinzipiell nach zwei ganz verschiedenen Mechanismen vor sich gehen. Langmuir und Hinshelwood (1921) nahmen an, daß eine Reaktion nur dann stattfindet, wenn beide Reaktionspartner zuerst in den *chemisorbierten Zustand* übergehen:

$$A(g) \underset{k_A'}{\overset{k_A}{\rightleftharpoons}} A \text{ (chemisorb.)} \tag{13-2}$$

$$B(g) \underset{k_B'}{\overset{k_B}{\rightleftharpoons}} B \text{ (chemisorb.)} \tag{13-3}$$

$(k_i/k_i' = K_i = $ Konstante für das Chemisorptionsgleichgewicht des Reaktanden i; k_i, k_i' = Geschwindigkeitskonstanten für die Chemisorption bzw. Desorption).

Die eigentliche Oberflächenreaktion kann dann zwischen benachbarten chemisorbierten Molekülen stattfinden:

$$A \text{ (chemisorb.)} + B \text{ (chemisorb.)} \underset{k_R'}{\overset{k_R}{\rightleftharpoons}} C \text{ (chemisorb.)} \tag{13-4}$$

$(k_R/k_R' = K_R = $ Gleichgewichtskonstante für die Oberflächenreaktion; $k_R, k_R' = $ Geschwindigkeitskonstanten für die Hin- bzw. Rückreaktion).

Das Reaktionsprodukt C liegt zunächst ebenfalls in chemisorbierter Form vor; demnach muß ebenso wie bei den Teilschritten der Chemisorption auch die Rückreaktion berücksichtigt werden. Anschließend wird das Produkt C desorbiert:

$$C \text{ (chemisorb.)} \underset{k_C}{\overset{k_C'}{\rightleftharpoons}} C(g) \qquad (K_C = k_C/k_C'). \tag{13-5}$$

Nach Eley und Rideal (1943) kann eine Reaktion nach Glg. (13-1) auch in der Weise ablaufen, daß nur ein Reaktionspartner, z. B. A, chemisorbiert wird, worauf dann A im chemisorbierten Zustand mit B aus der Gasphase unter Bildung des zunächst chemisorbierten Produkts C reagiert; dieses wird anschließend desorbiert. Die einzelnen Teilschritte nach diesem Mechanismus sind demnach:

$$A(g) \underset{k_A'}{\overset{k_A}{\rightleftharpoons}} A \text{ (chemisorb.)} \tag{13-6}$$

$$A \text{ (chemisorb.)} + B(g) \underset{k_R'}{\overset{k_R}{\rightleftharpoons}} C \text{ (chemisorb.)} \tag{13-7}$$

$$C \text{ (chemisorb.)} \overset{k'_C}{\underset{k_C}{\rightleftharpoons}} C \text{ (g)} \tag{13-8}$$

Für beide Mechanismen gibt es zahlreiche Beispiele. Die Ausdrücke für die Reaktionsgeschwindigkeit, welche nach diesen Mechanismen abgeleitet werden, haben alle folgende Form:

$$\text{Reaktionsgeschw.} = \frac{(\text{kinetischer Term}) \cdot (\text{treibende Kraft})}{(\text{Chemisorptionsterm})^n}. \tag{13-9}$$

Läuft z. B. die heterogen katalysierte Reaktion

$$A \text{ (g)} + B \text{ (g)} \rightleftharpoons C \text{ (g)} \tag{13-10}$$

nach einem Langmuir-Hinshelwood-Mechanismus ab, so gilt dann, wenn die Adsorption von A der langsamste, d. h. geschwindigkeitsbestimmende Schritt ist:

$$r = k_A \, \bar{c} \, \frac{c_A - c_C/K \, c_B}{1 + K_B \, c_B + (K_A/K) \, (c_C/c_B) + K_C \, c_C} \tag{13-11}$$

$\bar{c}$ = Gesamtkonzentration der aktiven Zentren, c_i = Konzentrationen der Reaktanden i ($= A, B, C$) in der Gasphase an der Katalysatoroberfläche, $K = (c_C/(c_A \cdot c_B))_{Gl}$ = Gleichgewichtskonstante der Reaktion nach Gl. (13-10).

Ist die Desorption des Produkts C für die Geschwindigkeit der Gesamtreaktion bestimmend, dann ist:

$$r = k_C \, \bar{c} \, K \, \frac{c_A \, c_B - c_C/K}{1 + K_A \, c_A + K_B \, c_B + K \, K_C \, c_A \, c_B}. \tag{13-12}$$

Wenn dagegen die Oberflächenreaktion zwischen benachbarten chemisorbierten Molekülen A und B geschwindigkeitsbestimmend ist, so gilt:

$$r = k_R \, \bar{c} \, K_A \, K_B \, \frac{c_A \, c_B - c_C/K}{(1 + K_A \, c_A + K_B \, c_B + K_C \, c_C)^2}. \tag{13-13}$$

Für andere Reaktionen lassen sich die drei Terme und der Exponent in der allgemeinen Gl. (13-9) nach Vorgabe der Voraussetzungen (geschwindigkeitsbestimmender Schritt usw.) aus Tabellen ablesen [4].

Die Zahl der für eine bestimmte heterogen katalysierte Reaktion in Betracht kommenden Mechanismen und demnach auch die Zahl der möglichen Gleichungen für die Reaktionsgeschwindigkeit ist sehr groß (75 bis 100). Daraus läßt sich leicht ersehen, daß ein enormer experimenteller Aufwand erforderlich wäre, um genügend genaue Daten zu erhalten, damit der Reaktionsmechanismus abgeleitet werden kann. Dies ist einmal durch die Zahl von Parametern bedingt, welche für jede Geschwindigkeitsgleichung beliebig gewählt werden können, um diese den Meßwerten anzupassen; zum anderen kann die Methode der kleinsten Quadrate zur Bestimmung der Konstanten in der Geschwindigkeitsgleichung mehr als eine Funktion ergeben, welche die Meßergebnisse genügend genau wiedergibt.

Abgesehen davon, daß häufig die für den experimentellen Aufwand notwendige Zeit überhaupt nicht zur Verfügung steht, ist es zur Reaktorberechnung nicht notwendig, den Reaktionsmechanismus zu kennen. Wir benötigen vielmehr für diese Aufgabe eine *empirische Geschwindigkeitsgleichung,* die den Einfluß der wichtigen Variablen hinreichend genau beschreibt. Man wählt daher zur Reaktorberechnung die einfachste Form der Geschwindigkeitsgleichung, welche sich den experimentellen Ergebnissen in dem gewünschten Betriebsbereich am besten anpaßt. Die meisten experimentellen Ergebnisse können als Funktion der Reaktions- bzw. Verweilzeit durch relativ einfache Geschwindigkeitsausdrücke befriedigend beschrieben werden. Für Reaktorberechnungen werden gewöhnlich Geschwindigkeitsgleichungen in Frage kommen wie

$$r = k\, c_A \qquad\qquad \text{oder} \qquad\qquad r = k\,(c_A - c_{A,Gl})$$

(irreversible Reaktion   (reversible Reaktion
1. Ordnung)   1. Ordnung)

ferner

$$r = k\, c_A^n$$

(irreversible Reaktion n. Ordnung)

weiterhin vereinfachte Ausdrücke entsprechend den Vorstellungen der oben genannten Theorien

$$r = \frac{k\, c_A}{1 + K_A\, c_A} \qquad \text{oder} \qquad r = \frac{k\,(c_A - c_{A,Gl})}{1 + K_A\, c_A}$$

und

$$r = \frac{k\, c_A}{(1 + K_A\, c_A)^2} \qquad \text{oder} \qquad r = \frac{k\,(c_A - c_{A,Gl})}{(1 + K_A\, c_A)^2}$$

sowie ähnliche Gleichungen, wenn mehr als ein Reaktand die Geschwindigkeit der Oberflächenreaktion beeinflußt.

13.3 Reaktoren für heterogen katalysierte Gasreaktionen

Die Reaktoren für heterogen katalysierte Gasreaktionen wurden einführend im Abschnitt 3.5.4 behandelt. Hier sollen zunächst die Arten der für derartige Reaktionen verwendeten Reaktoren ausführlicher und dann die Methoden zu deren

Berechnung besprochen werden. Diese Reaktoren lassen sich in zwei Gruppen einteilen, nämlich in Festbett- und Wirbelschichtreaktoren (Fließbettreaktoren). Der am häufigsten anzutreffende Reaktortyp ist der Festbettreaktor, über dessen Betriebsverhalten auch umfassende Informationen vorliegen; die Behandlung dieses Reaktors wird daher in den folgenden Abschnitten den breitesten Raum einnehmen. Einige der hier beschriebenen Methoden können auch zur Berechnung von Reaktoren für nicht-katalysierte heterogene Reaktionen angewendet werden.

13.3.1 Festbettreaktoren

13.3.1.1 Ausführungsformen

Bei den Festbettreaktoren unterscheidet man im wesentlichen: Vollraumreaktoren, Röhrenreaktoren und Abschnittsreaktoren. *Vollraumreaktoren* bestehen aus einem einzigen, senkrecht stehenden Rohr, in welchem die Katalysatormasse ohne Unterteilung untergebracht ist (Abb. 13-1a); Vollraumreaktoren stellen den einfachsten Typ des Festbettreaktors dar.

Muß während des Reaktionsablaufs eine größere Wärmemenge der Reaktionsmasse zugeführt bzw. aus der Reaktionsmasse abgeführt werden, so ist es notwendig, den Vollraumreaktor in eine Anzahl dünnerer Rohre aufzuteilen (z. T. bis zu einigen Tausend); diese sind innerhalb eines einzigen Reaktorkörpers zu einem Rohrbündel zusammengefaßt (Röhrenreaktor). Die Wärmeabführung bzw. -zuführung erfolgt durch einen Wärmeträger (Heiz- oder Kühlmittel), welcher die Rohre wie in einem Rohrbündel-Wärmeaustauscher umspült (Abb. 13-1b, 13-2 und 13-3). Als Wärmeträger kommen in Frage: zur Beheizung z. B. Dampf, zur Kühlung strömende Flüssigkeiten, siedende Flüssigkeiten, strömende Gase und als solche häufig das Reaktionsgemisch selbst, welches dadurch auf die erforderliche Eintrittstemperatur gebracht wird. Je größer die Reaktionsenthalpie ist, desto geringer muß der Durchmesser eines Einzelrohrs sein (bis herunter zu 2 cm), um große radiale Temperaturgradienten zu vermeiden, welche z. B. zu einer Überhitzung oder Sinterung des Katalysators führen können. Die Beantwortung der Frage nach der Größe des Rohrdurchmessers und nach der Zahl der für eine festgelegte Produktionsleistung benötigten Rohre ist eine wesentliche Aufgabe bei der Berechnung solcher Reaktoren.

Man kann die Röhrenreaktoren noch hinsichtlich der Führung von Reaktionsmasse und Wärmeträger einteilen in *Gegenstrom-* und *Gleichstrom-Röhrenreaktoren* (vgl. 3.5.5.2). Am Beispiel von NH_3-Synthese-Reaktoren ist dies in den Abb. 13-2 und 13-3 gezeigt [5]. Beim Gegenstrom-Röhrenreaktor Abb. 13-2a tritt die Hauptmenge des Synthesegases (d) am Boden in den Regenerator (Wärmeaustauscher) (b) ein und wird im Gegenstrom zum reagierten heißen Gas aufgeheizt. Ein Teil des Synthesegases (e) wird am Kopf des Reaktors zugeführt und dient zur Kühlung des Reaktormantels (Mantelgas); dieser Teil wird unten im Regenerator mit dem Hauptstrom vereinigt. Ein weiterer Gasstrom (f) regelt die Katalysatoreintrittstemperatur; er kann nach dem Regenerator mit dem schon aufgeheizten Gas vermischt werden. Danach durchströmt das Gas die Kühlrohre (c) für die Katalysatorzone (a)

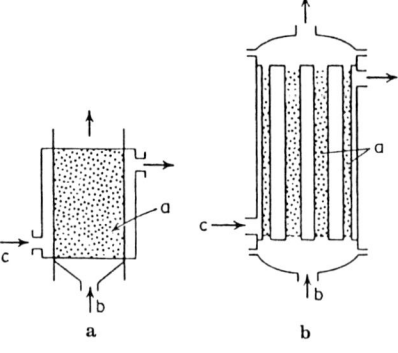

Abb. 13-1. a) Vollraumreaktor, **b)** Röhrenreaktor; a Katalysatorschüttung, b Eintritt
des Reaktionsgemischs, c Eintritt des Wärmeträgers

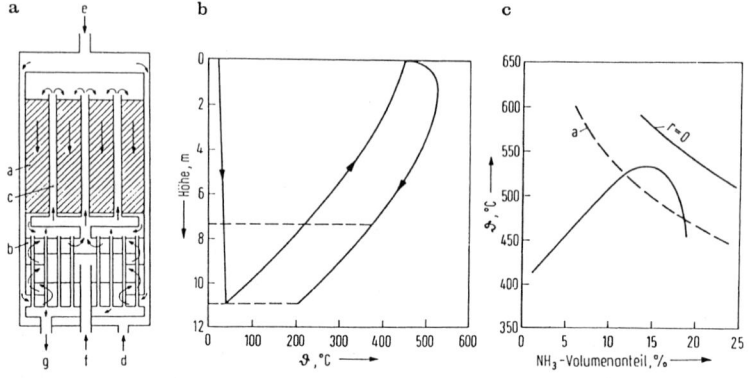

Abb. 13-2. Gegenstrom-Röhrenreaktor [nach 5];
a) Schema: a Katalysatorzone, b Regenerator (Wärmeaustauscher), c Kühlrohre, d Eintritt der
Hauptgasmenge, e Mantelgas, f Regelgas, g Gasaustritt; **b)** Temperaturverlauf des Gases im
Reaktor; **c)** NH₃-Volumenanteil/Temperatur-Verlauf, r = 0 Gleichgewichtskurve

und erreicht dabei die für die Reaktion erforderliche Katalysatoreintrittstemperatur;
dabei wird gleichzeitig die Katalysatorzone gekühlt. Nach dem Austritt aus der
Katalysatorzone wird das Gas im Regenerator abgekühlt.

Abb. 13-2b zeigt die Temperatur des Gases in den einzelnen Reaktorabschnitten.
Günstig ist, daß am Anfang der Reaktion dem reagierenden Gas wenig Wärme
entzogen wird, nachteilig, daß am Ende der Reaktionszone, wo der Umsatz und
damit auch die Wärmeentwicklung nur noch gering ist, infolge der großen
Temperaturdifferenz zwischen den Strömen die Kühlwirkung am größten ist. In
Abb. 13-2c ist der im Reaktor erhaltene NH₃-Anteil/Temperatur-Verlauf mit dem
bei optimaler Temperaturführung (s. 3.4.4) erreichbaren (a) verglichen. Die ungün-
stige Kühlwirkung kommt deutlich zum Ausdruck.

Diesen Nachteil des Gegenstromreaktors vermeidet der Gleichstrom-Röhrenreaktor, der in Abb. 13-3a schematisch dargestellt ist. Er ist dem Gegenstromreaktor
ähnlich; die Umkehrung der Strömungsrichtung während des Kühlvorgangs in der
Katalysatorzone (a) wird durch konzentrische Doppelrohre (c) bewirkt. Nach dem

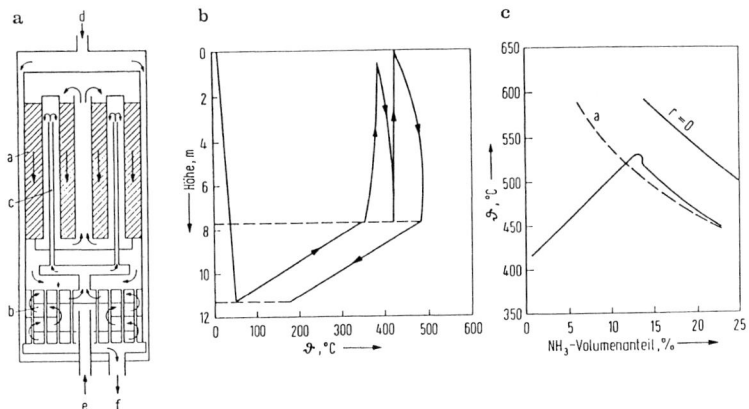

Abb. 13-3. Gleichstrom-Röhrenreaktor [nach 5];
a) Schema: a Katalysatorzone, b Regenerator (Wärmeaustauscher), c Kühlrohre, d Eintritt der Hauptgasmenge, e Regelgas, f Gasaustritt; **b)** Temperaturverlauf des Gases im Reaktor; **c)** NH$_3$-Volumenanteil/Temperatur-Verlauf, r = 0 Gleichgewichtskurve

Aufheizen im Regenerator (Wärmeaustauscher) (b) wird das Gas durch das Innenrohr nach oben geleitet. In der Höhe, in der die Kühlung beginnen soll, endet dieses Innenrohr. Das Gas strömt als Kühlgas zwischen dem Außenrohr und Innenrohr abwärts und kühlt dabei die Katalysatorzone, wird unten gesammelt und durch ein Zentralrohr nach oben auf die Katalysatorzone geleitet. Das Gas tritt nach Durchströmen der Katalysatorzone und des Regenerators aus dem Reaktor aus. Den Temperaturverlauf des Reaktionsgases im Reaktor zeigt Abb. 13-3b. Abb. 13-3c läßt erkennen, daß der NH$_3$-Anteil/Temperatur-Verlauf des Gleichstrom-Röhrenreaktors dem bei optimaler Temperaturführung erreichbaren (a) nahekommt (s. 3.4.4). Alle Röhrenreaktoren haben den Nachteil, daß die Regelungsmöglichkeit verhältnismäßig gering ist und daß sie sehr empfindlich auf Veränderungen der Betriebsvariablen reagieren.

Die *Abschnittsreaktoren* zeichnen sich dagegen durch eine sehr große Stabilität gegenüber einer Veränderung der Betriebsvariablen und durch eine Regelbarkeit über weite Bereiche aus. In den Abschnittsreaktoren ist die gesamte Katalysatormasse auf zwei oder mehr Schichten aufgeteilt. Man hat nun zu unterscheiden zwischen Abschnittsreaktoren mit *indirekter* und *direkter Kühlung*.

Bei *Abschnittsreaktoren mit indirekter Kühlung* (Abb. 13-4a) wird das Gas nach dem Regenerator (Wärmeaustauscher) (b) entweder durch ein Zentralrohr oder entlang der Innenseite des Mantels nach oben auf die erste Katalysatorschicht (a) des Reaktors geleitet. Zwischen den Katalysatorschichten (a) wird das Gas dann mit Hilfe von Wärmeaustauschern (c) gekühlt; diese können auch außerhalb des Reaktors liegen. Abb. 13-4b zeigt den Temperaturverlauf des Reaktionsgases in einem solchen Reaktor mit drei Schichten, und in Abb. 13-4c ist der NH$_3$-Anteil/Temperatur-Verlauf mit dem bei optimaler Temperaturführung (a) verglichen (s. 13.3.1.4). Innerhalb der einzelnen Katalysatorschichten liegt adiabatische Temperaturführung vor. Man sieht, wie sich nach dem Aufbau der Temperatur infolge der

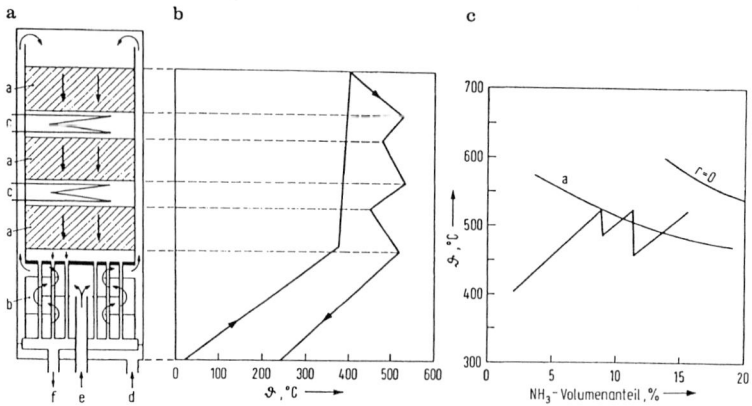

Abb. 13-4. Abschnittsreaktor mit indirekter Kühlung [nach 5];
a) Schema: a Katalysatorschichten, b Regenerator (Wärmeaustauscher), c Kühlung (Wärmeaustauscher), d Eintritt der Hauptgasmenge, e Regelgas, f Gasaustritt; **b)** Temperaturverlauf des Gases im Reaktor; **c)** NH$_3$-Volumenanteil/Temperatur-Verlauf, r = 0 Gleichgewichtskurve

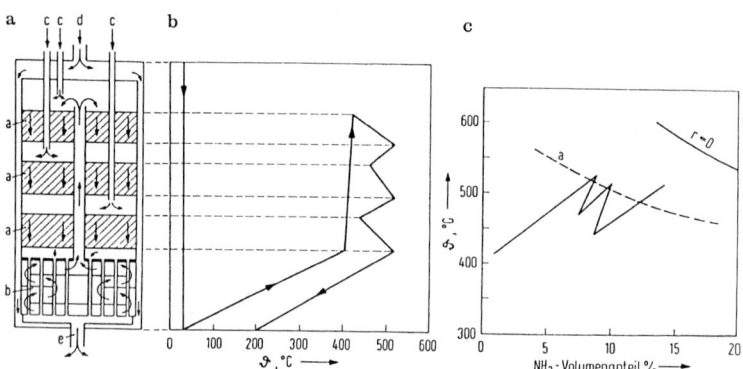

Abb. 13-5. Abschnittsreaktor mit direkter Kühlung [nach 5];
a) Schema: a Katalysatorschichten, b Regenerator (Wärmeaustauscher), c Kaltgaszuführung, d Eintritt der Hauptgasmenge, e Gasaustritt; **b)** Temperaturverlauf des Gases im Reaktor; **c)** NH$_3$-Volumenanteil/Temperatur-Verlauf, r = 0 Gleichgewichtskurve

Reaktion im ersten Bett das NH$_3$-Anteil/Temperatur-Profil in den weiteren Betten zickzack-förmig um die Kurve für optimale Temperaturführung (a) bewegen. Die Schichthöhen der einzelnen Schichten nehmen in Strömungsrichtung zu, wobei die letzte Schicht bis zu 60% des Katalysators enthalten kann.

Der heute weitaus verbreitetste Festbettreaktortyp ist der *Abschnittsreaktor mit direkter Kühlung.* Der Grund hierfür ist die einfache Bauart und die gute Regelbarkeit ohne besondere Einbauten. Gekühlt wird hier zwischen den Katalysatorschichten durch Zumischen von kaltem, unreagiertem Synthesegas. Hinsichtlich der Kinetik ist ungünstig, daß durch die Kühlung das reagierte Gas verdünnt wird, was

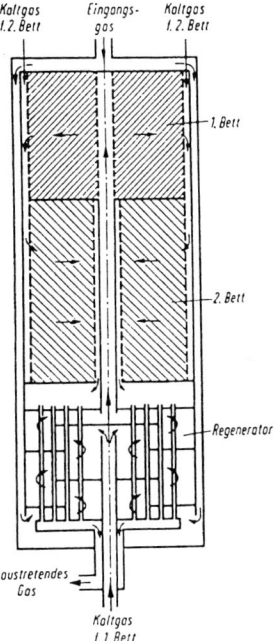

Abb. 13-6. Abschnittsreaktor für die Ammoniak-Synthese [7]

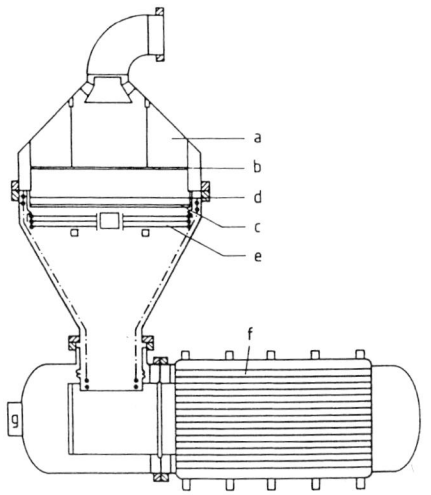

Abb. 13-7. Reaktor für die katalysierte Oxidation von Ammoniak an Pt/Rh-Netzen mit integriertem Wärmerückgewinnungssystem (Steinmüller) nach [6]; a Brennerkopf, b Lochplatte, c Pt/Rh-Netze, d Packung, e Überhitzer-Rohre, f Verdampfer, g Austritt der nitrosen Gase [nach 6]

durch eine größere Katalysatormenge gegenüber den bisher besprochenen Typen aufgewogen werden muß. Der Katalysatormehrbedarf beträgt gegenüber dem Abschnittsreaktor mit indirekter Kühlung oft über 25%. Die Abb. 13-5a zeigt schematisch den Aufbau des Reaktors, Abb. 13-5b den Temperaturverlauf des Reaktionsgases im Reaktor, Abb. 13-5c das NH_3-Anteil/Temperatur-Profil. Man sieht hier deutlich den Nachteil der Verdünnung durch das unreagierte Synthesegas.

Abschnittsreaktoren besonderer Bauart [7, 8] wurden für die NH$_3$-Synthese entwickelt; bei diesen durchströmt das Reaktionsgas den Reaktor nicht in axialer, sondern in radialer Richtung (Abb. 13-6). Diese Bauarten versprechen den Vorteil, daß die Strömungsgeschwindigkeit des Gases in den Katalysatorschichten wesentlich geringer ist, so daß kleinere Korngrößen von etwa 2 mm (höherer Umsatz!) verwendet werden können, ohne daß der Druckverlust zu hoch wird. Durch diese Konstruktion soll es möglich sein, in einer Einheit einen Durchsatz von über 3000 t/d zu erzielen.

In einzelnen Fällen werden metallische Katalysatoren, z. B. Platin bei der Oxidation von Ammoniak zur Herstellung von nitrosen Gasen bzw. Salpetersäure und bei der Oxidation von Acetaldehyd zu Essigsäure, nicht auf Trägersubstanzen aufgebracht, sondern in Form von Netzen aus Pt- bzw. Pt/Rh-Drähten verwendet (Abb. 13-7).

13.3.1.2 Stoff- und Wärmebilanzen für Festbettreaktoren

Als Basis zur Berechnung von Festbettreaktoren für heterogen katalysierte Reaktionen sollen im folgenden die Stoff- und Wärmebilanzen für ein Volumenelement des Reaktors formuliert werden. Wir nehmen dabei an, daß die Reaktion im Zweiphasensystem Fluid/Katalysatorschüttung innerhalb des Reaktors wie in einem Kontinuum abläuft; diese Annahme ist umso zutreffender, je kleiner die Abmessungen der Katalysatorkörner gegenüber den Abmessungen des Reaktors sind.

Bei der Formulierung der Stoff- und Wärmebilanzen für ein solches System gehen wir entsprechend dem Problem (zylindrische Form des Reaktors, des Reaktorabschnitts bzw. eines einzelnen Rohres in einem Röhrenreaktor) von den Differentialgleichungen der Stoff- und Wärmebilanzen für einphasige Reaktionssysteme in Zylinderkoordinaten aus [Gln. (5-24) und (5-39)]. In diesen ist die „homogene" Reaktionsgeschwindigkeit auf die Volumeneinheit des Reaktionsraums bezogen.

Die Stoff- und Wärmebilanzen für das Zweiphasensystem Fluid/Feststoff erhält man dann aus diesen Gleichungen einfach dadurch, daß man an Stelle der „homogenen" Reaktionsgeschwindigkeit die ebenfalls auf die Volumeneinheit des Reaktionsraums bezogene effektive Reaktionsgeschwindigkeit $(r_{eff})_{V_R}$ einsetzt (s. Kapitel 12). Die simultane Lösung eines Systems derartiger Gleichungen gestattet die Berechnung der Konzentrations- und Temperaturprofile innerhalb eines Festbettreaktors und damit die Berechnung der Reaktorgröße, welche zur Erreichung eines bestimmten Umsatzes erforderlich ist.

$(r_{eff})_{V_R}$ läßt sich auch durch die aus Gl. (12-15) folgende Beziehung

$$(r_{eff})_{V_R} = (r_{eff})_{m_s} \, \varrho_{Schütt} = (r_{eff})_{m_s} \, \varrho_s (1 - \varepsilon) \tag{13-14}$$

ausdrücken. In dieser Gleichung bedeuten: $(r_{eff})_{m_s}$ die effektive Reaktionsgeschwindigkeit, bezogen auf die Masseneinheit des Katalysators, $\varrho_{Schütt}$ die Schüttdichte des Katalysators, ϱ_s die scheinbare Dichte des Katalysators und ε den Leerraumanteil. Die Ausdrücke für $(r_{eff})_{V_R}$ bzw. $(r_{eff})_{m_s}$ enthalten alle Effekte, welche in Abschnitt 12.2.3 diskutiert wurden.

13.3.1.2.1 Stoffbilanz für den Festbettreaktor

Unter der Voraussetzung der Zylindersymmetrie erhält man aus Gl. (5-24) für die Stoffbilanz eines Reaktanden i, wenn nur eine stöchiometrisch unabhängige Reaktion stattfindet, die Strömungsgeschwindigkeit nur eine axiale Komponente besitzt ($w_R = 0$) und bei stationären Verhältnissen ($\partial c_i / \partial t = 0$):

$$0 = -\frac{\partial(c_i\,w')}{\partial z} + \frac{\partial}{\partial z}\left(D'_{ax}\,\frac{\partial c_i}{\partial z}\right) + \frac{1}{R}\,\frac{\partial}{\partial R}\left(D'_{rad}\,R\,\frac{\partial c_i}{\partial R}\right) +$$

$$+ \, \nu_i\,(r_{eff})_{m_s}\,\varrho_s\,(1-\varepsilon). \tag{13-15}$$

In dieser Gleichung bedeuten: w' ($= w_{ax}$) die mittlere (örtliche) Strömungsgeschwindigkeit der Reaktionsmischung im leer gedachten Reaktor, also bezogen auf den gesamten Reaktorquerschnitt q, D'_{ax} ($= D_z$) und D'_{rad} ($= D_R$) die Vermischungskoeffizienten, bezogen auf den *gesamten* Querschnitt senkrecht zur Vermischungsrichtung, $c_i = c_{i,\,F}$ die Konzentration der Komponente i in der Hauptmasse der fluiden Phase (der Index „F" wurde hier und wird im folgenden der Einfachheit halber weggelassen).

w' steht mit der mittleren wahren (örtlichen) Strömungsgeschwindigkeit $\bar{w}$ im freien Zwischenraum des Festbettes in folgender Beziehung:

$$w' = \dot{V}/q = \varepsilon\,\bar{w}. \tag{13-16a}$$

Ebenso gilt:

$$D'_{ax} = \varepsilon\,D_{ax} \tag{13-16b}$$

und

$$D'_{rad} = \varepsilon\,D_{rad}. \tag{13-16c}$$

D_{ax} und D_{rad} sind die Vermischungskoeffizienten, bezogen auf den *freien* Querschnitt senkrecht zur Vermischungsrichtung.

Sind die Vermischungskoeffizienten D'_{ax} und D'_{rad} unabhängig von z bzw. R und ist w' unabhängig von z, so kann man schreiben:

$$0 = -w'\frac{\partial c_i}{\partial z} + D'_{ax}\,\frac{\partial^2 c_i}{\partial z^2} + D'_{rad}\left(\frac{1}{R}\,\frac{\partial c_i}{\partial R} + \frac{\partial^2 c_i}{\partial R^2}\right) +$$

$$+ \, \nu_i\,(r_{eff})_{m_s}\,\varrho_s\,(1-\varepsilon). \tag{13-17}$$

Ist c_i^{ein} die Konzentration des Reaktanden i am Eintritt in den Reaktor und erfolgt keine axiale Vermischung in der Zulaufleitung, so lauten die Randbedingungen:

$$c_i = c_i^{ein}, \qquad\qquad \text{bei } z = 0 \text{ und } 0 < R < R_0 \qquad\qquad (13\text{-}18\text{a})$$

$$w'c_i = w'c_i^{ein} + D'_{ax}\left(\frac{\partial c_i}{\partial z}\right), \quad \text{bei } z = 0 \text{ und } 0 < R < R_0 \qquad (13\text{-}18\text{b})$$

$$\frac{\partial c_i}{\partial R} = 0, \qquad\qquad \text{bei } R = R_0 \text{ und } z \geq 0 \qquad\qquad (13\text{-}18\text{c})$$

$$\frac{\partial c_i}{\partial R} = 0, \qquad\qquad \text{bei } R = 0 \text{ und } z \geq 0 \qquad\qquad (13\text{-}18\text{d})$$

(R_0 = Radius des Reaktors bzw. eines Rohres in einem Röhrenreaktor).
Wir führen nun folgende dimensionslose Variable ein

$$c_i^* = c_i / c_i^{ein} \qquad\qquad\qquad\qquad (13\text{-}19\text{a})$$

$$R^* = R / R_0 \qquad\qquad\qquad\qquad (13\text{-}19\text{b})$$

$$z^* = z / L \qquad (L = \text{Reaktor- bzw. Rohrlänge}). \qquad (13\text{-}19\text{c})$$

Damit erhält die Stoffbilanz, Gl. (13-17), folgende Form

$$0 = -\frac{\partial c_i^*}{\partial z^*} + \frac{1}{Pé_{ax}}\frac{d_P}{L}\frac{\partial^2 c_i^*}{\partial z^{*2}} + \frac{1}{Pé_{rad}}\frac{L\, d_P}{R_0^2}\left(\frac{1}{R^*}\frac{\partial c_i^*}{\partial R^*} + \frac{\partial^2 c_i^*}{\partial R^{*2}}\right) +$$

$$+ \frac{v_i\,(r_{eff})_{m_s}\,\varrho_s\,(1-\varepsilon)\,L}{c_i^{ein}\,w'} \qquad (d_p = \text{Korndurchmesser}). \qquad (13\text{-}20)$$

In Gl. (13-20) sind:

$$Pé_{ax} = \frac{w'\,d_P}{D'_{ax}} = \frac{\bar{w}\,d_P}{D_{ax}} \qquad (\textit{axiale Péclet-Zahl}) \qquad\qquad (13\text{-}21)$$

$$Pé_{rad} = \frac{w'\,d_P}{D'_{rad}} = \frac{\bar{w}\,d_P}{D_{rad}} \qquad (\textit{radiale Péclet-Zahl}). \qquad\qquad (13\text{-}22)$$

Die *axialen Péclet-Zahlen* liegen bei der Strömung von Gasen durch ein Bett von kugelförmigen Teilchen für $20 < \bar{w}d_p/v < 400$ zwischen 1,6 und 2,3 (siehe Abschnitt 11.4.2.1.1). Die *radialen Péclet-Zahlen* können aus Abb. 13-8 entnommen werden [9,10]; daraus ersieht man, daß $Pé_{rad}$ für die meisten praktischen Fälle zwischen 8 und 11 liegt.

Kann man in einem Festbettreaktor radiale Konzentrationsgradienten und axiale Vermischung außer acht lassen, so reduziert sich die Stoffbilanz, Gl. (13-15), auf

$$\frac{d(c_i\,w')}{dz} = v_i\,(r_{eff})_{m_s}\,\varrho_s\,(1-\varepsilon) = v_i\,(r_{eff})_{V_R}. \qquad\qquad (13\text{-}23)$$

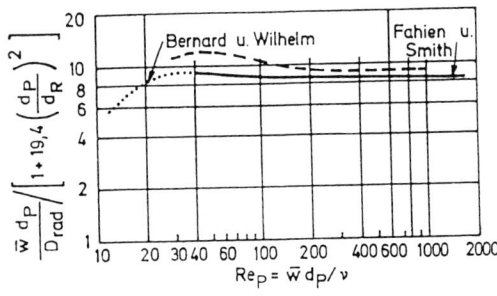

Multiplizieren wir Zähler und Nenner auf der linken Seite mit dem Reaktorquerschnitt q, dann folgt, da w'q = V̇ und q dz = dV$_R$ ist:

$$dV_R = \frac{d(c_i \dot{V})}{v_i (r_{eff})_{m_s} \varrho_s (1-\varepsilon)} = \frac{d(c_i \dot{V})}{v_i (r_{eff})_{V_R}}.$$ (13-24)

Durch Substitution von d(c$_i$ V̇) nach Gl. (7-3) erhält man die Stoffbilanz unter den oben gemachten Voraussetzungen in folgender Form:

$$dV_R = \frac{c_k^{ein} \dot{V}^{ein}}{\varrho_s (1-\varepsilon)} \frac{dU_k}{|v_k| (r_{eff})_{m_s}} = c_k^{ein} \dot{V}^{ein} \frac{dU_k}{|v_k| (r_{eff})_{V_R}}.$$ (13-25)

13.3.1.2.2 Wärmebilanz für den Festbettreaktor

In einem Festbett, welches von einer fluiden Phase durchströmt wird, sind für die „effektive Wärmeleitung" mehrere Mechanismen verantwortlich. Die effektiven Wärmeleitfähigkeitskoeffizienten hängen daher im Prinzip von der Temperatur, der Strömungsgeschwindigkeit, dem Teilchendurchmesser, dem relativen Kornzwischenraumvolumen (= Leerraumvolumenanteil) sowie von den Wärmeleitfähigkeitskoeffizienten der fluiden und festen Phase ab. Die effektive Wärmeleitung in axialer Richtung kann meist gegenüber dem konvektiven Wärmetransport vernachlässigt werden ($\lambda_{ax} = 0$); sie spielt lediglich bei sehr niedrigen Festbetten und kleinen Strömungsgeschwindigkeiten eine Rolle.

Bei der Formulierung der Wärmebilanz können wir voraussetzen, daß im Festbett Zylindersymmetrie vorliegt und die Strömungsgeschwindigkeit nur eine axiale Komponente besitzt ($w_{ax} = w'$ und $w_{rad} = 0$); außerdem nehmen wir an, daß der radiale effektive Wärmeleitfähigkeitskoeffizient λ_{rad} unabhängig von der radialen Lage ist. Findet nur eine stöchiometrisch unabhängige Reaktion statt, so folgt aus Gl. (5-39) unter stationären Bedingungen [$\partial (\varrho c_P T)/\partial t = 0$] für die Wärmebilanz:

$$0 = -\frac{\partial (\varrho c_p T w')}{\partial z} + \lambda_{rad}\left(\frac{1}{R}\frac{\partial T}{\partial R} + \frac{\partial^2 T}{\partial R^2}\right) + (r_{eff})_{m_s} \varrho_s (1-\varepsilon)(-\Delta H_R).$$ (13-26)

Diese Gleichung für die Wärmebilanz stellt insofern eine Näherung dar, weil die Temperaturen der fluiden und der festen Phase an derselben Stelle des Reaktionsraums jeweils als gleich angenommen wurden. Unterscheiden sich die Temperaturen der fluiden und der festen Phase, so muß man für jede dieser beiden Phasen eine Wärmebilanz aufstellen und dann zur Beschreibung des Konzentrations- und Temperaturverlaufs im Reaktor diese beiden Differentialgleichungen für die Wärmebilanz simultan mit der Stoffbilanz numerisch lösen.

13.3.1.3 Isotherme Reaktionsführung im Festbettreaktor

Bei isothermer Reaktionsführung benötigen wir zur Berechnung des Konzentrationsverlaufs eines Reaktanden nur die Stoffbilanz. Im isothermen Fall können Abweichungen von der Kolben- oder Pfropfenströmung durch eine Änderung der (axialen) Strömungsgeschwindigkeit in radialer Richtung und durch axiale Vermischung hervorgerufen werden (s. 11.4.2). Die radiale Änderung der Strömungsgeschwindigkeit führt ebenso wie die axiale Vermischung zu einer Verweilzeitverteilung. Der Einfluß dieser Abweichungen auf den Umsatz in einem realen Strömungsrohr wurde bereits im Abschnitt 11.5.2 diskutiert. Unter isothermen Bedingungen sind die radialen Konzentrationsgradienten in Gl. (13-20) im allgemeinen klein, wobei außerdem der relativ kleine Wert von $L\,d_P/(Pé_{rad}\,R_0^2)$ (Größenordnung etwa 10^{-2}) deren Einfluß noch weiter reduziert. Vernachlässigt man die radialen Konzentrationsgradienten in Gl. (13-20), so lautet die Stoffbilanz:

$$0 = -\frac{dc_i^*}{dz^*} + \frac{1}{Pé_{ax}}\frac{d_p}{L}\frac{d^2c_i^*}{dz^{*2}} + \frac{v_i\,(r_{eff})_{m_s}\,\varrho_s\,(1-\varepsilon)\,L}{c_i^{ein}\,w'}. \tag{13-27}$$

Für eine Reaktion 1. Ordnung in bezug auf einen Reaktionspartner A erhält man mit $v_i = v_A = -1$, $c_i = c_A$ und $(r_{eff})_{m_s} = (k_{eff})_{m_s}\,c_A$ für die Stoffbilanz:

$$0 = -\frac{dc_A^*}{dz^*} + \frac{1}{Pé_{ax}}\frac{d_p}{L}\frac{d^2c_A^*}{dz^{*2}} - \frac{(k_{eff})_{m_s}\,\varrho_s\,(1-\varepsilon)\,L}{w'}\,c_A^*. \tag{13-28}$$

In dieser Gleichung ist, vgl. Gl. (11-44),

$$Pé_{ax}\,(L/d_P) = Bo \qquad (Bo = Bodenstein\text{-}Zahl) \tag{13-29}$$

und der Quotient $(k_{eff})_{m_s}\,\varrho_s\,(1-\varepsilon)\,L/w'$ entspricht einer Damköhler-Zahl 1. Art, nunmehr allerdings für eine heterogene Reaktion 1. Ordnung:

$$\frac{(k_{eff})_{m_s}\,\varrho_s\,(1-\varepsilon)\,L}{w'} = \frac{(k_{eff})_{V_R}\,L}{w'} = (k_{eff})_{V_R}\,\tau = Da_{I,\,het}. \tag{13-30}$$

Durch Einsetzen dieser Beziehungen in Gl. (13-28) erhält man für die Stoffbilanz:

$$0 = -\frac{dc_A^*}{dz^*} + \frac{1}{Bo}\frac{d^2c_A^*}{dz^{*2}} - Da_{I,\,het}\,c_A^*. \qquad (13\text{-}31)$$

Diese Gleichung ist analog der Gl. (11-69) für eine homogene Reaktion in einem realen Strömungsrohr; daher entspricht deren Lösung der Gl. (11-72). Die Konzentration am Reaktoraustritt ($z^* = 1$) und damit den Umsatz bei gegebener Reaktorlänge erhält man aus Gl. (11-74). Selbstverständlich muß dann in dem Ausdruck für β, Gl. (11-73), $Da_{I,\,het}$ an Stelle von Da_I gesetzt werden:

$$\beta = \sqrt{1 + \frac{4\,Da_{I,\,het}}{Bo}}. \qquad (13\text{-}32)$$

Der Einfluß des zweiten Terms auf der rechten Seite der Gl. (13-31), welcher die axiale Vermischung berücksichtigt, hängt vom Zahlenwert für Bo ab. Da $Pé_{ax}$ im Bereich $20 < \bar{w}\,d_p/\nu < 400$ etwa 2 ist, folgt aus Gl. (13-29): $Bo \approx 2\,L/d_p$. Daraus sieht man, daß wenn $L \gg d_p$ ist, was für technische Reaktoren meist zutrifft, Bo sehr groß und damit der zweite Term zu vernachlässigen ist.

Für den Fall, daß in einem Festbettreaktor keine radialen Konzentrationsgradienten vorliegen (s. o.) und die axiale Vermischung zu vernachlässigen ist, ergibt sich aus Gl. (13-25) durch Integration das für einen bestimmten Umsatz erforderliche Reaktionsvolumen:

$$\frac{V_R}{\dot{V}^{ein}} = \frac{c_k^{ein}}{\varrho_s\,(1-\varepsilon)} \int_0^{U_k} \frac{dU_k}{|\nu_k|\,(r_{eff})_{m_s}}. \qquad (13\text{-}33)$$

Da

$$V_R\,\varrho_s\,(1-\varepsilon) = V_R\,\frac{m_s}{V_s}\,\frac{V_s}{V_R} = m_s \qquad (13\text{-}34)$$

ist (m_s = Masse des Feststoffs bzw. Katalysators), kann man Gl. (13-33) auch schreiben

$$\frac{m_s}{\dot{V}^{ein}} = c_k^{ein} \int_0^{U_k} \frac{dU_k}{|\nu_k|\,(r_{eff})_{m_s}}, \qquad (13\text{-}35)$$

und erhält so die bei isothermer Reaktionsführung für einen bestimmten Umsatz U_k benötigte Katalysatormasse. Die Größe $m_s/\dot{V}^{ein}$ wird auch als modifizierte Verweilzeit τ_{mod} bezeichnet. Die Gl. (13-35) hat dieselbe Form wie die Gl. (7-13) für einphasige Reaktionen in einem idealen Strömungsrohr. Die Anwendung der Gln. (13-33) und (13-35) zur Reaktorberechnung erfolgt in der gleichen Weise wie für einphasige Reaktionssysteme (vgl. die Beispiele 7.1 und 7.2).

13.3.1.4 Adiabatische Reaktionsführung im Festbettreaktor

Eine isotherme Reaktionsführung wird in technischen Festbettreaktoren praktisch kaum zu verwirklichen sein. Dagegen werden solche Reaktoren oft adiabatisch betrieben oder in adiabatisch betriebene Abschnitte unterteilt, zwischen denen z. B. bei einer exothermen Reaktion eine Zwischenkühlung erfolgt (s. 3.5.5.3 sowie Abb. 13-4 und 13-5). Bei einer guten Wärmeisolation des Reaktors sind adiabatische Verhältnisse recht gut zu realisieren. Radiale Konzentrations- und Temperaturgradienten innerhalb des Festbettreaktors können dann nur durch Unterschiede der Strömungsgeschwindigkeit in radialer Richtung bedingt sein. Häufig ist auch die axiale Vermischung zu vernachlässigen, es sei denn, daß das Festbett sehr kurz ist [11]. Man kann daher meist die Stoffbilanz nach den Gln. (13-24) oder (13-25) anwenden, die jedoch nun zusammen mit der Wärmebilanz gelöst werden muß. Für die Wärmebilanz folgt aus Gl. (13-26), wenn die radialen Temperaturgradienten zu vernachlässigen sind:

$$\frac{d\,(\varrho\,c_p\,T\,w')}{dz} = (r_{eff})_{m_s}\,\varrho_s\,(1-\varepsilon)\,(-\,\Delta\,H_R). \tag{13-36}$$

Multipliziert man auf der linken Seite dieser Gleichung Zähler und Nenner mit dem Reaktorquerschnitt q, so erhält man, da $q\,w'\,\varrho = \dot{V}\,\varrho = \dot{m}_R = $ konst. und $q\,dz = dV_R$ ist:

$$\dot{m}_R\frac{d\,(c_p\,T)}{dV_R} = (r_{eff})_{m_s}\,\varrho_s\,(1-\varepsilon)\,(-\,\Delta\,H_R) = (r_{eff})_{V_R}\,(-\,\Delta\,H_R). \tag{13-37}$$

Eliminieren wir in dieser Gleichung mit Hilfe der Stoffbilanz, Gl. (13-25), die effektive Reaktionsgeschwindigkeit, dann folgt, wenn man die Temperaturabhängigkeit von $\Delta\,H_R$ vernachlässigt, durch Integration:

$$c_p\,T - (c_p\,T)^{ein} = \frac{c_k^{ein}\,\dot{V}^{ein}}{\dot{m}_R}\,\frac{(-\,\Delta\,H_R)}{|v_k|}\,U_k. \tag{13-38}$$

Ist die spezifische Wärmekapazität der Reaktionsmischung bei konstantem Druck von der Zusammensetzung und von der Temperatur unabhängig ($c_p^{aus} = c_p^{ein} = c_p$), so ergibt sich aus Gl. (13-38):

$$T = T^{ein} + \frac{c_k^{ein}\,\dot{V}^{ein}}{\dot{m}_R\,c_p}\,\frac{(-\,\Delta\,H_R)}{|v_k|}\,U_k = T^{ein} + \Delta\,T_{ad}\,U_k. \tag{13-39}$$

$\Delta\,T_{ad}$ ist die maximale Temperaturänderung der Reaktionsmasse bei vollständigem Umsatz ($U_k = 1$) und adiabatischer Reaktionsführung [vgl. Gl. (7-29a) und Abb. 13-17]:

$$\Delta\,T_{ad} = \frac{c_k^{ein}\,\dot{V}^{ein}}{\dot{m}_R\,c_p}\,\frac{(-\,\Delta\,H_R)}{|v_k|} = \frac{\dot{n}_k^{ein}}{\dot{m}_R\,c_p}\,\frac{(-\,\Delta\,H_R)}{|v_k|} = \frac{c_k^{ein}}{\varrho^{ein}\,c_p}\,\frac{(-\,\Delta\,H_R)}{|v_k|}. \tag{13-40}$$

Beispiel 13.1 [12]: Die effektive Reaktionsgeschwindigkeit für die heterogen katalysierte Dehydrierung von Ethylbenzol zu *Styrol*

$$\langle\!\!\langle\ \rangle\!\!\rangle - C_2H_5 \rightleftharpoons \langle\!\!\langle\ \rangle\!\!\rangle - CH = CH_2 + H_2$$

kann bei einem bestimmten Katalysator durch folgende Gleichung wiedergegeben werden:

$$(r_{eff})_{m_s} = (k_{eff})_{m_s}\left(p_{EB} - \frac{1}{K}\,p_{St}\,p_H\right) \quad [kmol/kg \cdot h] \tag{a}$$

(p_{EB}, p_{St} und p_H sind die Partialdrücke von Ethylbenzol, Styrol und Wasserstoff in bar, K ist die Gleichgewichtskonstante in bar).
$(k_{eff})_{m_s}$ läßt sich ausdrücken durch

$$(k_{eff})_{m_s} = 12435 \cdot e^{-\frac{10985}{T}} \quad [kmol/(bar \cdot h \cdot kg)] \tag{b}$$

und K(T) zwischen 500 und 700 °C durch

$$K(T) = 6{,}912 - \frac{6598}{T}\ bar \qquad (T = \text{thermodynamische Temperatur}) \tag{c}$$

Es soll das Reaktorvolumen berechnet werden, welches benötigt wird, um in Reaktorrohren von 1,2 m Durchmesser, die mit dem Katalysator gefüllt sind, bei einem Umsatz des Ethylbenzols von 0,50 täglich 30 t Styrol zu produzieren. Es seien dabei Nebenreaktionen außer acht gelassen und vorausgesetzt, daß die Reaktion unter streng adiabatischen Bedingungen verläuft.
Das Ethylbenzol wird durch Zusatz von Wasserdampf zum Zulaufstrom auf die Reaktionstemperatur gebracht. Der Zulaufstrom pro Reaktorrohr beträgt 6,124 kmol/h Ethylbenzol (= 649,14 kg/h) und 122,472 kmol/h Wasserdampf (= 2204,46 kg/h). Weitere benötigte Daten –

Temperatur des gemischten Zulaufstroms am Reaktoreintritt: 625 °C
Schüttdichte des Katalysators: 1442 kg/m³
Mittlerer Druck in den Reaktionsrohren: 1,216 bar
Reaktionsenthalpie: 139,57 kJ/mol
Spezifische Wärmekapazität des Zulaufstroms bei konstantem Druck: 2,177 kJ/(kg·K).

Lösung: Die Lösung ist auf numerischem (s. [13]) oder graphischem Weg möglich. Hier soll die zuletzt genannte Methode verwendet werden. Die Stoffbilanz folgt aus Gl. (13-25):

$$dV_R = \frac{\dot{n}_k^{ein}}{\varrho_{Schütt}}\ \frac{dU_k}{(r_{eff})_{m_s}} \quad [m^3] \tag{d}$$

[$\dot{n}_k^{ein} = c_k^{ein}\,\dot{V}^{ein}$; $\varrho_{Schütt} = \varrho_s\,(1 - \varepsilon)$; k = Ethylbenzol; $|v_k| = 1$].
Die Wärmebilanz ist gegeben durch die Gl. (13-39). Daraus erhält man durch Einsetzen der oben angegebenen Daten für die Temperatur der Reaktionsmischung als Funktion von U_k

$$T = 625 + \frac{6{,}124 \cdot (-139570)}{(649{,}14 + 2204{,}46) \cdot 2{,}177}\,U_k = 625 - 137{,}58\,U_k \quad [°C]. \tag{e}$$

Der Ausdruck für $(r_{eff})_{m_s}$ lautet, wenn man die Partialdrücke durch den Umsatz U_k ausdrückt:

$$(r_{eff})_{m_s} = \frac{1{,}216}{21 + U_k}\,(k_{eff})_{m_s}\left[(1 - U_k) - \frac{1{,}216\,U_k^2}{K\,(21 + U_k)}\right] \quad [kmol/(kg \cdot h)] \tag{f}$$

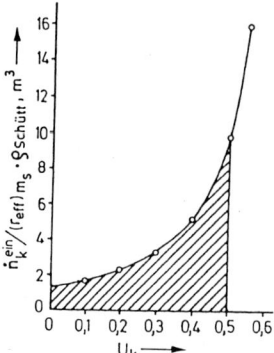

Abb. 13-9. Graphische Ermittlung des Reaktionsvolumens für einen adiabatischen Festbettreaktor

Man nimmt nun verschiedene Umsätze $U_k = 0,1$, $0,2$ usw. an, berechnet die diesen Umsätzen entsprechenden Temperaturen [Gl. (e)] und damit die Werte für $(k_{eff})_{m_s}$ [Gl. (b)] sowie K [Gl. (c)] und weiter $(r_{eff})_{m_s}$ [Gl. (f)]. Die so erhaltenen Werte sind in den Spalten b bis e der zu diesem Beispiel gehörenden Tabelle aufgeführt.

Dann wird nach Gl. (d) mit den Werten der Spalte e der Ausdruck $\dot{n}_k^{ein}/[(r_{eff})_{m_s} \cdot \varrho_{Schütt}]$ berechnet (Spalte f) und als Funktion von U_k aufgetragen (Abb. 13-9); die Fläche unter der Kurve zwischen $U_k = 0$ und dem gewünschten Umsatz ist das zur Erzielung dieses Umsatzes erforderliche Reaktionsvolumen (Spalte g). Für $U_k = 0,5$ ergeben sich $1,72\,m^3$.

a	b	c	d	e	f	g
U_k	T [°C]	$(k_{eff})_{m_s} \cdot 10^2$ [kmol/(bar·h·kg)]	$K \cdot 10^2$ [bar]	$(r_{eff})_{m_s} \cdot 10^3$ [kmol/kg·h]	$\dfrac{\dot{n}_k^{ein}}{(r_{eff})_{m_s} \cdot \varrho_{Schütt}}$ [m³]	V_R [m³]
0,0	625,0	6,059	37,69	3,51	1,21	–
0,1	611,2	5,014	29,08	2,59	1,64	0,142
0,2	597,5	4,115	22,19	1,86	2,28	0,341
0,3	583,7	3,365	16,82	1,29	3,30	0,622
0,4	570,0	2,733	12,67	0,818	5,19	1,042
0,5	556,2	2,201	9,42	0,433	9,81	1,721
0,55	549,3	1,964	8,11	0,265	16,02	2,241
0,6	542,5	1,757	6,99	0,106	40,06	3,023

Bei einem Rohrdurchmesser von $1,2\,m$ (Querschnitt $= 1,13\,m^2$) entspricht das einer Rohrlänge von $1,52\,m$. Die Produktionsleistung eines Rohres ist dann $\dot{n}_{St} = \dot{n}_{EB}\,U_{EB} = 6,124 \cdot 0,5 = 3,062\,kmol$ Styrol/h, entsprechend $318,45\,kg/h$ oder $7,643\,t/d$. Für eine Produktion von 30 t Styrol pro Tag sind demnach vier Rohre von $1,52\,m$ Länge mit einem Durchmesser von $1,2\,m$ erforderlich.

Beispiel 13.2: Die *Oxidation von NH₃* mittels Luftsauerstoff unter Bildung von NO nach der Gleichung

$$NH_3 + 5/4\,O_2 \rightarrow NO + 3/2\,H_2O \qquad [\Delta H_R = -226,1\,kJ/mol \text{ (bei 800°C)}]$$

zur großtechnischen Herstellung von HNO_3 wird an Pt/Rh-Netzen als Katalysator durchgeführt (siehe Abb. 13-7). Bei den üblichen Betriebsbedingungen (Netztemperatur 800 bis 900°C) ist die *chemische* Reaktionsgeschwindigkeit so hoch, daß die *effektive* Reaktionsgeschwindigkeit ganz durch den äußeren Stofftransport des NH_3 zum Katalysator bestimmt wird. Die Betriebsbedingungen entsprechen somit einem oberen Betriebspunkt (s. 12.2.1.1). Die Reaktion muß gezündet werden, entweder durch kurzzeitige Vorheizung der Netze oder des Reaktionsgases.

Es werden folgende Betriebsbedingungen angegeben [14, 15]:
Gesamtdruck p: 1,01325 bar; Molenbruch von NH_3 im Zulaufstrom (x_{NH_3}): 0,11; Zulauftemperatur T_F^{ein}: 60°C; Zahl der Netze: 3; Drahtdurchmesser d der Netze: $60 \cdot 10^{-6}$ m; Oberfläche pro m^2 Netz [= $(S_{ex})_{V_R}$ d]: 1,2 m^2/m^2; Massenstrom pro Einheit der Netzfläche ($\dot{m}_R/q$): 0,4 kg/($m^2 \cdot$ s); mittlere molare Wärmekapazität der zuströmenden Gasmischung zwischen 60 und 800°C: $31,8 \cdot 10^{-3}$ kJ/(mol · K).

Den Stoffübergangskoeffizienten β kann man für einen Gasstrom senkrecht zu dünnen Drähten nach einer von Kramers [16] angegebenen Beziehung berechnen: danach sind die Zahlenwerte für β: bei 400°C 1,37 m/s, bei 800°C 2,7 m/s. Die Dichte des Gasgemischs beträgt bei 400°C 0,49 kg/m^3, bei 800°C 0,31 kg/m^3.

Es sollen nun die Umsätze U_{NH_3} an jedem Netz und der Gesamtumsatz an allen drei Netzen, die mittleren Gastemperaturen T_F an den Netzen und die Oberflächentemperaturen T_S der einzelnen Netze berechnet werden.

Lösung: Den Reaktor zur NH_3-Oxidation mit drei Pt/Rh-Netzen kann man auffassen als Abschnittsreaktor mit drei Katalysatorabschnitten, in welchen die Reaktion unter adiabatischen Bedingungen stattfindet, wobei zwischen den einzelnen Abschnitten keine Kühlung erfolgt. Die Länge der einzelnen Katalysatorabschnitte ist hier sehr klein, nämlich gleich dem Drahtdurchmesser der Netze.

Da bei dieser Reaktion die effektive Reaktionsgeschwindigkeit ausschließlich durch den Stoffübergang des NH_3 von der Hauptmasse der fluiden Phase an das Katalysatornetz bestimmt wird, ist nach Gl. (12-21)

$$(r_{eff})_{V_R} = \beta \, (S_{ex})_{V_R} \, c_{NH_3}. \tag{a}$$

Durch Einsetzen dieser Beziehung in die Stoffbilanz Gl. (13-25) erhält man mit k = NH_3 und $|v_k| = 1$:

$$q \, dz = \frac{c_{NH_3}^{ein} \, \dot{V}^{ein} \, dU_{NH_3}}{\beta \, (S_{ex})_{V_R} \, c_{NH_3}} = \frac{c_{NH_3}^{ein} \, \dot{m}_R \, dU_{NH_3}}{\beta \, (S_{ex})_{V_R} \, c_{NH_3} \, \varrho^{ein}}. \tag{b}$$

Ersetzt man in dieser Gleichung c_{NH_3} durch die aus Gl. (4-9) folgende Beziehung

$$c_{NH_3} = c_{NH_3}^{ein} \, \frac{\varrho}{\varrho^{ein}} \, (1 - U_{NH_3}), \tag{c}$$

so lautet die Stoffbilanz

$$\frac{dU_{NH_3}}{1 - U_{NH_3}} = \frac{\beta \, \varrho \, (S_{ex})_{V_R} \, q \, dz}{\dot{m}_R}. \tag{d}$$

Kann man näherungsweise das Produkt $\beta \varrho$ als unabhängig von z annehmen, dann ergibt die Integration dieser Gleichung

$$U_{NH_3} = 1 - \exp\left(-\frac{\beta \, \varrho \, (S_{ex})_{V_R} \, q \, \Delta z}{\dot{m}_R}\right) \qquad (\Delta z = \text{Drahtdurchmesser d}). \tag{e}$$

Für mittlere Temperaturen im Gasgrenzfilm von 400°C (1. Netz) und 800°C (3. Netz) erhält man mit den oben angegebenen Daten

	$\varrho\,[kg/m^3]$	$\beta\,[m/s]$	$\beta\,\varrho\,[kg/m^2\,s]$	$\beta\,\varrho\,(S_{ex})_{V_R}\,q\,\Delta z/\dot{m}_R\,[-]$
400 °C	0,49	1,37	0,67	2,0
800 °C	0,31	2,7	0,84	2,5

Als Zahlenwert des Ausdrucks in der letzten Spalte nehmen wir für das 2. Netz 2,3 an. Dann erhält man für den Umsatz aus Gl. (e)

am 1. Netz: $(U_{NH_3})_1 = 1 - (\dot{n}_{NH_3}^{aus})_1/(\dot{n}_{NH_3}^{ein})_1 = 1 - e^{-2,0} = 1 - 0,13 = \underline{0,87}$,

am 2. Netz: $(U_{NH_3})_2 = 1 - (\dot{n}_{NH_3}^{aus})_2/(\dot{n}_{NH_3}^{ein})_2 = 1 - e^{-2,3} = 1 - 0,10 = \underline{0,90}$,

am 3. Netz: $(U_{NH_3})_3 = 1 - (\dot{n}_{NH_3}^{aus})_3/(\dot{n}_{NH_3}^{ein})_3 = 1 - e^{-2,5} = 1 - 0,08 = \underline{0,92}$,

Da $(\dot{n}_{NH_3}^{aus})_1 = (\dot{n}_{NH_3}^{ein})_2$ und $(\dot{n}_{NH_3}^{aus})_2 = (\dot{n}_{NH_3}^{ein})_3$ ist, beträgt der Gesamtumsatz bis zum N-ten Netz (einschließlich):

$$(U_{NH_3,\,ges})_N = 1 - (\dot{n}_{NH_3}^{aus})_N/(\dot{n}_{NH_3}^{ein})_1 = 1 - \prod_{n=1}^{n=N} [1 - (U_{NH_3})_n]; \qquad (f)$$

also

$$(U_{NH_3,\,ges})_2 = 1 - (1 - 0,87)\,(1 - 0,90) = 1 - 0,013 = 0,987$$

und

$$(U_{NH_3,\,ges})_3 = 1 - (1 - 0,87)\,(1 - 0,90)\,(1 - 0,92) = 1 - 0,001 = 0,999.$$

An den drei Netzen läßt sich also ein Umsatz des NH_3 von 99,9% erzielen. Die *Gastemperaturen* folgen aus Gl. (13-39). Mit den gegebenen Daten ist

$$\Delta T_{ad} = \frac{c_{NH_3}^{ein}\,(-\Delta H_R)}{\varrho^{ein}\,c_p} = \frac{x_{NH_3}^{ein}\,(-\Delta H_R)}{c_p} = \frac{0,11 \cdot 54}{7,6 \cdot 10^{-3}} = 782\,°C. \qquad (g)$$

Somit ist die Gastemperatur hinter dem

1. Netz: $(T_F)_1 = 60 + 782 \cdot 0,87 = \underline{740\,°C}$, hinter dem

2. Netz: $(T_F)_2 = 60 + 782 \cdot 0,987 = \underline{832\,°C}$, und hinter dem

3. Netz: $(T_F)_3 = 60 + 782 \cdot 0,999 = \underline{841\,°C}$.

Die mittleren Gastemperaturen zwischen den Maschen der einzelnen Netze sind dann

1. Netz: $(\bar{T}_F)_1 = (60 + 740)/2 = \underline{400\,°C}$,

2. Netz: $(\bar{T}_F)_2 = (740 + 832)/2 = \underline{786\,°C}$,

3. Netz: $(\bar{T}_F)_3 = (832 + 841)/2 = \underline{837\,°C}$.

Die Oberflächentemperaturen T_S der Netze ergeben sich aus Gl. (12-30) unter Berücksichtigung der Gln. (12-41) $[j_m/j_q = 1]$, (13-40) und (c):

$$T_S = \bar{T}_F + (Le)^{-2/3}\,(1 - U_{NH_3})\,\Delta T_{ad}; \qquad (h)$$

substituiert man darin U_{NH_3} mit Hilfe der Gl. (13-39), so erhält man:

$$T_S = \bar{T}_F + (T_F^{ein} + \Delta T_{ad} - \bar{T}_F)\,(Le)^{-2/3}. \qquad (i)$$

Mit Sc $(=\nu/D)=0{,}63$ und Pr $(=\nu\varrho c_p/\lambda)=0{,}75$ ist Le $=$ Sc/Pr $=0{,}84$ und $(\text{Le})^{-2/3}=1{,}12$. Die Oberflächentemperaturen der Netze sind dann am

1. Netz: $(T_S)_1 = 400 + (60 + 782 - 400) \cdot 1{,}12 = \underline{896\,^\circ\text{C}}$, am

2. Netz: $(T_S)_2 = 786 + (60 + 782 - 786) \cdot 1{,}12 = \underline{849\,^\circ\text{C}}$, und am

3. Netz: $(T_S)_3 = 837 + (60 + 782 - 837) \cdot 1{,}12 = \underline{843\,^\circ\text{C}}$.

Optimale adiabatische Reaktionsführung für exotherme Gleichgewichtsreaktionen in einem Festbettreaktor

Es wurde bereits in Abschnitt 3.4.4 hervorgehoben, daß es für *exotherme Gleichgewichtsreaktionen* in einem Strömungsrohr (somit auch in einem Festbettreaktor mit Strömungsrohrcharakteristik) einen *optimalen axialen Temperaturverlauf* gibt; folgt man diesem durch entsprechende *polytrope Reaktionsführung*, so liegt an jeder Stelle des Reaktionsraumes eine maximale Reaktionsgeschwindigkeit vor. Das zum Erreichen eines bestimmten Endumsatzes notwendige Reaktorvolumen (bzw. die erforderliche Katalysatormasse) ist dann, bei vorgegebener Eintrittszusammensetzung und festgelegtem Durchsatz, das (die) kleinstmögliche. Eine derartige polytrope Temperaturführung mit hoher Temperatur der Reaktionsmasse am Reaktoreintritt und Temperaturabsenkung entsprechend dem fortschreitenden Umsatz bis zum Reaktoraustritt würde jedoch einen enormen technischen Aufwand erfordern, aber auch energetisch ungünstig sein (s. Abschnitt 3.5.5.3). Man müßte nämlich das Reaktionsgemisch vor dem Eintritt in den Reaktor mittels hochwertiger Energie auf hohe Temperatur aufheizen, während anschließend die durch Kühlung abgeführte Reaktionswärme nur auf einem niedrigeren Temperaturniveau zurückgewonnen wird. Deshalb zieht man hier die *adiabatische Reaktionsführung* heran, die technisch einfach zu realisieren ist.

Bei exothermen reversiblen Reaktionen nimmt bei adiabatischer Temperaturführung die Temperatur mit fortschreitendem Umsatz zu; dies führt zu einer Abnahme des Gleichgewichtsumsatzes. Entsprechend steigt die Reaktionsgeschwindigkeit, ausgehend von niedrigen Eingangstemperaturen, zunächst an, durchschreitet ein Maximum und wird dann mit Erreichen des Gleichgewichtszustandes null (Abb. 13-10). Der Zusammenhang zwischen Temperatur T der Reaktionsmasse und dem Umsatz U_k einer Bezugskomponente k ist nach Gl. (7-29) mit $\dot{m}_R = \dot{V}^{ein}\varrho^{ein}$, gegeben durch

$$T = T^{ein} + \frac{c_k^{ein}}{\varrho^{ein} c_p^{ein}} \cdot \frac{(-\Delta H_R)}{|\nu_k|} U_k = T^{ein} + \Delta T_{ad} U_k. \qquad (13\text{-}41)$$

Demnach hängt unter adiabatischen Reaktionsbedingungen die Reaktionsgeschwindigkeit bei vorgegebener Eintrittszusammensetzung nur vom Umsatz U_k und der Eintrittstemperatur T^{ein} ab:

$$r(U_k, T) = r(U_k, T^{ein} + \Delta T_{ad} U_k) = r_{ad}(U_k, T^{ein}); \qquad (13\text{-}42)$$

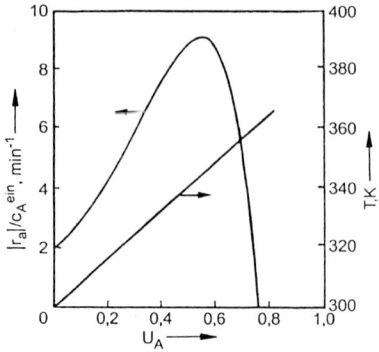

Abb. 13-10. Reaktionsgeschwindigkeit und Temperatur der Reaktionsmasse als Funktion des Umsatzes für eine exotherme Gleichgewichtsreaktion $A \rightleftharpoons B$ bei adiabatischer Reaktionsführung; $r = k_1 c_A - k_2 c_B$; $k_{1,0} = 10^9 \text{min}^{-1}$, $k_{2,0} = 2 \cdot 10^{14} \text{min}^{-1}$; $E_1 = 50 \text{ kJ/(mol} \cdot \text{K)}$, $E_2 = 90 \text{ kJ/(mol} \cdot \text{K)}$

r ist die Äquivalent-Reaktionsgeschwindigkeit für die betreffende reversible Reaktion gemäß

$$r\, v_i = r_i = \sum_j r_j\, v_{ij}, \qquad\qquad (13\text{-}43)$$

wobei j $(= 1, 2, \ldots)$ die Nummer der Teilreaktionen ist, nach welcher der Reaktand i gebildet oder verbraucht wird.

Infolge der Kopplung von Temperatur und Umsatz ergibt sich die maximale Reaktionsgeschwindigkeit bei adiabatischer Temperaturführung nicht bei denselben Wertepaaren U_k und T_{opt}, welche für den Fall optimaler polytroper Temperaturführung berechnet werden. Ein Beispiel der Auftragung $U_k = f(T_{opt})$ für polytrope Temperaturführung ist in Abb. 3-10 wiedergegeben.

Bei festgelegten Eintrittsbedingungen und damit bekannter Temperatur im Reaktor ermittelt man die in einem adiabatisch betriebenen Strömungsrohr maximal erreichbare Reaktionsgeschwindigkeit durch Differentiation der Gl. (13-42):

$$\left(\frac{\partial r_{ad}}{\partial U_k}\right)_{T^{ein}} = \left(\frac{\partial r}{\partial U_k}\right)_T + \Delta T_{ad} \left(\frac{\partial r}{\partial T}\right)_{U_k} = 0. \qquad (13\text{-}44)$$

Während es für eine bestimmte reversible Reaktion nur eine einzige Kurve $U_k = f(T_{opt})$ gibt, welche die optimale *polytrope* Temperaturführung beschreibt (s. Abb. 3-10 und 13-11), existiert für die optimale *adiabatische* Temperaturführung eine Kurvenschar, abhängig von der adiabatischen Temperaturänderung ΔT_{ad} als Parameter. In Abb. 13-11 ist zum einen die Kurve $U_k = f(T_{Gl})$ für den Gleichgewichtsumsatz (d. h. $r = 0$) aufgetragen, dann die Kurve $U = f(T_{opt,pol})$ für optimale polytrope Temperaturführung (d. h. $r_{max,pol}$) und schließlich als Beispiel zwei Kurven $U = f(T_{opt,ad})$ für optimale adiabatische Temperaturführung (d. h. $r_{max,ad}$) mit $\Delta T_{ad} = 80$ K und $\Delta T_{ad} = 200$ K.

Man sieht aus der Darstellung in Abb. 13-11, daß sich diese Kurven für $U = f(T_{opt,ad})$ deutlich von der Kurve $U = f(T_{opt,pol})$ unterscheiden. Die Abb. 13-11 enthält auch das Beispiel einer Kurve für konstante Reaktionsgeschwindigkeit $U = f(T_{r=konst.})$; es gibt wieder eine Kurvenschar, d. h. eine Kurve für jeden Wert der

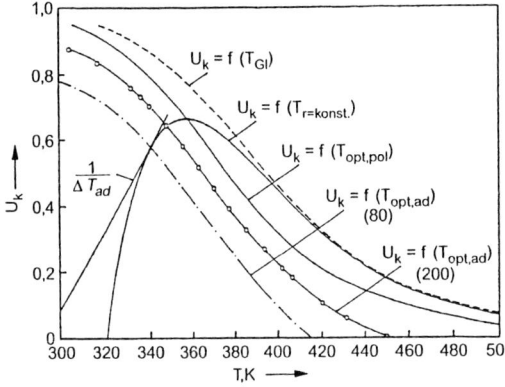

Abb. 13-11. Exotherme Gleichgewichtsreaktion: Verlauf des Umsatzes U_k in Abhängigkeit von der Gleichgewichtstemperatur T_{Gl}, der optimalen Temperatur $T_{opt.,pol}$ bei polytroper Reaktionsführung, der optimalen Temperatur $T_{opt,ad}$ bei adiabatischer Reaktionsführung ($\Delta T_{ad} = 80$ K und 200 K) sowie Beispiel von $U_k = f(T_{r=konst.})$ für einen Wert konstanter Reaktionsgeschwindigkeit

Reaktionsgeschwindigkeit, wobei die Maxima der einzelnen Kurven die Kurve $U = f(T_{opt,pol})$ ergeben.

Wie aus Abb. 13-11 hervorgeht, ergibt sich für einen bestimmten Wert von ΔT_{ad} die maximale Reaktionsgeschwindigkeit bei adiabatischer Temperaturführung mit *den* Werten für U_k und T, welche durch die Koordinaten des Berührungspunktes der Tangente mit der Steigung $1/\Delta T_{ad}$ an die Kurve $U = f(T_{r=konst.})$ gegeben sind. Auf diese Weise kann man (jeweils für einen bestimmten Wert von ΔT_{ad}) zum Verlauf von $U = f(T_{opt,ad})$ gelangen; dieser hängt, außer von ΔT_{ad}, von den kinetischen Parametern der Reaktion ab. Mit zunehmendem ΔT_{ad} wird die Steigung der Tangente immer kleiner, so daß sich die Kurven $U = f(T_{opt,ad})$ immer mehr der Kurve $U = f(T_{opt,pol})$ nähern.

Die spezifische Leistung eines Strömungsrohres, in dem eine exotherme Gleichgewichtsreaktion stattfindet, weist bei gegebenen Zulaufbedingungen als Funktion des Umsatzes eine Maximum auf, ebenso wie die Reaktionsgeschwindigkeit. Die spezifische Leistung ist gegeben durch

$$L_{P,V_R} = \frac{\dot{n}_k^{ein} U_k^{aus}}{V_R} = \frac{c_k^{ein} \dot{V}^{ein} U_k^{aus}}{V_R}, \tag{13-45}$$

woraus mit Hilfe von Gl. (7-13) für ein ideales Strömungsrohr (einen Festbettreaktor) folgt:

$$L_{P,V_R} = U_k^{aus} \bigg/ \int_0^{U_k^{aus}} \frac{d U_k}{|r_k|}. \tag{13-46}$$

Für ein ideales Strömungsrohr (einen Festbettreaktor) ergibt sich eine maximale Leistung bei Einhaltung eines bestimmten Umsatzes $U_{k,opt}^{aus}$ am Austritt aus dem Reaktor. Zur Bestimmung dieses Optimalwertes muß die spezifische Leistung L_{P,V_R} nach dem Umsatz abgeleitet und Null gesetzt werden:

$$\frac{\partial L_{P,V_R}}{\partial U_k} = \frac{\partial}{\partial U_k} \left[U_k^{aus} \bigg/ \int_0^{U_k^{aus}} \frac{d U_k}{|r_k|} \right] \overset{!}{=} 0, \tag{13-47}$$

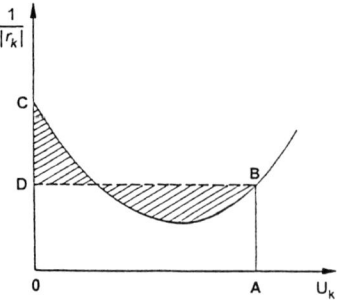

Abb. 13-12. Maximale spezifische Leistung in einem Strömungsrohr (Festbettreaktor)

$$\left[\int_{0}^{U_{k,opt}^{aus}} \frac{dU_k}{|r_k|} - \frac{U_{k,opt}^{aus}}{|r_k|(U_{k,opt}^{aus})} \right]\left[\int_{0}^{U_{k,opt}^{aus}} \frac{dU_k}{|r_k|} \right]^{-2} = 0, \qquad (13\text{-}48)$$

$$\int_{0}^{U_{k,opt}^{aus}} \frac{dU_k}{|r_k|} = \frac{U_{k,opt}^{aus}}{|r_k|(U_{k,opt}^{aus})}. \qquad (13\text{-}49)$$

Diese Bedingung für die maximale spezifische Leistung des Strömungsrohres wird durch die Abb. 13-12 veranschaulicht, in der $1/|r_k|$ als Funktion von U_k aufgetragen ist. Die maximale spezifische Leistung wird dann erreicht, wenn die über die Reaktorlänge gemittelte Reaktionsgeschwindigkeit maximal ist. Nach Gl. (13-49) ist dies dann der Fall, wenn die Fläche 0ABC unter der Kurve (entspricht der linken Seite der Gleichung) gleich der Rechteckfläche 0ABD (entspricht der rechten Seite der Gleichung) ist; diese Bedingung ist erfüllt, wenn die schraffierten Flächen gleich groß sind. Der optimale Umsatz $U_{k,opt}^{aus}$ ist durch den Abszissenwert des Punktes A gegeben. Der Reziprokwert der gemittelten maximalen Reaktionsgeschwindigkeit, d. h. $1/|r_k|(U_{k,opt}^{aus})$ ergibt sich aus dem Ordinatenwert des Punktes D.

Optimale adiabatische Reaktionsführung für exotherme Gleichgewichtsreaktionen in einem Abschnittsreaktor

In einem einzelnen adiabatischen Festbettreaktor sind Temperatur und Umsatz gemäß Gl. (13-41) miteinander verknüpft. Für exotherme Gleichgewichtsreaktionen folgt daraus, daß dann, wenn ein bestimmter Umsatz U_k^{aus} am Reaktoraustritt gefordert wird, die Temperatur T^{aus} der Reaktionsmasse dort niedriger sein muß, als die dem Umsatz U_k^{aus} entsprechende Gleichgewichtstemperatur T_{Gl}. Demnach muß die Eintrittstemperatur T^{ein} kleiner sein als $T_{Gl} - \Delta T_{ad} U_k^{aus}$. Für viele heterogen katalysierte reversible Gasreaktionen würde dies zu so niedrigen Eintrittstemperaturen führen, daß extrem lange Verweilzeiten bzw. ein übermäßig großes Reaktorvolumen notwendig wären.

In der Praxis begegnet man dieser Schwierigkeit dadurch, daß man das Gesamtvolumen des Reaktors auf mehrere adiabatisch betriebene Abschnitte aufteilt, zwischen denen eine Kühlung der Reaktionsmasse erfolgt. Ein solches System, das als *Abschnittsreaktor* (*Hordenreaktor*) bezeichnet wird, ist in Abb. 13-13 zusammen mit dem Temperaturverlauf als Funktion der Ortskoordinate z dar-

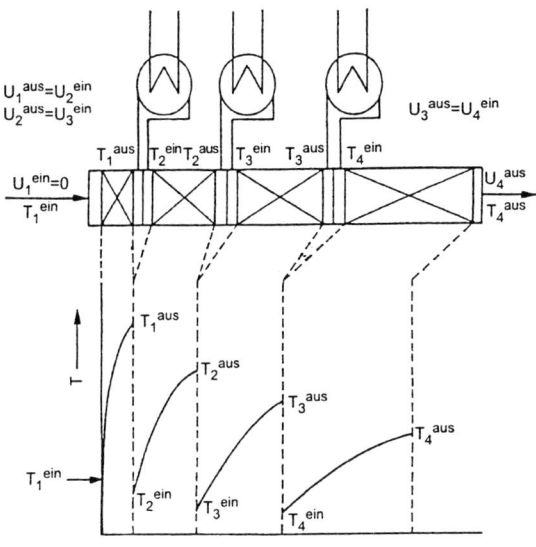

Abb. 13-13. Adiabatisch betriebener Abschnittsreaktor mit indirekter Zwischenkühlung

gestellt. Die Temperatur steigt in den einzelnen Abschnitten jeweils linear (sofern ΔT_{ad} konstant ist) mit dem Umsatz an, dieser allerdings nicht linear mit der Ortskoordinate z. Die Temperatur wird nach jedem Abschnitt, vor dem Eintritt in den folgenden, dadurch abgesenkt, daß die Reaktionsmasse in einem außerhalb des Reaktors befindlichen Wärmeaustauscher gekühlt wird. Je nach der Anzahl der Abschnitte kann dadurch der optimale adiabatische Temperaturverlauf entsprechend der in Abb. 13-14 eingezeichneten Zick-Zack-Kurve angenähert werden. Man kann sich nun fragen, wie bei festgelegter Anzahl N der Abschnitte das Reaktorvolumen bzw. die Katalysatormasse des adiabatisch betriebenen Abschnittreaktors aufgeteilt werden muß, damit dessen Gesamt-Produktionsleistung einen Maximalwert erreicht.

Horn und Küchler [19] haben die Lösung für eine leicht modifizierte Formulierung desselben Problems gegeben, nämlich Ermittlung des größtmöglichen Endumsatzes bei vorgegebenem Reaktorvolumen, vorgegebener Anzahl von Abschnitten und festgelegter Eintrittstemperatur T_1^{ein} in den ersten Abschnitt:

a) Für jeden Abschnitt n muß der Umsatz U_n^{aus} für die jeweilige Temperatur T_n^{ein} zu maximaler spezifischer Leistung führen, d. h. es muß sein

$$\int_{U_n^{ein}}^{U_n^{aus}} \frac{\partial r}{\partial T} \frac{d^2 U_n}{d r^2} = 0, \text{ }^{1)} \tag{13-50}$$

---

1) Aus Gründen der Einfachheit wurden die Subindizes für die Komponenten weggelassen; die Größe r ist die effektive Reaktionsgeschwindigkeit, z. B. in mol/(s · kg Kat.).

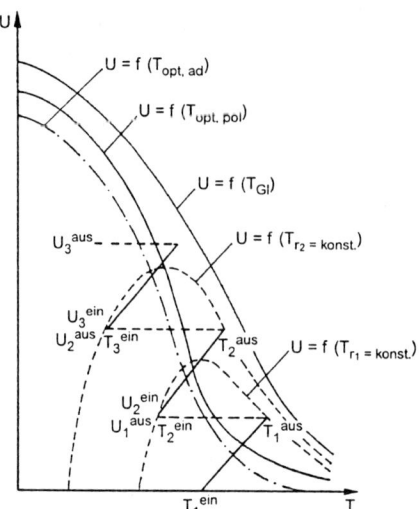

Abb. 13-14. Temperatur-Umsatz-Verlauf in einem adiabatisch betriebenen Abschnittsreaktor mit indirekter Zwischenkühlung

wobei zwischen Umsatz und Temperatur analog zu Gl. (13-41) gilt

$$T_n^{aus} = T_n^{ein} + \Delta T_{ad}(U_n^{aus} - U_n^{ein}). \tag{13-51}$$

b) Zwischen zwei Abschnitten wird durch Zwischenkühlung die Temperatur so weit abgesenkt, daß die Reaktionsgeschwindigkeit am Austritt des einen gleich derjenigen am Eintritt in den nächsten ist:

$$r_{n-1}^{aus} = r_n^{ein}. \tag{13-52}$$

c) Während der Zwischenkühlung bleibt der Umsatz konstant, d. h.

$$U_{n-1}^{aus} = U_n^{ein}. \tag{13-53}$$

Die Bedeutung dieser Bedingungen zum optimalen Betrieb eines adiabatischen Abschnittsreaktors läßt sich am besten mit Hilfe des Umsatz-Temperatur-Diagramms (Abb. 13-14) veranschaulichen. Dieses enthält die benötigte Kurve $U = f(T_{opt, ad})$ für den entsprechenden Wert ΔT_{ad} der betreffenden Reaktion, ferner, lediglich zum Vergleich, die Kurven $U = f(T_{Gl})$ und $U = f(T_{opt, pol})$. Zwei Kurven $U = f(T_{r = konst.})$ für zwei Werte von r_1 und r_2 sind ebenfalls eingezeichnet (s. u.). Die Reaktionsmischung tritt mit der Temperatur T_1^{ein} ($U_1^{ein} = 0$) in den ersten Abschnitt ein; dort steigt die Temperatur linear mit dem Umsatz an (Voraussetzung: $\Delta T_{ad} = $ konst.). Die Reaktionsgeschwindigkeit erhöht sich zunächst, d. h. es ist $\partial r / \partial T > 0$. Bei dem Wertepaar U_1, T_1, welches dem Schnittpunkt der Geraden mit der strichpunktierten Kurve $U = f(T_{opt, ad})$ entspricht, erreicht die Reaktionsgeschwindigkeit ihren Maximalwert ($\partial r / \partial T = 0$); bei weiterer Erwärmung nimmt dann die Reaktionsgeschwindigkeit ab ($\partial r / \partial T < 0$). Die Bedingung a (Gl. 13-50), d. h. maximale mittlere Reaktionsgeschwindigkeit r_1, ist erfüllt im Punkt mit den

Koordinaten U_1^{aus}, T_1^{aus}. Durch diesen Punkt muß die entsprechende Kurve $U = f(T_{r_1 = konst.})$. gelegt werden. Die Reaktionsmischung wird von der Temperatur T_1^{aus} auf eine Temperatur T_2^{ein} abgekühlt, so daß sie beim Eintritt in den zweiten Abschnitt dieselbe Reaktionsgeschwindigkeit r_1 hat wie beim Austritt aus dem ersten Abschnitt [Bedingung b, Gl. (13-52)]. Da $U_1^{aus} = U_2^{ein}$ ist, [Bedingung c, Gl. (13-53)] erhält man T_2^{ein} als Schnittpunkt der Parallelen zur Abszissenachse durch den Punkt U_1^{aus}, T_1^{aus} mit der gestrichelten Kurve $U = f(T_{r_1 = konst.})$. Dieses Verfahren wird so oft wiederholt, bis die gewünschte Stufenzahl oder der geforderte Endumsatz U_N^{aus} erreicht ist.

Die Eintrittstemperatur T_1^{ein} in die erste Stufe ist ein unabhängiger, d. h. frei wählbarer, zusätzlicher Optimierungsparameter, der variiert werden muß, um das Mindestvolumen bzw. die Mindestkatalysatormasse für einen bestimmten Endumsatz zu ermitteln, oder umgekehrt den maximalen Umsatz, der mit einem bestimmten Reaktorvolumen bzw. mit einer bestimmten Katalysatormasse in einer gegebenen Anzahl von Stufen erreicht werden kann. Je größer die Anzahl der Stufen ist, umso besser paßt sich die Zick-Zack-Linie dem optimalen Temperaturverlauf an.

Der optimale Umsatz-Temperatur-Verlauf kann auch dadurch angenähert werden, daß dem Reaktionsgemisch zwischen den einzelnen Abschnitten zur Kühlung Frischgas zugeführt wird. Dadurch sinkt aber nicht nur die Temperatur, sondern infolge der Verdünnung auch der Umsatz, siehe z. B. Abb. 3-32c.

13.3.1.5 Polytrope Reaktionsführung

Findet eine Reaktion in einem Festbettreaktor unter *polytropen Bedingungen* statt, d. h. entspricht die in der Zeiteinheit einem differentiellen Volumenelement über eine Wärmeaustauschfläche zugeführte bzw. aus diesem abgeführte Wärmemenge nicht der durch die chemische Reaktion verbrauchten bzw. gebildeten Wärmemenge, so werden radiale Temperaturgradienten den Reaktionsablauf im Reaktor wesentlich beeinflussen. Die Aufgabe besteht nun darin, sowohl den radialen als auch den axialen Temperatur- und Konzentrationsverlauf in einem Festbettreaktor zu berechnen und dann aus dem Konzentrationsverlauf den mittleren Umsatz einer Bezugskomponente bzw. die mittlere Ausbeute an einem gewünschten Reaktionsprodukt zu ermitteln.

Das *radiale Temperaturprofil* in polytrop betriebenen Festbettreaktoren ist parabolisch (siehe Abb. 13-15). Bei einer ganz exakten mathematischen Behandlung müßte man auch die radiale Geschwindigkeitsverteilung, die Abhängigkeit der radialen effektiven Vermischungs- und Wärmeleitfähigkeitskoeffizienten von der Lage, sowie die axiale Vermischung berücksichtigen. Bei einer Berechnung mit Hilfe eines Computers kann man diese Einflüsse alle einschließen. Um die Berechnungsmethode zu erläutern, machen wir jedoch folgende vereinfachende Annahmen:

a) es liege Zylindersymmetrie vor,
b) die Strömungsgeschwindigkeit sei konstant über den Reaktorquerschnitt,
c) D_{rad} und λ_{rad} seien unabhängig von den Ortskoordinaten z und R sowie unabhängig von der Temperatur,

d) das Festbett sei lang genug, so daß die Vermischung und die effektive Wärmeleitung in axialer Richtung gegenüber dem Transport durch Konvektion vernachlässigt werden können,

e) der Massenstrom $\dot{m}_R = w' \, q \, \varrho = \dot{V} \, \varrho$ sei konstant über den Reaktorquerschnitt (Änderungen der Geschwindigkeit in z-Richtung infolge Temperatur- und Stoffmengenänderungen werden berücksichtigt).

Bei stationären Bedingungen folgt unter diesen Annahmen die Stoffbilanz für einen Reaktionspartner A ($\nu_i = - |\nu_A|$) aus Gl. (13-15)

$$0 = - \frac{\partial (c_A \, w')}{\partial z} + D'_{rad} \left(\frac{1}{R} \frac{\partial c_A}{\partial R} + \frac{\partial^2 c_A}{\partial R^2} \right) - |\nu_A| \, (r_{eff})_{m_s} \, \varrho_s \, (1 - \varepsilon), \quad (13\text{-}54)$$

mit den Randbedingungen

$$c_A = c_A^{ein}, \qquad \text{für } z = 0 \text{ und } 0 < R < R_0, \qquad\qquad\qquad (13\text{-}55\,a)$$

$$\partial c_A / \partial R = 0, \qquad \text{für } z \geq 0 \text{ und } R = 0, \qquad\qquad\qquad (13\text{-}55\,b)$$

$$\partial c_A / \partial R = 0, \qquad \text{für } z \geq 0 \text{ und } R = R_0. \qquad\qquad\qquad (13\text{-}55\,c)$$

Drückt man in Gl. (13-54) c_A durch den Umsatz aus und führt $Pé_{rad}$ mit Hilfe von Gl. (13-22) ein, so lautet die Stoffbilanz

$$0 = \frac{\partial U_A}{\partial z} - \frac{d_p}{Pé_{rad}} \left(\frac{1}{R} \frac{\partial U_A}{\partial R} + \frac{\partial^2 U_A}{\partial R^2} \right) - \frac{|\nu_A| \, (r_{eff})_{m_s} \varrho_s (1 - \varepsilon) \, q \, \varrho^{ein}}{\dot{m}_R \, c_A^{ein}} \quad (13\text{-}56)$$

($q = $ Rohrquerschnitt, $\dot{m}_R = q \, w^{ein} \, \varrho^{ein}$).

Entsprechend folgt aus Gl. (13-26) für die Wärmebilanz

$$0 = - \frac{\partial T}{\partial z} + \frac{\lambda_{rad} \, q}{\dot{m}_R \, c_p} \left(\frac{1}{R} \frac{\partial T}{\partial R} + \frac{\partial^2 T}{\partial R^2} \right) + \frac{(r_{eff})_{m_s} \varrho_s (1 - \varepsilon) (- \Delta H_R) \, q}{\dot{m}_R \, c_p},$$

$$(13\text{-}57)$$

mit den Randbedingungen

$$T = T^{ein}, \quad \text{für } z = 0 \text{ und } 0 < R < R_0, \qquad\qquad\qquad (13\text{-}58\,a)$$

$$\partial T / \partial R = 0, \quad \text{für } z \geq 0 \text{ und } R = 0, \qquad\qquad\qquad (13\text{-}58\,b)$$

$$- \lambda_{rad} \frac{\partial T}{\partial R} = \alpha \, (T - T_w) = k_W \, (T - T_W), \quad \text{für } z \geq 0 \text{ und } R = R_0 \quad (13\text{-}58\,c)$$

($T_w = $ Wandtemperatur, $T_W = $ Temperatur des Wärmeträgers).

Aus der simultanen Lösung der Stoff- und Wärmebilanzen erhält man den Konzentrations- und Temperaturverlauf im Reaktor. Daraus kann die *Katalysatormenge* berechnet werden, welche zur Erzielung eines bestimmten mittleren Umsatzes erforderlich ist. Eine Lösung des Gleichungssystems auf analytischem Weg ist nicht möglich, sondern nur mit Hilfe numerischer Methoden. Eines der gebräuchlichsten numerischen Verfahren besteht darin, die Stoff- und Wärmebilanzgleichungen in Differenzenform zu schreiben [20]. Teilt man den Festbettreaktor in l longitudinale Inkremente der Größe Δz und in n radiale Inkremente der Größe ΔR auf, dann ist

$$z = l\, \Delta z \qquad\qquad (13\text{-}59)$$

und

$$R = n\, \Delta R. \qquad\qquad (13\text{-}60)$$

So ist z. B. der Umsatz in irgend einem Punkt des Reaktors gegeben durch $U_{n,l}$, d. h. den Umsatz bei $R = n\Delta R$ und $z = l\Delta z$. R wird dabei von der Achse, z vom Reaktoreintritt aus gemessen. Der Index A für den Reaktionspartner A ist im folgenden der Einfachheit halber weggelassen.

Die erste Umsatzdifferenz in Richtung von R ist

$$\Delta_R U = U_{n+1,l} - U_{n,l} \qquad\qquad (13\text{-}61)$$

und entsprechend in z-Richtung

$$\Delta_z U = U_{n,l+1} - U_{n,l}. \qquad\qquad (13\text{-}62)$$

Die zweite Differenz in Richtung von R ist

$$\Delta_R^2 U = (U_{n+1,l} - U_{n,l}) - (U_{n,l} - U_{n-1,l}). \qquad\qquad (13\text{-}63)$$

Mit diesen Beziehungen lautet die Stoffbilanz:

$$U_{n,l+1} = U_{n,l} + \frac{\Delta z}{(\Delta R)^2}\, \frac{d_p}{P\acute{e}_{rad}} \left[\frac{U_{n+1,l} - U_{n,l}}{n} + U_{n+1,l} - 2\,U_{n,l} + U_{n-1,l} \right] +$$
$$+ \frac{|v_A|\, (r_{eff})_{m_s}\, \varrho_s\, (1-\varepsilon)\, q\, \varrho^{ein}\, \Delta z}{\dot{m}_R\, c_A^{ein}}. \qquad\qquad (13\text{-}64)$$

In analoger Weise erhält man aus Gl. (13-57) für die Wärmebilanz

$$T_{n,l+1} = T_{n,l} + \frac{\Delta z}{(\Delta R)^2}\, \frac{\lambda_{rad}\, q}{\dot{m}_R\, c_p} \left[\frac{T_{n+1,l} - T_{n,l}}{n} + T_{n+1,l} - 2\,T_{n,l} + T_{n-1,l} \right] -$$
$$- \frac{(r_{eff})_{m_s}\, \varrho_s\, (1-\varepsilon)\, (-\Delta H_R)\, q\, \Delta z}{\dot{m}_R\, c_p}. \qquad\qquad (13\text{-}65)$$

Unter der Voraussetzung, daß ausreichend experimentelle Werte für die effektive Reaktionsgeschwindigkeit vorliegen, können die Gln. (13-64) und (13-65) numerisch nach den üblichen Methoden stufenweise gelöst werden. Der erste Schritt besteht

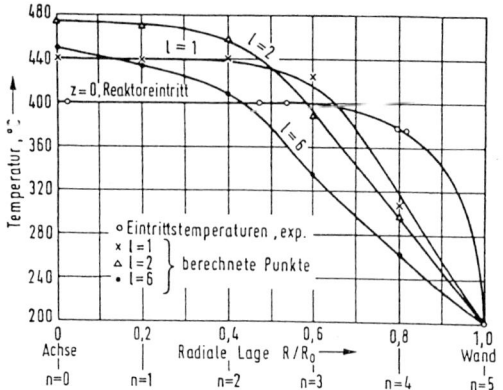

Abb. 13-15. Temperaturprofile als Funktion des Radius und der Reaktorlänge [21]

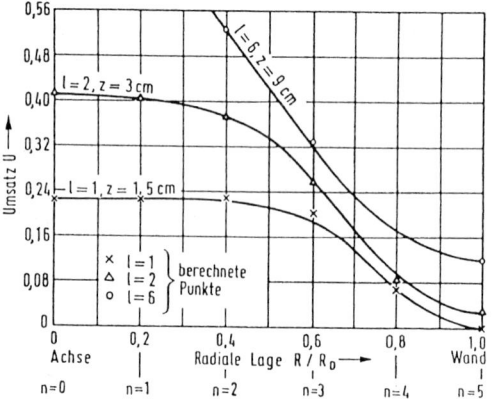

Abb. 13-16. Umsatzprofile als Funktion des Radius und der Reaktorlänge [21]

darin, die Werte für den Umsatz und die Temperatur über den Reaktorquerschnitt bei $l = 1$, d. h. $z = \Delta z$ aus den bekannten Werten bei $l = 0$ zu berechnen. Dann wird derselbe Vorgang für das nächste axiale Inkrement, d. h. $l = 2$ wiederholt usw. Für $n = 0$ würde man aus den Gln. (13-64) und (13-65) unbestimmte Ausdrücke erhalten; durch Anwendung der *Regel von l'Hospital* ergibt sich für $n = 0$:

$$U_{0,l+1} = U_{0,l} + \frac{2\,\Delta z}{(\Delta R)^2}\,\frac{d_p}{\text{Pé}_{rad}}\,(U_{1,l} - U_{0,l}) + \frac{|\nu_A|\,(r_{eff})_{m_s}\,\varrho_s\,(1 - \varepsilon)\,q\,\varrho^{ein}\,\Delta z}{\dot{m}_R\,c_A^{ein}}\,;$$

$$(13\text{-}66)$$

$$T_{0,l+1} = T_{0,l} + \frac{2\,\Delta z}{(\Delta R)^2}\,\frac{\lambda_{rad}\,q}{\dot{m}_R\,c_p}\,(T_{1,l} - T_{0,l}) - \frac{(r_{eff})_{m_s}\,\varrho_s\,(1 - \varepsilon)\,q\,\Delta z}{\dot{m}_R\,c_p}\,.\quad (13\text{-}67)$$

Die Ergebnisse einer solchen Berechnung für eine exotherme Gleichgewichtsreaktion (SO$_2$-Oxidation [21]) in einem von außen gekühlten Festbettreaktor sind in den Abb. 13-15 und 13-16 dargestellt. Der Umsatz ist natürlich bei $R = 0$ (Rohr-

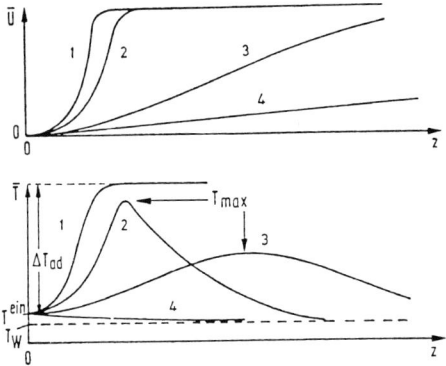

Abb. 13-17. Qualitativer Verlauf des mittleren Umsatzes und der mittleren Temperatur als Funktion von z für eine exotherme Reaktion in einem Festbettreaktor; 1 adiabatische Reaktionsführung, 2 geringe, 3 ziemlich starke und 4 sehr starke Kühlung

achse) höher als an der Rohrwand. Aus Abb. 13-15 geht hervor, daß die Temperatur in axialer Richtung ein Maximum erreicht, um dann bei weiterem Fortschreiten in axialer Richtung wieder abzunehmen, da die in radialer Richtung in der Zeiteinheit abgeführte Wärmemenge größer ist, als die durch chemische Reaktion erzeugte.

Die mittleren Temperaturen und die mittleren Umsätze erhält man für jeden Querschnitt des Reaktors durch graphische Integration der radialen Temperatur- und Konzentrationsprofile. Die mittlere Temperatur $\bar{T}$ über den Radius in einem bestimmten Querschnitt des Reaktors ist gegeben durch:

$$\bar{T} = \frac{\int\limits_{0}^{R_0} \dot{m}_R \, c_p \, T \, 2\,\pi\,R\,dR}{\dot{m}_R \, \bar{c}_p \, R_0^2 \, \pi} = \frac{2\int\limits_{0}^{R_0} T \, c_p \, R \, dR}{\bar{c}_p \, R_0^2} = \frac{2}{\bar{c}_p}\int\limits_{0}^{1} T \, c_p \, n \, dn \qquad (13\text{-}68)$$

($R_0 = $ Rohrradius, $n = R/R_0$).

In ähnlicher Weise erhält man den mittleren Umsatz $\bar{U}$ in einem bestimmten Querschnitt des Reaktors:

$$\bar{U} = \frac{2\int\limits_{0}^{R_0} U \, R \, dR}{R_0^2} = 2\int\limits_{0}^{1} U \, n \, dn. \qquad (13\text{-}69)$$

Trägt man also $T\,c_p\,n$ bzw. $U\,n$, wobei T und U aus den Temperatur- und Umsatzprofilen für einen bestimmten Reaktorquerschnitt entnommen werden, gegen n auf, so sind die Flächen unter den Kurven gleich den auf der rechten Seite der Gln. (13-68) und (13-69) stehenden Integralen.

Es ergibt sich für eine exotherme Reaktion bei konstanter Kühlmitteltemperatur T_W ein Verlauf des mittleren Umsatzes $\bar{U}$ und der mittleren Temperatur $\bar{T}$ als Funktion von z, wie er qualitativ in Abb. 13-17 dargestellt ist.

Aus Abb. 13-17 läßt sich unmittelbar die Reaktorlänge $z = L$ ablesen, welche zur Erzielung eines geforderten mittleren Umsatzes erforderlich ist. Die hierfür benötigte Katalysatormenge m_s ist dann:

$$m_s = R_0^2 \pi L \varrho_s (1 - \varepsilon) = R_0^2 \pi L \varrho_{Sch\ddot{u}tt}. \qquad (13\text{-}70)$$

13.3.2 Wirbelschichtreaktoren (Fließbettreaktoren)

Wirbelschichtreaktoren (Fließbettreaktoren) werden in der Technik fast ausschließlich zur Durchführung von Gas/Feststoff-Reaktionen verwendet, wobei der Feststoff entweder ein Reaktionspartner (Edukt), ein Katalysator oder auch ein fester Wärmeträger sein kann. Solche Wirbelschichtreaktoren haben nicht selten Durchmesser von 3 bis 10 m, so z. B. in den katalytischen Krackanlagen der petrochemischen Industrie. Anwendungsbeispiele aus dem Bereich der heterogen katalysierten Gasreaktionen sind das katalytische Kracken, die Herstellung von Acrylnitril, von Ethylendichlorid und o-Phthalsäureanhydrid. Beispiele aus dem Gebiet der nicht katalysierten Gas/Feststoff-Reaktionen sind die Verbrennung und Vergasung von Kohle, die Verbrennung von Müll und Industrierückständen, das Kalzinieren von Kalkstein und Tonerdehydrat sowie das Rösten sulfidischer Erze (Pyrit, Zinkblende). Flüssigkeits/Feststoff-Wirbelschichten können eingesetzt werden in der elektrochemischen Verfahrenstechnik und besonders in der Biotechnologie, wo Enzyme und Zellen auf inerten festen Trägern immobilisiert werden.

Eine leicht überschaubare Übersicht über Wirbelschichtreaktoren und Wirbelschichtverfahren geben Enzyklopädien der technischen Chemie, z. B. [22, 23], ausführliche Informationen vermitteln entsprechende Monographien [24 bis 28].

Entstehung von Wirbelschichten und Wirbelschichtzustände

Strömt ein Gas oder eine Flüssigkeit entgegen der Richtung der Schwerkraft durch eine Schicht aus feinkörnigem Feststoff ($d_P = 0,1$ bis 10 mm) und kann sich diese Schicht nach oben ausdehnen, so bilden sich, je nach der Strömungsgeschwindigkeit des Fluids, verschiedene technisch interessante Zustände aus (Abb. 13-18):

a) Bei niedriger Strömungsgeschwindigkeit bleiben die Feststoffkörner in Ruhe und der Druckabfall innerhalb der Schicht steigt mit zunehmendem Fluiddurchsatz an. Es liegt der Zustandsbereich des Festbettes vor (s. 13.3.1).

b) Mit weiterer Steigerung der Strömungsgeschwindigkeit w werden bei einem Grenzwert $w = w_L$ die Feststoffteilchen leicht gegeneinander verschiebbar, so daß die Fluid/Feststoffschicht einen flüssigkeitsähnlichen Zustand annimmt und die sogenannte *homogene Wirbelschicht* bildet (Abb. 13-18, 2). Dieser Zustand wird dadurch erreicht, daß die auf jedes Feststoffteilchen wirkende Schwerkraft minus Auftriebskraft durch die entgegengesetzt gerichtete Reibungskraft zwischen strömendem Fluid und Teilchen aufgehoben wird. Die Grenzgeschwindigkeit w_L wird als Lockerungsgeschwindigkeit, der dadurch gegebene Zustand auch als Lockerungspunkt bezeichnet. Diese Lockerungs-

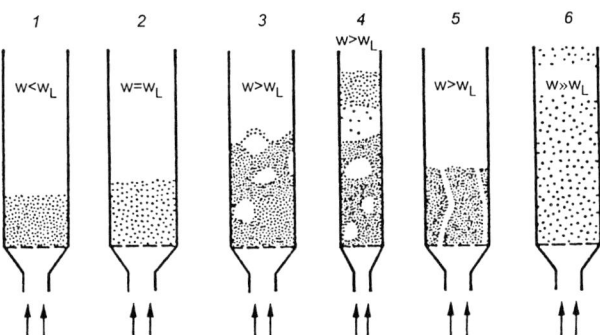

Abb. 13-18. Strömungszustände in der Wirbelschicht; 1 ruhende Schüttung (Festbett) $w < w_L$; 2 Wirbelschicht bei Lockerungsgeschwindigkeit, $w = w_L$; 3 blasenbildende Wirbelschicht, $w > w_L$; 4 stoßende Wirbelschicht, $w > w_L$; 5 Kanalbildung in der Wirbelschicht, $w > w_L$; 6 Pneumatischer Transport (Feststoffaustrag), $w \gg w_L$

geschwindigkeit (auf Leerrohr bezogen) kann z. B. unter Verwendung einer empirischen Beziehung von Ergun berechnet werden:

$$w_L = 42{,}9 \cdot \frac{v(1-\varepsilon_L)}{d_P\,\psi_S} \left[\sqrt{1 + 3{,}11 \cdot 10^{-4} \cdot \frac{\varepsilon_L^3 (\psi_S \cdot d_P)^3 \cdot g\,(\varrho_S - \varrho_f)}{(1-\varepsilon_L)^2\, v^2 \cdot \varrho_f}} - 1 \right], \ [\text{m/s}]$$

$$(13\text{-}71)$$

($v\,[\text{m}^2/\text{s}]$ kinematische Viskosität des Fluids, ε_L relatives Kornzwischenraumvolumen am Lockerungspunkt, $d_P\,[\text{m}]$ Teilchendurchmesser, $\psi_S = \dfrac{\pi}{S_P}\left(\dfrac{6}{\pi}\,V_P\right)^{2/3}$ Sphärizität (S_P äußere Oberfläche, V_P Volumen des Teilchens), ϱ_S bzw. ϱ_f $[\text{kg} \cdot \text{m}^{-3}]$ Dichte des Feststoffs bzw. des Fluids).

Erhöht man die Strömungsgeschwindigkeit des Fluids über w_L hinaus, so expandiert die Wirbelschicht ohne weiteren Druckanstieg.

c) Mit weiter steigender Strömungsgeschwindigkeit wird bei Gas/Feststoff-Wirbelschichten die Verteilung von Feststoffteilchen und Gas zunehmend immer unregelmäßiger. Es bilden sich Blasen und sich ständig ändernde Bereiche höherer und niedrigerer Feststoffkonzentration. Feststoff und Gas werden intensiv durchmischt (brodelnde Wirbelschicht Abb. 13-18, 3).

d) Die Inhomogenität von Gas/Feststoff-Wirbelschichten erhöht sich mit weiter zunehmender Strömungsgeschwindigkeit immer mehr, bis die Blasen so groß werden, daß sie – insbesondere bei hohen schlanken Reaktorformen – den ganzen Reaktorquerschnitt ausfüllen und in Kolbenform durch die Schicht stoßen (stoßende Wirbelschicht Abb. 13-18, 4).

e) Überschreitet die Fluidgeschwindigkeit schließlich die freie Sinkgeschwindigkeit der Teilchen, so werden diese ausgetragen (Abb. 13-18, 6).

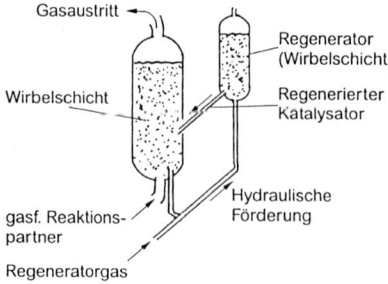

Abb. 13-19. Wirbelschicht mit Feststoff-
kreislauf

Eigenschaften von Wirbelschichten

Einige charakteristische Eigenschaften der Wirbelschichtreaktoren wurden schon in
den Abschnitten 3.5.4, 12.2 und 12.2.1.2 hervorgehoben, nämlich die gleichmäßige
Feststoff- und einheitliche Temperaturverteilung innerhalb der gesamten Wirbelschicht, eine Folge der intensiven radialen und axialen Feststoffvermischung.
Radiale Temperaturgradienten, welche in einem von außen gekühlten oder beheizten
Festbettreaktor eine große Rolle spielen können, sind in einem Wirbelschichtreaktor
vernachlässigbar.

Ein weiterer Vorteil des Wirbelschichtreaktors ist, daß kleinere Feststoffteilchen
($d_P \approx 10$–$800\,\mu m$) verwendet werden können, ohne daß man deshalb einen hohen
Druckverlust in Kauf nehmen muß; die Feststoffteilchen besitzen daher in der
Wirbelschicht eine viel größere äußere Oberfläche pro Masseneinheit des Feststoffes
als z. B. in einem Festbettreaktor. Bei nicht porösen Feststoffen resultiert daraus eine
größere effektive Reaktionsgeschwindigkeit (pro Masseneinheit des Feststoffes);
außerdem sind die Einflüsse innerer Transportvorgänge bei porösen Teilchen wegen
der kleineren Teilchendurchmesser meist vernachlässigbar. Schließlich sind auch die
Wärmeübergangskoeffizienten zwischen einer Wirbelschicht und festen Wärmeaustauschflächen, etwa in die Wirbelschicht eingetauchten Rohren, Rohrbündeln und
Platten, oder einem die Wirbelschicht umgebenden Mantel, um ein Mehrfaches
größer als in einem Festbett; sie betragen etwa 150–300 W/(m² · K) (abhängig von der
Teilchengröße, der Art des Gases und des Feststoffs sowie von der Strömungsgeschwindigkeit). Der Wärmeübergangskoeffizient steigt vom Lockerungspunkt
(s. o.) aus mit zunehmender Gasgeschwindigkeit zunächst sprunghaft an, erreicht
ein Maximum und fällt dann mit zunehmender Auflockerung der Wirbelschicht wieder
wieder ab.

Außer den oben erwähnten Eigenschaften bietet ein Wirbelschichtreaktor auch
die Möglichkeit, einen Feststoff (Reaktionspartner oder Katalysator) zu transportieren, sei es, um einen Feststoff kontinuierlich umzusetzen (Abb. 3-24, 4) oder um
einen Katalysator zur Regenerierung (Abb. 13-19) oder zum Wärmeaustausch in
einen äußeren Wärmeaustauscher im Kreislauf zu führen.

Den geschilderten vorteilhaften Eigenschaften des Wirbelschichtreaktors stehen
aber auch mehr oder weniger schwerwiegende Nachteile gegenüber, so die uneinheitliche Verweilzeitverteilung des Gases infolge von Dispersion und Bypass in Blasen
sowie die uneinheitliche Verweilzeitverteilung des Feststoffes durch Rückver-

mischung, wenn dieser kontinuierlich durchgesetzt wird. Die starke Bettbewegung kann zu Erosion der Gefäßwände und zum Abrieb der Feststoffteilchen führen. Schließlich bereitet auch die Maßstabvergrößerung von Labor- oder Technikumsreaktoren auf technische Dimensionen Schwierigkeiten [29], ebenso die mathematische Modellierung [30].

Mathematische Modellierung von Wirbelschichtreaktoren

Zur Beschreibung des Betriebsverhaltens von Wirbelschichtreaktoren wird in der Literatur eine Vielzahl von mathematischen Modellen herangezogen. Ausführliche zusammenfassende Literaturübersichten hierüber findet man in [24 bis 28]. Den weitaus größten Teil kann man zwei Klassen zuordnen, nämlich den sogenannten „Einfachen Zweiphasenmodellen" und den „Blasenmodellen" [31].

Das bekannteste Blasenmodell ist wohl dasjenige von Kunii und Levenspiel [32], in welchem die Wirbelschicht aufgefaßt wird als bestehend aus einer Blasenphase mit einheitlich großen Blasen und einer diese Blasen umgebenden Suspensionsphase, in welcher der Feststoff suspendiert ist. Damit bei einer Gas/Feststoff-Reaktion (Feststoff entweder Katalysator oder Reaktionspartner) eine Umsetzung erfolgen kann, muß das Reaktionsgas aus der Blasenphase in die Suspensionsphase gelangen. Gegen dieses Modell läßt sich vor allem einwenden, daß es annimmt, in einer Wirbelschicht würden unbeeinflußt voneinander einzelne Blasen aufsteigen. Tatsächlich jedoch finden Wechselwirkungen zwischen den Blasen statt, die zu Koaleszenzen führen. Da für den Koaleszenzvorgang eine definierte Zeitspanne erforderlich ist, läßt sich aus gemessenen Koaleszenzraten berechnen, daß bei höheren Gasgeschwindigkeiten der überwiegende Teil der in der Wirbelschicht befindlichen Blasen an Koaleszenzvorgängen beteiligt ist; unbeeinflußt von anderen aufsteigende Blasen sind selten. Diese strömungsmechanischen Wechselwirkungen zwischen den Blasen haben zur Folge, daß durch sie der Gasaustausch zwischen Blasen- und Suspensionsphase, verglichen mit der isoliert aufsteigenden Einzelblase, wesentlich erhöht wird [30]. Das Kunii/Levenspiel-Modell entspricht daher, wie auch alle anderen Blasenmodelle, nicht der Wirklichkeit; schließlich gibt es gegenwärtig auch keine zuverlässige Möglichkeit, den „effektiven" Blasendurchmesser d_B auf andere Weise als durch Anpassung zu bestimmen, so daß dieses Modell ungeeignet ist für eine Verwendung im Zusammenhang mit dem Problem der Maßstabsvergrößerung.

Die zweite große Gruppe der Wirbelschichtreaktormodelle, die „Einfachen Zweiphasenmodelle" ersetzen die Wirbelschicht durch zwei parallel geschaltete Einphasenreaktoren, zwischen denen ein Stoffaustausch durch Kreuzstrom erfolgt [vgl. Abb. 13-20]. Diese Vorstellung liegt den Modellen von May [33, 34] und van Deemter [35] zugrunde, welche von Sitzmann, Werther, Böck und Emig [36 bis 39] erweitert wurden.

Im folgenden soll auf das von den zuletzt genannten Autoren konzipierte Wirbelschichtreaktor-Modell näher eingegangen werden. Bei dessen Formulierung wurden folgende Annahmen zugrunde gelegt:

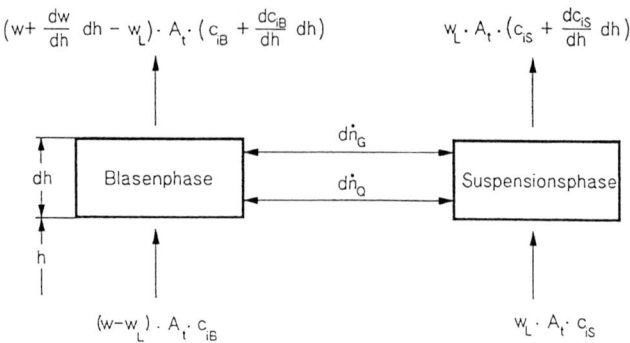

$$\dot{n}_G = k_G \cdot a \, (c_{iS} - c_{iB}) \, dV$$
für $k_Q < 0$ gilt: (Gasstrom von Blasen – in Suspensionsphase)
$$\dot{n}_Q = k_Q \cdot c_{iB} \, dV$$
für $k_Q > 0$ gilt: (Gasstrom von Suspensions – in Blasenphase)
$$\dot{n}_Q = k_Q \cdot c_{iS} \, dV$$
$$(dV = A_t \cdot dh)$$

Abb. 13-20. Zweiphasenmodell der Wirbelschicht nach Werther et al. [36 bis 39]

1. In Blasen- und Suspensionsphase liegt Kolbenströmung vor, d. h. es erfolgt keine Rückvermischung.
2. Die Suspensionsphase wird stets mit einer Gasgeschwindigkeit entsprechend der Lockerungsgeschwindigkeit w_L durchströmt.
3. Wenn infolge der stattfindenden Reaktion(en) eine Änderung der Stoffmenge und damit eine Volumenänderung erfolgt, so ändert sich auch die Gasgeschwindigkeit w (bezogen auf den Rohrquerschnitt). Mit Annahme 2 bedeutet dies, daß die Überschußgasgeschwindigkeit $(w - w_L)$ eine Funktion der Höhe ist.
4. Infolge des Druckabfalls längs der Wirbelschicht ergibt sich eine Erhöhung der Gasgeschwindigkeit mit zunehmender Höhe über dem Verteilerboden. Daraus folgt wieder eine Abhängigkeit der Überschußgasgeschwindigkeit $(w - w_L)$ von der Höhe. (Dieser Effekt wirkt sich in der Praxis nur bei sehr hohen Wirbelschichten aus, nicht bei Labor-Wirbelschichtreaktoren.)
5. Für die spezifische Stoffaustauschfläche $a = a\,(h)$ $[m^2/m^3]$ und den Blasengas-Holdup[1] $\varepsilon_B = \varepsilon_B\,(h)$ sind örtliche Werte einzusetzen.
6. Die Reaktion findet ausschließlich in der Suspensionsphase statt.

Das Zweiphasenmodell von Werther et al. [36 bis 39] für die Bilanzierung eines Reaktanden i in einem differentiellen Volumenelement $dV = A_t \cdot dh$ eines Wirbelschichtreaktors ist in Abb. 13-20 dargestellt. A_t ist die Querschnittsfläche des Reaktors, c_{iB} und c_{iS} sind die Konzentrationen von i in der Blasen- bzw. Suspensionsphase, w ist die Gasgeschwindigkeit, w_L ist die Gasgeschwindigkeit am Lockerungspunkt, beide jeweils bezogen auf den Querschnitt A_t des leeren Reaktors. $\dot{n}_G$ ist der

---

[1] Der Blasengas-Holdup ist definiert als das Gesamtvolumen der Blasen V_B bezogen auf das Gesamtvolumen der Wirbelschicht V_{ges}, d. h. $\varepsilon_B = V_B/V_{ges}$.

infolge der Konzentrationsdifferenz $(c_{iS} - c_{iB})$ ausgetauschte Stoffmengenstrom $(k_G$ Stoffdurchgangskoeffizient), während $\dot{n}_Q$ den infolge der Volumenänderung durch die Reaktion ausgetauschten Stoffmengenstrom zwischen Suspensions- und Blasenphase berücksichtigt.

Im folgenden werden die Bilanzgleichungen für die Blasen- bzw. Suspensionsphase nur für den Fall des Gasstroms von der Suspensions- in die Blasenphase behandelt $(k_Q > 0)$.

Für die *Blasenphase* gilt:

(Zugeführter Stoffmengenstrom von i) − (abgeführter Stoffmengenstrom von i) = (durch Stoffaustausch zwischen Blasen- und Suspensionsphase zu – bzw. abgeführter Stoffmengenstrom von i)

Somit folgt aus den Stoffmengenströmen der Abb. 13-20 die Bilanzgleichung für die *Blasenphase:*

$$\frac{dc_{iB}}{dh} = \frac{-c_{iB}}{(w - w_L)}\left(\frac{dw}{dh}\right) + \frac{k_Q \cdot c_{iS}}{(w - w_L)} + \frac{k_G \cdot a\,(c_{iS} - c_{iB})}{(w - w_L)} \tag{13-72}$$

$(a\,[m^2/m^3]$ spezifische Austauschfläche).

Für die *Suspensionsphase* gilt:

(Zugeführter Stoffmengenstrom von i) − (abgeführter Stoffmengenstrom von i) = (durch Stoffaustausch zwischen Blasen- und Suspensionsphase zu – bzw. abgeführter Stoffmengenstrom von i) + (durch chemische Reaktion(en) in der Zeiteinheit gebildete bzw. verbrauchte Stoffmenge von i).

Damit ergibt sich mit den Stoffmengenströmen der Abb. 13-20 die Bilanzgleichung für die *Suspensionsphase:*

$$\frac{dc_{iS}}{dh} = -\frac{k_Q}{w_L} \cdot c_{iS} - \frac{k_G \cdot a}{w_L} \cdot (c_{iS} - c_{iB}) + \frac{1}{w_L}\left(\frac{dm_s}{dV}\right) \cdot \sum_j (r_{eff,j})_{m_s} \cdot v_{ij} \tag{13-73}$$

$[(r_{eff,j})_{m_s}$ ist die effektive, auf die Masseneinheit des Katalysators bezogene Reaktionsgeschwindigkeit für die Reaktion j].

Für die Katalysatormasse m_s gilt im differentiellen Volumenelement

$$\frac{dm_s}{dh} = \varrho_s(1 - \varepsilon_B)(1 - \varepsilon_L) \cdot A_t. \tag{13-74}$$

Der Druckverlust längs der Höhe der Wirbelschicht ist

$$\frac{dp}{dh} = -\varrho_s(1 - \varepsilon_B)(1 - \varepsilon_L) \cdot g. \tag{13-75}$$

Der gesamte Stoffmengenstrom $\dot{n}$ erfährt im Volumenelement dV eine Änderung infolge der chemischen Reaktion(en):

$$\frac{d\dot{n}}{dh} = A_t \varrho_s (1 - \varepsilon_B)(1 - \varepsilon_L) \cdot \sum_j (r_{eff,j})_{m_s} \cdot v_{ij}.$$ (13-76)

$d\dot{n}/dh$ läßt sich mit Hilfe des idealen Gasgesetzes in der Form $p \cdot \dot{V} = \dot{n} \cdot RT$ ausdrücken durch

$$\frac{d\dot{n}}{dh} = \frac{1}{RT} \cdot \left[\frac{dp}{dh} \cdot \dot{V} + \frac{d\dot{V}}{dh} \cdot p \right].$$ (13-77)

Mit $\dot{V} = A_t \cdot w$ ergibt sich für die Höhenabhängigkeit der Gasgeschwindigkeit (bezogen auf den Querschnitt A_t des leeren Rohres):

$$\frac{dw}{dh} = \frac{1}{A_t} \cdot \frac{RT}{p} \cdot \frac{d\dot{n}}{dh} - \frac{w}{p} \cdot \frac{dp}{dh}.$$ (13-78)

Aufgrund der Annahme 2, wonach die Suspensionsphase stets mit der Lockerungsgeschwindigkeit w_L durchströmt wird, muß bei einer Reaktion mit Volumenzunahme ein Volumenstrom von der Suspensionsphase in die Blasenphase erfolgen, bei einer Reaktion mit Volumenverminderung dagegen in umgekehrter Richtung. Dieser Volumenstrom beträgt in einem differentiellen Volumenelement des Reaktors:

$$d\dot{V}_Q = k_Q \cdot A_t \cdot dh.$$ (13-79)

Aus der Stoffmengenbilanz der Suspensionsphase für das differentielle Volumenelement

$$\dot{n}_S - (\dot{n}_S + d\dot{n}_S) + A_t \cdot dh \cdot \varrho_s (1 - \varepsilon_B)(1 - \varepsilon_L) \cdot \sum_j (r_{eff,j})_{m_s} v_{ij} = d\dot{n}_Q$$ (13-80)

ergibt sich mit

$$\dot{n}_Q = \frac{\dot{V}_Q \cdot p}{R \cdot T}$$ (13-81)

für den Stofftransportkoeffizienten k_Q:

$$k_Q = -\frac{1}{A_t} \cdot \frac{RT}{p} \left(\frac{d\dot{n}_S}{dh} \right) + \frac{RT}{p} \cdot \varrho_s (1 - \varepsilon_B)(1 - \varepsilon_L) \cdot \sum_j (r_{eff,j})_{m_s} v_{ij}.$$ (13-82)

$d\dot{n}_S/dh$ kann man mit Hilfe des idealen Gasgesetzes [$\dot{n}_S = p\dot{V}_S/(RT)$] ausdrücken durch:

$$\frac{d\dot{n}_S}{dh} = \frac{1}{RT} \left(\frac{d\dot{V}_S}{dh} \cdot p + \dot{V}_S \cdot \frac{dp}{dh} \right),$$ (13-83)

wobei aber $d\dot{V}_S/dh = 0$ ist, gemäß der Annahme 2. Mit $\dot{V}_S = A_t \cdot w_L$ folgt dann schließlich für k_Q:

$$k_Q = -\frac{w_L}{p} \cdot \frac{dp}{dh} + \frac{RT}{p} \cdot \varrho_s (1 - \varepsilon_B)(1 - \varepsilon_L) \sum_j (r_{eff,j})_{m_s} v_{ij}. \tag{13-84}$$

Aus den vorstehenden Gleichungen ersieht man, daß die mathematische Modellierung von Wirbelschichtreaktoren – trotz vereinfachender Annahmen – recht kompliziert ist. Zur Beschreibung der Strömungsmechanik sind noch Korrelationen für die Blasengröße, den sichtbaren Blasengasstrom, die Blasenaufstiegsgeschwindigkeit, die örtliche spezifische Stoffaustauschfläche, den örtlichen Blasengas-Holdup sowie den Stofftransportkoeffizienten k_G notwendig. Diese Angaben sollen hier nicht im einzelnen aufgeführt, sondern nur auf die entsprechende Literatur verwiesen werden (Werther [40]).

Das oben abgeleitete Differentialgleichungssystem für die Blasen- und Suspensionsphase (13-72) und (13-73) muß numerisch gelöst werden. Eine ausführliche Beschreibung der numerischen Lösung wird in [41] gegeben. Es zeigte sich, daß Messungen in einem Labor-Wirbelschichtreaktor mit Hilfe dieses Modells gut beschrieben werden können [37, 38].

14. Nicht-katalysierte heterogene Reaktionen zwischen fluiden Stoffen und Feststoffen

Von den Reaktionen, an welchen Reaktanden in verschiedenen Phasen beteiligt sind, haben diejenigen, welche zwischen fluiden und festen Reaktionspartnern stattfinden, die größte Bedeutung in der chemischen und metallurgischen Industrie. Soweit sie nicht unter die heterogen katalysierten Reaktionen fallen (s. Kapitel 13), können sie allgemein folgendermaßen formuliert werden:

$$A \text{ (fluid)} + |\, v_B \,|\, B \text{ (fest)} \rightarrow \text{fluide Reaktionsprodukte} \qquad (14\text{-}1)$$

$$\rightarrow \text{feste Reaktionsprodukte} \qquad (14\text{-}2)$$

$$\rightarrow \text{fluide und feste Reaktionsprodukte.} \qquad (14\text{-}3)$$

Beispiele für solche Reaktionen sind:

1) Das Rösten sulfidischer Erze, z. B.

$$2\,ZnS\,(s) + 3\,O_2\,(g) \rightarrow 2\,ZnO\,(s) + 2\,SO_2\,(g)$$
$$4\,FeS_2\,(s) + 11\,O_2\,(g) \rightarrow 2\,Fe_2O_3\,(s) + 8\,SO_2\,(g)$$

2) Die Reduktion von Metalloxiden, z. B.

$$Fe_2O_3\,(s) + 3\,CO\,(g) \rightarrow 2\,Fe\,(s) + 3\,CO_2\,(g)$$
$$Fe_2O_3\,(s) + 3\,H_2\,(g) \rightarrow 2\,Fe\,(s) + 3\,H_2O\,(g)$$

3) Die Bildung von Calciumcyanamid (Kalkstickstoff) aus Calciumcarbid

$$CaC_2\,(s) + N_2\,(g) \rightarrow CaNCN\,(s) + C \text{ (amorph)}$$

4) Die Wasserenthärtung mittels Ionenaustauschern

$$CaCO_3\,(aq) + 2\,NaR\,(s) \rightarrow Na_2CO_3\,(aq) + CaR_2\,(s)$$

5) Die Verbrennung kohlenstoffhaltiger Stoffe

$$C\,(s) + O_2\,(g) \rightarrow CO_2\,(g)$$

$$2\,C\,(s) + O_2\,(g) \rightarrow 2\,CO\,(g)$$

$$C\,(s) + CO_2\,(g) \rightarrow 2\,CO\,(g)$$

oder mit Wasserdampf

$$C\,(s) + H_2O\,(g) \rightarrow CO\,(g) + H_2\,(g)$$

$$C\,(s) + 2\,H_2O\,(g) \rightarrow CO_2\,(g) + 2\,H_2\,(g)$$

6) Die Herstellung von Schwefelkohlenstoff aus den Elementen

$$C\,(s) + 2\,S\,(g) \rightarrow CS_2\,(g)$$

7) Die Herstellung von Natriumthiosulfat aus Schwefel und Natriumsulfit

$$Na_2SO_3\,(aq) + S\,(s) \rightarrow Na_2S_2O_3\,(aq)$$

In den Fällen 1) bis 4) werden feste Reaktionsprodukte gebildet, so daß die ursprünglichen Feststoffteilchen durch eine andere feste Phase ersetzt werden. In den Fällen 5) bis 7) wird die feste Phase (bis auf eine geringe Menge gebildeter Asche in den Fällen 5) unter Bildung fluider Reaktionsprodukte verbraucht. In allen Fällen ändert sich die Größe der für die Reaktion zur Verfügung stehenden Oberfläche mit fortschreitender Reaktion. Damit ändert sich auch die (auf das Volumen bezogene) effektive Reaktionsgeschwindigkeit. Die Berechnung von Reaktoren für nicht-katalysierte heterogene Reaktionen kann in komplexen Systemen, so z. B. in einem Hochofen, recht schwierig sein. Es gibt jedoch eine Vielzahl anderer Systeme, in welchen wesentlich einfachere Verhältnisse vorliegen. Für derartige Fälle können relativ einfache mathematische Modelle aufgestellt werden, welche den tatsächlichen Vorgang gut beschreiben.

Zur quantitativen Beschreibung nicht-katalysierter Reaktionen zwischen festen und fluiden Stoffen wird häufig das „Modell mit schrumpfendem Feststoffkern" (unreacted core oder shrinking core model) herangezogen [1]. Bei diesem Modell wird angenommen, daß die Reaktion zuerst nur an der äußeren Schicht des Feststoffs stattfindet und daß anschließend daran die Reaktionszone in den Feststoff hinein-wandert, während eine Schicht aus vollständig umgesetztem Material und evtl. vorhandenem inertem Feststoff zurückbleibt. Diese Schicht soll kurz als festes Reaktionsprodukt bezeichnet werden. Zu jedem Zeitpunkt während des Reaktions-ablaufs ist nach diesem Modell also eine nicht umgesetzte Feststoffschicht bzw. bei kugelförmigen Teilchen ein nicht abreagierter Feststoffkern vorhanden (vgl. Abb. 14-1). Die Größe des nicht umgesetzten Feststoffkerns verringert sich im Verlauf der Reaktion. Die Anwendung dieses Modells ist dann gerechtfertigt, wenn die Porosität des noch nicht umgesetzten Feststoffs sehr klein, dieser also praktisch

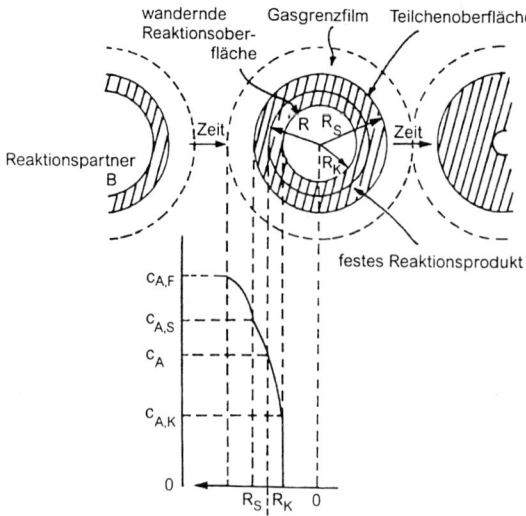

Abb. 14-1. Schematische Darstellung des Konzentrationsprofils in einem kugelförmigen Teilchen nach dem Modell mit schrumpfendem Feststoffkern

undurchlässig für den fluiden Reaktionspartner ist; in diesem Fall, der sehr häufig ist, findet die Reaktion an der Oberfläche des Feststoffs bzw. nachher an der Grenzfläche zwischen dem nicht umgesetzten Feststoffkern und der mehr oder weniger porösen Produktschicht statt. Ein anderer Fall, für den dieses Modell anwendbar ist, liegt dann vor, wenn die chemische Reaktion sehr schnell abläuft und dadurch die Reaktionszone eng begrenzt ist auf eine dünne Schicht zwischen dem nicht umgesetzten Feststoff und dem festen Reaktionsprodukt.

In manchen Fällen ist jedoch der feste Reaktionspartner so porös, daß die fluiden Reaktionspartner frei in das Innere des Feststoffs hineindiffundieren können; dann ist die Annahme berechtigt, daß die Reaktion zwischen festem und fluidem Stoff zu jedem Zeitpunkt *im ganzen Feststoff* stattfindet, wahrscheinlich jedoch mit verschiedenen Geschwindigkeiten an verschiedenen Stellen des Teilchens. Der Feststoff wird so kontinuierlich und gleichzeitig fortschreitend im ganzen Teilchen umgesetzt. Ein Modell, welches auf diesen Voraussetzungen beruht, wird als „homogenes Modell" (homogeneous oder continuous-reaction model) bezeichnet.

Die Voraussetzungen, welche den beiden erwähnten Modellen zugrunde liegen, lassen erkennen, daß diese Modelle Grenzfälle darstellen, so daß keines die tatsächlichen Vorgänge bei Fluid-Feststoff-Reaktionen in jedem Fall erschöpfend beschreiben kann.

Im folgenden soll nur das „Modell mit schrumpfendem Feststoffkern" diskutiert werden, da dieses leicht mathematisch zu behandeln ist und viele reale Systeme recht gut beschreibt. Auf ein allgemeines Modell, welches den ganzen Bereich von Reaktionsbedingungen umspannt, sei hingewiesen [2]. Die Ableitung und Lösung wurde für kugelförmige Teilchen [3] und für Feststoffe mit ebenen Begrenzungsflächen [4, 5] angegeben.

14.1 Modell mit schrumpfendem Feststoffkern

Wir nehmen eine Gas-Feststoff-Reaktion an:

$$A\,(g) + |\,v_B\,|\,B(s) \rightarrow |\,v_C\,|\,C(s) + D\,(g) \tag{14-4}$$

Beim Modell mit schrumpfendem Feststoffkern erfolgen während der Umsetzung fünf Teilvorgänge hintereinander (s. Abb. 14-1, vgl. auch Abb. 3-21):

1) Diffusion des gasförmigen Reaktionspartners A durch den Gasgrenzfilm, welcher das Teilchen umgibt, zur Oberfläche des Feststoffs B
2) Diffusion von A durch die Schicht des gebildeten festen Reaktionsprodukts C zur Oberfläche des festen Reaktionspartners B, an der die Reaktion stattfindet
3) Chemische Reaktion von A (g) mit dem Feststoff B
4) Diffusion des gasförmigen Reaktionsprodukts D durch die Schicht des gebildeten Reaktionsprodukts C zurück zur äußeren Oberfläche der festen Produktschicht
5) Diffusion des gasförmigen Reaktionsprodukts D durch den Gasgrenzfilm zurück in die Hauptmasse der Gasphase.

Die Konzentration von A in der Hauptmasse der Gasphase sei mit $c_{A,F}$, an der äußeren Oberfläche mit $c_{A,S}$, innerhalb des festen Reaktionsprodukts mit c_A und an der Oberfläche des Feststoffkerns B mit $c_{A,K}$ bezeichnet. Der feste Reaktionspartner B sei zu Beginn der Reaktion eine Kugel vom Radius R_S; der variable Radius der Reaktionsfläche werde mit R_K und ein beliebiger Radius innerhalb der festen Produktschicht mit R bezeichnet.

Wir nehmen an, daß das Teilchen seine Kugelform während der Reaktion beibehält und daß sich der Gesamtradius R_S des Teilchens zeitlich nicht ändert. Außerdem müssen wir voraussetzen, daß die Geschwindigkeit der Wanderung der Reaktionsfläche, d. h. dR_K/dt, klein ist gegenüber der Diffusionsgeschwindigkeit von A durch die Produktschicht (*pseudo-stationäre Bedingung*). Diese Voraussetzung ist erfüllt, wenn die Dichte des Gases in den Poren der festen Produktschicht klein ist im Verhältnis zur Dichte des festen Reaktionspartners B; dies ist praktisch meistens der Fall. Schließlich nehmen wir noch isotherme Verhältnisse an.

Unter diesen Voraussetzungen sind die Geschwindigkeiten der für den Reaktionspartner A geltenden Teilschritte 1) bis 3), also Diffusion von A durch die Gasgrenzschicht, Diffusion von A durch die gebildete Produktschicht und Reaktion an der Oberfläche des festen Reaktionspartners B gleich. Es gilt:

1) für die Diffusion von A durch die Gasgrenzschicht (Stoffübergang)

$$-\frac{dn_A}{dt} = 4\,\pi\,R_S^2\,\beta\,(c_{A,F} - c_{A,S}), \tag{14-5}$$

2) für die Diffusion von A durch die gebildete Produktschicht an der Stelle $R = R_K$

$$- \frac{dn_A}{dt} = 4 \pi R_K^2 D_e \left(\frac{dc_A}{dR} \right)_{R = R_K}, \tag{14-6}$$

3) für die chemische Reaktion (irreversible Reaktion 1. Ordnung) an der Stelle $R = R_K$

$$- \frac{dn_A}{dt} = 4 \pi R_K^2 k_S c_{A, K} \tag{14-7}$$

(β = Stoffübergangskoeffizient, D_e = effektiver Diffusionskoeffizient von A durch die poröse Produktschicht, k_S = Reaktionsgeschwindigkeitskonstante, bezogen auf die Einheit der reagierenden Oberfläche).

Die Konzentrationsgradienten dc_A/dR in der gebildeten Produktschicht erhält man aus der Stoffbilanz in Kugelkoordinaten [Gl. (12-85)], wenn man dort den Reaktionsterm gleich null setzt (keine chemische Reaktion in der Produktschicht); es gilt also

$$0 = \frac{d^2 c_A}{dR^2} + \frac{2}{R} \frac{dc_A}{dR}, \tag{14-8}$$

mit den Randbedingungen

$$c_A = c_{A, S} \quad \text{an der Stelle } R = R_S, \tag{14-9a}$$

$$c_A = c_{A, K} \quad \text{an der Stelle } R = R_K. \tag{14-9b}$$

Die zweimalige Integration von Gl. (14-8) ergibt:

$$c_A = c_{A, K} + (c_{A, S} - c_{A, K}) \frac{(1 - R_K/R)}{(1 - R_K/R_S)}. \tag{14-10}$$

Daraus erhält man durch Differentiation für den Konzentrationsgradienten an der Stelle $R = R_K$:

$$\left(\frac{dc_A}{dR} \right)_{R = R_K} = \frac{c_{A, S} - c_{A, K}}{R_K (1 - R_K/R_S)}. \tag{14-11}$$

Durch Einsetzen dieser Beziehung in Gl. (14-6) folgt:

$$- \frac{dn_A}{dt} = 4 \pi R_K D_e \frac{c_{A, S} - c_{A, K}}{1 - R_K/R_S}. \tag{14-12}$$

Man kann nunmehr $c_{A,S}$ und dn_A/dt aus den Gln. (14-5), (14-7) und (14-12) eliminieren und erhält dann $c_{A,K}$ als Funktion von $c_{A,F}$ und R_K:

$$c_{A,K} = \frac{c_{A,F}}{1 + \dfrac{k_S}{\beta}\left(\dfrac{R_K}{R_S}\right)^2 + \dfrac{k_S R_K}{D_e}\left(1 - \dfrac{R_K}{R_S}\right)} \cdot \qquad (14\text{-}13)$$

Setzt man diese Beziehung in Gl. (14-7) ein, so ergibt sich für die in *einem* kugelförmigen Teilchen in der Zeiteinheit umgesetzte Menge von A:

$$\frac{dn_A}{dt} = -\frac{4\,\pi\,R_K^2\,k_S\,c_{A,F}}{1 + \dfrac{k_S}{\beta}\left(\dfrac{R_K}{R_S}\right)^2 + \dfrac{k_S R_K}{D_e}\left(1 - \dfrac{R_K}{R_S}\right)} \cdot \qquad (14\text{-}14)$$

Die pro Volumeneinheit eines Reaktors umgesetzte Menge von A erhält man, wenn man diese Gleichung mit der Zahl der Feststoffteilchen Z_s pro Volumeneinheit des Reaktors

$$\frac{Z_s}{V_R} = \frac{3\,(1 - \varepsilon)}{4\,\pi\,R_S^3} \qquad (14\text{-}15)$$

multipliziert (ε = relatives Leerraumvolumen im Reaktor).

Da in Gl. (14-14) R_K eine Variable ist, müssen wir R_K noch als Funktion der Zeit ausdrücken, um eine für Reaktorberechnungen verwendbare Gleichung zu erhalten. Einen Zusammenhang zwischen R_K und t bekommen wir aufgrund folgender Überlegungen. Zwischen der in der Zeiteinheit umgesetzten Menge des Feststoffs B und R_K besteht der Zusammenhang:

$$\frac{dn_B}{dt} = \frac{\varrho_B}{M_B}\frac{dV_B}{dt} = \frac{\varrho_B}{M_B}\frac{dV_B}{dR_K}\frac{dR_K}{dt} = \frac{\varrho_B}{M_B}\frac{dR_K}{dt}\frac{d}{dR_K}\left(\frac{4\,\pi}{3}R_K^3\right) =$$

$$= \frac{4\,\pi\,R_K^2\,\varrho_B}{M_B}\frac{dR_K}{dt} \qquad (14\text{-}16)$$

(ϱ_B, M_B, V_B = Dichte, molare Masse und Volumen des Feststoffkerns B).

Aus den stöchiometrischen Verhältnissen der angenommenen Reaktion, Gl. (14-4), folgt mit Gl. (14-16):

$$\frac{dn_A}{dt} = \frac{1}{|\nu_B|}\frac{dn_B}{dt} = \frac{4\,\pi\,R_K^2\,\varrho_B}{|\nu_B|\,M_B}\frac{dR_K}{dt} \cdot \qquad (14\text{-}17)$$

Durch Einsetzen dieser Gleichung in Gl. (14-7) erhält man dann

$$\frac{dR_K}{dt} = -\frac{|\nu_B|\,M_B\,k_S\,c_{A,K}}{\varrho_B}, \qquad (14\text{-}18)$$

und daraus durch Substitution von $c_{A,K}$ aus Gl. (14-13):

$$\frac{dR_K}{dt} = -\frac{|v_B|\, M_B\, k_S}{\varrho_B} \cdot \frac{c_{A,F}}{1 + \frac{k_S}{\beta}\left(\frac{R_K}{R_S}\right)^2 + \frac{k_S R_K}{D_e}\left(1 - \frac{R_K}{R_S}\right)} \qquad (14\text{-}19)$$

Die Gln. (14-14) und (14-19) ergeben zusammen die *effektive Reaktionsgeschwindigkeit pro Teilchen* als Funktion von $c_{A,F}$ und der Zeit t. Die Integration der Gl. (14-19) hängt davon ab, wie $c_{A,F}$ mit der Zeit variiert, mit anderen Worten von der Art der Reaktionsführung. Ist bei kontinuierlichem Betrieb die fluide Phase vollständig durchmischt, so ist $c_{A,F}$ zeitlich und räumlich konstant.

14.1.1 Umsatz als Funktion der Zeit für ein einzelnes Feststoffteilchen bei konstanter Zusammensetzung der fluiden Phase

Ist $c_{A,F}$ zeitlich konstant, so erhält man aus Gl. (14-19) durch Integration den Zusammenhang zwischen t und R_K ($R_K = R_S$ zur Zeit $t = 0$) für ein einzelnes kugelförmiges Teilchen:

$$t = \frac{\varrho_B R_S}{|v_B|\, M_B\, k_S\, c_{A,F}} \left[\left(1 - \frac{R_K}{R_S}\right) + \frac{k_S}{3\,\beta}\left(1 - \frac{R_K^3}{R_S^3}\right) + \right.$$

$$\left. + \frac{k_S R_S}{D_e}\left(\frac{1}{6} - \frac{1}{2}\frac{R_K^2}{R_S^2} + \frac{1}{3}\frac{R_K^3}{R_S^3}\right) \right]. \qquad (14\text{-}20)$$

Schließlich besteht zwischen dem Umsatz U_B des Feststoffs und R_K folgende Beziehung

$$U_B = 1 - \frac{m_B}{m_B^0} = 1 - \frac{\dfrac{4\,\pi}{3} R_K^3\, \varrho_B}{\dfrac{4\,\pi}{3} R_S^3\, \varrho_B} = 1 - \left(\frac{R_K}{R_S}\right)^3. \qquad (14\text{-}21)$$

Gl. (14-20) gilt für den allgemeinen Fall, daß die Widerstände aller drei Teilvorgänge in der gleichen Größenordnung liegen. Überwiegt der Widerstand *eines* Teilvorgangs, wie es häufig der Fall ist, so vereinfacht sich Gl. (14-20) wesentlich. Diese Fälle seien im folgenden besprochen.

a) Geschwindigkeitsbestimmender Vorgang: Stoffübergang

Ist in Gl. (14-20) $k_S \gg \beta$ und $k_S R_S \ll D_e$, so ist der zweite Term in der eckigen Klammer der Gl. (14-20) sehr viel größer als die beiden anderen Terme; diese können daher vernachlässigt werden. Man erhält also dann, wenn die Geschwindigkeit der Umsetzung durch den Stoffübergang bestimmt wird, aus Gl. (14-20) unter Berück-

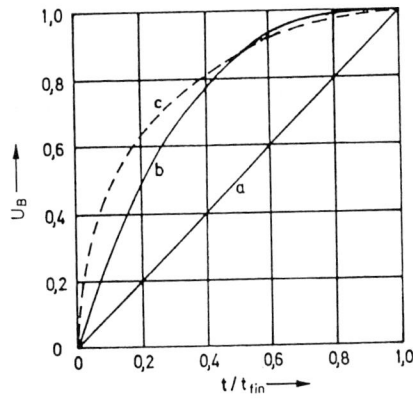

Abb. 14-2. Verlauf der Reaktion eines einzelnen kugelförmigen Feststoffteilchens mit einem umgebenden fluiden Reaktionspartner, ausgedrückt durch den Umsatz U_B des Feststoffs als Funktion von t/t_{fin} ($t_{fin} =$ benötigte Zeit für vollständigen Umsatz); geschwindigkeitsbestimmende Vorgänge bei Kurve a: Stoffübergang, Kurve b: chemische Reaktion, Kurve c: Diffusion des gasförmigen Reaktionspartners durch die poröse Produktschicht

sichtigung von Gl. (14-21);

$$t = \frac{\varrho_B \, R_S}{3 \, |\nu_B| \, M_B \, \beta \, c_{A,F}} \, U_B. \tag{14-22}$$

Für die Zeit t_{fin}, nach welcher der Feststoff B vollständig umgesetzt ist ($U_B = 1$), ergibt sich daraus:

$$t_{fin} = \frac{\varrho_B \, R_S}{3 \, |\nu_B| \, M_B \, \beta \, c_{A,F}} . \tag{14-23}$$

Aus den Gln. (14-22) und (14-23) erhält man

$$t/t_{fin} = U_B. \tag{14-24}$$

In diesem Fall muß sich also ein linearer Zusammenhang zwischen U_B und t/t_{fin} ergeben (Abb. 14-2, Kurve a).

b) Geschwindigkeitsbestimmender Vorgang: chemische Reaktion

Der Widerstand für den Stoffübergang kann vernachlässigt werden, wenn die Strömungsgeschwindigkeit der fluiden relativ zur festen Phase sehr groß ist. Ebenso kann bei einer sehr porösen Produktschicht und niedrigen Umsätzen der Diffusionswiderstand innerhalb der Produktschicht vernachlässigt werden. Dann also ist die chemische Reaktionsgeschwindigkeit für die Geschwindigkeit der Umsetzung bestimmend, d. h. $\beta \gg k_S$ und $D_e \gg k_S \, R_S$, so daß man aus Gl. (14-20) unter Berücksichtigung von Gl. (14-21) erhält:

$$t = \frac{\varrho_B \, R_S}{|\nu_B| \, M_B \, k_S \, c_{A,F}} \, [1 - (1 - U_B)^{1/3}]. \tag{14-25}$$

Die Zeit t_{fin}, nach welcher B vollständig umgesetzt ist ($U_B = 1$), ist somit

$$t_{fin} = \frac{\varrho_B\, R_S}{|v_B|\, M_B\, k_S\, c_{A,F}}.\tag{14-26}$$

Aus den Gln. (14-25) und (14-26) erhält man dann

$$t/t_{fin} = 1 - (1 - U_B)^{1/3}.\tag{14-27}$$

Der Zusammenhang zwischen U_B und t/t_{fin} nach dieser Gleichung ist in Abb. 14-2 (Kurve b) dargestellt.

c) Geschwindigkeitsbestimmender Vorgang:
Diffusion von A durch die poröse Produktschicht

Ist $k_S\, R_S \gg D_e$ und $\beta \gg k_S$, so bestimmt die Diffusion von A durch die poröse Produktschicht die Geschwindigkeit der Umsetzung. Man kann dann die beiden ersten Terme in der eckigen Klammer der Gl. (14-20) gegenüber dem letzten Term vernachlässigen und erhält unter Berücksichtigung von Gl. (14-21)

$$t = \frac{\varrho_B\, R_S^2}{6\,|v_B|\, M_B\, D_e\, c_{A,F}}\,[3 - 3\,(1 - U_B)^{2/3} - 2\,U_B].\tag{14-28}$$

Für die Zeit t_{fin}, nach welcher B vollständig umgesetzt ist ($U_B = 1$), ergibt sich daraus

$$t_{fin} = \frac{\varrho_B\, R_S^2}{6\,|v_B|\, M_B\, D_e\, c_{A,F}}\tag{14-29}$$

und ferner

$$t/t_{fin} = 3 - 3\,(1 - U_B)^{2/3} - 2\,U_B.\tag{14-30}$$

Die Beziehung zwischen U_B und t/t_{fin} entsprechend Gl. (14-30) ist in Abb. 14-2 (Kurve c) eingezeichnet.

Beispiel 14.1: Eine Reaktion zwischen einem Gas und einem kugelförmigen Feststoffteilchen unter Bildung eines festen Reaktionsprodukts wird durch Messung der Zeit t_{fin}, welche für einen vollständigen Umsatz des Feststoffs B erforderlich ist, als Funktion des Teilchendurchmessers verfolgt. Es wurden dabei folgende Meßergebnisse erhalten:

Teilchendurchmesser [mm]	0,065	0,130	0,260
t_{fin}[min]	6,0	12,0	24,0

Welcher Teilvorgang bestimmt die Geschwindigkeit der Umsetzung, wenn man voraussetzt, daß der Stoffübergangswiderstand in der Gasphase, welche die Teilchen umgibt, zu vernächlässigen ist?

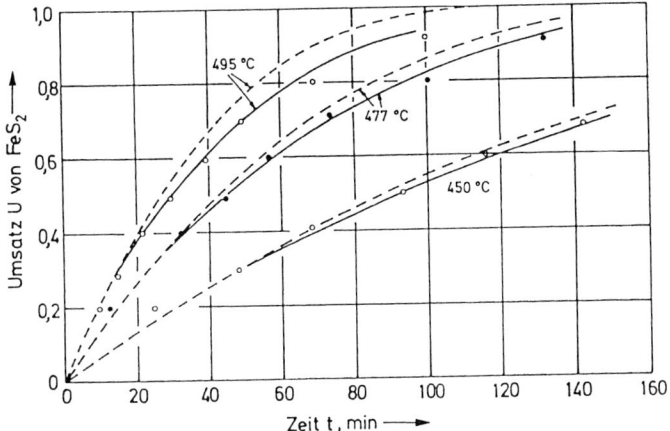

Abb. 14-3. Umsatz von FeS_2 als Funktion der Reaktionszeit für die Reaktion $FeS_2 + H_2 \rightleftharpoons FeS + H_2S$. Die gestrichelten Kurven sind berechnet nach Gl. (b), die ausgezogenen nach Gl. (a). Experimentelle Werte ($\bigcirc$, $\bullet$) [6]

Lösung: Da t_{fin} proportional dem Teilchendurchmesser ist, ergibt sich aus Gl. (14-26), daß die Geschwindigkeit der Umsetzung durch die chemische Reaktion bestimmt wird. Würde die Diffusion des Gases durch die gebildete Produktschicht die Geschwindigkeit der Umsetzung bestimmen, so müßte nach Gl. (14-29) t_{fin} proportional dem Quadrat des Teilchendurchmessers sein.

Beispiel 14.2 [6, 7]: Bei der *Reduktion von Pyrit-Teilchen* mit Wasserstoff:

$$FeS_2 \text{ (s)} + H_2 \text{ (g)} \rightleftharpoons FeS \text{ (s)} + H_2S \text{ (g)}$$

wurde der Wasserstoff unter Atmosphärendruck mit so hoher Geschwindigkeit durch ein Festbett aus FeS_2-Teilchen geleitet, daß der Partialdruck des Wasserstoffs in der Gasphase als konstant betrachtet werden kann [7]. Aus den Ergebnissen folgt, daß die Reaktion reversibel und in bezug auf H_2 von 1. Ordnung ist. Die experimentell ermittelten Umsätze von FeS_2 sind für drei Temperaturen (450, 477 und 495°C) in Abb. 14-3 als Funktion der Reaktionszeit aufgezeichnet. Der mittlere Radius der FeS_2-Teilchen betrug $3,5 \cdot 10^{-5}$ m, deren Dichte $5 \cdot 10^3$ kg/m³. Es soll untersucht werden, ob das Modell mit schrumpfendem Feststoffkern diese Ergebnisse beschreiben kann; ferner sind der Frequenzfaktor, die Aktivierungsenergie E und der effektive Diffusionskoeffizient D_e in der gebildeten Produktschicht zu bestimmen.

Lösung: Aufgrund der hohen Gasströmungsgeschwindigkeit nehmen wir an, daß der Stoffübergangskoeffizient β so groß ist, daß in Gl. (14-20) der zweite Term in der eckigen Klammer vernachlässigt werden kann. Es ist dann unter Berücksichtigung von Gl. (14-21):

$$t = \frac{\varrho_B R_S}{|v_B| M_B k_S c_{A,F}} \left\{ 1 - (1 - U_B)^{1/3} + \frac{k_S R_S}{6 D_e} [1 - 3 (1 - U_B)^{2/3} + 2 (1 - U_B)] \right\}. \qquad \text{(a)}$$

Bei geringen Umsätzen ist die gebildete Produktschicht (FeS) noch sehr dünn, so daß die chemische Reaktionsgeschwindigkeit die Geschwindigkeit der Umsetzung bestimmt ($k_S R_S \ll 6 D_e$); dies trifft umso besser zu, je niedriger die Reaktionstemperatur ist (geringere Reaktionsgeschwindigkeit). Nehmen wir nun an, daß bei der niedrigsten Reaktionstemperatur (450°C) diese Voraussetzung erfüllt ist, so vereinfacht sich die Gl. (a) zu:

$$t = \frac{\varrho_B \, R_S \, [1 - (1 - U_B)^{1/3}]}{|\nu_B| \, M_B \, k_S \, c_{A,F}} \; . \tag{b}$$

Nach dem Gesetz für ideale Gase ist bei 450°C:

$$c_{A,F} = \frac{p}{R \, T} = \frac{101\,325}{8{,}3143 \, (273 + 450)} = 16{,}9 \; \text{mol/m}^3. \tag{c}$$

Durch Einsetzen der gegebenen Daten erhält man somit aus Gl. (b)

$$t = \frac{(5 \cdot 10^3) \, (3{,}5 \cdot 10^{-5}) \, [1 - (1 - U_B)^{1/3}]}{0{,}12 \cdot k_S \cdot 16{,}9} = \frac{8{,}6 \cdot 10^{-2}}{k_S} [1 - (1 - U_B)^{1/3}]. \tag{d}$$

Aus den experimentell ermittelten Anfangswerten für 450°C (Abb. 14-3; U = 0,2 nach 30,9 min) erhält man mit Hilfe der Gl. (d) für $(k_S)_{T=723\,K} = 3{,}33 \cdot 10^{-6}$ m/s. Ebenso ergibt sich aus den Anfangswerten bei einer Reaktionstemperatur von 477°C für $(k_S)_{T=750\,K} = 7{,}23 \cdot 10^{-6}$ m/s. Daraus erhält man nach der Beziehung von Arrhenius, $(k_S)_T = (k_S)_0 \, e^{-E/RT}$, für den Frequenzfaktor $(k_S)_0 = 7{,}56 \cdot 10^3$ m/s und für die Aktivierungsenergie E = 129,5 kJ/mol. Die Geschwindigkeitskonstante für eine Reaktionstemperatur von 495°C ist dann $(k_S)_{T=768\,K} = 11{,}8 \cdot 10^{-6}$ m/s.

Die mit diesen Geschwindigkeitskonstanten unter Vernachlässigung des Diffusionswiderstands der Produktschicht nach Gl. (b) berechneten Abhängigkeiten des Umsatzes von der Reaktionszeit sind für die drei Temperaturen in Abb. 14-3 als gestrichelte Kurven eingezeichnet. Man sieht, daß sich diese berechneten Kurven bei niedrigen Umsätzen mit den experimentellen Ergebnissen gut decken. Bei höheren Umsätzen und bei den beiden höheren Reaktionstemperaturen dagegen sind die berechneten Umsätze größer als die experimentell ermittelten. Daraus ist zu schließen, daß der Diffusionswiderstand der Produktschicht nicht vernachlässigt werden darf. Sofern die Voraussetzung, daß der Widerstand für den äußeren Stofftransport vernachlässigbar ist, weiterhin zulässig ist, gibt die Gl. (a) den Zusammenhang zwischen der Reaktionszeit und dem Umsatz wieder. Im folgenden soll die Reaktionszeit nach Gl. (a) als t*, die Reaktionszeit nach Gl. (b) mit t bezeichnet werden.

Dividiert man Gl. (a) durch Gl. (b), so erhält man

$$\frac{t^*}{t} = 1 + \frac{k_S \, R_S}{6 \, D_e} [1 + (1 - U_B)^{1/3} - 2 \, (1 - U_B)^{2/3}]. \tag{e}$$

Für einen bestimmten Umsatz U_B kann man die Werte für t aus den in Abb. 14-3 gestrichelt eingezeichneten, nach Gl. (b) berechneten Kurven ablesen; die Werte für t* bei demselben Umsatz wählt man so, daß die beste Übereinstimmung mit den experimentellen Werten erzielt wird. Man berechnet t*/t sowie den Ausdruck in der eckigen Klammer und kann dann, da k_S und R_S bekannt sind, den Zahlenwert von D_e bestimmen.

Nach Gl. (b) wurde für T = 477°C und $U_B = 0{,}6$ ein Wert t von 53,95 min berechnet (Abb. 14-3). Aufgrund der experimentellen Ergebnisse müßte die zu diesem Umsatz gehörende Reaktionszeit t* = 58 min sein; somit ist t*/t = 58/53,95 = 1,075. Für $U_B = 0{,}6$ ist nach Gl. (e)

$$1{,}075 = 1 + \frac{k_S \, R_S}{6 \, D_e} [1 + 0{,}4^{1/3} - 2 \cdot 0{,}4^{2/3}] = 1 + \frac{k_S \, R_S}{6 \, D_e} \cdot 0{,}651.$$

Daraus folgt

$$\frac{k_S \, R_S}{6 \, D_e} = 0{,}11525 = \frac{(7{,}23 \cdot 10^{-6}) \, (3{,}5 \cdot 10^{-5})}{6 \, D_e}$$

und weiter

$$D_e = 3,66 \cdot 10^{-10} \ m^2/s.$$

Die unter Verwendung dieses Wertes für D_e nach Gl. (a) berechneten Kurven sind für alle drei Temperaturen in Abb. 14-3 als ausgezogene Linien eingezeichnet. Aus dem Vergleich der gestrichelten und ausgezogenen Kurven ersieht man den Einfluß des Diffusionswiderstandes der Produktschicht, insbesondere bei den höheren Umsätzen und den höheren Reaktionstemperaturen. Das Modell mit schrumpfendem Feststoffkern ergibt für dieses Beispiel eine befriedigende Übereinstimmung der berechneten mit den gemessenen Werten.

14.2 Berechnung von Reaktoren für Reaktionen zwischen fluiden und festen Reaktionspartnern

Die Berechnung von Reaktoren zur Durchführung von Reaktionen zwischen fluiden und festen Reaktionspartnern wird in erster Linie vom Strömungsverhalten der fluiden Phase und dem der Feststoffteilchen im Reaktor bestimmt. Die Berechnungsprobleme für solche Reaktoren sind denen ähnlich, welche in Kapitel 13 für heterogen katalysierte Reaktionen behandelt wurden. Die Besonderheit bei Reaktionen zwischen fluiden und festen Reaktionspartnern besteht jedoch darin, daß die Geschwindigkeit der Umsetzung häufig sowohl von der *Zeit* als auch von der *Lage im Reaktor* abhängt; oft wird die feste Phase auch kontinuierlich durch den Reaktor geschleust (s. a. 3.5.3).

Die einfachsten Verhältnisse liegen dann vor, wenn die fluide Phase im gesamten Reaktor dieselbe Zusammensetzung hat. Dies ist z. B. in einem ideal durchmischten Rührkessel, unter gewissen Bedingungen auch in einem Fließbettreaktor, der Fall. Zur Berechnung des mittleren Umsatzes in einem solchen Reaktor kann dann die Beziehung zwischen Umsatz und Reaktionszeit für ein einzelnes Feststoffteilchen, etwa Gl. (14-20), zusammen mit der Verweilzeit- und Teilchengrößenverteilung verwendet werden (Abschnitt 14.2.1).

Ist die fluide Phase nicht vollständig durchmischt, so ist deren Zusammensetzung eine Funktion der Ortskoordinaten. Ein Grenzfall ist die Kolbenströmung wie in einem idealen Strömungsrohr (keine axiale Vermischung der fluiden Phase). Bei einer Reaktion zwischen fluiden und festen Reaktionspartnern in einem Festbettreaktor ist ein derartiges Strömungsverhalten der fluiden Phase annähernd verwirklicht. Die Reaktorberechnung ist dann etwas komplexer als bei gleichförmiger Zusammensetzung der fluiden Phase. Eine quantitative Behandlung ist jedoch möglich, wenn das Strömungsverhalten sowohl der festen als auch der fluiden Phase eindeutig definiert ist (14.2.2).

14.2.1 Gleichförmige Zusammensetzung der fluiden Phase im gesamten Reaktor

Wir betrachten zunächst den Fall gleicher Konzentration $c_{A,F}$ eines Reaktionspartners A in der fluiden Phase an jeder Stelle des Reaktors. Dies ist bei intensiver

Durchmischung der fluiden Phase der Fall oder auch bei einer beliebigen Strömung, wenn der Umsatz des Reaktionspartners A sehr klein ist. Außerdem soll die Verweilzeit aller Feststoffteilchen im Reaktor gleich sein (ruhender Feststoff oder Kolbenströmung des Feststoffs). Ein Beispiel für eine solche Reaktionsführung ist die Regenerierung von Katalysatorteilchen (Abbrennen von Kohlenstoff) mit einem großen Luftüberschuß in einem absatzweise betriebenen Fließbettreaktor; ein anderes Beispiel ist ein stehender Reaktor, in welchem die Feststoffteilchen kontinuierlich oben eingeschleust und unten abgezogen werden, wenn die Geschwindigkeit der fluiden Phase so groß ist, daß die Änderung von deren Zusammensetzung im Reaktor vernachlässigt werden kann. Der Zusammenhang zwischen der Reaktionszeit und dem Umsatz des Feststoffs ergibt sich aus den Gln. (14-20) und (14-21); diese enthalten den Teilchenradius R_S als Parameter.

Durch Einsetzen der Gl. (14-21) in Gl. (14-20) ergibt sich der Zusammenhang zwischen der Reaktionszeit t (= Verweilzeit der Feststoffteilchen) und dem Umsatz U_B für eine bestimmte Teilchengröße (Radius R_S):

$$t = \frac{\varrho_B \, R_S}{|v_B| \, M_B \, k_S \, c_{A,F}} \left\{ 1 - (1 - U_B)^{1/3} + \frac{k_S}{3 \, \beta} \, U_B + \right. $$

$$\left. + \frac{k_S \, R_S}{6 \, D_e} \left[3 - 3 \, (1 - U_B)^{2/3} - 2 \, U_B \right] \right\}. \tag{14-31}$$

Besteht der Feststoff aus einer Mischung von n Teilchenfraktionen verschiedener Größe und ist w_α der Masseanteil von Teilchen, welche einen Radius zwischen $R_{S,\alpha}$ und $R_{S,\alpha} + \Delta R_{S,\alpha}$ haben, so ist nach einer bestimmten Zeit t der Umsatz des festen Reaktionspartners in diesen Teilchen $U_{B,\alpha}$. Der mittlere Umsatz $\bar{U}_B$ im ganzen Teilchengemisch nach der Zeit t ist dann:

$$\bar{U}_B = \sum_{\alpha=1}^{\alpha=n} U_{B,\alpha} \, w_\alpha. \tag{14-32}$$

In einem Reaktor mit kontinuierlichem Feststoffdurchsatz haben verschiedene Teilchen meist verschiedene Verweilzeiten. Im allgemeinen besteht jedoch ein Zusammenhang zwischen Verweilzeit und Teilchengröße. In diesem Fall ist der Umsatz nach Gl. (14-31) für die betreffende Teilchengröße und die dieser entsprechenden Verweilzeit zu berechnen; der mittlere Umsatz ergibt sich dann wieder aus Gl. (14-32).

14.2.2 Veränderliche Zusammensetzung der fluiden Phase im Reaktor

a) Festbettreaktor

In einem Festbettreaktor wird sich im allgemeinen die Konzentration in der Hauptmasse der fluiden Phase mit der *Ortskoordinate* z ändern. Die effektive Reaktionsgeschwindigkeit hängt an jeder Stelle von der Zeit ab; demnach ist auch die Änderung der Konzentration des Reaktionspartners A in der fluiden Phase mit der

Ortskoordinate z eine Funktion der Zeit, d. h. $c_{A,F} = f(t, z)$. Solche Verhältnisse können bei technischen Prozessen vorliegen, z. B. bei der *Regenerierung* von Katalysatorteilchen (Verbrennung von abgelagertem Kohlenstoff mittels Luft), bei Ionenaustausch-Reaktionen oder bei der Adsorption aus Gasen oder Flüssigkeiten an Aktivkohle.

Wir betrachten wieder die Reaktion

$$A(g) + | v_B | B(s) \rightarrow C(g) + D(s), \tag{14-33}$$

welche unter isothermen Bedingungen in einem Festbettreaktor ablaufe. Liegt im Reaktor Kolbenströmung der fluiden Phase vor, so entspricht die Stoffbilanz für den Reaktionspartner A derjenigen im idealen Strömungsrohr bei instationärer Betriebsweise, Gl. (7-1); es muß nur an Stelle der chemischen Reaktionsgeschwindigkeit die effektive Reaktionsgeschwindigkeit pro Volumeneinheit des Reaktors gesetzt und außerdem berücksichtigt werden, daß der fluiden Phase am Gesamtvolumen nach Gl. (12-14) nur der Anteil ε zukommt. Die Stoffbilanz für eine volumenbeständige Reaktion lautet:

$$\varepsilon \frac{\partial c_{A,F}}{\partial t} = - w' \frac{\partial c_{A,F}}{\partial z} - (r_{eff})v_R \tag{14-34}$$

($w' = \dot{V}/q$ = mittlere Strömungsgeschwindigkeit der Reaktionsmischung im leer gedachten Reaktor).

Sofern das Modell mit dem schrumpfenden Feststoffkern anwendbar ist, ist die in *einem* kugelförmigen Teilchen in der Zeiteinheit umgesetzte Menge von A durch Gl. (14-14) gegeben (irreversible Reaktion 1. Ordnung). Daraus ergibt sich die effektive Reaktionsgeschwindigkeit pro Volumeneinheit des Reaktors, wenn man mit der in der Volumeneinheit des Reaktors enthaltenen Anzahl von Feststoffteilchen [Gl. (14-15)] multipliziert:

$$(r_{eff})v_R = \frac{3(1-\varepsilon) R_K^2 k_S c_{A,F}}{R_S^3 \left[1 + \frac{k_S}{\beta} \frac{R_K^2}{R_S^2} + \frac{k_S R_K}{D_e} \left(1 - \frac{R_K}{R_S} \right) \right]} . \tag{14-35}$$

Die Stoffbilanz lautet dann:

$$\varepsilon \frac{\partial c_{A,F}}{\partial t} = - w' \frac{\partial c_{A,F}}{\partial z} - \frac{3(1-\varepsilon) R_K^2 k_S c_{A,F}}{R_S^3 \left[1 + \frac{k_S}{\beta} \frac{R_K^2}{R_S^2} + \frac{k_S R_K}{D_e} \left(1 - \frac{R_K}{R_S} \right) \right]} . \tag{14-36}$$

Diese Gleichung enthält den Radius R_K des noch nicht umgesetzten Feststoffkerns, welcher eine Funktion der Zeit ist [siehe Gl. (14-19)]. Die simultane Lösung der Gln. (14-36) und (14-19) ergibt $c_{A,F} = f(t, z)$ sowie $R_K = f(t, z)$.

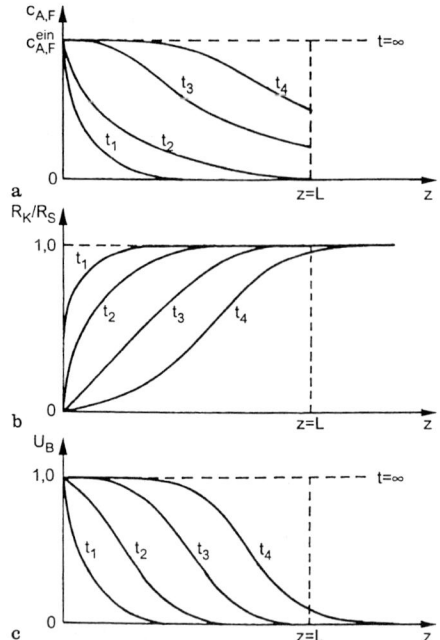

Abb. 14-4. Örtlicher und zeitlicher Verlauf einer volumenbeständigen Reaktion 1. Ordnung zwischen fluiden und festen Reaktionspartnern in einem Festbettreaktor

Die Randbedingungen sind:

$$c_{A,F} = c_{A,F}^{ein} \quad \text{bei } z = 0 \quad \text{für } t \geq 0, \tag{14-37a}$$

$$R_K = R_S \quad \text{bei } t = 0 \quad \text{für } z \geq 0. \tag{14-37b}$$

Die Lösung der Gl. (14-36) ist auf numerischem Weg möglich, wobei Kurven für $c_{A,F} = f(t,z)$ und $R_K = f(t,z)$ von der Form erhalten werden, wie sie in Abb. 14-4a und b dargestellt sind. Den Umsatz U_B des Feststoffs erhält man aus R_K mit Hilfe von Gl. (14-21) (siehe Abb. 14-4c).

Es ist noch zu bemerken, daß Gl. (14-36) dann, wenn $c_{A,F}$ örtlich und zeitlich konstant ist, verschwindet. Damit bleibt nur Gl. (14-19), deren Lösung durch Gl. (14-20) gegeben ist.

b) Wanderschichtreaktor

Ein anderer Reaktortyp, in welchem sich die Zusammensetzung der fluiden Phase mit der Ortskoordinate z ändern kann, ist der Wanderschichtreaktor (Abb. 14-5). In diesem stehenden Rohrreaktor *bewegen sich die Feststoffteilchen unter dem Einfluß der Schwerkraft* von oben nach unten. Die fluide Phase wird meist von unten nach oben, d. h. im Gegenstrom zum Feststoff geführt. Beispiele für Wanderschichtreaktoren sind der Hochofen zur Eisenverhüttung und der Kalkbrennofen. Das Verhalten eines solchen Reaktors ist sehr einfach zu beschreiben, wenn sowohl für die feste als

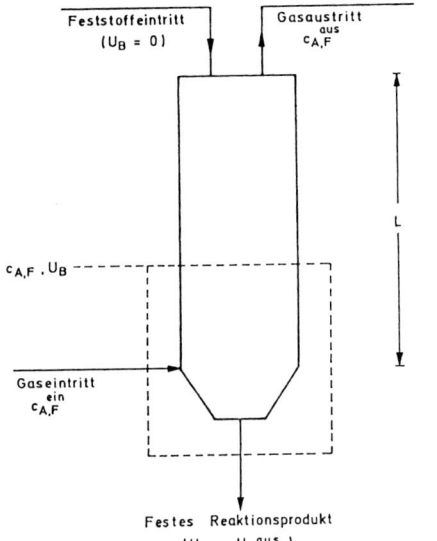

Festoffeintritt
($U_B = 0$)

Gasaustritt
aus
$c_{A,F}$

z

L

$c_{A,F} \cdot U_B$

Gaseintritt
ein
$c_{A,F}$

Festes Reaktionsprodukt
($U_B = U_B{}^{aus}$)

Abb. 14-5. Wanderschichtreaktor mit
stofflichem Gegenstrom der fluiden
und festen Phase

auch für die fluide Phase Kolbenströmung vorausgesetzt werden kann. Wir nehmen wieder eine Reaktion nach Gl. (14-33) an, welche durch das Modell mit schrumpfendem Feststoffkern zu beschreiben sei. Gl. (14-19) drückt die Änderung von R_K während der Aufenthaltszeit im Reaktor aus. Bei Vorliegen einer Kolbenströmung des Feststoffs ist dessen Aufenthaltszeit ($=$ Verweilzeit)

$$t = \tau = \frac{(1 - \varepsilon)\, \varrho_B\, q\, z}{\dot{m}_B} \qquad (14\text{-}38)$$

bzw.

$$dt = \frac{(1 - \varepsilon)\, \varrho_B\, q}{\dot{m}_B} \cdot dz \qquad (14\text{-}38\,a)$$

($\varepsilon =$ Leerraumvolumenanteil, $\varrho_B =$ scheinbare Dichte des Feststoffs B, $q =$ Reaktorquerschnitt, $\dot{m}_B =$ Massenstrom des Feststoffs, $z =$ Ortskoordinate, gemessen vom Eintritt des Feststoffs in den Reaktor).

Durch Einsetzen von Gl. (14-38a) für dt in Gl. (14-19) ergibt sich für die Änderung von R_K mit der Ortskoordinate z:

$$\frac{dR_K}{dz} = - \frac{(1 - \varepsilon)\, |v_B|\, M_B\, k_S\, q\, c_{A,F}}{\dot{m}_B \left[1 + \dfrac{k_S}{\beta} \left(\dfrac{R_K}{R_S} \right)^2 + \dfrac{k_S R_K}{D_e} \left(1 - \dfrac{R_K}{R_S} \right) \right]} \cdot \qquad (14\text{-}39)$$

Der Radius R_K kann nach Gl. (14-21) durch den Feststoffumsatz U_B ausgedrückt werden, so daß aus Gl. (14-39) folgt:

$$\frac{dU_B}{dz} = \frac{3\,(1-\varepsilon)\,|\nu_B|\,M_B\,k_S\,q\,c_{A,F}\,(1-U_B)^{2/3}}{R_S\,\dot{m}_B\left\{1 + \dfrac{k_S}{\beta}\,(1-U_B)^{2/3} + \dfrac{k_S\,R_K}{D_e}\left[1-(1-U_B)^{1/3}\right]\right\}}\cdot \tag{14-40}$$

Damit wir die Gl. (14-40) integrieren können, müssen wir $c_{A,F}$ in Abhängigkeit vom Umsatz U_B des Feststoffs ausdrücken. Den Zusammenhang zwischen $c_{A,F}$ und U_B erhält man aus einer Stoffbilanz, wobei das Bilanzgebiet zwischen dem unteren Reaktorende (Austritt des teilweise oder ganz umgesetzten Feststoffs B) und einem beliebigen Querschnitt des Reaktors zu erstrecken ist. Das Bilanzgebiet ist in Abb. 14-5 gestrichelt angedeutet. Die Stoffbilanz lautet unter Berücksichtigung der Reaktionsgleichung (14-33):

$$\dot{V}\,(c_{A,F}^{ein} - c_{A,F}) = \frac{\dot{m}_B^{ein}}{|\nu_B|\,M_B}\,(U_B^{aus} - U_B) \tag{14-41}$$

bzw.

$$c_{A,F} = c_{A,F}^{ein} - \frac{\dot{m}_B^{ein}}{\dot{V}\,|\nu_B|\,M_B}\,(U_B^{aus} - U_B) \tag{14-42}$$

($\dot{m}_B^{ein} =$ Massenstrom von B am Feststoffeintritt).

Man kann nun die Gl. (14-42) in Gl. (14-40) einsetzen und den erhaltenen Ausdruck von $U_B = 0$ (bei $z = 0$) an integrieren, um den Umsatz von B zu erhalten. Will man den Umsatz U_B^{aus} des Feststoffs am Austritt aus dem Reaktor für eine bestimmte Reaktorlänge L berechnen, so muß man eine Probiermethode anwenden, da U_B^{aus} bereits in der Gl. (14-42) auftritt. Man geht so vor, daß man einen Wert von U_B^{aus} annimmt und dann den Verlauf von U_B als Funktion von z berechnet. Stimmt der berechnete Umsatz U_B^{aus} mit dem angenommenen Wert für U_B^{aus} überein, dann sind keine weiteren Probierschritte mehr erforderlich. Ist andererseits ein bestimmter Umsatz gefordert, und die dafür notwendige Reaktorlänge gesucht, so ist kein Probierverfahren notwendig. Wenn U_B^{aus} vorgegeben oder durch Rechnung erhalten wurde, kann man die Konzentration $c_{A,F}^{aus}$ im Austragstrom der fluiden Phase aus Gl. (14-42), erhalten, wenn man darin $U_B = 0$ setzt.

Auch dann, wenn die Strömungsverhältnisse nicht die Voraussetzung einer Pfropfen-(Kolben-) Strömung erfüllen, kann man nach der gleichen allgemeinen Methode vorgehen; nur muß in diesem Fall die Verweilzeitverteilung berücksichtigt werden.

15. Fluid-Fluid-Reaktionen

Fluid-Fluid-Reaktionen nehmen auch heute noch in ihrer Bedeutung in der chemischen und verwandten Industrie zu. Dies ist vor allem auch durch deren Anwendung in den neuen Bereichen der Bioreaktionstechnik sowie der Abwasser- und Abgasreinigung begründet. Die Vielzahl der Anwendungsfälle wird aus Tabelle 15/1 ersichtlich, die aber nur einige repräsentative Beispiele wiedergeben kann[1]).

Aus dieser Aufstellung wird deutlich, daß Gas-Flüssig-Reaktionen die größere Bedeutung unter den Fluid-Fluid-Reaktionen haben. Dies ist einer der Gründe,

Tabelle 15/1. Ausgewählte industrielle Anwendungsbeispiele für Fluid-Fluid-Reaktionen

Reaktionssystem/-typ	Beispiele	Verwendeter Reaktor
gasförmig/flüssig		
Oxidation	Ethen zu Acetaldehyd	Blasensäule
	p-Xylol zu Terephthalsäure	Blasensäule
	Propen zum entspr. Epoxid	Blasensäule
	Abwasserreinigung	Schlaufenreaktor (Airlift)
Chlorierung	von Paraffinen	Blasensäule
	von Ethen	Blasensäule
	von Benzol und Benzolderivaten	Füllkörperkolonne
Hydrierung	von Kohle	Blasensäule
Alkylierung	von Benzol und Ethen	Blasensäule
Absorption mit Reaktion	HNO_3-Herstellung	Bodenkolonne
	H_2SO_4-Herstellung	Füllkörperkolonne
	Entfernung von CO_2 und H_2S aus Abgasen	Füllkörperkolonne
flüssig/flüssig		
Reaktivextraktion	Metallsalz-Extraktion	gepulste Bodenkolonne
	Essigsäure-Extraktion	Schwingbodenkolonne
Herstellung von Aromatenderivaten	Nitrierung von Aromaten	Rührkesselkaskaden
	Sulfurierung von Alkylbenzolen	disk. Rührkessel/ Rührkesselkaskaden
Sonstige	Furfurol aus Xylose-Extrakten	disk. Rührkessel
	Esterverseifung und -hydrolyse	Sprühturm

---

[1]) Eine ausführliche Auflistung vieler Beispiele mit Literaturangabe findet sich bei Doraiswamy [1].

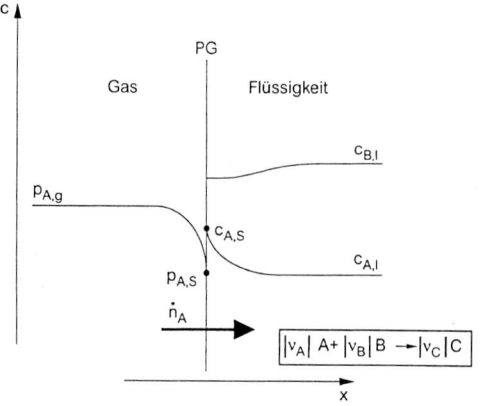

Abb. 15-1. Allgemeine Betrachtung der Verhältnisse an der Phasengrenze (PG)

warum im folgenden dieses System als Beispiel betrachtet werden soll. Weitere Gründe hierfür ergeben sich aus folgenden Überlegungen:

a) Die eine Phase (II) soll flüssig sein, da deren Aggregatzustand frei wählbar ist. Die andere Phase (I) kann als gasförmig gewählt werden, weil deren Aggregatzustand nur von Bedeutung ist, wenn die Fluiddynamik von Phase II einen Einfluß auf das Gesamtgeschehen besitzt. Der Vergleich von Modellen mit unterschiedlichen fluiddynamischen Zuständen zeigt, daß diese meist keinen entscheidenden Einfluß haben [2].

b) Nomenklatur und Indizierung sind einfacher zu handhaben und vor allem leicht verständlich zu wählen.

c) Eine Übertragung des Problems der Gas-Flüssig-Reaktionen auf Flüssig-Flüssig-Reaktionen ist sehr einfach möglich, wenn alle Edukte in einer der beiden Flüssigphasen löslich sind (homogene Reaktionen). Bei der analogen Betrachtung ist vor allem darauf zu achten, daß beim Stofftransport innerhalb Phase I ein wesentlich größerer Widerstand auftritt. Detailliertere Betrachtungen – inklusive dem Fall der heterogenen Reaktionen – finden sich bei [3].

Bei dem betrachteten System handelt es sich also um ein zweiphasiges Reaktionsgemisch, wobei die eigentliche chemische Reaktion in der flüssigen Phase abläuft und die Reaktionspartner auf beide Phasen verteilt sind (vgl. Kapitel 12). Damit überhaupt eine Reaktion stattfinden kann, muß das Edukt in der Gasphase zuerst aus dem Kernbereich an die Phasengrenzfläche transportiert werden. Anschließend muß es weiter von der Phasengrenze in die Flüssigphase gelangen. Parallel dazu findet in der Flüssigkeit aber noch die chemische Reaktion statt, so daß das betrachtete Problem entsprechend komplex wird (vgl. Abb. 15-1). Der gleichzeitige Transport der Produkte muß bei dem hier gewählten Beispielsystem mit einer einfachen irreversiblen Reaktion nicht berücksichtigt werden.

Die Anzahl der zu berücksichtigenden Teilschritte ist bei den Fluid-Fluid-Reaktionen geringer als bei heterogenen Reaktionen (vgl. Kapitel 12). Trotzdem ergeben sich auch hier ähnliche Überlegungen und beschreibende Methoden wie bei den Fest-Fluid-Systemen. Im Vordergrund steht dabei wieder die Betrachtung des Einflusses von Transportphänomenen auf die chemische Reaktion.

15.1 Überlagerung von Stofftransport und chemischer Reaktion

Die modellmäßige mathematische Beschreibung des Gesamtproblems der Gas-Flüssig-Reaktionen soll letztendlich eine Auslegung der entsprechenden Reaktoren in Abhängigkeit von bekannten Stoff- und Systemgrößen ermöglichen. Die dafür nötigen Stoff- und Systemgrößen können bzw. sollen getrennt durch einfache experimentelle Untersuchungen gewonnen werden. Das Problem ist dabei, daß eine vollständige Beschreibung entweder nicht oder nur durch entsprechend komplexe Modelle möglich ist. Aber selbst einfache Modelle ermöglichen zumindest eine grobe Abschätzung der notwendigen Betriebsparameter sowie der Reaktorabmessungen, mit denen optimale Umsätze bzw. maximale Ausbeuten erreicht werden können, und erleichtern den Scale-Up von den Labor-Experimenten bis hin zur technischen Anlage.

Damit eine mathematische Beschreibung möglich wird, müssen zuerst einmal die makrokinetischen Teilschritte und deren Zusammenspiel umfassend untersucht werden. Hierbei soll als erstes der Stoffdurchgang durch die Grenzfläche zwischen den beiden Phasen allein ohne chemische Reaktion betrachtet werden. Dazu werden die fluiddynamischen Modelle, die das System in der Nähe der Gas-Flüssig-Phasengrenzfläche beschreiben, vorgestellt und diskutiert. Daraufhin erfolgt die Betrachtung des ganzheitlichen Problems an einem einfachen Reaktionsbeispiel. Aus dieser Betrachtung lassen sich schließlich die für das System charakteristischen Kennzahlen ableiten.

Eine ausführliche Betrachtung des Gesamtproblems Gas-Flüssig-Reaktionen unter Beachtung vieler Sonderfälle findet sich bei Danckwerts [4]. Die grundlegende Gesamtbeschreibung des Zusammenspiels von Stofftransport und chemischer Reaktion geht dabei auf Astarita [2] zurück.

15.1.1 Physikalische Absorption

Die gesonderte Diskussion der reinen Absorption ohne chemische Reaktion, wie sie im Abschnitt 4.4 schon einmal geführt wurde, soll hier nochmal auf der Basis der allgemeinen Massenbilanz vollzogen werden. Diese vereinfachte Betrachtung ohne Reaktion soll einen leichteren Einstieg in die behandelte Problematik ermöglichen.

Beschreibt man den Stoffübergang einer Komponente i von der Phasengrenzfläche in den Kern einer Phase für das Gas (g) und die Flüssigkeit (l) durch die empirische Gl. (12-1), so ergibt sich unter Berücksichtigung des idealen Gasgesetzes ($p_i = c_i RT$) (s. auch Abb. 15-2).

$$J_{i,l} = \beta_l (c_{i,s} - c_{i,l})$$

$$J_{i,g} = \frac{\beta_g}{RT} (p_{i,g} - p_{i,s}) \tag{15-1}$$

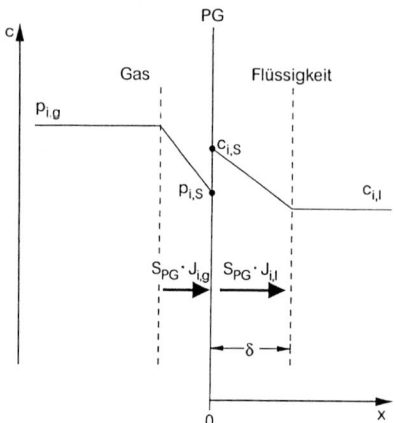

Abb. 15-2. Veranschaulichung der Zweifilm-theorie

Im stationären Zustand sind diese beiden Stoffmengenstromdichten gleich groß. Beachtet man außerdem, daß für Gas-Flüssig-Systeme das Phasengleichgewicht durch das Henrysche Gesetz ($p_{i,s} = H_i \cdot c_{i,s}$) beschrieben werden kann, so läßt sich die Stoffmengenstromdichte $J_i = J_{i,l} = J_{i,g}$ durch die Phasengrenzfläche wie folgt ausdrücken [vgl. Gl. (4-133)]:

$$J_i = \cfrac{1}{\cfrac{1}{\beta_l} + \cfrac{RT}{H_i} \cdot \cfrac{1}{\beta_g}} \left(\frac{p_{i,g}}{H_i} - c_{i,l} \right). \tag{15-2}$$

Diese Gleichung beschreibt das Gesamtproblem der Absorption eines Gases in einer Flüssigkeit formal so, als ob der gesamte Stofftransportwiderstand im Flüssigkeits-film liegen würde (vgl. Abschnitt 4.4.2).

Eine explizite Darstellung der Stoffübergangskoeffizienten β_l und β_g kann anhand von Beschreibungen des komplexen Zusammenspiels von Diffusion und Konvektion erfolgen. Da diese Überlagerung im Detail nicht mathematisch exakt betrachtet werden kann, ist es notwendig, mit möglichst einfachen Modellen eine ausreichende Näherung zu erzielen. Hierbei handelt es sich um fluiddynamische Modelle, die sowohl die Bewegung der beiden Phasen als auch die Diffusion an die bzw. von der Phasengrenzfläche berücksichtigen und dabei nur wenige Modellparameter besitzen. Die gemeinsame Grundlage ist die allgemeine Bilanzgleichung für einphasige Systeme (5-21) ohne Reaktion ($r_{ij} = 0$) im zweidimensionalen Fall, angewandt auf eine der beiden Phasen (für die andere Phase gilt entsprechendes):

$$\frac{\partial c_i}{\partial t} = -\frac{\partial (c_i w_x)}{\partial x} - \frac{\partial (c_i w_y)}{\partial y} + D_i \frac{\partial^2 c_i}{\partial x^2} + D_i \frac{\partial^2 c_i}{\partial y^2}. \tag{15-3}$$

Das betrachtete Koordinatensystem bewegt sich mit konstanter Strömungsge-schwindigkeit durch den Raum (Hauptströmung). Aus diesem Grund sind die konvektiven Ströme in der Phase Null ($w_x = w_y = 0$). Mit der Annahme, daß die Diffusion parallel zur Hauptströmung vernachlässigt werden kann, ergibt sich schließlich das 2. Ficksche Gesetz[2]):

$$\frac{\partial c_i}{\partial t} = D_i \frac{\partial^2 c_i}{\partial x^2}. \qquad (15\text{-}4)$$

Mit der so erhaltenen Bilanzgleichung läßt sich der Konzentrationsverlauf der Komponente i zwischen Phasengrenzfläche und ideal durchmischtem Kern der betrachteten Phase prinzipiell beschreiben. Verschiedene Modellvorstellungen ergeben sich durch die unterschiedlichen Betrachtungsweisen des Problems, von denen hier zwei näher diskutiert werden sollen.

Zweifilmtheorie. Diese von Lewis und Whitman [5] entworfene einfachste Vorstellung geht davon aus, daß sich zwischen der Phasengrenze und dem Kern der Phase ein stagnierender Film befindet (vgl. Abb. 15-2 u. 4.4.4.2), in dem reine (molekulare) Diffusion stattfindet. Es handelt sich hierbei um einen stationären Vorgang:

$$\frac{\partial c_i}{\partial t} = 0. \qquad (15\text{-}5)$$

Damit folgt aus Gl. (15-4):

$$D_i \frac{\partial^2 c_i}{\partial x^2} = 0. \qquad (15\text{-}6)$$

Die Randbedingungen ergeben sich durch die Überlegungen, daß die Konzentration der Komponente i im Kern der betrachteten Phase $c_{i,1}$ konstant ist und an der Phasengrenzfläche durch das Phasengleichgewicht bestimmt wird.

$$x = 0: \quad c_i = c_{i,s}.$$

$$x = \delta: \quad c_i = c_{i,1}. \qquad (15\text{-}7)$$

Löst man die Differentialgleichung durch zweifache Integration, so erhält man einen linearen Konzentrationsverlauf:

$$c_i(x) \cdot D_i = -D_i \frac{(c_{i,s} - c_{i,1})}{\delta} \cdot x + D_i \cdot c_{i,s}. \qquad (15\text{-}8)$$

---

[2]) Es muß noch darauf hingewiesen werden, daß die Modelle nur für plane Phasengrenzflächen gelten. Entsprechende Abschätzungskriterien, damit diese auch bei Blasen oder Tropfen angewandt werden können, finden sich bei [2].

Dieser ergibt, einmal abgeleitet, folgenden Zusammenhang:

$$0 = D_i \frac{dc_i}{dx} + \frac{D_i}{\delta} (c_{i,S} - c_{i,l}).$$ (15-9)

Ersetzt man den ersten Term analog dem 1. Fickschen Gesetz, ergibt sich ein Ausdruck für die Stoffmengenstromdichte des Stoffes i im Film an der Phasengrenze:

$$J_i = \frac{D_i}{\delta} (c_{i,S} - c_{i,l}).$$ (15-10)

Vergleicht man dies mit Gl. (12-1), stellt man fest, daß der Stoffübergangskoeffizient β im Falle der Filmtheorie proportional dem Diffusionskoeffizienten ist [vgl. Gl. (4-123)]:

$$\beta = \frac{D_i}{\delta}$$ (15-11)

(Die Filmdicke δ ist der Modellparameter).

Die Zweifilmtheorie beschreibt den Stoffübergang als stationären Diffusionsvorgang durch ruhende bzw. laminar strömende Phasengrenzschichten bei geschlossenen Phasengrenzflächen. Der tatsächliche Grenzflächenzustand weicht jedoch infolge von Grenzflächenkonvektion beträchtlich von diesen Annahmen ab. Daher wird ein instationärer Transportvorgang, wie er in den weiterführenden Theorien angenommen wird, dem tatsächlichen Ablauf des Stoffüberganges gerechter.

Oberflächenerneuerungstheorien (Penetrationstheorien). Nach diesen Theorien erfolgt eine ständige Erneuerung der Fluidvolumenelemente an der Phasengrenzfläche infolge turbulenter Durchmischung (Grenzflächenturbulenz). Die Reibung der strömenden Phase reißt die Phasengrenzfläche auf und verwirbelt sie. Ein „frisches" Volumenelement gelangt vom Kern (der Hauptmasse) der fluiden Phase an die Grenzfläche und bleibt dort nur eine gewisse Zeit (Verweilzeit) mit der anderen Phase in Kontakt. Während dieser Zeit wird es durch einen instationären Diffusionsvorgang be- bzw. entladen. Danach durchdringt (engl. ,to penetrate') das Volumenelement wieder den Grenzfilm und kehrt in den Kern der Phase zurück (vgl. Abb. 15-3). Hier wird also ein instationärer Vorgang betrachtet, und die Bilanzgleichung bleibt in der Form von Gl. (15-4). Diese Differentialgleichung, bei der t die Zeit angibt, die verstrichen ist, seit der das Fluidelement die Phasengrenzfläche erreicht hat, ist zweidimensional und nicht mehr trivial lösbar[3]).

Sowohl der Theorie von Higbie [6], als auch der von Danckwerts [7] liegt diese Modellvorstellung zugrunde. Der Unterschied ist, daß Higbie von einer konstanten Verweilzeit θ aller Fluidelemente an der Phasengrenzfläche ausgeht, während

---

[3]) Eine detaillierte mathematische Herleitung der Lösung trägt in diesem Zusammenhang nicht zum Verständnis bei; daher wird auf [2] und [4] verwiesen.

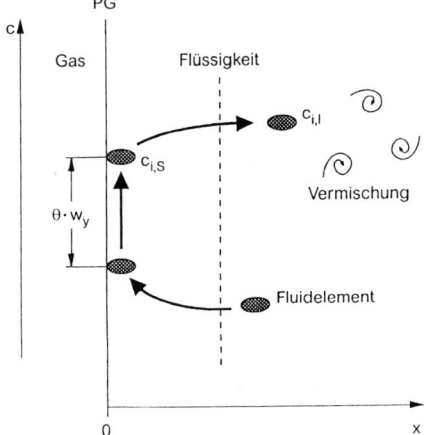

Abb. 15-3. Veranschaulichung der Oberflächenerneuerungstheorien

Danckwerts eine Verweilzeitverteilung $E(\theta)$ annimmt. In beiden Fällen ist der Stoffübergangskoeffizient β proportional der Wurzel des Diffusionskoeffizienten:

$$\text{Higbie:} \quad \beta = 2\sqrt{\frac{D_i}{\pi\theta}} \qquad\qquad (15\text{-}12)$$

(Die Verweilzeit θ ist der Modellparameter);

$$\text{Danckwerts:} \quad \beta = \sqrt{\frac{D_i}{\pi}} \int_0^\infty \frac{E(\theta)}{\sqrt{\theta}}\, d\theta \qquad\qquad (15\text{-}13)$$

(Die Verweilzeitverteilungsfunktion $E(\theta)$ ist der Modellparameter).

Es könnte der Eindruck entstehen, daß die Beschreibung des Stoffüberganges anhand von Modellen keinen Gewinn bringt, da weiterhin die gleiche Anzahl an Unbekannten in Gl. (15-2) enthalten ist. Der Vorteil liegt aber darin, daß die Modellparameter einzig und allein von der Fluiddynamik abhängen bzw. diese beschreiben [8]. Sind also der Modellparameter und der Diffusionskoeffizient bekannt, so kann beim gleichen Strömungszustand der Stoffübergangskoeffizient im Falle reinen Stoffüberganges vorausberechnet werden. Dieser Wert ist – wie sich im Abschnitt 15.1.2 herausstellen wird – wichtig für den Vergleich mit dem Stoffübergangskoeffizienten beim Vorliegen einer chemischen Reaktion.

Aus Experimenten ist bekannt, daß der mathematische Zusammenhang von Stoffübergangskoeffizient und Diffusionskoeffizient wie folgt lautet [4].

$$\beta \sim D_i^p \quad \text{mit} \quad \frac{1}{2} \le p \le \frac{2}{3}. \qquad\qquad (15\text{-}14)$$

Aus diesen Ergebnissen wird ersichtlich, daß die Zweifilmtheorie nicht mehr den experimentellen Bereich abdecken sollte. Eine Betrachtung dieser äußerst einfachen

Theorie rechtfertigt sich aber trotzdem, da die anderen Theorien von der mathematischen Behandlung her wesentlich komplexer sind, sich die Ergebnisse aber nur geringfügig unterscheiden (vgl. [2], [4] und [8]).

Die Anwendung und Erweiterung der vorgestellten Modelle auf den Stofftransport mehrerer Komponenten sowie turbulenter Systeme findet sich bei Taylor und Krishna [9].

15.1.2 Absorption mit anschließender bzw. gleichzeitiger Reaktion

Nach dieser eingehenden Diskussion des Stoffdurchganges durch Phasengrenzen ohne chemische Reaktion soll nun die Übertragung auf Systeme mit Reaktion erklärt werden. Von besonderem Interesse ist hierbei der Einfluß der chemischen Reaktion auf den Stofftransport im isothermen Fall. Dieser soll im folgenden an zwei Grenzfällen, die bei Gas-Flüssig-Reaktionen auftreten können, dargestellt und untersucht werden.

Fall 1: Die Reaktion findet fast ausschließlich im Kern der Flüssigphase statt (sehr langsame Reaktion). Der Stoffübergang kann somit getrennt (als vorgeschalteter Vorgang) berücksichtigt werden.

Fall 2: Die Reaktion findet überwiegend in der Grenzschicht der Flüssigphase statt. Dann muß berücksichtigt werden, daß Stoffübergang und chemische Reaktion parallel ablaufen.

Bei der gewählten Umsetzung soll beispielhaft folgende irreversible Reaktion betrachtet werden:

$$|v_A| A \, (g) + |v_B| B \, (l) \rightarrow |v_C| C \, (l).$$

Die Komponente B liege im großen Überschuß in der Flüssigphase vor, so daß die Reaktion pseudo-erster Ordnung bezüglich der aus der Gasphase absorbierten Komponente A ist. Für die auf das Volumen des Reaktionsraumes bezogene Reaktionsgeschwindigkeit r_{V_R} gilt somit:

$$r_{V_R} = k_{V_R} c_A c_B = k'_{V_R} c_A. \tag{15-15}$$

Das flüssig vorliegende Edukt B und das ebenfalls flüssig vorliegende Produkt C sollen einen so niedrigen Dampfdruck besitzen, daß ihre Konzentration in der Gasphase praktisch vernachlässigbar ist. Aufgrund dieser Annahmen genügt die Betrachtung der Bilanz für die Komponente A ausschließlich in der Flüssigphase.

Als Theorie für den Stoffübergang an bzw. den Stoffdurchgang durch die Phasengrenzfläche wird die Zweifilmtheorie verwendet (vgl. Abschnitt 15.1.1).

Behandlung von Fall 1: Die Vorgehensweise ist analog der in Abschnitt 12.1 beschriebenen, da auch in diesem Fall zuerst eines der Edukte zum anderen transportiert werden muß, damit die Reaktion stattfinden kann. Analog der

Bilanzgleichung (12-6) gilt somit (vgl. Abb. 15-5a)[4]:

$$\beta_1(c_{A,S} - c_{A,l}) \cdot (S_{PG})_{V_R} = |v_A|k'_{V_R}c_{A,l} \tag{15-16}$$

$(S_{PG})_{V_R}$ ist dabei die auf das Volumen des Reaktionsraumes bezogene Phasengrenzfläche. Aus dieser Gleichung läßt sich die Konzentration im Kern der Flüssigphase berechnen:

$$c_{A,l} = \frac{\beta_1(S_{PG})_{V_R}}{|v_A|k'_{V_R} + \beta_1(S_{PG})_{V_R}} c_{A,S}. \tag{15-17}$$

Die auf die Einheit des Volumens des Reaktionsraumes bezogene effektive Reaktionsgeschwindigkeit $(r_{eff})_{V_R}$ erhält man somit in Abhängigkeit von der Gleichgewichtskonzentration der absorbierten Komponente an der Phasengrenze zu:

$$(r_{eff})_{V_R} = \frac{1}{\dfrac{1}{|v_A|k'_{V_R}} + \dfrac{1}{\beta_1(S_{PG})_{V_R}}} \cdot c_{A,S} = \frac{c_{A,S}}{W_R + W_D}. \tag{15-18}$$

Wie man sieht, ergibt sich hier ein Zusammenhang analog dem der heterogenen Katalyse am nicht-porösen Katalysator [Gl. (12-8)]. Der Unterschied liegt nur darin, daß im hier betrachteten Fall nicht die Konzentration im Kern der Phase die beschreibende Größe ist, sondern diejenige an der Phasengrenzfläche.

Die unbekannte Konzentration $c_{A,S}$ kann aufgrund des Phasengleichgewichtes durch den Gleichgewichtspartialdruck $p_{A,S}$ ausgedrückt werden. Dieser ist für den Fall, daß der Widerstand für den Stoffübergang auf der Gasseite vernachlässigbar ist ($\beta_g \gg \beta_1$) gleich dem Partialdruck $p_{A,g}$ der Komponente A in der Gasphase.

Zum Beispiel ergibt sich bei Gültigkeit des Henryschen Gesetzes:

$$c_{A,S} = \frac{p_{A,S}}{H_A} = \frac{p_{A,g}}{H_A}. \tag{15-19}$$

Ist nun aber der Widerstand für den Stoffübergang auf der Gasseite nicht zu vernachlässigen, so muß die Konzentration $c_{A,S}$ aus den Gln. (15-1) durch Gleichsetzen dieser beiden Stoffstromdichten unter Verwendung des Henryschen Gesetzes berechnet werden:

$$c_{A,S} = \frac{\dfrac{\beta_g}{RT}p_{A,g} + \beta_1 c_{A,l}}{\beta_1 + \dfrac{\beta_g}{RT}H_A}. \tag{15-20}$$

---

[4] Es muß berücksichtigt werden, daß im Falle der Fluid-Fluid-Reaktionen die Reaktionsgeschwindigkeit nicht auf die Oberfläche, sondern auf das Volumen des Reaktionsraumes V_R bezogen ist.

Bei der experimentellen Untersuchung von Gas-Flüssig-Reaktionen genügt es, die effektive Reaktionsgeschwindigkeit in Abhängigkeit von der Konzentration in der Flüssigphase und vom Partialdruck in der Gasphase zu kennen, da diese beiden Größen (im stationären Zustand) meßbar sind. Was bei diesen Untersuchungen vor allem interessiert, sind die Stoffgrößen und die Parameter.

Wird die Angabe der effektiven Reaktionsgeschwindigkeit aber zur Auslegung von Reaktoren benötigt, so muß die Konzentration der absorbierten Komponente in der Flüssigphase als Unbekannte angesehen werden. Die einzige bekannte Konzentrationsangabe ist dann der Partialdruck in der Gasphase. Wie die effektive Reaktionsgeschwindigkeit als reine Funktion des Partialdruckes $p_{A,g}$ erhalten werden kann, soll hier kurz skizziert werden:

Berücksichtigt man, daß in dem betrachteten Fall die Stoffübergangskoeffizienten aus den experimentellen Beziehungen (15-1) bei Absorption mit Reaktion β'_F gleich denen bei reiner Absorption β_F sind, so läßt sich wieder Gl. (15-20) ableiten. Setzt man diesen Ausdruck in Gl. (15-17) ein, so kann die Konzentration im Kern der Flüssigphase $c_{A,l}$ als Funktion des Partialdruckes $p_{A,g}$ berechnet werden. Diese Konzentration kann dann wiederum im Potenzansatz für die Reaktionsgeschwindigkeit verwendet werden.

Für die praktische Anwendung ist es sehr wichtig, zu wissen, ob der einfache Fall 1 vorliegt oder ob eine komplexere Betrachtungsweise notwendig ist. Dies kann mittels eines einfachen Kriteriums abgeschätzt werden [2]:

Die Reaktion innerhalb der Grenzschicht ist dann vernachlässigbar, wenn die äquivalente Diffusionszeit t_D sehr viel kleiner ist als die äquivalente Reaktionszeit t_R:

$$t_D = \frac{\delta^2}{D_A} \ll t_R = \frac{c_{A,s} - c_{A,l}}{|v_A| r_{v_R}} . \qquad (15\text{-}21)$$

Die Ausdrücke für die äquivalenten Zeiten gelten für den hier betrachteten Fall einer Reaktion pseudo-erster Ordnung, wobei als fluiddynamisches Modell die Zweifilmtheorie zugrunde liegt. Zu beachten ist, daß die Reaktionsgeschwindigkeit r_{v_R} mit der Konzentrationsdifferenz $(c_{A,s} - c_{A,l})$ gebildet werden muß und daß die Filmdicke δ der Modellparameter ist, der bei reiner physikalischer Absorption ermittelt wurde. Das Abschätzungskriterium kann damit allgemein in folgender Weise geschrieben werden[5]:

$$\frac{D_A}{\beta_l^2} \ll \frac{1}{k'_{v_R}} . \qquad (15\text{-}22)$$

Behandlung von Fall 2: Da in diesem Fall Stofftransport und chemische Reaktion simultan stattfinden, ist eine einfache Bilanzierung über Stoffströme wie im Fall 1 nicht mehr möglich. Hier muß nun wieder auf die allgemeine Bilanzgleichung (5-21) zurückgegriffen werden, wobei ein konvektiver Transport vereinbarungsgemäß nicht

---

[5] Eine Abschätzung ist auch über die Hatta-Zahl möglich (Ha < 0,3), da der betrachtete Fall 1 nur ein Sonderfall der allgemeinen Betrachtung (vgl. Fall 2) ist.

vorliegt (vgl. Abschnitt 15.1.1). Bei Verwendung der Zweifilmtheorie ist der Akkumulationsterm $\dfrac{\partial c}{\partial t}$ gleich Null und es resultiert folgende Differentialgleichung:

$$D_A \frac{d^2 c_A}{dx^2} + v_A\, r_{v_R} = 0. \qquad (15\text{-}23)$$

Es genügt die Betrachtung der Bilanzgleichung für die Komponente A in der Grenzschicht der Flüssigphase, da gemäß Voraussetzung die Konzentration der Komponente B in der Flüssigphase annähernd konstant und in der Gasphase vernachlässigbar ist. Die Randbedingungen lauten somit:

$$x = 0: \quad c_A = c_{A,S}$$
$$x = \delta: \quad c_A = c_{A,l} \qquad (15\text{-}24)$$

Die allgemeine Lösung dieses Differentialgleichungstyps lautet (vgl. Anhang A 2.1)

$$c_A = C_1 e^{\lambda x} + C_2 e^{-\lambda x}. \qquad (15\text{-}25)$$

Dabei sind C_1 und C_2 Integrationskonstanten und λ ist gegeben durch:

$$\lambda = \sqrt{-v_A \frac{k'_{v_R}}{D_A}}\ . \qquad (15\text{-}26)$$

Beachtet man, daß der stöchiometrische Koeffizient v_A bei dem untersuchten Beispiel immer negativ ist, $v_A = -|v_A|$, und führt man zusätzlich als dimensionslose Kennzahl die Hatta-Zahl Ha ein

$$Ha = \delta \sqrt{|v_A| \frac{k'_{v_R}}{D_A}} \quad \xrightarrow{\text{Zweifilmtheorie}} \quad Ha = \frac{\sqrt{|v_A| k'_{v_R} D_A}}{\beta_l}, \qquad (15\text{-}27)$$

so ergibt sich:

$$\lambda = \sqrt{|v_A| \frac{k'_{v_R}}{D_A}} = Ha\, \frac{1}{\delta}. \qquad (15\text{-}28)$$

Die Hatta-Zahl als charakteristische Kennzahl für den Gesamtvorgang gibt dabei das Verhältnis von Reaktionsgeschwindigkeit zu Stofftransportgeschwindigkeit an.

Setzt man die Randbedingungen ein, so können die Integrationskonstanten bestimmt werden:

$$C_1 = c_{A,S} - C_2$$

$$C_2 = \frac{c_{A,S}\,e^{Ha} - c_{A,l}}{e^{Ha} - e^{-Ha}}. \tag{15-29}$$

Als endgültige Lösung erhält man nach einigem Umformen schließlich den Konzentrationsverlauf der absorbierten Komponente innerhalb der flüssigkeitsseitigen Grenzschicht:

$$c_A = \frac{c_{A,S}\sinh\left(Ha - Ha\,\dfrac{x}{\delta}\right) + c_{A,l}\sinh\left(Ha\,\dfrac{x}{\delta}\right)}{\sinh(Ha)}. \tag{15-30}$$

Für die Berechnung der effektiven (Äquivalent-) Reaktionsgeschwindigkeit, bezogen auf das Volumen des Reaktionsraumes, $(r_{eff})_{V_R}$, muß eine zusätzliche Bilanzbetrachtung durchgeführt werden. Bei ideal durchmischten Phasen (kein Konzentrationsgradient im Kern der Phase; $c_{A,l} = $ konst.) muß im stationären Zustand der Stoffmengenstrom $\dot{n}_A$, der an der Phasengrenzfläche S_{PG} in die Flüssigkeit eindringt, innerhalb der Flüssigphase vollständig durch die Reaktion verbraucht werden, d. h.:

$$(r_{eff})_{V_R} = \frac{\dot{n}_{A,l}|_{x=0}}{V_R} = J_{A,l}|_{x=0}\,\frac{S_{PG}}{V_R} = J_{A,l}|_{x=0}(S_{PG})_{V_R} = -D_A\,(S_{PG})_{V_R}\,\frac{dc_A}{dx}\bigg|_{x=0}. \tag{15-31}$$

Leitet man also Gl. (15-30) nach der Ortskoordinate x ab und setzt x gleich Null, so erhält man nach Einsetzen in die Gleichung für die effektive Reaktionsgeschwindigkeit (15-31):

$$(r_{eff})_{V_R} = \frac{D_A}{\delta}\,(S_{PG})_{V_R}\,Ha\left(\frac{c_{A,S}\cosh(Ha) - c_{A,l}}{\sinh(Ha)}\right). \tag{15-32}$$

Beachtet man, daß bei der Behandlung des Problems die Zweifilmtheorie verwendet wurde, so läßt sich $\dfrac{D_A}{\delta}$ noch durch den flüssigkeitsseitigen Stoffübergangskoeffizienten β_l ersetzen:

$$(r_{eff})_{V_R} = Ha\left(\frac{c_{A,S}}{\tanh(Ha)} - \frac{c_{A,l}}{\sinh(Ha)}\right) \cdot \beta_l\,(S_{PG})_{V_R}. \tag{15-33}$$

Die Konzentration an der Phasengrenze $c_{A,S}$ kann im einfachsten Fall (vernachlässigbarer Stofftransportwiderstand auf der Gasseite) wieder mit Hilfe des Phasengleichgewichts durch den Partialdruck in der Gasphase ersetzt werden (vgl. Fall 1).

Muß der gasseitige Stoffübergang zusätzlich berücksichtigt werden, so ergibt sich ein entsprechend komplexerer Ausdruck für die effektive Reaktionsgeschwindigkeit:

$$(r_{eff})_{V_R} = (S_{PG})_{V_R} \frac{Ha}{\tanh(Ha)} \cdot \frac{p_{A,g} - \dfrac{c_{A,l} H_A}{\cosh(Ha)}}{\dfrac{RT}{\beta_g} + \dfrac{H_A}{\beta_l} \cdot \dfrac{\tanh(Ha)}{Ha}} \cdot \qquad (15\text{-}34)$$

Interessiert auch hier die effektive Reaktionsgeschwindigkeit in Abhängigkeit vom Partialdruck der absorbierten Komponente A in der Gasphase (vgl. Fall 1), so ist diese Berechnung im Bereich kleiner Hatta-Zahlen (Ha < 1) wie folgt möglich[6]):

Die Stoffmengenstromdichte J_A kann bei Gas-Flüssig-Systemen einerseits experimentell durch die Gln. (15-1) und andererseits allgemein durch das 1. Ficksche Gesetz (an der Phasengrenzfläche) ausgedrückt werden.

$$J_A = \beta_l (c_{A,s} - c_{A,l}) = - D_A \frac{dc_A}{dx}\bigg|_{x=0}. \qquad (15\text{-}35)$$

Somit läßt sich der Gradient in Gl. (15-31) durch Konzentrationen und Stoff- bzw. Systemgrößen ausdrücken. Löst man die erhaltene Beziehung folgerichtig auf, ergibt sich ein Zusammenhang zwischen der Konzentration an der Phasengrenze $c_{A,s}$ und der Konzentration im Flüssigkeitskern $c_{A,l}$. Ersetzt man in der Gl. (15-20) die Konzentration an der Phasengrenze durch den gewonnenen Ausdruck, so läßt sich $c_{A,l}$ als Funktion des Partialdruckes in der Gasphase $p_{A,g}$ darstellen. Zuletzt muß in Gl. (15-30) die Konzentration an der Phasengrenze $c_{A,s}$ durch die bereits berechnete Abhängigkeit von der Konzentration der absorbierten Komponente im Kern der Flüssigkeit $c_{A,l}$ ersetzt werden und diese wiederum durch den Partialdruck $p_{A,g}$ (s. oben) ausgedrückt werden. Nach dieser Vorgehensweise sollte nun die effektive Reaktionsgeschwindigkeit $(r_{eff})_{V_R}$ als Funktion des Partialdruckes $p_{A,g}$ der zu absorbierenden Komponente A resultieren.

Beispiel 15.1: *Rauchgasreinigung.* Als Alternative zur heterogen-katalysierten Entstickung von Rauchgasen wurden Verfahren entwickelt, bei denen NO_2 mit Hilfe von Ammoniumsulfit-Lösungen aus Rauchgasen absorbiert wird, um stickstoffhaltige Düngemittel zu gewinnen. Vereinfacht gesehen basieren diese Verfahren auf einer Absorption des Stickstoffdioxids in wäßrigen Lösungen [10]. Ein möglicher Ansatz für die intrinsische Kinetik der Absorptionsreaktion (Mikrokinetik) ist eine Reaktion pseudo-erster Ordnung des Dimeren N_2O_4 mit Wasser [11], [12]:

$$N_2O_4 + H_2O \xrightarrow{k_{V_R}} HNO_2 + HNO_3.$$

Das vorgeschaltete Gasphasengleichgewicht zwischen dem Monomeren NO_2 und dem Dimeren gilt als eingestellt:

$$2\,NO_2 \overset{K_G}{\rightleftharpoons} N_2O_4.$$

---

[6]) Für größere Hatta-Zahlen ist eine kompliziertere Betrachtung notwendig, da sich dann die Stoffübergangskoeffizienten β_F' aus den empirischen Gln. (15-1) für den Fall mit Reaktion deutlich von denen im Fall ohne Reaktion (β_F) in Gl. (15-20) unterscheiden.

Der Gesamtpartialdruck der vierwertigen Stickstoffoxide berechnet sich somit wie folgt:

$$p_{\widehat{NO_2}} = p_{NO_2,g} + 2\, p_{N_2O_4,g}. \tag{15-36}$$

Es soll nun aus der intrinsischen Kinetik ein effektiv-kinetischer Ansatz (Makrokinetik) in Abhängigkeit vom Partialdruck des NO_2 hergeleitet und die sog. *beobachtbare* Ordnung angegeben werden. Dabei kann zum einen davon ausgegangen werden, daß keine Stofftransporthemmung auf der Gasseite vorliegt und zum anderen, daß die Reaktion überwiegend in der Grenzschicht an der Phasengrenze abläuft ($Ha > 3$; schnelle Reaktion).

Zum Schluß soll noch die effektive Stoffstromdichte als Funktion des Gesamtpartialdruckes $p_{\widehat{NO_2}}$ ausgedrückt werden.

Die für die Berechnung notwendigen Systemgrößen besitzen folgende Zahlenwerte:

Gasphasengleichgewichtskonstente: $K_G = 6{,}4 \cdot 10^{-5}\, Pa^{-1}$

exp. ermittelte Konstante für die beschriebene Kinetik:

$$\frac{\sqrt{D_{N_2O_4} \cdot k'_{V_R}}}{H_{N_2O_4}} = 7{,}4 \cdot 10^{-6}\, mol \cdot (m^2\, s\, Pa)^{-1}$$

Gesamtpartialdruck der 4-wertigen Stickstoffoxide: $p_{\widehat{NO_2}} = 1000\, Pa$.

Lösung: Das hier betrachtete System gehört zu dem oben behandelten *Fall 2*. Die Massenbilanz für die absorbierte Komponente in der Flüssigphase lautet somit unter Verwendung der Zweifilmtheorie analog Gl. (15-23):

$$D_{N_2O_4} \frac{d^2 c_{N_2O_4}}{dx^2} + \nu_{N_2O_4}\, r_{V_R} = 0. \tag{15-37}$$

Berücksichtigt man, daß es sich um eine Reaktion pseudoerster Ordnung handelt, so ergibt sich der bereits hergeleitete Konzentrationsverlauf [Gl. (15-30)]:

$$c_{N_2O_4} = \frac{c_{N_2O_4,S} \sinh\left(Ha - Ha\,\frac{x}{\delta_l}\right) + c_{N_2O_4,l} \sinh\left(Ha\,\frac{x}{\delta_l}\right)}{\sinh(Ha)}. \tag{15-38}$$

Die Bilanzbetrachtung (15-31) führt wieder auf die effektive Reaktionsgeschwindigkeit [vgl. Gl. (15-33)]:

$$(r_{eff})_{V_R} = Ha\left(\frac{c_{N_2O_4,S}}{\tanh(Ha)} - \frac{c_{N_2O_4,l}}{\sinh(Ha)}\right) \cdot \beta_l (S_{PG})_{V_R}. \tag{15-39}$$

Da es sich um eine schnelle Reaktion ($Ha > 3$) handelt, ist die Konzentration der absorbierten Komponente im Kern der Flüssigphase Null und $\tanh(Ha) = 1$; so folgt[7]):

$$(r_{eff})_{V_R} = Ha \cdot \beta_l (S_{PG})_{V_R} \cdot c_{N_2O_4,S}. \tag{15-40}$$

Das Phasengleichgewicht kann mittels des Henryschen Gesetzes ($p_{N_2O_4,S} = H_{N_2O_4} c_{N_2O_4,S}$) ausgedrückt werden, wobei im Fall der vernachlässigbaren Stofftransporthemmung auf der Gasseite der Gleichgewichtspartialdruck gleich dem Partialdruck in der Gasphase ist. Damit folgt:

$$(r_{eff})_{V_R} = Ha\, \frac{\beta_l}{H_{N_2O_4}} (S_{PG})_{V_R} \cdot p_{N_2O_4,g}. \tag{15-41}$$

---

[7]) $\tanh(x) = 1$ für $x > 3$.

Die Umrechnung des Partialdruckes von N_2O_4 in den von NO_2 erfolgt mittels des Massenwirkungsgesetzes:

$$K_G = \frac{p_{N_2O_4, g}}{p_{NO_2, g}^2}. \tag{15-42}$$

Somit ergibt sich für die effektive Reaktionsgeschwindigkeit in Abhängigkeit vom Partialdruck des NO_2 folgender Zusammenhang:

$$(r_{eff})_{V_R} = Ha \cdot \beta_l \frac{K_G}{H_{N_2O_4}} (S_{PG})_{V_R} \cdot p_{NO_2, g}^2 = konst \cdot p_{NO_2, g}^2. \tag{15-43}$$

Die beobachtbare Ordnung der Makrokinetik ist somit 2.

Aus der Bilanzbetrachtung (15-31) ist ersichtlich, daß die effektive Stoffmengenstromdichte J berechnet werden kann, indem die volumenbezogene effektive Reaktionsgeschwindigkeit $(r_{eff})_{V_R}$ durch die spezifische Phasengrenzfläche $(S_{PG})_{V_R}$ geteilt wird:

$$J = \frac{(r_{eff})_{V_R}}{(S_{PG})_{V_R}} = Ha \cdot \beta_l \frac{K_G}{H_{N_2O_4}} p_{NO_2, g}^2. \tag{15-44}$$

Berücksichtigt man, daß bei dieser Darstellung noch unbekannte Größen enthalten sind und daß die Hatta-Zahl Ha sich im Fall einer irreversiblen Reaktion 1. Ordnung wie folgt ausdrücken läßt [Gl. (15-27)]

$$Ha = \frac{\sqrt{k'_{V_R} \cdot D_{N_2O_4}}}{\beta_l}, \tag{15-45}$$

so ergibt sich für die Stoffmengenstromdichte in Abhängigkeit vom Partialdruck des NO_2:

$$J = \frac{K_G}{H_{N_2O_4}} \sqrt{D_{N_2O_4} \cdot k'_{V_R}} \, p_{NO_2, g}^2. \tag{15-46}$$

Der Partialdruck des NO_2 kann unter Zuhilfenahme des Massenwirkungsgesetzes (15-42) und der gegebenen Beziehung (15-36) durch den Partialdruck der vierwertigen Stickstoffoxide $p_{\widehat{NO_2}}$ ausgedrückt werden:

$$p_{\widehat{NO_2}} = p_{NO_2, g} + 2 K_G p_{NO_2, g}^2, \tag{15-47}$$

$$p_{NO_2, g} = \frac{-1 \pm \sqrt{1 + 8 K_G p_{\widehat{NO_2}}}}{4 K_G}. \tag{15-48}$$

Da negative Partialdrücke unrealistisch sind, muß als Vorzeichen vor der Wurzel ein Plus stehen. So folgt schließlich aus Gl. (15-46):

$$J = \frac{\sqrt{D_{N_2O_4} \cdot k'_{V_R}}}{H_{N_2O_4}} \cdot \frac{(\sqrt{1 + 8 K_G p_{\widehat{NO_2}}} - 1)^2}{16 K_G}. \tag{15-49}$$

Setzt man die gegebenen Zahlenwerte ein, so ergibt sich:

$$J = 7,4 \cdot 10^{-6} \frac{\left(\sqrt{1 + 8 \cdot 6,4 \cdot 10^{-5} \frac{1}{Pa} \cdot 10^3 \, Pa} - 1 \right)^2}{16 \cdot 6,4 \cdot 10^{-5} \frac{1}{Pa}} = 3,8 \cdot 10^{-4} \frac{mol}{m^2 \, s}.$$

Nachdem dieses Beispiel gezeigt hat, wie die theoretischen Grundlagen genutzt werden können, um experimentelle Beobachtungen besser zu verstehen und grundlegend interessierende Größen zu berechnen, soll nun am Ende dieses Abschnittes noch auf technisch relevante Kennzahlen, die Betrachtung von Temperatureinflüssen und die notwendigen Stoff- und Systemdaten eingegangen werden.

Der Anteil der Flüssigkeit, der für die Reaktion ausgenutzt wird, wird in Form des Ausnutzungsgrades η angegeben:

$$\eta = \frac{(r_{eff})_{V_R}}{(r_{V_R})_{max}}.$$
(15-50)

Die maximale Reaktionsgeschwindigkeit $(r_{V_R})_{max}$ ist dabei die volumenbezogene Reaktionsgeschwindigkeit an der Phasengrenzfläche:

$$(r_{V_R})_{max} = k'_{V_R} c_{A,S}.$$
(15-51)

Westerterp et al. [13] geben eine Möglichkeit an, den Flüssigkeitsausnutzungsgrad η nur durch Stoff- und Systemgrößen auszudrücken. Diese Größen sind dabei in den beiden dimensionslosen Kennzahlen Ha (Hatta-Zahl) und Hl (Hinterland-Verhältnis) enthalten. Das Hinterland-Verhältnis ist definiert als das Verhältnis von Flüssigkeitsvolumen $V_l = (1 - \varepsilon) V_{ges}$ $\left(\varepsilon = \dfrac{V_g}{V_{ges}} \right)$ zum Grenzschichtvolumen $S_{PG} \cdot \delta$ $= (S_{PG})_{V_R} V_{ges} \cdot \delta$. Somit ist

$$\eta = \frac{1}{Ha \cdot Hl} \cdot \frac{(Hl - 1) Ha + \tanh (Ha)}{(Hl - 1) Ha \tanh (Ha) + 1}.$$
(15-52)

Diese Darstellung gewinnt man aus der allgemeinen globalen Bilanzbetrachtung für die Komponente A in der Flüssigphase unter der Voraussetzung, daß sowohl im Zustrom wie auch im Abstrom nur ein sehr geringer Anteil des Eduktes A vorliegt.

In Kombination mit dem Hinterland-Verhältnis Hl dient der Ausnutzungsgrad der Flüssigkeit zur Abschätzung, inwieweit eine starke Vermischung der beiden Phasen (Hl klein) in Abhängigkeit von der Hatta-Zahl überhaupt sinnvoll ist, oder ob nicht bereits ohne starke Durchmischung der maximale Flüssigkeitsausnutzungsgrad von 1,0 erreicht wird [13] (vgl. Abb. 15-4). Ist folglich die Hatta-Zahl aufgrund entsprechender Experimente bekannt, so kann abgeschätzt werden, welcher Reaktortyp sinnvollerweise eingesetzt wird. Dabei sollte es sich um den Reaktor handeln, bei dem unter der Maßgabe des geringsten Energieeintrags bereits ein Ausnutzungsgrad von 1,0 erhalten wird. Ist zusätzlich auch das Hinterland-Verhältnis bekannt, so kann eine noch genauere Spezifikation in bezug auf den einzusetzenden Reaktor vorgenommen werden.

Eine weitere dimensionslose Größe, die bei Fluid-Fluid-Reaktionen von großem Interesse ist, ist der Verstärkungsfaktor E (engl. 'enhancement factor'). Dieser ergibt sich aus dem Verhältnis zwischen der Stoffmengenstromdichte durch die Phasen-

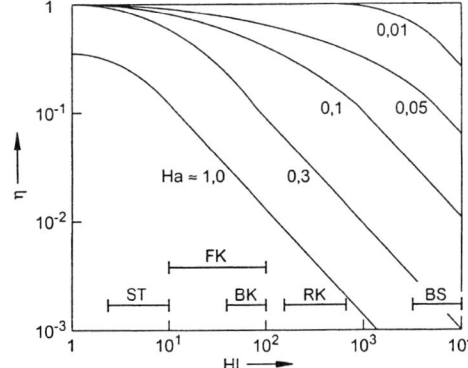

Abb. 15-4. Diagramm zur Abschätzung des notwendigen Vermischungsgrades; ST Sprühturm, FK Füllkörperkolonne, BK Bodenkolonne, RK Rührkessel, BS Blasensäule

grenzschicht mit Reaktion zu derjenigen ohne Reaktion und ist somit ein Maß für die Verstärkung des Stoffüberganges durch die chemische Reaktion:

$$E = \frac{J_i(\text{mit Reaktion})}{J_i(\text{ohne Reaktion})} = \frac{Ha\left(\dfrac{c_{A,S}}{\tanh(Ha)} - \dfrac{c_{A,l}}{\sinh(Ha)}\right)}{c_{A,S} - c_{A,l}}. \tag{15-53}$$

Die Größe des Verstärkungsfaktors ergibt sich in Abhängigkeit von der Hatta-Zahl für verschieden schnelle Reaktionen. Dabei werden folgende Bereiche unterschieden:

1. *Langsame Reaktion* im Bereich $Ha < 0,3$. In diesem Bereich ergibt sich keine Verbesserung des Stoffüberganges (s. auch Abb. 15-5a)[8]:

$$E \approx 1. \tag{15-54}$$

2. *Reaktion mittlerer Geschwindigkeit* im Bereich $0,3 < Ha < 3$ (s. auch Abb. 15-5b). Der Verstärkungsfaktor wird hier größer 1 und der funktionale Zusammenhang ergibt sich für den oben betrachteten Fall der bimolekularen Reaktion pseudo-erster Ordnung zu[9]:

$$E = \frac{Ha}{\tanh(Ha)}. \tag{15-55}$$

3. *Schnelle Reaktion* im Bereich $3 < Ha < 10 \, E_{max}$ [vgl. Gl. (15-57)]. In diesem Fall findet die Reaktion ausschließlich in der flüssigkeitsseitigen Grenz-

---

[8]) $\tanh(x) \approx x$ für $x < 0,3$ und $\sinh(x) \approx x$ für $x < 0,3$.

[9]) $c_{A,S} \gg c_{A,l}$ und $\dfrac{c_{A,S}}{\tanh(Ha)} \gg \dfrac{c_{A,l}}{\sinh(Ha)}$.

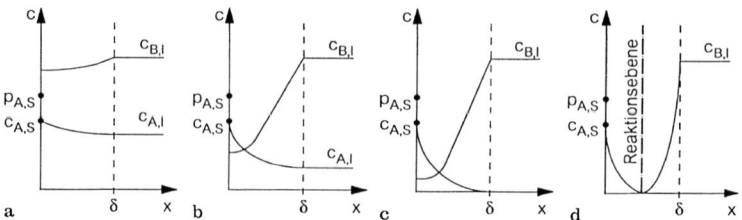

Abb. 15-5. Konzentrationsverläufe bei unterschiedlich schnellen Reaktionen; **a)** langsame Reaktion, **b)** Reaktion mittlerer Geschwindigkeit, **c)** schnelle Reaktion, **d)** momentane Reaktion

schicht statt (vgl. Abb. 15-5c) und der Verstärkungsfaktor ist gleich der Hatta-Zahl[10]):

$$E \approx Ha. \tag{15-56}$$

4. *Momentane Reaktion* für $Ha > 10\,E_{max}$. Bei diesen sehr hohen Reaktionsgeschwindigkeiten reagieren die beiden Edukte A und B in einer Ebene innerhalb der flüssigkeitsseitigen Grenzschicht und liegen somit nicht nebeneinander vor (vgl. Abb. 15-5d). Der Verstärkungsfaktor hat in diesem Fall seinen Maximalwert E_{max} erreicht [14][11]):

$$E = E_{max} = 1 + \frac{\nu_A}{\nu_B} \cdot \frac{D_B\,c_{B,l}}{D_A\,c_{A,S}}. \tag{15-57}$$

Die Darstellung des Verstärkungsfaktors E als Funktion der Hatta-Zahl Ha (Abb. 15-6) ermöglicht es, in einem Laborreaktor, einer Technikumsanlage oder einer Modellrechnung abzuschätzen, welchen Einfluß der Stofftransport auf die Geschwindigkeit der Umsetzung besitzt. Sind die intrinsische (homogene) Kinetik, die Stoffgrößen und die Konzentrationen bekannt, so können die Parameter Ha und E_{max} berechnet werden. Aus diesen erhält man dann einen Wert für den Verstärkungsfaktor unter gegeben Reaktions- und Strömungsbedingungen, der sich auch in dem entsprechenden technischen Reaktor ergeben würde. Entspricht das ermittelte E noch nicht dem Maximalwert, so kann man entweder einen anderen Reaktortyp wählen oder durch eine Erhöhung der Temperatur die Hatta-Zahl vergrößern.

Die bisher getroffenen Aussagen gelten für den isothermen Fall einer bimolekularen Gas-Flüssig-Reaktion pseudo-erster Ordnung unter Zuhilfenahme der Zweifilmtheorie. Auf die Übertragung des Problems auf Flüssig-Flüssig-Reaktionen sowie auf die Problematik bei der Anwendung der simplen Zweifilmtheorie wurde bereits eingegangen (s. Einleitung zu diesem Kapitel und Gl. 15-14). Ausführlichere Betrachtungen anderer, komplexerer und spezieller chemischer Reaktionen finden sich in der angegebenen Fachliteratur [2], [4] und [8].

---

[10]) $\tanh(x) = 1$ für $x > 3$ und $c_{A,l} = 0$.

[11]) Ein Kriterium für das Vorliegen einer momentanen Reaktion findet sich bei Danckwerts [4].

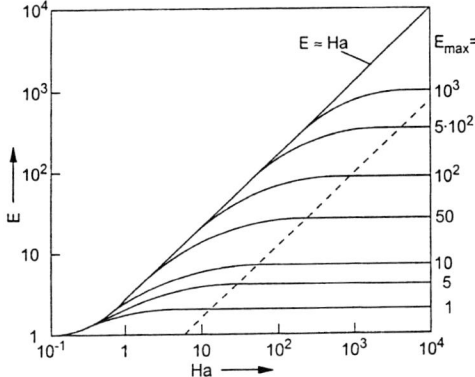

Abb. 15-6. Verstärkung des Stoffüberganges bei unterschiedlich schnellen Reaktionen

Um beurteilen zu können, ob eine isotherme Betrachtung vorgenommen werden kann, ist es nötig, die maximale Temperaturerhöhung an der Phasengrenze abzuschätzen (auch wenn die Kinetik der Reaktion nicht bekannt ist) [4]:

$$\Delta T = \frac{J_A D_A [(-\Delta H_{Abs}) + (-\Delta H_R)]}{\lambda_l \beta_l} \cdot \sqrt{\frac{a_l}{D_A}} . \qquad (15\text{-}58)$$

Bei dieser Berechnung der Temperaturerhöhung wird angenommen, daß die gesamte Wärme aus Absorption und Reaktion an der Phasengrenzfläche frei wird. Es ergibt sich somit die maximal mögliche Temperaturerhöhung, bei der λ_l den Wärmeleitfähigkeitskoeffizienten und a_l den Temperaturleitfähigkeitskoeffizienten der Flüssigphase $\left(a_l = \dfrac{\lambda_l}{\varrho_l c_{p,l}}\right)$ darstellen.

Wird der berechnete Wert so klein eingeschätzt, daß er die Absorption und die Reaktion nicht beeinflussen kann, so ist die zusätzliche Berücksichtigung eines Temperatureffektes nicht notwendig. Für den einfachen Fall der irreversiblen Reaktion erster Ordnung ist es möglich, die Temperaturerhöhung im nicht-isothermen Fall aus einer Wärmebilanz zu berechnen (s. [4]). Wird die abgeschätzte Temperaturerhöhung an der Phasengrenzfläche als zu groß angesehen, so ist eine komplette modellmäßige Beschreibung des nicht-isothermen Reaktors notwendig (s. hierzu Carrà et al. [14]).

Bei der gesamten theoretischen Betrachtung darf nicht vergessen werden, daß die Modelle (und somit die gewünschte Berechnung der auftretenden Effekte) nur dann sinnvoll anwendbar sind, wenn die notwendigen System- und Stoffdaten bekannt sind. Es handelt sich dabei um die Phasengrenzfläche $(S_{PG})_{V_R}$, die Stoffübergangskoeffizienten β_F, die Diffusionskoeffizienten $D_{i,F}$ und die Henry-Konstante H_A. Eine Übersicht der Methoden zur Bestimmung der ersten beiden Größen geben Westerterp et al. [13] und zur Berechnung des Stoffübergangskoeffizienten können die empirischen Gleichungen im Abschnitt 4.4.1 herangezogen werden. Zahlenwerte zu diesen Größen in Abhängigkeit vom Reaktortyp findet man für Laborreaktoren bei [1] (s. 227) und für technische Reaktoren bei [1] (s. 323 u. 340), [13] (S. 479 u. 487) und

[15][12]) (S. 27). Diffusionskoeffizienten können für einige Systeme – vor allem wenn Luft oder Wasser enthalten ist – direkt aus der Literatur entnommen werden (z. B. [16], [17] u. [18]). Weiterhin bieten sich Möglichkeiten, Diffusionskoeffizienten über Korrelationen zu berechnen ([19]) oder experimentell zu bestimmen ([16] u. [21]). Zahlenwerte und Korrelationen für Henry-Konstanten sind in den Tabellenwerken [17] u. [18] und für die thermischen Koeffizienten (λ_l, $c_{p,l}$) in [20] zu finden.

15.2 Reaktoren für Gas-Flüssig-Systeme

Da in den Abschnitten 3.5.3 und 3.5.4 bereits eine Einführung in die möglichen Reaktorsysteme für Gas-Flüssig-Reaktionen gegeben wurde, soll in diesem Abschnitt vor allem auf die speziellen Reaktionsapparate eingegangen werden. Bei deren Auslegung ist es sehr wichtig, zuerst unabhängig von Einflüssen des Stofftransportes die Mikrokinetik des jeweiligen Systems zu untersuchen (s. hierzu Abschnitt 4.5). Danach ist es möglich, unter Zuhilfenahme der im Abschnitt 15.1 behandelten Theorien und Modelle die Makrokinetik mit geeigneten Laborreaktoren zu untersuchen und dadurch auch den Stofftransport quantitativ zu erfassen. Die Laborreaktoren werden nachfolgend zuerst beschrieben und dann im übernächsten Abschnitt die technischen Reaktoren. Dabei sollen vor allem die am häufigsten in der Praxis verwendeten Typen vorgestellt und ein Auswahlverfahren kurz umrissen werden.

Auf die Betrachtung der Flüssig-Flüssig-Systeme wird auch in diesem Abschnitt wieder verzichtet, da zwar die prinzipiellen Überlegungen identisch sind, die Reaktoren aber einen grundlegend anderen Aufbau aufweisen müssen. Der Grund dafür ist, daß zwei flüssige Phasen einen wesentlich geringeren Dichteunterschied aufweisen als eine gasförmige und eine flüssige Phase. Für spezielle Betrachtungen kann auf den Artikel von Bart et al. [3] und vor allem auf die allgemeinen Lehrbücher für thermische Trennverfahren [22]–[24] sowie auf das Buch von Doraiswamy und Sharma [1] verwiesen werden. In den dabei interessanten Kapiteln *Flüssig-Flüssig-Extraktion* bzw. *Flüssig-Flüssig-Systeme* werden nicht nur die möglichen Apparatetypen, sondern auch deren Auslegung beschrieben und teilweise diskutiert. Als Laborreaktor für Flüssig-Flüssig-Systeme bietet sich ein kontinuierlicher Rührkessel an (vgl. [13] S. 466).

15.2.1 Laborreaktoren

Mit Hilfe der Laborreaktoren für Gas-Flüssig-Reaktionen soll es zum einen möglich sein, die Mikrokinetik und zum anderen die Stoffübergangskoeffizienten β_l bzw. β_g für den Fall der Überlagerung von Stofftransport und chemischer Reaktion zu

---

[12]) In dieser Monographie findet sich außerdem eine Diskussion über die Minimierung des spezifischen Energiebedarfs. Hierbei sind einige Zahlenwerte für den Energieeintrag bei verschiedenen Reaktoren angegeben (S. 359).

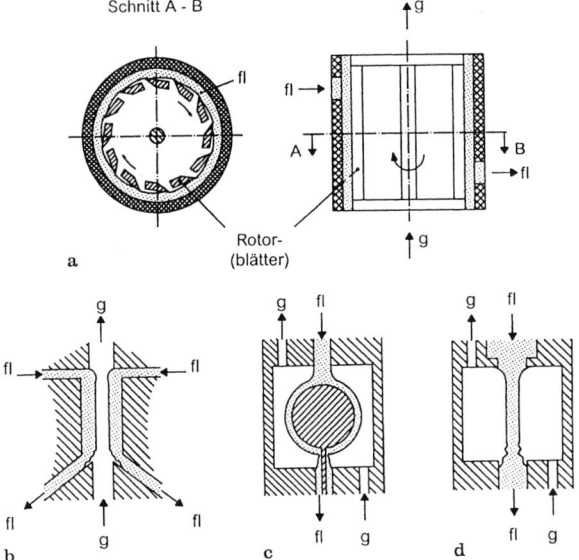

Abb. 15-7. Laborreaktoren für Gas-Flüssig-Systeme (schematisch); **a)** gradientenfreier Reaktor (Manor/Schmitz), **b)** Fallfilmabsorber, **c)** Einzelkugelabsorber, **d)** Laminarstrahlabsorber

ermitteln. Bei der Bestimmung der Mikrokinetik ist vor allem auf große spezifische Phasengrenzflächen $(S_{PG})_{V_R}$ zu achten, während bei der Ermittlung der Einflüsse des Stofftransportes auf bekannte (definierte) Phasengrenzflächenwerte und fluiddynamische Zustände zu achten ist. Da für beide Fälle eine Vielzahl von vorgeschlagenen Laborreaktoren existiert (vgl. [2] u. [4]) und in diesem Rahmen nur das allgemeine Prinzip erklärt werden soll, wird hier nur auf die wichtigsten eingegangen.

Für die Ermittlung der *Mikrokinetik* bietet sich vor allem der von Manor und Schmitz [25] entwickelte gradientenfreie Reaktor an. Dieser ermöglicht die Untersuchung schneller chemischer Reaktionen im isothermen Fall ohne den störenden Einfluß von Stofftransportvorgängen. Das Grundprinzip ist dabei, daß durch Rotorblätter ein dünner Flüssigkeitsfilm auf der Innenseite eines Zylinders aufgebracht wird, und die Phasengrenzfläche durch das stetige Darüberstreifen der Rotorblätter ständig erneuert wird (vgl. Abb. 15-7a). Somit können Stoffübergangswerte erzielt werden, die um ein Vielfaches höher liegen als bei anderen Reaktorsystemen. Die Flüssig- und die Gasphase werden dabei kontinuierlich durch den Reaktor geführt und durch ein entsprechend temperiertes Medium in der Zylinderwand auf konstanter Temperatur gehalten.

Die Bestimmung der *Makrokinetik* kann z. B. mittels Fallfilm-, Laminarstrahl- oder Einzelkugelabsorbern erfolgen. Alle diese Reaktoren beruhen auf relativ einfachen Konzepten und ermöglichen die experimentelle Untersuchung schneller und momentaner Reaktionen, die in der Nähe der Phasengrenzfläche ablaufen.

Fallfilmabsorber: Bei diesem Laborreaktor handelt es sich um eine einfache Ausführung, bei der ein dünner Flüssigkeitsfilm aufgrund der Schwerkraft an einer Rohrinnen- oder -außenseite hinunterfließt (s. Abb. 15-7b). Der laminar strömende Flüssigkeitsfilm steht dabei in Kontakt mit der entgegengesetzt strömenden Gas-

phase. Durch Änderung der Flüssigkeitsvolumenströme ist es möglich, den Stoffübergangskoeffizienten zu variieren. Verschiedene Größen für die Phasengrenzfläche erhält man durch unterschiedliche Rohrdurchmesser, wobei der übliche Bereich
zwischen 10^{-3} und $10^{-2}\,m^2$ liegt. Die zu verwirklichenden Kontaktzeiten zwischen
Gas und Flüssigkeit gehen von 0,1 bis 1 s und werden durch Variation der
Volumenströme erreicht. Nähere Angaben zur Durchführung der Experimente,
Auswertung der Ergebnisse und Beachtung von Nicht-Idealitäten finden sich in der
jeweiligen Spezialliteratur ([4] u. [26]–[28]).

Einzelkugelabsorber: Im Gegensatz zum Fallfilmabsorber wird hier der laminare
Grenzfilm nicht auf eine senkrechte Wand aufgebracht, sondern auf die Oberfläche
einer Kugel (s. Abb. 15-7c). Der Vorteil ist dabei, daß Effekte der Nichtidealität
weitgehend vermieden werden können, ohne eine große Einschränkung der Flexibilität in Kauf nehmen zu müssen (Phasengrenzfläche: 10^{-3} bis $4 \cdot 10^{-3}\,m^2$; Kontaktzeit:
0,1 bis 1 s). Die Modellvorstellungen zur Fluiddynamik, die zur Auswertung der
experimentellen Ergebnisse notwendig sind, werden in den grundlegenden Arbeiten
zu diesem Reaktortyp beschrieben und diskutiert [29], [30]. Erweitert man den
Einzelkugelabsorber zu einem Kugelstrangabsorber, ist man sehr nahe daran, die
Bedingungen im realen (technischen) Reaktor (Füllkörperkolonne) wiederzugeben,
da dann auch Vermischungseffekte der Flüssigkeit zwischen den einzelnen Kugeln
berücksichtigt werden (vgl. [2]).

Laminarstrahlabsorber: Bei diesem Reaktor wird die Flüssigkeit nicht als laminarer
Film, sondern als laminarer Freistrahl durch den Gasraum geführt (s. Abb. 15-7d).
Durch die Wahl dieser Anordnung ergibt sich ein großer Variationsbereich für die
Größen, die das System bestimmen. Die möglichen Werte der Phasengrenzfläche und
der Kontaktzeit liegen zwischen $3 \cdot 10^{-5}\,m^2$ und $10^{-3}\,m^2$ bzw. 0,01 s und 0,1 s. Der
Laminarstrahlabsorber schließt sich somit an den unteren Bereich von Fallfilm- bzw.
Einzelkugelabsorbern an und ist ebenso flexibel. Durch die (idealisiert betrachtete)
zylindrische Form des laminaren Freistrahls ergeben sich äußerst einfache Zusammenhänge für die Fluiddynamik, die, zusammen mit den auftretenden Nichtidealitä-
ten, von Danckwerts [4] ausführlich behandelt werden. Auch mit diesem Laborreaktor können experimentelle Werte für Stoffübergangskoeffizienten erhalten werden,
die sehr gut mit der Theorie übereinstimmen.

15.2.2 Technische Reaktoren

Basierend auf einer Einteilung von van Krevelen [31] ergeben sich bei Gas-Flüssig-
Systemen drei prinzipielle Reaktortypen für die technische Anwendung:

1. Die Flüssigphase fließt im Gasraum als dünner Film.
2. Die Gasphase wird in der Flüssigkeit dispergiert.
3. Die Flüssigphase wird im Gasraum dispergiert.

Diese Einteilung erweist sich als sinnvoll, da die Phase, in der der Stofftransportwiderstand am größten ist, die zusammenhängende sein soll. Bei der zusammenhängen-

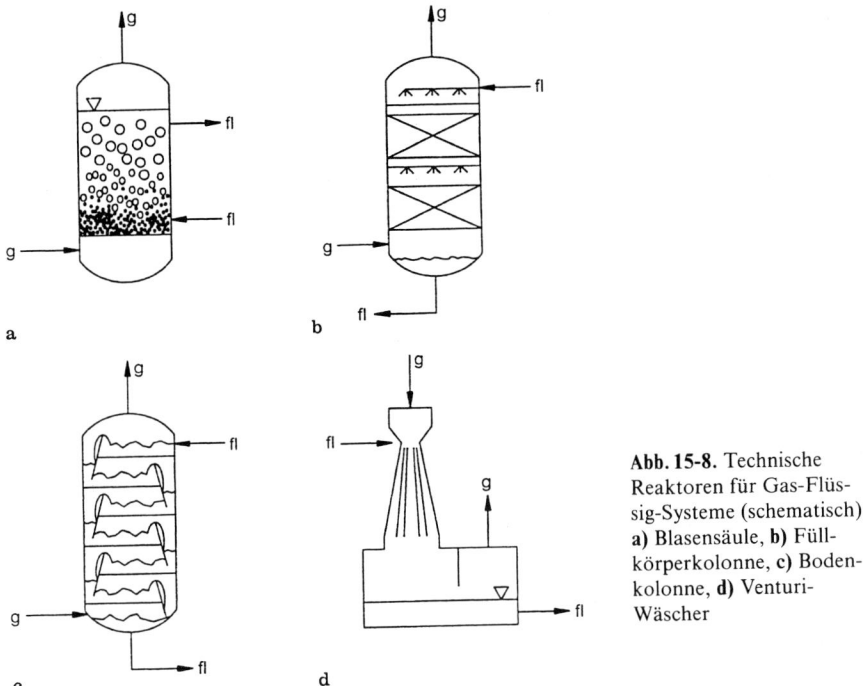

Abb. 15-8. Technische Reaktoren für Gas-Flüssig-Systeme (schematisch); **a)** Blasensäule, **b)** Füllkörperkolonne, **c)** Bodenkolonne, **d)** Venturi-Wäscher

den Phase kann die Fluiddynamik besser beeinflußt werden und es läßt sich somit das übergeordnete Ziel der Reaktorauslegung bzw. -auswahl verfolgen. Dieses ist die Bereitstellung von fluiddynamischen Zuständen, um durch die gezielte Beeinflussung des Stofftransportwiderstandes eine maximale Ausbeute zu garantieren. Bevor ganz am Ende dieses Kapitels nochmals kurz auf die Vorgehensweise bei der Reaktorauswahl eingegangen wird, sollen im folgenden die wichtigsten Reaktoren vorgestellt und erläutert werden[13]).

Blasensäule: Dieser Reaktortyp, bei dem das Gas in der Flüssigkeit dispergiert wird (vgl. Abb. 15-8a), ist der verbreitetste in der Industrie und existiert in vielen Modifikationen. Die Vorteile sind dabei die äußerst einfache Bauweise (keine bewegten Teile, Gasdispersion mittels Lochplatte), die große Variationsbreite der Flüssigkeits-Verweilzeit und die annähernd ideale Durchmischung, so daß auch Wärmetransportwiderstände vernachlässigbar sind. Vor allem in der biotechnologischen Produktion werden Blasensäulen häufig eingesetzt, da es möglich ist, Apparate mit sehr großem Flüssigkeitsinhalt zu konstruieren und zu betreiben. Die Grenze ist hierbei vor allem durch das Höhe/Durchmesser-Verhältnis gegeben, da die spezifische Phasengrenzfläche mit zunehmendem Abstand von der Dispergiervorrichtung immer kleiner wird. Ein weiterer Nachteil ist die starke Rückvermischung, vor allem der flüssigen Phase; diese führt dann zum Entwurf von in der Höhe unterteilten Säulen.

---

[13]) Eine ausführliche Übersicht über einzelne Reaktortypen findet sich bei [1].

Füllkörperkolonne (Abb. 15-8b): Die in die Kolonne eingebrachten Füllkörper, über die die Flüssigkeit hinabrieselt, sorgen für einen weitverzweigten Flüssigkeitsfilm, der immer wieder vermischt wird. Somit wird auf relativ einfache Weise ohne großen Energieaufwand (geringer Druckverlust, keine bewegten Teile) eine genügend große Phasengrenzfläche erzeugt. Je nach Größe des Reaktors können die Füllkörper entweder einfach als wahllose Schüttung oder in regelmäßiger Anordnung gestapelt in die Kolonne eingebracht werden. Bei größeren Einheiten ist wegen der zunehmend ungleichmäßigeren Flüssigkeitsverteilung über den Querschnitt (Randgängigkeit) darauf zu achten, daß in bestimmten Abständen die Flüssigkeit immer wieder neu verteilt wird (die Gasphase wird hier als zusammenhängend angesehen). Das Haupteinsatzgebiet von Füllkörperkolonnen ergibt sich vor allem bei korrosiven Medien und Atmosphären, da die Füllkörper aus den verschiedensten Materialien hergestellt werden (z. B. Keramiken, Edelstähle oder Kunststoffe), die sehr gute korrosionsbeständige Eigenschaften aufweisen. Falls jedoch Wärme zu- oder abgeführt werden muß oder nur geringe Flüssigkeitsmengen eingesetzt werden können oder sollen, oder gar sehr langsame Reaktionen vorliegen, ist der Einsatz von Füllkörperkolonnen nicht möglich bzw. nicht sinnvoll.

Bodenkolonne: Müssen große Wärmemengen zu- oder abgeführt werden und/oder ist nur ein geringer Flüssigkeitsdurchsatz erwünscht oder möglich, so bieten sich vor allem Bodenkolonnen (Abb. 15-8c) an. Bei diesem Reaktortyp kann der Wärmeaustausch direkt in der flüssigen Phase auf den einzelnen Böden stattfinden; ferner wird durch eine entsprechende Dimensionierung der Wehre und Abstromschächte (falls vorhanden) garantiert, daß ein zusammenhängender Flüssigkeitsfilm vorliegt (Flüssigkeitsphase wird hier als zusammenhängend angesehen). Eine weitestgehende Unterdrückung von Rückvermischungseffekten geschieht durch die eingebauten Böden, da durch diese die Kolonne in einzelne Abschnitte unterteilt (kaskadiert) wird. Durch die Ausführungsform der Böden und die möglichen Formen der Stoffstromführung können die verschiedensten Einsatzbereiche abgedeckt werden. Die Böden, die der Grund für den vorteilhaften Einsatz sind, begründen aber auch den größten Nachteil dieses Reaktortyps, der in der aufwendigen Konstruktion und Auslegung und somit in den Kosten zu sehen ist.

Sprühtürme: Eine starke Dispersion der flüssigen Phase, wie sie bei den Sprühtürmen (Strahlwäschern) erfolgt, ist nur selten erforderlich, da der hauptsächliche Stofftransportwiderstand meistens auf der Flüssigkeitsseite liegt. Der Einsatzbereich reduziert sich somit auf Reaktionen mit sehr hohen Umsetzungsgeschwindigkeiten, oder wenn Feststoffpartikel im Gas oder in der Flüssigkeit vorhanden sind. Der Venturi-Wäscher (s. Abb. 15-8d) als spezielle Ausführung des Sprühturmes eignet sich besonders zur zusätzlichen Staubreinigung von Gasen. Ein großer Vorteil der Sprühtürme ist vor allem die relativ große spezifische Phasengrenzfläche.

Bedingt durch die verschiedenen Typen erfolgt in den einzelnen Apparaten eine unterschiedlich starke Vermischung der beiden Phasen. Dieser Vermischungszustand kann durch das Hinterland-Verhältnis Hl charakterisiert werden (vgl. Abb. 15-4). Eine starke Vermischung bedingt eine große spezifische Phasengrenzfläche $(S_{PG})_{V_R}$ und somit ein kleines Hinterland-Verhältnis. Die größte Vermischung ergibt sich beim Sprühturm durch die Zerstäubung der Flüssigphase. Füllkörperkolonne und Blasensäule vermischen die beiden Phasen auch noch sehr gut, da die Phasengrenzfläche durch die verschiedenen Einbauten immer wieder neu gebildet wird. Somit ist auch sofort einzusehen, warum bei den Füllkörperkolonnen noch kleinere Hinterland-Verhältnisse erreicht werden können (vgl. Abb. 15-4) – da nach jeder Füllkörperlage die Phasengrenzfläche erneuert wird. Schlecht wird die Vermischung bereits in Rührkesseln, da dort nur örtlich begrenzt (am Rührer) neue Phasengrenzfläche gebildet werden kann. Die schlechte Vermischung in den Blasensäulen beruht im Gegensatz zu den Sprühtürmen auf der starken Neigung zur Koaleszenz (Zusammenwachsen) von Gasblasen in Flüssigkeiten.

Mit der Vorstellung und kurzen Diskussion dieser vier Reaktortypen für Gas-Flüssig-Systeme sollte deutlich werden, daß es eine Vielzahl von völlig unterschiedlichen Konzepten gibt. Hilfestellungen auf dem Weg zur Wahl des richtigen Reaktortyps erhält man aufgrund der im Abschnitt 15.1 dargestellten Theorien sowie von Modellen für den speziellen Reaktortyp und von experimentellen Untersuchungen. Die spezielle Literatur ([1], [13], [14], [15] und [32]) geht dabei detaillierter auf die Modellvorstellungen und die Vorgehensweise bei der Auslegung bzw. die Probleme beim Scale-Up ein. Der allgemeine Handlungsablauf kann dabei wie folgt beschrieben werden:

- Messung der intrinsischen (homogenen) Kinetik,
- Bestimmung, in welchem Teil der Flüssigphase die Reaktion überwiegend abläuft,
- daraufhin Vorauswahl verschiedener Reaktortypen,
- Bestimmung von β_l und Ha,
- Berechnung von E als Funktion der zu erwartenden Konzentrationen,
- Bestimmung der Querschnittsfläche und der Volumina der beiden Phasen bei gegebenen Volumenströmen,
- Ermittlung von Strömungszuständen der Phasen und von Parametern der fluiddynamischen Modelle,
- Berechnung des minimalen Reaktorvolumens aus mathematischen Modellen unter Annahme eines 'plug-flow'-Strömungszustandes,
- Entwicklung mathematischer Modelle der vorausgewählten Reaktortypen zur Beschreibung des nicht-idealen Verhaltens,
- Berechnung des Reaktorvolumens,
- Wahl bzw. Einschränkung der Reaktoren aufgrund der gewonnenen Daten,
- endgültige Auswahl nach der Betrachtung des Energieverbrauches bzw. dessen Minimierung.

Auf detailliertere Ausführungen soll in diesem Zusammenhang verzichtet werden. Eine ausführliche Betrachtung der Bilanzen und Modelle bei technischen Reaktoren für mehrphasige Systeme wurde bereits im Abschnitt 13.3 am Beispiel der heterogen katalysierten Gasphasenreaktionen durchgeführt. Eine Übertragung auf Fluid-Fluid-Systeme ist vom grundlegenden Verständnis her durchaus möglich, wobei darauf geachtet werden muß, daß dann das primäre Ziel der Berechnung nicht die Katalysatormasse, sondern das Reaktionsvolumen ist.

16. Mikroreaktionstechnik

Zentrale Aufgabe der Mikroreaktionstechnik ist die Auslegung und Optimierung chemischer Verfahren, die in Mikrostrukturen durchgeführt werden. Sie bedient sich dabei der Grundlagen der klassischen Reaktionstechnik und stellt somit keine „neue" Reaktionstechnik dar. Dieser Rückgriff auf die klassische Reaktionstechnik wird in diesem Kapitel durch mehrfache Verweise auf Inhalte vorangegangener Kapitel und deren Anwendung deutlich werden.

Eine besondere Herausforderung in der Mikroreaktionstechnik besteht in der Identifizierung derjenigen Teilschritte, die für die Durchführung chemischer Reaktionen in Mikrostrukturen relevant sind. So werden auf der Mikroskala Teilschritte signifikant und damit relevant, die auf der Makroskala vernachlässigbar waren. Dies zu erkennen und zu berücksichtigen ist von zentraler Bedeutung in der Mikroreaktionstechnik.

Die Gliederung des Kapitels 16 orientiert sich an einer Klassifizierung von chemischen Reaktionen in homogene oder homogen katalysierte Fluidreaktionen, heterogen katalysierte Fluidreaktionen und Fluid-Fluid-Reaktionen. Die jeweiligen Reaktionsklassen werden jeweils hinsichtlich der Fluiddynamik, der Stoffbilanz, der Wärmebilanz und der Reaktorauslegung behandelt.

In den Kapiteln 16.1 bis 16.4 wird zunächst von einem einzelnen Mikrokanal als repräsentativer Ausschnitt eines Mikrostrukturreaktors ausgegangen. Im abschließenden Kapitel 16.5 wird dann auf Gestaltungskonzepte für Mikrostrukturreaktoren mit interner Parallelisierung etwas näher eingegangen.

16.1 Begriffe und Definitionen

Die *Mikroreaktionstechnik* ist eine von vielen Mikrotechniken. Zu den ältesten Mikrotechniken zählt die Mikroelektronik mit ihrer seit den 60er-Jahren rasant zunehmenden Integrationsdichte der auf einem Chip durch Miniaturisierung untergebrachten elektronischen Bauteile.

Die *Mikroreaktionstechnik* ist dagegen eine sehr junge Disziplin, die ihren Startpunkt Anfang der 90er-Jahre besitzt. Unter Mikroreaktionstechnik versteht man die Anwendung reaktionstechnischer Grundlagen und Kenntnisse auf die Durchführung von chemischen Reaktionen in Strukturen, deren laterale Abmessungen zwischen 100 nm und 1 mm liegen.

Die entsprechenden Reaktoren wurden lange Zeit als Mikroreaktoren bezeichnet. Als zutreffenderer Terminus etabliert sich jüngst der Begriff *Mikrostrukturreaktoren*, um hervorzuheben, daß nicht die Reaktoren klein sind, sondern lediglich die darin enthaltenen Mikrostrukturen.

Der häufig benutzte Begriff *Mikroeffekte* bezieht sich auf die in Mikrostrukturen signifikant und relevant werdenden Effekte. Diese sind der intensivierte Wärme- und Stofftransport entlang der kleinsten Abmessungen durch Wärmeleitung und Diffusion sowie die Intensivierung von Grenzflächenphänomenen (z.B. heterogene Katalyse). Die jeweils korrespondierenden und beschreibenden Parameter sind unter Annahme einer Kapillare mit kreisförmigem Querschnitt des Radius R_o (vgl. auch Abb. 16-1):

– Zeitkonstante der Diffusion t_D:

$$t_D = R_o^2/D_i \qquad (16\text{-}1)$$

– Zeitkonstante der Wärmeleitung t_W:

$$t_W = R_o^2/a \qquad (16\text{-}2)$$

mit dem Temperaturleitfähigkeitskoeffizienten a:

$$a = \frac{\lambda}{\varrho c_p} \qquad (16\text{-}3)$$

– Spezifische Oberfläche a_V:

$$a_V = 2/R_o \qquad (16\text{-}4)$$

Aus den Gln. (16-1) bis (16-4) wird ersichtlich, daß die Zeitkonstanten für Diffusion und Wärmeleitung in lateraler Richtung proportional zum Quadrat des Radius sind und die spezifische Oberfläche umgekehrt proportional zum Radius des Reaktionsraumes ist. In Tabelle 16/1 sind in Abhängigkeit vom Durchmesser des Mikrokanals und für Stickstoff und Wasser als Medium die dazugehörigen Parameterwerte berechnet. Bei einer druckgetriebenen Durchströmung von Mikrokanälen, wie sie für die Produktion von Chemikalien in Mikroreaktoren typisch ist, liegen die Kanaldurchmesser im Bereich von 1 mm bis etwa 10–100 µm. Auf Lab-on-a-Chip-Anwendungen mit anderen konvektiven Transportmechanismen wie Elektrophorese oder Kapillarkräfte wird in diesem Kapitel nicht eingegangen.

Tabelle 16/1. Typische Werte charakteristischer Parameter für Prozesse in Mikrostrukturen

R_o	t_D		t_W		a_V
	Stickstoff	Wasser	Stickstoff	Wasser	
[µm]	[ms]	[s]	[ms]	[s]	[m^{-1}]
1000	100,00	1000,00	33,33	6,8574	4000
500	25,00	250,00	8,33	1,7143	8000
100	1,00	10,00	0,33	0,0686	40000
10	0,01	0,10	0,00	0,0007	400000

Tabelle 16/2. Typische Diffusions- und Temperaturleitfähigkeitskoeffizienten für Stickstoff und Wasser bei Standardbedingungen

	D_i $[m^2/s]$	a $[m^2/s]$
Gas (Stickstoff)	$1 \cdot 10^{-5}$	$3 \cdot 10^{-5}$
Flüssigkeit (Wasser)	$1 \cdot 10^{-9}$	$1,5 \cdot 10^{-7}$

Bei der Berechnung der Parameterwerte in Tabelle 16/1 wurde von den in Tabelle 16/2 angegebenen Stoffdaten ausgegangen.

Wie man Tabelle 16/1 entnehmen kann, liegen bei Gasen die Zeitkonstanten für die laterale Diffusion und Wärmeleitung im allgemeinen deutlich unter 1 s, bei Durchmessern kleiner als 100 µm sogar unter 1 ms. Dies verdeutlicht die mögliche Intensivierung des Wärme- und Stofftransports in Richtung der kleinsten Abmessung der Mikrostruktur bei Gasreaktionen. Bei Flüssigkeiten lassen sich Zeitkonstanten der Wärmeleitung im Sekunden- und Millisekundenbereich realisieren, so daß auch bei vielen Flüssigprozessen durch Verkleinerung der Kanalweite eine Intensivierung des Wärmetransports möglich ist. Bei Flüssigkeiten liegt jedoch die Zeitkonstante der Diffusion oftmals im Minuten- oder Sekundenbereich, so daß die Diffusion bei schnellen Flüssigreaktionen limitierend wirken kann. In diesem Fall muß man die Diffusionswege z.B. durch Lamellenbildung weiter erniedrigen oder das laminare Mischen durch Induzieren von Sekundärströmungen mit konvektiven Beiträgen zusätzlich beschleunigen [1, 2].

16.2 Homogene oder homogen katalysierte Fluidreaktionen

In Abbildung 16-1 ist der relevante Ausschnitt eines Mikrostrukturreaktors für eine homogene oder homogen katalysierte Reaktion skizziert. Das Reaktionsgemisch durchströmt den Mikrokanal, der vereinfachend als Kapillare angenommen wird, und reagiert im gesamten Volumen des Mikrokanals. Jenseits der Kapillarwandung

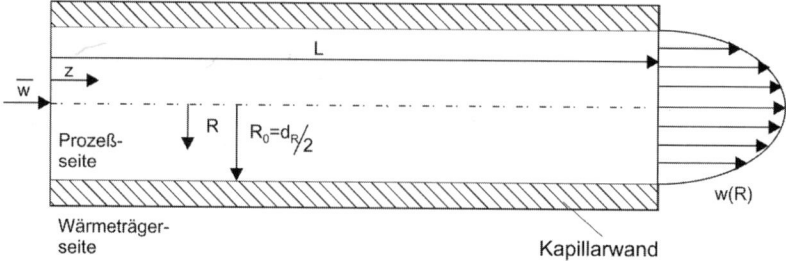

Abb. 16-1. Prinzipskizze für eine homogen oder homogen katalysierte Fluidreaktion in einem Mikrokanal (hier Kapillare)

befindet sich das Wärmeträgermedium. Nachfolgend wird die Diskussion auf eine exotherme Reaktion beschränkt, läßt sich aber auf eine endotherme Reaktion analog übertragen.

16.2.1 Fluiddynamik

Bei einer einphasigen, druckgetriebenen Durchströmung eines Mikrokanals überwiegen die Reibungskräfte gegenüber den Trägheitskräften, so daß im allgemeinen von laminarer Strömung ausgegangen werden kann. Die Reynolds-Zahlen liegen typischerweise im Bereich zwischen 10 und 500. Die radiale Geschwindigkeitsverteilung ist somit im zylindrischen Mikrokanal parabolisch und wird durch Gl. (11-30) in Kapitel 11 beschrieben.

Der Druckverlust ergibt sich im laminaren Strömungsregime aus dem Hagen-Poiseuilleschen Gesetz:

$$\Delta p = \frac{128}{\pi} \eta \, \frac{L}{d_R^4} \, \dot{V} \qquad (16\text{-}5)$$

16.2.2 Stoffbilanz

Entscheidend für die richtige Formulierung des Reaktormodells des isotherm durchströmten Mikrokanals ist die Kenntnis des zugrunde liegenden Verweilzeitverhaltens. Dieses wird durch zwei Transportmechanismen bestimmt:

a) Durch den konvektiven Transport entlang Stromlinien unterschiedlicher Strömungsgeschwindigkeit (vgl. Kap. 16.2.1).
b) Durch die molekulare Diffusion in radialer Richtung.

Bei Rohrdurchmessern im cm-Bereich und darüber ist der Einfluß der molekularen Diffusion vernachlässigbar. In diesem Fall liegt eine segregierte Strömung vor und man erhält das im Kapitel 11.3.3 abgeleitete Verweilzeitverhalten für das laminar durchströmte Rohr. Dagegen ist in Mikrokanälen die molekulare Diffusion quer zur Strömungsrichtung nicht mehr vernachlässigbar und muß entsprechend berücksichtigt werden. Die Überlagerung beider Effekte kann durch das Dispersionsmodell (vgl. Kap. 11.4.2.1) beschrieben werden. Charakteristischer Parameter der Dispersion ist die Bodenstein-Zahl Bo (Gl. 11-44) bzw. die Péclet-Zahl Pé$_{ax}$ (Gl. 11-43). Für den vorliegenden Fall gilt die bereits in Kapitel 11 in Gl. (11-45) aufgeführte Korrelation von Taylor für laminar durchströmte Rohre mit überlagerter molekularer Diffusion. Nach Einführung der Definitionen für die Reynolds- und Schmidt-Zahl erhält man:

$$Bo = \frac{\overline{w}L}{D_{ax}} = P\acute{e}_{ax} \cdot \frac{L}{d_R} = \frac{192}{Re \cdot Sc} \cdot \frac{L}{d_R} = 192 \cdot \frac{LD_i}{wd_R^2} \qquad (16\text{-}6)$$

Der rechte Term in Gl. 16-6 stellt das Verhältnis zweier Zeitkonstanten dar, nämlich der Verweilzeit ($\tau = L/\overline{w}$) und der Zeitkonstante der Diffusion (vgl. Gl. (16-1)).

Das Verhältnis dieser Zeitkonstanten ist auch bekannt als Fourier-Zahl Fo, so daß sich insgesamt folgender Zusammenhang ergibt:

$$\text{Bo} - 48 \cdot \frac{\tau}{t_D} \approx 50 \cdot \text{Fo} \tag{16-7}$$

Die Fourier-Zahl ist eine wichtige dimensionslose Kenngröße in der Mischtechnik. Im vorliegenden Fall des geraden Mikrokanals handelt es sich um einen laminaren Diffusionsmischer. Ist die Fourier-Zahl groß genug (ca. > 1), überschreitet die Bodenstein-Zahl einen Wert von 50 und man erhält annähernd die Verweilzeit-Summenkurve des idealen Strömungsrohres (vgl. Abb. 11-7 und 16-2). In diesem Fall ist die hydrodynamische Verweilzeit im Vergleich zur Zeitkonstante der Querdiffusion groß genug, so daß die Querdiffusion eine Fokussierung und damit eine enge Verweilzeitverteilung bewirken kann. In der dargestellten Summenkurve entspricht dies einem steilen Anstieg und einem um $\theta = 1$ symmetrischen Verlauf. Je kleiner die Fourier-Zahl wird, desto mehr nähert man sich der Verweilzeit-Summenkurve des segregierten, laminar durchströmten Rohrreaktors (vgl. Abb. 11-7 und 16-2). Die molekulare Diffusion ist dann zu langsam, um innerhalb der Verweilzeit eine Fokussierung der Verweilzeitverteilung zu bewirken. Werte der Fourier-Zahl zwischen 0 und ∞ decken somit den Bereich zwischen dem laminaren durchströmten Rohrreaktor und dem idealen Strömungsrohrreaktor ab.

In Kapitel 11 wurde bereits die Péclet-Zahl in Abbildung 11-9 gemäß Gl. (16-6) aufgetragen. Der Abbildung kann man entnehmen, daß für Mikrostrukturreaktoren mit typischen L/d_R-Werte von mindestens 10^2 und typischen Reynolds-Zahlen zwischen 10 und 500 (vgl. Kap. 16.2.1) bei Gasreaktionen üblicherweise von einem idealen Strömungsrohr ausgegangen werden kann. Abbildung 11-9 kann man aber auch

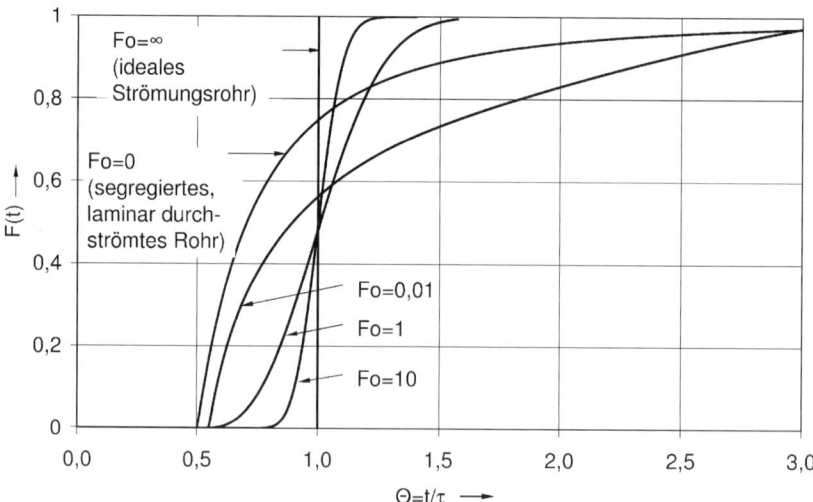

Abb. 16-2. Verweilzeit-Summenkurve F(t) für laminar durchströmtes Rohr bei unterschiedlichen Fourier-Zahlen Fo (aus Berechnungen eines Markierungsexperimentes mittels der CFD-Software Fluent [3]).

entnehmen, daß bei Reaktionen in flüssiger Phase jedoch häufig die fluiddynamisch bedingte Spreizung der Verweilzeitverteilung nicht mehr durch die in flüssiger Phase deutlich langsamere molekulare Diffusion innerhalb der für die Reaktion notwendigen Verweilzeit ausgeglichen werden kann. Es resultieren dann Bo kleiner 50, so daß ein reales Strömungsrohr mit signifikanter Rückvermischung vorliegt.

Bei der Formulierung der Stoffbilanz muß neben den bereits diskutierten Stofftransporttermen noch der Reaktionsterm berücksichtigt werden. Dabei ist zu unterscheiden, ob eine Stofftransportlimitierung vorliegt oder nicht. Beschreibende Kenngröße ist in diesem Fall die Damköhler-Zahl 2. Art für Homogenreaktionen:

$$Da_{II} = \frac{t_D}{t_R} \tag{16-8}$$

Die Zeitkonstante der Diffusion t_D berechnet sich nach Gl. (16-1) und die der Reaktion t_R für eine irreversible Reaktion n. Ordnung bezogen auf Reaktor-Eingangsbedingungen gemäß:

$$t_R = \frac{c^{ein}}{r_{ein}} = \frac{1}{k(c^{ein})^{n-1}} \tag{16-9}$$

Sofern $Da_{II} > 1$ ist, müssen radiale Konzentrationsgradienten berücksichtigt werden und es resultiert eine zweidimensionale Stoffbilanz (vgl. auch Gl. (5-25)):

$$0 = -2\bar{w}\left(1 - \left(\frac{R}{R_o}\right)^2\right)\frac{\partial c_i}{\partial z} + D_i\frac{\partial^2 c_i}{\partial z^2} + D_i\left(\frac{\partial^2 c_i}{\partial R^2} + \frac{1}{R}\frac{\partial c_i}{\partial R}\right) + \sum_j \nu_{ij}r_j \tag{16-10}$$

mit denselben Randbedingungen wie in Gln. (13-55a), (13-55b) und (13-55c). Es ist hervorzuheben, daß D_i in Gl. (16-10) der molekulare Diffusionskoeffizient ist.

Für den Fall $Da_{II} \ll 1$ liegt keine Strofftransportlimitierung der homogenen bzw. homogen katalysierten Reaktion vor:

Ist Fo > 1, d. h. Bo > 50, gilt die bereits in Kapitel 7.1 abgeleitete eindimensionale Stoffbilanz für das stationäre ideale Strömungsrohr (Gl. 7-1 mit $w_{ax} = \bar{w}$ = const):

$$0 = -\bar{w}\frac{dc_i}{dz} + \sum_j \nu_{ij}r_j \tag{16-11}$$

Ist Fo < 1, d. h. Bo < 50, muß die Dispersion auf Grund des radialen Geschwindigkeitsprofils berücksichtigt werden. Dies kann mit Hilfe des Dispersionsmodells erfolgen (vgl. auch Kap. 11.5.3):

$$0 = -\bar{w}\frac{dc_i}{dz} + D_{ax}\frac{d^2 c_i}{dz^2} + \sum_j \nu_{ij}r_j \tag{16-12}$$

Der axiale Vermischungskoeffizient D_{ax} in Gl. (16-12) kann mit Hilfe der Gln. (16-6) und (16-7) ermittelt werden.

16.2.3 Wärmebilanz

Wärme- und Stoffbilanz sind über den Reaktionsterm im Allgemeinen nicht-linear gekoppelt. Es resultiert ein System partieller, nicht-linearer gekoppelter Differentialgleichungen. Diese Systeme können nur numerisch mit einer geeigneten Simulationssoftware gelöst werden (vgl. Anhang A4).

Die mit der zweidimensionalen stationären Stoffbilanz (vgl. Gl. (16-10)) korrespondierende zweidimensionale stationäre Wärmebilanz lautet bei Vorliegen einer einzigen chemischen Reaktion:

$$0 = -2\overline{w}\left(1 - \left(\frac{R}{R_o}\right)^2\right)\varrho c_p\,\frac{\partial T}{\partial z} + \lambda\,\frac{\partial^2 T}{\partial z^2} + \lambda\left(\frac{\partial^2 T}{\partial R^2} + \frac{1}{R}\,\frac{\partial T}{\partial R}\right) + r\,(-\Delta H_R) \qquad (16\text{-}13)$$

Bei entsprechender Temperatursensitivität der Reaktion haben radiale Temperaturgradienten (vgl. Abschätzung in diesem Kapitel) zur Folge, daß auch die Stoffbilanz zweidimensional formuliert werden muß. Umgekehrt gilt, daß im Falle nicht zu vernachlässigender radialer Konzentrationsgradienten bei entsprechender Konzentrationssensitivität und Wärmetönung der Reaktion auch die Wärmebilanz zweidimensional formuliert werden muß.

Für den Spezialfall, daß radiale Konzentrations- und Temperaturgradienten nicht berücksichtigt werden müssen und keine axiale Rückvermischung vorliegt (ideales Strömungsrohr) reichen die eindimensionalen Bilanzgleichungen aus. Die eindimensionale Wärmebilanz des stationär betriebenen, idealen Strömungsrohrs wurde bereits in Kapitel 7.1 (vgl. Gl. (7-9)) hergeleitet. Bei axialer Konstanz von $\varrho c_p \overline{w}$ und nach Einführung der spezifischen Wärmeaustauschfläche $a_V = (A_w)_L/q$ gilt:

$$0 = -\varrho c_p \overline{w}\,\frac{dT}{dz} + k_W a_V\,(T_W - T) + r\,(-\Delta H_R) \qquad (16\text{-}14)$$

Aus Gl. (16-14) wird ersichtlich, daß das Produkt $k_W a_V$ die Größe des Wärmeabfuhrterms und damit die Höhe des Maximums des axialen Temperaturverlaufes (hot spot) entscheidend beeinflusst.

Der Wärmedurchgangskoeffizient k_W wird in den meisten Fällen vom Wärmeübergangskoeffizient α auf der Reaktionsseite dominiert. Liegt dort eine voll entwickelte laminare Strömung vor, wie dies im Mikrokanal im allgemeinen der Fall ist, gilt für die Nusselt-Zahl Nu [4]:

$$Nu = \frac{\alpha \cdot d_R}{\lambda} = 4{,}36 \qquad (16\text{-}15)$$

Berechnet man den Wärmeübergangskoeffizienten α aus Gl. (16-15) für Luft bei Standardtemperatur und für einen Mikrokanal mit 100 µm Durchmesser, erhält man einen Wert von ca. 1000 W/(m^{2}K). Tabelle 4/7 in Kapitel 4.3 kann man entnehmen, daß der Wert für eine turbulente Rohrströmung („Makrorohr") lediglich 30–50 W/(m^{2}K) beträgt. Dies bedeutet eine Steigerung um den Faktor 20–30. Ähnliches gilt auch für Flüssigkeiten. Im Vergleich zur turbulenten Rohrströmung („Makrorohr") mit einem Wärmeübergangskoeffizienten von 1000–4000 W/(m^{2}K) (vgl. Tab. 4/7 in Kap. 4.3) erhält man im Mikrokanal mit 100 µm Durchmesser einen etwa um den Faktor 10 höheren Wert. In beiden Fällen kommt die in einem Mikrokanal von 100 µm um einen Faktor von etwa 100 größere spezifische Wärmeaustauschfläche a_V hinzu, so daß sich insgesamt im Mikrokanal im Vergleich zu einem üblicherweise turbulent durchströmten Rohr mit einem Durchmesser von einigen Zentimetern das Produkt $k_W a_V$ um etwa den Faktor 1000 steigern läßt. Somit können in Mikrostrukturreaktoren Temperaturmaxima (hot spots), wie sie in konventionellen Rohrreaktoren auftreten, minimiert oder unterdrückt und isotherme oder nahezu isotherme Betriebsbedingungen realisiert werden. Hierdurch ergeben sich für den Mikrostrukturreaktor verschiedene Potenziale:

- Betrieb bei einer höheren mittleren Reaktionsgeschwindigkeit ($\rightarrow$ kleinere Reaktoren oder größere Umsatzgrade)
- Höhere Selektivitäten erreichbar ($\rightarrow$ höhere Rohstoffeffizienz)
- Geringere Verdünnung bzw. höhere Eingangskonzentrationen möglich ($\rightarrow$ kleinere Reaktoren)

Der letzte Punkt ist von sicherheitstechnischer Relevanz. Bei zu hohen Eingangskonzentrationen kann es in konventionellen Rohrreaktoren zu einer thermischen Explosion (runaway) kommen. Deren Auftreten kann mit dem sogenannten Stabilitätsdiagramm nach Barkelew vorhergesagt werden [5]. Durch die hohe Wärmeabfuhrleistung in Mikrostrukturreaktoren ist dagegen meist ein stabiler Reaktorbetrieb möglich.

Das Potenzial von Mikrostrukturreaktoren gegenüber konventionellen Strömungsrohrreaktoren kann bei bekannter und parametrisierter Kinetik durch simultanes Lösen der Stoff- und Wärmebilanz (Gln. (16-11) und (16-14)) unter Berücksichtigung der entsprechenden Randbedingungen und der jeweils charakteristischen $k_W a_V$-Werte bewertet werden. Dies kann mit einer geeigneten kommerziellen Simulationssoftware (vgl. Anhang A4) erfolgen.

Nachfolgend soll eine Gleichung für die Abschätzung des Temperaturmaximums im Mikrostrukturreaktor hergeleitet werden. Dazu wird von der zweidimensionalen Wärmebilanz für eine einzige ablaufende Reaktion ausgegangen (vgl. Gl. (16-13)). Der axiale konvektive Wärmetransport und die axiale Wärmeleitung im Reaktionsgemisch werden vernachlässigt (erste beiden Terme auf der rechten Seite von Gl. (16-13)). Als dominierende Terme werden nur die radiale Wärmeleitung zur Wand sowie der Wärmeerzeugungsterm berücksichtigt. Nähert man den Rohrquerschnitt durch einen quadratischen Querschnitt an, so muß nur die zweite Ableitung der radialen Temperaturabhängigkeit berücksichtigt werden:

$$\frac{d^2T}{dR^2} = \frac{r\,(-\Delta H_R)}{\lambda} \qquad (16\text{-}16)$$

Es gelten die Randbedingungen:

$$\frac{dT}{dR} = 0 \quad \text{für} \quad R = 0 \qquad (16\text{-}17)$$

$$\lambda\,\frac{dT}{dR} = k_W(T_W - T) \quad \text{für} \quad R = R_o \qquad (16\text{-}18)$$

Unter der Annahme, daß die Reaktionsgeschwindigkeit nicht vom Radius abhängt und gleich der Anfangsreaktionsgeschwindigkeit ist, kann Gl. (16-16) mit Randbedingungen Gl. (16-17) und Gl. (16-18) integriert und die radiale Temperaturüberhöhung ΔT abgeschätzt werden. Führt man die für das Problem spezifischen Kenngrößen ein, erhält man folgende Endgleichung:

$$\frac{\Delta T}{\Delta T_{ad}} = 0,5 \cdot \frac{t_W}{t_R} \tag{16-19}$$

Die Zeitkonstante der Wärmeleitung t_W berechnet sich gemäß Gl. (16-2), die Zeitkonstante der Reaktion t_R gemäß Gl. (16-9) und die adiabate Temperaturerhöhung ΔT_{ad} gemäß Gl. (7-29a).

Die so berechnete radiale Temperaturüberhöhung kann näherungsweise der axialen gleichgesetzt werden, denn der Konvektionsterm in Gl. (16-13) (erster Term auf der rechten Seite) ist im wesentlichen für die Lage und weniger für die Größe der Temperaturüberhöhung verantwortlich.

Da die Reaktionsgeschwindigkeit als radius- und damit temperaturunabhängig betrachtet wurde, ist die Abschätzung nur dann aussagekräftig, wenn sich für das Temperaturmaximum ein geringer Wert von wenigen °C ergibt. Im Falle größerer Werte wird das Temperaturmaximum unterschätzt und zwar umso stärker, je größer die Aktivierungsenergie der Reaktion ist [1].

16.2.4 Reaktorauslegung

Für den Fall, daß die Kinetik der Reaktion bekannt ist, kann die Reaktorauslegung relativ einfach nach dem in Abbildung 16-3 dargestellten Schema erfolgen. Nachfolgend werden die einzelnen Schritte nochmals beschrieben:

1. *Festlegung des Kanaldurchmessers* d_R

   Mit Gln. (16-8) und (16-19) läßt sich der Durchmesser eines einzelnen Mikrokanals meist ausreichend klein wählen, so daß in radialer Richtung weder Wärme- noch Stofftransportlimitierungen auftreten und somit keine radialen Konzentrations- und Temperaturgradienten zu berücksichtigen sind. In Einzelfällen – insbesondere bei sehr schnellen, stark exothermen Reaktionen – ist es möglich, daß der Durchmesser eines einzelnen Mikrokanals nicht ausreichend klein gewählt werden kann, weil sich sonst zum Beispiel zu hohe Druckverluste oder zu hohe Fertigungskosten im Schritt 3 der Reaktorauslegung negativ auswirken. In diesem Fall sind entweder besondere Maßnahmen in der Gestaltung der Kanäle zu ergreifen (vgl. Kap. 16.1) oder man muß das Auftreten von radialen Temperatur- und Konzentrationsgradienten im Einzelkanal bei der Auslegung berücksichtigen.

2. *Bestimmung der notwendigen Raumbelastung S.V.*

   Im Falle, daß im Schritt 1 Stoff- oder Wärmetransportlimitierungen nicht ausgeschlossen werden konnten, ist durch numerische Integration der Gln. (16-10) und (16-13) die optimale Raumbelastung *S.V.* für einen Mikrokanal zu ermitteln (vgl. Anhang A4).

   Sofern keine radialen Stoff- oder Wärmetransportlimitierung zu berücksichtigen sind, genügt es zunächst, die eindimensionale Stoffbilanz für das ideale Strömungsrohr zu lösen (Gl. (16-11)). Für ein komplexes Reaktionssystem er-

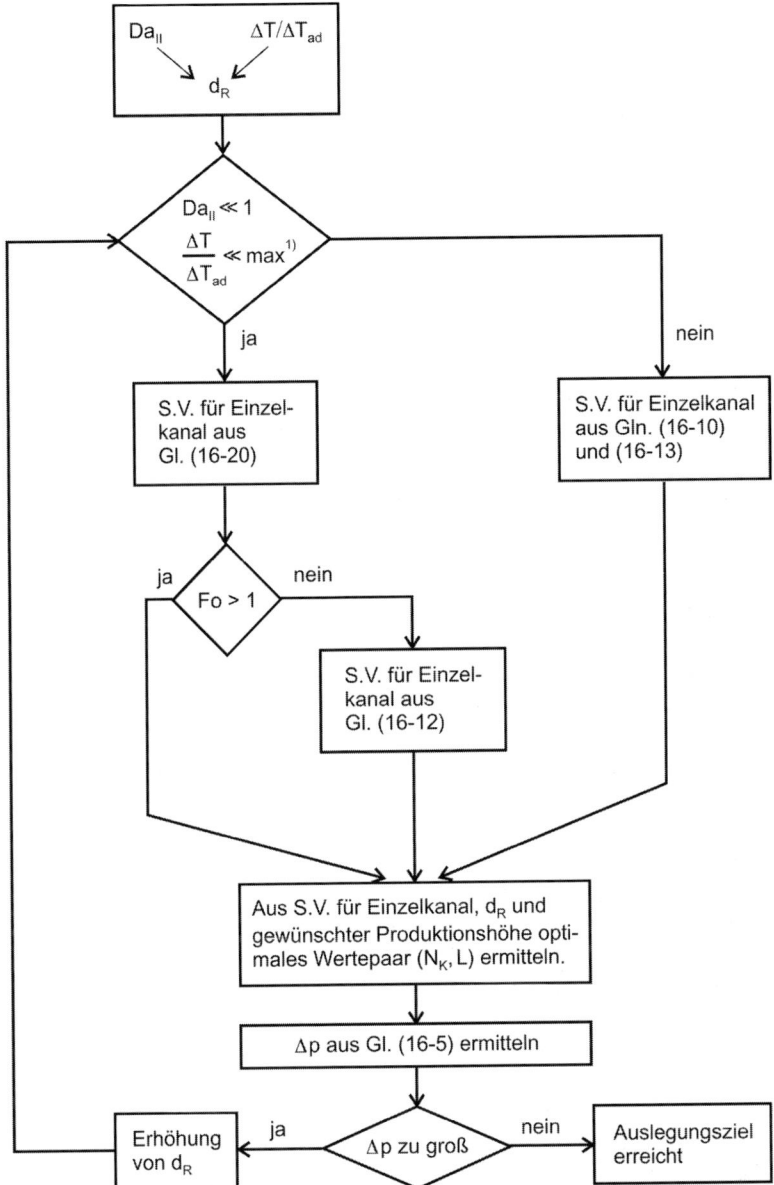

Abb. 16-3. Schema für die Auslegung eines Mikrostrukturreaktors für eine homogene oder homogen katalysierte Fluidreaktion ([1] zugelassener Maximalwert je nach Temperatursensitivität der Reaktion)

folgt die Lösung zumeist numerisch (vgl. Anhang A4), für eine einzelne ablaufende Reaktion ergibt sich die schon in Kapitel 7.2 in Gl. (7-13) formulierte Integralgleichung. Sie soll wegen ihrer Wichtigkeit hier nochmals wiederholt werden:

$$\frac{1}{S.V.} = c_k^{ein} \int_0^{U_k} \frac{dU_k}{r|v_k|} \tag{16-20}$$

Für eine volumenbeständige und isotherme Reaktion ist der Reziprokwert der Raumbelastung gleich der Verweilzeit τ. Es kann dann die Fourier-Zahl Fo gemäß Gl. (16-7) gebildet und überprüft werden, ob die Annahme eines idealen Strömungsrohres erfüllt ist (Fo > 1). Wenn dies nicht der Fall ist, muß entweder der Kanaldurchmesser d_R entsprechend weiter erniedrigt oder es muß der Einfluß der molekularen Diffusion mit Hilfe des Dispersionsmodells durch numerische Integration von Gl. (16-12) berücksichtigt werden.

3. *Bestimmung der Kanallänge L und der notwendigen Anzahl an Kanälen N_K*
   Mit der nun bekannten optimalen Raumbelastung *S.V.* und den zugehörigen Umsatzgraden (und Selektivitäten bei komplexen Reaktionen) kann für eine geforderte Produktionshöhe des Mikrostrukturreaktors der Gesamtvolumenstrom $\dot{V}^{ein}$ berechnet werden. Die Anzahl N_K der Einzelkanäle sowie ihre Länge L_K ergibt Wertepaare, die sich aus der bekannten Raumbelastung *S.V.* eines Mikrokanals wie folgt berechnen lassen:

$$\frac{1}{S.V.} = \frac{V_K}{\dot{V}_K^{ein}} = \frac{V_K \cdot N_K}{\dot{V}^{ein}} = \frac{d_R^2 \pi}{\dot{V}^{ein}} \cdot (N_K \cdot L_K) \tag{16-21}$$

Das optimale Wertepaar (N_K, L) ergibt sich im wesentlichen aus dem Minimum der Gesamtkosten für den mikrostrukturierten Apparat (interne Parallelisierung) oder die mikrostrukturierten Apparate (interne und externe Parallelisierung). Die Gesamtkosten setzen sich aus den Investitionskosten (f(N_K)) und den Betriebskosten (f(L)) wegen Druckverlust gemäß Gl. (16-5)) zusammen.

16.3 Heterogen katalysierte Fluidreaktionen

Bei heterogen katalysierten Fluidreaktionen findet die Reaktion an einem festen Katalysator statt, so daß zwei Phasen, eine fluide und eine feste Phase, berücksichtigt werden müssen. Der feste Katalysator kann dabei entweder als Festbett oder als Wandkatalysator vorliegen. In Mikrokanälen spielen Festbetten, dann als Mikrofestbettreaktoren bezeichnet, wegen des hohen Druckverlustes nur eine untergeordnete Rolle. Daher soll nachfolgend nur der Mikrokanal mit Wandkatalysator behandelt werden (vgl. Abb. 16-4).

Für die Fluiddynamik im durchströmten Mikrokanal gelten die in Kap. 16.2.1 gemachten Aussagen, so daß kein eigenes Unterkapitel zur Fluiddynamik erforderlich ist. Auch soll nachfolgend nur der exotherme Fall diskutiert werden, da der endotherme Fall sich analog verhält.

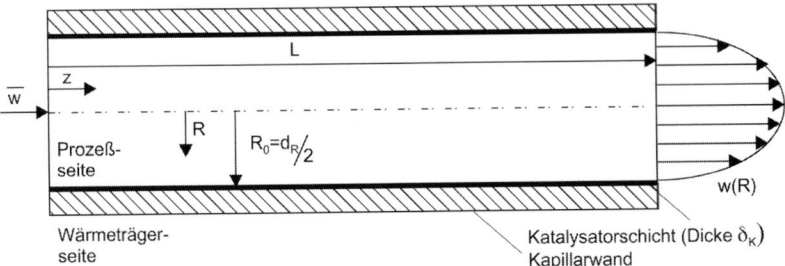

Abb. 16-4. Prinzipskizze für eine heterogen katalysierte Fluidreaktion in einem Mikrokanal (hier Kapillare) mit Wandkatalysator

16.3.1 Stoffbilanz

In der heterogenen Katalyse können äußere und/oder innere Stofftransportvorgänge die effektive Reaktionsgeschwindigkeit beeinflussen (vgl. Kap. 12.2.1 und 12.2.2). Bei komplexen Reaktionen bewirken Limitierungen durch Stofftransportvorgänge zudem häufig unerwünschte Selektivitätseinbußen [6, 7, 8]. Der Einfluß von äußeren und inneren Stofftransportvorgängen auf die chemische Reaktion kann durch die Damköhler-Zahl 2. Art beschrieben werden (vgl. Gl. (16-8)). Werte für Da_{II} von deutlich größer 1 lassen auf Vorliegen einer Limitierung durch den Stofftransport schließen; Werte deutlich kleiner 1 bedeuten, daß kein Einfluß durch den Stofftransport vorliegt.

Beim *äußeren Stofftransport* wird die Reaktionsgeschwindigkeit im allgemeinen auf die äußere Katalysatoroberfläche bezogen (vgl. Kap. 12.2.1). Im vorliegenden Fall eines Wandkatalysators erfolgt dementsprechend der Bezug auf die Schichtoberfläche (Zylinderoberfläche bei Kapillaren). Die Zeitkonstante der Reaktion ergibt sich dann wie folgt:

$$t_R = \frac{c^{ein}}{(r^{ein})_S a_V} \tag{16-22}$$

Mit der Zeitkonstante der Diffusion nach Gl. (16-1) und der Definition der spezifischen Oberfläche a_V nach Gl. (16-4) läßt sich somit bei bekannter intrinsischer Kinetik der Reaktion die Damköhler-Zahl 2. Art Da_{II} für Eingangsbedingungen berechnen und damit die Relevanz des Stofftransports einschätzen:

$$Da_{II} = \frac{t_D}{t_R} = \frac{2R_o (r^{ein})_S}{D_i c^{ein}} \tag{16-23}$$

Für eine Quantifizierung der Abnahme der effektiven Reaktionsgeschwindigkeit bei vorliegender Stofftransportlimitierung sei auf weiterführende Literatur verwiesen [7, 8].

Das Diagnose-Kriterium nach Mears [9] erlaubt es, aus gemessenen, effektiven Reaktionsgeschwindigkeiten abzuschätzen, ob eine Limitierung durch Stofftransport vorliegt oder nicht. Der Ableitung des Kriteriums liegt die Forderung zugrunde, daß die effektive Reaktionsgeschwindigkeit nicht mehr als 5% von derjenigen ohne Limitierung abweicht. Für eine näherungsweise ebene Schicht und eine irreversible Reaktion n. Ordnung ergibt sich folgendes Kriterium für nicht vorliegende Limitierung durch Stofftransport:

$$\frac{R_0 (r_{eff})_S}{D_i c^{ein}} < \frac{0,05}{n} \tag{16-24}$$

Die linke Seite von Gl. (16-24) stellt ebenfalls eine Damköhler-Zahl 2. Art dar wie ein Vergleich mit Gl. (16-23) ergibt. Der wesentliche Unterschied ist jedoch der Bezug auf eine effektive, gemessene Reaktionsgeschwindigkeit.

Für den *inneren Stofftransport* gelten analoge Betrachtungen. Bei einem vorliegenden Wandkatalysator kann in erster Näherung von einer Plattengeometrie ausgegangen werden. Dabei entspricht die Dicke δ_K einer Katalysatorschicht auf einem nicht-porösen Reaktor-Werkstoff der halben Dicke einer ebenen, von beiden Seiten zugänglichen Katalysatorplatte mit Dicke 2L (vgl. Abb. 12-4). Dies ist zulässig, da an der Stelle δ_K bzw. L dieselbe Null-Gradient-Randbedingung für den Konzentrationsverlauf gilt: im Falle der Katalysatorplatte als Symmetrie-Randbedingung und im Falle der Beschichtung als Null-Transport-Randbedingung. Die Damköhler-Zahl 2. Art Da_{II} ergibt sich somit für einen in erster Näherung ebenen Wandkatalysator aus der dimensionslosen Stoffbilanz für die Katalysatorplatte durch Substitution von L durch δ_K in Gl. (12-53) (vgl. Kap. 12.2.2.1):

$$Da_{II} = \frac{\delta_K^2 (r^{ein})_V}{D_e c^{ein}} \tag{16-25}$$

Die Damköhler-Zahl 2. Art für den inneren Stofftransport kann wiederum als Quotient der Zeitkonstanten für die Diffusion und Reaktion interpretiert weden. Die Zeitkonstante der Diffusion wird in diesem Fall nicht mehr gemäß Gl. 16-1 berechnet, sondern ergibt sich aus der Dicke der porösen Katalysatorschicht δ_K und dem effektiven Diffusionskoeffizienten D_e (vgl. Kap. 12.2.3.1) gemäß:

$$t_D = \frac{\delta_K^2}{D_e} \tag{16-26}$$

Bei bekannter intrinsischer Kinetik läßt sich die Damköhler-Zahl 2. Art Da_{II} gemäß Gl. (16-25) für Eingangsbedingungen berechnen und mittels Abbildung 12-5 der Porenwirkungsgrad quantifizieren. In den meisten Fällen wird man die Dicke des Wandkatalysators so wählen, daß gerade noch keine Diffusionslimitierung auftritt („designing near the edge of diffusion limitation").

Aus Abbildung 12-5 kann man aber auch ersehen, daß sich für die Plattengeometrie (Katalysatorschicht) gegenüber der Kugelgeometrie (Katalysatorkorn) bei gleicher Damköhler-Zahl 2. Art geringere Porenwirkungsgrade ergeben. Die Kurven I (Platte) und III (Kugel) sind etwa um den Wert 0,5 auf der logarithmischen Skala entlang der Abszisse parallelverschoben. Entlogarithmiert entspricht dies einem Faktor 3. Dies bedeutet, daß eine Limitierung durch Porendiffusion bereits ab einer Schichtdicke einsetzt, die um den Faktor 3 kleiner ist als der kritische Radius eines kugelförmigen Katalysatorpellets. Diese Betrachtung gilt selbstverständlich nur bei Vollkatalysatoren. Bei kugelförmigen Schalenkatalysatoren ist dagegen die Schalendicke relevant, die direkt auf die Schichtdicke eines Wandkatalysators übertragen werden kann.

Mit Hilfe des Weisz-Prater-Kriteriums [10] kann man mittels gemessener, effektiver Reaktionsgeschwindigkeiten ermitteln, ob bei einer irreversiblen Reaktion n-ter Ordnung eine Limitierung durch inneren Stofftransport vorliegt oder nicht. Auf Grund des soeben beschriebenen Sachverhaltes muß das Weisz-Prater-Kriterium für die Geometrie einer ebenen Katalysatorschicht adaptiert werden, indem die für die Kugelgeometrie gültigen Grenzwerte um den Faktor 9 erniedrigt werden (Umrechnung der Quadrate äquivalenter charakteristischer Abmessungen):

$$\frac{\delta_K^2 (r_{eff})_V}{D_e c^{ein}} < \begin{cases} 0{,}7; & n = 0 \\ 0{,}07; & n = 1 \\ 0{,}03; & n = 3 \end{cases} \tag{16-27}$$

Eine einfache Reaktorbilanz ergibt sich, wenn folgende Annahmen erfüllt sind:

1. Weder Limitierung durch inneren noch durch äußeren Stofftransport, d.h. die jeweiligen Damköhler-Zahlen 2. Art Da_{II} gemäß Gln. (16-23) und (16-25) sind deutlich kleiner 1 bzw. die Diagnose-Kriterien nach Gln. (16-24) und (16-27) sind erfüllt.
2. Es liegt das Verweilzeitverhalten eines idealen Strömungsrohrs vor, d.h. die Fourier-Zahl Fo ist größer als 1 (vgl. Kap. 16.2.1).
3. Isotherme Bedingungen sind gewährleistet.
4. Die Reaktion ist volumenbeständig.

Unter den genannten Annahmen kann ein eindimensionales, pseudohomogenes Reaktormodell formuliert werden:

$$\overline{w} \frac{dc_i}{dz} = \nu_i (r)_{m_S} \varrho_{Pseudo} = \nu_i (r)_V \tag{16-28}$$

Diese Gleichung ist analog zur Stoffbilanz des Festbettreaktors in Gl. (13-23). Die mittlere Strömungsgeschwindigkeit $\overline{w}$ entspricht der Leerrohrgeschwindigkeit w' in Gl. (13-23). Die Reaktionsgeschwindigkeit $(r)_V$ ist auf das konvektiv durchströmte Kanalvolumen bezogen, wohingegen in Gl. (13-23) die Reaktionsgeschwindigkeit auf das Schüttungs- bzw. Reaktorvolumen bezogen ist. Dabei ergibt sich die Reaktionsgeschwindigkeit $(r)_V$ aus der auf die Katalysatormasse bezogenen Reaktionsgeschwindigkeit $(r)_{m_S}$ durch Multiplikation mit einer scheinbaren Dichte ϱ_{Pseudo}. Diese stellt eine Pseudoschüttdichte dar, die sich ergeben würde, wenn die beschichtete Katalysatormasse m_S sich als Schüttung im durchströmten Gasvolumen V befindet:

$$\varrho_{Pseudo} = \frac{m_S}{V} \tag{16-29}$$

Formuliert man Gl. (16-29) als Quotient der entsprechenden Differentiale kann Gl. (16-28) mit der Katalysatormasse als Variable formuliert werden:

$$\dot{V} \frac{dc_i}{dm_S} = \nu_i (r)_{m_S} \tag{16-30}$$

Mit Gl. (16-28) oder der äquivalenten Gl. (16-30) können durch Integration axiale Konzentrationsprofile in Mikrostrukturen berechnet werden, sofern die Annahmen 1. bis 4. gültig sind. Wenn die Gültigkeit der Annahme 1. nicht mehr erfüllt ist, kann man sich – zumindest bei einer einfachen Reaktion – dadurch behelfen, daß statt der intrinsischen Reaktionsgeschwindigkeit $(r)_{ms}$ die effektive Reaktionsgeschwindigkeit $(r_{eff})_{ms}$ verwendet wird. Letztere kann mit Hilfe der Damköhler-Zahl 2. Art Da_{II} über den Katalysatorwirkungsgrad η aus der intrinsischen Reaktionsgeschwindigkeit berechnet werden. Hier sei auf weiterführende Literatur verwiesen [7, 8].

Wenn laterale Konzentrationsgradienten nicht mehr vernachlässigt und nicht in Form eines Katalysatorwirkungsgrades berücksichtigt werden können, wie dies z. B. bei komplexen Reaktionen der Fall ist, führt dies zu einem heterogenen, zweidimensionalen Reaktormodell.

Für den durchströmten Kanal ist die Stoffbilanz ähnlich zu Gl. (16-10):

$$0 = -2\overline{w}\left(1 - \left(\frac{R}{R_o}\right)^2\right)\frac{\partial c_i}{\partial z} + D_i\frac{\partial^2 c_i}{\partial z^2} + D_i\left(\frac{\partial^2 c_i}{\partial R^2} + \frac{1}{R}\frac{\partial c_i}{\partial R}\right) \qquad (16\text{-}31)$$

Da die Reaktion nicht in homogener Phase stattfindet, sondern am Wandkatalysator, fällt der letzte Term in Gl. (16-10) heraus und die Reaktion wird durch eine neue Randbedingung bei $R = R_o$ angekoppelt:

$$D_i\left.\frac{\partial c_i}{\partial R}\right|_{R=R_o} = D_e\left.\frac{\partial c_i}{\partial z_S}\right|_{z_S=0} \qquad (16\text{-}32)$$

Die Koordinate z_S ist identisch mit der in Abb. 12-4 dargestellten Koordinate z, die hier zur Unterscheidung von der axialen Reaktorkoordinate z noch zusätzlich mit s indiziert wird.

Die Stoffbilanz für den porösen Wandkatalysator kann Kap. 12.2.2.1 entnommen werden. In Gl. (12-46) muß für den allgemeinen Fall statt der Spezies A die Spezies i formuliert werden und für ein komplexes Reaktionssystem lautet der letzte Term auf der rechten Seite $\sum v_{ij}r_j$.

Die Lösung des gekoppelten partiellen Differentialgleichungssystems kann mit Hilfe geeigneter kommerzieller Software ermittelt werden (vgl. Anhang A).

16.3.2 Wärmebilanz

Der große Vorteil des Wandkatalysators ergibt sich vor allem bei stark exothermen oder endothermen Reaktionen. Bei Festbettreaktoren wird im Falle einer stark exothermen Reaktion die Reaktionswärme aus dem Katalysatorkorn durch Wärmeübergang an das Reaktionsmedium abtransportiert. Bei einem Wandkatalysator kann die Wärme direkt durch Wärmeleitung aus der Katalysatorschicht über die Reaktorwand an das Wärmeträgermedium abgeführt werden. Prozeßseitig findet also kein eventuell limitierender Wärmeübergang statt. Somit kann nur eine Temperaturüberhöhung auf Grund mangelnder Wärmeleitung in der Katalysatorschicht auftreten. Basierend auf der Forderung, daß die effektive Reaktionsgeschwindigkeit nicht mehr als 5 % von derjenigen für isotherme Bedingungen abweicht, hat

Anderson [11] ein entsprechendes Kriterium zum Ausschluß einer Wärmetransportlimitierung im Korn abgeleitet. Adaptiert man diese Ableitung nach Anderson auf die Schichtgeometrie des Wandkatalysators, erhält man:

$$\frac{|\Delta H_R|(r_{eff})v\delta_K^2}{\lambda_K T_W} < 0,15 \, \frac{RT_W}{E} \tag{16-33}$$

In Gl. (16-33) ist T_W die Temperatur des Wärmeträgermediums, wobei angenommen wird, daß diese Temperatur auch an der Katalysatoroberfläche herrscht, die unmittelbar an die Reaktorwand grenzt. Dies entspricht der Annahme, daß weder die Wärmeleitung in der Reaktorwand noch der Wärmeübergang an das Wärmeträgermedium limitiert, sondern allein die Wärmeleitung in der Katalysatorschicht zu berücksichtigen ist. Auf Grund der schlechteren Wärmeleitfähigkeit poröser, oxidischer Materialien, um die es sich bei vielen Katalysatoren handelt, ist diese Annahme durchaus gerechtfertigt.

In Kapitel 12.2.1.1 wurde die Überlagerung von äußerem Stoff- und Wärmetransport für ein kugelförmiges Katalysatorkorn behandelt. Die graphische Darstellung beider Bilanzen führte zur Auftragung einer Wärmebildungskurve und einer Wärmeabführungsgeraden in Abhängigkeit von der Oberflächentemperatur des Kornes (vgl. Abb. 12-2). Es wurde das Auftreten statisch stabiler und instabiler Betriebspunkte sowie das Zünd-/Löschverhalten diskutiert. Voraussetzung für das Auftreten beider Phänomene ist, daß die Steigung der Wärmeabführungsgeraden kleiner ist als die größte Steigung der Wärmebildungskurve. Ist die Steigung der Wärmeabführungsgeraden dagegen ausreichend groß, treten nur stabile Betriebspunkte auf und man beobachtet kein Zünd-/Löschverhalten. Im Falle des Wandkatalysators gilt für die Wärmeabführungsgerade:

$$(\dot{Q}_Ü)_S = k_W (T_S - T_W) \tag{16-34}$$

Der Wärmedurchgangswiderstand $1/k_W$ setzt sich aus folgenden Teilwiderständen zusammen (vgl. auch Kap. 4.3.3):

$$\frac{1}{k_W} = \frac{\delta_K}{\lambda_K} + \frac{d}{\lambda} + \frac{1}{\alpha_2} \tag{16-35}$$

Zumeist kann – wie bereits erwähnt – davon ausgegangen werden, daß der Widerstand der Wärmeleitung in der porösen, oxidischen Katalysatorschicht limitiert. Somit ergibt sich für die Wärmeabführungsgeraden:

$$(\dot{Q}_Ü)_S = \frac{\lambda_K}{\delta_K} (T_S - T_W) \tag{16-36}$$

Vergleicht man mit der Wärmeabführungsgeraden beim umströmten Katalysatorkorn (linke Seite in Gl. (12-28) unter Berücksichtigung von Gl. (4-108)), dann wird deutlich, daß das Verhältnis der Steigungen m_1/m_2 der Wärmeabführungsgeraden von Wandkatalysator und Katalysatorkorn im wesentlichen durch folgende Gleichung gegeben ist:

$$\frac{m_1}{m_2} = \frac{\lambda_K}{\delta_K} \cdot \frac{\delta_g}{\lambda_g} \tag{16-37}$$

Da die Wärmeleitfähigkeit λ_K einer porösen Katalysatorschicht um etwa den Faktor 10 größer ist als diejenige eines Gases λ_g, ergibt dies eine um den Faktor 10 größere Steigung der Wärmeabführungsgeraden für den Wandkatalysator. Dies setzt voraus, daß die jeweiligen Distanzen für den Wärmetransport δ_K (Schichtdicke des Wandkatalysators) und δ_g (Dicke der Grenzschicht) vergleichbar sind.

Macht man zusätzlich die Katalysatorschicht ausreichend dünn, kann eine weitere Erhöhung der Steigung der Wärmeabfuhrgeraden erzielt werden. Es ist daher in einem Mikrostrukturreaktor mit Wandkatalysator möglich, auch bei stark exothermen Reaktionen ausschließlich statisch stabile Betriebspunkte zu realisieren, d.h. die Bedingung gemäß Gl. (12-31) für jeden Betriebspunkt zu erfüllen und ein Zünd/Löschverhalten zu unterdrücken. Dies wurde auch experimentell von Rebrov et al. für die Ammoniak-Oxidation bereits nachgewiesen [12].

Sofern radiale Temperaturgradienten nicht mehr vernachlässigbar sind, muß ein zweidimensionales heterogenes Reaktormodell formuliert werden. Sowohl für den konvektiv durchströmten Gaskanal als auch für den Wandkatalysator sind die entsprechenden Wärmebilanzen zu formulieren. Für den konvektiv durchströmten Gaskanal gilt:

$$0 = -2\bar{w}\left(1 - \left(\frac{R}{R_0}\right)^2\right)\varrho c_p\frac{\partial T}{\partial z} + \lambda\frac{\partial^2 T}{\partial z^2} + \lambda\left(\frac{\partial^2 T}{\partial R^2} + \frac{1}{R}\frac{\partial T}{\partial R}\right) \tag{16-38}$$

Diese Gleichung ist ähnlich zu Gl. (16-13), mit dem Unterschied, daß die Reaktionswärme nicht im Gasraum des Mikrokanals erzeugt wird, sondern im Katalysator. Die Ankoppelung des Katalysators erfolgt über eine neue Randbedingung bei $R = R_0$ (vgl. auch Gl. (16-32)):

$$\lambda\left.\frac{\partial T}{\partial R}\right|_{R=R_0} = \lambda_e\left.\frac{\partial T}{\partial z_S}\right|_{z_S=0} \tag{16-39}$$

Die Wärmebilanz für den Wandkatalyator kann durch Übertragung von Gl. (12-112) auf Plattengeometrie sowie Anpassung der Randbedingungen Gln. (12-113) und (12-114) erhalten werden. Anstelle von Gl. (12-113) gilt bei $z_S = 0$ Gl. (16-39) und anstelle von Gl. (12-114) gilt bei vernachlässigbaren Wärmetransportwiderständen vom Wandkatalysator zum Wärmeträgermedium:

$$T(z_S = \delta_K) = T_W \tag{16-40}$$

Die Wärmebilanz- und Stoffbilanzgleichungen aus Kapitel 16.3.1 müssen dann simultan gelöst werden. Dies ist nur numerisch mit einer geeigneten Computersoftware möglich (vgl. Anhang A4).

16.3.3 Reaktorauslegung

Im Falle einer heterogen katalysierten Reaktion kann durch die Beschränkung des Reaktionsortes auf die Katalysatorschicht an der Wand eines Mikrokanals zumeist das Verhalten eines idealen, isothermen Strömungsrohrreaktors angenommen werden. Die Reaktorauslegung erfolgt bei bekannter Kinetik analog zu homogenen oder homogen katalysierten Fluidreaktionen (vgl. Kap. 16.2.4) in folgenden Schritten:

1. *Festlegung des Kanaldurchmesser* d_R *und der Schichtdicke* δ_K *des Wandkatalysators*

Mit dem Mears-Kriterium (Gl. (16-24)), dem Weisz-Prater-Kriterium (Gl. (16-27)) und dem Anderson-Kriterium (Gl. (16-33)) lassen sich diese Abmessungen meist so festlegen, daß weder Wärme- noch Stofftransportlimitierungen vorliegen, d. h. reaktionsbedingt keine radialen Konzentrations- und Temperaturgradienten auftreten. Wenn zusätzlich auch die Fourier-Zahl Fo größer als eins ist, was erst unter 2. überprüft werden kann, verhält sich der Mikrokanal wie ein idealer, isothermer Strömungsrohrreaktor. In diesem Fall kann die differentielle pseudohomogene Stoffbilanz Gl. (16-28) bzw. deren integrale Form Gl. (16-20) zur Auslegung herangezogen werden. Häufig wird auch die pseudohomogene, jedoch mit der Katalysatormasse als Integrationsvariable formulierte, differentielle Stoffbilanz nach Gl. (16-30) verwendet. Ihre integrale Form wurde bereits schon in Kapitel 13.3.1.3 in Gl. (13-35) formuliert. Wegen ihrer Wichtigkeit für die Reaktorauslegung bei heterogen katalysierten Reaktionen, soll diese Gleichung hier nochmals wiederholt, jedoch für einen Einzelkanal formuliert werden:

$$\tau_{mod} = \frac{(m_S)_K}{\dot{V}_K^{ein}} = c_k^{ein} \int_0^{U_k} \frac{dU_k}{|v_k|(r_{eff})m_s} \tag{16-41}$$

2. *Bestimmung der notwendigen modifizierten Verweilzeit* τ_{mod}

Für einen optimalen Umsatzgrad kann bei vorgegebener Eingangskonzentration und bekannter Kinetik die notwendige modifizierte Verweilzeit τ_{mod} gemäß Gl. (16-41) berechnet werden.

3. *Bestimmung der Kanallänge* L *und der notwendigen Anzahl an Kanälen* N_K

Analog zur Auslegung für homogene und homogen katalysierte Fluidreaktionen in Kapitel 16.2.4 muß das optimale Wertepaar (N_K, L) für eine zu realisierende Anlagenkapazität ermittelt werden. Für sinnvolle Vorgaben von L berechnet man aus der Kanalgeometrie und der Schichtdicke δ_K die Katalysatormasse pro Kanal $(m_s)_K$. Mit der unter 2. ermittelten modifizierten Verweilzeit τ_{mod} ergibt sich der notwendige Volumenstrom im Einzelkanal $\dot{V}_K^{ein}$. Die zu realisierende Anlagenkapazität legt den Gesamtvolumenstrom fest, so daß sich nun die Anzahl der notwendigen Kanäle N_K berechnen läßt. Das optimale Wertepaar ergibt sich aus den in Kapitel 16.2.4 bereits geschilderten Aspekten.

16.4 Fluid-Fluid-Reaktionen

Fluid-Fluid-Reaktionen sind bereits in Kapitel 15 behandelt worden. Ähnlich wie in Kapitel 15 erfolgt auch hier eine Beschränkung auf Gas-Flüssig-Reaktionen. Eine Übertragung auf Flüssig-Flüssig-Reaktionen erfordert im wesentlichen die Formulierung des Verteilungsgesetzes von Nernst anstelle des Absorptionsgesetzes von Henry an der Phasengrenzfläche.

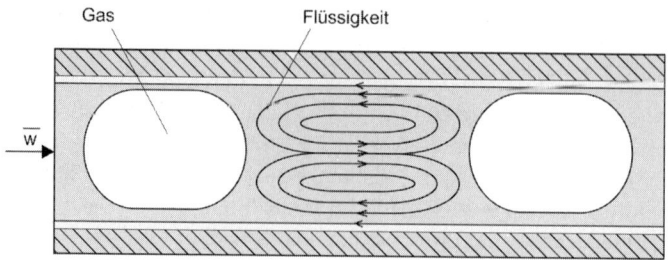

Abb. 16-5. Prinzipskizze für eine Gas-Flüssig-Reaktion in einem Mikrokanal (hier Kapillare)

16.4.1 Fluiddynamik

Bei Gas-Flüssig-Reaktionen im Mikrokanal kommt es zur Ausbildung einer Zwei-phasenströmung. Es sind verschiedene Strömungsregime möglich [13], wobei die sogenannte Pfropfen- oder Taylorströmung (im Engl. „slug-flow") bevorzugt be-trachtet werden soll. Abbildung 16-5 zeigt schematisch das dazugehörige Strö-mungsbild. Durch die Segmentierung der Flüssigkeit in Form von Pfropfen bildet sich unter dem Einfluß der Wandreibung eine sekundäre Zirkulationsströmung (sog. Taylorwirbel) in den Flüssigkeitspfropfen aus. Zugleich entsteht ein dünner Film der Flüssigkeit an der Wand. Überschreitet der Gasvolumenstrom bei konstantem Flüssigkeitsvolumenstrom einen bestimmten Wert, kommt es zur Ausbildung ei-ner sogenannten Ringströmung (im Engl. „annular-flow"), bei der das Gas im Kern-bereich und die Flüssigkeit als Film entlang der Wand strömt.

16.4.2 Stoffbilanz

Die Kenntnis des Verweilzeitverhaltens und der Stofftransportprozesse ist grund-legend für die Formulierung des Reaktormodells.

Die Rückvermischung zwischen aufeinanderfolgenden Pfropfen erfolgt über den Flüssigkeitsfilm an der Wand. Da der Film sehr dünn ist, ist die axiale Di-spersion sehr gering und man kann in den meisten Fällen von einem idealen Strö-mungsrohrreaktor mit einer sehr engen Verweilzeitverteilung ausgehen [14].

Bei schnellen Reaktionen (Ha > 3) ist der Reaktionsort die flüssigkeitsseitige Grenzschicht, d.h. der Kern der flüssigen Phase ist nicht an der Reaktion betei-ligt. Für diesen Fall wurde bereits in Kapitel 15.1.2 unter Zugrundelegung der Film-theorie für eine irreversible Reaktion 1. Ordnung für die auf das Volumen des Reaktionsraumes bezogene Reaktionsgeschwindigkeit $(r_{\text{eff}})_{V_R}$ die Gl. (15-33) ab-geleitet. Für eine schnelle Reaktion (Ha > 3) kann in Gl. (15-33) die Konzentra-tion im Kern der flüssigen Phase $c_{A,l} = 0$ und $\tanh(\text{Ha}) = 1$ gesetzt werden. Setzt man noch die Definition der Hatta-Zahl nach Gl. (15-27) ein, erhält man schlußend-lich:

$$(r_{\text{eff}})_{V_R} = \sqrt{|\nu_A| k'_{V_R} D_A}\ (S_{PG})_{V_R} \cdot c_{A,S} \qquad (16\text{-}42)$$

Gl. (16-42) kann man entnehmen, daß die auf das Volumen des Reaktionsraumes bezogene Reaktionsgeschwindigkeit proportional zur ebenfalls auf das Volumen des Reaktionsraumes bezogenen Phasengrenzfläche $(S_{PG})_{V_R}$ und proportional zur Wurzel des Diffusionskoeffizienten $\sqrt{D_A}$ ist. Eine Erhöhung der effektiven Reaktionsgeschwindigkeit $(r_{eff})_{V_R}$ kann also durch Erhöhung der Phasengrenzfläche und des Stofftransports erreicht werden. In Mikrokanälen ist die auf das Volumen des Reaktionsraumes bezogenen Phasengrenzfläche $(S_{PG})_{V_R}$ gegenüber konventionellen technischen Reaktoren (vgl. Kap. 15.2.2) um den Faktor 10 bis 100 höher [13]. Zusätzlich wird der Stofftransport etwa um den Faktor 10 beschleunigt [14], da der diffusive Transport in den Flüssigkeitspfropfen durch konvektive Beiträge der Taylorwirbel unterstützt wird. Insgesamt läßt sich die Reaktionsgeschwindigkeit $(r_{eff})_{V_R}$ somit um den Faktor 100 bis 1000 erhöhen, wobei maximal natürlich nur die Reaktionsgeschwindigkeit an der Phasengrenzfläche bzw. ein Ausnutzungsgrad der Flüssigkeit η von 1 erreicht wird.

Das Diagramm Abb. 15-4 in Kapitel 15.1.2 dient der Auswahl eines geeigneten technischen Reaktors für Gas-Flüssig-Reaktionen. Es muß um den Mikrostrukturreaktor erweitert werden. Dieser ist bei einem Hinterland-Verhältnis von 1 zu positionieren, da die gesamte Flüssigkeit als laminarer Film vorliegt. Somit wird deutlich, daß das Einsatzgebiet des Mikrostrukturreaktors schnelle Reaktionen sind, die im flüssigkeitsseitigen Grenzfilm ablaufen, da nur hier eine Stofftransportintensivierung möglich ist. Bei langsamen Reaktionen (Ha < 0,3) ist dagegen ein konventioneller begaster Rührkesselreaktor vorzuziehen.

In Gas-Flüssig-Strömungen ist bei vorliegender Taylor- oder Pfropfenströmung die axiale Rückvermischung durch die Segmentierung der Strömung vernachlässigbar. Radiale Konzentrationsgradienten werden in den Gasphasen durch molekulare Diffusion schnell abgebaut (vgl. Kap. 16.1). Die langsamere molekulare Diffusion in der flüssigen Phase wird durch die Taylorwirbel unterstützt, so daß angenommen werden kann, daß auch in der Flüssigkeitsphase keine radialen Konzentrationsgradienten auftreten. Insgesamt kann also von einem idealen Strömungsrohrreaktor ausgegangen werden. Da eine segregierte Strömung vorliegt (siehe auch Kap. 11.5.1), kann die Bilanz im Zeitbereich formuliert werden, wobei die Reaktionszeit der Verweilzeit entspricht. Für eine schnelle, irreversible Reaktion 1. Ordnung (Ha > 3) ergibt sich unter Berücksichtigung von Gl. (16-42) folgende einfache Differentialgleichung 1. Ordnung für die Gasphase:

$$\varepsilon_{gas}\, \frac{1}{RT}\, \frac{dp_{A,g}}{dt} = \sqrt{|\nu_A| k'_{V_R}\, D_A}\, (S_{PG})_{V_R} \cdot \frac{p_{A,g}}{H_A} \qquad (16\text{-}43)$$

Der Partialdruck an A in der Gasphase nimmt also exponentiell mit der Verweilzeit ab und die Konzentration des Produktes nimmt komplementär in der Flüssigphase zu.

16.4.3 Wärmebilanz

Die Diskussion der Wärmebilanz kann analog zu den homogen und homogen katalysierten Fluidreaktionen erfolgen (vgl. Kap. 16.2.3). Da bei Gas-Flüssig-Reaktionen die Wärmefreisetzung in der Flüssigphase erfolgt, steht der Abtransport der

Wärme aus der Flüssigphase im Vordergrund. Dabei ist zwischen dem Flüssigkeitsfilm zwischen Gaspfropfen und der Wand und dem eigentlichen Flüssigkeitspfropfen zu unterscheiden. Als konservative Abschätzung der Temperaturüberhöhung kann man in jedem Fall Gl. (16-19) heranziehen. Sofern die errechnete Temperaturüberhöhung ausreichend gering ist (wenige °C), liegt man mit der Abschätzung auf der sicheren Seite. Bei zu groß abgeschätzten Temperaturüberhöhungen muß die Zeitkonstante des Wärmetransportes dahingehend überprüft werden, inwieweit sie durch die konvektiven Beiträge durch die Taylorwirbel erniedrigt wird.

16.4.4 Reaktorauslegung

Die Reaktorauslegung kann prinzipiell analog zu Kapitel 16.2.4 erfolgen, d. h. nach Festlegung des Kanaldurchmessers und Berechnung der notwendigen Raumbelastung wird das optimale Wertepaar Kanallänge und Anzahl der Kanäle aus der zu realisierenden Kapazität ermittelt.

16.5 Mikrostrukturreaktoren

16.5.1 Labormaßstab

Im Labormaßstab existiert eine Vielzahl von Gestaltungskonzepten für Mikrostrukturreaktoren. Bauteilgrößen liegen üblicherweise zum Teil deutlich unter 100 × 100 × 100 mm und die Durchflüsse meist im Bereich von einigen l/h. Eine sehr gute Darstellung verschiedener Bauformen sowie eine Klassifizierung von Mikrostrukturreaktoren findet man bei Hessel et al. [1]. Einen Überblick über kommerziell erhältliche Bauformen kann man sich mit Hilfe eines Bausteinkatalogs der „Industrieplattform Mikroverfahrenstechnik", einem Zusammenschluss von Anlagenbetreibern, Anlagenbauern, Forschungsinstituten und Herstellern mikroverfahrenstechnischer Bauteile, verschaffen [15].

16.5.2 Technischer Maßstab

Nachfolgend werden zunächst einige grundsätzliche Aspekte bei der Realisierung technischer Konzepte diskutiert sowie Beispiele dargestellt.

Als bevorzugte Strategie für die Übertragung von Laborergebnissen in den Produktionsmaßstab ist ein Ähnlichkeitsansatz zu wählen [16], wobei mindestens die geometrische und reaktionstechnische Ähnlichkeit gewährleistet sein muß. Wenn möglich sollten zusätzlich fluiddynamische und wärmetechnische Ähnlichkeit vorliegen. Die Gestaltung des Laborreaktors sollte sich dabei am technischen Konzept orientieren und nicht umgekehrt.

Die Entwicklung eines technischen Konzeptes erfolgt durch Umsetzung verfahrenstechnischer Anforderungen unter Berücksichtigung konstruktiver und fertigungstechnischer Möglichkeiten sowie ökonomischer Randbedingungen. Das technische Konzept wird maßgeblich bestimmt durch die gewünschte Kapazität und die Reaktionsklasse. Eine Erhöhung der Produktionsleistung kann zum einen durch eine interne Reproduktion der Mikrostruktur im Apparat (interne Parallelisierung) und/oder durch ein Numbering-up, also durch die Parallelisierung von Mikrostrukturreaktoren (externe Parallelisierung) erfolgen.

Typische Probleme bei der Konzeption technischer Mikrostrukturreaktoren sind:

1. Kopplung von Mikro- und Makrowelt
2. Strömungsgleichverteilung auf eine Vielzahl paralleler Kanäle
3. Hohe Anforderung an die Bauteiltoleranzen
4. Gefahr von Bypass-Strömen oder Undichtigkeiten
5. Kühlung von Hochtemperatur-Mikrostrukturreaktoren
6. Mikrokorrosion
7. Wirtschaftliche Fertigung mikrostrukturierter Bauteile
8. Technische Katalysatorbeschichtung für heterogen katalysierte Gasphasenreaktionen
9. Minderung der Verstopfungsgefahr und Reinigungsstrategien
10. Mangelnde Langzeiterfahrungen

Beispiele für homogene bzw. homogen katalysierte Flüssigphasenreaktionen

Abbildung 16-6 zeigt ein Beispiel für einen technischen Mikrostrukturreaktor für Flüssigphasenreaktionen. Der Reaktor besteht aus alternierend angeordneten mikrostrukturierten Reaktions- und Wärmeaustauschermodulen. Die Bauteilgröße beträgt etwa $1200 \times 300 \times 70$ mm. Es können in Apparaten dieser Bauweise und Baugröße Durchsätze von mehreren 100 l/h realisiert werden, wobei die Verweilzeiten im Minutenbereich liegen. Eine gemessene Verweilzeit-Summenkurve des Gesamtapparates, d.h. einschließlich Verteiler und Sammler, ist in Abbildung 16-7 dargestellt. Die auf einen Einzelkanal bezogene Reynolds-Zahl lag innerhalb

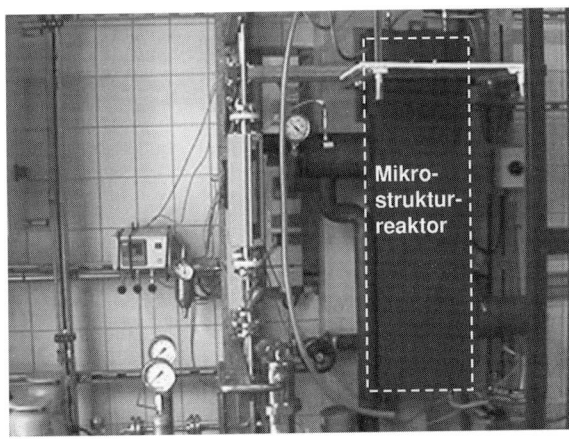

Mikro-
struktur-
reaktor

Abb. 16-6. Technischer Mikrostrukturreaktor für Reaktionen in flüssiger Phase (Betreiber: Degussa AG, Hanau, Deutschland; Hersteller: Heatric, Poole, UK)

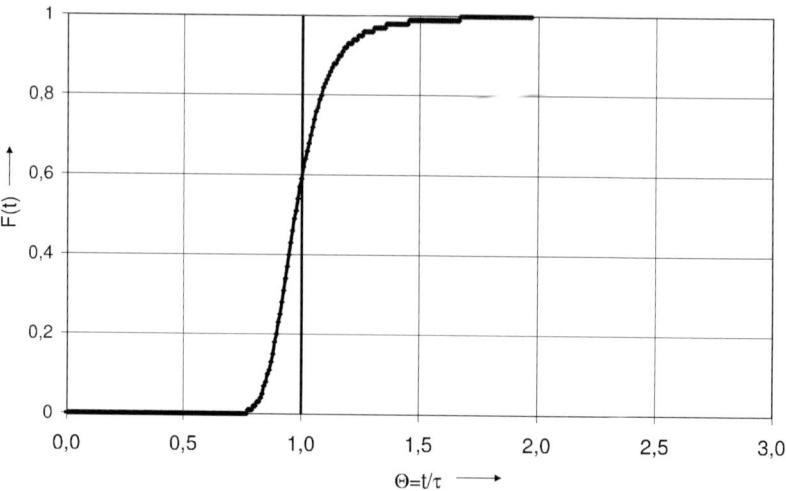

Abb. 16-7. Gemessene Verweilzeitverteilung für den in Abb. 16-6 abgebildeten technischen Mikrostrukturreaktor (Quelle: Degussa AG, Hanau, Deutschland)

des in Kapitel 16.2.1 angegebenen typischen Bereichs für einen laminar durchströmten Mikrokanal. Dennoch erhält man, wie in Kapitel 16.2.2 ausführlich diskutiert, eine enge Verweilzeitverteilung bzw. eine steile, symmetrische Verweilzeitsummenkurve. Ein Vergleich mit Abbildung 16-2 läßt erkennen, daß die gemessene Kurve zwischen den theoretischen Kurven für Fo = 1 und Fo = 10 liegt und somit das Verweilzeitverhalten annähernd dem des idealen Strömungsrohres entspricht.

Ein weiteres Beispiel für den Einsatz von Mikrostrukturreaktoren im technischen Maßstab und industriellem Umfeld ist die Produktion von Feinchemikalien bei der Clariant GmbH. Man ist bei Clariant in der Lage, Spezialprodukte mit einem Jahresbedarf von 80 Tonnen in einer kontinuierlich arbeitenden Anlage auf Basis von Mikrostrukturreaktoren zu produzieren [17]. Zudem wurde eindrucksvoll nachgewiesen, daß es möglich ist, selbst Suspensionen in Mikrostrukturreaktoren ohne nennenswerte Störungen durch Verstopfungen zu erzeugen bzw. zu verarbeiten. So wurden im Mikrostrukturreaktor Azopigmente hergestellt.

Beispiel für heterogen katalysierte Gasphasenreaktionen

Ein von Uhde GmbH und Degussa AG entwickelter technischer Mikrostrukturreaktor für heterogen katalysierte Gasphasenreaktionen ist exemplarisch in Abbildung 16-8 dargestellt. Der Apparat hat einen Durchmesser von etwa 1400 mm und eine Höhe von 4000 mm. Es handelt sich ebenfalls um einen modular aufgebauten Mikrostrukturreaktor, wobei in einem einzelnen mikrostrukturierten Reaktionsmodul Gasdurchsätze von einigen m³/h realisiert werden [18].

Die geometrische Gestaltung der mikrostrukturierten Module resultierte aus der ökonomisch motivierten Forderung, Mikroeffekte (vgl. Kap. 16.1) mit einem

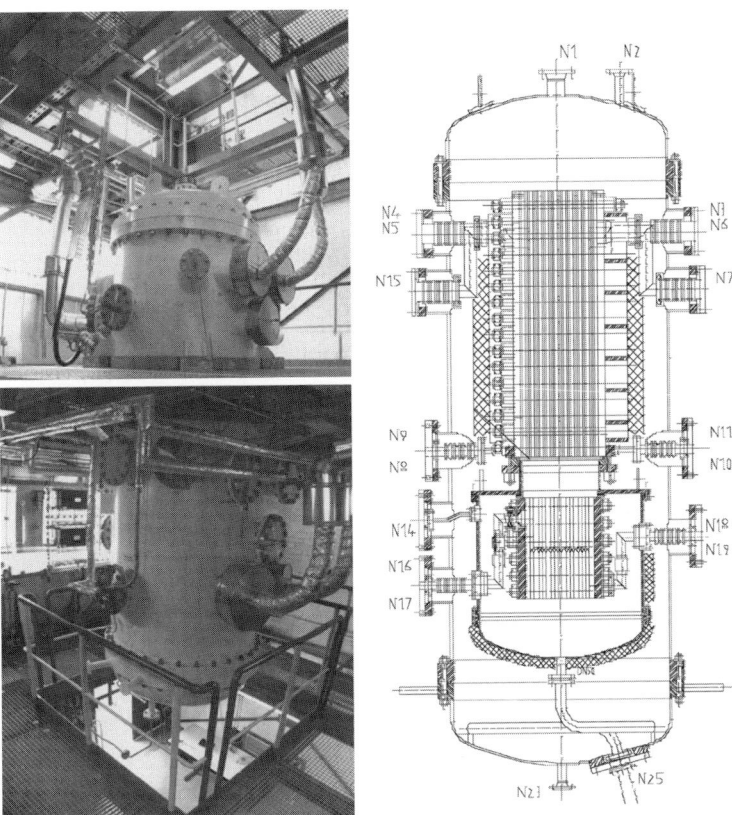

Abb. 16-8. DEMiS®-Reaktor (Degussa AG, Hanau, Deutschland und Uhde GmbH, Dortmund, Deutschland)

minimalen konstruktiven und fertigungstechnischen Aufwand zu erzeugen. Dies führte zu einer Schlitzgeometrie der Strömungskanäle, wobei nur eine Dimension, nämlich die Schlitzweite, sich auf der Mikroskala befindet, wohingegen die anderen beiden Dimensionen, die Schlitzbreite und die Schlitzlänge, sich auf der Makroskala bewegen [19].

17. Reaktionstechnik der Polyreaktionen

Professor Dr. Heinz Gerrens

Als Polyreaktionen sollen Reaktionen bezeichnet werden, in denen aus niedermolekularen Bausteinen (Monomeren) Makromoleküle (Polymere) entstehen.

17.1 Besonderheiten der technischen Herstellung von Polymeren

Die meisten technisch interessanten Polymeren haben Molmassen zwischen 10^4 und 10^7 g/mol. Dabei ist nicht etwa eine bestimmte Molmasse typisch für ein bestimmtes Polymeres, sondern man kann z. B. Polyethylen oder Polyamid-6 in zahlreichen verschiedenen Molmassen herstellen. Aber auch ein Polyethylen der Molmasse z. B. 10^5 g/mol besteht nicht etwa aus durchweg gleich großen Makromolekülen, sondern aus einem Gemisch verschieden großer Moleküle, das je nach Herstellungsart mehr oder weniger uneinheitlich ist.

Abb. 17-1 zeigt die Strukturprinzipien von Makromolekülen. Bei Copolymeren sind zwei oder mehr verschiedene Monomere in einem Makromolekül vereinigt. Die Monomeren können in der Kette statistisch oder alternierend angeordnet sein; bei Blockcopolymeren kommt es zur Ausbildung von streng getrennten oder mehr oder weniger „verschmierten" Blöcken. Bildet ein Comonomeres die Hauptkette und ein anderes Seitenzweige, so spricht man von Pfropfcopolymeren. Durch geeignete Reaktionsführung lassen sich sowohl einheitliche Copolymerisate herstellen, als auch uneinheitliche, bei denen die Zusammensetzung von Makromolekül zu Makromolekül verschieden ist. Praktisch alle Polymerisationsreaktionen verlaufen exotherm (Tabelle 17-1).

Als Kettenmoleküle weisen die meisten Makromoleküle sowohl in der Schmelze wie auch in Lösung sehr hohe Viskositäten auf. In Abb. 17-2 sind einige Beispiele gegeben. Während der Polymerisation in Substanz oder in Lösung steigt die Viskosität oft um viele Zehnerpotenzen an. Durch Erhöhen der Temperatur kann man diese Viskositätszunahme kompensieren, aber dieses Vorgehen findet seine Grenze an der thermischen Stabilität der Polymeren. Zudem ist es nicht immer möglich, bei hohen Temperaturen die gewünschten Molmassenverteilungen zu erzeugen (vgl. 17.2).

Hohe Viskosität der Reaktionsmischung erschwert den Stofftransport. Es kann zu Schwierigkeiten beim Pumpen und beim Mischen kommen. Besonders nachteilig macht sich aber eine hohe Viskosität beim Wärmetransport bemerkbar. Sehr niedrige Wärmedurchgangskoeffizienten von der Größenordnung $k_W \approx 23 W \cdot m^{-2} \cdot K^{-1}$)

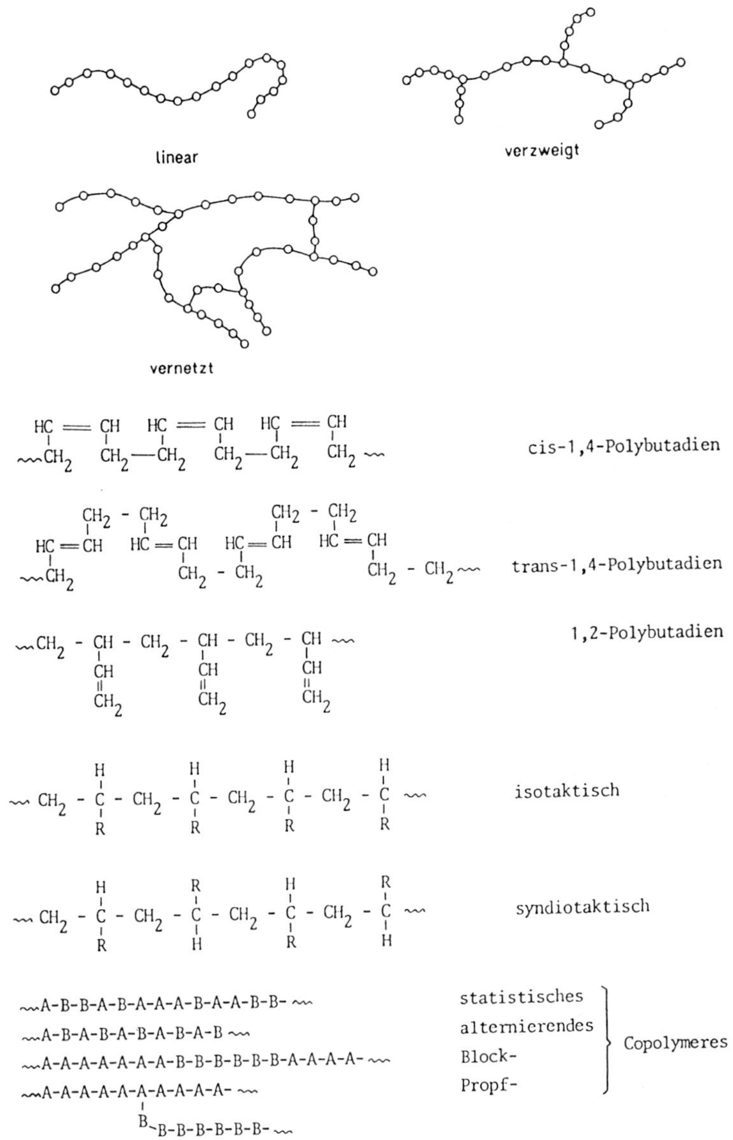

linear   verzweigt

vernetzt

$$HC = CH \quad HC = CH \quad HC = CH$$
$$\sim CH_2 \quad CH_2 - CH_2 \quad CH_2 - CH_2 \quad CH_2 \sim$$

cis-1,4-Polybutadien

$$CH_2 - CH_2 \qquad CH_2 - CH_2$$
$$HC = CH \quad HC = CH \quad HC = CH \quad HC = CH$$
$$\sim CH_2 \qquad CH_2 - CH_2 \qquad CH_2 - CH_2 \sim$$

trans-1,4-Polybutadien

$$\sim CH_2 - CH - CH_2 - CH - CH_2 - CH \sim$$
$$\qquad\quad CH \qquad\qquad CH \qquad\qquad CH$$
$$\qquad\quad CH_2 \qquad\qquad CH_2 \qquad\qquad CH_2$$

1,2-Polybutadien

$$\qquad H \qquad\quad H \qquad\quad H \qquad\quad H$$
$$\sim CH_2 - C - CH_2 - C - CH_2 - C - CH_2 - C \sim$$
$$\qquad R \qquad\quad R \qquad\quad R \qquad\quad R$$

isotaktisch

$$\qquad H \qquad\quad R \qquad\quad H \qquad\quad R$$
$$\sim CH_2 - C - CH_2 - C - CH_2 - C - CH_2 - C \sim$$
$$\qquad R \qquad\quad H \qquad\quad R \qquad\quad H$$

syndiotaktisch

$\sim\sim$A-B-A-B-A-A-A-B-A-A-B-B-$\sim\sim$ statistisches

$\sim\sim$A-B-A-B-A-B-A-B $\sim\sim$ alternierendes

$\sim\sim$A-A-A-A-A-A-B-B-B-B-B-B-A-A-A-$\sim\sim$ Block-

$\sim\sim$A-A-A-A-A-A-A-A-A-$\sim\sim$ Propf-
$\qquad\qquad$ |
$\qquad\qquad$ B$\sim$B-B-B-B-B-$\sim$

Copolymeres

Abb. 17-1. Strukturprinzipien von Makromolekülen

sind bei Polymerisationen in Lösung nicht selten. Da nach Tabelle 17/1 rechnerisch adiabatische Temperaturerhöhungen um einige hundert bis weit über tausend Grad vorkommen, wird deutlich, daß bei großen Polymerisationsreaktoren mit relativ ungünstigem Verhältnis von Inhalt zu Kühlfläche erhebliche Wärmeabfuhrprobleme auftreten können. Als Abhilfe hat man eine Reihe von heterogenen Polymerisationsverfahren – Fällungs-, Perl- und Emulsionspolymerisation – entwickelt, bei denen

Tabelle 17/1. Polymerisationswärmen wichtiger Monomerer [25, 26]

Stoff	Allgemeine Formel	$-\Delta H_R$ [kJ/mol]	ΔT_{ad} [K]
Ethylen, Propylen, Styrol, Vinylester, Acrylsäure u. -ester, Acrylnitril, Butadien, Chloropren, Isopren	$CH_2 = C$ mit H und X	67–105	300–2000
Isobutylen, α-Methylstyrol, Methacrylsäure und -ester, Vinylidenchlorid	$CH_2 = C$ mit Y und X	33– 59	140– 400
ε-Caprolactam, 2-Pyrrolidon		0– 17	0– 70

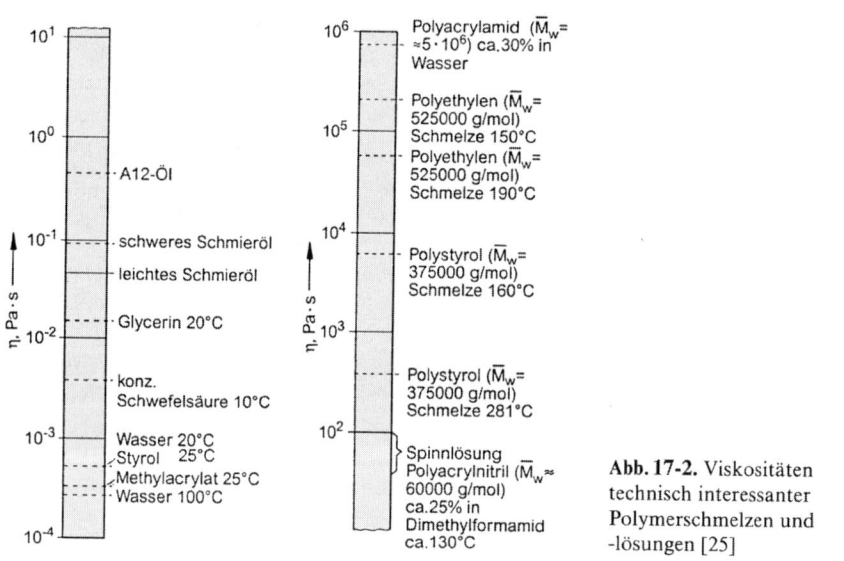

Abb. 17-2. Viskositäten technisch interessanter Polymerschmelzen und -lösungen [25]

die hochviskose Monomer/Polymer-Lösung in einer niederviskosen Phase dispergiert ist.

Eine weitere Besonderheit ist in der Polymerisationskinetik begründet: Radikalische und ionische Polymerisationen erfolgen in einer Kettenreaktion (s. 17.2). Dabei ist die Konzentration der Kettenträger, wachsende Polymerradikale oder -ionen, in technisch interessierenden Ansätzen sehr gering; sie liegt bei radikalischer Polymerisation um 10^{-8} mol·l^{-1}. Deshalb sind Polymerisationsreaktionen ungewöhnlich empfindlich gegen Verunreinigungen. In ähnlicher Weise stören z. B. bei Polykondensationen oder Polyadditionen bifunktioneller Monomerer Verunreinigungen

Tabelle 17.2 Beschreibung eines Polymerisats

Chemismus (Monomerenbausteine)

Molmassenverteilung

Verzweigung, Vernetzung, Endgruppen

Taktizitäten, Kristallinitäten, Morphologie der Kristalle

Bei Copolymeren: Einbauverhältnis, Reihenfolge der Monomeren, Statistik der Propfung

Bei heterogener Polymerisation: Teilchenform und -größenverteilung, Verteilung von
Polymerphasen ineinander

Zusätze und Verunreinigungen

---

durch monofunktionelle Verbindungen. Monomere gehören daher zu den Industrie-
chemikalien, an die die höchsten Reinheitsanforderungen gestellt werden; Reinheiten
von 99,5% und mehr sind keine Seltenheit.

Auch an die Qualität des Produktes, das den Polymerisationsreaktor verläßt,
werden ungewöhnliche Anforderungen gestellt. Bei der Produktion im technischen
Maßstab ist es fast unmöglich, das Syntheseprodukt noch zu reinigen. Schon die
Entfernung niedermolekularer Bestandteile wie Lösungsmittel, Restmonomeres,
Initiatorreste ist sehr kompliziert. Erhält man bei der Polymerisation nicht sofort
die gewünschten Werte für Molmasse sowie deren Verteilung, Verzweigungsgrad
usw., so ist es praktisch unmöglich, diese Größen durch Reinigungsoperationen
nachträglich zu ändern. Die aus der niedermolekularen Chemie bekannten Techni-
ken der Destillation und Kristallisation versagen, Extraktion und andere Fraktio-
niermethoden sind für eine technische Anwendung in der Regel viel zu teuer. In
Tabelle 17.2 sind die Größen zusammengestellt, die für die Beschreibung eines
Polymeren maßgebend sind und seine anwendungstechnischen Eigenschaften beeinflussen.

Man muß also bei der Kunststoffsynthese genau wissen, wie diese Größen von
den Reaktionsvariablen abhängen; der Kenntnis von Kinetik und Reaktionstechnik
kommt besondere Bedeutung zu.

17.2 Kinetik der Polyreaktionen [1, 3, 4]

17.2.1 Molmasse und Polymerisationsgrad

Man kann verschiedene Mittelwerte der Molmasse definieren:

$$\text{Zahlenmittel } M_n = \frac{\sum\limits_{i=1}^{\infty} n_i M_i}{\sum\limits_{i=1}^{\infty} n_i} = \frac{1}{\sum\limits_{i} (w_i/M_i)} \tag{17-1}$$

$$\text{Gewichtsmittel } M_w = \frac{\sum\limits_i n_i M_i^2}{\sum\limits_i n_i M_i} = \sum\limits_i w_i M_i \qquad (17\text{-}2)$$

$$\text{Viskositätsmittel } M_\eta = \left[\frac{\sum\limits_i n_i M_i^{1+a}}{\sum\limits_i n_i M_i}\right]^{\frac{1}{a}} = \left(\sum\limits_i w_i M_i^a\right)^{\frac{1}{a}} . \qquad (17\text{-}3)$$

Dabei bedeuten:

M_i = Molmasse der Spezies i,
n_i = Anzahl der Moleküle mit der Molmasse M_i,
w_i = Massenanteil der Moleküle mit der Molmasse M_i,

und

$$[\eta] = K \cdot M^a \qquad (17\text{-}4)$$

eine empirische Beziehung zwischen Viskositätszahl $[\eta]$ und Molmasse M_η. Der

$$\text{Polymerisationsgrad } P = \frac{M}{M_M} \qquad (17\text{-}5)$$

mit

M_M = Molmasse des Monomeren

gibt an, wieviel Monomere jeweils zu einem Makromolekül verknüpft sind. Als Maß für die Breite der Molmassenverteilung dient die

$$\text{Uneinheitlichkeit } u = \frac{M_w}{M_n} - 1 \text{ bzw. } \frac{P_w}{P_n} - 1. \qquad (17\text{-}6)$$

17.2.2 Radikalische Polymerisation

Elementarreaktionen und Bruttoreaktionsgeschwindigkeit

Die radikalische Polymerisation erfolgt in einer Kettenreaktion mit den in den Gln. (17-7) bis (17-9) angegebenen Elementarreaktionen.

Start:

$$I \rightarrow 2R^*$$
$$R^* + M \rightarrow RM^*$$
$$r_{St} = \frac{dc_{P^*}}{dt} = f \cdot 2k_z \cdot c_I, \qquad (17\text{-}7)$$

Wachstum:

$$RM_n^* + M \rightarrow RM_{n+1}^* \qquad r_w = -\frac{dc_M}{dt} = k_w \cdot c_{P^*} \cdot c_M, \qquad (17\text{-}8)$$

Abbruch:

Disproportionierung

$$RM_m^* + RM_n^* \Big\langle {RM_m + RM_n \atop RM_{m+n}R} \qquad r_{ab} = -\frac{dc_{P^*}}{dt} = k_{ab} \cdot c_{P^*}^2. \qquad (17\text{-}9)$$

Kombination

Ein Initiatormolekül I zerfällt in zwei Radikale R*, die in sehr schneller Wachstumsreaktion so lange Monomeres anlagern, bis mit einem weiteren Radikal Abbruch erfolgt. Bei Disproportionierungsabbruch wird ein Wasserstoffatom übertragen, es entsteht ein Makromolekül mit gesättigter und eines mit ungesättigter Endgruppe. Auch bei der Kettenübertragung entreißt das wachsende Polymerradikal einem anderen Molekül HÜ ein Wasserstoff- oder Chloratom. Dabei entsteht aber ein neues Radikal, das weiter Monomeres anlagern kann.

Kettenübertragung:

$$RM_n^* + H\ddot{U} \rightarrow RM_n + \ddot{U}^* \qquad r_{\ddot{u}} = -\frac{dc_{H\ddot{U}}}{dt} = k_{\ddot{u}} \cdot c_{P^*} \cdot c_{H\ddot{U}}. \qquad (17\text{-}10)$$

Dabei sind r die Reaktionsgeschwindigkeiten, c die Konzentrationen und $k_z [s^{-1}]$, k_w, k_{ab} und $k_{\ddot{u}} [1 \cdot mol^{-1} \cdot s^{-1}]$ die Reaktionsgeschwindigkeitskonstanten. f ist ein Radikalausbeutefaktor, der berücksichtigt, daß ein Teil der beim Initiatorzerfall gebildeten Radikale durch Nebenreaktionen desaktiviert wird, bevor er eine Kette starten kann.

Das System der Differentialgleichungen (17-7) bis (17-9) kann durch Anwendung der *Bodenstein'schen Stationaritätsbedingung* verhältnismäßig einfach gelöst werden. Diese besagt:

Die Konzentration c_{P^*} der Kettenträger bleibt konstant; die Polymerisation „schläft nicht ein" ($r_{Br} \rightarrow 0$) und „geht nicht durch" ($r_{Br} \rightarrow \infty$). Dann müssen in der Zeiteinheit ebensoviele Radikale durch Abbruch verschwinden, wie durch die Startreaktion gebildet werden:

$$r_{St} = r_{ab}.$$

Daraus folgt für die Bruttoreaktionsgeschwindigkeit r_{Br}

$$r_{Br} \approx r_w = k_w \cdot \left(\frac{f \cdot 2k_z}{k_{ab}}\right)^{1/2} \cdot c_I^{1/2} \cdot c_M. \tag{17-11}$$

Kinetische Kettenlänge und Polymerisationsgrad

Die kinetische Kettenlänge v gibt an, wieviel Monomermoleküle im Durchschnitt pro gestartetes Polymerradikal polymerisieren, bevor die Abbruchreaktion erfolgt. v ist durch den Quotienten der Wahrscheinlichkeiten von Wachstum (W_w) und Abbruch (W_{ab}) gegeben. Die Reaktionsgeschwindigkeiten sind diesen Wahrscheinlichkeiten proportional:

$$v = \frac{W_w}{W_{ab}} = \frac{r_w}{r_{ab}}. \tag{17-12}$$

Bei Abbruch durch Disproportionierung bleibt jedes Kettenmolekül für sich allein, das Zahlenmittel des Polymerisationsgrades ist gleich der kinetischen Kettenlänge:

$$P_n = v. \tag{17-13}$$

Bei Kombinationsabbruch werden dagegen zwei kinetische Ketten zusammengekoppelt:

$$P_n = 2v. \tag{17-14}$$

Aus den Gln. (17-8), (17-9), (17-11) und (17-12) folgt bei Disproportionierungsabbruch:

$$P_n = v = \frac{k_w \cdot c_M}{k_{ab}^{1/2} \cdot (f \cdot 2k_z \cdot c_I)^{1/2}}. \tag{17-15}$$

Man sieht aus den Gln. (17-11) und (17-15), daß sowohl die Bruttoreaktionsgeschwindigkeit r_{Br} als auch der Polymerisationsgrad P_n der Monomerkonzentration c_M proportional sind. Bei diskontinuierlicher Polymerisation nehmen daher beide Größen mit zunehmendem Umsatz ab. Die Bruttoreaktionsgeschwindigkeit läßt sich nicht unabhängig vom Polymerisationsgrad verändern, z. B. steigt r_{Br} proportional $c_I^{1/2}$ und P_n proportional $c_I^{-1/2}$.

Molmassenverteilung [5]

Bei technischen Polymerisationen liegt die mittlere Lebensdauer eines wachsenden Radikals zwischen Start und Abbruch in der Größenordnung 1 s. In dieser Zeit werden 10^3 bis 10^4 Monomermoleküle angelagert. Es ist ein Charakteristikum der radikalischen Polymerisation, daß schon ganz zu Beginn der Reaktion Makromoleküle der endgültigen Größe vorliegen. Dabei wachsen in einem Liter größenordnungsmäßig 10^{15} Radikale gleichzeitig nebeneinander. Es ist eine Frage der Statistik, ob der Abbruch eine kürzere oder eine längere Zeitspanne nach dem Start der wachsenden Kette erfolgt, mit anderen Worten, ob ein mehr oder weniger großes Makromolekül gebildet wird.

Bei Abwesenheit von Kettenübertragung ist die Wahrscheinlichkeit α (definiert als günstige Fälle/mögliche Fälle) für einen einzelnen Wachstumsschritt

$$\alpha = \frac{r_w}{r_w + r_{ab}} = \frac{1}{1 + (r_{ab}/r_w)}. \tag{17-16}$$

Die weitere Rechnung ergibt bei Abbruch durch Disproportionierung für den Massenanteil w_P der Moleküle vom Polymerisationsgrad P

$$w_P = (\ln^2 \alpha) \cdot P \, \alpha^P. \tag{17-17}$$

Bei Abbruch durch Kombination werden jeweils zwei Polymerketten, die einer Verteilung gemäß Gl. (17-17) entsprechen, zusammengekoppelt; man spricht vom Kopplungsgrad $k = 2$. Hier gilt

$$w_P = -\frac{(\ln^3 \alpha)}{2} \cdot P^2 \cdot \alpha^P. \tag{17-18}$$

Durch das Zusammenkoppeln der Makromoleküle beim Kombinationsabbruch wird die Verteilung enger. Sorgt man aber durch Zusatz einer stark kettenübertragenden Substanz, eines sog. Reglers, dafür, daß jede kinetische Kette v in viele Polymerketten v' zerhackt wird, so erhält man auch bei Kombinationsabbruch überwiegend Einzelketten und damit den Kopplungsgrad $k = 1$. In Abb. 17-3 sind die Verteilungsfunktionen für zwei Polystyrole mit annähernd gleichem mittleren Polymerisationsgrad P_n nach den Gln. (17-17) bzw. (17-18) berechnet und mit experimentellen Meßpunkten verglichen.

Die Uneinheitlichkeit ist bei Disproportionierungsabbruch ($k = 1$) $u = 1$, bei Kombinationsabbruch ($k = 2$) $u = 0,5$. Allgemein ist beim Kopplungsgrad k

$$u = \frac{1}{k}. \tag{17-19}$$

Die Gln. (17-17) und (17-18) gelten nur für konstantes α. Bei diskontinuierlicher Polymerisation nimmt aber die Monomerenkonzentration c_M gemäß Gl. (17-11) nach der 1. Ordnung ab; dadurch sinken Bruttoreaktionsgeschwindigkeit r_w und nach Gl. (17-16) auch α. Die Folge davon ist, daß sich mit fortschreitendem Umsatz entsprechend den Gln. (17-12) und (17-14) immer kleinere Polymerisationsgrade P_n bilden. Diese Erscheinung wird im Abschnitt 17.3 näher behandelt.

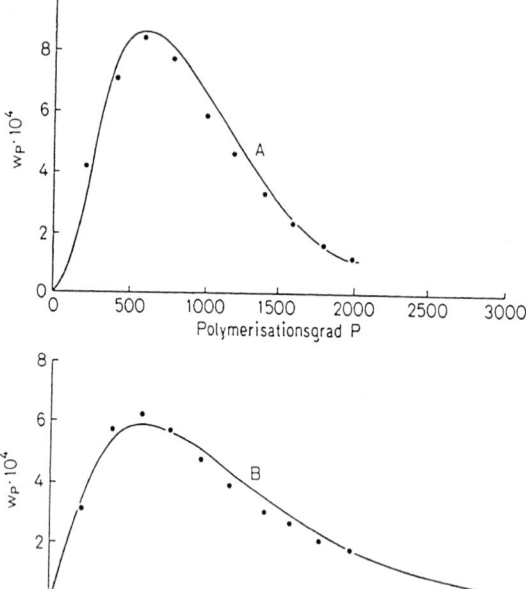

Abb. 17-3. Verteilungsfunktion für den Massenanteil w_P als Funktion des Polymerisationsgrades P von Polystyrolen mit überwiegendem Abbruch der Polymerkette v' durch Kombination (A) bzw. durch Kettenübertragung (B) [27]

Trommsdorff- und Glaseffekt [28, 29]

Bei Polymerisation in Substanz können durch die zunehmende Viskosität des Reaktionsmediums, die die Diffusion der Reaktionspartner behindert, auch Änderungen der Geschwindigkeitskonstanten in den Gln. (17-11) und (17-15) vorkommen. Als schnellste Elementarreaktion, die zudem noch zwischen zwei wachsenden Kettenmolekülen stattfindet, wird zuerst die Abbruchreaktion diffusionskontrolliert, r_{ab} wird kleiner. Dagegen tritt zunächst noch kein Effekt auf die Wachstumsgeschwindigkeit r_w auf, weil die kleinen Monomermoleküle noch ungehindert diffundieren. Daraus resultiert nach den genannten Gleichungen ein Anstieg von r_{Br} und P_n (Trommsdorff- oder Gel-Effekt) [27–33]. Mit weiter zunehmendem Umsatz kann bei niedrigen Reaktionstemperaturen auch die Wachstumsreaktion diffusionsbehindert werden, die Bruttoreaktionsgeschwindigkeit fällt schon vor dem Erreichen von 100% Umsatz sehr stark ab. Vor allem bei Polymeren mit hoher Glastemperatur kann die ganze Reaktionsmischung in den Glaszustand übergehen. Dann friert auch die Diffusion des Monomeren ein und die Polymerisationsgeschwindigkeit fällt praktisch auf Null ab (Glaseffekt) [34–36].

Copolymerisation [37–38a]

Läßt man eine Mischung aus zwei (oder mehreren) Monomeren polymerisieren, so entstehen in der Regel Makromoleküle, die beide (oder mehrere) Monomeren enthalten (sog. Copolymere). Bei der Copolymerisation von zwei Monomeren M_1 und M_2 müssen die folgenden Wachstumsreaktionen berücksichtigt werden:

$$P_1^* + M_1 \rightarrow P_1^* \qquad r_{11} = k_{11} \cdot c_{P_1^*} \cdot c_{M_1},$$

$$P_1^* + M_2 \rightarrow P_2^* \qquad r_{12} = k_{12} \cdot c_{P_1^*} \cdot c_{M_2},$$

$$P_2^* + M_2 \rightarrow P_2^* \qquad r_{22} = k_{22} \cdot c_{P_2^*} \cdot c_{M_2},$$

$$P_2^* + M_1 \rightarrow P_1^* \qquad r_{21} = k_{21} \cdot c_{P_2^*} \cdot c_{M_1}. \qquad (17\text{-}20)$$

Dabei sind k_{11} und k_{22} die Wachstumskonstanten der Homopolymerisation von M_1 bzw. M_2 und k_{12} bzw. k_{21} die „gekreuzten" Wachstumskonstanten.

Durch Anwendung des Bodenstein'schen Stationaritätsprinzips auf eine der beiden Radikalarten und Einführung der Copolymerisations-Parameter[1])

$$R_1 = \frac{k_{11}}{k_{12}} \quad \text{und} \quad R_2 = \frac{k_{22}}{k_{21}} \qquad (17\text{-}21)$$

erhält man die Copolymerisations-Gleichung

$$\frac{dc_{M_1}}{dc_{M_2}} = \frac{c_{M_1}}{c_{M_2}} \cdot \frac{R_1 \cdot c_{M_1} + c_{M_2}}{c_{M_1} + R_2 \cdot c_{M_2}}. \qquad (17\text{-}22)$$

Bei ihrer Ableitung sind keine Annahmen über Start- und Abbruchreaktion oder über die Natur der aktiven Spezies gemacht worden. Sie gilt daher prinzipiell auch für Ionenpolymerisation. Wegen unterschiedlicher Reaktivitätsverhältnisse sind allerdings die Copolymerisations-Parameter eines Monomeren-Paares bei radikalischer und ionischer Polymerisation meist verschieden.

Gleichung (17-22) gibt als Funktion des Monomerenverhältnisses $\frac{c_{M_1}}{c_{M_2}}$ im Reaktionsgemisch das Verhältnis $\frac{dc_{M_1}}{dc_{M_2}}$ an, in dem die beiden Monomeren in das Copolymerisat eingebaut werden. Bei kleinen Umsatzintervallen, in denen die Zusammensetzung des Reaktionsgemisches praktisch konstant bleibt, ist $\frac{dc_{M_1}}{dc_{M_2}}$ gleich dem molaren Verhältnis der beiden Monomeren im Copolymerisat (momentane Zusammensetzung).

Abbildung 17-4 zeigt ein Diagramm nach Gl. (17-22) für das Copolymerisat Styrol/Acrylnitril. Man sieht daraus, daß z. B. bei einem molaren Anteil von 80 % Acrylnitril im Monomerengemisch nur ein molarer Anteil von 50 % ins Copolymere eingebaut wird. Bei größeren Umsätzen reichert sich daher Acrylnitril im Reaktionsgemisch an (s. Abschnitt 17.4.3) und entsprechend verschiebt sich die Zusammenset-

---

[1]) In der Literatur werden die Copolymerisationsparameter durchweg mit r_1, r_2 ... usw. bezeichnet. Da in diesem Buch aber r für die Reaktionsgeschwindigkeit gewählt ist, wird hier zur Unterscheidung R_1, R_2 ... usw. geschrieben.

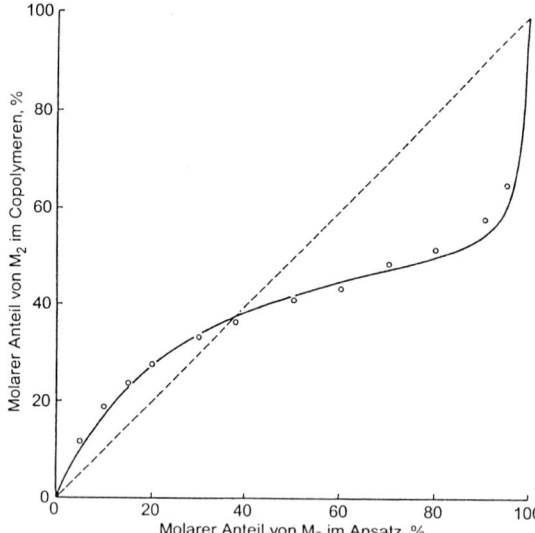

Abb. 17-4. Copolymerisation Styrol (M$_1$)/Acrylnitril (M$_2$). Momentane Zusammensetzung der Copolymerisate bei wechselndem Monomerenverhältnis. Meßpunkte und theoretische Kurve nach Gl. (17-22) mit R$_1$ = 0,41 und R$_2$ = 0,03 [39]

zung des momentan gebildeten Copolymeren. Nur bei einer einzigen Monomerenzusammensetzung, bei einem Stoffmengenanteil von etwa 38 % Acrylnitril, entspricht die Zusammensetzung des Copolymeren genau der Monomerenmischung. Man spricht hier von einer „azeotropen Mischung".

Als Bedingung dafür folgt aus Gl. (17-22):

$$\frac{c_{M_1}}{c_{M_2}} = \frac{R_2 - 1}{R_1 - 1}. \qquad (17\text{-}22)$$

Ein negativer Wert für $\dfrac{c_{M_1}}{c_{M_2}}$ ist physikalisch sinnlos; ein Azeotrop existiert also nur, wenn R$_1$ und R$_2$ beide < 1 oder beide > 1 sind. Der zweite Fall kommt allerdings in der Praxis nicht vor.

Gleichung (17-22) gibt nur die Copolymeren-Zusammensetzung an. Zur Frage der Copolymerisationsgeschwindigkeit sei auf die Literatur [40-41 a] verwiesen.

17.2.3 Ionische Polymerisation

Ionische Polymerisationen sind Kettenreaktionen, deren Kettenträger Ionen sind. Die Wachstumsreaktion verläuft nach dem Schema

$$P_n^{\ominus} + M \rightarrow P_{n+1}^{\ominus} \quad \text{anionische Polymerisation [42-47, 52],}$$

$$P_n^{\oplus} + M \rightarrow P_{n+1}^{\oplus} \quad \text{kationische Polymerisation [48-51].}$$

Am besten untersucht sind als Initiatoren der anionischen Polymerisation Alkalialkyle wie z. B. Butyllithium CH$_3$-CH$_2$-CH$_2$-CH$_2^{\ominus}$Li$^{\oplus}$ oder Alkalinaphthalide, z. B.

Naphthalinnatrium $(C_{10}H_8)^{\ominus}Na^{\oplus}$. In gut solvatisierenden Lösungsmitteln, z. B. Tetrahydrofuran, dissoziieren sie teilweise:

$$(C_{10}H_8)^{\ominus}Na^{\oplus} \rightleftharpoons (C_{10}H_8)^{\ominus}/S/Na^{\oplus} \rightleftharpoons (C_{10}H_8)^{\ominus} + Na^{\oplus}. \qquad (17\text{-}24)$$

Dabei können Kontaktionenpaare $(C_{10}H_8)^{\ominus}Na^{\oplus}$, solvatgetrennte Ionenpaare (mit Einschub eines oder mehrerer Lösungsmittelmoleküle S) und die freien Ionen auftreten. Diese Dissoziationsgleichgewichte gibt es nicht nur bei den Startermolekülen, sondern auch bei den wachsenden Polymeranionen $P^{\ominus}Na^{\oplus}$. Die dissoziierten Anionen sind besonders reaktiv; die Kinetik wird daher erheblich durch Dissoziations-Gleichgewichte beeinflußt.

Styrol reagiert z. B. mit Naphthalinnatrium zuerst unter Bildung eines Radikalanions:

$$(C_{10}H_8)^{\ominus}Na^{\oplus} + CH_2 = CH \rightarrow {}^*CH_2 - \overset{\displaystyle H}{\underset{\displaystyle |}{C}}{}^{\ominus}Na^{\oplus} + C_{10}H_8 \cdot \qquad (17\text{-}25)$$

Durch Dimerisierung der Radikale bildet sich sehr rasch ein Dianion, das unabhängig nach beiden Seiten wachsen kann:

$$Na^{\oplus \ominus}\overset{\displaystyle H}{\underset{\displaystyle |}{C}} - CH_2 - CH_2 - \overset{\displaystyle H}{\underset{\displaystyle |}{C}}{}^{\ominus}Na^{\oplus}. \qquad (17\text{-}26)$$

Wegen ihrer gleichsinnigen Ladung stoßen sich die wachsenden Ketten gegenseitig ab, es gibt keine Abbruchreaktion. Man spricht daher nach dem Vorbild von Szwarc von „lebenden Polymeren (living polymers)".

Wird eine living-Polymerisation so lange weiter geführt, bis alles Monomere verbraucht ist, so ist der gebildete Polymerisationsgrad durch das Einsatzverhältnis Monomeres/Initiator gegeben. Für Initiatoren vom Typ Butylnatrium, die nur nach einer Seite wachsen, erhält man

$$P_n = \frac{c_{M,0}}{c_{I,0}} \qquad (17\text{-}27)$$

und entsprechend für den Initiator der Gl. (17-26)

$$P_n = \frac{2\,c_{M,0}}{c_{I,0}}. \qquad (17\text{-}28)$$

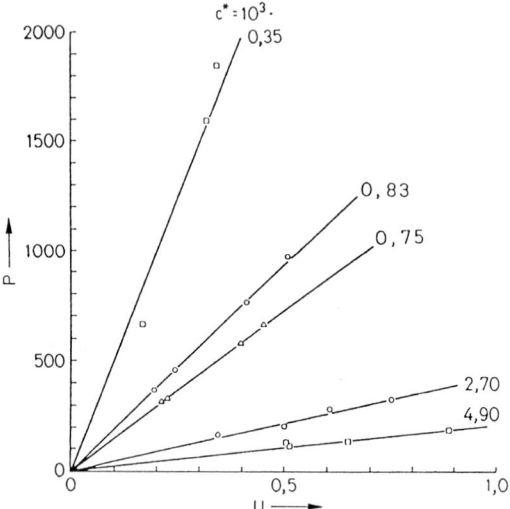

Abb. 17-5. Linearer Anstieg des Polymerisationsgrades mit dem Umsatz bei lebenden Polymeren [52]

Läßt man dagegen die Reaktion nur von $t = 0$ bis $t = t$ ablaufen und bricht dann, z. B. durch Zugabe von Wasser, die Polymerisation ab, so gilt

$$P_n = \frac{c_{M,0} - c_{M,t}}{c_{I,0}}. \tag{17-29}$$

Der Polymerisationsgrad P_n sollte also mit steigendem Umsatz linear zunehmen. Wie aus Abb. 17-5 hervorgeht, in der P_n gegen den Umsatz $U = 1 - \dfrac{c_M}{c_{M,0}}$ aufgetragen ist, wird Gl. (17-29) experimentell gut bestätigt. c^* ist hier die Konzentration an „lebenden" Ketten; bei Abwesenheit aller desaktivierenden Verunreinigungen ist $c^* = c_{I,0}$.

Als Molmassenverteilung ergibt sich bei Abwesenheit von Abbruchs- und Kettenübertragungsreaktionen die Poisson-Verteilung. Wenn der Zeitbedarf für den Startschritt gegenüber dem Kettenwachstum vernachlässigt werden kann ($r_{St} \gg r_w$), liegen zur Zeit $t = 0$ alle aktiven Moleküle mit dem Polymerisationsgrad 1 vor und die Zahl der Wachstumsschritte pro Kette, mit anderen Worten die kinetische Kettenlänge ν, ist für Zentren, die nur nach einer Seite wachsen

$$\nu = P_n - 1. \tag{17-30}$$

Der Massenanteil aller Moleküle mit dem Polymerisationsgrad P (Massenverteilung) ist

$$w_P = \frac{e^{-\nu} \cdot \nu^{(P-1)} \cdot P}{(P-1)! \, (\nu + 1)}. \tag{17-31}$$

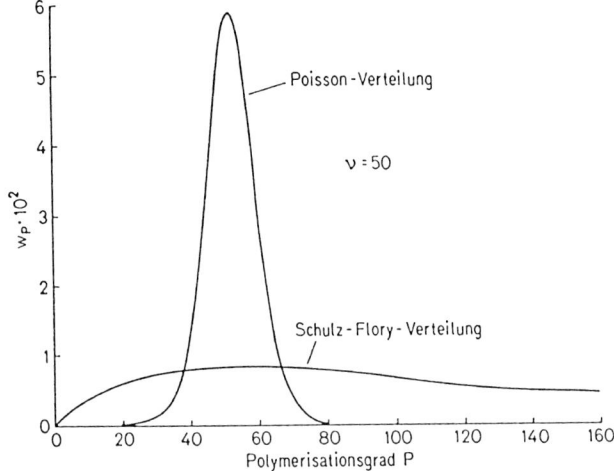

Abb. 17-6. Poisson-Verteilung und wahrscheinlichste Verteilung (Schulz-Flory-Verteilung) für $\nu = 50$ für den Massenanteil w_P der Moleküle mit dem Polymerisationsgrad P [4]

Für die Uneinheitlichkeit ergibt sich bei diesem Verteilungstyp

$$u = \frac{\nu}{(\nu + 1)^2} \approx \frac{1}{\nu}. \tag{17-32}$$

Die Verteilung wird also mit zunehmendem Polymerisationsgrad immer schmaler. Den Unterschied zwischen Poisson-Verteilung und der Schulz-Flory-Verteilung der radikalischen Polymerisation [vgl. Gl. (17-17)] zeigt Abb. 17-6.

Auf die kationische sowie auf die koordinative Polymerisation mit Ziegler-Katalysatoren [53–60] kann im Rahmen dieses Kapitels nicht näher eingegangen werden. Auch bei ihnen kommen Polymerisationen vom living-Typ ohne Abbruchreaktionen vor.

17.2.4 Polykondensation, Polyaddition [61–63]

Im Gegensatz zur radikalischen und ionischen Polymerisation handelt es sich bei Polykondensation und Polyaddition um Polyreaktionen, bei denen nicht nach einem Kettenmechanismus Monomeres an wachsende aktive Zentren angelagert wird, sondern die Makromoleküle in stufenweiser Reaktion mindestens bifunktioneller Monomerer, Oligomerer und Polymerer entstehen. Für die Polyreaktion ist jeweils die Zahl der noch freien funktionellen Gruppen entscheidend.

Wird bei der Reaktion der funktionellen Gruppen ein Molekül freigesetzt, z. B. Wasser bei der Bildung einer Esterbindung, so spricht man von Polykondensation, im anderen Fall von Polyaddition. In Tabelle 17/3 sind einige wichtige Reaktionstypen zusammengestellt. Die funktionellen Gruppen A und B können dabei an zwei Monomeren von Typ A-A und B-B oder auch an einem Monomeren vom Typ A-B sitzen. Die Anwesenheit polyfunktioneller Monomerer mit mehr als zwei funktionellen Gruppen führt zu Vernetzungen.

Tabelle 17/3. Typische Reaktionen an funktionellen Gruppen für Stufenreaktionen

Nr.	Reaktanden Funktionelle Gruppen	Produkte Art der Bindung im Polymeren	Polymertyp
1	⌁COOH + HO⌁	$\overset{\displaystyle O}{\overset{\|}{}}$ ⌁C – O⌁	Polyester
2	$R\overset{\displaystyle C}{\underset{\displaystyle C}{\diagdown\diagup}}O$ + HO⌁ (cyclisches Anhydrid)	$HOOC – R – \overset{\displaystyle O}{\overset{\|}{C}} – O$⌁	Polyester
3	⌁COOR + HO⌁	⌁$\overset{\displaystyle O}{\overset{\|}{C}} – O$⌁	Polyester
4	⌁COOH + H₂N⌁	⌁$\overset{\displaystyle O}{\overset{\|}{C}} – NH$⌁	Polyamid
5	$R\overset{\displaystyle C}{\underset{\displaystyle NH}{\diagdown\;\;}}$ (Lactam)	⌁$\overset{\displaystyle O}{\overset{\|}{C}} – NH$⌁	Polyamid
6	⌁COOR + H₂N⌁	⌁$\overset{\displaystyle O}{\overset{\|}{C}} – NH$⌁	Polyamid
7	⌁OH + HO⌁	⌁ – O – ⌁	Polyether
8	$R – CH – CH_2$ (Epoxid)	⌁ O ⌁	Polyether
9	⌁NCO + HO⌁	⌁$NH – \overset{\displaystyle O}{\overset{\|}{C}} – O$⌁	Polyurethan
10	⌁NCO + H₂N⌁	⌁$NH – \overset{\displaystyle O}{\overset{\|}{C}} – NH$⌁	Polyharnstoff
11	⌁C₆H₄–OH + COCl₂ + HO–C₆H₄⌁	⌁C₆H₄–$O – \overset{\displaystyle O}{\overset{\|}{C}} – O$–C₆H₄⌁	Polycarbonat

Man sieht aus Tabelle 17/3, daß z. B. Polyester durch Polykondensation unter Austritt eines Wassermoleküls (Beispiel Nr. 1) oder eines Alkoholmoleküls bei Umesterung (Nr. 3), aber auch durch Polyaddition des Anhydrids einer Dicarbonsäure (Nr. 2) entstehen können. Die Bezeichnung von Polyestern oder Polyamiden (siehe Nr. 4–6) etwa als Polykondensationsprodukte wäre also nicht eindeutig. Kennzeichnend ist vielmehr der Mechanismus der Entstehung über eine Stufenreaktion mit Polymerverknüpfung. Allgemein rechnet man mit der experimentell gestützten Annahme, daß die Reaktionsfähigkeit der funktionellen Gruppen nicht durch die Größe des Moleküls beeinflußt wird, an dem sie sitzen.

Bei der Polyreaktion bifunktioneller Moleküle soll mit n_0 bzw. n die Zahl der zur Zeit t = 0 bzw. t = t vorhandenen Moleküle bezeichnet werden. Die Zahl der entsprechenden funktionellen Gruppen ist dann $2 n_0$ bzw. 2 n. Man definiert als Umsatz

$$U = (n_0 - n)/n_0 \qquad (17\text{-}33)$$

den Bruchteil aller funktionellen Gruppen, der bis zur Zeit t reagiert hat. Das Zahlenmittel P_n des Polymerisationsgrades ist dann gegeben durch das Verhältnis der Zahl n_0 der ursprünglich vorhandenen Moleküle zur Zahl n der zur betrachteten Zeit t noch vorhandenen Moleküle:

$$P_n = \frac{n_0}{n} = \frac{1}{(1 - U)}. \qquad (17\text{-}34)$$

Tabelle 17/4 zeigt nach Gl. (17-34) den Zusammenhang zwischen Umsatz und Polymerisationsgrad. Die Polymerisationsgrade vieler technischer Polykondensate, die zwischen 100 und 200 liegen, werden also erst bei Monomerumsätzen zwischen 99 und 99,5% erreicht. Die Äquivalenz beider Arten von funktionellen Gruppen muß demnach sehr genau eingehalten werden; ihre Zahlen dürfen nur um weniger als 0,5% voneinander abweichen. Die Monomeren müssen also schon aus diesem Grund sehr rein sein. Man benutzt daher z. B. als Ausgangsstoff für die Herstellung von Nylon 66 das im Verhältnis 1:1 kristallisierende Salz aus Adipinsäure und Hexamethylendiamin (sog. AH-Salz). Bei Monomeren vom Typ A-B ist die Endgruppenäquivalenz natürlich automatisch gegeben.

Die Ableitung der Verteilungsfunktion der Molmassen geschieht nach dem Vorbild von Flory [64] am einfachsten statistisch. Damit ein Molekül entsteht, das P Monomereinheiten enthält, müssen P-1 Gruppen reagiert haben (Wahrscheinlichkeit U^{P-1}) und eine freibleiben (Wahrscheinlichkeit (1-U)). Beim Durchrechnen ergibt

Tabelle 17/4. Endgruppenumsatz und mittlerer Polymerisationsgrad P_n

Umsatz U	0	0,5	0,8	0,9	0,95	0,99	0,995	0,999
P_n	1	2	5	10	20	100	200	1000

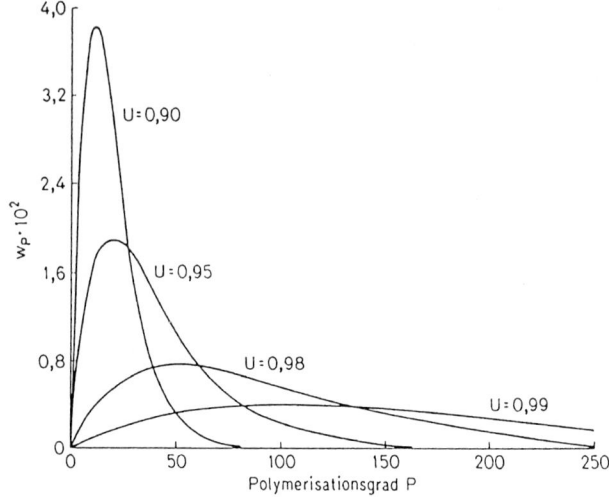

Abb. 17-7. Massenanteil w_P als Funktion des Polymerisationsgrades P der Kettenmoleküle eines linearen Polykondensates für verschiedene Umsätze U [64]

sich als Verteilungsfunktion für den Massenanteil w_P der Moleküle mit dem Polymerisationsgrad P

$$w_P = \ln^2 U \cdot P \cdot U^P. \tag{17-35}$$

Sie entspricht formal der Gl. (17-17), in der die Wahrscheinlichkeit α für den Wachstumsschritt durch die Wahrscheinlichkeit U für den Verknüpfungsschritt ersetzt ist. Polymerisation und Polykondensation liefern demnach den gleichen Verteilungstyp, der als Schulz-Flory-Verteilung oder wahrscheinlichste Verteilung bekannt ist. Auch bei der Polykondensation ist die Uneinheitlichkeit

$$\frac{P_w}{P_n} - 1 = u = 1.$$

Abbildung 17-7 zeigt die Verteilungsfunktion Gl. (17-35) mit dem Umsatz U der funktionellen Gruppen als Parameter. Man sieht auch hier deutlich, daß hohe Polymerisationsgrade nur bei sehr hohen Umsätzen zu erreichen sind.

17.2.5 Vergleich der drei Typen von Polyreaktionen

Bei radikalischer und ionischer Polymerisation werden jeweils einzelne Monomer-moleküle an eine wachsende Kette angebaut; man spricht von Monomerverknüp-fung mit bzw. ohne Abbruch. Bei Polykondensation und -addition werden dagegen mit steigendem Umsatz zunehmend Oligomere und Polymere miteinander verknüpft und man spricht allgemein von Polymerverknüpfung. Die verschiedenen Reaktions-mechanismen ergeben, wie Abb. 17-8 zeigt, einen sehr unterschiedlichen Gang des Polymerisationsgrades mit dem Umsatz.

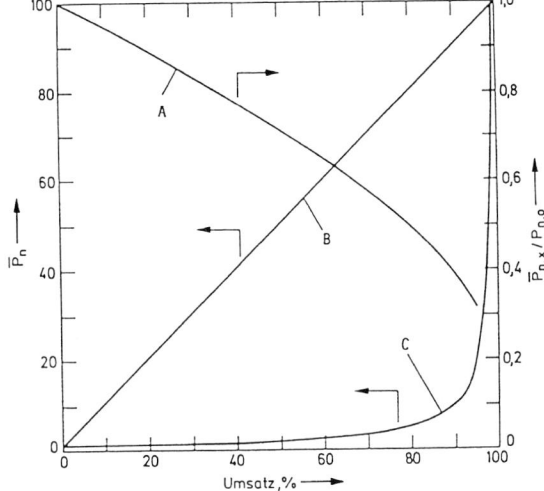

Abb. 17-8. Kumulativer Polymerisationsgrad $\bar{P}_n$ als Funktion des Umsatzes bei diskontinuierlicher Polymerisation und verschiedenen Polymerisationsmechanismen [66]; A Monomerenverknüpfung mit Abbruch, B Monomerenverknüpfung ohne Abbruch, C Polymerenverknüpfung

17.3 Einfluß von Reaktionsmechanismus und Reaktortyp auf die Molmassenverteilung [5, 65, 66]

Die Molmassenverteilung wird einerseits durch die Art der Polyreaktion: Monomerenverknüpfung mit und ohne Abbruch oder Polymerenverknüpfung und andererseits durch den Typ des verwendeten Reaktors bestimmt. Wir gehen hier von den denkbar einfachsten Fällen aus: Wegfall von Kettenübertragungsreaktionen und Trommsdorff-Effekt bei radikalischer Polymerisation, sehr schneller Startschritt ($r_{St} \gg r_W$) bei anionischer Polymerisation, genau stöchiometrische Verhältnisse und Wegfall von Austauschreaktionen (Umesterung, Umamidierung) bei Polymerenverknüpfung.

Berücksichtigt werden auch nur die einfachsten idealisierten Reaktoren mit jeweils vollständiger Durchmischung bis in den molekularen Bereich: Satzreaktor (BR), ideales Strömungsrohr (CPFR) und idealer kontinuierlicher Rührkessel (HCSTR) (vgl. Abschnitt 3.5.2.1 und Abb. 3-15). Satzreaktor und Strömungsrohr haben beide eine ganz einheitliche Verweilzeit (vgl. Abschnitt 11.3, S. 294f.) und können hier gemeinsam behandelt werden.

In Tabelle 17/5 sind die 6 verschiedenen Kombinationen der drei Polyreaktionstypen mit den Reaktoren zusammengestellt und die jeweils resultierenden Molmassenverteilungen charakterisiert. Es fehlt hier der segregierte kontinuierliche Rührkessel (SCSTR) (vgl. Abschnitt 11.5, S. 307), obwohl bei hochviskosen polymeren Reaktionsmischungen natürlich auch unvollständige Durchmischung auftreten kann. Aus Platzgründen kann nur auf die Literatur [13, 67–69] verwiesen werden.

Tabelle 17/5. Molmassenverteilungen der Polyreaktionen in verschiedenen Reaktortypen

Reaktion \ Reaktor	Satzreaktor (BR) oder Strömungsrohr (CPFR)	Stationärer, ideal durchmischter Rührkesselreaktor (HCSTR)
1. Monomerverknüpfung mit Abbruch (z. B. radikalische Polymerisation)	1.1 Mit Umsatz zunehmend breiter als Schulz-Flory-Verteilung	1.2 Schulz-Flory-Verteilung $u = 2$ für $k = 1$ $u = 1,5$ für $k = 2$
2. Monomerverknüpfung ohne Abbruch (z. B. anionische „Living"-Polymerisation)	2.1 Poisson-Verteilung für $r_{ST} \gg r_w$ Gold-Verteilung für $r_{ST} < r_w$	2.2 Schulz-Flory-Verteilung
3. Polymerverknüpfung (z. B. Polykondensation)	3.1 Schulz-Flory-Verteilung	3.2 Viel breiter als Schulz-Flory-Verteilung

17.3.1 Diskontinuierliche Polymerisation

17.3.1.1 Radikalische Polymerisation im Satzreaktor/Strömungsrohr

Betrachtet wird zunächst als einfacher Fall die homogene radikalische Polymerisation mit Abbruch durch Disproportionierung und vernachlässigbarer Kettenübertragung im diskontinuierlichen Satzreaktor. Bei technischen Polymerisationen wird in der Regel hoher bis vollständiger Umsatz angestrebt. Dabei bleibt c_M nicht konstant, sondern fällt mit steigendem Umsatz U linear ab. Ebenso ändern sich Bruttoreaktionsgeschwindigkeit r_{Br} und Polymerisationsgrad P_n, die nach Gln. (17-11) und (17-15) beide proportional c_M sind. Es gilt

$$c_M = c_{M,0}(1 - U) \tag{17-36}$$

und für das Zahlenmittel des Polymerisationsgrades beim Umsatz U

$$P_{n,U} = \frac{k_w}{(k_{ab} \cdot r_{St})^{1/2}} \cdot c_{M,0}(1 - U) = P_{n,0}(1 - U). \tag{17-37}$$

Die Verteilungsfunktion für den Massenanteil w_P, Gl. (17-17), läßt sich umformen in

$$w_P = \frac{1}{P_n^2} \cdot P \cdot \exp\left(-\frac{P}{P_n}\right). \tag{17-38}$$

Aus Gl. (17-37) und (17-38) folgt für den Massenanteil des Polymeren mit dem Polymerisationsgrad P, das bei einem differentiellen Umsatz von U bis (U+dU) gebildet wird,

$$w_{P,U} = \frac{1}{P_{n,0}^2(1 - U)^2} \cdot P \cdot \exp\left(-\frac{P}{P_{n,0}(1 - U)}\right). \tag{17-39}$$

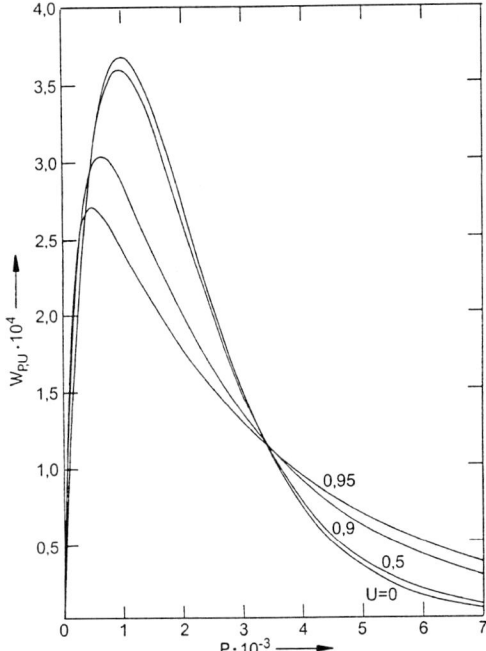

Abb. 17-9. Verteilungsfunktion des Massenanteils $W_{P,U}$ des integral bis zum Umsatz U gebildeten Polymeren [65]. Parameter: Umsatz U. $\overline{P}_{n,U} = 1000$, Kopplungsgrad $k = 1$

Eine Auftragung nach Gl. (17-39) entspricht fast vollkommen der Abb. 17-7. Man erhält für das momentan gebildete Polymere eine Folge von Schulz-Flory-Verteilungen, die alle die Uneinheitlichkeit $u = 1$ haben, deren jeweiliger Mittelwert $P_{n,U}$ aber im Gegensatz zur Polykondensation mit zunehmendem Umsatz U immer kleiner wird.

Der Massenanteil $W_{P,U}$ des Polymeren mit dem Polymerisationsgrad P, das integral bei einem Umsatz von 0 bis U gebildet wird, ist dann unter Berücksichtigung eines Normierungsfaktors $1/U$

$$W_{P,U} = \frac{1}{U} \int\limits_{U=0}^{U} w_{P,U} \, dU. \tag{17-40}$$

Setzt man Gl. (17-39) ein, so ergibt sich die gesuchte Verteilungsfunktion des Massenanteils für das integral vom Umsatz 0 bis U gebildete Polymere zu

$$W_{P,U} = \frac{1}{U} \cdot \frac{1}{P_{n,0}} \left[\exp\left(-\frac{P}{P_{n,0}}\right) - \exp\left(-\frac{P}{P_{n,0}(1-U)}\right) \right]. \tag{17-41}$$

Abbildung 17-9 gibt die nach Gl. (17-41) berechneten Verteilungen wieder. Sie stellen im Prinzip Summierungen der verschiedenen Verteilungen in Abb. 17-7 dar und werden deshalb mit wachsendem Umsatz immer uneinheitlicher. Um das deutlich zu machen, sind die Kurven so berechnet, daß jeweils beim Umsatz U der (integrale) Polymerisationsgrad $\overline{P}_{n,U} = 1000$ erreicht ist.

Das integral gebildete Polymere wird erst bei Umsätzen über 50% wesentlich uneinheitlicher. Aus Gl. (17-41) läßt sich der Gang des integralen (kumulativen) Polymerisationsgrades $\bar{P}_{n,U}$ (s. Abb. 17-9) und der Uneinheitlichkeit u mit dem Umsatz berechnen.

17.3.1.2 Living-Polymerisation im Satzreaktor

Ganz anders liegen die Verhältnisse bei einer ionischen Polymerisation ohne Abbruchreaktion („living-Polymerisation"). Die einmal gestarteten Ketten wachsen immer weiter; momentan im kleinen Umsatzintervall von U bis (U + dU) und integral im gesamten Umsatzbereich von U = 0 bis U = U entstandenes Polymeres sind in Polymerisationsgrad und Verteilung der Molmassen identisch. Nach Gl. (17-29) steigt $P_{n,U}$ linear mit dem Umsatz U. Die Molmassenverteilung des Polymeren ist nach Gl. (17-31) eine Poisson-Verteilung, die mit zunehmendem Polymerisationsgrad, d. h. also auch mit zunehmendem Umsatz, immer einheitlicher wird [siehe Gl. (17-32)].

17.3.1.3 Polykondensation im Satzreaktor

Auch bei der Polykondensation sind alle Makromoleküle während des gesamten Umsatzes der stufenweisen Reaktion ihrer funktionellen Gruppen unterworfen. Der mittlere Polymerisationsgrad nimmt mit wachsendem Umsatz zu (siehe Gl. (17-34), Abb. 17-7 und Tab. 17/4). Die Verteilung der Molmassen entspricht nach Gl. (17-35) bei höherem Umsatz einer Schulz-Flory-Verteilung mit der Uneinheitlichkeit 1.

17.3.2 Kontinuierliche Polymerisation

Nach Denbigh [70] wird bei Polyreaktionen in einem kontinuierlich betriebenen idealen Rührkessel die Molmassenverteilung von zwei einander entgegengerichteten Effekten beeinflußt. Die Konstanz der Zusammensetzung der Reaktionsmischung (konstante Konzentrationen und Temperatur, vgl. Abschnitt 3.5.1.2) wirkt verengend und die Verweilzeitverteilung verbreiternd. Ist die Lebensdauer des aktiven Zustands bei der Polymerisation klein gegen die Verweilzeit, so überwiegt der erste Effekt und man erhält ein Polymeres mit einer engeren Molmassenverteilung als im Satzbetrieb. Ist dagegen die Lebensdauer des aktiven Zustands gleich der individuellen Verweilzeit oder größer, so überwiegt der zweite Effekt und es resultiert eine breitere Verteilung als bei diskontinuierlicher Polymerisation.

Bei radikalischer Polymerisation ist die Lebensdauer des aktiven Zustandes, nämlich eines wachsenden Radikals, von der Größenordnung 1 s. Sie ist damit in allen praktischen Fällen klein gegen die Verweilzeit τ. Bei Polykondensation und bei einer ionischen „living"-Polymerisation ist dagegen die Lebensdauer in der Regel gleich der Verweilzeit.

Längs eines Strömungsrohres (vgl. Kapitel 7) werden in räumlicher Folge die gleichen Zustände durchlaufen, wie in zeitlicher Folge bei einer diskontinuierlichen Polymerisation. Hier gelten demnach die Kurven der Abb. 17-9, wobei für U jeweils der Umsatz einzusetzen ist, der nach Durchlaufen einer bestimmten Länge 1 des Strömungsrohres erreicht ist.

17.3.2.1 Radikalische Polymerisation im kontinuierlich betriebenen Rührkessel

Eine radikalische Polymerisation läuft demnach im kontinuierlich betriebenen, ideal durchmischten Reaktor mit konstanter Bruttoreaktionsgeschwindigkeit r_{Br} und konstant bleibendem mittleren Polymerisationsgrad P_n ab. Die Molmassenverteilung entspricht der Schulz-Flory-Verteilung. Es gelten die Gln. (17-11), (17-15) und (17-17); man erhält also die Werte, die bei diskontinuierlicher Polymerisation in einem kleinen Umsatzintervall erhalten werden.

Ganz allgemein erzeugen bei radikalischer Polymerisation das Strömungsrohr oder die Rührkesselkaskade ein Polymeres mit breiterer Molmassenverteilung (höherer Uneinheitlichkeit) als der kontinuierlich betriebene Idealkessel. Strömungsrohr oder Kaskade sind dagegen besser zur Erreichung eines hohen Umsatzes geeignet.

17.3.2.2 Kontinuierliche Living-Polymerisation

Eine „living-Polymerisation" ohne Abbruchreaktion hat, wie im Abschnitt 17.2 gezeigt wurde, eine große Lebensdauer des aktiven Zustandes und bei diskontinuierlicher Reaktionsführung eine sehr enge (Poisson-)Verteilung der Molmassen. Führt man sie in einem kontinuierlichen, ideal durchmischten Rührkesselreaktor durch, so tritt durch die unterschiedliche Aufenthaltsdauer verschiedener Volumenelemente im Reaktor (Verweilzeitverteilung) eine Verbreiterung der Molmassenverteilung auf. Es resultiert, wie hier nicht im einzelnen abgeleitet werden soll, wiederum eine Schulz-Flory-Verteilung; die Verbreiterung ist also, wie schon Abb. 17-6 zeigte, sehr beträchtlich.

17.3.2.3 Kontinuierliche Polykondensation

Bei der Polykondensation muß immer ein sehr hoher Umsatz der funktionellen Gruppen erreicht werden, wenn man hohe Molmassen erzielen will. Da der kontinuierliche Rührkesselreaktor für sehr hohe Umsätze ungeeignet ist (vgl. Tabelle 8/2), wird man hier entweder diskontinuierlich polymerisieren oder im Strömungsrohr bzw. einer Rührkesselkaskade arbeiten. Je nach Verweilzeitspektrum des kontinuierlichen Reaktors entsteht dabei u. U. ein Polymeres mit breiterer Verteilung der Molmassen. In der Praxis bewirken aber Umesterungs- bzw. Umamidierungsreaktionen (s. Gl. (17-46)) oft eine Annäherung an die Schulz-Flory-Verteilung.

17.4 Technische Reaktionsführung

Es ist im Rahmen dieses Kapitels nicht möglich, auf die ganze Vielfalt der für Polyreaktionen benutzten Reaktoren und Verfahren einzugehen. Hier können nur einige wenige Beispiele besprochen werden.

17.4.1 Kontinuierliche Substanzpolymerisation von Styrol [25, 71–76]

Wie im Abschnitt 17.1 ausgeführt, kann schon die Entfernung einer kleinen Menge von Restmonomeren, etwa aus einer Polymerschmelze, technisch erhebliche Schwierigkeiten machen. Bei einer der ersten großtechnischen Polymerisationen, der kontinuierlichen Herstellung von Polystyrol, wurde daher möglichst vollständiger Umsatz angestrebt. Nach Kapitel 7 und 8 kommen dafür nur Strömungsrohr oder Rührkesselkaskade in Betracht, wenn man nicht unverhältnismäßig große Reaktionsvolumina in Kauf nehmen will. Man wählte die in Abb. 17-10 gezeigte Anordnung von zwei parallel geschalteten kontinuierlichen Rührkesseln mit anschließendem Turmreaktor, dessen Verweilzeitspektrum einem Strömungsrohr ähnelt.

Um ein zu starkes Ansteigen der Viskosität mit zunehmendem Umsatz zu vermeiden, ließ man die Temperatur von 80°C in den Rührkesseln bis auf 220°C am Ausgang des Turmreaktors ansteigen. Der Umsatz betrug 40% in den Rührkesseln und praktisch 100% am Ausgang des Turmreaktors. Sowohl die Temperatur, wie auch die Monomerenkonzentration c_M ändern sich also im Verlauf der Polymerisation sehr stark und beide Größen beeinflussen nach Gl. (17-15) den Polymerisationsgrad P. [Die Reaktionsgeschwindigkeitskonstanten k sind temperaturabhängig, s. Gl. (4-144)]. In Abb. 17-10 sind für die Rührkessel und die einzelnen Schüsse des Turmreaktors die Temperaturen und der Polymerisationsgrad P_η [Viskositätsmittel, s. Gl. (17-3)] des in dem jeweiligen Abschnitt entstehenden Polymeren wiedergegeben. Das unten ausgetragene Polymere hat einen Mittelwert von $\bar{P}_\eta = 2700$, enthält aber Anteile mit sehr hohem ($P_\eta = 8400$) und sehr niedrigem ($P_\eta = 370$) Polymerisationsgrad. Im Turmreaktor entsteht also ein Polystyrol mit sehr breiter Verteilung der Molmassen.

Für bestimmte Anwendungszwecke ist aber ein Polystyrol mit einer engeren Verteilung der Molmassen von Vorteil. Nach Abschnitt 17.3 bietet sich dafür ein kontinuierlich betriebener, ideal durchmischter Rührkesselreaktor an, in dem sowohl Temperatur wie Monomerenkonzentration c_M konstant gehalten werden können. Damit die Raum-Zeit-Ausbeute (bzw. die Bruttoreaktionsgeschwindigkeit r_{Br}) nicht zu klein wird, darf der stationäre Wert von c_M nicht zu niedrig gewählt werden. Man muß daher das Monomere aus dem Reaktoraustrag abtrennen und in den Reaktor zurückführen. Das kann z. B. in einem Entgasungsextruder oder in einem beheizten Vakuumentgaser geschehen, in den die hochviskose Polymerlösung durch eine Lochplatte eingeleitet wird. Die entstehenden feinen Fäden haben eine große Oberfläche und kurze Diffusionswege für das Monomere, das in den Gasraum übertritt, abgepumpt und kondensiert wird. Die entgaste Polymerschmelze wird mit einer Zahnradpumpe abgezogen.

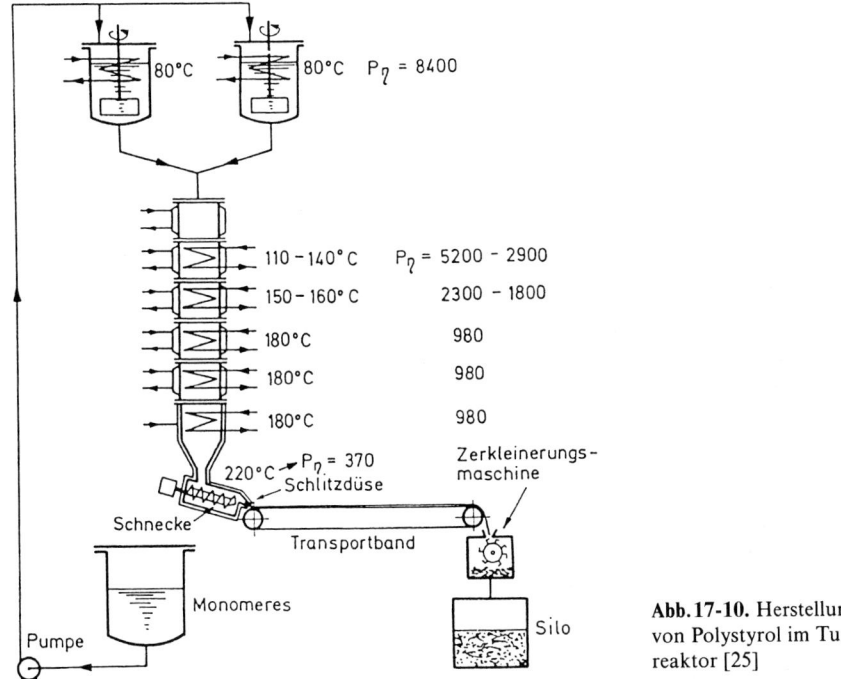

Abb. 17-10. Herstellung von Polystyrol im Turmreaktor [25]

17.4.2 Dynamisches Verhalten eines kontinuierlich betriebenen Polymerisationsreaktors [77]

Wegen der im Abschnitt 17.1 besprochenen Besonderheiten ist die Wärmeabfuhr aus großen Polymerisationsreaktoren schwierig. Wird aus irgendeinem Grund aus dem Reaktor in der Zeiteinheit weniger Wärme abgeführt, als in seinem Innern durch die Polymerisation frei wird, so kommt es zu einem Temperaturanstieg. In geschlossenen Systemen steigt mit der Temperatur meist auch der Druck an, was gefährlich werden kann. Für den Betrieb großer Polymerisationsreaktoren ist es daher wichtig zu wissen, wie Umsatz und Temperatur im Reaktor bei einer Störung der Wärmeabfuhr ansteigen.

Das Problem ist experimentell schwierig zu untersuchen: kleine Reaktoren sind schwer adiabatisch zu betreiben und Versuche in großen Reaktoren verbieten sich aus Sicherheitsgründen von selbst. Daher bietet sich die Simulation an Hand eines mathematischen Modells an. Man beschreibt zunächst die bei verschiedenen Temperaturen erhaltenen Umsatz-Zeit-Kurven mit formalkinetischen Modellgleichungen. Sodann werden Wärme- und Stoffbilanzgleichungen des Reaktors aufgestellt, mit den kinetischen Gleichungen vereinigt und das Gleichungssystem mit Hilfe eines Rechners integriert. Durch Einsetzen verschiedener Zahlenwerte für die einzelnen Parameter wie z.B. Betriebstemperatur und Umsatz bei Beginn einer Störung, Änderung der Wärmeabfuhr durch die Störung, Dauer der Störung, Ausfall von Zulauf und Austrag bei kontinuierlicher Fahrweise, kann man dem

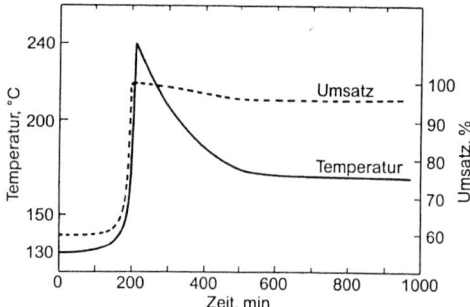

17-11. Übergangsverhalten bei Erhöhung der Kühlmitteltemperatur von 85 auf 87°C von B (U = 0,6, $T^{aus} = 130°C$) nach C (U = 0,96, $T^{aus} = 170°C$) [77]. ——— Temperatur; — — — Umsatz

Modell Fragen stellen. Die Antwort erhält man dann z. B. in Form von Umsatz-Zeit- oder Temperatur-Zeit-Kurven.

Die Art der Berechnung ist in allgemeiner Form bereits in Kapitel 8 angegeben; Abb. 8-1 zeigt das Schema des kontinuierlichen Rührkesselreaktors, Gln. (8-79) und (8-80) geben Stoff- und Wärmebilanz an. Das Stabilitätsverhalten des Reaktors ist im Abschnitt 8.5.2 diskutiert. Man kann für den Polymerisationsreaktor ein Abb. 8-7 analoges $\dot{Q}/T$-Diagramm aufstellen und die Gl. (8-77) bzw. (8-102/103) entsprechenden Kriterien für die statische bzw. die oszillatorische Stabilität ableiten. Dabei hat es sich als zweckmäßig erwiesen, die Monomerenkonzentration über den Umsatz U auszudrücken und eine Größe

$$q = \frac{k_W \cdot A_W}{V_R \cdot \varrho} \quad [kJ \cdot kg^{-1} \cdot K^{-1} \cdot min^{-1}] \tag{17-42}$$

als spezifische Wärmeabfuhr des betrachteten Reaktors zu definieren.

Die statische Instabilität äußert sich darin, daß der Reaktor bei einer kleinen Störung aus dem labilen Betriebspunkt B in Abb. 8-7 in einen der beiden stabilen Betriebspunkte A oder C übergeht. Das Übergangsverhalten läßt sich aus dem mathematischen Modell berechnen und ist in Abb. 17-11 für eine Erhöhung der Kühlmitteltemperatur $\bar{T}_W$ um 2°C dargestellt. Der Reaktor „geht durch", wobei der Umsatz kurzfristig auf fast 100% steigt, und stellt sich dann aperiodisch auf den neuen stationären Endwert ein, der C in Abb. 8-7 entspricht. In ähnlicher Form würde bei Senkung von $\bar{T}_W$ ein Übergang nach A erfolgen.

Ganz anders ist das Verhalten an einem zwar statisch stabilen, aber dynamisch instabilen Betriebspunkt. Hier tritt, ähnlich wie in Abb. 8-10 gezeigt, bei einer Störung durch geringfügige Erhöhung der Kühlmitteltemperatur ein Oszillieren von Temperatur und Umsatz auf.

Man kann durch Variieren von Temperatur und Verweilzeit in den Stabilitätskriterien von Kapitel 8 die Grenzen der statischen und dynamischen Stabilität in einem T-t Diagramm darstellen. Für das gewählte Beispiel der thermischen Substanzpolymerisation von Styrol ergibt sich, daß alle technisch interessanten Betriebszustände statisch und dynamisch instabil sind. Eine stabile Betriebsweise des Reaktors kann hier also nur durch geeignete Regelung sichergestellt werden; die Untersuchung von Störungen gewinnt besondere Bedeutung.

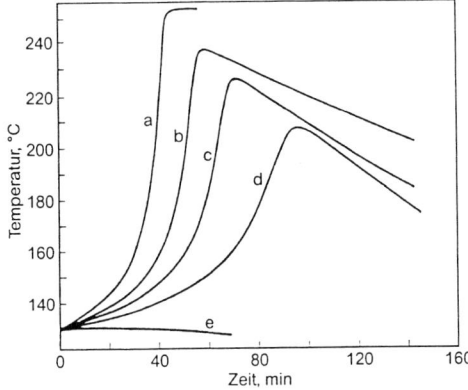

Abb. 17-12. Temperatur-/Zeit-Kurven bei Ausfall des Monomerenzulaufs und unterschiedlicher Kühlung [77] Betriebspunkt:
$U = 0,6$, $T^{aus} = 130\,°C$; $q = q_{st}$.
Kurve a: $q = 0$; b: $q = 0,63\,q_{st}$;
c: $q = q_{st}$; d: $q = 1,26\,q_{st}$;
e: $q = 1,79\,q_{st}$

Als größere Störmöglichkeiten am Reaktor kommen in Frage

1) Ausfallen des Zu- und Ablaufs,
2) Verminderung der Kühlleistung über die Kühlfläche. Im ungünstigsten Fall fällt die gesamte Kühlung aus.

Beide Störungen können auch zusammen auftreten. Einige Beispiele werden im folgenden besprochen.

Abbildung 17-12 zeigt den Temperatur/Zeit-Verlauf bei völligem Ausfall der Pumpen für Zulauf und Austrag und unterschiedlicher spezifischer Wärmeabfuhr q. Kurve a gilt für völligen Ausfall von Monomeren-Zufuhr und Kühlung, also für adiabatische Reaktion. Kurve c gilt für den Fall, daß nur der Zulauf ausfällt, die spezifische Wärmeabfuhr aber den Wert q_{st} der stationären Fahrweise beibehält. Den Kurven ist zu entnehmen, daß bei Eintreten der Störung zur Zeit $t = 0$ die Temperaturen im Reaktorinnern zunächst langsam, dann schneller ansteigen. Gleichzeitig steigt auch der Umsatz über den Wert beim stationären Betriebspunkt an, der Reaktor „geht durch". Man sieht aus Kurve e, daß bei Ausfall des Zulaufs etwa eine um den Faktor 1,8 erhöhte spezifische Wärmeabfuhr erreicht werden muß, wenn man einen Temperaturanstieg völlig vermeiden will.

Etwas anders liegt der in Abb. 17-13 betrachtete Fall. Hier ist der Reaktor 20 min lang durchgegangen. Nach dieser Zeit setzt die Kühlung, nicht aber der Zulauf, wieder ein. Im Vergleich zu Abb. 17-12 sind größere Änderungen der spezifischen Wärmeabfuhr q erforderlich, um ähnliche Änderungen im Kurvenverlauf zu erzielen.

In Tabelle 17/6 sind Fälle zusammengestellt, in denen der Reaktor verschieden lange Zeit adiabatisch durchgegangen ist und die Kühlung, nicht der Durchsatz, nach dieser Zeit wieder einsetzt. Angegeben ist die spezifische Wärmeabfuhr, die zum Abfangen jedes weiteren Temperaturanstiegs aufgebracht werden muß. Erste bzw. dritte Zeile der Tabelle entsprechen Abb. 17-12 Kurve e bzw. Abb. 17-13 Kurve d. Man sieht, daß mit steigender Durchgehzeit immer höhere Kühlleistungen zum Abfangen aufgebracht werden müssen.

Natürlich gelten die gezeigten Ergebnisse nur für die hier willkürlich gewählten Zahlenwerte von Betriebspunkt, Zulauftemperatur und q_{st}. Die Rechnungen können

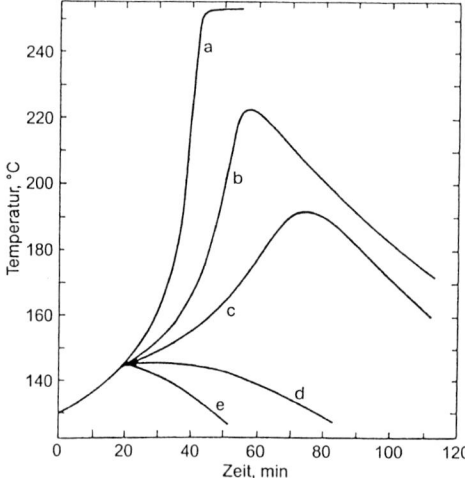

Abb. 17-13. Temperatur-/Zeit-Kurven bei Ausfall von Zulauf und Kühlung und Wiedereinsetzen der Kühlung nach 20 min mit unterschiedlicher spezifischer Wärmeabfuhr q [77]
Betriebspunkt:
$U = 0,6$; $T^{aus} = 130\,^\circ C$; $q = q_{st}$.
Kurve a: $q = 0$; b: $q = 1,68\ q_{st}$;
c: $q = 2,31\ q_{st}$; d: $q = 3,16\ q_{st}$;
e: $q = 4,21\ q_{st}$

Tabelle 17/6. Abfangen des durchgehenden Reaktors nach verschieden langer Durchgehdauer
Betriebspunkt: $U = 0,6$; $T^{aus} = 130\,^\circ C$; $q = q_{st}$

Durchgehdauer [min]	Zum Abfangen benötigtes Verhältnis q/q_{st}	Beim Durchgehen erreichte Temperatur [°C]
0	1,79	130
10	2,31	136
20	3,16	145
30	5,68	162
35	10,0	181,5

aber mit sehr geringem Aufwand für andere Zahlenwerte wiederholt werden und geben z. B. Aufschluß darüber, wie rasch nach Eintreten einer Störung Umsatz, Temperatur (und daraus berechenbar: Druck) im Reaktor ansteigen und mit welchen Reserven in der spezifischen Wärmeabfuhr bestimmte Störungen noch sicher abgefangen werden können.

17.4.3 Copolymerisation Styrol/Acrylnitril

Bei der Copolymerisation hat, wie im Abschnitt 17.2 gezeigt wurde, das entstehende Copolymerisat in der Regel eine andere Zusammensetzung als die Monomerenmischung. Bei diskontinuierlicher Copolymerisation wird sich das langsamer eingebaute Monomere im Reaktionsgemisch anreichern; die Copolymeren-Zusammensetzung verschiebt sich daher laufend mit fortschreitendem Umsatz. Nach Skeist [78] läßt sich bei binärer Copolymerisation die Copolymeren-Zusammensetzung als

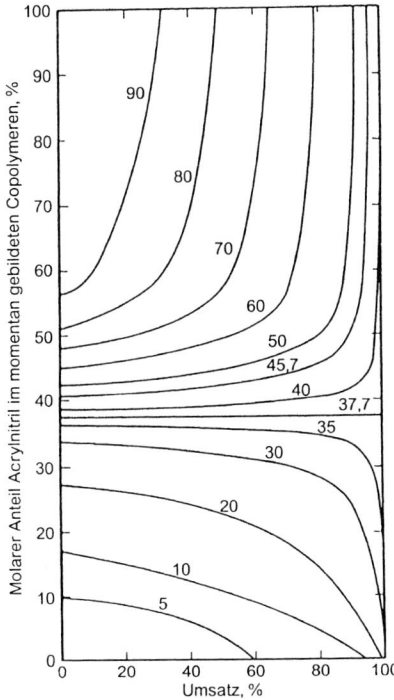

Abb. 17-14. Copolymerisation Styrol/Acryl-nitril. Momentane Zusammensetzung des Copolymeren als Funktion des Umsatzes. Parameter: molarer Anteil (%) Acrylnitril in der Monomerenmischung. Berechnet nach Abb. 17-4 und Gl. (17-43) [79]

Funktion des Umsatzes durch Integration gemäß

$$\ln \frac{M}{M_0} = \int_{f_{1,0}}^{f_1} \frac{d f_1}{(F_1 - f_1)} \tag{17-43}$$

berechnen. Dabei ist M die Anzahl der Mole beider Monomerer, f_1 der Molenbruch des Monomeren M_1 in der Monomerenmischung und F_1 der Molenbruch von M_1 im momentan entstehenden Copolymeren. Praktisch geht man bei der Rechnung so vor, daß man gemessene oder aus bekannten Copolymerisationsparametern berechnete Wertepaare von f_1 und F_1 in Form von Abb. 17-4 aufträgt. Mit den der graphischen Darstellung entnommenen Wertepaaren bildet man nun $\frac{1}{(F_1 - f_1)}$ und trägt diese Größe gegen f_1 auf. Graphische Integration liefert dann nach Gl. (17-43) $\ln \frac{M}{M_0}$ und damit den zugehörigen Umsatz. Heute wird die Integration wohl vorwiegend numerisch vorgenommen, wobei nach dem Vorbild von Meyer und Lowry [78] die Gln. (17-22) und (17-43) kombiniert werden. Man kommt so zu einer Darstellung wie Abb. 17-14, die als Pendant zu Abb. 17-4 die momentane Zusammensetzung des Copolymeren als Funktion des Umsatzes angibt.

Man sieht aus Abb. 17-14, daß nur beim azeotropen Punkt mit einem molaren Anteil von ca. 38% Acrylnitril die Zusammensetzung des Copolymeren über den gesamten Umsatz konstant bleibt. Bei allen anderen Monomermischungen entsteht

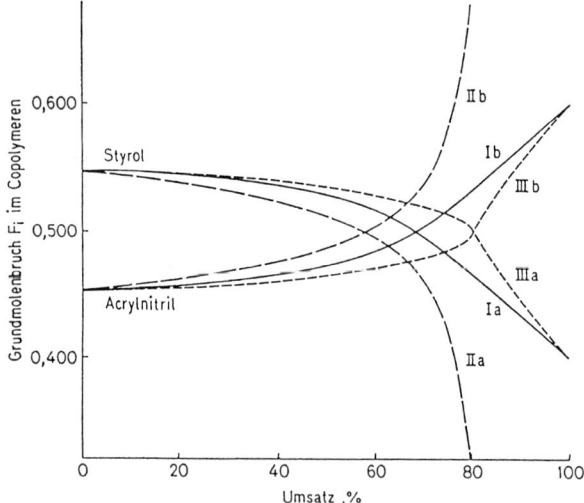

Abb. 17-15. Abhängigkeit der Copolymerenzusammensetzung vom molaren Umsatz. Molare Anteile im Ausgangsmonomerengemisch: 40% Styrol, 60% Acrylnitril [80]

ein uneinheitliches Copolymerisat, bei dem die zu Beginn der Reaktion gebildeten Makromoleküle eine andere Zusammensetzung haben als die gegen Ende entstandenen. Technisch ist das z. B. beim Copolymerisat Styrol/Acrylnitril deshalb unerwünscht, weil schon Unterschiede des molaren Anteils von 4–5% in der Zusammensetzung genügen, um die Copolymeren unverträglich miteinander zu machen. Als Folge der Unverträglichkeit kommt es zu einer Entmischung und Trübung des Copolymeren, die deshalb stört, weil glasklares oder transparent eingefärbtes Copolymerisat einen großen Teil der Handelsprodukte ausmacht. Zu Beginn der Produktentwicklung hatten daher praktisch alle Handelsprodukte die azeotrope Zusammensetzung. Will man davon abweichen, oder ein einheitliches Copolymeres aus Monomeren machen, die wegen der Lage der Copolymerisationsparameter kein Azeotrop bilden, so kann man das durch Copolymerisation in einem ideal durchmischten kontinuierlichen Rührkesselreaktor erreichen. Im stationären Zustand bleiben die Monomerkonzentrationen c_{M_1} und c_{M_2} konstant und es entsteht ein einheitliches Copolymeres. Seine Zusammensetzung ist bei gegebener Zulaufzusammensetzung nur vom stationären Umsatz im Reaktor abhängig und kann aus der Copolymerisationsgleichung (17-22) und zwei Bilanzgleichungen für die beiden Monomeren berechnet werden [80].

Abbildung 17-15 zeigt Styrol- und Acrylnitril-Gehalt eines kontinuierlich hergestellten Copolymeren in Abhängigkeit vom Umsatz (Kurve I) und gleichzeitig differentielle (Kurve II) und integrale Zusammensetzung (Kurve III) des Copolymeren bei diskontinuierlicher Fahrweise. Der Knick in Kurve III erscheint deshalb, weil ab ca. 80% Umsatz (U = 0,8) nur noch reines Polyacrylnitril entsteht, vgl. Abb. 17-14.

17.4.4 Kontinuierliche Herstellung von Polyethylenterephthalat

Ein interessantes Beispiel für eine Polykondensation ist die kontinuierliche Herstellung von Polyethylenterephthalat (PET) aus Dimethylterephthalat (DMT) und Glykol. DMT wird hauptsächlich wegen der besseren Reinigungsmöglichkeiten (K.P. = 288°C) als Ausgangsmaterial gewählt. Neuerdings hat man aber gelernt, genügend reine Terephthalsäure (TPS) herzustellen und kann diese auch direkt für die Polykondensation einsetzen.

In der Umesterungsstufe wird DMT mit Glykol zu einem Oligomerengemisch umgeestert, dessen Hauptbestandteil Diglykolterephthalat (DGT) ist; Methanol wird frei:

$$2HO-CH_2CH_2-OH + H_3COOC - \underset{\text{DMT}}{\langle\bigcirc\rangle} - COOCH_3 \rightleftharpoons$$

$$HOCH_2CH_2-OOC - \underset{\text{DGT}}{\langle\bigcirc\rangle} - COO-CH_2CH_2OH + 2CH_3OH. \qquad (17\text{-}44)$$

In der Polykondensationsstufe erfolgt unter Glykolaustritt die Polykondensation

$$nHOCH_2CH_2-OOC - \underset{\text{DGT}}{\langle\bigcirc\rangle} - COO-CH_2CH_2OH \rightleftharpoons$$

$$H-\left[OCH_2CH_2-OOC - \underset{\text{PET}}{\langle\bigcirc\rangle} - CO\right]_n -OH + nHO-CH_2CH_2-OH. \qquad (17\text{-}45)$$

Wie im Abschnitt 17.2.4 gezeigt wurde, muß ein sehr hoher Umsatz U [s. Gln. (17-33) und (17-34)] erreicht werden und die beiden Arten von funktionellen Gruppen müssen einander sehr genau äquivalent sein, wenn ein ausreichend hoher Polymerisationsgrad P_n (je nach Verwendungszweck etwa 80–180) entstehen soll. Die Äquivalenz stellt man hier ein, indem man zunächst einen Überschuß von Glykol (2,1– 2,2 mol Glykol/mol DMT) einsetzt und dann in der Polykondensationsstufe laufend Glykol abdestilliert. Zur Erzielung eines hohen Umsatzes muß Rückvermischung unbedingt vermieden werden; als kontinuierliche Reaktoren kommen also Strömungsrohr oder Rührkesselkaskade in Betracht [81, 82].

Abbildung 17-16 zeigt eine von der Firma Vickers-Zimmer AG [83, 84] entwickelte Ausführungsform. Glykol und aufgeschmolzenes DMT werden in den ersten Reaktor einer vierstufigen, mit Robert-Verdampfern ausgerüsteten Umesterungskaskade dosiert. Die Dampfräume aller vier Reaktoren sind miteinander verbunden. Das frei werdende Methanol und mitverdampfendes Glykol gelangen in eine Trennkolonne, an deren Kopf Methanol und Verunreinigungen (Wasser, Aldehyde) abgezogen werden, während Glykol in den ersten Reaktor zurückgeht.

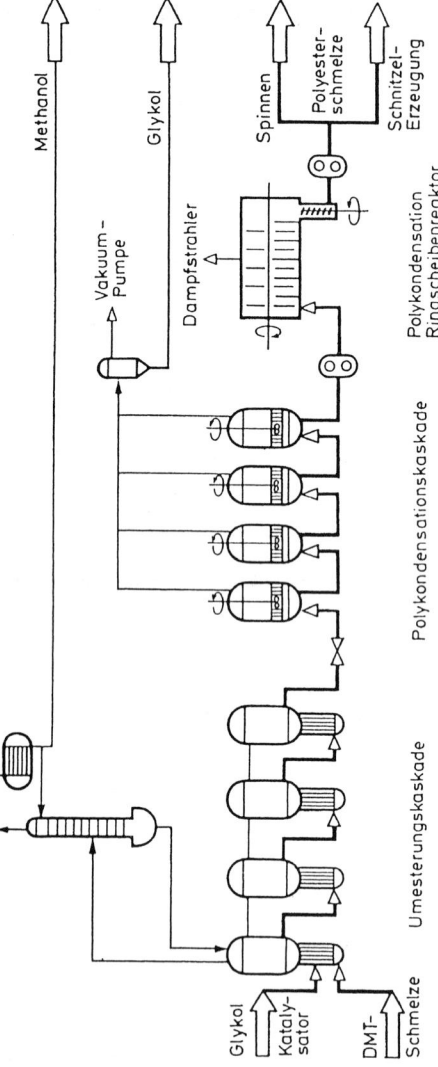

Abb. 17-16. Schema der kontinuierlichen Herstellung von Polyethylenterephthalat [84]

Dadurch verschiebt sich das Gleichgewicht vollständig auf die rechte Seite von Gl.
(17-44). Die Umesterung erfolgt im allgemeinen unter Normaldruck bei Temperaturen von 150–200 °C.

Die Polykondensation geschieht in zwei Stufen. Die erste Stufe ist wieder als
vierstufige Rührkesselkaskade ausgebildet; sie wird bei 2000–2670 Pa und 265–275 °C
betrieben. Das frei werdende Glykol wird in Einspritzkondensatoren kondensiert; es
kann aufdestilliert und wieder verwendet werden. Die Polyesterschmelze verläßt die
Kaskade mit Polymerisationsgraden von $P_n = 20 \ldots 35$ und wird in die zweite
Polykondensationsstufe gepumpt. Diese besteht aus einem gekammerten, liegenden
Reaktor, der mit rotierenden Ringscheiben ausgestattet ist. Die Schmelze durchströmt die einzelnen Kammern, wird von den rotierenden Scheiben hochgezogen und
fällt in zusammenhängenden Schleiern wieder in den Sumpf zurück. Aus den so
entstehenden dünnen Schichten kann die geringe Restmenge an Glykol mit kurzen
Diffusionswegen und großer Oberfläche ausgasen; der Stofftransport ist geschwindigkeitsbestimmend. Der Betriebsdruck liegt bei 67–530 Pa, die Temperatur bei 270–
280 °C. Die Schmelze mit Polymerisationsgraden bis zu etwa $P_n = 120$ wird mit einer
Schnecke ausgetragen und kann zur Erzeugung von Schnitzeln oder direkt zum
Spinnen eingesetzt werden.

In der Schmelze finden zwischen den einzelnen Makromolekülen immer auch
Umesterungsreaktionen vom Typ

$$\text{'''}R_1COO-CH_2CH_2-OOCR_2\text{'''} + HO-CH_2CH_2-OOCR_3\text{'''} \rightleftharpoons$$

$$\text{'''}R_1COO-CH_2CH_2-OOCR_3\text{'''} + HO-CH_2CH_2-OOCR_2\text{'''} \qquad (17\text{-}46)$$

statt, die dafür sorgen, daß die Molmassenverteilung des Polyesters sich relativ rasch
homogenisiert und immer der Schulz-Flory-Verteilung entspricht.

17.5 Heterogene Polymerisationsverfahren

Die Ausführungen in den Abschnitten 17.2 bis 17.4 beschränken sich auf homogene
Substanz- und Lösungspolymerisation und die ebenfalls homogene Schmelzpoly-
kondensation. Daneben existieren die heterogenen Polymerisationsverfahren der
Fällungs-, Perl- und Emulsionspolymerisation, die in Tab. 17/7 kurz beschrieben
sind. Sie wurden ursprünglich konzipiert, um die technischen Schwierigkeiten zu
umgehen, die durch die hohe Viskosität der Polymerlösungen bei der Substanz- und
Lösungspolymerisation auftreten. Später trat dieses Motiv mehr in den Hintergrund;
man fand besondere Anwendungen für die feinverteilten Kunststoffe aus den
heterogenen Verfahren. Für die anwendungstechnischen Eigenschaften werden als
zusätzliche Parameter Teilchenform, -größe und -größenverteilung bestimmend
(s. Tab. 17/2).

Tabelle 17/7. Heterogene Polymerisationsverfahren

Verfahren	Charakterisierung	Beispiele*
Lösungspolymerisation mit Entmischung	Polymer A gelöst in Monomer B Phasentrennung in Polymer A u. Polymer B, beide gelöst in Monomer A	HIPS, ABS
Fällungspolymerisation	a) Polymeres unlöslich im Monomeren b) Monomeres mischbar mit Fällungsmittel für Polymeres	PVC, HDPE, LLDPE, PP PAN in Wasser, HDPE und PP in inertem Fällungsmittel
Perlpolymerisation	Monomeres und Polymeres unlöslich in Wasser a) Polymeres lösl. im Monomeren b) Polymer unlösl. im Monomeren Initiator lösl. im Monomeren Schutzkolloid od. Pickering-Emulg.	PS, EPS, PMMA S-PVC
Emulsionspolymerisation	Monomeres und Polymeres unlösl. in Wasser Wasserlösl. Initiator a) ionogener Emulgator b) Schutzkolloid	SBR, ABS, E-PVC, SAN PVA

* Abkürzungen s. Tab. 17/8

Tabelle 17/8. Häufig gebrauchte Kurzbezeichnungen (Acronyms) für Polymere

Acronym	Polymeres	Acronym	Polymeres
ABS	Acrylnitril/Butadien/ Styrol Terpolymer	PC	Polycarbonat
BR	Butadiene Rubber	PEI	Poly Ether Imide
EPS	Expandierbares Polystyrol	PEO	Polyethylenoxid
E-PVC	Emulsions-PVC	PESU	Polyethersulfon
HDPE	High Density Polyethylene	PET	Polyethylenterephthalat
HIPS	High Impact Polystyrene (schlagfestes PS)	PIB	Polyisobuten
LDPE	Low Density Polyethylene	PMMA	Polymethylmethacrylat
LLDPE	Linear Low Density PE	POM	Polyoxymethylen (Polyformaldehyd)
PA 6	Polyamid 6 (aus Caprolactam)	PP	Polypropylen
PA 66	Polyamid 66 (aus Hexamethylendiamin + Adipinsäure)	PS	Polystyrol
		PTFE	Polytetrafluorethylen
PAA	Polyacrylsäure	PUR	Polyurethan
PAEK	Polyaryletherketon	PVAC	Polyvinylacetat
PAI	Polyamidimid	PVAL	Polyvinylalkohol
PAN	Polyacrylnitril	PVC	Polyvinylchlorid
		SAN	Styrol/Acrylnitril Copolymer
		SBR	Styrene Butadiene Rubber
		S-PVC	Suspensions-(Perl-)PVC

Quelle: [128]

17.5.1 Lösungspolymerisation mit Entmischung [85–89]

Bei der Herstellung von schlagfestem Polystyrol (HIPS) werden 5–10 % Polybutadien in Styrol gelöst. Wird nun das Styrol polymerisiert, so kommt es schon bei kleinen Umsätzen zur Entmischung in zwei unverträgliche Phasen: Polybutadien in Styrol und Polystyrol in Styrol. Nach einer Phasenumkehr liegt am Schluß eine disperse Polybutadienphase in einer kohärenten Polystyrolmatrix vor.

17.5.2 Fällungspolymerisation [39, 90–93]

Bei der Substanzpolymerisation von Vinylchlorid, z. B. nach dem St. Gobain-Verfahren [94, 95], fällt Polyvinylchlorid aus dem flüssigen Monomeren aus. Bei der Polymerisation von Ethylen mit Ziegler-Katalysatoren, oft in Gegenwart eines inerten Verdünnungsmittels, entsteht eine sog. slurry aus ausgefälltem Polyethylen [96–99]. Auch die sog. Gasphasenpolymerisation von Ethylen oder Propylen [100–102] ist eine Fällungspolymerisation. Der Initiator sitzt in oder an den Polymerteilchen, Monomeres löst sich im Polymeren und wird aus der Gasphase nachgeliefert. Der eigentliche Reaktionsort ist die Pulverphase.

17.5.3 Perlpolymerisation [103–110]

Dieses Verfahren, das praktisch immer diskontinuierlich durchgeführt wird, soll etwas ausführlicher besprochen werden. Man löst den radikalischen Initiator im Monomeren auf und emulgiert das Monomere in Wasser. Als Emulgator dienen entweder organische, wasserlösliche Makromoleküle, sog. Schutzkolloide, oder feinverteilte, wasserunlösliche anorganische Substanzen, sog. Pickering-Emulgatoren. Reaktionskinetisch bietet die Perlpolymerisation keine Besonderheiten; die Monomertröpfchen polymerisieren nach den üblichen Gesetzmäßigkeiten der radikalischen Polymerisation. Man spricht deshalb auch von einer wassergekühlten Substanzpolymerisation.

Beim Emulgieren des Monomeren im Wasser stellt sich zunächst ein dynamisches Gleichgewicht zwischen Zerteilung durch den Rührer und Zusammenfließen der Tröpfchen ein. Bei einem bestimmten Umsatz, der umso niedriger liegt, je mehr Schutzkolloid oder Pickering-Emulgator eingesetzt wird, friert dieses Gleichgewicht ein und das Einzelteilchen behält seine Identität. Hopff u. a. [111, 112] haben die Abhängigkeit des mittleren Perldurchmessers L von den Variablen der Perlpolymerisation nach den Methoden der Dimensionsanalyse untersucht. Als Modell diente die Polymerisation von Methylmethacrylat mit so hohen Konzentrationen von Polyvinylalkohol, daß das dynamische Gleichgewicht schon bei ganz niedrigen Umsätzen einfror. Die Variablen, die den Perldurchmesser beeinflussen, sind in Tabelle 17/9 zusammengestellt. Danach gilt für den Perldurchmesser

$$L = f(D, d, n, \Phi, \eta_w, \eta_M, \varrho_w, \varrho_M, \sigma, g), \tag{17-47}$$

Tabelle 17/9. Variable der Perlpolymerisation [111]

Variable	Dimension	Abkürzung
Kesseldurchmesser	cm	D
Rührerbreite	cm	d
Drehzahl des Rührers	s^{-1}	n
Phasenverhältnis	–	Φ
Dynam. Viskosität der wäßrigen Phase	$g\,cm^{-1}\,s^{-1}$	η_w
Dynam. Viskosität der Monomerphase	$g\,cm^{-1}\,s^{-1}$	η_M
Dichte der wäßrigen Phase	$g\,cm^{-3}$	ϱ_w
Dichte der Monomerphase	$g\,cm^{-3}$	ϱ_M
Grenzflächenspannung	$g\,s^{-2}$	σ
Erdbeschleunigung	$cm\,s^{-2}$	g

d. h., es existiert eine Funktion zwischen 11 Größen, in denen 3 Dimensionen (cm, g, s) vorkommen. Nach dem Π-Theorem der Ähnlichkeitslehre [111a] lassen sich diese Größen zu $11 - 3 = 8$ dimensionslosen Kennzahlen zusammenfassen, für die

$$f(\Pi_1, \Pi_2, \Pi_3 \ldots \Pi_8) = 0 \tag{17-48}$$

gilt. Hopff u. a. [111] wählten für die Kennzahlen

$$f\left(\frac{L}{D}, \frac{d}{D}, \Phi, \frac{\eta_M}{\eta_w}, \frac{\varrho_M}{\varrho_w}, Re, Fr, We\right) = 0. \tag{17-49}$$

In Gl. (17-49) bedeuten

$$
\begin{aligned}
Re &= \text{Reynolds-Zahl} &&= (D^2 \cdot n \cdot \varrho_w)/\eta_w, \\
Fr &= \text{Froude-Zahl} &&= (D \cdot n^2)/g, \\
We &= \text{Weber-Zahl} &&= (D^3 \cdot n^2 \cdot \varrho_w)/\sigma.
\end{aligned}
\tag{17-50}
$$

Da mit geometrisch ähnlichen Reaktoren und konstanter Temperatur gearbeitet wurde, bleiben $\dfrac{d}{D}$ und $\dfrac{\varrho_M}{\varrho_w}$ konstant und da L schon bei ganz niedrigen Umsätzen festliegt, muß auch die Änderung von η_M durch die Polymerisation nicht berücksichtigt werden.

Abbildung 17-17 zeigt experimentelle Ergebnisse bei wechselnder Drehzahl n und Rührerdurchmesser d, die der empirischen Gleichung

$$\log L = a - 0{,}8 \log d - 1{,}5 \log n \tag{17-51}$$

genügen; a ist eine Konstante. Zusammen mit Messungen bei wechselnder Schutzkolloidkonzentration (Variation von η_w und σ) und mit verschiedenem Phasenverhält-

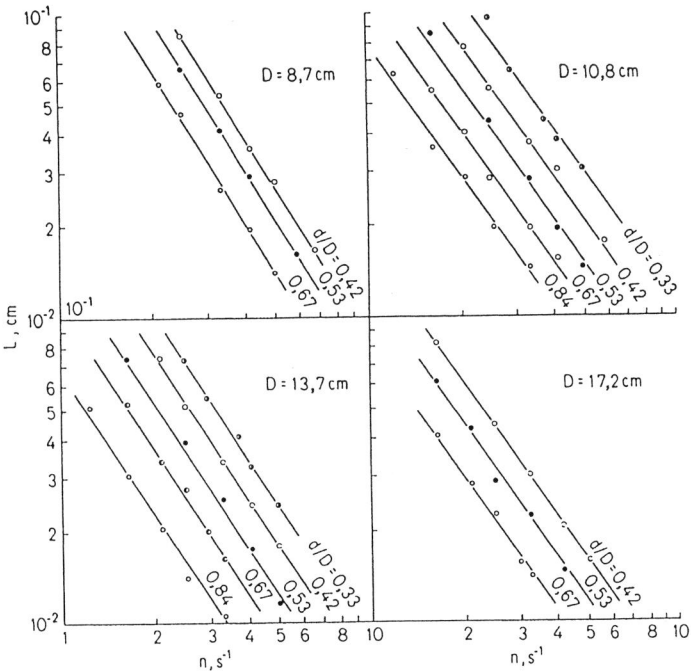

Abb. 17-17. Mittlerer Perldurchmesser L in Abhängigkeit von der Drehzahl n mit Durchmesserverhältnis d/D als Kurvenparameter und vier verschiedenen Reaktordurchmessern D [112]

nis Φ ergibt sich die Kenngrößengleichung

$$\frac{L}{D} = A \cdot Re^{0,5} \cdot Fr^{-0,1} \cdot We^{-0,9} \cdot \left(\frac{\eta_M}{\eta_w}\right)^{0,1} \cdot \Phi^0. \tag{17-52}$$

Das Phasenverhältnis hat also keinen Einfluß, und da ohnehin so stark gerührt wird, daß es nicht zum Aufrahmen des Monomeren kommt, kann man auch den geringen Einfluß der Schwerkraft über die Froude-Zahl vernachlässigen und erhält als vereinfachtes Endergebnis

$$\frac{L}{D} = A \cdot Re^{0,5} \cdot We^{1,0} \cdot \left(\frac{\eta_M}{\eta_w}\right)^{0,1}. \tag{17-53}$$

Kennzahlengleichungen wie (17-52) und (17-53) können im Prinzip auch ohne Kenntnis der Exponenten für Maßstabsvergrößerungen verwendet werden, denn L/D bleibt konstant, wenn nur bei der Vergrößerung alle Kennzahlen auf der rechten Seite konstant gehalten werden. Bei Verwendung gleichbleibender Substanzen und daher nur sehr geringen Variationen von ϱ, η und σ ist das aber, wie Gl. (17-50) zeigt, nicht möglich. Zudem ist man in der Praxis nicht an der Konstanz von L/D interessiert, sondern möchte den mit einem bestimmten Rezept erreichten Perldurchmesser L konstant halten. Daher greift man für das Scale-up auf Gl. (17-51) zurück. Index M kennzeichnet die Modell- und Index G die Großausführung; es soll $L_G = L_M$ erreicht werden. Aus Gl. (17-51) folgt

$$-0,8 \log d_G - 1,5 \log n_G = -0,8 \log d_M - 1,5 \log n_M$$

und

$$n_G = n_M \cdot \left(\frac{d_M}{d_G}\right)^{\frac{0,8}{1,5}} \approx n_M \left(\frac{d_M}{d_G}\right)^{0,5}. \tag{17-54}$$

Bei einem Vergrößerungsverhältnis von z. B. $d_G/d_M = 25$, das entspricht bei ähnlichen Reaktoren einer Volumenvergrößerung um den Faktor $25^3 = 15\,600$, ergibt sich aus Gl. (17-54)

$$n_G = n_M \left(\frac{1}{25}\right)^{0,5} = \frac{1}{5}\, n_M.$$

Die Rührerdrehzahl n_G muß also in der Großausführung erheblich herabgesetzt werden.

17.5.4 Emulsionspolymerisation [113–120]

Auch dieses Verfahren beginnt mit dem Emulgieren des Monomeren im Wasser, hier aber in Gegenwart eines wasserlöslichen Initiators und eines meist ionogenen Emulgators. Im Gegensatz zur Perlpolymerisation sind die Volumina der entstehenden Polymerteilchen (Latexteilchen) aber um etwa den Faktor 10^{-4} kleiner als die ursprünglichen Monomertröpfchen. Der Emulgator liegt in Konzentrationen oberhalb der kritischen Micellkonzentration (CMC) vor und bildet Micellen, in denen Monomeres gelöst (solubilisiert) wird. In Abb. 17-18 ist das System schematisch dargestellt.

Radikale aus dem Zerfall des Initiators (z. B. $K_2S_2O_8$) treten in die Micellen ein, das dort solubilisierte Monomere (z. B. Styrol) polymerisiert, und aus der Micelle entsteht ein Latexteilchen. Monomeres wird aus den Tröpfchen nachgeliefert und die kleinen Latexteilchen wachsen auf Kosten der großen Monomertröpfchen. Dadurch nimmt die Gesamtgrenzfläche im System zu. An ihr wird immer mehr Emulgator adsorbiert, bis die CMC in der Wasserphase unterschritten wird und die Micellen verschwinden. Die Teilchenbildungsperiode (I) ist damit beendet. In der folgenden Wachstumsperiode (II) wachsen die vorhandenen Latexteilchen weiter, bis alle Monomertröpfchen aufgezehrt sind. Während der Verarmungsphase (III) polymerisiert das in den Latexteilchen noch vorhandene restliche Monomere aus.

Smith und Ewart [121, 122] haben auf der Basis dieses Mechanismus eine kinetische Theorie entwickelt, die für sehr wenig wasserlösliche Monomere wie Styrol und Butadien experimentell gut bestätigt ist. Bei stärker wasserlöslichen

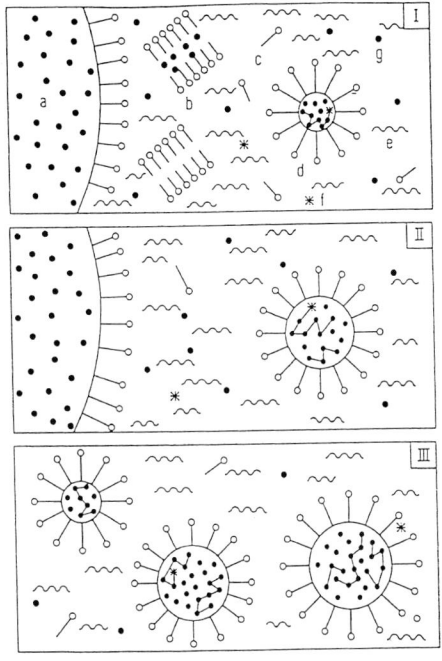

Abb. 17-18. Schema einer Emulsionspolymerisation [117] mit I Teilchenbildungsperiode, II Wachstumsperiode, III Verarmungsphase. a Monomertröpfchen, b Micelle, c Emulgatormolekül, d Latexteilchen, e Wasser, f Radikal, g Monomermolekül

Monomeren wie Vinylacetat oder Acrylester können Latexteilchen auch ohne Beteiligung von Micellen direkt aus der wäßrigen Phase gebildet werden. Auf die kinetischen Besonderheiten und weitere Einzelheiten kann hier nicht eingegangen werden [123-125].

Die Emulsionspolymerisation ist das wohl vielseitigste Polymerisationsverfahren, mit dem eine große Zahl von Monomeren diskontinuierlich, halbkontinuierlich oder kontinuierlich polymerisiert wird. Das größte Einzelprodukt ist der Synthesekautschuk (SBR), ein Styrol/Butadien-Copolymerisat. Hier wird der in einer Rührkesselkaskade kontinuierlich gewonnene Latex koaguliert und das Polymere getrocknet. In vielen Fällen wird die meist nach einem halbkontinuierlichen Zulaufverfahren erhaltene Kunststoff-Dispersion aber auch direkt für Anstriche, Klebstoffe u. a. verwendet.

17.6 Schlußbemerkung

Dieses Kapitel sollte einführen in die Methoden, mit denen bei technischen Polyreaktionen bestimmte, chemisch und physikalisch wohldefinierte Kenngrößen der Polymeren (vgl. Tab. 17/2) auf vorgegebene Werte eingestellt werden können. Kunststoffe werden aber im allgemeinen wegen ihrer gebrauchs- oder anwendungstechnischen Eigenschaften gekauft. Die Zusammenhänge zwischen diesen oft sehr

komplexen Eigenschaften und den genannten Kenngrößen sind nur sehr unvollständig und meist empirisch bekannt. (Als Einführung seien z. B. [15, 126, 127]
empfohlen). Zu ihrer Aufklärung wird noch viel Forschungsarbeit notwendig sein,
die aber wohl nicht mehr der Chemischen Reaktionstechnik zugerechnet werden
kann.

A Mathematischer Anhang

Mit den folgenden Ausführungen zu mathematischen Problemen aus dem Bereich der Reaktionstechnik soll weder ein Überblick über die möglichen Verfahren noch eine streng mathematische Darstellung mit Herleitung und Beweisführung gegeben werden. Es ist vielmehr das Ziel, sowohl dem lernenden Studenten wie auch dem arbeitenden Chemiker oder Ingenieur, *ausgewählte* Verfahren für typische Fragestellungen zu erläutern und als Algorithmus zur Verfügung zu stellen. Zugleich soll aufgezeigt werden, welche Möglichkeiten sich aufgrund der Numerik – besonders unter Berücksichtigung heutiger Rechnerleistungen – bei der Lösung auch komplexerer Probleme ergeben[1]).

Dieser Anhang soll also die Bedeutung der Modellierung und damit verbunden die Anwendung numerischer Methoden – die meistens den Einsatz des Computers verlangen – unterstreichen. Die ausgewählten Verfahren sind speziell für die Behandlung reaktionstechnischer Probleme besonders wichtig.

A1 Nullstellenbestimmung

Die Bestimmung von Nullstellen ist eine immer wieder anzutreffende Aufgabe im ingenieur-wissenschaftlichen Bereich. Anwendungen sind in der Lösung nichtlinearer Gleichungen (z. B. $x - \sin(x) = 0$), in der Behandlung einfacher Optimierprobleme, bei denen die Ableitungen bekannt sind (vgl. Kapitel 3.3), sowie bei der Lösung charakteristischer Gleichungen im Zuge der Lösung von Differentialgleichungen (s. Anhang A2.1) zu sehen.

Für die Nullstellenbestimmung bieten sich vor allem numerische Verfahren an, da man bei diesen nur sehr grobe Schätzwerte für die Nullstelle angeben muß und sich dann durch Iterationen an den wahren Wert annähert. Hierzu gibt es mehrere Verfahren, bei denen der Schätzwert mehr oder weniger genau sein muß und eine bessere oder schlechtere Konvergenz erreicht wird. Von der Konvergenzsicherheit her bieten sich vor allem die Intervallschachtelungsverfahren an, bei denen ein Intervall vorgegeben wird, in dem die Nullstelle (im Normalfall eine ungerade[2]) enthalten sein muß. Konvergenz in jedem Fall sowie eine geringe notwendige Anzahl

---

[1]) Weitere Lösungsmöglichkeiten für die behandelten Fragestellungen wie auch für andersartig gelagerte Fälle können der zitierten einschlägigen Fachliteratur entnommen werden.

[2]) Für den Fall der geradzahlig vielfachen Nullstellen s. [1].

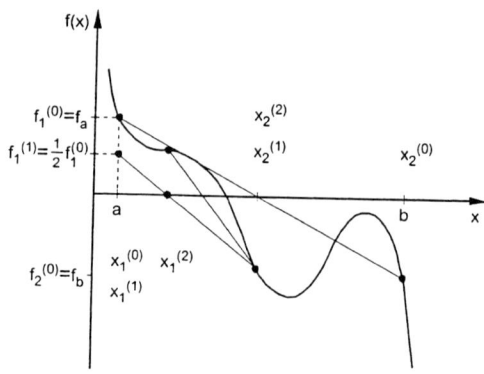

Abb. A-1. Graphische Darstellung der ersten drei Iterationsschritte des Illinois-Verfahrens

an Iterationen gewährleistet z. B. das Illinois-Verfahren, das eine Modifikation der Regula falsi darstellt [1, 2].

Die Idee, die hinter den Intervallschachtelungs- bzw. Einschlußverfahren steckt, ist die stetige Verkleinerung des vorgegebenen Intervalls, in dem die Nullstelle nachweislich enthalten ist. Die Bestimmung des neuen Intervalls erfolgt anschaulich aufgrund des Ziehens einer Geraden durch die Funktionswerte an den Intervallenden – oder auch eines gewissen Anteils des Funktionswertes – und dem dadurch entstehenden Schnittpunkt mit der Abszisse (vgl. Abb. A-1). Es muß dann nur noch eine Prüfung erfolgen, ob die gesuchte Nullstelle nun in dem (neuen) Intervall rechts oder links des ermittelten Schnittpunktes liegt.

Nach Engeln-Müllges u. Reutter [1] kann man die Iterationsvorschrift in einer eher impliziten Form darstellen. Die Vorteile sind zum einen, daß man mit weniger Variablen (beim Programmieren) auskommt und zum anderen, daß die Vorgehensweise etwas anschaulicher ist:

0. Ausgegangen wird von den Intervallbegrenzungen $x_1 = a$ und $x_2 = b$ sowie den dazugehörigen Funktionswerten $f(x_1)$ und $f(x_2)$ mit $f(x_1) \cdot f(x_2) < 0$.

1. Im ersten Schritt wird die Steigung der Geraden durch die beiden Punkte an den Intervallgrenzen berechnet:

$$m = \frac{f(x_2) - f(x_1)}{x_2 - x_1}.$$ (A-1)

2. Als nächstes erfolgt die Berechnung des Schnittpunktes der Geraden mit der Abszisse:

$$x_S = x_2 - \frac{f(x_2)}{m}.$$ (A-2)

3. Nach der Berechnung des zugehörigen Funktionswertes $f(x_S)$ wird geprüft, ob der Schnittpunkt bereits die gesuchte Nullstelle ist; $f(x_S) = 0$?

4. Abhängig von der Lage des Schnittpunktes x_S zur Nullstelle wird das neue Intervall festgelegt:

a) $f(x_S) \cdot f(x_2) < 0$

   $x_1 := x_2$ und $f(x_1) := f(x_2)$

   $x_2 := x_S$ und $f(x_2) := f(x_S)$.   (A-3)

b) $f(x_S) \cdot f(x_2) > 0$

   $x_1 := x_1$ und $f(x_1) := \lambda \cdot f(x_1)$

   $x_2 := x_S$ und $f(x_2) := f(x_S)$.   (A-4)

Der Faktor λ wird gegenüber der reinen Regula falsi ($\lambda = 1{,}0$) eingeführt, um das Konvergenzverhalten zu verbessern ($0 < \lambda < 1$). Beim Illinois-Verfahren gilt: $\lambda = 0{,}5$.

5. Die Iteration ist dann beendet, wenn der Funktionswert zu dem berechneten Schnittpunkt Null ergibt oder das Verfahren konvergiert ist und eine berechnete Näherungslösung angegeben werden kann. Als Konvergenzkriterium dient die Abweichung zweier aufeinanderfolgender Schnittpunkte:

$$x_S^{(i)} - x_S^{(i-1)} < \varepsilon \quad \text{mit} \quad \varepsilon > 0. \tag{A-5}$$

A2 Lösung von Differentialgleichungen und Differentialgleichungssystemen

Differentialgleichungen dienen in den Naturwissenschaften vor allem der Beschreibung von „realen" Prozessen. Im Bereich der Technischen Chemie geben sie Stoff- und Wärmetransportvorgänge einzelner Teilschritte (Ficksches und Fouriersches Gesetz), wie auch des Gesamtsystems (Bilanzgleichungen) wieder. Systeme von Differentialgleichungen ergeben sich durch die Berücksichtigung mehrerer Komponenten innerhalb einer Phase, für heterogene Reaktionssysteme, bei denen in mehreren Phasen bilanziert wird und im nicht-isothermen Fall, weil dann Stoff- und Wärmebilanzen simultan betrachtet werden müssen.

   Beachtet man, daß die zu berücksichtigenden Differentialgleichungen maximal 2. Ordnung sind (vgl. Kapitel 5), so liegt die Einschränkung der nachfolgenden Ausführungen auf diese Typen von Differentialgleichungen auf der Hand.

A2.1 Analytische Lösungsmöglichkeiten

Die grundlegenden Bilanzgleichungen in der Technischen Chemie sind zwar partiell und durch dem Reaktionsterm in vielen Fällen auch nicht-linear, aber trotzdem sollen im Rahmen der analytischen Behandlung ausschließlich gewöhnliche lineare Differentialgleichungen betrachtet werden, da nur für diese allgemeingültige Lösungswege angegeben werden können.

Differentialgleichungen 1. Ordnung

Gegeben sei eine gewöhnliche lineare inhomogene Differentialgleichung 1. Ordnung
in der Form

$$\frac{dy}{dx} + P(x)\,y + Q(x) = 0. \tag{A-6}$$

$P(x)$ und $Q(x)$ bezeichnen dabei Funktionen von x. Diese kommen im Bereich der
Reaktionstechnik sehr häufig vor. $Q(x)$ wird als die Inhomogenität der Differentialgleichung bezeichnet. Ist also $Q(x) = 0$, so heißt die Gleichung homogen, sonst
inhomogen.

Die Lösung der inhomogenen Differentialgleichung setzt die Lösung der
zugehörigen homogenen voraus. Im homogenen Fall

$$\frac{dy}{dx} + P(x)\,y = 0 \tag{A-7}$$

lassen sich die Variablen trennen:

$$\frac{dy}{y} + P(x)\,dx = 0. \tag{A-8}$$

Das allgemeine Integral von Gl. (A-8) lautet:

$$y = C \exp\left(-\int P(x)\,dx\right), \tag{A-9}$$

worin C die Integrationskonstante ist.

War die Differentialgleichung homogen, so muß man die vorzugebende Rand-
oder Anfangsbedingung in die allgemeine Lösung der Differentialgleichung (A-9)
einsetzen. Dadurch ist C bestimmt und man erhält die Lösung für den speziellen
Anwendungsfall.

Inhomogene Differentialgleichungen werden nun durch „Variation der Konstanten" gelöst. Der Grundgedanke dieser Methode ist, daß man dem Integral der
inhomogenen Gleichung die gleiche Form wie demjenigen der homogenen Gleichung zu geben versucht. Dazu setzt man

$$y = C(x) \exp\left(-\int P(x)\,dx\right), \tag{A-10}$$

wobei $C(x)$ nun eine noch zu bestimmende Funktion von x ist. Nach korrektem
Einsetzen von Gl. (A-10) in die Differentialgleichung (A-6) ergibt sicht:

$$\frac{d\,C(x)}{dx} \exp\left(-\int P(x)\,dx\right) + Q(x) = 0, \tag{A-11}$$

bzw.

$$\frac{d\,C(x)}{dx} = -Q(x)\,\exp\left(\int P(x)\,dx\right).$$

(A-12)

Aus Gl. (A-12) folgt durch Integration:

$$C(x) = -\int\left[Q(x)\,\exp\left(\int P(x)\,dx\right)\right]dx + C_1.$$

(A-13)

Durch Einsetzen dieser Gleichung in Gl. (A-10) erhält man das allgemeine Integral der inhomogenen Differentialgleichung (A-6):

$$y = -\exp\left(-\int P(x)\,dx\right)\cdot\int\left[\exp\left(\int P(x)\,dx\right)Q(x)\right]dx + C_1\exp\left(-\int P(x)\,dx\right).$$

(A-14)

Setzt man noch die vorzugebende Rand- oder Anfangsbedingung ein, so erhält man einen Wert für C_1 und somit die spezielle Lösung des Differentialgleichungsproblems.

Diese sehr komplex erscheinende Gleichung für die Lösung einer inhomogenen Differentialgleichung 1. Ordnung stellt sich bei der Behandlung eines gegebenen Problems wesentlich einfacher dar, da durch die Lösung der zugehörigen homogenen Differentialgleichung im Normalfall z. B. bereits die Funktion $P(x)$ integriert ist [s. hierzu Gl. (11-24)].

Differentialgleichung 2. Ordnung

In der Technischen Chemie – und der Technik im allgemeinen – spielt die Differentialgleichung

$$a\,\frac{d^2y}{dx^2} + b\,\frac{dy}{dx} + c\,y = 0,$$

(A-15)

in welcher a, b und c konstante Größen sind, eine äußerst wichtige Rolle. In Bilanzgleichungen, welche Stofftransportvorgänge beschreiben, ist der erste Summand der Diffusionsterm mit $a = D$ als Diffusionskoeffizient, $b = u$ ist die (konstante) Geschwindigkeit in x-Richtung, $c = k_1$ die Reaktionsgeschwindigkeitskonstante für eine Reaktion 1. Ordnung und y z. B. die Partialdichte.

Die Differentialgleichung (A-15) ist gewöhnlich, linear, homogen und 2. Ordnung. Das Lösungsverfahren – übrigens bei allen homogenen linearen Differentialgleichungen beliebiger Ordnung mit konstanten Koeffizienten dasselbe – besteht darin, daß man versuchsweise ansetzt:

$$y = C\,e^{\lambda\,x}.$$

(A-16)

Damit erhält man aus Gl. (A-15):

$$C\, e^{\lambda x} (a\, \lambda^2 + b\, \lambda + c) = 0. \qquad\qquad (A-17)$$

Die Gl. (A-17), welche man nach Euler als die „charakteristische Gleichung"
bezeichnet, ist für jede Wurzel λ_i der Klammer erfüllt. Man erhält die Wurzeln durch
Nullsetzen des Klammerausdruckes. Es ist also

$$y_i = C_i\, e^{\lambda_i x}. \qquad\qquad (A-18)$$

Da die Differentialgleichung (A-15) in der abhängigen Variablen und in ihren
Differentialquotienten linear ist, ist auch die Summe mehrerer Lösungen wiederum
eine Lösung, wovon man sich durch Einsetzen in die Differentialgleichung (A-15)
leicht überzeugen kann. Man erhält demnach eine mit zwei Konstanten behaftete
Lösung der Differentialgleichung (A-15), welche die allgemeine Lösung darstellt:

$$y = C_1\, e^{\lambda_1 x} + C_2\, e^{\lambda_2 x}. \qquad\qquad (A-19)$$

Die beiden Wurzeln λ_1 und λ_2, die durch Auflösen der charakteristischen Gleichung

$$a\, \lambda^2 + b\, \lambda + c = 0 \qquad\qquad (A-20)$$

erhalten werden, sind:

$$\lambda_1 = -\frac{b}{2a} + \sqrt{\frac{b^2}{4a^2} - \frac{c}{a}},$$

$$\lambda_2 = -\frac{b}{2a} - \sqrt{\frac{b^2}{4a^2} - \frac{c}{a}}. \qquad\qquad (A-21)$$

Die Konstanten C_i in der allgemeinen Lösung der Differentialgleichung sind
wiederum über die vorzugebenden 2 Anfangs- oder Randbedingungen zu bestimmen.

Über das hier vorgestellte Verfahren hinaus gibt es für Differentialgleichungen
2. Ordnung noch viele weitere Verfahren, die meist auf ganz spezielle Typen von
Differentialgleichungen zugeschnitten sind (s. hierzu [3]). Der Grundgedanke, der im
Normalfall diesen speziellen Verfahren zugrundeliegt, ist, die gegebene Gleichung
durch geschickte Substitution auf eine Differentialgleichung erster Ordnung zurückzuführen.

A2.2 Numerische Behandlung

Da in vielen Fällen (z. B. Nichtlinearitäten im Reaktionsterm) keine analytischen
Lösungen für Differentialgleichungen angegeben werden können, muß auf numerische Verfahren zurückgegriffen werden. Die Grundidee dabei ist, die Lösung der

Differentialgleichung nicht durch eine explizite Gleichung, die im gesamten Lösungsgebiet definiert ist, zu beschreiben, sondern die Lösung nur an ausgewählten Punkten (sog. Stützstellen) durch den dazugehörenden Funktionswert anzugeben. Daß diese Vorgehensweise natürlich Grenzen besitzt, liegt auf der Hand. Da ist zum einen zu bedenken, daß aufgrund der Betrachtung der Differentialgleichung nur an bestimmten Stellen ein gewisser „Informationsverlust" vorhanden ist und man nur Näherungslösungen erhalten kann. Zum anderen ist es – heute noch und sicher auch in der nahen Zukunft – aufgrund von Speicherplatzbeschränkungen und eingeschränkten Rechenzeiten nicht möglich, jedes Rechengebiet beliebig groß zu machen oder beliebig genau aufzulösen (durch sehr eng liegende Stützstellen). Trotzdem ermöglichen die numerischen Verfahren gerade im reaktionstechnischen Bereich eine größere Bandbreite für die Berechnungen. Man denke z. B. an mehrdimensionale oder zeitabhängige Modelle (partielle Differentialgleichungen) sowie an Reaktionen, bei denen mehrere Komponenten untersucht werden sollen (Differentialgleichungssysteme).

Bei den numerischen Verfahren ist eine etwas andere Einteilung der Typen von Differentialgleichungen sinnvoll, da hier die Ordnung von untergeordneter Rolle ist. Der Ort, an dem einzelne Funktionswerte vorgegeben werden, ist dafür umso entscheidender.

–   Liegen alle gegebenen Werte an dem Rand des Rechengebietes vor, an dem der Prozeß auch startet (z. B. Reaktoreingang oder Zeitpunkt Null), so handelt es sich um ein *Anfangswertproblem*. Anfangswertprobleme werden vom Prinzip her so gelöst, daß, von den Startwerten ausgehend, die Differentialgleichung immer bis zur nächsten Stützstelle integriert wird und somit der *angenäherte* Funktionswert an dieser erhalten wird. Dies wird solange wiederholt, bis man am anderen Rand des Rechengebietes angekommen ist.
–   Sind die vorgegebenen Funktionswerte über zwei oder mehrere Ränder des Rechengebietes verteilt, so spricht man von einem *Randwertproblem*. Dieses wird gelöst, indem man bei den Elementen der Differentialgleichung einen Übergang von Differentialquotienten $\frac{d}{dx}$ zu Differenzenquotienten $\frac{\Delta}{\Delta x}$ (Diskretisierung) durchführt und als Abstand für die Differenzen den (jeweiligen) Stützstellenabstand verwendet. Das Ergebnis ist ein algebraisches Gleichungssystem, das meist linear ist. Die Lösung dieses Gleichungssystems kann dann auf verschiedene Art und Weise wieder numerisch erfolgen und man erhält als Ergebnis die *angenäherten* Funktionswerte der gesuchten Lösung an den Stützstellen.

Anfangswertprobleme

(Gewöhnliche) Anfangswertprobleme n-ter Ordnung lassen sich sehr einfach auf Systeme von Anfangswertproblemen 1. Ordnung zurückführen (vgl. [4], S. 150), so daß die Behandlung dieser Systeme genügt. Da es bei der numerischen Behandlung von Anfangswertproblemen vom Prinzip her gleichgültig ist, ob man von Punkt zu Punkt oder von Vektor zu Vektor rechnet, soll es genügen, das Verfahren am Beispiel einer Differentialgleichung 1. Ordnung zu erläutern.

Vorgestellt werden im folgenden die Runge-Kutta-Verfahren. Diese Verfahren verwenden immer nur den letzten Funktionswert – und natürlich die Differentialgleichung an dieser Stelle – zur Berechnung des neuen Funktionswertes. Man bezeichnet sie aus diesem Grund auch als *Einschrittverfahren*. Die einzelnen Runge-Kutta-Verfahren unterscheiden sich durch die Anzahl m der „Hilfsstützstellen", die zur Berechnung des neuen Funktionswertes an der benachbarten Stützstelle verwendet werden. Man spricht dann von m-stufigen Runge-Kutta-Verfahren, wobei beachtet werden muß, daß hier nur sogenannte explizite Verfahren betrachtet werden (Erkl. s. [4]).

Gegeben sei die Differentialgleichung 1. Ordnung

$$\frac{dy}{dx} = f(x, y) \tag{A-22}$$

und der Startwert

$$y_0 = y(x_0). \tag{A-23}$$

Dann kann aus dem jeweiligen vorherigen Funktionswert y_i der neue (angenäherte) Funktionswert y_{i+1} berechnet werden:

$$y_{i+1} = y_i + \int_{x_i}^{x_{i+1}} f(x, y)\, dx; \quad i = 0 \dots N - 1. \tag{A-24}$$

Hierbei ist N die Anzahl der Stützstellen (Gitterpunkte). Das – im Normalfall analytisch nicht lösbare – Integral wird durch eine Summation von einzelnen Rechtecksflächen angenähert. Die Verfahrensvarianten unterscheiden sich dabei durch die verschiedenen Gewichtungen der linken und rechten Stützstelle eines Intervalls der Breite h_i sowie der Verwendung von Hilfsstützstellen auf halber Intervallbreite. Oft werden die berechneten Steigungen auf halber Intervallbreite nochmals zusätzlich korrigiert. Diese Korrektur fließt dann wieder zu einem bestimmten Maß in die Berechnung des neuen Funktionswertes ein.

Die allgemeine Iterationsvorschrift für m-stufige explizite Runge-Kutta-Verfahren lautet somit:

$$y_{i+1} = y_i + h_i \sum_{j=1}^{m} A_j \cdot k_j (x_i, y_i, h_i). \tag{A-25}$$

Die A_j und $k_j(x_i, y_i, h_i)$ unterscheiden sich für die einzelnen Verfahren und sind bei Engeln-Müllges [1] sehr ausführlich tabelliert. Dort sind auch andere Verfahren (z. B. Euler-Cauchy mit $m = 1$) ausführlich beschrieben.

Wir wollen uns hier auf das *klassische Runge-Kutta-Verfahren* mit $m = 4$ beschränken. Die einzusetzenden Angaben für die A_j und die k_j sind Tabelle A/1 zu entnehmen.

Tabelle A/1. Koeffiziententabelle für das klassische Runge-Kutta-Verfahren

j	A_j	k_j
1	$\dfrac{1}{6}$	$f(x_i, y_i)$
2	$\dfrac{1}{3}$	$f\left(x_i + \dfrac{h_i}{2}, y_i + \dfrac{h_i}{2} k_1\right)$
3	$\dfrac{1}{3}$	$f\left(x_i + \dfrac{h_i}{2}, y_i + \dfrac{h_i}{2} k_2\right)$
4	$\dfrac{1}{6}$	$f(x_i + h_i, y_i + h_i k_3)$

Die spezielle Iterationsvorschrift für das klassische Runge-Kutta-Verfahren lautet somit:

$$y_{i+1} = y_i + h_i \left(\frac{1}{6} k_1 + \frac{1}{3} k_2 + \frac{1}{3} k_3 + \frac{1}{6} k_4\right) \tag{A-26}$$

mit

$$k_1 = f(x_i, y_i),$$

$$k_2 = f\left(x_i + \frac{h_i}{2}, y_i + \frac{h_i}{2} k_1\right),$$

$$k_3 = f\left(x_i + \frac{h_i}{2}, y_i + \frac{h_i}{2} k_2\right),$$

$$k_4 = f(x_i + h_i, y_i + h_i k_3).$$

Versucht man, sich diese Iterationsvorschrift anschaulich nahe zu bringen, so wird deutlich, daß das Rechteck, mit dem das Integral zwischen zwei Stützstellen angenähert wird, sich aus vier Teilen zusammensetzt. Die beiden Anteile von den Rändern (repräsentiert durch k_1 und k_4) besitzen den geringsten Einfluß mit je einem Sechstel. Den Hauptbeitrag liefern zwei Rechtecke, gebildet durch den angenäherten Funktionswert an einer Hilfsstützstelle auf halber Intervallbreite (repräsentiert durch k_2) und der Intervallbreite h_i sowie einem korrigierten Funktionswert (repräsentiert durch k_3) und der Intervallbreite h_i.

Graphisch anschaulicher ist die Erklärung des Prinzips anhand des (gesuchten) Funktionsverlaufs $y(x)$, wie es in Abb. A-2 dargestellt ist. Vor allem die Korrektur des Funktionswertes kann hier besser erklärt werden. Das Prinzip des Runge-Kutta-Verfahrens ist, aus dem gegebenen linken Funktionswert y_i den gesuchten rechten y_{i+1} durch den Stützstellenabstand h_i und eine Steigung zu berechnen. Je nach gewählter Steigung – die durch die Differentialgleichung 1. Ordnung ja gegeben ist –

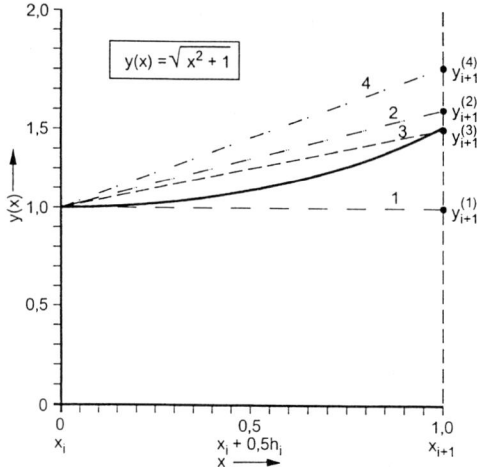

Abb. A-2. Graphische Darstellung des klassischen Runge-Kutta-Verfahrens;

$$y_{i+1} \approx \frac{1}{6}\,(y_{i+1}^{(1)} + y_{i+1}^{(4)})$$

$$+ \frac{1}{3}\,(y_{i+1}^{(2)} + y_{i+1}^{(3)})$$

werden unterschiedliche (neue) Funktionswerte berechnet. Die durch k_1 repräsentierte Steigung ist diejenige im Punkt (x_i, y_i). Der zugehörige rechte Funktionswert $y_{i+1}^{(1)}$ ergibt sich so, wie wenn die Funktion vom gegebenen Ausgangspunkt aus genau mit dieser Steigung weiterverlaufen würde. Der nächste Näherungswert $y_{i+1}^{(2)}$ wird so gewonnen, daß zugehörig zur halben Intervallbreite mit der 1. Näherung ein Hilfspunkt ausgerechnet wird, der dann wiederum zur Bestimmung der Steigung in diesem Hilfspunkt herangezogen wird (repräsentiert durch k_2). Diese zweite erhaltene Steigung legt man wieder in den gegebenen Startpunkt (x_i, y_i) und erhält somit einen zweiten rechten Funktionswert $y_{i+1}^{(2)}$. Man wiederholt diese letzte Prozedur und erhält einen weiteren (korrigierten) Funktionswert, der mit der (berechneten) Steigung auf halber Intervallbreite bestimmt wurde ($y_{i+1}^{(3)}$). Zum Schluß wird noch mit der korrigierten Steigung auf halber Intervallbreite ein Hilfspunkt am rechten Rand berechnet, mit dem sich eine vierte Steigung errechnen läßt, die dann – wieder in den Startpunkt gelegt – den vierten und letzten Näherungswert für y_{i+1} ergibt. Durch geeignete Gewichtung dieser vier erhaltenen Näherungswerte mit A_j ergibt sich schließlich der gesuchte Funktionswert y_{i+1}.

Diese spezielle numerische Integration mittels einer verfeinerten Rechteckregel ermöglicht – vor allem bei Funktionsverläufen, deren 1. Ableitung starke Gradienten besitzen – eine schnellere und bessere Konvergenz des klassischen Runge-Kutta-Verfahrens gegenüber z. B. dem Euler-Cauchy-Verfahren. Aus diesem Grund werden Runge-Kutta-Verfahren auch in vielen kommerziellen Programmen (s. Abschnitt A4) verwendet.

Das vorgestellte Verfahren kann prinzipiell auch bei partiellen Differentialgleichungen angewandt werden, sofern es sich um reine Anfangswertprobleme mit zwei unabhängigen Variablen handelt und keine gemischten Ableitungen auftreten. Als Beispiel kann hier der ideale isotherme Festbettreaktor genannt werden, in dem sich ein katalytisch aktiver Kontakt befindet, der mit der Zeit seinen Oxidationszustand ändert. Die modellmäßige Beschreibung erfolgt pseudohomogen und eindimensional, wobei die Zeit als zweite Variable hinzugenommen wird. Gibt man sowohl die

Konzentration c_i^{ein} am Reaktoreingang ($z = 0$) vor und läßt sie für alle Zeiten t konstant, als auch den Oxidationsgrad f_{Ox} zu Beginn der Reaktion ($t = 0$) an allen Stellen z im Reaktor, so handelt es sich um ein Anfangswertproblem einer partiellen Differentialgleichung. Die numerische Lösung kann nun relativ einfach erfolgen, indem man für jeden Zeitpunkt t_k das zeitunabhängige Problem (rein eindimensionale Betrachtung des Rohrreaktors) an den Stellen z_j z. B. nach dem Runge-Kutta-Verfahren löst und dann um einen Zeitschritt Δt weiter geht und dabei den jetzt berechenbaren Oxidationsgrad $f_{Ox,k+1}$ als neuen Wert vorgibt[3]).

Randwertprobleme

Die numerische Behandlung von Randwertproblemen ist durch die Vielzahl der möglichen Problemstellungen äußerst komplex und meistens nur auf spezielle Typen von Differentialgleichungen zugeschnitten. Aus diesem Grund soll auch hier eine Beschränkung auf Differentialgleichungen 2. Ordnung und deren Systeme erfolgen.

Das Grundprinzip des zu behandelnden Finite-Differenzen-Verfahrens ist, das Rechengebiet in geeigneter Weise in einzelne Stützstellen zu zerlegen (Erzeugung eines Gitters). An diesen Stützstellen werden dann die Differentialquotienten der Differentialgleichungen in Differenzenquotienten überführt und man erhält Differenzengleichungen. Löst man diese Differenzengleichungen nach der gesuchten Größe an den einzelnen Stützstellen auf, so erhält man ein (meist lineares oder quasilineares) Gleichungssystem, das wiederum mit geeigneten numerischen Verfahren gelöst werden kann.

Die Überführung von Differentialquotienten in Differenzenquotienten ist auf der Berechnung von Funktionswerten rechts und links eines gegebenen Funktionswertes mittels Taylor-Reihen-Entwicklung begründet. Dabei berechnet sich $f(x_j + \delta x)$ mit $\delta x = x_{j+1} - x_j$ wie folgt:

$$f(x_j + \delta x) = f_{j+1} = f_j + \frac{df}{dx}\bigg|_j \delta x + \frac{d^2 f}{dx^2}\bigg|_j \frac{\delta x^2}{2!} + \frac{d^3 f}{dx^3}\bigg|_j \frac{\delta x^3}{3!} + \dots \quad \text{(A-27)}$$

Analog ergibt sich für $f(x_j - \delta' x)$ mit $\delta' x = x_j - x_{j-1}$:

$$f(x_j - \delta' x) = f_{j-1} = f_j - \frac{df}{dx}\bigg|_j \delta' x + \frac{d^2 f}{dx^2}\bigg|_j \frac{\delta' x^2}{2!} - \frac{d^3 f}{dx^3}\bigg|_j \frac{\delta' x^3}{3!} + \dots \quad \text{(A-28)}$$

Für hinreichend kleine Gitterabstände δx bzw. $\delta' x$ werden die Terme mit δx^n bzw. $\delta' x^n$ und $n > 1$ vernachlässigbar klein, und die Taylor-Reihen können nach dem zweiten Glied abgebrochen werden. Man erhält somit diskrete Ausdrücke für die ersten Ableitungen:

---

[3]) Weitere Ausführungen – auch zu komplexeren Problemen – in bezug auf die Lösung von Anfangs- und Anfangs-Randwert-Problemen finden sich bei [4].

– Vorwärtsdifferenzen $\dfrac{df}{dx}\bigg|_j \approx \dfrac{f_{j+1}-f_j}{x_{j+1}-x_j}$,

– Rückwärtsdifferenzen $\dfrac{df}{dx}\bigg|_j \approx \dfrac{f_j-f_{j-1}}{x_j-x_{j-1}}$.   (A-29)

Durch Kombination (Addition) dieser beiden Ausdrücke erhält man die (meist sinnvolleren) Zentraldifferenzen:

$$\frac{df}{dx}\bigg|_j \approx \frac{f_{j+1}-f_{j-1}}{x_{j+1}-x_{j-1}}\,.$$ (A-30)

Eine diskrete Darstellung der zweiten Ableitung wird erhalten, indem die Gln. (A-27) und (A-28) nach dem dritten Glied abgebrochen, mit $\delta'x$ bzw. δx multipliziert und dann addiert werden:

$$f_{j+1}\,\delta'x + f_{j-1}\,\delta x \approx$$

$$\approx f_j\,(\delta x+\delta'x) + \frac{df}{dx}\bigg|_j (\delta x\,\delta'x - \delta'x\,\delta x) + \frac{d^2f}{dx^2}\bigg|_j \frac{\delta x\,\delta'x}{2}(\delta x+\delta'x).$$
(A-31)

Mit $\delta x+\delta'x = x_{j+1}-x_{j-1}$ ergibt sich schließlich:

$$\frac{d^2f}{dx^2}\bigg|_j \approx 2\cdot \frac{f_{j+1}(x_j-x_{j-1})-f_j(x_{j+1}-x_{j-1})+f_{j-1}(x_{j+1}-x_j)}{(x_j-x_{j-1})(x_{j+1}-x_j)(x_{j+1}-x_{j-1})}\,.$$ (A-32)

Setzt man die diskreten Ausdrücke für die Differentialquotienten in die zu lösende(n) Differentialgleichung(en) ein und ordnet die Funktionswerte nach ihrer Stützstellenzugehörigkeit, so erhält man ein (noch zu lösendes) Gleichungssystem. Dieses Gleichungssystem ist linear im Falle linearer Differentialgleichungen, ansonsten nichtlinear. Nichtlineare Gleichungssysteme erhält man zum einen durch die exponentielle Temperaturabhängigkeit der Reaktionsgeschwindigkeiten (Arrhenius-Ansatz) und zum anderen durch kinetische Ansätze, die kein Potenzansatz sind oder deren Ordnung ungleich eins ist.

In allgemeiner (Vektor-) Schreibweise lautet die Beziehung für das erhaltene Gleichungssystem:

$$\mathbf{A}\cdot\mathbf{x} + \mathbf{h(x)} = \mathbf{b}.$$ (A-33)

Hierbei ist der 1. Summand der lineare Anteil, welcher durch die Diskretisierung immer enthalten ist. Der 2. Summand ist ein Funktionenvektor, der auf den Vektor der gesuchten Größe $\mathbf{x}$ angewandt wird und dadurch die Nichtlinearität charakterisiert[4]). Der Vektor $\mathbf{b}$ ist die sog. rechte Seite und repräsentiert die Bedingungen an den Rändern der einzelnen diskreten Abschnitte.

---

[4]) Im Fall eines linearen Gleichungssystems steht hier also der Nullvektor.

Bevor wir auf die (numerische) Lösung der erhaltenen Gleichungssysteme eingehen, sollen noch ein paar kurze Bemerkungen zu Systemen von Differentialgleichungen und partiellen Differentialgleichungen gestattet sein:

- *Systeme von Differentialgleichungen.* Mit dem beschriebenen Grundprinzip können nicht nur einzelne Differentialgleichungen, sondern ebenso Systeme von Differentialgleichungen gelöst werden. Hierzu werden einfach die nach der Diskretisierung für jede einzelne Differentialgleichung erhaltenen Gleichungen an jeder Stützstelle untereinander geschrieben, um wieder ein einzelnes (globales) Gleichungssystem zu erhalten.

- *Partielle Differentialgleichungen.* Da es sich bei diesen Problemstellungen um mehrdimensionale Betrachtungen handelt, muß die Diskretisierung auch nach allen Raumrichtungen erfolgen[5]. Man erhält also ein-, zwei- oder dreidimensionale Gitter, bei denen man die Stützstellen mit einem (globalen) Gesamtindex durchindizieren muß, um wieder auf ein Gleichungssystem zu kommen (vgl. [5]). Dieses enthält dann natürlich nicht nur die benachbarten Komponenten ($j + 1$ und $j - 1$), sondern auch weiter entfernt liegende (z. B. $j + N$ und $j - N$).

Für die Lösung von linearen und nichtlinearen Gleichungssystemen gibt es eine Vielzahl verschiedener Lösungsverfahren, die der Literatur entnommen werden können. Auf die Lösung soll hier im speziellen auch gar nicht eingegangen werden, da entsprechende Routinen über kommerzielle Software (s. Abschnitt A4) zugänglich sind und somit eine eigene Programmierung überflüssig werden lassen. Ein weiterer Punkt, warum hier kein Lösungsverfahren vorgestellt werden soll, sind die meist langen Rechenzeiten bei allgemein anwendbaren Routinen bzw. die starke Spezialisierung auf bestimmte Typen von Gleichungssystemen, wenn die Rechenzeit optimiert wurde.

Dafür soll im folgenden kurz dargestellt werden, welche allgemeinen Möglichkeiten man bei der Lösung von Gleichungssystemen besitzt, um sich bei der großen Anzahl von Verfahren orientieren zu können.

- *Lineare Gleichungssysteme.* Diese können immer direkt in einem Schritt gelöst werden, so daß sich Fehler nur aufgrund der Rechengenauigkeit ergeben. Das bekannteste Verfahren ist hierbei die Gauß-Elimination. Darüber hinaus existiert als sehr gute Möglichkeit noch die sogenannte vollständige LU-Faktorisierung, bei der die Koeffizientenmatrix **A** in eine obere (U = upper) und untere (L = lower) Dreiecksmatrix zerlegt wird. Nach dieser Zerlegung gilt es, zwei lineare Gleichungssysteme zu lösen, was sich aber als äußerst einfach herausstellt, da nur noch von oben oder unten beginnend das erhaltene Ergebnis in die jeweils nächste Zeile eingesetzt werden muß (s. hierzu [1]). Außerdem gibt es viele iterative Verfahren, die sich durch mehrmaliges Lösen des Gleichungssystems mit immer neuen Startwerten der wahren Lösung annähern. Hier kommt zum Rundungsfehler im Normalfall auch noch der Fehler infolge der Iterationen hinzu. Die Iterationsverfahren – speziell diejenigen, die auf einer

---

[5] Zeitabhängige Probleme sind in der Zeit meist Anfangswertprobleme, so daß man das Randwertproblem nur für verschiedene Zeitschritte lösen muß.

unvollständigen LU-Faktorisierung beruhen – bieten sich vor allem bei sehr dünn besetzten Koeffizientenmatrizen an, die sehr viele Nullen enthalten. Diese ergeben sich vor allem aufgrund mehrdimensionaler Probleme auf der Basis partieller Differentialgleichungen.

- *Nichtlineare Gleichungssysteme.* Bei der Lösung nichtlinearer Gleichungssysteme sind zwei Grundprinzipien zu unterscheiden. Da sind auf der einen Seite die speziellen Iterationsverfahren (s. [1, 2]) und auf der anderen der Versuch, die nichtlinearen Anteile im Gleichungssystem zu linearisieren. Die Linearisierung erfolgt über Taylor-Reihen-Entwicklungen der nichtlinearen Funktionen, so daß wieder ein lineares Gleichungssystem resultiert, das mit den oben erwähnten Methoden gelöst werden kann.

Das zweite Verfahren bietet sich vor allem dort an, wo der nichtlineare Anteil bei allen Einzelgleichungen des Systems durch dieselbe Funktion gegeben ist. Dies ist im Bereich der Reaktionstechnik normalerweise erfüllt.

A3 Parameterschätzung

Mathematische Modelle zur Beschreibung von natürlichen oder technischen Prozessen enthalten in fast allen Fällen Koeffizienten, die prinzipiell frei bestimmbare Parameter darstellen. Die Beschreibung eines speziellen Prozesses mit diesen Modellen gelingt aber nur, wenn die System- bzw. Stoffabhängigkeit der Parameter berücksichtigt wird. Bei den meisten realen Vorgängen können diese Parameter nur aufgrund eines Vergleichs der aufgestellten Modelle mit durchgeführten Messungen bestimmt werden. Da diese Messungen zum einen fehlerbehaftet sind und zum anderen meist mehrparametrige Modelle verwendet werden, können diese Koeffizienten im Normalfall nur angenähert (geschätzt), d. h. nicht exakt berechnet werden.

Die somit notwendige Parameterschätzung stellt sich als spezielles Optimierproblem dar, bei dem die Quadratsumme QS – als Summe der quadrierten Abweichungen der Meßwerte y_i von den berechneten Modell- bzw. Funktionswerten $g(x_{1,i} \ldots x_{L,i}, a_0 \ldots a_P)$ – die Zielfunktion darstellt und somit minimiert werden soll (vgl. [6]):

$$QS = \sum_{i=1}^{N} (y_i - g(x_{1,i} \ldots x_{L,i}, a_0 \ldots a_P))^2 \overset{!}{=} \min \qquad (A\text{-}34)$$

Dabei stellen die $x_{l,i}$ die Variablenwerte der Variablen x_l zugehörig zum Meßwert y_i dar und die a_k die gesuchten Parameter.

Bei der weiteren Vorgehensweise muß unterschieden werden, ob die beschreibende Funktion $g(x_{1,i} \ldots x_{L,i}, a_0 \ldots a_P)$ linear oder nichtlinear in den Parametern a_k ist. Entsprechend ergibt sich nämlich eine völlig verschiedene Behandlung des Gesamtproblems.

A3.1 Lineare Modelle

Unter einem linearen Modell ist ein mathematischer Zusammenhang zu verstehen, der linear in den einzelnen Parametern ist und folgende Grundform aufweist:

$$g(x_{1,i} \ldots x_{L,i}, a_0 \ldots a_P) = \sum_{k=1}^{P} a_k f(x_{1,i} \ldots x_{L,i}); \quad i = 1 \ldots N. \qquad (A-35)$$

Dabei kann die Funktion $f(x_{1,i} \ldots x_{L,i})$ durchaus *nichtlinear* sein. Zu beachten ist außerdem, daß man einige Zusammenhänge in eine solche lineare Form durch einfache Umformungen überführen [vgl. z. B. Gl. (4-144) u. (4-178)] oder mittels Taylor-Reihen approximieren und dadurch linearisieren kann.

Die Parameter sind, wie bereits beschrieben, dann optimal bestimmt, wenn die Quadratsumme als Abweichung zwischen Meßwerten und berechneten Werten minimal wird. Da die für diesen Fall aufzustellende Quadratsumme

$$QS = \sum_{i=1}^{N} \left(y_i - \sum_{k=1}^{P} a_k f(x_{1,i} \ldots x_{L,i}) \right)^2 \qquad (A-36)$$

nur ein einziges Extremum – nämlich das gesuchte Minimum – besitzt, genügt es, die gegebene Quadratsumme nach den einzelnen Parametern abzuleiten und diese Ableitungen gleich Null zu setzen:

$$\frac{\partial QS}{\partial a_k} = -2 \sum_{i=1}^{N} \left(y_i - \sum_{k=1}^{P} a_k f(x_{1,i} \ldots x_{L,i}) \right) \cdot f(x_{1,i} \ldots x_{L,i}) \overset{!}{=} 0. \qquad (A-37)$$

Stellt man diese Gleichung für jeden Parameter a_k auf, so resultiert ein lineares Gleichungssystem mit den Parametern als Unbekannte und $\sum_{i=1}^{N} y_i f(x_{1,i} \ldots x_{L,i})$ als rechte Seiten. Diese können dann wieder, wie in Kapitel A2.2 beschrieben, gelöst werden.

Die mathematischen Voraussetzungen, die bei der Anwendung dieser Vorgehensweise beachtet werden müssen, sind z. B. bei Bates und Watts [7] vollständig aufgeführt.

A3.2 Nichtlineare Modelle

Die Bestimmung von Parametern in nichtlinearen Modellen ist um einiges komplexer als bei linearen, da oft nicht nur ein Extremum existiert, sondern viele lokale, von denen im ungünstigen Fall eines dann als „falsche" Lösung ermittelt werden kann. Abhängig ist dies unter anderem auch von den vorgegebenen Startwerten der zu ermittelnden Parameter. Diese Startwerte sind hier nötig, da es keine explizite Lösung mehr gibt, sondern iterativ vorgegangen werden muß. Die Basis ist aber auch hier wieder die Minimierung der aufgestellten Quadratsumme QS.

Das einfachste Verfahren ist die sogenannte Rastersuche, bei der die Werte der ermittelten Quadratsumme im Parameterraum berechnet werden. Dabei sollte man sich durch geschickte Variation dem gesuchten Minimum der Quadratsumme annähern. Daß dieses Verfahren – zumindest bei Parameterzahlen größer 3 – ziemlich zeitaufwendig und ineffizient ist, versteht sich von selbst. Dafür führt es normalerweise immer zum Ziel.

Neben diesen Suchverfahren gibt es auch Verfahren, die bei höheren Parameterzahlen noch effektiv arbeiten. Bei diesen wird (im Normalfall) außer dem Funktionswert auch noch die Ableitung der Funktion verwendet, weshalb sie auch *Gradientenverfahren* genannt werden. Das bekannteste von diesen ist das Gauß-Newton-Verfahren, das auch die Grundlage für die meisten heute angewendeten Optimierverfahren darstellt.

Beim Gauß-Newton-Verfahren geht man davon aus, daß man eine vorgegebene (geschätzte) Lösung $\mathbf{a}$ für das Optimierproblem durch geeignete Wahl eines Korrekturschrittes $\Delta \mathbf{a}$ verbessern kann:

$$\mathbf{a}^{(q+1)} = \mathbf{a}^{(q)} + \Delta \mathbf{a}^{(q)}. \tag{A-38}$$

Aus dem Gradienten der Quadratsumme, der mit einer aufgrund von Taylor-Reihen linearisierten Form der Quadratsumme gebildet wird (vgl. [6, 8]), ergibt sich die Korrektur $\Delta \mathbf{a}^{(q)}$ wie folgt:

$$\Delta \mathbf{a}^{(q)} = - (\mathbf{J}^T \mathbf{J})^{-1} \mathbf{J}^T (\mathbf{y} - \mathbf{g}(\mathbf{x}, \mathbf{a}^{(q)})). \tag{A-39}$$

$\mathbf{J}$ ist hierbei die Jacobi-Matrix des Systems, die sich aus den partiellen Ableitungen $\dfrac{\partial \mathbf{g}}{\partial a_k^{(q)}}$ der Funktion nach den einzelnen Parametern zum Schritt q ergibt. Die Berechnung der einzelnen Koeffizienten der Jacobi-Matrix sollte in geeigneter Weise durch numerische Differentiation [z. B. Zentraldifferenzen s. Gl. (A-30)] erfolgen.

Die Inversion der Matrix $\mathbf{J}^T \mathbf{J}$ erfolgt aufgrund der (umgewandelten) Definition für das Inverse einer Matrix:

$$(\mathbf{J}^T \mathbf{J}) (\mathbf{J}^T \mathbf{J})^{-1} = \mathbf{E}. \tag{A-40}$$

Bei diesem Gleichungssystem ist $\mathbf{E}$ die Einheitsmatrix. Die Koeffizienten der Inversen werden durch Lösen dieses Gleichungssystem erhalten. Hierzu gibt es, wie bereits erwähnt, verschiedene numerische Verfahren (s. Kapitel A2.2).

Dieses grundlegende Gauß-Newton-Verfahren kann auf verschiedenste Art und Weise verbessert werden [8]. Als äußerst sinnvoll hat sich dabei die Gewichtung der verschiedenen Variablen x_l herausgestellt, um bei allen Variablen innerhalb der gleichen Größenordnung zu arbeiten (s. [8]). Um schlechte Konvergenz bzw. Oszillation der Lösung zu vermeiden, haben Box und Kanemasu einen skalaren Interpolationsfaktor λ bei der Berechnung der neuen Parameterschätzwerte $\mathbf{a}^{(q+1)}$ eingeführt, so daß die Grundvorschrift für dieses modifizierte Gauß-Newton-Verfahren nun wie folgt lautet [8]:

$$\mathbf{a}^{(q+1)} = \mathbf{a}^{(q)} + \lambda^{(q+1)} \cdot \Delta \mathbf{a}^{(q)}. \tag{A-41}$$

Die Berechnung des Interpolationsfaktors $\lambda^{(q+1)}$ erfolgt aufgrund von weiteren Abschätzungskriterien, die z. B. bei Beck und Arnold [8] beschrieben sind. Dort ist auch ein Flußdiagramm für den Iterationsablauf angegeben.

A4 Kommerzielle Software

Für Problemstellungen der Technischen Chemie gibt es mittlerweile eine Reihe kommerzieller Programme, die in den meisten Fällen auf einem leistungsstarken Arbeitsplatzrechner eingesetzt werden können. Die Programme können nach ihrem Einsatzgebiet in drei Klassen eingeteilt werden:

– *Fluiddynamische Simulation chemischer Reaktoren*
Hier stehen stationäre und instationäre Berechnungen von Strömungsprofilen für im allgemeinen komplexe Strömungsgeometrien durch Gittergenerierung und Lösen der Impulsbilanz auf diesem Gitter im Vordergrund. Dabei können auch Stoff- und Wärmebilanzen simultan gelöst werden.
Anwendungsbeispiele:
• Teilfließbetrieb eines nicht ideal durchmischten polytrop betriebenen Rührkessels (vgl. Kapitel 10)
• Simulation von Verweilzeitverteilungen für Mikrostrukturreaktoren (vgl. Kapitel 16.2.2)
• Simulation von Brennern
Software:
• *FLUENT* (www.fluent.de)
• *STAR-CD* (www.cd-adapco.com)
Beide CFD-Programme bieten einen Kinetik-Modul, der auf der CHEMKIN-Software beruht und komplexe homogene sowie heterogen katalysierte Reaktionen berücksichtigt.

– *Simulation fluiddynamisch idealer chemischer Reaktoren*
Hier wird das Strömungsprofil als voll entwickelt und bekannt vorausgesetzt, so daß nur die Stoff- und Energiebilanzen gelöst werden müssen. Dabei steht zumeist die Ermittlung einer optimalen und sicheren Reaktionsführung bei komplexen und/oder stark exo- oder endothermen Reaktionen im Vordergrund.
Anwendungsbeispiel:
• Simulation von Schüttschichtreaktoren mit axialen und radialen Temperatur- und Konzentrationsprofilen (z.B.: Partielle Oxidation von ortho-Xylol zu Phthalsäureanhydrid)
• Teilfließbetrieb eines ideal durchmischten Rührkessels (vgl. Kapitel 10)
Software:
• *PRESTO-KINETICS* (www.cit-wulkow.de)
• *GPROMS* (www.psenterprise.com)
• *ASPEN CUSTOM MODELER (ACM)* (www.aspentech.com)
ACM und *GPROMS* sind gleichungsorientierte Werkzeuge, d.h. der Benutzer muß eigenverantwortlich die Modellgleichungen formulieren und eingeben. *PRESTO-KINETICS* ist dagegen ein problemorientiertes Werkzeug, bei dem

das Modell mit Reaktions- und Prozessmodulen zusammengestellt und damit indirekt ein Satz an Modellgleichungen formuliert wird. Die Bedienerfreundlichkeit ist damit größer, die Flexibilität unter Umständen etwas geringer.

Bei Verwendung von *ACM* in Kombination mit *ASPENPLUS* (vgl. Software zur Prozess-Simulation) hat man Zugriff auf umfangreiche Stoffdatenbanken und zudem die Möglichkeit den gesamten Prozess zu simulieren.

Alle drei genannten Programme der Reaktor-Simulation bieten zudem die Möglichkeit der Parameterbestimmung auf Basis gemessener kinetischer Daten.

Mathematisch fortgeschrittene und mit einer höheren Programmiersprache vertraute Anwender können prinzipiell die Modellgleichungen (Partielle oder gewöhnliche Differentialgleichungen sowie algebraische Gleichungssysteme) selbst numerisch lösen. Bei Verwendung der Programmiersprache *FORTRAN* können geeignete Unterprogramme aus der sogenannten NAG-Bibliothek (www.nag.co.uk) verwendet werden, so daß der numerische Löser nicht selbst programmiert werden muß. Auch sei auf das Konrad-Zuse-Zentrum Berlin (www.zib.de) hingewiesen, das leistungsfähige numerische Löser als Fortran-Unterprogramme anbietet. Der Aufwand der eigenen Programmierung lohnt sich im allgemeinen jedoch nur für die Entwicklung von Programmen für spezielle Problemstellungen, für die keine kommerziellen Programme verfügbar sind.

Für die Lehre und das Selbststudium geeignete Bücher der Reaktorsimulation sind die Bücher von Arno Löwe [9] und Jens Hagen [10]. Als Software wird MATLAB/SIMULINK bzw. POLYMATH eingesetzt.

– *Prozess-Simulation*

Hier wird der gesamte Prozess simuliert, d.h. es werden Prozessstufen wie Reaktion, Mischen, Trennen etc. verküpft und Rückführungen berücksichtigt. Software:

- *ASPENPLUS* (www.aspentech.com)

B Symbolverzeichnis

Häufig benutzte Formelzeichen und SI-Einheiten der zugrunde liegenden Größen

(Eine „1" in der Spalte der Einheiten steht für das Verhältnis zweier gleicher SI-Einheiten)

Symbol	Dimension	Bedeutung
A	–	Reaktionspartner
A	m^2	Fläche, Querschnittsfläche
a	$m^2 \cdot s^{-1}$	Temperaturleitfähigkeitskoeffizient
a	m^{-1}	spezifische Phasengrenzfläche
A_i	–	Chemische Spezies oder Komponente
a_i	1	Aktivität der Komponente i
$A_{P,k}$	1	Ausbeute an einem Reaktionsprodukt P, bezogen auf eine die Reaktion stöchiometrisch begrenzende Bezugskomponente (Edukt) k
a_V	m^{-1}	Spezifische Oberfläche
A_W	m^2	Wärmeaustauschfläche
B	–	Reaktionspartner
B	1	Element-Spezies Matrix
b_h	mol	Stoffmenge eines Elements im gesamten Reaktionsgemisch
Bo	1	Bodenstein-Zahl
C	–	Reaktionspartner
c	$mol \cdot m^{-3}$	(Stoffmengen-)Konzentration
c_i	$mol \cdot m^{-3}$	(Stoffmengen-)Konzentration der Komponente i = A, B, C, ..., P, X
c_i^0	$mol \cdot m^{-3}$	Konzentration der Komponente i im Reaktor zu Beginn der Reaktion (t = 0) bei Satz- und Teilfließbetrieb
c_i^{aus}	$mol \cdot m^{-3}$	Konzentration der Komponente i im Austragstrom bei Fließ- und Teilfließbetrieb; Endkonzentration bei Satzbetrieb

Symbol	Dimension	Bedeutung
c_i^{ein}	$mol \cdot m^{-3}$	Konzentration der Komponente i im Zulaufstrom bei Fließ- und Teilfließbetrieb
$c_{i,S}$	$mol \cdot m^{-3}$	Konzentration der Komponente i an einer Fläche
C_p	$J \cdot mol^{-1} \cdot K^{-1}$	molare Wärmekapazität bei konstantem Druck
c_p	$J \cdot kg^{-1} \cdot K^{-1}$	spezifische Wärmekapazität bei konstantem Druck
C_1, C_2	verschieden	Integrationskonstanten
C_s	$W \cdot m^{-2}$	Strahlungskoeffizient des schwarzen Körpers
C_{12}	$W \cdot m^{-2}$	Strahlungsaustauschzahl zwischen zwei Flächen (Wänden) 1 und 2
D	$m^2 \cdot s^{-1}$	Diffusionskoeffizient
D_{ax}	$m^2 \cdot s^{-1}$	axialer Dispersions-(Vermischungs-)koeffizient
D_e	$m^2 \cdot s^{-1}$	effektiver Diffusionskoeffizient
D_i	$m^2 \cdot s^{-1}$	molekularer Diffusionskoeffizient der Komponente i
D_{ik}	$m^2 \cdot s^{-1}$	binärer Diffusionskoeffizient
$(D_K)_i$	$m^2 \cdot s^{-1}$	Knudsenscher Diffusionskoeffizient
D_{rad}	$m^2 \cdot s^{-1}$	radialer Dispersions-(Vermischungs-)koeffizient
d	–	differentiell kleiner Teil; Ableitung
d	m	Durchmesser
d_P	m	Partikel-(Teilchen-)durchmesser
d_R	m	Durchmesser eines (Mikro-)Kanals
Da_I	1	Damköhler-Zahl 1. Art
Da_{II}	1	Damköhler-Zahl 2. Art
E	$J \cdot mol^{-1}$	Aktivierungsenergie
E	1	Verstärkungsfaktor
$E(t)$	s^{-1}	Verweilzeit-Verteilungsfunktion
$F(t)$	1	Verweilzeit-Summenfunktion
f_i	1	Fugazitätskoeffizient der Komponente i
Fo	1	Fourier-Zahl
G	J	freie Enthalpie
$\bar{G}_i$	$J \cdot mol^{-1}$	partielle molare freie Enthalpie (= chemisches Potential μ_i) der Komponente i
ΔG_T^0	$J \cdot mol^{-1}$	freie Standard-Enthalpie beim Standarddruck $p° = 1{,}01325$ bar und bei der Temperatur T
Gr	1	Grashof-Zahl
ΔH	$J \cdot mol^{-1}$	Enthalpiedifferenz eines Prozesses

Symbol	Dimension	Bedeutung
$\Delta H_{c,T}^0$	$J \cdot mol^{-1}$	molare Standard-Verbrennungsenthalpie („c" = combustion) eines Elementes oder einer Verbindung bei $p° = 1,01325\,bar$ und bei der Temperatur T
$\Delta H_{f,T}^°$	$J \cdot mol^{-1}$	molare Standard-Bildungsenthalpie („f" = formation) einer Verbindung aus den Elementen beim Standarddruck $p° = 1,01325$ bar und bei der Temperatur T
H_i	s. S. 427	Henry-Koeffizient
ΔH_R	$J \cdot mol^{-1}$	Reaktionsenthalpie bei dem Druck p
$(\triangleq \Delta H_{R,T}^p)$		und bei der Temperatur T
$\Delta H_{R,T}^°$	$J \cdot mol^{-1}$	Standard-Reaktionsenthalpie beim Standarddruck $p° = 1,01325$ bar und bei der Temperatur T
Ha	1	Hatta-Zahl
Hl	1	Hinterland-Verhältnis
I_i	$kg \cdot m^{-2} \cdot s^{-1}$	Massenstromdichte der Komponente i
J_i	$mol \cdot m^{-2} \cdot s^{-1}$	Stoffmengenstromdichte der Komponente i
j_m	1	Stoffübergangsquotient
j_q	1	Wärmeübergangsquotient
K_a	1	thermodynamische (wahre) Gleichgewichtskonstante mit den im Gleichgewicht vorliegenden Aktivitäten a_i: $K_a = \prod^i (a_i)_{Gl}^{v_i}$
K_c	verschieden	Gleichgewichtskonstante mit den im Gleichgewicht vorliegenden Konzentrationen c_i: $K_c = \prod^i (c_i)_{Gl}^{v_i}$
K_f	1	$K_f = \prod^i (f_i)_{Gl}^{v_i}$
K_p	verschieden	Gleichgewichtskonstanten mit den im Gleichgewicht vorliegenden p_i, $(p_i/p°)$ und x_i:
$K_{p/p°}$	1	$K_p = \prod^i (p_i)_{Gl}^{v_i}$; $K_{p/p°} = \prod^i (p_i)_{Gl}^{v_i} (p°)^{-\Sigma v_i}$
K_x	1	$K_x = \prod^i (x_i)_{Gl}^{v_i}$
K_i	s. S. 364 u. 366	Konstante für das Adsorptionsgleichgewicht der Komponente i
k	verschieden	Reaktionsgeschwindigkeitskonstante, kurz: Geschwindigkeitskonstante
k'	s^{-1}	modifizierte Reaktionsgeschwindigkeitskonstante
k_0	verschieden	Frequenz-(Häufigkeits-)faktor

Symbol	Dimension	Bedeutung
k_{eff}	verschieden	effektive Reaktionsgeschwindigkeitskonstante bei Reaktionen in mehrphasigen Systemen; Indizes siehe bei r_{eff}
k_j	verschieden	Reaktionsgeschwindigkeitskonstante, kurz: Geschwindigkeitskonstante für die Reaktion mit der Nummer j
k_W	$W \cdot m^{-2} \cdot K^{-1}$	Wärmedurchgangskoeffizient
L	m	Länge eines Rohrreaktors oder Mikrokanals
L	–	Anzahl der chemischen Elemente
L_P	$mol \cdot s^{-1}$	$L_P = \dot{n}_P^{aus}$ Reaktorleistung, Produktionsleistung
$L_{P,VR}$	$mol \cdot m^{-3} \cdot s^{-1}$	spezifische Reaktorleistung, spezifische Produktionsleistung
Le	1	Lewis-Zahl
M_i	$kg \cdot mol^{-1}$	molare Masse der Komponente i
m_1, m_2	–	Steigungen von Wärmeabführungsgeraden
m_{ges}	kg	Gesamtmasse der Reaktionsmischung
m_i	kg	Masse der Komponente i
m_{Kat}	kg	Katalysatormasse
m_s	kg	Masse des Feststoffes (Katalysators)
$\dot{m}_{ges}$	$kg \cdot s^{-1}$	Massenstrom der gesamten Reaktionsmischung
$\dot{m}_i$	$kg \cdot s^{-1}$	Massenstrom der Komponente i
$\dot{m}_i^{aus}, \dot{m}_i^{ein}$	$kg \cdot s^{-1}$	Massenstrom der Komponente i am Austritt bzw. Eintritt eines Reaktors
N	–	Anzahl der Komponenten
N	–	Anzahl der Kessel in einer Rührkesselkaskade
N_K	–	Anzahl der Mikrokanäle
Nu	1	Nusselt-Zahl
n	–	Reaktionsordnung
n_{ges}	mol	Gesamtstoffmenge der Reaktionsteilnehmer
n_i	mol	Stoffmenge der Komponente i = A, B, C, ... P, X
$\dot{n}_{ges}$	$mol \cdot s^{-1}$	Stoffmengenstrom aller Reaktionsteilnehmer
$\dot{n}_i$	$mol \cdot s^{-1}$	Stoffmengenstrom der Komponente i
$\dot{n}_i^{aus}, \dot{n}_i^{ein}$	$mol \cdot s^{-1}$	Stoffmengenstrom der Komponente i am Austritt bzw. Eintritt eines Reaktors
$Pé$	1	Péclet-Zahl
Pr	1	Prandtl-Zahl
p	–	Exponent
p	Pa oder bar	Gesamtdruck

Symbol	Dimension	Bedeutung
Δp	Pa oder bar	Druckverlust
p_i	Pa oder bar	Partialdruck der Komponente i
p°	Pa oder bar	Standarddruck, $p^\circ = 101325$ Pa $= 1{,}01325$ bar
p_i^*	Pa oder bar	Fugazität der Komponente i
p_{krit}	Pa oder bar	kritischer Druck
Q	J	Wärmemenge
$\dot{Q}$	$J \cdot s^{-1} = W$	Wärmestrom
$\dot{Q}_R$	W	durch chemische Reaktion in 1s gebildete (verbrauchte) Wärmemenge
$\dot{Q}_{\ddot{U}}$	W	durch Wärmeübergang in 1s ab- oder zugeführte Wärmemenge
q	m^2	Rohrquerschnitt
$\dot{q}$	$W \cdot m^{-2}$	Wärmestromdichte
$\dot{q}_s$	$W \cdot m^{-2}$	Wärmestromdichte durch Strahlung
R	1	Anzahl der Schlüsselkomponenten
R	$J \cdot mol^{-1} \cdot K^{-1}$	allgemeine Gaskonstante $R = 8{,}3143$ J $\cdot$ mol^{-1} $\cdot$ K^{-1}
R	m	Radius
R_o	m	Rohrinnenradius
R_β	–	Rang der Element-Spezies-Matrix
R_ν	–	Rang der Matrix der stöchiometrischen Koeffizienten der Schlüsselreaktionen
Re	1	Reynolds-Zahl
r	$mol \cdot m^{-3} \cdot s^{-1}$	$r = r_i/\nu_i$; Äquivalent-Reaktionsgeschwindigkeit
$(r)_V$	$mol \cdot m^{-3} \cdot s^{-1}$	auf das konvektiv durchströmte Kanalvolumen bezogene Reaktionsgeschwindigkeit
$(r)m_s$	$mol \cdot kg^{-1} \cdot s^{-1}$	auf Katalysatormasse bezogene intrinsische Reaktionsgeschwindigkeit
$(r_{eff})m_s$	$mol \cdot kg^{-1} \cdot s^{-1}$	effektive Reaktionsgeschwindigkeit bei Fluid/Feststoff-Reaktionen, bezogen auf die Masseneinheit des Feststoffes
$(r_{eff})s_{ex}$	$mol \cdot m^2 \cdot s^{-1}$	effektive Reaktionsgeschwindigkeit bei Fluid/Feststoff-Reaktionen, bezogen auf die Einheit der äußeren Oberfläche des Feststoffes
$(r_{eff})v_R$	$mol \cdot m^{-3} \cdot s^{-1}$	effektive Reaktionsgeschwindigkeit bei Reaktionen in mehrphasigen Systemen, bezogen auf die Volumeneinheit des Reaktionsraumes
r_i	$mol \cdot m^{-3} \cdot s^{-1}$	Reaktionsgeschwindigkeit für die Komponente i bei homogenen Reaktionen

Symbol	Dimension	Bedeutung
r_{ij}	$mol \cdot m^{-3} \cdot s^{-1}$	Reaktionsgeschwindigkeit bei zusammengesetzten, homogenen Reaktionen für die Komponente i in der Reaktion mit der Nummer j
S	$J \cdot K^{-1}$	Entropie
S	m^2	Oberfläche
S_{PG}	m^2	Phasengrenzfläche
$(S_{PG})_{V_R}$	$m^2 \cdot m^{-3}$	spezifische Phasengrenzfläche
S_{ex}	m^2	äußere Oberfläche eines Feststoffes
$\bar{S}_i$	$J \cdot mol^{-1} \cdot K^{-1}$	partielle molare Entropie
S_{in}	m^2	innere Oberfläche eines porösen Feststoffes
$S_{P,k}$	1	Selektivität für das Produkt P, bezogen auf eine die Reaktion stöchiometrisch begrenzende Bezugskomponente k
Sc	1	Schmidt-Zahl
Sh	1	Sherwood-Zahl
St	1	Stanton-Zahl für den Wärmeübergang
St′	1	Stanton-Zahl für den Stoffübergang
S.V.	s^{-1}	Space Velocity (Raumgeschwindigkeit, Raumbelastung)
T	K	thermodyn. (absolute) Temperatur
T_W	K	Temperatur der Reaktorwand
T_{krit}	K	kritische (thermodyn.) Temperatur
ΔT	K	Temperaturdifferenz
ΔT_{ad}	K	adiabatische Temperaturänderung
t	s	Zeit, Reaktionszeit
t_D	s	Zeitkonstante der Diffusion
t_R	s	Zeitkonstante der Reaktion
t_W	s	Zeitkonstante der Wärmeleitung
t_{tot}	s	Totzeit
$t_{1/2}$	s	Halbwertszeit
U_i, U_k	1	Umsatz (Umsatzgrad) der Komponente i bzw. der Bezugskomponente k
U_{ij}	1	Umsatz (Umsatzgrad) der Komponente i nach der Reaktion mit der Nummer j
$U_{i,Gl}$, $U_{k,Gl}$	1	Umsatz (Umsatzgrad) der Komponente i bzw. der Bezugskomponente k im chemischen Gleichgewicht
V	m^3	Volumen

Symbol	Dimension	Bedeutung
$\overline{V}_i$	$m^3 \cdot mol^{-1}$	partielles Molvolumen der Komponente i
V_R	m^3	Reaktionsvolumen
$\dot{V}$	$m^3 \cdot s^{-1}$	Volumenstrom
$\dot{V}^{aus}, \dot{V}^{ein}$	$m^3 \cdot s^{-1}$	Volumenstrom am Austritt/Eintritt eines Reaktors
w	$m \cdot s^{-1}$	lineare Strömungsgeschwindigkeit
$\overline{w}$	$m \cdot s^{-1}$	über den Rohrquerschnitt gemittelte Strömungsgeschwindigkeit
w_i	1	Massenanteil (Massenbruch) der Komponente i
W	verschieden	Widerstand
x	m	Ortskoordinate
x_i	1	Stoffmengenanteil (Molenbruch) der Komponente i
y	m	Ortskoordinate
y_i	1	Stoffmengenanteil (Molenbruch) der Komponente i in der Gasphase
z	m	Ortskoordinate
z	1	Kompressibilitätsfaktor (Realfaktor)

Griechische Symbole

Symbol	Dimension	Bedeutung
α	$W \cdot m^{-2} \cdot K^{-1}$	Wärmeübergangskoeffizient
β	$m \cdot s^{-1}$	Stoffübergangskoeffizient
β_{hi}	–	Koeffizient von Element h in der Summenformel der Spezies A_i
γ	1	Arrhenius-Parameter
δ	m	Grenzschicht-(Film-)Dicke
δ_K	m	Dicke einer Katalysatorschicht
ε	1	Emissionsverhältnis bei der Strahlung
ε	1	Leerraumanteil, relatives Kornzwischenraumvolumen einer Teilchenschüttung
η	1	Ausnutzungsgrad der Flüssigkeit
η	1	Katalysatorwirkungsgrad, Porennutzungsgrad
η	$Pa \cdot s$	Dynamische Viskosität
λ	verschieden	Lösungsvariable in der Differentialgleichung
λ	$W \cdot m^{-1} \cdot K^{-1}$	Wärmeleitfähigkeitskoeffizient
λ_e	$W \cdot m^{-1} \cdot K^{-1}$	effektiver Wärmeleitfähigkeitskoeffizient
ν	–	stöchiometrischer Koeffizient

Symbol	Dimension	Bedeutung
ν	$m^2 \cdot s^{-1}$	kinematische Viskosität
ν_i	–	stöchiometrische Zahl der Komponente $i = A, B, C \ldots$ in einer chemischen Reaktion
ν_k	–	stöchiometrische Zahl einer die Reaktion stöchiometrisch begrenzenden Bezugskomponente k
ν_{ij}	–	stöchiometrische Zahl d. Komponente i für die Reaktion mit der Nummer j (bei zusammengesetzten Reaktionen)
π	1	Kreiszahl
ϱ	$kg \cdot m^{-3}$	Dichte
ϱ_i	$kg \cdot m^{-3}$	Partialdichte der Komponente i
ϱ_s	$kg \cdot m^{-3}$	Dichte des Feststoffes (Katalysators)
$\varrho_{Schütt}$	$kg \cdot m^{-3}$	Schüttdichte einer Teilchenschüttung ($= m_s \cdot V_R^{-1}$)
ϱ_{Pseudo}	$kg \cdot m^{-3}$	Pseudodichte
τ	s	(hydrodynamische) Verweilzeit
$\bar{\tau}$	s	mittlere Verweilzeit $$\left[\bar{\tau} = \int_0^1 t \cdot dF(t) = \int_0^\infty t \cdot E(t) \cdot dt\right]$$
τ_{mod}	$kg \cdot s \cdot m^{-3}$	modifizierte Verweilzeit
Φ_{Kr}	1	Kreislauffaktor
θ	s^{-1}	Verweilzeit
$\partial \ldots$		differentiell kleiner Anteil; partielle Ableitung

Indizes, tiefgestellte

A	spezielle Komponente
a	außen
Abs	Absorption
ad	adiabatisch
ax	axial
B	spezielle Komponente
C	spezielle Komponente
D	Diffusion
e	Effektivwert
eff	effektiv
ex	äußere (r, s)
F	in der Hauptmasse (im Kern) einer fluiden Phase
fin	am Ende
fl	Flüssigkeit

g	Gas
ges	gesamt
Gl	im Gleichgewichtszustand
i	innen; Platzhalter für eine allgemeine Komponente
in	innere (r, s)
ideal	thermodynamische Größe für das ideale Gas
j	Platzhalter für eine Reaktion
k	Bezugskomponente k
K	Kanal
K	auf Katalysator bezogen
krit	kritisch
l	Flüssigkeit
m_s	bezogen auf die Masseneinheit des Feststoffes
max	maximal; Maximalwert einer Größe
n	Nummer des Kessels in einer Kaskade
opt	optimal
P	Produkt P
p	konstanter Druck, isobar
PG	Phasengrenzfläche
pol	polytrop
R	Reaktionsmasse; Reaktionsmischung; Reaktionsraum; Reaktion
rad	radial
real	thermodynamische Größe für das reale Gas
red	reduziert
rel	relativ
S	an einer festen Fläche; Phasengrenzfläche
S_{ex}	bezogen auf die Einheit der äußeren Oberfläche eines Feststoffes
s	stationär
T	bei der Temperatur T
V_R	bezogen auf die Einheit des Reaktionsvolumens
x	Raumrichtung
y	Raumrichtung
z	Raumrichtung

Indizes, hochgestellte

aus	bei Fließbetrieb und Teilfließbetrieb: Größe (Konzentration, Massenstrom, Stoffmengenstrom, Volumenstrom, Temperatur...) im Austragsstrom; Endgröße bei Satzbetrieb
ein	bei Fließbetrieb und Teilfließbetrieb: Größe (Konzentration, Massenstrom, Stoffmengenstrom, Volumenstrom, Temperatur...) im Zulaufstrom
0	bei Satzbetrieb und Teilfließbetrieb: Größe (Konzentration, Volumen, Temperatur...) zu Beginn der Reaktion (t = 0)

o	bei thermodynamischen Größen und Funktionen: Standardgröße, Standardfunktion (molare oder spezifische Wärmekapazität, Enthalpie, freie Enthalpie, Entropie...) beim Standarddruck p° = 101325 Pa = 1,01325 bar
*	bezogene (dimensionslose) Größe, z.B. $c_A^* = c_A/c_{A,S}$; $z^* = z/L$ ...
p	Exponent

Zu Kapitel 17
Formelzeichen und SI-Einheiten der zugrunde liegenden Größen

(Eine 1 in der Spalte der Einheiten steht für das Verhältnis zweier gleicher SI-Einheiten)

Symbol	Dimension	Bedeutung
c	$mol \cdot l^{-1}$	Konzentration
c_I	$mol \cdot l^{-1}$	Konzentration des Initiators
c_M	$mol \cdot l^{-1}$	Konzentration des Monomeren
c_{p*}	$mol \cdot l^{-1}$	Konzentration der Radikale
c^*	$mol \cdot l^{-1}$	Konzentration der „lebenden" Kettenmoleküle
f	1	Radikalausbeutefaktor
f_i	1	Molenbruch des Monomeren M_i in der Monomerenmischung
F_i	1	Molenbruch des Monomeren M_i im momentan entstehenden Copolymeren
Fr	1	Froude-Zahl
k	1	Kopplungsgrad
k	$l \cdot mol^{-1} \cdot s^{-1}$	Reaktionsgeschwindigkeitskonstante. Indizes: ab für Abbruchreaktion, st für Startreaktion, ü für Übertragungsreaktion, w für Wachstumsreaktion
k_Z	s^{-1}	Zerfallsgeschwindigkeitskonstante des Initiators
k_{11}, k_{22}	$l \cdot mol^{-1}$, s^{-1}	Wachstumskonstanten der Homopolymerisation von M_1 bzw. M_2
k_{12}, k_{21}	$l \cdot mol^{-1} \cdot s^{-1}$	„gekreuzte" Wachstumskonstanten bei der Copolymerisation
L	cm	Perldurchmesser
M	$g \cdot mol^{-1}$	Molmasse
M_M	$g \cdot mol^{-1}$	Molmasse des Monomeren

Symbol	Dimension	Bedeutung
M_n	$g \cdot mol^{-1}$	Zahlenmittel der Molmasse
M_w	$g \cdot mol^{-1}$	Gewichtsmittel der Molmasse
M_η	$g \cdot mol^{-1}$	Viskositätsmittel der Molmasse
n_i	1	Anzahl der Moleküle mit der Molmasse M_i
P	1	Polymerisationsgrad; Bedeutung der Indizes n, w, η wie bei M
q	$kJ \cdot kg^{-1} \cdot K^{-1} min^{-1}$	spezifische Wärmeabfuhr
q_{st}	$kJ \cdot kg^{-1} \cdot K^{-1} min^{-1}$	spezifische Wärmeabfuhr am stationären Betriebspunkt
R	1	Reynolds-Zahl
R_1, R_2	1	Copolymerisationsparameter
r	$mol \cdot l^{-1} \cdot s^{-1}$	Reaktionsgeschwindigkeit. Indizes: ab der Abbruchsreaktion, Br Brutto-Reaktionsgeschwindigkeit, st der Startreaktion, ü der Übertragungsreaktion, w der Wachstumsreaktion
U	1	Umsatz des Monomeren bzw. der funktionellen Gruppen
u	1	Uneinheitlichkeit M_w/M_n
W_{ab}	1	Wahrscheinlichkeit von Abbruch
W_W	1	Wahrscheinlichkeit von Wachstum
We	1	Weber-Zahl
w_i	1	Massenanteil der Moleküle mit der Molmasse M_i
w_P	1	Massenanteil der Moleküle mit dem Polymerisationsgrad P
α	1	Wahrscheinlichkeit für einzelnen Wachstumsschritt
η	$Pa \cdot s$	Dynamische Viskosität. Indizes: w für wäßrige Phase, M für Monomerphase
$[\eta]$	$cm^3 \cdot g^{-1}$	Viskositätszahl (intrinsic viscosity)
ν	1	kinetische Kettenlänge
σ	$N \cdot cm^{-1}$	Grenzflächenspannung
ϕ	1	Verhältnis der Phasenvolumina

Literaturverzeichnis

Kapitel 1

1. Winnacker-Küchler (Hrsg. R. Dittmeyer, W. Keim, G. Kreysa, A. Oberholz): Chemische Technik, Sammelwerk in 8 Bänden, 5. Auflage, Weinheim: Wiley-VCH 2004/2005
2. Ullmann's Encyclopedia of Industrial Chemistry, Sammelwerk in 40 Bänden, 6. Auflage, Weinheim: Wiley-VCH 2002
3. K. Weissermel und H.-J. Arpe: Industrielle Organische Chemie, 5. Auflage, Weinheim: Wiley-VCH 1998; K. Weissermel und H.-J. Arpe: Industrial Organic Chemistry, 4. Auflage, Weinheim: Wiley-VCH 2003
4. K. H. Büchel, H.-H. Moretto, P. Woditsch: Industrielle Anorganische Chemie, 3. Auflage, Weinheim: Wiley-VCH 1999; K. H. Büchel, H.-H. Moretto, P. Woditsch: Industrial Inorganic Chemistry, 2. Auflage, Weinheim: Wiley-VCH 2000
5. Chemiewirtschaft in Zahlen, Ausgabe 2004, zusammengestellt vom Verband der Chemischen Industrie e.V.
6. Bilanz der BASF
7. Innovationsmotor Chemie, Studie des Zentrums für Europäische Wirtschaftsforschung ZEW und des Niedersächsischen Instituts für Wirtschaftsforschung NIW, Mannheim/Hannover 2003
8. P. L. Short: Chem. Eng. News 82/29, 11 (2004)
9. Guide to the Buisness of Chemistry 2003, American Chemical Council, 2003

Kapitel 2

1. O. Dorrer: Chemie-Ing.-Techn. *41*, 1328 (1969)
2. K.-J. Mundo: Chemie-Ing.-Techn. *45*, 632 (1973)
3. B. Timm: Chemie-Ing.-Techn. *40*, 1 (1968)
4. A. Schmidt: Chemie-Ing.-Techn. *41*, 1208 (1969)
5. H. K. Kamptner: Erdöl u. Kohle *21*, 78 (1968)
6. Ullmanns Encyklopädie der technischen Chemie, Hrsg., W. Foerst, 3. Aufl., München/Berlin/Wien: Urban u. Schwarzenberg, Bd. 18, 1967, S. 90 u. 92
7. A. Schmidt: Chemie-Ing.-Techn. *38*, 1140 (1966)

Kapitel 3

1. U. Hoffmann u. H. Hofmann: Einführung in die Optimierung, Weinheim: Verlag Chemie 1971
2. F. Bandermann: Optimierung chemischer Reaktionen, in Ullmanns Encyklopädie der technischen Chemie, 4. Aufl., Weinheim: Verlag Chemie, 1972, Bd. 1, S. 362ff.
3. K. H. Simmrock: Chemie-Ing.-Techn. *43*, 571 (1971)
4. A. Schmidt: Chemie-Ing.-Techn. *39*, 692 (1967)

5. H.-H. Kopper u. H.-S. Waldmann: Chemie-Ing.-Techn. *35*, 730 (1963); Dechema-Monographien, Bd. 50, Weinheim: Verlag Chemie 1964, S. 51
6. H. Werth: Chemie-Ing.-Techn. *37*, 99 (1965)
7. R.-B. Eklund: The Rate of Oxidation of Sulfur Dioxide with a Commercial Vandium Catalyst, Uppsala: Almqvist u. Wiksell 1956 (Dissertation)
8. O. Bilous u. N. R. Amundson: Chem. Engng. Sci. *5*, 81, 115 (1956)
9. Ullmanns Encyklopädie der technischen Chemie, 3. Aufl., München/Berlin: Urban u. Schwarzenberg, Bd. 1, 1951, S. 897
10. Ullmanns Encyklopädie der technischen Chemie, 3. Aufl., München/Berlin: Urban u. Schwarzenberg, Ergänzungsband „Neue Verfahren", 1970, S. 478
11. K. Winnacker u. L. Küchler (Hrsg.): Chemische Technologie, 2. Aufl., München: Carl Hanser 1958, Bd. 1, S. 291
12. K. Winnacker u. L. Küchler (Hrsg.): Chemische Technologie, 3. Aufl., München: Carl Hanser 1970, Bd. 1, S. 605
13. A. Schöne u. R. Wambach: Chemie-Ing.-Techn. *42*, 25 (1970)
14. H. Kramers u. K. R. Westerterp: Elements of Chemical Reactor Design and Operation, Amsterdam: Netherlands University Press 1963, S. 182
15. H. Hausen: Wärmeübertragung im Gegenstrom, Gleichstrom und Kreuzstrom, 1. Aufl., Berlin/Göttingen/Heidelberg: Springer 1950, S. 212
16. Ullmanns Encyklopädie der technischen Chemie, 3. Aufl., München/Berlin: Urban u. Schwarzenberg, Bd. 1, 1951, S. 905/906
17. Buna Hüls, Firmendruckschrift, 2. Aufl., S. 43
18. Buna Hüls, Firmendruckschrift, 2. Aufl., S. 35

Kapitel 4

1. Landolt-Börnstein: Zahlenwerte und Funktionen aus Physik, Chemie, Astronomie, Geophysik, Technik, Bd. II, Teil 4, Berlin/Göttingen/Heidelberg: Springer 1961
2. F. D. Rossini et al.: Selected Values of Chemical Thermodynamic Properties, Natl. Bur. Stds. Circ. 500, Washington 1952
3. F. D. Rossini et al.: Selected Values of Physical and Thermodynamic Properties of Hydrocarbons and Related Compounds, Am. Petrol. Inst. Res. Proj. 44, Carnegie Institute of Technology, Pittsburgh 1953
4. C. D. Hodgman et al.: Handbook of Chemistry and Physics, 41. Aufl., Cleveland, 1959
5. J. d'Ans u. E. Lax: Taschenbuch für Chemiker und Physiker, Bd. I, 3. Aufl., Berlin/Heidelberg/New York: Springer 1967; Bd. II, 4. Aufl. 1983
6. O. Kubaschewski u. E. L. Evans: Metallurgical Thermochemistry, 2. Aufl., London 1956
7. W. Lange: Die thermodynamischen Eigenschaften der Metalloxide, Berlin/Göttingen/Heidelberg: Springer 1949
8. K. Winnacker u. L. Küchler (Hrsg.): Chemische Technologie, 2. Aufl., München: Carl Hanser 1958, Bd. 1, S. 207
9. R. Brdicka: Grundlagen der physikalischen Chemie, 15. Aufl., Berlin: Deutscher Verlag der Wissenschaften 1990
10. W. J. Moore: Physical Chemistry, 4. Aufl., London: Longmans 1963; dtsch. nach der 4. Aufl. bearb. u. erw. von D. O. Hummel, Berlin/New York: Walter de Gruyter 1986
11. O. A. Hougen, K. M. Watson u. R. A. Ragatz: Chemical Process Principles, Teil 1, 2. Aufl., New York/London/Sydney: Wiley 1959
12. W. G. Whitman: The Two-Film Theory of Gas Absorption, Chem. Met. Eng. *29*, 146 (1923)
13. R. B. Bird, W. E. Stewart u. E. N. Lightfoot: TransportPhenomena, New York/London: Wiley 1960
14. W. M. Ramm: Absorptionsprozesse in der chemischen Industrie, Berlin: Deutscher Verlag für Technik 1953
15. J. B. Maxwell: Data Book on Hydrocarbons, New York 1950
16. O. A. Hougen, K. M. Watson u. R. A. Ragatz: Chemical Process Principles, Teil 2, 2. Aufl., New York/London/Sydney: Wiley 1954

17. K. Winnacker u. L. Küchler (Hrsg.): Chemische Technologie, 2. Aufl., München: Carl Hanser 1959, Bd. 3, S. 391
18. O. A. Hougen, K. M. Watson u. R. A. Ragatz: Chemical Process Principles, Teil 2, 2. Aufl., New York/London/Sydney: Wiley 1954, S. 1024
19. VDI-Wärmeatlas, Düsseldorf: VDI-Verlag 1984
20. Ullmanns Encyklopädie der technischen Chemie, 3. Aufl., München/Berlin: Urban u. Schwarzenberg, Bd. 1, 1951, S. 219
21. J. O. Hirschfelder, F. C. Curtis u. R. B. Bird: Molecular Theory of Gases and Liquids, New York: Wiley 1954
22. C. H. Bamford, C. F. H. Tipper (Hrsg.): Comprehensive Chemical Kinetics, Amsterdam: Elsevier ab 1969 (insges. 25 Bände)
23. A. M. North: The Collision Theory of Chemical Reactions in Liquids, London: Methuen 1964
24. N. B. Slater: Theory of Unimolecular Reactions, London: Methuen 1959
25. S. Glasstone, K. J. Laidler u. H. Eyring: The Theory of Rate Processes, New York: McGraw-Hill Book Company 1941
26. K. J. Laidler: Chemical Kinetics, New York: 2. Aufl. New York: McGraw-Hill Book Company
27. K. Winnacker u. L. Küchler (Hrsg.): Chemische Technologie, 2. Aufl., München: Carl Hanser 1958, Bd. 1, S. 231
28. K. Winnacker u. L. Küchler (Hrsg.): Chemische Technologie, 2. Aufl., München: Carl Hanser 1958, Bd. 1, S. 223
29. F. Bandermann: In Ullmanns Encyklopädie der technischen Chemie, 4. Aufl., Weinheim: Verlag Chemie, 4. Aufl. 1972, S. 362 ff.
30. R. Zurmühl: Praktische Mathematik für Ingenieure und Physiker, 5. Aufl., Berlin/Heidelberg/New York: Springer, 1965
31. Dechema-Monographien Bd. 50, Weinheim: Verlag Chemie 1964
32. H. G. Zachmann: Mathematik für Chemiker, 4. Aufl., Weinheim: Verlag Chemie 1984
33. A. Löwe u. U. Hoffmann, Chem.-Ing.-Tech 57, 835–843 (1985)

Kapitel 5

1. J. O. Hirschfelder, C. F. Curtiss u. R. B. Bird: Molecular Theory of Gases and Liquids, New York: Wiley 1967
2. R. B. Bird, W. E. Stewart u. E. N. Lightfood: Transport Phenomena, New York: Wiley 1960
3. H. Brauer u. D. Mewes: Stoffaustausch einschließlich chemischer Reaktionen, Aarau/Frankfurt (Main): Sauerländer 1971

Kapitel 6

1. C. F. Leyes u. D. F. Othmer: Ind. Engng. Chem. 36, 968 (1945)
2. H. Kramers u. K. R. Westerterp: Elements of Chemical Reactor Design and Operation, Amsterdam: Netherlands University Press 1963, S. 24
3. A. Eucken u. M. Jakob: Der Chemie-Ingenieur, 3 Bde. in 14 Büchern, Leipzig: Akademische Verlagsgesellschaft 1933/1940, Bd. III/1, S. 212
4. Ullmanns Encyklopädie der technischen Chemie, 3. Aufl., München/Berlin: Urban u. Schwarzenberg 1968, Bd. II/2, S. 328

Kapitel 7

1. J. M. Smith: Chemical Engineering Kinetics, 2. Aufl., New York: McGraw-Hill Book Company 1970, S. 138
2. J. M. Smith: Chemical Engineering Kinetics, 2. Aufl., New York: McGraw-Hill Book Company 1970, S. 214
3. H. Kramers u. K. R. Westerterp: Elements of Chemical Reactor Design and Operation, Amsterdam: Netherlands University Press 1963, S. 124
4. H. Kramers u. K. R. Westerterp: Elements of Chemical Reactor Design and Operation, Amsterdam: Netherlands University Press 1963, S. 125
5. C. van Heerden: Ind. Engng. Chem. *45*, 1242 (1953)
6. H. Kramers u. K. R. Westerterp: Elements of Chemical Reactor Design and Operation, Amsterdam: Netherlands University Press 1963, S. 126
7. E. Mertens de Wilmars: Génie chim. (Belg.) *78* (4), 93 (1957)
8. J. M. Smith: Chemical Engineering Kinetics, 2. Aufl., New York: McGraw-Hill Book Company 1970, S. 117

Kapitel 8

1. J. M. Eldridge u. E. L. Piret: Chem. Engng. Progr. *46*, 290 (1950)
2. H. Kramers u. K. R. Westerterp: Elements of Chemical Reactor Design and Operation, Amsterdam: Netherlands University Press 1963, S. 34
3. T. M. Jenney: Chem. Engng. *62*, 198 (1955)
4. R. W. Jones: Chem. Engng. Progr. *47*, 46 (1951)
5. A. P. Weber: Chem. Engng. Progr. *49*, 26 (1953)
6. J. M. Smith: Chemical Engineering Kinetics, 2. Aufl., New York: McGraw-Hill Book Company 1970, S. 228
7. H. Hofmann: Untersuchungen über das dynamische Verhalten kontinuierlich betriebener Rührkesselreaktoren, in [8], S. 89
8. W. Oppelt u. E. Wicke (Hrsg.): Grundlagen der chemischen Prozeßregelung, München/Wien: R. Oldenbourg 1964
9. E. Wicke: Das dynamische Verhalten des Durchfluß-Rührkessels in linearer Näherung in [8], S. 46
10. H. Brandes: Das Verhalten des Rührreaktors im c,T-Schaubild und die Ermittlung der stabilisierenden Kühlbedingungen in [8], S. 65
11. P. Wittmer, T. Ankel, H. Gerrens u. H. Romeis: Chemie-Ing.-Techn. *37*, 392 (1965)

Kapitel 9

1. H. Kramers u. K. R. Westerterp: Elements of Chemical Reactor Design and Operation, Amsterdam: Netherlands University Press 1963, S. 56
2. R. Kerber u. W. Gestrich: Chemie-Ing.-Techn. *38*, 536 (1966)
3. R. Kerber u. W. Gestrich: Chemie-Ing.-Techn. *39*, 458 (1967)
4. R. Kerber u. W. Gestrich: Chemie-Ing.-Techn. *40*, 129 (1968)
5. W. Gestrich: Chemie-Ing.-Techn. *44*, 1001 (1972)
6. K. Dialer, F. Horn u. L. Küchler: Chemische Reaktionstechnik in [7], S. 296
7. K. Winnacker u. L. Küchler (Hrsg.): Chemische Technologie, 2. Aufl., München: Carl Hanser Verlag 1958, Bd. 1
8. H. Kramers u. K. R. Westerterp: Elements of Chemical Reactor Design and Operation, Amsterdam: Netherlands University Press 1963, S. 194
9. J. G. van de Vusse u. H. Voetter: Chem. Engng. Sci. *14*, 90 (1961)
10. B. H. Messikommer: Proc. Int. Seminar on „Analogue Computation Applied to the Study of Chemical Processes", Brüssel (November 1960)

Kapitel 10

1. D. R. Mason u. E. L. Piret: Ind. Engng. Chem. *42*, 817 (1950); *43*, 1210 (1951)
2. H. Kramers u. K. R. Westerterp: Elements of Chemical Reactor Design and Operation, Amsterdam: Netherlands University Press 1953, S. 37

Kapitel 11

1. H. Kramers u. G. Alberda: Chem. Engng. Sci. *2*, 173 (1953)
2. A. Cholette u. L. Cloutier: Canad. J. Chem. Engng. Juni 1959, 105
3. A. Cholette, J. Blanchet u. L. Cloutier: Canad. J. Chem. Engng. Febr. 1960, 1
4. J. G. van de Vusse: Chem. Engng. Sci. *4*, 178, 209 (1955)
5. J. M. Smith: Chemical Engineering Kinetics, 2. Aufl., New York: McGraw-Hill Book Company 1970, S. 257
6. P. V. Danckwerts: Chem. Engng. Sci. *2*, 1 (1953)
7. J. F. Wehner u. R. H. Wilhelm: Chem. Engng. Sci. *6*, 89 (1959)
8. G. Standart: Chem. Engng. Sci. *23*, 645 (1968)
9. H. Hofmann: Chem. Engng. Sci. *14*, 193 (1961)
10. J. M. Smith: Chemical Engineering Kinetics, 2. Aufl., New York: McGraw-Hill Book Company 1970, S. 257
11. J. M. Smith: Chemical Engineering Kinetics, 2. Aufl., New York: McGraw-Hill Book Company 1970, S. 258
12. G. I. Taylor: Proc. Roy. Soc. A *219*, 186 (1953)
13. G. I. Taylor: Proc. Roy. Soc. A *223*, 446 (1954)
14. F. Sjenitzer: The Pipeline Engineer D-31 (Dez. 1958)
15. O. Levenspiel: Chemical Reaction Engineering, New York/London: Wiley 1962
16. K. W. McHenry: u. R. H. Wilhelm: A.I.Ch.E. Journal *3*, 83 (1957)
17. E. J. Cairns u. J. M. Prausnitz: Chem. Engng. Sci. *12*, 20 (1960)
18. J. W. Hiby: Paper C 71, Symposium on the Interaction between Fluids and Particles, London (Juni 1962)
19. K. Schoenemann: Dechema-Monogr. *21*, 203 (1952)
20. H. Hofmann: Dissertation, Technische Hochschule Darmstadt (1955)
21. Jahnke-Emde-Lösch: Tafeln höherer Funktionen, Stuttgart: B. G. Teubner 1960
22. H. Kramers u. K. R. Westerterp: Elements of Chemical Reactor Design and Operation, Amsterdam: Netherlands University Press 1963, S. 88
23. J. M. Smith: Chemical Engineering Kinetics, 2. Aufl., New York: McGraw-Hill Book Company 1970, S. 267

Kapitel 12

1. G. Damköhler: Einfluß von Diffusion, Strömung und Wärmeübergang auf die Ausbeute bei chemisch-technischen Reaktionen. In: A. Eucken und M. Jakob (Hrsg.): Der Chemie-Ingenieur, Leipzig: Akademische Verlagsgesellschaft 1937, Bd. III/1, S. 359 bis 485
2. D. A. Frank-Kamenetzki: Stoff- und Wärmeübertragung in der chemischen Kinetik (russisch 1947, übersetzt von J. Pawlowski), Berlin/Göttingen/Heidelberg: Springer 1959
3. W. Kingery: Kinetics of High Temperature Processes, New York: Wiley 1959
4. R. J. Arrowsmith u. J. M. Smith: Ind. Engng. Chem., Fund. Quart. *5*, 327 (1966)
5. C. Wagner: Chem. Techn. *18*, 1 (1945); Z. physik. Chem. (A) *193*, (1943)
6. D. Thoenes u. H. Kramers: Chem. Engng. Sci. *8*, 271, (1958)
7. T. C. Chilton u. A. P. Colburn: Ind. Engng. Chem. *26*, 1183 (1934)
8. J. de Acetis u. G. Thodos: Ind. Engng. Chem. *52*, 1003 (1960)

9. J. C. Chu, J. Kaiil u. W. A. Wetterath: Chem. Engng. Progr. *49,* 141 (1953)
10. E. W. Thiele: Ind. Engng. Chem. *31,* 916 (1939)
11. J. B. Zeldowitsch: Acta Physicochim. USSR *10,* 583 (1939)
12. A. Wheeler in P. H. Emmet (Hrsg.): Catalysis, Bd. 2, New York: Reinhold Publishing Corporation 1955
13. E. Wicke u. W. Brötz: Chemie-Ing.-Techn. *21,* 219 (1949)
14. E. Wicke: Z. Elektrochem. *60,* 774 (1956)
15. I. N. Bronstein u. K. A. Semendjajew: Taschenbuch der Mathematik, 5. Aufl., Zürich/Frankfurt: Verlag Harri Deutsch 1965, S. 60/61
16. P. B. Weisz u. J. S. Hicks: Chem. Engng. Sci. *17,* 265 (1962)
17. E. Wicke u. K. Hedden: Z. Elektrochem. *57,* 636 (1953)
18. K. Hedden: Chem. Engng. Sci. *14,* 317 (1961)
19. J. R. Katzer: Dissertation, Massachusetts Institute of Technology, Cambridge, Mass. 1969
20. J. O. Hirschfelder, C. F. Curtiss u. R. B. Bird: Molecular Theory of Gases, New York: Wiley, 1954
21. C. N. Satterfield: Mass Transfer in Heterogeneous Catalysis. Massachusetts Institute of Technology, Cambridge, Mass. 1970
22. C. R. Wilke u. P. Chang: AIChE J. *1,* 264 (1955)
23. R. B. Evans, J. Truitt u. G. M. Watson: J. Chem. Phys. *33,* 2076 (1961)
24. D. S. Scott u. F. A. L. Dullien: AIChE J. *8,* 113 (1962)
25. E. Wicke u. R. Kallenbach: Kolloid-Z. *17,* 135 (1941)

Kapitel 13

1. J. M. Thomas u. W. J. Thomas: Introduction to the Principles of Heterogeneous Catalysis, London/New York: Academic Press 1975
2. E. G. Schlosser: Heterogene Katalyse, Weinheim: Verlag Chemie 1972
3. H. Bremer, K.-P. Wendlandt: Heterogene Katalyse – Eine Einführung, Berlin: Akademie-Verlag 1978
4. K. H. Yang u. O. A. Hougen: Chem. Engng. Progr. *46,* 146 (1950)
5. Ullmanns Enzyklopädie der technischen Chemie, 4. Aufl., Weinheim: Verlag Chemie 1973, Bd. 7, S. 481 ff.
6. Ullmann's Encyclopedia of Industrial Chemistry, 5. Aufl., Weinheim/Deerfield Beach/Florida/Basel: Verlag Chemie 1985, Bd. A2, S. 143
7. Haldor Topsoe (Vedback, Dänemark): Südafr. Pat. 645 279, 1964, Nitrogen 1964, Nr. 31 (Sept.), 22
8. M. W. Kellog Co. (Houston, Tex.): Chem. Engng. Progr. *68,* 62 (1972); Chem. Engng. Oct. 18 (1971) S. 92
9. R. A. Bernard u. R. H. Wilhelm: Chem. Engng. Progr. *46,* 233 (1950)
10. R. W. Fahien u. J. M. Smith: Amer. Inst. Chem. Engineers J. *1,* 25 (1955)
11. J. J. Carberry u. M. M. Wendel: Amer. Inst. Chem. Engineers J. *9,* 129 (1963)
12. R. R. Wenner u. F. C. Dybdal: Chem. Engng. Progr. *44,* 275 (1948)
13. J. M. Smith: Chemical Engineering Kinetics, 2. Aufl., New York: McGraw-Hill Book Company 1970, S. 506
14. A-P. Oele: Chem. Engng. Sci. *8,* 146 (1958) sowie in International Series of Monographs on Chemical Engineering (Hrsg.: P. V. Danckwerts und R. F. Baddour), Bd. 1: Chemical Reaction Engineering, New York/London/Paris/Los Angeles: Pergamon Press 1957
15. H. Kramers u. K. R. Westerterp: Elements of Chemical Reactor Design and Operation, Amsterdam: Netherlands University Press 1963, S. 173
16. H. Kramers: Physica 12, 61 (1946) s. auch [15], S. 174
17. M. Baerns, H. Hofmann, A. Renken: Chemische Reaktionstechnik, 2. Aufl., Stuttgart/New York: G. Thieme 1992
18. H. Kramers, K. R. Westerterp: Elements of Chemical Reactor Design and Operation, London: Chapman and Hall Ltd. 1963

19. F. Horn, L. Küchler: Chem.-Ing.-Tech. *31*, 1 (1951)
20. L. Lapidus: Digital Computation for Chemical Engineers, New York: McGraw-Hill Book Company 1960
21. J. M. Smith: Chemical Engineering Kinetics, 2. Aufl. New York: McGraw-Hill Book Company 1970, S. 539 ff.
22. L. Reh: In: Ullmann's Encyclopädie der technischen Chemie, 4. Aufl., Weinheim: Verlag Chemie 1973, Bd. 3, S. 433 ff.
23. J. Werther: In Ullmann's Encyclopedia of Industrial Chemistry, 5. Aufl., Weinheim/ Deerfield Beach, Florida/Basel: Verlag Chemie 1992, Bd. B4, 1992, S. 239 ff.
24. K. Kunii u. O. Levenspiel: Fluidization Engineering, Boston: Butterworth-Heinemann 1991
25. D. Geldart (Hrsg.): Gas Fluidization Technology, Chichester: Wiley 1986
26. J. F. Davidson, R. Clift u. D. Harrison: Fluidization, London: Academic Press 1985
27. M. Pell: Gas Fluidization; Amsterdam: Elsevier 1990
28. J. G. Yates: Fundamentals of Fluidized-Bed Chemical Processes, London: Butterworths 1983
29. J. Werther: Chem.-Ing.-Tech. *49*, 777 (1977)
30. J. Werther: Chem.-Ing. Tech. *56*, 187 (1984)
31. J. R. Grace: AIChE Symp. Ser. *67*, 159 (1971)
32. D. Kunii u. O. Levenspiel: Fluidization Engineering, New York: Wiley 1969
33. W. G. May: Chem. Eng. Prog. *55*, 49 (1959)
34. W. G. May: Dechema-Monogr. Weinheim: Verlag Chemie 1959, Bd. 32, 1959, S. 471
35. J. J. van Deemter: Chem. Eng. Sci. *13*, 143 (1961)
36. W. Böck, W. Sitzmann, G. Emig u. J. Werther: Inst. Chem. E. Symp. Ser. No. 87, S. 479 (1984)
37. W. Sitzmann, M. Schößler u. J. Werther: Chem.-Ing.-Tech. MS 1553/87, Synopse in Chem.- Ing.-Tech. *59*, 68 (1987)
38. W. Sitzmann, J. Werther, W. Böck u. G. Emig: Ger. Chem. Eng. *8*, 301 (1985) und Chem.- Ing.-Tech. *57*, 58 (1985)
39. W. Sitzmann: Dissertation, Technische Universität Hamburg-Harburg, 1986
40. J. Werther: Hydrodynamics and Mass Transfer between the Bubble and Emulsion Phases in Fluidized Beds of Sand and Cracking Catalyst: 4th Int. Fluidization Conf. Kashikojima, Japan, 1983
41. W. Böck: Modellierung komplexer heterogenkatalytischer Reaktionen in Wirbelschichten am Beispiel der Äthanoldehydratisierung. Dissertation, Institut für Technische Chemie I, Universität Erlangen-Nürnberg, 1984

Kapitel 14

1. S. Jagi u. D. Kunii: 5th Symposium (International) on Combustion, New York: Reinhold 1955, S 231; Chem. Engng. (Japan) *19*, 500 (1955); Chem Engng. Sci. *41*, 364, 372, 380 (1962)
2. J. M. Ausman u. C. C. Watson: Chem. Engng. Sci *17*, 323 (1962)
3. M. Ishida u. C. Y. Wen: Amer. Inst. Chem. Engineers J. *14*, 311 (1968)
4. C. Y. Wen: Ind. Engng. Chem. *60*, 34 (1968)
5. W. Fritz: Chemiker-Z. *94*, 377 (1970)
6. J. M. Smith: Chemical Engineering Kinetics, 2. Aufl., New York: McGraw-Hill Book Company 1970, S. 582
7. G. M. Schwab u. J. Philinis: J. Am. Chem. Soc. *69*, 2588 (1947); s.a. J. M. Smith: Chemical Engineering, New York: McGraw-Hill Book Company 1970; S. 583

Kapitel 15

1. L. Doraiswamy, M. Sharma: Heterogeneous Reactions (Vol. 2), New York u. a.: Wiley 1984
2. G. Astarita: Mass Transfer with Chemical Reaction, Amsterdam u. a.: Elsevier 1967
3. H.-J. Bart, R. Mahr u. A. Bauer: Chemie-Ing.-Techn. *61*, 941 (1989)

4. P. Danckwerts: Gas-Liquid Reactions, New York u. a.: McGraw-Hill Book Company 1970
5. W. Lewis u. W. Whitman: Ind. Engng. Chem. *16*, 1215 (1924)
6. Higbie R.: Trans. Amer. Instn. Chem. Engrs. *31*, 365 (1935)
7. P. Danckwerts: Ind. Engng. Chem. *43*, 1460 (1951)
8. T. Sherwood, R. Pigford u. C. Wilke: Mass Transfer, New York u. a.: McGraw-Hill Book Company 1975
9. R. Taylor u. R. Krishna: Multicomponent Mass Transfer, New York u. a.: Wiley 1993
10. H.-G. Pirkl: Dissertation, Erlangen 1992
11. Y. Kameoka u. R. Pigford: Ind. Engng. Chem. Fund. *16*, 163 (1977)
12. H. Kramers, M. Blind u. E. Snoeck: Chem. Engng. Sci. *14*, 115 (1961)
13. K. Westerterp, W. Van Swaaij u. A. Beenackers: Chemical Reactor Design and Operation, Chichester u. a.: Wiley 1984
14. S. Carrà u. M. Massimo: Gas-Liquid-Reactors. In: J. Carberry u. A. Varma: (Hrsg.) Chemical Reaction and Reactor Engineering, New York/Basel: Marcel Dekker 1987
15. F. Kastànek, J. Zahradnik, J. Kratochvil u. J. Cermàk: Chemical Reactors for Gas-Liquid-Systems, New York u. a.: Ellis Horwood 1993
16. E. Bartholomé et al. (Hrsg.): Ullmanns Enzyklopädie der technischen Chemie, 4. Aufl., Weinheim: Verlag Chemie, Bd. 1, 1980, S. 145ff.
17. H. Landolt u. A. Eucken: Zahlenwerte und Funktionen aus Physik, Chemie, Astronomie, Geophysik und Technik, 6. Aufl., (Bände 2.5.1 (1969), 4.4.3.1 (1976) u. 4.4.3.2 (1980)), Berlin/Heidelberg/New York: Springer
18. J. d'Ans, E. Lax u. C. Synowietz: Taschenbuch für Chemiker und Physiker (Bd. 2), 4. Aufl., Berlin/Heidelberg/New York: Springer 1992
19. R. Reid, J. Prausnitz u. B. Poling: The Properties of Gases & Liquids, 4th Ed., New York u. a.: McGraw-Hill Book Company 1987
20. Verein Deutscher Ingenieure (Hrsg.): VDI-Wärmeatlas, 6. Aufl. Düsseldorf: VDI-Verlag 1991
21. W. Jost u. K. Hauffe: Diffusion (Methoden der Messung und Auswertung), 2. Aufl., Darmstadt: Steinkopff, 1972
22. K. Sattler: Thermische Trennverfahren, Weinheim u. a.: VCH 1988
23. P. Graßmann u. F. Widmer: Einführung in die thermische Verfahrenstechnik, Berlin/New York: Walter de Gruyter 1974
24. A. Mersmann: Thermische Verfahrenstechnik (Grundlagen und Methoden), Berlin/Heidelberg/New York: Springer 1980
25. Y. Manor u. R. Schmitz: Ind. Engng. Chem. Fund. *23*, 243 (1984)
26. D. Roberts u. P. Danckwerts: Chem. Engng. Sci. *17*, 961 (1962)
27. E. Gilliland, R. Baddour u. P. Brian: Amer. Inst. Chem. Engineers J. *7*, 223 (1961)
28. G. Astarita u. F. Gioia: Chem. Engng. Sci. *19*, 963 (1964)
29. S. Lynn, J. Straatemeier u. H. Kramers: Chem. Engng. Sci. *4*, 63 (1955)
30. J. Davidson u. E. Cullen: Trans. Inst. Chem. Engrs. *35*, 51 (1957)
31. D. van Krevelen: Research *3*, 106 (1950)
32. E. Bartholomé et al. (Hrsg.): Ullmanns Enzyklopädie der technischen Chemie (Bd. 2; Kapitel: Gasreinigung und Gastrennung durch Absorption) 4. Aufl., Weinheim: Verlag Chemie, 1980

Kapitel 16

1. V. Hessel, S. Hardt, H. Löwe: Chemical Micro Process Engineering – Fundamentals, Modelling and Reactions, Weinheim: Wiley-VCH 2004
2. E. Klemm, M. Rudek, G. Markowz, R. Schütte: Mikroverfahrenstechnik, in: Winnacker-Küchler (Hrsg. R. Dittmeyer, W. Keim, G. Kreysa, A. Oberholz): Chemische Technik – Prozesse und Produkte, Band 2, 5. Auflage, Weinheim: Wiley-VCH 2004
3. M. Stephan, Fluent Deutschland GmbH, Berechnungen mit der CFD-Software Fluent, private Mitteilung, 2005
4. VDI-Wärmeatlas, 9. Auflage, Berlin: Springer-Verlag 2002

5. C. H. Barkelew: Chem. Eng. Prog. 55, 37 (1959)
6. A. Wheeler: Adv. Catal. 3, 249 (1951)
7. G. Emig, R. Dittmeyer: Simultaneous Heat and Mass Transfer and Chemical Reaction, in: H. Knözinger, J. Weitkamp, G. Ertl (Hrsg.): Handbook of Heterogeneous Catalysis, Band 3, 1. Auflage, Weinheim: Wiley-VCH 1997
8. E. Klemm, M. Köstner, G. Emig: Transport Phenomena and Reaction in Porous Media, in: F. Schüth, K. S. W. Sing, J. Weitkamp (Hrsg.): Handbook of Porous Solids, 1. Auflage, Weinheim: Wiley-VCH 2002
9. D. E. Mears: Ind. Eng. Chem., Proc. Res. Dev. 10, 541 (1971)
10. P. B. Weisz: Z. Phys. Chem. 11, 1 (1957)
11. J. B. Anderson: Chem. Eng. Sci. 18, 147 (1963)
12. E. V. Rebrov, M. H. J. M. de Croon, J. C. Schouten: Catal. Today 69, 183 (2001)
13. V. Haverkamp: Charakterisierung einer Mikroblasensäule zur Durchführung stofftransportlimitierter und/oder hoch-exothermer Gas/Flüssig-Reaktionen, Fortschritt-Bericht VDI, Reihe 3, Nr, 771, Düsseldorf: VDI-Verlag 2003
14. S. Irandoust, B. Andersson: Catal. Rev. – Sci. Eng. 30, 341 (1988)
15. http://www.microchemtec.de/
16. M. Zlokarnik: Scale-up, Modellübertragung in der Verfahrenstechnik, Weinheim: Wiley-VCH 2000
17. S. Wuthe: Chemie Technik 7, 36 (2004)
18. G. Markowz, S. Schirrmeister, J. Albrecht, F. Becker, R. Schütte, K. J. Caspary, E. Klemm: Chem. Ing. Tech. 76, 620 (2004)
19. G. Markowz et al.: Mikroreaktor in Plattenbauweise mit einem Katalysator, Patent WO 2004/091771, 28. Oktober 2004

Kapitel 17

A Lehrbücher und Monographien

1. L. Küchler: Polymerisationskinetik, Berlin/Göttingen/Heidelberg: Springer 1951
2. P. J. Flory: Principles of Polymer Chemistry, Ithaka: Cornell University Press 1953
3. C. H. Bamford et al.: The Kinetics of Vinyl Polymerization by Radical Mechanisms, London: Butterworths 1958
4. G. Henrici-Olivé: Polymerisation. Katalyse-Kinetik-Mechanismen, Weinheim: Verlag Chemie 1969
5. L. H. Peebles: Molecular Weight Distributions in Polymers, New York: Interscience Publ. 1971
6. B. Vollmert: Grundriß der Makromolekularen Chemie, Karlsruhe: E. Vollmert 1979, Bd. I–V
7. G. Odian: Principles of Polymerization, 3. Aufl., New York: Wiley 1991
8. H. G. Elias: Makromoleküle, Bd. 1, Grundlagen: Struktur-Synthese-Eigenschaften 1990; Bd. 2, Technologie: Rohstoffe-Industrielle Synthesen-Anwendungen, Basel/Heidelberg/ New York: Hüthig & Wepf 1992
9. J. Ulbricht: Grundlagen der Synthese von Polymeren, 2. Aufl., Basel/Heidelberg/New York: Hüthig & Wepf 1992
10. M. D. Lechner, K. Gehrke, E. H. Nordmeier: Makromolekulare Chemie. Ein Lehrbuch für Studium und Praxis, Basel: Birkhäuser 1993
11. C. E. Schildknecht, I. Skeist (Hrsg.): Polymerization Processes, New York: Wiley 1977
12. H. Gerrens: Polymerisationstechnik. In: Ullmanns Enzyklopädie der technischen Chemie, 4. Aufl., Weinheim: Verlag Chemie 1980, Bd. 19, S. 107–165
13. J. A. Biesenberger, D. H. Sebastian: Principles of Polymerization Engineering, New York: Wiley 1983
14. H. Batzer (Hrsg.): Polymere Werkstoffe, Bd. 1–3, Stuttgart: G. Thieme 1984/85
15. D. W. van Krevelen: Properties of Polymers, 3. Aufl. Amsterdam: Elsevier 1990

16. A. Hamielec, H. Tobita: Polymerization Processes. In Ullmann's Encyclopedia of Industrial Chemistry, 5. Aufl., Bd. A21, S. 305–428, Weinheim: VCH Verlagsges. 1993
17. E. L. Thomas (Hrsg.): Structure and Properties of Polymers, Weinheim: VCH Verlagsges. 1993
18. A. Echte: Handbuch der Technischen Polymerchemie, Weinheim: VCH Verlagsges. 1993

B Enzyklopädien

19. C. H. Bamford, C. F. H. Tipper (Hrsg.): Comprehensive Chemical Kinetics, Bd. 14A, Free Radical Polymerisation; Bd. 15, Non-Radical Polymerisation; Bd. 23, Kinetics and Chemical Technology, Amsterdam: Elsevier 1976
20. H. F. Mark et al. (Hrsg.): Encyclopedia of Polymer Science and Engineering 2. Aufl., New York: Wiley 1985–1989
21. N. P. Cheremisinoff (Hrsg.): Handbook of Polymer Science and Technology, Bd. 1–4. New York/Basel: Marcel Deckker 1989
22. G. Allen, J. C. Bevington et al. (Hrsg.): Comprehensive Polymer Science, Bd. 1–7 Oxford: Pergamon Press 1989
23. H. R. Kricheldorf (Hrsg.): Handbook of Polymer Synthesis, Teil A und Teil B, New York: Marcel Dekker 1992
24. G. W. Becker, D. Braun (Hrsg.): Kunststoff-Handbuch, München: Carl Hanser Verlag erschienen 1983–1993: Bd. 1, 2/1, 2/2, 3/1, 3/2, 7, 10

C Zitate im Text

25. G. Daumiller: Chemie-Ing.-Tech. *40*, 673 (1968)
26. J. Brandrup, E. H. Immergut (Hrsg.): Polymer Handbook, 3. Aufl. New York: Wiley 1989
27. G. V. Schulz, A. Scholz, R. V. Figini: Makromol. Chem. *57*, 220 (1962)
28. E. Trommsdorff, H. Köhle, P. Lagally: Makromol. Chem. *1*, 169 (1947)
29. G. V. Schulz: Z. Physikal. Chem. NF *8*, 284 u. 290 (1956)
30. G. Weickert, R. Thiele: Plaste u. Kautschuk *30*, 432 (1983)
31. N. Friis, A. E. Hamielec, ACS-Symp. Ser. *24*, 82 (1976)
32. M. Stickler: Makromol. Chem. *184*, 2563 (1983); D. Panke, M. Stickler, W. Wunderlich: ibid. 175; M. Stickler, D. Panke, A. E. Hamielec: J. Polym. Sci. Polym. Chem. Ed. *22*, 2243 (1984)
33. M. Buback: Makromol. Chem. *191*, 1575 (1990)
34. K. Horie, I. Mita, H. Kambe: J. Polym. Sci. Polym. Chem. Ed. *6*, 2663 (1968)
35. S. K. Soh, D. C. Sundberg: J. Polym. Sci. Polym. Chem. Ed. *20*, 1299, 1315, 1331, 1345 (1982)
36. I. Mita, K. Horie: J. Macromol. Sci. Rev. Macromol. Chem. Phys. *C27*, 91 (1987)
37. F. R. Mayo, Ch. Walling: Chem. Revs. *46*, 191 (1950)
38. G. E. Ham (Hrsg.): Copolymerization, New York: Wiley/Interscience 1964
38a. D. Braun et al.: Angew. Makromol. Chem. *125*, 161 (1984)
39. H. Gerrens, H. Ohlinger u. R. Fricker: Makromol. Chem. *87*, 209 (1965)
40. P. Wittmer: Makromol. Chem. Suppl. Vol. *3*, 129 (1979)
41. T. Fukuda, Y.-D. Ma u. H. Inagaki: Makromol. Chem. Suppl. *12*, 125 (1985)
41a. [16], 336–342
42. M. Szwarc: Carbanions, Living Polymers and Electron Transfer Processes. New York: Wiley/Interscience 1968
43. L. L. Böhm, M. Chmelir, G. Löhr, B. J. Schmitt u. G. V. Schulz: Fortschr. Hochpolym.-Forsch. *9*, 1 (1972)
44. M. Morton u. L. J. Fetters: Rubber Chem. Technol. *48*, 359 (1975)
45. S. Bywater: In [19], Bd. 15, 1–65 (1976)
46. S. Bywater: In [20], Bd. 2, 1–43 (1985)
47. M. Szwarc: Adv. Polymer Sci. *49*, 1 (1983)

48. P. H. Plesch (Hrsg.): The Chemistry of Cationic Plymerization, Oxford: Pergamon Press 1963
49. L. Ledwith u. D. C. Sherrington In [19], Bd. 15, 67–131 (1976)
50. J. P. Kennedy: Cationic Polymerization of Olefins: A Critical Inventory, New York: Wiley 1975
51. O. Nuyken (Hrsg.): 8th International Symposium on Cationic Polymerization and Related Processes, Invited Lectures: Makromol. Chem., Macromol. Symp. *13/14*, 1–526 (1988)
52. H. Hostalka u. G. V. Schulz: Z. Physik. Chem. NF *45*, 286 (1965)
53. K. Ziegler, E. Holzkamp, H. Breil u. H. Martin: Angew. Chem. *67*, 541 (1955)
54. T. Keii: Kinetics of Ziegler-Natta Polymerization, London: Chapman and Hall 1972
55. W. Cooper: In [19], Bd. 15, 133–257 (1976)
56. L. L. Böhm: Polymer *19*, 545, 553, 562 (1978)
57. J. Boor: Ziegler-Natta Catalysts and Polymerization: New York: Academic Press 1979
58. L. L. Böhm: Chem.-Ing.-Tech. *56*, 674 (1984)
59. W. Kaminsky u. H. Sinn (Hrsg.): Transition Metals and Organometallics as Catalysts for Olefin Polymerization, Berlin/Heidelberg/New York: Springer 1988
60. L. L. Böhm, P. Goebel u. P.-R. Schöneborn: Angew. Makromol. Chem. *174*, 189 (1990)
61. P. J. Flory [2], Kap. III u. VIII
62. D. H. Solomon (Hrsg.): Kinetics and Mechanisms of Polymerization, New York: Marcel Dekker, Bd. 3, Step Growth Polymerizations 1972
63. S. K. Gupta u. A. Kumar: Reaction Engineering of Step Growth Polymerization, New York: Plenum Press 1987
64. P. J. Flory: J. Amer. Chem. Soc. *58*, 1877 (1936)
65. H. Gerrens: Proc. 4th Intern./6th European Symp. Chem. Reaction Engng., Heidelberg, April 6–8, 1976, Bd. 2: Survey Papers, p. 585. DECHEMA, Frankfurt/Main 1976
66. H. Gerrens in Ullmanns Encyklopädie der technischen Chemie, 4. Aufl., Weinheim: Verlag Chemie 1980, Bd. 19, S. 145–151
67. E. B. Nauman: J. Macromol. Sci.-Revs. Macromol. Chem. *C10*(1), 75 (1974)
68. E. B. Nauman: Chem. Eng. Sci. *30*, 1135 (1975)
69. E. B. Nauman: Chemical Reactor Design, New York: Wiley 1987
70. K. G. Denbigh u. J. C. R. Turner: Einführung in die chemische Reaktionstechnik, Verlag Chemie, Weinheim 1973, S. 125–131; K. G. Denbigh: Trans. Faraday Soc. *43*, 648 (1947); J. Appl. Chem. *1*, 227 (1951)
71. H. Ohlinger: Polystyrol, Berlin/Göttingen/Heidelberg: Springer 1955
72. H. Gerrens: Chem.-Ing.-Tech. *52*, 477 (1980)
73. W. H. Ray: ACS-Symp. Ser. *226*, 101 (1983)
74. W. H. Ray: Ber. Bunsenges. Phys. Chem. *90*, 947 (1986)
75. A. Echte, F. Haaf u. J. Hambrecht: Angew. Chem. *93*, 372 (1981)
76. A. Echte [18] S. 475
77. P. Wittmer, T. Ankel, H. Gerrens u. H. Romeis: Chem.-Ing.-Tech. *37*, 392 (1965)
78. V. E. Meyer u. G. G. Lowry: J. Polym. Sci. Part *A3*, 2843 (1965); J. Polym. Sci. Polym. Chem. Ed. *5*, 1289 (1967); R. K. S. Chan u. V. E. Meyer: J. Polym. Sci. Part *C25*, 11 (1968); I. Skeist: J. Amer. Chem. Soc. *68*, 1781 (1946)
79. H. Gerrens: Chem.-Ing.-Tech. *39*, 1053 (1967)
80. W. Ring: Makromol. Chem. *75*, 203 (1964)
81. G. Rafler, E. Bonatz, H.-D. Sparing u. B. Otto: Acta Polymerica *38*, 6 (1987)
82. P. Fritzsche, G. Rafler u. K. Tauer: Acta Polymerica *40*, 143 (1989)
83. H. Hardung-Hardung: Ind. Eng. Chem. *62*, 13 (1970)
84. H.-J. Rothe u. H. Nagler: Chemieanlagen + Verfahren (10) 41 (1969)
85. J. L. Amos: Polym. Eng. Sci. *14*, 1 (1974)
86. G. F. Freeguard u. M. Karmarkar: J. Appl. Polym. Sci. *15*, 1649, 1657 (1971); *16*, 69 (1972)
87. G. F. Freeguard: Br. Polym. J. *6*, 205 (1974)
88. C. K. Riew (Hrsg.): Rubber-Toughened Plastics. Adv. Chem. Ser. *222* (1989)
89. A. Echte: In [88] S. 15
90. [3] 98–128
91. A. Crosato-Arnaldi, P. Gasparini u. G. Talamini: Makromol. Chem. *117*, 140 (1968)

92. H. Gerrens u. D. J. Stein: Makromol. Chem. *87*, 228 (1965)
93. A. Guyot: Precipitation Polymerization. In [22], Bd. 4, S. 261
94. J. Chatelain: Br. Polym. J. *5*, 457 (1973)
95. N. Fischer u. L. Goiran: Hydrocarbon Proc. *60*(5), 143 (1981)
96. [18] S. 424ff.
97. L. L. Böhm, P. R. Franke u. G. Thum: In [59], S. 391–404
98. L. L. Böhm, P. Goebel u. P.-R. Schöneborn: Angew. Makromol. Chem. *174*, 189 (1990)
99. H. Kreuter u. B. Diedrich: Chem. Eng. *81*(16), 62 (1974)
100. D. M. Rasmussen: Chem. Eng. *79*(21), 104 (1972)
101. H. L. Batleman: Plastics Eng. *31*(4), 73 (1975)
102. K. Wisseroth: Chemiker Ztg. *101*, 271 (1977)
103. H. Hedden: Chem.-Ing.-Tech. *42*, 457 (1970)
104. H. J. Reinhard u. R. Thiele: Plaste u. Kautschuk *19*, 648 (1972)
105. M. Munzer u. E. Trommsdorff: Polymerization in Suspension. In [11], 106 (1977)
106. H. Bieringer, K. Flatau u. D. Reese: Angew. Makromol. Chem. *123/124*, 307 (1984)
107. A. G. Mikos, C. G. Takoudis u. N. A. Peppas: J. Appl. Polym. Sci. *31*, 2647 (1986)
108. J. V. Dawkins: Aqueous Suspension Polymerizations. In [22], Bd. 4, S. 231 (1989)
109. E. A. Grulke: Suspension Polymerization. In [20], Bd. 16, S. 443 (1989)
110. B. W. Brooks: Makromol. Chem. Macromol. Symp. *35/36*, 121 (1990)
111. H. Hopff, H. Lüssi u. P. Gerspacher: Makromol. Chem. *78*, 24 u. 37 (1964); H. Hopff, H. Lüssi u. E. Hammer: Makromol. Chem. *82*, 175 u. 184 (1965) sowie *84*, 274 u. 282 (1965)
111a. F. Patat u. K. Kirchner: Praktikum der Technischen Chemie, 4. Aufl., Berlin/New York: Walter de Gruyter 1986, S. 1–4 u. 261–268
112. H. Hopff, H. Lüssi, P. Gerspacher u. E. Hammer: Chem.-Ing.-Tech. *36*, 1085 (1964)
113. H. Gerrens: Kinetik der Emulsionspolymerisation. Fortschr. Hochpolym. Forsch. *1*, 234 (1959)
114. D. C. Blackley: High Polymer Latices, Bd. 1 u. 2. London: McLaren 1966
115. D. C. Blackley: Emulsion Polymerization. Theory and Practice. London: Applied Science Publishers 1975
116. J. Ugelstad u. F. K. Hansen: Rubber Chem. Technol. *49*(3), 536 (1976)
117. H. Gerrens: Polymerisationstechnik. 5. Emulsionspolymerisation. In Ullmanns Encyklopädie der technischen Chemie, 4. Aufl., Weinheim: Verlag Chemie 1980, Bd. 19, S. 132–145
118. V. I. Eliseeva, S. S. Ivanchev: Siehe In: Kuchanov u. A. V. Lebedev: Emulsion Polymerization and its Applications in Industry. Consultants Bureau (Plenum), New York 1981
119. G. Ley: Emulsionspolymerisation. In: J. Falbe u. H. Bartl (Hrsg.): Houben-Weyl: Methoden der Organischen Chemie, Erweiterungs- u. Folgebände zur 4. Aufl., Bd. E20, Makromolekulare Stoffe, Stuttgart/New York: G. Thieme 1981, Teil 1, S 218–313
120. D. H. Napper u. R. G. Gilbert: Polymerization in Emulsion. In [22], Bd. 4, 171–218 (1989)
121. W. V. Smith u. R. H. Ewart: J. Chem. Physics *16*, 592 (1948)
122. W. V. Smith: J. Amer. Chem. Soc. *70*, 2177 (1948) u. *71*, 4077 (1949)
123. E. Bartholomé, H. Gerrens, R. Herbeck u. H. M. Weitz: Z. Elektrochem. *60*, 334 (1956)
124. W. H. Stockmayer: J. Polym. Sci. *24*, 314 (1957)
125. J. T. O'Toole: J. Appl. Polym. Sci. *9*, 1291 (1965)
126. Dispersionen synthetischer Hochpolymerer, Teil 1, F. Hölscher: Eigenschaften, Herstellung und Prüfung; Teil 2; H. Reinhardt: Anwendung, Berlin/Heidelberg/New York: Springer 1969
127. E. L. Thomas (Hrsg.): Structure and Properties of Polymers. Weinheim: VCH Verlagsges. 1993
128. H.-G. Elias et al.: Polymer News *9*, 101 (1983) u. *10*, 169 (1985)

Mathematischer Anhang

1. G. Engeln-Müllges u. F. Reutter: Formelsammlung zur Numerischen Mathematik mit Standard-FORTRAN 77-Programmen, 6. Aufl., Mannheim: BI Wissenschaftsverlag 1988
2. W. Törnig u. P. Spelucci: Numerische Mathematik für Ingenieure und Physiker (Bd. 1: Numerische Methoden der Algebra), 2. Aufl., Berlin: Springer 1988
3. H. Zachmann: Mathematik für Chemiker, 6. Aufl., Weinheim: Verlag Chemie 2005
4. W. Törnig u. P. Spelucci: Numerische Mathematik für Ingenieure und Physiker (Bd. 2: Numerische Methoden der Analysis), 2. Aufl., Berlin: Springer 1990
5. B. Finlayson: Nonlinear Analysis in Chemical Engineering, New York: McGraw-Hill Book Company 1980
6. U. Hoffmann u. H. Hofmann: Einführung in die Optimierung. Weinheim: Verlag Chemie 1971
7. D. Bates u. D. Watts: Nonlinear Regression Analysis and Its Applications. New York: Wiley 1988
8. J. Beck und K. Arnold: Parameter Estimation in Engineering and Science, New York: Wiley 1985
9. A. Löwe: Chemische Reaktionstechnik – mit MATLAB und SIMULINK, Weinheim: Wiley-VCH, 2001
10. J. Hagen: Chemiereaktoren – Auslegung und Simulation, Weinheim: Wiley-VCH 2004

Sachverzeichnis

Druck und Bindung: Strauss GmbH, Mörlenbach